Selected Papers in Molecular Biology
by Jacques Monod

Selected Papers in Molecular Biology by Jacques Monod

Edited by

André Lwoff and Agnes Ullmann
*Institut Pasteur
Paris, France*

ACADEMIC PRESS   New York   San Francisco   London   1978

A Subsidiary of Harcourt Brace Jovanovich, Publishers

Academic Press Rapid Manuscript Reproduction

QH
506
.M69

COPYRIGHT © 1978, BY ACADEMIC PRESS, INC.
ALL RIGHTS RESERVED.
NO PART OF THIS PUBLICATION MAY BE REPRODUCED OR
TRANSMITTED IN ANY FORM OR BY ANY MEANS, ELECTRONIC
OR MECHANICAL, INCLUDING PHOTOCOPY, RECORDING, OR ANY
INFORMATION STORAGE AND RETRIEVAL SYSTEM, WITHOUT
PERMISSION IN WRITING FROM THE PUBLISHER.

ACADEMIC PRESS, INC.
111 Fifth Avenue, New York, New York 10003

United Kingdom Edition published by
ACADEMIC PRESS, INC. (LONDON) LTD.
24/28 Oval Road, London NW1 7DX

Library of Congress Cataloging in Publication Data

Monod, Jacques.
    Selected papers in molecular biology.

    1. Molecular biology—Addresses, essays, lectures. I. Lwoff, André. II. Ullmann, Agnes. III. Title.
QH506.M69   574.8'8   78-13049
ISBN 0-12-460482-X

PRINTED IN THE UNITED STATES OF AMERICA

Contents

Frontispiece ii
Preface xiii

Le taux de croissance en fonction de la concentration de l'aliment dans une population de *Glaucoma piriformis* en culture pure. [Growth rate as a function of nutrient concentration in a population of *Glaucoma piriformis* in pure culture.]
   C. R. H. Acad. Sci., Paris, **201**, 1513–1515 (1935) — 1

Ration d'entretien et ration de croissance dans les populations bactériennes. [Maintenance ration and growth ration in bacterial populations.]
   C. R. H. Acad. Sci., Paris, **205**, 1456–1457 (1937) — 4

Croissance des populations bactériennes en fonction de la concentration de l'aliment hydrocarboné. [Growth of bacterial populations as a function of the concentration of the carbohydrate nutrient.]
   C. R. H. Acad. Sci., Paris, **212**, 771–773 (1941) — 6

Sur un phénomène nouveau de croissance complexe dans les cultures bactériennes. [On a new phenomenon of complex growth in bacterial cultures.]
   C. R. H. Acad. Sci., Paris, **212**, 934–936 (1941) — 9

Diauxie et respiration au cours de la croissance des cultures de *B. coli*. [Diauxy and respiration during the growth of cultures of *B. coli*.]
   Ann. Inst. Pasteur, Paris, **68**, 549–550 (1942) — 12

Sur l'expression analytique de la croissance des populations bactériennes. (With F. MORIN.) [On the analytical expression of the growth of bacterial populations.]
   Revue Sci., Paris, **5**, 227–229 (1942) — 14

Inhibition de l'adaptation enzymatique chez *B. coli* en présence de 2-4 dinitrophénol. [Inhibition of enzymatic adaptation in *Bacillus coli* in the presence of 2,4-dinitrophenol.]   17
Ann. Inst. Pasteur, Paris, **70**, 381–384 (1944)

Sur la nature du phénomène de diauxie. [On the nature of the diauxy phenomenon.]   21
Ann. Inst. Pasteur, Paris, **71**, 37–40 (1945)

Mutation et adaptation enzymatique chez *Escherichia coli mutabile*. (With A. AUDUREAU.) [Mutation and enzymatic adaptation in *Escherichia coli mutabile*.]   25
Ann. Inst. Pasteur, Paris, **72**, 868–878 (1946)

Sur une mutation spontanée affectant le pouvoir de synthèse de la méthionine chez une bactérie coliforme. [On a spontaneous mutation affecting the ability to synthesize methionine in a coliform bacteria.]   36
Ann. Inst. Pasteur, Paris, **72**, 879–890 (1946)

L'inhibition de la croissance et de l'adaptation enzymatique chez les bactéries infectées par le bactériophage. (With E. WOLLMAN.) [Inhibition of growth and enzymatic adaptation in bacteria infected by a bacteriophage.]   48
Ann. Inst. Pasteur, Paris, **73**, 937–956 (1947)

The phenomenon of enzymatic adaptation and its bearings on problems of genetics and cellular differentiation.   68
Growth Symposium, **XI**, 223–289 (1947)

Synthèse d'un polysaccharide du type amidon aux dépens du maltose, en présence d'un extrait enzymatique d'origine bactérienne. (With A. M. TORRIANI and the collaboration of M. VUILLET.) [Synthesis of a starch-type polysaccharide at the expense of maltose in the presence of an enzymatic extract of bacterial origin.]   135
C. R. H. Acad. Sci., Paris, **227**, 240–242 (1948)

Sur une lactase extraite d'une souche d'*Escherichia coli mutabile*. (With A. M. TORRIANI and J. GRIBETZ.) [On a lactase extracted from a strain of *Escherichia coli mutabile*.]   137
C. R. H. Acad. Sci., Paris, **227**, 315–316 (1948)

The growth of bacterial cultures.   139
   Annu. Rev. Microbiol., **3**, 371–394 (1949)

De l'amylomaltase d'*Escherichia coli*. (With A. M. TORRIANI.) [On the amylomaltase of *Escherichia coli*.]   163
   Ann. Inst. Pasteur, Paris, **78**, 65–77 (1950)

Adaptation, mutation and segregation in the formation of bacterial enzymes.   176
   Biochem. Soc. Symp., **4**, 51–58 (1950)

La technique de culture continue. Théorie et applications. [The technique of a continuous culture. Theory and applications.]   184
   Ann. Inst. Pasteur, **79**, 390–410 (1950)

Sur la biosynthèse de la β-galactosidase (lactase) chez *Escherichia coli*. La spécificité de l'induction. (With G. COHEN-BAZIRE and M. COHN.) [On the biosynthesis of β-galactosidase (lactase) in *Escherichia coli*. The specificity of induction.]   205
   Biochim. Biophys. Acta, **7**, 585–599 (1951)

La biosynthèse induite des enzymes (adaptation enzymatique). (With M. COHN.) [The induced biosynthesis of enzymes (enzymatic adaptation).]   220
   Adv. Enzymol., **XIII**, 67–119 (1952)

La cinétique de la biosynthèse de la β-galactosidase chez *Escherichia coli* considérée comme fonction de la croissance. (With A. M. PAPPENHEIMER, Jr., and G. COHEN-BAZIRE.) [Kinetics of the biosynthesis of β-galactosidase in *Escherichia coli* considered as a function of growth.]   273
   Biochim. Biophys. Acta, **9**, 648–660 (1952)

L'effet d'inhibition spécifique dans la biosynthèse de la tryptophane-desmase chez *Aerobacter aerogenes*. (With G. COHEN-BAZIRE.) [The specific inhibition effect in the biosynthesis of tryptophan-desmolase in *Aerobacter aerogenes*.]   286
   C. R. H. Acad. Sci., Paris, **236**, 530–532 (1953)

L'effet inhibiteur spécifique de la méthionine dans la formation de la méthionine-synthase chez *Escherichia coli*. (With M. COHN and G.-N. COHEN.) [The specific inhibitory effect of methionine in the formation of methionine synthetase of *Escherichia coli*.]   289
    C. R. H. Acad. Sci., Paris, **236**, 746–748 (1953)

Terminology of enzyme formation. (With M. COHN, M. R. POLLOCK, S. SPIEGELMAN, and R. Y. STANIER.)   292
    Nature, **172**, 1096 (1953)

Studies on the induced synthesis of β-galactosidase in *Escherichia coli*: The kinetics and mechanism of sulfur incorporation. (With D. S. HOGNESS and M. COHN.)   295
    Biochim. Biophys. Acta, **16**, 99–116 (1955)

Remarks on the mechanism of enzyme induction.   313
    Henry Ford Hosp. Int. Symp., In: "Enzymes: Units of Biological Structure and Function," pp. 7–28. Academic Press, New York (1956)

La galactoside-perméase d'*Escherichia coli*. (With H. V. RICKENBERG, G. N. COHEN, and G. BUTTIN.) [The galactoside permease of *Escherichia coli*.]   335
    Ann. Inst. Pasteur, Paris, **91**, 829–857 (1956)

Bacterial permeases. (With G. N. COHEN.)   364
    Bacteriol. Rev., **21**, 169–194 (1957)

The genetic control and cytoplasmic expression of "inducibility" in the synthesis of β-galactosidase by *E. coli*. (With A. B. PARDEE and F. JACOB.)   390
    J. Mol. Biol., **1**, 165–178 (1959)

Sur la présence de protéines apparentées à la β-galactosidase chez certains mutants d'*Escherichia coli*. (With D. PERRIN and A. BUSSARD.) [On the presence of proteins related to β-galactosidase in some mutants of *Escherichia coli*.]   404
    C. R. H. Acad. Sci., Paris, **249**, 778–780 (1959)

On the enzymic acetylation of isopropyl-β-D-thiogalactoside and its association with galactoside-permease. (With I. ZABIN and A. KEPES.)   407
    Biochem. Biophys. Res. Commun., **1**, 289–292 (1959)

L'opéron: Groupe de gènes à expression coordonnée par un opérateur. (With F. JACOB, D. PERRIN, and C. SANCHEZ.) [The operon: A group of genes whose expression is coordinated by an operator.] 411
   C. R. H. Acad. Sci., Paris, **250**, 1727–1729 (1960)

Synthèse constitutive de galactokinase consécutive au développement des bactériophages λ chez *Escherichia coli* K 12. (With G. BUTTIN and F. JACOB.) [Constitutive synthesis of galactokinase following the development of bacteriophage λ in *Escherichia coli* K 12.] 414
   C. R. H. Acad. Sci., Paris, **250**, 2471–2473 (1960)

Effets d'un analogue de l'uracile sur les propriétés d'une protéine enzymatique synthétisée en sa présence. (With A. BUSSARD, S. NAONO, and F. GROS.) [Effect of an analog of uracil on the properties of a protein synthesized in its presence.] 417
   C. R. H. Acad. Sci., Paris, **250**, 4049–4051 (1960)

Biosynthèse induite d'une protéine génétiquement modifiée, ne présentant pas d'affinité pour l'inducteur. (With D. PERRIN and F. JACOB.) [Induced biosynthesis of a genetically modified protein having no affinity for the inducer.] 420
   C. R. H. Acad. Sci., Paris, **251**, 155–157 (1960)

On the expression of a structural gene. (With M. RILEY, A. B. PARDEE, and F. JACOB.) 423
   J. Mol. Biol., **2**, 216–225 (1960)

Genetic regulatory mechanisms in the synthesis of proteins. (With F. JACOB.) 433
   J. Mol. Biol., **3**, 318–356 (1961)

On the regulation of gene activity. (With F. JACOB.) 472
   Cold Spring Harbor Symp. Quant. Biol., **26**, 193–211 (1961)

General conclusions: Teleonomic mechanisms in cellular metabolism, growth and differentiation. (With F. JACOB.) 491
   Cold Spring Harbor Symp. Quant. Biol., **26**, 389–401 (1961)

Thiogalactoside transacetylase. (With I. ZABIN and A. KEPES.) 504
   J. Biol. Chem., **237**, 253–257 (1962)

Sur la nature du répresseur assurant l'immunité des bactéries lysogènes. (With F. JACOB and R. SUSSMAN.) [On the nature of the repressor assuring the immunity of lysogenic bacteria.]   509
  C. R. H. Acad. Sci., Paris, **254,** 4214–4216 (1962)

Genetic repression, allosteric inhibition, and cellular differentiation. (With F. JACOB.) *In*: "Cytodifferentiation and Macromolecular Synthesis " (M. Locke, ed.), pp. 30–64. Academic Press, New York (1963)   512

Allosteric proteins and cellular control systems. (With J. P. CHANGEUX and F. JACOB.)   547
  J. Mol. Biol., **6,** 306–329 (1963)

On the reversibility by treatment with urea of the thermal inactivation of *E. coli* β-galactosidase. (With D. PERRIN.)   571
  Biochem. Biophys. Res. Commun., **12,** 425–428 (1963)

Non-inducible mutants of the regulator gene in the "lactose" system of *Escherichia coli*. (With C. WILLSON, D. PERRIN, M. COHN, and F. JACOB.)   575
  J. Mol. Biol., **8,** 582–592 (1964)

The effect of 5′adenylic acid upon the association between bromthymol blue and muscle phosphorylase b. (With A. ULLMANN and P. R. VAGELOS.)   586
  Biochem. Biophys. Res. Commun., **17,** 86–92 (1964)

On the nature of allosteric transitions: A plausible model. (With J. WYMAN and J. P. CHANGEUX.)   593
  J. Mol. Biol., **12,** 88–118 (1965)

Identification par complémentation *in vitro* et purification d'un segment peptidique de la β-galactosidase d'*Escherichia coli*. (With A. ULLMANN, D. PERRIN, and F. JACOB.) [Identification by *in vitro* complementation and purification of a peptide segment of the β-galactosidase of *Escherichia coli*.]   624
  J. Mol. Biol., **12,** 918–923 (1965)

Rôle du lactose et de ses produits métaboliques dans
l'induction de l'opéron lactose chez *Escherichia coli*. (With
C. BURSTEIN, M. COHN, and A. KEPES.) [Role of lactose and of
its metabolic products in the induction of the lactose operon in
Escherichia coli.]   630
    Biochim. Biophys. Acta, **95,** 634–639 (1965)

Genetic mapping of the elements of the lactose region in
Escherichia coli. (With F. JACOB.)   636
    Biochem. Biophys. Res. Commun., **18,** 693–701 (1965)

Délétions fusionnant l'opéron lactose et un opéron purine chez
Escherichia coli. (With F. JACOB and A. ULLMANN.)
[Deletions fusing the lactose operon to a purine operon in
Escherichia coli.]   645
    J. Mol. Biol., **13,** 704–719 (1965)

From enzymatic adaptation to allosteric transitions.
[Translation of the Nobel lecture delivered in French in 1965,
Stockholm.]   661
    Science, **154,** No. 3784, 475–483 (1966)

Characterization by *in vitro* complementation of a peptide
corresponding to an operator-proximal segment of the
β-galactosidase structural gene of *Escherichia coli*. (With A.
ULLMANN and F. JACOB.)   670
    J. Mol. Biol., **24,** 339–343 (1967)

Kinetics of the allosteric interactions of phosphofructokinase
from *Escherichia coli*. (With D. BLANGY and H. BUC.)   675
    J. Mol. Biol., **31,** 13–35 (1968)

Sur certaines implications de l'hypothèse d'une équivalence
stricte entre les protomères des protéines oligomériques. (With
P. CLAVERIE and M. HOFNUNG.) [On some implications
of the hypothesis of a strict equivalence between the
protomers of oligomeric proteins.]   698
    C. R. H. Acad. Sci., Paris, **266,** 1616–1618 (1968)

On symmetry and function in biological systems.   701
    Nobel Symp. No 11. In: "Symmetry and Function of
Biological Systems at the Macromolecular Level." (Arne
Engström and Bror Strandberg, eds.), pp. 15–27. Stockholm
(1968).

Cyclic AMP as an antagonist of catabolite repression in
Escherichia coli. (With A. ULLMANN.) 714
  F. E. B. S. Letters, **2,** 57–60 (1968)

Cyclic AMP and catabolite repression in *Escherichia coli.*
(With A. ULLMANN, G. CONTESSE, M. CREPIN, and F.
GROS.) 718
  Reprinted from "Fogarty International Center." Proc. No. 4,
  U.S. Dept. of Health, Education, and Welfare NIH,
  215–231 (1970).

An immunological study of complementary fragments of
β-galactosidase. (With F. CELADA and A. ULLMANN.) 735
  Biochemistry, **13,** 5543–5547 (1974)

Catabolite modulator factor: A possible mediator of catabolite
repression in bacteria. (With A. ULLMANN and F.
TILLIER.) 740
  Proc. Natl. Acad. Sci. USA, **73,** 3476–3479 (1976)

Complete bibliography of scientific papers. (A.LWOFF) 745
  Biogr. Mem. Fellows Roy. Soc., **23,** 405–415 (1977)

Preface

Occasionally the career of a scientist is marked by an important discovery. It is most unusual that it be illuminated by an uninterrupted series of great discoveries, and still more unusual when each discovery gives rise to new concepts and opens new vistas.

Sometimes a scientist by his work or personality influences his contemporaries. It is rare that he establishes a school. The founder of a school must dominate a field. He must have enough insight to foresee the direction research has to assume in order to achieve his goal. He should be able to judge the potential of young scientists and to assess the manifold aspects of their personalities so that he can provide them with projects in harmony with their interests and talents. He should be able to propose projects that can be solved or be channeled in a productive manner. He should love his students and collaborators, and be generous. Jacques Monod possessed all these qualities, therefore he was not only a brilliant scientist, but the founder of a renowned school as well.

Jacques Monod was responsible for many major scientific discoveries, which were elegantly developed in a long series of classical papers. Many of his friends and colleagues expressed the wish that his major publications be freely available. With this book we have tried to fulfill this wish. It includes papers on his most significant work.

This book would not have been possible without the copyright releases kindly granted by the publishers of the original papers. The resulting royalties will be deposited in a Jacques Monod Memorial Fund, which will be administered by the Institut Pasteur. We also wish to express our gratitude to the staff of Academic Press for their friendly cooperation.

ANDRÉ LWOFF
AGNES ULLMANN

BIOLOGIE EXPÉRIMENTALE. — *Le taux de croissance en fonction de la concentration de l'aliment dans une population de* Glaucoma piriformis *en culture pure*. Note (¹) de M. **Jacques Monod**.

Lorsqu'une population croît dans un milieu confiné, celui-ci subit une série de modifications qui retardent et limitent la croissance. On peut, en première approximation, ne tenir compte que de deux facteurs : l'appauvrissement en aliments et l'accumulation des déchets toxiques.

Dans la plupart des cas, ces deux facteurs concourent ensemble au ralentissement et à l'arrêt de la croissance. Il est cependant possible d'étudier séparément leur action en choisissant convenablement les conditions expérimentales.

Il est évident que le rôle relatif des toxines et de l'aliment dépend essentiellement de la densité de la population. En faisant varier entre de larges limites la concentration initiale du milieu alimentaire, on devra obtenir des populations dont les densités maximales seront très différentes. Le rôle des toxines sera d'autant moindre que cette densité sera plus faible. Il doit exister une zone où le facteur d'appauvrissement alimentaire agit à l'état pur, et au moins théoriquement, une autre où seule l'accumulation des toxines limite la croissance. La difficulté, c'est de définir les limites de ces zones.

On peut aborder le problème de la façon suivante : il existe dans la croissance de presque toutes les populations une période pendant laquelle

---

(¹) Séance du 23 décembre 1935.

le rôle des toxines est certainement nul, c'est la phase exponentielle par laquelle débute la courbe de croissance.

On peut considérer, par définition, que pendant la période où le taux d'accroissement de la population est constant (c'est-à-dire pendant la phase

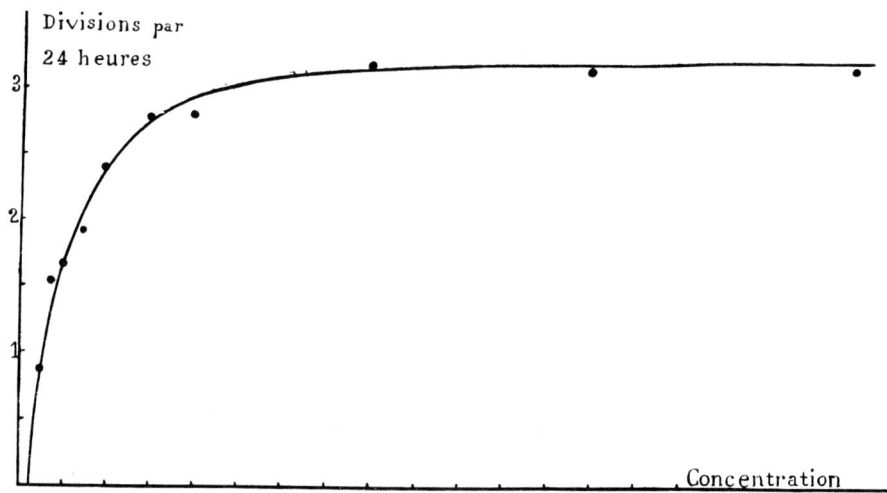

exponentielle), le milieu ne subit aucune modification appréciable. L'intensité de la croissance ne dépend alors que de la concentration initiale de l'aliment, variable au gré de l'expérimentateur.

On pourra obtenir ainsi une courbe de l'intensité de la croissance en fonction de la concentration de l'aliment.

Telle est la courbe, que nous reproduisons ici, obtenue en utilisant une population de *Glaucoma piriformis* en culture pure dans une solution de peptone ([1]).

Nous avons représenté en fonction de la concentration du milieu le taux moyen de division des Infusoires, estimé d'après la pente du graphique de la phase exponentielle qui est dans ce cas, longue et bien définie.

On voit que cette courbe se rapproche asymptotiquement d'une valeur qui est le taux maximum de division ; il ne s'agit donc pas d'une fonction

---

([1]) Nous donnerons ailleurs la technique employée. Il suffit de savoir que les cultures étaient faites dans diverses dilutions d'une solution de peptone maintenues à 24° dans un thermostat. La croissance était mesurée par des prélèvements sur lesquels on faisait des numérations dans une cellule de Nageotte.

linéaire, comme l'ont souvent supposé les théoriciens de la croissance ([1]).

Il importe de souligner que la valeur de ce taux maximum de croissance est indépendante de la nature du milieu de culture; elle est la même dans l'eau peptonée et dans des bouillons de divers organes. On peut donc considérer que la concentration alimentaire n'agit sur la vitesse de division que comme facteur limitant.

En outre la constance de ce taux maximum de croissance est un test de la méthode employée.

([1]) C'est l'hypothèse qu'exprime en particulier l'équation de Verhulst et celle de Volterra.

BIOLOGIE. — *Ration d'entretien et ration de croissance dans les populations bactériennes.* Note de M. Jacques Monod.

Nous avons montré ([1]) que, lorsque, dans une culture pure d'Infusoires, l'influence des déchets toxiques est éliminée, la croissance est limitée uniquement par l'appauvrissement du milieu en aliments.

On obtient alors une relation linéaire entre la concentration initiale de l'aliment et le maximum de densité atteint par la population. Tout se passe en somme comme si la totalité, ou du moins un pourcentage constant de l'aliment était utilisé uniquement à la constitution de la matière vivante nouvelle. Dans ces conditions on ne voit pas qu'il y ait lieu de distinguer comme on le fait d'ordinaire entre ration d'entretien et ration de croissance.

L'existence de cette relation linéaire a été confirmée depuis par certains résultats de Phelps et de Rottier qui utilisaient également des populations de Protistes. Je l'ai retrouvée dans la croissance de cultures pures de bactéries en milieu liquide (*B. subtilis* et *B. coli*) où l'expérimentation est plus facile et plus précise. Grâce à une technique qui sera décrite ailleurs j'ai pu la vérifier avec une précision supérieure à 3 pour 100 dans tous les cas.

Enfin on peut mettre cette relation en évidence de façon plus frappante encore. On peut, en effet, l'énoncer sous une autre forme, en disant que le rendement de la croissance est constant, ou si l'on préfère, que la quantité d'aliment absorbée entre deux divisions consécutives est toujours la même, quel que soit le temps qui s'écoule entre elles.

Cela peut se vérifier directement en ralentissant artificiellement la croissance ([2]), ce qu'il est facile de faire en diminuant la pression d'oxygène dans le milieu. J'ai pu obtenir ainsi des cultures qui atteignaient leur densité maximum 3 ou 4 heures plus tard que les cultures témoins, la durée

---

([1]) Monod, *Comptes rendus*, 201, 1935, p. 1513; Monod et Teissier, *Comptes rendus*, 202, 1936, p. 162.

([2]) A condition que le facteur employé pour obtenir ce ralentissement ne soit pas de nature à modifier par lui-même le rendement de la croissance, ce qui serait le cas si l'on utilisait par exemple des variations de température.

(2) Reprinted from *Comptes rendus des séances de l'Académie des Sciences,* 205: 1456–1457, © 1937, by permission of Gauthier-Villars, Paris.

totale de la croissance étant pour ces dernières de 8 ou 9 heures. La différence des taux moyens de croissance dépasse alors 30 pour 100 du taux normal. Les maxima atteints étaient pourtant les mêmes dans tous les cas, et cela à moins de 2 pour 100 près. Le rendement de la croissance est donc constant quelle que soit sa vitesse.

Ces nouvelles expériences, où le problème est considéré sous un autre angle, confirment les conclusions que nous avions tirées de l'existence d'une relation linéaire entre la concentration de l'aliment et le maximum de densité de la population.

Cela ne signifie cependant pas nécessairement que le métabolisme de croissance soit seul en cause, que la ration d'entretien soit nulle ou négligeable. On peut supposer que le métabolisme de croissance n'est qu'une mesure du métabolisme général, et que ration d'entretien et ration de croissance sont proportionnelles l'une à l'autre. C'est l'hypothèse qui paraît la plus raisonnable, si l'on tient à conserver la notion d'énergie d'entretien. De plus, elle sera peut-être susceptible de vérification expérimentale. Pour l'instant cependant nous devons nous en tenir à l'interprétation directe des faits.

BIOLOGIE EXPÉRIMENTALE. — *Croissance des populations bactériennes en fonction de la concentration de l'aliment hydrocarboné.* Note ([1]) de M. JACQUES MONOD.

Nous avons montré ([2]) qu'il existe une relation linéaire entre la concentration initiale de l'aliment et le maximum de densité atteint par les populations de Bactéries et d'Infusoires en cultures pures. Cette relation ne peut être mise en évidence qu'à condition d'expérimenter avec des milieux suffisamment dilués, faute de quoi d'autres facteurs limitants s'introduisent, qui masquent cette proportionnalité. C'est pourquoi cette relation si simple est restée si longtemps ignorée.

Nous avions montré d'autre part que le taux de croissance était également fonction de la concentration de l'aliment, et que ses variations pouvaient être représentées par une courbe d'allure hyperbolique. Il résultait donc de ces observations que le rendement de la croissance était constant quelle que fût sa vitesse, et que tout se passait comme si la ration d'entretien était nulle ou absolument négligeable.

Ces résultats avaient été acquis avec des cultures sur milieux complexes, bouillons de viande ou d'organes, solutions peptonées. Il était impossible dans ces conditions de savoir quelle source alimentaire jouait le rôle limitant. Ce pouvait être un aliment non fournisseur d'énergie, ce qui aurait de beaucoup diminué la portée de nos résultats.

Nous avons donc repris ces expériences avec des milieux synthétiques, et en faisant en sorte que la croissance ne soit fonction que de la concentration de l'aliment hydrocarboné, seul fournisseur d'énergie. Nous avons utilisé pour cela la *constante saline* suivante (pH 6,9) :

	PO_4KH_2	NH_4Cl	SO_4Mg	SO_4Fe	$CaCl_2$	Eau redistillée.
Grammes.......	2	0,5	0,03	0,005	0,01	1000

([1]) Séance du 28 janvier 1941.
([2]) *Comptes rendus*, **201**, 1935, p. 1513; **202**, 1936, p. 162; **205**, 1937, p. 1456.

à laquelle on ajoutait des doses variables du sucre étudié. Les variations de pH dans ce milieu fortement tamponné sont assez faibles pour n'influer en rien sur la croissance ([3]).

Dans ces conditions la croissance est uniquement fonction de la concentration de l'aliment hydrocarboné, tant que celle-ci ne dépasse pas 0,5 ⁰/₀₀ environ. Nous avons pu vérifier ainsi que les relations établies avec des milieux complexes étaient parfaitement valables pour la croissance en fonction de l'aliment énergétique. Ces expériences ont porté sur de nombreux sucres et sur deux espèces bactériennes, *B. coli* et *B. subtilis*.

Nous reproduisons ici un graphique qui met bien en évidence la pré-

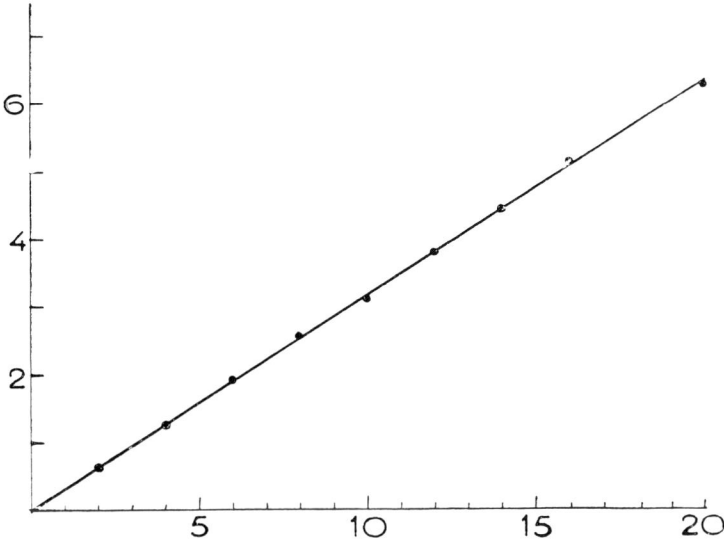

cision des résultats. Il correspond à une culture de *B. coli* sur mannite. En abscisses, concentration du sucre en centigrammes par litre. En ordonnées, croissance totale des cultures : les unités sont arbitraires et correspondent à la graduation de l'appareil de mesure. (Une unité équivaut à environ 8^{mg} de poids sec par litre.)

([3]) Les techniques de culture et de mesures seront décrites par ailleurs. Qu'il nous suffise d'indiquer qu'elles sont essentiellement les mêmes que dans les expériences précédentes : culture dans des fioles coniques constamment agitées dans un thermostat à 3-°, mesure de la densité des cultures au néphélémètre de Meunier.

(3)

On remarquera que la droite représentative passe très sensiblement par l'origine des coordonnées. Nous avons eu du reste de très nombreuses occasions de vérifier qu'il en est toujours ainsi. La pente de la droite étant définie avec beaucoup de précision, on peut considérer cette extrapolation comme légitime, et en conclure que *tout se passe comme si la concentration de sucre permettant à la culture de se maintenir mais non de croître était nulle*. Autrement dit, il n'existe pas de *concentration d'entretien*, ou alors on devra supposer que cette concentration est si faible qu'elle échappe complètement à l'expérience. (D'après nos estimations elle serait certainement inférieure à 10^{-7}.)

Nous pensons donc pouvoir considérer nos observations antérieures comme entièrement vérifiées. Cependant nous tenons à marquer que les conclusions qu'on en peut tirer ne sont valables *que pour la phase de croissance positive* des cultures.

BIOLOGIE EXPÉRIMENTALE. — *Sur un phénomène nouveau de croissance complexe dans les cultures bactériennes.* Note (¹) de M. **Jacques Monod**, présentée par M. Charles Pérez.

Au cours de recherches sur la croissance des populations bactériennes (²), nous avons eu l'occasion d'observer un phénomène que nous croyons être le premier à signaler. Nous nous contenterons pour l'instant de le décrire, sans chercher encore à en donner une interprétation précise.

Des expériences qui ont été exposées antérieurement ont montré que, dans certaines conditions de culture en milieu synthétique, la croissance n'était fonction que de la concentration de la source hydrocarbonée. Il a été possible ainsi d'étudier les courbes de croissance et les rendements correspondants à de nombreux sucres différents. Lorsque au lieu d'introduire un seul sucre dans le milieu on en introduit deux, on constate que le rendement résultant est la somme des rendements de chaque sucre. Mais on constate en outre que, si certains mélanges donnent une croissance normale, se traduisant par les courbes en S classiques, que l'on ne saurait distinguer des courbes correspondant à un seul sucre (*fig.* 1), en revanche d'autres mélanges donnent des courbes toutes différentes, comprenant deux croissances bien distinctes, séparées par une phase très ralentie, le plus souvent nulle ou même négative (*fig.* 2). Ce phénomène n'est pas parti-

---

(¹) Séance du 5 mai 1941.
(²) *Comptes rendus*, **201**, 1935, p. 1513; **202**, 1936, p. 162; **205**, 1937, p. 1456.

culier à une espèce bactérienne. Nous l'avons observé avec deux souches de
B. subtilis, une souche de *B. coli* et une souche de *B. typhi-murium*. Or le
bacille subtil est fort différent à tous points de vue des deux autres, qui
appartiennent au groupe coli-typhique. Ces diverses souches nous ont
cependant fourni des résultats essentiellement comparables. Il est donc

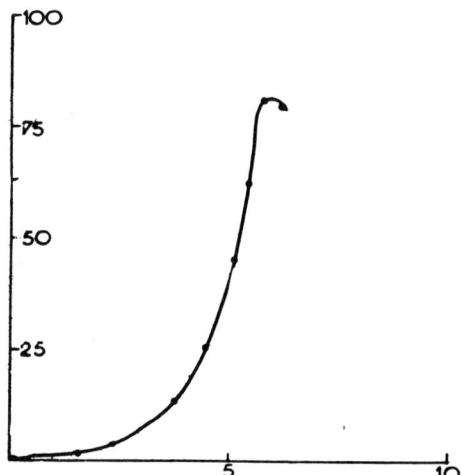

Fig. 1. — Croissance d'une culture de *B. subtilis* sur un milieu contenant du saccharose et du glucose. Temps en heures, densité de la population en unités arbitraires (100 = 80^{mg} de poids sec par litre environ).

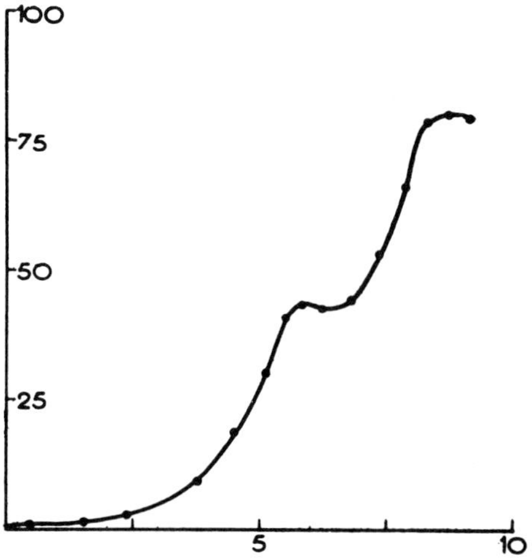

Fig. 2. — Croissance d'une culture de *B. subtilis* sur un milieu contenant du saccharose et de l'arabinose. Mêmes unités.

vraisemblable qu'il s'agit là d'un phénomène général, indépendant des idiosyncrasies physiologiques des bactéries, dépendant au contraire strictement des sucres essayés.

En effet l'observation de ce phénomène conduit à classer les sucres en deux groupes suivant qu'ils donnent ou non des croissances doubles lorsqu'on les associe à l'un d'entre eux pris comme test. Voici le classement obtenu avec une souche de *B. subtilis* en utilisant le saccharose comme test. Nous désignons par A les sucres qui, associés au saccharose, ne donnent pas, et par B ceux qui, dans les mêmes conditions, donnent lieu à ce phénomène.

  A... *Saccharose, Glucose, Fructose, Mannose, Mannite.*
  B... *Maltose, Xylose, Arabinose, Sorbite, Inosite.*

Chez *B. coli*, en utilisant le glucose comme test, on trouve le même classement pour tous les sucres attaquables par les deux bactéries. Il en est de même avec *B. typhi-murium*. Comme on le voit, chaque classe comprend plusieurs catégories de sucres également représentées dans l'autre. L'examen de ces deux listes n'apporte donc, au premier abord, rien qui puisse nous mettre sur la voie d'une explication.

Nous espérons pouvoir apporter bientôt des résultats qui permettront de mieux définir les conditions du phénomène. Dès maintenant cependant, on peut être certain qu'on ne saurait se contenter de le décrire sous le nom d'*attaque préférentielle*. Outre que ce terme est extrêmement vague, il est tout à fait inadéquat lorsque, comme c'est le cas, la croissance s'arrête complètement ou même passe par une phase négative. Comme chacun sait, on connaît depuis longtemps des cas d'attaque successive de deux isomères optiques. Mais une telle explication est hors de cause. Richards (*Arch. f. Protistenkunde*, 78, 1932) a signalé l'existence, dans certains cas, d'une seconde poussée dans la croissance de la levure. Mais ses milieux ne contenaient qu'un sucre, et il a démontré qu'il s'agissait d'une croissance résiduelle après cytolyse partielle. Quelques auteurs ont observé des mutations affectant le pouvoir d'attaque du Colibacille vis-à-vis de certains sucres. Cette hypothèse n'est guère soutenable en l'occurence, et nous pensons pouvoir montrer qu'elle doit être définitivement ecartee.

Il paraît donc probable que le phénomène que nous signalons pose un problème nouveau de physiologie bactérienne.

CHIMIE BIOLOGIQUE. — *Rôle du pancréas dans la régulation du pouvoir choline-estérasique du sérum sanguin*. Note de MM. **Daniel Santenoise** et **Daniel Bovet**, présentée par M. Gabriel Bertrand.

Il est actuellement établi, depuis les travaux de Lœwi et de Dale, que l'acétylcholine joue, comme médiateur chimique, un rôle extrêmement important dans le fonctionnement du système nerveux et tout particulièrement du parasympathique.

Cette acétylcholine est détruite dans l'organisme au fur et à mesure de sa production, plus ou moins rapidement, par une diastase, la choline-estérase appelée aussi acétylcholinase, qui provoque son hydrolyse.

L'on pouvait dès lors se demander si l'action de l'acétylcholine ne se trouvait pas indirectement conditionnée par une modification du pouvoir des ferments qui assurent normalement son hydrolyse.

DIAUXIE ET RESPIRATION AU COURS DE LA CROISSANCE DES CULTURES DE *B. COLI*

par Jacques MONOD.

La mise en évidence du phénomène de diauxie (1) et son étude ont été jusqu'ici basées exclusivement sur la détermination des courbes de croissance. L'objet de la présente note est de montrer que ce phénomène se reflète également dans le métabolisme des cultures, qu'une véritable « diauxie respiratoire » se superpose à la « diauxie de croissance ».

Techniques de culture et de mesure. — Les techniques de détermination de la croissance ont été décrites par ailleurs (*loc. cit.*). La consommation d'oxygène a été mesurée à l'aide d'un appareil Warburg-Barcroft. Différents mélanges de deux glucides ont été essayés, chaque sucre étant introduit à la concentration de 0,075 mg. par litre.

Résultats expérimentaux. — Les combinaisons suivantes ont été expérimentées : glucose-maltose, glucose-xylose, glucose-arabinose, mannite-sorbite, glucose-mannite, glucose-fructose, maltose-lactose, lactose-xylose.

Les quatre premières, comprenant chacune un glucide inhibiteur et un de la catégorie B, donnent lieu au phénomène de diauxie. Les quatre autres combinaisons entre deux sucres B ou deux sucres A, donnent des croissances normales. Les courbes de consommation d'oxygène en fonction du temps fournies par les combinaisons du premier type sont tout à fait caractéristiques, et se superposent aux courbes de croissance diauxique. La figure 1 en donne un exemple dans le cas de la combinaison mannite-sorbite. On peut voir qu'aux deux cycles de croissance correspondent deux cycles respiratoires, séparés par une phase pendant laquelle l'intensité respiratoire passe par un minimum. En revanche, on n'observe rien de semblable avec les combinaisons du second type : dans ce cas, les courbes obtenues sont en tous points comparables à celles que l'on obtient avec un seul sucre (fig. 2).

On doit observer que la phase d'arrêt à peu près complet, qui sépare les deux cycles des croissances diauxiques, n'est en général représentée dans la courbe de respiration que par un ralentissement plus ou moins marqué. Il semble donc que, pendant un certain temps,

---

(1) Monod, Recherches sur la croissance des cultures bactériennes. *Act. Scient. et Ind.*, n° 911, Hermann, édit., Paris, 1942.

la culture respire sans s'accroître, c'est-à-dire sans assimiler d'une manière sensible. Aux dépens de quel substrat s'effectue cette oxydation ? Ce point est difficile à préciser, et l'on ne peut pour l'instant qu'avancer des hypothèses. A ce sujet, il est intéressant de noter que dans la plupart des cas (croissances diauxiques ou croissances normales), les cultures continuent de respirer, à un taux relativement élevé, et pendant assez longtemps, après la fin de la croissance (fig. 1 et 2). Or, cette respiration ne s'effectue certainement pas aux dépens du glucide qui a servi d'aliment de croissance : en effet, des expériences nombreuses et concordantes démontrent que celui-ci est complètement épuisé au moment où s'achève la croissance (Monod, *loc. cit.*, p. 46 et 104). D'ailleurs, la brusque variation de l'intensité respiratoire à la fin de la croissance indique à elle seule que le substrat utilisé n'est plus le même. D'autre part, lorsqu'on centrifuge une culture et qu'on la remet en suspension dans un milieu

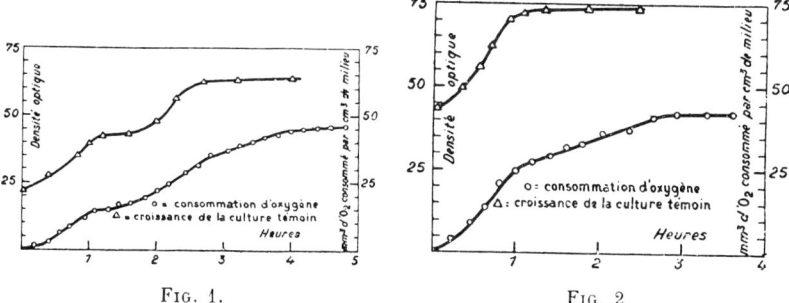

Fig. 1.   Fig. 2.

salin dépourvu d'aliment carboné, on observe que l'intensité respiratoire tombe à un niveau extrêmement faible, pour ne pas dire nul. Si on la remet en suspension dans le milieu usé, la respiration reprend, mais non la croissance. On doit donc conclure qu'au cours du métabolisme aérobie des glucides (de certains d'entre eux tout au moins) par *B. coli*, il se forme des produits d'oxydation incomplète, que la culture peut encore oxyder secondairement, mais qui ne paraissent pas susceptibles d'être utilisés pour les synthèses.

Il est possible, on ne saurait être plus affirmatif pour l'instant, qu'au cours de la phase d'arrêt de la diauxie la respiration s'effectue aux dépens d'un tel déchet du métabolisme, ce qui expliquerait la différence relevée entre la « diauxie de croissance » et la « diauxie respiratoire ».

Pour conclure, retenons essentiellement la confirmation qu'apporte aux recherches sur la croissance la mesure de l'intensité respiratoire. On peut être assuré maintenant que les phénomènes dont la diauxie est le témoin retentissent non seulement sur la croissance, mais encore sur le métabolisme. Cette constatation est d'accord avec les hypothèses (provisoires d'ailleurs) qui ont été avancées pour en rendre compte.

(*Faculté des Sciences de l'Université de Paris.*)

SUR L'EXPRESSION ANALYTIQUE DE LA CROISSANCE DES POPULATIONS BACTÉRIENNES

Par François MORIN et Jacques MONOD

LES recherches poursuivies par l'un de nous (Monod, 1935 et suiv.) ont montré que, dans certaines conditions expérimentales tout au moins, la croissance des cultures de microorganismes n'est limitée que par une seule condition : la concentration du milieu en aliments. On peut alors mettre directement en évidence deux relations très simples, entre la concentration en aliments et, d'une part, le rendement de la croissance, d'autre part, le taux de croissance. Ces relations sont les suivantes :

1° le rendement matériel des processus de croissance est constant, c'est-à-dire indépendant de la concentration des aliments et du taux de croissance, ce que l'on peut exprimer par :

$$\frac{dC}{dt} + K\frac{dx}{dt} = 0,$$

où C exprime la concentration des aliments, K étant une constante ;

2° entre le taux de croissance et la concentration des aliments existe une relation pouvant s'exprimer par :

$$\mu = \mu_0 \frac{C}{C_1 + C}.$$

μ exprimant le taux de croissance, μ_0 et C_1 étant deux constantes.

Si l'on admet, d'autre part, que la croissance de la population puisse être représentée par une relation de la forme :

$$\frac{dx}{dt} = \mu x,$$

relation qui n'est pas autre chose que la définition du taux de croissance μ, on voit que, en combinant ces trois expressions, on aboutit à une équation différentielle exprimant la loi de croissance de la population en fonction de la concentration du milieu en aliments.

Cette équation s'intègre facilement en donnant :

(1) $\quad \mu_0 t = \frac{C_1 + C_0 + Kx_0}{C_0 + Kx_0} \text{Log} \frac{x}{x_0}$
$\qquad\qquad - \frac{C_1}{C_0 + Kx_0} \text{Log} \frac{C_0 + Kx_0 - Kx}{C_0}.$

expression que l'on peut simplifier en posant :

(2) $\quad P = \frac{C_1}{C_0 + Kx_0} \quad \text{et} \quad Q = \frac{C_0 + Kx_0}{Kx_0} ;$

il vient :

(3) $\quad \mu_0 t = (1 + P) \text{Log} \frac{x}{x_0} - P \text{Log}\left(Q - \frac{x}{x_0}\right) + P \text{Log}(Q - 1).$

Les constantes figurant dans l'équation (1) ont un sens biologique parfaitement clair, qu'il sera bon de rappeler : C_0 et x_0 sont des paramètres donnés par les conditions de l'expérience, le premier exprime la concentration du milieu en aliments au début de l'expérience, le second correspond à la densité de la population au même moment ; le coefficient K correspond au rendement matériel de la croissance ; la constante μ_0 exprime le taux de croissance maximum, et la constante C_1 représente la concentration d'aliment pour laquelle le taux de croissance est inférieur de moitié au taux maximum.

Les propriétés de l'équation (3) sont brièvement les suivantes : elle est représentée par une courbe en S à asymptote horizontale, dont l'ordonnée est donnée par :

$$\frac{x_a}{x_0} = Q.$$

x_a étant l'ordonnée de l'asymptote. La position du point d'inflexion est donnée par :

$$\frac{x_i}{x_a} = 1 + P - \sqrt{P(1 + P)}.$$

On voit que la valeur du rapport x_i/x_a se rapproche de 1 lorsque P tend vers 0, et tend asymptotiquement vers 1/2 lorsque P croît indéfiniment.

La courbe de l'équation (3) est donc toujours dissymétrique. Dans la pratique, cette dissymétrie est extrêmement accentuée, car la valeur de P est toujours petite.

Cette équation a été soumise à de nombreuses vérifications expérimentales, et on a pu s'assurer qu'elle permet de reproduire avec une remarquable fidélité les courbes de croissance de diverses cultures bactériennes (Monod, 1942). Il est permis de penser qu'elle représente d'une manière suffisamment complète les conditions auxquelles est soumise la croissance d'une culture bactérienne lorsque celle-ci ne dépend pas d'autres facteurs limitants que l'appauvrissement du milieu en aliments.

On aura vu immédiatement que, par toutes ses propriétés, l'équation que nous proposons se rapproche beaucoup de la relation proposée par Teissier, dès 1936, et dont une justification plus détaillée est donnée par cet auteur dans un article de la présente *Revue*. En fait, l'équation (3) doit être considérée comme une simplification de son équation (5). Les hypothèses de base en sont les mêmes, à ceci près que la relation entre le taux de croissance et la concentration des aliments s'exprime, d'après ses hypothèses, par l'arc asymptotique d'une courbe exponentielle; dans les nôtres, par un arc d'hyperbole. Ces deux représentations sont pratiquement équivalentes, les résultats expérimentaux n'ayant pas une précision qui permette un choix entre elles.

Les hypothèses précises qui ont permis de formuler la « logistique généralisée » s'appliquent à une population

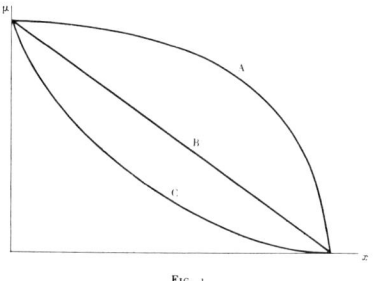

Fig. 1

cellulaire placée dans des conditions telles que le seul facteur limitant de la croissance soit l'appauvrissement du milieu en aliments. Comme nous venons de le voir, ces hypothèses aboutissent à représenter la croissance par une courbe dissymétrique, à point d'inflexion situé plus haut que la moitié de l'asymptote, et les résultats expérimentaux confirment ces prévisions, les courbes obtenues pour la croissance des cultures bactériennes présentant une dissymétrie extrêmement accentuée. Doit-on considérer cette particularité comme caractéristique, et l'équation en question comme applicable seulement dans de tels cas? Cette relation cesse-t-elle d'être utilisable lorsque, l'aliment se trouvant en excès, la croissance est limitée par la variation d'autres conditions, telles que l'accumulation de déchets toxiques ou les propriétés physiques du milieu? Nous ne le pensons pas, et il est au contraire vraisemblable que les qualités formelles de la relation

(4) $$\frac{1}{y}\frac{dy}{dt} = r_M [1 - e^{-\lambda(t-y)}],$$

permettront d'étendre son domaine d'application bien au delà du cadre des hypothèses précises qui ont permis de la formuler. Il est vraisemblable que, quelle que soit la nature des modifications apportées par la croissance au milieu qui la supporte, ces modifications ne commencent à réagir sensiblement sur le taux de croissance qu'au delà de certaines limites, au-dessous desquelles, au contraire, leur action s'accentue très vite. C'est précisément cette hypothèse générale qui a été formulée par Teissier. Si l'on représente le taux de croissance directement en fonction de l'accroissement de la quantité de matière vivante, cette hypothèse s'exprime par une courbe à concavité tournée vers le bas (fig. 1, courbe A). On comprendra facilement que, comprise dans cette acception très générale, cette hypothèse englobe presque tous, sinon tous les cas possibles. En effet, l'hypothèse d'une relation linéaire entre le taux de croissance et la densité de la population (fig. 1, courbe B) (hypothèse qui conduit, on le sait, à la loi logistique de Verhulst) doit être considérée comme une première approximation dont le domaine d'application est probablement très réduit, le taux de croissance devant tendre nécessairement vers une limite lorsque les conditions deviennent plus favorables. Quant à l'hypothèse

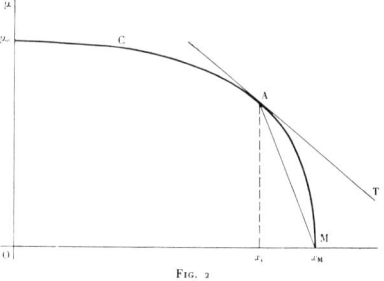

Fig. 2

d'une courbe à concavité tournée vers le haut (fig. 1, courbe C), il est plus que probable qu'elle correspond, en fait, à un cas invraisemblable, puisqu'elle signifierait que l'effet retardateur des modifications apportées par la croissance elle-même dans le milieu qui la supporte va s'atténuant à mesure que ces modifications deviennent plus importantes. Or, on peut démontrer que l'hypothèse de Teissier aboutit nécessairement à représenter la croissance par une courbe dissymétrique, à point d'inflexion situé plus haut que la moitié de l'ordonnée de l'asymptote; et cela, quelle que soit la forme mathématique précise que l'on donne à la relation entre le taux de croissance et la densité de la population. Cette conséquence est assez importante pour qu'il soit nécessaire d'en indiquer brièvement la démonstration.

Soit $\mu = f(x)$ la relation liant le taux de croissance à la densité de la population (fig. 2, courbe C). Appelons M le point d'abscisse x_M où la courbe (C) rencontre l'axe des x; soit x_i la valeur de x correspondant au point d'inflexion de la courbe de croissance, et soit A le point de la courbe (C) d'abscisse x_i. Traçons la tangente AT à la courbe (C) en A, et la corde AM.

La valeur x_i est déterminée par la condition :

$$\left(\frac{d^2x}{dt^2}\right)_{x=x_i} = 0.$$

soit, puisque $\mu = \dfrac{1}{x}\dfrac{dx}{dt}$ et que $\left(\dfrac{dx}{dt}\right)_i \neq 0$, par :

$$\mu_i + x_i \left(\dfrac{d\mu}{dx}\right)_i = 0.$$

μ_i et $(d\mu/dx)_i$ désignant respectivement les valeurs de μ et de $(d\mu/dx)$ pour $x = x_i$.

Cette relation peut s'écrire :

$$\dfrac{x_M}{x_i} = 1 + \dfrac{\Omega}{P}.$$

Ω étant la pente de la tangente AT ; P, la pente de la corde AM. Puisque μ décroît quand x croît, Ω et P sont négatifs tous les deux, et Ω/P est positif.

Si le point M est au-dessous de la tangente AT (cas de la figure 2) on a, algébriquement :

$$\Omega > P,$$

ce qui entraîne, Ω et P étant négatifs :

$$\dfrac{\Omega}{P} < 1 ;$$

alors,

$$\dfrac{x_M}{x_i} < 2 \quad \text{et} \quad \dfrac{x_i}{x_M} > \dfrac{1}{2}.$$

Réciproquement, si $\dfrac{x_i}{x_M} > \dfrac{1}{2}$, cela entraîne que l'on ait, algébriquement :

$$\Omega > P ;$$

et le point M est au-dessous de la tangente AT.

D'une manière analogue, on verrait que si le point M est *au-dessus* de la tangente AT, on a $\dfrac{x_i}{x_M} < \dfrac{1}{2}$, et réciproquement.

Enfin, on peut remarquer que dans le cas de la courbe logistique, la relation $\mu = f(x)$ est linéaire, la courbe C se confond en tout point avec sa tangente. On a $\Omega = P$, ce qui entraîne $\dfrac{x_i}{x_M} = \dfrac{1}{2}$, résultat connu.

On voit, grâce à ce raisonnement, que la croissance des populations cellulaires doit, dans la grande majorité des cas, s'exprimer par une courbe à point d'inflexion situé plus haut que la moitié de l'ordonnée de l'asymptote, et cela, quelle que soit la nature du facteur limitant en jeu ; et même, si la croissance dépend à la fois de plusieurs facteurs limitants, la seule condition est que la croissance soit *limitée uniquement par les conditions qu'elle crée*.

Donc, il semble que le domaine d'application de la formule (5), ou de ses variantes, soit très large ; même il est fort possible qu'il ne se limite pas aux populations cellulaires pour lesquelles elle a été formulée. Si l'exponentielle de MALTHUS peut être considérée comme la première approximation de la loi de croissance des populations, et la logistique de VERHULST comme la seconde, il est temps maintenant d'utiliser une loi plus compréhensive et à la fois plus exacte, donnant du problème général une solution meilleure. Une telle solution est offerte par la « logistique généralisée ».

(manuscrit reçu le 20 mai 1942)

TRAVAUX CITÉS

MONOD (J.) : *C. R.*, **201**, 1935, p. 1513.
  C. R., **212**, 1941, p. 771.
  Recherches sur la croissance des Cultures Bactériennes (Act. Scient. et Ind., n° 911, 1942, Hermann, Paris).
MONOD (J.) et TEISSIER (G.) : *C. R.*, **202**, 1935, p. 162.

TEISSIER (G.) : *Ann. Physiol.*, **3**, 1928, p. 342.
  Ann. et Bull. Soc. Roy. Sc. et Méd., Bruxelles, 1933, n°ˢ 3-4, p. 1.
  Ann. Physiol., **10**, 1936, p. 359.
  Ann. Physiol., **12**, 1936, p. 527.
  La revue scientifique, ce numéro, pp. 209-214.

INHIBITION DE L'ADAPTATION ENZYMATIQUE CHEZ *B. COLI* EN PRÉSENCE DE 2-4 DINITROPHÉNOL

par Jacques MONOD.

Dans presque tous les cas qui ont été étudiés jusqu'ici, il semble que l'adaptation enzymatique chez les microorganismes ne se produise que dans des cultures en voie de croissance. Il importe évidemment beaucoup, pour l'interprétation du mécanisme de ce phénomène, de savoir s'il y a une relation obligatoire entre les synthèses et l'adaptation, ou s'il ne s'agit là que d'un lien indirect et plus ou moins fortuit. Or, presque tous les auteurs qui ont étudié cette question ont employé pour obtenir l'arrêt de la croissance le même procédé : suppression de l'aliment azoté. Karstrom (1) en particulier, à qui l'on doit le travail le plus complet sur cette question, a montré que chez différentes bactéries l'adaptation ne se produisait jamais en l'absence d'une source d'azote. On devait donc se demander si la croissance était bien réellement une condition essentielle de l'adaptation et si les résultats obtenus n'étaient pas dus, dans beaucoup de cas tout au moins, à ce que la présence d'une source azotée intervenait directement dans le mécanisme même de l'adaptation. Pour mettre cette objection à l'épreuve, il faut disposer d'un moyen qui permette de bloquer la croissance dans un milieu contenant tous les éléments nécessaires. Il faut, d'autre part, que l'agent employé n'exerce pas d'influence inhibitrice, si faible soit-elle, sur le mécanisme des oxydations. C'est pourquoi il m'a paru intéressant de rechercher quelle pourrait être l'action du 2-4 dinitrophénol (D.N.P.) sur l'adaptation enzymatique. On sait, en effet, d'une part que ce corps paraît capable à certaines concentrations de bloquer complètement les synthèses (2) et que, d'autre part, loin d'inhiber les oxydations, il les accroît généralement (3).

Technique. — La souche employée (*B. coli* « H » de la collection de l'Institut Pasteur) était entretenue sur un milieu synthétique contenant NH_4Cl, SO_4Mg, SO_4Fe, tamponné à pH 6,5 par un mélange de PO_4KH_2 et PO_4K_2H à 5 p. 1.000 et contenant de la sorbite (à 4 p. 1.000) comme seul aliment carboné. Les mesures de respiration ont été faites par la méthode de Barcroft-Warburg. Les cultures étaient lavées deux fois par centrifugation avant chaque expérience, après quoi leur densité optique était déterminée à l'aide de l'appareil de Meunier. Le milieu employé pour les expériences n'était autre que la partie minérale du milieu synthétique mentionné ci-dessus, additionné suivant les cas de glucose, de xylose ou de lactose M/100.

Résultats expérimentaux. — A. *Contrôles.* — Je me suis tout d'abord

(1) Karstrom, *Erg. Enzymforsch.*, 1937, **7**, 350.
(2) Plantefol, *Ann. Physiol.*, 1932, **8**, 124 et *Ann. Ferment.*, 1935, **1**, 149.
(3) Clifton, *Enzymologia*, 1937, **4**, 246.

assuré qu'à la concentration employée (M/1.000) le D.N.P. (4) bloquait effectivement la croissance. J'ai pu constater que le développement d'une culture sur glucose, additionnée de D.N.P. alors qu'elle était en pleine phase exponentielle, est immédiatement bloqué, et qu'en douze heures à 37° sa densité optique n'augmente pas ou baisse de 3 à 4 p. 100. D'autre part, l'expérience résumée par le graphique 1 est destinée à contrôler l'effet du D.N.P. sur la respiration en présence de glucose, c'est-à-dire d'un glucide correspondant à un enzyme constitutif. On constate :

1° Que la respiration endogène est sensiblement la même en présence et en absence de D.N.P. (5).

2° Qu'en absence de D.N.P. l'intensité respiratoire de la suspension en milieu glucosé s'accroît avec le temps, ce qui traduit évidemment la croissance de la culture, alors que dans les mêmes conditions, mais en présence de D.N.P., on obtient une droite. Il est clair cependant que l'intensité respi-

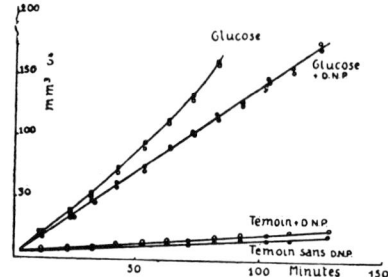

Fig. 1. — Consommation d'oxygène en millimètres cubes par centimètre cube d'une suspension de densité optique 400 en présence et en absence de D.N.P. M/1.000.

ratoire est la même au début dans les deux cas, les courbes étant alors superposées, et cette expérience met bien en évidence le fait que le D.N.P. bloque la croissance sans diminuer la respiration.

B. *Expériences d'adaptation.* — J'ai utilisé comme glucides correspondant à des enzymes adaptatifs le xylose et le lactose. La figure 2 résume une expérience faite en présence de xylose. On voit que la respiration de la suspension bactérienne additionnée de D.N.P. ne s'accroît pas avec le temps et qu'elle est identique à la respiration endogène d'une suspension témoin privée de substrat oxydable. Au contraire, en l'absence de D.N.P., l'intensité respiratoire s'accroît avec le temps, exprimant l'adaptation progressive de la suspension bactérienne à l'utilisation du xylose. A titre de contrôle on a figuré également la respiration de la même suspension, additionnée de D.N.P., en présence de glucose. Mais on pourrait encore supposer que le D.N.P.

(4) Echantillon purifié par recristallisation, que je dois à l'extrême obligeance de M. R. Croland.

(5) On observe cependant fréquemment une légère augmentation en présence de D.N.P. Elle ne peut en l'occurrence être considérée comme significative, car elle ne dépasse pas les limites des erreurs possibles. Il est vraisemblable cependant qu'elle est réelle, eu égard aux résultats des auteurs qui ont étudié l'action du D.N.P. sur les levures (v. Plantefol, *loc. cit.*).

inhibe non pas *l'adaptation* mais le *fonctionnement* des enzymes adaptatifs, sans toucher à celui des enzymes constitutifs. Pour éliminer cette possibilité, l'expérience suivante a été réalisée : une culture ayant achevé sa croissance sur sorbite est additionnée de xylose (M/1.000 et divisée en deux fractions, dont l'une est additionnée de D.N.P. de façon à réaliser M/1.000 (fract. 1), l'autre d'un volume égal d'eau distillée (fract. 2). Après quoi ces deux cultures sont abandonnées pendant

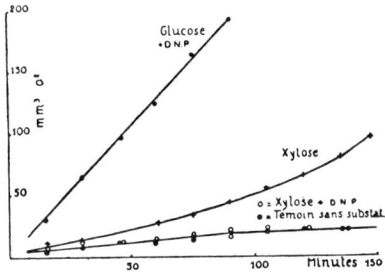

Fig. 2. — Mêmes conditions que dans la figure 1.

douze heures à 37° puis centrifugées, lavées et additionnées *l'une et l'autre* cette fois de D.N.P. On détermine ensuite leur respiration en présence de xylose (fig. 3). On voit que la culture I ne s'est pas adaptée

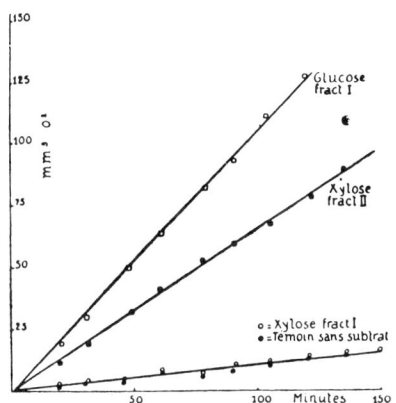

Fig. 3. — Mêmes conditions que dans les figures 1 et 2.
Fractions 1 et 2, voir explications dans le texte.

et qu'elle respire comme le témoin privé de substrat, alors que la culture II oxyde activement le xylose, quoique se trouvant elle aussi en présence de D.N.P. Cette expérience prouve donc bien que le D.N.P. est sans action sur l'enzyme en question une fois l'adaptation acquise. Cette expérience a été répétée avec le lactose comme substrat adaptatif et a donné des résultats identiques.

Discussion. — Ces expériences montrent donc que le D.N.P., quoique n'inhibant en rien le fonctionnement des oxydations, inhibe cependant complètement l'adaptation lorsqu'il est employé à des doses qui bloquent la croissance. Les résultats sont identiques à ceux que l'on obtient par le procédé tout différent qui consiste à supprimer l'aliment azoté. Il n'y a donc pas de raison de supposer que la présence d'une source d'azote soit indispensable à l'adaptation, indépendamment de sa nécessité pour les synthèses. La conclusion qui se dégage de ces essais est donc encore que l'adaptation paraît liée aux processus de synthèse et vraisemblablement à la synthèse de la protéine spécifique elle-même.

Cependant, on ne saurait être tout à fait affirmatif à cet égard, puisqu'il s'agit de résultats négatifs. D'autre part, dans 2 cas connus il semble que l'adaptation puisse se produire en l'absence de toute prolifération. Il s'agit de la galactozymase de *S. cerevisiae* (6) et de l'hydrogènelyase de l'acide formique de *B. coli* (7).

Dans ces 2 cas cependant il a été démontré simplement que l'adaptation pouvait se manifester sans qu'il y eût augmentation corrélative du *nombre de cellules*, ce qui n'est évidemment pas une preuve absolue que dans les cultures en question il n'y ait pas eu augmentation de la *quantité de substance vivante* (8). Seules des mesures pondérales pourraient apporter des indications décisives à cet égard.

Ainsi, avant qu'il soit permis de conclure définitivement, il serait désirable que ces expériences fussent reprises. Il sera nécessaire d'autre part de contrôler l'effet sur l'adaptation de procédés aussi variés que possible de blocage des synthèses. En attendant, on doit reconnaître au moins que jusqu'ici il n'a jamais été démontré de façon certaine que l'adaptation enzymatique puisse se produire en l'absence de synthèse et qu'au contraire la grande majorité des résultats connus indiquent qu'il existe un lien étroit entre ces deux phénomènes.

(*Faculté des Sciences de Paris.*)

(6) STEPHENSON et YUDKIN, *Biochem. J.*, 1936, **30**, 506. — EULER et NILSSON, *Zeitschr. Physiol. Chem.*, 1925, **143**, 89.
(7) STEPHENSON et STICKLAND, *Biochem. J.*, 1933, **27**, 1528.
(8) Notons d'ailleurs que STEPHENSON et STICKLAND ainsi que STEPHENSON et YUDKIN cherchaient uniquement par ces expériences à prouver que l'adaptation peut se produire indépendamment de toute possibilité de sélection et que leurs résultats demeurent tout à fait démonstratifs à cet égard.

SUR LA NATURE DU PHÉNOMÈNE DE DIAUXIE

par Jacques MONOD.

Dans de récentes publications (1) j'ai indiqué comment on pouvait, à l'aide d'un schéma assez simple, se représenter le mécanisme de l'adaptation enzymatique, tout en conciliant différents faits d'apparence contradictoire concernant l'adaptation enzymatique elle-même et l'inhibition dont le phénomène de diauxie est l'expression. Rappelons en quelques mots ces faits et leur interprétation :

1º La spécificité des enzymes responsables de l'oxydation des glucides chez les bactéries ne peut être mise en doute, du moins dans la majorité des cas. Elle est démontrée en particulier d'une manière tout à fait péremptoire par les résultats de Karstrom (2) concernant l'adaptation enzymatique, qui est elle-même tout à fait spécifique.

2º Cependant l'inhibition qui se traduit dans la croissance sous la forme d'une « diauxie » (3) paraît bien avoir pour base une compétition entre les différents glucides pour une même surface enzymatique.

Cette apparente contradiction peut se résoudre si l'on admet que les différents enzymes spécifiques responsables de la fixation, et ultérieurement de l'oxydation des glucides, dérivent d'un précurseur commun susceptible de se combiner avec différents substrats et d'acquérir sous leur influence « orientante » une spécificité plus étroite.

Pour appuyer cette interprétation, il restait à démontrer que l'inhibition diauxique avait réellement le caractère d'un phénomène de compétition. La présente note résume quelques expériences qui donnent plus de vraisemblance encore à cette conception. En effet, si la croissance diauxique résulte bien d'une compétition entre les deux glucides A et B (4) en présence, compétition ayant le préenzyme hypothé-

---

(1) Monod, ces Annales, 1943, **69**, 179 ; Ibid., **70**, 57, 60 et 381.
(2) Karstrom, Erg. Enzymforsch., 1937, 7.
(3) Monod, Recherches sur la croissance des cultures bactériennes, Hermann, Paris, 1942.
(4) Pour la signification de la distinction entre glucides A et B, v. Monod, 1942, loc. cit.

tique pour objet, l'apparition du phénomène doit dépendre, non de la concentration absolue de l'un ou de l'autre substrat, mais du rapport de leurs concentrations. De plus, si la concentration du glucide A est suffisamment faible par rapport à celle du glucide B, la croissance doit être normale, la phase de ralentissement qui caractérise la diauxie ayant complètement disparu. Telles sont les hypothèses que j'ai essayé de vérifier expérimentalement.

Techniques employées. — Pour tout ce qui concerne les techniques de culture, le milieu synthétique utilisé et la détermination de la croissance, je renvoie, faute d'espace, aux publications antérieures (Monod, 1492 et 1943, loc. cit.).

Résultats expérimentaux. — Les expériences ont porté sur les différents couples de glucides suivants, en présence desquels se produit le phénomène de diauxie : glucose-sorbite, glucose-lactose, glucose-xylose. La figure 1 exprime, en coordonnées semi-logarithmiques, la croissance de la souche de *B. coli* utilisée en présence de glucose (glucide A) à la concentration de 20 mg. par litre (M/9.000), celle du glucide B (xylose) passant de 20 à 20.000 mg. par litre (M/7.500 à M/7,5). On voit que, lorsque le rapport des concentrations est de 1, la diauxie s'exprime par un arrêt complet de la croissance, arrêt qui dure plus d'une heure. Lorsque la concentration du glucide B atteint dix et cent fois celle du glucide A, la diauxie ne se traduit plus que par un ralentissement de plus en plus atténué. Enfin, lorsqu'il y a mille fois plus de xylose que de glucose dans le mélange, la courbe de croissance est d'apparence absolument normale, se traduisant, en coordonnées semi-logarithmiques, par une droite. La figure 2 exprime les résultats d'une expérience semblable, à ceci près que les concentrations absolues des deux glucides étaient dix fois plus fortes. On voit que les résultats sont sensiblement les mêmes dans les deux séries lorsque les rapports de concentration sont identiques. Pour donner plus de précision à cette constatation, il faudrait exprimer quantitativement ce que l'on pourrait appeler l' « intensité » de la diauxie, ce qui est évidemment assez difficile. Cependant, comme première approximation, on peut évaluer le taux qui s'exprime par la tangente au point d'inflexion qui caractérise le phénomène (droites en traits interrompus des fig. 1 et 2). Le tableau ci-dessous donne les valeurs de ce taux de croissance minimum pour trois séries d'expériences dans lesquelles la concentration du glucide A (glucose) était respectivement de 20 mg., 50 mg. et 200 mg. par litre, les concentrations relatives par rapport au glucide B (xylose) demeurant les mêmes.

Il ne s'agit évidemment que d'une évaluation assez grossière, car il est difficile de déterminer graphiquement avec précision la pente de la tangente en question. On voit cependant qu'exprimés sous cette forme les résultats montrent très clairement que le degré de « ralentissement diauxique » ne dépend pas de la concentration absolue des sucres, mais uniquement de leurs concentrations relatives. J'ai obtenu des résultats tout à fait comparables avec les deux autres couples de glucides expérimentés. Toutefois, dans le cas du couple glucose-sorbite, les expériences étaient moins démonstratives, les échantillons de sorbite que j'ai eus à ma disposition paraissant contenir des traces d'un sucre A non identifié. Dans le cas du couple glucose-lactose, les résultats sont semblables à ceux qui viennent d'être exposés, à ceci près que même lorsque le rapport des concentrations moléculaires atteint 1.000

(0,018 p. 1.000 de glucose contre 34 p. 1.000 de lactose) la diauxie, quoique très atténuée, est encore sensible (5).

Discussion. — Quoi qu'il en soit, les résultats qui viennent d'être exposés montrent que l'inhibition diauxique possède le caractère

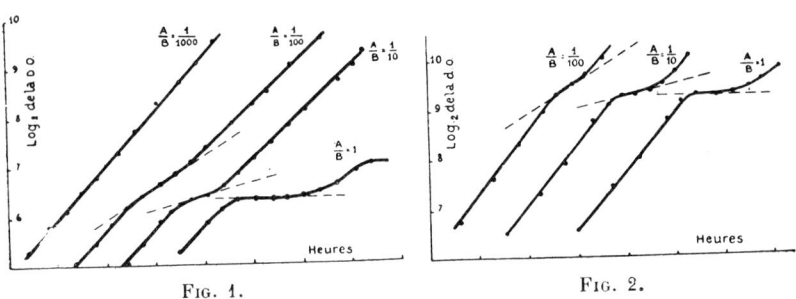

Fig. 1.   Fig. 2.

Fig. 1. — Croissance d'une culture de *B. coli* en présence de mélanges de glucose (A) à 20 mg. par litre, et de xylose (B) en concentrations croissantes. En ordonnées : logarithmes à base 2 de la densité optique.

Fig. 2. — Croissance d'une culture de *B. coli* en présence de mélanges de glucose (A) à 200 mg. par litre et de xylose (B) en concentrations croissantes. En ordonnées : logarithmes à base 2 de la densité optique.

Taux de croissance minimum pendant la diauxie en fonction de la valeur du rapport de la concentration du glucide A à celle du glucide B.

RAPPORT pondéral	RAPPORT moléculaire	TAUX DE CROISSANCE MINIMUM (nombre de divisions à l'heure)		
		Série 1 (conc. abs. : 1)	Série 2 (conc. abs. : 2,5)	Série 3 (conc. abs. : 10)
1	1,2	0	0	0
1/10	12	0,27	0,30	0,24
1/100	120	0,64	0,69	0,63
1/1.000	1 200	1,0		

essentiel d'un phénomène de compétition et qu'il paraît bien dépendre de l'affinité relative des deux constituants d'un mélange A-B pour une même surface ou, si l'on préfère, pour une même molécule (6). Comme d'autre part on ne peut admettre que cette surface soit constituée par

(5) Il serait évidemment bien difficile, dans des expériences valables, de réaliser des différences de concentration annulant complètement la diauxie dans ce cas, puisqu'il faudrait pour cela étudier la croissance en présence de concentrations de l'ordre de 0,0018 p. 1.000 de glucose ou de 340 p. 1.000 de lactose.

l'enzyme lui-même (puisque les différentes glucidodéshydrases sont certainement spécifiques), on est amené à postuler l'existence d'un précurseur (préenzyme) commun à ces différents enzymes, et ces résultats sont tout à fait en accord avec l'hypothèse suivant laquelle la transformation du précurseur en enzyme adapté se produirait *sous l'influence directe du substrat et par suite de sa combinaison avec lui.*

Notons que cette conception, outre l'avantage de coordonner de nombreux faits et de les rattacher à un même mécanisme, a encore celui de résoudre en une différence quantitative : degré d'affinité pour le préenzyme, la distinction d'apparence qualitative entre enzymes « constitutifs » et enzymes « adaptatifs », distinction établie par Karstrom (*loc. cit.*), et que les premiers résultats concernant la diauxie (Monod, 1942, *loc. cit.*) paraissent accentuer (7). Cette hypothèse est donc en accord avec les conclusions de Quastel (8) et de Stephenson et Gale (9) à cet égard.

Notons enfin que des hypothèses tout à fait analogues ont été formulées par Breinl et Haurowitz (10), Alexander (11) et Mudd (12) pour expliquer le mécanisme de la formation des globulines-anticorps à partir de leurs précurseurs, sous l'influence « modelante » directe des antigènes. Il serait évidemment du plus grand intérêt d'arriver à établir la parenté de ces phénomènes d'aspect si différent et de démontrer qu'ils relèvent d'un même mécanisme essentiel.

(Faculté des Sciences de Paris.)

(6) Il faut cependant attirer l'attention sur le fait que les expériences en question ne fournissent qu'une évaluation indirecte de l'affinité relative des deux substrats. Si nous constatons par exemple que le ralentissement caractéristique de la diauxie disparaît complètement lorsqu'il y a mille fois plus de xylose que de glucose, cela signifie simplement que l'affinité du glucose est *au moins* mille fois plus forte que celle du xylose.

(7) Distinction qui demeure d'ailleurs très utile en pratique.
(8) Quastel, *Enzymologia*, 1937, **2**, 37.
(9) Stephenson et Gale, *Biochem. J.*, 1937, **31**, 1312.
(10) Breinl et Haurowitz, *Hoppe Seyl. Zeitschr.*, 1930, **192**, 45.
(11) Alexander, *Protoplasma*, 1931, **14**, 296.
(12) Mudd, *J. Immunol.*, 1932, **23**, 423.

MUTATION ET ADAPTATION ENZYMATIQUE CHEZ ESCHERICHIA COLI-MUTABILE

par J. MONOD et A. AUDUREAU.

(*Institut Pasteur. Service de Physiologie microbienne.*)

INTRODUCTION.

On sait que l'apparition de propriétés enzymatiques nouvelles dans un clône bactérien a pu être attribuée, suivant les cas, à deux mécanismes bien distincts :

1° A un processus *d'adaptation* se produisant exclusivement en présence du substrat spécifique, et affectant l'ensemble des individus (Diénert, 1900 ; Karström, 1932, etc.).

2° A une variation brusque, *une mutation*, se produisant chez un très petit nombre d'individus, indépendamment de la présence du substrat spécifique (Massini 1906, Marchal 1932, Lewis 1934, Lwoff et Audureau 1942, Audureau 1942).

L'existence de chacun de ces deux phénomènes a été démontrée expérimentalement d'une manière indiscutable. Jusqu'ici cependant ils ont toujours été observés séparément, dans des cas distincts. Pourtant il n'y a aucune raison de penser qu'ils s'excluent mutuellement. Il est permis de supposer au contraire que, dans certains cas au moins, ils pourraient coexister, et même se compléter. Le problème se poserait alors de leurs rapports de dépendance, et des répercussions possibles de l'un des phénomènes sur l'autre.

Nous étudierons ici le cas de la mutation « lactose » d'*Escherichia coli-mutabile*. On sait que la forme « normale » (L−) de ce coli dit « atypique » est incapable de faire fermenter le lactose, ou de se développer dans un milieu synthétique contenant du lactose comme seul aliment carboné. Mais *E. coli-mutabile* est caractérisé précisément par la propriété de donner, par mutation, une forme lactose positive (L+), se développant dans les milieux synthétiques au lactose, et conservant cette propriété après un nombre indéfini de repiquages en l'absence de lactose (Massini, Marchal, Lewis, *loc. cit.*).

C'est là sans doute le cas le mieux connu, le plus classique, de mutation enzymatique chez une bactérie. Il était donc particulièrement indiqué d'en reprendre l'étude pour déterminer si le pouvoir d'attaquer le lactose qui caractérise la forme L+ était lié uniquement à une mutation, ou s'il n'impliquait pas également le fonctionnement d'un mécanisme d'adaptation enzymatique. Les expériences résumées ici ont donc pour objet de déterminer la nature « adaptative » ou « constitutive » de l'enzyme attaquant le lactose chez les bactéries L+. Au préalable nous avons cherché à établir de façon indiscutable, qu'avec la souche employée la transformation L− → L+ avait bien les caractères d'une mutation, et que la forme L+ était stable, c'est-à-dire que la transformation L+ → L− ne se produisait pas (tout au moins dans les conditions expérimentales où nous nous sommes placés).

TECHNIQUES EMPLOYÉES.

MILIEUX. — Toutes nos cultures en milieu liquide ont été faites dans le milieu synthétique suivant (milieu S) :

$PO^4 KH^2 + PO^4 Na^2 H 2H^2 O$ (pour pH 6,9)	5 g.
$Cl NH^4$	1 g.
$SO^4 Mg$	0,1 g.
$Ca Cl^2$	0,01 g.
$SO^4 Fe$	0,0005
Eau redistil'ée sur Pyrex, q. s. p.	1.000

Les milieux solides (milieu G. S.) étaient constitués par le milieu précédent gélosé à 3 p. 100. La gélose était au préalable lavée à l'eau courante, rincée plusieurs fois à l'eau bidistillée, et séchée à l'étuve.

Ces milieux étaient complétés par addition, après stérilisation, de lactose ou de glucose (2 p. 1.000 en milieu liquide, 10 p. 1.000 en milieu solide) stérilisé à part par filtration.

SOUCHE. — La souche employée (désignée par le symbole ML) a été isolée de l'intestin humain par ensemencement sur gélose tournesolée au taurocholate de soude. Après plusieurs réisolements par prélèvements de colonies, trois clones ont été constitués (ML_1, ML_2, ML_3), par isolement d'une bactérie au micromanipulateur (nous avons employé le micromanipulateur de Fonbrune).

Les caractères de la souche ML sont, brièvement, les suivants :
Bactérie Gram négative, mobile, produisant de l'indol. Se développe en milieu synthétique aux dépens des glucides suivants : glucose, fructose, galactose, d-xylose, l-arabinose, fucose, maltose, tréhalose, lactose (après mutation), mannite, sorbite, dulcite.

Ne se développe pas aux dépens des glucides suivants : saccharose, l-xylose, sorbose.

RÉSULTATS EXPÉRIMENTAUX.

I. NATURE DE LA TRANSFORMATION L− → L+. — Nous résumons ici brièvement les observations qui permettent d'affirmer que la transformation L− → L+ constitue bien une mutation.

1° Lorsqu'on étale 1 goutte d'une culture de vingt-quatre heures de ML à la surface d'une boîte de Petri contenant de la gélose imprégnée de milieu synthétique au lactose, on observe après vingt-quatre heures à 37°, un semis de microcolonies confluentes, visibles seulement au microscope (forme L⁻) au milieu desquelles émergent 200 à 300 colonies beaucoup plus grosses (L⁺), visibles à l'œil nu [de 0,2 à 0,3 mm. de diamètre] (1). Après quarante-huit heures d'étuve, on constate que de nombreuses colonies L⁺ nouvelles sont apparues. Leurs

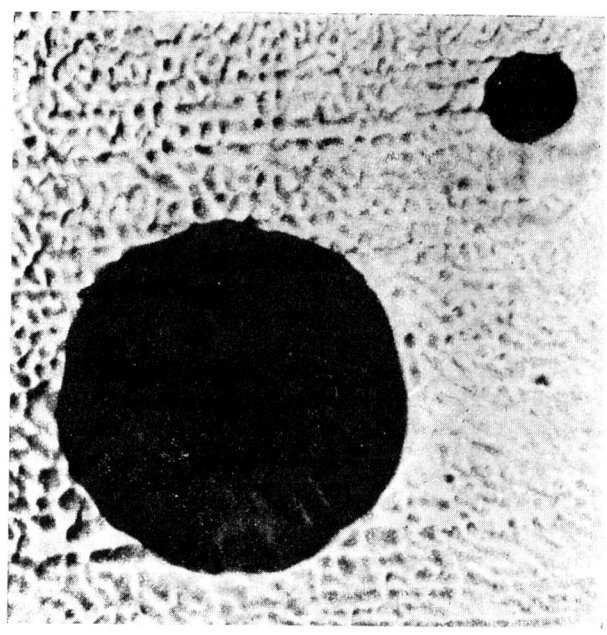

Fig. 1. — Deux colonies L⁺
au milieu d'un semis de microcolonies confluentes L⁻.

tailles diverses témoignent de leur origine plus ou moins récente (fig. 1).

(1) On peut se demander quel est l'aliment carboné utilisé par les colonies L⁻ en milieu G. S. lactosé. Indiquons à ce propos, que quelle que soit la durée des lavages préalables de la gélose, on observe toujours sur ce milieu, *même non additionné d'un glucide* ou d'une autre source de carbone, un léger développement. Le développement des colonies L⁻ en milieu G. S. au lactose peut donc être dû, soit à une impureté du lactose, soit aux traces de substances carbonées utilisables contenues dans la gélose, mais on ne saurait exclure la possibilité d'une utilisation extrêmement lente du lactose lui-même.

2° Lorsque l'on ensemence dans les mêmes conditions un petit nombre de germes (200 à 300) on observe, après vingt-quatre heures à 37°, uniquement de très petites colonies, très plates et transparentes (L−). Après quarante-huit heures, on voit apparaître dans de nombreuses colonies des globules plus opaques. Certaines colonies présentent plusieurs de ces globules (fig. 2). Ces globules se développent rapidement et, après trois jours d'étuve, prennent l'aspect de colonies L+ typiques (0,2 à 1 mm. de diamètre, épaisses).

3° Lorsque l'on prélève soigneusement une de ces colonies L+, et qu'on l'ensemence immédiatement, on observe, après vingt-

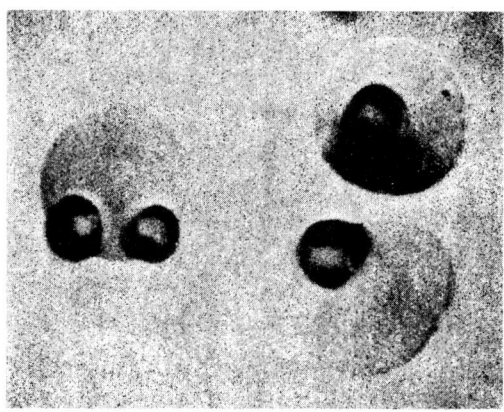

Fig. 2. — Trois colonies L −, transparentes avec bourgeons opaques L +. L'une des colonies présente deux bourgeons.

quatre heures à 37°, uniquement des colonies L+. Au contraire, les colonies L−, isolées, donneront toujours un grand nombre de colonies L− et quelques colonies L+.

4° Dix clones L+ ont été isolés à partir de l'un des clones L−. Ces clones ont été entretenus d'une part en milieu S au lactose, d'autre part en milieu S au glucose. A plusieurs reprises, et après un nombre varié de passages en glucose (jusqu'à 25) ils ont été testés par ensemencement sur plaque de milieu G. S. lactosé. Dans tous les cas, ils se sont montrés composés *uniquement* de germes donnant naissance *d'emblée* à des colonies L+ typiques.

En résumé, la souche ML présente des propriétés identiques aux souches étudiées par Massini, Marchal et Lewis, c'est un *E. coli-mutabile* typique. La transformation L− → L+ a bien les caractères d'une mutation, en ce qu'elle se produit, semble-t-il, au hasard, chez un nombre relativement très petit d'individus.

D'autre part, les souches lactose-positives sont stables, et ne perdent pas la propriété d'attaquer le lactose, même après un grand nombre de passages dans un milieu ne contenant pas de lactose.

II. Nature adaptative de l'enzyme attaquant le lactose dans la forme L+. — Pour déterminer la nature adaptative ou constitutive de l'enzyme attaquant le lactose dans la forme L+, nous avons eu recours à deux méthodes: 1° mesure de la consommation d'oxygène en présence de lactose par des clones L+ cultivés auparavant en présence ou en absence de lactose ; 2° étude de la croissance, et en particulier mise en évidence du phénomène de *diauxie*.

A. Expériences de consommation d'oxygène — Les mesures ont été faites dans des manomètres Warburg. Comme nous avions à comparer l'intensité respiratoire de cultures *différentes*, et comme la centrifugation entraîne une baisse considérable, et surtout difficilement contrôlable de la respiration des suspensions bactériennes qui y sont soumises, nous avons cherché à éviter cette manipulation. C'est pourquoi nous avons adopté la technique suivante : les cultures étaient faites en milieu S (en présence, suivant les cas, de lactose ou de glucose à 1 p. 1.000), dans de petites fioles côniques à fond plat. Ces fioles étaient *agitées* pendant vingt-quatre heures à 37°. Nous nous étions auparavant assurés par des mesures de croissance que, dans les cultures ainsi traitées, il ne restait plus, au moment du prélèvement, de substrat carboné utilisable (l'intensité respiratoire très faible des témoins dans les expériences qui suivent, suffit d'ailleurs à démontrer que cette condition est effectivement réalisée).

Pour bloquer la croissance et toute possibilité d'adaptation au cours de l'expérience de respiration, les cultures étaient additionnées d'un volume égal de milieu S neuf, contenant du 2-4-dinitrophénol M/500, de façon à réaliser une concentration finale de M/1.000. On sait qu'à cette concentration le 2-4-dinitrophénol bloque complètement les synthèses (Clifton 1937) et par suite l'adaptation enzymatique (Monod 1944 c).

La densité optique des cultures ainsi préparées est sensiblement constante, à 10 p. 100 près. Cependant la densité optique de chaque suspension a été déterminée, et l'intensité respiratoire, dans les expériences qui suivent, a été rapportée à une densité optique moyenne fixe. L'expérience nous a montré que cette méthode de préparation permet d'obtenir des suspensions bactériennes dont l'intensité respiratoire en présence de divers substrats était remarquablement constante et stable.

Les fioles manométriques contenaient 2 cm³ de suspension bactérienne, 0,5 cm³ de KOH et 0,5 cm³ de glucose ou de lactose M/10 dans le diverticule. Le contenu du diverticule était versé dans les fioles aussitôt après fermeture des robinets. Chaque essai était fait en double.

La figure 3 résume les résultats d'une expérience qui permet

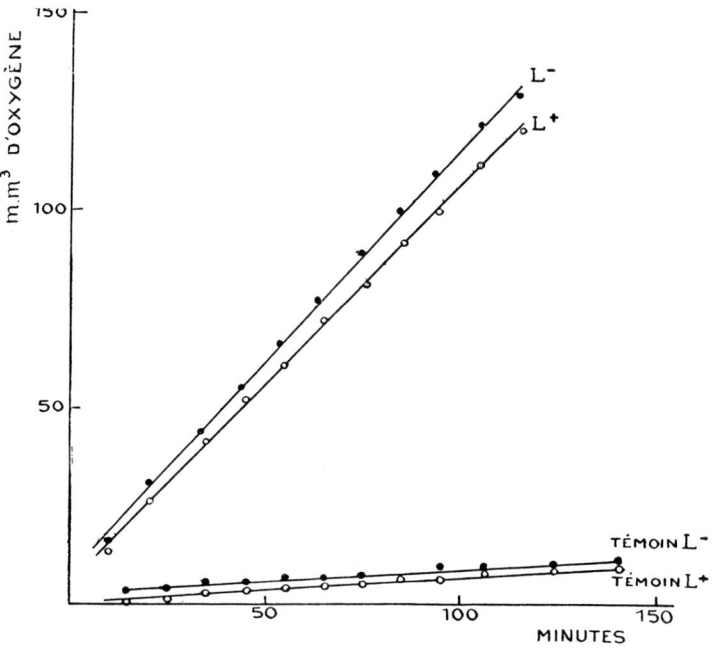

Fig. 3. — Consommation d'oxygène des bactéries L+ et L−
en présence de glucose.

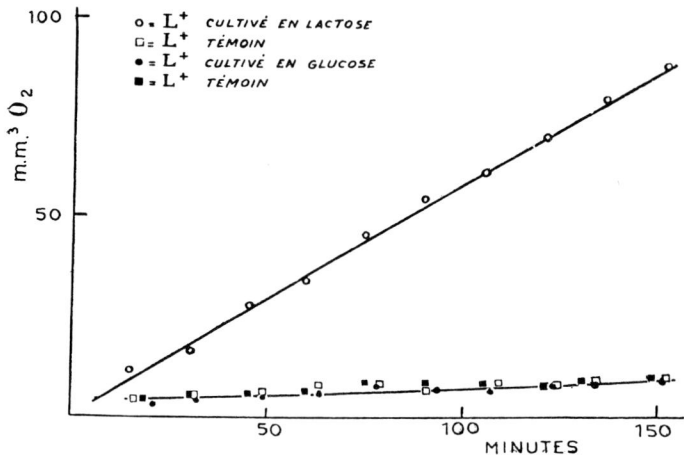

Fig. 4. — Consommation d'oxygène en présence de lactose des bactéries L+
adaptées (cultivées en lactose) ou non (cultivées en glucose).

de comparer l'intensité respiratoire en présence de *glucose* de bactéries L+ et L— cultivées en présence de ce sucre. On voit que les résultats sont comparables pour les deux souches ; il faut noter cependant que l'intensité respiratoire de la souche normale L—, est légèrement supérieure à celle du mutant L+.

La figure 4 permet de comparer l'intensité respiratoire en présence de lactose de 2 suspensions de bactéries L+, préparées l'une à partir d'une culture en *glucose*, l'autre d'une culture en *lactose*. On voit que la respiration de la souche cultivée en glucose est *nulle*, puisque la consommation d'oxygène n'est pas supérieure à celle du témoin. En revanche, la suspension provenant d'une culture en lactose oxyde activement le lactose, quoique avec une intensité moindre que le glucose.

Ces essais ont été renouvelés à plusieurs reprises avec deux clones L+. Un clone L+ cultivé en *arabinose*, s'est montré également incapable d'oxyder le lactose.

Ces expériences démontrent que l'enzyme attaquant le lactose dans la forme L+ est un enzyme adaptatif *strict* au sens de Karström (1932).

B. Expériences de croissance. — Il nous a paru intéressant de confirmer ce résultat par l'étude de la croissance des bactéries L+ en lactose et dans des mélanges de lactose et de glucose. On sait en effet que non seulement l'adaptation enzymatique se manifeste dans la croissance sous forme d'une phase de latence plus ou moins prolongée, mais encore qu'elle s'exprime d'une façon particulièrement frappante dans le phénomène de *diauxie* (Monod, 1941 et suiv.).

Rappelons brièvement que la formation des enzymes *adaptatifs* attaquant les sucres chez les bactéries est inhibée en présence de certains glucides (glucides inhibiteurs) attaqués par des enzymes constitutifs. Cette inhibition de l'adaptation s'exprime dans la croissance des cultures (à condition que la concentration de l'aliment carboné soit assez petite pour constituer le seul *facteur limitant*), sous la forme de deux cycles complets de croissance correspondant respectivement à l'utilisation exclusive de chacun des deux glucides en présence.

La croissance a été déterminée dans les conditions, et grâce aux méthodes décrites ailleurs par l'un de nous (Monod, *loc. cit.*). Les résultats sont exprimés directement en unités de densité optique. Dans les conditions des mesures, une unité correspond à une concentration de 10^6 germes « normaux » (c'est-à-dire de la taille observée pendant la phase exponentielle) par centimètre cube.

La figure 5 représente la croissance d'une culture L— et d'une culture L+ en milieu S additionné de 0,1 p. 1.000 de glucose

et de 0,1 p. 1.000 de lactose. La culture L⁻ avait auparavant
été entretenue en glucose, la culture L+ en lactose. Comme on
le voit, le phénomène de diauxie se manifeste d'une façon particulièrement nette. Au cours du premier cycle de croissance, correspondant à l'utilisation du glucose, la croissance des deux
cultures est semblable. Une fois le glucose épuisé, la densité
optique des deux cultures diminue rapidement. Il s'agit sans
doute d'une lyse provoquée par l'inanition carbonee, phénomène qui a été décrit par l'un de nous chez B. *subtilis* (Monod
1942 b). Ce phénomène de lyse fait apparaître d'une manière
particulièrement frappante le fait qu'au moment où les dernières

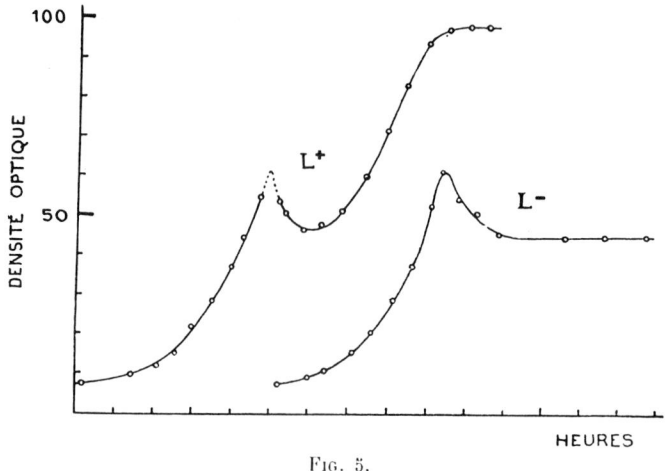

Fig. 5.

traces de glucose disparaissent, la culture L+ est encore incapable d'utiliser le lactose. La réadaptation ne devient sensible
qu'au bout de plus d'une heure. Ces expériences ont été répétées
avec un autre clone L+ avec des résultats identiques.

Discussion.

Les observations précédentes montrent clairement que l'apparition, dans la souche ML, de la propriété d'oxyder et d'utiliser
le lactose est liée d'une part à une mutation brusque se produisant chez quelques rares individus, d'autre part au fonctionnement d'un mécanisme d'adaptation. Les propriétés différentes
de la forme L⁻ et de la forme L+, ainsi que la stabilité de ces
propriétés sont attestées par l'examen des colonies formées sur
gélose au lactose par les deux formes. Cependant, pour *peu que
les mécanismes d'adaptation soient bloqués*, les deux formes,

après culture en glucose, se montrent également *incapables* d'attaquer le lactose. La forme L+ ne diffère donc pas de la forme L− par la présence d'un « enzyme nouveau », mais par la *faculté de s'adapter* à la formation de cet enzyme.

L'enzyme attaquant le glucose dans la forme L+ est un enzyme adaptatif strict. Son activité est nulle lorsque la souche a été cultivée en l'absence de lactose, ou en présence de lactose et d'un sucre inhibiteur, comme le glucose. Cette constatation est particulièrement significative, car en cela la souche L+ se comporte exactement comme les souches de *E. coli* « normal », chez lesquelles tous les enzymes *adaptatifs* attaquant les sucres sont inhibés par le glucose et les autres glucides inhibiteurs.

Ces phénomènes d'inhibition, qui paraissent généraux, semblent démontrer que les différents glucides attaquables par une souche bactérienne donnée, entrent en compétition pour une même structure moléculaire. Cependant, la spécificité des enzymes responsables de l'attaque des différents glucides ne saurait faire de doute.

L'un de nous (Monod 1943, 1944 a, b, 1945) a cherché à concilier ces faits dans un schéma qui permette d'expliquer en même temps le mécanisme de l'adaptation enzymatique. Selon cette hypothèse, les différents enzymes spécifiques auraient un précurseur commun (préenzyme) doué d'une « préaffinité » plus ou moins faible pour un certain nombre de substrats. Le préenzyme se transformerait en enzyme spécifiquement adapté sous l'influence du substrat, et par suite de sa combinaison avec lui. On voit comment un tel schéma permet d'expliquer à la fois le mécanisme de l'adaptation, la spécificité des différents enzymes, et l'inhibition diauxique, qui serait due à l'affinité plus forte du préenzyme pour les substrats inhibiteurs. Selon cette hypothèse, et puisque la formation de l'enzyme attaquant le lactose chez les bactéries L+ est inhibée par le glucose, la mutation L−⟶L+ consisterait non pas dans l'*apparition* d'un enzyme *nouveau* dans la forme L+, mais dans une modification de la structure du préenzyme, modification qui, de « non adaptable » dans la forme L−, le rendrait « adaptable » dans la forme L+. Rappelons que Lwoff et Audureau (*loc. cit.*) étudiant la mutation « succinique » de *Moraxella Lwoffi*, avaient également montré que cette mutation ne consistait pas dans l'apparition d'un enzyme, mais en une modification du fonctionnement d'un enzyme préexistant.

Dans la mesure où l'on admet que le mécanisme des mutations bactériennes est essentiellement semblable à celui des mutations des êtres supérieurs (jusqu'à présent beaucoup de faits sont en faveur de cette conception, aucun ne la contredit), ces expériences indiquent que le gène hypothétique, responsable de la mutation L⁻ —→ L⁺, contrôle le mécanisme de l'adaptation, sans doute par l'intermédiaire d'une modification de la structure du précurseur.

On pourrait même être tenté, en l'occurrence, d'identifier gène et précurseur. Cependant, ces observations, et les hypothèses qu'elles suggèrent, doivent être rapprochées des résultats du plus grand intérêt, récemment présentés par Spiegelman et ses collaborateurs (1944, 1945) sur l'adaptation de la galactozymase et de la mélibiozymase chez les levures. Grâce au fait qu'il est possible de croiser entre elles des races de propriétés différentes et d'effectuer des ségrégations, ces auteurs ont pu montrer, d'une part que l'adaptation de chacun de ces enzymes est effectivement contrôlée par un gène mendélien, d'autre part que l'enzyme lui-même, et son précurseur, étaient certainement *distincts du gène*, puisque l'enzyme pouvait dans certaines circonstances s' « auto-reproduire » en *l'absence du gène*.

Cherchant à rendre compte de ce mécanisme ainsi que des résultats de Sonneborn (1945) sur le caractère « Killer » des paramécies, Emerson (1945) a proposé un schéma du contrôle par les gènes de l'adaptation enzymatique, schéma qui est en accord avec les faits et les hypothèses présentés ici.

RÉSUMÉ ET CONCLUSIONS.

1° L'acquisition du pouvoir d'attaquer le lactose, dans une souche d'*Escherichia coli-mutabile* est liée d'une part à une mutation L⁻ —→ L⁺, d'autre part au fonctionnement d'un mécanisme d'adaptation enzymatique.

2° L'enzyme attaquant le lactose dans la forme mutante (L⁺) est un enzyme adaptatif strict. Son activité est nulle dans les suspensions bactériennes issues de cultures non adaptées.

3° La formation de cet enzyme est inhibée par le glucose, et la croissance en présence du mélange glucose-lactose, donne lieu au phénomène de diauxie.

4° Une hypothèse est proposée, selon laquelle la mutation L⁻ —→ L⁺ porterait sur la structure d'un précurseur (préenzyme) *commun* aux différents enzymes spécifiques attaquant les glucides.

TRAVAUX CITES

AUDUREAU (A.). Ces *Annales*, 1942, **68**, 528
CLIFTON (C. E.). *Enzymologia*, 1937, **4**, 246.
DIÉNERT. Sur la fermentation du galactose et sur l'accoutumance des levures à ce sucre. Ces *Annales*, 1900, **14**, 139.
EMERSON (S.). *Annals of the Missouri Botanical Garden*, 1945, **32**, 243.
KARSTRÖM (H.). *Ergeb. Enzymforsch.*, 1930, **7**, 350.
LEWIS (I. M.). *J. Bact.*, 1934, **28**, 619.

Lwoff (A.) et Audureau (A.). Ces *Annales*, 1942, **67**, 94.
Marchal (J.-G.). *Variation et mutation en bactériologie*. Le François, Paris, 1932.
Massini (R.). *Arch. Hyg.*, 1907, **61**, 250.
Monod (J.). *C. R. Acad. Sci.*, 1941, **212**, 934 ; Recherches sur la croissance des cultures bactériennes. Hermann et Cie, Paris, 1942 ; Ces *Annales*, 1942, **68**, 444 ; 1942, **68**, 548 ; 1943, **69**, 179 ; 1944, **70**, 57 ; 1944, **70**, 60 ; 1944, **70**, 381 ; 1945, **71**, 37.
Sonneborn (T. M.). *Ann. Missouri Bot. garden*, 1945, **32**, 213.
Spiegelman (S.). *Ann. Missouri Bot. garden*, 1945, **32**, 139.
Spiegelman (S.), Lindegren (C C.) et Hedgecock. *Proc. Nat. Acad. Sci.*, **30**. 13

SUR UNE MUTATION SPONTANÉE AFFECTANT LE POUVOIR DE SYNTHÈSE DE LA MÉTHIONINE CHEZ UNE BACTÉRIE COLIFORME

par Jacques MONOD.

(*Institut Pasteur, Service de physiologie microbienne.*)

Introduction.

On connaît à l'heure actuelle un grand nombre d'espèces ou de souches bactériennes dont la croissance est conditionnée par la présence d'un ou plusieurs acides aminés. Les exemples en sont assez nombreux et assez bien connus pour qu'il suffise de mentionner ici le premier d'entre eux : celui de la méthionine dont le caractère de facteur de croissance indispensable pour le streptocoque hémolytique conduisit Mueller (1922) à la découverte de ce corps.

Malgré les grands progrès accomplis dans ce domaine, une certaine indétermination demeure dans nos connaissances concernant les exigences précises, spécifiques, en amino-acides, de beaucoup d'espèces bactériennes. Cette situation est sans doute due pour une part à la variabilité, souvent assez marquée, de ces exigences. Il y aurait grand intérêt, de différents points de vue, à ce que les conditions et le mécanisme de ces variations fussent élucidés, au moins dans un certain nombre de cas typiques. Au cours de recherches poursuivies dans une autre voie, il est apparu que la souche d' « *Aerobacter* » utilisée présentait un phénomène de cet ordre, et cela dans des conditions qui permettaient de mettre clairement en évidence l'origine de la variation. Le présent travail a pour objet de résumer ces observations.

Techniques employées.

a) Milieux. — Outre le bouillon et la gélose ordinaire, le milieu synthétique suivant (milieu S) a été utilisé :

$PO^4KH^2 + PO^4Na^2H\ 2\ H^2O$ (pH 6,9)	5 g.
$ClNH^4$	1 g.
SO^4Mg	0,1 g.
$CaCl^2$	0,01 g.
SO^4Fe	0,0005 g.
Glucose (stérilisé à part par filtration)	2 g.
Eau redistillée sur Pyrex, q. s. p.	1.000 g.

Ce même milieu, gélifié par de l'agar à 20 p. 100 (agar très soigneusement lavé auparavant à l'eau ordinaire et à l'eau bidistillée) et glucosé a 10 p. 1.000 au lieu de 2 p. 1.000, a été employé comme milieu synthétique solide (milieu G. S.).

b) La souche employée (désignée ici sous le symbole LA) provient des collections de l'Institut Pasteur, où elle figure depuis près de quarante ans. Elle m'a été très obligeamment communiquée par M. Legroux.

Ses principales caractéristiques sont les suivantes : bâtonnets assez longs, immobiles, Gram négatifs, produisant de l'indol. Capable d'utiliser les corps suivants comme aliment carboné en milieu synthétique : d-glucose, l-fructose, d-galactose, l-sorbose, d-xylose, l-arabinose, saccharose, maltose, lactose, acide citrique, acide succinique, acide acétique.

Les premiers essais ont été effectués avec un clône provenant de la souche origine par 3 réisolements successifs à partir d'une seule colonie. Par la suite, toutes les expériences furent reprises avec un clône provenant d'une seule bactérie isolée au micromanipulateur. Ce clône est désigné par le symbole LA. Les propriétés de ce clone se sont d'ailleurs révélées identiques à celles de la souche origine.

Résultats expérimentaux.

1° Cultures en milieu synthétique, colonies N et M.

1° Milieux liquides. — Lorsque l'on ensemence une culture en bouillon bien développée (vingt-quatre heures à 37°), en milieu synthétique, à raison d'une goutte pour 5 cm^3 de milieu, on observe en vingt-quatre heures à 37° un développement abondant. Les repiquages successifs dans ce milieu donnent les mêmes résultats. La souche paraît donc cultivable d'emblée et indéfiniment repiquable dans un milieu synthétique ne contenant aucun « facteur de croissance », acide aminé ou vitamine. Cela n'est nullement surprenant puisque c'est le cas de la grande majorité des souches d'*Aerobacter*, *E. coli* et genres voisins.

2° Milieux solides. — En revanche la situation se révèle beaucoup plus complexe lorsque la même souche est ensemencée en milieux solides.

En effet, 1 g. d'une culture de vingt-quatre heures en bouillon, convenablement dilué (environ 10.000 germes par goutte), étalé à la surface d'une boîte de Petri préparée avec du milieu G. S. donne naissance, en douze à dix-huit heures à 37°, à deux catégories de colonies complètement différentes : a) l'immense majorité est composée de colonies microscopiques (moins de 1/10 de millimètre), transparentes, dont la forme filamenteuse, vermiculaire, est très caractéristique (colonies N). b) Au milieu des microcolonies émergent une dizaine de grandes colonies (0,5 à 1,5 mm.) hyalines, à bords découpés mais non filamenteuses, présentant une surface irrégulière et brillante [colonies M] (fig 1).

MUTATION SPONTANÉE D'UNE BACTÉRIE COLIFORME

Au contraire, l'étalement de la même souche, pratiqué dans les mêmes conditions, mais sur gélose-bouillon ordinaire, donne uniquement des colonies banales (grises, assez plates, à bords irréguliers, à surface légèrement rugueuse), *absolument homogènes* comme aspect et comme dimensions. Rien ne permet de distinguer les colonies N des colonies M.

Enfin l'étalement sur milieu G. S. de souches ayant subi deux

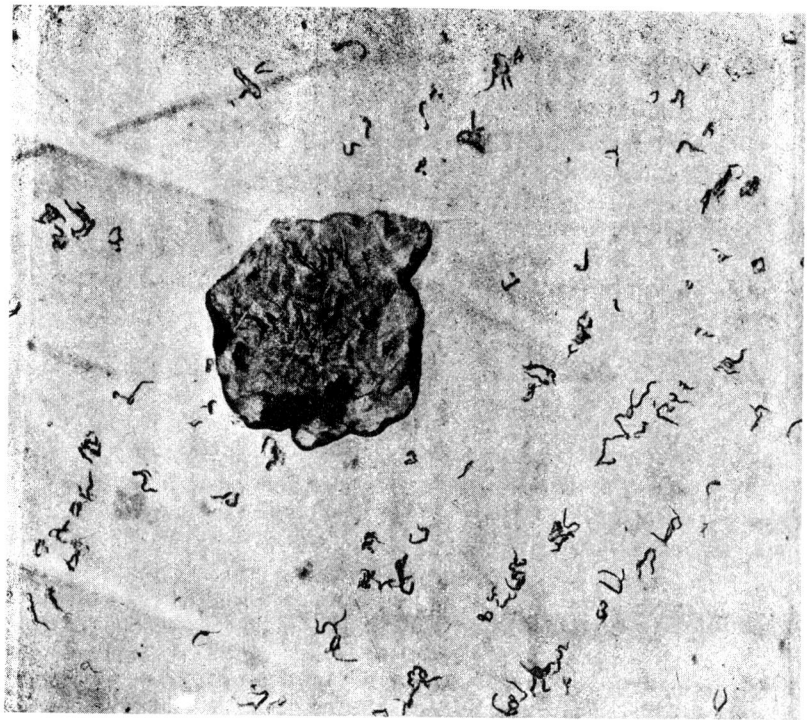

FIG. 1. — Colonies apparaissant en douze heures à 37° sur milieu synthétique solide ensemencé avec la souche LA. On voit de nombreuses colonies « N » très petites, vermiculaires, et une grande colonie « M ».

ou trois passages en milieu synthétique S donne des résultats tout différents des étalements de souches en bouillon : les cultures se montrent constituées exclusivement de grandes colonies M, les microcolonies N ont complètement disparu.

3° STABILITÉ DES CLÔNES N ET M. — Plusieurs clônes ont été constitués par prélèvements d'une seule colonie N ou M (dans le cas des colonies M il faut prendre soin de ne prélever que le centre des colonies) et réensemencés en bouillon.

Dans tous les cas, dès le premier passage, les clônes N étalés en milieu G. S. se sont montrés constitués d'un mélange de colonies N et M, en proportions comparables au clône-origine. Au contraire les clônes issus de colonies M se montraient constitués exclusivement de colonies M.

Pour vérifier la stabilité de la forme M, 3 clônes ont été entretenus pendant 25 passages en bouillon, et testés par étalement en milieu G. S. aux 5e, 15e et 25e passages. Ils ont donné chaque fois naissance *exclusivement* à des colonies M. De plus ces 3 clônes, repiqués mensuellement sur gélose pendant six mois se sont également montrés parfaitement stables.

Il ne peut y avoir de doute sur l'interprétation de ces faits : la forme « normale » de la souche LA, incapable de se développer en milieu synthétique (colonies N) est capable, en revanche, de donner par mutation spontanée une forme qui, elle, se développe abondamment en milieu synthétique (colonies M). La forme M est stable, du moins dans les conditions étudiées, et ne redonne pas la forme N.

2° DÉTERMINATION DU FACTEUR DE CROISSANCE DE LA FORME N.

On doit penser également que la différence physiologique entre la forme N et la forme M consiste en ce que la première est incapable de synthétiser un ou plusieurs métabolites essentiels dont la synthèse par la forme M, est au contraire possible.

Pour vérifier cette hypothèse, 2 souches N entretenues en bouillon, ont été étalées (à raison de 1 g. de culture diluée au 1/1.000 par boîte de Petri) sur milieu G. S. additionné soit d'extrait de levure (1 g. pour 20 cm^3), soit d'hydrolysat de caséine (1 g. à 6 p. 1.000 pour 20 cm^3).

Dans les deux cas on observe après vingt-quatre heures à 37°, un développement abondant. Toutes les colonies sont identiques entre elles et ne peuvent se distinguer des colonies M apparues sur les boîtes contrôle, non additionnées d'hydrolysat de caséine ou d'extrait de levure. Ce résultat permettait de prévoir que le facteur de croissance de la forme N était un acide aminé. Une série d'étalements ont alors été pratiqués sur milieu G. S. additionné de divers acides aminés.

Les résultats sont donnés par le tableau I. Le signe O indique un résultat identique aux contrôles en milieu G. S. pur. Le signe + + indique des colonies toutes bien développées, semblables aux colonies M du contrôle ; + indique des colonies toutes d'aspect M, mais un peu moins développées ; Tr. indique que les colonies présentaient la différenciation typique de la souche LA,

MUTATION SPONTANÉE D'UNE BACTÉRIE COLIFORME

(microcolonies N et macrocolonies M) mais avec des microcolonies légèrement plus grandes que dans les contrôles.

Comme on le voit, les résultats sont sans ambiguïté. Presque tous les acides aminés se montrent complètement inactifs, sauf la méthionine en présence de laquelle, même à une concentration très faible (M/400.000), toutes les colonies de la souche N sont bien développées et présentent l'aspect de colonies M. On remarque cependant que la leucine présente une faible activité, attribuable sans doute à des traces de méthionine présentes à l'état d'impuretés dans l'échantillon utilisé (1).

TABLEAU I. — **Croissance des colonies N en milieu synthétique additionné d'un acide aminé.**

	RÉSULTATS en 24 heures à 37°		RÉSULTATS en 24 heures à 37°
Glycocolle M/4.000..........	0	Ac. dl-glutamique M/4.000....	0
dl-alanine M/4.000..........	0	dl-méthionine M/400.000.....	+
dl-sérine M/4.000...........	0	dl-méthionine M/40.000......	++
		dl-méthionine M/4.000.......	++
Cystéine M/40.000...........	0	dl-arginine M/4.000.........	0
Ac. dl-amino-butyrique M/4.000	0	dl-lysine M/4.000...........	0
dl-thréonine M/4.000........	0	dl-proline M/4.000..........	0
dl-valine M/4.000...........	0	dl-phénylalanine M/4.000....	0
l-leucine M/4.000...........	Tr.	l-tyrosine (sat.)..............	0
l-leucine M/40.000..........	0	l histidine M/4.000..........	0
l-leucine M/400.000.........	0		
Ac. dl-aspartique M/4.000....	0	l-tryptophane M/4.000.......	0

Il faut souligner que la cystéine se montre complètement inactive, incapable, semble-t-il, de remplacer, même partiellement, la méthionine. Enfin, l'activité très élevée de concentrations très faibles de méthionine, comparée à l'absence totale d'activité des autres amino-acides (leucine à part), permet d'écarter l'hypothèse d'après laquelle cette activité serait due à une impureté.

En revanche la méthionine se montre complètement inactive vis-à-vis de la forme M. Des cultures des clônes M étalées sur milieu G. S. en présence ou en absence de méthionine (M/4.000) ne présentent aucune différence appréciable.

Ces expériences indiquent que la méthionine constitue un facteur de croissance indispensable à la forme N, et il semble bien que ce

---

(1) On sait que de telles impuretés sont courantes, Mueller (1935) a trouvé jusqu'à 5 p. 100 de méthionine dans des échantillons commerciaux de leucine.

soit le seul (2). Ceci est confirmé par l'expérience suivante : un clône N a subi 15 passages journaliers en milieu S additionné de méthionine (M/1.000). Les étalements effectués au 2e et au 15e passage ont montré que ce clône était toujours constitué par des individus N et que la proportion d'individus M ne s'y était pas sensiblement accrue, alors que le témoin, cultivé en milieu S sans méthionine, ne montrait plus, dès le deuxième passage, que des colonies M.

Autrement dit, l'adjonction de méthionine au milieu synthétique permet l'entretien dans ce milieu de la forme N, et suffit pour supprimer la sélection de la forme M aux dépens de la forme N.

3° Equilibre et taux de croissance des formes M et N en milieu synthétique.

1° Proportion d'individus M dans les cultures N. — Parmi les colonies M apparues sur une plaque de milieu G. S. ensemencée avec la culture N, on peut en principe distinguer deux catégories de colonies.

a) Les unes proviennent d'individus M qui étaient présents dans la culture *au moment de l'ensemencement*. Ce sont des « colonies primitives ».

b) Les autres proviennent d'individus M apparus, par mutation, *après l'ensemencement*, au milieu des microcolonies N. Ce sont des « colonies secondaires ».

La numération des « colonies primitives » permettrait de déterminer la proportion d'individus M présents dans la culture N au moment de l'étalement. On ne saurait espérer distinguer les colonies réellement primitives des colonies venant d'individus M apparus quelques heures seulement après l'étalement. Mais il est clair que ces dernières doivent être assez rares par rapport aux colonies primitives, à moins que le taux de mutation ne soit extraordinairement élevé.

Effectivement après quatorze heures à 37°, un étalement sur milieu G. S. d'une goutte de culture N comprenant approximativement 50.000 germes montre une dizaine de colonies M, juste visibles à l'œil nu, et de dimensions assez homogènes. Après trente-six heures à 37° le nombre des colonies visibles à l'œil nu a augmenté dans de très fortes proportions, mais elles sont de tailles diverses, témoignant de leurs âges variés. Il semble donc que l'on puisse considérer les colonies atteignant *enemble* et les *premières* les limites de la visibilité, comme des colonies primitives.

(2) Dans ces conditions on doit se demander comment il se fait que les bactéries N donnent naissance à des colonies, si petites soient-elles, sur milieu G.S. *sans méthionine*. Il est certain que ces colonies se développent grâce aux impuretés apportées par l'ensemencement.

En se basant sur ces considérations on a cherché à déterminer la proportion d'individus M (colonies M comptées après douze heures à 37° sur des étalements en milieu G. S. pur) et N (colonies comptées sur milieu G. S. additionné de méthionine) au cours des repiquages successifs d'un clône LA N, cultivé en milieu S additionné de méthionine (M/1.000) et d'acide glutamique (M/20.000). (On verra plus loin pourquoi il a été jugé préférable d'additionner les cultures d'acide glutamique). Ces cultures étaient faites dans de petites fioles coniques à long col, agitées pendant dix-huit heures à 37° pour assurer une croissance régulière et uniforme. Les étalements étaient pratiqués à la dix-huitième heure. Il faut noter que, dans les conditions de ces essais, les cultures avaient à ce moment cessé de s'accroître par suite de l'épuisement *du glucose*.

Le tableau suivant exprime les résultats : les chiffres donnent le nombre de colonies comptées sur chaque boîte. Ils sont à multiplier par les dilutions relatives employées pour chaque série d'étalement.

On constate que les chiffres trouvés sont assez variables, ce qui témoigne des difficultés rencontrées : la numération de ces colonies plates et hyalines, à la limite de la visibilité, étant fort délicate. Il apparaît néanmoins que le rapport M/N est relativement stable, en ce sens qu'il n'y a pas de tendance marquée à l'augmentation ou à la diminution au cours des passages successifs. La moyenne générale (M/N = 1/2.500) peut être considérée comme donnant un ordre de grandeur acceptable.

Tableau II. — **Proportion d'individus N et M au cours de repiquages successifs du clône LA$_1$bN en milieu synthétique**.

	2ᵉ PASSAGE	5ᵉ PASSAGE	8ᵉ PASSAGE	12ᵉ PASSAGE
$M (\times 10^2)$	16 29	20 10	19 22	11 18
$N + M (\times 10_5)$	32 25	81 70	24 37	38 33
$\dfrac{M}{N + M}$	1/1.300	1/5.000	1/1.500	1/2.500

2° Taux de croissance des clônes M et N. — Pour que les clônes N cultivés en milieu S + méthionine ne se transforment pas en clônes M, il faut nécessairement que le taux de croissance des bactéries M soit inférieur à celui des bactéries N dans ce milieu.

Les taux de croissance ont été déterminés directement avec un clône M et un clône N. Les cultures étaient faites en milieu S à 0,2 p. 1.000 de glucose, additionné de méthionine M/1.000 et d'acide glutamique M/4.000. En effet, lors des premiers essais, il est apparu qu'avec les deux formes, la croissance ne commençait qu'après un temps de latence de plusieurs heures, pour peu que les ensemencements ne fussent pas très denses. Ce temps de latence est supprimé presque complètement en présence d'acide glutamique. Il s'agit d'ailleurs là d'un phénomène tout différent de celui qui nous préoccupe, et sur lequel il n'y a pas lieu de s'étendre ici (voir à ce sujet Knight 1945, 147).

La croissance a été déterminée dans les conditions et avec les

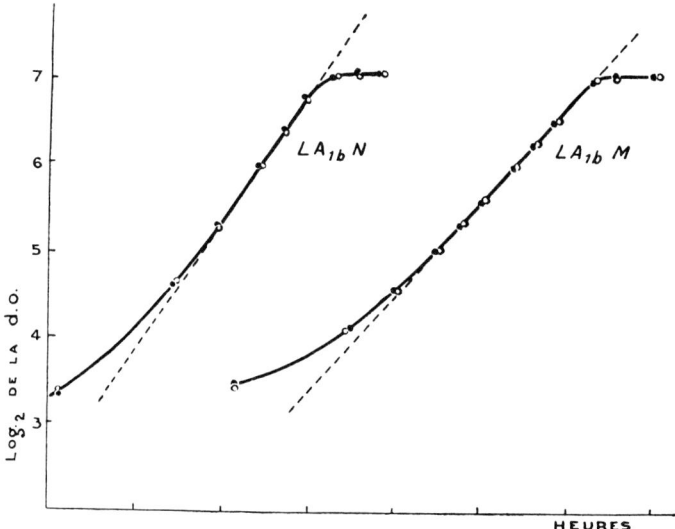

Fig. 2. — Croissance d'un clône N et d'un clône M à 37° en milieu synthétique additionné de méthionine. D'après la pente de la droite en pointillé, on déduit les taux de croissance pendant la phase exponentielle : 1,05 divisions à l'heure pour le clône M; 1,45 divisions à l'heure pour le clône N.

méthodes décrites ailleurs (Monod, 1942). [Cultures en fioles coniques agitées au sein d'un thermostat, mesures à l'électrophotomètre de Meunier]. Les essais ont été faits en double. Le graphique ci-dessus (fig. 2) exprime ces résultats, et permettra de juger de leur précision et de leur fidélité. D'après la pente de la droite correspondant à la phase exponentielle, on calcule que le taux de croissance dans ce milieu est de 1,05 divisions à l'heure pour le clône M, et de 1,45 divisions à l'heure pour le clône N.

Dans les conditions de ces expériences, l'arrêt de la croissance était imposé par l'épuisement du milieu en glucose. On avait vérifié, en effet, que le maximum reste *proportionnel à la teneur du milieu du glucose* jusqu'à des concentrations supérieures à

2 p. 1.000. Dans les essais résumés par le graphique (fig. 2) le maximum atteint par les deux formes était le même aux erreurs de mesures (en l'occurrence 2 p. 100) près. Ce maximum correspond à environ 25×10^6 germes « exponentiels » (c'est-à-dire de la taille observée pendant la phase exponentielle) par centimètre cube.

Discussion.

1° Gains et pertes de fonctions par mutation. — Conformément à la conception défendue par Lwoff (1932, 1943), puis par Knight (1936, 1945) sur la nature et le rôle des facteurs de croissance, conception aujourd'hui généralement admise, on peut résumer comme suit l'interprétation des faits qui viennent d'être exposés : la forme « normale » (N) de la souche LA a besoin de méthionine pour sa croissance, mais n'en fait pas la synthèse. Elle ne peut donc se développer en l'absence de méthionine, mais elle peut, par mutation, donner naissance à une forme (M) capable de faire cette synthèse, donc de se développer en milieu synthétique.

Les observations faites établissent en particulier très clairement que la variation de pouvoir de synthèse qui différencie la souche M de la souche N se produit par *mutation spontanée*, et non par un mécanisme d'adaptation.

Ce point est important. En effet, si l'on connaissait depuis longtemps (et avant même que ne fussent élaborées les notions de pouvoir de synthèse et de métabolite essentiel) de nombreux exemples de variations des exigences nutritives chez diverses bactéries, en revanche le *mécanisme* de ces variations restait obscur, même dans les quelques cas qui avaient fait l'objet de recherches particulières. Aussi Knight (1936), se référant surtout au cas le mieux connu alors, celui des souches de *E. typhosa* « entraînées » à se passer de tryptophane (Braun et Cahn-Bronner, 1921-1922 ; Fildes, Gladstone et Knight, 1933 ; Fildes et Knight, 1933), pouvait-il préférer l'hypothèse d'une adaptation enzymatique. Cependant, plus récemment Koser et Wright (1943) ont montré que certaines souches de bacille dysentérique pouvaient être « entraînées » à se passer d'acide nicotinique. D'expériences précises ils concluent que ceci résulte de la sélection de *variants préexistants*, apparus par mutation. Elie Wollman (1946) a montré d'autre part que certaines mutations de résistance au bactériophage chez *E. coli* impliquaient la perte du pouvoir de synthèse de la proline. Les formes proline-négatives pouvaient redonner par *mutation spontanée*, des formes proline-positives. En ce qui concerne non plus les gains, mais les *pertes* de pouvoir de synthèse, on connaît depuis peu plusieurs exemples de mutations induites par les rayons X (Gray et Tatum, 1944) ; de plus quelques souches déficientes ont pu être isolées à partir d'une souche normale d'*E. coli*, par Roepke, Libby et Small (1941) parmi les *témoins non irradiés* d'une expérience sur l action des rayons X. Ces souches provenaient sans doute de variants spontanés.

Notons enfin que si l'on connaît bien à l'heure actuelle le déterminisme de nombreuses adaptations enzymatiques, il semble qu'il n'existe aucun cas bien établi où une variation de ce type ait entraîné une modification irréversible (ou même quelque peu durable) et d'où l'hypothèse d'une sélection de variant spontané soit exclue. Ce qui ne signifie pas d'ailleurs que certaines mutations ne puissent impliquer une modification de « l'adaptivité » de certains enzymes (Monod et Audureau, 1946).

En résumé, les variations de pouvoir de synthèse, chez les bactéries paraissent, dans les cas où le phénomène a pu être analysé, liées à des transformations brusques, se produisant chez une proportion très faible d'individus, variations qu'il n'y a aucune raison de ne pas assimiler, au moins provisoirement, à des mutations géniques.

La grande majorité des souches de bactéries coliformes sont des allo-autotrophes (Lwoff, 1943), c'est-à-dire font la synthèse de tous les métabolites essentiels. On se saurait douter que la souche étudiée ici ne dérive d'une souche à pouvoir de synthèse complet. Il est fort possible d'ailleurs que cette forme primitive soit identique à la forme M. La stabilité des clônes M, démontrée par 25 passages en bouillon, prouve simplement que la mutation M $\rightarrow$ N, si elle est possible, est extrêmement rare. (Une évaluation approximative montre que dans cette hypothèse la probabilité de transformation M$\rightarrow$N doit être inférieure à 10^{-11} par bactérie et par division.)

2° Taux de croissance et taux de mutation. — En principe, connaissant les taux de croissance des formes normale et mutante dans un milieu donné, et la proportion d'individus mutants parmi les normaux, il est possible de calculer le taux de mutation. Les bases de ce calcul ont été données par Delbrück (1945).

Posons :

N, nombre de bactéries « N » au temps t.
M, nombre de bactéries « M » au temps t.
K_N, taux de croissance de la forme N dans le milieu utilisé.
K_M, taux de croissance de la forme M dans les mêmes conditions.
a, taux de mutation (probabilité pour chaque bactérie N de se transformer en M, par unité de temps).

Dans une culture contenant des bactéries N et des bactéries M, les accroissements pour chaque catégorie sont donnés par :

$$\frac{dN}{dt} = K_N N - aN. \qquad (1)$$

$$\frac{dM}{dt} = K_M M + aN. \qquad (2)$$

Par intégration, et en supposant qu'au temps $t = 0$, $M = 0$, on en tire :

$$\frac{M}{N} = \frac{a}{K - K' - a} (1 - e^{-(K - K' - a)t}).$$

Et l'on voit que lorsque t est grand on aboutit à un équilibre :

$$\frac{M}{N} = \frac{a}{K - K' - a} = C. \qquad (3)$$

Si nous admettons pour C la valeur moyenne donnée par les numérations des colonies M et N dans les conditions décrites plus haut, et pour K_M et K_N les valeurs des taux de croissance des deux formes en milieu S pendant la phase exponentielle, nous trouvons pour le taux de mutation, a, la valeur 10^{-4} environ, en prenant pour unité de temps le temps de division des bactéries N.

Quel crédit peut-on accorder, en l'occurrence, au taux de mutation ainsi déterminé ? A la vérité, outre l'imprécision des résultats concernant la mesure du rapport M/N, l'utilisation, dans le cas qui nous occupe, de l'expression (3) ne va pas sans soulever des objections sérieuses.

1° La valeur de C, c'est-à-dire du rapport M/N, a été déterminée sur des cultures dont la croissance était arrêtée. Or les expressions (1 et 2) impliquent que la croissance soit exponentielle.

2° Le taux de croissance, K_M, des bactéries M a été déterminé avec des cultures M pures. Or il se pourrait qu'en cultures mixtes (mélange de N et de M) la valeur de K_M soit différente.

Le résultat n'est donc acceptable que si l'on admet : a) que la mutation est *liée à la division*, et ne se produit pas dans des cultures arrêtées : b) que les chances de survie des bactéries M et N, dans les cultures arrêtées faute d'aliment carboné, sont à peu près les mêmes ; c) que la présence de bactéries N n'influe pas sur le taux de croissance des bactéries M.

La première hypothèse (a), pour vraisemblable qu'elle paraisse, soulève un problème fondamental, et qui n'est pas résolu. Les hypothèses b et c paraissent acceptables en première approximation. Au total il semble que l'on puisse admettre, au moins provisoirement, que la valeur trouvée correspond effectivement à l'ordre de grandeur du taux de mutation spontanée M→N.

Les données relatives au taux de mutation spontanée chez les bactéries sont malheureusement très rares encore. Bunting (1940) pour une mutation pigmentaire chez *Serratia marcescens* a trouvé une probabilité de 0,3 p. 100 par quarante-huit heures, et 0,01 p. 100 pour la mutation réverse. L'ordre de grandeur est donc comparable (compte tenu du temps de division) à celui de la mutation étudiée ici. Luria et Delbruck (1943) et Demerec et Fano (1945) trouvent des valeurs 1.000 à 10.000 fois plus faibles pour des mutations de résistance au bactériophage chez *E. coli*.

Il faut souhaiter que se développent les méthodes de détermination des taux de mutation chez les bactéries, car il doit être possible d'aborder par cette voie plusieurs problèmes fondamentaux relatifs à la nature du gène et au mécanisme de la mutation.

Conclusions.

1° La forme « normale » (N) de la souche étudiée est incapable de synthétiser la méthionine ;

2° La forme N donne par *mutation spontanée* une forme M, capable de faire cette synthèse ;

3° La forme M est stable ; la mutation réverse, si elle se produit, doit être très rare ;

4° Les taux de croissance des formes N et M en milieu synthétique additionné de méthionine, ont été déterminés ;

5° Une évaluation approximative du nombre relatif d'individus M et N dans les cultures est donnée ;

6° Ces données permettent de calculer un taux de mutation. La valeur du résultat est discutée.

TRAVAUX CITES

BRAUN (H.) et CAHN-BRONNER (C. E.). *Zbl. Bakt.*, orig., 1921, **86**, 196 ; *Biochem. Z.*, 1922, **131**, 226, 272.
BUNTING (M. I.). *J. Bact.*, 1940, **40**, 57-68 et 69-81.
DELBRUCK (M.). *Ann. Missouri Bot. garden*, **32**, 1945, 223-233.
DEMEREC (M.) et FANO (U.). *Genetics*, 1945, **30**, 119-136.
FILDES (P.) et KNIGHT (B. C. J. G.). *Brit. J. exp. Path.*, 1933, **14**, 343.
FILDES (P.), GLADSTONE (G. P.) et KNIGHT (B. C. J. G.). *Brit. J. exp. Path.*, 1933, **14**, 189.
GRAY (C. H.) et TATUM (E. L.). *Proc. Natl. Acad. Sci. U. S.*, 1944, **30**, 404-410.
KOSER (S. A.) et WRIGHT (M. H.). *J. Bact.*, 1943, **46**, 239-249.
KNIGHT (B. C. J. G.). *Med. res. Council Special Rep.*, Séries 210, Londres, 1936, His Majesty's stationary office. *Vitamins and hormones*, 1945, **3**, 105-228.
LWOFF (A.). *Recherches biochimiques sur la nutrition des Protozoaires*. Masson, éd., Paris, 1932 ; *L'Evolution physiologique*, Hermann et Cie, éd., Paris, 1942.
MONOD (J.) et AUDUREAU (A.) Ces *Annales*, 1946.
MUELLER (I. H.). *J. Bact.*, 1922, **7**, 309-325 ; *Science*, 1935, **81**, 50.
ROEPKE (R. R.), LIBBY (R. L.) et SMALL (M. H.). *J. Bact.*, 1944, **48**, 401-412

L'INHIBITION DE LA CROISSANCE ET DE L'ADAPTATION ENZYMATIQUE CHEZ LES BACTÉRIES INFECTÉES PAR LE BACTÉRIOPHAGE

par Jacques MONOD et Elie WOLLMAN (*).

Introduction.

D'après des observations récentes, il semble que les bactéries infectées par un bactériophage cessent de se diviser (Luria et Delbrück, 1942) et de s'accroître (Cohen et Anderson, 1946). Dans l'espoir d'arriver à préciser la nature et les conséquences de ce phénomène, nous avons entrepris d'étudier les effets de l'infection par le bactériophage sur la formation et l'activité d'un constituant déterminé de la cellule bactérienne, en l'espèce un enzyme. On sait que la majorité des enzymes attaquant les glucides, chez diverses bactéries, sont des enzymes dits « adaptatifs », dont la synthèse n'a lieu qu'en présence de leur substrat. Cette adaptation est rigoureusement spécifique (Karström, 1938 ; Monod, 1942) et en général assez rapide, circonstances favorables aux essais que nous envisagions.

Le présent travail expose les résultats obtenus concernant l'activité et la formation des enzymes attaquant le glucose et le lactose chez *Escherichia coli* infecté par un bactériophage. Certains de ces résultats avaient été brièvement résumés dans une note préliminaire (Monod et Wollman, 1947).

Souches et techniques employées.

1° Souches. — Nous avons utilisé la souche d'*E. coli* « B » des auteurs américains [V. Delbrück, 1946] (1). Cette souche se déve-

---

(*) *Société Française de Microbiologie*, séance du 3 avril 1947.
(1) Cette souche nous a été très obligeamment envoyée par M. Delbrück.

loppe bien dans les milieux synthétiques. Son taux de croissance, pendant la phase exponentielle, en culture agitée à 37°, avec du glucose comme aliment carboné, correspond à une division toutes les cinquante minutes environ.

Le bactériophage employé (φ II) a été isolé par Elie Wollman (1947). Ses dimensions n'ont pas été déterminées. Il semble cependant qu'il s'agisse d'un petit phage, car les plages formées sont assez grandes (1 à 3 mm.). De plus, la « phase latente » de l'infection est courte et la thermosensibilité élevée. Les tests d'activité effectués avec ce virus sur une série de souches mutantes du coli « Bordet » (2) montrent qu'il est distinct de tous les phages du « système T » étudiés par Demerec et Fano (1945) [V. aussi à ce sujet Delbrück, *loc. cit.*]. Les caractères du sérum anti-φ II (réactions croisées avec d'autres phages) n'ont pas été déterminés.

2° Milieux. — Nous avons employé le milieu suivant (milieu S_2) :

PO_4KH_2	1,5 g.
$PO_4Na_2H, 2H_2O$	16,5 g.
$SO_4Mg, 7H_2O$	0,2 g.
$ClNH_4$	2,0 g.
Cl_2Ca	0,01 g.
$SO_4Fe, 7H_2O$	0,0005 g.
Eau redistillée sur Pyrex q. s. p.	1.000
pH	7,5

A ce milieu de base est ajouté un aliment carboné (glucose ou lactose) en concentration variable suivant les besoins expérimentaux. Les glucides employés sont stérilisés à part, par filtration.

3° Préparation des suspensions de « bactéries carencées ». — Les cultures, en milieu S_2 à 2 p. 1.000 de glucose, sont ensemencées au 1/100 (1 cm³ d'une culture de la veille, pour 100 cm³ de milieu), en fioles coniques, et agitées pendant vingt-quatre heures à 37°. Dans ces conditions, la croissance est limitée uniquement par l'épuisement du glucose (V. à ce sujet Monod et Audureau, 1946). La densité optique des suspensions ainsi préparées est constante, ainsi que le nombre de bactéries « vivantes » (c'est-à-dire donnant une colonie par ensemencement sur gélose ordinaire) qui est d'environ $1,8 \times 10^9$ par centimètre cube ; l'intensité respiratoire (en présence de glucose) se montre également constante. La respiration endogène est négligeable. La croissance de ces suspensions reprend au taux normal, ou peu s'en faut, dès que du glucose est ajouté au milieu.

4° Préparation des suspensions de bactériophage. — Etant

(2) Elie Wollman, ces *Annales* (*sous presse*).

donné le type d'expérience envisagé, il importait d'obtenir des suspensions dépourvues d'aliment carboné utilisable par les bactéries (glucose restant ou substances mises en solution par la lyse des bactéries). La technique suivante a été adoptée : une « culture carencée » standard est additionnée de 2 p. 1.000 de glucose, et de bactériophage φ II en proportion telle qu'il y ait approximativement autant de particules de virus que de bactéries. La lyse est complète en une heure et demie environ à 37°. Le lysat est alors ensemencé largement avec une souche de *E. coli* [souche B_1 de Wolman (*loc. cit.*)] résistante au phage φ II, et la fiole est agitée pendant vingt-quatre heures encore à 37°. Une culture abondante de B_1 s'y développe. Le « facteur limitant » de la croissance étant encore dans ce cas l'aliment carboné, le milieu se trouve de nouveau épuisé en substrats carbonés utilisables par *E. coli*. Les bactéries et les débris bactériens provenant de la lyse sont éliminés par centrifugation (8.000 t./m. pendant vingt minutes). Le lysat est utilisé tel quel. Son titre en particules de virus par centimètre cube est de l'ordre de 2 à 4×10^{10}..

5° PRÉPARATION DES SUSPENSIONS INFECTÉES. — La suspension carencée standard est additionnée d'un volume égal d'une suspension de bactériophage amenée par dilution à dix fois le titre (bactérien) de la suspension carencée. Ce mélange est agité pendant dix minutes à 37° et constitue ce que nous appellerons la « suspension infectée standard ». Nous avons vérifié (par centrifugation et détermination du titre du liquide surnageant) qu'à ce moment la proportion de particules adsorbées sur les bactéries est d'environ 75 p. 100. L'indice d'adsorption (« *multiplicity* » des auteurs américains), c'est-à-dire le nombre moyen de phages adsorbés par bactérie, est donc de 6 à 8.

On sait d'autre part (Luria et Delbrück, 1942) que dans les suspensions infectées la distribution des fréquences des bactéries infectées par 0, 1, 2, etc., particules est conforme à la loi de Poisson. La fraction de bactéries non infectées est donnée par le premier terme de la série de Poisson. Si m représente la multiplicité de l'infection, cette fraction est égale à e^{-m} ; elle est donc négligeable dans la « suspension infectée standard » (de l'ordre de 10^{-3}).

6° TECHNIQUES DE CULTURES ET DE MESURES. — Pour la détermination de la croissance et de la lyse, nous avons adopté les techniques décrites précédemment par l'un de nous (Monod, 1942). En bref : cultures en fioles coniques agitées au sein d'un thermostat de Warburg (à 37° ou 28° suivant les cas). Les fioles sont munies d'un dispositif de prélèvement. La croissance (ou la lyse) est évaluée par mesure de la densité optique des suspensions dans l'appareil de Meunier. Dans les conditions de nos mesures, et pour *les cultures en voie de croissance*, l'unité de densité optique correspond approximativement à 10^6 « bactéries de référence » (3) par centimètre cube.

Les titrages de bactériophage ont été affectués par la méthode de Gratia (1936) : mélange de la suspension diluée de virus avec une suspension épaisse de bactéries dans de la gélose à 6 p. 1.000, maintenue à l'état liquide à 42°. Etalement à la surface d'une boîte de Petri contenant de la gélose ordinaire à 15 p. 1.000. Numération des plages formées.

7° CALCUL DE LA CORRECTION DE DENSITÉ OPTIQUE POUR LES SUSPENSIONS LYSÉES. — Il est sans doute difficile d'attribuer une signification quantitative précise à la densité optique d'une suspension bactérienne en train de se lyser. Dans une culture en voie de croissance, et *partiellement* infectée, les variations de densité optique représentent en première approximation, la somme algébrique de la croissance et de la lyse et il est impossible de faire la part de chaque phénomène dans le résultat final. Dans certaines conditions, cependant, il est possible d'apporter aux données immédiates de l'appareil de mesures, une correction utile.

En effet, si toutes les bactéries sont infectées (ce qui est pratiquement le cas dans nos « suspensions infectées standard ») ; si, d'autre part, l'accroissement de densité optique des bactéries infectées est nul ou négligeable (ce qui paraît bien être le cas, comme nous le verrons plus loin), on peut admettre que les variations de densité optique résultent uniquement de la *lyse* des bactéries.

Mais la lyse des bactéries se traduit par deux effets :

1° Une baisse de la densité optique de la *suspension bactérienne*, baisse proportionnelle au nombre de bactéries lysées :
2° un accroissement de la densité optique du milieu, accroissement résultant de la dissolution de la substance bactérienne, et de la formation de grumeaux rassemblant des débris bactériens.

Si nous posons :

x = densité optique propre *des bactéries* ;

B = densité optique de base (c'est-à-dire densité optique du milieu neuf, sans bactérie) ;

D = densité optique totale ;

ΔB = accroissement de la densité optique de base, résultant de la lyse ;

---

(3) C'est-à-dire de la taille observée pendant la phase exponentielle. V. MONOD, 1942, p. 20.

on a, à tout moment
$$x = D - B - \Delta B \qquad (1)$$
au début de l'expérience, avant que la lyse ne commence :
$$x_o = D_o - B \quad \text{(puisque } \Delta B = 0\text{)}$$
à la fin, lorsque la lyse est totale, c'est-à-dire lorsque pratiquement toutes les bactéries sont détruites :
$$\Delta B_f = D_f - B \quad \text{(puisque } x_f = 0\text{)}.$$
D'autre part, en admettant, ce qui est raisonnable, que ΔB soit à tout moment proportionnel au nombre de bactéries qui se sont lysées depuis le début de l'expérience :
$$B = (x_o - x) \frac{\Delta B_f}{x_o - x_f}$$
$$= \frac{(x_o - x)\Delta B_f}{x_o} \quad \text{(puisque } x_f = 0\text{)}$$
en posant $D - B = E$ (densité optique « non corrigée ») et :
$$\frac{\Delta B_f}{x_o} = Q$$
(coefficient assez variable suivant les conditions, à calculer pour chaque expérience).

On a, en combinant 1 et 2 :
$$x = \frac{E - \Delta B_f}{1 - Q}.$$

Cette correction s'avère utile dans certains cas, et se justifie par l'expérience, en particulier lorsqu'il s'agit de comparer la « lyse optique » avec d'autres données expérimentales. Mais le problème est fort complexe, et nous ne prétendons nullement que l'emploi de cette correction permette de donner une signification quantitative précise à la densité optique des cultures lysées.

Pour la construction des graphiques, nous utiliserons selon les cas la densité optique *non corrigée* (E) ou *corrigée* (x).

Résultats expérimentaux.

I. — Essais préliminaires sur la multiplication du bactériophage φ II.

La question de la multiplication du bactériophage n'ayant, pour le problème qui nous occupe, qu'une importance accessoire, nous résumerons brièvement les essais préliminaires effectués, afin de déterminer les « constantes de croissance » de notre souche.

Nous avons adopté pour cela les méthodes introduites par Delbrück et ses collaborateurs (Ellis et Delbrück, 1939 ; Delbrück et Luria, 1942). On sait que le principe de la méthode consiste à infecter une suspension bactérienne dense, pour obtenir une adsorption très rapide du bactériophage, puis à diluer en proportions assez élevées pour que la vitesse d'adsorption devienne négligeable. On peut alors suivre par titrage la libération des particules de virus néoformées. Pour plus de détails, nous renvoyons aux publications citées. Disons simplement qu'en employant ces méthodes, nous avons retrouvé tous les éléments du « cycle de multiplication » (*one step growth*) décrit par Delbrück et ses collaborateurs : phase latente (*latent period*), phase d'accroissement non exponentielle (*rise period*), maximum.

Les résultats trouvés sont les suivants :

1° *Durée de la phase latente* : quinze à dix-huit minutes à 37° en milieu S_2 glucosé, lorsqu'on emploie des bactéries prélevées pendant la phase exponentielle, soixante minutes à 28°.

Avec les suspensions carencées, diluées en milieu S_2 sans aliment carboné, on n'observe, à 28° et à 37°, aucune multiplication, même après plusieurs heures (4).

Lorsqu'on infecte une suspension carencée, puis qu'on la dilue en milieu *glucosé*, la durée de la phase latente *comptée à partir du moment où les bactéries se trouvent en contact avec le glucose*, est de quinze à vingt minutes à 37°, de soixante à soixante-dix minutes à 28°.

2° *Nombre de particules de virus libérées par bactérie.* — De l'ordre de 100 avec des bactéries prises en phase exponentielle. Sensiblement plus faible avec les « suspensions infectées » diluées en milieu glucosé (de 25 à 50 suivant les cas).

II. — La lyse des bactéries en présence ou en l'absence d'un substrat carboné.

La figure 1 exprime les résultats d'une expérience qui a été répétée sous diverses formes, à plusieurs reprises : 20 cm³ d'une suspension infectée sont ajoutés à 200 cm³ de milieu S_2, 1° glucosé à 2 p. 1.000 ; 2° sans substrat carboné. Un témoin est constitué par une suspension additionnée en mêmes proportions d'une suspension de virus inactivé par chauffage (quinze minutes à 70°). Les trois suspensions sont mises en fioles coniques agitées à 37°. La densité optique est déterminée de cinq en cinq minutes à l'appareil de Meunier.

On voit que :

(4) Rappelons que ceci s'applique aux « suspensions carencées » préparées suivant la technique décrite p. 939. Nous avons constaté, en revanche, que si l'infestation est pratiquée très peu de temps (quinze à trente minutes) après l'arrêt de la croissance, on observe une abondante multiplication du virus, accompagnée de la lyse complète de la suspension.

INHIBITION DE LA CROISSANCE

a) *La densité optique du témoin* est stable.

b) *En présence de glucose*, après une « période latente » de 15 minutes environ, la lyse se manifeste par une baisse rapide de la densité optique.

c) *En l'absence de substrat carboné*, il y a une diminution sensible, mais lente et graduelle de la densité optique.

La stabilité du témoin montre que la suspension est effectivement privée d'aliment carboné utilisable pour la croissance. Elle montre aussi que la diminution de la densité optique, dans la

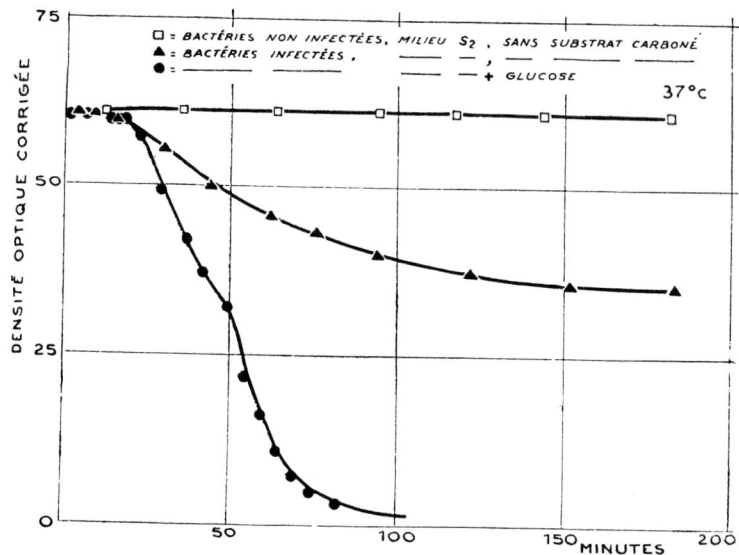

Fig. 1. — Evolution de la densité optique d'une suspension infectée, en milieu S_2 avec et sans aliment carboné. Le témoin est constitué par une suspension non infectée, en milieu S_2 sans substrat carboné.

suspension sans glucose, est selon toute vraisemblance, due à l'activité du bactériophage. Cependant, non seulement cette lyse est incomplète, même après plusieurs heures d'expérience, mais encore elle est beaucoup plus lente que dans la suspension en milieu glucosé. Par ailleurs, nous avons vu que dans les suspensions carencées diluées pour suivre la multiplication du phage, on n'observe pas, même après plusieurs heures, d'accroissement du titre du virus. Nous admettrons donc, au moins provisoirement, que la lyse bactériophagique *sensu stricto*, c'est-à-dire la lyse complète se produisant après une phase latente de durée déterminée et accompagnée de la libération du bactériophage (lysis from within), ne se produit chez les bactéries carencées, qu'*en présence d'une source utilisable d'énergie*, telle que le glucose. La lyse lente et incomplète se produisant *en l'absence d'une source d'énergie*, doit sans doute être rapprochée du phénomène appelé par Delbrück (1940) « lysis from without ».

Un second point doit retenir particulièrement l'attention. On constate que pendant la phase latente, la densité optique ne s'accroît pas, ni ne décroît. Ceci est bien mis en évidence par le graphique de la figure 5, représentant les résultats d'une expérience faite à 28°. Il faut noter toutefois que la stabilité de la densité optique pendant cette phase n'est pas toujours aussi parfaite, et que l'on observe parfois des accroissements excédant légèrement les limites des erreurs.

Il a paru nécessaire de contrôler ces résultats par une mesure absolue, c'est-à-dire par des pesées.

Le tableau suivant se rapporte à une expérience effectuée à 28° avec une suspension infectée mise en présence de glucose ; le témoin est constitué par une suspension non infectée. Aux heures indiquées, correspondant respectivement au début et à la fin de la phase latente, et à la lyse complète, 100 cm³ de suspension étaient prélevés. Les bactéries étaient lavées par centrifugation après fixation au formol, et séchées à poids constant.

TABLEAU I. — **Poids sec de substance bactérienne contenue dans 100 cm³ de suspension, en milieu S_2 glucosé à 28°.**

MINUTES à partir de l'addition de glucose	SUSPENSION infectée en milligrammes	SUSPENSION non infectée en milligrammes
0	45,3	44,5
60	45,4	64,0
121	11,5	83,0

Nous reviendrons sur l'interprétation de ces observations. Retenons pour l'instant qu'elles justifient l'emploi de la « correction de densité optique » discutée plus haut.

III. — LA LYSE EN PRÉSENCE DE GLUCIDES ATTAQUÉS PAR DES ENZYMES ADAPTATIFS.

On sait (Karström, 1938 ; Monod, 1942 ; Monod et Audureau, 1946), que chez la plupart des souches de *coli* le glucose est attaqué par un enzyme constitutif très actif, que le milieu de croissance ait ou non contenu du glucose. Le lactose au contraire est attaqué par un enzyme adaptatif strict, c'est-à-dire d'activité pratiquement nulle chez les bactéries cultivées en l'absence de lactose (5). C'est pourquoi nous avons choisi le glucose et le

---

(5) Ceci est valable pour les suspensions bactériennes intactes, et n'est pas en contradiction avec les expériences de DEERE, DULANEY et MICHELSON (1939), d'interprétation d'ailleurs douteuse, montrant que des *extraits* de *coli* non adapté peuvent avoir une certaine activité lactasique (v. MONOD et AUDUREAU, 1946 ; LWOFF, 1947).

INHIBITION DE LA CROISSANCE

lactose pour comparer l'influence, sur la lyse, d'un substrat « adaptatif » ou « constitutif ».

Dans l'expérience représentée par la figure 2, trois fractions

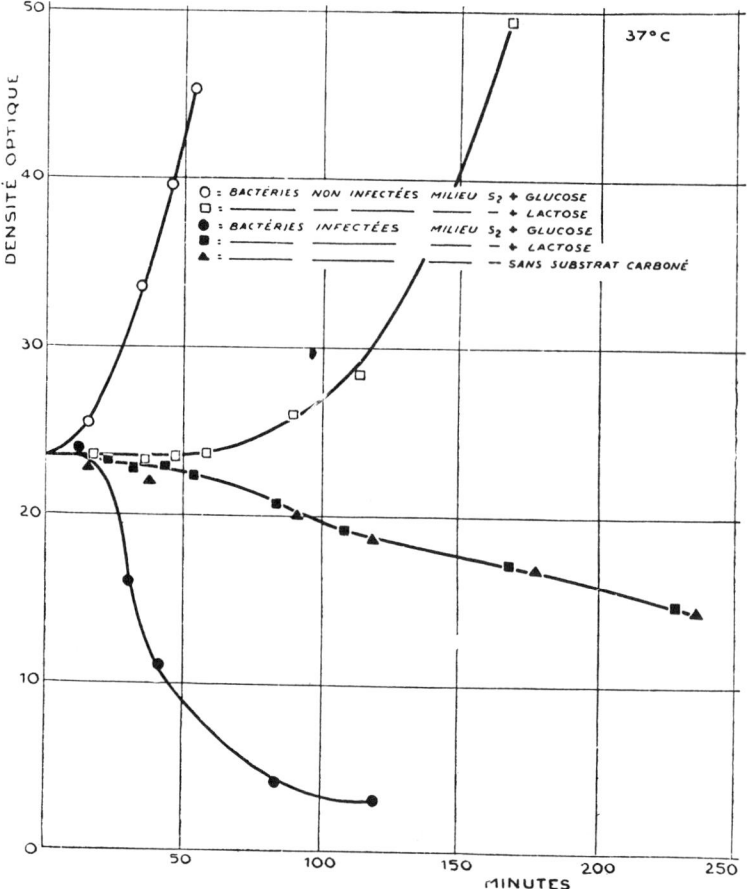

Fig. 2. — Evolution de la densité optique de suspensions infectées ou non infectées additionnées de glucose, de lactose ou sans substrat carboné (suspension provenant de cultures en glucose). On voit que l'évolution de la densité optique de la suspension infectée mise en présence de lactose est identique à celle de la suspension non infectée privée d'aliment carboné. On notera également que la croissance de la suspension non infectée débute immédiatement en présence de glucose et seulement après une phase latente d'environ soixante minutes en présence de lactose.

d'une suspension infectée préparée à partir d'une culture en *glucose*, ont été ajoutées chacune à 200 cm³ de milieu S_2 contenant :

1° 2 p. 1.000 de glucose ;
2° 2 p. 1.000 de lactose ;

3° Sans substrat carboné.

Les témoins sont constitués par la suspension carencée *non infectée*, diluée en mêmes proportions en milieu S_2 avec :
a) 2 p. 1.000 de glucose ;
b) 2 p. 1.000 de lactose.

On voit que la croissance, dans le témoin en glucose, est

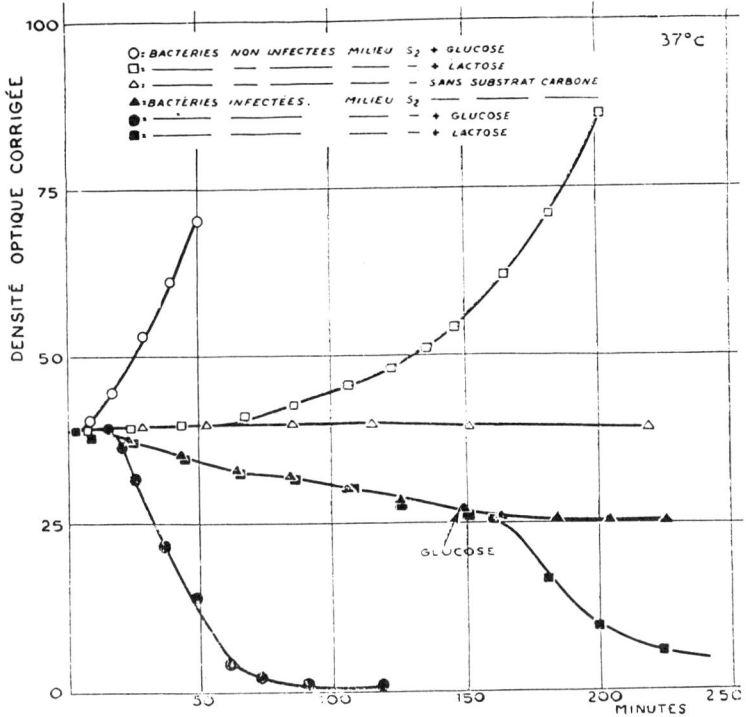

Fig. 3. — Expérience analogue à celle de la figure 2. A la cent cinquantième minute, du glucose a été ajouté à la suspension. Cette suspension se lyse alors rapidement tandis que jusque-là son évolution avait été semblable à celle de la suspension privée d'aliment carboné.

rapide dès le début. En présence de lactose, elle ne commence qu'après une phase d'adaptation de l'ordre de soixante minutes. La suspension infectée se comporte en présence de *lactose* exactement de la même façon qu'en *l'absence d'aliment carboné*. Tout se passe comme si aucun substrat n'avait été ajouté au milieu, et cela après plus de cent quatre-vingts minutes de contact avec le lactose, alors que le témoin non infecté commence à s'adapter après soixante minutes de contact.

Cette expérience a été répétée à plusieurs reprises. La figure en donne un autre exemple. Ici un témoin supplémentaire est constitué par une suspension *non infectée* diluée en mêmes proportions que les autres dans du milieu S_2 neuf, sans substrat carboné. La densité optique de ce témoin ne diminue pas sensiblement pendant la durée de l'expérience.

On voit qu'ici encore les bactéries infectées mises en présence

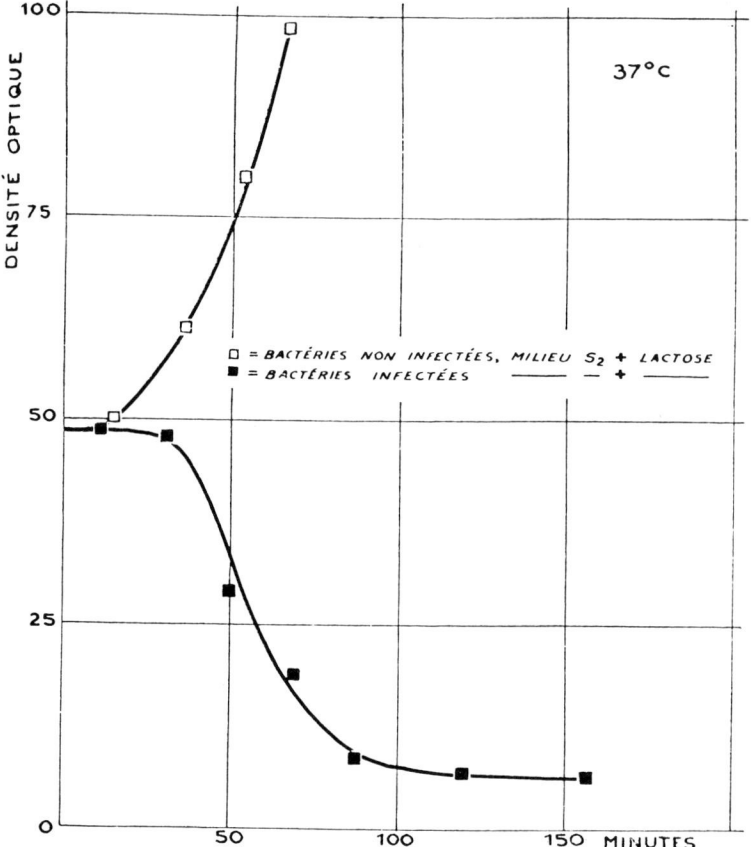

Fig. 4. — Croissance et lyse, en milieu S_2 lactosé, d'une suspension non infectée et d'une suspension infectée issues d'une culture en *lactose*.

de lactose se comportent comme en l'absence d'aliment carboné. A la cent cinquantième minute du glucose a été ajouté à la suspension infectée + lactose. Il s'ensuit une lyse rapide. Donc, à ce moment, les bactéries en question sont encore susceptibles de subir la lyse, à la seule condition de disposer d'un substrat carboné *utilisable*. Le témoin (bactéries non infectées) en lactose, s'adapte ici encore en une heure environ.

Tels sont les résultats obtenus avec des suspensions provenant de cultures en *glucose*. Si l'on opère avec une suspension provenant d'une culture en *lactose*, les résultats sont tout différents, comme le montre la figure 4. On observe alors, en présence de lactose, une lyse aussi rapide et aussi complète qu'en glucose. La seule différence sensible est dans la durée de la phase latente : à 37°, vingt-cinq minutes environ, au lieu de quinze minutes en glucose. Ceci doit sans doute être rapproché du fait que, même après adaptation au lactose, l'intensité respiratoire des suspensions est plus élevée en glucose qu'en lactose.

Nous avons obtenu des résultats analogues, mais moins démonstratifs, en utilisant le xylose comme substrat d'enzyme adaptatif. Les suspensions infectées (provenant de cultures en lactose) ne subissaient en présence de xylose qu'une lyse très lente et incomplète, mais un peu plus marquée que le témoin privé de substrat carboné. La diminution de densité optique était de 50 p. 100 en présence de xylose contre 40 p. 100 en l'absence de substrat carboné, après deux heures et demie à 37°. L'adaptation au xylose du témoin *non infecté* était assez rapide, et se manifestait sensiblement, dès la cinquantième minute.

En résumé, nous voyons que les suspensions infectées ne se lysent rapidement et complètement qu'en présence d'un *substrat carboné*, et à la condition que l'enzyme spécifique de ce substrat soit actif dès *avant l'infestation*, soit qu'il s'agisse d'un enzyme constitutif (glucose), soit que la culture ait été adaptée *avant* l'infestation, s'il s'agit d'un enzyme adaptatif. De même que chez les bactéries non infectées, on peut prendre la croissance comme signe (sinon comme mesure) de l'adaptation, de même peut-on, semble-t-il, considérer la lyse comme signe de l'adaptation chez les bactéries infectées. Et nous voyons que là où l'adaptation se produit en une heure chez les bactéries non infectées, elle ne se produit pas du tout en quatre heures, chez les bactéries infectées (fig. 2). Tout se passe comme si les bactéries infectées ne pouvaient former d'enzyme « neuf ».

IV. — Respiration des bactéries infectées.

Pour logique que paraisse cette conclusion, les expériences sur la lyse n'apportent que des indications indirectes sur la « non adaptation » des bactéries infectées. La mesure de l'intensité respiratoire donne, comme nous allons le voir, des résultats plus démonstratifs à certains égards.

Les mesures de consommation d'O_2 ont été effectuées dans l'appareil de Warburg, en présence de KOH, à 28° ou à 37°, suivant les cas. Les fioles contenaient 4 cm³ de « suspension infectée », le diverticule 0,5 cm³ de glucose ou de lactose M/5. Après dix minutes de mise en équilibre, les robinets étaient fermés et le contenu des diverticules renversé dans le compartiment principal. Tous les essais étaient effectués en double ou triple.

a) Intensité respiratoire et lyse. — Il a paru nécessaire tout d'abord de déterminer quels rapports il pouvait y avoir entre l'intensité respiratoire et la lyse.

Pour cela, une même suspension infectée était répartie entre

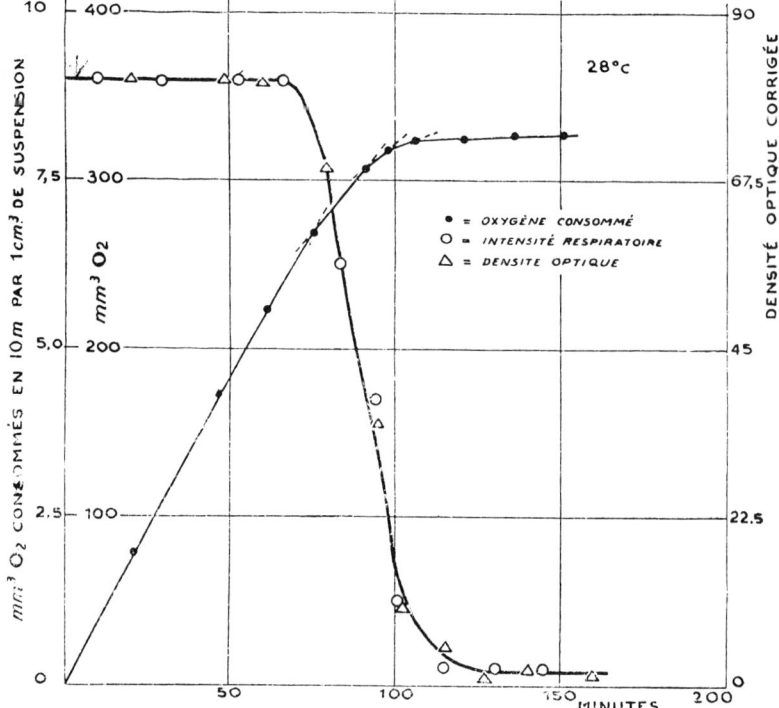

Fig. 5. — Consommation d'oxygène, intensité respiratoire et évolution de la densité optique d'une suspension infectée, en milieu S_2 glucosé. Les échelles ont été calculées de façon à faire coincider les valeurs de l'intensité respiratoire et de la densité optique, pendant la phase latente. On constate que les points exprimant la densité optique corrigée et l'intensité respiratoire correspondent sensiblement à la même courbe d'interpolation.

10 manomètres ; lors de chaque lecture, l'un des manomètres était retiré, et la densité optique de la suspension était mesurée (après dilution convenable).

Les résultats d'une expérience effectuée à 28° en présence de glucose sont donnés par la figure 5. Les points noirs (moyenne des lectures de tous les manomètres restant lors de chaque lecture), figurent la consommation d'O_2 en fonction du temps. Les ronds blancs figurent l'intensité respiratoire, déduite de la pente des segments de droite joignant les points noirs. L'échelle des unités de densité optique a été calculée de façon à faire coïncider la valeur maxima avec la valeur maxima de l'intensité respiratoire.

On voit que l'intensité respiratoire demeure stable pendant un peu plus de soixante minutes, après quoi elle baisse brusquement, pour se stabiliser à une valeur inférieure à 3 p. 100 de l'intensité initiale. Les résultats donnés par les mesures de densité optique se superposent à ceux-ci d'une manière remarquable, à condition d'utiliser la correction discutée plus haut.

Cette expérience a été répétée plusieurs fois avec des résultats identiques, à ceci près qu'assez souvent la lyse « optique » paraissait commencer quelques minutes *avant* la lyse « enzymatique », c'est-à-dire *avant* la baisse d'intensité respiratoire. Toutefois les points expérimentaux les plus significatifs, ceux qui se situent vers 50 p. 100 des valeurs initiales, étaient toujours sensiblement concordants. Aussi, ne pensons-nous pas que ce léger décrochage, qui n'apparaît qu'irrégulièrement, doive être considéré comme significatif.

De ces observations, on peut conclure que l'activité du système enzymatique assurant l'oxydation des glucides n'est pas affectée sensiblement pendant la phase latente, mais ne survit pas à la lyse de la cellule. Nous aurons à revenir sur ces expériences au cours de la discussion.

b) Intensité respiratoire en présence de glucose et de lactose. — La figure 6 donne les résultats d'une expérience effectuée à 37°, avec une suspension provenant d'une culture en *glucose*, donc non adaptée au lactose.

On voit que l'intensité respiratoire des bactéries *non infectées*, mises en présence de glucose, est élevée dès le début de l'expérience, et s'accroît rapidement. En lactose au contraire, la respiration des bactéries non infectées est très faible au début de l'expérience. Elle commence à s'accroître sensiblement à partir de la cinquantième minute pour atteindre en cent trente minutes une intensité comparable à celle de la culture en glucose. Cet accroissement est imputable d'une part à la formation de l'enzyme spécifique attaquant le lactose, d'autre part, dans une certaine mesure à la croissance de la culture. Les bactéries *infectées* mises en présence de glucose ont, au début de l'expérience, une intensité respiratoire sensiblement égale à celle du témoin non infecté, au même moment. La baisse rapide et profonde de l'intensité respiratoire témoigne de la lyse des bactéries. Enfin, on constate que l'intensité respiratoire des bactéries infectées mises en présence de *lactose*, demeure, pendant toute la durée de l'expérience, extrêmement faible et sensiblement égale à l'intensité respiratoire du témoin en *lactose* au début de l'expérience. Ces essais ont été répétés sous diverses formes avec des résultats semblables. Comme nous savons d'autre part, grâce aux expériences de lyse optique, que les bactéries infectées non adaptées au préalable ne se lysent que lentement et incomplètement en présence de lactose, le non

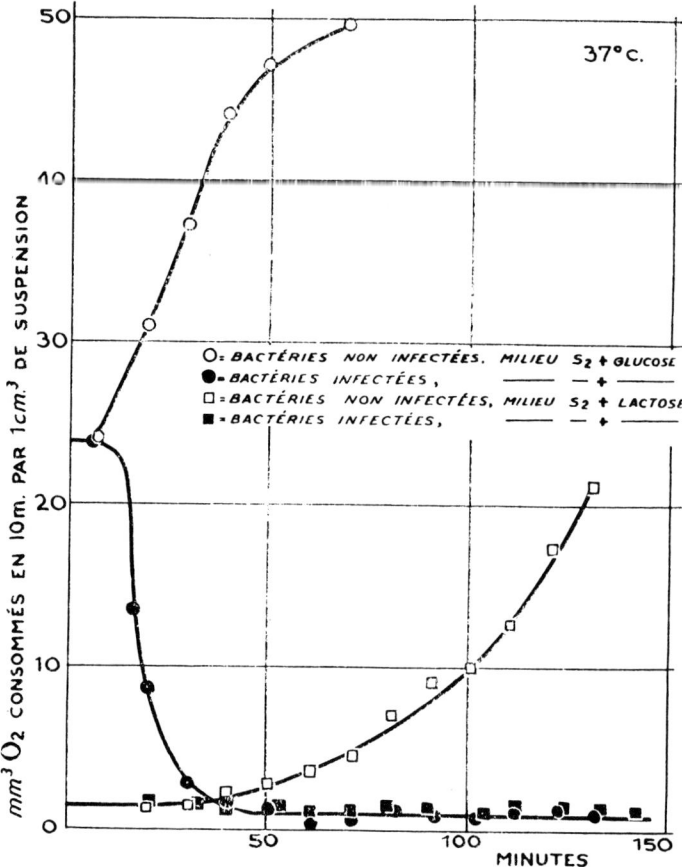

Fig. 6. — Intensité respiratoire de suspensions infectées et non infectées, provenant de cultures en glucose, mises en présence de lactose ou de glucose. En présence de lactose, l'intensité respiratoire de la suspension infectée est très faible et ne s'accroit pas avec le temps. Pour la suspension non infectée, l'intensité respiratoire en lactose, très faible au début, commence à s'accroitre sensiblement vers la cinquantième minute. Elle se trouve décuplée au bout de cent dix minutes environ.

accroissement de l'intensité respiratoire dans ces suspensions ne peut être attribué à la lyse des bactéries. Il signifie que chez les bactéries infectées l'enzyme attaquant le lactose ne se forme pas.

Cette interprétation est confirmée par l'expérience de contrôle suivante : une suspension infectée est divisée en 2 fractions dont l'une est additionnée de lactose. Un témoin est constitué par une suspension carencée non infectée, diluée en mêmes proportions avec du milieu neuf.

Chacune des 3 suspensions est répartie entre 3 fioles Warburg. Les diverticules contiennent 0,5 cm³ de glucose M/5. Le contenu des diverticules est renversé dans le compartiment central après dix minutes, soixante minutes, cent minutes d'agitation à 37°. La lecture est faite dix minutes après. Les résultats sont donnés par le tableau suivant :

TABLEAU II. — **Millimètres cubes d'O_2 consommés dans les dix minutes suivant l'addition de glucose.**

GLUCOSE AJOUTÉ après	SUSPENSION infectée carencée	SUSPENSION infectée + lactose M/5	SUSPENSION non infectée carencée
10 minutes	55	55	50
60 minutes	41	40	49
100 minutes	35	31	52,5

On voit que l'intensité respiratoire des bactéries infectées baisse de façon très sensible, aussi bien en l'absence de substrat carboné qu'en présence de lactose. Cette baisse est du même ordre que la baisse de densité optique observée dans les mêmes conditions (environ 40 p. 100 après cent minutes à 37, *cf.* fig. 1). Toutefois, l'intensité respiratoire demeure élevée. Autrement dit, les bactéries infectées restent capables de respirer, à condition de disposer d'un substrat carboné *utilisable*.

D'autre part, nous avons vérifié que les suspensions infectées *provenant* de cultures en *lactose* (c'est-à-dire adaptées *avant l'infestation*), respirent normalement en présence de lactose, et que, comme dans le cas du glucose, l'intensité respiratoire demeurait stable pendant la phase latente, pour tomber brusquement à une intensité presque nulle après la lyse. La phase latente, déterminée d'après les mesures respiratoires est plus longue en lactose qu'en glucose (à 28°, quatre-vingt-dix minutes environ, au lieu de soixante-dix).

En résumé, les mesures respiratoires corroborent en tous points les résultats obtenus par l'observation de la lyse optique : les bactéries infectées ne se lysent rapidement et complètement et ne respirent qu'en présence d'un substrat carboné utilisable. Lorsque le substrat dont elles disposent est attaqué par un enzyme adaptatif, l'intensité respiratoire demeure presque nulle, à moins que l'adaptation n'ait eu lieu *avant l'infestation* : les bactéries non infectées s'adaptent sensiblement en moins d'une heure à 37°, les bactéries infectées ne s'adaptent pas sensiblement en trois heures.

Discussion des résultats.

1° L'INHIBITION DE LA CROISSANCE CHEZ LES BACTÉRIES INFECTÉES.
— Luria et Delbrück (1942) ont montré que les bactéries (*E. coli*) infectées par un bactériophage *partiellement inactivé* par traitement aux rayons U. V., étaient inhibées *dans leur multiplication*. Cet important résultat avait été acquis par l'observation microscopique directe, démontrant clairement que les bactéries infectées, même par une seule particule, *ne se divisaient pas*. Ceci n'impliquait pas nécessairement que les processus de croissance (c'est-à-dire les synthèses), fussent eux-mêmes inhibés. On sait, en effet, par de nombreux exemples (*cf.* Hinshelwood, 1946), que chez les bactéries, les mécanismes de division sont, dans une certaine mesure, indépendants des mécanismes de synthè*se*.

Plus récemment, Cohen et Anderson (1946) ont observé que l'intensité respiratoire de suspensions du coli B cessait de s'accroître, lorsque les bactéries étaient infectées par le bactériophage T_2. Ils en ont conclu que le virus inhibait la « multiplication bactérienne », conclusion qui, peut-être, n'était pas exactement adaptée à la nature de leurs constatations expérimentales.

Cependant, l'ensemble de nos observations confirme pleinement la conclusion selon laquelle la *croissance*, c'est-à-dire la formation de substance bactérienne nouvelle, est inhibée chez les bactéries infectées. Cette conclusion est autorisée par la concordance des résultats concernant : 1°) la durée de la phase latente ; 2° la stabilité de la densité optique et du poids sec de substance bactérienne pendant cette phase. En effet, grâce aux travaux de Delbrück et de ses collaborateurs [*cf.* en particulier Delbrück (1945-1946, p. 170)], on peut considérer maintenant comme établi de façon indiscutable le fait que la lyse et la libération du bactériophage sont des phénomènes simultanés (réserve faite pour les cas, répondant à des conditions exceptionnelles, où le virus peut provoquer la lyse *sans se multiplier* (Delbrück, 1940 ; Anderson, 1945). Il ne serait donc pas raisonnable d'attribuer la constance de la densité optique et du poids sec pendant la phase latente, à ce que la somme algébrique de la croissance et de la lyse serait, par hasard, et en toutes circonstances, sensiblement constante. Il faut admettre que le bactériophage inhibe dans une très large mesure, sinon absolument, la croissance, comme la division, de la bactérie qu'il infecte.

C'est là, sans doute, un résultat important établi sur des observations sûres, mais globales et sans grande précision, et qui ne doit pour l'instant être considéré que comme une première approximation.

2° L'INHIBITION DE L'ADAPTATION ENZYMATIQUE. — C'est pourquoi il était intéressant d'étudier l'effet de l'infection bactériophagique, non plus sur la croissance globale, mais sur la formation et l'activité d'un constituant particulier de la cellule, tel qu'un enzyme spécifique.

Nous ne pouvons entamer ici une discussion sur l'adaptation enzymatique, phénomène dont la nature même est encore mal établie. Il suffira de souligner que, de tout un ensemble de recherches (*cf.* en particulier Karström, 1938 ; Yudkin, 1938 ; Dubos, 1940 ; Monod, 1942 ; Spiegelman, 1947), il paraît ressortir que l'adaptation enzymatique est liée à la synthèse d'une molécule protéique spécifique, ou tout au moins à une réorganisation dans la structure d'un précurseur, peut-être commun à de nombreux enzymes.

Les résultats exposés plus haut montrent que dans le cas de l'enzyme attaquant le lactose, ce phénomène est inhibé chez les bactéries infectées. Que l'on prenne la lyse ou l'intensité respiratoire comme critère de l'activité de l'enzyme, il apparaît que cette activité ne se développe pas, en trois ou quatre heures à 37°, chez les bactéries infectées, alors que chez les témoins non infectés, elle se manifeste dès la fin de la première heure.

En revanche, et ceci est également essentiel, l'activité enzymatique *préexistante à l'infestation* n'est pas affectée sensiblement pendant la phase latente. Il semble qu'elle s'évanouisse brusquement *au moment même* de la lyse. La concordance des mesures optiques et des mesures respiratoires paraît très démonstrative à cet égard.

Il semble donc que, lyse non comprise, la multiplication du virus ne s'accompagne pas d'une inactivation des molécules protéiques du système complexe d'enzymes assurant l'oxydation des glucides (6). Ceci confirme que, comme on pouvait s'y attendre, l'activité du phage doit être assez étroitement localisée et ne consiste certainement pas dans une dénaturation progressive et générale des structures spécifiques de la cellule bactérienne.

Telles sont les conclusions directes de l'expérience. Pour significatives qu'elles soient, il est impossible encore d'en proposer une interprétation. Du moins est-il permis d'envisager des hypothèses d'ordre très général.

1° On peut, comme l'ont fait Cohen et Anderson, concevoir que le virus détourne l'une des réactions essentielles du métabolisme cellulaire. Hypothèse particulièrement intéressante, puisqu'on pourrait espérer déterminer le stade métabolique ou la chaîne des réactions intéressées. Nous n'en sommes pas là. Notons pourtant que déjà la preuve est faite que la multiplication du phage

---

(6) Au contraire, certaines indications, telles que la différence des durées des phases latentes en glucose et en lactose, permettent de supposer que la multiplication du virus est étroitement liée au *fonctionnement* de ce système de transfert d'énergie.

peut avoir lieu aux dépens de cellules chez lesquelles certaines fonctions importantes telles que la multiplication sont inhibées. Le meilleur exemple en a été donné par Rouyer et Latarjet (1946).

2° Si l'on cherche à expliquer plus particulièrement l'inhibition de la synthèse des enzymes, à supposer que ceci soit un effet primaire et non secondaire de l'infection, on doit penser à la nature nucléoprotéique du virus, et au rôle que l'on assigne volontiers aujourd'hui aux acides nucléiques ou aux nucléoprotéines (en ce qui concerne les bactéries, *cf.* Avery, McLeod et McCarty, 1944 et suiv.; Boivin et Vendrely, 1945 et suiv.). On pourrait envisager l'intervention du phage dans une sorte de compétition entre les différents nucléoprotéides spécifiques formateurs de protéines (*cf.* Spiegelman, 1947).

Toujours est-il que ces deux types d'explication sont assez distincts pour qu'on puisse espérer les départager par l'expérience.

Conclusions.

1° La densité optique des suspensions de coli B, infectées par le bactériophage φ II demeure constante pendant la durée de la phase latente de la multiplication du virus.

2° Le poids sec de substance bactérienne demeure également constant pendant cette période.

3° Mises en présence d'un glucide attaqué par un enzyme constitutif (glucose), les suspensions bactériennes carencées en aliment carboné, et infectées par le bactériophage, se lysent rapidement et complètement.

4° En l'absence d'un substrat carboné, ces suspensions ne subissent qu'une lyse lente et incomplète.

5° Il en est de même en présence d'un glucide attaqué par un enzyme adaptatif (lactose), à moins que la suspension n'ait été spécifiquement adaptée *avant l'infestation.*

6° L'intensité respiratoire des bactéries infectées est stable pendant la « phase latente » de multiplication du virus. Elle diminue brusquement au moment même de la lyse.

7° L'intensité respiratoire des bactéries infectées mises en présence d'un glucide attaqué par un enzyme adaptatif (lactose) est très faible et ne s'accroît pas avec le temps, alors qu'avec les bactéries non infectées on observe dans les mêmes conditions un accroissement rapide de l'intensité respiratoire.

8° Ces observations signifient sans doute que la *synthèse* des enzymes adaptatifs est inhibée chez les bactéries infectées par le bactériophage.

9° En revanche, il semble que les enzymes actifs au moment de l'infestation ne soient pas affectés pendant la durée de la phase latente.

BIBLIOGRAPHIE.

ANDERSON (T. F.). *J. Cell. Comp. Physiol.*, 1945, **25**, 14-26.
AVERY (O. T.), McLEOD et McCARTY. *J. exp. Med.*, 1944, **79**, 137 ; *ibid.*, 1945, **81**, 501 ; 1946, **83**, 89.
BOIVIN et VENDRELY. *Experientia*, 1945, **1**, 334 ; *ibid.*, 1947, **3**, 32.
COHEN (S. S.) et ANDERSON (T. F.). *J. exp. Med.*, 1946, **84**, 511-523.
DEERE (C. J.), DULANEY (A. D.) et MICHELSON (I. D.). *J. Bact.*, 1939, **37**, 355-363.
DELBRÜCK (M.). *J. Gen. Physiol.*, 1940, **23**, 643-660 ; *Biol. Rev.*, 1946, **21**, 30-40 ; *Harvey Lectures series*, 1945-1946, **41**, 161.
DELBRÜCK (M.) et LURIA (S. E.). *Arch. Biochem.*, 1942, **1**, 111.
DEMEREC (M.) et FANO (U.). *Genetics*, 1945, **70**, 119.
DUBOS (R.). *Bact. Rev.*, 1940, **4**, 1.
ELLIS (E. L.) et DELBRÜCK (M.). *J. Gen. Physiol.*, 1939, **22**, 365-384.
GRATIA (A.). Ces *Annales*, 1936, **57**, 652.
HINSHELWOOD (C. N.). *The Chemical kinetics of the bacterial cell.*, Oxford, 1946. *Clarendon Press*.
KARSTRÖM (H.). *Ergebnisse f. Enzymforshung*, 1938, **7**.
LURIA (S. E.) et DELBRÜCK (M.). *Arch. Biochem.*, 1942, **1**, 207-18.
LWOFF (A.) *Cold Spring Harbor Symposium*, 1947, **11**, 139-155.
MONOD (J.). Recherches sur la croissance des cultures bactériennes. Hermann et Cie, Paris, 1942. Ces *Annales*, 1943, **69**, 179 ; 1944, **70**, 57, 60 et 381.
MONOD (J.) et AUDUREAU (A.). Ces *Annales*, 1946, **72**, 868.
MONOD (J.). et WOLLMAN (Elie). *C. R. Acad. Sci.*, 1947, **244**, 417.
ROUYER (M.) et LATARJET (R.). Ces *Annales*, 1946, **72**, 89.
SPIEGELMAN (S.). *Ann. Missouri Bot. Garden*, 1945, **32**, 139 ; *Cold Spring Harbor Symposia*, 1946, **11**, 256-274.
WOLLMAN (Elie). Ces *Annales*, 1947, **73**, 348.
YUDKIN. *Biol. Rev.*, 1938, **13**, 93.

Des observations récentes de S. Cohen (Cold Spring Harbor Symposia, sous presse) apportent une contribution très importante à ces problèmes. Il semble que chez *E. coli* « B » infecté par le bactériophage T$_2$ il y ait inhibition complète de la synthèse des protéines et des acides nucléiques *bactériens*. Les constituants du *virus* seraient seuls synthétisés. Nous regrettons de n'avoir pu inclure dans notre texte une discussion de ces résultats.

THE PHENOMENON OF ENZYMATIC ADAPTATION
And Its Bearings on Problems of Genetics and Cellular Differentiation

JACQUES MONOD

Pasteur Institute, Paris, France

INDEX

I—INTRODUCTION 224
II—THE OCCURRENCE OF SUBSTRATE-INDUCED ENZYME FORMATION 225
    A) Carbohydrases and proteases of Molds 226
    B) Amino-acid decarboxylases of Bacteria 228
    C) Galactozymase of yeast 231
    D) Carbohydrate-attacking enzymes of Bacteria 233
    E) Enzymes attacking type specific *Pneumococcus* polysaccharides 236
    F) PABA and OABA oxidizing enzymes of a soil bacillus 236
    G) Other cases of enzymatic adaptation 237
    H) Enzymatic adaptation and growth 238
    I) Conclusions 242
III—SUBSTRATE ACTIONS AND INTERACTIONS IN ENZYMATIC ADAPTATION 243
    A) Adaptive and constitutive enzymes 243
    B) The kinetics of enzymatic adaptation 245
        1) Adaptation rate as a function of substrate concentration
        2) Adaptation as a function of time
    C) Substrate interactions 248
        1) The phenomenon of diauxie
        2) Unclassified cases of enzyme suppressions
        3) The significance of substrate interactions
IV—ADAPTIVE ENZYMES AND GENES 260
    A) Types of variability among carbohydrate-attacking enzymes of bacteria 262
    B) Mendelian segregation of adaptive enzymes in yeast 267
V—THE ESSENTIAL FACTORS OF ADAPTIVE ENZYME SYNTHESIS 271
    A) The origin of enzyme specificity 271
    B) Factors controlling enzyme activity levels 273
    C) Adaptive enzymes and antibodies 278
VI—ADAPTIVE ENZYMES AND CELLULAR DIFFERENTIATION 279
    A) Modulations 279
    B) Irreversible differentiation 281
    C) The possibility of "substrate induced mutations" 284

I. Introduction

One of the most characteristic tendencies of the present period in the development of biology, may perhaps be seen in the focussing of attention on problems of *specificity*. As emphasized by Weiss (127), in spite of the widely different connotations of the word, any kind of specificity must, of necessity, be associated with a particular, "specific" pattern in space or time or both.

Thus, it is generally recognized that one of the main problems of modern biology is the understanding of the physical basis of specificity, and of the mechanisms by which specific molecular configurations (or multi-molecular patterns) are developed, maintained, and differentiated. The means, the experimental tools for this study, are found in those experiments which result in inducing the formation, or suppressing the synthesis, or modifying the distribution of a specific substance or substances. Most, if not all of these, may be considered as belonging to one (or several) of the following types of experiment:

A) Inducing mutations, segregating genes.

B) Inducing the formation of specific substances, or the differentiation of certain tissues, under the influence of other specific substances, or tissues (hormones, organizers).

C) Inducing the formation of antibodies to specific antigens.

D) Last and, so far, least, inducing the formation of a specific enzyme through the action of its specific substrate.

The occurrence of this phenomenon of "enzymatic adaptation" has been recognized or, at least, suspected for nearly fifty years. However, practically all we know about it, has come from studies on microorganisms. It is only relatively recently that it has attracted somewhat wider attention, owing to the increased interest in the mechanisms of synthesis of "specific" molecules. The essential reasons for this interest, which is especially manifest among geneticists and embryologists, are obvious. The widest gap, still to be filled, between two fields of research in biology, is probably the one between genetics and embryology. It is the repeatedly stated—and thus far unsolved problem—of understanding how cells with identical genomes may become differentiated, that of acquiring the property of manufacturing molecules with new or, at least, different specific patterns or configurations.

In search of an explanation for this dilemma, it is natural to think of those cases where definite foreign substances can be shown to induce the formation of "new" (or apparently so) molecular specificities, i.e., antibody formation, and adaptive enzyme synthesis. Consideration of the former has already led to considerable speculation, and to precise and promising experimentation (127, 39). We shall consider the latter here with the object of discussing whether the established facts concerning substrate-induced enzyme synthesis as it occurs among microorganisms may help in understanding the processes of gene action and cellular differentiation. It is better, perhaps, to state at the outset that the conclusions may not appear extremely optimistic. However, it will be realized, I believe, that although there can be little doubt about the occurrence of the phenomenon, its mechanism, its real nature, are still a matter of speculation. While speculation is justified and indispensable when based on facts, even on very few facts, speculations based on other speculations are far less justified and will be avoided, if possible.

Numerous reviews or monographs (58, 134, 118, 34, 51, 55) have dealt with the subject of microbial adaptations. No attempt will be made here at a thorough reviewing of the literature. Only those findings which may appear to have a particular bearing on our approach to the problem will be considered. I beg to apologize in advance for relevant papers which may have been overlooked, owing to the fact that many foreign publications (especially those which were published during the war) are still not available in France.

II. The Occurrence of Substrate-Induced Enzyme Formation

All the most thoroughly studied enzyme systems appear to consist of a protein component (apoenzyme) and, in many cases, of a much simpler compound or compounds: coenzymes or transporters. Substrate-specificity is always associated with the former. The coenzyme part of the system is generally found to be active with several different apoenzymes. The expression, "enzyme formation," shall be considered here to mean "increase in *substrate-specific activity* of an enzymatic system." We shall admit that this is associated with a specific configuration or pattern of a protein molecule. The use of the expression, "enzyme formation," implies no hypothesis as to the nature of the precursor or precursors of the active molecule. "Enzymatic adaptation" will then mean: "apo-enzyme formation induced by a specific substrate." These definitions exclude from enzymatic adaptation all those cases where enzymatic activities or enzyme formation are favored by *non-specific* substances, or by physico-chemical conditions.

Increase of enzymatic activity induced by the specific substrate of this activity, has been observed exclusively in *living* cells, thus far, and, in the great majority of cases, in *growing cultures*. Furthermore, in many instances, it has not been possible to extract the enzyme or enzyme system in cell-free active condition, so that activity measurements have been performed with intact cells. Interpretation of such increases in terms of enzymatic adaptation, as defined above, may be subject to three types of objections:

1) The effect might be due to an increased permeability of the cell membrane enabling the substrate to reach the enzyme.

2) When observed only with proliferating cultures, the effect may result from the selection of preexisting spontaneous variants, the multiplication of which would be relatively favored, owing to their possessing the specific enzyme system required for metabolizing the substrate.

3) Increases in efficiency of more or less complex systems involving coenzymes, transporters, or other metabolites, may be due to the gradual building up of "intermediates."

These objections are serious and must be borne in mind in evaluating any instance where enzymatic adaptation appears to occur. Indeed these or similar objections have been used in a rather systematic attempt, recently, to prove that enzymatic adaptation *does not* occur at all (104). The best way of judging their range of validity will be to examine briefly a few of the most typical or more thoroughly studied cases of enzymatic adaptation. At the same time, the data will reveal two essential aspects of the phenomenon: the extreme specificity of substrate action, and the relation of enzymatic adaptation to synthetic processes.

A) *Carbohydrases and Proteases of Molds*

The early literature of Microbiology contains numerous references to phenomena which may have represented cases of enzymatic adaptation (131, 48). However, the first clear and deliberate discussion of such facts is found in the chapter on: "Les causes qui influent sur la secrétion des diastases" in Duclaux's (38) *Traité de Microbiologie* which appeared in 1899. His observations on the production of Labferment, casease and saccharase by Aspergilli are summarized in Table I. It is noted that saccharase is produced only in the presence

TABLE I
Production of Saccharase, Casease and Labferment by *Aspergillus*
Tabulated from Duclaux's data (38)

| Growth medium | Enzymes produced | | |
	Lab	Casease	Saccharase
Mineral salts + lactate	0	0	0
Mineral salts + saccharose	0	0	+
Milk	+	+	0

of saccharose, and both proteases only when the medium contained milk. Similar results were found later 1901) by Went (128) in an extensive paper on the production of enzymes by *"Monilia sitophila."** He found, for intsance, that the proteases (labenzyme and "trypsin") appeared exclusively in the presence of casein or peptone, whereas "diastase" (amylase) was formed regardless of the composition of the medium. It seems highly probable that these early observations represent true cases of enzymatic adaptation. Since the enzymes are secreted into the medium, the permeability hypothesis is ruled out. Modern work on the proteases (mostly animal proteases, it is true) indicates that coenzymes are not involved in their activity, which would exclude the "coenzyme synthesis" hypothesis. The selection hypothesis is not altogether excluded, but it is very unlikely, as all aspergilli seem to be able to attack saccharose (124).

It is regrettable that so few systematic attempts have been made at studying the adaptability of these extracellular enzymes of molds in recent years. However, interesting observations on the production of "Pectinase" by Penicillium Chrysogenum have recently been reported by Phaff (94). "Pectinase" is a complex of two enzymes:

a) Pectinesterase (PE) which hydrolyzes methanol from the esterified groups of galacturonic acid units in pectin, yielding pectic acid and methanol.

---

*The genus *Monilia* has attained wide recognition in recent years under the name of *Neurospora*.

b) Polygalacturonase, which hydrolyzes the α-glucosidic linkages between galacturonic acid units. Both enzymes are secreted into the medium, and are found in the mycelial mats only in very small quantities. Fifty-two compounds, forming the sole carbon source in the medium, were tested for their activity in inducing pectinase production. The results (summarized in table II) are eloquent with respect to the extreme specificity of the phenomenon. The only significantly active substances are:

a) the substrate itself (pectin or pectic acid)
b) the product of hydrolysis (d-galacturonic acid)
c) compounds having the same configuration on carbons 2, 3, 4, 5 and 6, i.e., the structure depicted below:

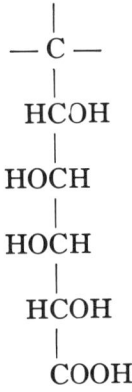

The activity of tragacanth gum is explained by the fact that, although it appears to be hydrolyzed by another enzyme, it yields d-galacturonic acid on hydrolysis. Attention should be called to the significant fact that both the substrate and the product of hydrolysis are equally effective in promoting enzyme formation. Similar observations have been made repeatedly with carbohydrases from various sources (see p. 239).

B) *Amino-Acid Decarboxylases of Bacteria*

It has been shown by Gale (review 51) that amines are produced from amino acids by bacteria through the action of specific decarboxylases. Six enzymes have been identified, each catalyzing one of the following reactions:

TABLE II
Pectinase Production by P. Chrysogenum in Standing Cultures with a Variety of Carbon Sources (after Phaff. 94)

Name of compound tested	Description of growth	Activity
1. L-arabinose	excellent	o or tr
2. D-arabinose	fair	o
3. D-xylose	excellent	o
4. D-glucose	excellent	tr
5. D-fructose	excellent	tr
6. D-mannose	excellent	o
7. D-galactose	excellent	o
8. α-Methylglucoside	excellent	tr
9. Sucrose	excellent	o
10. Lactose	excellent	o
11. Maltose	excellent	tr
12. Gluconic acid	excellent	o
13. 5-Ketogluconic acid	excellent	o
14. D-galactonic acid (γ-lactone)	excellent	o
15. L-galactonic acid (γ-lactone)	fair	+
16. D-galacturonic acid	excellent	+
17. L-galacturonic acid	slow start, later fair	o
18. D-glucuronic acid	excellent	o
19. Borneol glucuronic acid	no growth	—
20. Lactic acid	excellent	tr
21. Sodium pyruvate	excellent	o
22. Hydroxyacetic acid	no growth	—
23. Glycerin	excellent	tr
24. Ethylene glycol	no growth	—
25. Propylene glycol	no growth	—
26. Dulcitol	good	o
27. Dihydroxyacetone	excellent	o
28. Glyceraldehyde	excellent	o
29. Oxalic acid	no growth	—
30. Malonic acid	no growth	—
31. Succinic acid	excellent	o
32. Adipic acid	excellent	o
33. Maleic acid	no growth	—
34. Tartronic acid	fair	o
35. D-tartaric acid	good	o
36. DL-tartaric acid	good	o
37. meso-Tartaric acid	good	o
38. Malic acid	excellent	o
39. Saccharic acid	excellent	tr
40. Citric acid	excellent	o
41. Mucic acid	fair	+
42. Dilute agar solution	no growth	—
43. Agar hydrolyzate	good	o
44. Dextrin	excellent	o
45. Pectin	excellent	+
46. Pectic acid	good	+
47. Tannic acid	good	o
48. Alginic acid	fair	o
49. Gum ghatti	good	o
50. Gum tragacanth	excellent	+
51. Gum arabic	excellent	o
52. D-ascorbic acid	fair	o

1 (+) lysine ———→ cadaverine
1 (+) ornithine ———→ putresceine
1 (+) arginine ———→ agmatine
1 (−) tyrosine ———→ tyramine
1 (−) histidine ———→ histamine
1 (+) glutamic acid → γ amino-butyric acid

Production of the enzymes occurs only under rather restricted conditions (acid pH, low temperature), the essential condition being *the presence of the specific substrate during growth* of the cultures, except for glutamic acid decarboxylase which is formed to a significant extent in amino-acid-free medium. This is shown in table III.

TABLE III
Adaptive Formation of Amino Acid Decarboxylases[1] in "Escherichia coli"[2] after Gale (52)

Decarboxylase	E. coli strain	None	Lysine	Arginine	Ornithine	Glutamate	Histidine	Tyrosine	Casein digest
l(+)-Lysine	86	4	210		4				194
l(+)-Arginine	86	0		27					330
l(+)-Ornithine	86	3			225				145
l(+)-Glutamic acid	TY	45				88			100
l(−)-Histidine	86	0					7		18
l(−)-Tyrosine	HE	0						60	63

[1] Growth medium: inorganic salt mixture, including $(NH_4)_2HPO_4$ + 2% glucose + additions (1%) as above.
[2] Activities expressed in values of Q_{CO_2} at 30° C. and optimum pH.

The increase in l-lysine decarboxylase activity occurring during growth of an *E. coli* strain in the presence of l-lysine is represented by fig. 1. No enzymes are formed by "resting" (i.e. non-proliferating) suspensions. The enzymes have been obtained in highly active cell-free preparations, and the resolution of lysine, tyrosine, arginine and ornithine decarboxylases into an apoenzyme and a coenzyme fraction has been achieved (53, 43, 125). The coenzyme fraction from any one of the four enzymes will reactivate any one of the four apoenzymes. There is strong evidence that pyridoxal phosphate is the coenzyme of all four decarboxylases (10, 6). The observations rule out the permeability hypothesis. Any selection hypothesis would appear practically untenable, since the adaptation is entirely reversible: it disappears after a single subculture in the absence of the specific substrate.

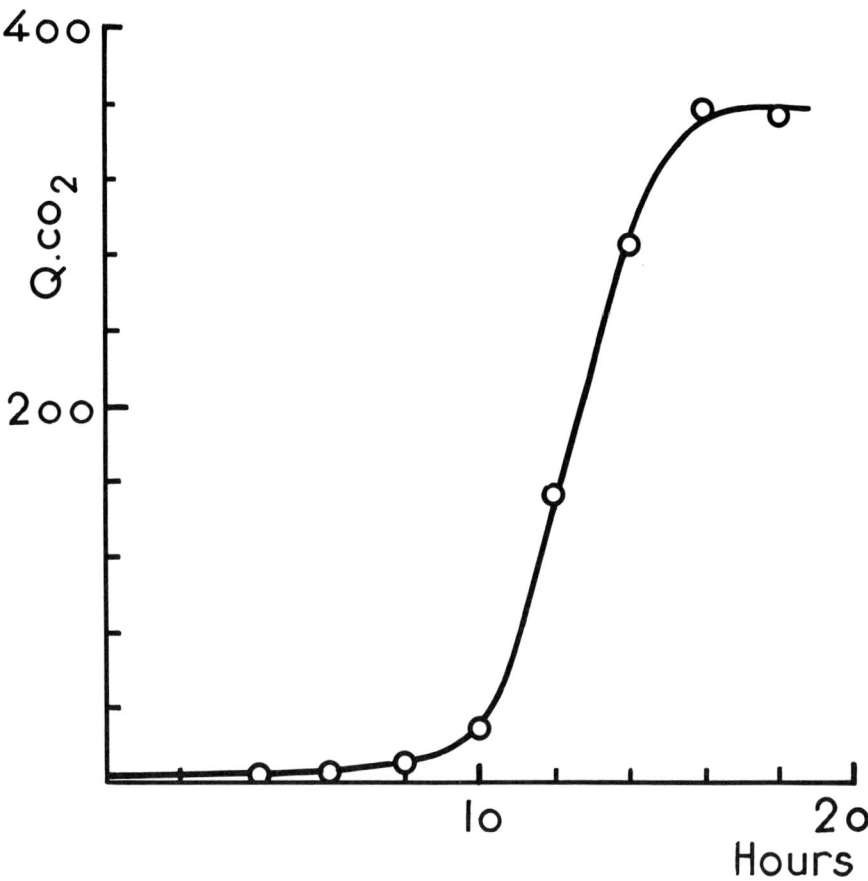

FIG. 1
INCREASE OF L-LYSINE DECARBOXYLASE ACTIVITY OF AN *E. coli* CULTURE GROWN ON SYNTHETIC MEDIUM SUPPLEMENTED WITH L-LYSINE (BASED ON DATA BY GALE 52).

C) *Galactozymase of Yeast*

This term defines a system which enables certain yeasts to ferment galactose. It was shown in 1901 by Dienert (25) that washed cells of *S. cerevisiae* would ferment galactose only after an induction period of a few hours in the presence of the substrate, whereas glucose was always fermented without delay. Dienert carefully studied the phenomenon, and his paper may be considered one of the classics on the subject. Numerous other papers have appeared since (1, 45, 46, 108,

109, 121, etc. . . .), and yeast fermentation of galactose is now by far the most thoroughly studied adaptive system. Summarizing the information the following facts may be considered as established:

a) The ability to ferment galactose occurs exclusively in cells that have been grown on galactose, or have been incubated in a galactose solution for a few hours. No other carbohydrate produces any effect in inducing the formation of galactozymase.

b) The adaptation can occur without any cell multiplication: unadapted cells, suspended in a phosphate buffer without any external source of nitrogen, will adapt to galactose, provided galactose is present (25, 109, 121). This proves that selection is not involved.

c) Cell-free "Lebedew juice" from previously adapted cells ferments galactose, whereas similar preparations from unadapted cells are inactive, although vigorously fermenting glucose (116). This excludes interpretations in terms of permeability changes.

d) Active Lebedew preparations can be resolved into an "apoenzyme" and a "coenzyme" fraction. Coenzyme fractions from *unadapted* cells will reactivate apoenzyme fractions from *adapted* cells. Apoenzyme preparations from *unadapted* cells are not reactivated by coenzyme fractions from *adapted* cells. This has been shown by Euler and Jansson (45), and has been fully confirmed recently by Spiegelman et al. (116).

This ensemble of results confirmed by repeated observations appears to be explainable only on the basis of a change, induced by the substrate, in the *apoenzyme component* of the galactose-fermenting system. The fact that the pathway of galactose fermentation has not yet been established with certainty, does not impair this conclusion. Available evidence indicates that glucose and galactose metabolisms probably do not differ by more than the first two steps (see, especially, 54, 63, 92, 109). It remains to be determined whether galactose adaptation involves one or more different apoenzymes.

Other adaptive enzymes have been studied in yeast, particularly melibiozymase and maltozymase (113, 111). Both enzymes are formed only in the presence of their substrate. Regarding maltozymase, an interesting observation has been made recently by Spiegelman in a personal communication. It would appear that α methyl glucoside, which is a close analogue of maltose (glucopyranose-4-α-glucopyranoside), may exert some activity in inducing the formation of the enzyme, although it is apparently not attacked.

D) *Carbohydrate-Attacking Enzymes of Bacteria*

Many common saprophytic and pathogenic bacteria (e.g. *Bacterium, Escherichia, Salmonella, Eberthella*, etc. . . .) are able to utilize, as sole carbon and energy source, a wide variety of organic compounds, mostly carbohydrates (including polyhydric alcohols). Among compounds commonly found to be attacked are the following:

Pentoses	d-xylose	*Hexoses*	d-glucose
	l-arabinose		d-fructose
	l-rhamnose		d-mannose
			l-sorbose
Disaccharides	saccharose	*Trisaccharides*	
	maltose		raffinose
	trehalose		
	lactose		
	melibiose		
Polysaccharides	dextrin	*Polyhydric alcohols*	
	glycogen		d-mannitol
	inulin		d-sorbitol
			dulcitol
			glycerol
			etc. . . .

Different genera or species, and even closely related strains of the *same* species, exhibit different "patterns" of carbohydrate attacking properties, proving that perhaps each one of these compounds is attacked by a specific enzyme. Mutations are frequently encountered, affecting the utilization of a *single* compound (see p. 265).

Following the pioneer work of Karstrom (58), rather extensive investigations have been carried out on the adaptive properties of a number of these systems (119, 82, etc.). *E. coli* strains have been used in most of the studies. Table IV gives a typical example of the results obtained when the activity (as O_2 consumption) of washed suspensions of *E. coli* grown in the presence of various carbohydrates as sole carbon source, is tested against each of the same compounds. It is seen that with the majority of carbohydrates, either no activity or very little is recorded, except with suspensions grown in the presence of the compound tested. With others, however, full activity is evidenced, regardless of the growth-substrate. When "fermentation" (i.e. acid production) is taken as a test, the results are duplicated. No adaptation is observed, as a rule, with "non-proliferating" cultures suspended in buffer without a nitrogen source (58, 85). When a nitrogen source (ammonia salt) is added to the buffering mixture in an experiment similar to the one in table IV, adaptation is seen

TABLE IV

O_2 Consumption of Washed Suspensions of *E. coli* (no. Hl) Grown in the Presence of Various Carbohydrates

Cells grown in synthetic medium (mineral salts) plus following compounds as sole carbon source	Ratio of O_2 consumption rate at 37° in the presence of the following compounds (M/100), to rate in the absence of substrate.* Washed cells suspended in buffer with no N-source.								
	lactose	maltose	trehalose	d-glucose	d-mannose	d-galactose	d-xylose	l-arabinose	d-mannitol	d-sorbitol
lactose	12	—	—	22	18	—	1	—	21	1
maltose	—	14	—	20	18	—	1	—	20	2
trehalose	—	—	15	—	17	—	—	—	—	—
d-glucose	1	1	1	23	18	2	1	1	19	1
d-mannose	1	1	2	19	21	2	1	1	20	1
d-galactose	—	—	—	19	18	15	1	1	20	2
d-xylose	—	—	1	18	17	3	12	1	19	1
l-arabinose	1	1	1	18	17	3	1	9	19	1
d-mannitol	1	2	—	19	17	2	1	1	22	2
d-sorbitol	1	1	1	19	17	3	1	1	19	11

*As the rate of endogenous respiration is low, figures not exceeding 2 should be considered not significant.

to take place, as evidenced by an increasing rate of O_2 consumption. Fig. 2 gives the course of adaptation to lactose in such an experiment. It is seen that the rate of O_2 consumption increases about ten times in a little over 100 minutes. If this increase had to be accounted for by an increase of a fraction of the population composed of spontaneously preadapted cells, it would follow that these cells grew at a rate of two divisions per hour—that is, twice as fast as *fully* adapted cultures are observed to grow on lactose-synthetic medium. Similar situations obtain with the other "adaptive" carbohydrates. Furthermore, the adaptation is entirely and rapidly reversible. It regularly disappears after a single subculture in the absence of the specific substrate. This is sufficient to demonstrate that selection cannot account for the facts.

Since cell-free extracts have repeatedly failed to exert any oxidative or fermentative activity towards the sugars, activity measurements have been performed with living, intact cells, so that interpretations based on permeability changes or "coenzyme synthesis" are not positively excluded. The strict specificity of the adaptation phenomenon, however, could hardly be accounted for by the latter hypothesis, since it would imply, for instance, that each of the carbohydrates listed in table IV is handled by a different coenzyme. The permeability hypothesis meets with the same difficulty. It is difficult to see how a permeability change towards maltose could involve no

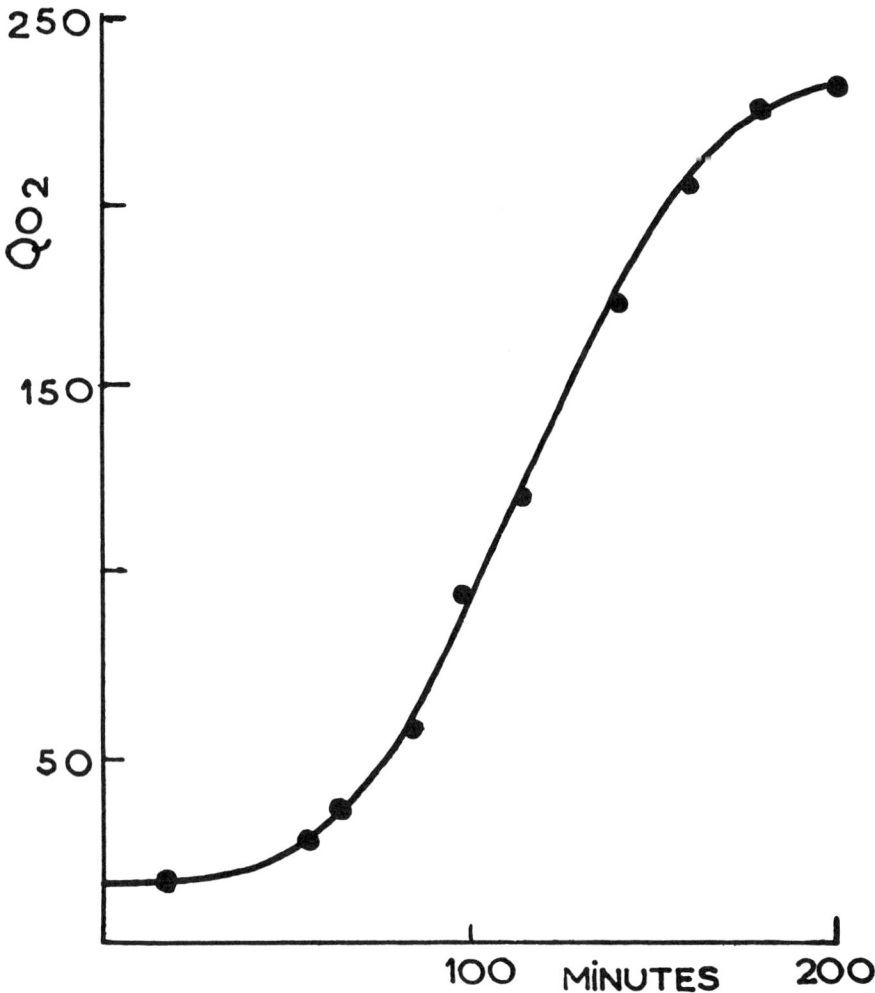

FIG. 2

INCREASE IN Q_{O_2} OF *E. coli* CELLS, GROWN ON *Glucose*, WASHED AND RESUSPENDED IN SYNTHETIC MEDIUM WITH *Lactose* as SUBSTRATE.
Warburg measurements at 37° C.

change in the permeability towards a molecule identical in size and nearly identical in chemical properties, such as lactose. Such perfect specific permeability could be understood only on the basis of specific configurations. In other words, specific "penetration enzymes" would have to be assumed, and these would have to adapt in the presence of the substrate. The implications and consequences of such a hypothesis would be exactly the same as with the adaptive enzyme conception.

Little is known, unfortunately, about the first steps of carbohydrate breakdown by bacteria. On the basis of studies on yeast, however, and of recent results by Doudoroff et al. (28, 29, 30), it appears very likely that the first step with all carbohydrates, including the di and tri-saccharides (see 66, 91) may be a phosphorylation.

E) *Enzymes Attacking Type Specific Pneumococcus Polysaccharides*

The specificity of adaptive enxyme formation is strikingly illustrated by the work of Dubos (31, 32, 35, 33) on enzymes attacking type specific polysaccharides of *Pneumococcus*. By repeated subcultures from soil samples in the presence of type III polysaccharide, an organism was eventually isolated which proved capable of growing in media containing this substance as sole carbon source. Cell-free preparations contained an enzyme which split type III polysaccharide. Production of the enzyme occurred only during growth in the presence of the substrate or of the aldobionic acid which it yields on hydrolysis (See p.   ). The adaptation was lost by a single subculture in the absence of substrate. Other type-specific *Pneumococcus* polysaccharides were not attacked by the enzyme, nor did they induce its formation. This was true even of type VIII polysaccharide, although it is closely related to type III, as evidenced by serological cross-reactions and chemical studies (64). Other cultures, active against polysaccharides of types I, II, III, V, VII and VIII have been isolated since, through similar methods (105, 106, 107). The observations on type III enzyme could hardly be accounted for by any hypothesis not involving true enzymatic adaptation.

F) *Paba and Oaba Oxidizing Enzymes of a Soil Bacillus*

Another instance where very significant information is available concerning the specificity of substrate action has been provided by the work of Mirick (80). Washed suspensions of an organism isolated from soil samples proved capable of oxidizing p-aminobenzoic acid (PABA), converting it to CO_2, H_2O and NH_3. Cells grown on casein-hydrolysate show a very low but definite activity, which is increased up to twenty-five fold by a simple 12-hour subculture in the presence of 1% PABA. This adaptive activity is extremely labile, the "basal rate" being recovered in a few hours in the mere *absence* of PABA.

A number of compounds related to PABA were studied, and their activity in *inducing the formation* of the PABA enzyme was compared with their activity as *substrates* of the PABA-induced enzyme. The results are summarized in table V. "Activity ratios" of less than 3 are probably not significant, since the "basal rate" is somewhat variable. The data clearly indicate that only those compounds which may serve as substrates for the enzyme show significant activity in *inducing its formation*. Anthranilic acid (OABA), the *ortho* isomer of PABA, has no activity of either kind. It was equally slowly attacked by unadapted or by PABA adapted cells. When the cells were grown in the presence of OABA, however, the activity towards OABA was increased tenfold, while the usual "basal rate" of PABA-activity was retained. Thus, it must be concluded that each of these two closely related compounds induced within the same cells the formation of different enzyme systems, each completely specific towards the inducing agent. While in this case (as in others where the enzymes have not been obtained cell-free) "permeability" or "coenzyme synthesis" interpretations are not positively excluded, both appear extremely unlikely.

G) *Other Cases of Enzymatic Adaptation*

Numerous other adaptive enzyme systems have been investigated. Among these may be mentioned the following:

a) Proteases of various bacteria (26, 61, 62).
b) "Tryptophanase" of B. coli (49, 47).
c) "Cysteinase" of E. coli (24).
d) Creatinase of certain soil bacilli (36, 37).
e) Formic hydrogenlyase of E. coli, which decomposes formic acid into H_2 and CO_2 (120, 117).
f) Hyaluronidase of *Streptococcus* and *Cl. Welchii* (102, 103).
g) "Tetrathionase" of Salmonella, an enzyme system activating tetrathionate as H acceptor (95, 97, 60).
h) "Nitratase" of E. coli (96) which activates nitrate as an H acceptor, etc.

H) Enzymatic Adaptation and Growth

The theory that the increase in enzymatic activity, observed under the influence of a specific substrate, actually represents the *synthesis* of a proteic apoenzyme molecule is strongly supported by the fact that conditions preventing protein synthesis appear to prevent *enzymatic adaptation*, as well, even though the *activity* of the preformed enzyme may not be impaired.

TABLE V
SPECIFICITY OF STIMULATION OF THE PRODUCTION OF BACTERIAL ENZYMES CAPABLE OF OXIDIZING PARA-AMINO BENZOIC ACID (from Mirick 80)

Type of substance	Substances which stimulate PABA-oxidizing enzymes			Substances which do not stimulate PABA-oxidizing enzymes		
	Substance	Activity ratio	Amount destroyed	Substance	Activity ratio	Amount destroyed
Isomer	p-aminobenzoic acid	25.0	50.0	m-aminobenzoic acid	1.0	0
				anthranilic acid	1.0	1.5
Amino group covered	acetylated PABA	25.0	50.0	benzoylated PABA	1.0	0
	glycyl PABA	3.2	1.0			
Amino group oxidized or absent	p-nitrobenzoic acid	25.0	25.0	benzoic acid	1.0	2.0
	p-toluic acid	2.6	+	p-hydroxybenzoic acid	0.7	2.0
Ester	methyl ester of PABA	2.0	1.0	ethyl ester of PABA	1.0	0
	novocaine	3.0	1.0			
COOH group absent or modified	p-aminophenyl acetic acid	3.3	1.0	aniline	1.0	0
				p-aminohippuric acid	1.3	0
				p-aminobenzyl alcohol	1.0	0
				p-aminophenyl alanine	1.0	0
				p-aminophenyl glycine	—	0
				p-aminophenol	0.5	0
				arsanilic acid	0.4	0
				sulfanilic acid	0.4	0
Sulfonamide drug				sulfanilamide	—	0
				sulfapyridine	0.6	0
				sulfathiazole	0.5	0
				sulfadiazine	0.5	0

(1) Activity ratio = gamma of PABA oxidized in 30 minutes at 37° C. by 20 units of cells grown for 12 hours in casein hydrolysate medium containing 1 mg per cent of the indicated substance/gamma of PABA oxidized under the same conditions by 20 units of cells grown in plain casein hydrolysate medium.
(2) Amount destroyed = gamma of indicated substance destroyed in 30 minutes at 37° C. by 20 units of cells specifically adapted to oxidize PABA.
(3) Activity possibly due to slow hydrolysis with the formation of free PABA.

Bacteria—The above conclusions were already apparent from the work of Karstrom (58). He demonstrated that washed bacterial cells, suspended in a buffer solution with various carbohydrates, did not adapt, so long as no N-source was available. On the other hand, the absence of a N-source did not inhibit in the least the *activity* of previously adapted cells. Similar results, as we have seen, are obtained with most of the other adaptive systems of bacteria.

It was shown by Monod (85) that identical results could be obtained with 2-4-dinitrophenol (DNP)-inhibited bacteria. Washed unadapted *E. coli* cells were resuspended in *complete* synthetic media with xylose, or other carbohydrates attacked by adaptive enzymes. When M/1000 DNP was added to these suspensions, no adaptation occurred. When previously adapted cells were used, no further adaptation was evidenced in the presence of DNP, but the activity (as judged from O_2 consumption) was unimpaired (fig. 3). Although the mode of action of DNP has not been established with precision, it has been shown repeatedly that its main effect is to inhibit assimilatory and synthetic activities (review 19). The inhibitory effect of DNP on enzymatic adaptation has been confirmed with yeast, and in addition it has been shown that NaN_3 exerts a similar action (110, 101).

Although most adaptive enzymes of bacteria are not formed with "resting" suspensions, three exceptions to this rule have been reported: formic hydrogenlyase of *E. coli* (120), "tetrathionase" of *S. paratyphi* (95), and "nitratase" of *E. coli* (96). In all three cases, however, it seems probable that the cells still retained some synthetic abilities, although they did not divide. For instance, in the case of "nitratase," studied by Pollock, hardly any adaptation occurs in the presence of formate as H-donator, whereas rapid adaptation takes place in the presence of mannitol, although both compounds proved to be equally good H-donators when previously adapted cells were used. The meaning of this result seems clear enough when it is linked to the fact that mannitol is a good carbon and energy source for *E. coli*, whereas formate is a very poor one. In the case of formic hydrogenlyase, no adaptation occurred unless traces of broth (i.e. of a nitrogen source) were added to the suspension.

Yeast—It was shown by Dienert (25), and has been repeatedly confirmed since (1, 109, 121), that yeast cells could adapt to galactose *in the absence* of an external N supply. However, the activity

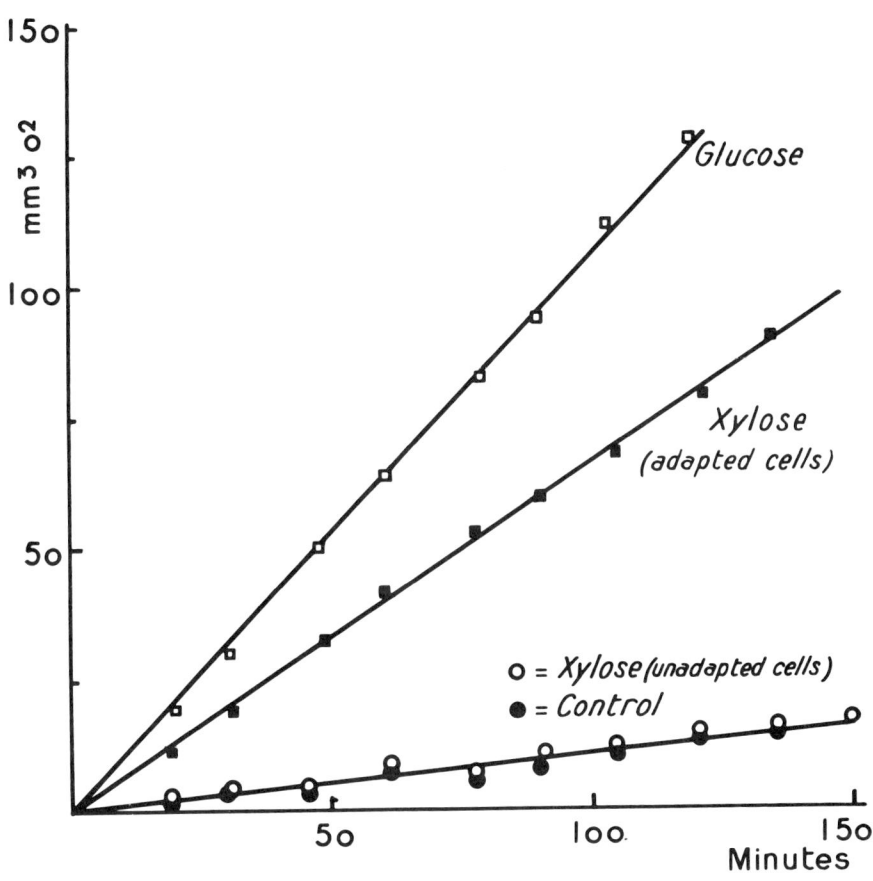

FIG. 3
INHIBITION OF ADAPTATION BY D.N.P.—*E. coli*—WASHED SUSPENSIONS OF EQUAL OPTICAL DENSITY
O_2 consumption measurements in Warburg apparatus with M/150 substrates and M/1000 D.N.P. (85).

level is about twice as high when an ammonium salt is supplied (109). Furthermore, recent studies by Spiegelman et al. (115) indicate that galactose adaptation in yeast must be closely linked to energy metabolism. For instance, the adaptation was found to be exceedingly slow, or even impossible, according to the strains used, when performed under anaerobic conditions with 48 hour cultures, whereas only a few hours were required in the presence of oxygen. However, when small amounts of carbohydrate fermentable *without previous adaptation* were added to the galactose solution, rapid adaptation occurred. The rapid aerobic adaptation, on the other hand, could be shown to depend largely upon the oxydation of the polysaccharide reserves.

More evidence suggesting that the adaptation of yeast cells to galactose (or maltose) involves *protein synthesis,* although it may occur with *non-dividing* cells, has been adduced in recent studies by Spiegelman and Kamen (112). By using radio-active P_{32}, it could be shown that phosphate turnover in the "nucleo-protein fraction" (NP) of the suspensions (i.e., the fraction remaining after successive extractions with water, cold trichloracetic acid, alcohol and hot alcohol ether) was negligible when the cells were fermenting *glucose* in the *absence* of an ammonium salt. When an ammonium salt was added, so that new protoplasm would be formed, a rapid flow of P_{32} *from* the "Nucleo protein fraction" was observed. The important point is that this also occurred, even in the absence of N, when the synthesis of a "new" enzyme was forced by substituting galactose (or maltose) for glucose in the suspending fluid. In both cases, phosphate turnover was inhibited by DNP or sodium azide (fig. 3). This experiment appears to indicate that adaptive enzyme formation may be linked to phosphate turnover in a manner similar to protein synthesis. A more precise interpretation is not possible for the time being, as the composition of the "NP" fraction was rather complex, including, besides nucleo proteins, metaphosphates and pyrophosphates. However, it would appear that the *percent increase* in turnover rate of the *nucleic acid P* component of the "NP" fraction was higher than with any of the other components of the fraction (Spiegelman, personal communication). This appears in line with the accumulating evidence tending to show that nucleic acids may play an essential role in protein synthesis (16, 18).

Bacteriophage inhibition of enzymatic adaptation

As an appendix to this section, some recent observations on the effect of bacteriophage infection of bacterial cells on enzymatic adaption may be mentioned. It had been shown by Luria and Delbrück (73), and confirmed by Cohen and Anderson (21) that *E. coli* cells infected with T2 bacteriophage did not multiply. O_2 consumption and growth experiments have shown (89, 90) that the formation of the enzyme attacking lactose is inhibited in *E. coli* infected by bacteriophage φ II, although the activity of the enzyme formed during adaptation *previous to infection* is not impaired during the latent phase of phage growth. These findings are in line with the recent important observations of Cohen (20) on the inhibition of *protein synthesis* in infected bacteria. Whether the inhibition of enzyme formation is a *consequence,* or whether it may be, in part, a cause of this general effect remains undecided.

I) *Conclusions*

This brief survey suffices to show on what types of evidence the assumption is based that specific substrates may induce the formation of specific enzymes. It will be felt, I believe, that adaptive enzymes cannot be taken for granted. In every single case under investigation, other possibilities must be tested and shown to be inadequate before concluding that true enzymatic adaptation is at work. Once selection mechanisms have been excluded, which is not always easily accomplished*, it remains to be shown that the formation of a specific apoenzyme is involved. Where the enzymes have not been obtained in pure crystalline state (and this has not been achieved as yet with any adaptive system), the evidence must come mainly from a study of the specificity of the phenomenon of induction, using several closely related compounds.

While it must be admitted that in almost every single instance alternative explanations are not positively excluded, the bulk of the evidence is almost overwhelmingly in favor of the view that enzymatic adaptation does occur—indeed, that it is a phenomenon of very wide and normal occurrence.

The observations reviewed in this section appear to justify the following general conclusions:

1) The formation of most enzymes attacking exogeneous substrates is specifically increased in the presence of the specific substrate.

2) In many cases, no appreciable enzyme formation occurs in the absence of the specific substrate.

---

*As a matter of fact, exclusion of selection is virtually impossible in any case where "adaptation" is very slow and several subcultures are required to produce it. The chances obviously are that such a process of training involves the selection of variants.

3) Enzymatic adaptation is as highly specific as enzymatic activity.

4) Enzymatic adaptation occurs only in growing cells, or at least, does not occur under conditions preventing protein synthesis.

III. Substrate Action and Interactions in Enzymatic Adaptation

The data so far reviewed do not, alone, give indications as to the mode of action of substrates in enzymatic adaptation. In this section we shall examine various observations and experiments on the role of substrates and the nature of the basic mechanisms involved. We shall see, in particular, that in interpreting observations we are once again faced with the problem of choosing between a selection mechanism and true adaptation—this time, however, at the *intracellular* level. With a little over-simplification, these two basic alternative hypotheses on the nature of substrate action might be described as follows:

1) The substrate *induces the formation* of a "new" enzyme, the specific configuration of which could not, or would not, be formed at all in the absence of substrate.

2) The substrate does not create a "new" molecule. It merely increases the rate of formation of an enzyme already present in the cell. In other words, the substrate acts by shifting the equilibrium or the rate of a specific synthetic reaction which the cell would be capable to perform, at least potentially, even in the *absence* of substrate.

A) *Adaptive and Constitutive Enzymes*

If the first hypothesis (let us call it, for short, the "adaptation hypothesis") were adopted, it would seem to follow that Karström's distinction between "adaptive" and "constitutive" enzymes actually corresponds to essential differences in the mechanism of synthesis of these two "classes" of enzymes. The formation of adaptive enzymes would depend strictly on the presence of the substrate, whereas the activity of "constitutive" enzymes would be unaffected, whether or not their substrate was present during growth of the cell.

It has been pointed out repeatedly, however (98, 134, 118, 51), that such is not the case and, consequently, that Karström's classification should be considered purely empirical. In the first place, very few—if any—"constitutive" enzymes seem to be totally unaffected by the presence or absence of their substrate. Although some such cases are occasionally observed (e.g. putrescine, agmatine, and cadaverine oxidation enzymes of *Ps. Pyocyanea* (50), glucose enzyme of some *E. coli* strains [Monod unpublished]), it is generally found that the activity of most "constitutive" enzymes is significantly and specifically enhanced after growth in the presence of the substrate ("glucozymase") of the majority of coli strains (119), mannose, fructose, and mannitol enzymes of *E. coli* and *S. typhi murium* (Monod unpublished), etc.). On the other hand, with many "adaptive" enzyme systems, *unadapted cells* show a slight, but significant activity (e.g. "galactozymase" of *E. coli* [119] PABA and OABA oxidizing enzymes of a soil bacillus studied by Mirick [80], "tryptophanase" of *E. coli* [49], amino-acid decarboxylases of *E. coli* [52], etc.)

We shall see in the next section that the study of the phenomenon of "diauxie" (82, 86) also leads to the conclusion that the difference between adaptive and constitutive systems should be considered a quantitative rather than a qualitative one. It should be noted, also, that the *same enzyme* may appear "constitutive" in some strains, though "adaptive" in other, closely related strains. For instance, the galactose-enzyme, although generally adaptive, is found to be constitutive or "semi-constitutive" (Monod unpublished) in certain *E. coli* strains.

It is clear that if Karström's classification were to be taken literally, only those systems where no activity whatever is recorded with unadapted cells should be considered strictly "adaptive." It is obvious that such a view would lead to arbitrary conclusions, since the classification would then depend exclusively upon the sensitivity of the methods employed for activity measurements. For these reasons, it is generally recognized that there is no basis for a fundamental distinction between adaptive and constitutive enzymes. At first sight this might appear to lend strong support to the "selection" hypothesis, since it is evident that many enzymes are formed, to a significant extent, in synthetic media containing no trace of their substrate. But it should be recalled that, thus far, enzymatic adaptation has been observed exclusively with *living cells,* that all known enzymes attack naturally occurring or closely related compounds, and that, consequently, it is quite hopeless to attempt to prove that any enzyme could actually be synthesized in the *absence* of its substrate, since it is always possible to assume that trace of the substrate may be synthesized by the cell itself.

Thus, only one conclusion can be drawn from a discussion of this situation: we must look for a unitarian conception of the mechanism of enzymatic adaptation. Whether "adaptive" or not, it is far more reasonable to assume that all enzymes must be synthesized through essentially similar mechanisms.

B) *The Kinetics of Enzymatic Adaptation*

a) *Adaptation rate as a function of substrate concentration.—* Whatever the mechanism of substrate action, it is evident that it must primarily involve a combination of the substrate, with a molecule present in the cell. If the substrate is supposed to induce the formation of a "new" molecule, it follows that, in order to do so, it must combine with a molecule which is not, or at least, not yet the enzyme. If on the contrary, it merely increases the rate of formation of an enzyme *already present,* it seems probable that the effect should be attributed to the enzyme-substrate combination. If this were true, the rate of enzyme formation would increase with substrate concentration so long as the enzyme molecules would remain unsaturated, and it would become *independent* of substrate concentration as soon as saturation had been attained. On the contrary, if the combination effective in increasing enzyme formation involved a *precursor* of the enzyme, saturating concentrations would be expected to be higher for the "rate of adaptation" curve, than for the "enzyme activity" curve since, almost by definition, the affinity of the *precursor* for the substrate would be lower than that of the fully adapted enzyme.

This could, in principle, afford a rather critical test for the two hypotheses. Unfortunately, experimental evidence is scant, and this type of experiment, when performed with living cells, may be subject to various objections. One method of attacking the problem is to study the influence of substrate concentration on the length of the "induction period" (or lag phase) preceding growth of unadapted *E. coli* cells inoculated into a medium containing, as sole carbon and energy source, a compound attacked by an adaptive enzyme. The results obtained with xylose, maltose or lactose (82 and unpublished data) all coincide in showing that the length of the "induction period" is markedly reduced by increasing concentrations over a rather wide range (up to about $M/1000$ in the case of xylose). On the contrary, the *activity* of the enzyme system as judged both from the growth rates and from O_2 consumption appears to be almost independent of substrate concentration, which would mean that saturation is complete with very low concentrations (probably around $M/50,000$ for xylose). Similar observations have been made by Reiner (personal communication) for the adaptation of yeast to galactose.

As noted by Monod (84), these observations do not seem to support the hypothesis according to which the increased rate of enzyme formation would depend on a substrate-enzyme combination. However, it might be dangerous to attach too much weight to that conclusion. One serious objection, for instance, would be the following: in experiments with carbohydrates, the substrate is also the main energy and carbon source for cell metabolism. If unadapted cells could metabolize it through another, less efficient enzyme system with low affinity, the rate of adaptation might depend—at the start, at least—upon the activity of that system, which would be highly sensitive to changes of concentration of the substrate.

Another type of evidence should also be mentioned here. Unadapted yeast cells, although completely incapable of fermenting it, show a definite respiratory activity in the presence of galactose. Thus, with this system it is possible to compare rate-concentration curves obtained with *adapted* and *unadapted* cells, as was done by Reiner and Spiegelman (100), who found a *tenfold increase* in "affinity" after adaptation. This might indicate that adaptation consists of an increase in specificity, rather than in the amount of "preexisting" enzyme; but it is difficult to see how it could be proved that *two enzymes*, with different affinities, may not be involved.

Considering the great importance of these questions in the interpretation of enzymatic adaptation, it seems highly desirable that experiments be undertaken with other adaptive enzymes; if possible, they should be conducted with enzyme systems *not involved* in the energy metabolism of the cell. At present, it must be admitted that the evidence is not decisive, although it seems to indicate that the substrate may combine with a molecule other than the "preexisting" enzyme.

b) *Adaptation as a function of time.* Yudkin's (134) "mass action" theory represented the first attempt at understanding the mechanism of enzymatic adaptation. Until then (1938), purely teleological "explanations" prevailed.* The scheme was simple; it proposed that the increased rate of enzyme formation under the influence of substrate resulted from the removal of enzyme in an equilibrium reaction:

$$\text{precursor} \rightleftarrows \text{enzyme}$$

If this be assumed, it is clear that the increase of enzyme activity with time during the course of adaptation should be described by an equation:

$$\frac{dE}{dt} = K\,(P_o\text{-}E),$$

where E = amount of enzyme, P_o = amount of precursor at the onset of adaptation, and K represents a rate constant. In other words, if the assumption were correct, the *rate* of enzyme formation should *decrease* continuously with time. It was pointed out by Spiegelman (109) that the activity-time curve, in the case of glucozymase and melibiozymase systems of yeast, was far from resembling the one corresponding to the above equation. The initial period of adaptation, on the contrary, was characterized by a *rising rate* of enzyme formation, which fell off after some time to give an S-shaped curve. It was argued by Spiegelman that this S-shaped time-activity relation ruled out the mass-action scheme and indicated that the enzyme may have been endowed with *self-duplicating properties*. In the case of galactozymase adaptation, however, the conditions are such that the substrate itself serves as main supply for the metabolic activities of the cell, including the synthesis of the enzyme itself, so that some sort of "autocatalytic" relation might be expected anyway, whatever the underlying mechanisms may be.

The available evidence indicates that the same type of S-shaped time-activity relation prevails in a variety of cases: formic hydrogenlyase (120), amino acid decarboxylases (52) (see fig. 2), nitratase (95), tetrathionase (96). Unfortunately, the same or similar objections may be raised in all cases, and it is difficult to consider the results as more than an indication that the formation of adaptive enzymes may be more or less "autocatalytic." Whether this is a

---

*The following quotations are rather typical: a) ". . . die glucose gewöhnten Bakterien haben die saccharidasen nicht produziert, weil sie diese Enzyme bei ihrem Wachstum nicht brauchten." (57)
  b) ". . . the reaction does not take place when it is not needed." (99)

direct or indirect effect, and whether enzyme "growth" is *inherently* or only *incidentally* autocatalytic remains undecided.

However, another type of evidence may be mentioned in connection with this subject. It seems to be fairly well-established that the growth of *individual* bacterial cells is *exponential* (3, 7, 9). If, during such exponential growth, the relative amounts of the enzymes within the cell are largely maintained, which seems likely, it then follows that each enzyme individually undergoes exponential "growth." Now, this could be believed to reflect simply the over-all increase in metabolic activity, resulting from the increasing *surface* offered to the penetration of nutrient compounds. On the other hand, it seems that the rate of growth of bacteria is *not primarily limited,* in general, by the *concentration* of nutrient compounds (82), but rather by the *activity* of enzymes governing energy and biosynthetic mechanisms. Inasmuch as this type of reasoning may be justified, when applied to this complex problem, the conclusion might be drawn that the increase of each "strain" of the cell's population of specific enzymes is autocatalytic. Further work on this essential problem of "autocatalytic" enzyme growth is obviously required before any definite conclusions can be reached. At any rate, it should be remembered that "autocatalytic" is by no means equivalent to "self-reproducing." The formation of pepsin from pepsinogen is autocatalytic, but pepsin could hardly be considered a "self-reproducing unit."

C) *Substrate Interactions in Adaptive Enzyme Formation*

The data so far reviewed emphasize the primary importance of the *specific substrate* as an effector in enzyme formation. Any conception of the mode of action of substrates should, however, take into account another type of phenomenon which may be labeled "enzyme suppression." As we shall see, a study of these phenomena reveals close relationships in the synthesis of *different* specific enzymes.

As early as 1898, it was noted by Katz (59) that the production of "diastase" (amylase) by a *Penicillium* strain would occur in the absence of any carbohydrate, but that it was:

a) *increased* in the presence of starch,
b) slightly *decreased* in the presence of lactose or maltose,
c) *completely inhibited* in the presence of saccharose.

Dienert (25) found that glucose had an inhibitory effect on the formation of galactozymase by yeast. This was later confirmed (46) and strongly emphasized by Stephenson and Yudkin (121). Numerous other observations, more or less precise, on similar interactions between carbohydrates have been reported (13). A systematic study of these effects was made possible by the discovery of the phenomenon of diauxie (81, 82), and established their close relationships to enzymatic adaptation.

1) *The phenomenon of diauxie.* The first observations were made in the course of an investigation on the influence of carbohydrates on bacterial growth rates. Previous experiments had shown that when various bacteria (*B. subtilis, S. typhi murium, E. coli*) were grown in synthetic media, containing the necessary mineral salts and a single carbohydrate as carbon and energy source, the total yield, or "amount of growth" (i.e. the difference between maximum density and initial density of the cultures) was *strictly proportional* to the concentration of carbohydrates, provided the other necessary components (essentially the P and N source) were in excess. When growth occurred under these conditions, in the presence of *two* carbohydrates instead of a *single* one, either of two entirely different types of growth curves were obtained:

a) A series of combinations of two carbohydrates resulted in perfectly normal growth. The characters of the growth curve were the same as when *single* compounds were used (Fig. 4).

b) With other combinations, on the contrary, entirely different results were obtained. The growth-curves exhibited two successive complete growth cycles, separated by a period of lag or even, in certain cases, of decrease (Fig. 5).

It was possible, thus, to establish a classification of the various carbohydrates attacked by a given strain by reference to one of them, according to whether or not "diauxic" growth occurred when each was associated with the compound chosen. For instance, using glucose as a "standard," the following classifications were obtained:

1°—*B. subtilis "caron"*

A	B
d-glucose	l-arabinose
d-mannose	maltose
d-fructose	d-sorbitol
saccharose	inositol
d-mannitol	

2°—*E. coli* "H"

A	B
d-glucose	d-galactose
d-mannose	l-arabinose
d-fructose	d-xylose
d-mannitol	l-rhamnose
	maltose
	lactose
	d-sorbitol
	dulcitol

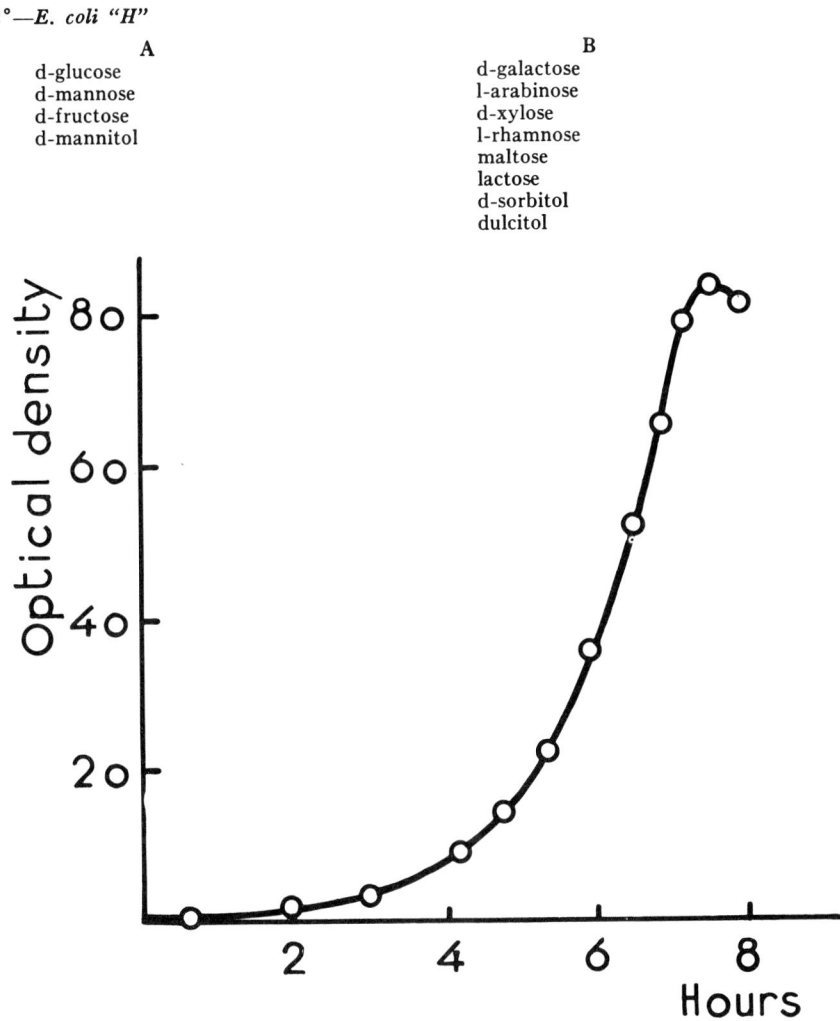

FIG. 4
GROWTH OF *B. subtilis* IN SYNTHETIC MEDIUM WITH SACCHAROSE + D-MANNOSE AS CARBON SOURCE; NORMAL GROWTH CURVE (82).

Compounds listed under "A" did not give rise to diauxic growth when associated with glucose. Those listed under "B" did. Furthermore, with *B. subtilis* it was found that associating any compound of the "A" series, with any one of the "B" series, invariably

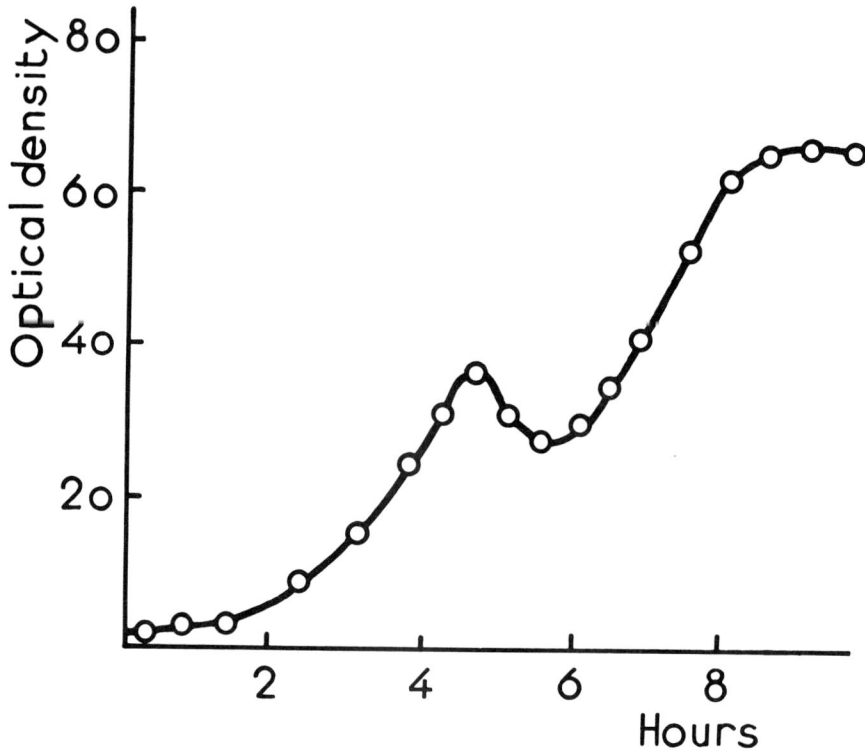

FIG. 5
GROWTH OF *B. subtilis* IN SYNTHETIC MEDIUM WITH D-FRUCTOSE + L-ARABINOSE AS CARBON SOURCE, "DIAUXIC" CURVE (82).

resulted in diauxic growth. This is equally true with many *E. coli* strains, although with others (e.g., no. "H"), fructose and mannose are often found not to produce diauxic growth in any combination.

Subsequent to these first findings, rather extensive investigations established the following conclusions:

1) Classification in the "A" or the "B" series does not appear to be associated with any particular configuration of the compounds involved. This is evident from the composition of each series, and is emphasized by the fact that the same compound (e.g. galactose) may have to be listed as "A" or "B" according to the strains used as tests.

2) With any given strain, "A" compounds are invariably found to be attacked by "constitutive" enzymes, and "B" compounds by

"adaptive" enzymes. (For example, compare the classification for *E. coli* with the results listed in table IV).

3) Each cycle in diauxic growth corresponds to the *exclusive* utilization of one of the two compounds. The second compound to be utilized is not attacked until *after* the first one has been completely exhausted. "The amount of growth" corresponding to each cycle is proportional to the concentration of the compound being utilized during that cycle (Fig. 6).

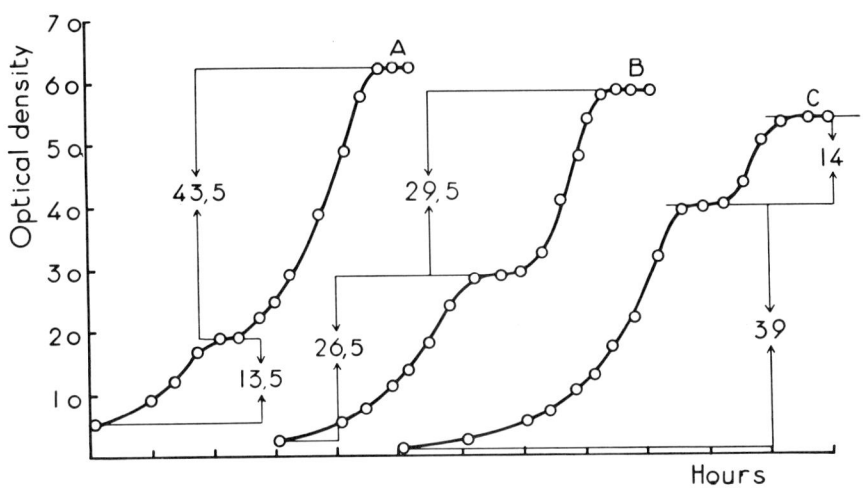

FIG. 6
GROWTH OF *E. coli* IN SYNTHETIC MEDIUM WITH GLUCOSE + SORBITOL IN VARIOUS CONCENTRATIONS AS CARBON SOURCE
The figures give the "amount of growth" (in arbitrary units) corresponding to each cycle. Substrate concentrations are:
A)—glucose 50 γ/cc, sorbitol 150 γ/cc
B)—glucose 100 γ/cc, sorbitol 100 γ/cc
C)—glucose 150 γ/cc, sorbitol 50 γ/cc

4) When diauxic growth occurs, "A" compounds are attacked during the first growth cycle, and "B" compounds during the second (Fig. 6, see also Fig. 7).

5) Adaptation to the "B" compound, through several subcultures prior to inoculation into an A x B mixture, does not suppress diauxic growth, nor does it change the order of utilization of the substrates (see fig. 8). although the period of lag between the first and second growth cycle may be shortened.

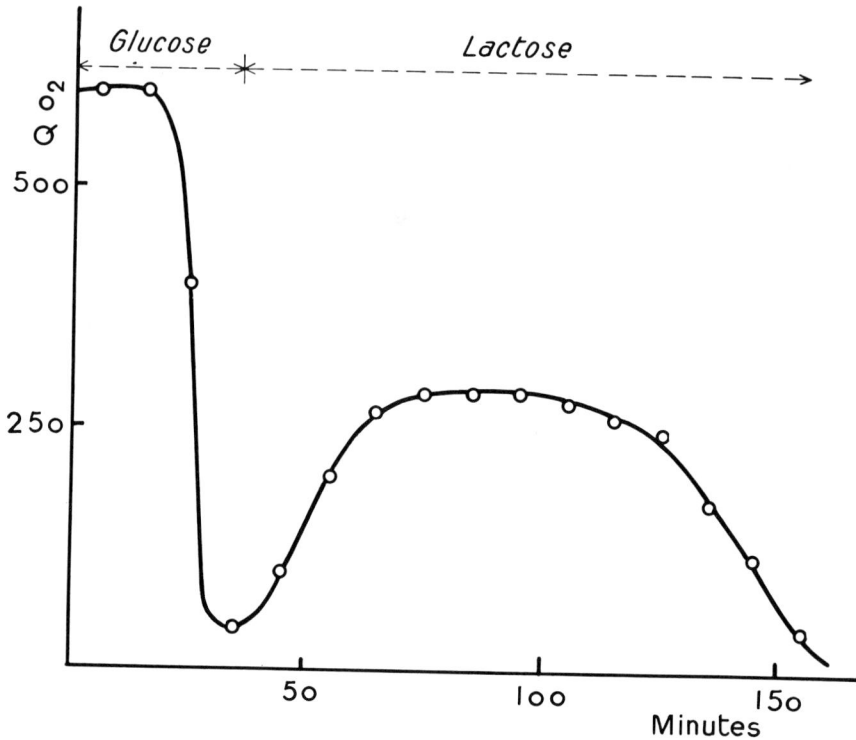

FIG. 7
VARIATIONS OF QO_2 OF *E. coli* CELLS IN SYNTHETIC MEDIUM WITH GLUCOSE (M/600) + LACTOSE (M/600) AS CARBON SOURCE

Warburg measurements and optical density measurements performed on the same suspensions at 37°.

6) These effects can be understood only as the result of an *inhibitory* action of the "A" compounds on the *formation* of the adaptive enzymes attacking "B" compounds (fig. 9).

Thus, the essential fact revealed by the study of diauxie appears to be that the formation of a whole series of different specific enzymes could be inhibited in the presence of compounds which are more or less closely related to the substrates of these enzymes. For instance, with *E. coli*, no. ML glucose or mannitol will inhibit the formation of enzymes attacking galactose, xylose, arabinose, lactose, maltose, trehalose, sorbitol, dulcitol, rhamnose, fucose, and glycerol.

Early results have demonstrated, and subsequent investigations

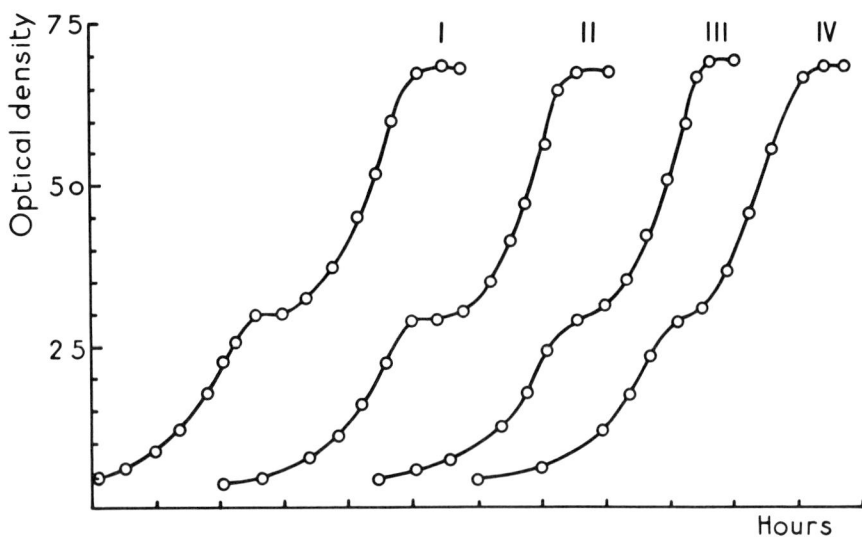

FIG. 8
GROWTH OF *E. coli* ON GLUCOSE + MALTOSE
I and II, cells previously grown on glucose. III and IV, cells previously grown on maltose. In both cases, glucose is utilized during first cycle of diauxic curve, and maltose during second cycle (82).

have strengthened the view that the difference in behavior between "A" and "B" substrates is of a quantitative rather than a qualitative nature. It was shown, for example (86), that in some cases the lag phase characteristic of diauxic growth could be partially or completely suppressed, provided the *ratio* of "B" substrate to "A" substrate was sufficiently high (Fig. 10). This is also evidenced by the fact that, in a few cases, *double inhibitions* may be observed (Monod, unpublished). With *E. coli* H1, sorbitol, although typically "B" (since its utilization is inhibited by glucose), is capable of inhibiting the utilization of glycerol. "Triauxic" growth occurs in the presence of glucose + sorbitol + glycerol (fig. 11). Thus, it appears that the mechanisms involved in diauxic inhibition have the character of *competitive interactions* between different specific enzyme-forming systems.

The existence and wide occurrences of such interactions in the synthesis of different specific enzymes attacking carbohydrates has been confirmed by the work of Spiegelman et al. (111) on yeasts. It was

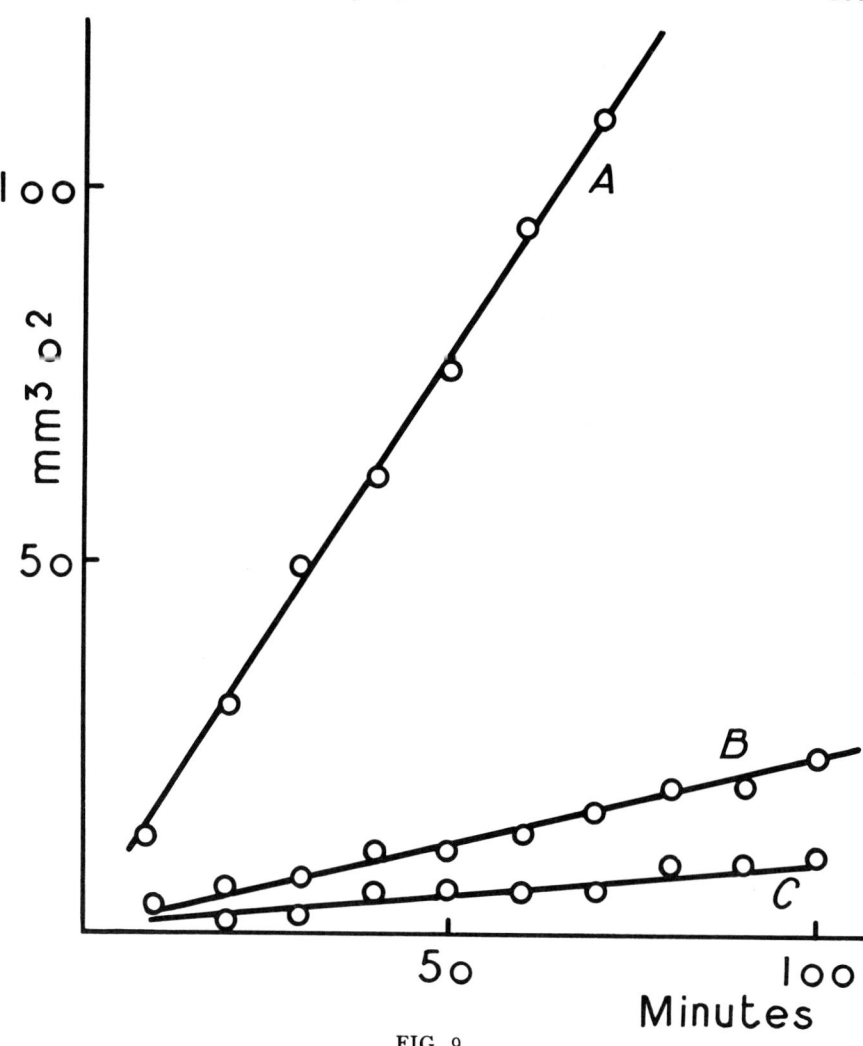

FIG. 9
INHIBITION OF ADAPTATION TO "B" COMPOUND (LACTOSE) IN THE PRESENCE OF "A" COMPOUND (GLUCOSE)

O_2 consumption at 37° of washed suspensions of *E. coli* cells of equal density, in the presence of M/500 D.N.P. to block adaptation.

A) M/100 lactose as substrate. Cells previously incubated for two hours with M/50 lactose.

B) M/100 lactose as substrate. Cells previously incubated for two hours with M/50 lactose + M/50 glucose.

C) No substrate.

Subtracting controls, lactose oxidation is ten times more active with "A" suspensions than with "B" suspensions.

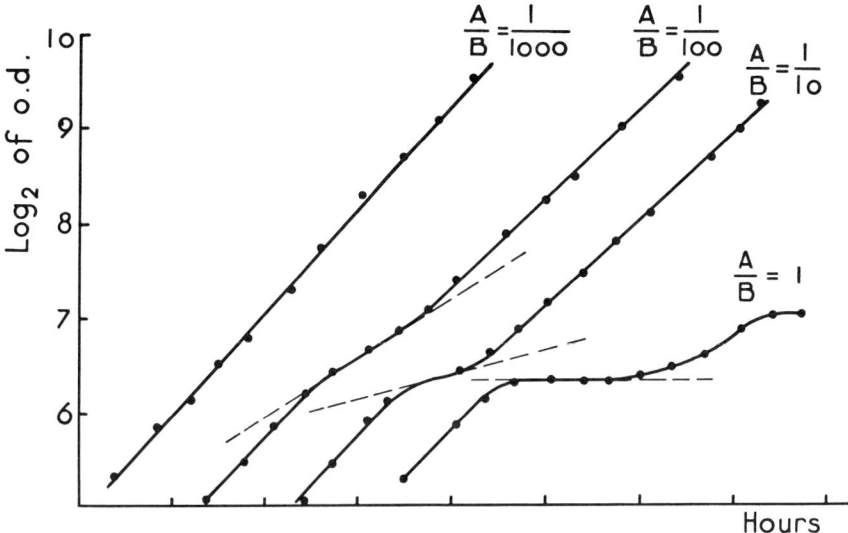

FIG. 10
GROWTH OF *E. coli* ON GLUCOSE (20 γ/cc) PLUS VARIOUS CONCENTRATIONS OF XYLOSE (20 TO 20,000 γ/cc)
Diauxic growth is suppressed when the molecular ratio is about 1/1,200 (86).

shown that *in the absence of external N*, cells adapted to one substrate gradually lost their original adaptation when forced to adapt to another substrate. The effect was noted, even with so-called "constitutive" enzymes (e.g. glucozymase, fig. 12). When cells were adapted simultaneously to galactose and maltose, it appeared that the presence of galactose severely depressed the formation of maltozymase, whereas maltose had little effect on galactozymase formation. Contrary to the findings on bacteria, these inhibitory effects were not produced—or only to a much lesser extent—when the cells were provided with an external nitrogen source. Obviously, this is a corollary to the fact that external N is not required for enzymatic adaptation by yeast cells, whereas it is nearly always required for bacterial adaptations.

2. *Unclassified cases of enzyme suppression.* The data discussed in this section have, thus far, been concerned only with interactions between closely related substrates: carbohydrates and polyhydric alcohols. It should be noted, however, that inhibitory effects of the presence of carbohydrates during growth of bacteria on the formation

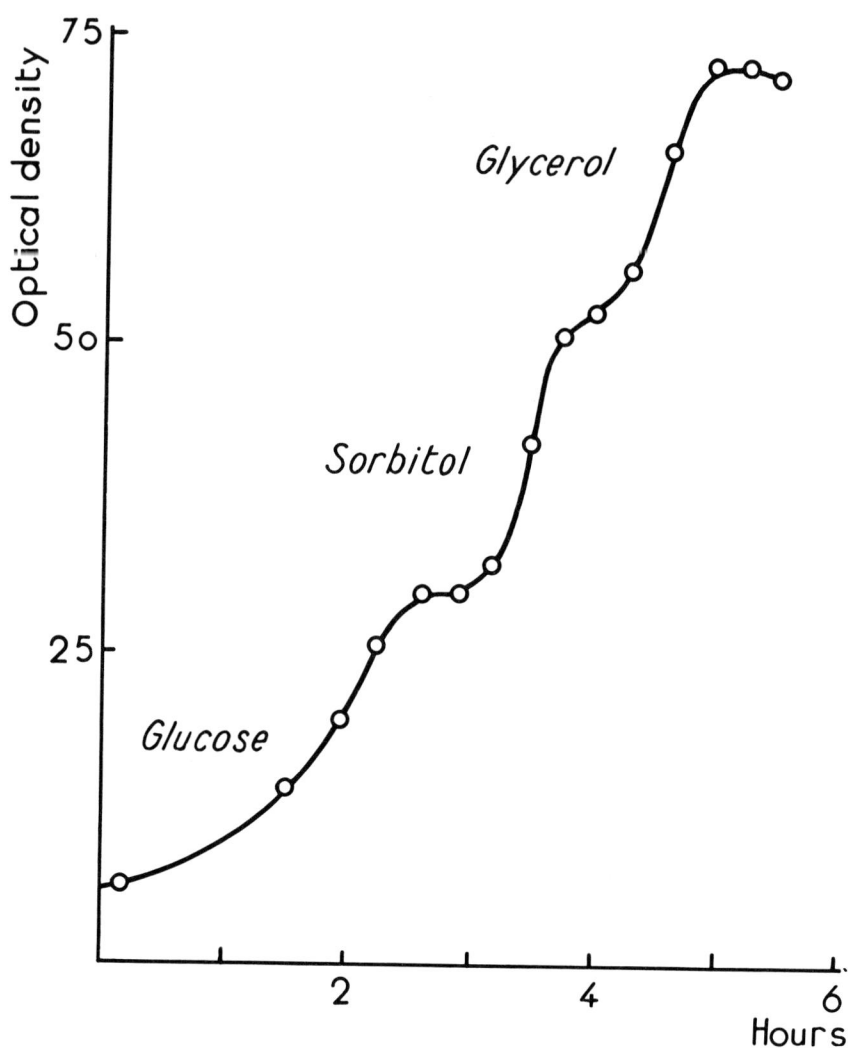

FIG. 11
Growth of *E. coli* (H 1) on Glucose + Sorbitol + Glycerol (75γ/cc) of Each; "Triauxic" Curve

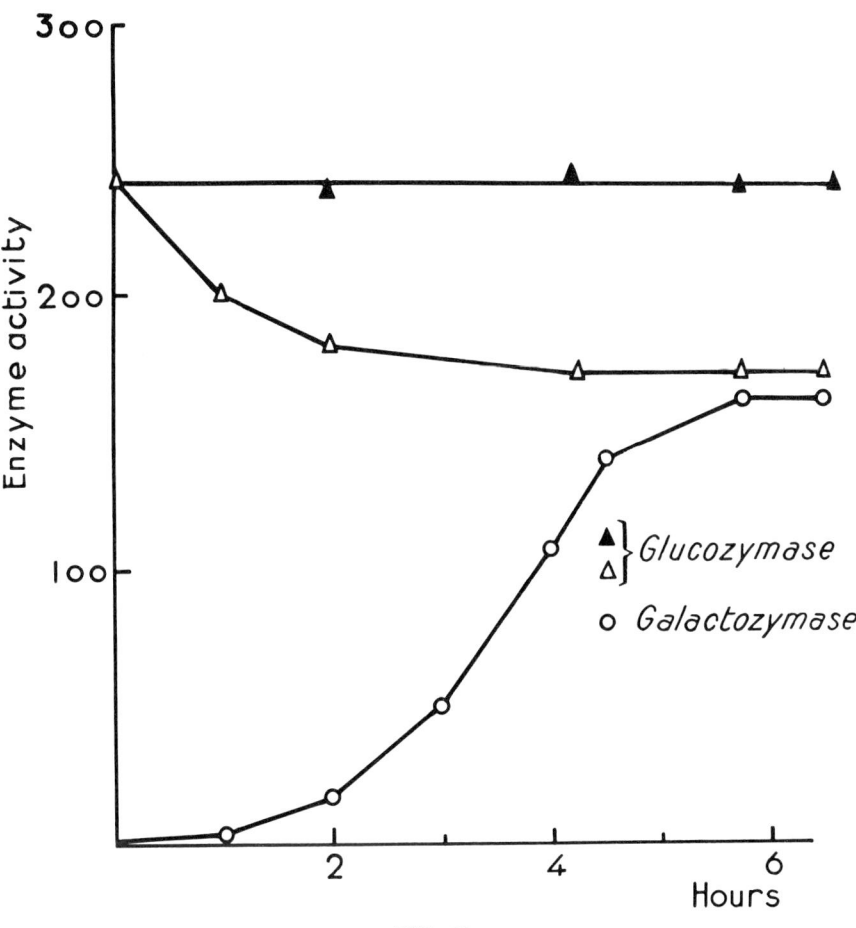

FIG. 12
COMPETITION BETWEEN GALACTOZYMASE AND GLUCOZYMASE IN YEAST
Cells unadapted to galactose, suspended in buffer with galactose. The galactozymase activity increases, while the glucozymase activity decreases, Control (black triangles = cells suspended in buffer with no carbon source (after Spiegelman and Dunn, 111).

of a variety of enzymes (mostly enzymes involved in the breakdown of proteins) have been repeatedly observed (see review by Gale, 51). In some of these cases, it appears that the effect may be due to the acidity evolved during the fermentation of carbohydrates (12). Investigations by Epps and Gale (44) have shown, however, that acidification of *the medium* could hardly account for some of the observed inhibitions, since acid pH did not prevent the formation of the enzymes in *carbohydrate-free* media. As pointed out by Gale (51), it remains possible that pH changes in the *internal environment* of the cells may be responsible for the effects observed in some cases. This would still not explain inhibitions observed with enzymes, the production of which is seen to be *favored* by acid pH. It seems impossible, for the time being, to decide whether or not some of these "glucose effects" have anything to do with the type of interactions expressed in diauxic growth.

3) *The significance of substrate interactions.* The existence of competitive interactions in the synthesis of different specific enzymes appears to be a fact of fundamental significance in enzymatic adaptation, and one for which any conception of the phenomenon should be able to account. Whatever may be the mechanism of these interactions, it is obvious that their occurrence points to a common, or at least a partly common origin of different specific molecules. The simplest way to express this is to admit that a common precursor or a common pool of precursor molecules (building blocks) is involved in the synthesis of the interacting enzymes. Admitting this, two different explanations may be considered:

1) The competition occurs directly between the substrates. It is evident that since the enzymes are highly specific, they cannot be the object of the competition, and it follows then that the competitions must be for the *common precursor*.

2) The competition occurs between the different enzyme-forming systems themselves. It must be further assumed, then, that the presence of the specific substrate confers a *competitive advantage* upon the corresponding enzyme-forming system.

Unfortunately, the facts on interactions do not permit, by themselves, any choice between these two different hypotheses. But each of them, once admitted, imposes further conclusions:

a) Under the first hypothesis, the substrate-precursor combination must be assumed to be the *direct cause* of the specific transformation of the precursor (81).

b) Under the second hypothesis, the advantage conferred upon an enzyme-forming system by the substrate must be explained. Since, in this case, the substrate would combine with the enzyme itself, it is only logical to assume that the *primary* effect of the combination is that of stabilizing the enzyme, thus permitting its accumulation. But, this is not enough to explain the *inhibitor* effect on the formation of other enzymes. Accumulation of a given enzyme must be assumed to *increase the rate of precursor disappearance.* As pointed out, particularly by Spiegelman (115), this could be readily understood if the formation of each enzyme were *autocatalytic.*

This discussion makes it clear that the first hypothesis implies almost inevitably that the substrate itself "directs" the synthesis of the enzyme, whereas the second hypothesis requires that at least a few molecules of the enzyme be formed even in the absence of substrate. In the following section, we shall see that this key problem cannot be answered without consulting genetical evidence. When this is done we shall be in a better position to re-examine the interpretation of interactions and enzyme suppression. At any rate, the data on interactions again emphasize that the difference between adaptive and constitutive enzymes is a purely quantitative, not a qualitative one, and that a scheme of enzymatic adaptation, to be of any value, should be applicable to the synthesis of any enzyme, whether constitutive or adaptive.

IV. Adaptive Enzymes and Genes

The coexistence and maintenance within a growing cell of a great number of different, largely independent, specific enzymes, raises the problem of the origin of the corresponding molecular configurations or patterns. Since the nature of the chemical reactions involved in the synthesis of these specific configurations could hardly be supposed to vary in each case, or—in other words—since the building blocks of which each of these different specific molecules is composed are essentially the same, it must inevitably be admitted that the formation of these highly complex and highly specific molecules must involve a sort of "prototype" mechanism, where the configuration being formed is determined and defined by a pre-existing "master pattern" (c.f. 132). This conception does not imply any hypothesis as to the nature of the physical or chemical relations between the "master pattern" and the specific enzyme molecule being synthesized. For this reason, it is preferable to avoid the use of the expression, "template," or "template mechanism," since they convey the somewhat awkward and perhaps misleading idea of a sort of mould-cast mechanism.

Despite its abstract nature, this concept has the advantage of permitting a precise statement of the problem of the origin of enzyme specificity, and of showing that any conception of the mechanism of enzymatic adaptation necessarily implies an assumption of the fundamental problem of relations between genes and enzymes. We have seen that specific substrates may, to a very large extent, determine the degree of activity of many enzymes within a cell. On the other hand, the general stability of the biochemical characteristics of any single cell strain makes it obvious that these characters are, to a great degree, determined—or, at least, limited—by hereditary factors. The problem consists of evaluating the respective role of hereditary factors (i.e. genes or other self-duplicating units) and environmental factors (substrate) in the synthesis of an enzyme. The necessity of a "master pattern" being accepted as a postulate, then three hypotheses can be formed regarding the nature of the master molecule efficient in determining the specific configuration of an enzyme:

a) The master molecule is the enzyme itself.

b) It is another molecule formed by the cell independently of the presence of the substrate.

c) The substrate acts as master molecule.

It is clear that the first and second hypotheses are essentially similar, in that they both imply that the specific pattern of any one enzyme would, in the last analysis, be *determined by one of the cell's self-duplicating units*. In other words, the properties of each specific enzyme formed by a cell would be conditioned primarily by one—and *only one*—hereditary factor. The third hypothesis appears tempting in many respects, since it would give the cell more "degrees of freedom" and, consequently, possibilities of differentiation. More precisely, under that hypothesis it would be expected that hereditary factors would only determine a certain *range* of structural possibilities, within which specific configuration, i.e. activities, could be evoked by environmental factors.

The only facts quite pertinent to this question are those concerning the inheritance of enzymes attacking *exogeneous* substrates of similar structures and chemical properties.

In the following section we shall see what evidence there may be in favor of each point of view.

A) *Types of Variability Among Carbohydrate-Attacking Enzymes of Bacteria*

The specific enzymes attacking carbohydrates in bacteria (e.g. *E. coli*) constitute a good object for such an inquiry. They form a group of some 12 or 15 specific enzymes, activating closely related compounds, presumably through the same or similar reactions. Close relationships in the mechanisms of synthesis of these enzymes is demonstrated by the occurrence of substrate interactions expressed in the phenomenon of diauxie. The assumption that each of the specific configurations required for the performance of each of these adaptive properties are determined by the substrates themselves, may be expressed by the following general scheme: the hereditary properties of a given strain would determine the general configuration of a precursor molecule, endowed with a slight general activity towards the carbohydrates. The precursor could then combine with a variety of more or less closely related substrates, its transformation into an adapted enzyme being induced *by the combination*.

If such a scheme were approximately adequate, even remotely so, some general consequences could be deduced from it.

a) "Adaptability" of the precursor to various carbohydrates would be a matter of degree. "All or none" effects would not be expected; slow or very slow adaptations might occur.

b) *Single* mutations affecting the capacity to form *several* specific enzymes could be expected to occur.

c) Any mutation affecting the attack of one substrate should be expected to alter, at least to some slight degree, the "adaptability" of the precursor to other related substances.

In an attempt to verify the first possibility (Monod, unpublished), twenty-five strains of coliform organisms, isolated from the Seine river, were tested for their capacity to utilize 9 carbohydrates* as sole carbon source in a synthetic medium. In 31 cases out of the 225 combinations tested, no growth ~red after two days of incubation with one of the carbohydrates. Thc strains were then tested again against each of the compounds which they had failed to utilize, using a different technique: a small amount (0.5%) of another carbohydrate (galactose) utilized by all these strains, was added to the

---

*Trehalose, lactose, saccharose, sorbose, galactose, xylose, arabinose, sorbitol, dulcitol.

medium, in addition to the compound being tested, so that some growth would occur *in the presence* of the compound. Ten tubes were innoculated in each series, and incubated for a month at 37°. No growth (beyond the slight growth due to the presence of galactose) was obtained in 21 out of the 31 combinations tested. In ten cases, growth was obtained after varying periods of time, in one or several of the tubes.

Further tests were then performed to determine whether the growth obtained in these cases resulted from an "adaptive" or a "mutative" change. This consisted in plating out the strain on "synthetic agar" medium, containing the compound under test as sole carbon source. In every case, only a very small fraction (10^{-4} to 10^{-6}) of the cells proved capable of forming colonies. When these colonies were again streaked out on the same medium, all, or nearly all the cells formed colonies.

Thus, only three types of response were observed among the 225 combinations tested:

a) Immediate (although more or less rapid) growth.

b) no growth.

c) growth of a *very small fraction* of the cells, representing, in all probability, spontaneous variability. In other words, "all or none" effects prevailed, and there was no evidence of slow adaptation.

These observations have been mentioned merely because they are rather typical. Doubtless, the same general conclusions could be drawn from a survey of the huge mass of data on "fermentative abilities of bacteria", which play a major part in the taxonomy of many important groups (11). Although such classifications may be marred by a great deal of variability, they could not be employed at all if *discontinuous* differences were not almost always observed.

A systematic search for "mutable" strains was undertaken in order to find tests for the second possibility, viz. that single mutations might affect the capacity to form several different enzymes. 65 strains of coliform bacteria were plated out on "synthetic agar" media containing, as sole carbon source, certain carbohydrates (d-xylose, l-sorbose, d-arabinose, saccharose, lactose) for which the strain-to-strain variability appeared to be rather high. Numerous strains proved to be "mutable," as evidenced by the capacity of only a very small fraction of the cells to form colonies on certain compounds. Only six of these mutant forms, however, proved to be stable enough to be used in the final test. The "positive" and the "negative" forms of each strain were isolated from single cells. These strains are listed in table VI. The positive and negative forms of each strain were then tested for their capacity to grow in 24 or 48 hours at 37° in the presence of various carbohydrates. The compounds are listed in table VII, which summarizes the results obtained with strain X_1. These are typical of the results obtained with all six strains: in every case among the 21 compounds tested, the only one towards which the positive and negative forms of each strain showed different properties, were those which had been used in selecting the mutants. With all

TABLE VI
List of "Mutable" Strains

Symbol of strain	Mutable with respect to
X_1	d-xylose
S_2	l-sorbose
S_{20}	l-sorbose
S_{28}	l-sorbose
CS	d-arabinose
ML	lactose

TABLE VII
Growth Response of "Positive" and "Negative" Forms of Strain X 1 in the Presence of Various Carbohydrates as Sole Carbon Source in Synthetic Medium. Results Noted After 24 and 48 Hours Incubation at 37 Degrees

Compound tested as carbon source	X 1 negative 24 h	48 h	X 1 positive 24 h	48 h
d-xylose	0	0	+	
l-xylose	0	0	0	0
d-arabinose	0	0	0	0
l-arabinose	+		+	
l-fucose	+		±	+
l-rhamnose	0	0	0	0
d-fructose	+		+	
l-sorbose	0	0	0	0
d-galactose	±	+	±	+
d-glucose	+		+	
maltose	+		+	
lactose	±	+	+	
saccharose	0	0	0	0
trehalose	+		+	
raffinose	0	0	0	0
d-mannitol	+		+	
d-sorbitol	0	0	0	0
dulcitol	0	0	0	0

other compounds, the results were in complete qualitative agreement, although slight differences in amount or rapidity of growth were noted, in some cases, between "positives" and negatives" of a given strain.

The results indicated that each of the mutations studied affected a *single* enzyme of the group. It remained to be seen whether quantitative studies could not reveal more subtle correlations between different specific "adaptabilities."

Various types of experiments were performed to test that possibility, using *E. coli,* no. M.L. This strain is a typical *"E. coli mutabile"* (67, 78, 79). The "normal" form (L—) does not ferment lactose or grow on lactose. About one in 10^5 cells, however, proves capable of growing on lactose, and giving descendants which retain that capacity with perfect stability (L+ form). The lactose attacking enzymes of the L+ strains is *strictly adaptive.* L+ cells grown on glucose, exhibit *no activity* towards lactose, provided the mechanisms of adaptation are blocked by DNP, or absence of a N source (88).

The growth-constants (maximum growth rate, total yield, duration of lag phase) of one L— and one L+ clone were determined (according to methods described in 82) in media containing the following carbohydrates: glucose, fructose, mannose, galactose, mannitol, maltose, trehalose. As significant differences between these two clones were found with several sugars, a second series of experiments was performed testing two or three L— and two or three L+ simultaneously. It then emerged that there was indeed a significant amount of variability from clone to clone, but that there were apparently no constant correlations between the variations observed and the L— or L+ character of the clones tested. (This is uniformly true except for one exception which will be discussed later.) It was then believed that if such variability could be checked, constant differences between L— and L+ clones growing on various carbohydrates could yet be found. In the previous experiments, the clones had all been prepared for the tests under identical conditions, 18-hour cultures on glucose-synthetic medium being used. It was thought that several subcultures performed in the presence of the compound being tested would bring out, in each case, the "best possible variant" which could be expected *not to be exactly the same* in L+ and L— clones.

Two L— and two L+ clones were subcultured in the presence of maltose, mannitol, trehalose or fructose, and tested on the compound after ten such subcultures. When this had been accomplished, the growth constants on each compound, for all four clones, whether L+ or L— *were found to agree within experimental errors*. In other words, this process of "specific selection" *had exactly the same effects* on L— and L+ clones (see table VIII). Furthermore, it should be noted

TABLE VIII

Growth Rate of L— and L+ Clones of Strain M.L. After Ten Subcultures in the Presence of the Compound under Test. Rates Expressed as Number of Divisions Per Hour, Estimated According to Methods Described in (82)

Compound tested as carbon source	L— clones		L+ clones	
	I	II	I	II
mannitol	1,17	1,17	1,15	1,18
trehalose	1,03	1,05	1,01	1,03
maltose	0,94	0,92	0,95	0,93
fructose	1,22	1,21	1,19	1,22

that these "specifically selected" strains, although proving considerably enhanced growth-abilities in attacking the compound in the presence of which they had been selected, did not differ, in any significant degree, in their properties towards other compounds, from "non-selected" strains.

In only one case were constant correlations found between different specific activities. As these findings have been referred to in a paper by Lwoff (75), the rather complex nature of the results will be briefly summarized: it was found that the *galactose attacking* system exhibited markedly different properties (as judged from O_2 consumption and growth constants) in "normal clones" (G—) as opposed to "G+" clones, i.e. clones subcultured 8 or 12 times in galactose. Furthermore, the selection on galactose had *quantitatively different effects* when performed with L— or L+ clones. Actually, these observations were made before the rather extensive experiments mentioned above were undertaken, and it was pointed out (75) that such findings agreed with the view that the L— → L+ mutation affected the structure of a more or less indifferent precursor, common to several enzymes. It must be recognized that this interpretation of the facts now appears doubtful, in view of the failure to find any other correlations between the L— → L+ mutation and the properties of other specific enzymes, despite a rather obstinate search for such correlations.

In conclusion, it is evident that these data most strongly suggest that the "adaptive potentialities" of the cells may undergo either very important or slight mutative variations affecting a *single enzyme*, without in the least the "potential properties" of other enzymes attacking closely related, *mutually interacting* substances being affected. The quantitative data appear rather eloquent in that respect, and constitute more than purely negative evidence. They do not support the idea that hereditary factors determine only a "range of adaptive possibilities," but rather indicate that the specific properties of each enzyme are determined by an *independent* hereditary factor. It should be realized, however, that this evidence remains circumstantial and incomplete, as long as straight genetical tests have not been applied. It is hoped that Lederberg and Tatum's brilliant discovery (65) might make such tests possible.

The work of Lwoff et al. (76, 75, 77) on *Moraxella* should be mentioned in connection with this discussion. It was discovered that, in these bacteria, the capacity to attack the C_4 dicarboxylic acids (succinic, fumaric, malic, oxaloacetic), was linked to a *single mutation*, i.e. presumably to a single gene. It is not clear, however, whether it involves a single enzyme or several different ones.

B) *Mendelian Segregation of Adaptive Enzymes in Yeast*

Due to the pioneer work of Winge et al. (129) and the Lindegrens (review 69), the possibility of hybridizing yeasts and of analyzing physiological and other characters of haploid segregants has been demonstrated. Strains capable of sporulation usually produce asci containing four spores, which can be dissected from each other and planted separately on agar to yield "single spore" or "haplophase" cultures. Although cytological evidence is lacking, it may be considered a fact established by genetic evidence, that each of the four spores represents a haploid segregant from a single diploid nucleus. Spontaneous diploidization of the haplophase cultures does not occur, as a rule, and haploids do not sporulate. Matings can be performed between haplophase cells of suitable mating types, resulting in a new diploid, capable of sporulation, and, consequently, of segregation. All four segregants from strains capable of fermenting a given sugar (e.g. galactose) usually prove to be capable of fermenting the sugar, and the reverse is true for segregants from non-fermenters. "Wild diploids," consequently, appear to be generally homozygous for these characters, although they may be highly heterozygous towards other characters.

Various types of crosses between fermenters and non-fermenters of galactose, melibiose and maltose have been performed by Lindegren et al. (69). These data have an important bearing on our discussion, since all three sugars are attacked by adaptive, *mutually interacting* (111) enzymes. Thus, it must be remembered that the test was not for the presence or absence of enzyme, but for the *capacity of the cells to adapt*.

Although, as we shall see presently, the results have not been simple and easily interpretable in every case, one essential conclusion seems to be established: that the capacity to ferment any one of these three substrates is primarily conditioned by a single gene. The inheritance of galactose fermenting ability in a cross between *S. cerevisiae* and *S. microellipsoideus* is summarized in fig. 13. The results are typical of the Mendelian segregation of a single pair of alleles. Other crosses, involving the maltose or melibiose fermenting capacities gave the same

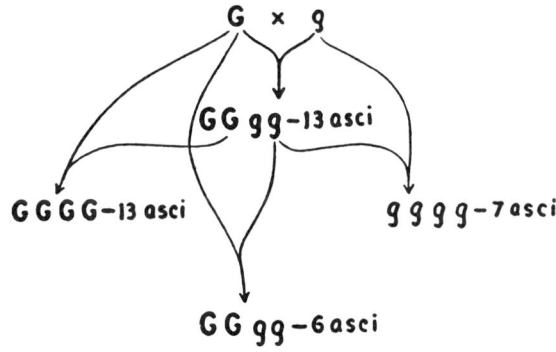

FIG. 13

MENDELIAN INHERITANCE OF THE CAPACITY TO FORM GALACTOZYMASE IN YEAST

Thirteen asci were analyzed from a heterozygous hybrid made by mating a galactose fermenter (*Saccharomyces cerivisiae*: G), by a non-fermenter (S. microellipsoideus: g); two spores in each of these asci furnished a galactose-fermenting "haplophase" culture, and two furnished a non-galactose fermenting haplophase. A backcross of fermenter to the fermenter parent produced thirteen asci; all four spores in each of these asci yielded galactose fermenting haplophases. A backcross of the non-fermenter to the non-fermenting parent produced seven asci, each of which contained four non-fermenting spores. A heterozygous zygote was produced by backcrossing a non-fermenter to the fermenting parent; six asci were analyzed and each contained two fermenting and two non-fermenting spores (after Lindegren 108).

results. Furthermore, *independent* Mendelian segregation of each pair of alleles appears to occur in crosses involving all three characters at once. On the other hand, with other crosses, irregular segregations occurred. An example of the type of irregularities observed is given by the pedigree on table IX. It is seen that, whereas hybrids II and

TABLE IX
Fermentation of Melibiose by Progeny of Various Crosses Between *S. cerevisiae* (m) and *S. carlsbergensis* (M)
(from Lindegren 69)

		\multicolumn{4}{c}{Spores}
	Ascus	A	B	C	D
S. carlsbergensis	C1	M			
	C5	M	M	M	M
	C6	M	M	M	M
S. cerevisiae	Lk5	m	m	m	m
Hybrid I	1	M	M	M	M
(Lk5B X C1A)	2	M	M	M	M
(m X M)	3	M	M	M	M
	4	M	M	m	M
	5	M	M	M	
	6	M	m	M	M
	7	M	m	M	
	8	M	m	M	m
Hybrid II	1	M	M	m	m
(Lk5B X Hybrid I-1A)	2	M	m	M	
(m X M)	3	M	m	M	m
	4	m		M	m
Hybrid III	1	M	M	m	
(Hybrid I-1A X I-1D)	2	M	M	M	
(M X M)	3	M	M	M	M
	4	M	m	M	M
	5	M	M	M	
	6		M	M	M
Hybrid IV	1	M		m	m
(Lk5C X Hybrid I-1D)	2	M	m		
	3	m	m	M	
	4	M	m	M	m
	5			m	M
	6		m		M
	7	m	M	M	m
	8	M	M	m	m
Hybrid V	1	m	m	m	
(Lk5C X Hybrid IV-7D)	2	m	m	m	
(m X m)					
Hybrid VI	1	M	M	M	M
(C1A X Hybrid IV-7D)	2	m	M	M	
(M X m)					

IV furnish exclusively Mendelian ratios of segregation in each ascus, hybrids I and VI gave several asci where *more than two* of the ascospores were fermenters. Furthermore, when two *melibiose fermenting* haploid cultures from "exceptional" asci were crossed, a few recessive *non-fermenters* appeared in the descendants (hybrid III). Similar irregularities have been ob. erved in crosses involving several characters.

As several different interpretations (68, 109, 110, 69) of these observations have been offered in succession, the present situation may appear rather confused. One of these interpretations, in particular, should be considered, due to its important implications. According to this view, the irregular ratios would be due to *cytoplasmic factors*, carried over from the crosses, infecting the protoplasm of genetically recessive (i.e. non-fermenting) spores. Some experiments appeared to bring strong support to this interpretation: it seemed that melibiozymase, apparently carried *in the cytoplasm* of segregants from a hybrid, could be maintained and synthesized, provided the specific substrate was present, even in the absence of the M+ gene (113). From these and other experiments, it was concluded that the M+ gene, although indispensable for the initiation of melibiozymase formation, was not required for its further synthesis, since the enzyme, once formed, behaved in the presence of substrate as an *independent self-reproducing unit* (113, 109, 110). However, subsequent attempts at repeating these experiments have apparently failed (69). Furthermore, in view of the still incomplete nature of the genetical evidence, it seems that several types of explanations *not involving cytoplasmic effects* could account for the facts. For instance, the possibility that "exceptional" spores may carry more than one chromosome (or chromosome fragment) of a pair is not excluded. Under these circumstances, and until more adequate evidence becomes available, it does not seem necessary to postulate cytoplasmic inheritance, or cytoplasmic factors of any kind, in order to explain the departures from Mendelian ratios observed in the inheritance of these (and other) characters in yeast. At any rate, the following conclusions seem to be fairly well-established:

a) The capacity to form each of the adaptive enzymes, melibiozymase, maltozymase, galactozymase, is primarily conditioned by a *single gene*.

b) Irregular ratios in the segregation of heterozygotes are frequent. The mechanism of these aberrations is unknown.

c) No interactions in the effects of these genes have been reported.

The significance of the data reviewed in this section for the general interpretation of enzymatic adaptation will be discussed in the next section.

V. THE ESSENTIAL FACTORS OF ADAPTIVE ENZYME SYNTHESIS

It is only too obvious that the incomplete, and sometimes conflicting nature of the evidence concerning the physiological, as well as the genetical aspect of enzymatic adaptation does not permit of any definitive general conclusions. However, the best way of summarizing and evaluating facts or interpretations will be to see how they could be organized into a general conception of gene-controlled, substrate-induced enzyme formation. It is most convenient to examine the two main aspects of the problem in succession:

a) Origin of enzyme specificity.

b) Factors controlling enzyme activity levels.

A) *The Origin of Enzyme Specificity*

It has already been admitted, as a postulate, that the synthesis of an enzyme molecule must involve a kind of "prototype mechanism" where a "master pattern" spacially determines the specific configuration considered to be the basis of specific activity. The reviewer is fully aware of the abstract, almost purely geometrical nature of this concept, which may be both too vague and, perhaps, over-exacting. For the present, however, it appears to be the sole conception which leads to understanding of the origin, maintenance, and coexistence of numerous specific, largely independent, biochemical activities within a cell.

This concept, at least, has the advantage of immediately raising one basic problem in connection with enzymatic adaptation: is the specific configuration of an adaptive enzyme conferred upon it by the substrate, or by a preexisting master molecule which is a part of, or is derived from, the cell's population of self-duplicating units? We have noted that the various data on the physiology of adaptation and on substrate interactions do not answer this question. Furthermore, it is apparent that such a question could not receive an answer without consulting genetical evidence.

We have seen the paucity of evidence which exists concerning the genetics of adaptive enzymes. Although very incomplete, it may be summarized as indicating that the specific properties of any one adaptive enzyme are controlled by a single gene. However, since we have admitted that the synthesis of any enzyme, whether or not it is adaptive, occurs through the same basic mechanism, then we may also use, in this discussion, the evidence on "one gene-one enzyme" relations accumulated by the work of Beadle and Tatum and their group on Neurospora (review 9). But it must be recognized that whereas these data are strongly suggestive, they can not be considered as more than circumstantial evidence in favor of the view that the master molecule efficient in determining the configuration of an enzyme is the gene itself. An answer to the problem of the origin of enzyme specificity may emanate only from a close *quantitative* comparison of enzymatic genotypes and phenotypes. It is not sufficient to show, for instance, that a given biosynthetic reaction may be interrupted as a result of the mutation of a single gene. What must be shown, is that each "enzymatic gene" affects the specificity of a single enzyme, or that the specific properties of *each* enzyme of a group attacking closely related compounds depends upon a single gene which has no effect, even slight, on the *specificity* of other enzymes.

At the present time, such evidence does not exist, and the possibility remains that hereditary factors may determine only a range of possibilities, or of variability, while the formation of specific molecules could be determined by the presence of a given substrate or compound (in some cases synthesited by the cell itself) in the environment. While such a possibility is not excluded, it should be emphasized that no evidence *in its favor* appears to have been found, in the few cases where the genetics of adaptive enzymes has been studied. Adding to this the accumulating evidence tending to show that single genes may control single steps (i.e. *presumably* single enzymes) in biosynthesis, it must be recognized that rather abundant and significant, although mainly indirect evidence exists *in favor* of the view that the *specific configuration of any one enzyme is primarily or entirely determined by a single gene* (or other self-duplicating unit). Obviously, this is pragmatically equivalent to assuming that the *gene actually confers its specific pattern upon the corresponding enzyme*.

We shall admit this conception in the following discussion, as it appears to be the most adequate and suggestive hypothesis at present, and one which may be submitted to experimental tests.

This being accepted, we should, perhaps, make some assumptions regarding possible intermediates between the controlling gene and the controlled enzyme. The data on enzymatic adaptations are not very helpful in this respect. Nevertheless, since it has been established that enzymatic adaptation may occur in the *absence* of cellular division (see p. 239), it appears reasonable to assume, in accordance with rather widely accepted speculations (132) that the gene may act through some cytoplasmic "replica" (or, rather, *partial* replica).[1] Furthermore, in view of the important role probably played by nucleoproteins or nucleic acids in protein synthesis (16, 18), it is tempting to consider that these "replica" may be of nucleoproteic nature.

B) *Factors Controlling Enzyme Activity Levels*

Once it is admitted that substrates do not act as enzyme "prototypes," it must be explained how they may, at the same time:

1) Specifically increase the formation of a given enzyme.
2) Depress, or inhibit the formation of *other specific enzymes*.

Let us examine the first point separately: Since the enzyme is supposed to be present in the cell at any time, the most obvious and unassuming hypothesis seems to be that the increased rate of enzyme formation results directly from the substrate-enzyme combination. *Why* this combination should increase the rate of enzyme formation is still another question. Here again, the simplest view would be that the substrate *stabilizes the enzyme,* thus permitting its accumulation. We have seen (p. 246) that this simple scheme does not predict the apparently autocatalytic shape of time-activity curves in enzymatic adaptation. But, it was pointed out that the evidence is not

---

[1]Some recent calculations by McIlwain (78a) make it appear that the activity of certain enzymes within bacterial cells may be so small as to indicate that very few—perhaps even a single enzyme molecule—could account for it in some cases. McIlwain suggests that in these cases the enzyme may be the gene itself. Without entirely rejecting this possibility in principle, it should be pointed out that the arguments advanced by McIlwain are of a purely negative nature, and it might be dangerous to base a fundamental distinction between types of enzymes on such arguments.

conclusive and does not establish with certainty that the phenomenon should be considered *intrinsically* autocatalytic.

Other hypotheses should be considered, however, particularly the one proposed by Spiegelman (111, 114) which may be called the "plasmagene" hypothesis. The essential assumptions are that the enzyme-forming gene replicas may be *self-duplicating* units, and that the complexes formed by these in association with their respective enzymes are stabilized by the substrates, which would result in stimulating the self-duplication procedure. It is certain that such a hypothesis might account for many facts. But, precisely, because of its novelty and far-reaching implications, it is necessary to see whether it has any serious factual basis. At present, there seems to be practically no *direct* evidence in its favor (see p. 270), as opposed to an enormous amount of evidence *directly opposed* to it; in other words, no authenticated cases of *cytoplasmic* inheritance of an enzyme have been reported, whereas the mere existence of Mendelian genetics makes it rather obvious that *purely nuclear* inheritance of enzymatic properties must be considered an almost absolute rule. Consequently, in order to maintain the hypothesis, it is necessary to make further assumptions to explain why Mendelian inheritance should universally prevail. While such assumptions could be made, and although the plasmagene hypothesis may offer many attractive aspects, it does not seem possible, at this time, to consider it as more than an interesting suggestion worthy of being tested.

However, *substrate interactions* and "enzyme suppressions" still await explanation. Under any hypothesis, these may be accounted for only by assuming that many different enzymes may stem from a common precursor, or pool of precursor molecules. Under a "stabilization" scheme, *interactions* might be explained by supposing that the precursor molecules could be resynthesized from inactivated enzyme molecules, according to the scheme of fig. 14. Thus, the introduction of substrate would both *increase* the rate of enzyme formation and *decrease* the rate of precursor resynthesis. The difference of level between adaptive and constitutive enzymes could be explained by different rates of inactivation, or of formation. The latter would depend on the activity or amount of the hypothetical "R." Interactions could be explained through depletion of the precursor molecules, resulting from the increased formation of one of the enzymes. This is, I believe, about the simplest manner of picturing substrate

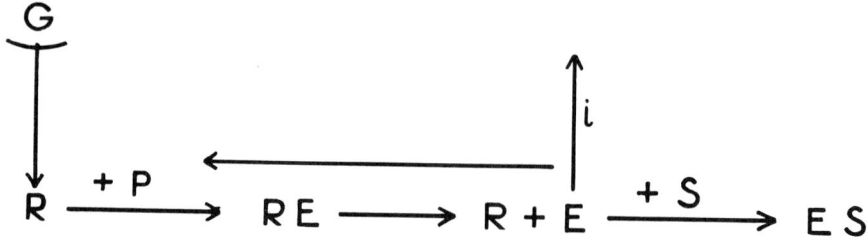

FIG. 14
SCHEME OF GENE CONTROLLED ENZYME SYNTHESIS
Enzyme produced from precursor (P) is stabilized by substrate (S) against inactivation ("i" arrow). Inactivated enzyme contributes to precursor resynthesis (arrow from right to left). See p. 260.

actions and interactions. One may even go so far as to believe that the enzyme-substrate combination should, in any case, shift the reaction rates leading to enzyme synthesis, so that this effect would necessarily play a role in enzymatic adaptation. The question is whether this type of effect may account for all the facts and, in particular, for the interactions. Here again, it seems that an autocatalytic mechanism would probably be more satisfactory. As pointed out by Spiegelman and Reiner (114), the interactions are more easily understood under the "plasmagene theory" than under a simple stabilization scheme. Moreover, without necessarily having to assume the existence of self-duplicating plasmagenes, the picture of the cell as the site of competitive interactions between independently autocatalytic systems is tempting in many respects. We have seen that the growth of *individual cells* (see p. 248) has been found to be *exponential,* which could be most readily understood as resulting from an inherently autocatalytic growth of each of the cell's population of specific molecules.

Thus, it seems that although the conception of the enzyme as a *self-duplicating unit* meets with grave difficulties and finds little or no support in the form of direct experimental evidence, there are, nevertheless, reasons for preferring a conception which could explain "autocatalytic" enzyme synthesis. As the possibility that an enzyme may be synthesized *in the absence* of a controlling gene appears to be disproved by the simple *existence* of Mendelian genetics, one should account for strict and continuous gene control, at the same time. Such a scheme could certainly be built.

Firstly, it is logical to believe that the specific activity of an enzyme belongs essentially to some restricted areas or parts of its structure. The gene would manufacture the "specific building blocks" required to form those specific active sites of the enzyme. Whether the gene would act through the intermediate of "cytoplasmic replicas," or whether the specific building blocks may be the replicas themselves, need not be considered here. Let us term the specific building blocks, "B" units (fig. 15). These would not be enzymatically active

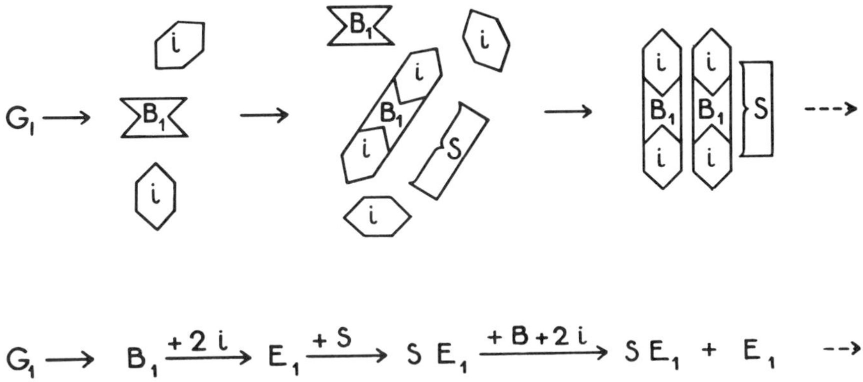

$$G_1 \rightarrow B_1 \xrightarrow{+2i} E_1 \xrightarrow{+S} SE_1 \xrightarrow{+B+2i} SE_1 + E_1 \dashrightarrow$$

FIG. 15
TENTATIVE SCHEME OF GENE CONTROLLED, AUTOCATALYTIC ENZYME SYNTHESIS
G_1 = gene: B_1 = "specific building blocks" manufactured by gene; i = non-specific building blocks; S = substrate; i-B-i aggregates = active enzymes.

until they were arranged into a more complex structure, which would be created through "polymerization" involving, besides the specific "B" units, *non-specific* ("i" units) building blocks, which might be common to many or all enzymes or protein molecules. An essential assumption would then be that the probability of successful or favorable arrangements between "B" and "i" units, leading to the formation of an active enzyme molecule, should be *increased* in the presence of other molecules already formed. This would account for the *autocatalytic* formation of enzymes, whether it would operate through the tendency of the pattern to expand, or to favor the formation of aggregates of similar structure. The substrate would then increase the "competitive value" of the corresponding pattern or molecular structure by stabilizing it. It would be also possible to suppose that the substrate could act more directly, by increasing the probability of the favorable structure being formed. (This would have the advantage of not restricting substrate activity to its capacity of combining with *preformed* enzyme molecules). Interactions could be readily explained as reflecting competitions between different enzyme-forming systems (i.e., molecules already formed, or even substrates alone), for the indifferent *non-specific* building blocks.

The enzyme formed according to this scheme would *not* be a self-duplicating unit, since it would possess neither of the essential properties of such a unit:

a) It *could* be formed *in the absence* of a preexisting similar structure.

b) It could *not* perpetuate changes occurring in its specific "B" components. Furthermore, *it could not be formed in the absence of the gene* required for the manufacture of the essential "B" units. One advantage of the scheme is to furnish an explanation of how a *single gene* could entirely determine the specific activity of an enzyme, although it is evident that *a single gene* could hardly be held solely responsible for the synthesis of any one protein molecule, as already noted by Wright (133). In connection with this, it might be interesting to consider the idea that the function of the "specific building block" might not be simply to form the site of the enzyme's chemical activity, but to furnish a *primer* for the oriented aggregation of the "non-specific" components of the structure.

This little scheme should not be considered as anything more than an attempt to show that substrate-induced, *autocatalytic,* competitive, enzyme formation can be understood without abandoning the concept of strict, continuous gene control. It may prove useful if it is confirmed that the process of enzyme synthesis is actually *inherently* autocatalytic, although essentially conditioned by the presence of a single gene, in each case.[1]

---

[1] Certain speculations of Hinshelwood (55) should be mentioned in connection with the problem of autocatalytic enzyme synthesis. In an attempt to describe the kinetics of bacterial growth in terms of simple models of linked enzymatic reactions, the assumption is made that each of these reactions may be represented by an equation of the type:

enzyme + substrate = more enzyme + products.

This implies that the growth of an enzyme, in the presence of substrate, is autocatalytic. The exact meaning of this equation has not been fully discussed by the author. However, it should be noted that if it is to be considered a general *chemical equation,* it would mean that the enzyme actually "feeds" on the substrate. It seems unlikely that this would happen in the case of enzymes attacking relatively simple compounds (the protein molecule of catalase could scarcely be supposed to be built more or less di-

C) *Adaptive Enzymes and Antibodies*

Reference should be made here to a possible analogy, often tentatively drawn (34, 17, 86), between antibodies and adaptive enzymes. The comparison is interesting, but the question is to what extent it may be justified.

It does not seem that a comparison of the *specificities* of both types of substances could lead to any conclusion, since both may exhibit widely different "levels" of specificities. The study of antigenic properties of enzymes appears to show that the activity of an enzyme may or may not be inhibited in the presence of antibody, and that the same enzymes, extracted from different organisms, may not cross-react in their respective antisera (2, 64, 123).

The real problem is whether there may be a similarity in the *origin* of both types of active molecules. Here, again, the genetical data are essential. It may be considered fully established, at present, that the number of different specific antibodies whose formation could be elicited in a single organism is practically limitless (review 64). Therefore, except in rather special cases, antibodies could hardly be considered as substances occurring naturally, even in traces, in the absence of the corresponding antigen. It is evident that the antigens themselves must, as a rule, act, either directly or indirectly, as "prototypes" in the formation of antibodies. Consequently, if we accept the hypothesis that the structure of enzymes is defined in each case by a controlling gene, it would imply that the formation of antibodies is an entirely different phenomenon.

This being noted, if further work on enzymatic adaptation should bring evidence that the substrates may, to some degree determine the structure of an enzyme, the idea that similar mechanisms may be at work will have to be examined. The work of Pauling (93), and the recent findings of Loiseleur showing that "anti-substances" to very simple molecules (carbohydrates, alcohols, tartaric acid) can be induced both *in vitro* and *in vivo*, might then prove very useful in understanding the formation of enzymes endowed with similar specificities (70).

---

rectly, from $H_2 O_2$), and would be extremely difficult to understand in any case. If the equation does not represent any particular hypothesis and is merely intended to describe the fact that bacteria grow exponentially, then it is devoid of any explanatory value.

VI. Adaptive Enzymes and Cellular Differentiation

The reviewer would hardly feel competent to engage in a general discussion on the nature of cellular differentiation. We shall simply try to determine whether the observations on enzymatic adaptation in microorganisms may aid in understanding the processes of cellular differentiation in higher organisms.

It is sufficiently obvious that in a phenomenon as complex as the differentiation of tissues and organs, several profoundly different mechanisms must be at work. To begin with we may, somewhat artificially, perhaps, distinguish between "spontaneous" and "induced" differentiation. For instance, the differentiation of blastomeres in the segmentation of a mosaic egg may be considered an almost automatic result of the unequal distribution of cytoplasmic components in the original egg. Differentiation, here, is "spontaneous," in the sense that it occurs without the help of outside influences. In general, it appears that this type of process may often account for the main differentiations occurring in the early stages of development. However, we shall concern ourselves herein mainly with "induced" differentiation, brought about through the action of influences emanating from without, the importance of which increases as development proceeds. What we should consider are which external causes may determine cells with identical genomes and similar cytoplasmic composition, to differentiate into strains possessing different morphological, physiological, and biochemical properties. We shall admit, without searching for concrete examples, that these different properties must be considered as reflecting, at least to a large extent, differences in the enzymatic composition of the cells.

In this discussion, it is essential to distinguish between the two types of differentiation:

a) *Reversible modifications* for which we shall adopt the appellation of "modulation" proposed by Weiss (126).

b) *Irreversible modifications* or differentiation *sensu stricto*.

A) *Modulations*

A modulation may be defined as a change in the properties of a cell, occurring under an external influence, involving no irreversible modification in the *potentialities* of the cell. This means that the cell, or cell lineage, once removed from the influence causing a given modulation, will resume its former properties and still be capable of undergoing other modulations under other influences. Examples need not be given here, since it is well-known that such reversible changes are extremely frequent and play a very important part both in development, and in the physiology of adult organisms. As a matter of fact, it would appear that many *apparently* permanent differentiations may, in reality, be modulations, as evidenced by the profound de-differentiations generally exhibited by tissue-culture cells. This will be discussed further in the next section.

It has been proposed by Weiss (127) that consideration should be given to modulations and differentiations in terms of "molecular ecology" where the cell is viewed as a complex population of specific molecules and molecular groups, cellular organizations resulting from the interactions, competitions and regroupings of the elementary units. There is little doubt that such a conception is far more fruitful and adequate than the older concept of the cell as a more or less complex "machine." In terms of "molecular ecology," modulations could consist of mere regroupings of existing molecular species, or of changes in the *relative amounts* of certain molecular species or genera, induced under the influence of the environment. It suffices to state the general observations on modulations (see 126) in these terms, to realize that the same terms would be perfectly adequate in describing enzymatic adaptations, as observed in microorganisms. The specific, selective action of a substrate, favoring the accumulation, and increasing the rate of formation of a specific molecule, constitutes a perfect, precise example of modulation affecting the "molecular ecology" of a cell. To the reviewer's knowledge, the complex requirement of vertebrate tissues has made it impossible, thus far, to demonstrate the occurrence of such a phenomenon, in tissue cultures, under the influence of a single, relatively simple compound. Nevertheless, it is reasonable to believe that more or less complex actions of the same type must play an important part in modulations both in the course of development and in adult physiology.

But the most significant fact revealed by the study of enzymatic adaptation may be the existence of interactions in the synthesis of different specific enzymes. All the observations on cellular differentiations and modulations agree in showing that any increase in one specialized activity is always accompanied by a decrease, often amounting to complete suppression, in several other specific activities. The basic phenomena responsible for these effects are the same, probably, as those expressed in enzyme suppressions and substrate interactions in enzymatic adaptation. This might explain how profound alterations in the properties of cells, involving both gains and losses of several specific activities, could be brought about by a few, or even a single specific agent. A single simple compound, for instance, acting primarily by increasing the rate of formation of a single enzyme or other specific molecule, could bring about the disappearance of several other enzymatic properties, and this could result in profound changes in the appearance and activities of the cell, as, for instance, the startling transformations exhibited by certain cells of the reticular tissue.

In general, if the conception of interactions in enzyme synthesis as representing the result of the competitive growth of independent *autocatalytic* enzymes or enzyme-forming systems is at all justified, it is evident that it may be very helpful in understanding almost any type of modulation. At any rate, it is clear that enzymatic adaptation in microorganisms constitutes a good model for the study of cellular modulations, and may help not only in understanding the phenomena occurring in tissues of higher organisms, but even in pointing towards experimental approaches.

B) *Irreversible Differentiation*

The most difficult problem by far, however, is that of understanding *irreversible differentiation*. The first difficulty arises from the fact that this must be defined as a change in *potentialities*, not as a change in the actual properties exhibited by a cell. It is clear from this definition that adequate criteria for distinguishing between certain types of modulations and true differentiations may not be easily found. It can always be questioned, for instance, whether any differentiations observed in the tissues of developing embryos really are irreversible, since it is quite conceivable that, under certain conditions, never realized in the embryo or organism, or even in transplantation experiments, they could dedifferentiate and return to the original "indifferent" state.

In fact, true irreversible differentiation can only be demonstrated in tissue cultures. Although a great deal of dedifferentiation may indeed occur in tissue cultures, it is now firmly established that different cell-lineages do retain at least some of their characters (or rather, potentialities) permanently, through any number of cell generations (review 42). For instance, cultures of cells from the epithelium of the iris permanently retain the capacity to form pigment, even after numerous transfers under conditions where no pigment is formed (27). Cells from other origins exhibit other properties, and are never observed, under any conditions, to produce this pigment.

Thus, although true differentiation may not be as profound or frequent as might be anticipated from histological data, for example, there is little doubt concerning its fundamental irreversibility. In terms of molecular ecology, true differentiation must be taken to reflect a *permanent change* in the composition of the molecular population of the cell. This could result either from the appearance of *new* types of specific molecules, or perhaps from a permanent change in the relative amounts of certain molecular species.

The question is, now, whether this type of irreversible change in the composition of the molecular population is always "spontaneous," or whether it may be brought about under the specific "inducing" influence of a foreign agent. We may ask, in particular, whether the inducing influence of a substrate on the formation of an enzyme may not, in some cases, result in a permanent change in the properties of this or other enzymes.

In none of the instances of enzymatic adaptation reviewed in the preceding sections, is there any evidence that such phenomena may be at work. On the contrary, in every case, we have seen that the inducing action of substrates results in extremely labile adaptations, the effects disappearing in a few hours of growth in the absence of substrate. To the reviewer's knowledge, there is not a single authenticated case of true *substrate induced* specific enzyme formation resulting in a *permanent* modification of the cell's potentialities. However, the literature of bacteriology contains innumerable references to permanent physiological, morphological, antigenic or biochemical variations, obtained after repeated subcultures in special media, under adverse conditions, or in the presence of certain drugs (Sulphanilamide, Penicillin, $HgCl_2$ etc.). The great majority of these observations, unfortunately, are useless in the present discussion, as they do not establish whether the variations observed resulted from true adaptation, or from the selection of mutants. Such is the case, for instance, of the extensive investigations carried out during the past few years by Hinshelwood and his group (review 55) on the acquisition of drug fastness by bacterial cultures. While recognizing that selection mechanisms are not excluded by the observations, Hinshelwood prefers on theoretical, almost ethical grounds, to consider the phenomena as consisting essentially of "adaptations," induced by the substrates. While this may be true of many of the experiments, their interpretation is not a matter of preference, and no conclusions can be drawn from them which could be taken into account in the present discussion.

On the other hand, it would appear that whenever it has been possible to apply adequate tests to discriminate between adaptive and selective mechanisms, *permanent* variations have been found to originate from mutants, probably or certainly, spontaneous (see *inter alia*. 4, 22, 23, 67, 71, 73, 75, 76, 79, 87, 88, 130, etc. . . . review 72). In other words, it seems fairly certain that there is no good evidence for *permanent variations* of any kind being produced in bacteria by a process not involving *spontaneous mutation* (except the Pneumococcus [5] and *coli* [14] [15] transformations, which do not belong in the present discussion).

After the above is noted, it should be emphasized that it might be very misleading to consider such lack of evidence as proof of the fundamental impossibility of inducing permanent "adaptive" variations. In reality, experiments especially and adequately designed to test such possibilities under a variety of conditions must still be performed.

For the present, however, it must be recognized that the evidence on enzymatic adaptation of microorganisms does not suggest that this phenomenon could play a direct, important role in *irreversible differentiation,* although it probably plays an essential role in modulations.

One suggestion may be made, perhaps. Although it appears that most, if not all enzymes or other specific molecules (e.g., antigens, see review 56) are gene controlled, the embryological observations suggest that one of the primary causes of cellular differentiation must be the unequal distribution of cytoplasmic components. This has led Wright (132) to suggest that these cytoplasmic units could be protein molecules, autonomous (i.e., self-reproducing) with respect to basic structures, which could combine with active "building blocks" emanating from the nucleus and responsible for antigenic or enzymatic specificity. The loss of one of these constituents by a cell could bring about profound changes which would affect the manifestation of several nuclear characters. It may be worth while considering the possibility that an external agent, by increasing the competitive value of one molecule, would reduce the amount of other competing units, thus favoring their unequal distribution between daughter cells. It may be mentioned here that some observations by Ephrussi et al. (personal communication) on an induced "mutation" of yeast, could be interpreted as involving a loss of such a cytoplasmic unit.

C) *Differentiation and Gene Mutation*

In the absence of any evidence indicating the possibility of *adaptive* changes becoming permanent, the interpretation of differentiation as involving mutations or losses of cytoplasmic self-duplicating constituents will always be difficult to reconcile with the absence of cytoplasmic heredity. For this reason, it must be considered whether irreversible differentiation may not involve *nuclear mutations*. The main reason for doubting this possibility is that the complete autonomy, the "randomness" and the rarity of gene mutations, do not seem to afford any explanation of the apparently orderly processes of ontogeny. A solution to this difficulty could be found, as often mentioned (132) if a gene could be shown to undergo a certain mutation regularly, when under the influence of specific conditions. In connection with this, Sturtevant's (122) and Emerson's (40) suggestion should be mentioned. In general terms, it could be expressed as follows: since it is established that a specific molecule (e.g., an enzyme) may be stabilized by the corresponding substrate, it does not seem impossible that a mutation of a gene, or of some cytoplasmic self-reproducing unit, could be favored, or to some extent *directed,* in the presence of a compound which could combine with it. Some observations on Neurospora mutations, where an effect of this kind may be suspected, have been reported (39, 41), but they require further confirmation. It is hoped that the study of bacterial mutation *rates* may bring some light on this important problem.

However, the possibility that *spontaneous,* random gene mutations may play a greater role than is generally realized in differentiation, cannot be entirely dismissed. As already noted, the main objection against it is the orderly pattern of ontogenesis. Now, the absolute value of this argument might possibly be questioned. In particular, it should be remembered that this orderly, almost automatic pattern of development is obvious mainly during the early stages, when the embryo still comprises a small number of cells; we may wonder whether these differentiations, even in "mosaic" eggs, really are irreversible since, as we have already noted, full proof of a permanent change of potentialities can be obtained only in tissue cultures maintained for a long time under a variety of conditions. It may be surmised, perhaps, that the "automatic" differentiations expressed, for instance, in mosaic development, might be considered as representing *modulations* induced by the unequal distribution, in the cytoplasm, of some relatively simple substance endowed with properties similar to those of an active enzyme-inducing or enzyme-suppressing substrate. True differentiation may occur only later in development, when the organism already comprises thousands of cells. At this stage it is perhaps not inconceivable that a process involving the selection, under certain local conditions, of certain types of *spontaneously* mutant cells, may be efficient in "creating" certain differentiations. It is possible, in principle, at least, that certain types of mutations might—under certain specific conditions—confer a strong selective advantage upon the cell carrying it, while being almost lethal under any other conditions. In particular, this might be the case of mutations involving losses of functions. It can actually be shown, in some cases, that spontaneous bacterial mutations resulting in the loss of certain synthetic abilities, may prove advantageous in certain media, while completely preventing growth in other media. For instance, a non-methionine requiring mutant of *Aerobacter aerogenes* was found to have a much lower (36%) growth rate *in the presence of methionine* than the methionine requiring form. In the absence of methionine, however, the latter did not grow at all (87). The importance of "losses of functions" in the evolution of Protozoa and bacteria has been abundantly proved by the work of Lwoff (review 74), and strongly suggests that such losses may actually be advantageous, under certain conditions. The precise nature of this advantage is not clear in any particular case, but it is reasonable to suppose that the non-performance of certain biosynthetic reactions may lead to an economy of energy. Also, it is possible that the *suppression* of an enzyme may increase the amount of other enzymes, more essential under the circumstances.

It does not seem impossible that certain mutations involving losses of functions may be selected under conditions, existing in certain tissues while they would not appear in other tissues, or in the germ cells, where they would not be favored by environmental conditions. The suggestion is made that certain tissue differentiations in higher organisms might thus originate from the selection of certain *spontaneous* gene mutations.

This suggestion may appear, at first sight, to imply overwhelming difficulties. But it is clear that interpretations of *irreversible* differentiation as involving cytoplasmic factors also imply grave difficulties. After all, as far as we know *experimentally*, gene mutations are about the only processes by virtue of which the properties of a cell may be *permanently* modified. The possibility that they may play a significant role in irreversible differentiation cannot be entirely excluded without examining whether or not they may account, at least, for part of the facts.

References

1. ABDERHALDEN, E.. 1925. *Fermentforschung*, **8**, 42 and 474.
2. ADAMS, M. H. 1942. *J. Exp. Med.*, **76**, 175.
3. ADOLPH, E. F., & BAYNE-JONES, S. 1932. *J. Cell. Comp. Physiol.*, **I**, 409-427.
4. AUDUREAU, A. 1942. *Ann. Inst. Pasteur*, **68**, 528.
5. AVERY, MCLEOD, & MCCARTY. 1944. *J. Exp. Med.*, **79**, 137.
6. BADDILEY, J., & GALE, E. F. 1945. *Nature*, **155**, 727.
7. BAYNE-JONES, S., & ADOLPH, E. F. 1932. *J. Cell. Comp. Physiol.*, **I**, 387.
8. ———. 1933. *J. Cell. Comp. Physiol.*, **2**, 329.
9. BEADLE, G. W. 1945. *Chem. Rev.*, **37**, 15.
10. BELLAMY, W. D., & GUNSALUS. 1944. *J. biol. Chem.*, **155**, 557.
11. BERGEY'S *Manual of Determinative Bacteriology*, Williams and Wilkins, Baltimore.
12. BERMAN, M., & RETTGER, L. F. 1918. *J. Bact.*, **3**, 389.
13. BEYERINCK, M. W. 1895. *Centralbl. J. Bakteriologie II Abt.*, *I*, 226.
14. BOIVIN, A. 1947. *Cold Spring Harbor Symp.*, **2**, 7-17.
15. ———, VENDRELY, R., & LEHOULT, Y. 1945. *C. R. Soc. Biol.*, **139**, 1047.
16. BRACHET, J. 1947. *Symposia Soc. Exp. Biol.*, **1**, 207.
17. BURNET, F. M. *The Production of Antibodies*, Macmillan, Melbourne.
18. CASPERSSON, T. 1947. *Symposia Soc. Exp. Biol. Med.*, **1**, 127.
19. CLIFTON, G. E. 1946. *Adv. Enzymol.*, **6**, 239.
20. COHEN, S. 1947. *Cold Spring Harbor Symposia*, **12**, 35-49.
21. ———, & ANDERSON, T. F. 1946. *J. Exp. Med.*, **84**, 511.

22. DEMEREC, M. 1945. *Ann. Missouri Bot. Garden,* **32**, 131.
23. ———, & FANO, U. 1945. *Genetics,* **30**, 119-136.
24. DESNUELLE, P., & FROMAGEOT, C. 1939. *Enzymologia,* **6**, 80-87.
25. DIENERT, .1901. *Ann Inst. Pasteur,* **14**, 139.
26. DIEHL, H. S. 1919. *J. Inf. Dis.,* **24**, 347-361.
27. DOLJANSKI, L. 1930. *C. R. Soc. Biol.,* **105**, 343.
28. DOUDOROFF, M. 1940. *Enzymologia,* **9**, 59-72.
29. ———. 1943. *J. biol. Chem.,* **151**, 351-361.
30. ———, KAPLAN, N., & HASSID, W. Z. 1943. *J. biol. Chem.,* **148**, 67.
31. DUBOS, R. 1932. *J. Exp. Med.,* **55**, 279.
32. ———. 1935. *J. Exp. Med.,* **62**, 259.
33. ———. 1937. *Ergebnisse Enzymforsch.,* **8**, 135.
34. ———. 1940. *Bact. Rev.,* **4**, 1.
35. ———, & AVERY, O. T. 1931. *J. Exp. Med.,* **54**, 51.
36. ———, & MILLER, B. F. 1937. *J. biol. Chem.,* **121**, 429.
37. ———————. 1938. *Proc. Soc. Exp. Biol. Med.,* **39**, 65.
38. DUCLAUX, E. 1899. Traité de microbiologie. *Masson et Cie.*
39. EMERSON, S. 1944. *Proc. Nat. Acad. Sci.,* **30**, 79.
40. ———. 1945. *Ann. Missouri Bot. Garden,* **32**, 243-249.
41. ———, & CUSHING, E. 1946. *Fed. Proc.,* **3**, 379.
42. EPHRUSSI, B. 1932. La culture des tissus, Gauthiers Villars, Paris.
43. EPPS, H. 1944. *Biochem. J.,* **38**, 242.
44. ———, & GALE, E. F. 1942. *Biochem. J.,* **36**, 619-623.
45. EULER, H. VON, & JANSSON, B. 1927. *Zeitsch. Physiol. Chem.,* **169**, 226-234.
46. ———, & JOHANNSON. 1912. *Z. physiol. Chem.,* **78**, 246.
47. EVANS, W. C., HANDLEY, W. C. R., & HAPPOLD, F. C. 1941. *Biochem. J.,* **35**, 207-212,
48. FERMI, C. I. 1891. *Centralbl. f. Bakt.,* **10**, 401-408.
49. FILDES, P. 1938. *Biochem. J.,* **32**, 1600-1606.
50. GALE, E. F. 1942. *Biochem. J.,* **36**, 64.
51. ———. 1943. *Bact. Rev.,* **7**, 139.
52. ———. 1946. *Adv. Enzymol.,* **6**, 1.
53. ———, & EPPS, H. 1944. *Biochem. J.,* **38**, 232.
54. GRANT, G. A. 1935. *Biochem. J.,* **29**, 1661-1676.
55. HINSHELWOOD, C. N. 1946. The Chemical Kinetics of the Bacterial Cell, Oxford, Clarendon Press.
56. IRWIN, M. R. 1947. *Adv. in Genetics,* **1**, 133.
57. KARSTROM, . 1930. Quoted from (134).
58. ———. 1937. *Ergebnisse Enzymforschung.,* **7**, 350.
59. KATZ, J. 1898. *Jahrb. wiss. Bot.,* **31**, 599-618.
60. KNOX, R., & POLLOCK, M. R. 1944. *Biochem. J.,* **38**, 299.
61. KOCHOLATY, W., & WEIL, L. 1938. *Biochem. J.,* **32**, 1696-1701.
62. ———————, & SMITH, L. 1938. *Biochem. J.,* **32**, 1685.
63. KOSTERLITZ, H. 1943. *Biochem. J.,* **37**, 322-326.
64. LANDSTEINER, K. 1944. *The Specificity of Serological Reactions.* Harv. Univ. Press, Cambridge, Mass.

65. LEDERBERG, J., & TATUM, T. 1946. *Nature,* **158**, 558.
66. LEIBOWITZ, J., & HESTRIN, S. 1945. *Adv. Enzymol.,* **5**, 87-127.
67. LEWIS, . 1934. *J. Bact.,* **28**, 619.
68. LINDEGREN, C. C., SPIEGELMANN, S., & LINDEGREN, G. 1944. *Proc. Nat. Acad. Sci. U. S.,* **30**, 346-352.
69. ———, & LINDEGREN, G. 1946. *Cold Spring Harbor Symp.,* **11**, 115-129.
70. LOISELEUR, J., & LEVY, M. 1947. *Ann Inst. Pasteur,* **73**, 116.
71. LURIA, S. E. 1946. *Cold Spring Harbor Symp.,* **11**, 130-138.
72. ———. 1947. *Bact. Rev.,* **11**, 1.
73. ———, & DELBRUCK, M. 1942. *Arch. Biochem.,* **1**, 207.
74. LWOFF, A. 1943. L'évolution physiologique. Etude des pertes de fonctions chez les microorganismes, Hermann et Cie éd., Paris.
75. ———. 1946. *Cold Spring Harbor Symp.,* **11**, 139-155.
76. ———, & AUDUREAU, A. 1941. *Ann. Inst. Pasteur,* **67**, 94.
77. ——— ———. *Ann. Inst. Pasteur* (in press)
78. MARCHAL, . 1931. Variation et Mutation en Bactériologie, Le Francois, Paris.
78a. MCILWAIN, H. 1946. *Nature,* **158**, 198.
79. MASSINI, . 1911. *Arch. Hyg.,* **61**, 250.
80. MIRICK, G. S. 1943. *J. Exp. Med.,* **78**, 255.
81. MONOD, J. 1941. *C. R. Ac. Sci.,* **212**, 934.
82. ———. 1942. Recherches sur la croissances des cultures bactériennes, Hermann & Cie éd., Paris.
83. ———. 1942. *Ann Inst. Pasteur,* **68**, 548.
84. ———. 1943. *Ann. Inst. Pasteur,* **69**, 179.
85. ———. 1944. *Ann. Inst. Pasteur,* **70**, 381.
86. ———. 1945. *Ann. Inst. Pasteur,* **71**, 37.
87. ———. 1946. *Ann. Inst. Pasteur,* **72**, 874.
88. ———, & AUDUREAU, A. 1946. *Ann. Inst. Pasteur,* **72**, 868.
89. ———, & WOLLMAN, ELIE. 1947. *C. R. Ac. Sci.,* **224**, 417.
90. ———. 1947. *Ann. Inst. Pasteur* (in press).
91. MOREL, M., & MONOD, J. 1946. *Ann. Inst. Pasteur,* **72**, 647.
92. NILSSON, R. 1943. *Naturwiss.,* **34**, 25-35.
93. PAULING, L., & CAMPBELL, D. H. 1942. *J. Exp. Med.,* **76**, 211.
94. PHAFF, J. 1947. *Arch. Biochem.,* **13**, 67.
95. POLLOCK, M. R. 1945. *Brit. J. Exp. Pathol.,* **26**, 410.
96. ———. 1946. *Brit. J. Exp. Pathol.,* **27**, 419.
97. ———, & KNOX. 1943. *Biochem. J.,* **37**, 476.
98. QUASTEL, J. H. 1937. *Enzymologia;* **2**, 37-46.
99. RAHN, O. 1938. GROWTH, **2**, 363-367.
100. REINER, J. M., & SPIEGELMAN, S. 1947. *J. Gen. Physiol.,* **31**, 51-74.
101. REINER, J. M. 1947. *J. Gen. Physiol.,* **30**, 367-374.
102. ROGERS, H. J. 1945. *Biochem. J.,* **39**, 435.
103. ———. 1946. *Biochem. J.,* **40**, 583.
104. SEVAG, M. G. 1946. *Adv. Enzymol.,* **6**, 1.
105. SICKLES, G. M., & SHAW, M. 1933. *J. Infect. Dis.,* **53**, 38.
106. ———. 1934. *J. Bact.,* **28**, 415.

107. ——————. 1935. *Proc. Soc. Exp. Biol. and Med.*, **32**, 857.
108. SÖHNGEN & COOLHAS. 1924. *J. Bact.*, **9**, 131.
109. SPIEGELMAN, S. 1945. *Ann. Missouri Bot. Garden*, **32**, 139-163.
110. ——————. 1946. *Cold Spring Harbor Symp.*, **11**, 256-277.
111. ——————, & DUNN, R. 1947. *J. Gen. Physiol.*, **31**, 153-173.
112. ——————, & KAMEN, M. D. 1946. *Science*, **104**, 581-584.
113. ——————, LINDEGREN, C., & LINDEGREN, G. 1945. *Proc. Nat. Acad. Sci.*, **31**, 95.
114. ——————, & REINER, J. *J. Gen. Physiol.*, **31**, 175-193.
115. ——————, & COHNBERG, R. 1947. *J. Gen. Physiol.*, **31**, 27-49.
116. ——————, & MORGAN, I. 1947. *Arch. Biochem.* **13**, 113-125.
117. STEPHENSON, M. 1937. *Ergeb. Enzymforsch.*, **6**, 139-156.
118. ——————. 1930. *Bacterial Metabolism.* Longmans.
119. ——————, & GALE, E. F. 1937. *Biochem. J.*, **31**, 1311-1315.
120. ——————, & STICKLAND. 1933. *Biochem. J.*, **27**, 1528.
121. ——————, & YUDKIN. 1936. *Biochem. J.*, **30**, 506.
122. STURTEVANT, A. H. 1944. *Proc. Nat. Acad. Sci.*, **30**, 176-178.
123. SUMNER, J. B. 1937. *Erg. Enzymforsch.*, **6**, 201.
124. TAMIYA, H. Le Bilan matériel et l'énergétique des synthèses biologiques. Act. Scient. Ind., No. 214, Hermann, Paris.
125. TAYLOR, E. S., & GALE, E. F. 1945. *Biochem. J.*, **39**, 52.
126. WEISS, P. 1939. *Principles of Development.* Henry Holt & Co.
127. ——————. 1947. *Yale J. Exp. Biol. Med.*, **19**, 235.
128. WENT, F. C. 1901. *Jahrb. f. wiss. Bot.*, **36**, 611-664.
129. WINGE, O., & LAUSTSEN. 1938. *C. R. Lab. Carlsberg. Ser. Physiol.*, **22**, 235-244.
130. WOLLMAN, ELIE. 1947. *Ann. Inst. Pasteur*, **73**, 348.
131. WORTMAN, J. 1882. *Zeits. Physiol. Chem.*, **6**, 287.
132. WRIGHT, S. 1941. *Physiol. Rev.*, **21**, 487-527.
133. ——————. 1945. *Amer. Nat.*, **79**, 289.
134. YUDKIN, . 1938. *Biol. Rev.*, **13**, 93.

BIOCHIMIE BACTÉRIENNE. — *Synthèse d'un polysaccharide du type amidon aux dépens du maltose, en présence d'un extrait enzymatique d'origine bactérienne.* Note (*) de M. **Jacques Monod** et Mlle **Anne-Marie Torriani** (avec la collaboration de M. **Vuillet**), présentée par M. Jacques Tréfouël.

Le métabolisme du maltose chez les bactéries du groupe *coli* est généralement assuré par un système enzymatique adaptatif ([1])([2]). On a observé d'autre part des mutations spontanées ou induites portant sur l'utilisation du maltose ([3]). Un intérêt particulier s'attache donc à l'identification du ou des enzymes impliqués dans le métabolisme de ce disaccharide.

Utilisant des bactéries de la souche ML ([4]) cultivées en maltose, nous avons obtenu par la technique résumée ci-dessous des extraits actifs.

1° Broyage des bactéries par le sable, extraction par un tampon phosphate ($M/10$, pH 6,8).

2° Centrifugation pendant 2 heures à 12500 tours.

3° Précipitation du liquide surnageant par le sulfate d'ammoniaque à 75 % de saturation.

4° Reprise du précipité par un tampon phosphate ($M/10$, pH 6,8), suivi de deux précipitations successives par le sulfate d'ammoniaque à 50 % de saturation.

5° Dialyse pendant 5 heures à 10° contre de l'eau distillée avec agitation. Il se forme un précipité, qui est séparé par centrifugation, et redissous dans du tampon.

Mise en présence de maltose, cette préparation libère rapidement du glucose. La réaction peut être suivie manométriquement par la méthode à la *Notatine* mentionnée dans une précédente publication ([4]), et décrite d'autre part par Keilin et Hartree ([5]). Nos meilleures préparations libéraient 660 μ.M de glucose par heure, par milligramme d'azote Kjeldahl, à 28° et pH 6,8. L'étude cinétique de la réaction (en présence de notatine) montre que celle-ci s'arrête lorsque 1 mol. de glucose a été libérée par mol. de maltose mise en jeu. En fin

---

(*) Séance du 12 juillet 1948.

([1]) Karstrom, *Erg. Enzymforsch.*, **7**, 1937, p. 350.

([2]) Monod, *Recherches sur la croissance des cultures bactériennes*, Paris, 1942.

([3]) Monod, *Arch. Sc. Physiol.* (sous presse).

([4]) Monod, Mlle Torriani et Gribetz, *Comptes rendus*, **224**, 1947, p. 1844.

([5]) Keilin et Hartrée, *Biochim Jr.*, **42**, 1948, p. 230.

de réaction, le liquide donne avec l'iode une intense coloration bleue, indiquant la formation d'un polysaccharide du type amidon. L'hydrolyse par l'acide sulfurique N à 100° pendant 3 heures, libère une quantité de glucose équivalent à la moitié du maltose mis en jeu. Le polysaccharide ne se forme qu'aux dépens du maltose, à l'exclusion de tout autre substrat, y compris le glucose-1-phosphate. La réaction ne s'accompagne d'aucune estérification décelable de phosphate minéral. Elle est d'ailleurs quantitativement la même en présence ou en absence de phosphate minéral. Les préparations ne présentent pas d'activité mesurable en présence des substances suivantes : lactose, saccharose, mélibiose, cellobiose, α-méthylglucoside, β-méthylglucoside.

Ces observations indiquent que la réaction catalysée est conforme à l'équation :
n maltose $\rightarrow n$ glucose $+$ [glucose] n. Elle est analogue aux réactions conduisant à la formation de dextranes ou de lévulanes à partir du saccharose ([6]), ([7]). Mais il se forme ici, semble-t-il, un polysaccharide du type amidon, dont la synthèse *in vitro* n'avait été obtenue jusqu'à présent qu'à partir ou par l'intermédiaire de glucose-1-phosphate ([8]). Lorsque la réaction a lieu en l'absence de *notatine* (c'est-à-dire en présence de glucose) le polysaccharide formé ne donne pas de teinte bleue avec l'iode. Tout au plus obtient-on une teinte rouge très pâle. Nous ne pouvons encore offrir d'interprétation de cette observation. Il est probable que l'activité de nos préparations est due à un seul enzyme, car la réaction observée est sensiblement la même que l'on utilise des extraits purifiés, des extraits bruts ou des bactéries traitées par le toluène. Il semble qu'il s'agisse d'un enzyme d'un type nouveau pour lequel nous proposons le nom d'*amylomaltase*.

Cet enzyme n'est présent que dans les extraits de bactéries cultivées en maltose. Les extraits de bactéries cultivées en glucose se montrent dénués de toute activité.

([6]) Hestrin, Avineri-Shadiro et Ashner, *Biochem. J.*, 37, 1943, p. 450.

([7]) Hehre, *J. Biol. Chem.*, 163, 1946, p. 221.

([8]) Cori, *Federation Proc.*, 4, 1945, p. 232.

BIOCHIMIE BACTÉRIENNE. — *Sur une lactase extraite d'une souche d'*Escherichia coli mutabile. Note (*) de M. Jacques Monod, Mlle Anne-Marie Torriani et M. Joël Gribetz ([1]), présentée par M. Jacques Tréfouël.

On sait que la forme lactose-positive (L^+) de la souche ML d'*Escherichia coli mutabile* est génétiquement stable, mais que l'attaque du lactose par ces bactéries est de caractère adaptatif ([2]). A partir de bactéries L^+ cultivées en lactose, nous avons pu obtenir un extrait enzymatique actif. Cet extrait a été partiellement purifié par centrifugation et précipitations fractionnées par le sulfate d'ammoniaque. Les techniques employées sont brièvement résumées ci-dessous :

1° Broyage des bactéries par le sable, extraction par un tampon phosphate ($M/10$, pH $6,8$).

2° Centrifugation de l'extrait pendant deux heures à 12500 tours.

3° Précipitation par le sulfate d'ammoniaque à 43% de saturation. Précipité redissous dans un tampon de pH $6,8$.

4° Deux précipitations à 33% de saturation. Précipités repris par le même tampon.

5° Dialyse contre de l'eau distillée courante.

Pour mesurer l'activité de ces préparations, en présence de lactose, nous avons mis au point une méthode qui utilise la glucose oxydase du Penicillium (notatine), enzyme qui catalyse l'oxydation du glucose en acide gluconique + eau oxygénée, avec fixation d'une molécule d'oxygène. Les mesures sont faites manométriquement, dans l'appareil de Warburg, et en présence de catalase afin de détruire l'eau oxygénée formée. Une méthode semblable ayant été tout récemment décrite par Keilin et Hartree ([3]), il est inutile que nous en apportions la justification.

Les préparations catalysent l'hydrolyse du lactose en glucose et galactose : le glucose est identifié par la réaction de la notatine qui est absolument spécifique. Le galactose a été identifié par son osazone caractéristique. Lorsque le substrat est suffisamment concentré ($M/100$ ou plus) l'intensité de la réaction

---

(*) Séance du 12 juillet 1948.
([1]) Avec la collaboration technique de M. Vuillet.
([2]) Monod et Audureau, *Ann. Inst. Pasteur*, **72**, 1946, p. 1868.
([3]) *Biochem. Jr.*, **42**, 1948, p. 230.

(2)

est proportionnelle à la concentration de l'enzyme. L'activité étant défiinie comme le nombre de micromolécules de substrat hydrolysé en 1 heure à 28°, pH 6,8, par une quantité d'enzyme contenant 1^{mg} d'azote Kjeldahl, nos meilleures préparations présentaient une activité de 2000-2500.

Les préparations se montrent dépourvues de toute activité décelable en présence des substances suivantes : saccharose, mélibiose, cellobiose, maltose.

Les extraits de bactéries L$^-$ ou de bactéries L$^+$ non adaptées (cultivées en glucose) sont dépourvus d'activité en présence de lactose. Les extraits de bactéries L$^+$ cultivées en galactose présentent une activité marquée, mais non ceux de bactéries L$^-$ cultivées dans les mêmes conditions.

Le détail de nos observations, ainsi qu'une discussion des résultats, seront publiés ailleurs ([4]).

([4]) *Ann. Inst. Pasteur* (sous presse).

THE GROWTH OF BACTERIAL CULTURES

By Jacques Monod

Pasteur Institute, Paris, France

INTRODUCTION

The study of the growth of bacterial cultures does not constitute a specialized subject or branch of research: it is the basic method of Microbiology. It would be a foolish enterprise, and doomed to failure, to attempt reviewing briefly a "subject" which covers actually our whole discipline. Unless, of course, we considered the formal laws of growth for their own sake, an approach which has repeatedly proved sterile. In the present review we shall consider bacterial growth as a method for the study of bacterial physiology and biochemistry. More precisely, we shall concern ourselves with the quantitative aspects of the method, with the interpretation of quantitative data referring to bacterial growth. Furthermore, we shall consider exclusively the positive phases of growth, since the study of bacterial "death," i.e., of the negative phases of growth, involves distinct problems and methods. The discussion will be limited to populations considered genetically homogeneous. The problems of mutation and selection in growing cultures have been excellently dealt with in recent review articles by Delbrück (1) and Luria (2).

No attempt is made at reviewing the literature on a subject which, as we have just seen, is not really a subject at all. The papers and results quoted have been selected as illustrations of the points discussed.

DEFINITION OF GROWTH PHASES AND GROWTH CONSTANTS

DIVISION RATE AND GROWTH RATE

In all that follows, we shall define "cell concentration" as the number of individual cells per unit volume of a culture and "bacterial density" as the dry weight of cells per unit volume of a culture.

Consider a unit volume of a growing culture containing at time t_1 a certain number x_1 of cells. After a certain time has elapsed, all the cells have divided once. The number of cells per unit volume (cell concentration) is then

$$x = x_1 \cdot 2;$$

after n divisions it will be

$$x = x_1 \cdot 2^n.$$

If r is the number of divisions per unit time, we have at time t_2:

$$x_2 = x_1 \cdot 2^{r(t_2-t_1)}$$

or using logarithms to the base 2.

$$r = \frac{\log_2 x_2 - \log_2 x_1}{t_2 - t_1} \dots \dots \dots \dots [1]$$

where r is the mean division rate in the time interval $t_2 - t_1$. In defining it we have considered the increase in cell concentration. When the average size of the cells does not change in the time interval considered, the increase in "bacterial density" is proportional to the increase in cell concentration. Whether growth is estimated in terms of one or the other variable, the growth rate is the same[1].

However, as established in particular by the classical studies of Henrici (3), the average size of the cells may vary considerably from one phase to another of a growth cycle. It follows that the two variables, cell concentration and bacterial density, are not equivalent. Much confusion has been created because this important distinction has been frequently overlooked. Actually, one or the other variable may be more significant, depending on the type of problem considered. In most of the experimental problems of bacterial chemistry, metabolism, and nutrition, the significant variable is bacterial density. Cell concentration is essential only in problems where division is actually concerned, or where a knowledge of the elementary composition of the populations is important (mutation, selection, etc.).

---

[1] The use of log base 2 in place of log base 10 simplifies all the calculations connected with growth rates. It is especially convenient for the graphical representation of growth curves. If $\log_2$ of the bacterial density ($\log_2 = 3.322 \log_{10}$) is plotted against time, an increase of one unit in ordinates corresponds to one division (or doubling). The number of divisions that have occurred during any time interval is given by the difference of the ordinates of the corresponding points. It is desirable that this practice should become generalized.

GROWTH OF BACTERIAL CULTURES

Although the two variables are not equivalent, it is convenient to express growth rates in the same units (i.e., number of doublings per hour) in both cases. When cell concentrations have been estimated, it is equivalent to the true division rate. When bacterial density is considered, it expresses the number of doublings of bacterial density per unit time, or the division rate of cells postulated to be of constant average size. In all that follows, unless specified, we shall consider growth and growth rates in terms of bacterial density.

These definitions involve the implicit assumption that in a growing culture all the bacteria are viable, i.e., capable of division or at least that only an insignificant fraction of the cells are not capable of giving rise to a clone. This appears to be a fairly good assumption, provided homogeneous populations only are considered. It has been challenged however [Wilson (4)] on the basis of comparisons of total and viable counts. But the cultures examined by Wilson were probably not homogeneous (see p. 378), and the value of the viable count in determining the "absolute" number of cells which should be considered viable under the conditions of the culture is necessarily doubtful (see p. 378). Direct observations by Kelly & Rahn (5) contradict these findings and justify the assumption. [See also Lemon (42) and Topley & Wilson (43).]

Growth Phases

In the growth of a bacterial culture, a succession of phases, characterized by variations of the growth rate, may be conveniently distinguished. This is a classical conception, but the different phases have not always been defined in the same way. The following definitions illustrated in Fig. 1 will be adopted here:

1. lag phase: growth rate null;
2. acceleration phase: growth rate increases;
3. exponential phase: growth rate constant;
4. retardation phase: growth rate decreases;
5. stationary phase: growth rate null;
6. phase of decline: growth rate negative.

This is a generalized and rather composite picture of the growth of a bacterial culture. Actually, any one or several of these phases may be absent. Under suitable conditions, the lag and acceleration phases may often be suppressed (see p. 388). The retardation phase is frequently so short as to be imperceptible. The same is sometimes true of the stationary phase. Conversely, more complex growth cycles are not infrequently observed (see p. 389).

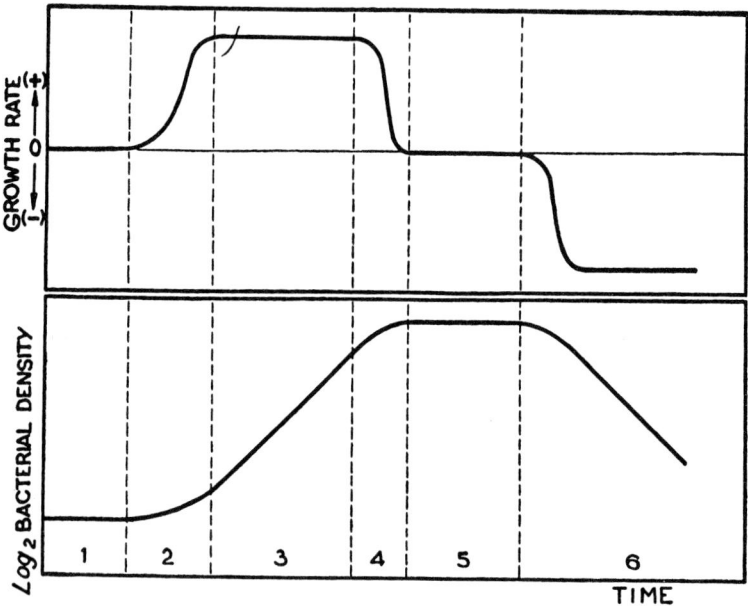

FIG. 1.—Phases of growth. Lower curve: log bacterial density. Upper curve: variations of growth rate. Vertical dotted lines mark the limits of phases. Figures refer to phases as defined in text (see p. 373).

GROWTH CONSTANTS

The growth of a bacterial culture can be largely, if not completely, characterized by three fundamental growth constants which we shall define as follows:

Total growth:[2] difference between initial (x_0) and maximum (x_{max}) bacterial density:

$$G = x_{max} - x_0.$$

Exponential growth rate: growth rate during the exponential phase (R). It is given by the expression

$$R = \frac{\log_2 x_2 - \log_2 x_2}{t_2 - t_1}$$

[2] "Croissance totale," Monod 1941.

when t_2-t_1 is any time interval within the exponential phase.

Lag time and growth lag.—The lag is often defined as the duration of the lag phase proper. This definition is unsatisfactory for two reasons: (*a*) it does not take into account the duration of the acceleration phase; (*b*) due to the shape of the growth curve, it is difficult to determine the end of the lag phase with any precision.

As proposed by Lodge & Hinshelwood (6), a convenient lag constant which we shall call lag time (T_l) may be defined as the difference between the observed time (t_r) when the culture reaches a certain density (x_r) chosen within the exponential phase, and the "ideal" time at which the same density would have been reached (t_i) had the exponential growth rate prevailed from the start, i.e., had the culture grown without any lag $T_l = t_r - t_i$, or

$$T_l = t_r - \frac{\log_2 x_r - \log_2 x_0}{R}.$$

The constant thus defined is significant only when cultures having the same exponential growth rate are compared. A more general definition of a lag constant should be based on physiological rather than on absolute times. For this purpose, another constant which may be called growth lag (L) can be defined as

$$L = T_l \cdot R.$$

L is the difference in number of divisions between observed and ideal growth during the exponential phase. T_l and L values are conveniently determined graphically (Fig. 2).

ON TECHNIQUES

ESTIMATION OF GROWTH

Bearing these definitions in mind, a few general remarks may be made about the techniques employed for the estimation of bacterial density and cell concentrations.

Bacterial density.—For the estimation of bacterial density, the basic method is, by definition, the determination of the dry weights. However, as it is much too cumbersome (and accurate only if relatively large amounts of cells can be used) it is employed mainly as a check of other indirect methods.

Various indirect chemical methods have been used. Nitrogen determinations are generally found to check satisfactorily with dry weights. When cultures are grown on media containing an ammonium salt as sole source of nitrogen, estimations of the decrease of free ammonia in the medium appear to give adequate results (7). Estimations of metabolic activity (oxygen consumption, acid production) may be convenient (8), but their use is obviously

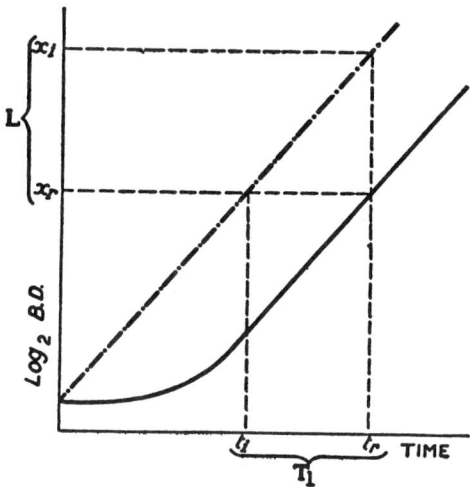

FIG. 2.—Lag time and growth lag. Solid line = observed growth. Dotted line = "ideal growth" (without lag). T_l = lag time. L = growth lag. (See text p. 375.)

very limited. Centrifugal techniques have been found of value (9).

The most widely used methods, by far, are based on determinations of transmitted or scattered light. (Actually, the introduction around 1935 of instruments fitted with photoelectric cells has contributed to a very large degree to the development of quantitative studies of bacterial growth.) We cannot go here into the physical aspects of this problem [for a discussion of these see (10)]. What should be noted is that in spite of the widespread use of the optical techniques, not enough efforts have been made to check them against direct estimations of cell concentrations or bacterial densities. Furthermore a variety of instruments, based on different principles, are in use. The readings of these instruments are often quoted without reference to direct estimations as arbitrary units of turbidity, the word being used in an undefined sense, or as "galvanometer deflections" which is worse. This practice introduces no little confusion and indeterminacy in the interpretation and comparison of data. It should be avoided.

Whatever instruments are used, the readings should be checked against bacterial density or cell concentration determinations, and the checks should be performed not only on different dilutions of a bacterial suspension, but at various times during the growth of a control culture. Only thus will the effects of variations of size of the cells be controlled. Without such controls it is impossible to decide whether the readings can be interpreted in terms of bacterial density or cell concentration, or both, or neither.

Actually, the instruments best fitted for the purpose appear to be those which give readings in terms of optical density (log I_0/I). With cultures well dispersed, it is generally found that optical density remains proportional to bacterial density throughout the positive phases of growth of the cultures (11). When this requirement is fulfilled, optical density determinations provide an adequate and extremely convenient method of estimating bacterial density.

It is often convenient to express optical density measurements in terms of cell concentrations. For this purpose, the two estimations should be compared during the exponential phase. The data, expressed as cell concentrations, may then be considered as referring to "standard cells," equal in size to the real bacteria observed during the exponential phase, larger than bacteria in the stationary phase and probably smaller than those in the acceleration phase.

Cell concentration.—Cell concentration determinations are performed either by direct counts (total counts) or by indirect (viable) counts. The value of the first method depends very much on technical details which cannot be discussed here. Its interpretation depends on the properties of the strains (and media) and is unequivocal only with organisms which do not tend to remain associated in chains or clumps. Total counts are evidently meaningless when there is even a slight tendency to clumping.

The same remarks apply to the indirect, so called viable, counts made by plating out suitable dilutions of the culture on solid media. The method has an additional difficulty, as it gives only the number of cells capable of giving rise to a colony on agar under conditions widely different from those prevailing in the culture. Many organisms, such as pneumococci (12), are extremely sensitive to sudden changes in the composition of the medium. The mere absence of a carbon source will induce "flash lysis" of *Bacillus subtilis* (13). Such effects may be, in part at least, responsible for the discrepancies often found between total and viable counts.

In spite of these difficulties viable counts retain the undisputed privilege of being by far the most sensitive method and of alone permitting differential counting in the analysis of complex populations. In the latter case, relative numbers are generally the significant variable, and whether or not the counts give a reasonably accurate estimation of absolute cell concentrations is unimportant.

Methods of Culture

Although the methods of culture will vary according to the problems investigated, certain general requirements must be met in any case. The most important one is that the cultures should be constantly mixed, homogenized, and in equilibrium with the gas phase. This is achieved either by shaking or by bubbling air (or other gas mixtures) or both. Bubbling is often found inefficient unless very vigorous, when it may provoke foaming which should be avoided. Slow rocking of a thin layer of liquid is the simplest and probably the best procedure. [For detailed descriptions of techniques, see (14).]

Various techniques for the continuous renewal of the medium have been described (15) and should be found useful for certain types of experiments (see p. 385).

The composition of the medium is largely determined by the nature of the experiment, and the properties of the strains. One general rule should however, so far as possible, be followed in the planning of quantitative growth experiments. As a culture grows, the conditions in the medium alter in a largely uncontrollable and unknown way. Therefore, the observations should be performed while the departure from initial conditions may still be considered insignificant. The more dilute the cultures, the closer will this requirement be met. The sensitivity of optical density measurements makes it practicable to restrict most experiments to a range of bacterial densities not exceeding 0.25 mg. dry weight per ml.

THE PHYSIOLOGICAL SIGNIFICANCE OF THE GROWTH CONSTANT

Total Growth

Limiting factors.—The metabolic activity of bacterial cells modifies the composition of the medium in which they grow. Depending on the initial conditions, and on the properties of the strains, one or another, or several, of these changes will eventually result in a decrease of the growth rate, bringing the exponential phase to an end, and leading more or less rapidly to the complete cessation of growth.

The factors most commonly found to be limiting can, as a rule, be classified in one of the following groups: (a) exhaustion of nutrients; (b) accumulation of toxic metabolic products; and (c) changes in ion equilibrium, especially pH.

The physiological significance of the constant G (total growth) depends on the nature of the limiting factor. It is uninterpretable when the limiting factor is unknown, or when several factors cooperate in limiting growth. The conditions of an experiment where G is to be estimated must therefore be such that a single limiting factor is at work. This may be considered to be the case only where it can be shown that no change, other than the one considered, plays a significant part both in breaking the exponential phase and in stopping the growth. Provided these requirements are met, the utilization of G as a measure of the effect of a limiting factor is warranted.

Actually, the estimation of G is especially useful when the limiting factor is a single, known, essential nutrient. Under such conditions, it can be a most convenient tool for the study of many aspects of nutritional problems. The principles of this technique and some general results will be considered in the next paragraphs.

Nutrients as limiting factors.—The bacteria most commonly studied are chemoorganotrophs[3] requiring an organic compound as carbon and energy source, a hydrogen acceptor, inorganic ions, and carbon dioxide. Most of the parasitic (and many saprophytic) bacteria are chemoorganoheterotrophs requiring, in addition to the above diet, certain specific organic molecules (growth factors).

Any one of the essential nutritional requirements of an organism is, by definition, a potential limiting factor. With organisms able to grow on simple defined media (whether they are organoautotrophs or organoheterotrophs), the composition of a medium is easily adjusted so that the concentrations of all essential nutrients are in large excess compared to one of them, which then becomes the sole limiting factor, provided its concentration is kept

---

[3] The Cold Spring Harbor Nomenclature (16) is adopted here.

low enough to eliminate interference from other potential limiting factors (pH changes, accumulation of metabolic products, etc.). Within the limits thus defined, the relation between G and the initial concentration (C) of the nutrient is, as a very general rule, found to be the simplest possible, namely, linear and to conform to the equation:

$$G = KC.$$

This relation implies that the amount of limiting nutrient used up in the formation of a unit quantity of cell substance is independent of the concentration of the nutrient. It implies also that growth stops only when the limiting nutrient is completely exhausted, or, in other words, that there is no threshold concentration below which growth is impossible (11).

Neither of these conclusions can be considered strictly true of course, and the linear relation cannot be taken for granted a priori. But it does seem to be a general approximation, and even a remarkably accurate one in many cases (Fig. 3 and Table I). Where

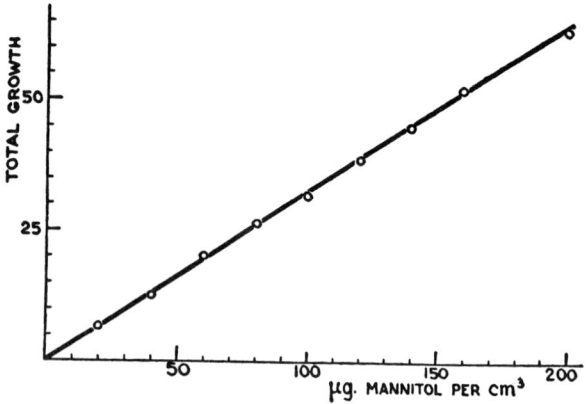

Fig. 3.—Total growth of *E. coli* in synthetic medium with organic source (mannitol) as limiting factor. Ordinates: arbitrary units. One unit is equivalent to 0.8 µg. dry weight per ml. (11).

it holds, the estimation of G affords a simple and direct measure of the growth yield (K) on the limiting nutrient, or

$$\frac{G}{C} = K = \frac{\text{amount of bacterial substance formed}}{\text{amount of limiting nutrient utilized}}.$$

When the proportion of the dry weight representing substance derived from the limiting nutrient is known, it is a measure of the fraction assimilated. If G is expressed as "standard" cell concentration, $1/K$ represents the amount of limiting nutrient used up in the formation of a "standard" cell. Thus, when determined under proper conditions, G is a constant of perfectly clear and fundamental significance; it is a measure of the efficiency of assimilatory processes.

TABLE I

Total growth of purple bacteria with acetate as limiting factor [after Van Niel (9)]

Acetate (mg/ml.)	0.5	1.0	2.0	3.0
Total growth (mg/ml.)	0.18	0.36	0.70	1.12
K	0.36	0.36	0.35	0.37

Extensive data on G and K values are available only with respect to the organic source (9, 11). Little is known of K values in the case of inorganic sources. Owing to the development of microbiological assay methods, abundant data are available on the quantitative relations between growth of many bacteria and concentration of a variety of growth factors. But the major part of these data do not bear any known relation to G or any other definable growth constant, which is most unfortunate. It does seem at least probable that in many instances, the measurement of total growth, under conditions insuring homogeneity and limitation of growth by a single factor, could with advantage replace estimations of "turbidity at 16 hours," or "galvanometer deflections at 24 hours." It can be predicted with confidence that in most cases linear relations would be found [see e.g. (44)], permitting the estimation of K, and on which simpler and more reproducible methods of assay could be based. Furthermore, an intelligible and very valuable body of quantitative data on nutritional requirements of bacteria would thus become accumulated.

The remarkable degree of stability and reproducibility of K values, for a given strain and a given compound under similar conditions, should be emphasized. Contrary to the other growth constants, it seems to be very little affected by hereditary variability (45).

In general, of the three main growth constants, total growth is the easiest to measure with accuracy and the most stable. Its interpretation is simple and straightforward, provided certain experimental requirements are met. These are remarkable properties, which could, it seems, be put to much wider use than has hitherto been done, especially with the focussing of attention on problems of assimilatory and synthetic metabolism.

Exponential Growth Rate

The exponential phase as a steady state: rate determining steps.— The rate of growth of a bacterial culture represents the over-all velocity of the series of reactions by virtue of which cell substance is synthesized. Most, if not all, of these reactions are enzymatic, the majority probably are reversible, at least potentially. The rate of each, considered alone, depends on the concentrations of the reactants (metabolites) and on the amount of the catalyst (enzyme).

During the exponential phase, the growth rate is constant. It is reasonable to consider that a steady state is established, where the relative concentrations of all the metabolites and all the enzymes are constant. It is in fact the only phase of the growth cycle when the properties of the cells may be considered constant and can be described by a numeric value, the exponential growth rate, corresponding to the over-all velocity of the steady state system.

It has often been assumed that the over-all rate of a system of linked reactions may be governed by the slowest, or master, reaction. That this conception should be used, if at all, with extreme caution, has also been emphasized (17, 18). On theoretical grounds, it can be shown that the over-all rate of a system of several consecutive reversible enzymatic reactions depends on the rate and equilibrium constant of each. The reasons for this are obvious, and we need not go into the mathematics of the problem. A master reaction could take control only if its rate were very much slower than that of all the other reactions. Where hundreds, perhaps thousands, of reactions linked in a network rather than as a chain are concerned, as in the growth of bacterial cells, such a situation is very improbable and, in general, the maximum growth rate should be expected to be controlled by a large number of different rate-determining steps. This makes it clear why exponential growth rate measurements constitute a general and sensitive physiologic test which can be used for the study of a wide variety of effects, while, on the other hand, quantitative interpretations are subject to severe limitations. Even where the condition or agent studied may reasonably be assumed to act primarily on a single rate determining step, the over-all effect (i.e., the growth rate) will generally remain an unknown function of the primary effect.

Although very improbable, it is of course not impossible that the exponential growth rate could in certain specific cases actually

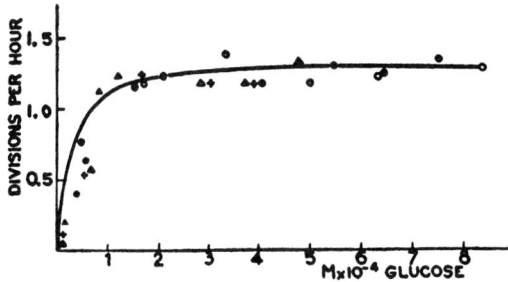

FIG. 4.—Growth rate of *E. coli* in synthetic medium as a function of glucose concentration. Solid line is drawn to equation (2) with $R_K = 1.35$ divisions per hour, and $C_1 = 0.22$ M $\times 10^{-4}$ (11). Temperature 37° C.

be determined by a single master reaction. But such a situation could hardly be assumed to prevail, in any one case, without direct experimental evidence. Some recent attempts at making use of the master reaction concept in the interpretation of bacterial growth rates are quite unconvincing in that respect (19).

Rate-concentration relations.—Notwithstanding these difficulties, relatively simple empirical laws are found to express conveniently the relation between exponential growth rate and concentration of an essential nutrient. Examples are provided in Figs. 4 and 5. Several mathematically different formulations could be made to fit the data. But it is both convenient and logical to adopt a hyperbolic equation:

$$R = R_K \frac{C}{C_1 + C} \quad \dots \dots \dots \dots \dots \dots \dots \dots [2]$$

similar to an adsorption isotherm or to the Michaelis equation. In the above equation C stands for the concentration of the nutrient. R_K is the rate limit for increasing concentrations of C. C_1 is the concentration of nutrient at which the rate is half the maximum.

The constant R_K is useful in comparing efficiency in a series of related compounds as the source of an essential nutrient. So far extensive data are available only with respect to the organic source (11). The value of R_K may vary widely when different

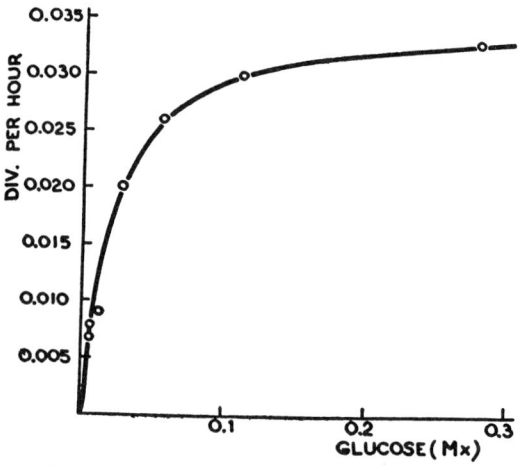

Fig. 5.—Growth rate of *M. tuberculosis* in Dubos' medium, as a function of glucose concentration. Solid line drawn to equation (2) with $R_K = 0.037$ and $C_1 = M/45$ (20).

organic sources are compared under otherwise identical conditions. There is no doubt that it is related to the activity of the specific enzyme systems involved in the breakdown of the different compounds, and it can be used with advantage for the detection of specific changes (e.g., hereditary variation) affecting one or another of these systems (30).

The value of C_1 should similarly be expected to bear some more or less distant relation to the apparent dissociation constant of the enzyme involved in the first step of the breakdown of a given compound. Furthermore, since a change of conditions affecting primarily the velocity of only one rate-determining step will, in general (but not necessarily), be only partially reflected in the over-all rate, one might expect C_1 values to be lower than the corresponding values of the Michaelis constant of the enzyme catalysing the reaction. This may explain why C_1 is often so small, compared to the concentrations required for visible growth, that its value may be difficult to determine, and the exponential growth rate appears practically independent of C (19).

It may be of interest to note that in a few instances exceptionally large values of C_1 have been obtained. For instance for *Mycobacterium tuberculosis*, on Dubos' medium, the value of C_1 for glucose is M/45, i.e., some 1,000 times its value for *Escherichia coli*. Whether this is due to a very low affinity of an enzyme or whether it reflects a peculiar permeability property of the membrane of this organism is not known (20).

Growth rate determinations as a null point method.—Although the growth rate is an unknown function of a large number of variables, quantitative comparisons of the effects of conditions or agents affecting it through the same rate-determining reaction (or system of reactions) are possible (at least in principle) by using growth rate measurements as a null point method, that is to say by determining the equivalent conditions at which a certain, conveniently chosen, value of R obtains. This general method is susceptible of many applications, especially in the study of antagonistic effects. Here reliable and sensitive methods for distinguishing between various types of antagonistic effects, and determining the relative activities of different antagonists, are needed. Theoretically the most sensitive comparisons should be afforded by determining, at various absolute concentrations, the ratios of inhibitor and antagonist at which a given per cent decrease of R (over uninhibited controls) occurs.

Although this may not always prove practicable, there is little doubt that growth rate measurements do yield data, not only more accurate, but essentially more informative, than "turbidity at 16 hours" or "galvanometer deflections at 72 hours." The studies of McIllwain on the pantoyl taurine-pantothenate antagonism (8) adequately illustrate this point. They clearly show, in particular, the importance of distinguishing between effects on growth rate and on total growth [see also (21 to 24)].

Linear growth.—Since we are discussing the interpretation of exponential growth rates, it may be worthwhile to consider the case when growth is linear with time, although, to the reviewer's knowledge, this has been clearly observed only once (25), actually during the residual growth of a streptomycin-requiring *B. subtilis* in a medium containing no streptomycin (Fig. 6). The interpretation is obvious, albeit surprising. Growth must be limited by one enzyme or system of enzymes, the activity of which is constant. In other words, in the absence of streptomycin, one rate-determining enzyme ceases to be formed, so that by being outgrown by the

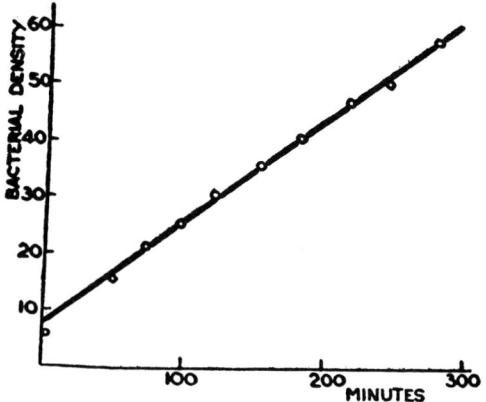

Fig. 6.—Residual growth of a streptomycin requiring strain of *Bacillus subtilis* in the absence of streptomycin. Growth is linear for over 4 hr. (25).

other enzymes, it eventually achieves true mastery and sets the system at its own constant pace, disregarding the most fundamental law of growth.

Similar systems could be artificially set up by establishing a constant, limited supply of an essential metabolite (using an organism incapable of synthesizing it), while all other nutrients would be in excess. Such a technique should prove useful for certain studies of metabolism (see p. 378).

Lag Time

Types of lag.—The lag and acceleration phases correspond to the gradual building up of a steady state. The growth lag (L) may be considered a measure of the physiological distance between the initial and the steady state. Depending on the specific conditions and properties of the organism, one or several or a large number of reactions may determine the rate of this building up process. Furthermore each rate-determining reaction may be affected in either or both of two ways: (a) change in the amount and activity of the catalyst; (b) change in the concentration of the reactants (metabolites).

When the phenomenon is associated with the previous ageing of the cells of the inoculum, the chances are that it involves at once a large number of reactions, and specific interpretations are impossible. Furthermore an apparent lag may be caused if a large fraction of the incoulated cells are not viable (18). When, however, the lag can be shown to be controlled primarily by only one reaction, or system of reactions, the measurement of lag times becomes a useful tool for the study of this reaction. This may often be achieved by a careful preconditioning of the inoculated cells, and appropriate choice of media [see e.g. (26)]. In point of fact this technique amounts to artificially creating conditions where one or a few rate limiting steps become true master reactions, at least during the early stages of the lag.

Theoretically, the lagging of a reaction may be due either to insufficient supply of a metabolite or to the state of inactivity of the enzyme. In the first case, the technique may be used for the study of certain essential metabolites synthesized by the cell itself during growth, and consequently difficult to detect and identify otherwise. Few examples of this sort are available besides the glutamine effects studied by McIlwain *et al.* (27) and the detection of metabolites able to replace carbon dioxide (26), but it is probable that the method could be developed.

In the second case, the technique may be useful in the study of enzyme activation or formation. The magnesium effects described by Lodge & Hinshelwood (28) and the sulfhydryl effects described by Morel (29) should probably be attributed to the reactivation of certain enzymes or group of enzymes. However, lag effects are especially interesting in connection with the study of enzymatic adaptation.

Lag and enzymatic adaptation.—Enzymatic adaptation is defined as the formation of a specific enzyme under the influence of its substrate (30). If cells are transferred into a medium containing, as sole source of an essential nutrient, a compound which was not present in the previous medium, growth will be impossible unless and until an enzyme system capable of handling the new substrate is developed. If other potential factors of lag are eliminated, the determination of lag times becomes a means of studying the adaptive properties of the enzyme system involved (Fig. 7).

The technique has proved especially useful for the study of adaptive enzymes attacking organic compounds serving as sole organic source (11, 31). The work of Pollock (32) shows that it can also be applied in the case of adaptive systems specific for certain hydrogen acceptors (nitrate and tetrathionate). A further development of the technique is suggested by the work of Stanier

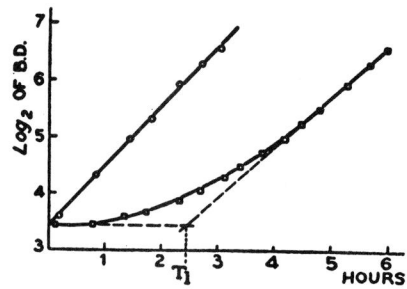

FIG. 7.—Growth of *E. coli* in synthetic medium with glucose (circles) and xylose (squares) as organic source. Culture previously maintained on arabinose medium, temperature 37° C. Growth on glucose proceeds without any lag. Lag time (T_l) on xylose is approximatively 2.5 hours (46).

(33) and Cohen (34) on the possibility of identifying metabolic pathways through a systematic study of cross adaptation.

In general, lag-time measurements may be especially useful in the detection and preliminary identification of adaptive effects, but they could not, of course, replace more direct methods of estimating enzymatic activities.

A broader approach to the problem of relations between lag and enzymatic adaptation should also be considered. As emphasized by Hinshelwood (18), the lag and acceleration phases represent essentially a process of equilibration, the functioning of a regulatory mechanism, by virtue of which a certain enzyme balance inside the cells is attained. That such a mechanism must exist is obvious, since in its absence, the cells could not survive even slight variations of the external environment. However, the nature of the postulated mechanisms is still completely obscure. The kinetic speculations of Hinshelwood, although interesting as empirical formulations of the problem, do not throw any light on the nature of the basic mechanisms involved in the regulation of enzyme formation by the cells.

The most promising hypothesis for the time being appears to be that this regulation is insured through the same mechanism as the formation of adaptive enzymes, which implies the assumption that all the enzymes in a cell are more or less adaptive. The competitive effects observed in enzymatic adaptation (11, 35, 36) agree with the view that the regulation may be the result of a continuous process of selection of mutually interacting enzymes or enzyme-forming systems (30, 37). The kinetics of bacterial growth and, in particular, the lag and acceleration phases certainly constitute the best available material for the study of this fundamental problem.

Division lag.—The largest discrepancies between increase in bacterial density and increase in cell concentration are generally observed during the lag and acceleration phases. This phenomenon has been the subject of much confused discussion (38). Actually, it has been demonstrated by Hershey (39, 40) that a definite lag in cell concentration may occur even when there is no detectable lag in bacterial density. This must mean that cell division mechanisms may be partially inhibited under conditions which do not affect the growth rate and general metabolism of the cell. A number of interesting observations by Hinshelwood *et al.* (18) point to the same conclusion. Further studies on the phenomenon are desirable, as they should throw some light on the factors of cell division in bacteria.

The Interpretation of Complex Growth Cycles

Multiple exponential phases.—In many cases, the growth cycle does not conform to the conventional scheme represented in Fig. 1. The interpretation of these complex growth cycles will be briefly discussed here.

One of the most frequently encountered exceptions is the presence of several successive exponential phases, characterized by different values of R and separated by angular transition points. This should in general be interpreted as indicating the addition or removal of one or more rate-determining steps in the steady state system. This type of effect may result from a change in the composition of the medium, for instance from the exhaustion of a compound partially covering an essential nutritional requirement

(34), or from the transitory accumulation of a metabolite, which will eventually serve as a secondary nutritional source (41).

Interpretations are more delicate, and more interesting, when the cause is a change in the composition of the cells themselves. Such effects are frequently encountered with various bacteriostatic agents and have been discussed at length by Hinshelwood (18). But the deliberate confusion entertained by this author between selective and adaptive mechanisms has obscured, rather than clarified, the interpretation of these effects.

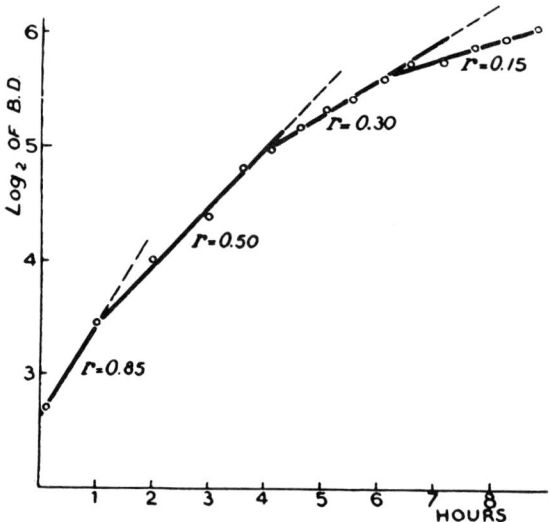

FIG. 8.—Growth of *E. coli* in synthetic medium under suboptimal partial pressure of carbon dioxide (3×10^{-5}). r = growth rate.

In some cases, the phenomenon can be reasonably ascribed to the exhaustion of a reserve metabolite in the cells. An interesting example is afforded by the growth of coli under suboptimal partial pressures of carbon dioxide (26). As seen in Fig. 8 as much as three or four exponential phases can be clearly distinguished suggesting the successive exhaustion of several reserve metabolites, each independently synthesized with the participation of carbon dioxide, a conclusion which is borne out by other lines of evidence.

Diauxie.—This phenomenon is characterized by a double growth cycle consisting of two exponential phases separated by a phase during which the growth rate passes through a minimum,

GROWTH OF BACTERIAL CULTURES

even becoming negative in some cases. It is found to occur in media where the organic source is the limiting factor and is constituted of certain mixtures of two carbohydrates. The evidence indicates that each cycle corresponds to the exclusive utilization of one of the constituents of the mixture, due to an inhibitory effect of one of the compounds on the formation of the enzyme attacking the other (Fig. 9). This striking phenomenon thus reveals the existence

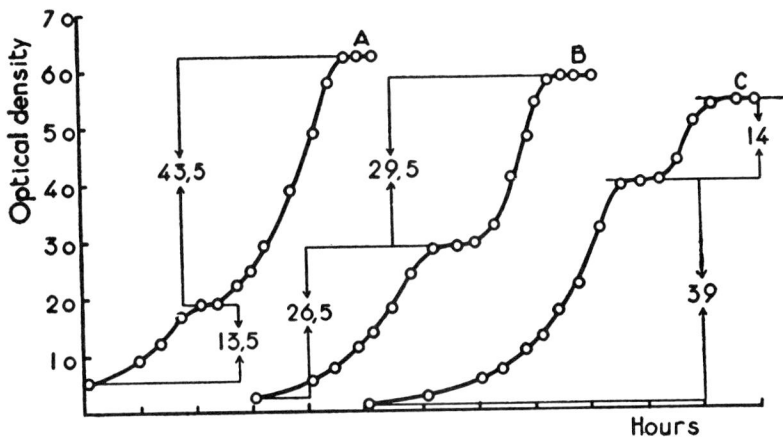

FIG. 9.—Diauxie. Growth of *E. coli* in synthetic medium with glucose+sorbitol as carbon source.

The figures between arrows indicate total growth corresponding to each cycle.

(a) Glucose 50 μg. per ml.; sorbitol 150 μg. per ml.
(b) Glucose 100 μg. per ml.; sorbitol 100 μg. per ml.
(c) Glucose 150 μg. per ml.; sorbitol 50 μg. per ml.

Total growth corresponding to first cycle is proportional to glucose concentration. Total growth of second cycle is proportional to sorbitol concentration (11).

of interactions between closely related compounds in the formation of specific enzymes and has proved valuable in the study of certain aspects of enzymatic adaptations (11, 30, 35). It may perhaps be susceptible of certain technical applications, e.g., for the quantitative analysis of certain mixtures of carbohydrates.

CONCLUDING REMARKS

The time-honored method of looking at a tube, shaking it, and looking again before writing down a + or a 0 in the lab-book has led to many a great discovery. Its gradual replacement by determinations of "turbidity at 16 hours" testifies to technical progress, primarily in the manufacturing and advertising of photelectric instruments. This technique however is not, properly speaking, quantitative, since the quantity measured is not defined. It might be a rate, or a yield, or a combination of both.

In any case, this technique does not take advantage of the fact that the growth of bacterial cultures, despite the immense complexity of the phenomena to which it testifies, generally obeys relatively simple laws, which make it possible to define certain quantitative characteristics of the growth cycle, essentially the three growth constants: total growth (G), exponential growth rate (R), and growth lag (L). That these definitions are not purely arbitrary and do correspond to physiologically distinct elements of the growth cycle is shown by the fact that, under appropriately chosen conditions, the value of any one of the three constants may change widely without the other two being significantly altered. The accuracy, the ease, the reproducibility of bacterial growth constant determinations is remarkable and probably unparallelled, so far as biological quantitative characteristics are concerned.

The general physiological significance of each of the growth constants is clear, provided certain experimental requirements are met. Under certain specific conditions, quantitative interpretations in terms of the primary effect of the agent studied may even be possible. The fallacy of considering certain naive mechanistic schemes, however, as appropriate interpretations of unknown, complex phenomena should be avoided.

There is little doubt that, as further advances are made towards a more integrated picture of cell physiology, the determination of growth constants should and will have a much greater place in the experimental arsenal of microbiology.

LITERATURE CITED

1. DELBRÜCK, M., *Ann. Missouri Botan. Garden*, **32**, 223–33 (1945)
2. LURIA, S. E., *Bact. Revs.*, **11**, 1–40 (1947)
3. HENRICI, A. T., *Morphologic Variation and the Rate of Growth of Bacteria*, 194 pp. (C. C Thomas, Springfield, Ill., 1928)
4. WILSON, G. S., *J. Bact.*, **7**, 405 (1922)
5. KELLY, C. D., AND RAHN, O., *J. Bact.*, **23**, 147 (1932)
6. LODGE, R. M., AND HINSHELWOOD, C. N., *J. Chem. Soc.*, 213–219 (1943)
7. FISHER, K. C., AND ARMSTRONG, F. H., *J. Gen. Physiol.*, **30**, 263 (1947)
8. MCILWAIN, H., *Biochem. J.*, **38**, 97–105 (1944)
9. VAN NIEL, C. B., *Bact. Revs.*, **8**, 1–118 (1944)
10. DOGNON, A., in *Techniques de laboratoire*, 197–210 (Masson & Cie, Paris, 1947)
11. MONOD, J., *Recherches sur la croissance des cultures bactériennes*, 211 pp. (Hermann & Cie, Paris, 1942)
12. DUBOS, R. J., *J. Exptl. Med.*, **65**, 873–83 (1937)
13. MONOD, J., *Ann. inst. Pasteur*, **68**, 444 (1942)
14. MONOD, J., *Ann. inst. Pasteur* (In press)
15. JORDAN, R. C., AND JACOBS, S. E., *J. Bact.*, **48**, 579 (1944)
16. LWOFF, A., VAN NIEL, C. B., RYAN, F. J., AND TATUM, E. L., *Cold Spring Harbor Symposia Quant. Biol.*, **11**, 302–3 (1946)
17. BURTON, A. C., *J. Cellular Comp. Physiol.*, **9**, 1 (1936)
18. HINSHELWOOD, C. N., *The Chemical Kinetics of the Bacterial Cell*, 284 pp. (Clarendon Press, Oxford, 1946)
19. JOHNSON, F. H., AND LEWIN, I., *J. Cellular Comp. Physiol.*, **28**, 47 (1946)
20. SCHAEFER, W., *Ann. inst. Pasteur*, **74**, 458–63 (1948)
21. MCILWAIN, H., *Biol. Revs.*, **19**, 135 (1944)
22. MCILWAIN, H., *Advances in Enzymol.*, **7**, 409–60 (1947)
23. WYSS, O., *Proc. Soc. Exptl. Biol. Med.*, **48**, 122 (1941)
24. KOHN, H. I., AND HARRIS, J. S., *J. Pharmacol. Exptl. Therap.*, **73**, 343 (1941)
25. SCHAEFFER, P., *Compt. rend.*, **228**, 277–79 (1949)
26. LWOFF, A., AND MONOD, J., *Ann. inst. Pasteur*, **73**, 323 (1947)
27. MCILWAIN, H., FILDES, P., GLADSTONE, G. P., AND KNIGHT, B. C. J. G., *Biochem. J.*, **33**, 223 (1939)
28. LODGE, R. M., AND HINSHELWOOD, C. N., *J. Chem. Soc.*, 1692–97 (1939)
29. MOREL, M., *Ann. inst. Pasteur*, **67**, 449 (1941)
30. MONOD, J., *Growth*, **11**, 223–89 (1947)
31. MONOD, J., *Ann. inst. Pasteur*, **69**, 179 (1943)
32. POLLOCK, M. R., AND WAINWRIGHT, S. D., *Brit. J. Exptl. Path.*, **29**, 223–40 (1948)
33. STANIER, R. Y., *J. Bact.*, **54**, 339 (1947)
34. COHEN, S. S., *J. Biol. Chem.*, **177**, 607–19 (1949)
35. MONOD, J., *Ann. inst. Pasteur*, **71**, 37 (1945)
36. SPIEGELMAN, S., AND DUNN, R., *J. Gen. Physiol.*, **31**, 153–73 (1947)
37. SPIEGELMAN, S., *Cold Spring Harbor Symposia Quant. Biol.*, **11**, 256–77 (1946)
38. WINSLOW, C. E., AND WALKER, H. H., *Bact. Revs.*, **3**, 147–86 (1939)
39. HERSHEY, A. D., *J. Bact.*, **37**, 290 (1939)

40. Hershey, A. D., *Proc. Soc. Exptl. Biol. Med.*, **38,** 127–28 (1938)
41. Lwoff, A., *Cold Spring Harbor Symposia Quant. Biol.*, **11,** 139–55 (1946)
42. Lemon, C. G., *J. Hyg.*, **33,** 495 (1937)
43. Topley, W. W. C., and Wilson, G. S., *Principles of Bacteriology and Immunity*, 3rd Ed., 2054 pp. (Williams & Wilkins, 1946)
44. Lwoff, A., Querido, A., and Lataste, C., *Compt. rend. soc. biol.*, **130,** 1580 (1939)
45. Monod, J. (Unpublished data)
46. Monod, J. (Unpublished data)

DE L'AMYLOMALTASE D'*ESCHERICHIA COLI*

par Jacques MONOD et Anne-Marie TORRIANI.

[*Institut Pasteur, Service de physiologie microbienne* (*).]

Introduction.

Au cours de nos recherches sur l'adaptation enzymatique nous avons été amenés à étudier les propriétés de l'enzyme responsable de l'attaque du maltose par la souche d'*Escherichia coli* que nous utilisions. On sait (Monod, 1947, 1948, 1949) que la formation adaptative de cet enzyme (pour lequel nous avons proposé le nom d'amylomaltase) est soumise à un déterminisme génétique spécifique. Nous envisagerons ici ses propriétés biochimiques. Nos observations à ce sujet ont été partiellement résumées dans deux notes préliminaires (Monod et Torriani, 1948 ; Torriani et Monod, 1949), ou mentionnées dans d'autres publications (Monod, 1948).

Matériel et techniques.

Souche. — La bactérie utilisée est la forme maltose-positive et lactose-positive (M+ L+) de la souche ML d'*E. coli* (Monod et Audureau, 1946, Monod, *loc. cit.*).

Milieu et conditions de culture. — Le milieu utilisé est le suivant :

PO_4KH_2	27,2 g.
$SO_4(NH_4)_2$	4,0 g.
$SO_4Mg\ 7H_2O$	0,4 g.
Cl_2Ca	0.01 g.
$SO_4Fe.7H_2O$	0,0005 g.
NaOH . . . . Q. S. P.	pH 7,5
Eau distillée sur pyrex . . . . Q. S. P.	1 000 mc³

Après stérilisation, ce milieu est additionné d'une solution concentrée de maltose (stérilisé par filtration) *q. s.* pour 0,8 p. 100. On répartit par lots de 250 cm³ dans des fioles coniques de 2 litres. Ces fioles sont ensemencées largement et agitées pendant quatorze heures environ à 34°.

(*) Ces recherches ont bénéficié d'une subvention du National Institute of Health., Bethesda, Md., U. S. A.

MESURES D'ACTIVITÉ. — Mise en présence de maltose, l'amylomaltase libère du glucose et synthétise un polysaccharide. Il faut donc, pour suivre la réaction, disposer d'une technique qui permette de doser le glucose en présence de maltose. La méthode de Tauber et Kleiner n'ayant, entre nos mains, donné que des résultats fort peu satisfaisants, nous avons cherché à doser le glucose à l'aide d'un enzyme spécifique. La *glucose oxydase* de *Penicillium notatum* (notatine) s'est révélée être pour cela un précieux instrument de travail. On sait que cet enzyme catalyse la réaction :

$$\text{glucose} + H_2O + O_2 \longrightarrow \text{acide gluconique} + H_2O_2.$$

Les préparations de notatine purifiée par la méthode de Coulthard et al. (1945) sont inactives en présence de la plupart des glucides (hexoses, pentoses, disaccharides, etc.) autres que le glucose (1). Elles permettent de doser manométriquement le glucose en présence de ces glucides avec une remarquable précision (3 p. 100 près pour des quantités de glucose de l'ordre de 1 mg.). Nous avons procédé à ce sujet à de nombreuses vérifications et dosages témoins. Cet emploi de la notatine ayant entretemps été décrit en détail par Keilin et Hartree (1948), il n'est plus nécessaire d'en donner ici les justifications.

En pratique, on employait pour les mesures d'activité une solution tampon de phosphate M/10 pH 6,8 contenant 100 γ de notatine par centimètre cube, de l'azoture de sodium (M/50) et du maltose (M/30). Le compartiment principal des fioles de Warburg recevait 3 cm³ de cette solution, le diverticule 0,1 cm³ de solution d'enzyme, à dilution convenable. On faisait en sorte que la consommation d'O_2 ne fût pas inférieure à 50, ou supérieure à 300 mm³/h. environ. L'azoture de sodium a pour fonction d'inhiber la catalase qui pourrait contaminer les préparations. Pour certaines expériences, où l'on désirait éviter la formation d'eau oxygénée, la solution d'azoture était remplacée par une solution de catalase purifiée (2). Pour les expériences où il s'agissait d'établir le bilan de la réaction complète, on utilisait 5 à 10 μ. M de maltose par fiole de Warburg. Enfin, pour les dosages de glucose après destruction de l'amylomaltase, on introduisait 0,2 cm³ de notatine à 1 p. 1.000 dans le diverticule, et dans le compartiment principal 1 à 2 cm³ de la solution à titrer, amenée à pH 6,8 et additionnée d'azoture M/50.

(1) Nous avons employé des échantillons de notatine que nous avait obligeamment fournis le Dr Short (Boots pure Drug Limited C°).
(2) Mise à notre disposition par M. Jean Rosenberg (Institut de Biologie physico-chimique, Paris).

Sucres réducteurs. — Nous avons employé la méthode de Somogyi (1945) avec le réactif chromogène de Nelson (1944).

Résultats.

Extraction et purification de l'amylomaltase. — Après divers essais qu'il est inutile de rappeler ici, l'amylomaltase a pu être extraite et partiellement purifiée par la méthode suivante :

1° Les bactéries sont récoltées à la centrifugeuse Sharples. On fait passer dans la centrifugeuse une quantité d'eau distillée équivalente à la quantité de milieu centrifugé (2 à 10 litres). La purée bactérienne est pesée et additionnée d'une solution tampon de phosphate M/20, pH 6,8, à raison de 200 cm³ environ pour 100 g. Du sable fin est ajouté à raison de 2 g. par centimètre cube de suspension. Le mélange est agité dans un appareil à secousses très rapides pendant quarante minutes.

2° La masse crémeuse est centrifugée à 12.000 tours pendant quinze minutes. Le liquide surnageant est décanté. Le culot est repris dans 100 cm³ de tampon et centrifugé à nouveau. Cette opération est répétée une seconde fois. Les liquides surnageants sont mélangés.

3° La préparation est additionnée de maltose, $q.\ s.$ pour M/20. On précipite par le sulfate d'ammoniaque solide, $q.\ s.$ pour 75 p. 100 de saturation (à froid). Après deux heures, le précipité est séparé par centrifugation et redissous dans 100 cm³ de tampon. On précipite trois fois de suite dans les mêmes conditions avec du sulfate d'ammoniaque solide, $q.\ s.$ pour 50 p. 100 de saturation. Le dernier précipité est repris dans environ 20 cm³ de tampon. L'insoluble est éliminé par centrifugation (toutes les opérations se font à 0°).

4° Cette solution est dialysée à froid contre de l'eau distillée courante avec agitation. Un précipité doit se former (3).

5° Le précipité, après centrifugation, est repris par 5 cm³ de solution tampon de véronal M/40 additionnée de sulfate de soude M/5 ; pH 6,8. Après une nuit à 0°, l'insoluble est centrifugé.

Dans beaucoup d'expériences nous avons employé la préparation obtenue au stade 3. Ces préparations contiennent souvent des quantités non négligeables d'amylase et sans doute de phosphorylase. Pour étudier la réaction en l'absence de PO_4 et la réaction réverse (p. 72) nous avons employé exclusivement les

---

(3) La précipitation par dialyse ne donne pas de résultats satisfaisants avec tous les lots. Si la précipitation est nulle ou insuffisante, on acidifie le dialysat avec ménagement par l'acide acétique jusqu'à pH 5,2. Le précipité obtenu est traité comme en 5.

préparations obtenues au stade 5. Les meilleures préparations métabolisaient environ 5.000 μ M de maltose par heure et par centimètre cube de solution.

Réaction de l'amylomaltase en présence de notatine et de maltose. — En présence de maltose à forte concentration (M/30) et de notatine, l'amylomaltase libère du glucose à un taux cons-

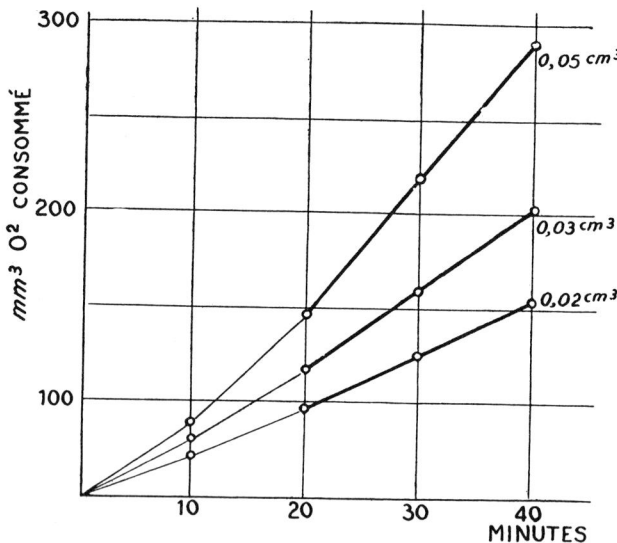

Fig. 1. — Consommation d'oxygène observée dans l'appareil de Warburg avec différentes quantités d'amylomaltase, en présence de maltose M/30, notatine et azoture de sodium. Les chiffres en regard de chaque courbe donnent le nombre de centimètres cubes de la solution d'amylomaltase introduits dans le diverticule. Après une période initiale pendant laquelle la consommation d'O_2 s'accroît, on obtient un taux constant (traits gras) sensiblement proportionnel à la quantité d'amylomaltase employée.

tant et proportionnel à la concentration de l'enzyme (fig. 1); l'intensité de la réaction est maximum à pH 6,8 environ.

Avec des quantités limitées de maltose (5 à 15 μ M par fiole de Warburg) on constate que la courbe de la réaction est hyperbolique et tend vers une asymptote correspondant à la libération d'une molécule de glucose par molécule de maltose mis en jeu (fig. 2), soit donc à la moitié du glucose contenu dans le maltose. Un dosage par la méthode de Somogyi effectué en fin de réaction avec le liquide des fioles révèle que les sucres réducteurs ont effectivement disparu.

Si l'on ajoute quelques gouttes d'une solution d'iode au liquide des fioles de Warburg à différents stades de la réaction, on obtient une teinte orangée à partir de 60 p. 100 environ, rouge vers 80 p. 100, violette enfin ou bleue (suivant les préparations employées) lorsqu'on approche de l'asymptote. Un polysaccharide du type de l'amidon est donc synthétisé.

Le glucose correspondant au polysaccharide formé peut être dosé par la notatine après hydrolyse du liquide pendant quatre

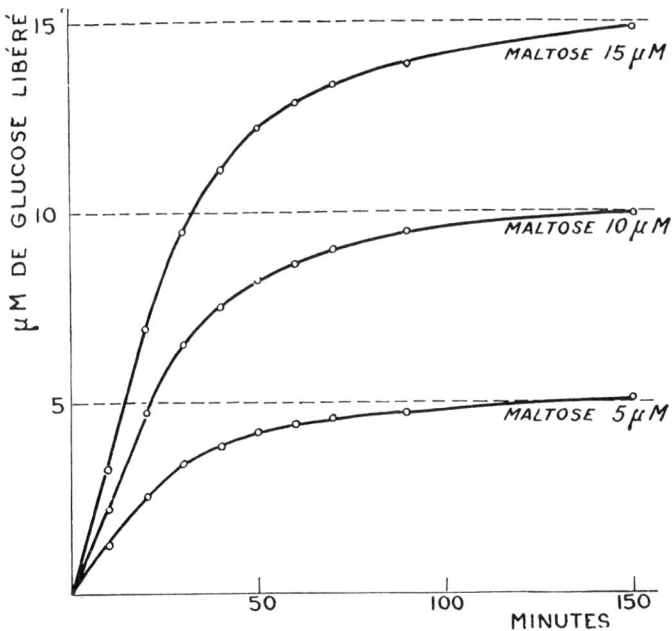

Fig. 2. — Libération du glucose par l'amylomaltase en présence de notatine à partir de différentes quantités initiales de maltose. Expérience faite dans l'appareil de Warburg à 28°. Les fioles contenaient respectivement 5, 10 et 15 µM de maltose.

heures par l'acide sulfurique 2 N à 100°. On obtient ainsi le bilan complet de la réaction (tableau I). Ce bilan correspond presque rigoureusement à la réaction suivante :

$$n \text{ maltose} \rightarrow (\text{glucose})_n + n \text{ glucose.}$$
$$\text{Polysaccharide.}$$

Le polysaccharide formé a pu être partiellement purifié par précipitation à l'iode et fractionnement à l'alcool. Nous avons obtenu ainsi 200 mg. environ d'un produit blanc, soluble dans l'eau chaude, donnant avec l'iode une intense coloration bleue et

Tableau I. — **Bilan de la réaction de l'amylomaltase en présence de notatine.**

Mélange effectué en tampon phosphate M/10, pH 6,8 :	
Maltose	200 µM
Notatine	1,6 mg
Solution de catalase	0,01 cm³
Solution d'amylomaltase	2 cm³
Volume total 16,5 cm³, réparti entre plusieurs fioles de Warburg.	
Température : 28°. — Durée de la réaction : 190 minutes.	

	µM
Glucose oxydé par la notatine au cours de la réaction	197
Sucres réducteurs (maltose) en fin de réaction	0
Glucose du polysaccharide, dosé par la notatine après hydrolyse de 4 heures à 100° par SO_4H_2 2N	196
Total	393
(total théorique	400)

libérant, par hydrolyse acide prolongée à 100°, une quantité de glucose équivalente à 80 p. 100 de son poids.

Il faut noter ici qu'avec certaines préparations, la consommation d'oxygène théorique est parfois dépassée, encore qu'avec une extrême lenteur. Le polysaccharide formé en présence de ces préparations donne une teinte violette et non bleue. Ces résultats doivent sans doute être attribués à la présence d'une amylase ou d'une phosphorylase contaminant les préparations. Avec les préparations dialysées (stade 5) l'asymptote théorique n'est pas sensiblement dépassée.

Rôle du phosphate dans la réaction. — Comme la synthèse *in vitro* d'un amidon n'avait été observée, jusqu'ici, qu'en présence de phosphorylase, il paraissait vraisemblable que la réaction de l'amylomaltase impliquât une phosphorylation avec formation de glucose-1-phosphate. Cette hypothèse semble devoir être écartée pour les raisons suivantes :

1° La réaction ne s'accompagne d'aucune estérification de phosphate, autant qu'on puisse en juger par le dosage du phosphate minéral (par la méthode de Fiske et Subbarow) ;

2° La recherche du glucose-1-phosphate est restée infructueuse, malgré de nombreux essais ;

3° Le glucose-1-phosphate, mis en présence d'une préparation d'amylomaltase est lentement hydrolysé, mais il ne se forme pas de traces décelables de polysaccharide, même si une petite quantité de maltose est ajoutée pour amorcer la réaction ;

4° Avec les préparations dialysées, ne contenant plus de phosphate minéral en quantité décelable, on constate que la réaction se produit aussi bien, que l'on ajoute on non du phosphate (fig. 3).

Réaction de l'amylomaltase en l'absence de notatine. — Comme on vient de le voir, en présence de notatine la réaction catalysée par l'amylomaltase est complète : le maltose disponible est quantitativement transformé en polysaccharide et glucose.

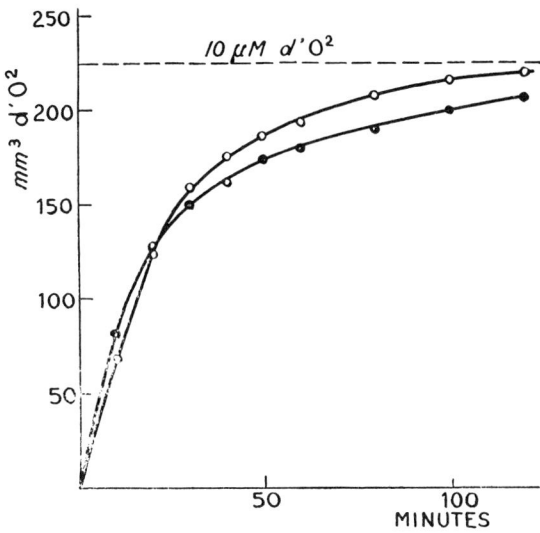

Fig. 3. — Réaction de l'amylomaltase en présence et en absence d'ion PO_4. Les fioles de Warburg contenaient 10 µM de maltose et de l'azoture de sodium M/50.
1) points blancs : solution tampon de phosphate M/20, pH 6,8 ;
2) points noirs : solution tampon de citrate de soude M/20, pH 6,8.

Ceci dans des conditions où l'un des produits de la réaction, le glucose, est constamment éliminé.

En l'absence de notatine, c'est-à-dire lorsque le glucose s'accumule, le cours de la réaction est bien différent. Elle tend à s'arrêter lorsque le glucose libéré atteint 60 p. 100 environ de la valeur théorique. La réaction à l'iode reste négative (on décèle cependant parfois une légère teinte rose). Le pouvoir réducteur (déterminé après oxydation du glucose libre) diminue, mais sa valeur, au moment de la stabilisation, reste plus élevée que ne le ferait prévoir l'équation théorique si l'on supposait le polysaccharide formé dénué de pouvoir réducteur (tableau II). Ces obser-

Tableau II. — **Réaction de l'amylomaltase
en l'absence de notatine.**

Solution tampon phosphate M/10 pH 6,8 .... 8,25 cm³
Maltose M/10. .... 1,00 (= 100 μM)
Préparation d'amylomaltase. .... 0,75 cm³
Température : 28° C.
Dosage du glucose par la notatine.
Sucres réducteurs dosés par la méthode de Somogyi après élimination du glucose par la notatine.

TEMPS	GLUCOSE LIBÉRÉ EN μM pour 10 cm³	SUCRES RÉDUCTEURS exprimés en de maltose pour 10 cm³
5 minutes	20	96
1 heure.	46	72
3 heures	56	68
4 heures	56	52

vations montrent donc que la réaction tend vers un niveau d'équilibre lorsque le rapport des concentrations moléculaires maltose/glucose atteint la valeur 0,75 environ. Elles suggèrent en outre qu'en présence de glucose il se forme seulement de courtes chaînes de dextrines réductrices.

Réversibilité. — Quoi qu'il en soit, ces résultats indiquent, et c'est là leur principal intérêt, que la réaction de l'amylomaltase, comme celle des phosphorylases, est réversible. Reste à vérifier que la réaction peut effectivement se produire dans le sens :

polysaccharide + glucose → maltose.

Cette équation implique que le polysaccharide ne soit pas attaqué par l'enzyme en l'absence de glucose. En présence de glucose, au contraire, du maltose doit apparaître, aux dépens de celui-ci et du polysaccharide. Cette expérience n'a pu être réalisée qu'avec les préparations dialysées (stade 5), qui sont suffisamment débarrassées de phosphorylase et d'amylase. La réaction à l'iode permet de démontrer très simplement qu'en l'absence de glucose, le polysaccharide n'est pas dégradé, alors que l'addition de glucose provoque une baisse rapide de la teinte (fig. 4).

L'expérience résumée par le tableau III montre que le glucose disparaît au cours de cette réaction, alors que le pouvoir réducteur augmente. En l'absence de glucose, le pouvoir réducteur ne s'accroît pas, et en l'absence de polysaccharide, le glucose ne disparaît pas. Enfin, on voit que la réaction tend sensiblement vers

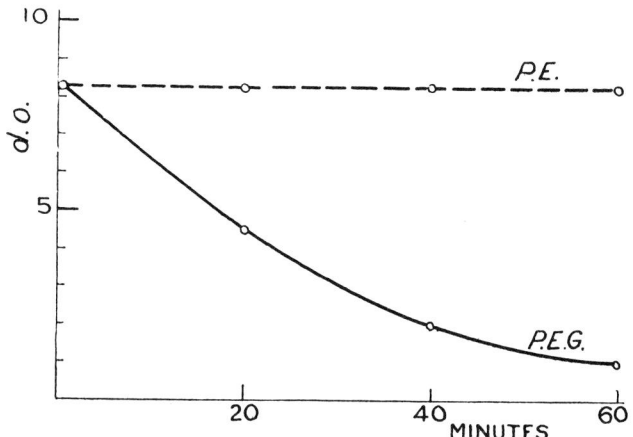

Fig. 4. — Dégradation du polysaccharide par l'amylomaltase en présence et en absence de glucose. Mélanges effectués en tampon phosphate M/20, pH 6,8 ; P, polysaccharide M/100 (molarité exprimée en équivalents glucose); G, glucose M/100; E, préparation d'amylomaltase diluée au 1/20. L'ordonnée exprime (en unités arbitraires) la densité optique d'échantillons additionnés d'une quantité donnée d'une solution d'iode. La densité optique correspondant à l'iode seule a été déduite. Température : 28° C.

Tableau III. — **Réaction de l'amylomaltase en présence de polysaccharide et de glucose.**

Mélanges effectués en tampon phosphate M/10, pH 6,8 :
  P : Polysaccharide (exprimé en glucose) . . . . 10 µM/cm³
  G : Glucose . . . . 10 µM/cm³
  E : Préparation d'amylomaltase (stade 5) diluée au 1/20.
              Température : 28°.

Glucose titré par la notatine.
Sucres réducteurs titrés après élimination du glucose.

	GLUCOSE DISPARU en µM/par cm³				POUVOIR RÉDUCTEUR en µM de maltose par centimètre cube			
	0'	15'	30'	60'	0'	15'	30'	60'
P.G.E.	0	1,2	2,7	3,8	1,1	3,1	4,0	5,0
P.E.					1,3	1,5		1,1
G.E.	0			0				

le même niveau d'équilibre que lorsqu'elle se produit dans l'autre direction.

Ces expériences ont été faites en utilisant une solution du polysaccharide formé par l'enzyme (en présence de notatine). Il eut été intéressant d'éprouver l'activité de l'amylomaltase en présence d'amidons ou de glycogènes d'origines diverses. Quelques essais ont montré que l'enzyme était actif avec l'amidon de pomme de terre, mais que la réaction était alors beaucoup plus lente.

SPÉCIFICITÉ. — Les préparations d'amylomaltase se sont montrées dépourvues d'activité mesurable en présence des glucides suivants :
        Saccharose,
        Lactose,
        Mélibiose,
        Cellobiose,
        α-méthyl-d-glucoside.

En revanche, toutes les préparations présentaient une activité assez marquée avec le tréhalose. Encore que le tréhalose soit, comme le maltose, un α-d-glucoside, il ne semble pas que cette activité soit due à l'amylomaltase elle-même. Il s'agit sans doute d'une tréhalase qui contamine les préparations. En effet : 1° il ne se forme pas de polysaccharide aux dépens du tréhalose ; 2° les extraits bruts de bactéries cultivées en glucose (c'est-à-dire non adaptées au maltose) sont pratiquement exempts d'amylomaltase, mais présentent une activité notable envers le tréhalose ; 3° cette activité persiste, mais n'est pas sensiblement plus forte avec les extraits de bactéries cultivées en maltose, extraits qui contiennent une amylomaltase très active.

Il semble donc que l'amylomaltase soit spécifique de la molécule de maltose et n'attaque pas les autres α-glucosides.

DISCUSSION.

LES TRANSGLUCOSIDASES. — A la suite de la découverte des phosphorylases et des études approfondies auxquelles elles ont donné lieu, l'opinion semble avoir prévalu que les polysaccharides du type amidon ou glycogène sont des produits caractéristiques de ces enzymes. Ainsi Cori pouvait-il écrire, en 1945 : « A sufficient number of cases has been tested to expect that wherever polysaccharides belonging to the starch and glycogen type are found, glucose-1-phosphate will be the substrate from which they are formed. »

L'isolement et l'étude de l'amylomaltase apportent la preuve qu'un polysaccharide, réagissant avec l'iode peut se former à partir d'un disaccharide, sans formation intermédiaire de glucose-1-phosphate et en l'absence de phosphate minéral. Le fait est d'autant plus significatif que la réaction de l'amylomaltase, réversible comme celle des phosphorylases, est identique à cette dernière, à ceci près que le substrat en est un glucoside-glucose, au lieu d'un glucoside-phosphate.

Ces observations ont d'ailleurs rapidement trouvé confirmation et extension grâce aux recherches de Hehre (1949) et de Doudoroff et ses collaborateurs (1949). Ces derniers ont étudié le métabolisme du maltose par des suspensions d'un mutant d'*E. coli* (souche K 12), incapable d'utiliser le glucose. Ils ont montré que ce métabolisme impliquait l'intervention de l'amylomaltase qui, en présence de glucose, synthétisait des dextrines à chaînes courtes (4 à 6 unités). L'addition de phosphate minéral ne modifiait pas l'activité de l'enzyme, dont ils ont pu démontrer la réversibilité d'action. Hehre et Hamilton (1946, 1948) après avoir observé la formation d'amidon à partir de saccharose ou de glucose-1-phosphate en présence de suspensions et d'extraits de *Neisseria perflava*, ont montré (1949), grâce à des expériences d'inhibition différentielle, que deux enzymes distincts étaient, selon toute vraisemblance, en cause : une phosphorylase, active sur le glucose-1-phosphate, et une « amylosucrase » dont l'activité serait indépendante de la présence de phosphate minéral, et n'impliquerait pas la formation intermédiaire de glucose-1-phosphate.

En ce qui concerne, maintenant, la synthèse de polyhexosides autres que l'amidon ou le glycogène, on sait que des préparations d'origine bactérienne, étudiées en particulier par Hestrin et ses collaborateurs (1943), par Hehre (1946) et par Stacey (1942) catalysent la formation de dextranes ou de lévanes à partir du saccharose, par une réaction formellement identique à celle de la phosphorylase ou de l'amylomaltase. Il est vrai que la réversibilité de ces réactions n'a pu être démontrée avec certitude (Doudoroff et O'Neal, 1945), mais comme le suggèrent Doudoroff et al. (1949) ceci pourrait tenir à ce que l'énergie de la liaison glucosidique serait plus élevée dans le saccharose que dans le maltose ou dans les polysaccharides.

Enfin, rappelons que, grâce aux belles recherches de Doudoroff et ses collaborateurs (1947 *a*, *b*, *c*) sur la « sucrose-phosphorylase » de *Pseudomonas saccharophila*, on connaît un enzyme capable de transférer réversiblement la liaison glucosidique d'un disaccharide au glucose-1-phosphate comme à d'autres glucosides. Doudoroff, Hassid et Barker avaient alors proposé de considérer les phosphorylases, la sucrose-phosphorylase, et les lévanes et dextrane-sucrases comme des « transglucosidases ». L'amylomaltase est une transglucosidase typique. Comme les phosphorylases, elle synthétise un amidon, mais son substrat est un disaccharide, ce qui la rapproche également des dextrane- et lévane-sucrases. Ceci met bien en évidence l'analogie profonde de ces différentes réactions, et paraît devoir lever les objections que l'on pouvait trouver à rapprocher ces derniers enzymes des phosphorylases.

Il ne s'agit pas là seulement d'une question de nomenclature. Il est naturel de supposer que l'analogie étroite des réactions catalysées par les transglucosidases implique une identité de mécanisme. Aussi serait-il du plus grand intérêt d'arriver à isoler à l'état de pureté un enzyme tel que l'amylomaltase pour vérifier l'hypothèse, qui se propose d'elle-même, que son activité est liée à la présence d'un groupement prosthétique phosphorylé.

Quoi qu'il en soit, d'intéressants problèmes se posent à propos de la réaction de l'amylomaltase. On sait que la synthèse de l'amidon par la phosphorylase doit être amorcée par une trace de polysaccharide. Il se peut qu'il en soit de même pour l'amylomaltase, mais il est concevable que le maltose lui-même puisse servir d'amorce. Le fait que la teinte obtenue avec l'iode ne devienne intense qu'en fin de réaction, quelle que soit la concentration de maltose employée, s'explique très naturellement dans cette hypothèse. C'est d'ailleurs ce que suggèrent aussi certaines observations de Doudoroff (1949). Une étude approfondie des conditions d'équilibre de la réaction, et de l'influence du glucose sur la longueur et la structure des chaînes formées, devrait également conduire à des résultats significatifs.

Résumé et conclusions.

1° L'amylomaltase d'*E. coli* a pu être extraite et partiellement purifiée par fractionnement au sulfate d'ammoniaque et dialyse.

2° Cet enzyme catalyse la réaction :

$$n \, 4_1 (2 - \text{glucosido}) - \text{glucose} \rightleftarrows (\text{glucose})_n + n \text{ glucose}.$$

3° Lorsque le glucose formé est éliminé la réaction est complète. Le polysaccharide formé donne une réaction bleue avec l'iode.

4° Lorsque le glucose n'est pas éliminé, la réaction est incomplète : elle atteint 60 p. 100 environ à 28° et pH 6,8. Le polysaccharide formé ne donne pas de réaction à l'iode.

5° Cette réaction est réversible : elle atteint sensiblement le même niveau d'équilibre, qu'elle se produise dans l'une ou dans l'autre direction.

6° L'amylomaltase paraît être spécifique du maltose.

BIBLIOGRAPHIE

Cori (C. F.). *Feder. Proceed.*, 1945, **4**, 226.
Coulthard (C. E.), Michaelis (R.) et coll. *Biochem. J.*, 1945, **39**, 24.
Doudoroff (M.) et O'Neal (R.). *J. biol. Chem.*, 1945, **159**, 585.
Doudoroff (M.), Barker (H. A.) et Hassid (W. Z.). *J. biol. Chem.*, 1947 a, **168**, 725 ; ibid., 1947 b, **168**, 733 ; ibid., 1947 c, **170**, 147.
Doudoroff (M.), Hassid (W. Z.) et coll. *J. biol. Chem.*, 1949, **179**, 921.
Hehre (E. J.). *J. biol. Chem.*, 1946, **163**, 221 ; ibid., 1949, **177**, 267.
Hehre (E. J.), Carlson (A. S.) et Neill (J. M.). *Science*, 1947, **106**, 523.
Hehre (E. J.) et Hamilton (D. M.). *J. biol. Chem.*, 1946, **166**, 777 ; *J. Bact*, 1948, **55**, 197.
Hestrin (S.) et coll. *Biochem. J.*, 1943, **37**, 450.
Keilin (D.) et Hartree (E. F.). *Biochem. J.*, 1948, **42**, 230.
Monod (J.). *Growth XI*, 1947, **4**, 223.
Monod (J.). In *Unités biologiques douées de continuité génétique*, édit. C. N. R. S., Paris, 1948, 181.
Monod (J.). *Symp. Biochem. Society*, 1949 (sous presse).
Monod (J.) et Audureau (A.). Ces *Annales*, 1946, **72**, 868.
Monod (J.) et Torriani (A. M.). *C. R. Acad. Sci.*, 1948, **227**, 240.
Nelson (N.). *J. biol. Chem.*, 1944, **153**, 375.
Somogyi (M.). *J. biol. Chem.*, 1945, **160**, 61.
Stacey (M.) *Nature*, 1942, **149**, 639.
Torriani (A. M.) et Monod (J.). *C. R. Acad. Sci.*, 1949, **228**, 718.

7. ADAPTATION, MUTATION AND SEGREGATION IN THE FORMATION OF BACTERIAL ENZYMES

By JACQUES MONOD

Institut Pasteur, Paris

I

The general assumption that simple relations exist between genes and enzymes is essential to biochemical genetics. This hardly needs being recalled, especially after listening to the interesting papers and discussions at this symposium.

But, as the discussions here have shown, this general conception has to be further qualified and defined in order to make it into a useful tool for experimental work. The remarkable measure of success achieved by the *Neurospora* group, for instance, has undoubtedly been largely due to the adoption, as a working hypothesis, of the one gene-one enzyme scheme proposed by Beadle (1945). The results leave little doubt that the scheme must be essentially valid, at least when applied to the types of biochemical-genetic differences involved in such experiments.

A further step has been suggested by the interesting theoretical calculations of McIlwain (1946), showing that the activity per cell of enzymes implicated in the synthesis of essential metabolites may be of an order low enough to be accounted for by the presence of a single enzyme molecule. Taken in conjunction with the one-to-one relation, this leads to the conclusion that in such cases there is no experimental evidence of the controlling gene and the controlled enzyme being distinct entities. Why not then assume identity? Or, looking at the problem from another angle, does the one to one relation express anything more, or less, than this identity? Whether this hypothesis is accepted as such or with certain restrictions, it must be recognized that all the data on genetic control of biosynthetic reactions tend to strengthen the impression that strict, rigorous interrelations exist between specific genetic factors and specific enzymic activities. Indeed, it would seem that the presence of a gene is enough to determine the presence of the corresponding enzyme.

The bearings of these results on our understanding of the gene as a physiological unit could hardly be overestimated. But in taking them into account, it should not be forgotten that these developments have been based almost entirely on the study of only certain types of biochemical activities, namely those involved in the synthesis of essential metabolites, vitamins or amino-acids. The question arises, whether the same or similar relations between genes and enzymes would be found, were other types of biochemical activities (e.g. enzymes) considered. At this point, it may be well to remember that in the formation of many enzymes produced by micro-organisms, factors other than genetic are known to play an important and specific part. The occurrence of this phenomenon, generally referred to as enzymic adaptation, would seem to imply that certain types at least of specific molecules are produced only or mainly in response to a specific chemical stimulus, the agent of which is no other than the substrate of their activity. This rather well-known, although little studied, phenomenon is unfortunately often considered with either too much enthusiasm, as if it would explain everything, or too much suspicion, as if there were something phoney about the whole subject. I, for my part, have been studying it for some years now, alternating between enthusiasm and suspicion.

II

Let us here consider it soberly, taking a definite example. *E. coli*, ML, is a typical *coli*, growing well in simple media containing inorganic salts and one of many carbohydrates as a source of carbon and energy.

Bacteria grown on glucose as sole carbon source are unable to oxidize maltose or lactose when suspended in buffer in the presence of either disaccharide and 2:4-dinitrophenol, the function of which is to block enzymic adaptation (Monod, 1944). When grown on lactose, however, they show a Q_{O_2} of 250–300 in the presence of lactose, although still inactive towards maltose. The situation is reversed when maltose-grown bacteria are used. The rate at which the activity increases during adaptation, which takes place in buffer supplemented with an ammonium salt (Fig. 1), and the complete reversibility of the phenomenon, exclude the hypothesis that it might be due to selection. Actually, with this strain, adaptation will even occur, although to a lesser extent, in the absence of an external source of N, that is to say under conditions where the bacteria cannot grow.

This type of experiments, on which Karstrom based his definition of adaptive enzymes, shows us that the metabolism of each of these disaccharides involves an adaptive enzyme. It does not, however, tell us anything about the nature of these enzymes.

The enzymes can be extracted from adapted bacteria and partially purified by centrifugation, ammonium sulphate fractionation and dialysis. The lactose enzyme is a typical lactase, splitting lactose to glucose and galactose:

$$4\text{-}(\beta\text{-Galactosido})\text{-glucose} \xrightarrow[\text{Lactase}]{} \text{glucose} + \text{galactose}$$

52

BACTERIAL ENZYMES

The preparations are quite specific, as they exhibit no measurable activity in the presence of any of the other disaccharides tried.

The maltose enzyme is of a different type. In its presence, half of the molecule of maltose is degraded to glucose, while the other half is synthesized into a polysaccharide of the starch type (as judged from its reaction with iodine). The reaction goes to completion in the presence of *notatin** which removes the glucose formed (Fig. 2). It stops at 60 % in the absence of notatin (Monod & Torriani, 1948). It is reversible: the enzyme is inactive towards its own polysaccharide, unless glucose

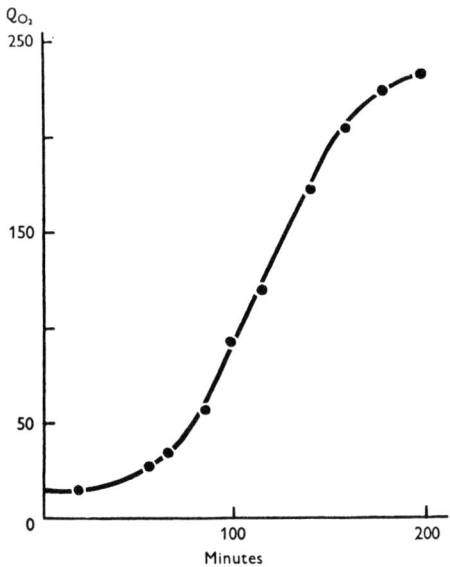

Fig. 1. Adaptation to lactose. Increase of Q_{O_2} of cells grown on glucose, washed, and suspended in phosphate buffer + $(NH_4)_2SO_4$ in the presence of lactose. Warburg measurements at 37°.

is added, when the polysaccharide is degraded (Fig. 3), and glucose disappears to the extent of 40 % (Torriani & Monod, 1949). The reaction is, in fact, formally similar to the phosphorylase reaction:

$$n\ 4\text{-}(\alpha\text{-Glucosido})\text{-glucose} \xrightarrow{Amylomaltase} \text{glucose}_n + n\ \text{glucose}$$

$$n\ \text{Glucose-1-phosphate} \xrightarrow{Phosphorylase} \text{glucose}_n + n\ \text{phosphate}$$

This enzyme is also quite specific. It exhibits no activity towards any of the other substrates tried, including α-methylglucoside.

The crude extracts from lactose or glucose-grown bacteria do not exhibit any measurable amylomaltase activity. So far, maltose alone has been found to induce the formation of amylomaltase. In the case of

* Glucose oxidase produced by *Penicillium notatum* (Coulthard *et al.* 1945).

53

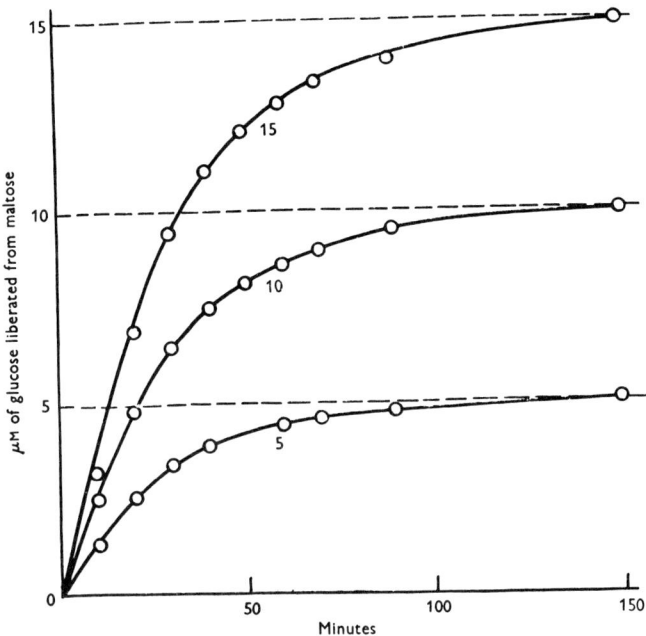

Fig. 2. Amylomaltase reaction. Liberation of glucose from maltose in the presence of amylomaltase and glucose oxidase (notatin). Figures under each curve indicate the number of μM of maltose in the reaction mixture. Warburg measurements at 28°.

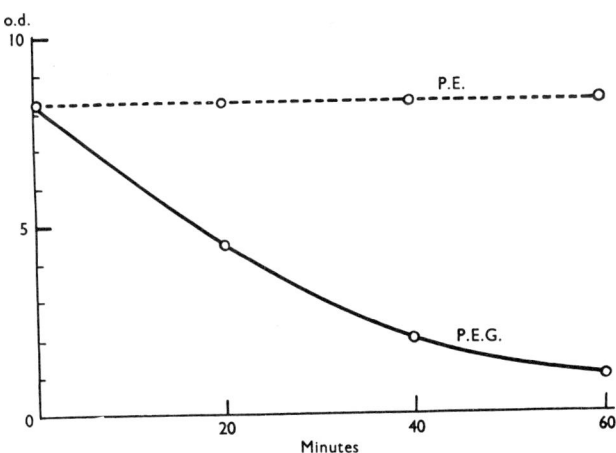

Fig. 3. Reversibility of amylomaltase reaction. Decrease in intensity of iodine reaction of a solution of polysaccharide in the presence of enzyme and glucose (P.E.G.). No decrease is observed in the absence of glucose (P.E.). o.d. = arbitrary units of optical density.

BACTERIAL ENZYMES

lactase, both lactose and galactose induce the formation of the enzyme. Attempts at reactivating the inactive crude extracts from unadapted bacteria have consistently failed, and the observations can hardly be interpreted, without assuming that the specific active protein of each enzyme is present only in extracts from bacteria grown on each substrate (Monod, 1948).

III

Here we are then with two specific enzymes, the formation of which by the cells depends on an external specific stimulus. When and where does the gene come into this picture? Does it, in fact, come in at all as a *specific* factor in the formation of these specific molecules? These questions can be answered only on the basis of direct experimental evidence, since there is no *a priori* reason to believe that the simple relations found in the case of biosynthetic reactions should necessarily hold also for these adaptive systems.

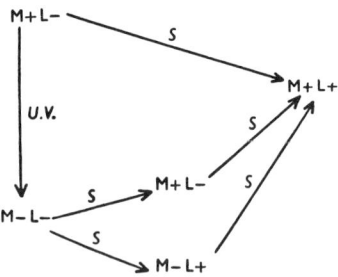

Fig. 4. Series of mutations observed with the ML strain. S refers to spontaneous mutations. $U.V.$ to ultra-violet induced mutations.

In the case of the ML strains, some relevant evidence has been obtained in a study of spontaneous and induced mutations affecting the lactose (L) and maltose (M) characters (Monod, 1948). These should be defined not as the presence or absence of the corresponding enzyme, but as the competence or incompetence to form the enzyme in the presence of the specific substrate. The 'positive' (M^+ and L^+) mutants are easily distinguished from the negatives (M^- and L^-) when a mixture of the two is plated out on solid media containing lactose or maltose as sole carbon source. The series of mutations represented by the scheme on Fig. 4 has thus been observed.

The mutations are independent in the sense that their summation can be obtained in any order, and the rate of each does not seem to depend on the other (Monod, 1948).

They also appear to be completely specific in the biochemical sense, since neither has any detectable effect on the ability to produce the other enzyme, or in general, on the ability to use any carbohydrate but lactose or maltose respectively.

Such observations could hardly be interpreted without assuming that the formation of each of these enzymes depends not only on an external specific stimulus, but in addition on the presence (let us rather say 'the functional presence') of at least one specific hereditary determinant. The problem of gene-enzyme relations consists then in understanding the respective significance of these two sets of specific conditions for enzyme formation.

IV

However, even before attempting to discuss this problem, we have yet another one to consider: what evidence, if any, do we have that the hereditary determinant and the enzyme may not be identical? We could always assume that the 'inactive' unadapted cells contain a few, perhaps a single enzyme molecule, endowed with self-reproducing properties, the reproduction of which would simply be selectively favoured in the presence of substrate.

Concerning this fundamental question, we have as yet obtained no direct experimental evidence with the ML strain. But as you know, the discovery by Lederberg (1947) of the occurrence of recombinations, in a strain (K 12) of *coli*, has opened a new field to bacterial genetics. One of the characters most extensively studied by Lederberg with this strain, is the ability to ferment lactose, which is associated with the production of an enzyme of the β-galactosidase-type. Furthermore, this enzyme is adaptive (Lederberg, personal communication).

The results obtained by Lederberg on the recombinations of this and other characters seem to indicate that the corresponding genes are held in a single linear linkage group. At least the percentages of recombinations recovered in the 'prototroph' class, which is selected out in the procedure, agree with this hypothesis. On the other hand, this hypothesis is of course incompatible with the 'identity' hypothesis as it must be understood in the case of an adaptive system. Let us, however, disregard these interpretations for the time being, and assume that the recombinations observed are the result of random reassortments of independent units. What then should we expect if the identity hypothesis were valid? Essentially, that the percentages of segregation would be completely different if the crosses were performed with 'adapted' instead of unadapted cells. Such an experiment should, in any case, show whether there are any relations between the phenomena controlling adaptation and segregation. This experiment has been recently attempted (Monod & Vuillet, unpublished) by comparing the results of crosses between L^+ and L^- strains performed: (*a*) on glucose media,

BACTERIAL ENZYMES

with glucose-grown bacteria; (b) on galactose+lactose media, with galactose-grown strains.

The cells in (a) are unadapted, in (b) they should be fully adapted.

It is seen (Table 1) that there are no significant differences in the results of the two crosses. The ratios of L^+/L^- among the recombinants do not diverge from one cross to the other more than would be normally expected in drawing two samples of that size from the same population. Such a result could only with difficulty be reconciled with the assumption that the enzyme itself is a self-reproducing unit. It indicates, on the contrary, that the production of the enzyme depends on the 'functional presence' of a specific, independent gene, the reproduction and segregation of which is *not affected* by the chemical stimulus to which the *enzyme* is sensitive.

Table 1. *Segregation of L^+ and L^- among recombinants from crosses performed with adapted and unadapted cells*

Characters of parent strains		
L^+ strain*		L^- strain*
$T^-Le^-B_1^-$ M^+B^+	×	$T^+Le^+B_1^+$ M^-B^-

Characters of recombinants	Cross performed on	
	Glucose medium	Galactose + lactose medium
$T^+Le^+B_1^+M^+B^+\ldots L^+$	66 (70%)	57 (65%)
$T^+Le^+B_1^+M^+B^+\ldots L^-$	28 (30%)	31 (35%)
	94	88

* T=threonine; Le=leucine; B_1=thiamine; M=methionine; B=biotin. + refers to independence. − refers to dependence.

These observations, if confirmed and extended, would consequently lead to the conclusion that even in the case of enzymes of the 'adaptive' class, to which the identity hypothesis does not apply, the 'simple relations' scheme does, however, still hold. Whether these 'simple relations' are essentially one-to-one is another matter, which must remain undecided at present. Some recent results of Lederberg (1948) on *coli* and Bonner (1948) on *Neurospora* would seem to indicate that several non-allelomorphic genes co-operate in determining the capacity to form lactase. On the other hand, there is, I believe, as yet no decisive evidence to show that a single mutation may affect the *specific* properties of more than a single enzyme. In any case, it is clear that the one-to-one hypothesis should not be taken too literally. As a matter of fact, nobody ever supposed that the synthesis of a molecule as complex as

57

an enzyme protein could involve the functional presence of only a single gene.

The basic question is, whence does the molecule derive its specific structure? In the case of 'biosynthetic' enzymes, there is no experimental evidence to contradict the hypothesis that a specific gene may be entirely responsible for it. But in the case of adaptive enzymes, there is proof that the substrate plays an important and decisive part in the synthesis, although specific genes are implicated in determining the competence to adapt. Furthermore, we have no proof that this may not be actually a general situation. Where enzymes acting on substrates synthesized by the cell itself are concerned (which is the case of enzymes implicated in biosynthesis), it is at least not unreasonable to suppose that the substrates may also play an important part in the production of the specific molecule.

The problem of solving the apparent contradiction in the determinism of adaptive enzyme formation, may thus be a general one, essential to an adequate understanding of the physiology and biochemistry of the gene.

I shall not attempt here to speculate on this problem (for speculations, see Monod, 1947, 1948; and Spiegelman, 1946). I have merely tried to show how the combined biochemical and genetical study of bacterial enzymes permits us, and even forces us, to consider some of the fundamental questions of biochemical genetics from an angle somewhat different from the usual, and may perhaps help to approach them experimentally.

REFERENCES

Beadle, G. W. (1945). *Chem. Rev.* **37**, 15.
Bonner, D. M. (1948). *Science*, **108**, 735–9.
Coulthard, C. E., Michaelis, R., Short, W. F., Sykes, G., Skrimshire, G. E. H., Standfast, A. F. B., Birkinshaw, J. H. & Raistrick, H. (1945). *Biochem. J.* **39**, 24–36.
Lederberg, J. (1947). *Genetics*, **32**, 505.
Lederberg, J. (1948). *Rec. Genet. Soc. Amer.* **17**, 46.
McIlwain, H. (1946). *Nature*, **158**, 198.
Monod, J. (1944). *Ann. Inst. Pasteur*, **70**, 381.
Monod, J. (1947). *Growth Symp.* **11**, 223–89.
Monod, J. (1948). *Colloque 'Unités biologiques douées de continuité génétique'*, pp. 187–205. Edition du C.N.R.S., Paris, 1948.
Monod, J. & Torriani, A. M. (1948). *C.R. Acad. Sci., Paris*, **227**, 240–2.
Monod, J. & Vuillet, M. Unpublished experiments.
Spiegelman, S. (1946). *Cold Spr. Harb. Symp. quant. Biol.* **11**, 256–77.
Torriani, A. M. & Monod, J. (1949). *C.R. Acad. Sci., Paris*, **228**, 718–21.

LA TECHNIQUE DE CULTURE CONTINUE THÉORIE ET APPLICATIONS

par Jacques MONOD.

(Institut Pasteur.
Service de Physiologie microbienne.)

I. — Introduction.

Repiquer une culture bactérienne, c'est, dans l'acception courante, diluer un petit volume de culture dans un grand volume de milieu neuf. Cette opération introduit dans la croissance une discontinuité et dans l'expérience un élément d'incertitude que connaissent bien les bactériologistes. Discontinuité et incertitude seront d'autant moindres que les repiquages seront plus fréquents et pratiqués à dilution moins grande. A la limite on aurait une culture maintenue par dilution continue calculée de façon que la croissance des germes soit exactement compensée. Une culture ainsi entretenue croîtrait indéfiniment, à vitesse constante, dans des conditions constantes. La discontinuité aurait disparu ainsi que l'élément d'incertitude qu'elle comporte. Il est évident que par la constance des conditions de milieu, du taux de croissance, donc de l'état physiologique des germes, une telle culture serait un objet d'expérience extrêmement favorable.

Les recherches poursuivies dans ce laboratoire nous ont amenés à mettre ce principe en œuvre (Monod, Torriani et Doudoroff, 1950) [2] et à étudier les propriétés des cultures continues. On verra par ce qui suit, je l'espère, que l'intérêt de cette technique ne se borne pas à l'obtention de cultures permanentes et stables. Les cultures continues constituent, dans certaines conditions, des systèmes en équilibre, de sorte que l'étude d'un phénomène en fonction du temps peut y être souvent remplacée par sa mesure à l'état d'équilibre, ce qui présente de grands avantages, théoriques autant que pratiques.

J'essaierai ici d'exposer les propriétés générales de ces systèmes continus, et d'indiquer les moyens de les utiliser dans différents types d'expériences. Ce n'est là qu'une première approximation. Le problème mériterait d'être traité, du point de vue théorique, d'une façon plus rigoureuse et plus approfondie que je ne saurais le faire. Quant à la réalisation technique, on ne trouvera ici que la description d'un montage assez primitif, dont le seul mérite est la simplicité.

II. — Théorie.

A. Croissance exponentielle continue. Conditions d'équilibre. — Considérons un récipient B contenant un volume donné V_B de culture bactérienne. Supposons que, les conditions de milieu étant favorables, cette culture se développe à taux constant. Supposons que du milieu neuf, en réserve dans une nourrice N, soit amené de façon continue dans le récipient B par une tubulure *ad hoc* (T_1), tandis que, grâce à un artifice quelconque, une quantité égale de milieu est retirée à chaque instant par une seconde tubulure (T_2) aboutissant à un second récipient (P). Supposons que les bactéries tombant dans le récipient P cessent immédiatement de se multiplier (soit qu'elles soient congelées, soit que le récipient P contienne une substance antiseptique ou bactériostatique). Supposons enfin qu'en dépit du milieu neuf constamment admis dans la culture, l'homogénéité de la suspension bactérienne et des substances nutritives dissoutes soit assurée par un brassage efficace du liquide dans le récipient B. Ce brassage est supposé assurer également l'équilibre

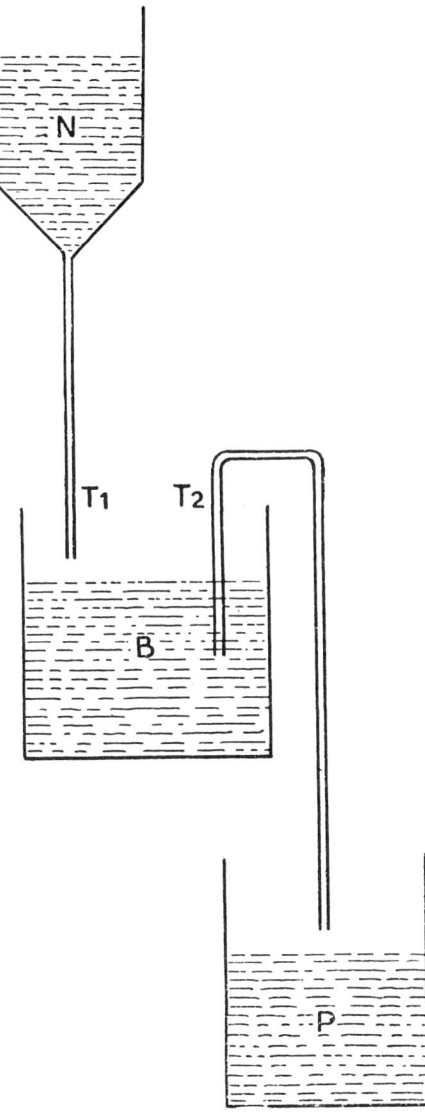

Fig. 1. — Schéma d'un appareil à culture continue.

entre le milieu liquide et l'atmosphère gazeuse du récipient.
Soit : x_B la masse bactérienne contenue dans le récipient B ;
x_P la masse bactérienne contenue dans le récipient P ;
x_T la masse bactérienne totale.
On a par définition :

$$x_B = x_T - x_P$$

et en dérivant par rapport au temps :

$$\frac{dx_B}{dt} = \frac{dx_T}{dt} - \frac{dx_P}{dt}. \qquad (1)$$

Etant donné que seules les bactéries contenues dans B se multiplient, on voit que :

$$\frac{dx_T}{dt} = \mu x_B \qquad (2)$$

μ est une constante que nous appellerons « taux de croissance népérien » (1). L'accroissement de la masse bactérienne en P est à chaque instant proportionnel à x_B et au débit du système. Si nous définissons ce débit (D) comme le rapport du volume débité par unité de temps, au volume V_B, nous pourrons écrire :

$$\frac{dx_P}{dt} = D.x_B. \qquad (3)$$

En combinant (1), (2) et (3) on obtient :

$$\frac{dx_B}{dt} = (\mu - D) x_B. \qquad (4)$$

et en intégrant :

$$\operatorname{Log}_e \frac{x_B}{x_0} = (\mu - D) t \qquad (5)$$

x_0 est ici une constante exprimant la masse bactérienne au temps $t = 0$.

Si nous considérons un intervalle de temps quelconque, t_2-t_1, et l'accroissement correspondant, x_2-x_1, de la masse bactérienne dans B, nous pouvons écrire :

$$\frac{\operatorname{Log}_e x_2 - \operatorname{Log}_e x_1}{t_2 - t_1} + D = \mu. \qquad (5\ bis)$$

Cette équation permet de calculer le taux de croissance, connaissant l'accroissement de la culture et le taux de dilution.

(1) Le taux de croissance est généralement défini comme le nombre de divisions (ou de doublements de la masse) par unité de temps. On passe du « taux de croissance népérien » (μ) au taux de croissance usuel (μ_2) en divisant par $\operatorname{Log}_e 2$:

$$\mu_2 = \frac{\mu}{0{,}69}.$$

Le système est en équilibre lorsque $\mu = D$. Dans cette condition, la masse bactérienne ou, ce qui revient au même, la densité de la culture en B est constante, tandis que le produit » s'accumule en P proportionnellement au temps.

Si l'on dispose d'un moyen de régler le débit, il est donc possible, en principe, de maintenir indéfiniment la culture à toute densité compatible avec la croissance au taux maximum, tandis que la multiplication se poursuit au taux correspondant à la phase exponentielle.

B. CROISSANCE CONTINUE A TAUX LIMITÉ. — La croissance d'une culture dans un milieu non renouvelé modifie la composition de ce milieu et crée ainsi des conditions qui ralentiront et, en définitive, arrêteront la croissance. Dans le milieu constamment renouvelé du récipient « B », ceci ne se produira pas si le taux de dilution équilibre *exactement* le taux de croissance maximum. Pour peu que le taux de dilution soit *inférieur* au taux de croissance, il en ira autrement. La densité de la culture dans B s'accroîtra à un taux « apparent » égal à μ-D, tant que les conditions de milieu demeureront optimales. Tôt ou tard l'apport de milieu neuf ne suffira plus à maintenir ces conditions pour une population accrue, de sorte que le taux de croissance diminuera. Il est clair qu'il atteindra ainsi, nécessairement, la valeur d'équilibre ($\mu = D$), mais qu'il ne tombera pas sensiblement *au-dessous* de cette valeur, car alors la population diminuerait et l'apport désormais en excès de milieu neuf tendrait à restituer les conditions primitives, par conséquent à augmenter le taux de croissance. *Celui-ci s'ajustera donc automatiquement à la valeur d'équilibre et y demeurera indéfiniment.*

Ces conditions de fonctionnement pour lesquelles le système tend vers un équilibre stable sont particulièrement intéressantes et nous allons chercher à les définir d'une façon plus rigoureuse.

Considérons une culture se développant dans un milieu de composition définie, et telle que le seul « facteur limitant » de la croissance soit la concentration de l'un des aliments essentiels, par exemple l'aliment carboné. On sait (*Cf.* Monod, 1942-1949) [1] que dans un tel milieu (non renouvelé) la croissance totale (2) est proportionnelle à la concentration initiale de l'aliment carboné. On sait aussi que le taux de croissance varie avec la concentration de l'aliment carboné suivant une loi assez bien exprimée par la relation hyperbolique :

$$\mu = \mu_0 \frac{S}{S_K + S} \qquad (6)$$

(2) Différence entre la densité initiale et la densité maximum. La densité de la culture est définie comme le poids sec de substance bactérienne par unité de volume.

TECHNIQUE DE CULTURE CONTINUE

dans laquelle μ est le taux de croissance correspondant à une concentration S d'aliment limitant, μ_0 le taux de croissance maximum, qui prévaut quand S est grand, S_K, une constante caractéristique de l'organisme et de la substance considérée.

On sait enfin que, dans la plupart des cas connus, la valeur de la constante d'« affinité » S_K est très petite par rapport aux valeurs de la concentration S permettant un développement assez abondant des cultures. Ceci revient à dire que le taux de croissance est, en pratique, indépendant de la concentration de l'aliment carboné, sauf lorsque celle-ci est excessivement faible.

Considérons maintenant une culture se développant dans le récipient B (fig. 1) alimenté par une nourrice contenant un milieu de composition telle que la concentration de l'aliment carboné constitue le seul facteur limitant de la croissance. Soit S_0 la concentration de l'aliment limitant dans le milieu neuf ; S, la concentration de cet aliment dans B ; R, la constante de rendement (*Cf.* Monod, *loc. cit.*). On peut écrire :

$$\frac{dS}{dt} = D(S_0 - S) - \frac{1}{R}\frac{dx_T}{dt} \qquad (7)$$

En effet : 1° la concentration S de l'aliment dans B tend à se rapprocher de la concentration S_0 dans le milieu neuf d'autant plus vite que la différence de ces concentrations est plus grande et le débit plus rapide ; 2° la concentration S tend à diminuer d'autant plus vite que l'accroissement de la masse bactérienne totale est plus rapide. Ce second terme

$$\left(-\frac{1}{R}\frac{dx_T}{dt}\right)$$

exprime l'hypothèse que le rendement de la croissance est constant, indépendamment de son taux (3). En remplaçant

$$\frac{dx_T}{dt}$$

dans l'équation (7) par sa valeur tirée de l'équation (2), on obtient :

$$\frac{dS}{dt} = D(S_0 - S) - \frac{x_B}{R}\mu$$

et en remplaçant μ par sa valeur, donnée par (6) :

$$\frac{dS}{dt} = D(S_0 - S) - \frac{x_B}{R}\nu_0\frac{S}{S_K + S}. \qquad (8)$$

---

(3) Voir à ce sujet Monod (1942) [**1**], Teissier (1942) [**3**] et plus loin, p. 9.

Une culture ne peut être dite à l'équilibre que si S et x_B sont constants, c'est-à-dire lorsque l'on a à la fois :

$$\frac{dS}{dt} = 0$$

et

$$\frac{dx_B}{dt} = 0.$$

D'après les équations (4), (6) et (8), ces deux conditions peuvent s'écrire respectivement :

$$D(S_0 - S) = \frac{\mu_B}{R} \mu_0 \frac{S}{S_K + S} \qquad (9)$$

et

$$\mu_0 \frac{S}{S_K + S} = D. \qquad (10)$$

Il est évident que l'équilibre n'est pas réalisable si $D > \mu_0$ puisque l'équation (10) ne serait vérifiée pour aucune valeur de S ou de D. En revanche, un équilibre stable est nécessairement atteint si $D < \mu_0$. En effet si, à un moment quelconque x_B est inférieur à la valeur satisfaisant l'équation (9), alors

$$\frac{dS}{dt}$$

est positif, S s'accroît, de sorte que

$$\mu_0 \frac{S}{S_K + S} - D$$

prend une valeur positive, et la culture s'accroît. L'inverse se produit si x_B est supérieur à la valeur d'équilibre. De même, si S est plus grand que la valeur satisfaisant l'équation (10), alors

$$\frac{dx_B}{dt}$$

est positif [équation (4)], la culture croît, de sorte que l'égalité (9) n'est plus satisfaite, et

$$\frac{dS}{dt}$$

devient négatif. L'inverse se produit si S est inférieur à la valeur satisfaisant l'équation (10). Si, l'équilibre étant atteint, on modifie le débit (tout en le maintenant inférieur à μ_0), le système évolue, pour les mêmes raisons, vers un nouvel équilibre ; la densité bactérienne et la concentration de l'aliment limitant se stabilisent à de nouvelles valeurs, telles que le taux de croissance soit de nouveau égal au taux de dilution. *L'expérimentateur dispose*

TECHNIQUE DE CULTURE CONTINUE

donc là d'un moyen de modifier à son gré le taux de croissance et de le régler à une valeur quelconque inférieure à μ_0.

On voit, d'après (10), qu'à l'équilibre l'équation (9) se simplifie en :

$$x_B = R (S_0 - S). \qquad (9 \; bis)$$

De plus, comme l'équilibre stable exige

$$D = \nu_0 \frac{S}{S_K + S} < \mu_0.$$

comme, d'autre part, la valeur de la fraction

$$\frac{S}{S_K + S}$$

est pratiquement indépendante de S tant que S est d'un ordre de grandeur supérieur à S_K; comme enfin les valeurs expérimentalement déterminées (v. ci-dessus) de S_K sont très petites, l'équilibre ne sera atteint que pour de faibles valeurs de S.

Cette remarque est importante car, en pratique, les valeurs choisies pour la concentration initiale, S_0, seront presque invariablement beaucoup plus grandes que les valeurs d'équilibre de S. A l'équilibre $S_0 - S$ sera donc très peu différent de S_0, et l'équation (9 *bis*) se simplifiera encore en :

$$x_B = RS_0.$$

Autrement dit, tout se passera comme si, malgré la dilution continue du milieu, l'aliment limitant était entièrement consommé par les bactéries. Eclairons cette conclusion d'un exemple. Pour *E. coli* se développant en milieu défini, avec du glucose comme aliment limitant, la constante S_K est de l'ordre de 10^{-5} (Monod, 1942). Or, la concentration de glucose qui donnerait une « bonne culture » aux yeux d'un bactériologiste serait de 10^{-3} à 5×10^{-3}, soit 100 à 500 fois plus grande. Avec $D = 0.5 \; \mu_0$ l'équation (10) s'écrirait :

$$0.5 \mu_0 = \nu_0 \frac{S}{10^{-5} + S}$$

d'où $S = 10^{-5}$. L'équation (9 *bis*) nous donnerait alors, avec $S_0 = 2 \times 10^{-3}$.

$$x_B = R (2.10^{-3} - 10^{-5})$$

et l'on voit que x_B ne différerait que de 1/200 de la valeur maximum correspondant à l'utilisation intégrale de l'aliment carboné. Avec $D = 0.9 \; \mu_0$, la densité de la culture, à l'équilibre, ne serait inférieure que de 5 p. 100 à la valeur maximum.

Il apparaît donc que dans ces conditions, non seulement le système est auto-régulateur, mais encore le taux de croissance peut être fixé à toute valeur voulue (inférieure à 0,9 μ_0 environ) et modifié en cours même d'expérience, sans que cependant la densité de la culture subisse de variations appréciables. Ce sont surtout ces propriétés singulières du « régime auto-régulateur » qui font l'intérêt des cultures continues ; dans les paragraphes qui suivent on verra comment ces propriétés peuvent être mises à profit pour l'étude de quelques problèmes-types de physiologie microbienne.

C. Applications a quelques problèmes de physiologie microbienne. — *Relation entre le taux de croissance et la concentration d'un aliment limitant.* — L'étude de cette relation constitue évidemment l'une des applications les plus immédiates de la technique de culture continue. Lorsque pour une telle étude on utilise des cultures en milieu non renouvelé, on rencontre de graves difficultés qui tiennent aux faibles valeurs des constantes d'affinité : dans la plupart des cas, les concentrations d'aliment limitant donnant des cultures visibles se trouvent dans la zone de saturation. Le problème consiste donc à maintenir la concentration de l'aliment limitant à des valeurs constantes et très faibles. Or, c'est là le résultat obtenu automatiquement avec une culture continue lorsque le débit est inférieur au taux de croissance maximum, c'est-à-dire en régime autorégulateur.

Il n'est pas nécessaire d'insister sur le fait évident que l'emploi de cette technique n'est justifié que si la constitution du milieu est telle que l'aliment étudié constitue bien le *seul* facteur limitant de la croissance (*Cf.* à ce sujet, Monod, 1942, p. 33). Ceci posé, il n'est en revanche nullement nécessaire que la forme générale de la relation soit connue. Il faut et il suffit qu'un équilibre *stable* soit atteint pour qu'on puisse écrire :

$$\mu = D = f(S).$$

Or, un équilibre stable ne peut manquer d'être atteint, pour peu que la relation présente la forme générale d'une courbe de saturation, ce qui, *a priori*, semble devoir être toujours le cas. Le dosage direct de l'aliment limitant, dans le liquide de la culture, permet alors d'établir la forme de la relation $\mu = f(S)$.

Il n'est pas non plus nécessaire, pour que la technique soit applicable, que les variations de x_B (densité de la culture) avec le taux de dilution soient négligeables. En fait, la seule limite à l'application de cette technique sera la précision du dosage chimique. On pourrait, en principe, éviter le dosage direct de S, en déduisant sa valeur de la relation (9 *bis*) :

$$x_B = R(S_0 - S).$$

Mais comme les variations de x_B à différents équilibres seront toujours faibles (ou même insensibles), les erreurs seraient considérables. En outre, comme nous allons le voir, la relation (9 bis) représente une approximation qui pourrait être en défaut dans certains cas.

Rendement de la croissance. — En effet, considérer l'équation (9 bis) comme exacte, revient à admettre l'hypothèse [exprimée par le second terme de l'équation (7)] que le rendement de la croissance est indépendant du taux de croissance. Lorsque cette hypothèse est acceptable, l'équation (9 bis) permet de déterminer la constante de rendement R. Le dosage de l'aliment limitant à l'équilibre est inutile. En principe, il suffit de déterminer x_B pour deux ou plusieurs valeurs de S_0. Ce n'est pas là une application particulièrement intéressante de la méthode puisque, dans la mesure même où l'hypothèse d'indépendance est exacte, on peut utiliser tout aussi bien les techniques habituelles. On sait que cette hypothèse se vérifie avec précision lorsque la croissance est limitée par l'épuisement de l'aliment carboné (*Cf.* Monod, *loc. cit.*). Il est probable qu'elle représente une bonne approximation dans la plupart des cas, mais qu'elle cesse d'être exacte au delà de certaines limites, ou pour certains aliments. Par exemple, toute dépense nutritive affectée d'un « coefficient d'entretien » appréciable ne saurait être indépendante du taux de croissance. Si l'on manque de données à cet égard, c'est en partie parce qu'on ne disposait pas d'une technique adéquate. Les « cultures continues » dont on peut faire varier le taux de croissance sans pour cela modifier ni la température, ni la composition du milieu (si ce n'est la concentration d'un aliment) apportent une solution à ce problème expérimental. Si nous admettons que le rendement, R, est une fonction, φ (μ), du taux de croissance, l'équation (9 bis) devient :

$$\frac{x_B}{S_0 - S} = \varphi\,(\mu) = \varphi\,(D). \qquad (9\ ter)$$

La détermination de S et de x_B pour différentes vitesses de dilution permet d'établir la forme de la relation entre le taux de croissance et le rendement.

Cependant, il ne faudrait pas l'oublier, cette méthode n'est justifiée que si le rendement est indépendant de la *concentration* de l'aliment. C'est là une seconde « hypothèse d'indépendance » qui pourrait se trouver en défaut lorsque la concentration de l'aliment varie beaucoup, ou lorsqu'elle devient très petite, ce qui est précisément le cas pour l'aliment limitant à l'équilibre. On conçoit, en effet, qu'une substance métabolisée par deux systèmes enzymatiques distincts avec des constantes d'affinités assez différentes pourrait ne pas donner les mêmes rendements à forte et à faible' concentration. La solution de cette difficulté consiste à composer le milieu de façon que le facteur limitant soit une source alimentaire *autre que celle dont on veut déterminer le rendement*. L'équation (7), donc l'équation (9 *ter*), n'en reste pas moins valable pour cela. Il faut encore cependant que la concentration S_0 de l'aliment étudié ne soit pas choisie trop grande afin que S_0-S soit mesurable avec précision, ni trop petite, de façon que S reste assez grand pour que ses variations puissent être considérées comme sans effet.

Les variations du rendement en fonction de la concentration d'un aliment peuvent avoir, dans certains cas, un intérêt propre. Ici encore l'artifice qui consiste à limiter le taux de croissance par un aliment autre que celui dont on étudie le rendement est applicable. D étant maintenu constant, on déterminerait S par dosages, pour différentes valeurs de S_0.

On sait enfin que le rendement de la croissance bactérienne est fonction de la température (*Cf.* Monod, 1942, p. 106). Mais il n'est pas possible, par les techniques usuelles, d'étudier cet effet indépendamment des variations concomitantes du taux de croissance. La culture continue à taux limité permet d'atteindre ce résultat dans certaines conditions. Supposons que, par réglage du débit, le taux de croissance d'une culture soit fixé à une valeur légèrement inférieure au taux maximum correspondant à une température donnée. Supposons que cette température soit assez loin de l'optimum. Cette culture peut être portée à toute température pour laquelle le taux maximum est supérieur au débit fixé, sans que soit modifié le taux de croissance. Il est évident, cependant, que l'accroissement de la température se traduira, dans de telles conditions, par une variation (en général une diminution) de la concentration d'équilibre de l'aliment limitant. On devra donc éventuellement tenir compte de l'effet de dilution discuté dans les paragraphes précédents, et l'éviter en faisant en sorte que l'aliment limitant ne soit pas celui dont on cherche à déterminer le rendement en fonction de la température.

La possibilité de dissocier, dans une certaine mesure, deux phénomènes physiologiques, tous deux fonction de la température, constitue sans doute l'une des applications les plus intéressantes de la méthode. Nous y reviendrons tout à l'heure.

Vitesses de synthèses. — L'étude de la cinétique d'un processus de synthèse spécifique, tel que la formation d'un enzyme ou autre constituant cellulaire, comporte de graves difficultés, et de toutes sortes, la plupart inhérentes au phénomène lui-même. Certaines de ces difficultés cependant tiennent aux techniques de culture. Les suspensions dites « non proliférantes » ne peuvent être employées s'il s'agit d'un phénomène lié, fût-ce indirectement, à la croissance. D'ailleurs, les propriétés de ces suspensions qui contiennent un nombre variable, généralement indéterminé, de germes non viables, se modifient rapidement avec le temps. Une culture en voie de croissance ne peut être considérée comme physiologiquement stable qu'au cours de la phase exponentielle, souvent trop courte pour les besoins de l'expérience. Encore la composition du milieu se modifie-t-elle très rapidement au cours de cette phase. Enfin, la variation continue de la densité bactérienne au cours de l'expérience introduit une difficulté supplémentaire. L'emploi de cultures continues que l'on peut maintenir indéfiniment dans un milieu constant, à taux de croissance constant, à densité constante, est donc tout indiqué.

Les cultures continues présentent pour ce type d'expériences d'autres avantages remarquables. En premier lieu, mesurer le taux d'une réaction de synthèse dans une culture continue revient à déterminer un état d'équilibre, au lieu de mesurer à intervalles successifs l'accumulation d'une substance. En second lieu, le contrôle du taux de croissance permet d'étudier le degré de dépendance (ou d'indépendance) de la réaction de synthèse considérée, à l'égard des processus de synthèse dans leur ensemble. Il permet en somme de distinguer, dans une certaine mesure, les effets d'un agent actif à la fois sur le phénomène envisagé et sur d'autres qui pourraient le masquer. Afin de préciser les propriétés de ces systèmes, nous allons considérer maintenant quelques modèles théoriques de réactions de synthèse.

Supposons une culture continue, en train de se multiplier dans les conditions du régime auto-régulateur. Supposons un constituant cellulaire Z, un enzyme par exemple, synthétisé par les bactéries en train de proliférer. Soit Z_B la quantité de Z dans le récipient B, Z_P la quantité de Z dans le récipient P, Z_T la quantité totale.

On peut écrire :

$$\frac{dZ_B}{dt} = \frac{dZ_T}{dt} - \frac{dZ_P}{dt} \quad (11)$$

l'accroissement de Z dans le récipient P est donné par :

$$\frac{dZ_P}{dt} = Z_B D \quad (12)$$

D représentant, comme ci-dessus, la vitesse de dilution.

Pour avoir un système complet d'équations [homologues des équations (1), (2) et (3)], il reste à exprimer l'accroissement de Z_T en fonction des conditions de milieu, de Z_B, éventuellement du taux de croissance, de la température, etc., c'est-à-dire à faire une hypothèse sur le mécanisme ou la nature du processus de synthèse par lequel s'élabore la substance Z. Cette équation, que nous appellerons « hypothétique » pourra, suivant les mécanismes envisagés, prendre des formes très différentes. Cependant mis à part certains cas qu'il faudrait qualifier de pathologiques, l'équation hypothétique devra exprimer le fait que la concentration de tout constituant cellulaire ne saurait excéder une certaine limite. Soit X cette limite, qui s'exprimera par exemple comme fraction de la masse bactérienne x_B contenue dans le récipient B. L'équation hypothétique générale sera de la forme :

$$\frac{dZ_T}{dt} = (X - Z_B)\psi \qquad (13)$$

dans laquelle ψ représente la fonction hypothétique proprement dite. En comparant les équations (11), (12) et (13), on voit que le système tend nécessairement vers un équilibre puisque

diminue tandis que
$$\frac{dZ_T}{dt}$$
$$\frac{dZ_P}{dt}$$

augmente lorsque Z_B augmente, et inversement ;

$$\frac{dZ_B}{dt}$$

tendra donc toujours vers zéro. Ceci à la condition que ψ ne prenne pas de valeurs infinies, hypothèse que l'on peut exclure a priori. Soit Z_E la valeur de Z_B à l'équilibre. La détermination de Z_E donne une mesure de la vitesse de la réaction de synthèse dans les conditions choisies, puisque à l'équilibre on peut écrire, d'après (11) et (12) :

$$\frac{dZ_T}{dt} = \frac{dZ_B}{dt} = Z_E D$$

Voyons maintenant comment varie Z_E suivant la forme de la fonction ψ, c'est-à-dire suivant l'hypothèse faite sur le mécanisme de la réaction (ou du système de réactions) de synthèse. Il est clair que toutes sortes de fonctions hypothétiques pourraient être envisagées suivant les variables et les phénomènes considérés. Nous nous bornerons ici à quelques cas simples et typiques, de nature à mettre en lumière les propriétés du système.

Supposons d'abord qu'on veuille étudier l'effet sur la synthèse de Z, d'une substance présente dans le milieu. Soit S la concentration de cette substance. Faisons, sur le mécanisme d'action de cette substance, l'hypothèse la plus simple possible : à savoir que la vitesse de la réaction de synthèse est proportionnelle à la concentration S. La fonction ψ devient alors :

$$\psi = KS$$

K étant une constante de proportionnalité.

L'équation hypothétique (13) s'écrit donc :

$$\frac{dZ_T}{dt} = (X - Z_B) KS. \qquad (13\,a)$$

Comme à l'équilibre on a :

$$\frac{dZ_T}{dt} = \frac{dZ_P}{dt} = Z_E D$$

et, par définition,

$$Z_B = Z_E.$$

On peut écrire en remplaçant

$$\frac{dZ_T}{dt}$$

et Z_B par leurs valeurs :

$$Z_E D = (X - Z_E) KS$$

d'où :

$$Z_E = X \frac{KS}{D + KS} \qquad (A)$$

Dans ce cas, comme on le voit, Z_E serait une fonction hyperbolique de D et de S. Sa valeur tendrait vers X lorsque S deviendrait grand, ou lorsque D tendrait vers O. Z_E ne serait nul que pour $D = \infty$ ou $S = O$. Les courbes figuratives de Z_E en fonction de S et de D sont données par les figures 2 et 3. Remarquons que dans ce calcul nous admettons implicitement que S est indépendant de D. C'est dire que la substance « active » dont il s'agit de déterminer l'effet ne saurait être l'aliment limitant. Il n'y a pas là, d'ailleurs, de difficulté. Il faut cependant prendre garde que la concentration S à l'équilibre n'est pas égale à la concentration S_0 dans le milieu neuf, si la substance active est métabolisée à un taux appréciable. Compte tenu de ces observations, la vérification expérimentale de l'hypothèse ainsi que la détermination de la valeur des constantes n'offrent pas de difficulté de principe.

Supposons maintenant que, conservant la même hypothèse quant à l'effet de la substance activante, nous fassions l'hypothèse supplémentaire que la réaction est *autocatalytique*, autrement dit que sa vitesse est à chaque instant proportionnelle à la concentration de la substance Z dans les cellules. L'équation hypothétique devient :

$$\frac{dZ_T}{dt} = (X - Z_B) KSZ_B. \qquad (13\,b)$$

Le même raisonnement que ci-dessus conduit à la solution suivante pour l'état d'équilibre :

$$Z_E = X - \frac{D}{KS}. \qquad (B)$$

Les courbes figuratives de Z_E en fonction de D et de S, d'après l'équation (B) sont données par les figures 2 et 3. On voit que ces courbes sont bien différentes de celles auxquelles conduisait la première hypothèse [réaction non autocatalytique, équation (A)]. En particulier, Z_E est une fonction *linéaire* de D, et s'annule pour une valeur finie de la variable. Autrement dit, lorsque le débit augmente au delà de certaines valeurs, la sub-

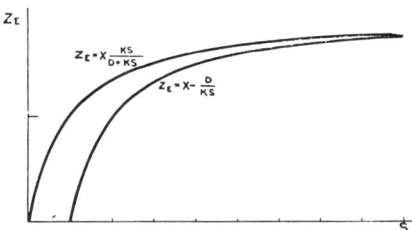

Fig. 2. — Courbes théoriques exprimant la variation de la concentration d'équilibre d'un constituant Z, en fonction de la concentration de l'inducteur S Au-dessus : réaction non autocatalytique (équation A). Au-dessous : réaction autocatalytique (équation B).

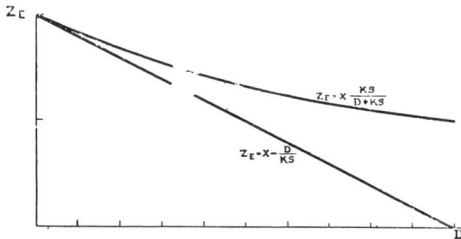

Fig. 3. — Courbes théoriques exprimant la variation de la concentration d'équilibre du constituant Z en fonction du taux de dilution D. Au-dessus : réaction non autocatalytique (équation A). Au-dessous : réaction autocatalytique (équation B).

stance Z n'est plus formée. De même Z_E devient nul lorsque la concentration de la substance active tombe au-dessous d'une valeur limite. A supposer que l'expérience ne puisse être faite pour ces valeurs critiques de D et de S, l'extrapolation doit permettre de distinguer entre des résultats expérimentaux qui vérifieraient soit l'équation A, soit l'équation B. La mesure de Z_E pour différentes valeurs du débit et de la concentration de la substance active permettrait donc de déterminer si le processus de synthèse du constituant Z est, ou n'est pas, doué des propriétés d'une réaction autocatalytique.

Les hypothèses exprimées par les équations (13 a) et (13 b) supposent implicitement l'indépendance entre le taux de croissance et le taux de la réaction de synthèse. Si l'on supposait, au contraire, que le taux de cette réaction soit directement proportionnel au taux de croissance, μ, les termes D et μ disparaîtraient de la solution puisque au régime autorégulateur $D = \mu$. L'équation A deviendrait :

$$Z_E = X \frac{KS}{C + KS} \qquad (A')$$

et l'équation B

$$Z_R = X - \frac{C}{KS} \qquad (B')$$

C représente une constante. On voit que dans ce cas Z_E devient indépendant de D, quelle que soit d'ailleurs la forme de la fonction hypothétique. La détermination de Z_E en fonction de D permettrait donc d'établir éventuellement les limites de validité de « l'hypothèse d'indépendance ».

Nous avons supposé jusqu'ici, pour plus de simplicité, que la vitesse de la réaction de synthèse était *directement* proportionnelle à la concentration de la « substance active » S. On peut envisager aussi le cas, plus probable, où la réaction serait de nature enzymatique. Sa vitesse ne serait plus alors proportionnelle à S, mais à une fonction de S qui exprimerait le phénomène de saturation caractéristique des réactions enzymatiques. Si, par exemple, on adopte, pour cette fonction, la forme de l'équation de Michaelis :

$$v = V \frac{S}{S_K + S}$$

dans laquelle V représente la vitesse maximum et S_K la constante d'affinité, les équations (A) et (B) deviennent respectivement :

$$Z_E = VX \frac{S}{DS_K + DS + VS} \qquad (A'')$$

et

$$Z_R = X - \frac{DS_K + DS}{VS}. \qquad (B'')$$

On verra sans peine que les équations (A'') et (B'') conduisent à des prévisions expérimentales qui ne sauraient se confondre entre elles, ni avec les prévisions des équations homologues (A) et (B). L'expérience, fondée sur ces prévisions, peut donc en principe départager ces différentes hypothèses.

Si, au lieu de choisir comme variable la concentration d'une substance supposée « activante », nous avions introduit une constante de vitesse, supposée fonction d'une variable indépendante quelconque, les résultats eussent été les mêmes. Une telle variable indépendante serait par exemple la température. Nous avons vu tout à l'heure que les conditions du régime autorégulateur pouvaient être ainsi fixées, que le taux de croissance soit indépendant de la température dans un intervalle assez large. On voit maintenant comment des variations de température, à taux constant, pourraient être utilisées pour l'analyse du mécanisme d'une réaction de synthèse.

On pourrait envisager encore beaucoup d'autres formes de l'équation hypothétique, destinées à exprimer toutes sortes de mécanismes. Mais il ne s'agit ici que d'exposer les principes. Les exemples que nous venons de discuter suffisent à montrer comment la mesure de la concentration d'un constituant cellulaire dans une culture continue parvenue à l'équilibre permet d'étudier, en fonction de diverses variables, les propriétés de la réaction de synthèse.

Les avantages, si considérables qu'ils soient en théorie comme en pratique, de cette méthode d'équilibre, ne doivent pas nous faire oublier qu'une culture continue se prête également, et bien mieux qu'une culture normale, à la mesure de l'accumulation (ou de la disparition) d'un constituant cellulaire en fonction du temps. Pour que l'emploi de cette seconde méthode soit justifié, il faut et il suffit que les conditions de culture (taux de croissance, débit, composition du milieu) ne varient pas au cours de l'essai. Ceci acquis, on dispose là d'un second moyen de vérifier par l'expérience les prévisions de l'équation hypothétique. En remplaçant

$$\frac{dZ_T}{dt} \quad \text{et} \quad \frac{dZ_P}{dt}$$

dans l'équation (11) par leurs valeurs tirées de (12) et de l'équation hypothétique (13) on obtient :

$$\frac{dZ_B}{dt} = K (X - Z_B) \psi - Z_B D$$

ou, sous forme intégrale :

$$\int \frac{dZ_B}{KX\psi - (K\psi + D) Z_B} = \int dt + C^{te}.$$

L'intégration donne Z_B en fonction du temps. Pour que l'expérience de vérification soit significative, il faut évidemment qu'au temps zéro la concentration Z_B soit différente de la concentration d'équilibre Z_E correspondant aux conditions choisies. Mais, et ceci est fort important, comme l'équilibre est réversible, il est indifférent que Z_B au temps initial soit plus petit ou plus grand que Z_E. Pratiquement, l'expérience consistera, une fois l'équilibre obtenu dans des conditions données, à modifier les conditions d'équilibre, puis à mesurer Z_B à intervalles adéquats, jusqu'à ce que le nouvel équilibre soit réalisé. En principe, on peut imposer à une même culture une succession indéfinie de ces ruptures d'équilibre. Inutile d'insister sur la richesse des combinaisons expérimentales qu'offre cette technique.

Taux de mutation. — On ne peut ici que mentionner l'application possible de la technique de culture continue à l'étude des mutations bactériennes. Une véritable discussion de ce problème nous entraînerait trop loin. On sait que les théories relatives à la sélection des formes mutantes dans les populations bactériennes ne sont en général valables que pour des cultures en train de se multiplier à taux constant. De plus, l'hypothèse est presque toujours faite, mais n'a jamais été démontrée, que la probabilité de mutation est proportionnelle au taux de croissance. La vérification de cette hypothèse fondamentale semble possible avec les cultures continues à taux limité, de même que la détermination, à taux de croissance constant, des coefficients de température des fréquences de mutation.

III. — Réalisation.

A. *Appareillage.* — Les développements théoriques qui précèdent sont fondés sur des définitions assez rigoureuses des conditions de culture. Il serait vain de chercher à appliquer la théorie si les conditions expérimentales s'écartaient trop sensiblement de ces définitions. Divers types fort différents d'appareils peuvent être imaginés, qui permettraient sans doute de réaliser des conditions assez proches des exigences théoriques. Je n'en décrirai ici qu'un seul. Ce montage est schématisé par la figure 4.

La condition la plus importante est l'homogénéité de la culture, hors quoi la notion de « concentration d'équilibre » de l'aliment limitant devient illusoire. Il faut donc que la culture soit brassée continuellement, intégralement et rapidement. Il faut encore que l'équilibre avec la phase gazeuse soit assuré, ce qui entraîne que le rapport de la surface au volume soit grand. Dans le montage adopté, le récipient de culture est un ballon B, fixé et centré sur un support rotatif. La capacité du ballon est de deux litres pour un volume de culture de 100 à 400 cm³. Un moteur M imprime au ballon une vitesse de rotation de l'ordre de 200 à 400 tours/minute. Le brassage obtenu est très énergique : à cette vitesse, la dispersion d'une goutte de colorant introduite dans le liquide est pratiquement instantanée. L'aération est assurée par le film liquide qui recouvre la plus grande partie de la surface intérieure du ballon. La meilleure répartition de ce film liquide est obtenue quand l'axe de rotation fait un angle de 3 à 4 degrés avec l'horizontale.

Le milieu neuf est en réserve dans une nourrice, en l'occurrence une fiole à toxine, placée 1,50 m. environ au-dessus du niveau du ballon. Le liquide passe dans une tubulure en caoutchouc et un serpentin (Srp) constitué par un tube capillaire en verre de 2 m. de long environ, pour aboutir à une pipette compte-gouttes. Le capillaire est choisi de diamètre tel que le débit moyen désiré soit obtenu lorsque l'extrémité du compte-gouttes est environ à 1 m. au-dessous du niveau de la nourrice. Le réglage se fait par déplacement vertical du compte-gouttes. On obtient ainsi un débit

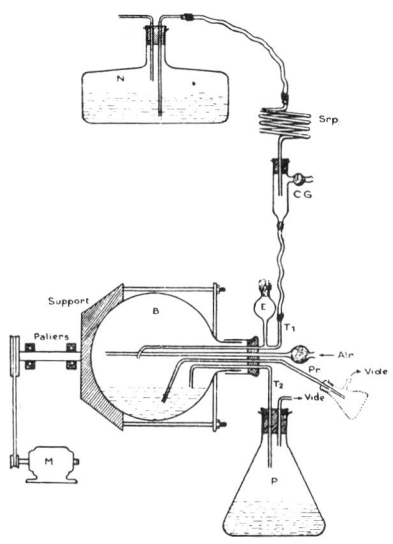

FIG. 4. — Montage d'un appareil à croissance continue. N, nourrice; Srp, serpentin capillaire; C.G., compte-gouttes; B, ballon rotatif; T_1, tubulure d'arrivée; E, tubulure d'ensemencement; Pr, tubulure de prélèvement (en pointillé, fiole de prélèvement); T_2, tubulure de niveau; P, produit; M, moteur.

suffisamment stable, sans qu'il soit indispensable de maintenir rigoureusement constant le niveau du liquide dans la nourrice. Le compte-gouttes, calibré par pesées, permet une mesure précise du débit à l'aide d'un chronographe.

Le volume du liquide en B est maintenu constant, quel que soit le débit, grâce à une tubulure de niveau (T 2) aboutissant à un récipient P, dans lequel on entretient un vide suffisant et où s'accumule le « produit ». Le volume constant ne dépend pas seulement du niveau de la tubulure T 2 mais aussi de la vitesse de rotation qui détermine l'épaisseur, nullement négligeable, du film liquide. Un accroissement de vitesse non compensé par un changement du niveau de la tubulure T 2 se traduit par un accrois-

TECHNIQUE DE CULTURE CONTINUE

sement de volume et inversement. Pour tenir compte de cet effet on détermine le volume par pesée, après essai dans les conditions choisies.

Le système comporte en outre une tubulure munie d'un filtre en coton, par où de l'air (ou tout autre mélange gazeux approprié) est envoyé dans le ballon, après avoir passé dans un flacon laveur contenant de l'eau. Une tubulure d'ensemencement (E), et une tubulure de prélèvement (Pr) peuvent utilement compléter le dispositif.

Le col du ballon est protégé par une pièce annulaire en verre, portée par un bouchon de caoutchouc à travers lequel passent les tubulures.

L'appareil est monté dans une chambre-étuve portée à la température voulue.

B. *Conduite des expériences.* — L'ensemble nourrice — compte-gouttes — tubulures est stérilisé d'un part, le ballon de l'autre. Le montage est fait stérilement. Le ballon est rempli par la tubulure E d'une « culture de départ » à densité convenable. Le débit est amorcé en créant une dépression temporaire dans l'ampoule du compte-gouttes. Les prélèvements directs sont faits en abouchant une fiole à vide à l'extrémité de la tubulure « Pr ».

Ceci dit, tout dépendra du type d'expérience envisagé. Quel qu'il soit, cependant, certaines précautions devront être respectées :

1° La densité bactérienne à l'équilibre ne doit jamais être telle que des facteurs inconnus ou incontrôlés (vitesse de dissolution de l'oxygène, par exemple) ne deviennent limitants. Aussi est-il sage de ne pas dépasser 0,3 à 0,5 µg de poids sec par centimètre cube, et d'utiliser des cultures plus diluées chaque fois que c'est possible. Lorsqu'on peut se contenter de cultures très diluées (0,05 µg par centimètre cube par exemple), il est facile de composer les milieux de façon que la « concentration d'équilibre » des aliments autres que l'aliment limitant soit pratiquement la même que dans le milieu neuf. Ce qui simplifie l'expérience, les calculs et les interprétations.

2° Les prélèvements directs modifient le volume en B, par conséquent le taux de dilution, d'où rupture d'équilibre. Il faut donc qu'ils soient assez petits pour que l'écart soit négligeable, ou assez espacés pour que le système soit entre-temps revenu à l'équilibre. Lorsqu'il n'est pas nécessaire d'effectuer le prélèvement à un moment bien défini (détermination d'un état d'équilibre), on peut avec avantage recueillir le « produit » au lieu de prélever directement.

3° Les conditions dans l'échantillon prélevé changent radicalement et *très rapidement* : ainsi la disparition de l'aliment limitant peut n'être l'affaire que de quelques secondes. Le traitement adéquat doit donc être appliqué *immédiatement*. Le plus efficace et le plus généralement applicable consiste à recevoir l'échantillon sur de la glace pilée.

4° Les risques de contamination, avec cet appareillage, ne sont pas négligeables. Nous n'en avons pas observé cependant au cours de nombreuses séries d'expériences d'une durée maximum de sept à huit heures. Le montage décrit n'est pas conçu pour un fonctionnement permanent.

IV. — Conclusions et commentaires.

1° Le maintien d'une culture bactérienne, à densité constante, à taux de croissance constant, dans un milieu de composition constante est possible en théorie et réalisable en pratique, grâce au principe de « dilution continue à volume constant ».

Pour qu'un tel système soit en équilibre, il faut et il suffit que le taux de dilution (rapport du volume débité par unité de temps au volume de la culture) soit égal au taux de croissance (nombre de divisions par heure) multiplié par le coefficient 0,69 (logarithme népérien de 2). Ce résultat peut être atteint de deux façons différentes : a) en ajustant le taux de dilution de façon qu'il équilibre le taux de croissance maximum ; cet équilibre est instable ; il ne peut être maintenu que par ajustements continuels ; b) en laissant croître la culture jusqu'à ce qu'une condition devienne limitante (concentration d'un aliment essentiel), le taux de dilution étant fixé à une valeur inférieure à celle qui équilibre le taux de croissance maximum. Cet équilibre est stable. Le taux de croissance est alors limité par la concentration d'un aliment, concentration déterminée elle-même par le taux de dilution (régime autorégulateur).

2° Avec une culture continue en régime autorégulateur, l'expérimentateur dispose d'un moyen de fixer le taux de croissance à toute valeur voulue inférieure au maximum. *Autrement dit, le taux de croissance devient, dans une certaine mesure, une variable indépendante.* C'est là une ressource expérimentale précieuse ; inutile d'insister, dans ce résumé, sur ses nombreuses applications possibles. En revanche, il faut souligner le danger qu'il y aurait à s'en prévaloir, dans l'interprétation des expériences, pour traiter le taux de croissance comme une variable univoque et abstraite. Le « réglage » du taux de croissance, dans une culture continue, est obtenu par l'intervention d'un facteur limitant. Beaucoup d'éléments d'interprétation dépendent de la nature du facteur limitant, de ses effets sur la composition et le métabolisme des bactéries, etc...

3° Les cultures continues se prêtent particulièrement bien à l'étude de la cinétique des processus de synthèse. La composition d'une cellule en train de croître, entendue comme le rapport de chaque constituant cellulaire à la masse totale, tend vers un équilibre lorsque le taux de croissance est constant. La concentration de chaque constituant cellulaire, à l'équilibre, dépend des constantes de vitesse du processus de synthèse intéressé. La détermination de l'équilibre obtenu (c'est-à-dire la mesure de la concentration stable d'un constituant cellulaire), en fonction de diverses variables, revient à déterminer l'effet de ces variables sur la vitesse du système de réactions par quoi s'élabore ce constituant. Cette méthode d'équilibre présente évidemment de grands avantages théoriques et pratiques. Elle permet de comparer des modèles théoriques à des résultats expérimentaux dans des conditions telles que beaucoup de facteurs « étrangers » soient annulés, ou plutôt maintenus constants. En somme, la technique de culture continue appliquée à l'étude de ces difficiles problèmes permet de gagner quelques degrés de liberté dans l'expérimentation. Mais ici encore la simplification du problème expérimental ne doit pas créer l'illusion que les phénomènes eux-mêmes soient simplifiés. Fût-il entièrement satisfaisant, le modèle théorique d'un processus de synthèse n'est qu'une représentation partielle d'une somme de phénomènes. Il n'y a pas à craindre, d'ailleurs, que les résultats ne s'accommodent trop aisément d'interprétations naïvement mécanicistes. Ces quelques degrés de liberté supplémentaires donnent au contraire le moyen de mettre les schémas théoriques à plus rude et plus sévère épreuve.

4° La technique de culture continue trouverait sans doute des applications intéressantes dans l'analyse de la mutabilité. Mais il faut à ce propos mentionner une difficulté qui n'a pas été envisagée dans la discussion théorique. On a, pour cette discussion, supposé implicitement que les cultures étaient génétiquement homogènes. Homogènes tout au moins en ce qui concerne les caractères ou propriétés en cause. Dans l'expérimentation, au contraire, on ne peut négliger *a priori* les facteurs de sélection. L'hypothèse que la sélection intervient doit être considérée dans tous les cas, ne fût-ce que pour l'éliminer par des contrôles adéquats (Monod, Torriani et Doudoroff, 1950). Savoir comment en tenir compte, ou l'éliminer, quels contrôles faire, dépend du problème envisagé et ne peut être discuté ici.

BIBLIOGRAPHIE

[1] Monod (J.). Recherches sur la croissance des cultures bactériennes. Actualités scientifiques et industrielles. Hermann, éd., Paris, 1942. *Ann. Rev. Microb.*, 1949, **3**, 371.

[2] Monod (J.), Torriani (A. M.) et Doudoroff (M.). Ces *Annales* (sous presse).

[3] Teissier (G.). *La Revue Scientifique*, 1942, 209-214.

SUR LA BIOSYNTHESE DE LA
β-GALACTOSIDASE (LACTASE) CHEZ *ESCHERICHIA COLI*.
LA SPECIFICITE DE L'INDUCTION*

par

JACQUES MONOD, GERMAINE COHEN-BAZIRE
ET MELVIN COHN**

Service de Physiologie Microbienne, Institut Pasteur, Paris (France)

I. INTRODUCTION

Réduites à l'essentiel les hypothèses envisagées pour expliquer le phénomène d'induction spécifique qui caractérise l'adaptation enzymatique se ramènent à trois:

  a. *Hypothèse "fonctionnelle"*. La synthèse de l'enzyme est liée à son activité. L'inducteur agit donc en tant que substrat. Cette hypothèse a été envisagée par DUBOS[1] et forme le point de départ des spéculations de HINSHELWOOD[2]. Le fait qu'elle ait été exprimée parfois sous une forme naïvement finaliste[3,4] ne saurait, en soi, la discréditer.

  b. *Hypothèse de l'équilibre*. La synthèse de l'enzyme est limitée par un équilibre dynamique. Celui-ci est rompu lorsque l'enzyme se trouve engagé dans un complexe spécifique. Cette idée a été formulée d'abord par YUDKIN[5], puis sous une autre forme par SPIEGELMAN[6] et par MONOD[7,8].

  c. *Hypothèse "formatrice"*. L'inducteur a un rôle organisateur ou formateur dans la synthèse de l'enzyme. Il intervient donc par une combinaison (transitoire ou non) avec un précurseur de l'enzyme. Cette hypothèse a été considérée par MONOD[9,10] et par EMERSON[11] entre autres.

Chacune de ces trois hypothèses conduit à des conclusions différentes concernant les relations entre les propriétés inductrices d'une substance donnée et ses propriétés à l'égard de l'enzyme. Si la première hypothèse était exacte, seuls les substrats de l'enzyme pourraient en induire la formation. Dans la seconde hypothèse, l'activité inductrice serait liée à l'affinité de l'inducteur pour l'enzyme mais elle serait indépendante de l'activité enzymatique. Les inhibiteurs compétitifs de l'enzyme aussi bien que les substrats devraient en induire la formation. Enfin, dans la troisième hypothèse, ni l'affinité spécifique ni la propriété de substrat ne serait nécessaire ou suffisante pour qu'un corps soit doué d'inductivité. Mais on devrait s'attendre à ce que l'inductivité soit liée à la possession d'une certaine configuration chimique "minimum".

Aucune de ces hypothèses n'ayant pu jusqu'à présent être exclue par des expériences rigoureuses[7,13,14], nous nous sommes proposés d'utiliser les propriétés particulièrement favorables de la β-galactosidase (lactase) d'*E. coli* pour réunir les données nécessaires

---

* Ce travail a bénéficié d'une subvention du National Institute of Health, Bethesda, Maryland, U.S.A.
** Boursier du National Research Council des Etats-Unis (Fondation Merck).

Bibliographie p. 599.

à un choix. Cet enzyme typiquement adaptatif[15,8] a été isolé par MONOD, TORRIANI ET GRIBETZ[16]. Ses propriétés biochimiques ont été décrites par LEDERBERG[17], COHN ET MONOD[18], COHEN-BAZIRE ET MONOD[19]. Il s'agit d'une hydrolase spécifique de la configuration β-D-galactosidique, activée par les cations monovalents. L'enzyme a été obtenue à l'état purifié permettant l'analyse de ses propriétés physiques[18]. COHN et al.[20,21] ont étudié en détail ses propriétés immunologiques. Ils ont démontré ainsi d'une façon rigoureuse qu'une protéine nouvelle était synthétisée au cours de l'adaptation et ils ont identifié une autre protéine qui semble être un précurseur de l'enzyme.

On trouvera ici des données sur une série de dérivés du galactose en tant qu'inducteurs de la β-galactosidase chez *E. coli*, ainsi que sur les propriétés de ces mêmes substances (affinité, hydrolyse) en présence d'une préparation purifiée de l'enzyme. Nous nous sommes attachés plus particulièrement à analyser quelques cas où il y avait dissociation entre affinité, activité et inductivité. Les résultats les plus probants ont été obtenus grâce à un analogue stérique qui s'est révélé un puissant inhibiteur spécifique de la β-galactosidase: le phényl-β-D-thiogalactoside.

Indiquons dès maintenant que les observations faites sont incompatibles avec l'hypothèse d'équilbre aussi bien qu'avec l'hypothèse fonctionnelle.

II. MATERIELS ET TECHNIQUES

Produits commerciaux

Le maltose, le lactose, le raffinose, le mélibiose, le cellobiose, et le D-galactose étaient des produits Pfanstiehl C.P. Le D-galactose, quoiqu'il fut étiqueté "glucose free" contenait environ 1.5% de glucose; après trois recristallisations à partir de l'alcool à 80°, il n'en contenait plus en quantité décelable par la technique à la notatine[22]. Le D-mannose, le D-xylose, et le L-arabinose étaient des produits Roche. Les sels minéraux étaient des produits Poulenc "pour analyses".

Produits de synthèse

Les produits suivants nous ont été envoyés par M. STACEY (Birmingham): 2-désoxygalactose, 1-2-désoxygalactose, méthyl-β-L-arabinoside, méthyl-β-D-glucoside, mannose-β-D-galactoside.

Les produits suivants ont été mis à notre disposition par M. D. J. BELL (Cambridge): galactose purifié, méthyl-α-D-galactoside, 2-méthyl-β-D-galactose, 2-6-diméthyl-β-méthyl-D-galactoside, 3-4-diméthyl-β-méthyl-D-galactoside, 2-4-6-triméthyl-β-méthyl-D-galactoside, β-galactosane, D-tagatose.

M. J. LEDERBERG (Madison) nous a envoyé l'*o*-nitrophényl-α-L-arabinoside.

Nous avons synthétisé les produits suivants par les techniques données en référence à chacun: méthyl-β-D-galactoside[23]; butyl-β-D-galactoside[23]; phényl-β-D-galactoside[25]; naphtyl-β-D-galactoside[30]; *p*-amino-phényl-β-lactoside[26]; D-fucose[27]; acide galacturonique et galacturonate de méthyle[28]. L'*o*-nitrophényl-β-D-galactoside a été synthétisé par une technique très semblable à celle qu'ont récemment publiée SEIDMANN ET LINK[29]. Nous pouvons confirmer les valeurs des constantes données par ces auteurs.

Le phényl-β-D-thiogalactoside (P.F. 112–113° C) a été obtenu par la technique inaugurée par FISHER[31] pour la synthèse du phényl-β-D-thioglucoside.

Souches bactériennes

Nous avons utilisé principalement un mutant dérivé de la souche ML[15] d'*E. coli*. Ce mutant (ML 32.400) était de phénotype M+L+Gal−. Nous avons aussi utilisé un mutant (ML 30) de phénotype M+L+Gal+. Rappelons que ces phénotypes sont définis[8] comme la capacité (+) ou l'incapacité (−) de former des colonies normales sur milieu solide contenant le glucide en question (M = maltose, L = lactose, Gal = galactose) comme seul aliment carboné.

Milieux et conditions de culture

Nous avons employé le milieu minéral "56" (PO_4KH_2 13.6 g; $SO_4(NH_4)_2$ 2 g; $SO_4Mg.7H_2O$ 0.2 g; Cl_2Ca 0.01 g; $SO_4Fe.7H_2O$ 0.0005 g; KOH qsp. pH 7.4, H_2O 1000) additionné de maltose (2 mg/ml) pour les cultures d'entretien. Pour les cultures d'expérience la nature et la concentration des glucides ajoutés sont spécifiées dans chaque cas. Les glucides étaient stérilisés à part, par filtration. Les cultures étaient faites en fioles coniques agitées pendant 15 h à 37°. Elles étaient entretenues sur ce

Bibliographie p. 599.

milieu par repiquages hebdomadaires, et conservées entre temps à 0°. Les cultures ainsi préparées ont une densité bactérienne tout à fait constante, équivalent à 0.7 mg de poids sec par ml environ (*cf.* ci-dessous).

Expérience de croissance

On utilisait des tubes en T inversé, à faces parallèles, de 10 × 10 × 150 mm (dimensions intérieures) contenant 3 ml de milieu, ensemencés par dilution au 1/100e d'une culture de la veille. Les tubes oscillaient de 5° environ autour de l'horizontale, au sein d'un thermostat à eau porté à 37°. Pour les mesures de densité optique les tubes étaient placés verticalement (verticalement s'entend de la barre du T) dans un support spécial adapté à l'électrophotomètre de Meunier. Le taux de croissance était déterminé, lorsqu'il y avait lieu, par interpolation graphique des points expérimentaux correspondant à la phase exponentielle (*cf.* 32). Il est exprimé en nombre de doublements à 'heure (d/h). Le poids sec de substance bactérienne par ml de milieu était calculé à partir de la densité optique à l'aide d'un facteur de conversion déterminé une fois pour toutes.

Expériences d'induction

Une culture de 15 h était diluée au 1/100 dans du milieu neuf à 2 mg de maltose par ml. La suspension était répartie par 9 ml dans des fioles coniques de 50 ml contenant 1 ml d'une solution du corps à essayer à la concentration voulue. Ces fioles étaient agitées à 37° dans un thermostat à eau pendant 5 h. Les fioles étaient alors additionnées de toluène et agitées encore pendant 20 minutes à 37°. Auparavant on avait déterminé la densité optique dans chaque fiole. Elle était du reste la même pour les fioles d'une même série, sauf avec quelques dérivés doués d'une certaine toxicité (aryl-galactosides) et variait peu d'une série à l'autre. Ces suspensions étaient utilisées directement pour les mesures d'activité.

Mesure de l'activité enzymatique induite

Les mesures de l'activité β-galactosidique des suspensions bactériennes étaient faites en présence d'o-nitrophényl-β-D-galactoside (niphégal) comme substrat[17,18]. Dans les cuves à faces parallèles du spectrophotomètre Beckman on mélangeait 0.25 ml de la suspension bactérienne toluénisée et 1 ml d'une solution contenant: niphégal $M/300$, NaCl $M/8$, cacodylate de triéthanolamine (*cf.* 18) $M/10$, pH 7. On suivait ensuite, de minute en minute, l'accroissement d'absorption à 420 mμ résultant de la libération de l'o-nitrophénol. La chambre de mesures du spectrophotomètre était maintenue à 28°. Immédiatement avant l'emploi les solutions étaient amenées à 28° dans un thermostat.

On remarquera que les suspensions bactériennes n'étaient pas lavées. Elles contenaient donc, outre les composants du milieu 56, les divers inducteurs essayés dont certains, possédant de l'affinité pour l'enzyme, auraient pu agir comme inhibiteurs. Toutefois, leur concentration dans le mélange final ne dépassait jamais $2 \cdot 10^{-4}$ M et leur présence ne pouvait affecter sensiblement les mesures. La concentration d'ion Na$^+$ dans le mélange final était suffisante pour saturer l'enzyme, sans possibilité d'interférence sensible par les autres cations monovalents présents (*cf.* 18, 19). Les activités sont exprimées en millimicromol. de niphégal hydrolysé par minute par mg de substance bactérienne sèche, cette dernière valeur étant calculée à partir de la densité optique à l'aide d'un facteur de conversion.

Mesure d'activité et d'affinité in vitro

Pour les mesures d'activité et d'affinité *in vitro* nous avons utilisé la préparation de β-galactosidase purifiée décrite par COHN ET MONOD[18]. Les mesures étaient faites dans les mêmes conditions que ci-dessus. Pour les déterminations d'affinité on faisait deux séries de mesures, l'une avec niphégal $M/300$, l'autre avec niphégal $M/1200$, d'une part en l'absence puis en présence du corps à essayer à plusieurs concentrations, choisies de façon à obtenir des inhibitions de l'ordre de 50%. L'affinité spécifique du corps en question pour l'enzyme, par rapport à celle du niphégal prise arbitrairement égale à 1000, était calculée à partir de ces données, en appliquant les relations tirées de l'équation de MICHAELIS et en utilisant une méthode de détermination graphique des constantes[24,33].

III. OBSERVATIONS EXPERIMENTALES

A. *Pouvoir inducteur, affinité, hydrolyse*

Le Tableau I résume l'ensemble de nos données sur le pouvoir inducteur, l'affinité et l'hydrolyse d'une série de corps comprenant des galactosides des séries α et β, des dérivés du galactose par substitution, oxydation ou réduction, ainsi que quelques autres glucides. La nature et la signification de ces données appellent quelques commentaires.

Bibliographie p. 599.

TABLEAU I
ESSAIS DE GLUCIDES COMME INDUCTEURS DE LA β-GALACTOSIDASE

Glucides	Induction Activité induite: (mμM $\times$ min^{-1} $\times$ mg^{-1}) conc. mol inducteur			Propriétés à l'égard de l'enzyme *in vitro*		Utilisation comme source de C
	10^{-3}	10^{-4}	10^{-5}	affinité relative	hydrolyse	
Galactose	420	84	o	30		o
β-D-galactosides						
méthyl-	2.800	420	140	10	+	o
n-butyl-	2.800	1.200		400	+	o
phényl-	560	420		600	+	o
o-nitrophényl- (niphégal)	1.060			1.000	+	o
naphtyl-	42			200	+	o
4-glucose- (lactose)	2.500	840	210	100	+	+
mannose-	2.500	700		10	+	
4(*p*-aminophényl-β-glucosido)-	2.200			100	+	
β-D-thiogalactoside						
phényl-	o	o	o	700	o	o
α-D-galactosides						
méthyl-	140	20	8		o	
6-glucose- (mélibiose)	2.400	1.960	18	o	o	o
6-sucrose- (raffinose)	o	o	o	o	o	o
Substitutions en 2, 3, 4 et 6:						
2-méthyl-β-méthyl-D-galactoside	20			o	o	
2-6-diméthyl-β-méthyl-D-galactoside	o	o	o	o	o	
3-4-diméthyl-β-méthyl-D-galactoside	o			o	o	
2-4-6-triméthyl-β-méthyl-D-galactoside	o			o	o	
Dérivés par réduction						
2-désoxygalactose	o			10		o
1-2-didésoxygalactose	o			>o		o
6-désoxygalactose (D-fucose)	o			o		o
Oxydation en 6:						
acide D-galacturonique	o			o		+
D-galacturonate de méthyle	o			o		o
Suppression du carbone 6						
L-arabinose	o			>o	o	+
méthyl-β-L-arabinoside	o				o	
o-nitrophényl-α-L-arabinoside	o			50	+	
Glucides ne présentant pas le cycle galactosidique						
D-xylose	o			o		+
D-tagatose	o			o		o
D-mannose	o			o		+
D-glucose	o			o		+
méthyl-β-D-glucoside	o			o		o
maltose	o			o	o	+
cellobiose	o			o	o	

Technique des mesures d'induction: v.p. 587. "L'affinité relative" était déterminée par mesure de l'inhibition compétitive de l'hydrolyse du niphégal à 28° par la β-galactosidase purifiée en présence de NaCl M/24. L'affinité du niphégal est prise arbitrairement égale à 1.000. Les essais d'hydrolyse étaient faits à 28° avec une solution concentrée d'enzyme (cent fois la concentration utilisée pour les mesures d'activité en niphégal) et poursuivis pendant 12 heures, après quoi on déterminait le pouvoir réducteur par la méthode de SOMOGYI. "L'utilisation comme source de carbone" se réfère aux résultats de cultures en milieu 56 (37° pendant 48 heures) avec 2 à 5⁰/₀₀ du corps considéré comme seul aliment carboné.

Bibliographie p. 599.

Il faut d'abord remarquer que les chiffres de la colonne "Induction" représentent simplement le niveau d'activité induite après 5 heures de culture en présence du dérivé correspondant. Ils ne peuvent pas être considérés comme donnant à proprement parler une mesure du pouvoir inducteur. La définition d'une telle grandeur n'est pas aisée et nous aurons à revenir sur ce sujet. De plus, en ce qui concerne les galactosides hydrolysables, leur concentration pouvait diminuer sensiblement pendant les 5 heures de la culture. La comparaison des activités obtenues à plusieurs concentrations des inducteurs montre cependant que cette cause d'erreur n'entre pas en ligne de compte du moment que ces données dont considérées simplement comme établissant une classification. Notons que même en l'absence d'inducteur les suspensions bactériennes présentent toujours une trace d'activité β-galactosidasique[17,18] correspondant à environ 3 unités. Cette faible activité "de base" est notée "o" dans le Tableau I.

Les affinités sont définies en valeurs relatives par rapport à l'o-nitrophényl-β-D-galactoside (niphégal) pris comme substrat de référence. La technique consistait à mesurer la compétition entre le niphégal et le corps considéré en présence de galactosidase purifiée. Les affinités relatives ainsi définies sont remarquablement constantes, alors que l'affinité absolue varie beaucoup suivant les préparations[33]. D'autre part, non seulement l'affinité absolue pour le niphégal[17] mais aussi les affinités relatives varient avec la nature et la concentration des cations monovalents[33]. Les résultats donnés sont donc valables seulement dans les conditions données, c'est à dire en présence de Na$^+$ $M/24$. Dans la colonne "hydrolyse" nous n'avons noté que des données qualitatives. Indiquons cependant que d'une façon générale l'activité hydrolytique et l'affinité vont grossièrement de pair (exception faite naturellement pour le phényl-β-thiogalactoside).

Compte tenu de ces remarques, nous pouvons maintenant considérer les résultats dans leur ensemble. Les propositions suivantes en résument les conclusions essentielles.

1. *L'inductivité d'un composé n'est pas liée à son utilisation métabolique.* Le galactose lui-même, les aryl et alkyl-β-galactosides, ainsi que le mélibiose et le méthyl-α-galactoside en donnent des exemples: ce sont des inducteurs efficaces, encore qu'ils ne soient pas utilisés pour la croissance.

2. *L'inductivité n'est pas liée à la propriété de substrat de l'enzyme.* Les exemples du méthyl-α-galactoside et surtout du mélibiose indiquent que la qualité de substrat de l'enzyme n'est pas une condition nécessaire de l'inductivité. Le cas de l'o-nitrophényl-α-L-arabinoside indique que ce n'est pas non plus une condition suffisante.

3. *L'inductivité est associée à la présence d'un radical galactosidique intact, en liaison β ou α.* Cette condition paraît certainement nécessaire et pourrait même être considérée comme suffisante, n'était le cas du raffinose. On voit, en effet, que tous les dérivés substitués, oxydés ou réduits en 2, 3, 4 et 6 sont non inducteurs. Il en est de même du L-arabinose et des L-arabinosides qui dérivent du D-galactose par suppression du carbone 6:

β-D-galactose $\longrightarrow$ α-L-arabinose

Bibliographie p. 599.

Le 2-méthyl-β-méthyl-D-galactoside peut sembler faire exception à cette règle. Nous pensons cependant que la faible inductivité montrée par ce produit doit être attribuée à une impureté: il suffirait de 1% de méthyl-β-galactoside pour en rendre compte. La quantité dont nous disposions était trop faible pour nous permettre les vérifications nécessaires.

4. *L'inductivité est indépendante de l'affinité.* D'une manière générale, il n'y a aucun parallélisme entre les valeurs de l'activité induite et celles de l'affinité. Mais surtout l'affinité n'est pas, comme l'inductivité, associée exclusivement au radical galactosidique intact. Les dérivés réduits en 2 et 3, ainsi que l'arabinose et l'o-nitrophényl-α-L-arabinoside conservent une affinité notable. (Encore que très faibles les affinités de l'arabinose et du 1-2-désoxygalactose sont presque certainement authentiques). Enfin et surtout le phényl-β-D-thiogalactoside est dépourvu de toute inductivité, alors qu'il est doué d'une haute affinité.

Il faut souligner que certains résultats récemment obtenus par SPIEGELMAN[37] (et communication personnelle) et concernant l'induction de la formation de maltase chez la levure, en présence de méthyl-α-D-glucoside, sont en accord avec la proposition 4 ainsi qu'avec la proposition 1. D'autre part, des observations de J. LEDERBERG (communication personnelle) sur le pouvoir inducteur d'un certain nombre de galactosides dans la souche K 12 d'*E. coli* paraissent être en accord avec ces conclusions, et plus particulièrement avec la proposition 2.

Il est clair que la proposition 1 et plus rigoureusement la proposition 2 sont incompatibles avec l'hypothèse fonctionnelle. La proposition 4 est incompatible avec l'hypothèse d'équilibre. Mais on ne pourrait adopter ces conclusions que dans la mesure où d'autres interprétations possibles des principaux faits se trouveraient éliminées. Nous allons maintenant examiner de plus près les cas cruciaux, à savoir ceux du galactose, du mélibiose et du phényl-β-D-thiogalactoside.

B. *Le galactose et le mélibiose comme inducteurs*

Nous nous arrêterons brièvement au cas du galactose qui n'est pas le plus probant. A l'interprétation directe des données du Tableau I concernant le galactose on peut opposer trois objections principales.

1. L'activité inductrice pourrait être due à une impureté. Cette objection est sérieuse en raison de l'inductivité assez faible du galactose et du fait que certains inducteurs agissent au contraire à concentrations très faibles (M 10^{-5} ou moins). Cependant, la recristallisation du galactose commercial ne modifie pas son activité inductrice qui est sensiblement égale à celle d'un échantillon de galactose spécialement préparé (par M. D. J. BELL) à partir de pentacétylgalactose plusieurs fois recristallisé. Il est donc très peu vraisemblable que l'activité inductrice du galactose soit due à une impureté.

2. Si le galactose n'est pas utilisable par cette souche comme seul aliment carboné, n'est-il pas cependant métabolisable dans une certaine mesure? Mentionnons à ce propos les résultats suivants: a. la croissance totale[32] de notre souche en fonction de la concentration d'un aliment carboné tel que le glucose ou le maltose est quantitativement la même en présence ou en absence de galactose ajouté au milieu; b. la croissance totale avec du lactose comme aliment limitant est exactement la moitié de celle de la souche galactose-positive; c. le pouvoir réducteur du milieu en fin de croissance correspond à la quantité théorique de galactose libérable à partir du lactose; d. la consommation d'oxygène de ces bactéries en présence de galactose ne diffère pas de celle d'un témoin

Bibliographie p. 599.

sans aliment carboné, et cela même si l'on emploie une souche précédemment cultivée en présence de galactose.

Le galactose n'est donc pas utilisable par cette souche, même partiellement. En outre, il n'est évidemment pas hydrolysé par l'enzyme. Mais, étant donné la réversibilité de l'action des glucosidases[34] on ne peut pas considérer que le galactose ne soit pas un substrat de l'enzyme. En présence de galactose libre la galactosidase pourrait donc avoir une certaine activité qui cependant ne se traduirait par aucune conséquence métabolique.

L'exemple du galactose démontre donc la proposition 1 mais non pas la proposition 2.

Le mélibiose est un inducteur très actif, ce qui rend peu vraisemblable l'hypothèse que son inductivité soit due à une impureté. L'activité enzymatique induite en fonction de la concentration du mélibiose est donnée par la Fig. 1. On voit que cette courbe n'est

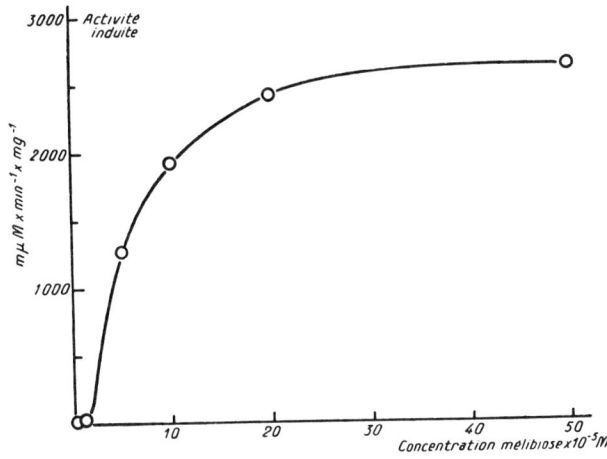

Fig. 1. Induction en fonction de la concentration de mélibiose. Technique voir p. 587

pas strictement hyperbolique, mais présente un point d'inflexion assez net. Nous avons obtenu des courbes analogues avec d'autres inducteurs tels que le lactose, et le galactose. Avec d'autres comme le β-méthyl-galactoside, on obtient des hyperboles s'extrapolant à l'origine des coordonnées. Nous reviendrons ailleurs sur la signification de ces relations. En tout cas, la courbe en S ne signifie pas que l'induction soit due à une impureté. Le traitement préalable du mélibiose par une solution concentrée de galactosidase pendant plusieurs heures ne modifie pas son activité inductrice (Tableau II). Celle-ci ne pourrait donc pas être attribuée à un β-galactoside particulièrement actif qui serait présent à l'état de trace dans le mélibiose puisqu'un tel traitement détruirait ce galactoside avec libération de galactose dont l'inductivité serait trop faible pour se manifester à de telles concentrations (cf. Tableau I).

Le fait que le raffinose, trisaccharide qui contient un radical mélibiose, soit totalement inactif comme inducteur, permet de démontrer d'une manière particulièrement satisfaisante que l'activité du mélibiose est réelle. En effet, si l'activité inductrice du mélibiose est due à une impureté, celle-ci est absente de notre échantillon de raffinose. Or, par hydrolyse acide ménagée, il est facile de rompre la liaison fructofuranosidique

Bibliographie p. 599.

TABLEAU II
INDUCTION DE LA GALACTOSIDASE PAR LE MÉLIBIOSE
(EXPÉRIENCES DE CONTRÔLE)

Conc. moléculaire	Activités (mμM × min^{-1} × mg^{-1}) aprés induction en présence de:			
	mélibiose	mélibiose traité par la galactosidase	raffinose	raffinose hydrolysé
10^{-5}	18	16	4	20
10^{-4}	1980	1800	4	2300
10^{-3}	2300	2500	4	2100

Témoin sans inducteur: 3

Technique d'expérience, v. p. 587. Le "mélibiose traité par la galactosidase" avait été, avant l'essai, traité pendant 10 heures à 28° par une solution concentrée de β-galactosidase purifiée, puis porté à l'ébullition pendant 5 minutes. Le "raffinose hydrolysé" avait été, avant l'essai, traité par HCl $N/200$, pendant 5 heures à l'ébullition avec reflux. Après ce traitement la valeur réductrice de la solution était sensiblement égale à celle d'un mélange équimoléculaire de fructose et de mélibiose.

du raffinose sans toucher sensiblement à la liaison galactosidique du mélibiose, qui est ainsi libéré. Les résultats consignés dans le Tableau II montrent qu'une solution de raffinose hydrolysée de cette façon possède une activité inductrice aussi élevée qu'une solution équivalente de mélibiose, alors qu'avant l'hydrolyse son activité inductrice est nulle.

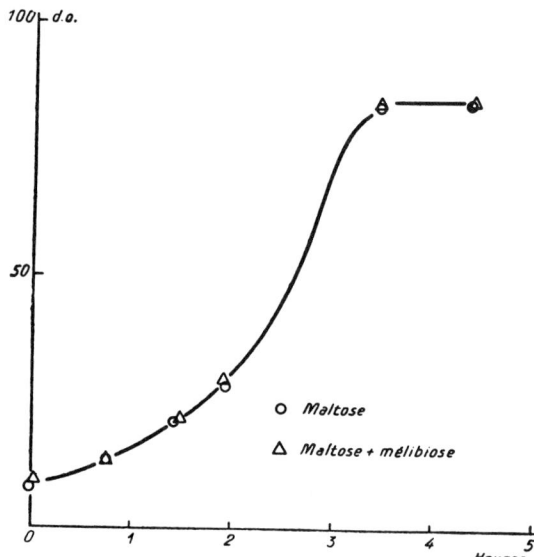

Fig. 2. Croissance en présence de maltose (conc. finale 0.1 °/$_{00}$) comme aliment limitant, avec ou sans addition de mélibiose (conc. finale 0.34°/$_{00}$). La présence du mélibiose ne se traduit par aucun effet sur la courbe de croissance.

Le mélibiose doit donc être considéré comme un inducteur authentique. D'autre part, il nous a été impossible de déceler le moindre métabolisme du mélibiose. L'expérience résumée par la Fig. 2 montre qu'il n'est strictement pas utilisé pour la croissance. Dans d'autres expériences, après 15 heures d'incubation à 37°, en présence d'une suspension bactérienne épaisse, le mélibiose ajouté se retrouvait intact, d'après le dosage du sucre réducteur. Il n'y a pas de consommation d'oxygène en présence de mélibiose,

Bibliographie p. 599.

même après "adaptation". Nous n'avons jamais pu isoler de mutants qui l'utilisent. Enfin, il est certain que le mélibiose n'est à aucun degré hydrolysé par la β-galactosidase, ce qui ne saurait surprendre puisqu'on sait depuis longtemps que la configuration α–β est l'un des principaux éléments de la spécificité des glucosidases[35].

L'exemple du mélibiose démontre donc la proposition 2 aussi bien que la proposition 1. Il semble que cet exemple démontre aussi que l'affinité n'est pas une condition nécessaire de l'inductivité, puisque, d'après le résultat noté au Tableau I l'affinité du mélibiose pour l'enzyme est nulle. Si l'on se reporte aux résultats du Tableau III on verra que cette question est en réalité fort complexe. L'inhibition non compétitive de la galactosidase par le mélibiose est extrêmement marquée; une légère inhibition compétitive semble se manifester en présence de K+, mais non pas en présence de Na+; de plus, ces inhibitions ne satisfont aucune relation simple. On ne peut donc pas affirmer que le mélibiose soit dépourvu d'affinité spécifique pour la galactosidase.

TABLEAU III

INHIBITION DE LA β-GALACTOSIDASE PAR LE MÉLIBIOSE EN PRÉSENCE DE Na+ OU K+

	Mesures effectuées en présence de:											
	Na+ (M/24)						K+ (M/24)					
Mélibiose conc. mol × 10⁻³	0		12.5		25		0		12.5		25	
Niphégal conc. mol × 10⁻³	Activité	Inhibition %	Activité	Inhibition %	Activité	Inhibition %	Activité	Inhibition %	Activité	Inhibition %	Activité	Inhibition %
3.33	90	0	50	44	28	69	54	0	39	28	33	39
1.33	89	0	59	34	41	54	51	0	29	43	15	70
0.83	83	0	55	34	42	50	39	0	21	46	15	62

Technique d'expérience: v. p. 587. Activités = lectures directes exprimées en mμM de niphégal hydrolysé par minute. L'inhibition pour cent (%) est calculée par rapport à l'activité à même concentration de niphégal et sans mélibiose.

C. *Le phényl-β-D-thiogalactoside comme inhibiteur de la galactosidase*

Le cas du phényl-β-D-thiogalactoside est important, en premier lieu parce qu'il démontre qu'une inductivité nulle peut être associée à une haute affinité spécifique. Les résultats exprimés par la Fig. 3 montrent que l'inhibition de la β-galactosidase par ce thiogalactoside est typiquement compétitive. Son affinité par rapport à celle du niphégal prise arbitrairement égale à 1000 est de 700 en sodium, de 250 en potassium. Nous avons vérifié par dosage des sucres réducteurs ainsi que par le test au nitroprussiate qu'il n'était pas hydrolysé par les préparations purifiées de galactosidase. Il n'est pas utilisé pour la croissance (par les bactéries galactose-positives) ce qui démontre qu'il n'est pas non plus hydrolysé *in vivo*.

Il importe de vérifier que le thiogalactoside se combine *in vivo* avec la galactosidase. L'expérience résumée par la Fig. 4 montre que le thiogalactoside inhibe compétitivement *in vivo* l'hydrolyse du niphégal. L'affinité relative apparente est dans ce cas de l'ordre de 500. De plus, le thiogalactoside inhibe compétitivement la croissance des bactéries lorsque celle-ci a lieu aux dépens d'un glucide métabolisé par l'intermédiaire de la

Bibliographie p. 599.

β-galactosidase, lactose ou β-méthyl-galactoside. Son influence est négligeable lorsque la source carbonée n'est pas un β-galactoside (Tableaux IV et V).

D'après ces données, l'affinité apparente *in vivo* du thiogalactoside serait supérieure à celle du β-méthyl-galactoside, mais inférieure à celle du lactose. Les relations d'affinité sont donc bien différentes *in vivo* et *in vitro*. On ne saurait en être surpris. Ces observations démontrent en tout cas que le thiogalactoside se combine fortement *in vivo* avec la β-galactosidase et confirment ainsi la proposition 4.

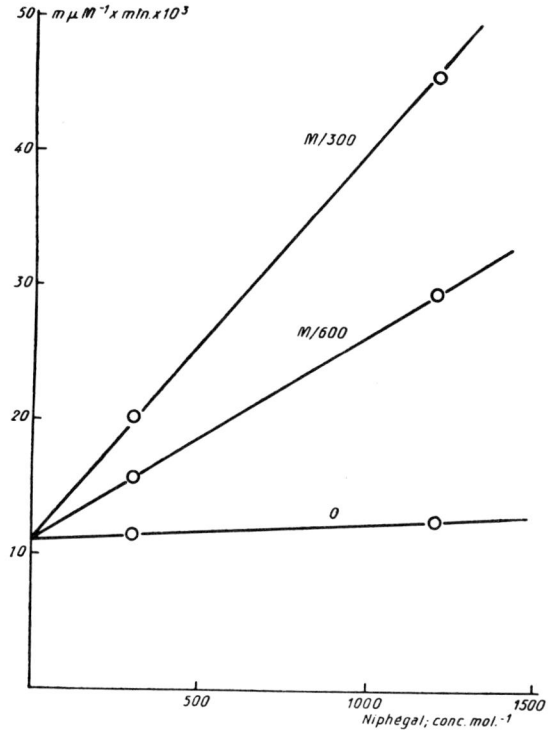

Fig. 3. Inhibition de la β-galactosidase *in vitro* par le phényl-β-D-thiogalactoside. Inverse de l'activité en fonction de l'inverse de la concentration de substrat (niphégal) avec 0, $M/600$ et $M/300$ de phényl-β-D-thiogalactoside. On employait une dilution de la préparation de β-galactosidase purifiée. La concurrence des droites d'interpolation en un même point sur l'ordonnée démontre que l'inhibition est strictement compétitive (*cf*. Fig. 4). Technique de mesures v.p. 587

Grâce à cette propriété, le thiogalactoside peut être employé pour vérifier également la proposition 2, ou plus exactement son corollaire, à savoir que la biosynthèse de l'enzyme ne dépend pas de l'activité de l'enzyme préexistant. En effet, si la proposition inverse (c'est à dire l'hypothèse "fonctionnelle") était exacte, tout inhibiteur compétitif de l'activité enzymatique devrait également inhiber compétitivement l'adaptation. Les expériences données dans les Tableaux VI et VII montrent que si le thiogalactoside inhibe effectivement l'adaptation, cette inhibition n'est strictement pas compétitive. Au contraire, pourrait-on dire, puisque le pourcentage d'inhibition à une concentration

Bibliographie p. 599.

donnée de thiogalactoside s'accroît avec la concentration de l'inducteur, qu'il s'agisse du méthyl-β-D-galactoside ou du mélibiose.

Ces résultats sont évidemment incompatibles avec l'hypothèse "fonctionnelle" comme d'ailleurs avec toute hypothèse selon quoi l'induction serait liée à la formation d'un complexe enzyme-inducteur.

Encore voudrait-on comprendre ce que signifie l'inhibition non compétitive observée avec le thiogalactoside. Les données présentées ici ne permettent pas de spéculer utilement sur cette question sur laquelle nous reviendrons ultérieurement.

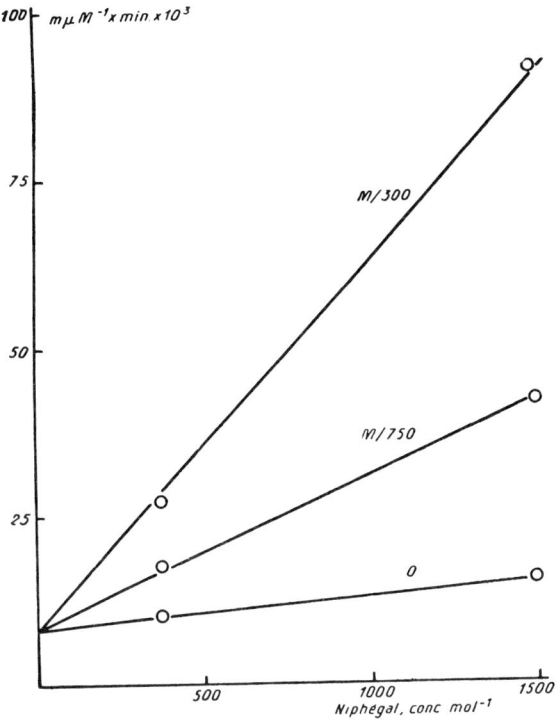

Fig. 4. Inhibition de la β-galactosidase *in vivo* par le phényl-β-D-thiogalactoside. Inverse de l'activité en fonction de l'inverse de la concentration de substrat (niphégal) avec 0, $M/750$ et $M/300$ de phényl-β-thiogalactoside. On employait une suspension bactérienne vivante, c'est à dire non traitée par le toluène. Ici encore l'inhibition est strictement compétitive (*cf*. Fig. 3)

IV. CONCLUSIONS

Indépendemment de toute hypothèse proprement dite sur le mécanisme de l'adaptation enzymatique, on doit admettre que, pour exercer son action, l'inducteur spécifique se combine (transitoirement ou non) avec un constituant cellulaire que nous appellerons Z. Le problème de l'identité du constituant Z se pose donc d'emblée. Le fait que dans la très grande majorité des cas reconnus d'adaptation enzymatique, l'inducteur

Bibliographie p. 599.

TABLEAU IV

ACTION DU PHÉNYL-β-THIOGALACTOSIDE SUR LA CROISSANCE EN LACTOSE ET EN MALTOSE

Lactose conc. mol × 10^{-3}	Phényl-β-thiogalactoside conc. mol × 10^{-3}	Taux de croissance d/h	Inhibition pour cent
10	0	1.1	—
10	4	1.08	2
2	0	1.1	—
2	4	0.9	18
1	0	1.0	—
1	4	0.29	61
0.5	0	1.0	—
0.5	4	0.1	90
Maltose conc. mol × 10^{-3}			
10	0	1.0	—
10	4	1.0	0
0.5	0	0.9	—
0.5	4	0.9	0

Technique: voir p. 587.

TABLEAU V

ACTION DU PHÉNYL-β-THIOGALACTOSIDE SUR LA CROISSANCE EN MÉTHYL-β-GALACTOSIDE

Méthyl-β-galactoside conc. mol × 10^{-3}	Phényl-β-thiogalactoside conc. mol × 10^{-3}	Taux de croissance d/h	Inhibition pour cent
100	0	0.83	—
100	4	0.76	9
10	0	1.05	—
10	4	0.25	76
3	0	1.08	—
3	4	0.15	85

Technique: voir p. 587. La souche utilisée pour cette expérience avait auparavant été entretenue pendant 20 passages sur milieu 56 avec du méthyl-β-galactoside comme seul aliment carboné.

Bibliographie p. 599.

TABLEAU VI
ACTION DU PHÉNYL-β-THIOGALACTOSIDE SUR L'INDUCTION PAR LE MÉLIBIOSE

Phényl-β-thiogalactoside conc. mol × 10^{-5}	Mélibiose, conc. moléculaire × 10^{-5}					
	1			10		
	Activité mµM/min/mg	Activité %	Inhibition %	Activité mµM/min/mg	Activité %	Inhibition %
0	28	100	0	1560	100	0
10	17	60	40	448	29	71
100	12	41	59	22	1.4	98.6
300	9	32	68	17	1	99

Technique d'expérience: v. p. 587.

TABLEAU VII
ACTION DU PHÉNYL-β-THIOGALACTOSIDE SUR L'INDUCTION PAR LE MÉTHYL-β-GALACTOSIDE

Phényl-β-thiogalactoside conc. mol × 10^{-4}	Méthyl-β-galactoside (conc. moléculaire × 10^{-4})					
	1			10		
	Activité mµM/min/mg	Activité %	Inhibition %	Activité mµM/min/mg	Activité %	Inhibition %
0	252	100	0	2500	100	0
1	246	98	2	2000	83	17
30	206	82	18	1000	40	60
100	198	70	30	468	19	81
300	146	58	42	338	14	86

Technique d'expérience: v. p. 587.

s'identifiait au substrat (ou à un produit de son hydrolyse, dans le cas des enzymes hydrolytiques) suggérait très fortement que Z n'était autre que l'enzyme lui-même. Mais seul un ensemble coordonné d'observations concernant un enzyme bien identifié, et de propriétés spécifiques bien connues, pouvait permettre de confirmer ou d'infirmer cette identification. Les résultats concernant la β-galactosidase conduisent à rejeter catégoriquement l'identification de Z à la galactosidase elle-même. Du même coup les hypothèses qui supposent implicitement ou non cette identification, c'est à dire l'hypothèse "fonctionnelle" et l'hypothèse "d'équilibre", deviennent insoutenables. En revanche, les observations rapportées ici sont compatibles avec l'hypothèse "formatrice".

Maintenant, si Z n'est pas l'enzyme, quel est-il? Il importe de voir comment se pose désormais cette question. Rappelons d'abord que les belles observations de POLLOCK[12bis] sur la pénicillinase l'ont conduit à la conclusion que l'inducteur intracellulaire n'était pas la pénicilline libre mais un composé formé en quantités extrêmement faibles à partir de la pénicilline et apparamment résistant à l'action de la pénicillinase. POLLOCK considère que ce fait est en soi incompatible avec l'hypothèse d'équilibre. Ce raisonnement nous semble faux, mais la conclusion se trouve être juste. Quoi qu'il en soit, le fait capital démontré pour la première fois par POLLOCK c'est que l'inducteur se trouve

Bibliographie p. 599.

engagé dans la cellule, dans une combinaison qui en est la véritable forme active. Si maintenant on remarque que la possession d'un radical galactoside intact est la condition nécessaire (mais non pas suffisante) de l'inductivité, tandis que le galactose lui-même est cependant un inducteur médiocre, on sera tenté de supposer que l'induction pourrait être liée à la formation dans les cellules d'un dérivé du galactose, dérivé qui se formerait plus facilement à partir de certains galactosides qu'à partir du galactose libre. Ceci semblerait impliquer un certain "métabolisme" des inducteurs.

D'autre part, l'exemple du mélibiose indique qu'une substance qui n'est l'objet d'aucun métabolisme appréciable, et qui se montre sans autre action décelable sur les cellules peut cependant être un inducteur très actif. Si donc le mélibiose est "métabolisé" au cours de la biosynthèse induite de la galactosidase, il s'agit d'un métabolisme "millimicromolaire" au sens de McIlwain[36]. Peut-être y a-t-il peu d'espoir d'arriver à détecter et à étudier ce "métabolisme d'induction". En revanche, on doit considérer comme une circonstance favorable le fait que l'inducteur, dans ce cas, paraisse n'avoir sur les cellules que cette action excessivement élective et spécifique.

REMERCIEMENTS

Nous remercions vivement Mr. D. BELL pour ses sages conseils et Mr. E. F. GALE pour son hospitalité grâce auxquels nous avons pu mener à bien la synthèse de plusieurs dérivés du galactose.

M. MICHAEL DOUDOROFF et Mlle A. M. TORRIANI nous ont apporté une aide précieuse pour certaines de expériences mentionnées ici. Nous les en remercions vivement.

RÉSUMÉ

1. La formation de la β-galactosidase chez *E. coli* est induite exclusivement par des substances possédant un radical galactosidique intact. Diverses inversions ou substitutions en une ou plusieurs positions ainsi que la suppression du carbone 6 se traduisent par la disparition de la propriété inductrice.

2. Les substances douées de la propriété inductrice ne sont pas nécessairement des substrats de l'enzyme. Ainsi certains α-galactosides (mélibiose) sont inducteurs encore qu'ils ne soient pas hydrolysés par la β-galactosidase.

3. L'inductivité est, d'une manière générale, indépendante de l'affinité pour l'enzyme. Certains corps (phényl-β-thiogalactoside) doués d'une haute affinité pour la β-galactosidase *in vitro* comme *in vivo* sont dépourvus de la propriété inductrice.

4. La formation de la β-galactosidase est inhibée par le phényl-β-D-thiogalactoside, mais cette inhibition est non compétitive alors qu'elle devrait être compétitive si elle était due à l'inhibition de l'enzyme.

5. Ces observations sont incompatibles avec toute hypothèse qui suppose que l'induction est liée soit à l'activité de l'enzyme, soit à la formation d'un complexe spécifique entre l'enzyme et l'inducteur.

SUMMARY

1. The formation of β-galactosidase by *E. coli* is induced exclusively by substances possessing an intact galactosidic radical. Various inversions or substitutions at one or more positions as well as the suppression of the carbon 6 result in the disappearance of the inductive property.

2. The substances which have the inductive property are not necessarily substrates of the enzyme. Thus certain α-galactosides (melibiose) are inductors yet they are not hydrolysed by β-galactosidase.

3. The inductivity is, in general, independent of the affinity for the enzyme. Certain substances (phenyl-β-thiogalactoside) which have a high affinity for β-galactosidase *in vitro* as *in vivo* are deprived of the inductive property.

4. The formation of β-galactosidase is inhibited by phenyl-β-D-thiogalactoside, but the inhibition is not competitive, while it should be if it was due to the inhibition of the enzyme.

Bibliographie p. 599.

5. These observations are incompatible with all hypotheses which imply that the induction is connected, either with the activity of the enzyme, or with the formation of a specific complex between the enzyme and the inductor.

ZUSAMMENFASSUNG

1. Die Bildung von β-Galactosidase bei *E. coli* wird ausschliesslich durch Substanzen, welche einen intakten Galactosid-Rest besitzen, induziert. Verschiedene Inversionen oder Substitutionen in einer oder mehreren Stellungen, sowie Entfernung des Kohlenstoffes in Stellung 6 äussern sich in dem Verschwinden der Induktionsfähigkeit.

2. Die Substanzen, welche induzierende Eigenschaften besitzen, sind nicht unbedingt Substrate des Enzyms. So wirken gewisse α-Galactoside (Melobiose) induzierend, obwohl sie nicht von β-Galactosidase hydrolysiert werden.

3. Die Induktionsfähigkeit ist im allgemeinen von der Affinität zum Enzym unabhängig. Einige Verbindungen (Phenyl-β-thiogalactosid) welche sowohl *in vitro* wie *in vivo* eine hohe Affinität für β-Galactosidase besitzen, haben keine induzierenden Eigenschaften.

4. Die Bildung der β-Galactosidase wird durch Phenyl-β-D-thiogalactosid gehemmt, aber diese Hemmung ist nicht konkurrierend, während sie konkurrierend sein müsste, wenn sie auf die Hemmung des Enzyms zurückzuführen wäre.

5. Diese Beobachtungen sind unvereinbar mit jeder Hypothese, welche annimmt, dass die Induktion entweder mit der Aktivität des Enzyms oder mit der Bildung eines spezifischen Komplexes Enzym-Induktor zusammenhängt.

BIBLIOGRAPHIE

[1] R. Dubos, *Bact. Rev.*, 4 (1940) 1.
[2] C. Hinshelwood, *The chemical kinetics of the bacterial cell*, Oxford, Clarendon press (1946).
[3] O. Rahn, *Growth*, 2 (1938) 363.
[4] A. T. Virtanen et J. de Ley, *Arch. Biochem.*, 16 (1948) 169.
[5] J. Yudkin, *Biol. Rev.*, 13 (1938) 93.
[6] S. Spiegelman, *Cold Spring Harbor Symposia Quant. Biol.*, 11 (1946) 256.
[7] J. Monod, *Growth*, 11 (1947) 223.
[8] J. Monod, *Unités biologiques douées de continuité génétique*, C.N.R.S. éd. Paris (1949) 181.
[9] J. Monod, *Ann. inst. Pasteur*, 69 (1943) 179.
[10] J. Monod, *Ann. inst. Pasteur*, 71 (1945) 37.
[11] S. Emerson, *Ann. Missouri Botan. Garden*, 32 (1945) 243.
[12] M. Pollock, *Brit. J. Exp. Path.*, 31 (1950) 739.
[12bis] M. Pollock, *Brit. J. Exp. Path.*, 1951 (sous presse).
[13] R. Y. Stanier, *Microb. Rev.*, (1951) sous presse.
[14] J. Monod et M. Cohn, *Advances in Enzymol.*, (1952) sous presse.
[15] J. Monod et A. Audureau, *Ann. inst. Pasteur*, 72 (1946) 868.
[16] J. Monod, A. M. Torriani et J. Gribetz, *Compt. rend.*, 227 (1948) 315.
[17] J. Lederberg, *J. Bact.*, 60 (1950) 381.
[18] M. Cohn et J. Monod, *Biochim. Biophys. Acta*, 7 (1951) 153.
[19] G. Cohen-Bazire et J. Monod, *Compt. rend.*, 232 (1951) 1515.
[20] M. Cohn et A. M. Torriani, *Biochim. Biophys. Acta* (sous presse).
[21] M. Cohn et A. M. Torriani, *Biochim. Biophys. Acta* (sous presse).
[22] D. Keilin et E. F. Hartree, *Biochem. J.*, 42 (1948) 230.
[23] K. Nisizawa, *Bull. Chem. Soc. Japan*, 16 (1941) 155.
[24] H. Lineweaver et D. Burk, *J. Am. Chem. Soc.*, 56 (1934) 658.
[25] B. Helferich, *Ber.*, 77B (1944) 194.
[26] W. E. Goebel et O. T. Avery, *J. Exptl Med.*, 50 (1929) 521.
[27] H. Schmid et P. Karrer, *Helv. Chim. Acta*, 32 (1949) 1371.
[28] C. Niemann et K. P. Link, *J. Biol. Chem.*, 104 (1934) 195, 743.
[29] M. Seidman et K. P. Link, *J. Am. Chem. Soc.*, 72 (1950) 4324.
[30] H. Ryan, *J. Chem. Soc.*, 75 (1899) 1057.
[31] E. Fisher et K. Delbruck, *Ber.*, 42 (1909) 1476.
[32] J. Monod, *Ann. Rev. Microb.*, 3 (1949) 371.
[33] G. Cohen-Bazire, A. M. Torriani et J. Monod, *Biochim. Biophys. Acta*, en préparation.
[34] E. Bourquelot *et al.*, cf. Pigman (35).
[35] W. W. Pigman, *Chemistry of the Carbohydrates*, Academic Press, (1948) chap. VI.
[36] H. McIlwain, *Nature*, 158 (1946) 898.

Reçu le 2 Juin 1951

LA BIOSYNTHÈSE INDUITE DES ENZYMES (ADAPTATION ENZYMATIQUE)

Par JACQUES MONOD et MELVIN COHN,[†] *Paris, France**

SOMMAIRE

Introduction	67
I. La biosynthèse induite des enzymes dans le métabolisme cellulaire	69
A. La biosynthèse des enzymes comme synthèse d'une protéine spécifique	69
B. Extension, généralité et signification fonctionnelle de la biosynthèse induite des enzymes	73
C. Le couplage de la biosynthèse induite des enzymes avec le métabolisme énergétique et le métabolisme des synthèses	77
D. Interactions dans la biosynthèse induite d'enzymes différents	81
E. Les précurseurs de l'enzyme	83
II. Cinétique de la biosynthèse induite des enzymes	88
A. Cinétique de la biosynthèse induite des enzymes en fonction du temps	88
B. Cinétique de l'"adaptation lente"	90
C. Le rôle de l'inducteur dans la cinétique de la synthèse. L'effet Pollock	93
D. La biosynthèse des enzymes en l'absence d'inducteur exogène	98
III. Facteurs spécifiques et relations de spécificité dans la biosynthèse induite des enzymes	100
A. La spécificité de l'induction	100
B. Le déterminisme génétique de la biosynthèse induite des enzymes	105
C. L'origine de la structure spécifique des enzymes et la signification du phénomène d'induction	108
Travaux cités	116

Introduction

L'"adaptation enzymatique" demeure jusqu'à présent le seul phénomène qui donne prise directement à l'expérimentation sur l'ontogénie des enzymes. C'est ce qui en fait l'intérêt, et c'est de ce point de vue que nous l'envisagerons ici. Cette question a fait l'objet d'assez nombreuses mises au point (1–6, 32). Par son importance fondamentale pour toutes les disciplines biologiques elle a suscité de

---

* Les recherches poursuivies dans le Service de Physiologie microbienne de l'Institut Pasteur ont bénéficié d'une subvention du National Cancer Institute of the National Institutes of Health, Public Health Service, des Etats-Unis d'-Amérique.

† Merck Fellow of the National Research Council (1949–1952).

nombreuses spéculations. Les travaux originaux consacrés à l'adaptation enzymatique étudiée pour elle-même restent cependant peu nombreux.

Une revue excellente de Stanier (9) donne l'analyse des publications récentes. Les notions déjà "classiques" sont exposées dans des articles de Monod (7) et de Spiegelman (8). Prenant ces articles comme point de départ, nous nous bornerons ici à discuter, sans aucune préoccupation bibliographique ou historique, celles des données récentes sur l'adaptation enzymatique qui paraissent éclairer l'interprétation du phénomène. Nous verrons dans le cours de cette discussion que l'expression "adaptation enzymatique" convient très mal à la description d'un effet qui dans certains cas n'a rien de fonctionnellement adaptatif. Pourtant, nous ne proposerions pas de renoncer à une désignation entrée dans l'usage si le mot et la notion d'"adaptation" ne prêtaient pas à de graves confusions. On sait qu'il convient d'établir entre l'"adaptation enzymatique" et les phénomènes de *sélection* qui peuvent se produire dans les populations microbiennes où on l'étudie, une distinction essentielle. Cette distinction est aujourd'hui classique, et les critères expérimentaux sur lesquels elle repose ont été exposés avec assez de détails (cf. 7, 10–12) pour qu'il soit inutile de nous y arrêter. Mais, comme le souligne Stanier, il se trouve que le mot d'"adaptation" est également employé pour désigner précisément la sélection de mutants spontanés dans une population, phénomène qui, en effet, se traduit par une adaptation de la population. Cette confusion est grave parce qu'elle n'atteint pas seulement la lettre (les titres de certains mémoires sont parfaitement déroutants), mais l'esprit, c'est à dire les notions mêmes, ainsi que trop d'exemples le prouvent. Nous proposons donc d'abandonner l'expression d'"adaptation enzymatique" pour adopter celle de "biosynthèse induite des enzymes" qui est précise et assez descriptive pour être entendue sans hésitation comme se rapportant à *"l'induction de la biosynthèse des enzymes sous l'influence de substances spécifiques."* Toute substance provoquant spécifiquement la synthèse d'un enzyme donné sera pour nous un *inducteur* de cet enzyme. On sait que dans la grande majorité des cas, l'inducteur est un substrat de l'enzyme, mais cette règle n'est pas absolue et il apparaît clairement aujourd'hui que la fonction d'*inducteur* est distincte de celle de *substrat* (v. p. 100). Ces deux mots ne sauraient donc être employés indifféremment l'un pour l'autre, mais ils peuvent au besoin l'être conjointement ("in-

ducteur-substrat") lorsque les deux fonctions sont à la fois en cause.
L'étude de la biosynthèse des enzymes est entièrement fondée sur des mesures d'activité dont l'objet est d'estimer la *quantité* d'un enzyme donné. Il y a peu d'années encore, les résultats que l'on possédait sur la biosynthèse induite laissaient une très large marge d'incertitude car souvent ils se rapportaient à des systèmes enzymatiques peu ou mal identifiés et souvent aussi ils reposaient sur des mesures globales d'activité métabolique. Ces techniques ne peuvent, dans les meilleurs cas, donner que des indications qualitatives. Si elles ont permis de repérer des phénomènes importants et de les inventorier, elles sont insuffisantes pour la solution des problèmes qui se présentent aujourd'hui. Autant que possible, nous ne prendrons en considération ici que des résultats reposant sur des mesures directes de l'activité d'enzymes suffisamment bien identifiés, ce qui, en général, exclut les systèmes connus seulement *in vivo*.

I. La biosynthèse induite des enzymes dans le métabolisme cellulaire

A. LA BIOSYNTHÈSE DES ENZYMES COMME SYNTHÈSE D'UNE PROTÉINE SPÉCIFIQUE

L'expérimentation sur l'"adaptation enzymatique" ne permet d'aborder l'étude de l'ontogénie des enzymes que dans la mesure ou le phénomène comporte réellement l'un au moins des stades de la synthèse de la molécule de protéine enzymatique. Il est donc d'une importance primordiale de vérifier le bien fondé et de préciser la signification exacte de la conception selon quoi l'adaptation enzymatique est une "biosynthèse d'enzyme".

Cette conception signifie en premier lieu que l'accroissement d'*activité enzymatique* par quoi se révèle et se mesure la biosynthèse d'un enzyme donné, est associée à la formation d'une espèce moléculaire protéinique distincte des autres protéines cellulaires, et en principe identifiable en tant que telle par les méthodes chimiques, physiques et immunologiques habituellement employées pour l'étude des protéines. En fait, l'identification et le titrage de la molécule d'enzyme reposent dans presque tous les cas uniquement sur l'activité caractéristique. Comme l'hypothèse que chaque activité enzymatique caractéristique est associée à une structure protéinique distincte est aujourd'hui devenue pratiquement une certitude, le critère d'activité est en général suffisant, à la condition que les propriétés de l'enzyme soient assez bien connues pour que les mesures d'activité soient valables, c'est à dire pour que les effets de l'induction ne puissent être rapportés à l'action d'inhibiteurs, activateurs ou tous autres "effecteurs" de la réaction autres que l'enzyme proprement dit.

Il y a peu d'années encore, il fallait reconnaître que les critères nécessaires ne se trouvaient réunis que dans un très petit nombre de cas (cf. 7). L'identification, l'isolement et la purification de nombreux enzymes induits, l'étude de leurs propriétés, donnent aujourd'hui à cette interprétation une très grande solidité. Le tableau I donne une liste (nullement exhaustive) d'un certain nombre d'enzymes choisis parmi ceux dont la biosynthèse induite a été authentifiée avec le plus de certitude.

Cet ensemble d'observations est certainement très probant, mais il reste que pour authentifier sans aucune équivoque la biosynthèse induite d'un enzyme comme comportant l'apparition d'une espèce moléculaire nouvelle, il faudrait en principe titrer cette molécule à l'aide d'une méthode *indépendante de la mesure d'activité*. Il est important de noter que ce résultat a été atteint au moins une fois. Les observations de Cohn et Torriani (13) ont apporté la preuve qu'au cours de la biosynthèse induite de la galactosidase d'*E. coli*, il apparaît une protéine reconnaissable en tant qu'espèce immunologique distincte et dont l'identité avec l'enzyme est certaine. Le titrage immunologique au cours de l'induction donne des résultats quantitativement identiques au titrage d'activité.

Au total il est difficile de douter que la biosynthèse induite des enzymes comporte vraiment la formation d'une molécule protéinique nouvelle. Mais on connaît chez les protéines des exemples de réorganisation moléculaire que l'on ne peut qualifier de *synthèses*. Il est évident par exemple que la conversion du trypsinogène en trypsine ne peut être considérée comme une synthèse de protéine, encore que cette conversion se traduise par l'apparition d'une molécule protéinique nouvelle. Aussi l'interprétation de la biosynthèse induite comme processus de *synthèse* protéinique spécifique ne repose-t-elle pas seulement sur les preuves directes de la formation d'une molécule nouvelle, mais aussi et autant sur les autres aspects du phénomène, en particulier sur ses liens avec le métabolisme. Dans son sens le plus large, cette interprétation demeure une hypothèse, l'hypothèse fondamentale qui guide les recherches, et dont la démonstration et

TABLEAU I

Enzymes et systèmes enzymatiques inductibles isolés et identifiés

Enzyme ou système enzymatique	Organisme	Réaction	Degré d'identification et de caractérisation[a]	Références
Hydrolases				
β-galactosidase	*Escherichia coli*	R-β-D-galactoside → galactose + R	E P R I	96, 97, 98, 76
Lactase	*Saccharomyces fragilis*	Lactose → glucose + galactose	E P R	99, 100
Polysaccharidases des polysaccharides capsulaires du Pneumocoque	Bactéries du sol	Polyoside → produits d'hydrolyse	E P R I	101, 102, 103, 104
Pénicillinase	*Bacillus cereus*	Pénicilline → acide pénicillinoïque	E P R	105, 106, 66, 107
Créatinase	Bactéries du sol	Créatine → créatinine	E R	108, 109
Transglucosidases				
Sucrose phosphorylase	*Pseudomonas saccharophila*	Sucrose + phosphate → glucose-1-[P] + fructose	E P R	110, 111, 112
Amylomaltase	*E. coli*	n(Maltose) ⇌ (glucose)$_n$ + n glucose	E P R I	113, 87, 114, 115
Phosphokinases				
Hexokinase	*Pseudomonas putrefaciens*	Glucose $\xrightarrow{ATP}$ glucose-6-[P]	R	116
Arabinokinase	*E. coli*	Arabinose $\xrightarrow{ATP}$ arabinose-[P]	E R	117, 118
Ribokinase	*E. coli*	Ribose $\xrightarrow{ATP}$ ribose-[P]	E R	117, 118
Gluconokinase	*E. coli*	Gluconate $\xrightarrow{ATP}$ 6-phosphogluconate	E R	119
Galactokinase	*Saccharomyces cerevisiae*	Galactose $\xrightarrow{ATP}$ galactose-1-[P]	E P R[b]	120, 121
Galactowaldenase	*S. cerevisiae*	Galactose-1-[P] → glucose-1-[P]	E R[b]	122, 123

LA BIOSYNTHÈSE INDUITE DES ENZYMES

Enzyme ou système enzymatique	Organisme	Reaction	Degré d'identification et de caractérisation [a]	Références
Decarboxylases				
L(+)Lysine	*E. coli*, *B. cadaveris*	L(+)Lysine → cadavérine	E P R	⎫
L(+)Ornithine	*E. coli*, *Cl. septicum*	L(+)Ornithine → putrescine	E R	⎬ 32, 124
L(+)Arginine	*E. coli*	L(+)Arginine → agmatine	E P R	⎥
L(−)Tyrosine	*E. coli*, *S. faecalis*	L(−)Tyrosine → tyramine	E P R	⎥
L(−)Histidine	*E. coli*, *Cl. welchii* B.W.21	L(−)Histidine → histamine	E P R	⎥
L(+)Glutamique	*E. coli*, *Cl. welchii* S.R.12	L(+)Glutamate → γ-amino-butyrate	E P R	⎭
L(−)Malate	*Lactobacillus arabinosus*	L-Malate $\xrightarrow{\text{DPN}}$ pyruvate	E P R	30, 125
Oxydases et deshydrogénases				
Tryptophanne peroxydase + oxydase	Foie des mammifères	Tryptophanne → formylcynurénine	E P I	14, 15, 54
Protocatéchuique-oxydase	*Pseudomonas fluorescens*	Acide protocatéchuique → acide β-cétoadipique	E I	126
Cytochrome oxydase + cytochrome C	*S. cerevisiae*	Cytochrome $CFe^{++} \leftrightarrow$ cytochrome CFe^{+++}	E R	128, 129, 20
Lactico-déshydrogénase	*S. cerevisiae*	Acide lactique ⇌ acide pyruvique	E P R	130, 21

[a] E: système enzymatique obtenu en extraits solubles ou au moins débarrassés de débris cellulaires.   P: hautement purifié.
R: réaction enzymatique étudiée en détail.   I: induction étudiée en détail.
[b] Ces deux enzymes catalysent les deux premières réactions du système désigné sous le nom de "galactozymase" (127).

l'élaboration exigent que soient pris en considération *tous les aspects* du problème. C'est, si l'on veut, le sujet de cet article.

B. EXTENSION, GÉNÉRALITÉ ET SIGNIFICATION FONCTIONNELLE DE LA BIOSYNTHÈSE INDUITE DES ENZYMES

L'induction des enzymes est un phénomène extrêmement répandu et général. On en connaît aujourd'hui ou on peut en soupçonner d'innombrables exemples. Il est vrai que jusqu'ici cet effet avait été exclusivement étudié chez des organismes inférieurs, bactéries, levures ou champignons. Mais tout portait à croire que seules les difficultés techniques en étaient la cause, et que le phénomène devait exister au moins virtuellement chez les organismes supérieurs. La preuve vient d'en être apportée par Knox et Mehler (14,15) qui ont montré que le tryptophanne administré au rat ou au lapin par voie orale ou parentérale induit spécifiquement la formation de tryptophanne oxydase et de formylase dans le tissu hépatique. Les diverses interprétations possibles de cet effet ont été contrôlées avec soin, et on doit le considérer comme un cas particulièrement clair et bien analysé de biosynthèse induite d'enzyme.

Chez les microorganismes l'inductibilité (le caractère "adaptatif") est presque la règle pour les systèmes enzymatiques qui sont directement en rapport avec les substances exogènes. Pour les enzymes du métabolisme intermédiaire, dont les substrats-inducteurs sont généralement synthétisés par la cellule elle-même, le phénomène peut demeurer pratiquement inapparent, même s'il existe virtuellement comme il est logique de le supposer. Les travaux récents ont très largement confirmé cette hypothèse en démontrant les effets inducteurs de métabolites intermédiaires. On sait qu'une méthode nouvelle d'analyse du métabolisme intermédiaire (cf. 9) est fondée précisément sur le principe que la présence d'un enzyme donné chez des cellules cultivées dans des conditions données, signifie que le métabolisme de cette cellule dans ces conditions comporte la formation d'un substrat-inducteur de cet enzyme. Ou, en termes moins généraux, si les stades intermédiaires du catabolisme d'une substance A sont les corps A_1, A_2, A_3, etc. ...; si d'autre part ces intermédiaires ne se forment pas en présence d'un corps B, alors une cellule cultivée en présence de A possèdera des enzymes actifs sur A_1, A_2, et A_3, tandis qu'une cellule cultivée en présence de B ne possèdera probablement pas ces enzymes. De plus, une cellule cultivée en présence de A_2 au lieu de A_1 aura des

TABLEAU II

Les stades du métabolisme "aromatique" d'oxydation du tryptophanne chez *Pseudomonas*[a] [d'après Stanier (134)]

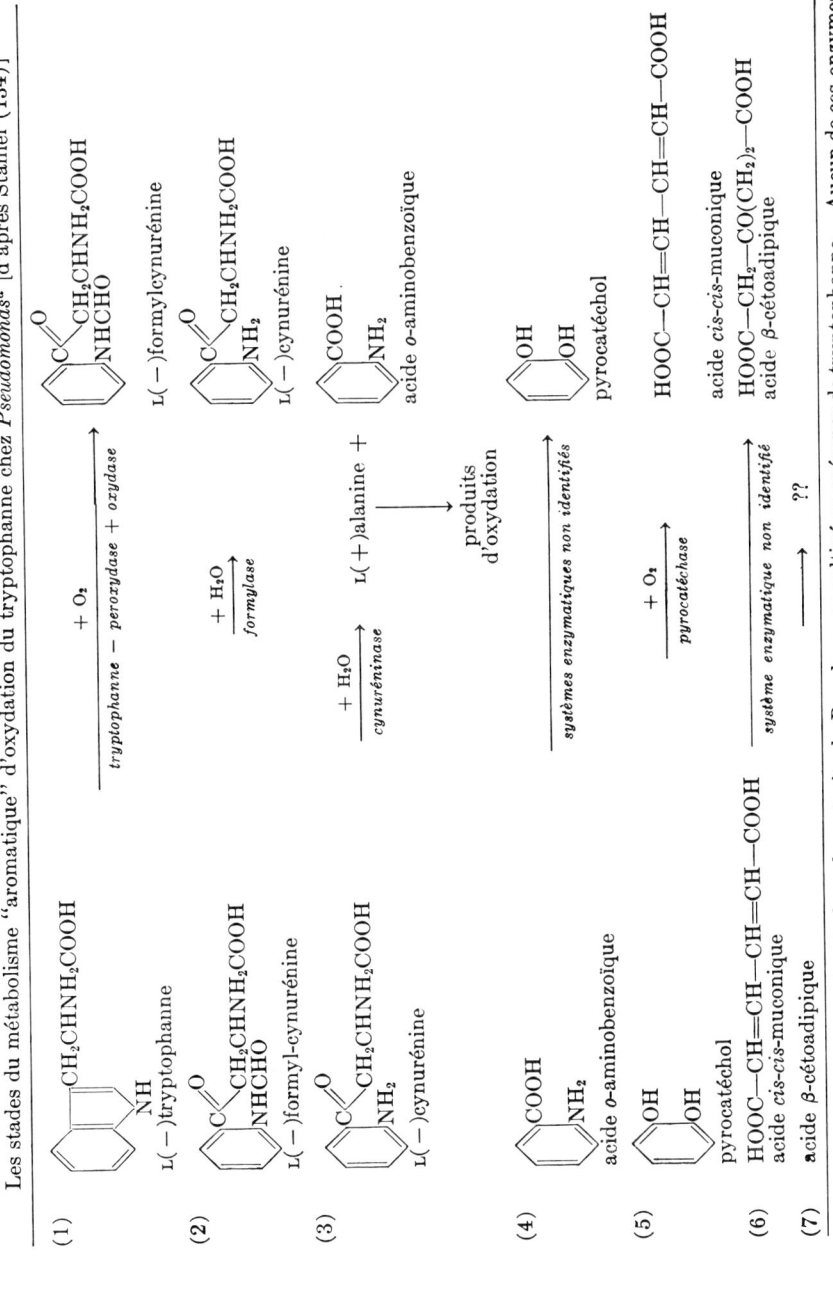

[a] Système d'enzymes présents dans des extraits de *Pseudomonas* cultivé en présence de tryptophanne. Aucun de ces enzymes (sauf le système oxydant l'alanine) n'est décelable dans les extraits de bactéries non induites. Les enzymes catalysant les réactions 1 et 2 sont semblables aux enzymes étudiés par Knox et Mehler (v. p. 73) dans le foie de mammifère.

TABLEAU III

Effets de l'aération sur la biosynthèse des enzymes respiratoires chez la levure de boulangerie [d'après Slonimsky (21)]

Systèmes enzymatiques	Levure cultivée en anaérobiose puis aérée. Heures après le début de l'aération:			Levure cultivée en aérobiose
	0	3	23	
	Activités en mm.³ H_2/h./mg. N)[a]			
Cytochrome c Fe^{++} ⟶ ½O_2 Cytochrome c Fe^{+++} ⟵ H_2O	<4	92	—	1430
Lactate ⟶⟵ cytochrome c Fe^{+++} Pyruvate ⟵⟶ cytochrome c Fe^{++}	0,1	7,8	38	121
Lactate ⟶⟵ bleu de méthylène Pyruvate ⟵⟶ bleu de méthylène-H_2	<0,1	4	20,4	69
Succinate ⟶⟵ cytochrome c Fe^{+++} Fumarate ⟵⟶ cytochrome c Fe^{++}	0,3	3,7	10,8	35
Succinate ⟶⟵ bleu de méthylène Fumarate ⟵⟶ bleu de méthylène-H_2	<0,1	—	—	10
Coenzyme I-H_2 ⟶⟵ cytochrome c Fe^{+++} Coenzyme I ⟵⟶ cytochrome c Fe^{++}	1,7	16	69	289
α-Glycérophosphate ⟶⟵ cytochrome c Fe^{+++} Dihydroxyacétonophosphate ⟵⟶ cytochrome c Fe^{++}	0,1	—	1,6	45
Malate ⟶⟵ CoI ⟵⟶ bleu de méthylène-H_2 Oxaloacétate ⟵⟶ CoIH$_2$ ⟶⟵ bleu de méthylène	49	161	—	339
Alcool ⟶⟵ CoI ⟵⟶ bleu de méthylène-H_2 Acétaldéhyde ⟵⟶ CoIH$_2$ ⟶⟵ bleu de méthylène	246	120	—	101
Q_{O_2} des cellules intactes en présence de glucose	1,8	—	50	82

[a] Déterminations effectuées sur des extraits fractionnés et dialysés, à 28° et au pH optimum pour chaque système.

enzymes actifs sur A_2 et A_3, mais probablement pas d'enzyme actif sur A_1, et ainsi de suite. Cette méthode a été proposée indépendamment par Stanier (16) et par S. S. Cohen (17). Elle a été employée et développée avec grand succès par Stanier et ses collaborateurs pour l'analyse du métabolisme des corps à noyau benzénique (cf. 31). Nous n'avons pas ici à nous occuper de ces problèmes de métabolisme, mais à souligner l'importance fonctionnelle du phénomène d'"induction en chaîne" ("simultaneous adaptation", ou "successive adaptation", suivant les auteurs), qu'illustre par exemple le catabolisme du tryptophanne: entre le tryptophanne lui-même et l'acide β-céto-adipique, les stades du métabolisme comportent l'intervention d'au moins huit enzymes soumis à un strict déterminisme d'induction (c'est à dire absents chez les bactéries cultivées en l'absence de tryptophanne). Il est probable qu'en réalité ils sont près de deux fois plus nombreux (tableau II).

On pouvait imaginer il y a quelques années que l'inductibilité caractérisait des enzymes n'ayant dans le métabolisme qu'une importance secondaire, tandis que les enzymes "essentiels" échappaient à ce déterminisme (18,19). Cette notion est illusoire. Les travaux d'Ephrussi et Slonimsky (20) et de Slonimsky (21) sur le système respiratoire de la levure indiquent que la plupart des enzymes qui le composent ne sont pas synthétisés en anaérobiose, ou seulement en quantités très faibles. Ils apparaissent en quelques heures lorsque les cellules sont aérées en présence de glucose; mais n'atteignent une pleine activité que chez les cellules cultivées en aérobiose (tableau III). Les questions touchant la spécificité, l'individualité et l'ordonnance fonctionnelle des enzymes respiratoires sont encore, c'est vrai, pleines d'obscurités et d'incertitudes. De plus il n'est pas très vraisemblable que l'oxygène joue le même rôle qu'un inducteur tel que le tryptophanne. Compte tenu de ces réserves, il est difficile de ne pas voir dans les effets résumés par le tableau III et par la figure 2 un phénomène d'induction en chaîne et la preuve que ces enzymes d'importance "essentielle" sont individuellement soumis au déterminisme de la biosynthèse induite.

On remarquera aussi parmi les résultats figurant au tableau III qu'un enzyme typiquement "fermentaire", l'alcool-déshydrogénase, décroît en activité pendant l'aération au lieu de s'accroître comme les enzymes respiratoires. C. B. Fowler (22,23) a récemment montré que l'utilisation du glucose en anaérobiose par *E. coli* comportait vraisembablement la synthèse d'un ou plusieurs enzymes, absents chez les cellules cultivées en aérobiose. Il est raisonnable de supposer que ce système est induit par des métabolites qui ne s'accumulent qu'en l'absence d'oxygène. Ce système enzymatique est fort instable et disparaît en présence d'O_2. Fowler ainsi que Slonimsky (21) suggèrent que dans l'effet Pasteur la biosynthèse induite pourrait jouer un rôle important, qui expliquerait pourquoi cet effet ne se produit distinctement que chez des cellules vivantes.

Au total, la biosynthèse induite des enzymes apparaît de plus en plus clairement comme un phénomène tout à fait général, et d'une importance fonctionnelle fondamentale par le rôle de régulateur qu'il joue dans l'économie des synthèses de protéines spécifiques.

C. LE COUPLAGE DE LA BIOSYNTHÈSE INDUITE DES ENZYMES AVEC LE MÉTABOLISME ÉNERGÉTIQUE ET LE MÉTABOLISME DES SYNTHÈSES

Tout ce que l'on sait sur la biosynthèse induite des enzymes montre que ce phénomène est étroitement lié au métabolisme de l'énergie et au métabolisme de synthèse. En fait, il n'a jamais été observé que chez des cellules disposant d'une source d'énergie utilisable et au moins potentiellement capables de s'accroître. Ces notions classiques, sur lesquelles nous ne nous étendrons pas, reposent d'une part sur l'étude des conditions de milieu minimum permettant la biosynthèse, d'autre part sur l'étude de divers inhibiteurs.

Le couplage de la biosynthèse induite avec le métabolisme énergétique est particulièrement étroit et le phénomène ne se produit le plus souvent qu'en présence d'une source d'énergie (cf. 7,8). Dans les quelques cas où une source externe n'est pas indispensable, il s'agit sans aucun doute de l'utilisation de réserves (24). On sait d'autre part que les inhibiteurs de l'assimilation (qui agissent vraisemblablement en bloquant le transfert de l'énergie par les liaisons phosphoryles), principalement le 2-4-dinitrophénol (25) et le nitrure de sodium (26,27) sont aussi des inhibiteurs de la biosynthèse induite.

Karstrom déjà avait bien mis en évidence l'importance de la source d'azote pour la biosynthèse induite des enzymes (1). Chez les levures, on induit aisément la biosynthèse d'enzymes divers en l'absence d'N exogène, mais le phénomène est fortement stimulé en présence d'azote ammoniacal (5). D'une manière générale, chez les bactéries, la biosynthèse d'enzyme ne se produit pas, ou seulement très faiblement en l'absence d'une source exogène d'azote (1,7,19). La biosynthèse de certains enzymes peut même être inhibée chez des bactéries en train de se multiplier, mais dont le taux de croissance est limité par la concentration maintenue très faible de l'aliment azoté

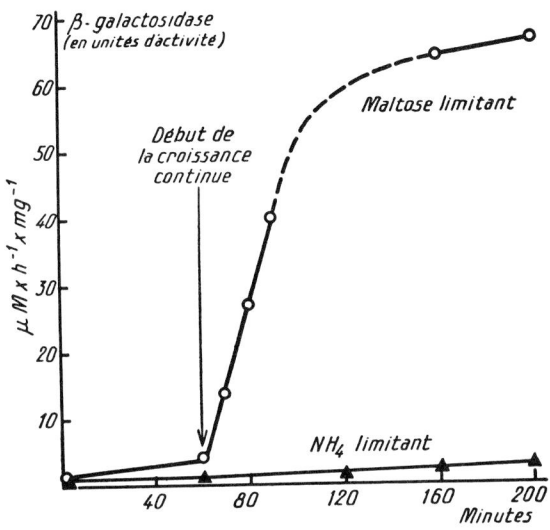

Fig. 1. Biosynthèse de la β-galactosidase chez *E. coli* en "culture continue" (cf. 59): (O) milieu synthétique, azote (NH_4^+) en excès, aliment énergétique (maltose) limitant; (▲) même milieu, mais aliment énergétique (maltose) en excès, azote (NH_4^+) limitant. Quantité de galactosidase exprimée en μM de substrat (*o*-nitrophényl-β-D-galactoside) hydrolysé par heure par mg. de substance bactérienne sèche. Inducteur (méthyl-β-D-galactoside $M.10^{-4}$) ajouté au temps 0 dans les deux cultures parvenues à leur maximum après épuisement de l'aliment limitant. Soixante minutes plus tard (flèche) mise en route de la croissance continue par addition de milieu neuf à un taux équivalent à 0,4 division par heure. La β-galactosidase ne se forme pas en quantité appréciable dans la culture limitée en azote, quoique le taux de croissance y soit le même que dans la culture limitée en maltose. La synthèse de la β-galactosidase dans la culture en maltose limitant est linéaire en fonction du temps au début (56).

(Fig. 1). Dans quelques cas cependant, on a observé en l'absence d'une source d'azote une biosynthèse vigoureuse qui n'était pas stimulée par l'addition d'azote ammoniacal, encore qu'elle le fut par un mélange d'acides aminés (28,29). Il n'y a probablement pas de véritable contradiction entre ces divers résultats qui paraissent dépendre des souches et des techniques utilisées, plus encore peut-être que des systèmes enzymatiques étudiés. On peut considérer comme à peu près certain que si une souche d'N exogène n'est pas toujours indispensable, c'est que beaucoup d'organismes disposent de réserves azotées utilisables. L'emploi de suspensions *carencées en azote* (c'est à dire provenant de cultures dont la croissance s'est arrêtée faute d'azote) à la place des suspensions lavées, permettrait vraisemblablement de démontrer qu'une source d'azote est dans tous les cas indispensable.

On possède depuis peu des données établissant le caractère indispensable de métabolites essentiels déterminés (vitamines coenzymatiques, acides aminés, etc.) pour la biosynthèse induite. Blanchard et ses collaborateurs (30) ont montré que la biotine est nécessaire à la synthèse de la malicodécarboxylase chez *Lactobacillus arabinosus*. Plus récemment, Pappenheimer (68), utilisant pour cela une série de mutants nutritionnels d'*E. coli*, a démontré que la biosynthèse induite de la β-galactosidase ne se produisait pas chez des bactéries dont la croissance venait de s'arrêter faute de l'un des métabolites suivants: méthionine, tryptophanne, arginine, thréonine, lysine, histidine, proline, uracile. La seule addition du métabolite manquant à ces bactéries en état de carence spécifique permettait une synthèse très rapide de l'enzyme, qui devenait décelable déjà dix minutes plus tard.

Ces résultats suggèrent que la liste complète des métabolites nécessaires à la biosynthèse de la β-galactosidase serait en définitive identique à celle des métabolites indispensables à la croissance des cellules productrices.

Outre le 2-4-dinitrophénol et le nitrure, mentionnés plus haut à propos du métabolisme énergétique, de nombreuses autres substances inhibent la biosynthèse des enzymes (cf. 9). Toutes ces substances se trouvent être aussi des inhibiteurs de la croissance. D'une manière générale, on peut dire que tous les agents ou conditions qui bloquent la synthèse des protéines inhibent aussi la biosynthèse induite.

L'inhibition de la biosynthèse des enzymes chez les bactéries infectées par le bactériophage, observée par Monod et Wollman (33) a été retrouvée dans certains cas, mais seulement semble-t-il avec les systèmes phage-bactéries chez lesquels la croissance de l'hôte est inhibée (34). Dans les systèmes lysogènes ou potentiellement lysogènes (35) dans lesquels l'inhibition de la croissance bactérienne est incomplète, il n'y a, au plus, qu'une inhibition partielle de la biosynthèse induite des enzymes (36). Cette inhibition n'a donc rien de spécifique. Ce n'est qu'un cas particulier de l'inhibition générale des synthèses bactériennes par le phage découverte par S. S. Cohen (37).

Il serait du plus grand intérêt de découvrir un inhibiteur spécifique de la biosynthèse induite, c'est à dire un agent qui aux doses efficaces ne bloquerait pas ou pas complètement l'assimilation et les synthèses. Il n'est peut-être pas impossible que le rayonnement U.V. ne puisse jusqu'à un certain point jouer ce rôle. Swenson et Giese (38) ont constaté que le rayonnement U.V. inhibait la synthèse de la "galactozymase" de levure, mais leurs résultats ne permettent pas de juger si cette fonction de synthèse était en l'occurrence plus sensible au rayonnement que d'autres. Stanier et Lederberg (39) ont constaté que le rayonnement U.V. pouvait inhiber la biosynthèse induite des enzymes à des doses qui n'inhibaient pas l'assimilation oxydative. Jacob, Torriani et Monod (42) ont observé que des bactéries ayant reçu une dose d'U.V. qui inhibait complètement la synthèse induite de la β-galactosidase étaient encore capables de reproduire le bactériophage (cf. 40,41) c'est à dire de faire la synthèse d'une protéine spécifique "nouvelle". Il semble donc que le rayonnement U.V. puisse trouver dans l'analyse de la biosynthèse induite des enzymes une nouvelle application expérimentale.

Les rayons X, en revanche, n'inhibent pas la biosynthèse induite des enzymes à des doses qui stérilisent pratiquement les suspensions de levure (43). Ce résultat était évidemment prévisible compte tenu des propriétés des radiations ionisantes, dont on sait qu'elles atteignent les mécanismes de reproduction et de division bien avant de détruire les mécanismes d'assimilation et de synthèse (cf. 44).

En résumé, ce que l'on sait sur les relations de la biosynthèse induite des enzymes avec le métabolisme se borne à des constatations assez globales qui établissent cependant que le phénomène est étroitement lié au métabolisme énergétique, et au métabolisme de synthèse, particulièrement au métabolisme azoté. Ces faits, considérés en relation avec les preuves directes de la formation de la molécule d'enzyme au cours de l'induction (v. p. 72) justifient l'interprétation du phénomène comme "synthèse d'une protéine enzymatique".

D. INTERACTIONS DANS LA BIOSYNTHÈSE INDUITE D'ENZYMES DIFFÉRENTS

Ce sujet est assez longuement discuté dans les articles auxquels nous nous sommes référé (7-9). Nous nous y arrêterons peu, les contributions récentes étant peu nombreuses. Rappelons très brièvement comment ce problème s'est trouvé posé. Dienert en 1901 (45) avait déjà constaté que le fructose inhibait la formation de la galactozymase de levure. Stephenson et ses collaborateurs (cf. 46) firent des observations analogues. Les travaux de Monod (cf. 47,48) sur l'effet de diauxie montrèrent que la synthèse induite de toute une série de systèmes enzymatiques spécifiques du métabolisme de certains glucides était inhibée en présence de certains autres glucides, eux-mêmes métabolisés par d'autres systèmes enzymatiques. Ces conclusions reposaient principalement sur la mesure de la croissance, et les systèmes enzymatiques en question n'étaient naturellement pas identifiés. Par la suite et indépendamment, Spiegelman démontra l'existence d'inhibitions du même ordre dans la synthèse induite de la "galactozymase", de la "glucozymase" et de la "maltozymase" de levure (cf. 8,49). De plus, il constatait que, chez la levure, ces effets étaient atténués ou supprimés en présence d'une source d'azote exogène. Monod avait discuté l'hypothèse d'une compétition entre substrats inducteurs pour un précurseur ("*préenzyme*") partiellement différencié (50). Spiegelman proposa (49) et développa l'idée que des systèmes "formateurs d'enzymes" doués de *propriétés autocatalytiques* pouvaient entrer en compétition pour des matériaux de la synthèse, et donna ainsi aux interactions une importance essentielle dans l'interprétation de la biosynthèse induite des enzymes. Ces discussions ont été fort utiles et nous aurons l'occasion de revenir sur certaines de ces vues théoriques. Elles étaient, naturellement, fort en avance sur l'expérience. Elles le sont encore, malheureusement, en ce qui concerne au moins les phénomènes d'interaction et d'inhibition. Le mécanisme du phénomène de diauxie n'est pas mieux compris aujourd'hui qu'il y a dix ans. Les observations faites soit chez les bactéries soit chez les levures ne permettent pas de situer avec quelque certitude le *niveau* des interactions. Plus exactement, les expériences ne disent pas si l'inhibition observée pour un système donné, tient réellement à la synthèse d'un autre enzyme, ou plus directement à la présence du substrat inducteur de cet autre enzyme. D'autre part, on connaît bien l'effet suppressif du glucose sur la production d'un grand nombre d'enzymes ou autres protéines (cf. 32). Il n'est pas très vraisemblable qu'il s'agisse dans tous ces cas d'interactions inhibitrices au sens de Monod ou Spiegelman, mais il est difficile de ne pas rapprocher ces divers effets, puisque rien ne prouve directement qu'ils soient distincts. Il se trouve de plus que les quelques observations récentes que l'on possède sur des interactions entre enzymes assez bien identifiés sont négatives. Wainwright et Pollock (51) ne trouvent aucune interaction entre la synthèse de la tétrathionase et celle de la nitratase chez une bactérie coliforme. Il s'agit là encore de systèmes étudiés seulement *in vivo*. Monod et Torriani n'ont trouvé aucune interaction entre la synthèse de la β-galactosidase et celle de l'amylomaltase chez *E. coli* (52). Mais des résultats négatifs isolés pourraient simplement confirmer l'idée, *a priori* vraisemblable, que les interactions ne sont pas générales et jouent seulement à l'intérieur de certains groupes d'enzymes se différenciant à partir de précurseurs communs, ou possédant en commun certains éléments d'architecture moléculaire.

La question des interactions est directement liée à celle de la *stabilité* des enzymes *in vivo*. L'idée que les enzymes se distinguent par une plus ou moins grande instabilité *in vivo* et que le rôle essentiel de l'inducteur pourrait être de stabiliser l'enzyme, a été introduite par Yudkin sous la forme de l'hypothèse d'action de masse (2), et reprise sous différentes formes par Spiegelman (5,26) et par Monod (7,53). Spiegelman en particulier a insisté sur la notion qu'il pourrait y avoir ainsi conversion indirecte d'enzymes les uns dans les autres. A l'appui de cette thèse, il montra que la "galactozymase" de levure disparaissait assez rapidement lorsque les suspensions fermentent avec du glucose, mais que cette inactivation était inhibée par des substances telles que le nitrure de sodium ou le 2-4-dinitrophénol, c'est à dire par des inhibiteurs de la biosynthèse induite, ce qui suggérait que la disparition *in vivo* des systèmes inductibles était liée à la synthèse d'autres systèmes (cf. 5). Fowler a répété cette belle expérience en étudiant le système fermentaire adaptatif d'*E. coli* qui semble être également excessivement instable, en présence d'oxygène (22,23). Cependant, d'autres enzymes inductibles ne s'inactivent pas sensiblement en l'absence de substrat. Wainwright et Pollock ont constaté que la nitratase, chez des bactéries préalablement cultivées en présence de nitrates, ne disparaissait pas lorsque ces bactéries étaient remises en suspension en l'absence de nitrate (51); l'activité enzymatique totale était simplement diluée dans la proportion où la masse bactérienne s'accroissait. La même observation a été faite par Ephrussi et Slonimsky (20) avec le système des cytochromes de la levure. Alors que la *formation* des cytochromes a, b et c peut avoir lieu sans multiplication cellulaire, sous l'influence de l'oxygène (v. p. 184), ils ne disparaissent en anaérobiose que par dilution, dans la mesure où la masse cellulaire s'accroît. Il faut six générations cellulaires pour que s'évanouissent les bandes spectrales des "cytochromes aérobies". Monod et Torriani (52) ont déterminé l'activité galactosidasique de cultures d'*E. coli* passées d'un milieu au lactose à un milieu au maltose, et maintenues à taux de croissance constant en "culture continue": la diminution d'activité n'était que très légèrement plus rapide que la dilution.

En conclusion, la question des interactions, celle du mécanisme de la diauxie et celle de la stabilité *in vivo* des enzymes et de leurs "reconversions" devraient aujourd'hui être reprises en utilisant des techniques qui permettraient de poser ces questions sous forme très précise. Cela est d'autant plus nécessaire que les interactions et compétitions dans la formation de protéines différentes demeurent certainement l'un des aspects les plus importants du problème de la biosynthèse des enzymes.

E. LES PRÉCURSEURS DE L'ENZYME

En discutant la question des interactions et des conversions, nous avons été obligés d'utiliser la notion de "précurseur" de l'enzyme. Il est évident que la molécule que l'on voit se former au cours de la biosynthèse d'un enzyme ne se synthétise pas *ex nihilo*. Mais ce n'est pas cela simplement qu'implique l'idée de précurseur. Si peu que nous sachions sur ce sujet, il vaut mieux considérer des hypothèses explicites. La première et la plus naturelle c'est que la synthèse d'une protéine enzymatique comprend, au moins virtuellement, une série de stades correspondant à la formation d'intermédiaires stables dont les derniers, par leur structure et leur PM, seraient déjà des protéines. Mais on ne doit pas éliminer *a priori* l'hypothèse opposée, selon quoi la biosynthèse d'une protéine ne comprendrait aucun intermédiaire stable de PM élevé, et serait plutôt comparable à une réaction de polycondensation complexe. La première de ces hypothèses est pour le moment la meilleure hypothèse de travail car elle propose des problèmes accessibles à l'expérimentation, en particulier celui de l'identification des précurseurs immédiats d'un enzyme.

Si l'enzyme étudié n'est défini que par son activité, ce problème est insoluble. Si cependant la molécule de l'enzyme est identifiable par quelqu'autre caractère ou test spécifique, on peut espérer reconnaître un précurseur qui serait également doué de cette propriété caractéristique. Ces possibilités ont tout récemment commencé d'être explorées. On en trouve un premier exemple dans les observations d'Ephrussi et Slonimsky (20) sur la synthèse des cytochromes

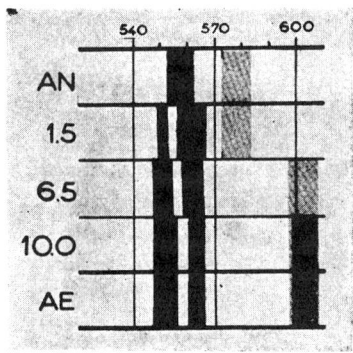

Fig. 2. Modifications du spectre des cytochromes chez la levure de boulangerie cultivée en anaérobiose (AN), puis aérée en présence de glucose pendant 1,5, 6,5 ou 10 heures. AE = levure cultivée en aérobiose. Les trois bandes du spectre "AE" correspondent respectivement de gauche à droite aux cytochromes c, b et a. Les deux bandes visibles dans le spectre "AN" correspondent, de gauche à droite, aux constituants a_1 et b_1. D'après Ephrussi et Slonimsky (20), v. texte p. 84.

chez la levure de boulangerie. On a déjà vu que chez cette levure, la synthèse des enzymes respiratoires ne se produit qu'en présence d'oxygène et qu'il s'agit selon toute vraisemblance d'un effet d'induction en chaîne (p. 76). La levure cultivée en aérobiose (AE) présente un spectre typique de cytochromes, avec trois fortes bandes correspondant respectivement (de gauche à droite dans la fig. 2 en bas) aux cytochromes c, b et a. La levure cultivée en anaérobiose complète présente un spectre tout différent avec deux bandes (a_1 et b_1) occupant des positions intermédiaires. Lorsque la levure anaérobie (AN) est mise en suspension dans un tampon phosphaté, avec du glucose, et aérée vigoureusement, on assiste à une transformation graduelle qui restitue l'aspect typique du spectre observé chez la levure aérobie. Au cours de cette transformation, on voit les bandes des constituants b_1 et a_1 disparaître pour céder le place aux bandes c, b et a. Simultanément on voit apparaître la cytochrome-oxydase qui était également absente chez les cellules AN. Ces images spectroscopiques suggèrent l'hypothèse que les constituants correspondant aux bandes b_1 et a_1 sont les précurseurs des cytochromes c, b et a; précurseurs qui s'accumuleraient dans les cellules AN parce que leur conversion en cytochromes c, b et a serait conditionnée par la présence d'inducteurs spécifiques qui ne se formeraient qu'en présence d'oxygène. Il est vrai que les cytochromes ne sont pas toujours considérés comme des enzymes mais ces classifications ont peu d'importance du moment qu'il s'agit de molécules protéiniques spécifiques. Malheureusement, on ne sait presque rien de la molécule proprement dite des cytochromes. Il paraît très vraisemblable cependant qu'à chacun des constituants spectroscopiquement distincts corresponde une structure protéinique spécifique et que la transformation observée intéresse cette structure, plutôt que les groupements prosthétiques seuls. Malgré les grosses difficultés de l'étude *in vitro* des cytochromes, ces questions recevront sans doute un jour une réponse qui autorisera l'interprétation ontogénique des images spectroscopiques obtenues *in vivo*.

L'immunologie offre pour l'exploration des parentés et des filiations entre molécules protéiniques une méthode générale (cf. 55). Qu'une molécule protéinique dérive d'une autre par différenciation, ou de plusieurs autres par condensation ou polymérisation, on doit s'attendre dans tous les cas que ces molécules présentent des structures antigéniques communes et que cette parenté se manifeste par des réactions sérologiques croisées. Ces principes ont été systématiquement appliqués par M. Cohn et ses collaborateurs (13,56,57) à l'étude de la galactosidase d'*E. coli*. Par injection au lapin de petites quantités de β-galactosidase purifiée, un antisérum très actif a été obtenu qui précipitait quantitativement cet enzyme. La comparaison systématique de titrages immunologiques effectués avec ce sérum sur des extraits de bactéries induites (c'est à dire cultivées en présence d'un galactoside inducteur) ou non induites conduit aux conclusions suivantes:

(a) Les extraits de cellules induites, dont l'activité enzymatique est très forte, contiennent deux antigènes distincts, respectivement désignés Gz et Pz. Gz est l'antigène homologue, capable de précipiter 100% de l'anticorps spécifique. L'identité de la protéine Gz avec la β-galactosidase est quantitativement démontrable. L'antigène Pz est dépourvu de toute activité galactosidasique. Il donne une réaction hétérologue (cross-réaction) typique en ce qu'il ne précipite qu'une fraction de l'antigalactosidase. Cette fraction est du reste considérable (92%), mais l'individualité de chacun des deux antigènes ne peut faire aucun doute: un sérum épuisé a pu être préparé qui précipite Gz à l'exclusion de Pz.

(b) Les extraits de cellules non induites, qui ne contiennent que des traces à peine décelables d'activité galactosidasique, contiennent l'antigène Pz, mais pas d'antigène Gz en quantités immunologiquement décelables.

TABLEAU IV
Distribution des antigènes Gz (β-galactosidase) et Pz chez des Entérobactériacées (56)

Espèces et souches	Protéine Gz (β-galactosidase)	Protéine Pz
Escherichia coli		
"ML"	+	+
K 12	+	+
Aerobacter aerogenes L III$_1$	+	+
Shigella sonnei	+	+
Shigella flexneri	−	−
Salmonella enteritidis "Danysz"	−	−
Proteus vulgaris OX 19	−	−

La très proche parenté de structure antigénique de Gz et Pz impose l'hypothèse d'une relation de filiation. Si Pz est un précurseur de Gz, on doit s'attendre qu'il diminue lorsque Gz apparaît au cours de l'induction. Cohn et Torriani (56) ont dosé comparativement Gz et Pz dans un grand nombre d'extraits de bactéries induites et non induites, et ils ont constaté que la biosynthèse de la galactosidase s'accompagne invariablement d'une diminution du titre en Pz. (Fig. 3.) Cette diminution n'est pas très considérable (25 à 30% en moyenne), mais elle est constante et semble spécifique, en ce sens que la synthése de l'amylomaltase, enzyme qui ne présente pas de parenté antigénique avec Gz et Pz, n'entraîne en revanche aucune diminution du titre en Pz. On peut montrer que l'effet est lié à la *formation de la galactosidase* et non pas simplement à la *présence* de l'inducteur. Il faut ajouter que la structure antigénique n'est pas le seul trait de ressemblance entre les protéines Pz et Gz. Elles sont également très proches par leurs propriétés de solubilité, si proches que leur séparation est difficile. Enfin, il est sans doute très significatif que l'antigène Pz se retrouve, invariablement semble-t-il, dans toutes les espèces de bactéries coliformes potentiellement capables, soit de synthétiser la β-

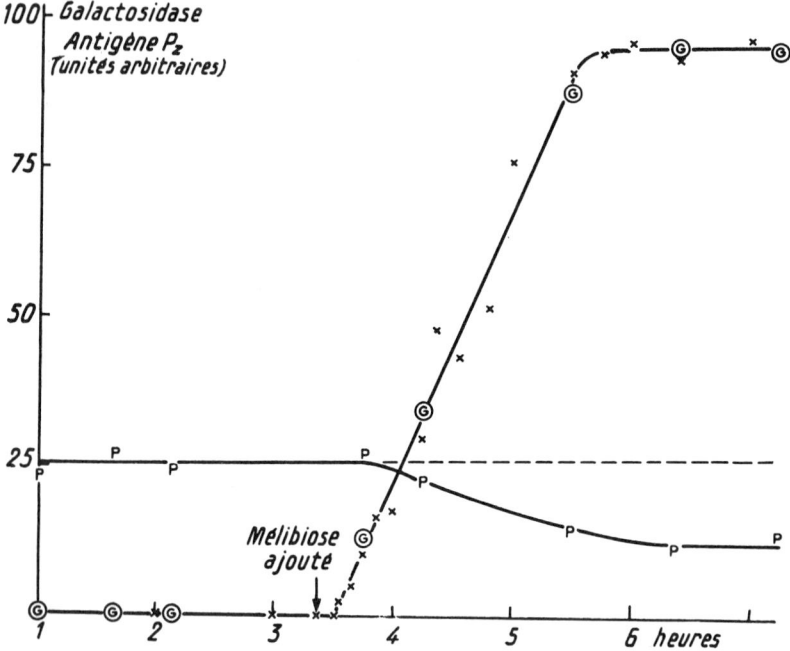

Fig. 3. Biosynthèse de la β-galactosidase et de l'antigène Gz, évolution de l'antigène Pz chez *E. coli* en "culture continue" (cf. 59). Milieu synthétique; aliment énergétique (maltose) limitant; taux de croissance 0,65 division par heure. Inducteur (mélibiose $M.10^{-3}$) ajouté au moment indiqué par la flèche. (×) β-Galactosidase titrée dans des suspensions traitées par le toluène. (O) β-Galactosidase titrée dans des extraits. (G) Antigène Gz, titrage immunologique. (P) Antigène Pz, titrage immunologique. Ordonnées arbitraires. On remarque que le titre en antigène Pz diminue tandis que l'enzyme se forme (56).

galactosidase, soit d'acquérir ce pouvoir par mutation, mais ne se rencontre pas chez les espèces dépourvues de cette propriété (tableau IV). Toutes ces observations ne permettent guère de douter qu'il existe des relations de filiation, sans doute fort étroites, entre ces deux protéines, mais il ne s'en suit pas que Pz soit nécessairement un *précurseur* de Gz. A tout prendre, l'inverse pourrait à l'extrême rigueur être vrai, et en tous cas beaucoup d'autres schémas de filiation pourraient rendre compte du fait que l'accroissement de l'une des protéines soit compensé en partie par une diminution de l'autre.

Il paraît d'ailleurs certain que Gz ne peut être constitué *exclusivement* à partir de Pz car chez les bactéries carencées en azote la synthèse de la galactosidase est bloquée, alors que le titre en Pz reste à peu près normal. D'autre part, il semble probable que Pz n'est pas un précurseur de la seule β-galactosidase, mais aussi d'autres protéines enzymatiques. Les techniques immunologiques, à elles seules, ne sauraient donner la solution complète de ce problème, mais l'étude approfondie des deux molécules et l'emploi des isotopes radioactifs devraient permettre d'en approcher.

Envisagée dans son interprétation la plus générale, la diminution de la teneur en protéine Pz chez des bactéries en train de synthétiser la protéine Gz est un cas particulier d'interaction: le seul où les protéines intéressées soient assez bien caractérisées, et où l'on ait la quasi certitude que l'effet est lié à la synthèse d'une de ces protéines, et non pas à un "tiers facteur".

II. Cinétique de la biosynthèse induite des enzymes

A. CINÉTIQUE DE LA BIOSYNTHÈSE INDUITE DES ENZYMES EN FONCTION DU TEMPS

En principe, la mesure de la synthèse de l'enzyme en fonction du temps au cours de l'induction pourrait fournir des indications sur le mécanisme du processus de synthèse. En fait, les difficultés techniques et les incertitudes d'interprétation sont considérables. La première de ces difficultés tient à ce que le métabolisme cellulaire, condition du phénomène, est aussi en général profondément influencé par lui. Ceci est nécessairement vrai de tout enzyme se formant en présence de son substrat, et d'autant plus que le métabolisme de ce substrat joue un rôle plus important dans les échanges d'énergie ou dans les synthèses. L'interprétation est donc difficile ou impossible, à moins que les conditions expérimentales ne soient telles que l'enzyme étudié et son inducteur ne jouent aucun rôle appréciable dans le métabolisme ("condition de gratuité"). En second lieu, la synthèse d'une protéine enzymatique est liée à (et donc éventuellement limitée par) une quantité de réactions du métabolisme, alors que seul en l'occurrence nous intéresse le processus de synthèse spécifique, celui au cours duquel se forme la molécule active.

Comme, autant qu'on le sache, la biosynthèse des enzymes est liée à l'ensemble du métabolisme cellulaire, le meilleur milieu physiologique pour étudier sa cinétique en fonction du temps semble devoir être une suspension cellulaire en voie de croissance exponentielle. Le taux de croissance peut alors être considéré comme une mesure globale de la vitesse des réactions de synthèse et sa constance comme le signe qu'un état d'équilibre de flux est atteint (cf. 48,58,59), équilibre dans lequel la synthèse d'un enzyme "gratuit" c'est à dire *n'intervenant pas dans le métabolisme*, n'introduirait qu'un facteur nouveau, un processus de synthèse spécifique supplémentaire, celui précisément qu'il s'agit d'étudier.

Enfin, il va sans dire que, s'agissant de données essentiellement quantitatives, les techniques de mesure de l'activité ont une importance primordiale (cf. p. 69).

La galactosidase d'*E. coli* est jusqu'a présent le seul enzyme dont la cinétique de synthèse induite en fonction du temps ait pu être déterminée dans des conditions à peu près satisfaisantes. Monod et Cohen-Bazire ont étudié la synthèse de cet enzyme en "culture continue" (59), à taux de croissance constant, dans des conditions de milieu constantes, et en utilisant comme inducteur des substances non métabolisées par les cellules, ou même non hydrolysables par la galactosidase. Dans ces conditions, la loi d'accroissement de l'activité enzymatique en fonction du temps est sensiblement hyperbolique, sans phase d'accélération initiale appréciable (cf. fig. 1). Ce résultat est en contraste total avec ceux que donnaient les techniques habituellement employées, et qui faisaient apparaître des courbes de synthèse en S, analogues à des courbes de croissance de population (cinétique autocatalytique; cf. 5, 7). On ne peut plus tenir compte de ces données qui ne satisfont à aucune des conditions énumérées plus haut. Slonimsky et Ephrussi (20) ont vu que la cinétique de biosynthèse induite du cytochrome C en fonction du temps était approximativement d'ordre 1. Ces observations sont encore assez isolées, et il reste à savoir si cette cinétique pseudo-hyperbolique en fonction du temps est vraiment caractéristique de la biosynthèse induite des enzymes. En attendant, comment peut-on l'interpréterèr? C'est ici que d'autres difficultés se présentent: rien ne permet d'affirmer que cette loi d'accroissement en fonction du temps, si satisfaisante par sa simplicité, ait quelque chose à voir avec la cinétique moléculaire réelle de la réaction de synthèse. En effet, dans une suspension microbienne, chaque cellule doit être considérée comme un système de réaction indépendant: la formation d'une molécule d'enzyme, la disparition d'une molécule de précurseur dans une bactérie donnée n'influent en rien sur le cours de la synthèse dans une autre. Un schéma de la "réaction de synthèse" n'a de signification que pour une cellule considérée isolément. La cinétique *observee* concerne la population, elle est la *somme* des cinétiques individuelles, mais elle n'équivaut pas nécessairement à leur moyenne. La cinétique globale ne pourrait être valablement considérée comme équivalente à la moyenne des cinétiques individuelles que si, dans chaque cellule, l'accroissement d'activité s'étalait sur une durée en moyenne comparable à la durée du phénomène global. Si, au contraire, la vitesse de synthèse à l'intérieur de chaque cellule était grande eu égard à la durée du phénomène global, la cinétique observée n'aurait aucun rapport direct avec la cinétique moléculaire de la synthèse. Elle exprimerait une loi de probabilité d'induction par cellule en fonction du temps.

Cette loi pourrait affecter les formes les plus diverses suivant les hypothèses faites, les plus simples prévoyant une cinétique globale du *premier ordre*. Nous allons voir cependant que l'on doit avoir recours à des hypothèses de ce type pour interpréter les observations de Spiegelman et ses collaborateurs sur l'"adaptation lente".

B. CINÉTIQUE DE L'"ADAPTATION LENTE"

Imaginons un système doué des propriétés suivantes: dans une suspension de cellules en train de croître, un inducteur I provoque la biosynthèse d'un enzyme Z. La probabilité pour une cellule de synthétiser au moins une molécule de Z dans l'unité de temps est:

(1) nulle en l'absence de I,

(2) petite en présence de I pour les cellules qui ne possèdent pas déjà une ou quelques molécules de Z,

(3) grande en présence de I pour les cellules qui possèdent déjà une molécule de Z.

Il est clair que dans un tel système la synthèse de l'enzyme serait un phénomène pratiquement discontinu à l'échelle cellulaire, par comparaison à la cinétique globale. Mais pour mettre en évidence une telle discontinuité, il faudrait pouvoir déceler l'enzyme dans des cellules individuelles. A moins cependant que l'on n'ajoute la condition supplémentaire que l'"unité de temps" est égale au temps moyen qui sépare deux générations cellulaires, ce qui revient à supposer que la probabilité de formation d'une première molécule de Z dans l'intervalle de deux générations est petite. Dans ce cas, la discontinuité en question ne se réfléterait pas seulement dans une cellule, mais *encore pendant un certain temps dans sa descendance.* La capacité de synthétiser rapidement l'enzyme deviendrait une propriété clônale et apparaîtrait comme une mutation. En revanche, l'"adaptation" d'une telle population mise en présence de l'inducteur serait lente et couvrirait en tous cas une durée correspondant à d'assez nombreuses générations cellulaires. En analysant le phénomène d'"adaptation lente" ("long term adaptation") au galactose que Winge et Roberts avaient décrit (60), Spiegelman, et ses collaborateurs (61,62) ont découvert une situation qui semble correspondre à ce schéma. Certaines souches de levures (*Sacch. chevalieri*) mises en présence de galactose ne commencent à fermenter appréciablement qu'après plusieurs jours. Une fois "adaptée", la population peut continuer à croître rapidement en présence de galactose sans perdre son activité "galactozymasique". Par étalement sur gélose galactosée imprégnée d'un indicateur (bleu de méthylène-éosine), ces cultures lentes donnent naissance à deux types de colonies, les unes petites et roses (fermentation négative), les autres grandes et fortement colorées (fermentation positive). Les cultures "rapides", c'est à dire "adaptées" au préalable, ne donnent que le type positif. L'apparition de ces positives n'est pas spontanée, mais liée à la présence du galactose. Spiegelman et ses collaborateurs ont suivi l'évolution du nombre de ces deux types coloniaux au cours du phénomène de *réversion* qui se produit lorsqu'une culture "rapide" est transférée sur un milieu ne contenant plus de galactose. Ils ont d'autre part isolé un à un, jusqu'au dixième environ, les bourgeons produits par une cellule d'une culture "rapide" se multipliant en l'absence de galactose, et constaté qu'à partir du 7è ou 8è les colonies formées par ces bourgeons sont de caractère "lent". Les observations faites sont compatibles avec l'hypothèse que la capacité de donner une colonie positive est liée à la présence de particules, présentes au nombre de 100 à 200 chez les cellules cultivées en présence de galactose, mais dont il suffirait d'un petit nombre (1 à 3) dans la cellule initiale d'une colonie pour que celle-ci soit de caractère "positif". Plus généralement, ces observations démontrent que, dans les conditions des expériences, la capacité de synthétiser la galactozymase rapidement est une propriété discontinue et à transmission clônale, tout en n'étant certainement pas héréditaire au sens habituel du mot. Dans leur premier mémoire (61), Spiegelman et ses collaborateurs font état d'expériences non publiées démontrant que la capacité de synthétiser l'enzyme rapidement peut exister chez des cellules ne possédant pas de galactozymase en quantité décelable. Ils suggèrent donc que cette propriété pourrait être associée à une particule ("enzyme-forming system") qui *serait distincte de l'enzyme*, et qui serait douée, en présence de substrat inducteur, de propriétés autocatalytiques. Dans le second mémoire, il n'est pas question des expériences annoncées. Jusqu'à preuve formelle du contraire on est donc obligé d'admettre que la capacité de synthèse rapide est associée à la présence, ou plus exactement à l'activité, de la "galactozymase" elle-même. Cette situation correspond au modèle théorique que nous avons discuté plus haut. Or, les propriétés assignées à ce modèle sont équivalentes à l'hypothèse que la synthèse de l'enzyme est "autocatalytique". C'était aussi, on s'en souvient, l'hypothèse que suggéraient beaucoup d'observations anciennes (cf. 5,7,26). Malheureusement, l'interprétation d'une telle cinétique est particulièrement sujette à caution lorsque les "conditions de gratuité" que nous avons définies plus haut (p. 188) ne sont pas respectées. La synthèse d'un enzyme dont l'activité détermine en partie l'activité métabolique est nécessairement autocatalytique, dans la mesure où, en retour, l'intensité du métabolisme limite la vitesse de biosynthèse de cet enzyme (7). Cette notion d'"autocatalyse indirecte" a été généralisée et précisée élégamment par Hinshelwood (63) qui la schématise sous la forme suivante: supposons deux constituants cellulaires x et y dont les vitesses de synthèse sont respectivement déterminées pour chacun par la quantité de l'autre, de sorte que l'on ait:

$$dx/dt = ky$$

$$dy/dt = k'x$$

On montre qu'un tel système tend vers un état stable dans lequel l'accroissement de chacun des deux constituants est exponentiel. Aucun des deux cependant n'est *individuellement* autocatalytique.

Dans le cas présent, le galactose est la principale source d'énergie, et la possession de la galactozymase confère aux cellules un avantage métabolique certain, puisque les colonies "positives" sont 3 ou 4 fois plus grande en diamètre (donc à peu près 30 à 50 fois en volume) que les colonies "négatives". De plus, on ne peut passer sous silence le fait que la "galactozymase" est en réalité un complexe de deux enzymes (au moins) dont le second est vraisemblablement induit par le produit du premier, ce qui ne laisse pas de compliquer singulièrement la situation, puisque la présence d'un seul de ces deux enzymes pourrait favoriser considérablement la synthèse de l'autre, mais ne se trahirait par aucune activité *actuelle*. Les observations de Spiegelman et de ses collaborateurs démontrent donc que, dans certains cas au moins, la biosynthèse induite d'un enzyme peut être pratiquement discontinue à l'échelle de la cellule, en raison de propriétés autocatalytiques du système, mais ne permettent pas pour le moment de conclure qu'il s'agisse d'une propriété inhérente au "système formateur d'enzyme", plutôt que d'un effet indirect lié à l'*activité métabolique* de la "galactozymase". De nouvelles expériences, conduites dans des conditions de gratuité rigoureuses, seront nécessaires pour régler cette question d'importance cruciale.

Spiegelman rapproche ces résultats de ceux d'Ephrussi et ses collaborateurs (cf. 64) sur la transmission cytoplasmique de la capacité de synthétiser les systèmes respiratoires chez la levure, mais l'analogie paraît superficielle. Ephrussi et ses collaborateurs ont démontré en effet l'existence de particules cytoplasmiques pleinement héréditaires, dont la présence (ainsi que celle d'un gène spécifique) conditionne la capacité de synthétiser les cytochromes a et b en présence d'oxygène. Il est très clair dans ce cas que la biosynthèse des enzymes et la reproduction des particules sont deux évènements absolument distincts. L'apparition des cytochromes ne correspond pas à une multiplication plus rapide des particules cytoplasmiques. Les intéressants problèmes que posent la transmission et la multiplication de ces particules n'entrent donc pas dans notre sujet.

C. LE RÔLE DE L'INDUCTEUR DANS LA CINÉTIQUE DE LA SYNTHÈSE. L'EFFET POLLOCK

On ne savait presque rien jusqu'à une époque toute récente sur les effets quantitatifs de l'inducteur. Cela n'est pas surprenant, puisque toutes les difficultés techniques et les incertitudes d'interprétation dont nous avons discuté plus haut se retrouvent ici, avec la difficulté supplémentaire de maintenir et de contrôler la concentration de l'inducteur à des valeurs "non saturantes", c'est à dire éventuellement excessivement faibles. Monod et Cohen-Bazire (65) ont récemment étudié la vitesse de synthèse de la galactosidase chez *E. coli* en fonction

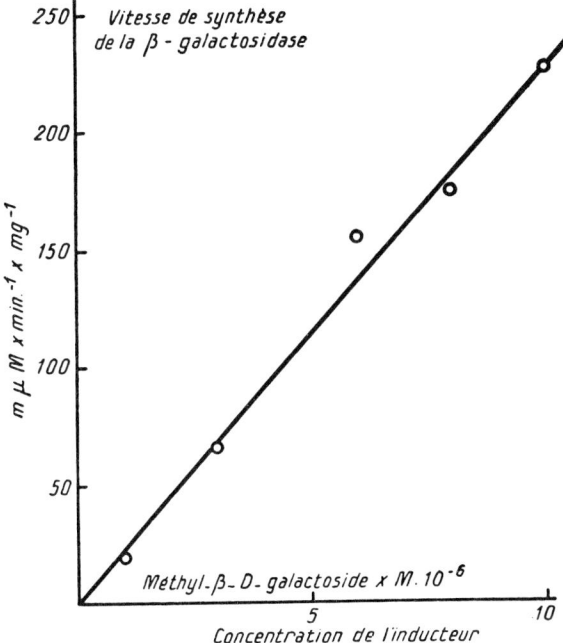

Fig. 4. Vitesse de synthèse de la β-galactosidase chez *E. coli* en fonction de la concentration de l'inducteur (méthyl-β-D-galactoside). Activités (mµM d'o-nitrophényl-β-D-galactoside hydrolysé par minute, par mg. de bactéries sèches) déterminées dans des suspensions d'*E. coli* après une période d'induction de dix minutes (65).

de la concentration de divers galactosides inducteurs. La cinétique de la biosynthèse de cet enzyme en fonction du temps (linéaire à son début), l'extrême sensibilité des mesures d'activité, permettent de réaliser des conditions expérimentales exceptionnellement favorables (durées d'expérience très courtes, suspensions microbiennes très diluées), assurant en particulier la constance de la concentration de l'inducteur. La plupart des galactosides sont actifs comme inducteurs à des concentrations extrêmement faibles. Avec le méthyl-β-D-galactoside la saturation est atteinte pour une concentration $M.10^{-4}$, l'effet est encore sensible avec une solution $M.10^{-6}$. La forme générale de la relation trouvée est celle d'une courbe de saturation, ce qui était évident *a priori;* c'est la partie initiale de ces courbes, la région où l'on est loin encore de la saturation qui est la plus intéressante. Avec certains inducteurs au moins, tel en particulier le méthyl-β-D-galactoside, la relation dans cette région est aussi simple que possible: la vitesse de synthèse est directement proportionnelle à la concentration (fig. 4). Avec d'autres inducteurs, tels le lactose, la vitesse de synthèse croit plus vite que la concentration de l'inducteur, tant que celle-ci est faible.

Les récents travaux de Pollock (66,67) sur la biosynthèse de la pénicillinase chez *B. cereus* apportent à la question de la cinétique de l'induction, qu'ils éclairent d'un jour tout nouveau, une contribution majeure. La production de cet enzyme est induite spécifiquement par la pénicilline, à l'exclusion de toute autre substance essayée. Pollock constata d'abord que la pénicilline était efficace encore comme inducteur à des dilutions extrêmes (de l'ordre de 10^{-8} M), ce qui en soit était fort significatif, et permettait aussi de réaliser des "conditions de gratuité" très satisfaisantes. L'observation essentielle c'est que la *production de penicillinase se prolonge pendant fort longtemps au cours de la croissance après un contact d'une durée limitée avec la pénicilline,* et même alors que ce contact a eu lieu dans des conditions où la synthèse de l'enzyme est impossible (c'est à dire à 0 °C, et en l'absence d'une source d'énergie). La cinétique de la synthèse de l'enzyme pendant la croissance qui suit ce traitement de "préinduction" est remarquable: à part une phase latente initiale, la synthèse de la pénicillinase, rapportée à l'*unité de volume* de la culture, demeure strictement linéaire pendant des heures, alors même que pendant ce temps la culture s'accroît dans une proportion considérable (figure 5). Ceci signifie que la vitesse de synthèse par *unité de masse* de la culture décroît dans la proportion exacte où la culture s'accroît L'expérience a pu être prolongée pendant sept générations bactériennes, soit un facteur 100 environ pour l'accroissement de la culture. La vitesse de cette synthèse linéaire dépend de la concentration de la pénicilline au cours du traitement de préinduction, ainsi que de la durée de ce traitement.

Ces résultats suggèrent immédiatement que la vitesse de synthèse est déterminée par la quantité de pénicilline fixée au cours du traitement de préinduction, pénicilline qui serait répartie parmi les cellules, sans perte appréciable, au cours de la croissance ultérieure. Cette hypothèse a été confirmée par l'étude de la fixation de pénicilline radioactive marquée dans son atome de S (67). Les cellules de *B. cereus* fixent en effet le S de la pénicilline et le retiennent aussi bien au cours

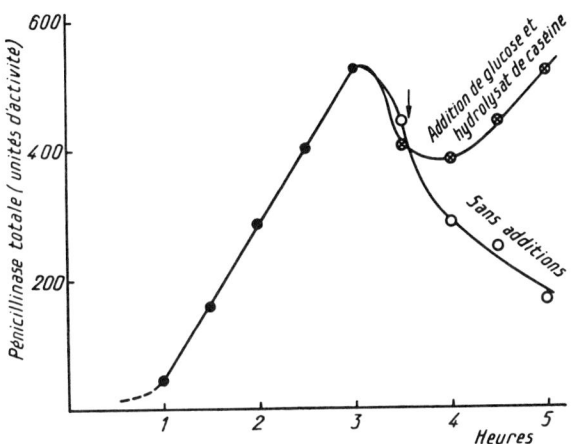

Fig. 5. Biosynthèse de la pénicillinase chez *B. cereus* après traitement de "préinduction." Suspension traitée par la pénicilline (1 unité Oxford/ml.) à 0°C pendant 1 heure, lavée cinq fois par centrifugation, et portée en milieu nutritif (glucose-hydrolysat de caséine) à 37°. Production de pénicillinase exprimée en unités d'activité (μl. CO_2/h.) par unité de volume (ml.) de culture. On voit que la production est linéaire, après une période latente d'environ 1 heure. La diminution qui se manifeste vers la 4ème heure est due seulement à l'épuisement du milieu puisqu'elle peut être compensée par l'addition de glucose et d'hydrolysat de caséine. D'après Pollock (66).

de lavages répétés que durant la croissance qui suit le traitement. L'aspect des courbes exprimant la quantité de S fixée par unité de masse de cellules, en fonction de la concentration de pénicilline employée pour le traitement, conduit à admettre qu'il y a deux mécanismes de fixation dont l'un (fixation "spécifique") est saturé par des concentrations de pénicilline de l'ordre de celles qui saturent le système inducteur de la pénicillinase, tandis que le second ne se sature pas sensiblement, même à des concentrations relativement élevées de pénicilline. La durée du traitement de préinduction a également un effet parallèle sur la fixation "spécifique" et sur la vitesse de synthèse (fig. 6). Le niveau de saturation du mécanisme de fixation spécifique correspond à 80 atomes de S par cellule, à peu près. Au total, il ne semble pas douteux que la vitesse de synthèse de la pénicillinase soit déterminée essentiellement par la quantité d'un complexe formé entre la pénicilline et un constituant cellulaire. Il faut noter que cette conclusion essentielle resterait valable même si la cinétique de syn-

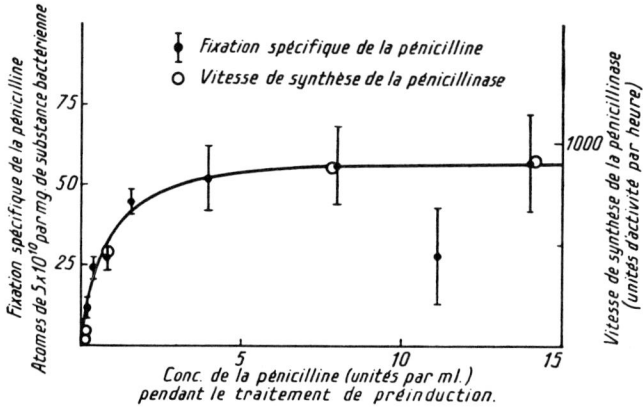

Fig. 6. Comparaison de la vitesse de synthèse de la pénicillinase et de la fixation spécifique de pénicilline radioactive (marquée dans l'atome de S) chez *Bacillus cereus* en fonction de la concentration de pénicilline pendant le traitement de "préinduction." La saturation est atteinte dans les deux cas pour les mêmes valeurs de la concentration de pénicilline. D'après Pollock et Perret (67).

thèse de la pénicillinase devait être considérée comme discontinue à l'échelle cellulaire.

Jusqu'à présent, l'effet Pollock n'a été observé qu'avec la pénicillinase, quoiqu'on ait cherché à le reproduire avec la nitratase (51) ainsi qu'avec la β-galactosidase (65) d'*E. coli*. Cela n'enlève rien à sa valeur significative: on doit sans doute admettre que c'est une stabilité exceptionnelle du complexe intracellulaire qui confère à la cinétique de synthèse de la pénicillinase son originalité. Nous aurons à revenir sur la signification de ces importantes observations (p. 114).

Il est remarquable que malgré les difficultés techniques et la complexité des phénomènes, la cinétique de la biosynthèse induite des enzymes soit apparue, dans les quelques cas ou on l'a étudiée adéquatement, comme excessivement simple, et telle qu'un même schéma élémentaire permettrait de rendre compte des divers aspects connus. Ce schéma pourrait être par exemple le suivant: la réaction de synthèse spécifique est sous le contrôle d'un système enzymatique dans lequel l'inducteur joue le rôle de coenzyme, ou de groupement prosthétique. Ceci rendrait compte de la cinétique d'ordre 1 en fonction du temps, de l'effet Pollock, ainsi que de la proportionnalité directe observée dans certaines conditions entre la concentration de l'inducteur et la vitesse de synthèse.

D. LA BIOSYNTHÈSE DES ENZYMES EN L'ABSENCE D'INDUCTEUR EXOGÈNE

Dans l'effet Pollock on voit un enzyme synthétisé en l'absence d'inducteur dans le milieu extérieur. Cependant l'induction originale est exogène et on a la preuve que les cellules ont fixé et retenu tout ou partie de la molécule de l'inducteur. Un grand nombre d'enzymes dont la synthèse est très fortement stimulée par un inducteur spécifique exogène, sont également synthétisés en l'absence de tout inducteur exogène, mais en quantités plus faibles. Du reste, tous les intermédiaires possibles existent entre les enzymes typiquement "constitutifs" au sens de Karstrom, c'est à dire dont la synthèse n'est pas stimulable par un inducteur exogène, et les enzymes purement "adaptatifs" qui ne sont pas synthétisés en quantité décelable en l'absence d'inducteur. On a souvent insisté déjà sur le caractère contingent et relatif de cette classification (7,8); inutile d'y revenir. Le fait est que la biosynthèse d'un grand nombre d'enzymes est partiellement spontanée, partiellement inductible.

On peut envisager trois interprétations de cette situation:

(a) l'inducteur n'est pas indispensable à la synthèse, dans laquelle il joue simplement le rôle d'un stimulant spécifique;

(b) dans la biosynthèse spontanée, l'inducteur est synthétisé normalement par les cellules;

(c) l'enzyme synthétisé spontanément n'a pas les mêmes propriétés que l'enzyme induit.

Dans la troisième de ces hypothèses, il faudrait envisager l'induction comme consistant en une modification d'une molécule préexistante qui aurait déjà, mais dans une faible mesure, des propriétés enzymatiques, modification qui se traduirait par une exaltation de l'affinité, de la spécificité et de l'activité moléculaire spécifique (69). Cette hypothèse, attrayante à certains égards, semble éliminée dans le cas de la β-galactosidase d'*E. coli*. Cohn et Torriani (56) ont constaté que la β-galactosidase spontanée, présente à l'état de traces dans les extraits d'*E. coli* non induit, est précipitée par un sérum antigalactosidase spécifique et que le titrage des unités d'activité enzymatique précipitable par une quantité donnée de sérum donne quantitativement les mêmes résultats avec l'enzyme spontané et avec l'enzyme induit. Ceci n'est pas seulement un test d'identité antigénique, c'est pratiquement la preuve que l'*activité moléculaire* ("turnover number") est la même pour l'enzyme spontané que pour l'enzyme induit. D'autre part, le "test de spécificité" (v. p. 56) ne révèle pas de différences significatives entre l'enzyme "spontané" et l'enzyme "induit." Ces observations sont précises et probantes. On doit considérer que la β-galactosidase synthétisée en l'absence de tout galactoside exogène est identique à la galactosidase induite.

En revanche, aucun argument fondé sur des observations directes ne peut être cité à l'appui de l'une ou l'autre des deux premières hypothèses. Le fait que le niveau d'activité spontanée de certains enzymes soit affecté très fortement par des conditions non spécifiques [par exemple la présence d'acides aminés et leur concentration dans le cas de la nitratase étudiée par Wainwright (29)] n'entraîne pas la conclusion [adoptée par Stanier (9)] qu'un inducteur spécifique n'est pas indispensable. L'hypothèse que la biosynthèse spontanée implique la synthèse par les cellules d'une substance jouant le rôle de l'inducteur a l'avantage de se prêter, en principe, à l'expérience: on pourrait chercher à isoler l'"inducteur endogène". Les difficultés techniques risquent d'être très grande si, comme le prouvent les observations sur l'effet Pollock, il suffit d'un tout petit nombre de molécules d'inducteur par cellule pour assurer une synthèse maximum. Cependant ces difficultés ne paraissent pas insurmontables. Récemment, plusieurs mutations "constitutives" ont été isolées, qui se marquent par le fait qu'un enzyme typiquement "adaptatif" dans la souche originale devient "constitutif" chez le mutant. L'une de ces mutations, observée par Cohen, affecte la production de l'arabinokinase d'*Escherichia coli* (70). D'autres touchent soit à la galactosidase, soit à l'amylomaltase d'*E. coli* et ont été rencontrées dans deux souches différentes (71,72). L'identité de la β-galactosidase produite spontanement par l'un de ces mutants avec l'enzyme induit de la souche originale a été vérifiée par le test antigénique et par le test de spécificité mentionnés plus haut (v. tableau VII). Il est probable que de tels mutants ne sont pas rares. Si l'hypothèse que nous discutons était exacte, certains d'entre eux pourraient se distinguer de la forme originale par une production considérablement accrue d'inducteur endogène, ou par la production d'un inducteur plus actif. Le problème de l'inducteur endogène est ainsi posé de façon assez précise et ne semble pas insoluble.

III. Facteurs spécifiques et relations de spécificité dans la biosynthèse induite des enzymes

A. LA SPÉCIFICITÉ DE L'INDUCTION

Les relations entre la spécificité de l'enzyme induit et la spécificité de l'induction ont pour l'interprétation du phénomène une importance capitale. Pour élaguer la discussion, notons d'abord que nous distinguerons deux *"niveaux"* de spécificité pour un enzyme: (*a*) *spécificité d'action*, définie par l'activité sur divers substrats, (*b*) *spécificité de combinaison*, définie par l'affinité pour les substances formant avec l'enzyme un complexe spécifique, que ces substances soient ou non des substrats. Ces substances, que nous appellerons des "complexants", comprennent à la fois les *substrats* et les *inhibiteurs competitifs* (analogues inhibiteurs) d'un enzyme donné.

Le problème que nous envisageons est celui des relations entre les propriétés inductrices d'une substance et ses propriétés de substrat ou de complexant de l'enzyme induit. La signification de ce problème apparaîtra clairement si l'on considère les hypothèses qui ont été proposées pour expliquer le mécanisme de l'induction. Réduites à l'essentiel, ces hypothèses se ramènent à trois:

(*a*) *Hypothèse fonctionnelle:* la synthèse de l'enzyme est liée à son activité. L'inducteur agit en tant que substrat (4,58). Cette hypothèse suppose que la *spécificité d'induction s'identifie à la spécificité d'action*.

(*b*) *Hypothèse d'équilibre:* la synthèse de l'enzyme est limitée par un équilibre dynamique. Celui-ci est rompu lorsque l'enzyme se trouve engagé dans un complexe spécifique (2,26,7,53). L'inducteur agit en tant que complexant. Cette hypothèse suppose *que la spécificité d'induction est identique à la spécificité de combinaison.*

TABLEAU V

Comparaison des spécificités d'induction, de combinaison et d'action de la β-galactosidase d'*E. coli* (76)

Glucides:

R-β-D-galactoside; R-α-D-galactoside

	Inducteur	Essayés entant que: Complexant	Substrat
	Activité β-galactosidasique induit chez *E. coli* "ML" par une concentration M.10^{-1} [a]	Affinité pour l'enzyme purifié. Valeurs relatives [b]	Hydrolyse par l'enzyme purifié [c]
Galactose........	420	30	—
β-D-galactosides			
méthyl-β-D-galactoside........	2.800	10	+ + + + + + + +
n-butyl-β-D-galactoside........	2.800	400	+ + + + + + + +
phényl-β-D-galactoside........	560	600	+ + + + + + + +
o-nitrophényl-β-D-galactoside (NPG)........	1.060	1.000	+ + + + + + + +
β-naphtyl-β-D-galactoside........	42	200	+ + + + + + + +
4-glucose-β-D-galactoside (*lactose*)........	2.500	100	+ + + + + + + +
mannose-β-D-galactoside........	2.500	10	+ + + + + + + +
4(p-aminophényl-β-glucosido)-β-D-galactoside........	2.200	100	+ + + + + + + +
phényl-β-D-*thio*galactoside........	0	700	0
α-D-galactosides			
méthyl-α-D-galactoside........	140	0	0
6-glucose-α-D-galactoside (*mélibiose*)........	2.400	0	0
6-sucrose-α-D-galactoside (*raffinose*)........	0	0	0

LA BIOSYNTHÈSE INDUITE DES ENZYMES

	Activité[a]	Hydrolyse[b]
Substitutions en 2, 3, 4 et 6		
2-méthyl-β-méthyl-D-galactoside	20	0
2-6-diméthyl-β-méthyl-D-galactoside	0	0
2-4-diméthyl-β-méthyl-D-galactoside	0	0
2-4-6-triméthyl-β-méthyl-D-galactoside	0	0
Dérivés par réduction		
2-désoxygalactose	10	—
1-2-didésoxygalactose	>0	—
6-désoxygalactose (D-fucose)	0	—
Oxydation en 6		
acide D-galacturonique	0	—
D-galacturonate de méthyle	0	—
Suppression du carbone 6		
L-arabinose	>0	0
méthyl-β-L-arabinoside	—	0
o-nitrophényl-α-L-arabinoside	50	+
Glucides ne présentant pas le cycle galactosidique		
D-xylose	0	—
D-tagatose	0	—
D-mannose	0	—
D-glucose	0	—
Méthyl-β-D-glucoside	0	—
Maltose	0	0
Cellobiose	0	0

[a] Activité déterminée après 4 heures de croissance à 37° en présence d'inducteur : exprimée en mμM d'o-nitrophényl-β-D-galactoside hydrolysé par min. par mg. de substance bactérienne sèche.
[b] Déterminées par mesure de l'inhibition compétitive de l'hydrolyse de l'o-nitrophényl-β-D-galactoside, pris comme substrat de référence et auquel on attribue l'affinité 1000.
[c] Le signe + indique que le composé est hydrolysé ; 0 indique qu'il n'est pas hydrolysé.

(c) *Hypothèse organisatrice:* l'inducteur joue un rôle organisateur dans la synthèse de l'enzyme. Il n'intervient donc pas par une combinaison avec l'enzyme lui-même, mais par son action, directe ou non, sur un précurseur ou sur un "système formateur" (50,73,74). Cette hypothèse ne suppose *pas necessairement l'identite entre inducteur, substrat et complexant.*

Jusqu'a une date récente, les faits connus invitaient à penser que seuls des substrats de l'enzyme pouvaient induire. Le fait que, dans le cas des enzymes hydrolytiques, les produits de l'hydrolyse étaient souvent inducteurs (cf. 2,7) ne paraissait pas faire exception, puisque la réversibilité d'action des enzymes permettait de considérer ces corps comme des substrats virtuels. D'ailleurs, l'interprétation des expériences d'induction doit être excessivement prudente et tenir compte en particulier des trois causes d'erreur suivantes: (1°) la synthèse d'un enzyme peut être induite indirectment par une substances dont le métabolisme intermédiaire comprend la formation d'un inducteur de cet enzyme (induction en chaîne, v. p. 73); (2°) les inducteurs peuvent agir à doses excessivement faibles, donc être présents sous forme d'impuretés dans les produits utilisés; (3°) l'absence d'activité d'une substance présumée inductrice peut être due à un défaut d'absorption par les cellules.

Il semble malgré tout qu'on doive renoncer aujourd'hui à la notion que les "vrais" inducteurs se rencontrent exclusivement parmi les substrats, ou même parmi les complexants de l'enzyme. Cette conclusion semble inévitable en ce qui concerne au moins la β-galactosidase d'*E. coli*. Monod, Cohen-Bazire et Cohn (76) ont comparé les propriétés d'une série de glucides (comprenant principalement des galactosides et autres dérivés du galactose) en tant qu'inducteurs, substrats et complexants de la β-galactosidase. Une partie de leurs résultats sont résumés par le tableau V. On voit que la spécificité de combinaison de l'enzyme purifié est limitée aux substances possédant la configuration β-galactosidique ou la configuration dérivée α-L-arabinosidique. Toute substitution, inversion ou oxydation de l'un des hydroxyles fait disparaître l'affinité. Certains dérivés réduits conservent en revanche un peu d'affinité. Les α-galactosides ne sont ni des substrats ni des complexants de la β-galactosidase. La substitution d'un atome de soufre à la place d'un atome d'oxygène dans la liaison galactosidique laisse presque intacte l'affinité, tandis que l'activité disparaît, de sorte que le phényl-β-D-thiogalactoside est un puissant inhibiteur compétitif de la β-galactosidase. Si l'on considère les propriétés inductrices de ces divers types de substances, les conclusions suivantes se dégagent:

(1) *Le pouvoir inducteur est indépendant de la propriété de substrat de l'enzyme:* l'exemple du méthyl-α-galactoside et surtout celui du mélibiose [(6-glucose)-α-D-galactoside] démontrent que la propriété de substrat n'est pas une condition nécessaire du pouvoir inducteur, tandis que le cas de l'*o*-nitrophényl-α-L-arabinoside montre que ce n'est pas non plus une condition suffisante. A ce dernier exemple, on doit sans doute ajouter celui du néolactose étudié par Lederberg (71,75). En ce qui concerne le mélibiose, des tests sévères ont permis de vérifier que son activité inductrice ne pouvait pas être attribuée à une impureté. De plus, ce corps n'est pas métabolisé appréciablement.

(2) *Le pouvoir inducteur est independant de la propriété de complexant:* en général, on ne relève pas de parallélisme entre les valeurs de l'affinité et le pouvoir inducteur. Certains dérivés conservent une affinité notable (2-désoxygalactose), mais n'ont pas de pouvoir inducteur. Le phényl-β-D-thiogalactoside, dont l'affinité est considérable, n'a aucun pouvoir inducteur. Cependant il pénètre certainement dans les cellules puisqu'il inhibe compétitivement la galactosidase *in vivo*.

(3) *Le pouvoir inducteur est associe ā la presence d'un radical galactosidique intact, en liaison α ou β*. L'exemple du raffinose montre que la possession de ce radical n'est pas une condition suffisante du pouvoir inducteur, mais il semble que c'en soit en tout cas une condition nécessaire.

Au total, si la spécificité d'induction double le plus souvent la spécificité de combinaison, elle est suivant les cas plus rigoureuse ou moins rigoureuse, c'est à dire essentiellmenent *differente*. Ceci est vrai *a fortiori* de la spécificité d'induction comparée à la spécificité d'action.

Ce résultat ne semble pas compatible avec l'hypothèse fonctionnelle ni avec l'hypothèse d'équilibre, ni d'une façon générale avec aucune hypothèse qui suppose une combinaison spécifique entre l'inducteur et l'enzyme comme *primum movens* de l'induction. Il faut ajouter que le thiophényl-β-D-galactoside qui est un inhibiteur compétitif de la galactosidase *in vivo* comme *in vitro* (v. ci-dessus), n'inhibe pas *competitivement* l'induction par un galactoside inducteur, ce qui confirme directement la conclusion précédente. Ceci ne concerne encore que la galactosidase d'*E. coli*, mais il paraît vraisemblable que cette conclusion pourra être généralisée. Les observations de Spiegelman et ses collaborateurs (77,78) et celles de Hestrin et Lindegren (79,80) sur les glucidases de levure vont dans le même sens et seront sans doute décisives lorsque les spécificités d'action et de combinaison de ces enzymes auront été établies.

Il reste certain que toute hypothèse sur le rôle de l'inducteur doit d'abord rendre compte de ses étroites relations de structure avec les complexants de l'enzyme. Si l'on doit renoncer à l'idée qu'une combinaison entre l'inducteur et des molécules d'enzyme préexistantes est à l'origine de l'induction, il faudra supposer que l'inducteur, sous une forme ou une autre, joue le rôle d'un "organisateur", c'est à dire que la configuration spécifique de l'enzyme est de quelque façon déterminée par celle de l'inducteur. Mais ceci est déjà du domaine de la spéculation à laquelle nous nous permettrons de nous abandonner, mais à la fin seulement de cet article (v. p. 108).

B. LE DÉTERMINISME GÉNÉTIQUE DE LA BIOSYNTHÈSE INDUITE DES ENZYMES

On sait que la biosynthèse des enzymes est soumise au déterminisme génétique. Rappelons très brièvement que l'intervention de facteurs génétiques spécifiques dans la biosynthèse induite de diverses "zymases" non identifiées avait d'abord été démontrée chez la levure par les travaux de Winge et ses collaborateurs (cf. 60,82) et de Lindegren et ses collaborateurs (cf. 83). Pour les bactéries, l'étude de la mutabilité montrait qu'un déterminisme factoriel et héréditaire se superposait au déterminisme d'induction, ou plutôt le précédait (84). Puis la découverte par Lederberg des échanges et ségrégations de facteurs chez certaines souches d'*E. coli* apportait la preuve que les déterminants génétiques de la biosynthèse induite étaient assimilables à des gènes et essentiellement distincts des enzymes eux-mêmes (cf. 71,81). La preuve rigoureuse que la classique mutation "lactose" d'*E. coli mutabile* (85,84) est complètement indépendante de la présence d'inducteurs de la β-galactosidase n'a été apportée que tout récemment par F. Ryan (86).

Les premières observations sur le déterminisme génétique de la biosynthèse induite se rapportaient à des mutations ou à des différences génétiques spontanées, et l'étude des propriétés enzymatiques se bornait aux techniques métaboliques. Les résultats obtenus suggéraient que le déterminisme génétique de la biosynthèse était le plus souvent hautement spécifique et absolu, en ce sens que la mutation d'un facteur affectant la synthèse d'un enzyme n'affectait pas appréciablement d'autres enzymes, et se traduisait par la disparition totale de la capacité de synthétiser l'enzyme en question (v. 53). L'isolement, au cours de ces dernières, années, d'un assez grand nombre de mutants artificiels, et l'étude de leurs propriétés par des techniques plus exactes, permettent aujourd'hui de conclure que le déterminisme génétique de la biosynthèse des enzymes est plus complexe, et souvent aussi moins absolu, que d'abord on ne l'avait cru.

En premier lieu, quelques mutations ont été découvertes qui affectent simultanément la biosynthèse de plusieurs enzymes. Par exemple un mutant d'*E. coli* [étudié par Doudoroff et ses collaborateurs (87)] semble incapable de synthétiser l'amylomaltase, la galactosidase et l'hexokinase. Certains allélomorphes de ce même facteur (lac_1^- de Lederberg) sont sensibles à la température avec des seuils différents pour l'effet sur chaque enzyme (71). Dans ces deux exemples, il semble assez bien établi que la mutation peut être considérée comme monogénique. L'interprétation de ces effets pléiotropes demandera ainsi que le souligne Lederberg (71) une analyse extrêmement précise des propriétés des mutants.

Ephrussi et ses collaborateurs (131) ont montré que chez la levure de boulangerie la biosynthèse de plusieurs enzymes respiratoires (cytochrome-oxydase et succino-déshydrogénase, cytochromes b et a) était simultanément sous la dépendance d'au moins un gène nucléaire et d'un déterminant cytoplasmique (131,132). La mutation du gène, ou la perte de la particule cytoplasmique, se traduisent par la disparition de la capacité de synthétiser ces enzymes en présence d'oxygène.

De nombreuses observations montrent que la biosynthèse d'un enzyme donné peut être affectée par plusieurs mutations ou gènes distincts, qui souvent ne se manifestent pas par des effets absolus, tels que la disparition totale de la capacité de synthétiser l'enzyme; mais plutôt par des effets quantitatifs sur la *spécificité d'induction*. Les observations de Markert (88) sur la tyrosinase de *Glomerella*, celles de Bonner (89) et de Landman (90) sur la "lactase" de *Neurospora* vont dans ce sens, mais la biosynthèse de ces enzymes étant essentiellement spontanée, leur spécificité d'induction est indéterminée. Chez la levure, Hestrin et Lindegren (80) ont observé que les gènes MA et MG affectaient l'un et l'autre la synthèse de l'α-methyl-glucosidase en présence de maltose. Par exemple, chez les levures de génotype MA MG, la formation de cet enzyme est induite par l'α-méthyl-glucoside ainsi que par le maltose, tandis que chez les levure ma MG, seul l'α-méthyl-glucoside induit la synthèse de l'enzyme. Chez *E. coli*, souche K 12, Lederberg a reconnu une dizaine de gènes non allélomorphes affectant la production de la β-galactosidase (91,71). Certaines mutations se distinguent par des effets pléiotropes, ainsi qu'on vient de le voir. D'autres, qui paraissent tout à fait spécifiques et absolues, se traduisent par la perte totale de la capacité de syn-

TABLEAU VI
Phénotypes d'Induction et de Nutrition Observés Chez *E. coli* "ML" (92)

Phénotype n[o a]	Nutrition (utilisation comme seul aliment carboné)		Induction			
			Biosynthèse de la β-galactosidase en présence de			
	Lactose	Galactose	lactose	galactose	mélibiose	méthyl-β-D-galactoside
I	+	+	+	+	+	+
II	+	−	+	+	+	+
III	−	+	−	−	−	+
IV	−	−	−	+	−	+
V	−	+	−	−	−	−
VI	+	+	(biosynthèse spontanée)[b]			

[a] Le phénotype III correspond à la souche originale; le type I en dérive par mutation spontanée (84). Les types II, IV, V ont été obtenus par irradiation U.V. du type III ou I suivant les cas. Le type VI a été isolé par sélection d'un mutant spontané (72).
[b] Cf. p. 99.

thétiser la β-galactosidase. D'autres enfin modifient quantitativement la spécificité d'induction: ainsi chez le mutant le plus fréquent (lac$_1^-$) la galactosidase n'est pas induite par le lactose ou le galactose, mais elle l'est, assez faiblement, par les alkylgalactosides. Chez *E. coli* "ML", six phénotypes au moins ont été reconnus d'après la spécificité d'induction. Leurs caractéristiques sont données par le tableau VI. Chez tous sauf chez le phénotype V, des traces de galactosidase sont décelables chez les cellules non induites. En outre, il semble que chez la plupart des mutants classés comme non inductibles par le lactose, on puisse cependant induire une légère activité en utilisant des concentrations relativement très élevées de ce glucide (de l'ordre de M/5). Un certain nombre d'espèces ou souches de bactéries appartenant au groupe coli-typhique et classées comme "lactose négatives", sont en réalité des productrices potentielles de galactosidase et présentent des phénotypes d'induction identiques à certains phénotypes obtenus artificiellement chez *E. coli* "ML". Par exemple, le phénotype d'induction de *Shigella sonnei* est équivalent au phénotype III.

Il est probable que dans un certain nombre de cas, l'"accessibilité" de l'enzyme *in vivo* est en cause. D'après Hestrin et Lindegren, chez les levures porteuses du gène récessif *su*, la glucosucrase est synthétisée, mais elle est "inaccessible" quand les cellules sont en bon état physiologique. L'activité de l'enzyme ne se révèle pleinement que dans les préparations sèches. Cette situation ne semble pas rare chez la levure, ainsi qu'en témoignent diverses observations passées en revue par Leibowitz et Hestrin (93). Torriani et Monod ont constaté que certains mutants d'*E. coli* "ML" se caractérisent par une relative "inaccessibilité" de la galactosidase *in vivo* à l'égard de *certains substrats*. La signification de ces différences d'"accessibilité", que l'on ne peut attribuer à des différences de perméabilité des membranes cellulaires, est tout à fait obscure. Ces exemples soulignent les difficultés considérables de l'interprétation biochimique et physiologique de ces divers types mutants. Chacun d'entre eux exige une étude approfondie. Il est possible que certaines situation relèvent de l'effet d'induction en chaîne et que d'autres soient dues à la production de substances inhibitrices agissant soit sur le mécanisme de l'induction, soit sur l'enzyme lui-même. Cependant si dans beaucoup de cas le déterminisme génétique de la biosynthèse des enzymes apparaît complexe et indirect, il continue de se montrer, en général, très électif, et ce serait une grave erreur de penser que la notion de spécificité d'action des facteurs génétiques ait perdu de ses droits ou de sa nécessité.

C. L'ORIGINE DE LA STRUCTURE SPÉCIFIQUE DES ENZYMES ET LA SIGNIFICATION DU PHÉNOMÈNE D'INDUCTION

Le problème fondamental de l'ontogénie enzymatique est celui de la *spéciation*, de la différenciation des espèces moléculaires, c'est à dire de l'origine et de la formation de la structure spécifique des enzymes. Le développement et la coexistence au sein d'une même cellule d'un grand nombre d'espèces moléculaires enzymatiques, chacune caractérisée par une structure spécifique distincte, chacune cependant composée essentiellement des mêmes éléments que toutes les autres, conduit à postuler l'intervention, au cours de la biosynthèse, d'un "prototype de structure", c'est à dire d'une molécule ou élément d'architecture moléculaire, d'où dériverait la configuration caractéristique de l'enzyme. Cette hypothèse purement formelle n'implique aucun mécanisme particulier et suppose seulement une correspondance géométrique entre le "prototype de structure" et l'enzyme. Elle semble indispensable. On ne saurait la remplacer par des formules telles que: "la structure spécifique d'un enzyme...est la culmination logique de sa synthèse caractéristique" (88).

Cette conception oblige à formuler d'une façon assez précise le problème de l'origine de la structure spécifique dans la biosynthèse induite. Les hypothèses qui ont été envisagées correspondent à l'alternative suivante.

(a) Ou bien l'inducteur agit en tant que prototype, directement ou non. Dans ce cas la structure spécifique de l'enzyme dériverait de la configuration de l'inducteur.

(b) Ou bien le prototype préexiste au moins virtuellement à l'induction. La structure spécifique de l'enzyme dériverait alors d'un "prototype héréditaire", c'est à dire d'un facteur génétique.

Il importe de préciser ce qu'il faut entendre par "structure spécifique". Toutes les propriétés de la molécule d'enzyme ne peuvent être mises sur le même rang dans sa définition, l'essentiel est l'affinité spécifique. La définition opérationnelle d'une structure spécifique serait donc la spécificité de combinaison; c'est à dire le tableau des affinités pour une série de complexants (v. p. 100). L'expérience qui permettrait de vérifier éventuellement l'une ou l'autre des hypothèses précédentes consisterait à obtenir une altération de la spécificité de combinaison d'un enzyme par l'effet, soit d'une mutation d'un facteur génétique, soit d'un changement de la structure chimique de l'inducteur. Une telle altération, autant que nous le sachions, n'a jamais été observée, mais peut-être est-ce faute d'avoir été adéquatement recherchée. Encore qu'ils soient négatifs, des résultats récemment obtenus par Monod, Cohen-Bazire, Torriani et Cohn (95) paraissent assez significatifs. Ces résultats concernent la spécificité de combinaison de la β-galactosidase produite en présence de divers inducteurs par plusieurs mutants différents de la souche ML d'*E. coli*, ainsi que par d'autres souches ou espèces bactériennes et par une souche de levure. L'affinité relative d'une série de complexants de la β-galac-

TABLEAU VII
Test de la spécificité de combinaison de la β-galactosidase

Concentration du substrat:	Sans inhibiteur		Inhibiteur					
			Lactose M/48		Phényl-β-D-galactoside M/300 / M/480		Méthyl-β-D-galactoside M/12	
	M/300	M/1250	M/300	M/1250	M/300	M/480	M/300	M/1250
Na⁺ M/10	(I) 12,49	12,65	6,62	3,29	6,77	3,24	6,77	3,68
	(II) 12,99	11,25	7,03	3,48	6,96	3,02	7,03	3,48
K⁺ M/10	(I) 8,24	6,48	5,59	2,95	7,07	4,27	6,18	3,09
	(II) 8,54	6,70	5,94	3,17	7,11	4,09	6,24	2,87

écart-type %, $\sigma = 4,56$

Les chiffres expriment, en valeur relative, la vitesse d'hydrolyse enzymatique de l'o-nitrophényl β-galactoside, à deux concentrations, seul, ou avec addition d'autres complexants de la β-galactosidase jouant le rôle d'inhibiteurs, et en présence soit de sodium soit de potassium comme ion activateur (cf. 98). Pour permettre la comparaison de préparations de β-galactosidase de sources différentes (préparations dont les activités absolues étaient indéterminées), on faisait la somme des 16 mesures de chaque série, et on exprimait chaque résultat en % de cette somme. Les séries I et II correspondent à deux préparations différentes obtenues (selon 56) à partir de la même source : *E. coli* ML-30 cultivé sur lactose. L'écart-type est calculé par comparaison entre ces deux séries de mesures.

TABLEAU VIII

Comparaison statistique de la spécificité de combinaison de β-galactosidases d'origines diverses[a]

Espèces et souches	Phénotype[b]	Inducteur	Variance par comparaison au type[c]	Rapport de variance ($N_1 = N_2 = 14$)[d]	Probabilité d'un rapport de variance plus grand
Escherichia coli					
ML-30	L⁺G⁺-I	Lactose	20,8	(Variance de référence)	—
ML-30	L⁺G⁺-I	Méthyl-β-D-galactoside	29,0	1,4	>0,20
ML-3	L⁻G⁺-III	Méthyl-β-D-galactoside	35,0	1,7	>0,05
ML-32.400	L⁺G⁻-II	Galactose	12,6	1,6	>0,20
ML-3.241	L⁻G⁻-IV	Galactose	24,8	1,3	>0,20
ML-30	L⁺G⁺-I	Spontané[e]	44,2	2,1	>0,05
ML-308	L⁺G⁺-VI	Spontané[f]	23,0	1,1	>0,20
Escherichia coli K 12	L⁺G⁺-I	Lactose	19,2	1,1	>0,20
Shigella sonnei	L⁻G⁺-III	Méthyl-β-D-galactoside	28,2	1,4	>0,20
Aerobacter aerogenes L III₁	L⁺G⁺-I	Lactose	31,2	1,5	>0,20
Lactobacillus bulgaricus	L⁺G⁺	Lactose	1770	85	<0,001
Saccharomyces fragilis	L⁺G⁺	Lactose	1492	72	<0,001
Saccharomyces/Lactobacillus	—	—	2340[g]	112	<0,001

[a] Principe et disposition du test. Voir tableau VII.
[b] Les lettres se réfèrent à l'utilisation (+) ou non (−) du lactose (L) ou du galactose (G) comme source de carbone. Les chiffres romains désignent le phénotype défini selon le tableau VI.
[c] Variance calculée par comparaison avec la préparation I du tableau VII choisie comme préparation de référence.
[d] Rapport de variance calculé à l'aide de la variance de référence résultant de la comparaison entre elles des préparations I et II du tableau VII.
[e] L'activité spontanée (v. p. 98) étant excessivement faible dans les souches normales, les difficultés de mesure sont grandes et expliquent largement que la variance soit plus forte que dans d'autres cas (tout en restant non significative).
[f] Souche mutante obtenue selon (72) synthétisant spontanément et très activement la galactosidase (cf. p. 99).
[g] Variance calculée par comparaison directe entre *Lactobacillus* et *Saccharomyces*.

tosidase était déterminée d'après leur effet inhibiteur compétitif sur l'hydrolyse de l'o-nitrophényl-β-D-galactoside pris comme "substrat de référence". Le détail du test est donné par le tableau VII. Les propriétés de chaque préparation étaient déterminées par 16 mesures d'activité qui permettaient d'estimer l'affinité relative de trois complexants de l'enzyme en présence soit de potassium, soit de sodium. Toutefois, pour la comparaison statistique des résultats, l'emploi des affinités est à rejeter parce que leur estimation exige l'application d'une théorie qui introduit un élément arbitraire, et surtout parce que le calcul repose sur le rapport de deux différences et introduit des erreurs considérables. La comparaison statistique des tests de spécificité a été faite directement d'après les mesures d'activité. Les résultats en sont résumés par le tableau VIII. On voit qu'aucune des préparations obtenues à partir d'*E. coli* "ML" ne diffère significativement de la préparation prise comme type de référence. On notera que ces préparations correspondent à trois inducteurs différents, sans compter l'"induction spontanée", et à quatre mutants distincts. Une autre souche d'*E. coli*, une souche d'*Aerobacter* et une souche de *Shigella sonnei* fournissent également des galactosidases qui ne se distinguent pas de la préparation de référence. De plus, les proprietés immunologiques des enzymes produits par ces trois dernières bactéries, aussi bien que par les différentes mutants de la souche "ML", sont *quantitativement* identiques à celles de la préparation de référence. Nous avons déjà eu l'occasion de souligner (p. 99) que ceci est équivalent à la preuve que l'activité moléculaire (turnover number) est la même pour toutes ces préparations de β-galactosidase. Au contraire, les préparations obtenues à partir de *Saccharomyces fragilis* et de *Lactobacillus bulgaricus* sont totalement différentes de la préparation de référence et différentes également entre elles. Elles ne donnent d'ailleurs pas de réaction avec le sérum antigalactosidase d'*E. coli*.

Ces résultats sont donc entièrement négatifs. On peut considérer qu'ils apportent la preuve de l'identité de la structure spécifique de la galactosidase produite, dans des conditions assez diverses, par tous ces mutants, souches, genres différents de la série *Escherichia*, *Aerobacter*, *Shigella*. *La variabilité héréditaire de la structure spécifique apparaît donc ici comme pratiquement nulle.* Ce n'est évidemment pas le résultat prévu par l'hypothèse d'un prototype héréditaire macromoléculaire autoreproductible, transmettant nécessairement toutes les variations survenues dans sa structure. D'une manière plus générale, la stabilité extraordinaire des propriétés de la β-galactosidase s'explique difficilement si le prototype est une très grosse molécule, susceptible, de par sa complexité même, d'une certaine variabilité. Elle s'expliquerait mieux si la configuration spécifique dérivait de la configuration d'une molécule relativement simple, de faible poids moléculaire, et de ce fait incapable d'une variabilité qui ne se traduirait pas par un bouleversement total. Il est vrai que la structure spécifique de l'enzyme synthétisé en présence d'inducteurs différents (par exemple lactose et méthyl-β-galactoside) est également la même. Ceci pourrait signifier que si l'inducteur est la "source" de la configuration prototype, celle-ci se limite au noyau galactosidique. Nous avons vu que la possession de cette structure est la condition *sine qua non* du pouvoir inducteur (p. 104).

Cependant il va de soi que même si l'inducteur est à l'origine de la configuration active, et même si à ce titre il pent être un principe de stabilité ontogénique et phylogénique, on ne saurait y voir la source *unique* des propriétés spécifiques. Les caractéristiques d'un enzyme ne sauraient être indépendantes des éléments assemblés pour former sa configuration active. Aussi n'est-il en tous cas pas surprenant que le même inducteur (lactose) agissant chez *Saccharomyces*, chez *Lactobacillus* ou chez *Escherichia coli*, induise la production d'enzymes profondément différents. Ici les contextes génétiques et physiologiques n'ont plus rien de commun et on ne peut espérer observer la variabilité discrète et nuancée qui serait significative.

Telles sont les conclusions très spéculatives que suggèrent cette expérience encore isolée, qui devrait être complétée et surtout répétée avec d'autres enzymes.

Faisons maintenant appel à d'autres considérations, en posant le problème du mécanisme de l'induction. On sait que l'hypothèse la plus couramment admise jusqu'ici était que l'induction résultait d'une combinaison entre l'inducteur et des molécules d'enzyme supposées préexistantes. Nous avons vu que cette hypothèse semble devoir être abandonnée, puisque la spécificité d'induction peut être nettement distincte de la spécificité de combinaison comme de la spécificité d'action de l'enzyme; puisque, en d'autres termes, la fonction d'inducteur ne se confond pas avec celle de substrat, ni même avec celle de complexant (p. 104). Mais si cette hypothèse est abandonnée, il reste encore à expliquer le principe d'action de l'inducteur, et à l'expliquer de façon à rendre compte du fait capital que complexants et inducteurs d'un même enzyme possèdent toujours en commun au moins certains éléments de configuration moléculaire. L'hypothèse que l'inducteur joue le rôle d'un "organisateur" (p. 101) et qu'il est la source de la configuration prototype, devient donc presqu'inévitable dès l'instant que les relations de structure entre inducteurs et complexants ne peuvent plus s'expliquer par l'hypothèse simple de l'*identité* de ces deux fonctions.

On ne peut manquer de souligner que l'hypothèse de l'inducteur-prototype conduit à une conception intelligible de l'origine de la configuration stérique de l'aire active de l'enzyme, tandis que l'hypothèse d'un prototype héréditaire laisse ce problème essentiel dans l'ombre, à moins que l'on ne suppose explicitement que le prototype héréditaire comporte un élément de structure identique ou équivalent à un complexant-inducteur. Qu'est-ce à dire, sinon que si l'inducteur n'existait pas (en tant que prototype) il faudrait l'inventer?

L'hypothèse de l'inducteur prototype est susceptible d'interprétations mécanistiques diverses. Deux éventualités très différentes sont en particulier à considérer. L'inducteur pourrait entrer en combinaison stoechiométrique avec un précurseur de l'enzyme pour donner naissance à la molécule active. Mais il est également vraisemblable qu'il joue un rôle catalytique. Les observations sur l'effet Pollock (p. 95) sont ici d'une importance décisive: les dilutions extrêmes auxquelles l'inducteur se montre encore actif, le très petit nombre de molécules d'inducteur spécifiquement fixé par les cellules, enfin et surtout le fait que la synthèse se poursuive, indéfiniment semble-t-il, à une vitesse constante tout cela indique très clairement que la biosynthèse de l'enzyme ne se traduit pas par une *consommation* d'inducteur. Nous avons vu d'ailleurs que la cinétique de la biosynthèse induite en fonction du temps comme en fonction de la concentration de l'inducteur s'accommoderait bien d'un modèle dans lequel l'inducteur jouerait le rôle de cofacteur ou de groupement prosthétique d'un système formateur d'enzyme. Les données cinétiques s'accommodent généralement de beaucoup d'explications diverses, mais ce modèle exprime assez bien les hypothèses auxquelles nous nous sommes arrêtés.

Il est démontré dans le cas de l'effet Pollock que l'inducteur n'est pas libre dans la cellule, mais combiné. C'est sans doute ce complexe que l'on doit considérer comme le véritable *"organisateur"*. Il paraît donc probable que la transformation de l'inducteur en organisateur comporte un certain "métabolisme d'induction". La compétence d'un organisme pour la synthèse d'un enzyme donné pourrait donc tenir, d'une part à la capacité de transformer un inducteur éventuel en organisateur, d'autre part à la présence chez cet organisme de précurseurs adéquats, capables par exemple d'entrer en combinaison transitoire avec l'organisateur, Le "métabolisme d'induction" en question serait évidemment milli-micromoléculaire au sens de MacIlwain (133). On pourrait donc comme MacIlwain l'a suggéré pour la biosynthèse des métabolites coenzymatiques, supposer que certaines réactions de ce métabolisme d'induction seraient catalysées directement par des gènes. L'inconvénient de cette hypothèse, c'est qu'elle s'accommoderait de situations assez complexes presqu'aussi bien que d'effets spécifiques et absolus, de sorte qu'elle serait difficile à mettre en défaut. Son principal avantage serait de résoudre le problème de la dualité apparente du déterminisme spécifique de la biosynthèse des enzymes: détermisme génétique d'une part, déterminisme chimique de l'autre. Ce problème offre une difficulté si on considère que l'action des inducteurs et celle des gènes s'exercent à des niveaux différents, à des stades différents de la biosynthèse (cf. 81). Cette difficulté n'existe plus si les facteurs génétiques interviennent directement dans le métabolisme d'induction.

Quoi qu'il en soit de ces spéculations, l'hypothèse de l'inducteur-prototype, entendue de la façon la plus large, semble être devenue aujourd'hui le meilleur instrument de travail. Si l'on admet, ce qui est un corollaire nécessaire de cette hypothèse, que dans la biosynthèse enzymatique spontanée un inducteur intervient également, qui est un produit normal du métabolisme cellulaire, on aboutit à une conception dans laquelle la synthèse de tous les enzymes dépendrait d'autres enzymes aussi bien que de facteurs génétiques. Un tel réseau d'actions spécifiques dans la synthèse des enzymes permettrait sans doute de mieux comprendre le fonctionnement intégré du métabolisme cellulaire. On peut déjà en voir l'image simplifiée dans l'effet d'induction en chaîne.

Il est assez intéressant et il sera peut-être fructueux de chercher dans des molécules relativement petites et simples, et par cela stables, les sources de la spécificité des enzymes et un principe de stabilité ontogénique et phylogénique des configurations moléculaires des protéines.

Travaux cités

1. Karstrom, H., *Ergeb. Enzymforsch.*, 1937, *7*, 350.
2. Yudkin, *Biol. Rev.*, 1938, *13*, 93.
3. Linderstrøm-Lang, K., in *Handbuch der Enzymologie*, Nord et Weidenhagen, ed., Leipzig, 1940.
4. Dubos, R., *Bact. Rev.*, 1940, *4*, 1.
5. Spiegelman, S., *Ann. Missouri Bot. Garden*, 1945, *32*, 139–163.
6. Spiegelman, S., *Symposia Soc. Exp. Biol.*, 1948, *2*, 286–325.
7. Monod, J., *Growth*, 1947, *11*, 223–289.
8. Spiegelman, S., in *The Enzymes*, Sumner and Myrbäck, eds., I, pt. 1, 267–306, Academic Press, New York, 1951.
9. Stanier, R. Y., *Microb. Rev.*, 1951.
10. Ryan, F. J., *Cold Spring Harbor Symp.*, 1946, *11*, 215–227.
11. Luria, S. E., *Bact. Rev.*, 1947, *11*, 1–40.
12. Luria, S. E., et Delbruck, M., *Genetics*, 1943, *28*, 491–511.
13. Cohn, M., et Torriani, A. M., *J. Immunol. Acta* (sous presse).
14. Knox, W. E., et Mehler, A. H., *Science*, 1951, *113*, 237–238.
15. Knox, W. E., *Brit. J. Exp. Path.* (sous presse).
16. Stanier, R. Y., *J. Bact.*, 1947, *54*, 339–348.
17. Cohen, S. S., *J. Biol. Chem.*, 1949, *177*, 607–619.
18. Virtanen, A. I., et Winkler, U., *Acta Chem. Scand.*, 1949, *3*, 272–278.
19. Virtanen, A. I., *Svensk Kem. Tid.*, 1948, *60*, 23–38.
20. Ephrussi, B., et Slonimsky, P. P., *Biochim. et Biophys. Acta*, 1950, *6*, 256–267.
21. Slonimsky, P. P., *Thèse*, Faculté des Sciences, Paris, 1952.
22. Fowler, C. B., *C. R. Acad. Sci.*, 1950, *231*, 1348–1350.
23. Fowler, C. B., *Biochim. et Biophys. Acta*, 1951, *7*, 563–573.
24. Spiegelman, S., Reiner, J., et Cohnberg, R., *J. Gen. Physiol.*, 1947, *31*, 27–49.
25. Monod, J., *Ann. Inst. Pasteur*, 1944, *70*, 381.
26. Spiegelman, S., *Cold Spring Harbor Symp.*, 1946, *11*, 256–277.
27. Reiner, J. M., et Spiegelman, S., *J. Gen. Physiol.*, 1947, *31*, 51–74.
28. Pollock, M. R., et Wainwright, S. D., *Brit. J. Exp. Path.*, 1948, *29*, 223.
29. Wainwright, S. D., *Brit. J. Exp. Path.*, 1950, *31*, 495–506.
30. Blanchard, M. L., Korkes, S., del Campillo, A. et Ochoa, S., *J. Biol. Chem.*, 1950, *187*, 875–890.
31. Stanier, R. Y., *Bact. Rev.*, 1950, *14*, 179–191.
32. Gale, E. F., *Bact. Rev.*, 1943, *7*, 139–174.
33. Monod, J., et Wollman, E., *Ann. Inst. Pasteur*, 1947, *73*, 937.
34. Luria, S. E., et Gunsalus, I. C., d'après *Viruses 1950*, California Institute of Technology, Pasadena, California.
35. Lwoff, A., Siminovitch, L., et Kjeldgaard, N., *Ann. Inst. Pasteur*, 1950, *79*, 815–858.
36. Jacob, F., *C. R. Acad. Sci.*, 1951, *232*, 1780–1782.
37. Cohen, S. S., *Cold Spring Harbor Symp. Quant. Biol.*, 1947, *12*, 35–49.
38. Swenson, P., et Giese, A. C., *J. Cell. Comp. Physiol.*, 1951.
39. Stanier, R. Y., et Lederberg, J. (Communication personnelle).
40. Rouyer, M., et Latarjet, R., *Ann. Inst. Pasteur*, 1946, *72*, 89.
41. Anderson, T. F., *J. Bact.*, 1948, *56*, 403–410.
42. Jacob, F., Torriani, A. M., et Monod, J., *C. R. Acad. Sci.*, 1951, *223*, 1230–1232.

86. Ryan, F. J., *J. Gen. Microb.* (sous presse).
87. Doudoroff, M., Hassid, W. Z., Putnam, E. W., Potter, A. L., et Lederberg, J., *J. Biol. Chem.*, 1949, *179*, 921-933.
88. Markert, C. L., *Genetics*, 1950, *35*, 60-75.
89. Bonner, D. M., *Science*, 1948, *108*, 735-739.
90. Landman, O. E., *Rec. Genetics Soc. Am.*, 1950, *19*, 107-108.
91. Lederberg, J., *Rec. Genetics Soc. Am.*, 1948, *17*, 46.
92. Torriani, A. M., et Cohen-Bazire, G., (résultats inédits).
93. Leibowitz, J., et Hestrin, S., in *Advances in Enzymology*, Nord, ed., Interscience, New York, 1945, *5*, p. 87.
94. Torriani, A. M., et Monod, J. (Expériences inédites).
95. Monod, J., Cohen-Bazire, G., Torriani, A. M., et Cohn, M. (Expériences inédites).
96. Monod, J., Torriani, A. M., et Gribetz, J., *C.R. Acad. Sci.*, 1948, *227*, 315-316.
97. Lederberg, J., *J. Bact.*, 1950, *60*, 381-392.
98. Cohn, M., et Monod, J., *Biochim. et Biophys. Acta*, 1951, *7*, 153-174.
99. Davies, R. (Communication personnelle).
100. Caputto, R., Leloir, L. F., et Trucco, R. E., *Enzymologia*, *12*, 350.
101. Dubos, R. J., *J. Exp. Med.*, 1932, *55*, 377.
102. Dubos, R. J., *J. Exp. Med.*, 1935, *62*, 259.
103. Dubos, R. J., *J. Exp. Med.*, 1931, *54*, 51.
104. Dubos, R. J., *Ergeb. Enzymforsch.*, 1939, *8*, 135.
105. Lepage, G. A., Morgan, J. F., et Campbell, M. E., *J. Biol. Chem.*, 1946, *166*, 465.
106. Housewright, R. D., et Henry, R. J., *J. Biol. Chem.*, 1947, *167*, 553.
107. Pollock, M. R. (Communication personnelle).
108. Dubos, R. J., et Miller, B. F., *J. Biol. Chem.*, 1937, *121*, 429-445.
109. Dubos, R. J., et Miller, B. F., *Proc. Soc. Exp. Biol. Med.*, 1938, *39*, 65-66.
110. Doudoroff, M., Barker, H. A., et Hassid, W. Z., *J. Biol. Chem.*, 1947, *168*, 725, 733; *170*, 147.
111. Doudoroff, M., Kaplan, N., et Hassid, W. Z., *J. Biol. Chem.*, 1943, *148*, 67-75.
112. Doudoroff, M., *J. Biol. Chem.*, 1943, *151*, 351.
113. Monod, J., et Torriani, A. M., *C. R. Acad. Sci.*, 1948, *227*, 240-242.
114. Monod, J., et Torriani, A. M., *Ann. Inst. Pasteur*, 1950, *78*, 65.
115. Doudoroff, M. (Expériences inédites).
116. Klein, H. P., et Doudoroff, M., *J. Bact.*, 1950, *79*, 739-750.
117. Cohen, S. S., McNair Scott, D. B., et Lanning, M., *Fed. Proceed.*, 1951, *10*, no. 1.
118. Cohen, S. S. (Communication personnelle).
119. Cohen, S. S., *J. Biol. Chem.*, 1951, *189*, 617.
120. Trucco, R. E., Caputto, R., Leloir, L. F., et Mittleman, N., *Arch. Biochem.*, 1948, *18*, 137.
121. Wilkinson, J. F., *Biochem. J.*, 1949, *44*, 460.
122. Caputto, R., Leloir, L. F., Trucco, R. E., Cardini, C. E., et Paladini, A. C., *J. Biol. Chem.*, 1949, *179*, 497.
123. Caputto, R., Leloir, L. F., Cardini, C. E., et Paladini, A. C., *J. Biol. Chem.*, 1950, *184*, 333-350.
124. Gale, E. F., in *Advances in Enzymology*, Nord, ed., Interscience, New York, 1946, *6*, p. 1.
125. Korkes, S., Del Campillo, A., et Ochoa, S., *J. Biol. Chem.*, 1950, *187*, 891.
126. Stanier, R. Y., *J. Bact.*, 1950, *59*, 527-532.

43. Spiegelman, S., *Fed. Proceed.*, 1951, *10*, 130.
44. Latarjet, R., *Rev. Canad. Biol.*, 1946, *5*, 9–47.
45. Dienert, *Ann. Inst. Pasteur*, 1901, *14*, 139.
46. Stephenson, M., *Bacterial Metabolism*, Longmans, 1950.
47. Monod, J., *Recherches sur la croissance des cultures bactériennes*, Hermann, Paris, 1942.
48. Monod, J., *Ann. Rev. Microb.*, 1949, *3*, 371–394.
49. Spiegelman, S., *Cold Spring Harbor Symp.*, 1946, *11*, 256–277.
50. Monod, J., *Ann. Inst. Pasteur*, 1943, *69*, 179.
51. Wainwright, S. D., et Pollock, M. R., *Brit. J. Exp. Path.*, 1949, *30*, 190–198.
52. Monod, J., et Torriani, A. M. (Résultats inédits).
53. Monod, J., *Unités biologiques douées de continuité génétique*, C.N.R.S., Paris, 1949, 181–200.
54. Knox, W. E., et Mehler, A. H., *J. Biol. Chem.*, 1950, *187*, 419.
55. Cohn, M., in *Methods in Medical Research*, 1952.
56. Cohn, M., et Torriani, A. M., *Biochim. et Biophys. Acta*, 1952 (sous presse).
57. Cohn, M., et Torriani, A. M., *C. R. Acad. Sci.*, 1951, *232*, 115–117.
58. Hinshelwood, C. N., *The Chemical Kinetics of the Bacterial Cell*, Oxford, Clarendon Press, 1946.
59. Monod, J., *Ann. Inst. Pasteur*, 1950, *79*, 390.
60. Winge, O., et Roberts, C., *C. R. Trav. Lab. Carlsberg, Sér. Physiol.*, 1948, *24*, 263–315.
61. Spiegelman, S., Sussman, R. R., et Pinska, E., *Proc. Nat. Acad. Sci. U. S.*, 1950, *36*, 591–606.
62. Spiegelman, S., DeLorenzo, W. F., et Campbell, A. M., *Proc. Nat. Acad. Sci. U. S.*, 1951, *37*, 513–524.
63. Hinshelwood, C. N., et Lewis, *Proc. Roy. Soc. London B*, 1947, *135*, 321.
64. Ephrussi, B., *Harvey Lectures* (sous presse).
65. Monod, J., et Cohen-Bazire, G. (Expériences inédites).
66. Pollock, M. R., *Brit. J. Exp. Path.*, 1950, *31*, 739–753.
67. Pollock, M. R., et Perret, C. J., *Brit. J. Exp. Path.*, 1951, *32*, 387–396.
68. Pappenheimer, A. M., Jr., (Expériences inédites).
69. Monod, J., *Ann. Inst. Pasteur*, 1944, *70*, 60–61.
70. Cohen, S. S. (Communication personnelle).
71. Lederberg, J., in *Genetics in the 20th Century*, Macmillan, New York, 1951.
72. Cohen-Bazire, G., et Jolit, M., *Ann. Inst. Pasteur* (en préparation).
73. Monod, J., *Ann. Inst. Pasteur*, 1945, *71*, 37.
74. Emerson, S., *Ann. Missouri Bot. Garden*, 1945, *32*, 243–249.
75. Lederberg, J. (Communication personnelle).
76. Monod, J., Cohen-Bazire, G., et Cohn, M., *Biochim. et Biophys. Acta*, 1951, *7*, 585–599.
77. Spiegelman, S., Sussman, M., et Taylor, B., *Fed. Proceed.*, 1950, *9*, 120.
78. Spiegelman, S. (Communication personnelle).
79. Hestrin, S., et Lindegren, C. C., *Arch. Biochem.*, 1950, *29*, 315–333.
80. Hestrin, S., et Lindegren, C. C., *Nature*, 1951, *168*, 913.
81. Monod, J., *Biochem. Soc. Symp.*, 1950, *4*, 51–58.
82. Winge, O., *Proc. 8th Intern. Congress Genetics (Hereditas, Suppl. Vol.)*, 1949, 520–529.
83. Lindegren, C. C., *The Yeast Cell*, Educational Publishers, Saint Louis, Mo., 1949.
84. Monod, J., et Audureau, A., *Ann. Inst. Pasteur*, 1946, *72*, 868.
85. Lewis, I. M., *J. Bact.*, 1934, *28*, 619.

127. Spiegelman, S., Reiner, J. M., et Morgan, I., *Arch. Biochem.*, 1947, *13*, 113-125.
128. Keilin, D., *Proc. Royal Soc. London B*, 1930, *106*, 448.
129. Slonimsky, P. P. (Résultats inédits).
130. Bach, S. J., Dixon, M., et Zerfas, L. G., *Biochem. J.*, 1946, *40*, 229.
131. Ephrussi, B., et Hottinguer, H., *Nature*, 1950, *166*, 956.
132. Chen, S. Y., Ephrussi, B., et Hottinguer, H., *Heredity*, 1951.
133. MacIlwain, H., *Nature*, 1946, *158*, 198.
134. Stanier, R. Y. (Communication personnelle).

LA CINÉTIQUE DE LA BIOSYNTHÈSE DE LA β-GALACTOSIDASE CHEZ *E. COLI* CONSIDÉRÉE COMME FONCTION DE LA CROISSANCE*

par

J. MONOD, A. M. PAPPENHEIMER Jr.** ET G. COHEN-BAZIRE

Service de physiologie microbienne, Institut Pasteur, Paris (France)

INTRODUCTION

Nous présentons dans ce mémoire des observations sur la cinétique de la synthèse induite (adaptative) d'un enzyme, et une conception théorique qui envisage cette synthèse comme une partie intégrante de la croissance. Nous montrerons que ce traitement fait apparaître une relation très simple entre la synthèse induite de l'enzyme et la croissance des cellules qui le produisent.

Avant d'en venir aux données proprement cinétiques, nous exposerons brièvement des résultats concernant l'effet de carences spécifiques en acides aminés sur la biosynthèse de la galactosidase. Ces diverses observations sont liées en ce qu'elles ont directement trait à la question de l'existence de précurseurs des enzymes inductibles. Il est nécessaire de rappeler ici comment cette question s'est trouvée posée concrètement dans le cas de la β-galactosidase d'*E.coli*, grâce aux travaux récents de COHN ET TORRIANI[1,2,3] qui ont montré:

1. que la biosynthèse induite de la β-galactosidase (Gz) correspond à l'apparition d'une espèce moléculaire protéinique identifiable comme antigène, et "nouvelle" en ce sens qu'elle est absente chez les cellules non induites;

2. que cependant les cellules non induites contiennent une autre protéine (Pz) extrêmement proche par sa spécificité immunologique comme par ses caractères de solubilité de la protéine de l'enzyme (Gz);

3. que l'induction de la synthèse de la β-galactosidase s'accompagne d'une diminution du taux global de synthèse de la protéine Pz;

4. que parmi diverses espèces d'Enterobacteriaceae seules celles qui possèdent la protéine Pz sont capables de synthétiser, en présence d'un inducteur, la protéine Gz.

Ces résultats permettent de conclure à une relation de parenté étroite entre les deux protéines. L'hypothèse la plus simple serait que Pz représente, au moins en partie, le précurseur de Gz:

$$Pz \xrightarrow{\text{inducteur}} Gz$$

---

* Travail effectué avec l'aide d'une subvention du National Cancer Institute of the National Institutes of Health des Etats-Unis d'Amérique.
** En congé de New York University, College of Medicine, avec une mission du Commonwealth Fund.

Bibliographie p. 660.

Ce schéma suppose que l'intervention de l'inducteur se traduit non pas par une synthèse de protéine *de novo*, mais seulement par la réorganisation d'un précurseur protéinique préexistant. Ce sont ces faits, et cette hypothèse, qui nous ont servi de point de départ.

MATÉRIELS ET TECHNIQUES

Milieux

Nous avons employé le milieu minéral 56[4] additionné d'un aliment carboné, et, dans le cas des souches exigeantes, de l'acide aminé nécessaire, ainsi qu'il est précisé séparément pour chaque expérience. Dans certaines expériences, les proportions d'azote (NH_4^+) ou de soufre (SO_4^{-2}) du milieu 56 ont été modifiées pour qu'ils deviennent aliments limitants.

Souches

Pour les essais de carence en acides aminés, nous avons utilisé une série de mutants de la souche ATCC 9637. Ces mutants ont été isolés et nous ont été envoyés par le Dr B. DAVIS que nous remercions de son obligeance. Pour les expériences de cinétique nous avons utilisé différents clônes dérivés de la souche ML d'*E. coli*. En vue des expériences, ces souches étaient entretenues régulièrement sur milieu 56 avec du maltose ou du succinate comme aliment carboné.

Conditions d'expérience

Les cultures d'expérience étaient faites dans des fioles côniques munies d'un dispositif de prélèvement[5], agitées au sein d'un thermostat à eau réglé à 37°. Elles étaient ensemencées à partir d'une culture préparée la veille dans des conditions analogues, sur le même milieu, et dont la croissance s'était arrêtée depuis quelques heures au plus, par épuisement de l'aliment limitant. Les conditions d'induction sont précisées pour chaque expérience.

Mesure de la croissance

La croissance des cultures était suivie par mesure de la densité optique dans l'électrophotomètre de Meunier, en lumière jaune. La validité de ces mesures de densité optique, en tant que correspondant à la quantité de substance bactérienne, présentait en l'occurrence une importance toute particulière. Nous avons donc suivi la croissance d'une culture à la fois par dosage de l'azote bactérien au microkjeldahl, et par détermination de la densité optique. Le résultat a montré qu'à moins de 2% près la correspondance entre les lectures de densité optique et les dosages d'azote ne se démentait pas, dans ces conditions, et entre les limites de nos expériences. Pour la présentation des résultats, les unités de densité optique ont été partout converties en μg d'N bactérien par ml.

Titrage de l'activité β-galactosidasique

On prélevait des échantillons, de 5 ml environ, que l'on additionnait d'une goutte de toluène, et que l'on agitait 15 minutes à 37°. Ces suspensions étaient diluées en proportions convenables (suivant leur activité) de milieu 56 neuf, puis additionnées d'*ortho*nitrophényl-β-D-galactoside (concentration finale $M/450$) et de NaCl (concentration finale $M/20$). La libération de l'*o*-nitrophénol était déterminée de minute en minute par mesure de l'absorption à 420 mμ dans le spectrophotomètre Beckman. Immédiatement avant l'emploi les solutions étaient amenées à 28° C et la chambre de mesures du spectrophotomètre était maintenue à 28° C. Les unités d'activité galactosidasique sont exprimées en mμ M d'*ortho*nitrophényl-β-D-galactoside hydrolysé par minute, dans les conditions précisées ci-dessus.

L'EFFET DE CARENCES SPÉCIFIQUES EN ACIDES AMINÉS SUR LA BIOSYNTHÈSE DE LA β-GALACTOSIDASE

Si chez *E. coli* la β-galactosidase était formée à partir de la protéine Pz, préexistante en quantité très notable dans les cellules non induites, cette synthèse serait, en principe, possible en l'absence d'une source d'azote exogène. COHN ET TORRIANI[3] ont constaté que des suspensions de cellules carencées spécifiquement en azote (c'est à dire ayant consommé tout l'azote disponible dans leur milieu, en présence d'un excès d'aliment énergétique) étaient incapables de synthétiser la galactosidase. Cependant, ces cellules carencées en azote contenaient une quantité normale de protéine Pz. L'interprétation de ce résultat est incertaine parce que la carence totale en azote représente sans doute une condition excessivement sévère dont il est difficile d'apprécier les effets. On ne saurait en

Bibliographie p. 660.

particulier affirmer que cette condition ne se traduise pas par des troubles du métabolisme énergétique, indispensable, comme on le sait, à la biosynthèse induite des enzymes[6,7]. D'autre part, on doit envisager l'hypothèse que la synthèse de la galactosidase ne se fasse pas aux dépens du seul "précurseur" Pz, mais exige, en outre, certains acides aminés ou peptides non préexistants chez les bactéries carencées en azote :

$$Pz + \text{acides aminés} \longrightarrow Gz$$

Pour mettre ces interprétations à l'épreuve, nous avons étudié l'effet de carences spécifiques, en un seul acide aminé à la fois, sur la biosynthèse induite de la galactosidase.

Nous avons employé pour cela une série de mutants de la souche ATCC 9637, chacun exigeant un acide aminé différent. La technique employée pour obtenir une carence effective, mais strictement élective, consistait à laisser croître chaque souche dans un milieu contenant une quantité limitée de l'acide aminé qui lui était nécessaire, et un grand excès des autres éléments nutritifs. L'arrêt de la croissance était donc dû exclusivement à l'épuisement de l'acide aminé en question. Quelques minutes après l'arrêt on ajoutait l'inducteur. Vingt minutes plus tard, après avoir fait un prélèvement pour détermination de l'activité enzymatique, on procédait à la contre-épreuve en ajoutant à la suspension une petite quantité de l'acide aminé manquant. La croissance reprenait aussitôt, puis s'arrêtait à nouveau par épuisement. On prélevait alors à nouveau un échantillon. On déterminait ainsi la quantité d'enzyme synthétisée pendant la phase de carence et pendant la phase de croissance respectivement. La carence était effective puisqu'elle se traduisait par l'arrêt de la croissance, et tout à fait élective puisque l'addition du facteur manquant provoquait la reprise immédiate (à une minute près) de la croissance.

Les résultats obtenus sont groupés dans le Tableau I ; ils sont sans ambiguïté : en aucun cas il n'y a de synthèse significative de β-galactosidase pendant la phase de carence (o à 20'). On notera cependant qu'une trace d'enzyme apparaît au cours des 20 premières minutes dans deux expériences (carences en valine et en méthionine, Nos 3 et 11) mais un léger accroissement de la densité optique s'était produit dans ces deux cas pendant cette période. On doit donc penser que la carence n'était pas absolue. On notera aussi que la durée de la phase d'induction en carence (20 minutes, était largement suffisante pour permettre éventuellement une synthèse significative, puisque dans la suspension non carencée (expérience No 13) une quantité très notable d'enzyme est synthétisée en 10 minutes. Enfin la contre-épreuve, c'est à dire l'addition du facteur manquant se traduit dans chaque cas par une synthèse rapide d'enzyme, corrélative de l'accroissement de la masse bactérienne.

Il n'est pas vraisemblable que chacune de ces carences, spécifiques et de courte durée, se traduise également par un trouble fonctionnel du métabolisme qui interdise la conversion ou la réorganisation de Pz en Gz. Il faut donc admettre que chacun de ces acides aminés intervient en tant qu'entrant dans la composition des protéines nouvelles. La liste des acides aminés essayés est incomplète, il est vrai, mais elle est assez représentative pour que l'on doive dire que la formation de la molécule Gz ne se produit que dans des conditions permettant la synthèse *de novo* d'une protéine complète, et non pas seulement l'adjonction, à une protéine préexistante, de quelques acides aminés.

Ces conclusion sont entièrement parallèles à celles auxquelles SPIEGELMAN ET HALVORSON[8] sont parvenus tout récemment, de façon indépendante, en étudiant l'effet de certains analogues d'acides aminés sur la composition et l'évolution de la réserve d'acides aminés libres chez la levure, au cours de la synthèse induite de la "maltozymase". Ces auteurs ont vu en effet que les analogues efficaces comme inhibiteurs de la synthèse bloquaient simultanément l'utilisation (la disparition) de *tous* les acides aminés de la réserve.

Bibliographie p. 660.

TABLEAU I

L'EFFET DE CARENCES SPÉCIFIQUES EN ACIDES AMINÉS SUR LA SYNTHÈSE DE LA β-GALACTOSIDASE CHEZ *Escherichia coli*

Exp. No.	Souche	Acide aminé limitant	Temps en min.	Additions	Densité bactérienne (x) $\mu gN \times cm^{-3}$	Accroissement de densité (Δx)	Activité galactosidasique (z) unités cm^{-3}	$\frac{z}{\Delta x}$
1	83–8	L-Tyrosine	0	β-CH$_3$-galactoside $M/1000$	6.60	0.0	0.0	
			20	tyrosine $M/9050$	6.60	0.0	0.0	
			93	—	12.7	6.1	59	9.7
2	83–5	φ-Alanine	0	β-CH$_3$-galactoside $M/100$	6.80	0.0	0.0	
			21	φ-alanine $M/71,000$	6.65	0.0	0.0	
			76	—	13.10	6.30	48.5	7.7
3	45–62	DL-Valine	0	β-CH$_3$-galactoside $M/1000$	8.85	0.0	0.0	
			20	valine $M/23,400$	9.00	0.15	0.5	
			86	—	15.00	6.15	80	13.0
4	43–5	DL-Leucine	0	β-CH$_3$-galactoside $M/1000$	12.1	0.0	0.0	
			20	leucine $M/52,500$	12.1	0.0	0.0	
			60	—	17.4	5.3	38.5	7.1
5	19–2	DL-Tryptophane	0	β-CH$_3$-galactoside $M/1000$	6.8	0.0	0.0	
			20	tryptophane $M/408,000$	6.8	0.0	0.0	
			73	—	13.1	6.3	73	11.6
6	26–5	L-Histidine	0	β-CH$_3$-galactoside $M/1000$	4.65	0.0	0.0	
			20	histidine $M/248,000$	4.65	0.0	0.0	
			76	—	10.05	5.4	47.3	8.85
7	55–1	L-Proline	0	β-CH$_3$-galactoside $M/1000$	4.5	0.0	0.0	
			20	proline $M/11,500$	4.5	0.0	0.0	
			88	—	7.8	3.3	38	11.5
8	45–25	L-Arginine	0	β-CH$_3$-galactoside $M/1000$	3.9	0.0	0.0	
			20	arginine $M/57,700$	3.9	0.0	0.0	
			86	—	7.5	3.6	48.0	13.3
9	43–6	DL-Thréonine	0	β-CH$_3$-galactoside $M/1000$	3.4	0.0	0.0	
			20	thréonine $M/23,800$	3.4	0.0	0.0	
			75	—	6.2	2.8	26.3	9.4
10	26–96	DL-Lysine	0	β-CH$_3$-galactoside $M/1000$	2.55	0.0	0.0	
			20	lysine $M/83,000$	2.55	0.0	0.0	
			100	—	4.70	2.15	20	9.3
11	113–3	DL-Méthionine	0	β-CH$_3$-galactoside $M/1000$	3.9	0.0	0.0	
			20	méthionine $M/238,000$	4.1	0.2	1.0	
			94	—	5.8	1.9	14.8	7.8
12	63–86	Uracile	0	β-CH$_3$-galactoside $M/1000$	4.7	0.0	0	
			20	uracile $M/186,000$	4.8	0.1	1.6	
			110	—	9.35	4.6	43	9.25
13	normale	(non exigeante)	0	β-CH$_3$-galactoside $M/1000$	5.0	0.0	0.0	
			10		5.7	0.7	9.4	13.4
			20		6.46	1.46	20.0	13.7
			40		8.40	3.4	46.9	13.75

Les conclusions que nous nous trouvons amenés à adopter n'excluent pas nécessairement l'hypothèse qu'une partie de la molécule Gz soit constituée aux dépens de Pz, mais semblent exclure l'idée que l'induction de la synthèse de la galactosidase se traduise uniquement ou principalement par une réorganisation de Pz préexistant. Si l'on examine les chiffres donnés per la dernière colonne du Tableau I, on verra que le rapport de la quantité d'enzyme formé à l'accroissement concomitant de la masse bactérienne varie en somme fort peu, compte tenu de ce que les résultats se rapportent à une série de clônes distincts, issus il est vrai d'une même souche, mais séparés depuis longtemps. Autrement dit, la synthèse de l'enzyme pendant la phase de croissance semble *indépendante* de la nature du facteur précédemment limitant. Ceci s'applique également à l'uracile, (expérience N° 12) facteur limitant, dont le rôle dans la synthèse des protéines ne peut être qu'indirect et radicalement différent de celui des acides aminés. La quantité d'enzyme formée paraît dépendre en revanche directement de l'accroissement de la masse bactérienne. Les expériences décrites dans le paragraphe qui suit mettront en évidence l'aspect quantitatif de cette relation.

LA SYNTHÈSE DE LA GALACTOSIDASE COMME FONCTION DE LA CROISSANCE

Considérations théoriques

Considérons une population de cellules en train de croître. Soient z, z', z'', etc., la masse des constituants cellulaires individuels: x la somme de ces constituants, c'est à dire la masse cellulaire totale; p, p', p'' ... etc. les coefficients correspondant, à un moment donné, aux vitesses de synthèse des différents constituants cellulaires. Ecrivons que la vitesse de synthèse de chaque constituant est une fraction de la vitesse de synthèse globale:

$$\frac{1}{p}\frac{dz}{dt} = \frac{1}{p'}\frac{dz'}{dt} = \frac{1}{p''}\frac{dz''}{dt} = \ldots \ldots \text{etc.} = \frac{dx}{dt} \tag{1}$$

Si l'on considère le rapport de l'accroissement d'un constituant donné à l'accroissement de l'ensemble, on peut écrire:

$$\frac{dz}{dx} = p$$

Nous appellerons ce rapport d'accroissement le "taux différentiel de synthèse" du constituant cellulaire considéré. (Notons que la somme des taux différentiels de synthèse est égale à 1). Lorsqu'une population cellulaire homogène s'accroît à taux constant dans un milieu constant, les cellules qui la composent doivent apparemment tendre vers un état stable, tel que leurs divers constituants soient synthétisés en proportions constantes. Autrement dit, les taux différentiels de synthèse (p, p', p'', etc.) tendent nécessairement vers des valeurs stables. Ceci est vrai pour tout constituant cellulaire, y compris un enzyme inductible, pourvu que les conditions d'induction demeurent constantes. Mais considérons maintenant une population cellulaire se développant en *l'absence* d'un inducteur spécifique. L'enzyme inductible correspondant (z) n'est pas synthétisé, le taux différentiel de synthèse est nul ($p = 0$). Ajoutons maintenant un inducteur. L'enzyme z va être synthétisé, la composition des cellules va changer, tendre vers un nouvel état constant, caractéristique du système et des conditions d'induction choisies. Le taux différentiel de synthèse prendra finalement une valeur constante: P.

Bibliographie p. 660.

La question que nous posons est de savoir *comment*, à la suite de l'addition de l'inducteur, le taux différentiel de synthèse évolue de la valeur o à la valeur P. Ce qui revient, si on généralise le problème, à se demander comment se trouve assurée la stabilité de composition de cellules en voie de croissance. On admet généralement que cette stabilité correspond à un état d'équilibre dynamique entre les divers constituants cellulaires, équilibre de conversion ou d'échange, dans lequel la vitesse de synthèse de chaque constituant serait une fonction de son propre niveau dans les cellules, ainsi que du niveau de son ou de ses précurseurs.

On verrait aisément que ce principe, exprimé ici à dessein sous une forme aussi générale que possible, se retrouve, sous des formes particulières différentes, dans les hypothèses pourtant fort diverses envisagées par YUDKIN[9], SPIEGELMAN[10,11], HINSHELWOOD[12], MONOD[13,14] et d'autres encore, pour interpréter la biosynthèse induite des enzymes. Dans son acception la plus générale, ce "principe d'équilibre" impose seulement que la vitesse de synthèse soit une fonction de la teneur des cellules en enzyme. On aurait alors, d'après (1):

$$\frac{dz}{dt} = \frac{dx}{dt} f\left(\frac{z}{x}\right)$$

Ou en éliminant le temps pour ne considérer que le taux différentiel de synthèse:

$$\frac{dz}{dx} = f\left(\frac{z}{x}\right)$$

Comme entre le moment où l'inducteur est ajouté et celui où la stabilité de composition est réalisée, la teneur des cellules en enzyme (z/x) s'accroît, il résulte du "principe d'équilibre" que le taux différentiel ne saurait atteindre d'*emblée* une valeur stable, mais devrait, auparavant, prendre d'autres valeurs et se stabiliser seulement graduellement.

Par exemple, l'hypothèse d'un précurseur se transformant en enzyme selon un processus directement ou indirectement reversible[9,10,13] prévoit que le taux différentiel de synthèse serait, au début, plus élevé que la valeur stable (P) vers laquelle il s'abaisserait peu à peu. La courbe figurative de z en fonction de x aurait l'allure décrite par la courbe (a) de la figure (1). Si, outre une condition d'équilibre, telle que la précédente, on supposait le système doué de propriétés plus complexes, par exemple de propriétés autocatalytiques[10,12,14], l'allure de la courbe serait également plus complexe. Le taux differentiel de synthèse aurait au début des valeurs faibles, et passerait par un maximum avant de se stabiliser (Fig. 1, courbe c).

C'est seulement au cas où le taux différentiel de synthèse serait pratiquement *indépendant* de la teneur des cellules en enzyme qu'il pourrait prendre d'emblée une valeur constante. Une relation d'emblé linéaire (courbe b, Fig. 1) entre z et x n'est donc pas à prévoir, selon le principe d'équilibre.

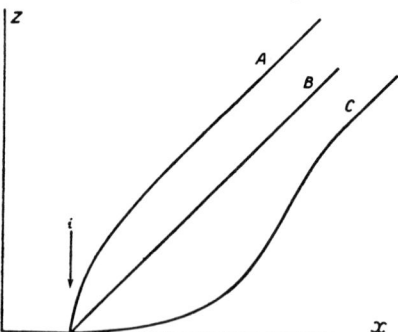

Fig. 1. Synthèse d'un enzyme (z) en fonction de la croissance d'une population de cellules (x), en présence d'un inducteur (1) supposé ajouté au point indiqué par la flèche. Courbes théoriques.

Bibliographie p. 660.

Ceci mis à part, bien entendu, des hypothèses *ad hoc*, que l'on pourrait sans doute formuler, mais qui ne présenteraient pas d'intérêt pour la présente discussion.

Observations expérimentales

Voyons maintenant les résultats obtenus lorsqu'on étudie la synthèse de la galactosidase chez *E. coli* en fonction de la croissance. Les techniques générales employées sont décrites plus haut (p. 649). Les détails de chaque expérience sont rapportés dans la figure correspondante.

Il faut attirer l'attention sur certaines caractéristiques importances de ces expériences. 1) D'abord les *conditions de gratuité* (au sens de MONOD ET COHN 1952) de l'induction: le milieu synthétique utilisé contenait, comme source d'énergie, soit du

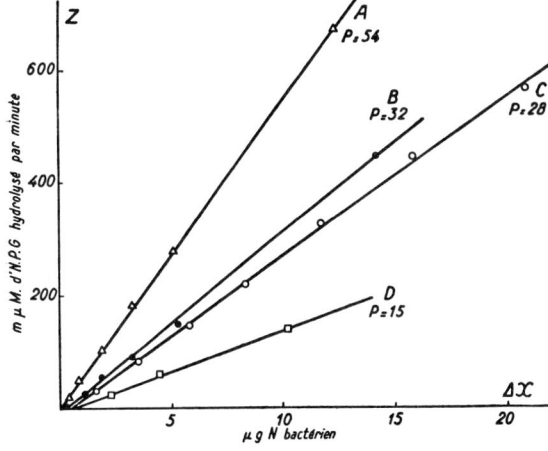

Fig. 2. Synthèse de la β-galactosidase (z) en fonction de l'accroissement des cultures (Δx) à partir du moment de l'induction.
Courbe A: *E. coli* ML 32.400. Culture en milieu 56 + succinate de potassium à $2°/_{00}$, ensemencée à partir d'une culture sur le même milieu. Inducteur (β-éthyl-D-galactoside $M \cdot 10^{-3}$) ajouté en cours de croissance exponentielle, au moment où la densité de la culture atteignait 4.8 μg N $\times$ ml^{-1}.
Courbe B: *E. coli* K_{12}. Culture en milieu 56 + maltose 2 mg $\times$ ml^{-1}. Inducteur (lactose $M/360$) ajouté en cours de croissance lorsque la densité optique atteignait 10 μg N $\times$ ml^{-1}.
Courbe C: *E. coli* ML 32.400. Culture en milieu 56 avec 28 μg $\times$ ml^{-1} de $SO_4(NH_4)_2$ comme source d'azote limitante et maltose (2 mg $\times$ ml^{-1}) comme source de carbone. La croissance dans cette culture s'est arrêtée à la densité de 5 μg N $\times$ ml^{-1} par épuisement de l'azote. 20 minutes après l'arrêt de la croissance, on a ajouté l'inducteur (β-méthyl-galactoside $M/1000$). Après encore 20 minutes on a ajouté du $SO_4(NH_4)_2$ (2 mg $\times$ ml^{-1}) pour permettre la reprise de la croissance.
Courbe D: *E. coli* ATCC 9637. Culture en milieu 56 + maltose 80 μg $\times$ ml^{-1}. Arrêt de la croissance par épuisement du maltose à une densité de 4 μg N $\times$ ml^{-1}. Addition d'inducteur (β-méthyl-galactoside $M \cdot 10^{-3}$) 20 minutes après l'arrêt. Après encore 20 minutes, addition de maltose (2 mg $\times$ ml^{-1}) pour permettre la reprise de la croissance.

maltose, soit du succinate, tandis que l'inducteur était le plus souvent le β-méthyl-galactoside qui n'est pas métabolisé par la souche galactose-négative employée (*cf.* MONOD, COHEN-BAZIRE ET COHN[4]). Dans quelques essais le lactose, inducteur métabolisable, a été employé mais toujours en présence de maltose comme source carbonée principale. 2) Une autre condition essentielle est le maintien de la concentration de l'inducteur au cours de l'expérience. Pour réduire au minimum l'hydrolyse enzymatique de l'inducteur, comme d'ailleurs pour assurer la stabilité des conditions de croissance, nous avons utilisé des cultures de densités bactériennes faibles (5 à 25 μg N par ml).

Le résultat-type obtenu est illustré par la Fig. 2 qui groupe des expériences faites dans des conditions différentes, avec des souches et des inducteurs variés. La relation exactement linéaire observée dans tous les cas est remarquable par sa simplicité et sa régularité. On notera que l'extrapolation de la droite figurative ne coupe pas, en général,

Bibliographie p. 660.

l'abscisse au point correspondant à l'addition de l'inducteur, c'est à dire au zéro, mais légèrement au-delà sur l'axe des x. Ce très léger effet est pratiquement insensible dans certains cas. Abstraction faite de cette courte "latence d'induction", sur laquelle nous reviendrons plus loin, la relation d'emblée linéaire entre z et x est assez rigoureuse pour qu'on doive dire que le taux différentiel de synthèse, mesuré par la pente de la droite, est d'emblée constant. Remarquons que ce résultat n'est pas modifié, que le déclenchement de la synthèse d'enzyme soit obtenu par addition d'inducteur à une culture en train de croître, (expérience A Fig. 2), ou qu'il le soit par addition d'une source de carbone (expérience D Fig. 2), d'azote (C Fig. 2), ou de soufre (Fig. 3) à des cultures arrêtées faute de l'aliment correspondant, et contenant déjà l'inducteur. Celui-ci reste donc sans *aucun* effet sur des cellules carencées quelle que soit la carence. L'expérience donnée par la Fig. 3 montre que le taux de synthèse reste encore strictement constant à travers plusieurs arrêts et reprises de la croissance, c'est à dire dans des conditions qui sembleraient devoir favoriser, autant qu'il est possible, une rupture d'équilibre, si équilibre il y avait.

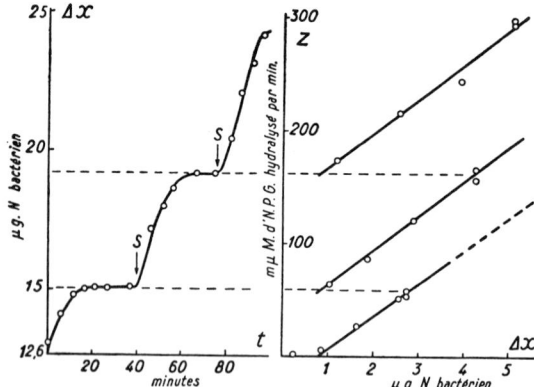

Fig. 3. Synthèse de la β-galactosidase au cours de trois cycles successifs de croissance limités par la source de soufre.
E. coli ML 32.400. Milieu 56 modifié contenant NH_4Cl au lieu de $SO_4(NH_4)_2$ et une concentration limitante de soufre. Arrêt de la croissance par épuisement du soufre à une densité de 12.6 μg N × ml^{-1}. Addition d'inducteur 10 minutes après l'arrêt de la croissance. A temps o (graphique de gauche) addition de S (0.4 μg de $SO_4(NH_4)_2$ par ml) renouvelée aux moments indiqués par les flèches (0.57 et 0.66 μg de $SO_4(NH_4)_2$ par ml pour chaque addition respectivement). Le graphique de droite donne la quantité de galactosidase par μg N bactérien apparu après chaque addition de soufre. On voit que la pente de la droite (taux différentiel de synthèse) demeure sensiblement la même pour chacun des trois cycles de croissance. On note que la synthèse de l'enzyme reprend chaque fois avec un léger retard sur la croissance (*cf.* p. 657).

Les résultats que nous venons de passer en revue démentent donc les prévisions fondées sur le principe d'équilibre. Contrairement à ces prévisions, le taux différentiel de synthèse ne se stabilise pas graduellement, mais prend d'emblée une valeur constante. Par conséquent, cette valeur ne semble pas pouvoir être considérée comme représentant un équilibre dynamique dont l'enzyme lui-même et son précurseur éventuel seraient des facteurs. En fait, il semble que la vitesse de synthèse de l'enzyme soit indépendante de la teneur des cellules en enzyme aussi bien que de la masse cellulaire totale, et fonction seulement de l'accroissement de cette masse. Le résultat observé pourrait être exprimé par l'image suivante. Considérons une culture d'*E. coli* à laquelle, à un moment donné pendant la croissance, on ajoute un inducteur; tout se passe comme si les cellules *déjà présentes à ce moment* ne synthétisaient pas d'enzyme, tandis que les cellules *formées à partir de ce moment* acquéraient *d'emblée* la teneur définitive en galactosidase, c'est à dire l'activité enzymatique spécifique (z/x) vers quoi tendrait la population dans son ensemble si elle s'accroissait indéfiniment dans ces conditions. Bien entendu, la distinc-

Bibliographie p. 660.

tion entre cellules nouvelles et cellules anciennes est purement imaginaire. Mais si, au lieu de parler de cellules nous parlions de *protéines* nouvelles et anciennes, cette image deviendrait acceptable, et mettrait en évidence ce qui est sans doute l'essentiel, à savoir que l'induction ne semble pas avoir pour conséquence une refonte, même partielle, de matériaux préexistants, mais une orientation nouvelle, d'emblée à plein effet, donnée à l'organisation des matériaux assimilés désormais.

Nous reviendrons sur la signification générale de ce résultat. Auparavant, nous en considérerons brièvement quelques autres aspects et conséquences.

L'activité spécifique en fonction du temps au cours de l'induction

Le cours de l'"adaptation enzymatique" a été généralement exprimé par la variation de l'activité spécifique (z/x) en fonction du temps. On verra sans peine que si dans une culture exponentielle la synthèse de l'enzyme est proportionnelle à la croissance, l'accroissement de l'activité enzymatique spécifique en fonction du temps suit une loi exponentielle. On a:

$$\frac{z}{x} = P(1 - e^{-\mu t})$$

Dans la Fig. 4 les résultats d'une expérience d'induction ont été représentés sous cette forme. Il est évident que la mesure du taux différentiel de synthèse au début de l'induction est *en principe* équivalente à la mesure de l'activité enzymatique spécifique dans une culture pleinement "adaptée". En fait, il n'est pas aisé de maintenir très longtemps des conditions d'induction définies et stables dans une population en train de croître (même dans les conditions de la culture continue). L'hydrolyse de l'inducteur par l'enzyme, ou dans certains cas la formation de produits inhibiteurs, ne peuvent pas être complètement évités, de sorte que la vérification précise de cette conséquence de la relation linéaire est difficile.

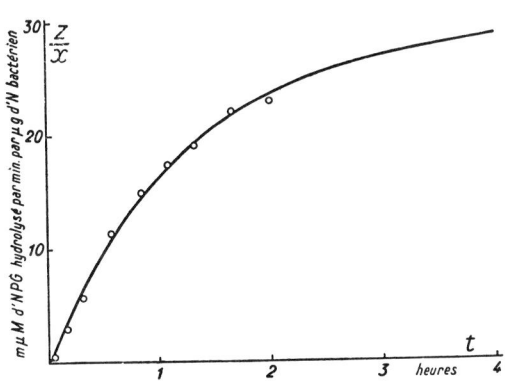

Fig. 4. Accroissement de l'activité β-galactosidasique spécifique en fonction du temps, dans une culture croissant exponentiellement en présence d'inducteur. *E. coli* ML 32.400, milieu 56 + maltose 2 mg × ml^{-1}. Inducteur (β-éthyl-galactoside, $4 \cdot M \cdot 10^{-3}$) ajouté pendant la croissance exponentielle à la densité de 4 μg N × ml^{-1}. Temps compté à partir de l'addition d'inducteur.
La courbe d'interpolation est tracée selon l'équation:

$$\frac{z}{x} = 30(1 - e^{-0.54 t})$$

Nous avons cependant pu constater que la loi linéaire se vérifiait encore rigoureusement dans des expériences d'étendant sur près de trois générations cellulaires, accroissement au cours duquel l'activité enzymatique spécifique (z/x) atteignait 80% de la valeur asymptotique théorique (Fig. 4). Ces limites expérimentales de validité paraissent assez larges pour que l'on puisse considérer la loi linéaire comme valable en principe pour un accroissement indéfini.

Bibliographie p. 660.

Taux différentiel de synthèse et métabolisme d'induction

Le taux différentiel de synthèse apparaît donc comme le paramètre essentiel qui permet de définir, de mesurer et de comparer les effets d'induction. Les exemples réunis dans la Fig. 2 montrent que le taux différentiel de synthèse (P) varie très notablement suivant la nature de l'inducteur, la nature de la source d'énergie, la souche considérée, etc.... L'intérêt théorique, comme les avantages techniques de la mesure de P, sont assez évidents pour qu'il soit inutile d'y insister. Il y a plus. Du moment où la loi linéaire, c'est à dire la constance du taux différentiel de synthèse *dans des conditions d'induction donnée* est considérée comme établie, toute apparente infraction à cette loi devient particulièrement intéressante et significative. On peut voir un premier exemple d'une telle infraction dans la très courte "latence d'induction" qui précède souvent le début de la synthèse. Cet effet représente sans doute, en partie, le temps minimum nécessaire pour que l'inducteur ajouté pénètre dans les cellules et y entre éventuellement en combinaison avec d'autres substances pour former le complexe actif, ou "organisateur" dont il semble que l'on doive postuler l'existence (*cf.* POLLOCK[15, 16, 17] MONOD ET COHN[7]). On notera que dans l'expérience donnée par la figure 3 l'effet de latence se reproduit trois fois, alors que le départ de la synthèse était donné par addition de soufre à une culture arrêtée faute de soufre, mais contenant déjà l'inducteur et ayant déjà synthétisé un peu d'enzyme. La présence de l'enzyme ne suffit donc pas à supprimer cet effet.

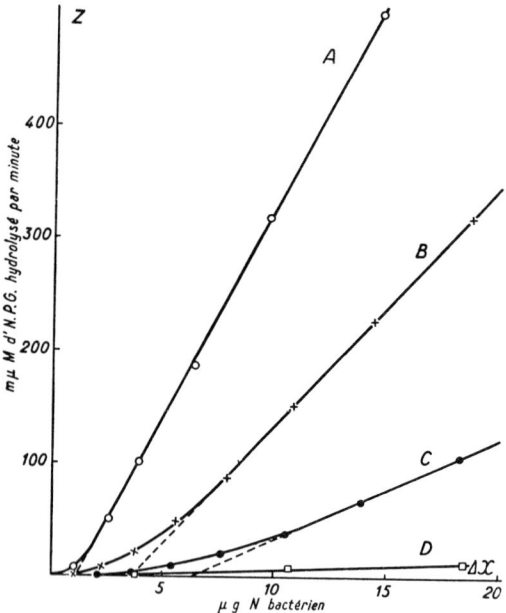

Fig. 5. Synthèse de la β-galactosidase en présence de mélibiose comme inducteur. *E. coli* ML 32.400.
Courbe D: milieu 56 + maltose 2 mg × ml⁻¹, induction par le galactose ($M \cdot 10^{-5}$) seul.
C: mêmes conditions, induction par le mélibiose ($M \cdot 10^{-3}$) seul.
B: mêmes conditions, induction par le mélibiose ($M \cdot 10^{-3}$) en présence de galactose ($M \cdot 10^{-5}$).
A: milieu 56 + malate de potassium 2⁰/₀₀, induction par le mélibiose ($M \cdot 10^{-3}$) seul.

Un exemple bien plus marqué d'un effet du même ordre est donné par la Fig. 5. On voit que l'emploi du mélibiose comme inducteur en présence de maltose comme source principale d'énergie se traduit par une latence d'induction prolongée; le taux différentiel de synthèse augmente lentement avant de prendre une valeur stable. On pourrait croire que ceci met en défaut la relation linéaire. Mais en présence de malate (au lieu de maltose) comme source d'énergie l'effet disparaît presque complètement. Il disparaît également en partie, si au mélibiose employé en présence de maltose on ajoute une trace de galactose, trace par elle-même trop faible pour provoquer une synthèse notable d'enzyme. Il semble en somme qu'en présence de maltose (mais non de malate), la formation à partir du mélibiose du complexe intracellulaire actif soit inhibée, et que cette inhibition soit partiellement levée par des traces de galactose. Nous n'entendons pas

Bibliographie p. 660.

pour l'instant proposer une interprétation détaillée de ces phénomènes complexes, mais seulement les donner comme exemple de ce que, compte tenu de la relation linéaire admise comme base, il devient possible et nécessaire de distinguer entre le métabolisme d'induction (formation du complexe intracellulaire actif) et le processus de synthèse enzymatique proprement dit.

CONCLUSIONS ET DISCUSSION

I. Tout ce que l'on savait, depuis assez longtemps déjà, sur les conditions physiologiques de l'"adaptation enzymatique" conduisait à admettre qu'il s'agissait d'un processus de synthèse (cf. DUBOS[18], MONOD[19,13], SPIEGELMAN[10,11], STANIER[6], MONOD ET COHN[7]). Mais le sens exact qu'il fallait attacher à ce mot demeurait incertain. Deux hypothèses extrêmes étaient à considérer: a) synthèse "complète", c'est à dire formation d'une protéine entièrement nouvelle à partir de ses éléments, b) réorganisation de protéines préexistantes.

Les résultats qualitatifs (effets de carences spécifiques en acides aminés) et quantitatifs (cinétique de la synthèse en fonction de la croissance) que nous venons de passer en revue sont en accord avec la première hypothèse, incompatibles en revanche avec la seconde puisqu'ils montrent que la biosynthèse de la β-galactosidase chez *E. coli* est liée d'une manière constante et rigoureuse à la synthèse *de novo* des protéines. Les observations faites ne seraient pas absolument incompatibles avec une hypothèse intermédiaire, supposant que la molécule de galactosidase dérive *en partie* d'une protéine préexistante qui pourrait être la protéine Pz de COHN ET TORRIANI (*loc. cit.*). On pourrait aussi, sans doute, imaginer un mécanisme tel que la conversion d'une protéine préexistante (Pz) en galactosidase (Gz) n'aurait lieu que pour autant que la protéine Pz serait simultanément resynthétisée. L'emploi d'isotopes radioactifs permettra de mettre ces hypothèses à l'épreuve. Pour l'instant elles ne paraissent pas justifiées, puisqu'il est beaucoup plus simple, et strictement conforme aux résultats, de supposer que l'induction de la β-galactosidase se traduit par la synthèse *complète* d'une protéine *nouvelle*; nouvelle non pas seulement en tant que structure spécifique, mais par l'origine de ses éléments.

Nous avons déjà noté que, tout récemment, Spiegelman et ses collaborateurs sont parvenus à des conclusions semblables à la suite d'expériences faites sur un principe différent, avec un matériel très éloigné du nôtre. La concordance des faits renforce beaucoup ces conclusions, et invite à penser que l'adaptation enzymatique correspond en règle générale à une synthèse complète de protéine nouvelle.

II. Cette conclusion admise n'enlèverait rien, croyons nous, à l'intérêt de la découverte de COHN ET TORRIANI[1,2,3] qui ont eux-mêmes suggéré que l'analogie de structure des protéines Pz et Gz, ainsi que les interférences physiologiques observées entre elles, pourraient être dues à ce que ces deux protéines seraient synthétisées par les mêmes mécanismes, sous la dépendance des mêmes facteurs génétiques.

Les rapports des protéines Pz et Gz pourraient à certains égards être comparés à ceux des globulines "normales" et des globulines anticorps du sérum des mammifères. Les globulines anticorps sont encore plus proches des globulines "normales" que Gz ne l'est de Pz. Mais il est peu vraisemblable que les anticorps dérivent de protéines normales préexistantes. Il paraît plus juste de considérer que les globulines-anticorps sont le résultat du processus même de synthèse qui donne naissance aux globulines normales, mais dont le cours aurait été modifié sous l'influence de l'antigène. Dans une telle conception, la formation de la galactosidase correspondrait à une synthèse dont le produit normal serait la protéine Pz, mais dont le cours serait partiellement dévié sous l'influence de l'inducteur.

Bibliographie p. 660.

III. Par sa simplicité même, la relation linéaire trouvée entre la synthèse induite de l'enzyme et la synthèse de substance vivante nouvelle est surprenante.

L'idée que la composition constante de la matière vivante en train de s'accroître est assurée, pour une large part, par le jeu de processus d'équilibre (équilibre d'échange ou de conversion entre constituants cellulaires différents) paraît très raisonnable. Elle est si répandue que souvent même elle est implicitement acceptée, et cette hypothèse, parfois agrémentée d'hypothèses d'autosynthèse, a été, comme on sait, souvent appliquée, avec des spécifications diverses, à la biosynthèse des enzymes (YUDKIN[9], MONOD[13,12], SPIEGELMAN[10,11], HINSHELWOOD[12]). Or, la constance du taux différentiel de synthèse suggère que la teneur en enzymes des cellules ne dépend pas de l'établissement d'un équilibre de conversion entre l'enzyme et d'autres constituants cellulaires, mais plutôt de la vitesse d'un processus irréversible. C'est également d'ailleurs ce que suggère la cinétique de la synthèse induite de la pénicillinase chez *B. cereus* d'après les observations de POLLOCK[15].

Dans l'un comme dans l'autre cas, il semble que la molécule d'enzyme joue un rôle strictement passif dans sa propre synthèse, sur laquelle elle n'influe apparement ni par son activité (MONOD, COHEN-BAZIRE ET COHN[4]), ni même par sa présence. Si ces résultats devaient être généralisés, il faudrait peut-être admettre que la composition en protéines d'une cellule en train de croître exprime plutôt les vitesses relatives d'une série de processus irréversibles parallèles que le résultat d'un équilibre dynamique.

IV. La relation linéaire signifie que la vitesse de synthèse de l'enzyme est indépendante de l'enzyme lui-même; elle ne signifie évidemment pas que les conditions d'induction doivent nécessairement demeurer stables, du moment que la concentration d'inducteur dans le milieu est constante. L'expérience, en particulier les récentes observations de POLLOCK[17], demande qu'une distinction soit établie entre la synthèse induite elle-même et la ou les réactions au cours desquelles l'inducteur pénètre dans les cellules et atteint son état et son lieu d'activité. On peut schématiser cette notion sous la forme suivante:

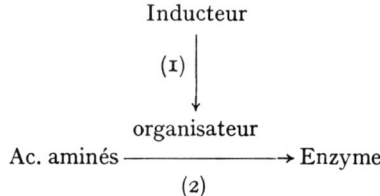

dans laquelle la flèche 1 symbolise le "métabolisme d'induction"[4,7] et la flèche 2 la synthèse induite elle-même. La loi linéaire s'applique à la synthèse de l'enzyme (réaction 2), mais non à la formation de l'organisateur (réaction 1). Toutes choses égales d'ailleurs, le taux différentiel de synthèse serait, dans cette conception, une mesure de la quantité ou de l'activité de l'organisateur.

V. Il faut attirer l'attention sur ce que, dans toutes les discussions qui précèdent, nous avons admis que la biosynthèse de la galactosidase était un phénomène continu, et que la cinétique observée sur la population correspondait approximativement à la cinétique au niveau des cellules individuelles (*cf.* MONOD ET COHN[7]). Nous nous sommes autorisés pour cela des récentes observations de BENZER[20] effectuées sur le même matériel, et qui, pour la première fois, justifient par l'expérience ces hypothèses, en général admises implicitement.

Bibliographie p. 660.

RÉSUMÉ

La synthèse induite de la β-galactosidase chez *E. coli* semble avoir lieu exclusivement dans des conditions permettant la formation de protéine nouvelle. Le rapport de la quantité d'enzyme synthétisé à la quantité de substance vivante formée dans le même temps (taux différentiel de synthèse) est constant dans des conditions données d'induction.

SUMMARY

The enzyme β-galactosidase appears to be inducible in *E. coli* cells exclusively under conditions allowing the synthesis of new protein. The ratio of the amount of enzyme synthesized to the amount of living matter appearing within the same period of time (differential rate of synthesis) is constant under constant conditions of induction.

ZUSAMMENFASSUNG

Die Synthese des Enzyms β-Galactosidase in *E. coli*-Zellen scheint nur unter Bedingungen induziert werden zu können, welche die Synthese von neuem Protein gestatten. Das Verhältnis der synthetisierten Enzymmenge zu der in derselben Zeit gebildeten Menge Lebendsubstanz ("Differentialgeschwindigkeit" der Synthese) ist bei konstanten Induktionsbedingungen konstant.

BIBLIOGRAPHIE

[1] M. COHN ET A. M. TORRIANI, *Compt. rend.*, 232 (1951) 115.
[2] M. COHN ET A. M. TORRIANI, *J. Immunol.*, (sous presse).
[3] M. COHN ET A. M. TORRIANI, *Biochim. Biophys. Acta*, (sous presse).
[4] J. MONOD, G. COHEN-BAZIRE ET M. COHN, *Biochim. Biophys. Acta*, 7 (1951) 585.
[5] J. MONOD, *Recherches sur la croissance des cultures bactériennes*, Hermann éd. Paris, 1942.
[6] R. Y. STANIER, *Ann. Rev. Microbiol.*, 5 (1951) 35.
[7] J. MONOD ET M. COHN, *Advances in Enzymol.*, 13 (1952) 67.
[8] J. HALVORSON ET S. SPIEGELMAN, *J. Bact.*, 64 (1952) 207.
[9] J. YUDKIN, *Biol. Rev.*, 13 (1938) 93.
[10] S. SPIEGELMAN, *Cold Spring Harbor Symposia Quant. Biol.*, 11 (1946) 256.
[11] S. SPIEGELMAN, *The Enzymes*, J. B. Sumner and K. Myrbäck, vol. 1, part. 1, p. 267. Academic Press, New York 1950.
[12] C. N. HINSHELWOOD, *The chemical kinetics of the bacterial cell*, Oxford Clarendon Press, 1946.
[13] J. MONOD, *Growth*, 11 (1947) 223.
[14] J. MONOD, *Unités biologiques douées de continuité génétique*, p. 181, C.N.R.S. éd. Paris, 1949.
[15] M. R. POLLOCK, *Brit. J. Exptl. Path.*, 31 (1950) 739.
[16] M. R. POLLOCK ET C. J. PERRET, *Brit. J. Exptl. Path.*, 32 (1951) 27.
[17] M. R. POLLOCK, *Symposium sur la biogénèse des protéines*. IIème Congrès International de Biochimie, Paris 1952.
[18] R. J. DUBOS, *Bact. Rev.*, 4 (1940) 1.
[19] J. MONOD, *Ann. Inst. Pasteur*, 70 (1944) 381.
[20] S. BENZER, *Biochim. Biophys. Acta*, (sous presse).

Reçu le 28 juin 1952

PHYSIOLOGIE CELLULAIRE. — *L'effet d'inhibition spécifique dans la biosynthèse de la tryptophane-desmase chez* Aerobacter ærogenes (¹). Note de M. **Jacques Monod** et Mme **Germaine Cohen-Bazire**, présentée par M. Jacques Tréfouël.

La biosynthèse de la tryptophane-desmase chez *Aerobacter ærogenes* est fortement inhibée par le tryptophane et par l'indol.

Dans une précédente Note (²), nous avons décrit un effet d'inhibition spécifique exercé par les β-galactosides sur la synthèse constitutive de la β-galactosidase chez *E. coli*. Nous avons recherché également cet effet dans la biosynthèse de la tryptophane-desmase (³). On sait que cet enzyme, découvert et étudié chez *Neurospora* (⁴), catalyse en présence de pyridoxal-phosphate la condensation de l'indol et de la sérine en tryptophane.

Pour éviter la difficulté qu'aurait pu offrir la présence de tryptophanase, nous avons choisi une souche d'*Aerobacter ærogenes* (L_3) qui ne forme pas d'indol en présence de tryptophane. On utilise des cultures en milieu minéral (⁵) additionné de maltose (4 g/l). Des échantillons sont prélevés pendant la phase exponentielle de la croissance, et refroidis instantanément par addition de glace pilée. Les bactéries, lavées deux fois par centrifugation, sont remises en suspension dans un tampon M/40 à pH 7,7. Pour obtenir des extraits, le culot bactérien est broyé avec de l'alumine. Le broyat repris dans du tampon est centrifugé à grande vitesse. La réaction de la tryptophane-desmase est suivie par détermination (grâce à la réaction du xanthydrol) de l'indol disparu (en 30 mn à 37°) d'une solution contenant initialement, par millilitre : indol 300 mμM, sérine 100 μM; pyridoxal-phosphate 20 μg; tampon pH 7,7, *q. s.* p. M/40, enzyme (suspension ou extrait) à la dilution convenable.

(¹) Travail effectué avec l'aide d'une subvention du *National Cancer Institute of the National Institutes of Health* des États-Unis d'Amerique.

(²) J. Monod et G. Cohen-Bazire, *Comptes rendus*, **236**, 1953, p. 417.

(³) Le nom de « tryptophane-desmolase » donné à cet enzyme par Gordon et Mitchell est fautif puisque le suffixe « *lase* » ne se justifie pas et suggère l'idée de « rupture de liaison » (cf. *desmolyse*), alors que l'enzyme catalyse une réaction de *condensation* pratiquement irréversible. Nous proposons le nom de « desmases » pour désigner les enzymes catalysant la formation de liaisons carbone-carbone.

(⁴) E. L. Tatum et D. Bonner, *Proc. Nat. Acad. Sc.*, 30, 1944, p. 30; W. W. Umbreit, W. A. Wood et I. C. Gunsalus, *J. biol. Chem.*, 165, 1946, p. 731.

(⁵) J. Monod, A. M. Pappenheimer et G. Cohen-Bazire, *Biochim. Biophys. Acta*, 9, 1952, p. 648.

Nous avons comparé l'activité tryptophane-desmasique de suspensions ou d'extraits obtenus à partir de cultures faites en présence de divers acides aminés, d'indol et de dérivés méthylés de l'indol et du tryptophane. Le tableau suivant résume une série de résultats caractéristiques.

Activité de la tryptophane-desmase chez Aerobacter ærogenes *cultivé en présence de divers acides aminés et dérivés indoliques.*

Additions au milieu de culture de base.	Activité spécifique (mµM d'indol consommé par heure par mg d'N bactérien).	% d'effet par rapport au témoin.
Expérience I.		
Sans addition	1300	témoin
L-Histidine M/400	1500	+15
L-Arginine M/200	1600	+20
L-Leucine M/500	1920	+50
DL-Phenylalanine M/200	2100	+60
DL-Méthionine M/500	2300	+75
L-Glutamate M/500	1200	−8
L-Proline	1100	−15
DL-Sérine M/250	1500	+16
L-Tryptophane M/200	360	−72
L-Tryptophane M/500	400	−69
Indol M/1000	500	−67
Expérience II.		
DL-Méthionine M/1000	2300	temoin
DL-Méthionine M/1000 + L-Tryptophane M/2000.	1600	−28
DL-Méthionine M/1000 + L-Tryptophane M/200..	600	−74
DL-Méthionine M/1000 + L-Tryptophane M/2000 + 4-méthyl indol M/1000 (*)	440	−81
DL-Méthionine M/1000 + L-Tryptophane M/2000 + 7-méthyl indol M/1000 (*)	800	−65
DL-Méthionine M/1000 + L-Tryptophane M/10000 + 5-méthyl tryptophane M/1000 (*)	600	−74

(*) Les dérivés méthylés ont été essayés en présence de tryptophane afin de permettre la croissance.

Les acides aminés essayés, à l'exception du tryptophane, ou bien sont sans action notable, ou bien exercent une action favorisante. Seul le tryptophane a un effet très marqué sur la formation de l'enzyme se traduisant par une inhibition de 70 % en moyenne par rapport au témoin. Outre le tryptophane (produit de la réaction enzymatique), l'indol lui-même (l'un des deux substrats) ainsi que le 5-méthyl-tryptophane, le 4-méthyl-

(3)

indol et le 7-méthyl-indol, se montrent inhibiteurs. En présence d'un acide aminé favorisant, tel que la méthionine, l'effet relatif des inhibiteurs est encore plus marqué. Les résultats obtenus avec les extraits confirment ceux que donnent les suspensions. L'activité spécifique d'extraits dialysés de bactéries cultivées sur tryptophane n'atteint que 25 à 35 % de l'activité des témoins. Le mélange d'extraits de bactéries témoin et « tryptophane » donne des résultats additifs ce qui paraît écarter l'hypothèse que les différences d'activité observées tiennent à la présence d'un inhibiteur. Enfin nous avons, dans une culture en voie de croissance exponentielle, suivi l'évolution du taux différentiel de synthèse ([5]) de la tryptophane-desmase, après addition de tryptophane M/300. Comme dans le cas de la β-galactosidase ([2]), on observe, immédiatement après l'addition, un arrêt presque total de la synthèse de la tryptophane-desmase, suivi d'une reprise à taux plus faible. Il n'y a, semble-t-il, aucune inactivation de l'enzyme, mais seulement un effet sur sa synthèse.

Ces observations sont étroitement comparables à celles que nous avons rapportées ([2]) à propos de la β-galactosidase, en ce qui concerne aussi bien la cinétique du phénomène, que les relations de spécificité entre l'enzyme et les inhibiteurs de sa synthèse. La confrontation des résultats portant sur des enzymes aussi différents encourage l'hypothèse que ces effets d'inhibition spécifique exprimeraient une propriété générale des systèmes formateurs d'enzyme.

PHYSIOLOGIE CELLULAIRE. — *L'effet inhibiteur spécifique de la méthionine dans la formation de la méthionine-synthase chez* Escherichia coli. Note de MM. MELVIN COHN, GEORGES-N. COHEN et JACQUES MONOD, présentée par M. Jacques Tréfouël.

La présence de méthionine à concentration relativement élevée pendant la croissance d'*Escherichia coli* inhibe la formation du système enzymatique responsable de la synthèse de la méthionine.

Dans deux Notes précédentes, Monod et Cohen-Bazire ([1]) ont décrit les effets inhibiteurs spécifiques des galactosides d'une part, des dérivés indoliques (dont le tryptophane) d'autre part dans la synthèse constitutive de la β-galactosidase, et de la tryptophane-desmase respectivement. Nous avons recherché un effet analogue dans la formation du système [décrit par Gibson et Woods ([2]) et que nous appellerons ici « méthionine-synthase »] qui chez *E. coli* effectue la synthèse de la méthionine à partir d'homocystéine et de sérine, en présence d'acide *p*-aminobenzoïque et de glucose.

Nous avons utilisé la souche ML *d'E. coli* et la souche L III d'*Aerobacter aerogenes*. Les bactéries étaient cultivées en milieu minéral 56 additionné de glucose (3 g/l) et de l'acide aminé à essayer. Les cultures étaient agitées à 37° en fioles coniques. Les prélèvements étaient effectués pendant la phase exponentielle de croissance, lorsque les bactéries avaient accompli 10 divisions environ dans les conditions ainsi définies. Les échantillons étaient immédiatement refroidis par addition de glace pilée, puis les bactéries étaient lavées par quatre centrifugations successives dans une solution-tampon de phosphate de potassium M/20 à pH 7. L'activité de l'enzyme était déterminée par dosage de la méthionine formée en 1 h à 37° dans un mélange agité contenant initialement par millilitre : DL-homocystéine, 500 μg; DL-sérine, 500 μg; PAB, 1 μg; glucose, 2 mg; phosphate de potassium, pH 7,0, q. s. p. M/20; suspension bactérienne, 300 μg N. A la fin de l'essai, le mélange était porté à 100° C pendant 5 mn, puis les bactéries étaient éliminées par centrifugation. Comme témoin de chaque essai, on disposait d'un double, porté à 100° a temps zéro. On dosait la méthionine microbiologiquement, dans l'essai et dans le témoin, à l'aide d'un mutant

---

([1]) *Comptes rendus*, **236**, 1953, p. 417 et 530.
([2]) Symp. sur le métabolisme microbien, 1952, p. 86. 2ᵉ Congrès International de Biochimie, Paris.

d'*E. coli* exigeant la méthionine et l'utilisant à l'exclusion de l'homocystéine. Des expériences de contrôle ont montré : 1° qu'il n'y avait pas de méthionine synthétisée en l'absence d'homocystéine; 2° que la quantité de méthionine trouvée après digestion était la même, que l'arrêt de la réaction eût été obtenu par ébullition, par addition de toluène, ou par centrifugation simple; 3° que la méthionine ajoutée avant la réaction était toujours récupérée quantitativement.

Le tableau suivant donne une série de résultats caractéristiques, obtenus avec le mutant à galactosidase constitutive d'*E. coli* ML ([1]). Dans cette expérience on a déterminé simultanément l'effet de divers aminoacides sur la formation de la β-galactosidase et de la méthionine-synthase. On voit que la plupart des aminoacides ont une action non négligeable sur la formation de chacun des deux enzymes, mais qu'il n'y a aucune corrélation apparente entre les effets sur la galactosidase et sur la méthionine-synthase. La plupart de ces effets ne dépassent d'ailleurs guère 35 % en plus ou en moins par rapport au témoin. On peut noter cependant une inhibition de près de 50 % de la formation de méthionine-synthase en présence de leucine. Nous ne chercherons pas ici à interpréter ces effets variés et complexes : le fait essentiel est l'absence, pratiquement totale, de la méthionine-synthase chez les bactéries cultivées en présence de méthionine, le niveau de la β-galactosidase étant au contraire pratiquement inchangé chez ces mêmes bactéries. Chez *Aerobacter aerogenes* L III, la présence de méthionine pendant la croissance supprime également la formation de méthionine-synthase, alors qu'elle accroît de 75 % la formation de tryptophane-desmase ([1]).

Activité spécifique de la méthionine-synthase et de la β-galactosidase chez E. Coli après croissance en présence de divers acides aminés.

Amino acide ajouté au milieu (M/150).	Méthionine-synthase (*).	Pourcentage d'effet par rapport au témoin.	β-galactosidase (**).	Pourcentage d'effet par rapport au témoin.
Sans addition.......	450	0 (témoin)	1540	0 (témoin)
DL-méthionine......	<4	> −99	1480	− 4
L-leucine..........	220	−50	1380	−10
DL-isoleucine......	280	−36	1440	− 7
DL-valine..........	360	−18	1080	−24
DL-phénylalanine...	320	−27	1300	−15
DL-thréonine.......	360	−18	1450	− 6
L-histidine.........	540	+23	1100	−29
DL-sérine..........	600	+36	1070	−30
L-arginine.........	600	+36	1430	− 7
L-proline..........	600	+36	1140	−26
L-tryptophane......	620	+41	1380	−10

(*) Activité en mµM de méthionine synthétisée par heure par milligramme d'azote bactérien à 37°C.
(**) Activité en uM d'*o*-nitrophénol-β-D-galactoside hydrolysé par heure, par milligramme d'azote bactérien à 28°C.

Les expériences de contrôle mentionnées ci-dessus permettent d'écarter l'hypothèse que la méthionine agisse en induisant un enzyme qui la détruirait. D'autres essais ont montré que l'activité spécifique de la méthionine-synthase ne diminuait, en présence de méthionine, que pour autant qu'il y avait croissance.

Il est donc vraisemblable que l'effet de la méthionine est dû à l'inhibition de la *synthèse* d'un constituant protéinique du système méthionine-synthase. Cet effet constituerait ainsi un exemple de plus de l'inhibition spécifique de la synthèse constitutive d'un enzyme, par un dérivé de son substrat normal.

Terminology of Enzyme Formation

It has been recognized for many years that in micro-organisms the formation of a large variety of enzymes can be specifically induced by exposing cells to compounds which are substrates for the enzymes in question. Recently, the same phenomenon has been demonstrated in a mammal[1], and it will probably prove to be a general property of biological systems. Since a change of this sort can occur against a constant genetic background, it must be distinguished from a change in enzymatic constitution that is primarily mutational. In order to distinguish between these two phenomena, microbiologists have for many years referred to the former type of enzymic variation as 'enzyme (or enzymatic) adaptation'. The term was, perhaps, an unfortunate choice[2,3] since the word 'adaptation' has an old and well-established biological meaning. In biological parlance, 'adaptation' denotes the modifications of either structure or function which increase fitness; mechanism is unspecified, and in fact both phenotypic and genotypic changes are included thereunder. Logically, therefore, 'enzymatic adaptation' should denote a modification of enzymatic constitution which increases fitness, irrespective of whether it involves genotypic or phenotypic change, and microbiologists have in fact often used it in this broader sense[4,5].

The use of the term 'enzymatic adaptation' to describe the direct induction of enzyme formation is open to objection for a second reason: enzyme formation can be specifically induced under conditions which preclude function of the enzyme so formed[3,6], a process which might be expected to have a negative effect (if any) on the fitness of the organism concerned.

It might prove unpractical to abandon the use of the term 'enzyme adaptation' altogether at this stage; but we should like to suggest that, in suitable cases where it is possible to be more precise as to the nature of the change underlying the increase in enzymic activity, a more accurate and significant terminology be employed. We therefore propose the following terms and designations; previously used terms are placed in parenthesis. A relative increase in the rate of synthesis of a specific apo-enzyme resulting from exposure to a chemical substance is an 'enzyme induction' (enzyme adaptation). Any substance thus inducing enzyme synthesis is an enzyme 'inducer'. An enzyme-forming system which can be so activated by an exogenous inducer is 'inducible', and the enzyme so formed is 'induced' (adaptive). Although many compounds can act both as inducer and substrate, the terms are not equivalent. Certain substrates for induced enzymes are not inducers, while some inducers cannot function as substrates of the enzymes the formation of which they elicit[3].

Many enzymes are formed in considerable amounts in the absence of an exogenous inducer. Such enzyme formation is 'constitutive' (constitutive). The amount of a constitutively formed enzyme can frequently be increased by specific induction, and it is also possible to obtain mutants in which synthesis of a particular enzyme is wholly constitutive (that is, not increased by any known inducer), from a parental type in which formation of the same enzyme is largely inducible[7,8]. Thus 'constitutivity' and 'inducibility' are properties of enzyme-forming systems, not of enzymes *per se*, and can be used as significant expressions only in a biological frame of reference, not in a chemical one. It should be stressed that the notions of constitutivity and inducibility are relative, not absolute; in any given biological system, a certain fraction of a particular enzyme-forming capacity may be constitutive, the remaining fraction inducible. For the sake of convenience, one may wish to refer to 'an induced enzyme' or to 'a constitutive enzyme'; but it should always be kept in mind that these are shorthand expressions for 'an enzyme the formation of which is largely or entirely inducible (or constitutive) in the particular organism concerned'.

The exposure of an organism to a single inducer which is also a substrate may result in the induction of a sequence of enzymes, since the metabolism of the primary, exogenous inducer gives rise to the formation of a succession of intermediary metabolites each of which in turn serves as an inducer for the enzyme which converts it into the next member of the metabolic chain. This phenomenon is termed 'sequential induction' (simultaneous or successive adaptation).

M. Cohn
J. Monod

Service de Physiologie microbienne,
    Institut Pasteur, Paris.

M. R. Pollock

National Institute for Medical Research,
    London.

S. Spiegelman

Department of Bacteriology,
    University of Illinois, Urbana.

R. Y. Stanier

Department of Bacteriology,
    University of California, Berkeley.
    Oct. 8.

[1] Knox, W. E., *Brit. J. Exp. Path.*, **32**, 462 (1951).
[2] Stanier, R. Y., "Ann. Rev. Microbiol.", **5**, 35 (1951).
[3] Monod, J., and Cohn, M., *Adv. Enzymol.*, **13**, 67 (1952).
[4] Ryan, F. J., *J. Gen. Microb.*, **7**, 69 (1952).
[5] "Adaptation in Microorganisms", a symposium held by the Soc. for General Microbiology, London, 1953 (in the press).
[6] Bellamy, W. D., and Gunsalus, I. C., *J. Bact.*, **50**, 95 (1945).
[7] Lederberg, J., in "Genetics in the 20th Century" (Macmillan, New York, 1951).
[8] Cohen-Bazire, G., and Jolit, M., *Ann. Inst. Pasteur*, **84**, 60 (1953).

STUDIES ON THE INDUCED SYNTHESIS OF β-GALACTOSIDASE IN *ESCHERICHIA COLI*: THE KINETICS AND MECHANISM OF SULFUR INCORPORATION*

by

DAVID S. HOGNESS**, MELVIN COHN*** AND JACQUES MONOD

Service de Physiologie microbienne, Institut Pasteur, Paris (France)

INTRODUCTION

The present paper is concerned with the question of the origin and kinetics of incorporation of the elements of an inducible (*i.e.* adaptive) enzyme-protein. The data also present some bearings on the more general problem of protein interrelationships and protein turnover within growing cells.

The inducible enzyme β-galactosidase of *E. coli* was chosen as object of these experiments because of the exceptionally convenient properties of this system[22,1,2,3].

A culture of *E. coli* growing in a medium of mineral salts with a non-galactosidic carbon source, such as succinic acid, produces only a trace of β-galactosidase. The addition of a suitable galactoside to the growing culture is immediately followed by a sharp increase of up to 5000 fold in the rate of synthesis of β-galactosidase. This high rate of synthesis is maintained as long as the bacteria grow in the presence of the inducing galactoside (inducer). However, if the inducer is removed, the rate of synthesis falls immediately to the original trace value, and any enzyme present at that time is thereafter diluted in the increasing bacterial mass. Thus we have a system in which the formation of a given protein can be initiated and stopped at will. Furthermore in this system, it is possible to use inducers which are not hydrolysed by the enzyme nor utilized as carbon and energy source by the bacteria and which apparently do not affect the synthesis of the bulk of the other protein.

The questions we have sought an answer to in the present work are:

(a) to what extent do other *proteins* of the cell contribute, either directly (as specific precursors) or indirectly (as sources of amino acids or peptides) to the synthesis of β-galactosidase;

(b) whether there is any significant turnover of β-galactosidase within growing cells.

These questions were clearly formulated, albeit only partially answered, through previous immunochemical and nutritional studies[3,4,5] the results of which should be briefly recalled here.

---

* This work has been supported by a grant of the National Cancer Institute of the National Institutes of Health, Bethesda, Maryland.
** Ely-Lilly research fellow of the National Research Council, 1952–1954.
*** U.S. Public Health fellow, 1952–1954.

References p. 116.

Immunochemical analysis of the β-galactosidase system[4,5], has shown that:

1. the induced biosynthesis of β-galactosidase (Gz) corresponds to the appearance of a new protein molecule identifiable as a distinct antigen, not detectable in non-induced bacteria;

2. the non-induced as well as the induced cells contain a structurally related protein (Pz) which cross-reacts with the antibody to the enzyme (Gz);

3. the induction of β-galactosidase synthesis is accompanied by a decrease in the overall rate of synthesis of the Pz protein;

4. among diverse species of *Enterobacteriaceae* only those which possess the Pz protein are capable of synthesizing the enzyme (Gz).

These results led to the conclusion that the mechanisms for the synthesis of the enzyme (Gz) and of the Pz protein were related and that the two proteins were either successive or twin members of the same biosynthetic pathway:

$$1.\ \text{am.ac.} \longrightarrow \text{Pz} \longrightarrow \text{Gz}$$

$$\text{or } 2.\ \text{am.ac.} \longrightarrow \begin{array}{c} \nearrow \text{Pz} \\ \searrow \text{Gz} \end{array}$$

However, nutritional and kinetic studies on β-galactosidase synthesis[6] have shown that:

1. virtually all indispensable amino acids are immediately required for β-galactosidase synthesis;

2. the rate of β-galactosidase synthesis is a constant fraction of the rate of synthesis of total bacterial protein, from the time of addition of the inducer.

These results suggested that the elements of the β-galactosidase molecule are not derived from other proteins, and also that β-galactosidase synthesis is essentially irreversible, *i.e.* that the enzyme molecule is not in a "dynamic state" within the cells.

However these conclusions could be directly tested only by studying the incorporation of radioactive atoms into β-galactosidase. The present paper presents the results of such a study. Some preliminary data have already been discussed in a general report by MONOD AND COHN[7].

MATERIALS AND METHODS

Strain

The mutant (ML 32400) of *E. coli* ML[8] was used throughout these experiments.

Media

Unless otherwise specified all cultures were grown in the sulfur deficient medium 61 (13.6 g KH_2PO_4; 2.0 g NH_4Cl; 0.2 g magnesium citrate; 0.01 g $Ca(NO_3)_2$; 0.005 g $FeCl_3$; 1000 ml H_2O; and sufficient KOH to bring the pH to 7.0. The carbon source (succinic acid) and the sulfur source $((NH_4)_2SO_4)$ were added separately in the amounts specified in each experiment.

When desired this medium was made radioactive by the addition of ^{35}S "carrier-free" sulfate obtained from the Isotope Division, A.E.R.E., Harwell, England. All of the radioactivity of this material was precipitable with barium ion. The amount of sulfur thus added constituted an insignificant fraction of the total present in the medium.

Inducer

The inducer used in these experiments was methyl-β-D-thiogalactoside (MTG) synthesized by Prof. HELFERICH (Bonn, Germany)[9] to whom we should like to express our thanks. MTG is not hydrolyzed by the β-galactosidase of *E. coli*, nor is it metabolized as a carbon source by the bacteria. The kinetics of induction by MTG under the conditions used here are similar to those exhibited

References p. 116.

by methyl-β-D-galactoside[6] in that the increase in enzyme is directly proportional to the increase in bacterial protein from the moment the inducer is added, provided a "saturating" concentration of inducer is used ($> 10^{-4}\,M$).

Method of culture and measurement of growth

The cultures were grown in conical flasks shaken in a $37°$ C water bath. The methods used for following bacterial growth have been described elsewhere[6]. Under the conditions employed here, the generation time in the exponential phase of growth is one hour.

Determination of β-galactosidase activity

β-galactosidase activity of toluenized suspensions of bacteria and of extracts was determined in $2.7 \cdot 10^{-3}\,M$ o-nitrophenyl-β-D-galactoside (NPG) and $0.05\,M$ sodium phosphate buffer (pH = 7.0) at $28°$ C by previously described methods[8]. The unit of β-galactosidase activity is defined as the amount of enzyme which hydrolyzes $1\,m\mu$ mole of β-NPG in one minute under the above conditions.

Preparation of the crude extracts

Crude extracts were prepared from bacteria which had been harvested by centrifugation and washed three times with $0.05\,M$ sodium phosphate buffer (pH = 7.0). The volume of culture employed for each extract was sufficiently large to contain a total of $6 \cdot 10^5$ units of β-galactosidase or approximately 2 mg of enzyme protein. The wet bacteria were then mixed with an equal weight of dry alumina and the mixture ground for five minutes in a mortar. The ground material was then taken up in an equal volume of $0.05\,M$ sodium phosphate buffer (pH = 7.0), centrifuged and the supernatant saved, while the precipitate was ground for five more minutes in the same mortar and then taken up in an equal volume of buffer. This was centrifuged and the supernatant mixed with the previous one and centrifuged for one hour at 12,000 r.p.m. in a Sorvall SS-1 centrifuge. The resulting, clear supernatant constitutes the crude extract. All of the above operations were carried out in the cold room ($0-3°$ C).

Isolation of β-galactosidase

There are four different stages in the purification procedure: 1. precipitation of nucleic acids with streptomycin; 2. fractionation with $(NH_4)_2SO_4$; 3. fractionation by means of electrophoresis in starch; and 4. specific precipitation of the enzyme with an antiserum. Unless otherwise specified all operations were carried out in the cold room ($0-3°$ C).

1. When one volume of a 10% solution of streptomycin was added to ten volumes of crude extract a stringy precipitate formed which, after standing overnight, was separated by centrifugation and the supernatant saved. The precipitate is largely nucleic acid[10]. The ratio of the optical density at 280 mμ to that at 260 mμ changed from 0.55 in the crude extract to 1.2 in this supernatant. No β-galactosidase is precipitated by this treatment.

2. A saturated solution of $(NH_4)_2SO_4$ (700 g + 1 liter H_2O) was added to the above supernatant to a final concentration of 40% saturation and the mixture allowed to stand for 12 hours. After centrifugation the precipitate was taken up in about 2 ml of $0.02\,M$ tris-(hydroxymethyl)aminomethane-HCl (TRIS) buffer (pH = 8.1). This solution was centrifuged for one hour at 12,000 r.p.m. in the Sorvall SS-1 centrifuge and the supernatant subjected to dialysis against 6 l of $0.02\,M$ TRIS buffer (pH = 8.1). The overall yield of enzyme at this point was about 70%.

3. The dialysed extract was fractionated by electrophoresis in starch, a method for purifying β-galactosidase that was suggested to us by SPIEGELMAN. The electrophoresis apparatus consisted of a rectangular trough of lucite 50 cm long, 3 cm wide and 2 cm high with walls 2 mm thick and open at the top. This trough was mounted horizontally and to each end was fastened a section of glass wool which made contact with an electrode vessel containing 4 l of $0.02\,M$ TRIS buffer (pH = 8.1) and a carbon electrode. Rhone-Poulenc potato starch was washed four times with twice its weight of water and then with $0.02\,M$ buffer (pH = 8.1) until the pH of the wet starch was 8.1. This thixotropic, wet starch was then poured into the lucite trough to form a layer of 1.5 cm high, making contact at each end with the glass wool. The levels of the buffer in the two electrode vessels were then made equal with a siphon and the system allowed to equilibrate for 3–4 hours at $0-5°$ C. Approximately 1 ml of the dialysed extract was mixed with washed, dried starch to form a paste of the same consistency as that of the starch in the trough and the mixture was placed in a hole which had been cut in the starch trough 15 cm from the cathode end. The electrodes were then connected to a 450–500 volt D.C. source and a current of 6 to 7 mA passed through the starch. After 15–18 hours the position of the β-galactosidase in the trough was determined by punching the starch at 1 cm intervals along the length of the column with thin-walled glass capillary tubing (diam. = 1 mm), adding a drop of $0.01\,M$ o-nitrophenyl-β-D-galactoside (β-NPG) in $0.25\,M$ sodium phosphate (pH = 7.0) to the starch removed with the capillary tube, and observing the appearance of the yellow color resulting from the enzyme catalysed hydrolysis of the β-NPG. Those 1 cm sections of starch that contained the enzyme were then removed and each section placed in a glass tube

References p. 116.

(14 mm in diameter and 10 cm long) which was constricted at the bottom and had a small amount of glass wool placed in this constriction to prevent the starch from leaking out of the tube. The enzyme was then eluted from the starch by passing 2.0 ml of 0.05 M sodium phosphate buffer (pH = 7.0) through the starch in the tube.

The enzyme activity and radioactivity of the eluates were determined and that eluate with the lowest radioactivity to enzyme activity ratio constituted the purified enzyme extract, this generally also being the eluate with the maximum amount of enzyme. The results from two typical electrophoresis fractionations are shown in Fig. 1. The total amount of enzyme recovered in the eluates was about 70% of that added to the starch, whereas the enzyme in the eluate that contains the maximum amount of enzyme constituted about 15% of that added. Thus the overall yield from crude to purified extract was about 10%.

The purification factor, or the ratio of the specific enzyme activity (units per mg sulfur) for the purified extract to that for the crude extract, was about 20 for extracts derived from fully induced bacteria (100 enzyme units per mg bacterial N). The approximate purification factors for steps 1, 2 and 3 of the procedure was 1.6, 4 and 3 respectively. Extracts from partially induced bacteria (enzyme units per bacterial N less than 100) obviously exhibit larger purification factors.

4. The specific precipitation of the enzyme was carried out with anti-enzyme sera absorbed with Pz[4]. This technique is discussed later (Table III).

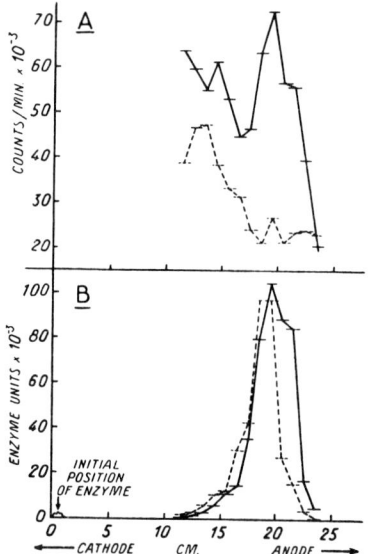

Fig. 1. Electrophoresis in starch of the fully labelled enzyme (full line) and its isolation control (dotted line). See the precursor experiment for an explanation of these extracts. A. Radioactivity in eluate versus distance along the column. B. Enzyme activity in eluate versus distance along the column. The total enzyme placed on the column was $8.0 \cdot 10^5$ units for the fully labelled enzyme and $5.2 \cdot 10^5$ units for its isolation control. The conditions under which the electrophoresis took place were as follows: voltage gradient = 9.2 volts per cm; current = 6 mA; duration of run = 16 hours for the fully labelled enzyme and 15 hours for its isolation control; temp. of column = 5–10° C.

Determination of radioactivity

The radioactivity of a given sample was determined by adding 0.30 ml of the sample to an aluminium cup (15 mm in diam. and 3 mm high) which was then placed under the infra-red lamp to dry. The dried sample was placed 12 mm under the window of a shielded Geiger Muller counter (General Electric Company, England-Type EHM2S with a mica window of 2–3 mg per cm² weight) and the number of counts per minute determined. The efficiency of this counter was approximately 5% and the shielded background 12 counts per min. All samples were analysed in duplicate and the total number of counts observed was always greater than 1000. Under these conditions the counts per min were proportional to the concentration of the radioactive component up to $3 \cdot 10^3$ counts per min and the reproducibility better than 5%. Consequently the samples were always diluted so that the radioactivity put on the aluminium cup was less than $2.5 \cdot 10^3$ counts per min.

EXPERIMENTAL

The specific labelling of the protein fraction of the bacteria with radioactive[35]S

If the synthesis of β-galactosidase were induced in a culture in which the only source of radioactivity was the bacterial proteins, then the isolation of the enzyme and the determination of its radioactivity would provide a sensitive means of evaluating what proportion of the elements of β-galactosidase is contributed by other proteins. Let us therefore first direct our attention towards the problem of specifically labelling the

References p. 116.

non-β-galactosidase proteins (*i.e.* those produced in the non-induced state) with a radioactive isotope.

Since *E. coli* grows well in a synthetic medium containing sulfate as the sole source of sulfur, it is convenient to use the radioactive isotope of sulfur, ^{35}S, as the labelling atom. The experiment described in Fig. 2 illustrates the manner in which the bacteria incorporate sulfur. During the logarithmic phase of growth, the incorporated sulfur consists of two fractions: the trichloracetic acid (TCA) soluble fraction (25% of incorporated sulfur) and the TCA insoluble or protein fraction (75% of incorporated sulfur). When approximately 90% of the total sulfur has been incorporated, the growth diminishes and sulfur incorporation comes to a halt. At this point the ratio between the TCA insoluble and soluble fractions begins to increase until all of the incorporated sulfur is in the TCA insoluble or protein fraction, at which point growth ceases. That growth ceases because of a lack of sulfur is evident from the fact that growth will resume immediately upon the addition of sulfate to the culture.

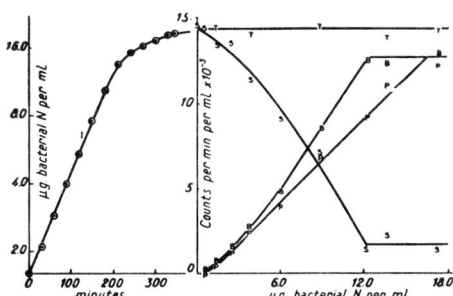

Fig. 2. Incorporation of radioactive ^{35}S by *E. coli*. ML 32400 grown in medium 61 containing a limiting amount of $(NH_4)_2SO_4$ labelled with ^{35}S. Samples taken at various times and analysed as follows. Left: total bacterial nitrogen per ml (curve I). Right: – curve T, total radioactivity per ml of culture; – curve B, radioactivity of bacteria after three washings; – curve P, radioactivity of bacteria after above washing, treatment with 5% trichloracetic acid (TCA) for 15 minutes at 0–5° C, and three washings with 5% TCA; – curve S, radioactivity of supernatant after centrifugation of culture.

These results confirm the work of COWIE, BOLTON AND SANDS[11] who found that the incorporation of ^{35}S of sulfate into the proteins of *E. coli* is proportional to the growth. Similarly ROBERTS AND BOLTON[12] found that 25% of the incorporated sulfur of *E. coli* is TCA extractable and consists primarily of glutathione, which can be incorporated into the protein fraction. That sulfur which remains in the supernatant after growth ceases has not been identified but it apparently consists of non-utilizable sulfur since it is not incorporated by bacteria growing in this supernatant supplemented with a limiting amount of non-radioactive sulfate.

From the above data, it is evident that the non-β-galactosidase proteins can be specifically labelled with the radioactive isotope ^{35}S by simply allowing the culture to grow to starvation in a non-inducing medium which contains a limiting amount of ^{35}S labelled sulfate, the other components being kept in excess. If non-radioactive sulfate and an inducer are added to such a starved culture, β-galactosidase will then be synthesized in cells whose other proteins are labelled with ^{35}S although the medium contains no utilizable ^{35}S sulfur. This is the system we desire.

The de novo synthesis of β-galactosidase. Precursor experiment

Employing the above system, the precursor experiment schematized in Fig. 3 was performed. Cells in phase I were obtained by inoculating a synthetic medium that contained a limiting amount of ^{35}S-labelled sulfate and no inducer. This culture was allowed to grow to a maximum (*i.e.* until all of the sulfate had been utilized) and was kept in this starvation state for one hour so that all of the incorporated sulfur was in the

References p. 116.

protein fraction. These cells in phase I were then allowed to pass into phase II by diluting the starved culture into a non-radioactive medium that contained the inducer, methyl-β-D-thiogalactoside (MTG), and the same limiting amount of sulfate as previously employed, but not labelled with ^{35}S. Immediately upon effecting this dilution, the bacteria began to grow and synthesize β-galactosidase, this growth and synthesis ceasing when the newly added sulfate was consumed. Three different dilutions were made in order that cultures could be obtained in which the specific enzyme activity varied from 5 to 58% of the maximum found in fully induced cultures. For if a part of the sulfur of β-galactosidase were derived from pre-existing proteins, then the fraction of the enzyme synthesized initially should contain the highest proportion of ^{35}S and consequently the β-galactosidase isolated from cultures of lower specific enzyme activity should have the higher ratio of radioactivity per enzyme unit. These three starved cultures were then harvested by centrifugation and the bacteria washed and ground up to make the crude extracts from which the enzyme was isolated. The details and results of this culture phase of the precursor experiment are presented in Table I.

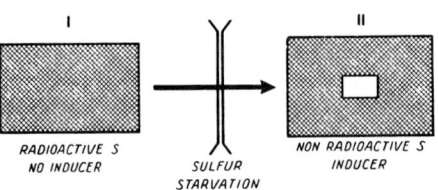

Fig. 3. Schematic of the precursor experiment. Rectangles represent total bacterial protein. Central rectangle represents β-galactosidase. Shading indicates radioactivity.

TABLE I

PRECURSOR EXPERIMENT – CULTURES

Cultures	Bacterial concentration			Enzyme concentration			
	Initial (μg N/ml)	Final-starved (μg N/ml)	% Total growth occurring in phase II	Initial (units/ml)	Final-starved (units/ml)	$100 \frac{Initial}{Final}$	Final specific activity (units/μg N)
Phase I	<0.1	118	—	0	7	—	0.06
Phase II A	106	126	16	6	630	1.0	4.8
B	89	124	28	5	3,900	0.13	32
C	67	118	43	4	6,800	0.06	58
Fully labelled Enzyme control	<0.1	112	—	0	11,200	—	100

Medium for phase I was the medium 61 plus 10 mg succinic acid per ml and 38 μg of ^{35}S labelled $(NH_4)_2SO_4$ per ml (9.2 μg S per ml). The specific radioactivity of the sulfur was $1.9 \cdot 10^4$ counts per minute per μg S. The medium added to achieve phase II was the medium 61 plus 10 mg succinic acid per ml, 38 μg non-radioactive $(NH_4)_2SO_4$ per ml, and sufficient methyl-β-D-thiogalactoside (MTG) to obtain a final concentration of $1.0 \cdot 10^{-3}$ M. The medium used for the fully labelled enzyme control was the same as that employed in phase I but contained in addition MTG at $5.0 \cdot 10^{-4}$ M.

Before considering the results obtained upon isolating the enzyme from these extracts, we must discuss the controls that were used. The first control was designed to obtain ^{35}S-labelled β-galactosidase in which the specific radioactivity of the sulfur was the same as that of the radioactive medium employed in phase I above. We shall call this the *fully labelled* enzyme. It served as a standard of comparison whereby the radioactivity of the enzyme isolated from the three extracts could be evaluated. Thus a

References p. 116.

medium identical with that used in phase I except that it contained the inducer MTG, was inoculated with a trace of *E. coli* (see Table I). This culture was allowed to grow to its sulfur limit, was harvested by centrifugation and the bacteria washed and ground up to provide an extract containing the fully labelled enzyme.

The other controls consisted of artificial mixtures of an extract of non-induced ^{35}S-labelled bacteria with an extract of fully induced non-radioactive bacteria. The enzyme isolated from these controls should contain no radioactivity if all the other proteins had been eliminated in the isolation procedure. Consequently these controls check the isolation technique and will be referred to as *isolation controls*. Two such controls were made: one containing the same radioactivity and enzyme activity as the fully labelled enzyme extract and the other duplicating the radioactivity and enzyme activity of extract A (phase II).

TABLE II

PRECURSOR EXPERIMENT – EXTRACTS

Extract	Enzyme activity (units/ml)	Radioactivity (counts/min/ml)	$C = \dfrac{Radioactivity}{Enzyme\ activity}$ (counts/min/enzyme unit)
	$\times\ 10^{-4}$	$\times\ 10^{-4}$	
Phase II			
A – crude	1.40	109	78
– purified	0.42	0.91	2.1
B – crude	6.8	130	19.1
– purified	2.64	1.38	0.52
C – crude	12.0	84	7.0
– purified	8.0	0.95	0.118
Controls			
1. Fully labelled enzyme – crude	10.1	110	10.9
– purified	4.2	2.78	0.66
2. Isolation control for			
fully labelled enzyme – crude	10.5	109	10.4
– purified	5.0	1.33	0.27
3. Isolation control for			
phase II-A – crude	1.37	91	66
– purified	0.60	0.45	0.76

The preparation of the crude extracts and their purification are described in MATERIALS AND METHODS.

The essential element in the isolation procedure consisted of a specific precipitation of the enzyme by anti-β-galactosidase serum. This serum was completely absorbed with an extract of non-induced bacteria, and then fractionated[4] to isolate the antibody-containing γ globulin. This preparation would not precipitate with Pz, or for that matter with any other protein in the inactive extract, but it continued to precipitate the enzyme. Since the antibody did not inactivate the enzyme it was possible to determine the enzymic activity as well as the radioactivity on the washed specific precipitate. With the purification procedure which was finally adopted the isolation control contained only 0.4% of the radioactivity of the fully labelled enzyme (Table III). Thus a technique was realized whereby β-galactosidase could be isolated from an extract containing only 2–3 mg of enzyme, representing less than 0.2% of the total material.

Bearing in mind the significance of these controls, let us now turn our attention to

References p. 116.

TABLE

PRECURSOR EXPERIMENT

Purified extract	Totals			Radioactivity (counts/min × 10^{-3})
	Enzyme activity (units × 10^{-3})			
	from extract	carrier	total	
Phase II				
A	6.0	26.8	32.8	12.9
B	29.0	—	29.0	15.2
C	28.0	—	28.0	3.3
Controls				
1. Fully labelled enzyme	25.4	—	25.4	16.7
2. Isolation control for fully labelled enzyme	27.5	—	27.5	7.3
3. Isolation control for state 2, I	8.3	24.0	32.3	6.3

β-galactosidase was precipitated from the extracts by adding 1.00 ml of antiserum capable of precipitating 4·10^4 units of enzyme (MATERIALS AND METHODS) to 2.00 ml of extract containing approximately 3·10^4 units of enzyme. In the case of phase II-A and its isolation control it was necessary to add carrier enzyme (partially purified non-radioactive enzyme extract) because of the small amount of enzyme recovered in the purification procedure. Immediately after mixing the antiserum and the enzyme extract, a 0.100 ml sample was withdrawn and analysed for enzyme activity and radioactivity (totals). The mixture was then allowed to stand in a 37° C bath until the precipitate

the results of the precursor experiment, summarized in the last column in Table III which gives the radioactivity per enzyme unit for the β-galactosidase in the various extracts, relative to that of the fully labelled enzyme. In considering the relative radioactivity of the enzyme in the three experimental extracts A, B and C, the amount of radioactivity corresponding to the trace amount of enzyme synthesized in the non-inducing radioactive medium employed in phase I must be taken into account. Thus in the case of sample A, 1.0% of the total enzyme extracted would be expected to be fully labelled since this percentage was synthesized in phase I (see Table I). In samples B and C only 0.13 and 0.06% of the total enzyme would be expected to be fully labelled as a result of synthesis in phase I (Table I). The relative value for the radio-activity per enzyme unit found in the specific precipitates should therefore be corrected by substracting the percentage of enzyme in the extracts that is fully labelled due to synthesis in phase I. Such a correction shows that for samples A, B and C, the amount of radioactivity associated with the enzyme synthesized in phase II is respectively 0.1, 0.8 and 0.1% of that of the fully labelled enzyme. Since there is no definite order to the values (*i.e.* A > B > C) and since these values are within the range of reproducibility of the isolation controls, we may conclude that in each sample less than 0.8% of the sulfur of the sulfur of the enzyme synthesized in phase II was derived from non-β-galactosidase proteins synthesized in phase I. This result, taken in conjunction with the fact that in sample A the enzyme level was only 5% of that found in the fully induced bacteria, indicates that if any protein precursor of β-galactosidase exists in the non-induced bacteria, its level (expressed as amount of sulfur per bacterial nitrogen) must be less than 0.04% of that for β-galactosidase in fully induced bacteria.

Thus the possibility that the Pz protein is a precursor of β-galactosidase is effectively

References p. 116.

III

— SPECIFIC PRECIPITATES

Supernatants		Precipitates			
Enzyme activity (units × 10⁻³)	Radioactivity (counts/min × 10⁻³)	Enzyme activity (units × 10⁻³)	Radioactivity (counts/min × 10⁻³)	$C = \dfrac{\text{Radioactivity}}{\text{Enzyme activity}} \left(\dfrac{\text{counts/min}}{\text{enzyme units}} \right)$	Percent of C for fully labelled enzyme
0.48	12.6	29.6 (5.4)	0.027	0.0050	1.1
1.29	14.4	26.0	0.112	0.0043	0.9
0.085	3.0	26.2	0.019	0.00072	0.16
0.093	5.4	25.9	11.6	0.45	100
0.120	7.3	27.8	0.052	0.0019	0.42
0.35	6.4	28.3 (7.2)	0.013	0.0018	0.40

had flocculated (*ca.* 2 hours). It was centrifuged and the supernatant withdrawn for analysis. The precipitate was washed three times with cold (0–5° C) 0.85% NaCl solution, suspended in 1.00 ml of 0.05 M sodium phosphate buffer, pH = 7.0, and the enzyme activity and radioactivity of this suspension determined.

The values in the parentheses in the column for enzyme activities of the precipitate equal the amount of enzyme from the extract (*i.e.* after correction was made for carrier enzyme). The C values in the next to last column are calculated from these corrected enzyme activities.

eliminated. For the Pz protein level in non-induced bacteria (expressed as immunological combining units per bacterial nitrogen) is approximately 30% of the enzyme (Gz) level in fully induced bacteria[5] and consequently if the Pz protein were a precursor of the enzyme, one would be forced to the highly improbable conclusion that the amount of sulfur per unit of Pz protein would have to be less than 0.1% of that for the enzyme.

More generally, the results of the precursor experiment indicate that β-galactosidase is synthesized exclusively from material that is assimilated after the addition of the inducer and hence proteins existing in the non-induced bacteria play no significant role as precursors.

The stability of proteins in vivo

A second conclusion can be drawn from the results of the precursor experiment, namely, that non-β-galactosidase proteins are stable, not being degraded to amino acids by any mechanism. For if the state of the proteins within the cell consists of a continual synthesis from and breakdown to their constituent amino acids (*i.e.* state of "dynamic equilibrium"), then one would expect the β-galactosidase synthesized in phase II of the experiment to be labelled with ^{35}S as a result of the breakdown of the radioactive proteins. Since the amount of radioactivity found in the enzyme synthesized in phase II was less than 0.8% of that for the fully labelled enzyme, we can conclude that the rate of breakdown of the non-β-galactosidase proteins must be less than one percent of the rate of synthesis. That this is true is clear from a consideration of the following diagram:

$$SO_4 \xrightarrow{\;x\;} \text{sulfur containing amino acids} \xrightarrow{\;x+y\;} \text{proteins}$$
$$\underset{y}{\underline{\;}\uparrow}$$

References p. 116.

in which x equals the rate of net synthesis of the proteins and y equals the rate of breakdown. The specific radioactivity of the sulfur in the non-β-galactosidase proteins in sample A is 84% of that of the proteins in phase I or of that of the fully labelled enzyme (see Table I). Hence the minimum specific radioactivity of the sulfur in the amino acids resulting from any breakdown of these proteins would be 84% of that of the fully labelled enzyme. Since the sulfur-containing amino acids synthesized directly from the sulfate of the medium during phase II cannot be radioactive and since there is no appreciable amino acid pool in *E. coli*, then the specific radioactivity of the sulfur in the total amino acids which act as precursors to protein synthesis would have a minimum specific radioactivity that was $84y/(x+y)$ percent of that of the fully labelled enzyme. Thus the β-galactosidase synthesized from these amino acids would have a minimum specivc radioactivity that would also be $84/(x+y)$ percent of that of the fully labelled enzyme. Since the enzyme in sample A that was synthesized in phase II was found to contain less than 0.8% of the radioactivity of the fully labelled enzyme, then $84y/(x+y)$ must be less than 0.8, or $y/(x+y)$ must be less than 0.01, *i.e.* the rate of breakdown of

TABLE IV

STABILITY OF β-GALACTOSIDASE DURING BACTERIAL GROWTH IN THE ABSENCE OF AN INDUCER

I. Cultures

Culture	Bacterial concentration		Enzyme concentration (units/ml)	
	Initial (μg N/ml)	Final (μg N/ml)	Initial	Final
Phase I	< 0.1	95	0	10,150
Phase II	12.0	126	1,300	1,290

Medium for phase I was the medium 61 plus 10 mg succinic acid per ml, 38 μg $(NH_4)_2SO_4$ per ml and $5 \cdot 10^{-4}$ M MTG. The medium for phase II was the same except that the MTG was omitted and the $(NH_4)_2SO_4$ was labelled with ^{35}S such that the specific radioactivity of the sulfur was $1.9 \cdot 10^4$ counts per min per μg S, *i.e.* the same as that employed in the precursor experiment.

II. Extracts

Extract	Enzyme activity (units/ml × 10^{-4})	Radioactivity (counts/min/ml × 10^{-4})	$C = \dfrac{\text{Radioactivity}}{\text{Enzyme activity}}$ (counts/min/enzyme unit)
Phase II – crude	1.74	126	72
– purified	1.29	0.98	0.76

See MATERIALS AND METHODS for the preparation of the crude extract and the purification procedure.

III. Specific precipitates

Purified extract	Total			Radioactivity (counts/min × 10^{-1})
	Enzyme activity (units × 10^{-3})			
	from extract	carrier	total	
Phase II	15.7	20.7	36.4	11.9

See the legend of Table III for a description of the method and an explanation of the data given in the various columns. The fully labelled enzyme control is that given in Table III since

References p. 116.

the non-β-galactosidase proteins must be less than one percent of the rate of synthesis.

The validity of this interpretation is dependent upon the assumption that all of the amino acids derived from the proteins are re-utilized for protein synthesis. That this assumption is reasonable is supported by the work of COWIE, BOLTON AND SANDS[11] who showed that amino acids once incorporated into the protein of *E. coli* are not released to any significant extent into the medium. This result, which we have confirmed, is also a striking demonstration of stability of the proteins of *E. coli* during growth.

This conclusion, surprising in view of the generally accepted idea of the "dynamic state" of proteins *in vivo*, led us to investigate the stability of the β-galactosidase by the very simple and sensitive experiment schematized in Fig. 4. Cells in phase I were obtained by allowing the bacteria to grow to a limit on non-radioactive sulfate in the presence of the inducer, MTG. These starved cells were washed to remove the inducer and were then placed in a non-inducing, ^{35}S-labelled sulfate medium in which a ten-fold increase in bacterial mass took place before growth stopped due to lack of sulfate (phase II). It can be seen from Table IV that the total enzyme in the culture remained constant during growth in phase II. Thus any incorporation of ^{35}S into the enzyme is a measure of both the amount of synthesis and of the amount of breakdown of the β-galatosidase in phase II, *i.e.* in bacteria growing in the absence of the inducer. From Table IV it can be seen that the amount of radioactivity in the enzyme isolated from phase II bacteria is only 0.4% of that of the fully labelled enzyme. The isolation control for sample A of the precursor experiment also applies to this experiment since the enzyme activity and radioactivity of the crude extracts are approximately the same. The fact that the phase II enzyme has the same radioactivity per enzyme unit as its isolation control makes it highly improbable that the radioactivity in the phase II enzyme is significant. In any case it must be less than 0.4% of that of the fully labelled enzyme. This means that less than 0.4% of the enzyme could have been broken down while the total bacterial mass increased by 900%. Since in the presence of an inducer such as MTG the increase in the enzyme is proportional to the increase in bacterial mass, then the rate of breakdown of the enzyme during bacterial growth in the absence of the inducer is less than 0.2% of the rate of synthesis of the enzyme in the presence of the inducer.

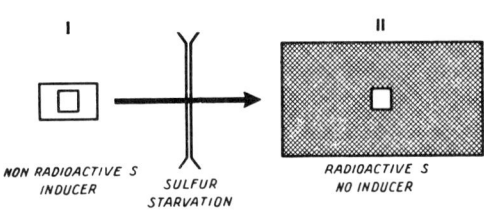

Fig. 4. Schematic of experiment for determining the stability of β-galactosidase during bacterial growth in the absence of an inducer. (Same symbolism as in Fig. 3).

Supernatant		Precipitate			
Enzyme activity (units × 10⁻³)	Radioactivity (counts/min × 10⁻³)	Enzyme activity (units × 10⁻³)	Radioactivity (counts/min × 10⁻³)	$C = \dfrac{\text{Radioactivity}}{\text{Enzyme activity}} \left(\dfrac{\text{counts/min}}{\text{enzyme units}} \right)$	Percent of C for fully labelled enzyme
0.44	11.8	30.3 (13.1)	0.024	0.0018	0.40

sulfur of the same specific radioactivity was used in the two experiments.

References p. 116.

While the above experiment indicates a very high degree of stability of β-galactosidase in bacteria in which no synthesis of the enzyme occurs (*i.e.* in the absence of the inducer), it tells us nothing of the stability of β-galactosidase in bacteria in which active β-galactosidase synthesis occurs (*i.e.* in the presence of the inducer). Since the inducer functions much like a catalyst in promoting the synthesis of the enzyme, one could imagine that the inducer also acts to catalyse the breakdown of the enzyme. It was therefore necessary to determine if any breakdown of the enzyme occurs during synthesis in the presence of the inducer. The experiment schematized in Fig. 5 was designed for this purpose. Bacteria in phase I were obtained by inoculating a radioactive medium containing the inducer MTG and allowing the bacteria to grow till starved on sulfur. The inducer was removed by washing and the bacteria were then placed in a non-radioactive medium in which a ten-fold increase in bacterial mass took place before growth stopped as a result of exhaustion of the carbon source, succinic acid (phase II). Thus the specific radioactivity of the sulfur in the non-β-galactosidase proteins of the bacteria in phase II decreased to nine percent of that in phase I whereas the specific radioactivity of the sulfur in the enzyme remained constant at the phase I value. Inducer MTG and succinic acid were then added, growth and β-galactosidase synthesis beginning immediately upon effecting this addition and ceasing when the succinic acid was again used up (phase III). Three different samples of phase III bacteria, in which the percentage of the enzyme that was synthesized in phase I varied form 13 to 68%, were obtained by the addition of different amounts of succinic acid to the starved phase II culture. The data for these cultures are given in Table V and for the extracts derived from them in Table VI, while Table VII gives the results of the specific precipitation of the enzyme from the purified extracts.

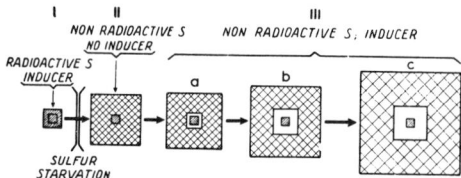

Fig. 5. Schematic of experiment for determining the stability of β-galactosidase during bacterial growth in the presence of an inducer. (Same symbolism as in Fig. 3).

TABLE V

STABILITY OF β-GALACTOSIDASE DURING BACTERIAL GROWTH IN THE PRESENCE OF AN INDUCER CULTURES

Culture	Bacterial concentration			Enzyme concentration (E)		
	Initial (μg N/ml)	Final (μg N/ml)	% total growth occurring in phase I	Initial (units/ml)	Final (units/ml)	% total enzyme synthesized in phase I⁻
Phase I	<0.1	132	100	0	13,700	100
Phase II	10.1	115	8.8	1,050	1,020	100
Phase III						
A	115	122	8.3	1,020	1,500	68
B	115	130	7.8	1,020	4,930	20.7
C	115	160	6.3	1,020	8,100	12.6

The medium used in phase I was the medium 61 plus 10 mg succinic acid per ml and 42 μg of ^{35}S labelled $(NH_4)_2SO_4$ per ml (10.2 μg S per ml) and $5 \cdot 10^{-4}$ M MTG. The specific radioactivity of the sulfur was $1.35 \cdot 10^4$ counts per min per μg S. The medium for phase II was medium 56(7) plus 3.5 mg succinic acid per ml. When the phase II culture had ceased to grow due to lack of succinic acid, it was divided into three parts (cultures A, B and C) and the inducer, MTG, and succinic acid were added such that the MTG concentration was $1.0 \cdot 10^{-3}$ M for each of the three cultures and the succinic acid concentration was 0.2, 0.5 and 1.6 mg per ml for cultures A, B and C respectively.

References p. 116.

TABLE VI
STABILITY OF β-GALACTOSIDASE DURING BACTERIAL GROWTH IN THE PRESENCE OF AN INDUCER EXTRACTS

Extract	Enzyme activity (units/ml × 10^{-4})	Radioactivity (counts/min/ml × 10^{-4})	$C = \dfrac{Radioactivity}{Enzyme\ activity}$ (counts/min/enzyme unit)
Phase I – crude	32	256	8.0
– purified	9.5	3.4	0.36
Phase II – crude	2.5	20.8	8.3
– purified	1.9	0.78	0.41
Phase III			
A – crude	3.8	25.4	6.7
– purified	2.2	0.66	0.30
B – crude	6.7	14.4	2.1
– purified	1.9	0.20	0.105
C – crude	10.3	13.4	1.3
– purified	6.9	0.56	0.081

See MATERIALS AND METHODS for the preparation and purification of the crude extracts.

If there were no breakdown of β-galactosidase in phase III of the experiment, then the total amount of radioactivity associated with enzyme should remain constant and hence the enzyme radioactivity per ml should be the same for cultures in phase II, and phase III, (samples A, B and C). The enzyme radioactivity per ml of these cultures is equal to the enzyme concentration in the culture (E) multiplied by the radioactivity per enzyme unit (C) found in the specific precipitate. If no breakdown took place during active enzyme synthesis, then $E.C = K$, a constant, and consequently a plot of C versus $1/E$ should yield a straight line with slope K and intercept at the origin. When the data are plotted in this fashion (Fig. 6) it is clear that they fit such a straight line. The curved dashed line in Fig. 6 is the curve that would be expected if the rate of breakdown of β-galactosidase were ten percent of the rate of net synthesis. This curve definitely lies outside the limits of experimental error associated with the determination of the C and E values, these errors being such that the lowest breakdown rate detectable would be 5 % of the rate of net synthesis. Therefore the rate of breakdown of β-galactosidase during bacterial growth in the presence of the inducer must be less than 5% of the rate of net synthesis of the enzyme.

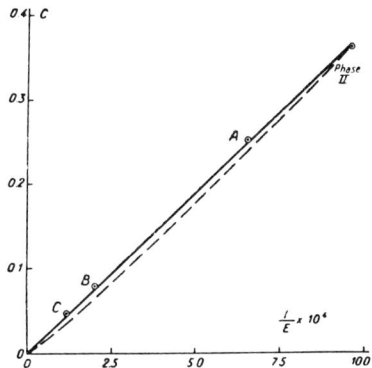

Fig. 6. Stability of β-galactosidase during bacterial growth in the presence of an inducer. Abscissa: Inverse of enzyme activity (units per ml) in the cultures during phase II and phase III (A, B, C) of the experiment schematized in Fig. 5. Ordinate: radioactivity to enzyme activity ratio of the specific precipitates given in counts per min. The dashed-line represents the expected curve if the rate of breakdown were 10% of the net rate of synthesis. The errors involved in the determination of C and E are approximately seven and five percent respectively.[5]

Although this latter experiment is less sensitive than the previous two it nevertheless indicates that β-galactosidase synthesis in

References p. 116.

TABLE

STABILITY OF β-GALACTOSIDASE DURING BACTERIAL GROWTH

Purified extract	Totals		Supernatants	
	Enzyme activity (units × 10^{-3})	Radioactivity (counts/min × 10^{-3})	Enzyme activity (units × 10^{-3})	Radioactivity (counts/min × 10^{-3})
Phase I	27.5	9.8	0.110	0.98
Phase II	28.0	11.7	0.120	2.25
Phase III				
A	28.0	8.5	0.160	1.78
B	28.2	3.0	0.30	0.96
C	27.5	2.25	0.078	1.09

See the legend of Table I for a description of the method and an explanation of the data given in the various columns. Note that the average C value for the specific precipitate of phase I and phase II (fully labelled enzyme) is 78% of that found for the fully labelled enzyme in the precursor experiments (Table III). This is due to the fact that the sulfur used in this experiment had a specific radioactivity that was 71% of that used in the precursor experiment (Tables I and V).

the presence of the inducer is an essentially irreversible process. Therefore we must conclude that the proteins of *E. coli* are extremely stable molecules *in vivo*, synthesized by essentially irreversible reactions.

DISCUSSION

The results reported above should be discussed in relation to the specific problems of enzyme induction, before considering their bearings on the more general problems of protein synthesis and turnover.

The incorporation data demonstrate conclusively that the induced synthesis of β-galactosidase involves the complete, *de novo* formation of the protein molecule from its elements. The hypothesis that the induced enzyme is a conversion product of another protein, formed and accumulated in the absence of inducer, is eliminated. Thus the relationship of the Pz protein to β-galactosidase can not be one of a precursor to a final product. However, the remarkable structural and physiological relationships of the two proteins remain a very significant fact, which can be understood on the assumption that the two molecules are synthesized by the same mechanisms, or at the same sites. This invites certain interesting speculations concerning in particular the analogy between the Pz-Gz system and the normal and antibody globulin[13, 14] systems. However these aspects need not be considered now, since the data presented here have no specific bearings upon them.

It should be noted that our experiments involved a step of sulfur starvation during which sulfur from the TCA soluble fraction was incorporated into protein. The experiments do not exclude, therefore, the possibility that such materials might function as a source of elements for β-galactosidase. Cowie *et al.*[15] have observed that *E. coli* B normally contains a certain alcohol-soluble "protein" fraction which disappears during sulfur starvation. If such material could serve as reserve of sulfur for β-galactosidase, it would not have been detected by our experiments. However the same workers have found that under normal conditions of growth, no sulfur from this particular fraction went into other proteins.

References p. 116.

VII

THE PRESENCE OF AN INDUCER. SPECIFIC PRECIPITATES

Enzyme activity (units × 10^{-3})	Precipitates Radioactivity counts/min × 10^{-3}	$C = \dfrac{\text{Radioactivity}}{\text{Enzyme activity}} \left(\dfrac{\text{counts/min}}{\text{enzyme unit}}\right)$	Percent of C for phase II
26.4	9.0	0.34	95
25.4	9.2	0.36	100
26.8	6.6	0.25	69
26.2	2.08	0.079	21.9
25.0	1.18	0.047	13.0

Thus if the C values are converted to the more absolute quantity, the number of sulfur atoms per enzyme unit, with the aid of the specific radioactivities, then the values $4.6 \cdot 10^{11}$ and $4.9 \cdot 10^{11}$ atoms S/enzyme unit are found for the precursor experiment and the above experiment respectively. These two values are within the experimental error involved in the determination of the C values (ca 7%) and the specific radioactivity (ca 10%).

It should also be remarked that our experiments were carried out with labelled sulfur and therefore the conclusions apply rigorously only to the sulfur-containing precursors. However an experiment similar to our "precursor" experiment has been carried out by SPIEGELMAN using carbon-14 as a label, with essentially similar results (personal communication).

The incorporation data also demonstrate that β-galactosidase, once formed, is stable within the cells. These observations therefore confirm the tentative conclusions drawn from previous kinetic and nutritional studies[6]. Induction in the case of β-galactosidase, results in the initiation or acceleration of an esssentially irreversible process. The enzyme is evidently not in "equilibrium" with a precursor, nor with any other protein within the cells, nor with a pool of precursors or amino acids. Therefore, all interpretations of enzyme adaptation in terms of the alteration of an "equilibrium" between proteins within the cell[16, 17, 18, 23, 24], are shown to be inadequate.

This leads us to considering the broader aspects of our findings. As we have already noted, the results demonstrate not only that β-galactosidase is irreversibly synthesized, stable, and static within the cells, but that this must be true of essentially all, or at least of the bulk of E. coli proteins. A simple calculation (p. 107) shows that if there is any degradation of proteins, or exchange of amino acids between proteins within the growing cells, the rate of such a process must be so low that it plays no role in fixing the net rates of protein synthesis. Nor does this process contribute appreciably to determining the relative composition and structure of the growing cells, as far as proteins are concerned. In other words, all or most proteins, within E. coli cells, are in a static, not in a dynamic state.

These results might therefore appear, at first, to be at variance with the classical findings of SHOENHEIMER and his school on the turnover of proteins in the body or tissues of higher organisms. Rather than concede that this inconsistency implies that the cellular state of the proteins in mammalian tissues is essentially different from that in E. coli, we have sought an explanation for this inconsistency in the different properties of the two systems.

References p. 116.

One objection that we should like to dismiss before considering the different properties of the two systems is that our experiments were of too short a duration to detect degradation rates of the order of magnitude of those found in mammalian system. It is obvious that the rate of degradation must be a significant fraction of the rates of synthesis if the concept of a "dynamic state" is to have any general physiological significance at the cellular level. Therefore it is the rate of degradation relative to that of synthesis which is of importance and not the absolute rate of degradation.

The critical question appears to be the *interpretation* of the incorporation data in the case of the mammalian systems. The interpretations of such data in terms of a "dynamic state" of the protein molecules within the cells involve some inherent ambiguities. The nature of this difficulty is evident when one considers the degree of homogeneity of the cellular populations in the two systems.

The bacterial system used in our experiments consists of a homogeneous population of cells in which there is no observable cell lysis or secretion of proteins from the cells and where all the cells are placed in an identical environment. The incorporation data are therefore interpretable in terms of the synthesis and of the state of the proteins within the cells. Any renewal would have to be interpreted as reflecting a dynamic state of the protein within the cells. However, as we see, no such renewal is detected with these homogeneous systems.

Mammalian systems on the other hand consist of heterogeneous populations of cells placed under different environmental conditions in which some cells grow and multiply, some die and lyse, others secrete large amounts of proteins while still others appear to remain very stable. Thus there are three possible pathways by which tissues of such systems may lose proteins: 1. intracellular degradation; 2. secretion; and 3. cell lysis.

Labelling experiments with mammalian systems do not by themselves give the information necessary to determine by which of the above three paths the protein is lost from the tissue. That secretion and cell lysis play a dominant role in the mechanism by which proteins are removed from the tissue is indicated by the fact that tissues with high turnover rates are those in which the mitotic rate (*i.e.* cellular replacement) is very high (intestinal mucosa) or which are known to secrete proteins actively (liver) whereas very low turnover rates are associated with tissues in which both cellular replacement and protein secretion are minimal [muscle and nerve (cf. [19])]. This suggests very strongly indeed that turnover rates measured under these conditions, express the dynamic state of the tissue, rather than the state of the protein molecules within the cells. In any case, there is, to our knowledge, no experimental evidence that the proteins within the cells of mammals are any more "dynamic" than those of *Escherichia coli*. And it should be pointed out that it is not easy even to imagine an experiment which would test intracellular turnover with mammalian tissue systems. Possibly the best illustration of these difficulties can be drawn from the beautiful experiments of VELICK and coworkers on the synthesis of the three enzymes aldolase, phosphorylase and glyceraldehyde-3-phosphate dehydrogenase in muscle tissue*[20, 21]. These workers found that the extremely low rate of incorporation of several amino acids into the dehydrogenase of rabbit muscle, was significantly lower than the rate of incorporation into the two other enzymes. This might of course be interpreted as expressing a difference in the intracellular turnover of the different molecules. It might however, just as well, be interpreted

---

* It should be noted that these experiments were designed to study the intermediates in protein synthesis, not to test the dynamic state hypothesis.

References p. 116.

as resulting from differences in composition, and rates of net synthesis in different parts, or at different levels in the tissue. Wherever there may exist metabolic gradients of any sort, a heterogeneity of the cell population as regards the rates of synthesis of various proteins is to be expected. The experience gained in the study of enzyme make-up of homogeneous bacterial populations renders such an hypothesis very likely, since it is commonly observed that even slight changes in conditions (nutritional and other) may profoundly alter the relative rates of synthesis of different proteins within the cells, as well as the net rate of cell growth.

To sum up: there seems to be at present no conclusive evidence that the protein molecules within the cells of mammalian tissues are in a dynamic state. Moreover our experiments have shown that the proteins of growing *E. coli* are static. Therefore, it seems necessary to conclude that the synthesis and maintenance of proteins within growing cells is not necessarily or inherently associated with a "dynamic state".

The experimental work on this problem was begun by Dr. A. M. PAPPENHEIMER Jr. during his stay with us at the Pasteur Institute. We should like to gratefully acknowledge his early and decisive contribution.

We would like to thank Mr. RAYMOND BARRAND for his competent and enthusiastic technical assistance.

SUMMARY

A study of the kinetics of sulfur incorporation into the molecule of β-galactosidase during the induced synthesis of this enzyme in *E. coli* brings proof that the enzyme-protein is synthesized entirely *de novo* without any appreciable participation of materials coming from other cellular proteins. Furthermore, there is no measurable renewal of β-galactosidase sulfur in growing cells whether or not the enzyme is being synthesized. The induced synthesis of β-galactosidase appears as a virtually irreversible process. The bulk of the other cellular proteins in *E. coli* are equally stable and do not undergo any appreciable degradation and resynthesis during growth.

The apparent contradiction between these results and the generally accepted concepts regarding the dynamic state of intracellular proteins is discussed.

RÉSUMÉ

L'étude de l'incorporation du ^{35}S dans la molécule de β-galactosidase, au cours de sa synthèse induite chez *Escherichia coli*, apporte la preuve que la protéine enzymatique est synthétisée *de novo* à partir des éléments du milieu, et sans participation appréciable d'éléments provenant d'autres protéines cellulaires. En outre, il n'y a pas de renouvellement mesurable du soufre de la β-galactosidase intracellulaire. La synthèse induite de la β-galactosidase est un processus pratiquement irréversible. Les autres protéines cellulaires, chez *E. coli*, sont également extrêmement stables et ne subissent pas de dégradation et de renouvellement appréciable au cours de la croissance.

L'apparente contradiction entre ces résultats et les conceptions courantes sur l'état dynamique des protéines intracellulaires fait l'objet d'une discussion.

ZUSAMMENFASSUNG

Das Studium des Einbaues von ^{35}S in das β-Galaktosidase-Molekül, im Verlauf der Synthese dieses Moleküls durch *Escherichia coli*, erbringt den Beweis, dass das Enzymprotein völlig *neu* synthetisiert wird, ohne nennenswerte Beteiligung von Elementen, die aus anderen Zellproteinen stammen. Ferner ergibt sich, dass der Schwefel der intrazellulären β-Galaktosidase nicht messbar erneuert wird. Die induzierte Synthes von β-Galaktosidase ist ein praktisch irreversibeler Process. Die anderen zellulären Proteine von *E. coli* sind gleich extrem stabil. Sie werden im laufe des Wachstums weder wesentlich abgebaut noch restituiert.

Der sichtbar Widerspruch zwischen diesen Resultaten und den allgemeinen Annahmen über den dynamischen Zustand der intrazellulären Proteine wird diskutiert.

References p. 116.

REFERENCES

[1] J. LEDERBERG, *J. Bact.*, 60 (1950) 381.
[2] S. A. KIRBY AND H. A. LARDY, *J. Am. Chem. Soc.*, 75 (1953) 890.
[3] J. MONOD AND M. COHN, *Adv. Enzymol.*, 13 (1952) 67.
[4] M. COHN AND A. M. TORRIANI, *J. Immunol.*, 69 (1952) 471.
[5] M. COHN AND A. M. TORRIANI, *Biochim. Biophys. Acta*, 10 (1953) 280.
[6] J. MONOD, A. M. PAPPENHEIMER Jr. AND G. COHEN-BAZIRE, *Biochim. Biophys. Acta*, 9 (1952) 648.
[7] J. MONOD AND M. COHN, *Symposium on Microbial Metabolism, VIth Intern. Congress Microbiol.*, Rome (1953) 42.
[8] J. MONOD, G. COHEN-BAZIRE AND M. COHN, *Biochim. Biophys. Acta*, 7 (1951) 585.
[9] B. HELFERICH, H. GRUNEWALD AND F. LANGENHOFF, *Chem. Ber.*, 86 (1953) 873.
[10] S. S. COHEN, *J. Biol. Chem.*, 168 (1947) 511.
[11] D. B. COWIE, E. T. BOLTON AND M. K. SANDS, *J. Bacteriol.*, 60 (1950) 233; *Ibid.*, 62 (1951) 63.
[12] R. B. ROBERTS AND E. T. BOLTON, *Science*, 115 (1952) 479.
[13] P. GROS, J. COURSAGET AND M. MACHEBOEUF, *Bull. soc. chim. biol.*, 34 (1952) 1070.
[14] H. GREEN AND H. S. ANKER, *Biochim. Biophys. Acta*, 13 (1954) 365.
[15] D. B. COWIE, R. B. ROBERTS AND E. T. BOLTON, *Science*, 119 (1954) 579.
[16] J. YUDKIN, *Biol. Rev.*, 13 (1938) 93.
[17] S. SPIEGELMAN, *Cold Spring Harbor Symposium Quant. Biol.*, 11 (1946) 256.
[18] J. MONOD, *Growth*, 11 (1947) 223.
[19] D. M. GREENBERG AND T. WINNICK, *J. Biol. Chem.*, 173 (1948) 199.
[20] M. V. SIMPSON AND S. F. VELICK, *J. Biol. Chem.*, 208 (1954) 61.
[21] M. V. SIMPSON AND S. F. VELICK, *J. Biol. Chem.* (in print).
[22] J. MONOD, A. M. TORRIANI AND J. GRIBETZ, *Compt. rend. Acad. Sci.*, 227 (1948) 315.
[23] J. MANDELSTAM, *Biochem. J.*, 51 (1952) 674.
[24] J. MANDELSTAM AND J. YUDKIN, *Biochem. J.*, 51 (1952) 686.

Received July 23rd, 1954

I
Remarks on the Mechanism of Enzyme Induction*

JACQUES MONOD
Institut Pasteur, Paris, France

Introduction

In the present paper, I should like to discuss some recent observations which throw new light on the mechanism of induction of the enzyme β-galactosidase in *E. coli*. These observations concern the "pathway of induction" (i.e., the stages or steps through which an inducer present in the external medium reaches its site or state of activity in the cell), and they lead to the conclusion that a specific, galactoside-handling system or enzyme distinct from β-galactosidase itself is involved in this pathway. The properties of this system appear to account for many hitherto uncorrelated and sometimes paradoxical observations on the β-galactosidase induction system.

Moreover, this system offers an excellent example of a highly specific cellular concentrating mechanism.

Present Status of Knowledge on Induced Enzyme Synthesis

Before discussing experiments which bear specifically on this problem, I should perhaps briefly recall the main conclusions which have been arrived at during the past few years concerning the nature and mechanism of the enzyme-induction phenomenon.

The more firmly grounded conclusions may be summarized as follows:

1. *Induced enzyme formation involves the complete de novo synthesis of the enzyme protein molecule, from its elements or elementary building blocks (amino acids).* This conclusion, strongly suggested by kinetic and nutritional (19) and by inhibitor (8, 9) studies, has been proved by tracer incorporation experiments (10, 18, 23) performed with the inducible β-galactosidase of *E. coli*.

---

* This work has been aided by grants from the "Jane Coffin Childs Memorial Fund for Medical Research," the "Rockefeller Foundation" and the "Commissariat à l'Energie Atomique."

2. *The induced synthetic process is virtually irreversible, and the "finished" enzyme molecule is not renewed at a measurable rate (i.e., is not in a "dynamic state") within the cells.* This was indicated by kinetic considerations (19) and proved by S^{35} incorporation experiments (10).

3. *The process of enzyme induction is independent of enzyme action* —i.e., the functions of inducer and substrate are distinct, although inducers and substrates of a given enzyme always possess in common certain essential elements of molecular configuration. This conclusion rests on the comparison of various compounds as substrates, specific binders, and specific inducers of β-galactosidase in *E. coli* (2, 16).

4. *The inducer is not consumed in induction. It acts as a catalyst in the sense that one molecule of inducer may activate the synthesis of more than one enzyme molecule.* This was demonstrated in the case of penicillin-induced synthesis of penicillinase in *Bacillus cereus* (20, 21).

These conclusions are firmly grounded on experiment, but it must be remarked that each of them has been tested only with one, or a very few, systems.

Thiogalactosides

As stated above, it is now realized that inducers need not be substrates, nor substrates inducers, of a given enzyme: the two functions are distinct. The study of β-galactosidase has afforded some striking illustrations of this dissociation of functions. For instance, of the four compounds shown in Fig. 1, the two on the left are β-galactosides and are substrates of the enzyme. The two on the right are β-thiogalactosides and are not

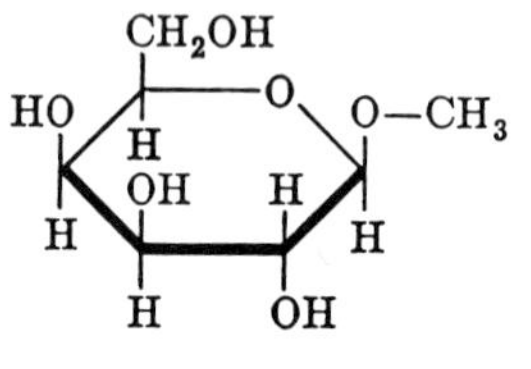

Methyl-β-D-galactoside 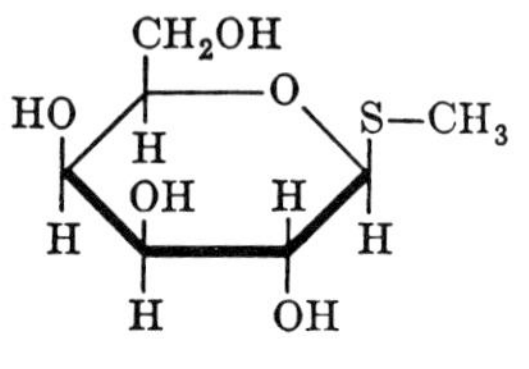 Methyl-β-D-thiogalactoside

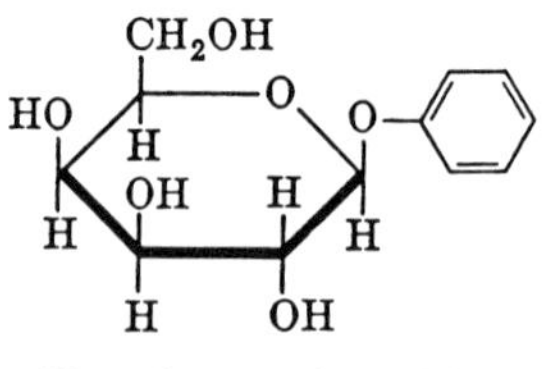

Phenyl-β-D-galactoside 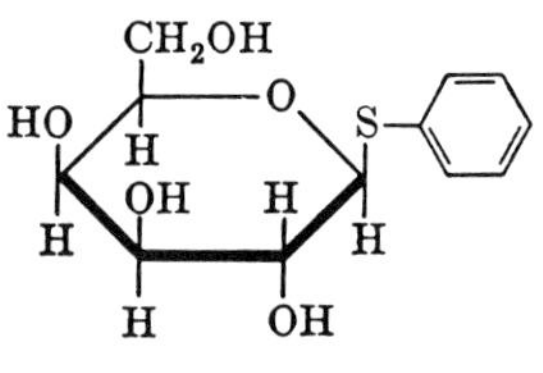 Phenyl-β-D-thiogalactoside

Fig. 1

1. MECHANISM OF ENZYME INDUCTION

hydrolyzed by the enzyme. Neither of the phenyl compounds is an inducer in wild-type *E. coli* ML, although the one on the left is an excellent substrate, *in vivo* as well as *in vitro*; conversely, both the methyl compounds are good inducers, the one on the right being by far the best, although it is not a substrate.

These distinct properties are illustrated in a simple experiment which consists in testing the growth of wild-type *E. coli* ML in a synthetic medium containing one of the above compounds as sole carbon source. The following results are obtained:

	Carbon Source	Growth
1.	Methyl-β-D-thiogalactoside (TMG)	0
2.	Phenyl-β-D-galactoside	0
3.	TMG + phenyl-β-D-galactoside	+

In the first case the organisms do not grow because, although it induces, TMG is not a substrate. In the second they do not grow because phenyl-β-D-galactoside is not an inducer, although it is a substrate. In the third case they grow happily because TMG functions as inducer while phenyl-β-D-galactoside functions as substrate.

This experiment may serve as introduction to the thiogalactosides, which have proved very useful for the study of β-galactosidase induction, since for such experiments it is evidently much better to use an inducer which is not a substrate.* Actually when *true* galactosides, hydrolyzable by the enzyme and metabolizable by the organisms, were used, the results were so complex and bewildering as to preclude precise interpretations. It appeared, however, that many "inducers" (notably lactose itself, the "normal substrate" of galactosidase) were not inducers by themselves and were turned into active inducers by intracellular metabolism, possibly involving transgalactosidation.

Simpler results are obtained when thiogalactosides are used instead of true galactosides for the analysis of induction, probably because these compounds undergo neither hydrolytic nor transglycosidic reactions *in vivo*, at least in *E. coli*.

As Table I shows, when a variety of thiogalactosides were tested as inducers of galactosidase by Buttin *et al.* (2), a whole range of activities were observed, from highly inducing to completely noninducing compounds. It is very striking that inductive activity is associated with the

---

* Most of the thiogalactosides used in this study were synthesized by Dr. Dietmar Türk working in Professor Helferich's laboratory at Bonn (Germany). We should like to express our gratitude for their invaluable help.

presence of an aliphatic aglycone, whereas the noninducers include a variety of compounds: aryl thiogalactosides, galactosidothiogalactoside, and large alkyl thiogalactosides. Moreover, the aryl galactosides which present some aliphatic character, like phenyl/ethyl/thiogalactoside, pos-

TABLE I
INDUCING ACTIVITY OF THIOGALACTOSIDES (2)

Thiogalactoside ⫶ aglycone	Inducing activity*
$-CH_3$	5000
$-CH_2-CH_2-CH_3$	5000
$-CH_2-CH(CH_3)_2$	5000
$-CH_2-CH_2-CH_2-CH_3$	4700
$-CH$(cyclopentyl)	3600
$-CH_2-CH_2-CH_2-CH_2-CH_2-CH_3$	476
$-C_6H_5$ (phenyl)	7
$-CH_2-C_6H_5$	24
$-CH_2-CH_2-C_6H_5$	212
galactosyl	9
Control (no addition)	7

* Maximal specific-β-galactosidase activity of organisms grown in presence of compound (M x 10⁻³).

sess a trace of activity, whereas phenyl/thiogalactoside has no activity at all. From a purely steric point of view it might perhaps be supposed that, in order to reach its state or site of intracellular activity, the inducer must not possess either a too rigid or a too bulky aglycone. Furthermore, the lack of activity of the noninducers might be due either to the fact

1. MECHANISM OF ENZYME INDUCTION

that they are excluded from interaction with the enzyme-forming system, or to the fact that their interaction is ineffective.

These are interesting questions which imply some significant theoretical conclusions. In order to discuss these questions, the kinetics of induction must be considered first.

Induction Kinetics and the Preinduction Effect

When TMG or another inducing thiogalactoside is added at saturating concentration ($ca.\ 5 \times 10^{-4}$ M) to a culture of cells growing on synthetic medium with succinate as substrate, the differential rate of synthesis (19), i.e., the ratio of the increase of enzyme to the increase of bacterial mass,

$$\frac{\Delta z}{\Delta x} = p$$

is constant and maximal from the start. The plot of galactosidase (z) as a function of the increase of bacterial mass (x) during growth is a straight line, extrapolating back to the addition of inducer (Fig. 2).

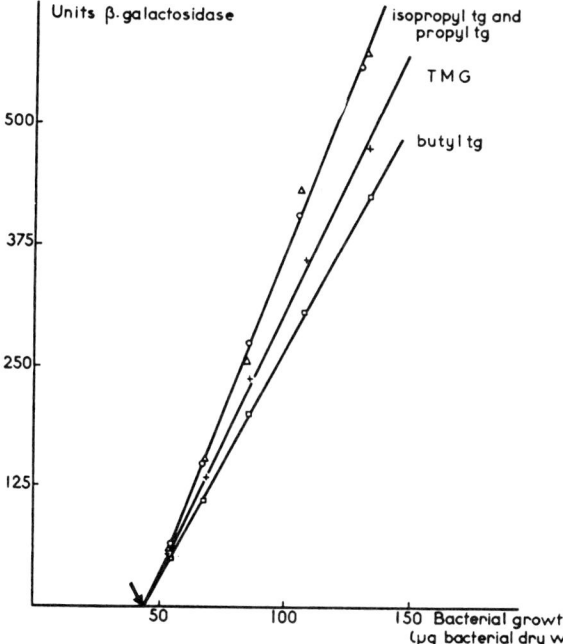

Fig. 2. Synthesis of β-galactosidase in the presence of various alkyl thiogalactosides. Exponentially growing culture of *E. coli* ML 30 on mineral salts + succinate as sole carbon source. Addition of inducers at point indicated by arrow (2).

When, decreasing concentrations of TMG are used, however, a family of curves is obtained which show an increasingly long period of acceleration of the differential rate of synthesis before a stable rate obtains (Fig. 3). It might be supposed that, at increasingly low concentrations of

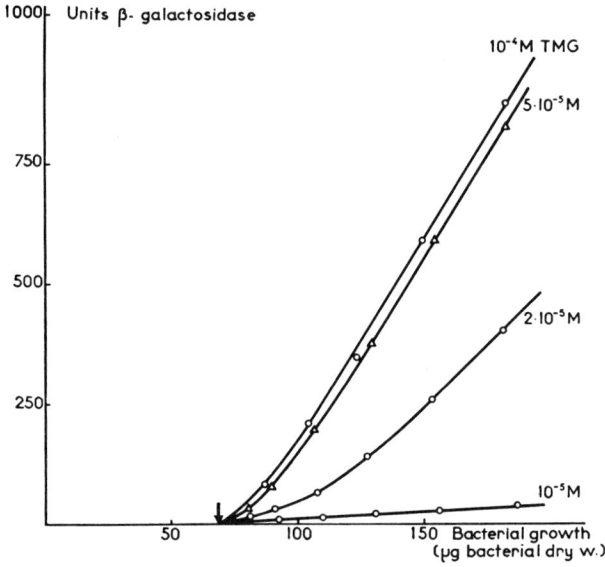

Fig. 3. Synthesis of β-galactosidase in the presence of various concentrations of thiomethyl-β-D-galactoside (TMG). Same conditions as for Fig. 2 (2).

inducer, it takes more time for it to reach a saturating concentration within the cells. This simple interpretation is excluded by the following experiment:

Cells which have been induced for several hours, and have reached their maximal rate, are washed so as to remove the inducer, and allowed to grow again. When inducer at a low concentration is added to these "preinduced" cells, *enzyme synthesis starts again immediately at constant rate*: there is no acceleration phase. Yet these cells had retained no inducer since, in the absence of externally added TMG, no enzyme was formed (Fig. 4).

Therefore we must conclude that, during the "acceleration" period at low inducer concentration, the sensitivity of the cells to low concentrations of inducer has *increased*. In other words, the sensitivity of the cells to the inducer is apparently controlled by a factor (y) which increases during, and as a result of, induction. The results indicate that the maximal differential rate may be reached either by increasing the concentration of inducer (i) or by increasing the concentration of the factor (y) through prolonged induction. Putting it otherwise, increase in the factor is *equivalent* to increase in inducer concentration.

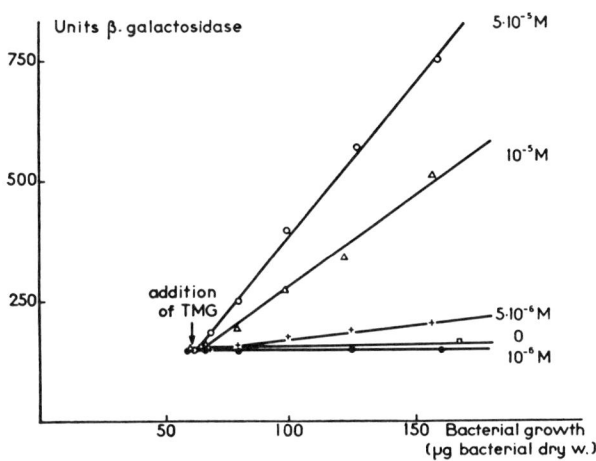

FIG. 4. Effect of "preinduction" on induction of β-galactosidase by TMG. Cells are taken from a culture previously grown on β-methyl galactoside. After washing, they are allowed to grow again in the presence of TMG at concentrations indicated. Compare slopes at same TMG concentrations in Fig. 3 (2).

The occurrence of this "preinduction" effect, as we have called it, raises the problem of the nature of the y factor, and of its role in the galactosidase induction system. Now, we already know of one factor which accumulates during induction and which is known to combine specifically with TMG. This factor is galactosidase itself, and the preinduction effect could be described quite well as an *autocatalytic* effect, since at low inducer concentration the rate of enzyme synthesis apparently increases as a function of the enzyme content of the cells. One might therefore be tempted to imagine for instance that the enzyme "replicates" or "duplicates" itself when it is combined with the inducer. A tempting assumption, perhaps. Yet, before yielding to temptation, we should consider another kind of evidence.

The "Y" Galactoside-Concentrating System

Radioactive (S-labeled) TMG has been used recently by my colleagues Cohen and Rickenberg as a tool to study the fate of an inducer (3, 22).

The first essential result which they obtained was that *induced* cells were able to *concentrate* TMG intracellularly to a remarkable extent (up to 4% of their dry weight), whereas noninduced cells did not concentrate it to any detectable extent (Table II). The TMG is loosely retained in the cells and can be extracted with boiling water or by repeated washings with cold water. As shown also in Table II, the concentration phenomenon is reversible and energy-dependent. Metabolic inhibitors, such as DNP or azide, prevent concentration, or, if added *after* the inducer, they reverse it completely (Table III). The amount of TMG fixed per unit of bacterial mass is dependent on the external concentration, following a classical adsorption isotherm, and allowing the determi-

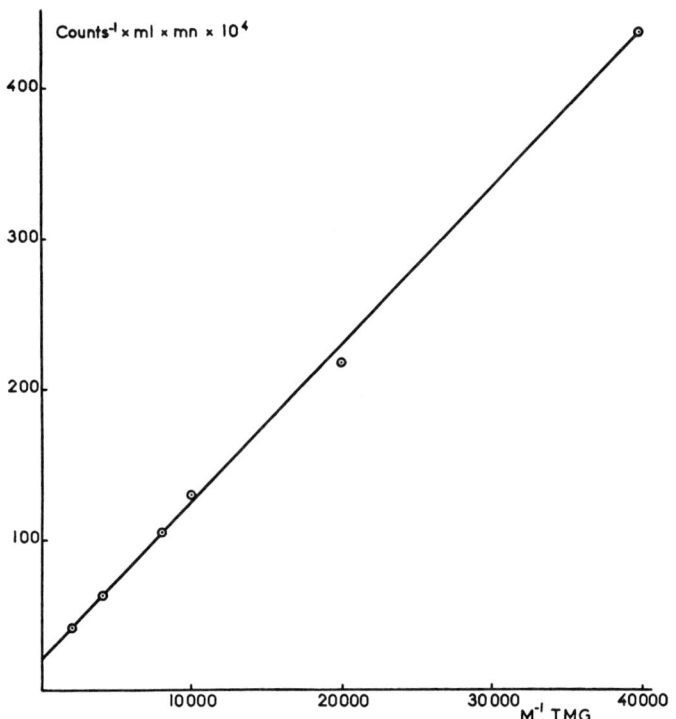

FIG. 5. Internal concentration of TMG in induced cells of *E. coli* as a function of TMG concentration. Reciprocal plot. See legend of Table II for conditions (22).

nation of a dissociation constant (5×10^{-4} M) (Fig. 5). Equilibrium, with respect to a given external concentration of TMG, is reached within less than 5 minutes at 37°, and in about 2 hours at 0°.

Moreover, the concentration system is strictly specific: TMG analogs, i.e., β-galactosides (true or thio) displace the equilibrium *competitively*

TABLE II
CONCENTRATION OF THIOMETHYL-β-D-GALACTOSIDES BY INDUCED CELLS OF E. coli ML 30 (20)

Conditions	Counts per minute	Weight of TMG retained $\dfrac{}{\text{Dry weight of bacteria (corrected for water space)}} \times 100$
Noninduced cells	32	0
Induced cells	515	2.7
Same + DNP, $M/250$	48	0.08
Same + NaN_3, $M/50$	43	0.07
Same + thiophenylgalactoside, $M \times 10^{-3}$	69	0.22
Same + thiophenylglucoside, $M \times 10^{-3}$	490	2.7

[The experiment is performed as follows: Cells are added at final concentration of ca. 0.15 mg. dry weight per milliliter to buffer, pH 7.0, containing succinate (2 mg./ml.), labeled TMG (5×10^{-4} M), and chloramphenicol (50 γ/ml.). After 10 minutes of shaking at 37°, the cells are centrifuged, the walls of the tubes are wiped, the cells are resuspended in H_2O, boiled 5 minutes, and recentrifuged. Counts are performed on supernatant.]

TABLE III

INHIBITION AND REVERSION OF THE GALACTOSIDE-CONCENTRATING SYSTEM OF *E. coli* IN THE PRESENCE OF DINITROPHENOL AND AZIDE (22)

(See legend of Table II for conditions of experiment.)

Conditions	Counts per minute (corrected for background)	Weight of TMG retained / Dry weight of bacteria (corrected for water space) × 100
1. TMG at time 0, sample taken at 5 minutes	457	2.50
2. TMG + DNP at time 0, sample taken at 5 minutes	70	0.22
3. TMG + NaN$_3$ at time 0, sample taken at 5 minutes	66	0.20
4. TMG at time 0, sample taken at 10 minutes	460	2.50
5. TMG at time 0, DNP at time 5 minutes, sample taken at 10 minutes	100	0.39
6. TMG at time 0, NaN$_3$ at time 5 minutes, sample taken at 10 minutes	60	0.16

1. MECHANISM OF ENZYME INDUCTION

and chase the TMG out (Fig. 6). Nongalactosidic carbohydrates have no effect or exert only limited, noncompetitive inhibition (compare in Table II the effect of thiomethyl-β-D-galactoside and thiomethyl-β-D-glucoside).

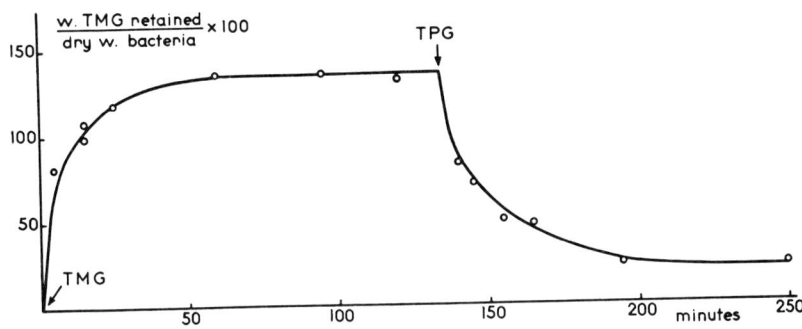

FIG. 6. Fixation of TMG (added at 5×10^{-4} M final concentration) followed at 0° as a function of time. At time indicated by the arrow, addition of thiophenyl-β-D-galactoside (5×10^{-4} M final concentration) (22).

The properties of the concentration system might be represented by the following scheme:

$$i + y \rightleftarrows iy$$

which assumes that the concentration of inducer (i) in the cells results from its reversible binding by *specific* acceptor sites (y). Such a scheme would account readily for the displacement by analogs. According to this model, however, there would be present in the induced cells as many specific acceptor sites as TMG molecules, i.e., at saturation, approximately 1 acceptor-equivalent for every molar fraction of protein of M.W. 3,000. The assumption of acceptor sites is therefore untenable. It must be concluded that the specific sites, the existence of which cannot be doubted, act as *concentration catalysts* rather than *ultimate acceptors*.

One might, then, think of a model of the following type:

$$i + \text{R} \overset{y}{\rightleftarrows} i\text{R}$$

if it is assumed that the *specific* "y" system catalyzes reversibly the coupling of the inducer to a *nonspecific* cellular metabolite or group (R). This scheme, however, does not account for the specificity of the displacement; moreover, it predicts that the internal concentration of TMG, at equilibrium, should be independent of y, i.e., of the state of induction of the cells, a prediction directly in conflict with the observations (cf. Fig. 7).

In order to account for the observations, a scheme of the following type must therefore be adopted:

$$i_{ex.} \xrightarrow[\text{(entry)}]{y} i_{in.} \xrightarrow{\text{(exit)}} i_{ex.}$$

This model expresses the assumption that the internally concentrated inducer ($i_{in.}$) should be considered as an intermediate in a steady-state system, where the first reaction (entry) is catalyzed by a specific enzyme or system (y) present only in induced cells, whereas the second reaction (exit) is assumed not to involve the y system, and to behave, for all practical purposes, as a spontaneous reaction. The internal concentration of inducer, at any time, would then be given by

$$\frac{di_{in.}}{dt} = y \frac{i_{ex.}}{i_{ex.} + K} - c i_{in.}$$

where y and K are the constants of the Henri-Michaelis equation for the y enzyme, and c is the rate constant of the exit reaction. At equilibrium, in the presence of a given external concentration of inducer, the internal concentration of inducer would be proportional to the activity (amount) of the y system:

$$i_{in.} = \frac{1}{c} \cdot \frac{i_{ex.}}{i_{ex.} + K} \cdot y$$

This model predicts that the internally concentrated TMG should be "displaced" by any inhibitor of the y reaction, whether specific (thiophenyl galactoside) or metabolic (DNP, NaN_3).

This simple model could be and undoubtedly will have to be modified and further specified in many ways. It implies no particular assumption concerning either the nature of the y reaction or the state of the inducer in the cell, nor does it necessarily imply that the y enzyme is situated on or in the cellular membrane.

Some further light as to the identity and functional significance of the y system may be obtained by considering y and galactosidase (z) in relation to each other.

The characteristics of y are that it handles galactosides specifically and that it accumulates during induction in wild-type *E. coli*. β-Galactosidase has a similar specificity and also accumulates during induction. In wild-type *E. coli*, all the inducers which induce galactosidase also

1. MECHANISM OF ENZYME INDUCTION

induce y. Although *in vitro* galactosidase has no activity on TMG, it might conceivably have y-like properties *in vivo*.

That y and galactosidase (z) are distinct can, however, be proved by considering the properties of certain mutants. Several different mutations

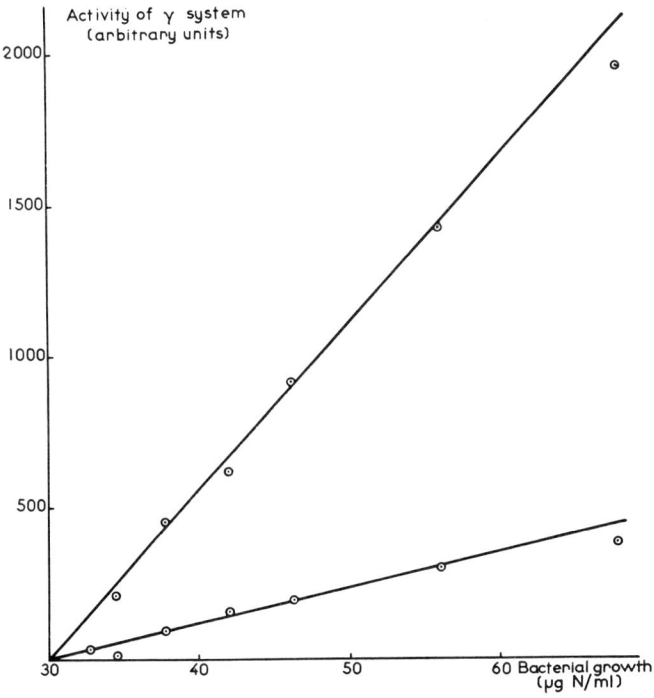

FIG. 7. Synthesis of the y enzyme induced by TMG at two different concentrations (2×10^{-5} M and 10^{-4} M) in exponentially growing *E. coli* ML 30. Conditions as in Fig. 2. Addition of inducer at origin of coordinates. Measurements of y activity performed on aliquots taken from the cultures (cf. legend of Table II) (22).

affecting the capacity to use lactose (a β-galactoside) as carbon source have been isolated in *E. coli*. Two phenotypically distinct lactose-negative types may be distinguished in both *E. coli* ML and K 12 (12, 17).

1. The Lac^- (absolute) mutants (ML 3088; K 12 Lac^-_2 and Lac^-_4), which cannot be induced to produce galactosidase to any measurable extent, under any condition. In these mutants however, the y system can be induced in fair amounts.

2. The Lac^- (cryptic) mutants (ML 3; K 12 Lac^-_1), which can produce normal amounts of galactosidase when induced with high con-

centrations of TMG, although they are virtually completely insensitive to induction by lactose (12, 17). The organisms, even when they do possess galactosidase, cannot use it effectively, and they cannot grow on lactose at a reasonable rate. The enzyme has been said to be "cryptic," and the nature of "crypticity" has been the subject of much speculation (13, 17). In this mutant, no y or only traces of it can be induced, even under conditions where large amounts of galactosidase are obtained (Table IV).

TABLE IV
ACTIVITIES OF GALACTOSIDASE (z) AND OF THE GALACTOSIDE-CONCENTRATING SYSTEM (y) IN THE WILD TYPE AND IN DIFFERENT LACTOSE-NEGATIVE MUTANTS OF *E. coli* K 12

Organism	Growth on lactose	z (galactosidase activity)		y (TMG concentration)	
		Induced	Uninduced	Induced	Uninduced
Wild-type K 12	Normal	1.78	Trace	1.85	Trace
Mutant-type Lac^-_1	Very slow	1.09	Trace	Trace	Trace
Mutant-type Lac^-_4	None	0.00	0.00	2.00	Trace

[Organisms were grown in synthetic medium, with succinate as carbon source, with TMG, 2×10^{-3} (induced), or no TMG (uninduced). Galactosidase activity is expressed in millimicromoles of ONPG hydrolyzed per minute, per milligram of dry bacterial mass, at 28°, pH 7.0, at saturation in Na+ and substrate. Intracellular TMG concentration is expressed in per cent of bacterial dry weight.]

These observations demonstrate that the y system is distinct from galactosidase (z), since either y or z may be virtually absent when the other system is present. Moreover the absence of y in the Lac^- "cryptic" mutants strongly suggests that y and z form *in vivo* a metabolic sequence, and that the y reaction is a necessary preliminary step in the metabolism of lactose which apparently cannot get into the intact cells (or only very slowly) except via the y "specific pump." This conclusion is further supported by the fact that the *in vivo* activity of β-galactosidase is dependent on the availability of an energy source (22).

We may note in passing that the frequent occurrence of crypticity and cryptic mutants for carbohydrase systems of many organisms (yeast in particular) makes it very likely that specific y-like systems are of general occurrence and significance and may account for the "specific permeability" effects which have so often been observed (13). The self-contradictory content of the concept of specific permeability has often been emphasized. By its very nature, permeability cannot be specific. But the presence of specific y-like enzymes may determine the rates at

1. MECHANISM OF ENZYME INDUCTION

which specific compounds will be taken up and eventually metabolized by otherwise impermeable cells. The work of Barrett et al. (1) and of Kogut and Podovski (11) has suggested that an *inducible* system is required for the access of exogeneous citrate to the Krebs cycle in *Pseudomonas*. The recent work of Green (see Davis' paper in this volume) further shows that in *Aero acter* the synthesis of this system (but not its function) is inhibited by glucose. Thus the properties of the citrate permeation system appear to be strikingly analogous to those of the y galactoside-concentrating system. A whole series of highly specific concentrating systems dealing with amino acids has been discovered by Cohen in *E. coli* (4, 5). By their general properties, these systems appear closely analogous to the y system (except for the fact that they are constitutive rather than inducible). It is clear that such "specific pumps" must play a major role in the physiology of *E. coli* and no doubt of many other, if not all, cells.

Glucose Effect and "Cellular Memory"

Let us now return to the question of the galactosidase induction system. The existence and properties of the y "specific pump," as revealed by Cohen and Rickenberg's observations, account satisfactorily for the preinduction effect. In the presence of TMG the synthesis of y is induced, and the TMG concentration inside the cells increases, resulting in an increase of the differential rate of galactosidase synthesis. Preinduced cells should, therefore, be sensitive to lower concentrations of TMG than noninduced cells.

The $y \rightarrow z$ system is apparently sequential in induction as well as functionally.

This, however, raises two problems which are not solved as yet. The first is whether y is effective in galactosidase induction merely because it concentrates the inducer or, more specifically, because only the product of the y reaction can induce the galactosidase enzyme-forming system. The fact that galactosidase can be induced (provided comparatively high concentrations of inducer are used) in mutants (Lac^- "cryptics") which do not develop measurable amounts of y appears to speak against this hypothesis. Yet these mutants might have traces of y. The hypothesis that the inducer must be activated in order to kindle enzyme synthesis appears interesting, and it is tempting to suppose that the y reaction may result in precisely such an activation.

The second question is whether the induction of y itself is also sensitive to the increased internal concentration of TMG resulting from the y reaction. The kinetics of y induction have not yet been studied directly in any detail, but there are reasons to believe that this logical assumption is correct, at least under certain conditions. The main reason is a phenomenon discovered by Cohn. It is well known that glucose inhibits the induced synthesis of many carbohydrate-attacking enzymes (7, 14) including in particular galactosidase. Cohn and Capdupuy (6) observed, however, that synthesis of β-galactosidase by preinduced cells was only slightly inhibited by glucose, whereas in nonpreinduced cells it was almost completely inhibited (Fig. 8).

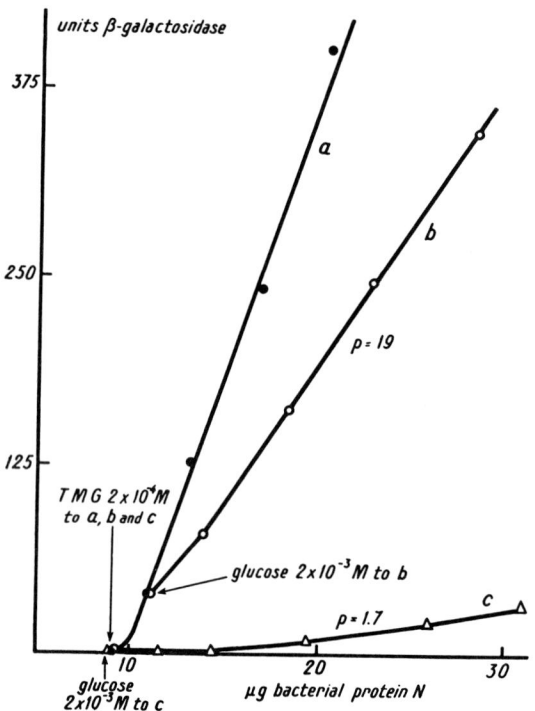

Fig. 8. Effect of glucose on the synthesis of β-galactosidase in noninduced and already induced cells. Conditions as in Fig. 2 (6).

This in fact amounts to an extreme case of preinduction effect, and it results in a very remarkable consequence, namely, that a population which has once been strongly induced and then is grown in the presence of glucose (at high concentration) + TMG (at low concentration) may go on synthesizing enzyme for a large number (over twenty) generations, whereas an initially noninduced population, transferred over the same number of generations in the same medium, does not synthesize significant amounts of enzyme (cf. paper by Cohn in this volume).

1. MECHANISM OF ENZYME INDUCTION

Novick has found essentially similar effects in continuous-culture experiments using the bactostat (personal communication).

These observations can be fairly easily interpreted on the assumption that glucose competitively inhibits induction of both y and z, the effective inducer being *internal* (y-concentrated) TMG and the effective inhibitor an (early) intermediate of glucose metabolism. The glucose inhibition would then be *much less marked* in preinduced than in nonpreinduced cells, and preinduced cells would therefore tend to hand over to their daughters, granddaughters, etc., a slowly fading "memory" of their initial induced stage. Such an effect should actually tend to mimic genetic transmission (including clonal distribution) and may well account for the observations of Spiegelman *et al.* on long-term adaptation in yeast (24, 25).

Specific Inhibition of Induction

The evidence discussed above shows that the induction of β-galactosidase involves, as a preliminary step, the transfer, the concentration, and perhaps the activation of the inducer through the agency of another inducible enzyme (y). Let us now try to go beyond the y reaction and see whether anything may be said about the nature or properties of the cellular component with which the internal inducer must react in order to provoke galactosidase synthesis.

Certain considerations on the interactions of thiogalactosides in the induction of galactosidase appear to lead to some meaningful conclusions in this respect.

As we saw in the beginning, certain thiogalactosides, such as phenyl-β-D-thiogalactoside (TPG) and thio-di-β-D-galactoside (TDG), are devoid of any inducing activity. These compounds, however, are not inert in inducing systems. When TPG, for instance, is added together with TMG to a growing culture, the induction of galactosidase synthesis is inhibited. The inhibition is competitive, as shown by varying the relative concentrations of inducer and inhibitor, and is sterically quite specific, as shown by the fact that thio-β-D-glucoside exerts no effect whatever.

This competitive and specific inhibition of induction shows that a site, specific for galactosides, is involved in induction. Now we know of *two* galactoside-binding sites in the cells, namely y and z. Either one, or both, might actually be responsible for the competitive inhibition of induction by TPG. Moreover, it can be shown, by direct measurements, that TPG and other thiogalactosides do inhibit competitively *in vivo* the activity of both y and z (22). These observations could be taken to mean that combination of the inducer at the enzyme site itself might be the primary cause of induction.

Yet certain other considerations lead to the unexpected conclusion that *neither one* of the enzyme sites can be considered responsible for the inhibition of induction. Two kinds of experiments lead to this conclusion.

As we saw above, when decreasing concentrations of TMG are used for induction, a family of curves is obtained which show an increasingly long period of acceleration before the stable differential rate obtains. This acceleration ("autocatalytic effect") is due to the accumulation of y. If TPG acted only by inhibiting competitively the activity of y, the kinetics of induction, in the presence of TPG, should still show a period of acceleration, since, as y was formed, its fractional activity should still increase. Moreover addition of TPG at a "saturating" concentration of TMG, when normally no acceleration is observed and the differential rate is maximal from the start, should provoke the appearance of a lag and acceleration phase.

In fact, these effects are not observed. When increasing concentrations of TPG are added to a constant subsaturating concentration of TMG, the acceleration phase is suppressed, and linear differential plots are obtained from the start of induction, even though the differential rates are progressively lower as TPG concentration increases (Fig. 9).

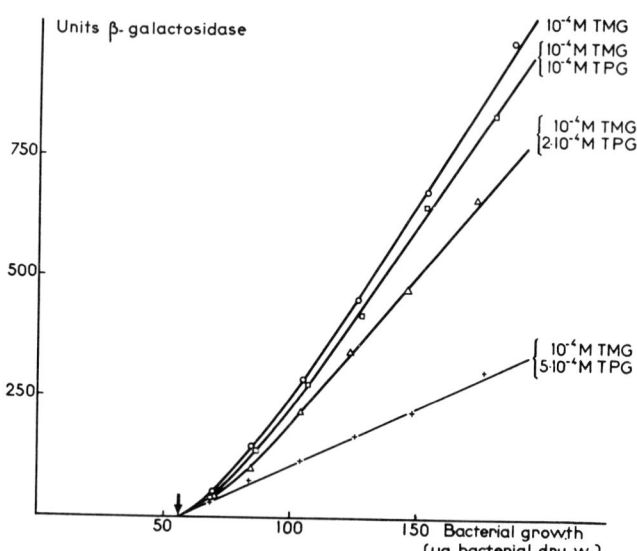

Fig. 9. Effect of different concentrations of thiophenyl-β-D-galactoside (TPG) on induction of galactosidase synthesis by thiomethyl-β-D-galactoside. Conditions as in Fig. 2. Compare with Fig. 3.

1. MECHANISM OF ENZYME INDUCTION

In other words, increasing the concentration of inhibitor is not equivalent, in this respect, to decreasing the concentration of inducer.

Another type of experiment is perhaps more striking in illustrating this fact. If the differential rate of induction depended on the amount (per cell) of enzyme bound by the inducer, then the effect of TPG should be much less marked in preinduced as compared with noninduced cells, since the former contain large amounts of enzyme (both y and z) as compared with the latter. Yet, as shown by Fig. 10, the effect of TPG is

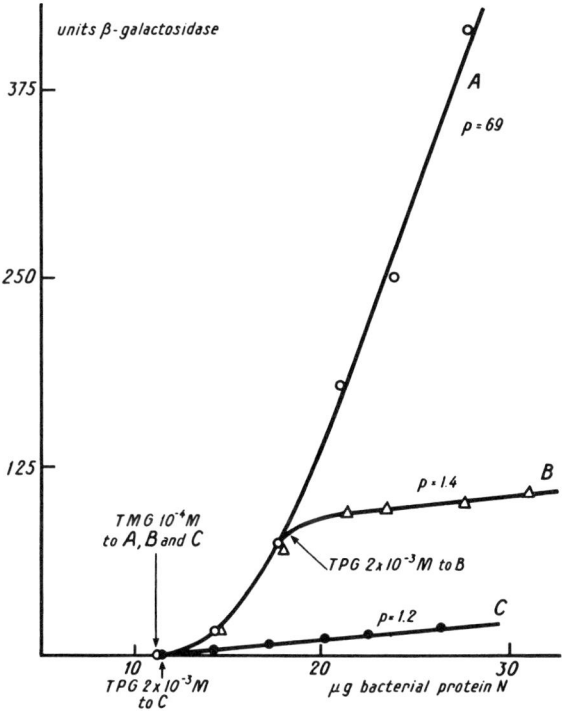

Fig. 10. The inhibitory effect of TPG on induction of galactosidase synthesis by TMG is the same, whether the inhibitor is added at the same time or after the inducer. Compare with glucose effect seen in Fig. 8.

immediate, and quantitatively the same, whether it is added together with TMG, or after preinduction, when large amounts of y and z are already present. In other words, TPG inhibition, in sharp contrast to glucose inhibition, does not show any preinduction effect. This result means that TPG, as well as TMG, is concentrated into the cell via the y system, and that the inhibitory interaction takes place *after* the y reaction.

These observations appear to force the conclusion that the inhibition of TMG induction by TPG is the result of competition between the two internally concentrated compounds for a common substance (S), or site which must be *constant in amount per cell* independently of the state of induction of the cells. Therefore the "S" substance must be distinct from either y or z, since both *increase* during induction.

Nothing positive can be said, at present, about the nature of this "S" substance, for which apparently TMG and TPG compete in the cells. We cannot even decide whether it should be a large or a low-molecular-weight compound, or whether it is specific for galactosides or not. What the experiments actually say is that the TPG/TMG interaction in induction is not dependent on the activity of y per cell, but rather on the *ratio* of TMG and TPG respectively acted upon (concentrated, and perhaps activated) by y. This ratio is evidently independent of the amount of y per cell and therefore does not depend on the state of induction. The *specificity* of the interaction might then be attributed to y, whereas the actual *saturation* of the induction system would occur at the level of the "S" substance, which might have a much wider specificity. For instance, the fact that thiophenyl*glucoside* does not inhibit TMG induction would be explained by the fact that it is not concentrated into the cells. For all we know at present, the "S" substance might be capable of giving rise to several different enzymes, depending on the nature of the inducer with which it reacted (15). An advantage of this model is to offer a possible explanation of the glucose inhibition. For this we would have to assume that glucose is handled via another, y-like specific concentration system. The internal concentration of intermediates formed from glucose would then depend on the activity of the y-glucose system. One of the intermediates would compete with galactosides for the same "S" substance. The efficiency of glucose inhibition would therefore depend on the relative activity of the two different, specific, y-type systems involved. This would account for the observation (6) that cells completely unadapted to glucose, are not sensitive to glucose inhibition.

Conclusions

The essential conclusions to be drawn from the observations discussed in this paper may be put as follows.

The induction of β-galactosidase in *Escherichia coli* involves, as a preliminary step, the uptake, the intracellular concentration, and perhaps the activation of the inducer by the agency of another enzyme or system y, also inducible and also specific for galactosides. The utilization of galactosides *in vivo*, via β-galactosidase, as carbon and energy source, is also conditioned by this uptake through the y system.

1. MECHANISM OF ENZYME INDUCTION

The presence and properties of the y system account for the "pre-induction effect"—i.e., for the fact that cells which have already been induced are much more sensitive to low concentrations of inducer than cells which have not been induced.

Similarly, as shown by Cohn, "preinduced" cells are much less sensitive to glucose inhibition of induction than nonpreinduced cells. These two effects illustrate a remarkable property of the y system, namely, that once formed it tends to perpetuate itself in a growing population (provided traces of inducer are present in the medium), because it is able to take up and concentrate inducer from low external concentrations. This property may, under certain conditions, tend to mimic genetic transmission of the acquired "induced" condition.

The role of the y system in the uptake of galactosides as substrates of galactosidase accounts for the paradoxical properties of the "cryptic" mutants of *Escherichia coli* which cannot grow on lactose, although they have, or may form, large amounts of galactosidase. These mutants, as shown by direct test, have lost the y system. Conversely, galactosidase may be lost by mutation, without the uptake system being lost. By inference and comparison of other known cases of "crypticity" in bacteria and yeast, it appears very likely that distinct, specific, y-like uptake systems exist as a general rule for each type of carbohydrate metabolized by a given organism.

Induction of galactosidase in *E. coli* by certain alkylthiogalactosides may be competitively inhibited by other thiogalactosides. This effect is due to a competition between inducer and inhibitor for a site or substance which remains constant in amount per cell throughout induction. This site or substance must therefore be distinct from either galactosidase itself or the y uptake system.

REFERENCES

1. Barrett, J., Larson, A., and Kallio, R., *J. Bacteriol.* **65**, 187 (1953).
2. Buttin, G., Cohen-Bazire, G., and Monod, J., in preparation.
3. Cohen, G. N., and Rickenberg, H. V., *Compt. rend.* **240**, 466 (1955).
4. Cohen, G. N., and Rickenberg, H. V., *Compt. rend.* **240**, 2086 (1955).
5. Cohen, G. N., and Rickenberg, H. V., *Biochim. et Biophys. Acta* (in press).
6. Cohn, M., and Capdupuy, J., in preparation.
7. Gale, E. F., *Bacteriol. Revs.* **7**, 139 (1953).
8. Halvorson, H. O., and Spiegelman, S., *J. Bacteriol.* **64**, 207 (1952).
9. Halvorson, H. O., and Spiegelman, S., *J. Bacteriol.* **65**, 496 (1953).
10. Hogness, D. S., Cohn, M., and Monod, J., *Biochim. et Biophys. Acta* **16**, 99 (1955).
11. Kogut, M., and Podovski, E. P., *Biochem. J.* **55**, 800 (1953).
12. Lederberg, J., Lederberg, E. M., Zinder, N. D., and Lively, E. R., *Cold Spring Harbor Symposia Quant. Biol.* **16**, 413 (1951).

13. Leibowitz, J., and Hestrin, S., *Advances in Enzymol.* **5**, 87 (1945).
14. Monod, J., *in* "Recherches sur la croissance des cultures bactériennes" (Hermann, ed.). Paris, 1942.
15. Monod, J., *Ann. inst. Pasteur* **71**, 37 (1945).
16. Monod, J., Cohen-Bazire, G., and Cohn, M., *Biochim. et Biophys. Acta* **7**, 585 (1951).
17. Monod, J., and Cohn, M., *Advances in Enzymol.* **13**, 67 (1952).
18. Monod, J., and Cohn, M., Congr. intern. microbiol., in *"Symposium sur le Métabolisme microbien"*, Rome, p. 42 (1953).
19. Monod, J., Pappenheimer, A. M., Jr., and Cohen-Bazire, G., *Biochim. et Biophys. Acta* **9**, 648 (1952).
20. Pollock, M. R., *in* "Adaptation in Microorganisms" (*3rd Symp. Soc. Gen. Microbiol.*) Cambridge Univ. Press, 1953, p. 150.
21. Pollock, M. R., and Torriani, A. M., *Compt. rend.* **237**, 276 (1953).
22. Rickenberg, H. V., Cohen, G. N., and Monod, J., *Biochim. et Biophys. Acta* in preparation.
23. Rotman, B., and Spiegelman, S., *J. Bacteriol.* **68**, 419 (1954).
24. Spiegelman, S., Sussman, R. R., and Pinska, E., *Proc. Natl. Acad. Sci. U. S.* **36**, 591 (1950).
25. Spiegelman, S., De Lorenzo, W. F., and Campbell, A. M., *Proc. Natl. Acad. Sci. U. S.* **37**, 513 (1951).

LA GALACTOSIDE-PERMÉASE D'*ESCHERICHIA COLI* (*)

par Howard V. RICKENBERG, Georges N. COHEN, Gérard BUTTIN
et Jacques MONOD.

[*Institut Pasteur. Service de Biochimie Cellulaire* (**)]

INTRODUCTION.

Nous décrivons, dans ce mémoire, un système caractérisé par la propriété d'accumuler, dans les cellules d'*Escherichia coli*, les galactosides exogènes. La découverte de ce système inductible, distinct de la β-galactosidase, mais qui commande *in vivo* l'activité de cet enzyme ainsi que son induction, donne une solution à de nombreux problèmes que posaient le métabolisme des galactosides et l'induction de la β-galactosidase chez *E. coli*, et apporte une confirmation expérimentale à l'hypothèse, souvent envisagée, que des systèmes catalytiques stériquement spécifiques et fonctionnellement spécialisés, distincts des enzymes métaboliques proprement dits, gouvernent la pénétration de certains substrats dans les cellules microbiennes.

La validité très générale de cette hypothèse a été confirmée en outre par la découverte de systèmes qui assurent la pénétration et l'accumulation de divers aminoacides chez *E. coli*, systèmes comparables à celui-ci par leurs propriétés cinétiques et leur degré de spécificité [5, 6]. Certains des résultats exposés dans le présent mémoire ont été résumés dans une note préliminaire [4]. Le rôle, dans l'induction de la galactosidase, du système qui concentre les galactosides est envisagé dans d'autres publications [**34, 8**].

PRODUITS, SOUCHES ET TECHNIQUES.

PRODUITS. — Le méthyl-β-D-thiogalactoside (TMG) radioactif a été synthétisé au laboratoire (à partir de tétra-acétylbromogalactose et de méthyl-mercaptan marqué au ^{35}S) selon la technique mise au point par M. D. Turk [47], dans le laboratoire de M. Helferich, à Bonn. L'activité spécifique initiale était de 5 mc/mM. Les autres thiogalactosides

(*) Ce travail a bénéficié de subventions de la Fondation Rockefeller de New-York, du « Jane Coffin Child's Memorial Fund » et du Commissariat à l'Energie Atomique.
(**) Manuscrit reçu le 6 juillet 1956.

ont été également synthétisés par M. D. Turk [47]. Les autres produits étaient commerciaux. Le maltose du commerce était recristallisé deux fois dans l'alcool à 80°.

Souches. — Nous avons utilisé diverses souches normales et mutantes d'*E. coli* ML et K 12. Les mutants de ML avaient été isolés au laboratoire [35, 37, 7], tandis que la plupart des mutants de K 12 nous avaient été envoyés par M. J. Lederberg, de Madison (U.S.A.). Lorsque, dans les expériences qui suivent, la souche n'est pas spécifiée, il s'agit d'*E. coli* ML 30 (type normal).

Milieux et conditions de croissance. — On employait le milieu synthétique 56 [36] sans Cl_2Ca avec du succinate (4 mg/ml) ou du maltose (2 mg/ml) comme aliment carboné. Les cultures étaient agitées en fioles coniques à 34° C. Pour les expériences, on employait des cultures en voie de croissance exponentielle, centrifugées et remises en suspension dans le milieu voulu, à la densité voulue. La densité des cultures était déterminée par lecture de la densité optique à 600 mμ ; elle est exprimée en μg de poids sec bactérien par millilitre.

Mesure de l'activité β-galactosidasique des suspensions. — Les suspensions étaient additionnées de toluène et agitées quinze minutes à 34° C. La mesure d'activité était effectuée en présence d'ONPG M/350, d'ions Na^+ M/10 à pH 7 et à 28° C. L'unité de β-galactosidase est la quantité d'enzyme qui, dans ces conditions, libère 1 mμM d'o-nitrophénol en une minute [36]. La libération de l'o-nitrophénol était déterminée par mesure de l'accroissement de densité optique à 4 200 Å, dans un spectrophotomètre Beckman.

Hydrolyse de l'ONPG in vivo. — La vitesse d'hydrolyse *in vivo* était déterminée en milieu 56, en présence de succinate (2 p. 1 000), d'ONPG M/400, en fioles agitées à 34° C. La réaction était arrêtée par addition de CO_3Na_2 M/2 [26].

Mesure de l'accumulation du TMG. — La technique généralement adoptée (sauf exception spécifiée) était la suivante :

Les suspensions, ajustées à une concentration de l'ordre de 150-200 μg/ml étaient agitées à 34° C en milieu 56, en présence de maltose (2 p. 1 000) ou de succinate (2 p. 1 000), de chloromycétine (50 μg/ml) et de TMG (5.10^{-4}M). [Le produit radioactif était mélangé en proportion voulue de TMG non radioactif, de façon à obtenir 20 000 impulsions/mn environ par μM, avec le compteur utilisé.] Après dix minutes d'incubation, un échantillon (5 cm³) était prélevé, refroidi à 0° C, puis centrifugé à 15 000 g pendant cinq minutes. Le liquide surnageant était aspiré à l'aide d'une pipette reliée à une trompe, et les parois des tubes étaient séchées très soigneusement, à l'aide de papier filtre, jusqu'au voisinage immédiat du culot. Le culot était alors repris dans 1,5 cm³ d'H_2O, porté à 100° C pendant cinq minutes et recentrifugé. On décantait le liquide surnageant dont on déterminait la radioactivité.

Mesure de la radioactivité. — On utilisait un compteur G-M relié à une échelle de 100, dans lequel on passait des échantillons d'épaisseur infinitésimale. Pour chaque détermination, on comptait

1 000 impulsions dans deux échantillons. Compte tenu des erreurs volumétriques, l'indétermination est de l'ordre de ± 5 p. 100.

Expériences.

Accumulation du TMG par les bactéries induites. — Lorsque des bactéries induites (c'est-à-dire des bactéries qui se sont développées en présence d'un galactoside inducteur) sont incubées pendant cinq minutes en présence de méthyl-β-D-thiogalactoside (TMG) radioactif, puis centrifugées, on constate qu'elles entraînent une quantité de radioactivité beaucoup plus forte que des bactéries non induites traitées de la même façon. En présence d'azoture de sodium ou de 2,4-DNP, l'accumulation de TMG par les bactéries induites est inhibée de plus de 95 p. 100 (tableau I).

Tableau I. — **Accumulation du thiométhyl-β-D-galactoside par des bactéries induites et non induites.**

Bactéries (*)	Impulsions/mn pour 100μg de bactéries		TMG accumulé en	
	observées	corrigées (**)	% du poids sec des bactéries	valeurs relatives
Non induites	17	2	0,0	0
d° + NaN_3 $(2.10^{-2}M)$	15	0	0,0	0
Induites	422	407	2,7	100
d° + NaN_3 $(2.10^{-2}M)$	35	20	0,13	5
d° + 2,4-dinitrophénol $(10^{-3}M)$	39	24	0,16	6
d° + phényl-β-D-thiogalactoside $(10^{-3}M)$	56	41	0,27	10
d° + phényl-β-D-thioglucoside $(10^{-3}M)$	415	400	2,6	96

(*) L'expérience est faite dans les conditions données page 830, en présence de TMG $5.10^{-4}M$. et de chloramphénicol à 50 μg/ml ; souche ML30.

(**) Les valeurs « observées » sont corrigées de 15 impulsions/mn en moins, correspondant à la radioactivité entraînée par les bactéries non induites (voir texte, page......).

La présence d'un substrat carboné métabolisable accroît l'accumulation de TMG dans des proportions variables (10 à 100 p. 100) selon que les bactéries ont été, au préalable, carencées plus ou moins longtemps en aliment carboné.

En admettant, pour les bactéries, une densité de 1 et une hydratation de 75 p. 100, on voit que la concentration intracellulaire du TMG chez les bactéries induites est de l'ordre de soixante-dix fois sa concentration dans le milieu extérieur. Dans d'autres expériences, le facteur de concentration dépassait 100. Il existe donc, chez ces bactéries, un mécanisme capable de prélever le

TMG dans le milieu extérieur et de l'accumuler dans les cellules. L'inhibition de ce mécanisme par l'azoture, le DNP, et la carence en substrat carboné, indique que l'accumulation de TMG est couplée à des réactions donatrices d'énergie métabolique.

Ce mécanisme ne fonctionne pas chez les bactéries non induites, puisque les faibles quantités de radioactivité qu'elles entraînent ne sont pas diminuées en présence d'azoture. Il s'agit donc, dans ce cas, d'un entraînement *passif* correspondant sans doute prin-

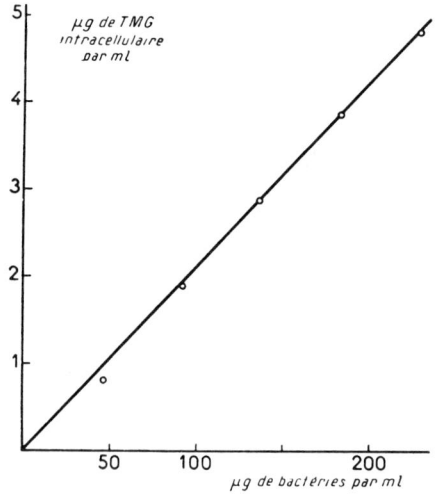

Fig. 1. — *Accumulation intracellulaire du TMG par unité de volume de culture en fonction de la masse bactérienne en suspension.* — Expérience d'accumulation effectuée dans les conditions données page 830 avec différentes dilutions d'une même suspension bactérienne. La masse bactérienne par unité de volume est exprimée ici en microgrammes de poids sec par millilitre.

cipalement au TMG contenu dans la pellicule liquide résiduelle adhérente au verre et aux bactéries elles-mêmes. Pour le calcul de l'accumulation de TMG, l'entraînement passif doit être soustrait. Sur la base d'une série d'essais effectués avec des bactéries non induites en présence de NaN_3, nous avons adopté une correction uniforme de 1 µl supposé « passivement entraîné » pour un culot de 100 µg de poids sec.

La figure 1 montre que, compte tenu de cette correction, la quantité de TMG accumulée par les bactéries par unité de volume est proportionnelle à la concentration bactérienne, à la condition cependant que la concentration du TMG dans le milieu extérieur demeure pratiquement constante.

La radioactivité accumulée par les bactéries est entièrement extraite par l'eau bouillante. Le TMG n'est pas hydrolysé par la β-galactosidase et n'est pas métabolisé par les bactéries, en ce sens qu'il n'est pas utilisé comme source de carbone, ni comme source de soufre. La radioactivité extraite de bactéries incubées à 34° C, de dix minutes à une heure, en l'absence d'une source d'énergie exogène en présence de TMG radioactif, est toujours associée à une substance unique, ayant les propriétés chromatographiques du TMG. Toutefois, lorsque l'incubation a lieu en présence d'une source d'énergie exogène, une substance radioactive, présentant un Rf plus élevé que le TMG dans le solvant employé (butanol 4, acide acétique 1, eau 1), s'accumule lentement dans les bactéries et dans le milieu. La nature de cette substance et de sa réaction formatrice feront l'objet d'un travail distinct [20]. Il suffira de souligner ici que si cette réaction est sans doute conditionnée par l'accumulation intracellulaire du TMG, en revanche l'accumulation peut avoir lieu sans qu'il se forme de traces décelables de cette substance [20]. Dans tout ce qui suit, nous considérerons des expériences effectuées dans des temps assez courts et avec des concentrations bactériennes assez faibles, pour que la fraction de TMG convertie soit négligeable (moins de 5 p. 100).

Réversibilité, équilibre, saturation. — Le TMG radioactif accumulé au préalable par les bactéries peut être déplacé par addition de TMG non radioactif ou relâché à la suite de l'addition d'azo-

Tableau II. — **Inhibition et réversion par le 2,4-dinitrophénol et l'azoture de sodium de l'accumulation intracellulaire du TMG.**

Conditions (*)	Impulsions x mn^{-1} pour 100µg de bactéries (**)	TMG accumulé en	
		% du poids sec des bactéries	valeurs relatives
TMG à 0 mn Echantillon pris à 5 mn	343	2,5	100
TMG à 0 mn Echantillon pris à 10 mn	345	2,5	100
TMG + NaN$_3$ à 0 mn Echantillon pris à 5 mn	27	0,20	8
TMG à 0 mn, NaN$_3$ à 5 mn Echantillon pris à 10 mn	13	0,16	6
TMG + 2,4-DNP à 0 mn Echantillon pris à 5 mn	31	0,22	9
TMG à 0 mn, 2,4-DNP à 5 mn Echantillon pris à 10 mn	55	0,39	16

(*) Expérience effectuée selon la technique donnée page 830. TMG radioactif 5.10^{-4}M ; 2,4-dinitrophénol (DNP) 10^{-3}M ; NaN$_3$ 0,02 M.
(**) Déduction faite de l'entraînement passif (*Cf.* page 832).

ture ou de 2,4-dinitrophénol (tableau II). L'accumulation est donc réversible, ainsi que le montre également le fait qu'un équilibre

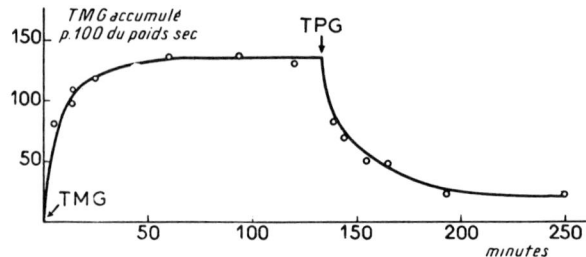

Fig. 2. — *Accumulation du TMG par une suspension bactérienne à $0°$ C.* — Conditions : TMG radioactif 5.10^{-4}M ajouté à temps 0. Thiophényl-β-D-galactoside (TPG) non radioactif ajouté au moment indiqué par la flèche. On voit que, à cette température, l'équilibre d'accumulation est réalisé en cinquante minutes environ. L'addition du TPG provoque un déplacement du TMG accumulé.

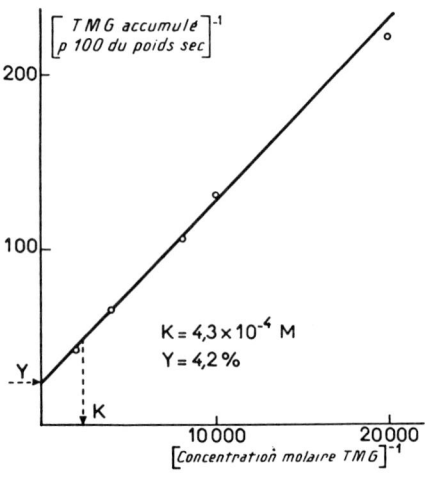

Fig. 3. — *Variation de la quantité de TMG accumulé en fonction de la concentration externe du TMG (coordonnées inverses).* — La linéarité de la relation montre que le TMG accumulé à l'équilibre varie en fonction de la concentration externe du TMG, conformément à une isotherme d'adsorption. K et Y correspondent à la valeur déterminée graphiquement des constantes de l'équation (1) [Voir texte, p. 835].

s'établit entre la concentration externe et la concentration interne de TMG. Cet état d'équilibre est atteint en moins de cinq minutes à $34°$ C. Le même équilibre est atteint à $0°$ C, mais beaucoup plus lentement (fig. 2). La concentration interne à l'équilibre varie en fonction de la concentration externe, conformément à une isotherme d'adsorption, aux erreurs près des déterminations

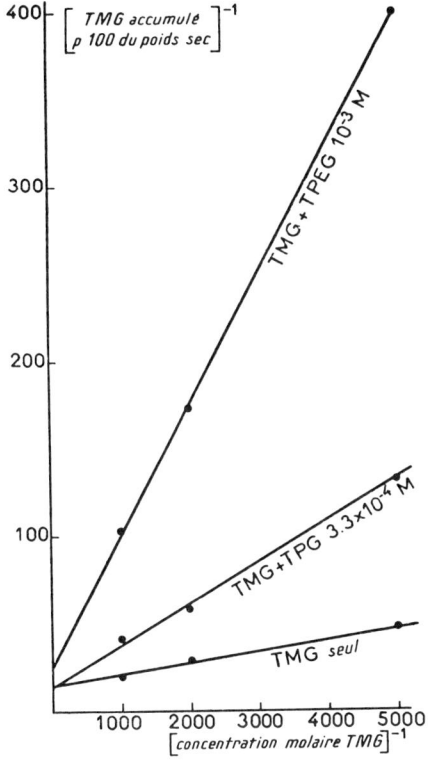

Fig. 4. — *Inhibition de l'accumulation du TMG par le thiophényl-β-D-galactoside (TPG) ou le thiophényl-éthyl-β-D-galactoside (TPEG)* [coordonnées inverses].

(fig. 3). Tout se passe, en définitive, comme si l'on avait un équilibre global :

$$[\text{Bactéries}] + [\text{TMG}] \underset{k_2}{\overset{k_1}{\rightleftharpoons}} [\text{Bactéries-TMG}] \quad (A)$$

En appelant G_{ex} la concentration externe du TMG et $^{eq}G_{in}$ la quantité intracellulaire de TMG à l'équilibre, on peut écrire :

$$^{eq}G_{in} = Y \frac{G_{ex}}{G_{ex} + K} \quad (1)$$

K étant la constante de dissociation du « complexe » bactéries-

TMG et Y une constante que nous appellerons la « capacité ». La « capacité spécifique » du système sera la capacité totale ramenée à un poids donné (100 µg) de bactéries. Pour l'instant, cette équation doit être considérée comme ne donnant qu'une description empirique (encore que fort exacte) du phénomène.

Les capacités ne peuvent, en général, pas être déterminées pour des concentrations saturantes de TMG, qui permettraient d'éliminer des variations éventuelles de la constante K car, à de telles concentrations, l'erreur sur l'estimation de la contamination passive deviendrait trop importante. La mesure du TMG intracellulaire, toujours effectuée à une concentration non saturante de TMG externe (en général 5.10^{-4} M), reflétera des variations éventuelles de la constante K aussi bien que de la capacité Y. Il importe donc de noter ici que la valeur de la constante de dissociation K, de l'ordre de 4.10^{-4} M, ne semble pas varier notablement, même d'une souche à une autre, compte tenu du peu de précision de sa détermination ($\pm$ 20 p. 100), pourvu que les bactéries utilisées soient en bon état physiologique.

Compétition, spécificité stérique. — L'accumulation du TMG radioactif est inhibée par le phényl-β-D-thiogalactoside. Elle n'est pas inhibée par son homologue glucosidique, le phényl-β-D-thioglucoside, qui n'en diffère que par sa configuration autour du carbone 4 (tableau III). De façon générale, les glucides possédant un radical galactosidique non substitué, en liaison α ou β, inhibent compétitivement (*Cf.* fig. 4) le système, alors que les glucides

Tableau III. — **Effet inhibiteur de divers glucides sur l'accumulation du TMG.**

Suspension de bactéries induites incubées 10 mn en présence de TMG 2.10^{-4}M	TMG accumulé en % du poids sec bactérien	Inhibition %
Sans addition	2,5	-
+ Mannose 2.10^{-3}M	2,5	0
+ Sucrose 2.10^{-3}M	2,6	0
+ Cellobiose 2.10^{-3}M	2,4	4
+ Mélibiose 2.10^{-3}M	0,06	97
+ Lactose 2.10^{-3}M	-	95 (*)
+ Phényl-β-D-thioglucoside 2.10^{-3}M	-	0 (*)
+ Phényl-β-D-thiogalactoside 2.10^{-3}M	-	95 (*)

(*) Seules les valeurs relatives sont données ici, ces résultats ayant été obtenus dans d'autres séries d'expériences avec des suspensions bactériennes différentes.

ne possédant pas de radical galactosidique sont sans effet notable, ou n'exercent qu'une faible action non compétitive (tableau III). L'addition du compétiteur *après* le TMG se traduit par un déplacement du TMG accumulé (voir fig. 2). Le système qui concentre le TMG présente donc une spécificité stérique très étroite, comparable à celle d'un enzyme.

Les galactosides compétiteurs du TMG sont eux-mêmes accumulés par les cellules induites, comme nous avons pu le constater

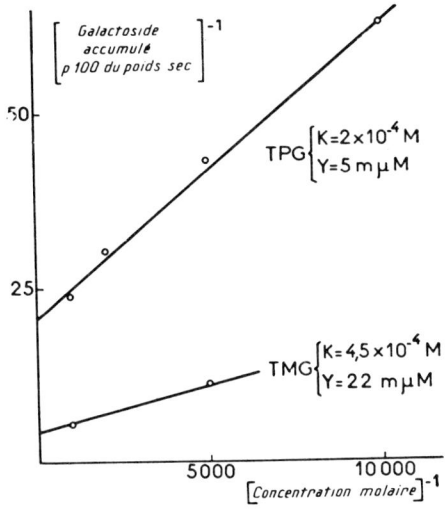

Fig. 5. — *Accumulation comparée du TMG et du thiophényl-β-D-galactoside (TPG) par une même suspension bactérienne* (coordonnées inverses). — L'accumulation des deux galactosides est déterminée indépendamment (on utilise du TPG radioactif marqué au soufre 35) sur plusieurs échantillons d'une même suspension bactérienne. K et Y sont les constantes de l'équation (1) déterminées dans cette expérience pour chacun des deux galactosides.

pour le thiophényl-β-D-galactoside (TPG) [fig. 5], ainsi que pour l'o-nitro-phénol-β-D-galactoside. La mesure de l'effet compétitif (déplacement du TMG) [*Cf.* fig. 4] permet d'évaluer la constante K de l'équation (1) pour des galactosides autres que le TMG (tableau IV). Dans le cas du TPG, les constantes K et Y ont pu être évaluées directement (fig. 5). On remarquera que pour une même suspension bactérienne, la capacité Y pour le TPG est plus faible que pour le TMG, alors que l'affinité (1/K) est plus forte pour le TPG que pour le TMG.

Induction. — La capacité spécifique du système, nulle chez les bactéries non induites, commence à augmenter immédiatement

Tableau IV. — **Affinités spécifiques relatives de divers thiogalactosides pour la galactoside-perméase (y) et la β-galactosidase (z) (1).**

Composé :	Constante de dissociation (conc. molaire x 10^{-4})		Affinités relatives (TMG = 1)	
	y	z	y	z
Méthyl-β-D-thiogalactoside	4	120	1	1
Phényl-β-D-thiogalactoside	2	10	2	12
Phényl-éthyl-β-D-thiogalactoside	2	0,15	2	800
Galactosido-β-D-thiogalactoside	0,16	160	25	0,8

(*) En ce qui concerne la galactoside-perméase, les constantes de dissociation ont été déterminées : pour le TMG directement, par mesure de l'accumulation à diverses concentrations externes (Cf. page 830) ; pour les autres galactosides, par déplacement compétitif du TMG (Cf., page 835 et fig. 4).

Pour la β-galactosidase, les constantes de dissociation ont été déterminées d'après l'inhibition compétitive de l'hydrolyse de l'orthonitrophényl-β-D-galactoside. On employait un extrait enzymatique partiellement purifié, en milieu 56, pH 7,0.

L'approximation des déterminations des constantes de dissociation est de l'ordre de ± 20 p. 100.

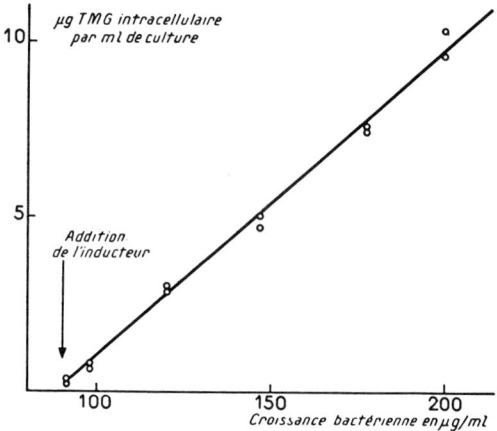

Fig. 6. — *Accroissement de la capacité d'accumulation à l'égard du TMG dans une culture en voie de croissance en présence de TMG.* — Culture en voie de croissance exponentielle sur milieu synthétique au succinate. Au point indiqué par la flèche, addition de TMG non radioactif 5.10^{-4} M. Croissance suivie par mesure de densité optique, exprimée ici en ordonnées comme un accroissement de masse par millilitre. A intervalles appropriés, prélèvement d'un échantillon, centrifugation, lavage, resuspension en présence de TMG radioactif (10^{-3} M) et de chloromycétine. Détermination de la capacité d'accumulation selon la technique habituelle (p. 830). En ordonnées, on a porté la capacité d'accumulation par millilitre de culture (noter que, dans les autres graphiques, c'est la capacité spécifique qui intervient).

après l'addition de TMG dans une culture en voie de croissance et s'accroît ensuite pendant plusieurs générations cellulaires (fig. 6). Au cours de cet accroissement, la valeur de la constante de dissociation (K) de l'équation (1) ne varie pas notablement, ainsi que le montre la figure 7. Le phénomène d'induction se traduit donc essentiellement par un accroissement de la *capacité spécifique* Y.

L'induction du système est bloquée par la chloromycétine, dont on sait qu'elle inhibe la synthèse des protéines sans inhiber la

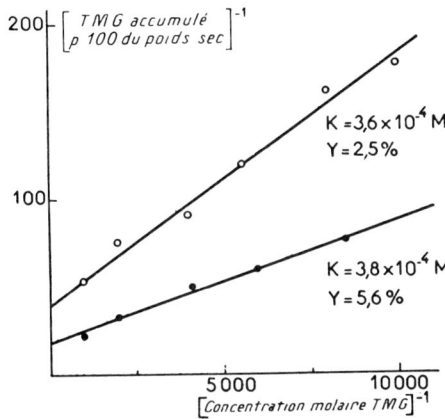

Fig. 7. — *Variation des constantes K et Y de l'équation d'accumulation au cours de l'induction d'une culture.* — Une culture en phase de croissance exponentielle en milieu synthétique-succinate, est additionnée de TMG (2.10^{-4} M). Des échantillons sont prélevés après vingt minutes et une heure environ de croissance en présence de TMG. Les bactéries sont centrifugées et lavées. L'accumulation du TMG est déterminée à plusieurs concentrations de TMG externe dans chacun des deux échantillons. On constate que, alors que la capacité (Y) a augmenté de plus du double entre le premier et le second prélèvement, la valeur de la constante K n'a pas varié de façon significative.

synthèse des acides nucléiques ni le métabolisme énergétique. La formation du système est également inhibée par divers analogues stériques d'aminoacides, tels que la thiénylalanine dont on sait que, sans bloquer la synthèse des protéines [41], ils inhibent la formation de certaines protéines actives, en particulier la synthèse de la β-galactosidase. Enfin, la formation induite du système n'a pas lieu en l'absence de méthionine exogène chez un mutant d'*E. coli* qui n'en fait pas la synthèse (tableau V).

La formation du système est donc liée à la synthèse des protéines. Lorsque la concentration inductrice de TMG est suffisante (5.10^{-4} M ou plus), la capacité totale s'accroît *linéairement* en

Tableau V. — **Inhibition de la formation induite de la galactoside-perméase par la chloromycétine, la β-2-thiénylalanine et par la carence en méthionine, chez un mutant d'*E. coli* auxotrophe pour la méthionine.**

E. coli (K12 M⁻), suspension lavée, en milieu 56 à 2 p. 1000 de maltose, incubée pendant une heure à 34°C avec les additions suivantes :	TMG accumulé en % du poids sec
a) - Méthionine 10^{-4}M - TMG 10^{-3}M	1,8
b) - Sans méthionine - TMG 10^{-3}M	0,1
c) - Méthionine 10^{-4}M - Chloromycétine 50 γ/cm³ - TMG 10^{-3}M	0,0
d) - Méthionine 10^{-4}M - β-2-thiénylalanine 10^{-4}M - TMG 10^{-3}M	0,0

fonction de l'accroissement de la masse bactérienne, pendant au moins une ou deux divisions, à partir du moment de l'addition de l'inducteur. On peut donc écrire :

$$\Delta Y = p \Delta x$$

x étant la masse bactérienne totale et p une constante dépendant de la souche et des conditions d'induction. Cette relation, identique à celle qui a été trouvée pour la synthèse induite de la galactosidase [40], signifie que l'accroissement de la capacité est lié à la synthèse de substance cellulaire *nouvelle*, c'est-à-dire dont les éléments sont incorporés après l'addition de l'inducteur [40, 38, 22].

L'analogie et le lien étroit entre l'induction de ce système et l'induction de la β-galactosidase apparaissent avec évidence lorsqu'on compare le pouvoir inducteur de divers thiogalactosides, pour la galactosidase d'une part, pour le système de concentration du TMG d'autre part (tableau VI). A quelques différences près, dont la signification est peut-être douteuse, l'activité inductrice relative des divers composés est la même pour les deux systèmes : les alkyl-thiogalactosides sont de bons inducteurs, tandis que les aryl-thiogalactosides n'induisent que faiblement, ou pas du tout. Le galactosido-β-D-thiogalactoside est également inactif. On notera en particulier avec intérêt que le phényl-éthyl-thiogalactoside, dont l'aglycone est à la fois aromatique et aliphatique, présente une activité inductrice faible, mais significative, pour la β-galactosidase comme pour le système de concentration.

Ajoutons que la synthèse induite du système est totalement inhibée en présence de glucose (10^{-3} M). On sait que cet effet inhibiteur du glucose se rencontre dans l'induction d'un très grand nombre d'enzymes, dont la β-galactosidase [33, 17, 8, 9].

TABLEAU VI. — **Induction de la galactoside-perméase et de la β-galactoside par divers thiogalactosides** (*).

Inducteur ajouté pendant la croissance :	(Y) TMG accumulé en % du poids sec	(z) Activité de la β-galactosidase par mg de poids sec bactérien
Sans inducteur	<0,05	2
Méthyl-β-D-thiogalactoside	3,7	8.500
Propyl-β-D-thiogalactoside	3,8	8.800
Isopropyl-β-D-thiogalactoside	2,6	9.500
Hexyl-β-D-thiogalactoside	0,3	8,5
Phényl-β-D-thiogalactoside	0,1	2
Benzyl-β-D-thiogalactoside	0,2	16
Phényl-éthyl-β-D-thiogalactoside	1,2	110
Galactosido-β-D-thiogalactoside	0,2	4

(*) Cultures en milieu synthétique à 2 p. 1 000 de succinate, en présence d'inducteur M.10^{-3}. Accumulation mesurée en présence de TMG 10^{-3}M.

Schéma cinétique et nature du système. — Voyons maintenant comment on peut comprendre le fonctionnement du système. Sa spécificité étroite impose une première conclusion : comme les galactosides seuls peuvent chasser le TMG et saturer le système, il faut que celui-ci comporte des accepteurs stériquement spécifiques, formant avec les galactosides un complexe réversible. La capacité Y dépend du nombre (ou de l'activité) de ces accepteurs. Comme la valeur d'Y augmente au cours de l'induction, il faut que celle-ci se traduise par un accroissement du nombre ou de l'activité des accepteurs. Comme cet accroissement est induit dans les mêmes conditions que la synthèse de la galactosidase, comme il est proportionnel à la synthèse de protéine nouvelle et qu'il est bloqué par les inhibiteurs de la synthèse protéinique, il est plus que vraisemblable que la formation induite du système consiste dans la synthèse d'une protéine « acceptrice » spécifique.

Ceci posé, il reste à considérer le rôle de la protéine acceptrice (que nous désignerons par le symbole « y ») dans le phénomène d'accumulation. L'hypothèse la plus simple serait que ce rôle fût celui d'un *récepteur stoechiométrique*, le TMG « interne » étant supposé adsorbé sur ces accepteurs spécifiques. Ce modèle expliquerait les principales propriétés du système (saturation, équilibre, spécificité, réversibilité), mais il ne peut être retenu pour les raisons suivantes :

1° Chez les bactéries pleinement induites, la saturation en TMG correspond à plus de 5 p. 100 du poids sec des bactéries. Si l'on supposait que le TMG est adsorbé sur des accepteurs spécifiques protéiniques, cela ferait, en moyenne, un accepteur pour chaque fraction de protéine bactérienne de P. M. 2 000. Conclusion évidemment absurde.

2° Selon le modèle stoechiométrique, la capacité exprimée en moles de galactoside adsorbé par unité de masse bactérienne devrait, pour une suspension donnée, être la même pour différents galactosides. Cela est loin d'être le cas pour le TMG et le TPG (fig. 7) ; quoique le TPG puisse déplacer entièrement le TMG, les cellules concentrent à saturation cinq fois moins de TPG que de TMG.

L'hypothèse stoechiométrique n'est donc pas vraisemblable et il faut admettre que la protéine « acceptrice » joue un rôle *catalytique* dans la réaction (A). Pour expliquer les propriétés du système, en particulier la saturation et le déplacement compétitif, on est alors conduit au schéma suivant (modèle catalytique) :

$$G_{ex} + y \underset{k_2}{\overset{k_1}{\rightleftharpoons}} Gy \overset{k_3}{\longrightarrow} y + G_{in} \overset{\text{sortie}}{\underset{k_4}{\longrightarrow}} G_{ex} \qquad (B)$$

(Entrée / sortie)

selon lequel les accepteurs y jouent le rôle d'un enzyme catalysant la réaction d'entrée, tandis que la sortie a lieu par un processus indépendant, c'est-à-dire n'intéressant pas les accepteurs.

En admettant, pour la réaction d'entrée, une cinétique de Henri-Michaelis, et pour la réaction de sortie une vitesse proportionnelle à la quantité G_{in} de TMG intracellulaire, on peut écrire :

$$\frac{d\,G_{in}}{dt} = k_3 y \, \frac{G_{ex}}{G_{ex} \times k_2/k_1} - k_4 \, G_{in}$$

En posant :

$$\frac{k_3}{k_4}\, y = Y \text{ et } \frac{k_2}{k_1} = K$$

on a, pour l'état d'équilibre, l'équation (1) qui exprime, comme nous l'avons vu, les propriétés expérimentales du système.

Ce modèle implique évidemment que la pénétration ou la sortie passive du TMG soit extrêmement lente par rapport à la vitesse de la réaction catalysée par y, sans quoi il ne pourrait y avoir d'accumulation. On doit donc penser que la protéine y est associée, de quelque façon, avec la membrane cellulaire, ou du moins avec la barrière osmotique qui sépare fonctionnellement l'extérieur et l'intérieur de la cellule.

On verra sans peine que le modèle proposé rend compte, non seulement de l'équilibre, mais du déplacement du TMG radioactif par des analogues ou par des inhibiteurs métaboliques : ce déplacement résulte de l'inhibition de la réaction d'entrée, sans inhibition de la réaction de sortie. Le modèle explique que, pour une même suspension, les capacités ne soient pas les mêmes pour différents galactosides puisque les constantes de vitesses k_3 et k_4 seront différentes, en valeurs absolues et relatives, pour différentes substances. Il prévoit enfin que le nombre de molécules de TMG intracellulaire, à l'équilibre, sera proportionnel, *mais non égal*, au nombre des accepteurs spécifiques.

Dans la mesure où les constantes de vitesse k_3 et k_4 des réactions d'entrée et de sortie demeurent invariables, la détermination de la capacité Y constitue une mesure de la quantité de la protéine acceptrice. La relation linéaire trouvée entre l'accroissement du TMG intracellulaire et l'accroissement de masse bactérienne en présence d'inducteur (p. 840) montre que cette hypothèse est valable entre d'assez larges limites. Il importe cependant de garder présent à l'esprit le fait que la quantité de TMG accumulée à l'équilibre résulte non seulement de la vitesse de la réaction d'entrée catalysée par le système y, mais aussi de la vitesse de la réaction de sortie. Le plus vraisemblable semble être que la vitesse de cette dernière réaction exprime la perméabilité *passive* de la barrière osmotique cellulaire, perméabilité qui pourrait varier sous l'influence de certains facteurs physiologiques. Quoi qu'il en soit, l'ensemble des résultats indique que, dans les conditions de nos expériences, la constante de vitesse de cette réaction, pour une substance donnée, ne varie pas notablement.

Il est vraisemblable que la réaction d'entrée met en jeu, outre la protéine acceptrice y, d'autres constituants (coenzymes, transporteurs) responsables en particulier du couplage du système avec des réactions donatrices d'énergie libre. Les données que nous possédons actuellement, si elles mettent en lumière l'existence, le rôle catalytique et les propriétés spécifiques de la protéine, ne permettent pas de discuter utilement le mécanisme de la réaction catalysée.

En conclusion, nous attribuons l'accumulation réversible des galactosides, chez les bactéries induites, à l'imperméabilité des cellules, compensée par l'activité d'un système catalytique de nature protéinique, possédant les propriétés cinétiques, la spécificité et l'inductibilité d'un enzyme.

Pour marquer à la fois l'originalité fonctionnelle de ce système et son analogie avec un système enzymatique proprement dit, nous proposons de désigner son constituant spécifique (y) sous le nom de *galactoside-perméase*. Dans la seconde partie de ce travail, nous allons considérer les rapports fonctionnels et génétiques entre la galactoside-perméase et la β-galactosidase. Nous verrons que ces données confirment pleinement l'interprétation que nous avons adoptée en démontrant à la fois l'indépendance de la perméase par rapport à la β-galactosidase et l'association fonctionnelle des deux systèmes.

Relations fonctionnelles entre la galactoside-perméase et la β-galactosidase. — Les conclusions que nous venons de résumer suggèrent que le métabolisme *in vivo* d'un galactoside chez *E. coli* comporte normalement l'intervention de la perméase (y) avant l'hydrolyse du substrat par la β-galactosidase (z). On aurait la séquence suivante :

$$\text{Galactose-R (externe)} \xrightarrow{y} \text{Galactose-R (interne)} \xrightarrow{z} \text{Galactose} + \text{R}.$$

Ce schéma suppose :

a) Que la perméase et l'hydrolase sont des systèmes distincts ;
b) Que la galactosidase est « interne » par rapport à la perméase.

On sait que divers mutants caractérisés par l'incapacité de métaboliser le lactose ont été isolés chez *E. coli* (souches K12 et ML) [**28, 37, 7**]. Si le schéma ci-dessus et les suppositions qu'il implique sont exacts, il devrait en principe exister, parmi ces mutants, au moins deux types biochimiques différents, l'un correspondant à la perte de la perméase, l'autre à la perte de la β-galactosidase. L'étude d'une série de mutants lactose-négatifs montre qu'effectivement les deux types prévus existent (tableau VII), ainsi que quelques autres sur lesquels nous reviendrons tout à l'heure.

Comme on le voit, certains mutants (« négatifs absolus », K12W2244 et K12W2242) synthétisent, en présence de TMG, des quantités normales de galactoside-perméase, mais pas de traces décelables de galactosidase. Il est possible, en utilisant ces organismes, de démontrer la concentration intracellulaire de galactosides vrais, tels que l'ONPG ou le lactose, alors que cela est impossible chez les bactéries du type sauvage, le substrat étant hydrolysé à mesure qu'il est concentré.

Le second type de mutants (« cryptiques » ; ML3 et K12W2241) est particulièrement intéressant. En présence de concentrations suffisamment élevées de TMG, ces organismes synthétisent seulement des traces de galactoside-perméase, mais des quantités normales de β-galactosidase. Ces bactéries, tant qu'elles sont physiologiquement intactes, n'hydrolysent l'ONPG et ne métabolisent le lactose qu'avec une extrême lenteur (par comparaison avec une souche sauvage de même activité β-galactosidasique) [tableau VIII].

Ces propriétés des mutants cryptiques qui, jusqu'ici, paraissaient

TABLEAU VII. — **Hydrolyse *in vivo* de l'orthonitrophényl-β-D-galactoside par des bactéries normales et par des bactéries dépourvues de galactoside-perméase.**

Souches	Type physiologique (métabolisme des galactosides)	Génotype (K12)	Galactoside-perméase B.induites	Galactoside-perméase B.non induites	β-galactosidase B.induites	β-galactosidase B.non induites	Phénotype élémentaire
ML30 K12	Type normal	sauvage	+	O	+	O	$z^+y^+i^+$
ML3 K12W2241	négatif cryptique	$\overline{Lac_1^-}$	Trace	O	+	O	$z^+y^-i^+$
K12W2244 K12W2242	négatif absolu	Lac_4^- Lac_2^-	+	O	O	O	$z^-y^+i^+$
ML308 K1284	constitutif normal	$\overline{Lac_1^-}$	+	+	+	+	$z^+y^+i^-$
ML35 K12W13011	constitutif cryptique	$\overline{Lac_1^-}$; Lac_1^-	O	O	+	+	$z^-y^+i^-$
ML3088	négatif absolu	---	+	+	O	O	$z^-y^+i^-$
ML3080	négatif absolu	---	O	O	O	O	$z^-y^-?$
K12W2247	---	Lac_7^-	Trace	O	Trace	O	?

(*) Essais de la galactosidase et de la galactoside-perméase effectués sur chaque souche après croissance en milieu à 2 p. 1 000 de maltose en présence (B. induites) ou en absence (B. non induites) de TMG (10—³M). Le signe + indique une activité égale ou supérieure à 20 p. 100 de l'activité des bactéries normales induites. Le signe O indique une activité inférieure à 1 p. 100. « Trace » indique une activité de l'ordre de 1 à 5 p. 100.

TABLEAU VIII. — **Mutations affectant la β-galactosidase et la galactoside-perméase chez *E. coli* (souches ML et K12)** (*).

Bactéries induites(*)	Galactoside-perméase (TMG accumulé en % du poids sec)	β-galactosidase (mμM d'ONPG hydrolysé x mn^{-1} x mg^{-1})	Hydrolyse *in vivo* (mμM d'ONPG hydrolysé x mn^{-1} x mg^{-1})	Facteur de crypticité (**)
Normales (ML30)	3,1	7.200	255	28
Cryptiques (ML3)	>0,1	6.700	25	270

(*) Bactéries cultivées en présence de TMG 10—³M, lavées, remises en suspension en milieu 56. Activités de la β-galactosidase et de la galactoside-perméase déterminées dans les conditions normales (page 830). Hydrolyse *in vivo* mesurée en présence d'ONPG M/400 et de succinate 2 p. 1 000, en milieu agité.

(**) Noter que les conditions d'hydrolyse *in vivo* ne sont pas strictement comparables aux conditions de détermination de l'activité β-galactosidasique (présence d'ions Na+ dans le second cas, mais non dans le premier), ce qui peut affecter, en valeur absolue, le facteur de crypticité (rapport de l'hydrolyse *in vitro*, col. 2, à l'hydrolyse *in vivo*, col 3), mais n'en permet pas moins la comparaison des deux souches.

paradoxales, s'expliquent aisément si la β-galactosidase se trouve effectivement *à l'intérieur* d'une enceinte osmotique cellulaire très imperméable (au lactose plus encore qu'à l'ONPG), dont le franchissement est assuré par la perméase, qui gouverne ainsi la pénétration et le métabolisme des galactosides.

L'existence de ces deux types de mutants lactose-négatifs et leurs propriétés confirment donc entièrement les hypothèses faites sur le rôle de la perméase et prouvent que ce système est distinct de la β-galactosidase.

L'étude de l'hydrolyse des galactosides par des cellules intactes

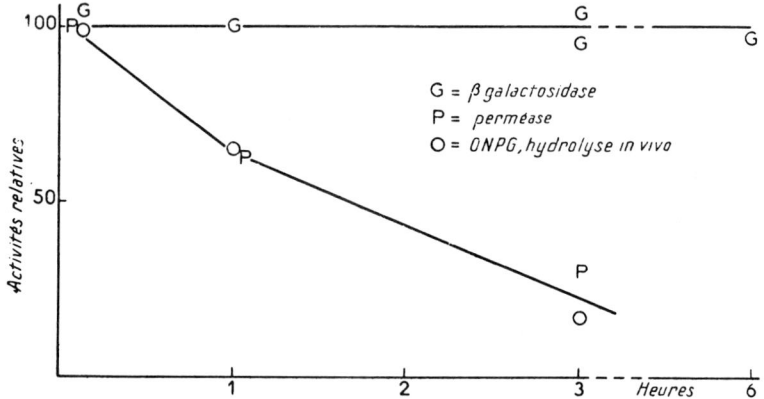

Fig. 8. — *Variation relative d'activité de la β-galactosidase, de la galactoside-perméase et de l'hydrolyse de l'ONPG* in vivo *dans une culture carencée en substrat carboné.* — Une culture d'*Escherichia coli* ML 308 (mutant constitutif) en phase de croissance exponentielle sur maltose, est centrifugée, remise en suspension en milieu 56 sans maltose et agitée à 34° C. A 0 heure, 1 heure, 3 heures et 6 heures, on détermine l'activité de la β-galactosidase (suspension toluénisée, *cf.* p. 830), de la galactoside-perméase (accumulation du TMG, cf. p. 830) et la vitesse d'hydrolyse *in vivo* de l'orthonitrophényl-β-D-galactoside [ONPG] (*cf.* p. 830). Pour permettre les comparaisons, la valeur 100 a été attribuée à l'activité initiale, au temps 0 (pour l'activité de la β-galactosidase, la valeur 100 correspond à la moyenne de toutes les déterminations). On voit que la vitesse d'hydrolyse *in vivo* diminue parallèlement à la perte d'activité de la perméase, tandis que les variations d'activité de la β-galactosidase ne sont pas significatives, même à la sixième heure.

de bactéries du type sauvage permet également de mettre en évidence le rôle fonctionnel de la perméase.

Rappelons d'abord que l'activité hydrolytique des bactéries intactes, à l'égard de l'ortho-nitrophényl-β-D-galactoside est inférieure à l'activité β-galactosidasique *extractible* de ces mêmes bactéries [**14, 26, 45, 43**]. Ceci témoigne de l'isolement de la β-galactosidase par rapport au milieu extérieur. L'expérience résumée par la figure 8 montre que chez les bactéries induites du type sauvage, l'activité de la perméase, plutôt que celle de la β-galactosidase, limite l'activité hydrolytique. On voit en effet que chez des bactéries induites incubées à 34° C pendant quelques heures, l'activité de la perméase diminue fortement, tandis que celle de la β-galactosidase demeure constante. Cependant, l'activité hydrolytique des bactéries intactes diminue parallèlement à la perte d'activité de la perméase.

Un autre exemple met en évidence certaines différences d'affinité spécifique entre la perméase et l'hydrolase. On voit (tableau IV) que, même à ne considérer que les valeurs relatives, le tableau des affinités des deux systèmes pour une série de thiogalactosides révèle des différences très marquées et caractéristiques. Le galactosido-β-D-thiogalactoside (TDG) présente, pour la β-galactosidase, une affinité faible, du même ordre que le TMG. En revanche, l'affinité du TDG pour la perméase est beaucoup plus élevée que celle du TMG. Or, l'hydrolyse *in vivo* des galactosides par des bactéries induites est inhibée beaucoup plus fortement par le TDG que par le TMG. Cela s'explique aisément si, *in vivo*, la perméase gouverne la pénétration des galactosides, et, par conséquent, le fonctionnement de la β-galactosidase.

Nous ne discuterons ici que très brièvement un aspect très important des relations entre la galactoside-perméase et la β-galactosidase, à savoir le rôle de la perméase dans l'induction de la β-galactosidase. Ce problème est discuté ailleurs [**34, 8**]. Nous soulignerons seulement deux faits essentiels :

1° La concentration de TMG nécessaire pour saturer le système inducteur des mutants cryptiques Lac^{-1} (dépourvus de perméase) est environ cent fois supérieure à la concentration qui suffit à saturer les bactéries normales. Il est donc clair que chez les bactéries normales, c'est le TMG concentré par la perméase qui induit la β-galactosidase. Chez les cryptiques, l'induction pourrait être due soit à la perméation passive du TMG, soit à des traces d'activité perméasique.

2° L'inductibilité (c'est-à-dire le taux différentiel de synthèse de la β-galactosidase), à une concentration faible de TMG (10^{-5} M), est beaucoup plus élevée chez des bactéries déjà induites que chez des bactéries non induites. Cela tient évidemment à ce que les bactéries induites, possédant une forte activité perméasique, réalisent une forte concentration intracellulaire de l'inducteur, que ne réalisent pas les bactéries non induites [**34, 8**].

Les propriétés des mutants lactose-négatifs, comme celles des bactéries normales, montrent donc que la β-galactosidase et la galactoside-perméase sont distinctes, mais étroitement associées fonctionnellement. Nous allons voir que les deux systèmes ont également des relations génétiques très étroites.

Relations génétiques de la β-galactosidase et de la galactosideperméase. — Ces relations sont de deux ordres :

a) D'une part, certaines mutations semblent affecter simultanément les deux systèmes ;

b) D'autre part, plusieurs mutations, affectant soit *séparément*, soit *également* les deux systèmes, forment chez *E. coli* K12 un groupe étroitement lié.

On sait que des mutants qui se distinguent du type sauvage en ce que la synthèse de la β-galactosidase y est *constitutive* et non plus inductible, ont été isolés chez *E. coli* ML et K12 [**27**, **7**]. Or, ainsi que le montre le tableau VII, chez ces organismes (ML308 : K12S4), non seulement la β-galactosidase, mais aussi la perméase, sont formées en l'absence d'inducteur extérieur. La question se pose de savoir si ces organismes sont des mutants doubles chez lesquels des déterminants différents, correspondant respectivement à la perméase et à la galactosidase, auraient chacun *indépendamment* muté vers un allèle « constitutif », ou s'il s'agit d'une mutation unique, affectant simultanément les propriétés d'inductibilité des deux enzymes. C'est la seconde hypothèse qui paraît correcte. En effet, selon la première hypothèse, il pourrait exister des souches à perméase inductible et à galactosidase constitutive, et inversement. Or, de telles souches n'ont pas été trouvées. Il est vrai que les moyens de sélection mis en œuvre pour isoler des mutants constitutifs ne sont efficaces que si les deux systèmes *à la fois* sont constitutifs. Pour éliminer cette ambiguïté, nous avons isolé à partir du type sauvage, un certain nombre de mutants spontanés à β-galactosidase constitutive par la technique directe de Cohen-Bazire et Jolit [**7**], sans faire intervenir aucun moyen de sélection. Chez les quatre mutants ainsi isolés, la perméase également était constitutive : la mutation constitutive affecte donc simultanément les deux systèmes.

La même conclusion est imposée par l'observation suivante : la souche lactose-négative ML3, à galactosidase inductible cryptique, c'est-à-dire dépourvue de perméase, donne une mutation spontanée lactose-positive relativement fréquente : c'est la classique mutation du « coli mutabile » [**32**, **31**, **35**, **46**]. Cette mutation se traduit ici par l'acquisition d'une perméase *inductible* (*E. coli* type normal). A partir de la souche ML3, nous avons isolé directement un mutant à galactosidase constitutive (ML35). Ces organismes toujours dépourvus de perméase, donc cryptiques, forment de grandes quantités de galactosidase, mais ne se développent pas sur milieux au lactose. Cette souche « constitutive cryptique » donne cependant, avec la même fréquence que la souche ML3, des mutants lactose-positifs, pourvus de perméase : or, chez ces mutants, la perméase est invariablement *constitutive*. Le caractère constitutif de la perméase chez ces mutants est évidemment lié à la mutation intervenue *antérieurement* et qui, dans ce premier stade, ne se manifestait que sur la galactosidase, la perméase étant absente.

Au total, les mutations en cause se classent en trois types élémentaires que nous définirons et symboliserons comme il suit :

a) Capacité ($y+$) ou incapacité ($y-$) de synthétiser la perméase ;
b) Capacité ($z+$) ou incapacité ($z-$) de synthétiser la β-galactosidase ;
c) Caractère inductible ($i+$) ou constitutif ($i-$) de la synthèse des deux systèmes. Ce dernier phénotype ne peut se manifester que lorsque l'un au moins des précédents est positif.

Dans la dernière colonne du tableau VII, nous avons noté le phénotype complexe correspondant à chaque souche. On voit que toutes les combinaisons prévues selon l'hypothèse précédente sont représentées.

Voyons maintenant dans quelle mesure ces différents types mutants élémentaires se rattachent à des loci définis, alléliques ou non. Nous utiliserons, pour cela, les résultats de J. et E. Lederberg et al. [**28**, **25**], ainsi que ceux de Cohen-Bazire et Jolit [7] concernant les relations d'allélisme de différents mutants lactose-négatifs et « constitutifs » d'*E. coli* K12, en les interprétant à la lumière des données du tableau VII.

De cette confrontation, les conclusions suivantes se dégagent :

a) Les mutations se traduisant par la perte de la perméase *seule* ($y+ \longrightarrow y-$) ont eu lieu au locus Lac_1. Il ne semble pas qu'aucune mutation intéressant la galactosidase ait eu lieu à ce locus.

b) Les mutations se traduisant par la perte de la galactosidase seule ($z+ \longrightarrow z-$) se rattachent à au moins deux loci différents (Lac_2 et Lac_4) dont l'un (Lac_4) est *très étroitement lié* à Lac_1.

c) La mutation constitutive ($i+ \longrightarrow i-$) doit être rattachée à un locus (Lac_i) distinct de Lac_1 (ainsi probablement que de Lac_4), mais *très étroitement lié* à Lac_1.

Notons qu'une mutation distincte des précédentes (Lac^{-7}), peu liée à Lac_1, semble avoir un effet sur les deux systèmes, annulant la perméase et réduisant considérablement la capacité de synthétiser la galactosidase.

La situation, on le voit, n'est pas simple, puisque dans certains cas au moins (Lac_2 et Lac_4), des mutations en des loci non alléliques et peu liés se traduisent par des phénotypes que nous ne pouvons distinguer [**28**]. Cependant, un fait essentiel se dégage : l'existence d'un locus complexe (Lac_i, Lac_1, Lac_4) où des mutations très voisines contrôlent, soit électivement, soit simultanément, l'inductibilité et la synthèse de chacun de ces deux systèmes dont nous avons vu qu'ils sont étroitement associés fonctionnellement. Cette situation rappelle celle qui a été révélée par les observations de Hartman et al. [19] sur des mutations affectant le pouvoir de synthèse de certains métabolites chez *E. coli*, ainsi que par les observations comparables de Pontecorvo et de ses collaborateurs [42] chez *Aspergillus*.

Discussion et conclusions.

1° LA GALACTOSIDE-PERMÉASE. — L'essentiel des observations que nous avons rapportées et des conclusions qui s'en dégagent peut être résumé comme il suit.

Il existe, chez *E. coli*, un système (la galactoside-perméase) qui a pour propriété d'accumuler les galactosides à l'intérieur de la cellule. Ce système présente les propriétés cinétiques et la spécificité stérique d'un enzyme. Son fonctionnement est couplé à des réactions donatrices d'énergie métabolique. Normalement, chez les souches sauvages, la perméase est inductible. Sa formation, inhibée par les agents qui inhibent la synthèse des protéines, a lieu dans les mêmes conditions, avec la même cinétique caractéristique et en présence des mêmes inducteurs spécifiques que la synthèse de la β-galactosidase. Des mutations *distinctes* affectent la capacité de synthétiser, soit la β-galactosidase, soit la perméase. Les mutants sans galactosidase accumulent les galactosides, mais ne les hydrolysent pas. Chez les mutants sans perméase, la galactosidase est pratiquement inactive *in vivo* (elle est dite cryptique) ; ceci tient à ce que, chez les bactéries vivantes intactes, l'enceinte osmotique cellulaire est imperméable aux glucides ; la galactosidase se trouve à l'intérieur de cette enceinte, de sorte que la galactoside-perméase gouverne *in vivo* l'accessibilité de la β-galactosidase, et, par conséquent, le métabolisme des galactosides, ainsi d'ailleurs que l'induction de la β-galactosidase. A ces relations fonctionnelles entre la galactoside-perméase et la β-galactosidase, font pendant des relations génétiques étroites ; plusieurs loci, qui gouvernent la synthèse et l'inductibilité de la galactosidase et de la perméase respectivement, sont étroitement liés en un locus complexe chez *E. coli* K12.

Autres systèmes perméasiques. — L'hypothèse que l'utilisation des substrats exogènes par les microorganismes est, en premier lieu, déterminée par des propriétés de perméabilité spécifique de la membrane cellulaire, a souvent été évoquée par des microbiologistes. Faute de données expérimentales adéquates, elle suscitait généralement plus d'embarras et d'inquiétude que d'intérêt, et sa validité a été souvent niée [44]. Tout récemment cependant, elle a été reprise et défendue avec vigueur et précision par B. Davis [13]. En revanche, les nombreuses recherches poursuivies depuis des années sur les phénomènes de sécrétion et d'adsorption dans les tissus et les cellules des organismes supérieurs permettaient difficilement de douter de la sélectivité de certaines membranes cellulaires. Rosenberg et Wilbrandt [48] ont montré que les modalités de transfert de diverses substances organiques non ioniques à travers l'épithélium rénal et l'intestin s'expliquent difficilement sans cette hypothèse. La perméabilité *sélective* des érythrocytes humains à l'égard de certains glucides est bien établie [48, 24, 29]. Depuis 1934, Danielli [10, 11, 12] a développé et illustré l'hypothèse que les membranes des cellules animales et végétales comportent, en règle générale, une couche ou un constituant lipoïdique et sont, de ce fait, très peu perméables aux substances polaires telles que les glucides. La perméation rapide et sélective de certains glucides dans certaines cellules, comme les érythrocytes humains, serait due, selon Danielli, à des constituants spécifiques et spécialisés, qu'il suppose être des protéines, et pour lesquels il a envisagé divers mécanismes d'action possibles.

Pour en revenir aux microorganismes, il semble maintenant certain que des systèmes spécifiques analogues à la galactoside-perméase gouvernent la perméation de nombreux substrats, chez *E. coli* comme chez d'autres microorganismes. Cette généralisation est justifiée par de nombreuses observations.

Tout d'abord, il est facile de voir que les propriétés que nous avons dû assigner à la galactoside-perméase impliquent que d'autres systèmes *spécifiques* assurent le transfert des glucides *non-galactosidiques* qu'*E. coli* est capable de métaboliser à une vitesse égale ou supérieure au lactose. Si, en effet, la barrière osmotique cellulaire est imperméable au lactose, il faut qu'elle le soit également au maltose, par exemple, qui, cependant, est rapidement métabolisé par *E. coli*. Mais cette perméation rapide du maltose ne peut pas être le fait d'un système de transfert *non spécifique*, puisqu'un tel système ferait pénétrer le lactose et que, par conséquent, des cellules capables de métaboliser rapidement le maltose ne sauraient être cryptiques à l'égard du lactose. A moins d'admettre que des enceintes osmotiques *différentes* enferment différents enzymes intracellulaires, il faut bien supposer que le métabolisme du maltose *in vivo* chez *E. coli* implique un système de transfert spécifique, assez spécifique en tout cas pour être inactif sur le lactose.

On sait d'ailleurs que le paradoxe de la crypticité spécifique a été rencontré à maintes reprises chez des microorganismes et pour des substrats variés. Il a suscité des spéculations diverses, qu'il est maintenant sans intérêt de discuter. L'exemple de la galactoside-perméase nous permet d'admettre que la crypticité spécifique est due, en règle générale, à l'absence d'une perméase spécifique. Divers exemples de crypticité, intéressant principalement les disaccharides, ont été signalés chez la levure [**30, 21**]. Chez *E. coli*, Doudoroff et al. [**16**] ont étudié un mutant incapable de métaboliser le glucose libre, mutant qui cependant possédait de l'hexokinase et métabolisait le glucose libéré à partir du maltose par l'amylomaltase *intracellulaire*. Soulignant le paradoxe, Doudoroff [**15**] a montré qu'on ne pouvait le résoudre qu'en supposant un mécanisme *spécifique* de transfert, présent chez les bactéries normales, absent chez le mutant.

Récemment, Monod, Halvorson et Jacob [**39**] ont repris l'étude comparée de ce mutant et des bactéries normales. Ils ont constaté que celles-ci possèdent un système constitutif qui accumule réversiblement l'α-méthyl-glucoside (corps qui n'est pas métabolisé par *E. coli*). L'accumulation est très fortement inhibée par le glucose, qui déplace entièrement l'α-méthyl-glucoside déjà accumulé. Ce système, comparable à la galactoside-perméase par ses propriétés cinétiques, est totalement absent chez le mutant glucose négatif, mais il est restitué en même temps que la capacité d'utiliser le glucose, par transduction à l'aide d'un phage issu de la souche sauvage. Ces résultats semblent donc confirmer l'hypothèse de Doudoroff.

Chez *Pseudomonas*, Kogut et Podoski [**23**], ainsi que Barrett et al. [**1**], ont montré que le cycle de Krebs était cryptique à l'égard du citrate exogène chez les organismes cultivés en l'absence de citrate, mais que la crypticité disparaissait après une période de croissance en présence de citrate. Cette « adaptation » était inhibée par le rayonnement U.V. [**23**] ou par des analogues d'aminoacides [**1**], ce qui indiquait que la disparition de la crypticité était due à la synthèse d'un système « enzymatique » inductible. Green et Davis [**18**], découvrant une situation toute semblable chez *Aerobacter aerogenes*, ont constaté que la formation du système décryptifiant était inhibée par le glucose, propriété caractéristique de beaucoup de protéines inductibles, comme nous l'avons rappelé à propos de la galactoside-perméase. Ces auteurs ont pu vérifier, en outre, que l'enceinte osmotique imperméable au citrate correspondait sensiblement au volume total de la cellule, ce qui permet de supposer que le système décryptifiant est effectivement associé à la membrane cellulaire.

Enfin, Cohen et Rickenberg [**5, 6**] ont récemment découvert chez *E. coli* des systèmes qui accumulent divers aminoacides exogènes. Complétées par celles de Britten et al. [**2**], leurs observations suggèrent qu'il existe, en fait, un système *distinct* pour chaque aminoacide ou type d'aminoacide naturel. Par toutes leurs propriétés (équilibre, saturation, spécificité, sensibilité aux inhibiteurs métaboliques), ces systèmes sont très proches de la galactoside-perméase. Des expériences de compétition isotopique montrent directement que ces systèmes commandent l'entrée des aminoacides exogènes dans le métabolisme et, par conséquent, leur incorporation dans les protéines, mais n'interviennent pas dans le métabolisme et l'incorporation des aminoacides endogènes. Ces « aminoacides-perméases » d'*E. coli* ne sont pas inductibles, mais Cohen [3] a pu montrer que leur formation est liée à la synthèse des protéines.

Définition des perméases. — *Perméases et transport actif.* — Le rapprochement de ces observations nous paraît justifier l'hypothèse que, chez les microorganismes, la membrane cellulaire, ou tout au moins la barrière osmotique qui délimite l'espace métabolique interne, est en général très peu perméable aux substances organiques hydrosolubles et que la pénétration des substrats organiques exogènes est assurée principalement par des systèmes spécifiques, analogues à celui qui concentre les galactosides chez *E. coli*. Pour désigner ces systèmes, nous proposons le terme générique de « perméase ». Mais le mot et la notion ne seront utiles que s'ils sont employés de façon limitative. Nous définirons une perméase comme étant un système de nature protéinique assurant le transfert catalytique d'un substrat à travers une barrière osmotique cellulaire, possédant les propriétés de spécificité stérique et la cinétique d'activité d'un enzyme, mais distinct et indépendant des enzymes assurant le métabolisme proprement dit du substrat. Cette définition ne préjuge pas du mécanisme d'action des perméases, mais elle implique deux hypothèses essentielles :

a) Que le transfert perméasique comporte la formation transitoire d'un *complexe spécifique* entre la protéine de la perméase et le substrat ;

b) Que la perméase est un système *fonctionnellement spécialisé*, n'intervenant pas dans le métabolisme intracellulaire proprement dit.

C'est à dessein que nous n'avons pas inclus dans cette définition la condition que la perméase catalyse un « transport actif », c'est-à-dire une réaction de transfert contre un gradient de concentration ou d'activité. En effet, même dans le cas de la galactoside-perméase et des aminoacides-perméases d'*E. coli*, on ne peut affirmer que les substrats « concentrés » soient réellement « libres » en totalité, et en solution dans le milieu intérieur, dans une phase identique au milieu extérieur. On ne peut donc, avec certitude, parler de gradient de concentration. Ceci s'applique *à fortiori* au système citrate-perméase, révélé seulement par « décryptification ». Il est, *a priori*, possible que l'activité de certains systèmes perméasiques ne se traduise pas par une accumulation sensible de substrat, même lorsque celui-ci n'est pas métabolisé. Inversement, l'accumulation active d'une substance pourrait évidemment s'opérer par des mécanismes n'impliquant pas de perméases, au sens défini plus haut. Il doit donc être clair que perméase ne suppose pas nécessairement transport actif, ni inversement.

Perméase et enzyme. — L'étude de la seule activité *in vivo* ne permet évidemment pas d'identifier sans ambiguïté un système enzymatique. Cependant, dans le cas de la galactoside-perméase, plusieurs critères distincts : affinité spécifique, inductibilité spécifique, mutations spécifiques, aboutissent à des définitions convergentes et individualisent très nettement ce système. Mais ces critères ne mettent en évidence que le constituant spécifique du système, et ne donnent pas d'indication sur son mode d'action. Il est donc inutile, pour l'instant, de discuter les mécanismes possibles et de se demander si la perméase est ou non un enzyme. D'un enzyme, nous savons déjà qu'elle a la spécificité stérique, la cinétique d'action, l'inductibilité. Nous savons que certaines mutations l'affectent en même temps et de la même façon que la β-galactosidase. Nous avons des témoignages indirects de sa nature protéinique. Pour qu'il s'agisse d'un enzyme au sens habituel du mot, il faudrait encore que la perméase catalyse une réaction du substrat, c'est-à-dire la formation ou la rupture d'une liaison covalente. Cela est possible et même vraisemblable, mais non certain, et des mécanismes peuvent être imaginés, qui n'impliqueraient pas formation ou rupture de liaisons covalentes intéressant le substrat [11]. Cette alternative est la première que posera l'étude du mécanisme d'action des perméases.

Résumé.

Il existe, chez *Escherichia coli*, un système (la galactoside-perméase) dont l'activité se traduit par l'accumulation intracellulaire des galactosides exogènes. La formation de ce système est induite spécifiquement par certains galactosides ; elle est liée à la synthèse des protéines. L'activité de la galactoside-perméase, conforme à la loi de Michaelis-Henri, est inhibée par l'azoture de sodium et le 2,4-dinitrophénol. La galactoside-perméase gouverne la pénétration des galactosides dans les cellules et leur hydrolyse par la β-galactosidase. Des mutations spécifiques et distinctes affectent la capacité de synthétiser la galactoside-perméase et la β-galactosidase respectivement. Une mutation unique détermine le caractère inductible ou constitutif des deux systèmes.

Sur la base de ces observations, rapprochées de nombreuses autres, l'hypothèse est proposée que la pénétration intracellulaire des substrats organiques du métabolisme chez les microorganismes est, en général (et plus particulièrement dans le cas des substances fortement polaires), catalysée par des *perméases* spécifiques dont la galactoside-perméase serait un modèle.

Summary.

There exists, in *E. coli*, a system (galactoside-permease) the activity of which is expressed by the intracellular accumulation of exogenous galactosides. The formation of this system is specifically induced by certain galactosides ; it is linked to protein synthesis. The activity of galactoside-permease follows the Michaelis-Henri's law and is inhibited by sodium azide and 2,4-dinitrophenol. Galactoside-permease controls the penetration of galactosides into the cells and their hydrolysis by β-galactosidase. Specific and distinct mutations affect respectively the capacity to synthesize galactoside-permease and β-galactosidase. A single mutation determines the inducible *vs* constitutive character of both systems.

On the basis of these and of many other observations, we propose the hypothesis that intracellular penetration of organic substrates (and especially of highly polar substances) is, in general, catalyzed in microorganisms by specific permeases similar to galactoside-permease.

Nous tenons à adresser nos remerciements à M. Helferich, Directeur du Chemisches Institut de l'Université de Bonn, et à M. D. Turk, qui ont étudié et réalisé la synthèse de nombreux thiogalactosides. Nous remercions également M. J. Lederberg, de l'Université du Wisconsin (U.S.A.), qui nous a fait parvenir un certain nombre de souches mutantes d'*Escherichia coli* K12.

BIBLIOGRAPHIE

[1] Barrett (J. T.), Larson (A. D.) et Kallio (R. E.). *J. Bact.*, 1953, **65**, 187-192.
[2] Britten (R. J.), Roberts (R. B.) et French (E. F.). *Proc. nat. Acad. Sci.*, 1955, **41**, 863.
[3] Cohen (G. N.). (Résultats inédits.)
[4] Cohen (G. N.) et Rickenberg (H. V.). *C. R. Acad. Sci.*, 1955, **240**, 466-468.
[5] Cohen (G. N.) et Rickenberg (H. V.). *C. R. Acad. Sci.*, 1955, **240**, 2086-2088.
[6] Cohen (G. N.) et Rickenberg (H. V.). *Ann. Inst. Pasteur*, 1956, **91**, 693.
[7] Cohen-Bazire (G.) et Jolit (M.). *Ann. Inst. Pasteur*, 1953, **84**, 937-945.
[8] Cohn (M.). *Henry Ford Hospital Intern. Symp.* « *Enzymes : Units of biological structure and function* ». Acad. Press. Inc., édit., New-York, 1956, 41-46.

[9] COHN (M.) et MONOD (J.). *Symp.* « *Adaptation in Microorganisms* », Cambridge Univ. Press, 1953, 132-149.
[10] DANIELLI (J. F.). *Symp. Soc. Exptl. Biol.* : « *Structural aspects of cell physiology* », 1952, **6**, 1-15.
[11] DANIELLI (J. F.). *Symp. Soc. Exptl. Biol.* : « *Active transport and secretion* », 1954, **8**, 502-516.
[12] DANIELLI (J. F.). *7th Symp. Colston Res. Soc.*, Colston Papers, Butterworths Scientific, édit., London, 1954, 14 p.
[13] DAVIS (B. D.). *Henry Ford Hospital Intern. Symp.* « *Enzymes : Units of biological structure and function* », Acad. Press Inc., édit., New-York, 1956, 509-522.
[14] DEERE (C. J.), DULANEY (A. D.) et MICHELSON (I. D.). *J. Bact.* 1939, **37**, 355.
[15] DOUDOROFF (M.). *Phosphorus metabolism*, 1951, **1**, 42-48.
[16] DOUDOROFF (M.), HASSID (W. Z.), PUTNAM (E. W.), POTTER (A. L.) et LEDERBERG (J.). *J. Biol. Chem.*, 1949, **179**, 921-933.
[17] GALE (E. F.). *Bact. Rev.*, 1943, **7**, 139-173.
[18] GREEN (H.) et DAVIS (B. D.). *In* DAVIS (B. D.), *Henry Ford Hospital Intern. Symp. (Cf.* [**13**]).
[19] HARTMAN (P. E.) et al. *In* DEMEREC (M.)., *Henry Ford Hospital Intern. Symp. (Cf.* [**13**], 131-134.
[20] HERZENBERG (L.). (En préparation.)
[21] HESTRIN (S.). et LINDEGREN (C. C.). *Arch Biochem.*, 1950, **29**, 315-333.
[22] HOGNESS (D. S.), COHN (M.) et MONOD (J.). *Biochim. Biophys. Acta*, 1955, **16**, 99-116.
[23] KOGUT (M.) et PODOSKI. (E. P.). *Biochem. J.*, 1953, **55**, 800-811.
[24] KOZAWA. *Biochem. Z.*, 1914, **60**, 231.
[25] LEDERBERG (E. M.). *Genetics*, 1952, **37**, 469-483.
[26] LEDERBERG (J.). *J. Bact.*, 1950, **60**, 381-392.
[27] LEDERBERG (J.) in *Genetics in the 20th Century*, Mac Millan édit., New-York, 1951, 263-289.
[28] LEDERBERG (J.), LEDERBERG (E. M.), ZINDER (N. D.) et LIVELY (E. R.). *Cold Spring Harbor Symp. on quantitative Biol.*, 1951, **16**, 413-441.
[29] LE FÈVRE (P. G.). *Symp. Soc. Exptl. Biol.*, « *Active transport and secretion* », Acad. Press Inc., édit., New-York, 1954, **8**, 118-135.
[30] LEIBOWITZ (J.) et HESTRIN (S.). *Adv. in Enzymol.*, 1945, **5**, 87-127.
[31] LEWIS (I. M.). *J. Bact.*, 1934, **28**, 619.
[32] MASSINI (R.). *Arch. Hyg.*, 1907, **61**, 250-292.
[33] MONOD (J.). *Recherches sur la croissance des cultures bactériennes.* Hermann, édit., Paris, 1942.
[34] MONOD (J.). *Henry Ford Hospital Intern. Symp.* « *Enzymes : Units of biological structure and function* ». Acad. Press Inc., édit., New-York, 1956, 7-28.
[35] MONOD (J.) et AUDUREAU (A.). *Ann. Inst. Pasteur*, 1946, **72**, 868-878.
[36] MONOD (J.), COHEN-BAZIRE (G.) et COHN (M.). *Biochim. Biophys. Acta*, 1951, **7**, 585-599.
[37] MONOD (J.) et COHN (M.). *Adv. in Enzymol.*, 1953, **13**, 67-119.
[38] MONOD (J.) et COHN (M.). *Congrès de Microbiol. Symp. sur le métabolisme bactérien*, Rome, 1953, 42-62.

[39] Monod (J.), Halvorson (H. O.) et Jacob (F.). (Résultats inédits.)
[40] Monod (J.), Pappenheimer (A. M. Jr) et Cohen-Bazire (G.). *Biochim. Biophys. Acta*, 1952, **9**, 647-660.
[41] Munier (R.) et Cohen (G. N.). *Biochim. Biophys. Acta*, 1956, **21**, 592-593.
[42] Pontecorvo (G.), Roper (L.M.), Hemmons (K.D.), MacDonald (A.W.) et Buffon (A. W. J.). *Adv. Genetics*, 1950, **3**, 73-115.
[43] Rickenberg (H. V.). Ph. D. Thesis, Yale University, 1954.
[44] Roberts (R. B.), Abelson (P. H.), Cowie (D. B.), Bolton (E. T.) et Britten (R. J.). *Studies of biosynthesis in « Escherichia coli »*. Carnegie Institute, Washington D. C., 1955, 521 p.
[45] Rotman (B.). *Bact. Proc.*, 1955, 133.
[46] Ryan (F. J.). *J. gen. Microbiol.*, 1952, **7**, 69-88.
[47] Turk (D.). *Thèse*, Chemisches Institut der Universität, Bonn, 1955.
[48] Wilbrandt (W.). *Symp .Soc. Exptl. Biol. :* « *Active transport and secretion* », Acad. Press Inc., édit., New-York, 1954, **8**, 136-162.

BACTERIAL PERMEASES[1]

GEORGES N. COHEN AND JACQUES MONOD

Service de Biochimie Cellulaire, Institut Pasteur, Paris, France

I. INTRODUCTION

The selective permeation of certain molecular species across certain tissues, or into certain cells, has been recognized for a long time as a phenomenon of fundamental importance in animal physiology. The situation is, or was up to quite recently, different in the field of microbiology. Although the importance of recognizing and studying selective permeability effects had been frequently emphasized, particularly in recent years by Doudoroff (22) and by Davis (18), the available evidence appeared ambiguous, and the very concept of selective permeation was looked upon with suspicion by many microbiologists, who believed that, in the absence of direct proof, it served mostly as a verbal "explanation" of certain results.

During the past few years, however, definite proof of the existence, in bacteria, of stereospecific[2] permeation systems, functionally specialized and distinct from metabolic enzymes, has been obtained. It now appears extremely likely that the entry into a given type of bacterial cell of most of the organic nutrilites which it is able to metabolize is, in fact, mediated by such specific permeation systems. None of these systems has been isolated or analyzed into its components. But the stereospecific component of certain of these systems has been indirectly identified as a protein, and defined by a combination of highly characteristic properties. The generic name "permeases" has been suggested for these systems. Although this designation may be criticized, it has the overwhelming advantage that its general meaning and scope are immediately understood.

The object of the present review is to discuss critically the recent evidence from different laboratories concerning a few systems where the properties and identity of the stereospecific component can best be studied and where the physiological significance of "permeases" as connecting links between the intracellular and the external worlds is most clearly in evidence. We wish to emphasize that this is not a review of the literature on osmotic properties of bacteria, or on active transport. We shall be primarily interested in the specificity of permeation, and only secondarily in its thermodynamic aspects. Actually a certain amount of confusion has been entertained in this field because the question of the selectivity (stereospecificity) of permeation processes has not always been clearly distinguished from the problem of energetics of active transport of molecules across cellular membranes. Selective permeation need not necessarily be thermodynamically active. Conversely, active transport may be nonstereospecific. The fact that these two aspects of permeation processes are often, as we shall see, very closely associated renders the distinction even more important.

We shall therefore limit the discussion to the permeation of organic molecules, and exclude the problem of the penetration of inorganic ions such as phosphates about which the excellent review of Mitchell (55) may be consulted.

II. ACCUMULATION, CRYPTICITY, AND SELECTIVE PERMEABILITY

That the entry of organic substrates into bacterial cells may be mediated by more or less selective permeation systems has been suggested primarily by two kinds of observations concerning, respectively: (a) the capacity of certain cells to accumulate internally certain nutrilites; (b) the state of "crypticity" of certain cells toward certain substrates, *i.e.*, their incapacity to metabolize a given substrate, even though they possess the relevant enzyme system.

Let us see why both accumulation and crypticity phenomena were strongly suggestive, yet inconclusive, as evidence of the operation of selective permeation systems.

The classical work of Gale on the uptake of

---

[1] The work performed in the Service de Biochimie Cellulaire of the Institut Pasteur, has been supported by grants from the Rockefeller Foundation, the Jane Coffin Childs Memorial Fund for Medical Research and the Commissariat à l'Energie Atomique.

[2] A stereospecific system is one whose activity is primarily dependent upon the spacial configuration of the reacting molecules.

169

amino acids in staphylococcal cells posed the problem of accumulation mechanisms 10 years ago (27, 28). As is well known, Gale and his associates found that staphylococcal cells grown on casein hydrolysate contain large amounts of glutamic acid, lysine, and other amino acids, which could be extracted by water from crushed, but not from intact, cells. These observations appeared to indicate that the cells were very highly impermeable to the amino acids. If this were true, then the entry of the amino acids could not occur by simple diffusion, since simple diffusion is by definition a reversible process: It had to be mediated by some special, unidirectional transfer mechanism. This conclusion was also suggested by the fact that glutamic acid enters the cells only in the presence of glucose. However, lysine, which is accumulated to a similar extent as glutamic acid, and is equally retained by intact cells, does not require glucose for its entry. An alternative mechanism therefore has to be considered, namely that the amino acids are retained within staphylococcal cells by intermolecular forces, for instance by some kind of macromolecular receptors. If so, no permeable barrier, nor any permeation mechanism need be assumed to account for the accumulation (28). As we shall see again later, these two alternative interpretations must both be considered and weighed against each other, whenever attempting to interpret the mechanism of accumulation of a compound by a cell. A choice between them is always difficult; all the more so since they are not mutually exclusive: proving a contribution to the accumulation process by one of these mechanisms does not in itself disprove contribution of the other.

The paradoxical finding that enzymes active against a given substrate may, in some cases, be extracted from cells which, when intact, are inert toward the same substrate, has been noted many times and diversely interpreted by puzzled microbiologists. There is, of course, no paradox when the "cryptic" state of the cells concerns a whole class of chemical compounds, since there is no difficulty in assuming that the solubility and/or electrical properties of a class of compounds may forbid their passage through the cell membrane. The phosphorylated metabolites (nucleotides, hexose phosphates) provide classical examples.

The paradox arises when interpretations in terms of nonspecific forces or properties become inadequate; that is to say, when crypticity is highly *stereospecific*. The study of the metabolism of disaccharides by yeasts has furnished several of the earliest described cases of specific crypticity. For instance, intact baker's yeast does not ferment maltose although autolyzates of the same yeasts contain maltase (α-glucosidase). Analogous observations have been made with other yeasts for cellobiose, and cellobiase (β-glucosidase), sucrose and sucrase, etc. (52). Similarly, Deere et al. (19) described, in 1939, a strain of *Escherichia coli* which did not ferment lactose, although lactase (β-galactosidase) was present in dried preparations of these cells.

An essential point is that the cells which are cryptic towards a given carbohydrate, nevertheless behave as a rule quite normally towards other carbohydrates. For instance, an *E. coli* strain which is cryptic towards lactose metabolizes glucose, maltose, and other carbohydrates at a high rate. Now, if crypticity to a particular carbohydrate is attributed to the impermeability of the cell membrane, then the membrane must be impermeable to all compounds presenting similar solubility properties and molecular weight; that is to say virtually all carbohydrates. Therefore, those carbohydrates that do enter the cell and are metabolized at a high rate must be supposed to use some highly specific stratagem for getting through the barrier.

Several particularly striking examples of selective crypticity have been revealed by the studies of Doudoroff et al. (22–24). For instance, a mutant of *E. coli* was incapable of metabolizing glucose, although it metabolized maltose via the enzyme amylomaltase (66) which catalyzes the reversible reaction:

$$n(\text{glucose-}\alpha\text{-1-4 glucose}) \underset{}{\overset{(\text{amylomaltase})}{\rightleftarrows}}$$
(maltose)

$$(\text{glucose})_n + n \text{ glucose}$$
(amylose)

Although free glucose is liberated in this reaction, the organisms were found to metabolize quantitatively both moieties of the maltose molecule. Therefore, it appeared that glucose could be used when liberated intracellularly by amylomaltase, while free glucose from the external medium could not be used by these cells. Later observations showed, moreover, that hexokinase could be extracted from these paradoxical organisms. The conclusion that the cells of this mutant strain were impermeable to glucose seemed inescapable. But a membrane impermeable to glucose could not possibly be permeable to maltose, except via a stereospecific permeation system.

This type of interpretation of specific crypticity effects, although quite logical, often appeared arbitrary and unreasonable since, to account for a metabolic paradox concerning a single compound, one had to assume the existence of a multitude of specific permeation systems for which no positive evidence existed, and towards which no direct experimental approach seemed open. An alternative interpretation was therefore often preferred; namely, that where specific crypticity occurred, it was due to a state of inactivity of the intracellular enzyme concerned. The activity was supposed to be released only upon release of the enzyme from the cell (5, 52, 62). This interpretation seemed simpler and more attractive in many respects than the specific permeation hypothesis for which only negative evidence could be adduced.

III. GALACTOSIDE-PERMEASE

The actual demonstration and identification of a specific permeation system, as distinct from other similar systems and from intracellular metabolic enzymes, rests upon a sort of operational isolation *in vivo*, which requires a combination of different experimental approaches. The galactoside-permease system, which we shall now discuss, has offered remarkable opportunities in this respect (9, 60, 71).

Before introducing this system, it should be recalled that *Escherichia coli* metabolizes lactose and other galactosides via the inducible enzyme β-galactosidase. Analogs of β-galactosides where the oxygen atom of the glycosidic linkage is substituted by sulfur (34) are not split by galactosidase, nor are they used by *E. coli* as a source of energy, carbon, or sulfur (61, 38, 7, 60):

(R-β-D-thiogalactoside)

A. *Accumulation of Galactosides in Induced Escherichia coli: Kinetics and Specificity*

When a suspension of *E. coli*, previously induced by growth in the presence of a galactoside, is shaken for a few minutes with an S^{35} labeled thiogalactoside, and the cells are rapidly separated from the suspending fluid (either by centrifugation or by membrane filtration), they are found to retain an amount of radioactivity corresponding to an intracellular concentration of galactoside which may exceed by 100-fold or more its concentration in the external medium. Noninduced cells (*i.e.*, cells grown in the absence of a galactoside) do not accumulate any significant amounts of radioactivity.

The accumulated radioactivity is quantitatively extracted by boiling water. Chromatographic analysis of extracts shows a major spot, which by all criteria corresponds to the free unchanged thiogalactoside. A minor component (which may consist of an acetylated form of the galactoside) is also evident when accumulation has taken place in the presence of an external source of energy. This compound does not seem to be a product or an intermediate of the accumulation reaction, and its formation may be disregarded in discussing the kinetics of accumulation.

The accumulation is reversible: when the uptake of galactoside is followed as a function of time, a stable maximum is seen to be reached gradually (within 5 to 20 min at 34 C, depending on the galactoside used). If at this point an unlabeled galactoside is added to the medium at a suitable concentration, the radioactivity flows out of the cells (figure 1). The amount of intracellular galactoside at equilibrium, in presence of increasing external concentrations of galactoside,

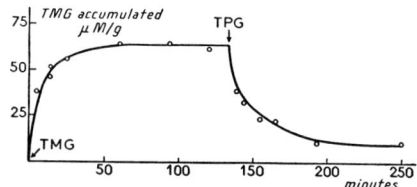

Figure 1. Accumulation of radioactive thiomethyl-β-D-galactoside (TMG) by induced *Escherichia coli* at 0 C (71). At time indicated by arrow, addition of unlabeled thiophenyl-β-D-galactoside (TPG).

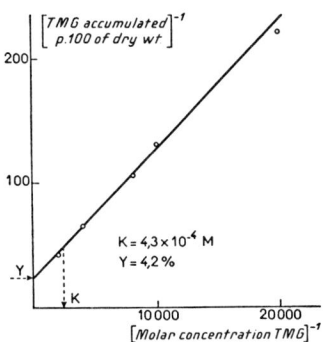

Figure 2. Accumulation of radioactive thiomethyl-β-D-galactoside (TMG) as a function of external concentration (71). Reciprocal coordinates. Y and K are the constants of equation (1).

follows quite accurately an adsorption isotherm (figure 2). Calling the external concentration of galactoside G_{ex}, and the amount taken up by the cells at equilibrium $^{eq}G_{in}$, one may write:

$$^{eq}G_{in} = Y \frac{G_{ex}}{G_{ex} + K} \quad (1)$$

K is the dissociation constant of the "bacterium-galactoside complex," and Y is another constant, called capacity, which expresses the maximal amount of galactoside which the cells take up at saturating concentration of a given galactoside.[3]

The displacement of a labeled galactoside by another, unlabeled, galactoside also follows quite accurately the classical laws of competition for a common site (figure 3). This allows the determination of specific affinity constants for any competitive compound. The specificity of the system proves very strict: only those compounds which possess an unsubstituted galactosidic residue (in either α or β linkage) (69) present detectable affinity for the competition site. Glucosides or other carbohydrates, even though they may differ from galactosides only by the position of a single hydroxyl, do not compete with the galactosides. Moreover, all the effective competitors which have been tested have proved also to be

[3] The "total capacity" is defined as the capacity per unit volume of cell suspension. The "specific capacity" is the capacity per unit weight of organisms. It may be expressed in per cent dry weight or preferably in moles per unit dry weight.

accumulated within the cells. The affinity constant for each can then be determined either directly, by measurement of accumulation, or indirectly by displacement of another galactoside. The two values agree reasonably well.

The results show that the accumulation of galactosides within induced cells is due to, and limited by, stereospecific sites able to form a reversible complex with α and β galactosides. However, a choice must be made between two entirely different interpretations of the role of these sites.

B. Stoichiometric vs. Catalytic Model

The simplest interpretation (stoichiometric model) would be that the galactosides (G) are accumulated within the cells in stoichiometric combination with specific receptor sites (y), according to an equilibrium:

$$G + y \underset{k_2}{\overset{k_1}{\rightleftarrows}} (Gy)$$

The constant K of equation (1) would then represent the dissociation constant of the complex Gy, while the constant y would correspond to the total number of available receptor-sites.

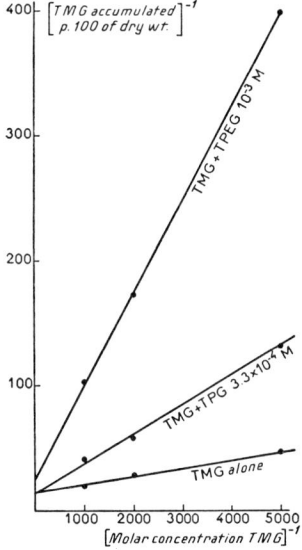

Figure 3. Competitive displacement of thiomethyl-β-D-galactoside (TMG) by thiophenyl-ethyl-β-D-galactoside (TPEG) and thiophenyl-β-D-galactoside (TPG), in Escherichia coli (71).

The second interpretation (catalytic or permease model) assigns to the specific "permease" sites the role of *catalyzing* the accumulation of the galactosides into the cell, rather than serving as final acceptors. In order to account for the properties of the system, one is then led to the following scheme:

$$G_{ex} \xrightarrow{(y)}_{entry} G_{in} \xrightarrow{exit} G_{ex}$$

according to which the intracellular galactoside (G_{in}) is a steady-state intermediate between an *entry* reaction, catalyzed by the stereospecific sites, and an independent *exit* reaction. The *entry* reaction involves the transitory formation of a specific complex between the sites and the galactoside, and should follow the kinetics of enzyme reactions. The *exit* reaction is assumed *not to involve the sites*, and its rate to be proportional to the amount of intracellular galactoside G_{in}.[4] According to these assumptions, the rate of increase of the intracellular galactoside is given by:

$$\frac{dG_{in}}{dt} = y \frac{G_{ex}}{G_{ex} + K} - cG_{in} \quad (2)$$

If $\frac{y}{c} = Y$, equation (2) reduces to equation (1) for equilibrium conditions, when $\frac{dG_{in}}{dt} = 0$. The constant K again corresponds to the dissociation constant of the galactoside-site complex, while the capacity constant Y is now the ratio of the permease activity, y, to the exit rate constant, c. Insofar as the latter remains constant, *the level of intracellular galactoside (G_{in}) at equilibrium is proportional to the activity of the permease.*

In choosing between the catalytic and the stoichiometric interpretations, the first argument to consider is one of common sense: in induced cells, the level of galactoside accumulation may be very high, and actually exceed 5 per cent of the dry weight of the cells. If the intracellular galactoside were adsorbed onto stereospecific sites (presumably associated with cellular proteins), there would have to exist, in highly induced cells, one such site for each fraction of cellular protein of molecular weight 2,000; an assumption which seems quite unreasonable.

The kinetics of intracellular galactoside accu-

[4] In principle, the rate of the exit reaction should probably be considered as proportional to the difference between G_{in} and G_{ex}. In practice, G_{ex} is negligible compared to G_{in}.

mulation also prove incompatible with the stoichiometric model while in good agreement with the assumptions of the permease model. The most significant facts in this respect are the following:

(a) According to the stoichiometric model, the rate of entry of galactosides should be proportional to the number of free sites and to the galactoside concentration. Actually, the initial rate of entry of a galactoside is not significantly faster than its rate of exchange during the steady state, even at saturating concentrations, when few sites remain free. Moreover, at saturating concentrations, the initial rate of entry is *independent* of galactoside concentration (figure 4) (41). Both findings are predicted by the permease model, according to which the initial and steady-state rates of entry should be equal, and proportional to the steady-state level of accumulation G_{in}. Also, in accordance with this expectation, the rate of entry at nonsaturating galactoside concentrations is proportional to the steady-state level. This means that the constant K of equation (1) corresponds effectively to the dissociation constant of the permease while the exit rate is proportional to G_{in}.

(b) According to the stoichiometric model, the capacity constant Y, *i.e.*, the saturation value for intracellular accumulation, corresponds to the number of available specific sites and should be the same, with a given cell suspension, for all galactosides. Actually, the values vary rather widely from one to another compound, the ratio being, for example, 5 to 1 for thiomethyl-galac-

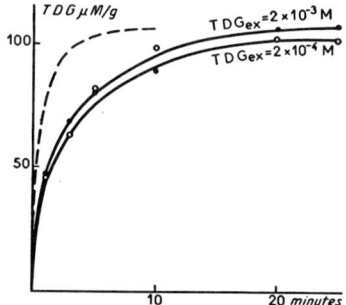

Figure 4. Uptake of radioactive thio-di-β-D-galactoside (TDG) at two different saturating concentrations (41). It is seen that the initial rate of uptake is not significantly different at the two concentrations. The dotted line is the curve of the uptake at the highest concentration as expected on the basis of the stoichiometric model.

toside and thiophenyl-galactoside. This agrees with the catalytic model since both the activity constant of the permease, and the exit rate constant, should be expected to depend on the structure of the galactoside. Morever, the capacity constant (Y) and the affinity constant ($1/K$) vary independently so that a galactoside endowed with relatively high affinity for the sites (e.g., thio-di-β-D-galactoside, or TDG) may be accumulated, at saturation, to a lesser extent than another one with lower affinity (e.g., thiomethyl-β-D-galactoside, or TMG). Therefore, according to the permease model, at suitable concentrations, more TMG molecules should be "displaced" from a cell by addition of TDG, than the cell takes up TDG molecules. Actually, in one experiment, addition of TDG (10^{-4} M), displaced 75 per cent of the TMG, i.e., about 100 μM/g for an uptake of 15 μM/g of TDG.

Such results are evidently incompatible with the stoichiometric site hypothesis which may be dismissed. The kinetic evidence leaves no doubt that the role of the specific sites must be catalytic.

However, the specific purpose of the catalytic model which we have considered so far is to account for the fact that the steady-state level of intracellular accumulation is proportional to the activity of the permease. The model does not imply any specific assumption regarding the nature of the forces which bind (loosely) the "internal" galactoside to the cell, thereby allowing its accumulation. Again two different interpretations of such a model might be considered. According to one, the cell membrane would be freely permeable to galactosides. The "accumulated" galactoside therefore could not be free. It would be bound loosely to some nondiffusible cell constituent. The *entry* reaction would then consist of the catalytically activated binding of the galactoside to the x constituent, while the *exit* reaction would involve the dissociation of the G-x complex:

$$G + x \xrightarrow{(y)} Gx \rightarrow G + x$$

The second interpretation (permease model, *sensu stricto*) assigns the binding essentially to a high degree of impermeability of the cell membrane (or other osmotic barrier) toward carbohydrates. The permease sites catalyzing the *entry* must then be assumed to be associated with the osmotic barrier itself. The simplest interpretation of the *exit* reaction then is to consider it as "leakage" through the membrane, increasing in rate as the internal concentration builds up, to the point where it equilibrates the intake.[5]

It should be stressed that the kinetics of galactoside accumulation do not, by themselves, allow a choice between these two different interpretations. The first one is unlikely, however, for the same common sense reasons as the stoichiometric model: the amounts of galactoside accumulated in certain cells are so high that it would be difficult to find enough molecules or groups of any kind to account for the binding. However, the most decisive reason for adopting the second interpretation is the evidence that cells genetically or otherwise devoid of permease are *specifically cryptic toward galactosides*. This evidence will be reviewed later (see page 176).

C. Metabolic and Energy Relationships of the Permease Reaction

Even adopting the permease model as valid, it would be rash to consider the intracellular galactoside as necessarily free and in solution in a phase comparable to the external medium. The physical state of the intracellular galactoside being undetermined, the work involved in the accumulation process is unknown. That the accumulation process must involve work and that the necessary metabolic energy must be channeled via the permease system itself is evident, however, from the fact that the steady-state concentration is proportional to the rate of the permease reaction. For it were supposed that the accumulation process released, rather than consumed, energy or that another system, independent of the permease, channeled the energy for accumulation, then the equilibrium concentration would be independent of permease activity, although the *rate of entry* might remain proportional to it.

This conclusion is confirmed by direct evidence

---

[5] It may be useful to point out that caution should always be exercised in interpreting differences of intracellular accumulation at equilibrium as due to effects on the entry reaction. It is possible if not probable that certain conditions may affect the exit reaction and thereby alter the equilibrium, by influencing, for example, the properties of the cell membrane. Direct measurements of the rates of entry and exit are required to decide such an issue.

indicating that the accumulation of galactoside by the permease is linked to the metabolic activity of the cell.

In the first place, the accumulation process is inhibited by typical uncoupling agents such as 2,4-dinitrophenol (M/250) or azide (M/50) (9, 71). When these inhibitors are added in the steady state, the intracellular concentration decreases rapidly. An external source of energy is not required, however, although the system is somewhat more active when one is present.

In addition, it should be mentioned that, according to Kepes (40), a small, but significant, increase of respiratory activity occurs when a suitable thiogalactoside is added to cells possessing permease, while noninduced cells or cells genetically devoid of permease show no such increase. The increase is so small that it cannot be detected in the presence of an external source of energy, when the oxygen consumption is too intense. It is only observed as an increase of the endogenous respiration. This extra oxygen consumption is accompanied by an extra CO_2 production. The extra CO_2 produced in the presence of unlabeled thiogalactoside, by cells previously homogeneously labeled with C^{14}, is also labeled, showing that the extra oxidation corresponds to an extra consumption of endogenous reserves, not to an oxidation of the galactoside itself. This extra oxygen consumption could correspond to the work involved in concentrating the galactosides into the cells (40).[6]

There is, at present, no available evidence concerning the mechanism of the energy coupling. Special attention should be called to the following point: while the uncouplers NaN_3 or 2,4-DNP inhibit the *accumulation* of galactosides, they do not inhibit to a comparable extent the *in vivo* hydrolysis of galactosides by intracellular galactosidase. Since, as we shall see later, there is little doubt that the permease limits, *in vivo*, the rate of this hydrolysis, it would seem that the uncouplers do not inhibit the entry of galactosides via the permease, but only the energy coupling which allows the permease reaction to function as a pump, against a concentration gradient. When the concentration gradient is in favor of entry, which is so when the intracellular hydrolase splits the substrate as soon as it enters, the uncouplers appear to exert no inhibitory action.

D. *The Induced Synthesis of Galactoside-Permease. Permease as Protein*

The fact that galactoside-permease is an inducible system has been of particular value for its study and characterization. As we have mentioned, the system is active only in cells previously grown in the presence of a compound possessing a free unsubstituted galactosidic residue. No other carbohydrates show any inductive activity. Not even all galactosides are inducers. The specificity of induction can best be studied using *thio*galactosides which are not hydrolyzed or "transgalactosidated" in the cells. The specificity pattern of induction is strikingly parallel to that of β-galactosidase although there are some minor differences, which may be significant (table 1), in the relative inducing activity of different compounds. Since probably all galactosides are concentrated by the permease, all inducers are also "substrates" of the system. However, several compounds known to be actively concen-

TABLE 1*

Induction of galactoside-permease and β-galactosidase by various thiogalactosides

Inducer Added during Growth	Galactoside-Permease (Specific Activity), μmoles TMG/g	β-Galactosidase (Specific Activity), mμmoles ONPG Hydrolyzed × min⁻¹ × mg⁻¹
None	<2	2
Methyl-β-D-galactoside	176	8,500
Propyl-β-D-galactoside	181	8,500
Isopropyl-β-D-galactoside	124	9,500
Hexyl-β-D-galactoside	14	8.5
Phenyl-β-D-galactoside	5	2
Benzyl-β-D-galactoside	10	16
Phenyl-ethyl-β-D-galactoside	59	110
Galactosyl-β-D-thiogalactoside	10	4

The cultures were made on synthetic medium, in presence of inducer 10^{-3} M. The permease was measured in presence of radioactive 10^{-3} M TMG.

* From H. V. Rickenberg, G. N. Cohen, G. Buttin and J. Monod (71).

---

[6] It remains to be seen whether it may not be linked, in part at least, with the formation of the "minor component" which was mentioned on page 171.

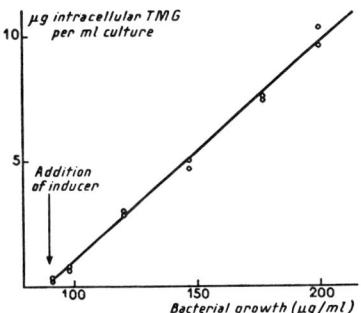

Figure 5. Induced synthesis of galactoside-permease in growing *Escherichia coli* (71). Carbon source: succinate. Inducer: thiomethyl-β-D-galactoside (TMG) 5·10⁻⁴ M. It is seen that the increase in total permease activity is proportional to the increase of bacterial mass from the time of addition of inducer.

trated (phenyl-β-D-thiogalactoside; thio-di-β-D-galactoside) show little or no inducing activity.

The induction is effective only under conditions allowing the synthesis of protein; it is blocked by chloromycetin or in the absence of a required amino acid. Perhaps more significant yet is the fact that the system is not formed in the presence of β-2-thienylalanine. This compound, it should be recalled, does not inhibit the synthesis of protein in *Escherichia coli* but it is incorporated into the proteins formed in its presence which are biologically inactive (67).

Thus, there is little doubt that the induction corresponds in effect to the synthesis of the specific protein component of the system. The kinetics of this induced synthesis follow a remarkably simple law. As measured by the total capacity, the permease increases linearly with the total cell mass, from the time of addition of the inducer (figure 5). One may write:

$$Y = p\Delta x$$

where x is the increase in cell mass after addition of inducer, and p is the differential rate of synthesis (65). This relation, it should be recalled, is typical of inducible enzymes (studied under adequate conditions) and suggests that the increase in capacity, *i.e.*, in permease, corresponds to the *de novo* synthesis of a protein (38, 65, 63). It is of interest to mention that, while the induction results in an increase of capacity, *i.e.*, permease activity, it has no effect on the affinity constant ($1/K$). These findings confirm that the interpretation of the two constants is correct.

If it is added that the induction of permease, like that of many enzymes, is blocked by glucose (*cf.* M. Cohn, in this issue), it will be seen that the inductive behavior of this system is in every way similar to that of the most typical inducible enzymes. Taken together with the evidence concerning the kinetics and specificity of accumulation, these findings leave no doubt that a specific, inducible, protein is responsible for the activity of this system. The complete system may, and probably does, involve also noninducible and nonspecific, or less specific, components. The term "permease" should be used primarily to designate the specific, inducible, protein component of the system, while the expression "permease system" implies all the components.

It is not excluded, of course, that the system may comprise a sequence of two (or more) inducible proteins catalyzing successive steps in the *entry* reaction. There is, at present, no necessity for this assumption.

A further characteristic of the permease may be mentioned at this point: it is an SH-dependent system, inhibited by *p*-chloro-mercuribenzoate (*p*CMB). The inhibition is partially reversed by cysteine and glutathione. Substrates, *i.e.*, thiogalactosides, protect against this inhibition in proportion to their affinity, showing that the mercurial acts directly on the specific, galactoside-binding, protein component of the system. (It may be added that β-galactosidase is also rapidly inactivated by *p*CMB, and also protected by galactosides.)

E. Functional Significance of Galactoside-Permease; Specific Crypticity

As we have already stressed, the kinetics of galactoside accumulation do not, by themselves, impose the permease hypothesis. The only assumption which is required to account for the kinetics of accumulation is that the stereospecific sites act catalytically. This could be described, as we indicated, by a model which would not involve any permeability barrier. It is only by studying the relationship of the accumulation system to other systems, in particular, β-galactosidase, that we can decide between the permease and other models. As a matter of fact, one of the problems to consider is whether the permease and the hydrolase really are distinct systems, rather than two functions of the same system.

If the permease model is correct—*i.e.*, if (a) the cells are virtually impermeable to galactosides, except for the specific activity of the permease, (b) the permease is distinct from β-galactosidase, (c) galactosidase is strictly intracellular—one should expect at least two phenotypes among mutants of *E. coli* incapable of metabolizing galactosides, one type corresponding to the loss of the permease, the other to the loss of the galactosidase. Actually, the two predicted types have been found, together with a few others which we shall discuss later, among spontaneous and induced "lactose" mutants of *E. coli*.

Cells of the first mutant type ("absolute-negatives"), grown in presence of a suitable inducer (thiomethyl-galactoside), accumulate normal amounts of galactoside, but they form no detectable trace of β-galactosidase. These organisms will, in particular, accumulate large amounts (up to 20 per cent dry weight) of lactose, while the induced, normal cells do not accumulate lactose, which is split and metabolized as soon as it is taken up.

Cells of the second mutant type (cryptics), grown in presence of sufficiently high concentrations of thiomethyl-galactoside, form normal amounts of galactosidase (as revealed by extraction), but none or only traces, of permease. So long as they are physiologically intact, these cells hydrolyze galactosides at a much slower rate than normal cells possessing equal amounts of galactosidase. Moreover, the rate of hydrolysis is a linear function of galactoside concentration instead of being hyperbolic, as in the normal type (figure 6) (36). This indicates that the rate of hydrolysis of galactosides in these cells is limited by a diffusion process rather than by a catalyst. The organisms are, in particular, almost inert towards lactose, while their metabolic behavior towards other carbohydrates is normal. In other words, these organisms are specifically cryptic towards galactosides.

These properties of the cryptic mutants, which for a long time had appeared paradoxical, as we recalled (page 170), are immediately explained if β-galactosidase is effectively inside a highly impermeable barrier which the galactosides can cross only by forming a complex with the permease. The existence of these two mutant types proves that permease and β-galactosidase are genetically and functionally distinct, and that they normally form a metabolic sequence *in vivo*.

The study of the hydrolysis of galactosides *in vivo*, in wild-type organisms, also brings out the functional role of the permease.

For instance, the hydrolysis *in vivo* of true galactosides is inhibited by thiogalactosides, al-

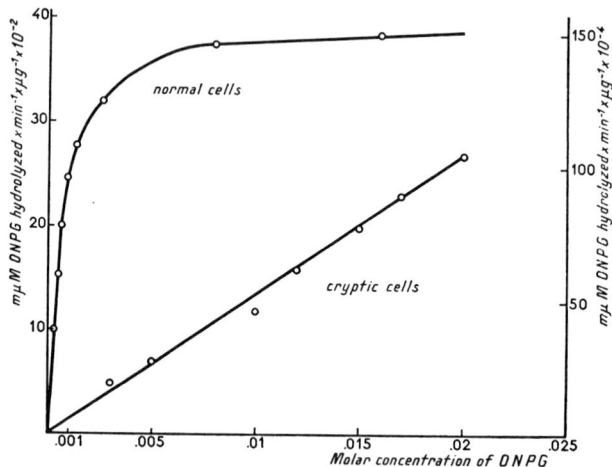

Figure 6. In vivo hydrolysis of ortho-nitro-phenyl-β-D-galactoside (ONPG) by *Escherichia coli* (36). Upper curve: normal type. Lower curve: cryptic (permeaseless) mutant. Ordinates on left apply to upper curve. Ordinates on right apply to lower curve.

TABLE 2
In vivo hydrolysis of o-nitrophenyl-β-D-galactoside by cells in which the syntheses of β-galactosidase and permease have been differentially inhibited

	β-Galactosidase (units/ml Culture), mμ-moles ONPG Hydrolyzed × min^{-1} × ml^{-1}	Galactoside-Permease (units/ml Culture), mμmoles TMG Accumulated/ml	Rate of *in Vivo* Hydrolysis, mμmoles ONPG Hydrolyzed × min^{-1} × ml^{-1}
Cells grown without p-fluorophenylalanine..	636	24	84.9
Cells grown with p-fluorophenylalanine.....	660	3.8	9.8
Per cent reduction of activity by growth in presence of the analog...................	0	84	88

Two cultures of *Escherichia coli* ML30 were grown respectively in the absence and in the presence of DL-p-fluorophenylalanine 5 × 10^{-4} M. Thiomethyl-β-D-galactoside 5 × 10^{-4} M was added 1 minute after the analog. The cell mass was allowed to increase in the two cultures from 63 μg dry weight to 252 μg dry weight/ml. The activities of extracted β-galactosidase, of the galactoside-permease, the rate of *in vivo* hydrolysis of ONPG were determined according to (71).

lowing a determination of the affinities of the inhibitors for the total system. The pattern of affinities which is thus disclosed is quite different from that of β-galactosidase studied *in vitro*, but it is very close to the pattern of affinities of the permease, suggesting that, in normal induced wild type, the permease, rather than the galactosidase, is the limiting factor for the hydrolysis of galactosides. This is probably also the explanation of the fact, which has been known for several years, that the *in vivo* hydrolysis of certain galactosides by the wild type is slower than expected on the basis of the extractible galactosidase activity of the cells (49).[7]

A striking experiment allows the conversion of normal cells into phenocopies of the cryptic, permeaseless organisms. It is based on the fact that cells grown in the presence of p-fluorophenylalanine incorporate the analog into their proteins, in place of tyrosine and phenylalanine (67). Now it would seem that certain proteins formed under these conditions retain their specific activity, while others do not. Actually, when normal *E. coli* is grown and induced in presence of suitable concentrations of p-fluorophenylalanine, the cells form normal amounts of β-galactosidase, but only traces of permease. These cells behave like cryptics, in that they hydrolyze o-nitrophenylgalactoside at a much lower rate than controls possessing equal amounts of galactosidase and higher levels of permease (table 2).

All these experiments, therefore, concur in

[7] This conclusion does not necessarily imply that the *in vivo* and the extracted β-galactosidase must have necessarily the same activity.

demonstrating that the permease controls *in vivo* the communications between the intracellular β-galactosidase and the external medium.

F. Functional Relationships of Permease: Induction

The control by permease of the entry of galactosides into the cells carries other consequences which are particularly interesting. Galactosides are not only substrates (or specific inhibitors) of permease and galactosidase; they are also (7, 61, 71) inducers of the two systems. Therefore, by controlling the intracellular concentration of inducers, the permease should control the kinetics of β-galactosidase *and of its own* induction. As this problem is reviewed in this same issue by M. Cohn (pp. 140–168), we shall only briefly record here the main points.

First, the induction of β-galactosidase requires much higher concentrations of inducers in cryptic mutants than it does in the wild type; actually, with thiomethyl-galactoside, more than a 100-fold difference in external inducer concentration is required for saturation of the induction system. Since the wild type effects a 100-fold or more intracellular concentration of the inducer while the cryptic does not concentrate it at all, the interpretation is immediate.

Second, at low inducer concentrations, the kinetics of galactosidase synthesis, expressed in differential rates (increase of enzyme *versus* increase in bacterial mass), is autocatalytic while it is linear at higher (saturating) concentrations. This is easily understood since, at low (nonsaturating) concentration, the differential rate of synthesis will depend on the intracellular concentration factor, *i.e.*, on the specific activity of the permease, and therefore it should increase as induction proceeds.

If this interpretation is correct, the cryptic mutants, devoid of permease, should show linear kinetics of induction at all concentrations of inducer. This actually occurs as shown in figure 7. This result, obtained by Herzenberg (36), is an important confirmation of the contention (contrary to frequently expressed views) that the induced synthesis of enzymes does not involve an increased synthesis of enzyme-forming system.

At low concentrations of inducer, however, the induction of the permease-galactosidase system is autocatalytic, since permease is a system which concentrates its own inducer. This entails some remarkable consequences. *E. coli* cells which already possess permease are induced by very low concentrations of inducer, which are ineffective on noninduced cells. As the permease is distributed between daughter cells, these will inherit this "sensitiveness" and go on producing enzyme in presence of these low inducer concentrations. Therefore, under suitable conditions, the capacity to synthesize permease may be manifested as a self-perpetuating and as a clonally distributed property (13; M. Cohn, this issue; 68). The interest of this effect as a possible model of certain types of cellular differentiation is evident.

G. Genetic Relationships of Galactosidase and Galactoside-Permease

Permease and galactosidase are genetically distinct, as we already noted, since they are affected by different specific mutations. However, there are interesting genetic relationships between the two systems.

In the first place, a fairly large number of mutations manifested by the loss of the capacity to synthesize either β-galactosidase or galactoside-permease have been isolated in *E. coli* K12 and they have been found to be all very closely linked, although no two of them were alleles (J. Lederberg, unpublished; Monod and Jacob, unpublished). (Actually, the complexity of the locus in question had been recognized several years ago by E. Lederberg (48)). This finding is interesting, although not very surprising, since the work of Hartman, Demerec, and others (20) has revealed that the genes controlling enzyme sequences in bacteria are often, if not as a rule, closely linked, and may even be arranged in the same order as the reactions themselves.

Although most mutations affect specifically either permease or galactosidase, giving rise to the "cryptic" and "absolute negatives" mentioned previously, a few appear to suppress both systems simultaneously. These might be deletions. But another mutant type deserves special mention. This is the constitutive (12, 50) in which *both* the permease and the β-galactosidase are formed in the absence of inducer (71). The mutation to constitutive is spontaneous and may occur in "cryptic" organisms devoid of permease. These "constitutive cryptics," which form very large amounts of β-galactosidase without external inducer but are unable to metabolize lactose, may in turn mutate spontaneously to a permease-positive type able to grow on lactose. When this occurs, the permease also is constitutive. Therefore, this single step, spontaneous mutation to constitutive, controls the constitutive *versus* inducible character of *both* galactosidase and permease. It should be added that the locus of the

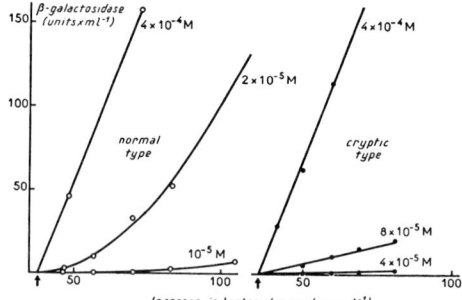

Figure 7. Kinetics of induced β-galactosidase synthesis in normal *Escherichia coli* and in the cryptic mutant type (36). Inducer: iso-propyl-thio-β-D-galactoside.

TABLE 3*
Glucuronide-permease of Escherichia coli

Bacterial Suspension	Additions	S^{35}-TPU Accumulated	Accumulation of Induced Control
		μM/g	%
Noninduced...............	None	0	0
Induced by methyl-β-glucuronide 10^{-3} M...............	None	47	100
Same......................	Phenyl-β-glucuronide 2×10^{-2} M	0	0
Same......................	Thiomethyl-β-glucuronide 2×10^{-2} M	6	13
Same......................	Thiomethyl-β-glucuronide, methyl ester 2×10^{-2} M	47	100
Same......................	Methyl-β-glucoside 2×10^{-2} M	46	97

Bacterial suspensions were shaken at 37 C for 10 minutes with S^{35}-thiophenylglucuronide (TPU) 5×10^{-4} M.
* From F. Stoeber (77).

TABLE 4
Independent synthesis and independent functioning of galactoside-permease and glucuronide-permease

Cells Previously Grown with Succinate as Main Carbon Source, in Presence of:	Permease Activities (Accumulation of Radioactive Compound, μM/g) in Presence of Following Assay Mixtures:			
	S^{35} thiogalactoside*	S^{35} thioglucuronide†	S^{35} thiogalactoside + S^{32} thioglucuronide	S^{32} thiogalactoside + S^{35} thioglucuronide
Isopropyl-β-D-galactoside.............	93	1	124	—
Methyl-β-D-glucuronide.............	1	57	—	56
Glucuronide + galactoside.............	100	64	85	66

* S^{35} labeled thiomethyl-β-D-galactoside.
† S^{35} labeled thiophenyl-β-D-glucuronide.

constitutive mutation is also closely linked to the loci controlling specifically the capacity to synthesize β-galactosidase and permease.

IV. OTHER CARBOHYDRATE PERMEASES OF ESCHERICHIA COLI

The existence, in *Escherichia coli*, of a specific permease which controls the metabolic utilization of galactosides, *e.g.*, lactose, implies, almost necessarily, as we have already pointed out, that other equally specific permeation systems must control the permeation of the numerous other carbohydrates which *E. coli* is normally able to metabolize. However, the positive identification of a permease requires an experimental material (in particular, adequate nonmetabolizable radioactive substrates) which is not always readily available. So far, only two other carbohydrate permeation systems for specific carbohydrates have been identified in *E. coli*, one active on glucosides, the other on glucuronides.

A. Glucuronide-Permease

Stoeber (77) has recently described an inducible system which concentrates glucuronides in *E. coli*. It should be recalled that *E. coli* forms an inducible β-glucuronidase. Stoeber found that S^{35}-labeled thiophenyl-β-D-glucuronide (35), which is not hydrolyzed by glucuronidase, is accumulated, unchanged by glucuronide-induced *E. coli*. The accumulation, which is inhibited by 2,4-DNP and NaN_3, is reversible, and the intracellular *versus* extracellular concentration follows an adsorption isotherm [equation (1) with K ca. 10^{-4} M]. The system is strictly stereospecific: the accumulation is competitively inhibited by free, unsubstituted glucuronides, not by glucosides, galactosides or other carbohydrates (table 3). The induced formation of the system is blocked by β-2-thienylalanine.

By all these properties, this system is closely analogous to galactoside-permease, while it is sharply defined by its strict specificity of combination and of induction. The two systems may be either separately or simultaneously induced in the same strain of *E. coli*. In the doubly induced cells, glucuronide and galactoside are simultaneously accumulated, each to a similar extent as in the singly induced cells (table 4).

The two permeases are thus synthesized independently, and function independently, without any cross interference.

B. Glucoside Accumulation in Escherichia coli (64)

E. coli does not measurably metabolize α-methyl-glucoside. However, suspensions of *E. coli* shaken with C^{14} labeled α-methyl-glucoside accumulate, reversibly, up to 100 μmoles/g of the compound. Radioautograms of hot water extracts from the cells show a single spot with the same R_f as free α-methyl-glucoside. The accumulation is not inhibited significantly by NaN$_3$ or 2,4-DNP. It is reversible and the variation of internal *versus* external concentration of α-methyl-glucoside follows again an adsorption isotherm [equation (1) with a K of 2×10^{-4} M].

The system is constitutive: cells grown in presence of glucose or succinate, with or without α-methyl-glucoside, are about equally active.

The specificity of the system has not been studied in detail, for lack of adequate compounds. However, the accumulation of α-methyl-glucoside is very powerfully inhibited by glucose, even at extremely low concentrations. There is little or no inhibition with fructose and galactose. Since glucose is used by the cells, it is difficult to determine whether the inhibition is competitive and whether it is due to glucose itself or to a product of its metabolism.

These observations suggest that the accumulation of α-methyl-glucoside in *E. coli* is due to a constitutive permease system possessing a high affinity for glucose. We have already recalled Doudoroff's studies on a mutant of *E. coli* K12 which appeared to be cryptic towards glucose (see page 170). As it turns out, cells of this glucose-negative strain also lack the capacity to accumulate α-methyl-glucoside although, after proper induction, they prove capable of accumulating galactosides. Moreover, 12 independent glucose-positive isolates, obtained from the glucose-negative mutant by transduction with an adequate phage (P1), were found to have also regained the capacity to accumulate α-methyl-glucoside.

These findings indicate that the α-methyl-glucoside accumulating system must be closely related to the system presumably responsible for the permeation of glucose in *E. coli*. Further studies are required to identify these systems.

V. THE PERMEATION OF KREBS CYCLE INTERMEDIATES AND OTHER ORGANIC ACIDS IN PSEUDOMONAS AND AEROBACTER

The operation of the permeation systems which we have studied so far can be tested directly, independently of the activity of the corresponding metabolic enzymes. The existence, in *Pseudomonas* and *Aerobacter*, of specific systems insuring the permeation of certain intermediates of the Krebs cycle and of other organic acids has been inferred from a different kind of evidence, essentially from crypticity relationships.

A. Citrate and other Intermediates of the Krebs Cycle

The interferences of permeability effects in the metabolism of intermediates of the Krebs cycle had been frequently suspected in the past, as an explanation of discrepancies observed between the metabolism of intact cells and the enzymic activities of extracts (25, 39, 78).

In 1953, Kogut and Podoski (43), and Barrett *et al.* (2) discovered independently that the oxidation of citrate and of other intermediates of the cycle by intact cells of *Pseudomonas* was adaptive, while the enzymes of the cycle itself were constitutive. The specificity of this inductive effect, as shown by Kogut's results (table 5), reveals the existence of at least five different inducible systems. It is particularly interesting to note, for instance, that cells grown on citrate, and able to use citrate without lag, are still cryptic towards *iso*-citrate and *cis*-aconitate. This illustrates strikingly the specificity of the systems involved. In sharp contrast to the strictly adaptive behavior of intact cells, extracts from cells grown on citrate, fumarate or succinate showed no significant difference in their oxidative activity towards citrate (2) and other intermediates of the cycle (43).

Both groups of authors formulated the hypothesis that the adaptive behavior of intact cells was due to specific, inducible permeation factors. They tested the effects of agents known to inhibit the synthesis of active enzymes. Barrett *et al.* (2), in particular, showed that the amino acid analogs, ethionine and *p*-fluorophenylalanine, blocked adaptation to citrate. Thus unadapted *Pseudomonas* cells are cryptic towards most intermediates of the Krebs cycle. Adaptation to a given intermediate suppresses crypticity towards the corresponding compound, and this

TABLE 5*
Oxidation of tricarboxylic acid cycle intermediates by washed suspensions of Pseudomonas sp.

Growth Substrate	Substrate for Oxidation									
	Succinate	Fumarate	Malate	Oxalacetate	Pyruvate	Acetate	Citrate	cis-Aconitate	iso-Citrate	α-Ketoglutarate
Succinate	+	+	+	+	0	0	0	0	0	0
Fumarate	+	+	+	+			0			0
Malate	+	+	+	+			0			0
Acetate	0	0			+	+	0			0
Citrate	0	0	+		0	0	+	0	0	0
iso-Citrate	0	0	+				+	+	+	0
α-Ketoglutarate	0	0			0	0	0			+

+ = Substrate oxidized linearly from the moment of tipping.
0 = Substrate not linearly oxidized initially.
* From M. Kogut and E. P. Podoski (43).

"suppression of crypticity" requires protein synthesis.

An entirely similar situation has since been discovered, in *Aerobacter*, for citrate utilization, by Green and Davis (18), who showed, in addition, that the adaptation was inhibited by glucose. As we have already recalled, this "glucose effect" is typical of many, in fact of most, inducible enzymes.

Gilvarg and Davis (29) had previously found a mutant of *Escherichia coli* which lacked the condensing enzyme while it possessed all the other enzymes of the Krebs cycle. This mutant required α-ketoglutarate for growth, but it could not utilize citrate in its place. In contrast, a mutant of *Aerobacter*, which also lacked the condensing enzyme, grew equally well on either α-ketoglutarate or citrate. These findings show clearly that citrate is an obligatory intermediate of α-ketoglutarate synthesis, in both organisms, but that *E. coli* is, for all practical purposes, impermeable to it, while *Aerobacter* can be "decryptified" by proper adaptation. It may be recalled, at this point, that the operation of a "complete" Krebs cycle in microorganisms had been repeatedly denied, precisely because many microbes, such as yeast and *E. coli*, did not metabolize certain intermediates of the cycle. It is now established beyond doubt, not only that the enzymes of the cycle exist, but that the cycle actually operates *in vivo*, in *E. coli* as well as in yeast (29, 44, 72, 76, 79, 80).

The findings summarized previously leave little doubt that the entry of Krebs cycle intermediates into bacteria is controlled by stereospecific permeases and that the failure of certain organisms to metabolize certain intermediates is due to their incapacity to synthesize the appropriate permease system. It is likely that the actual operation of these systems could be tested directly if proper analogs of their substrates were available, or if proper mutants were used.

B. Tartaric Acid Permeation in Pseudomonas

Recent observations of Shilo and Stanier (75) have given clear indications of the existence of stereospecific permeation factors for different isomers of tartaric acid in *Pseudomonas*. The attack of each isomer by most strains is due to a distinct inducible dehydrase which produces oxalacetic acid (45, 47, 74). Two kinds of observations showed that, besides the specific dehydrase, an additional, inducible factor is required for the *in vivo* metabolism of tartrates.

In the first place, when cells were grown on limiting amounts of tartrate as sole source of carbon and energy, depletion of tartrate caused the population to enter the stationary phase, invariably followed by a loss of the capacity for immediate attack on tartrate. This loss could not be explained by the inactivation of any of the known intracellular enzyme systems involved in the dissimilation of tartrate, including in particular the specific dehydrase, as tested with extracts.

The dissimilated cells, in other words, were cryptic towards tartrate while they still metabolized oxalacetate. The oxidative activity of the dissimilated cells could be regained rapidly by re-exposure to tartrate. But UV irradiation blocked this readaptation, although it had no effect on the activity of the system, suggesting that readaptation involved resynthesis of a protein component which had presumably been inactivated during the dissimilation period.

Further indications that the access of tartaric acid isomers to the intracellular dehydrases is controlled by strictly stereospecific factors were given by the study of the inhibition *in vitro* and *in vivo*. *Meso*-tartaric acid is a powerful inhibitor of the *d*-dehydrase, and *d*-tartaric acid is a powerful inhibitor of *meso*-dehydrase in extracts; however, no such inhibition is observed in whole cells adapted to a single isomer. But if one uses cells able to attack the *three* isomers of tartrate, the oxidation of *meso*-tartrate can be inhibited *in vivo* by *d*-tartrate.

These facts could perhaps, like most specific crypticity effects, be explained by *ad hoc* alterations of the enzymes upon release from the cell. It is much more probable that they reveal a marked difference of stereospecific requirements, between the intracellular enzyme and a specific permeation factor. In fact, the results suggest that the permeation factors for tartrate isomers may be more exacting, in their stereospecificity, than the metabolic enzymes. The nature of the isomerism of tartaric acids makes this problem particularly intriguing. It may well be that the marvelous discriminative power possessed by the microorganisms which, about 100 years ago, helped Pasteur (70) to separate the different isomers of tartaric acid, was based largely on the properties of their permeases.

VI. AMINO ACID PERMEASES

A. *The Accumulation of Exogenous Amino Acids by Escherichia coli*

Many instances have been reported in the past in which the growth of auxotrophic mutants requiring amino acids was inhibited competitively by other structurally related amino acids; whereas the nonexacting wild-type was not inhibited (1, 21, 37, 42). To explain such data, various schemes were proposed, some of which (42) assumed a selective permeability barrier where the interactions were supposed to occur. However, no positive evidence was given in favor of this hypothesis.

This problem can best be studied by using labeled compounds to follow the uptake of amino acids by the cells (10, 11). In particular, the uptake of radioactive valine by *Escherichia coli* K12 has been studied in some detail. It was found that when *E. coli* K12 is shaken at 37 C, in presence of this amino acid, under conditions where protein synthesis was blocked, radioactivity was rapidly accumulated into the cells, in amounts corresponding to a concentration factor (with respect to the external medium) of up to 500.

Chromatographic analysis of the radioactive material extracted by boiling water shows that the concentrated material consists exclusively of valine. The amounts of intracellular valine vary with the external concentration, according to an adsorption isotherm; the "capacity" (see page 172) of the system at saturating external concentration (5×10^{-5} M L-valine) is of the order of 20 μmoles per g dry weight, i.e., 4×10^6 molecules of L-valine per bacterial cell. The apparent dissociation constant of the system is of the order of 3×10^{-6} M.

The accumulation is inhibited by 2,4-DNP and NaN$_3$, and is optimal in the presence of an external energy source.

The accumulation of valine is reversible: the intracellular C^{14}-valine can be displaced by non-radioactive valine, and also by the structurally related amino acids, leucine or isoleucine, while phenylalanine or proline, even at much higher concentrations, have shown no effects. Moreover, only the L-isomers are effective competitors. Substitution of the amino or carboxyl groups of the competitors, or replacement of the isopropyl group of valine by a dibutyl, diphenyl or dibenzyl group, suppresses all competitive capacity. Similarly, peptides containing valine, leucine, or isoleucine have little or no affinity for the valine accumulating system (table 6). The system responsible for accumulation is therefore strictly stereospecific. A quantitative study of the displacement shows that the antagonistic action of leucine or isoleucine is competitive (table 7).

This system is constitutive: it is present in organisms grown in the absence of valine or of any other amino acids. The total valine accumulating capacity of a growing culture increases linearly with the bacterial mass; this increase is inhibited by 5-methyl-tryptophane or thienylalanine, which do not stop protein synthesis, but are known to inhibit the synthesis of active enzymes (67).

The existence of several other systems similar to the valine one, but different in specificity, has been demonstrated in *E. coli*. One system is char-

TABLE 6*
Structural conditions required for the competitive displacement

Additions	Internal Accumulation of L-Valine
M	μ moles/g
None	15.7†
L-isoleucine 5×10^{-5}	2.8
L-leucine 5×10^{-5}	2.1
Unlabeled L-valine 10^{-3}	2.1
D-valine 10^{-3}	19.2
D-isoleucine 10^{-3}	17.2
D-leucine 10^{-3}	12.5
DL-N-monomethylvaline 10^{-3}	18.3
DL-valinamide 10^{-3}	15.9
DL-dibutylalanine 10^{-3}	12.5
DL-diphenylalanine 10^{-3}	19.1
DL-dibenzylalanine 10^{-3}	18.5

Radioactive DL-valine was present in all suspensions (5 millimicromoles L-valine/ml). A sample was taken after 1-minute incubation at 37 C; then the presumed competitor was added and a new sample was taken after 1 minute.

* From G. N. Cohen and H. V. Rickenberg (11).

† The controls without addition of each experiment differ at maximum of ±7% from this mean value.

TABLE 7*
Competitive displacement of radioactive L-valine by L-isoleucine

Radioactive L-Valine	L-Isoleucine	Internal Accumulation of L-Valine
M	M	μmoles/g
5×10^{-6}	0	19.1
	2.5×10^{-6}	7.8
	5×10^{-5}	3.1
5×10^{-5}	0	34.1
	10^{-5}	30.4
	5×10^{-5}	19.0
	10^{-4}	8.3
	5×10^{-4}	5.5

* From G. N. Cohen and H. V. Rickenberg (11).

acterized by the capacity to accumulate L-phenylalanine. Radioactive phenylalanine is displaced by nonradioactive L-phenylalanine, but not by the D-isomer; it is also displaced by p-fluorophenylalanine, but not by phenyl-lactate, phenylpyruvate or phenylserine, nor by unrelated amino acids such as isoleucine of proline.

Another system accumulates L-methionine, which is displaced by nonradioactive L-methionine or by L-norleucine, but not by the D-isomers, nor by phenylalanine or proline or other unrelated amino acids.

The three systems studied are thus stereospecific and independent one from the other, as is proved by the absence of any effect of the typical substrate of each upon the functioning of the other two.

Britten, Roberts, and French (6), using different techniques, independently found that various exogenous amino acids were accumulated by *E. coli*, independently of protein synthesis. L-proline, in particular, is highly concentrated and the results suggest that the proline concentrating system is specific for this one amino acid.

Thus, except for inducibility, the amino acid concentrating systems are very similar to the galactoside concentrating system for the interpretation of which we have already discussed the catalytic *versus* stoichiometric models. We have seen that the evidence eliminates the latter in favor of the permease theory. However, the analogy between the two classes of systems would be insufficient to decide in favor of one or the other model. The validity of the permease model for the amino acid systems must be discussed on the basis of direct evidence.

To begin with, we may remark that the "common sense argument" based on the amount of substrate accumulated is valid for amino acids as well as for galactosides. For instance, proline may, according to Bolton et al. (4), be accumulated to the extent of several hundred μmoles per gram, a quantity roughly equivalent to ⅓ the number of ribonucleic acid (RNA) nucleotides and 1/20 the total number of protein bound amino acids in the cell. Such a result would be very difficult to interpret on the hypothesis that the retention of the amino acids is due to binding to nondiffusible molecules.

B. Physiological Interactions between Amino Acids Explained by the Permease Model

The strongest arguments which favor the permease theory for amino acids is that it explains most satisfactorily the so far poorly understood physiological interactions observed in *E. coli* between structurally related amino acids.

We shall first consider valine and its effects on the growth of different strains of *E. coli*:

a. Toxic effects of valine on E. coli K12. It is known that the growth of *E. coli* K12 is inhibited by valine and that the inhibition is released by the addition of isoleucine (81) or leucine (73). The D-amino acids show no action either as inhibitors or as antagonists.

If the valine accumulating system is, in effect, a permease system which controls not only the accumulation of valine, but actually the entry of this amino acid into the cell and its access to all intracellular systems, the antagonism is immediately accounted for; the ratio isoleucine/valine necessary to displace 50 per cent of the valine is the same as the ratio of isoleucine/valine that restores 50 per cent of the normal growth. The detoxifying effect of isoleucine and leucine is thus undoubtedly linked to the inhibition of valine accumulation by the permease. The toxic effect of valine is therefore conditioned by the activity of the permease, but it is not an inherent consequence of it, since a valine-resistant mutant possesses a valine permease of the same affinity and activity. Consequently, the toxic effect of valine need not have anything to do with the intracellular metabolism and/or synthesis of isoleucine and leucine. Actually, it has been shown that the toxicity of valine for *E. coli* K12 is due to an alteration of the proteins synthesized in its presence (8).

b. The growth of auxotrophic mutants of E. coli. The growth of auxotrophic mutants of *E. coli* requiring one of the three amino acids: valine, leucine, or isoleucine is competitively inhibited by the two other members of the group. Here again, the ratio of isoleucine/valine at which the growth of a valine-requiring mutant is inhibited by 50 per cent, corresponds to the 50 per cent displacement ratio for valine accumulation through the permease in presence of isoleucine. The interpretation of these effects is again simple and straightforward in terms of the permease model while interpretations in terms of reciprocal effects upon biosynthetic pathways (37) were complex and unsatisfactory.

c. Incorporation of exogenous valine into proteins by wild-type of Escherichia coli. In normal wild-type *E. coli* (K12 excepted) neither leucine, isoleucine, nor valine exerts any positive or negative effect on the growth rate. It is, however, possible to demonstrate that the incorporation of exogenous valine is controlled by a system which

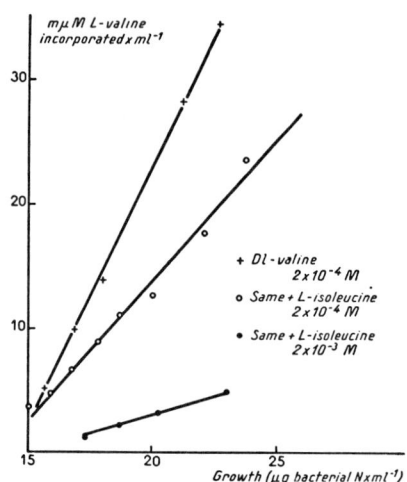

Figure 8. Incorporation of radioactive exogenous L-valine by wild-type *Escherichia coli* in absence and in presence of unlabeled L-isoleucine, at increasing concentrations (see text, this page) (11).

has the specificity of the permease. When wild-type *E. coli* ML is grown in presence of radioactive valine, this exogenous amino acid competes very efficiently with the valine which is endogenously synthesized from the carbon source of the medium: 95 per cent of the valine incorporated into the protein is radioactive. Under these conditions, the total radioactivity incorporated increases linearly with the increase in bacterial mass during growth. The slope of the straight line obtained measures the specific radioactivity of valine in the proteins synthesized from the time of addition and gives therefore the ratio of exogenous to endogenous valine in the newly formed proteins.

As is seen in figure 8, when the cultures are grown in presence of radioactive valine and unlabeled isoleucine, the specific activity of the proteins decreases as the concentration of isoleucine increases. Since, as we have mentioned, the presence or absence of valine or isoleucine is without action on the growth of these cells, this effect could hardly be attributed to a drastic alteration of the valine content of the proteins. It is evidently due to an altered ratio of incorporation of endogenous to exogenous valine into the proteins. Again, this effect is explained and predicted by the permease model. We can thus give

TABLE 8*
Interactions between valine, leucine and isoleucine in Escherichia coli

Organism	Effect of Valine on Growth	Antagonist	Effect of Antagonist on Accumulation of Valine	Effect of Antagonist on Growth
K12S	Inhibits growth	Isoleucine, leucine	Competitive displacement	Suppresses growth inhibition
ML328f	Required for growth	Isoleucine, leucine	Competitive displacement	Inhibits growth
Valine-resistant mutant of K12S or *E. coli* ML	None	Isoleucine	Competitive displacement	Nil. Inhibits incorporation of exogenous, but not of endogenous, valine

* From G. N. Cohen and H. V. Rickenberg (11).

a unitary explanation of the valine-isoleucine antagonism for *E. coli* K12, for the auxotrophs, and for the normal *E. coli* strains. The three apparently unrelated phenomena now clearly appear to be different expressions of the same initial event; namely, competition of structurally related amino acids for a structure which has the same specificity and affinity characteristics as the valine-accumulation system. All the evidence concurs in showing that, while this structure is essential for the entry of exogenous amino acids into the metabolic space of the cells, it plays no role in the synthesis or incorporation of internally synthesized amino acids. Table 8 summarizes the information for the various types of strains.

Many other examples of inhibition of the utilization of a given amino acid by another structurally related natural amino acid, or by structural analogs, have been described in the literature. Lampen and Jones (46), and Harding and Shive (33) have described the inhibition of the growth of *E. coli* by norleucine and its competitive reversal by methionine. The first authors conclude from the competitive aspect of the antagonism that norleucine inhibits utilization, rather than synthesis, of methionine. Harding and Shive apply the methods of inhibition analysis and draw the conclusion that methionine functions in the biosynthesis of leucine, isoleucine, and valine, probably in their amination, and that norleucine inhibits this function of methionine. The progress made since 1948 in the study of the biosynthesis of valine, leucine, and isoleucine by *E. coli* has revealed no such function of methionine. Actually, it has been found that norleucine is incorporated in the proteins of *E. coli* where it substitutes for methionine (R. Munier and G. N. Cohen, unpublished); however, the synthesis of methionine is unimpaired, in the presence of norleucine, and the nonincorporated methionine is found in the culture medium. The known properties and specificity of the methionine permease account completely for the competitive suppression of norleucine inhibition by methionine.

A similar situation is encountered with thienylalanine and *p*-fluorophenylalanine which also cause the synthesis of "false proteins." The analogues are incorporated in place of phenylalanine and tyrosine in the proteins of *E. coli*, and the inhibition of growth which ensues is due to the biological inactivity of these "false proteins."

Suppression of the inhibition by phenylalanine is again explained by the directly determined displacements at the permease level. Other interpretations, based on *p*-fluorophenylalanine inhibiting the synthesis of tyrosine from phenylalanine (3) are erroneous, since such a pathway for tyrosine synthesis has been excluded in *E. coli* (17).

An antagonism which has been correctly analyzed occurs in the inhibition of the growth of *E. coli* by diamines, studied by Mandelstam (53). The wild type of *E. coli* is not inhibited by diamines, whereas the growth of a lysine-requiring mutant is inhibited by the C_5, C_6 and C_7 diamines. Direct estimation has shown that the inhibition of growth is due to the inhibition of uptake of lysine.

The essential justification of the permease model for the amino acid accumulation systems in *E. coli* is that it accounts for the observed antagonisms. The stoichiometric model or variations of it could possibly account for some of these effects, but only at the expense of additional *ad hoc* assumptions. The number and the variety of the effects which are simultaneously explained by the permease model leave no doubt that it must be valid in its essential features.

This rapid review of some examples of antagonisms shows how cautious one should be in the interpretation of antimetabolic activities of structural analogs. The possibility that the effects observed are due to specific permeases must be taken into account. However, it would probably be equally dangerous to use the permease interpretations indiscriminately in cases where no actual data concerning the specificity and relative affinities of the presumed systems are available.

C. *Accumulation of Amino Acids by Other Microorganisms*

As mentioned before, the experiments of Gale and his co-workers (27, 28) provided the first example of the accumulation of amino acids by bacterial cells. It is also well known that yeasts possess a "free amino acid pool" and may accumulate exogenous amino acids into this pool (32). An essential difference between these gram-positive organisms and *E. coli* is that the "free" intracellular amino acids are not in equilibrium with amino acids in the external medium. It seems probable, nevertheless, that the bulk of the amino acids are indeed free, which implies necessarily the existence of an impermeable barrier and the occurrence of active transport (28). Whether this active transport is mediated by stereospecific factors comparable to *E. coli* permeases is uncertain. Halvorson and Cohen (31) have observed that the rate of uptake of valine and phenylalanine into the pool of yeast is inhibited by structurally unrelated amino acids, including D-isomers. A similar situation had been disclosed previously in *Neurospora crassa* by Mathieson and Catcheside (54), who showed that the uptake of histidine in this organism is inhibited by a whole series of other amino acids. It should be stressed that these authors were able, on this basis, to explain the fact that histidine-requiring mutants of *Neurospora* are inhibited by other amino acids while the wild type is uninhibited.

GENERAL DISCUSSION

As an economical way of summarizing the more general conclusions which appear justified by the evidence reviewed here, it will be convenient to consider a model cell to which we shall try to attribute only the *minimal* properties required to account for the behavior of the different permeation systems studied. The discussion of this model will also give us an occasion of bringing in certain elements of evidence which we have not considered so far, because they did not pertain directly to the study of any one permeation system.

In attempting to construct such a model it might be useful to consider the information concerning selective permeation of organic compounds in tissues of higher organisms. Actually, the wealth of information is so considerable and so complex that summarizing it in a few statements is virtually impossible. It must be noted, however, that by far the largest fraction of this information concerns "transtissular" permeation, that is to say, transport from one extracellular space to another extracellular space across more or less complex cellular tissues or organs. The problem is experimentally quite different from the one we have attempted to analyze in microorganisms. Yet, Wilbrandt (84) has shown that the more likely interpretation of such "transtissular" permeation is a "membrane carrier mechanism," involving specific carriers, operating within otherwise impermeable cellular membranes.

The most significant observations directly concerning cellular permeation in cells of higher organisms have been made on erythrocytes (51, 84). The existence, in the erythrocytes of primates, of a transmembrane carrier system for hexoses, is clearly established. The system appears to function exclusively in equilibrating intracellular and extracellular concentrations; there is no evidence of active transport. Since, in this work, the rates of hexose permeation are determined by measurements of osmotic equilibrium, there is no ambiguity as to the state of the intracellular compound, and to the existence of a real osmotic barrier. The intervention of a specific carrier is shown by the nonlinearity of the rates of entry with respect to concentrations, and by competition between different sugars. The stereospecificity of the carrier is not very strict, since several different hexoses and pentoses appear to compete for the same system. The existence in these cells of different independent carrier systems for different compounds or classes of compounds is likely, but they do not seem to have been clearly identified one from the other.

Let us now describe the model which we shall use as a basis of discussion.

The bacterial cell is supposed to be enclosed within an osmotic barrier (55) highly impermeable toward polar substances, such as carbohydrates, hydroxy and other organic acids, amino acids, and the like. The impermeability of the barrier is not supposed to be absolute; however, leakage in either direction may occur, slowly tending to equilibrate the inside and outside concentrations. In places within the barrier, there exist different proteins (the permeases) which are able to form stereospecific, reversible complexes with different hydrophilic compounds. Dissociation and association of the specific complex may occur either on the inside or on the outside of the osmotic barrier. The effect of a permease, therefore, is to activate catalytically the equilibration of the concentrations (activities) of the substrate on either side of the membrane, i.e., inside and outside the cell, according to the scheme:

$$G + y \underset{1}{\overset{2}{\rightleftarrows}} Gy \underset{3}{\overset{4}{\rightleftarrows}} y + G$$

outside | permeability barrier | inside

Many permease systems, but not necessarily all of them, are coupled to an energy donor, the net effect of which is to inhibit the "inside" association reaction (reaction 4). When this occurs, the substrate accumulates within the impermeable barrier, i.e., within the cell, until the difference of internal and external concentrations is high enough for the nonspecific leakage through the permeability barrier to equilibrate the entry via the permease.

Let us now consider the justification, the possible meanings, and the limitations of the different assumptions contained in this scheme. The first essential assumption is the existence of an osmotic barrier enclosing the whole cell and impermeable to polar compounds. The justification for this assumption is that it accounts at once (a) for the capacity of bacterial cells to accumulate and retain certain compounds in an apparently free state; (b) for the crypticity of certain cells towards certain polar compounds. Both effects have been amply documented here and we have discussed the reasons which make other interpretations of accumulation (see pages 173–174) and of specific crypticity (see page 176) virtually impossible. We need only to refer to discussion.

As final evidence of the existence of a cellular osmotic barrier in bacteria, we cite the recent work of Mitchell and Moyle (58), which allows the estimation of the actual intracellular osmotic pressures within certain bacterial cells. Using an elegant technique, they find a pressure of 20–25 atmospheres for *Staphylococcus aureus*, (*Micrococcus pyogenes* var. *aureus*) a value which indicates that most of the low molecular weight intracellular compounds must be free and in solution within the osmotic barrier (59). Mitchell and Moyle have also devised (57) new techniques for studying the rate of equilibration of internal and external osmotic pressure of bacterial cells. Using various carbohydrates and polyhydric alcohols, they find that, in general, these rates are extremely low; sometimes so low that osmotic equilibrium is never reached.

These observations illustrate the low permeability of bacterial cells toward sugars in general. However, they are not altogether free of complexities and apparent contradictions, and they cannot, we believe, be interpreted directly in terms of *rates of permeation*, since most of the compounds used are metabolized by the cells at high, variable, and unknown rates. It would be of great interest to see these techniques applied to unnatural isomers, which would not be metabolized, and for which specific permeases would presumably not be available. The tests performed with such unnatural compounds would give an estimation of the truly *nonstereospecific* permeability of the membrane.

We shall not dwell on the important problem of the physical nature of the osmotic barrier. Modern work with "protoplasts" indicates clearly that the cell wall, while responsible for the resistance of the cells to internal hydrostatic pressure (83) is not a significant element of the permeability barrier since the permeability properties of protoplasts are similar to those of intact cells. Worthy of mention here is that galactoside-permease is present and functional in *E. coli* protoplasts, as prepared by Rickenberg (personal communication). The existence of a separable membrane, limiting the protoplast (83) is indicated by the formation of "ghosts" when protoplasts burst. According to Mitchell and Moyle (56), "membrane" fractions of *Staphylococcus aureus* have a high lipid content, which may account for the impermeability of the cell to hydrophilic compounds. These facts certainly encourage the identification of this "ghost" structure with the cellular osmotic barrier and bearer of the permease proteins, but the evidence for this identification is, so far, purely circumstantial.

Before turning to another problem, note that the existence of several independent subcellular osmotic units with different permeability characteristics is not excluded, and may have to be considered in the future. For the time being, there is no necessity for this more complex picture.

The second essential assumption of the model is the existence of different, independent, stereospecific permease proteins, functionally specialized for the permeation of specific compounds and distinct from the intracellular metabolic enzymes dealing with the same compounds. The presentation of the evidence bearing on this point has been the object of the present review. We need not discuss this evidence again, but it will be useful to summarize briefly as follows the essential experimental justifications of the permease hypothesis:

1. Certain strains or mutants of bacteria are specifically cryptic, *i.e.*, metabolically inert towards a given compound, although possessing a competent intracellular enzyme system for the metabolism of the compound, and although capable of metabolizing other closely related compounds at a high rate. This suggests that the permeation of such compounds into the cells involves a stereospecific process.

2. Certain polar compounds are (reversibly) accumulated by certain cells, and the accumulation is inhibited by steric analogs of the compound. Conversely, sterically different compounds are accumulated simultaneously without any cross-interference.

These observations show the dependence of accumulation on a stereospecific component and the functional independence of different accumulation systems.

3. The kinetics of accumulation prove that the stereospecific sites act as intermediates, not as final acceptors for the accumulated compound. Moreover, the blocking or inactivation of the stereospecific component results in the cells becoming specifically cryptic towards the corresponding compound.

Therefore, the specific sites act as catalysts for the entry of the compounds into the metabolic space of the cell.

4. The formation of the stereospecific component of certain systems is provoked by specific inducers. This induced formation is blocked by agents which prevent selectively the synthesis of biologically active proteins. These observations show that the specific components of different systems are different proteins individually and independently synthesized by the cell.

5. The capacity of the cell to synthesize a given permeation system may be suppressed by specific mutations which have no effect on the corresponding intracellular metabolic enzyme. Other specific mutations, which suppress the intracellular enzyme, do not suppress the corresponding permeation system. Similarly, certain agents inhibit the synthesis of the permeation system, without interfering with the synthesis of the corresponding metabolic enzyme. These findings prove that the permeation systems are distinct and independent of the homologous metabolic enzymes.

At the present time, at most eight different permeases have been positively identified in a single organism (*E. coli*). This is not a large number. However, as we have stressed several times, proof of the existence of a permease, and of specific crypticity relationships, for a single compound belonging to a homogeneous class, necessarily implies that other, equally specific, permeases insure the permeation of the other compounds of the class which are rapidly metabolized by the same cells. On this basis, it can be estimated that *E. coli* must possess, or be able to synthesize, at least 30 to 50 different permeases dealing with organic substrates. The entry of certain inorganic ions, in particular phosphate, is undoubtedly catalyzed, as it has been shown by the work of Mitchell (55). However, the participation of permeases, in the sense defined above, cannot be tested in this process since none of the necessary criteria (stereospecificity, independence from intracellular enzyme, specific crypticity) is applicable.

The third assumption is that the permease may be coupled to an energy-yielding reaction, and thereby act as a pump, or uncoupled and thermodynamically passive, when it functions as an equilibrator of outside and inside concentrations. This is a synthetic and abstract description of the observed relationships, rather than an assumption. The justification for assuming a coupling is, of course, in part, the effect of metabolic inhibitors. But it should be pointed out that this evidence is not so unequivocal as is generally believed. The metabolic "uncouplers" may act in different ways; they are inactive with certain systems (glucoside-permease) where work is probably performed. The effect, or absence of effect, of an external source of energy is not a good test either, since such a source is often not required. Finally, the best evidence that work is performed in the accumulation of galactosides in *E. coli* is kinetic. As we have seen (see p. 174), this evidence shows that the coupling must be at the level of the specific permeation reaction itself.

There is no reason, however, to suppose that coupling is necessary for the permease protein to act as a thermodynamically passive permeation catalyst. Moreover, as we pointed out, the uncouplers seem to inhibit only the *accumulation*, not the permeation of galactosides. Although the evidence on this last point is certainly insufficient, it is of interest in suggesting a unified interpretation of specific permeation mechanisms, whether or not active transport is performed.

In the minimal model which we have set up, no attempt has been made to represent the actual mechanism of energy coupling. It should be noted, however, that the coupling necessarily implies the participation of further components in the system, namely coenzymes or transporters of chemical potential. Even when the permease acts passively, the participation of other (non-specific) components may be required. Obviously the actual mechanism of specific permeation must be more complex than the deliberately bare and abstract model we have set up. The object of this model has been to symbolize only the indispensable assumptions, and the identified components: the permeability barrier, the stereospecific permease protein, the dependence of permeation on the formation of a reversible permease-substrate complex, the possibility for the system to perform work or not, depending on conditions. Of the existence and nature of nonspecific components, of the detailed mechanism of action of the permease, and of the mechanism of coupling, nothing positive can be said at present. Such problems have given rise to very ingenious speculations (15, 30, 82) into which we shall not go because a whole variety of equally likely, albeit quite different, schemes would have to be considered.

We may, however, briefly consider the question of whether the permeases are proper enzymes or not, and show that it is not meaningless. As we have seen, the permeases behave exactly like enzymes in many characteristic respects. They are proteins which form stereospecific, reversible complexes with certain compounds; certain of them are inducible under the same conditions as typical inducible enzymes; galactoside-permease is controlled by a system of mutations exactly parallel to the system which controls β-galactosidase.

However, enzymes are characterized essentially by the property of catalyzing a *chemical reaction* of their substrates, *i.e.*, the formation, or rupture, or transfer of covalent bonds. There is, at present, no direct evidence that such events occur at the substrate level, with permeases. When there is work performed in the process, it is virtually certain that covalent bonds are broken or transferred and, to that extent, the permease acts like an enzyme in activating their breakage or ·transfer. But these chemical events need not involve the permeating substrate itself. Whether or not the permeation process involves a *chemically altered* form of the substrate as an intermediate, is one of the first problems which will have to be considered in studying the mechanism of action of the permeases.

The hypothesis, that the rapid permeation of hydrophilic organic compounds into cells is insured by stereospecific and functionally specialized protein components of the plasma membrane, is not new or original. It has been frequently invoked in the past to account for selective permeability effects, the most precise and elaborate formulations having been given by Danielli (14-16). The recent microbiological work summarized in this review has given precise and extensive experimental support to this concept. The specific inducibility and independent mutability of certain of the bacterial permeases, allow us to individualize, identify, and study these systems under exceptionally favorable conditions.

The examples we have reviewed leave little doubt that the entry of all the main organic nutrilites (carbohydrates, organic acids, amino acids) into bacteria is controlled by specific permeases.

Thus the role of permeases as chemical connecting links between the external world and the intracellular metabolic world appears to be decisive. Enzymes are the element of choice, the Maxwell demons which channel metabolites and chemical potential into synthesis, growth and eventually cellular multiplication. Occurring first in this sequence of chemical decisions, the permeases assume a unique importance; not only do they control the functioning of intracellular enzymes, but also, eventually, their induced synthesis. Moreover, since the pattern of intermediary metabolism appears more and more to be fundamentally similar in all cells, the characteristic, differential, chemical properties of different cells should depend largely on the properties of their permeases.

ADDENDUM

Recent experiments performed by Sistrom at the Pasteur Institute answer the critical question whether galactosides intracellularly accumulated by the action of galactoside permease in *Escherichia coli* are free or bound (see page 174). These experiments depend on the fact that protoplasts of *E. coli* retain the permeability properties of intact cells, including in particular galactoside permease activity (see pages 188–189), while their resistance to osmotic pressure differences is very greatly reduced. Differences in osmotic pressure between the intra- and extracellular phases may result from either a decrease of the external osmolality or an increase of the internal pressure resulting, for example, from intracellular accumulation of a compound in an osmotically active state, *i.e.*, in a *free* state. The bursting of protoplasts is easily measured as a decrease of the optical density of the suspension, so that protoplasts can be used as sensitive indicators of variations of their own osmotic pressure. By comparing the extent of lysis which occurs when the internal pressure increases as a result of permease activity with that caused by a known decrease in external pressure, one can determine approximately the intracellular concentration of free permease substrate at the time of lysis.

Using this experimental principle, Sistrom studied the lysis caused by accumulation of various galactosides in *E. coli* protoplasts prepared by a modification of the lysozyme-versene technique of Repaske [Biochim. et Biophys. Acta, **22**, 189–191 (1956)]. The strain used was a mutant possessing an inducible galactoside permease, and devoid of galactosidase, *i.e.*, able to accumulate, but unable to hydrolyze lactose or other galactosides. It was observed that protoplasts prepared from induced cells (*i.e.*, cells grown in presence of an inducer of galactoside permease) and suspended in 0.1 M phosphate buffer, underwent lysis upon addition of M/100 lactose, while protoplasts from uninduced cells were insensitive to addition of lactose. Comparisons with lysis provoked by decreasing the molarity of the suspending buffer showed that the induced protoplasts had accumulated *free* lactose to the extent of about 22% of their dry weight, a figure closely approximating direct estimations performed on intact cells. The addition of a rapidly metabolizable carbohydrate, namely glucose, did not result in any significant lysis.

These experiments demonstrate that the bulk, if not the totality, of the substrates of galactoside-permease are accumulated within the cells in a free form. Therefore the accumulating mechanism must be catalytic, and the retention is due to a permeability barrier, not to binding or other intermolecular forces.

REFERENCES

1. Amos, H., and Cohen, G. N. 1954 Amino acid utilization in bacterial growth. 2. A study of threonine-isoleucine relationships in mutants of *Escherichia coli*. Biochem. J., **57**, 338–343.
2. Barrett, J. T., Larson, A. D., and Kallio, R. E. 1953 The nature of the adaptive lag of *Pseudomonas fluorescens* toward citrate. J. Bacteriol., **65**, 187–192.
3. Bergmann, E. D., Sicher, S., and Volcani, B. E. 1953 Action of substituted phenylalanines on *Escherichia coli*. Biochem. J., **54**, 1–13.
4. Bolton, E. T., Britten, R. J., Cowie, D. B., Creaser, E. H., and Roberts, R. B. 1956 Annual Report, Biophysics. In *Carnegie Institution of Washington year book*.
5. Bonner, D. M. 1955 Aspects of enzyme formation. In *Symposium on amino acid metabolism*, pp. 193–197. Edited by W. D. McElroy and B. Glass, Johns Hopkins Press, Baltimore, Md.
6. Britten, R. J., Roberts, R. B., and French, E. F. 1955 Amino acid adsorption and protein synthesis in *Escherichia coli*. Proc. Natl. Acad. Sci. U. S., **41**, 863–870.
7. Buttin, G. 1955 Contribution à l'étude d'un enzyme inductible chez *Escherichia coli*. Diplôme d'Etudes Supérieures, Université de Paris.
8. Cohen, G. N. 1957 Synthèse de protéines "anormales" chez *Escherichia coli* K12 cultivé en présence de L-valine. Ann. inst. Pasteur, *in press*.
9. Cohen, G. N., and Rickenberg, H. V. 1955 Etude directe de la fixation d'un inducteur

de la β-galactosidase par les cellules d'*Escherichia coli*. Compt. rend., **240**, 466–468.
10. COHEN, G. N., AND RICKENBERG, H. V. 1955 Existence d'accepteurs spécifiques pour les aminoacides chez *Escherichia coli*. Compt. rend., **240**, 2086–2088.
11. COHEN, G. N., AND RICKENBERG, H. V. 1956 Concentration specifique réversible des aminoacides chez *Escherichia coli*. Ann. inst. Pasteur, **91**, 693–720.
12. COHEN-BAZIRE, G., AND JOLIT, M. 1953 Isolement par sélection de mutants d'*Escherichia coli* synthétisant spontanément l'amylomaltase et la β-galactosidase. Ann. inst. Pasteur, **84**, 937–945.
13. COHN, M. 1956 On the inhibition by glucose of the induced synthesis of β-galactosidase in *Escherichia coli*. In reference 26, pp. 41–46.
14. DANIELLI, J. F. 1952 Structural factors in cell permeability and secretion. In *Structural aspects of cell physiology*, Symposia of the Society for Experimental Biology, VI, pp. 1–15, Academic Press, Inc., New York.
15. DANIELLI, J. F. 1954 Morphological and molecular aspects of active transport. In *Active transport and secretion*, Symposia of the Society for Experimental Biology, VIII, pp. 502–516, Academic Press, Inc., New York. Butterworths Scientific Publications, London (14 pp.).
16. DANIELLI, J. F. 1954 The present position in the field of facilitated diffusion and selective active transport. In *Colston Papers*, VII.
17. DAVIS, B. D. 1951 Aromatic biosynthesis. I. The rôle of shikimic acid. J. Biol. Chem., **191**, 315–325.
18. DAVIS, B. D. 1956 Relations between enzymes and permeability (membrane transport) in bacteria. In reference 26, pp. 509–522.
19. DEERE, C. J., DULANEY, A. D., AND MICHELSON, I. D. 1939 The lactase activity of *Escherichia coli*-mutabile. J. Bacteriol., **37**, 355–363.
20. DEMEREC, M. 1956 In reference 26, pp. 131–137.
21. DOERMANN, A. H. 1944 A lysineless mutant of *Neurospora* and its inhibition by arginine. Arch. Biochem., **5**, 373–384.
22. DOUDOROFF, M. 1951 The problem of the "direct utilization" of disaccharides by certain microorganisms. In *Symposium on phosphorus metabolism*, **1**, pp. 42–48. Edited by W. D. McElroy and B. Glass, Johns Hopkins University Press, Baltimore, Md.
23. DOUDOROFF, M., HASSID, W. Z., PUTNAM, E. W., POTTER, A. L., AND LEDERBERG, J. 1949 Direct utilization of maltose by *Escherichia coli*. J. Biol. Chem., **179**, 921–934.
24. DOUDOROFF, M., PALLERONI, N. J., MACGEE, J., AND OHARA, M. 1956 Metabolism of carbohydrates by *Pseudomonas saccharophila*. I. Oxidation of fructose by intact cells and crude cell-free preparations. J. Bacteriol., **71**, 196–201.
25. FOULKES, E. C. 1951 The occurrence of the tricarboxylic acid cycle in yeast. Biochem. J., **48**, 378–383.
26. GAEBLER, O. H., Editor. 1956 *Enzymes: Units of biological structure and function*. Academic Press, Inc., New York.
27. GALE, E. F. 1947 The passage of certain amino acids across the cell wall and their concentration in the internal environment of *Streptococcus faecalis*. J. Gen. Microbiol., **1**, 53–76.
28. GALE, E. F. 1954 The accumulation of amino acids within staphylococcal cells. In *Active transport and secretion*, Symposia of the Society for Experimental Biology, VIII, pp. 242–253, Academic Press, Inc., New York.
29. GILVARG, C., AND DAVIS, B. D. 1954 Significance of the tricarboxylic acid cycle in *Escherichia coli*. Federation Proc., **13**, 217.
30. GOLDACRE, R. J. 1952 The folding and unfolding of protein molecules as a basis of osmotic work. Intern. Rev. of Cytol., **1**, 135–164.
31. HALVORSON, H. O., AND COHEN, G. N. 1957 Incorporation comparée des aminoacides endogènes et exogènes dans les protéines de la levure. Ann. inst. Pasteur, *in press*.
32. HALVORSON, H., FRY, W., AND SCHWEMMIN, D. 1955 A study of the properties of the free amino acid pool and enzyme synthesis in yeast. J. Gen. Physiol., **38**, 549–573.
33. HARDING, W. M., AND SHIVE, W. 1948 Biochemical transformations as determined by competitive analogue-metabolite growth inhibitions. VIII. An interrelationship of methionine and leucine. J. Biol. Chem., **174**, 743–756.
34. HELFERICH, B., AND TÜRK, D. 1956 Synthese einiger β-D-Thiogalactoside. Chem. Ber., **89**, 2215–2219.
35. HELFERICH, B., TÜRK, D., AND STOEBER, F. 1956 Die Synthese einiger Thioglucuronide. Chem. Ber., **89**, 2220–2224.
36. HERZENBERG, L. A. 1957 Biochim. et Biophys. Acta, *in press*.
37. HIRSCH, M.-L., AND COHEN, G. N. 1953 Peptide utilization by a leucine-requiring

mutant of *Escherichia coli.* Biochem. J., **53,** 25–30.
38. HOGNESS, D. S., COHN, M., AND MONOD, J. 1955 Studies on the induced synthesis of β-galactosidase in *Escherichia coli:* the kinetics and mechanism of sulfur incorporation. Biochim. et Biophys. Acta, **16,** 99–116.
39. KARLSSON, J. L., AND BARKER, H. A. 1948 Evidence against the occurrence of a tricarboxylic acid cycle in *Azotobacter agilis.* J. Biol. Chem., **175,** 913–921.
40. KEPES, A. 1957 Metabolisme oxydatif lié au fonctionnement de la galactoside-perméase d'*Escherichia coli.* Compt. rend., **244,** 1550–1553.
41. KEPES, A., AND MONOD, J. 1957 Etude du fonctionnement de la galactoside-perméase d'*Escherichia coli.* Compt. rend., **244,** 809–811.
42. KIHARA, H., AND SNELL, E. E. 1952 L-alanine peptides and growth of *Lactobacillus casei.* J. Biol. Chem., **197,** 791–800.
43. KOGUT, M., AND PODOSKI, E. P. 1953 Oxidative pathways in a fluorescent *Pseudomonas.* Biochem. J., **55,** 800–811.
44. KORKES, S., STERN, J. R., GUNSALUS, I. C., AND OCHOA, S. 1950 Enzymatic synthesis of citrate from pyruvate and oxaloacetate. Nature, **166,** 439–440.
45. KRAMPITZ, L. O., AND LYNEN, F. 1956 Formation of oxaloacetate from d-tartrate. Federation Proc., **15,** 292–293.
46. LAMPEN, J. O., AND JONES, M. J. 1947 Interrelations of norleucine and methionine in the nutrition of *Escherichia coli* and of a methionine-requiring mutant of *Escherichia coli.* Arch. Biochem., **13,** 47–53.
47. LA RIVIERE, J. W. M. 1956 Specificity of whole cells and cell-free extracts of *Pseudomonas putida* towards (+), (−), and meso-tartrate. Biochim. et Biophys. Acta, **22,** 206–207.
48. LEDERBERG, E. M. 1952 Allelic relationships and reverse mutation in *Escherichia coli.* Genetics, **37,** 469–483.
49. LEDERBERG, J. 1950 The β-D-galactosidase of *Escherichia coli,* strain K-12. J. Bacteriol., **60,** 381–392.
50. LEDERBERG, J., LEDERBERG, E. M., ZINDER, N. D., AND LIVELY, E. R. 1951 Recombination analysis of bacterial heredity. Cold Spring Harbor Symposia on Quant. Biol., **16,** 413–443.
51. LE FEVRE, P. G. 1954 The evidence for active transport of monosaccharides across the red cell membrane. In *Active transport and secretion,* Symposia of the Society for Experimental Biology, VIII, pp. 118–135, Academic Press, Inc., New York.
52. LEIBOWITZ, J., AND HESTRIN, S. 1945 Alcoholic fermentation of the oligosaccharides. Advances in Enzymol., **5,** 87–127.
53. MANDELSTAM, J. 1956 Inhibition of bacterial growth by selective interference with the passage of basic amino acids into the cell. Biochim. et Biophys. Acta, **22,** 324–328.
54. MATHIESON, M. J., AND CATCHESIDE, D. G. 1955 Inhibition of histidine uptake in *Neurospora crassa.* J. Gen. Microbiol., **13,** 72–83.
55. MITCHELL, P. 1954 Transport of phosphate through an osmotic barrier. In *Active transport and secretion,* Symposia of the Society for Experimental Biology, VIII, pp. 254–261, Academic Press, Inc., New York.
56. MITCHELL, P., AND MOYLE, J. 1951 The glycerophospho-protein complex envelope of *Micrococcus pyogenes.* J. Gen. Microbiol., **5,** 981–992.
57. MITCHELL, P., AND MOYLE, J. 1956 Liberation and osmotic properties of the protoplasts of *Micrococcus lysodeikticus* and *Sarcina lutea.* J. Gen. Microbiol., **15,** 512–520.
58. MITCHELL, P., AND MOYLE, J. 1956 Osmotic function and structure in bacteria. In *Bacterial anatomy,* pp. 150–180. Edited by E. T. C. Spooner and B. A. D. Stocker. Cambridge University Press, Cambridge, England.
59. MITCHELL, P., AND MOYLE, J. 1957 Autolytic release and osmotic properties of "protoplasts" from *Staphylococcus aureus.* J. Gen. Microbiol., **16,** 184–194.
60. MONOD, J. 1956 Remarks on the mechanism of enzyme induction. In reference 26, pp. 7–28.
61. MONOD, J., COHEN-BAZIRE, G., AND COHN, M. 1951 Sur la biosynthèse de la β-galactosidase (lactase) chez *Escherichia coli.* La spécificité de l'induction. Biochim. et Biophys. Acta, **7,** 585–599.
62. MONOD, J., AND COHN, M. 1952 La biosynthèse induite des enzymes (adaptation enzymatique). Advances in Enzymol., **13,** 67–119.
63. MONOD, J., AND COHN, M. 1953 Sur le mécanisme de la synthèse d'une proteine bactérienne. *Symposium on bacterial metabolism,* pp. 42–62. 6th Intern. Congr. Microbiol., Rome, Italy.
64. MONOD, J., HALVORSON, H. O., AND JACOB, F. 1957 Compt. rend., *in preparation.*
65. MONOD, J., PAPPENHEIMER, A. M., JR., AND COHEN-BAZIRE, G. 1952 La cinétique de

la biosynthèse de la β-galactosidase chez *Escherichia coli* considérée comme fonction de la croissance. Biochim. et Biophys. Acta, **9**, 648–660.
66. Monod, J., and Torriani, A.-M. 1950 De l'amylomaltase d'*Escherichia coli*. Ann. inst. Pasteur, **78**, 65–77.
67. Munier, R. L., and Cohen, G. N. 1956 Incorporation d'analogues structuraux d'aminoacides dans les protéines bactériennes. Biochim. et Biophys. Acta, **21**, 592–593.
68. Novick, A., and Weiner, M. 1957 Enzyme induction, an all or none phenomenon. Proc. Natl. Acad. Sci. U. S., *in press*.
69. Pardee, A. B. 1957 An inducible mechanism for accumulation of melibiose in *Escherichia coli*. J. Bacteriol., **73**, 376–385.
70. Pasteur, L. 1860 Note relative au *Penicillium glaucum* et à la dissymétrie moléculaire des produits organiques naturels. Compt. rend., **51**, 298–299.
71. Rickenberg, H. V., Cohen, G. N., Buttin, G., and Monod, J. 1956 La galactoside-perméase d'*Escherichia coli*. Ann. inst. Pasteur, **91**, 829–857.
72. Roberts, R. B., Abelson, P. H., Cowie, D. B., Bolton, E. T., and Britten, R. J. 1955 Studies of biosynthesis in *Escherichia coli*. Carnegie Inst. of Wash. Publ. 607, Washington, D. C.
73. Rowley, D. 1953 Interrelationships between amino-acids in the growth of coliform organisms. J. Gen. Microbiol., **9**, 37–43.
74. Shilo, M. 1957 The enzymic conversion of the tartaric acids to oxaloacetic acid. J. Gen. Microbiol., **16**, 472–481.
75. Shilo, M., and Stanier, R. Y. 1957 The utilization of the tartaric acids by pseudomonads. J. Gen. Microbiol., **16**, 482–490.
76. Stern, J. R., Shapiro, B., and Ochoa, S. 1950 Synthesis and breakdown of citric acid with crystalline condensing enzyme. Nature, **166**, 403–404.
77. Stoeber, F. 1957 Sur la β-glucuronide-perméase d'*Escherichia coli*. Compt. rend., **244**, 1091–1094.
78. Stone, R. W., and Wilson, P. W. 1952 Respiratory activity of cell-free extract from *Azotobacter*. J. Bacteriol., **63**, 605–617.
79. Swim, H. E., and Krampitz, L. O. 1954 Acetic acid oxidation by *Escherichia coli*: evidence for the occurrence of a tricarboxylic acid cycle. J. Bacteriol., **67**, 419–425.
80. Swim, H. E., and Krampitz, L. O. 1954 Acetic acid oxidation by *Escherichia coli*: quantitative significance of the tricarboxylic acid cycle. J. Bacteriol., **67**, 426–434.
81. Tatum, E. L. 1946 Induced biochemical mutations in bacteria. Cold Spring Harbor Symposia Quant. Biol., **11**, 278–284.
82. Thomas, C. A. 1956 New scheme for performance of osmotic work by membranes. Science, **123**, 60–61.
83. Weibull, C. 1956 Bacterial protoplasts; their formation and characteristics. In *Bacterial anatomy*, pp. 111–126. Edited by E. T. C. Spooner and B. A. D. Stocker, Cambridge University Press, Cambridge, England.
84. Wilbrandt, W. 1954 Secretion and transport of non-electrolytes. In *Active transport and secretion*, Symposia of the Society for Experimental Biology, VIII, pp. 136–162, Academic Press, Inc., New York.

The Genetic Control and Cytoplasmic Expression of "Inducibility" in the Synthesis of β-galactosidase by *E. Coli*†

Arthur B. Pardee‡, François Jacob and Jacques Monod

Institut Pasteur, Paris and University of California, Berkeley, California, U.S.A.

(*Received 16 March 1959*)

A number of extremely closely linked mutations have been found to affect the synthesis of β-galactosidase in *E. coli*. Some of these (z mutations) are expressed by loss of the capacity to synthesize active enzyme. Others (i mutations) allow the enzyme to be synthesized constitutively instead of inducibly as in the wild type. The study of galactosidase synthesis in heteromerozygotes of *E. coli* indicates that the z and i mutations belong to different cistrons. Moreover the constitutive allele of the i cistron is recessive over the inducible allele. The kinetics of expression of the i^+ (inducible) character suggest that the i gene controls the synthesis of a specific substance which represses the synthesis of β-galactosidase. The constitutive state results from loss of the capacity to synthesize active repressor.

1. Introduction

Any hypothesis on the mechanism of enzyme induction implies an interpretation of the difference between "inducible" and "constitutive" systems. Conversely, since specific, one-step mutations are known, in some cases, to convert a typical inducible into a fully constitutive system, an analysis of the genetic nature and of the biochemical effects of such a mutation should lead to an interpretation of the control mechanisms involved in induction. This is the subject of the present paper.

It should be recalled that the metabolism of lactose and other β-galactosides by intact *E. coli* requires the sequential participation of two distinct factors:

(1) The galactoside-permease, responsible for allowing the entrance of galactosides into the cell.

(2) The intracellular β-galactosidase, responsible for the hydrolysis of β-galactosides.

Both the permease and the hydrolase are inducible in wild type *E. coli*. Three main types of mutations have been found to affect this sequential system:

(1) $z^+ \to z^-$: loss of the capacity to synthesize β-galactosidase;

(2) $y^+ \to y^-$: loss of the capacity to synthesize galactoside-permease;

(3) $i^+ \to i^-$: conversion from the inducible (i^+) to the constitutive (i^-) state.

The $i^+ \to i^-$ mutation always affects *both* the permease and the hydrolase. All these mutations are extremely closely linked: so far all independent occurences of each of these types have turned out to be located in the "*Lac*" region of the *E. coli* K 12 chromosome. However, the mutations appear to be *independent* since all the different phenotypes resulting from combinations of the different alleles are observed (Rickenberg, Cohen, Buttin & Monod, 1955; Cohen & Monod, 1957; Cohn, 1957).

† This work has been aided by a grant from the Jane Coff. Childs Memorial Fund.
‡ Senior Postdoctoral Fellow of the National Science Foundation (1957–58).

It should also be recalled that conjugation in *E. coli* involves the injection of a chromosome from a ♂ (Hfr) into a ♀ (F⁻) cell, and results generally in the formation of an incomplete zygote (merozygote) (Wollman, Jacob & Hayes, 1956). Recombination between ♂ and ♀ chromosome segments does not take place until about 60 to 90 min after injection; moreover segregation of recombinants from heteromerozygotes occurs only after several hours, thus allowing ample time for experimentation.

In order to study the interaction of these factors, their expression in the cytoplasm and their dominance relationships, we have developed a technique which allows one to determine the kinetics of β-galactosidase synthesis in merozygotes of *E. coli*, formed by conjugation of ♂ (Hfr) and ♀ (F⁻) cells carrying different alleles of the factors z, y and i (Pardee, Jacob & Monod, 1958). Before discussing the results obtained with this technique, we shall summarize some preliminary observations on the genetic structure of the "*Lac*" region in *E. coli* K 12.

2. Materials and Methods

(a) *Bacterial strains*

A ♂ (Hfr) strain (no. 4,000) of *E. coli* K 12 was used in most experiments. It was derived from strain 58,161 F⁺, and was selected for early injection of the "*Lac*" marker (Jacob & Wollman, 1957). This strain is streptomycin sensitive (S^s), requires methionine for growth and carries the phage λ. A second Hfr strain (no. 3,000), isolated by Hayes (1953), was used in some experiments. This strain is S^s, requires vitamin B_1, and does not carry λ prophage. Other Hfr strains carrying mutations for galactosidase (z), inducibility-constitutivity (i), and permease (y) were isolated from the Hayes strain after u.v. irradiation. These markers were also put into ♀ (F⁻) strains, by appropriate matings and selection of the desired recombinants.

A synthetic medium (M 63) was commonly used. It contained per liter: 13·6 g KH_2PO_4 2·0 g $(NH_4)_2SO_4$, 0·2 g $MgSO_4 . 7H_2O$, 0·5 mg $FeSO_4 . 7H_2O$, 2·0 g glycerol, and KOH to make pH 7·0. If amino-acids were required, they were added at a concentration of 10 mg/l. of the L-form. For mating experiments, the above stock medium was adjusted to pH 6·3 and vitamin B_1 (0·5 mg/l.) was added prior to use. Aspartate (0·1 mg/ml.) was generally added at the time of mating, according to Fisher (1957).

(b) *Mating experiments*

The desired volume of fresh medium was inoculated with an overnight culture (grown in the same medium) to an initial density of approximately 2×10^7 bacteria/ml. This culture was aerated by shaking at 37°C in a water bath. Turbidity was measured from time to time; and when the density reached 1 to 2×10^8 bacteria/ml., the experiment was started. Usually small volumes of ♂ and ♀ bacteria were mixed in a large Erlenmeyer flask, with the ♀ strain in excess (e.g. 3 ml. ♂ plus 7 ml. ♀ in a 300 ml. flask). The mixed bacteria were agitated very gently so that the motion of the liquid was barely perceptible. From time to time samples were removed for enzyme assay and plating on selective media, usually lactose-B_1-streptomycin agar, for measurement of recombinants. Under these conditions, in a mating of ♂ z^+Sm^s by ♀ z^-Sm^r, up to 20 % of the ♂ population formed z^+Sm^r recombinants (as tested by selection on lactose-streptomycin agar). More often 5 to 10 % recombinants were found.

Streptomycin (Sm)† was used in many mating experiments, to block enzyme synthesis by z^+Sm^s ♂ cells. Controls showed that the synthesis of β-galactosidase was blocked in these strains immediately upon addition of 1 mg/ml. of Sm. Incorporation of ^{35}S from $^{35}SO_4^-$ as well as increase of turbidity were also suppressed by this treatment. This concentration of Sm had no effect on Sm-resistant (Sm^r) mutants. In some experiments, virulent phage (T6) was used to kill the ♂ cells, thus preventing remating.

† The following abbreviations are used in this paper:
Sm = streptomycin
IPTG = *iso*propyl-thio-β-D-galactoside
ONPG = *o*-nitrophenyl-β-D-galactoside
TMG = methyl-thio-β-D-galactoside

"INDUCIBILITY" IN β-GALACTOSIDASE SYNTHESIS

It should be noted that if streptomycin was added initially, it significantly reduced the number of recombinants (e.g., 75 % fewer colonies were formed on lactose-B_1-streptomycin plates after 80 min mating in the presence of 1 mg/ml. streptomycin) relative to mating in the absence of streptomycin; but the antibiotic had little effect on enzyme formation by zygotes if added at the commencement of the experiment or after the z^+ locus had been injected.

When galactosidase synthesis had to be induced in zygotes, *isopropyl-thio-β-D-galactoside* (IPTG) was used at 10^{-3}M, a concentration at which this inducer is known to be active even in the absence of permease (Rickenberg *et al.*, 1956).

(c) *Recombination studies*

The blender technique of Wollman & Jacob (1955) was used to determine the times of penetration of markers into the zygotes. It should be noted that this treatment reduces enzyme-forming capacity in zygotes by 30 to 60 %. Recombinant colonies, selected on appropriate selective media, were restreaked on the selector medium and replica plating was used to determine unselected characters. Tests for galactosidase synthesis (with or without induction) were performed on maltose-synthetic agar plates with or without IPTG, using filter paper impregnated with ONPG, according to Cohen-Bazire & Jolit (1953).

Transductions were performed with phage 363, according to Jacob (1955).

(d) *β-galactosidase assay*

For this enzyme assay, 1 ml. aliquots of culture were pipeted into tubes containing 1 drop of toluene. The tubes were shaken vigorously and were incubated for 30 min at 37°C. They were then brought to 28°C; 0·2 ml. of a solution of M/75 *o*-nitrophenyl-β-D-galactoside in M/4 sodium phosphate (pH 7·0) was added, and the tubes were incubated a measured time, until the desired intensity of color had developed. The reaction was halted by addition of 0·5 ml. of 1 M-Na_2CO_3, and the optical density was measured at 420 mμ with the Beckman spectrophotometer. A correction for turbidity could be made by multiplying the optical density at 550 mμ by 1·65 and subtracting this value from the density at 420 mμ. One unit of enzyme is defined as producing 1 mμ-mole *o*-nitrophenol/minute at 28°C, pH 7·0. The units of enzyme in the sample can be calculated from the fact that 1 mμ-mole/ml. *o*-nitrophenol has an optical density of 0·0075 under the above conditions (using 10 mm light-path).

(e) *Chemicals*

o-nitrophenyl-β-D-galactoside (ONPG), methyl-thio-β-D-galactoside (TMG) and *isopropyl-thio-β-D-galactoside* (IPTG) were synthesized at the Institut Pasteur by Dr. D. Türk. Other chemicals were commercial products.

3. Genetic Structure of the "Lac" Region

Figure 1 presents the structure of the "*Lac*" region, as it can be sketched from the data available at present. This complex locus, as established long ago by Lederberg (1947) and confirmed by the blender experiments of Wollman & Jacob (1955), lies at about equal distances from the classical markers *TL* and *Gal*. The closest known markers are *Proline* (left) and *Adenine* (or *T*6) (right). As shown in the map, the several (about 10) occurrences of the y^- mutation all lie together probably at the left of the segment, while the different z^- mutations and the i^- mutant are packed together at the other end. No attempt has been made to establish the order of individual y^- mutations. The order of the z^- mutations relative to each other and to the i^- marker is unambiguously established, as shown, except for the z_U^- mutation, whose position is largely undetermined. Several independent occurrences of the i^- mutation have been isolated. They all appear to be closely linked to the i_3^- marker, but they have not been mapped, for lack of adequate methods of selection i^+ recombinants. The evidence for this structure is briefly as follows:

(1) The frequency of recombination between z and y mutations is very low:

M

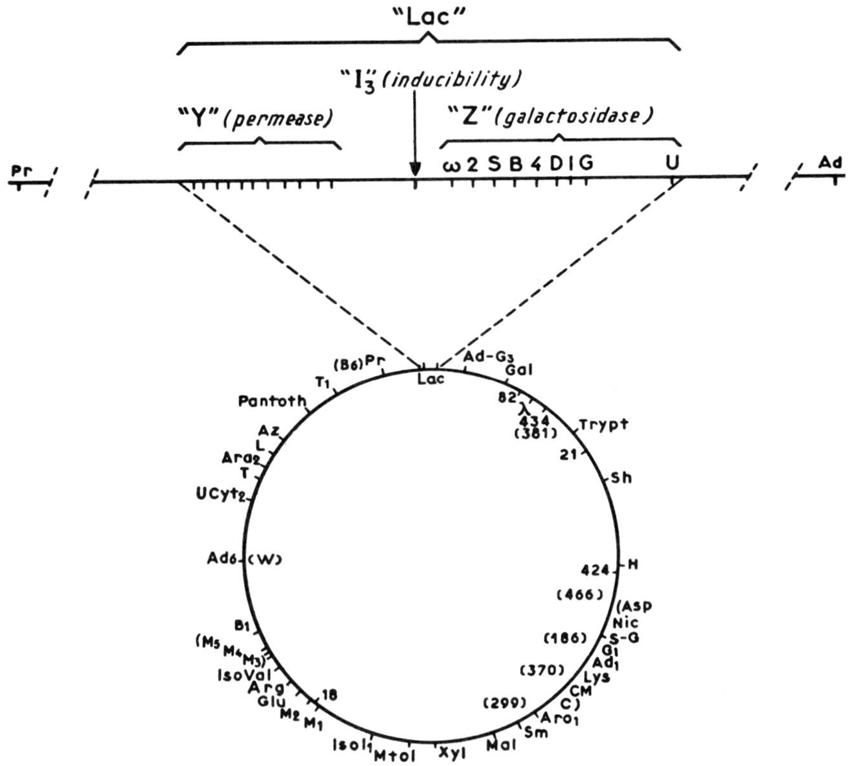

FIG. 1. Fine structure of the "*Lac*" segment.

The "*Lac*" segment is shown enlarged and positioned with respect to the rest of the *E. coli* K 12 linkage group for which the circular model (Jacob & Wollman, 1958) has been adopted.

roughly 1/100th of the frequency of recombination between TL and Gal. The frequency of recombination between individual z markers is about one order of magnitude lower.

(2) When y^+z^+ recombinants are selected (by growth on lactose-agar) in crosses of the type:

$$y^+i^-z^- \times y^-i^+z^+$$

the i^+ marker remains associated with z^+ 85 % of the time.

(3) The frequency of cotransduction of i with z (selecting for z^+ alone) is very high (> 90 %), while the frequency for i and y is also high, although definitely lower (about 70 %). (These data are somewhat ambiguous, because of the heterogeneity of the clones resulting from a transduction.)

(4) The selection of z^+ recombinants in crosses involving different z^- mutants, and i as unselected marker, invariably results in about 90 % of the progeny being either i^- or i^+, depending on the particular z^- mutants used. Assuming this result to be due to the position (left or right) of i with respect to the z group:

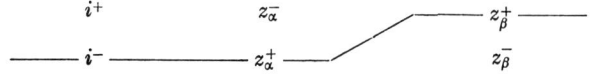

a linear order can be established, without contradictions, for the eight markers shown. This however leaves an ambiguity as to whether i lies *between* the y and the z groups, or outside.

Let us emphasize that this sketch of the *Lac* region is preliminary and very incomplete, and that the results concerning the relationships of certain markers are not understood. For instance, the z_U^- marker recombines rather freely with all the other mutants shown (both y and z) yet, by cotransduction tests, it is closely linked to i (25 % cotransduction). It should also be mentioned that certain of the z^- mutants (z_ω^- ; z_π^- ; z_G^-) have apparently lost the capacity to synthesize *both* the galactosidase *and* the permease. Yet these mutations do not seem to be deletions. We shall not attempt, here, to interpret this finding, since we shall center our attention on the interaction between the i marker and the z region.†

A question which should now be considered is whether we may regard the z region as possessing the specific structural information concerning the galactosidase molecule. The fact that so far all the independent mutations resulting in loss of the capacity to synthesize galactosidase were located in this region might not constitute sufficient evidence‡. However, it has been found by Perrin, Bussard & Monod (1959, in preparation) that several of the z^- mutants synthesize, instead of active galactosidase, an antigenically identical, or closely allied, protein. Moreover several of these mutant proteins are different from one another by antigenic and other tests. These findings appear to prove that the z region indeed corresponds to the "structural" genetic unit for β-galactosidase.

4. β-Galactosidase Synthesis by Heteromerozygotes

(a) *Preliminary experiments*

The feasibility and significance of experiments on the expression and interaction of the z, y and i factors depended primarily on whether *E. coli* merozygotes are physiologically able to synthesize significant amounts of enzyme very soon after mating. It was equally important to determine whether the mating involved any cytoplasmic mixing. These questions were investigated in a series of preliminary experiments.

Since the physical separation of *E. coli* zygotes from unmated or exconjugant parent cells cannot be achieved at present, test conditions must be set up, such that the zygotes only, but not the parents, can synthesize the enzyme. This is obtained when the following mating:

$$\male\ z^+y^+i^+Sm^s \times \female\ z_s^-y^+i^+Sm^r \tag{A}$$

is performed in the presence of inducer (IPTG) and of 1 mg/ml. of streptomycin. The $\female$ lack the z^+ factor; the $\male$ are inhibited by streptomycin (cf. Methods); the zygotes are not, because they inherit their cytoplasm from the $\female$ cells (see below

---

† Interaction of i with the y region is of course equally interesting, but since determinations of activity are much less sensitive with the galactoside-permease than with the galactosidase, we have used the latter almost exclusively.

‡ In addition to the mutants shown on Fig. 1, 20 other galactosidase-negative mutants, as yet unmapped, have been found to belong to the same segment by contransduction tests. None was found outside. Lederberg *et al.* (1951), however, have isolated some lactose-"non-fermenting" mutants (as tested on EMB-lactose agar) which are located at other points on the *E. coli* chromosome. In our hands, one of these mutants (Lac_1^-) formed normal amounts of both galactosidase and galactoside-permease (although it did form white colonies on EMB-lactose). Another one (Lac_2^-) formed reduced, but significant, amounts of both. A third (Lac_3^-) which is a galactosidase-negative, appears to belong to the "*Lac*" segment, by cotransduction tests.

pages 170 and 171), and because the type of ♂ used transfers the Sm^s gene to only a very small percentage of the cells. Under these conditions, enzyme is formed in the mated population with a time course and in amounts showing that the synthesis can be due only to zygotes having received the z^+ factor. Figure 2 shows the

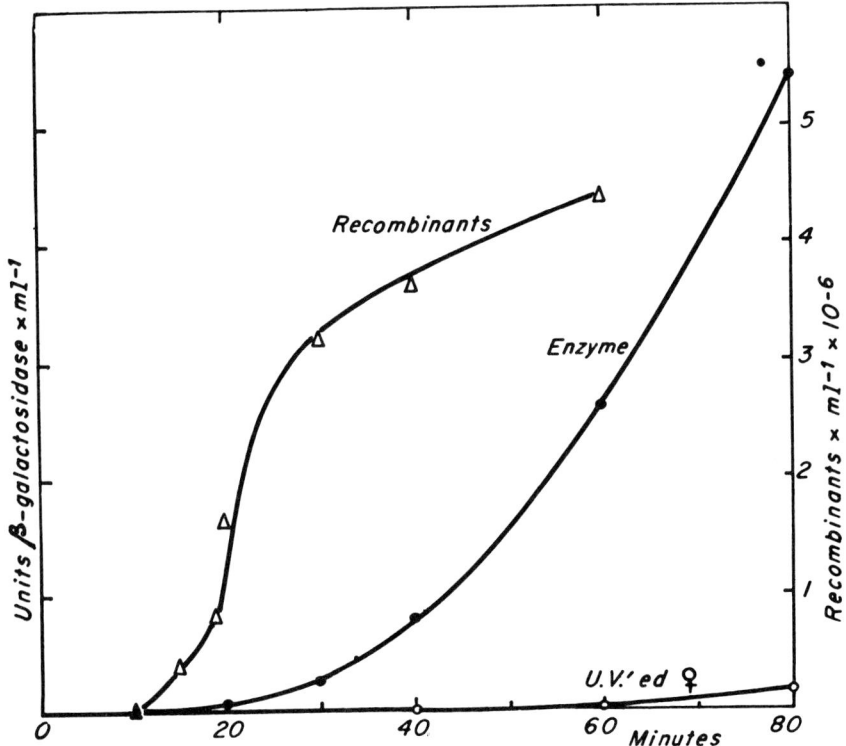

FIG. 2. Enzyme formation and appearance of recombinants in mating A.
Mating in presence of streptomycin (1 mg/ml.) and IPTG (10^{-3}M). A control with u.v.-treated ♀ cells (0·01 % survival) is shown. Recombinants (z^+Sm^r) selected by plating on Sm-lactose agar after blending (separate experiment with the same ♂ culture).

kinetics of galactosidase accumulation, compared with the appearance of z^+Sm^r recombinants, determined on aliquots of the same population (cf. Methods). The latter curve corresponds, as shown by Wollman & Jacob (1955), to the distribution of times of penetration of z^+ genes in the zygote population. It will be remarked that enzyme synthesis commences just within a few minutes after the first z^+ genes enter into zygotes. Assuming that the number of zygotes having received a z^+ gene is 4 to 5 times the number of recovered z^+Sm^r recombinants, and taking into account the fact that normal cells are on the average trinucleate (i.e., have three z^+ genes), the rate of enzyme synthesis per injected z^+ appears nearly normal.

This rapid expression of the z^+ factor poses the problem whether cytoplasmic constituents are injected from the ♂ into the zygote. This already appeared unlikely from the previous observations of Jacob & Wollman (1956). We reasoned that if there occurred any significant cytoplasmic mixing, such a mixing should allow the

"INDUCIBILITY" IN β-GALACTOSIDASE SYNTHESIS 171

♂ cells to feed the ♀ cells with any small metabolites which the ♂ had and the ♀ lacked. This condition is obtained in the following mating:

$$♂\ z^+ Sm^s\ maltose^+ \times ♀\ z^- Sm^r\ maltose^-$$

if it is performed in presence of maltose as sole carbon source, using a ♂ which virtually does not inject the *maltose$^+$* gene. It results in a very strong inhibition of enzyme synthesis (and recombinant formation) showing that the ♂ cannot effectively

TABLE 1

Enzyme formation in nutritionally deficient zygotes

Deficiency	Rate of enzyme formation †			Mean % inhibition of recombinant formation
	Control	Deficient	Mean % inhibition	
Carbon source ‡	1·6	0·4	73	75
	0·66	0·20		
Arginine §	0·28	0·02	96	65
	0·36	0·01		

† Units of enzyme × hr^{-1}.
‡ ♂ z^+Sm^s *maltose$^+$* × ♀ z^-Sm^r *maltose$^-$* mated in presence of inducer and Sm, with glycerol plus maltose (control) or maltose as sole carbon source.
§ ♂ z^+Sm^s *Arg$^+$* × ♀ z^-Sm^r *Arg$^-$* mated in presence of inducer and Sm with and without arginine (10 μg/ml.).

feed the ♀. An even stronger effect is observed when the ♀ requires arginine, the ♂ not, and mating takes place in absence of arginine (again on condition that the *Ar$^+$* gene is not injected by the ♂) (Table 1). These observations indicate that even small molecules do not readily pass from the ♂ into the ♀ cell during conjugation.†

It therefore appears that cytoplasmic fusion or mixing does not occur to an extent which might allow cross-feeding. That the contribution of the ♂ is exclusively genetic, and does not involve cytoplasmic constituents of a nature, or in amounts, significant for our purposes, is however only proved by the results of the opposite matings, which we shall consider in the next section.

(b) *Expression and interaction of the alleles of the z and i factors*

We should first consider which of the alleles of the z factors are dominant, and whether they all belong to a single cistron. Experiments of the type described above (mating A) were performed with each of the eight z^- mutants, used as ♀ cells, receiving a z^+ from the ♂. Enzyme was synthesized to similar extents in all cases, showing that the z^- mutants in question were all recessive. Each of the mutants was also mated (as ♂) to a z^- ♀. No enzyme was synthesized by any of these double recessive heterozygotes where the mutations were in the *trans* position

† However such leakage may occur when the concentration of a compound is exceptionally high in the ♂. This happens when a ♂ with the constitution $z^-i^-y^+$ is used in the presence of lactose. The constitutive permease then may concentrate lactose up to 20 % of the cells' dry-weight (Cohen & Monod, 1957). Adequate tests have shown that this lactose does flow from the ♂ into a permease-less ♀ during conjugation.

$$\frac{z_\alpha^+ z_\beta^-}{z_\alpha^- z_\beta^+}$$

showing that all the (tested) z^- mutants belong to the same cistron as defined by Benzer (1957).

The next and most critical problem is whether the z and i factors also belong to the same unit of function (gene or cistron) or not. Let us recall that cells with the constitution z^+i^+ synthesize enzyme in presence of inducer only, while z^+i^- cells synthesize enzyme without induction, and z^-i^+ or z^-i^- cells do not synthesize enzyme under any condition. The extremely close linkage of z and i mutations suggests that they may belong to the same unit. If this were so, they would not be able to interact through the cytoplasm, but could act together only when in *cis* position within the same genetic unit. The heterozygote, z^+i^+/z^-i^- would then be expected not to synthesize galactosidase constitutively.

In order to test this expectation, the following mating:

$$\male\ z^+i^+ \times \female\ z_2^-i_3^- \tag{B}$$

was performed *in absence of inducer*. The $\male$ cannot synthesize enzyme, because they are i^+. The $\female$ cannot because they are z^-. The zygotes however do synthesize enzyme (Fig. 3): during the first hour following mating the synthesis is, if anything, even more rapid and vigorous than when both parents are i^+ and inducer is used, as in mating (A).

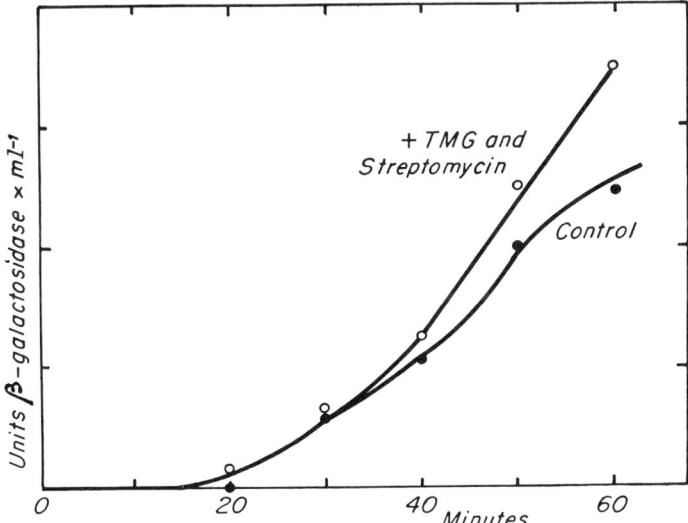

FIG. 3. Enzyme formation during first hour in mating B.
Mating under usual conditions. To an aliquot streptomycin (0·8 mg/ml.) was added at 20 minutes, and TMG at 25 minutes, to allow comparison of synthesis with and without inducer.

Such a mating therefore allows immediate and complete interaction of the z^+ from the $\male$ with the i^- from the $\female$. The possibility that the interaction depends upon actual recombination yielding z^+i^- in *cis* configuration is excluded because: (a) the synthesis begins virtually immediately after injection whereas genetic recombination is known (Jacob & Wollman, 1958) not to occur until 60 to 90 min after injection; (b) the factors z and i are so closely linked that recombination is an exceedingly rare event (less than 10^{-4} of the zygotes) while the rate of enzyme synthesis is of an order indicating that most or all of the zygotes participate.

The possibility should also be considered that, rather than taking place through the cytoplasm, the interaction requires actual *pairing* of the homologous chromosome segments. This is excluded by the fact that the following mating:

$$\male\ z_2^- i_3^- \times \female\ z^+ i^+ \qquad (C)$$

when performed in the *absence* of inducer, yields no trace of enzyme, at any time after mixing, although conjugation and chromosome injection occur normally as shown by adequate controls involving other markers. The zygotes obtained in matings B and C are genetically identical, except that the wild type alleles (z^+i^+) are in relative excess (about 3 to 1) in (B), while the mutant alleles are in similar excess in (C). This quantitative difference cannot account for the absolute contrast of the results of the reciprocal matings, one allowing vigorous constitutive synthesis, the other none at all. This can only be attributed to the fact that the cytoplasm of the zygote is entirely furnished by the $\female$ cell, with no significant contribution from the $\male$. Therefore the $i^- \to z^+$ interaction must be considered to take place through the cytoplasm.

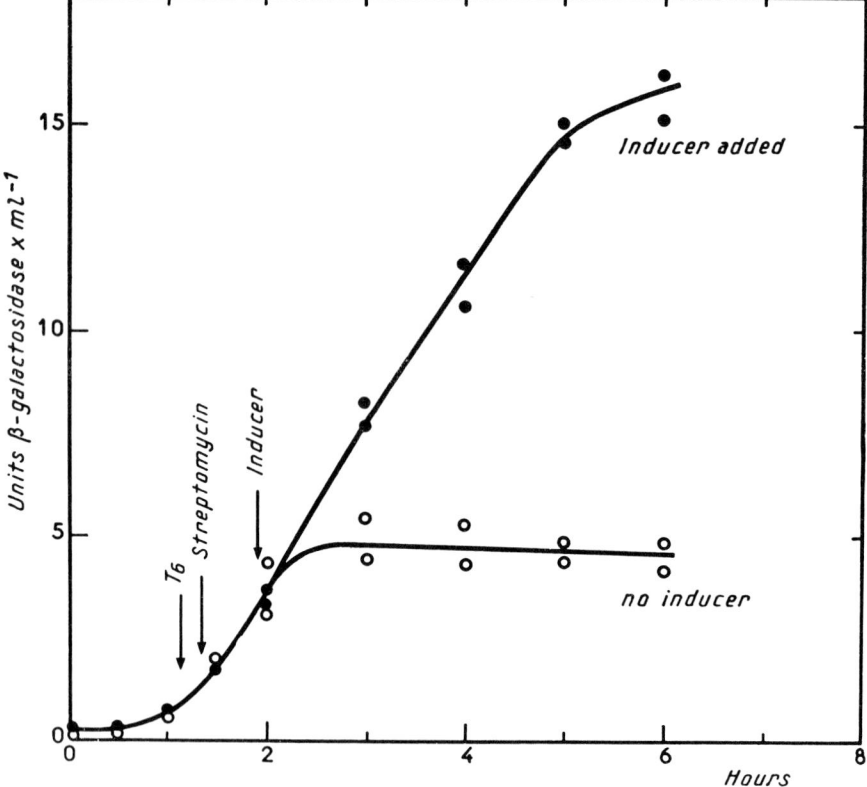

Fig. 4. Enzyme formation in mating D.

Mating performed under usual conditions in quadruplicate in absence of inducer. At times indicated, a suspension of phage T6 (20ϕ/B final concentration) and streptomycin (1 mg/ml) were added to all of the cultures and TMG (2×10^{-3}M) was added to two of them (black circles) while the other two (white circles) received no addition.

This result may also be expressed by saying that the i factor sends out a cytoplasmic message which is picked up by the z gene, or gene products. Postulating, as we must, that this message is borne by a specific compound synthesized under the control of the i gene, we may further assume that one of the alleles of the i gene provokes the synthesis of the message, while the other one is inactive in this respect. If these assumptions are adequate, one of the alleles should be absolutely dominant over the other, but the dominance should become expressed only gradually when the cytoplasm of the zygotes came from the recessive parent, while it should be expressed immediately when the cytoplasm came from the dominant parent.

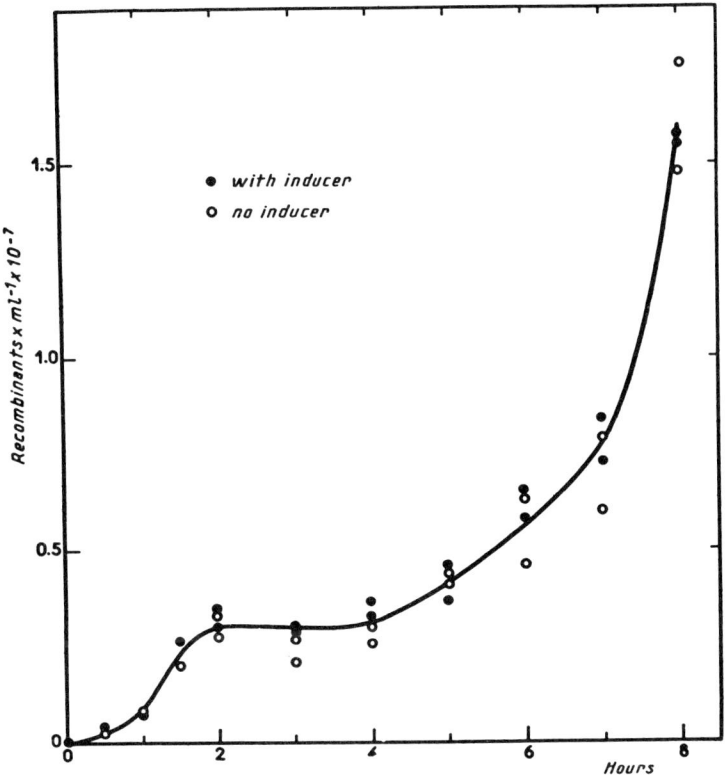

FIG. 5. Recombinant appearance in mating D.

Formation of z^+Sm^r recombinants tested by plating aliquots of the four cultures used in the experiment above (Fig. 4) on lactose-Sm agar. Portions of the culture were diluted 1000-fold and shaken vigorously at 100 minutes to prevent further mating. The increase up to the second hour is due to increasing numbers of zygotes. The increase after the fourth hour is due to *multiplication* of segregants (Wollman, Jacob & Hayes, 1956).

The fact that in matings of type (C) no enzyme is synthesized, even several hours after mating, means that the constitutive (i^-) allele from the ♂ is never expressed. This suggests that the dominant allele is the inducible (i^+). If so, the i^+ should eventually become expressed in matings of type (B)—i.e., the zygotes, initially constitutive (since their cytoplasm comes from the i^- parent), should eventually become inducible. To test this prediction, the following mating was performed:

$$\male \; z^+i^+Sm^s \; T6^s \times \female \; z_2^-i_3^-Sm^r \; T6^r \qquad \text{(D)}$$

and the synthesis of enzyme, in the absence and in the presence of inducer, was followed over several hours (in order to block induction of the $\male$ and remating, a mixture of streptomycin and T6 phage was used). Figure 4 shows that, in the absence of inducer, enzyme synthesis stops about 90 min (or earlier) after entry of the z^+i^+ genes into the $\female$ cells. When inducer is added at this stage, enzyme synthesis is resumed, showing that the initially constitutive z^+i^+/z^-i^- zygotes have not been inactivated, but have become inducible.

It should be asked whether this conversion to inducibility, rather than occurring in the heterozygotes, might not correspond to the segregation of homozygous $z^+i^+Sm^rT6^r$ recombinants with concomitant disappearance of the heterozygotes. This is excluded because the earliest homozygous recombinants only appear 2 hr after the time when constitutive synthesis ceases† (Fig. 5).

From these observations we may conclude that the constitutive (i^-) allele is inactive, while the i^+ is dominant, provoking the synthesis of a substance responsible specifically for the inducible behaviour of the galactosidase enzyme-forming-center.

5. Discussion and Conclusions

(1) The conclusions which can be directly drawn from the evidence presented above may be summarized as follows:

The synthesis of β-galactosidase and galactoside-permease in *E. coli* is controlled by three extremely closely linked genes (cistrons), z, i and y. The z gene determines, in part at least, the structure of the galactosidase protein molecule. The y gene probably does the same for the permease molecule, but there is no evidence on this point. The i gene in its active form controls the synthesis of a product which, when present in the cytoplasm, prevents the synthesis of β-galactosidase and galactoside-permease, unless inducer is added externally (inducible behaviour). When the i gene-product is absent or inactive as a result of mutation within the gene, no external inducer is required for β-galactosidase and galactoside-permease synthesis (constitutive behaviour). The i gene product is very highly specific, having no effect on any other known system.

(2) While proving that the interaction of the i and z factors involves a specific cytoplasmic messenger, the data presented here do not, by themselves, give any indication as to the mode of action of this compound. Two alternative models of this action should be considered.

According to one, which we shall call the "inducer" model, the activity of the galactosidase-forming system‡ requires the presence of an inducer, both in the constitutive and in the inducible organism. Such an inducer (a galactoside) is synthesized by *both* types of organisms. The i^+ gene controls the synthesis of an enzyme which destroys or inactivates the inducer: hence the requirement for external inducer in the wild type. The i^- mutation inactivates the gene (or its product, the enzyme) allowing accumulation of endogenous inducer. This model accounts for the dominance of inducibility over constitutivity, and for the kinetics of conversion of the zygotes.

† It may also be recalled that, according to Anderson & Maze (1957), heterozygosis prevails for many generations in the descendants of *E. coli* zygotes.

‡ By this term we designate the system of all cellular constituents *specifically* involved in galactosidase synthesis. This includes the z gene and its cytoplasmic products.

According to the other, or "repressor", model the activity of the galactosidase-forming system is inhibited in the wild type by a specific "repressor" (probably also involving a galactosidic residue) synthesized under the control of the i^+ gene. The inducer is required only in the wild-type as an *antagonist* of the repressor. In the constitutive (i^-), the repressor is not formed, or is inactive, hence the requirement for an inducer disappears. This model accounts equally well for the dominance of i^+ and for the kinetic relationships.

(3) The "repressor" hypothesis might appear strictly *ad hoc* and arbitrary were it not also suggested by other facts which should be briefly recalled. That the synthesis of certain constitutive enzyme systems may be specifically inhibited by certain products (or even substrates) of their action, was first observed in 1953 by Monod & Cohen-Bazire working with constitutive galactosidase (of *E. coli*) (1953a) or with tryptophan-synthetase (of *A. aerogenes*) (1953b), and by Wijesundera & Woods (1953), and Cohn, Cohen & Monod (1953) independently working with the methionine-synthase complex of *E. coli*. It was suggested at that time that this remarkable inhibitory effect could be due to the displacement of an internally-synthesized inducer, responsible for constitutive synthesis, and it was pointed out that such a mechanism could account, in part at least, for the proper adjustment of cellular syntheses (Cohn & Monod, 1953; Monod, 1955). During the past two or three years, several new examples of this effect have been observed and studied in some detail by Vogel (1957), Yates & Pardee (1957), Gorini & Maas (1957). It now appears to be a general rule, for bacteria, that the formation of sequential enzyme systems involved in the synthesis of essential metabolites is *inhibited* by their end product. The convenient term "repression" was coined by Vogel to distinguish this effect from another, equally general, phenomenon: the control of enzyme *activity* by end products of metabolism.

(4) The facts which demonstrate the existence and wide occurrence of repression effects justify the basic assumptions of the repressor model. They do not allow a choice between the two models. Further considerations make the repressor model appear much more adequate:

(a) The repressor model is simpler since it does not require an independent inducer-synthesizing system.

(b) It predicts that constitutive mutants should, as a rule, synthesize more enzyme than induced wild-type. This appears to be the case for such different systems as galactosidase, amylomaltase (Cohen-Bazire & Jolit, 1953), glucuronidase (Stoeber, 1959, unpublished data), galactokinase of *E. coli* and penicillinase of *B. cereus* (Kogut, Pollock & Tridgell, 1956).

(c) The inducer model, if generalized, implies that internally synthesized inducers (Buttin, unpublished) operate in all constitutive systems. This assumption, first suggested as an interpretation of repression effects, has not been vindicated in recent work on repressible biosynthetic systems (Vogel, 1957; Gorini & Maas, 1957; Yates & Pardee 1957). In contrast, the synthesis of numerous inducible systems has been known for many years (Dienert, 1900; Stephenson & Yudkin, 1936; Monod, 1942) to be inhibited by glucose and other carbohydrates. The recent work of Neidhardt & Magasanik (1957) has shown this glucose effect to be comparable to a non-specific repression and these authors have suggested that glucose acts as a preferential metabolic source of internally synthesized repressors. If this is so, and if our repressor model is correct, the conversion of glucose into specific galactosidase-repressor should be blocked in the constitutives. Accordingly the galactosidase-forming system of the mutant should be largely insensitive to the glucose effect while other inducible systems should retain their sensitivity. That this is precisely the case (Cohn & Monod, 1953) is a very strong argument in favor of the repressor model.

(5) If adopted and confirmed with other systems, the repressor model may lead to a generalizable picture of the regulation of protein syntheses; according to this scheme, the basic mechanism common to all protein-synthesizing systems would be inhibition by specific repressors formed under the control of particular genes, and antagonized, in some cases, by inducers. Although the wide occurrence of repression effects is certain, the situation revealed with the present system, namely a genetic "complex" comprising, besides the "structural" genes (z, y) a repressor-making gene (i) whose function is to block or regulate the expression of the neighboring genes is, so far, unique for enzyme systems. But the formal analogy between this situation and that which is known to exist in the control of immunity and zygotic induction of temperate bacteriophage is so complete as to suggest that the basic mechanism might be essentially the same. It should be recalled that according to Jacob & Wollman (1956), when a chromosome from a λ-lysogenic ♂ of *E. coli* is injected into a non-lysogenic ♀, the process of vegetative phage development is started, which involves as an essential, probably as a primary, step the synthesis of specific proteins. When the reverse mating (♂ non-lysogenic × ♀ λ-lysogenic) is performed, zygotic induction does not occur; nor does vegetative phage develop when such zygotes are superinfected with λ particles. The λ-lysogenic cell is therefore immune against manifestations of prophage or phage potentialities, *and the immunity is expressed in the cytoplasm* (Jacob, 1958–59). Moreover the immunity is strictly specific, since it does not extend to other, even closely related, phages. The formation, under the control of a phage gene, of a specific repressor, able to block synthesis of proteins determined by other genes of the phage, would account for these findings.

(6) Implicit in the repressor model are two critical questions, which for lack of evidence we have avoided discussing, but which should be explicitly stated in conclusion. These questions are:

(a) What is the chemical nature of the repressor? Should it be considered a primary or a secondary product of the gene?

(b) Does the repressor act at the level of the gene itself, or at the level of the cytoplasmic gene-product (enzyme-forming system)?

We are much indebted to Professor Leo Szilard for illuminating discussions during this work and to Mme M. Beljanski, Mme M. Jolit and Mr. R. Barrand for assistance in certain experiments.

REFERENCES

Anderson, T. F. & Maze, R. (1957). *Ann. Inst. Pasteur*, **93**, 194.
Benzer, S. (1957). "The elementary units of heredity", in *The Chemical Basis of Heredity*, ed. by W. McElroy & B. Glass, p. 70. Baltimore: Johns Hopkins Press.
Cohen, G. N. & Monod, J. (1957). *Bact. Rev.* **21**, 169.
Cohen-Bazire, G. & Jolit, M. (1953). *Ann. Inst. Pasteur*, **84**, 937.
Cohn, M. (1957). *Bact. Rev.* **21**, 140.
Cohn, M., Cohen, G. N. & Monod, J. (1953). *C.R. Acad. Sci., Paris*, **236**, 746.
Cohn, M. & Monod, J. (1953). In *Adaptation in Microorganisms*, p. 132. Cambridge: University Press.
Dienert, F. (1900). *Ann. Inst. Pasteur*, **14**, 139.
Fisher, K. W. (1957). *J. Gen. Microbiol.* **16**, 120.

Gorini, L. & Maas, W. K. (1957). *Biochim. biophys. Acta*, **25**, 208.
Hayes, W. (1953). *Cold Spr. Harb. Symp. Quant. Biol.* **18**, 75.
Jacob, F. (1955). *Virology*, **1**, 207.
Jacob, F. (1958-59). Harvey Lectures, Series **54**, in the press.
Jacob, F. & Wollman, E (1956). *Ann. Inst. Pasteur*, **91**, 486.
Jacob, F. & Wollman, E. (1957). *C.R. Acad. Sci., Paris*, **244**, 1840.
Jacob, F. & Wollman, E. (1958). *Symp. Soc. Exp. Biol.* **12**, 75. Cambridge: University Press.
Kogut, M., Pollock, M. R. & Tridgell, E. J. (1956). *Biochem. J.* **62**, 391.
Lederberg, J. (1947). *Genetics*, **32**, 505.
Lederberg, J., Lederberg, E. M., Zinder, N. D. & Lively, E. R. (1951). *Cold Spr. Harb. Symp. Quant. Biol.* **16**, 413.
Monod, J. (1942). *Recherches sur la croissance des cultures bactériennes*. Paris: Herman Edit.
Monod, J. (1955). *Exp. Ann. Biochim. Méd.*, série **17**, 195. Paris: Masson & Cie Edit.
Monod, J. & Cohen-Bazire, G. (1953a). *C.R. Acad. Sci., Paris*, **236**, 417.
Monod, J. & Cohen-Bazire, G. (1953b). *C.R. Acad. Sci., Paris*, **236**, 530.
Neidhardt, F. C. & Magasanik, B. (1957). *J. Bact.* **73**, 253.
Pardee, A. B., Jacob, F. & Monod, J. (1958). *C.R. Acad. Sci., Paris*, **246**, 3125.
Rickenberg, H. V., Cohen, G. N., Buttin, G. & Monod, J. (1956). *Ann. Inst. Pasteur*, **91**, 829.
Stephenson, M. & Yudkin, J. (1936). *Biochem. J.* **30**, 506.
Vogel, H. J. (1957). In *The Chemical Basis of Heredity*, ed. by W. D. McElroy & B. Glass, p. 276. Baltimore: Johns Hopkins Press.
Wijesundera, S. & Woods, D. D. (1953). *Biochem. J.* **55**, viii.
Wollman, E. & Jacob, F. (1955). *C.R. Acad. Sci., Paris*, **240**, 2449.
Wollman, E., Jacob, F. & Hayes, W. (1956). *Cold Spr. Harb. Symp. Quant. Biol.* **21**, 141.
Yates, R. A. & Pardee, A. B. (1957). *J. Biol. Chem.* **227**, 677.

GÉNÉTIQUE BIOCHIMIQUE. — *Sur la présence de protéines apparentées à la β-galactosidase chez certains mutants d'*Escherichia coli. Note (*) de MM. DAVID PERRIN, ALAIN BUSSARD et JACQUES MONOD, présentée par M. Jacques Tréfouël.

> Des mutations différentes affectant le gène z d'*Escherichia coli* se traduisent par la synthèse de différentes protéines inactives, mais antigéniquement proches de la β-galactosidase.

Une série de mutants d'*Escherichia coli* K 12 incapables d'effectuer la synthèse de la β-galactosidase (ci-après désignés mutants z^-) ont été isolés après irradiation ultraviolette. Par croisement ou par transduction, il a été établi que ces mutants sont tous capables de se recombiner entre eux à très basse fréquence pour donner le type sauvage [1]. Ces différentes mutations semblent toutes affecter un même cistron au sens de Benzer [2]. Ces observations suggèrent que le cistron ou gène z détient l'information génétique relative à la structure de la protéine β-galactosidase. Si cette hypothèse est exacte, certains de ces mutants au moins devraient être capables d'élaborer une protéine proche de la galactosidase, et qui pourrait être reconnaissable en tant que telle par ses propriétés immunologiques. Pour vérifier cette hypothèse, nous avons cherché à déceler, dans des extraits de divers mutants z^-, la présence d'un antigène capable de déplacer la β-galactosidase de sa combinaison avec un antisérum spécifique.

Les extraits de bactéries z^- sont obtenus par broyage sonique et centrifugation. Leur concentration en protéines est ajustée uniformément à environ 4 g/l. La précipitation immunologique est effectuée dans un tampon phosphate pH 7 M/10, contenant du β-mercaptoéthanol M/100 et en présence d'un précipité entraîneur hétérospécifique (sérumalbumine humaine + immunsérum de Lapin). A ce mélange, on ajoute les antigènes (β-galactosidase purifiée et extraits de bactéries z^-) ainsi que le sérum antigalactosidase en quantités variables suivant les essais. Le mélange est effectué à la température ambiante, conservé 1 h à cette température, puis 24 h à 0° C et enfin centrifugé. On mesure, par la méthode à l'orthonitrophénylgalactoside, la quantité d'enzyme demeurant dans le surnageant. Le nombre d'unités (UZ) d'enzyme purifiée précipitable par un volume donné d'immunsérum est déterminé au préalable. Cette valeur est dite « point de précipitation maximum » (PPM). Dans une série de tubes contenant l'enzyme purifiée et le sérum antigalactosidase en proportion correspondant au PPM, on ajoute des quantités croissantes d'extraits de bactéries z^-, l'addition d'extraits étant faite en même temps que celle de l'enzyme. Ces mélanges sont alors traités comme ci-dessus.

L'addition d'extraits de bactéries du type sauvage non induites, c'est-à-dire n'ayant pas formé de β-galactosidase, ne provoque aucun déplacement du PPM. La protéine Pz de Cohn et Torriani ([3]) n'intervient donc pas dans la réaction, dans ces conditions, ainsi que l'avaient d'ailleurs montré ces auteurs. Parmi les extraits de souches mutantes, 8 sur 16 ne donnent aucun déplacement du PPM. Avec les huit autres mutants, on observe un déplacement qui se traduit par l'apparition d'enzyme dans le liquide surnageant après précipitation. La quantité d'enzyme libérée croît jusqu'à un maximum en fonction de la quantité d'extrait ajouté (fig.). Chacune de ces huit souches mutantes forme donc une protéine capable de réagir, même en présence de galactosidase, avec les anticorps anti-galactosidase spécifiques. Nous désignerons ces protéines par le sigle Cz.

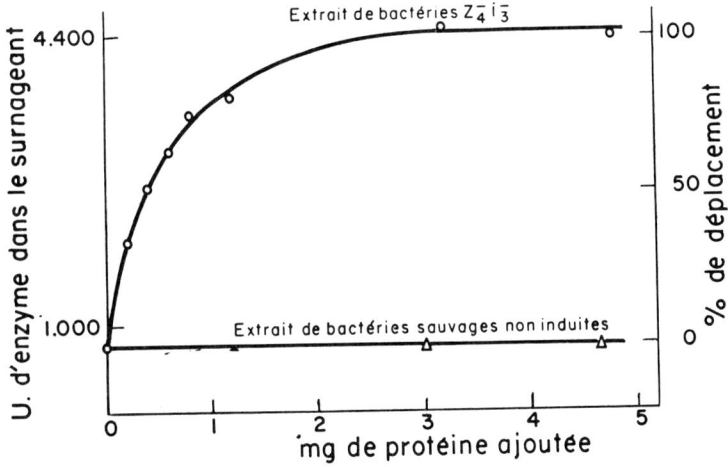

Le déplacement du PPM permet de titrer en « équivalents antigéniques » les protéines Cz dans les extraits. On constate que le titre des protéines Cz chez les mutants qui en produisent est comparable à celui qu'atteint la β-galactosidase elle-même dans les extraits de bactéries induites du type sauvage. Parmi les protéines Cz, quatre donnent avec le sérum employé une réaction croisée complète, en ce sens qu'elles déplacent entièrement la β-galactosidase de ses combinaisons avec l'anticorps. Les quatre autres donnent une réaction incomplète en ce sens que lorsque la concentration d'extraits s'accroît, une saturation est atteinte alors qu'une fraction seulement de la β-galactosidase a été déplacée. La fraction déplacée varie suivant les cas de 20 à 60 %. Enfin, deux des extraits donnant une réaction croisée, l'une complète, l'autre partielle, présentent une activité galactosidasique faible, mais significative (1/80 et 1/1000 par référence aux équivalents antigéniques). Cette faible activité ne semble pas due à des mutants réverses trop rares dans la population bactérienne. Il est donc vraisemblable qu'elle est due à la protéine Cz elle-même. On peut donc conclure que les protéines Cz produites par des mutants génétiquement différents présentent des propriétés et par conséquent des structures différentes les unes des autres.

Grâce à la découverte récente, par Jacob et Adelberg ([4]) d'un facteur F porteur, dans certains cas, du gène z^+ ainsi que du gène i^+ responsable du caractère inductible de la galactosidase dans le type sauvage, il a été possible d'obtenir des souches hétérogénotes de constitution $z^+i^+/z_4^-i_3^-$. La souche haploïde $z_4^-i_3^-$ forme constitutivement la protéine Cz_4 qui donne une réaction croisée complète avec la β-galactosidase. Le diploïde hétérozygote $z^+i^+/z_4^-i_3^-$ ne forme que des traces de β-galactosidase et de protéine Cz lorsqu'il est cultivé en l'absence d'inducteur. Induit par l'isopropyl-β-D-thiogalactoside 2.10^{-4} M, ce diploïde synthétise la galactosidase en quantité comparable à celle d'une souche sauvage induite. Le PPM déterminé avec les extraits du diploïde induit est notablement dévié par comparaison avec l'enzyme purifiée ou avec un extrait de bactéries sauvages induites. La déviation correspond à environ un équivalent de Cz pour 3,5 d'enzyme. Cette souche paraît donc synthétiser la protéine Cz_4 inductible en même temps que la β-galactosidase inductible. Le fait que la protéine Cz soit formée en moins grande quantité que la β-galactosidase pourrait tenir à une plus faible inductibilité de cette protéine, mais il pourrait être dû également à ce que les particules F portant le gène z soient plus nombreuses en moyenne dans chaque cellule que les chromosomes porteurs du gène z_4^-.

Ces résultats confirment que le gène z détermine la structure de la β-galactosidase. Ils montrent que la β-galactosidase et la protéine modifiée due à un gène altéré sont produites simultanément chez les hétérogénotes z^+/z_4^-, de sorte que cette protéine ne peut être considérée comme un précurseur non terminé de l'enzyme, mais bien comme un produit final du gène z_4^-. Enfin, ces résultats révèlent qu'une protéine ayant perdu son activité enzymatique par altération de sa structure, peut néanmoins conserver ses propriétés de répressibilité et d'inductibilité ([5]).

(*) Séance du 27 juillet 1959.
([1]) A. B. PARDEE, F. JACOB et J. MONOD, *J. Mol. Biol.*, 2, 1959 (sous presse).
([2]) S. BENZER, in *The chemical basis of heredity*, Johns Hopkins Press, 1957.
([3]) M. COHN et A. M. TORRIANI, *J. Immunol.*, 69, 1952, p. 471.
([4]) F. JACOB et E. ADELBERG, *Comptes rendus*, 249, 1959, p. 189.
([5]) Ce travail a bénéficié de subventions du Jane Coffin Childs Memorial Fund et de la National Science Foundation des États-Unis.

ON THE ENZYMIC ACETYLATION OF ISOPROPYL-β-D-THIOGALACTOSIDE AND ITS ASSOCIATION
WITH GALACTOSIDE-PERMEASE

Irving ZABIN *, Adam KEPES and Jacques MONOD

Institut Pasteur, Service de Biochimie Cellulaire, Paris, France

Received November 30, 1959

The studies of H. V. RICKENBERG et al[1], which revealed the presence in E. coli of a specific inducible mechanism for the accumulation of galactosides and thiogalactosides (galactoside-permease), showed that the major fraction of the substance accumulated by the cells was found unchanged after extraction. A minor component, usually less than 5 per cent, was found to be present under certain conditions when thiogalactosides were used as substrates. This derivative has been identified by HERZENBERG[2] as a 6-O-acetyl-thiogalactoside. Acetyl-thiogalactoside does not appear to represent an intermediate in the permeation process because it is not formed in the absence of an external carbon source while the permease reaction still occurs. Moreover, acetyl-thiogalactosides are not converted to the original galactoside by whole cells. Nevertheless, it was of interest to study this reaction.

We have succeeded in observing the formation of acetyl-isopropylthiogalactoside (AcIPTG) from isopropyl-thiogalactoside (IPTG) in extracts of E. coli. Bacteria from an exponential phase culture of ML 308, a strain which is constitutive for β-galactosidase and galactoside-permease[1], were treated for 5 minutes in the Raytheon sonic oscillator at 10 KC and the resultant extract centrifuged for 20 minutes at 30,000 g. The supernatant solution was dialyzed overnite against 0.05 M potassium phosphate buffer, pH 7.2 and 0.005 M β-mercaptoethanol. After incubation with the additions shown in Table I,

---

* - Scholar of the National Multiple Sclerosis Society. On leave from the Department of Physiological Chemistry, School of Medicine, University of California, Los Angeles.

an aliquot was chromatographed in n-propanol:H_2O, 7:3, exposed to film and the radioactive spots eluted and counted. As shown in Table I, the complete system including radioactive IPTG required the addition of acetate, ATP and coenzyme A ; omission of any one of these substances reduced the formation of AcIPTG to negligible values. When acetate, ATP and CoA were replaced by acetyl CoA, the amount of AcIPTG formed was almost twice. Addition of ATP to acetyl CoA resulted in a slight increase in product, no doubt due to the maintenance of acetyl CoA concentration by regeneration with ATP during the incubation. The data suggest a direct acetylation of the thiogalactoside by acetyl CoA.

TABLE I

FORMATION OF AcIPTG BY EXTRACTS OF E. COLI ML 308

Additions or omissions	μ Moles AcIPTG
Complete system.	0.47
No acetate.	0.06
No ATP.	0.07
No CoA.	0.05
Complete + Acetyl CoA, minus CoA and acetate.	0.96
Complete + Acetyl CoA, minus CoA, acetate and ATP.	0.80
Complete + Acetyl CoA, minus CoA and acetate, heated enzyme.	0

To each tube was added dialyzed enzyme solution containing 1.0 mg protein, 50 μ moles of potassium phosphate buffer, pH 7.2, and 20 μ moles of S-35 labeled isopropyl-β-D-thiogalactoside, 3.5×10^5 c.p.m. per μ mole. The "complete system" consisted in addition of 10 μ moles of ATP, 20 μ moles of sodium acetate, and 0.5 mole of CoA. Acetyl coenzyme A (7.4 μ moles) was added as indicated. Final volume 1.0 ml. Incubation 1 hour at 35°C; reaction stopped with trichloroacetic acid.

Studies with whole cells had shown that under conditions suitable for acetyl-galactoside formation, significant quantities of this material were formed only by those strains of E. coli containing galactoside-permease.

Since the permease-negative strains do not concentrate galactosides, it could not be decided whether the acetyl-forming activity was present in all cells or was present only in those cells which have permease activity. The development of a cell-free system which carries out the acetylation allowed a direct test.

TABLE II

FORMATION OF AcIPTG BY EXTRACTS OF DIFFERENT BACTERIAL STRAINS

Strains	Genotype	Non induced (1)		Induced (1)	
		µMoles AcIPTG formed in vitro	Permease activity in vivo	µMoles AcIPTG formed in vitro	Permease activity in vivo
ML 308	$i^-z^+y^+$	0.25	present	—	present
ML 3	$i^+z^+y^-$	0.02	absent	0.05	absent
ML 30	$i^+z^+y^+$	0.01	absent	0.22	present
ML 35	$i^-z^+y^-$	0.03	absent	—	absent

(1) - Growth medium mineral salts, succinate or maltose, with (induced) or without (uninduced) IPTG 2×10^{-3} M.

Extracts of a number of bacterial strains were prepared and incubated with labeled IPTG and acetate, ATP and CoA under conditions similar to those of Table I. As shown in Table II, strains which do not have permease activity have little or no AcIPTG activity. Those strains which are inducible for permease, are also inducible for the acetylating system, and the strain which is constitutive for permease is also constitutive for the acetylating system. Since the strain to strain differences involved here are known to be quite specific for galactoside-permease, the observed correlations constitute strong evidence that the acetylation reaction is carried out by a system closely connected with, or part of, the permease system.

This work has been aided by grants from the National Science Foundation, the Jane Coffin Childs Memorial Fund, the "Commissariat à l'Energie Atomique" and the "Centre National de la Recherche Scientifique".

BIBLIOGRAPHY.

1. H.V. RICKENBERG, G.N. COHEN, G. BUTTIN, and J. MONOD, <u>Ann. Inst. Pasteur</u>, <u>91</u> (1956), p. 829.

2. L. HERZENBERG, unpublished.

GÉNÉTIQUE BIOCHIMIQUE. — *L'opéron : groupe de gènes à expression coordonnée par un opérateur.* Note de MM. François Jacob, David Perrin, Mlle Carmen Sanchez et M. Jacques Monod, transmise par M. Jacques Tréfouël.

L'analyse de différents systèmes bactériens conduit à la conclusion que dans la synthèse de certaines protéines (enzymatiques ou virales) un double déterminisme génétique intervient qui met en jeu deux gènes à fonctions distinctes : l'un (gène de structure) responsable de la structure de la molécule, l'autre (gène régulateur) gouvernant l'expression du premier par l'intermédiaire d'un répresseur ([1]). Les gènes régulateurs identifiés jusqu'à ce jour présentent la propriété remarquable d'exercer un *effet pléiotrope coordonné*, chacun gouvernant l'expression de plusieurs gènes de structure, étroitement liés entre eux, et correspondant à des protéines-enzymes appartenant à une *même séquence biochimique*. Pour expliquer cet effet, il paraît nécessaire de supposer une entité génétique nouvelle, dite « opérateur », qui serait : *a*. adjacent à un groupe de gènes et commanderait leur activité ; *b*. sensible au répresseur produit par un gène régulateur particulier ([1]). En présence du répresseur, l'expression du groupe de gènes serait inhibée par l'intermédiaire de l'opérateur. Cette hypothèse conduit à des prédictions très distinctives concernant les mutations qui pourraient affecter la structure de l'opérateur. En effet :

1º Certaines mutations affectant un opérateur se traduiraient par la perte de la capacité de synthétiser les protéines déterminées par le groupe de gènes liés « coordonnés » par cet opérateur. Ces mutations simples se comporteraient comme des délétions physiologiques, et ne seraient complémentables par aucun mutant chez lequel l'un des gènes de structure de la séquence serait altéré.

2º D'autres mutations, entraînant par exemple une perte de sensibilité (affinité) de l'opérateur pour le répresseur correspondant, se traduiraient par la synthèse constitutive des protéines déterminées par les gènes coordonnés. Ces mutations constitutives, contrairement à celles qui résultent de l'inactivation de gènes régulateurs, seraient *dominantes* chez un diploïde hétérozygote, mais leur effet ne se manifesterait que sur les gènes situés en position *cis* par rapport à l'opérateur muté.

Nous avons étudié certaines mutations qui, affectant le métabolisme du lactose chez *Escherichia coli* K 12 et agissant à la fois sur la synthèse de la β-galactosidase et sur celle de la galactoside-perméase, semblaient pouvoir correspondre à des modifications de l'hypothétique opérateur. Rappelons que trois gènes distincts ont été reconnus dans ce système : 1º y, gène de structure de la galactoside-perméase ; 2º z, gène de structure de la β-galactosidase, dont certains allèles permettent la synthèse d'une protéine modifiée, Cz, enzymatiquement inactive, 3° i, gène de régulation synthétisant un répresseur spécifique pour le système. Ces trois gènes sont étroitement liés. Rappelons, en outre, que des bactéries diploïdes pour les gènes de ce groupe peuvent être obtenues par transfert de facteurs sexuels (F) ayant incorporé le fragment correspondant de génome bactérien (F-Lac) ([2]).

Unités de galactosidase et de protéine Cz [cf. ([3])] exprimées en pourcentage du résultat trouvé pour l'allèle localisé sur le chromosome chez les bactéries induites.

Unités de perméase [cf. ([5])] en pourcentage du résultat trouvé chez les bactéries induites. nd, non décelable. L'excès du produit de l'allèle z localisé sur le facteur F-Lac semble indiquer la présence de plusieurs facteurs F-Lac par chromosome ([2]), ([3]).

Génotype		Bactéries non induites.			Bactéries induites.		
Chromosome.	F-Lac.	Galactosidase.	Protéine. Cz.	Perméase.	Galactosidase.	Protéine Cz.	Perméase.
$i^+o^+z^+y^+$		<1	–	nd	100	–	100
$i_3^- o^+ z_4^- y^+$/F	$i^+o^+z^+y^+$...	<1	nd	nd	320	100	100
$i_3^- o^+ z_4^- y^+$/F	$i^+ o^c z^+y^+$...	36	nd	33	270	100	100
$i^+ o^+ z_1^- y^+$/F	$i^+ o^c z^+y^+$...	110	nd	50	330	100	100
$i^+ o^+ z^+ y_{II}^-$/F	$i^+ o^c z_1^- y^+$...	<1	30	–	100	400	–
$i^+ o^+ z_1^- y^+$/F	$i^+ o^c z^+ y_{II}^-$...	60	–	nd	300	–	100

A partir d'un diploïde $i^+z^-/\text{F-}i^-z^+$, des mutants constitutifs (o^c) ont été isolés. Par des recombinaisons et transferts appropriés, les différents génotypes diploïdes donnés dans le tableau ont été obtenus. On notera que les allèles z_1^- et z_4^- utilisés permettent la synthèse de protéines (Cz_1, Cz_4) inactives, dosables cependant en présence de β-galactosidase par voie immunochimique ([3]). On voit, d'après ce tableau, que chez les bactéries hétérozygotes pour o et pour z, la perméase ainsi que la galactosidase ou la protéine Cz sont partiellement constitutives, mais que seul l'allèle de z ou de y placé en *cis* par rapport à o^c est exprimé constitutivement, l'allèle *trans* demeurant strictement inductible comme dans le génotype o^+/o^+. La mutation constitutive o^c est donc pléïotrope, dominante, et son effet ne se manifeste qu'en position *cis*.

A partir de bactéries haploïdes de type sauvage, plusieurs autres mutants ont été isolés, chez lesquels un événement mutationnel apparemment simple entraîne la perte du pouvoir de synthétiser à la fois la perméase et la β-galactosidase. Ces mutants réversent au type sauvage à un taux de 10^{-7} à 10^{-8}. Ils sont récessifs et ne sont complémentés ni par les mutants z^-, ni par les mutants y^-. L'analyse génétique montre que ces mutations (o^0) sont extrêmement liées aux mutations o^c, et qu'elles sont situées entre les loci z et i (eux-mêmes étroitement liés). L'ordre des loci dans le segment Lac est : TL...Pro...$\underbrace{y\text{-}z\text{-}o\text{-}i}_{\text{Lac}}$...Ad...Gal.

D'après leurs caractères, les mutations o^0 et o^c paraissent affecter un élément génétique qui n'est pas exprimé par un produit cytoplasmique *indépendant*. Les propriétés remarquables de ces mutations sont inexplicables selon la conception « classique » du gène de structure et les distinguent également des mutations affectant le gène régulateur i. Elles sont, en revanche, conformes aux prévisions tirées de l'hypothèse de l'opérateur. Plusieurs mutations défectives simples, à effet pléiotrope coordonné, et non complémentables, ont été décrites pour d'autres systèmes bactériens, en particulier pour le métabolisme du galactose (⁴). Nous suggérons que ces mutants pourraient affecter un opérateur.

L'hypothèse de l'opérateur implique qu'entre le gène classique, unité indépendante de fonction biochimique, et le chromosome entier, il existe une organisation génétique intermédiaire. Celle-ci comprendrait des *unités d'expression coordonnée* (*opérons*) constituées par un opérateur et le groupe de gènes de structure coordonnés par lui. Chaque opéron serait, par l'intermédiaire de l'opérateur, soumis à l'action d'un répresseur dont la synthèse serait régie par un gène régulateur (non nécessairement lié au groupe). La répression s'exercerait, soit directement au niveau du matériel génétique, soit au niveau de « répliques cytoplasmiques » de l'opéron. Cette hypothèse expliquerait la corrélation très généralement observée chez les bactéries entre association fonctionnelle et liaison génétique pour les systèmes enzymatiques séquentiels. Elle entraîne d'autres conséquences vérifiables, notamment que les enzymes d'une séquence gouvernée par un même opérateur ne pourraient pas être induites *séparément* (⁶).

(¹) F. Jacob et J. Monod, *Comptes rendus*, 249, 1959, p. 1282.
(²) F. Jacob et E. A. Adelberg, *Comptes rendus*, 249, 1959, p. 189.
(³) D. Perrin, A. Bussard et J. Monod, *Comptes rendus*, 249, 1959, p. 778.
(⁴) H. M. Kalckar, K. Kurahashi et E. Jordan, *Proc. Nat. Acad. Sc.*, 45, 1959, p. 1776.
(⁵) H. W. Rickenberg, G. N. Cohen, G. Buttin et J. Monod, *Ann. Inst. Pasteur*, 91, 1956, p. 829.
(⁶) Ce travail a bénéficié de subventions du « Jane Coffin Childs Memorial Fund » et de la « National Science Foundation ».

(*Services de Physiologie microbienne et de Biochimie cellulaire,
Institut Pasteur, Paris.*)

GÉNÉTIQUE BIOCHIMIQUE. — *Synthèse constitutive de galactokinase consécutive au développement des bactériophages λ chez* Escherichia coli K 12. Note (*) de MM. Gérard Buttin, François Jacob et Jacques Monod, présentée par M. Jacques Tréfouël.

La galactokinase d'*E. coli* est une enzyme inductible ([1]). Nous avons isolé des mutants « constitutifs », ce qui suggère que, comme dans le cas de la β-galactosidase ([2]), au « gène de structure » qui élabore l'enzyme est associé un « gène régulateur » qui en réprime l'expression par l'intermédiaire d'un « répresseur » cytoplasmique. D'autre part, on sait que le récepteur chromosomique du prophage (λ) est étroitement lié au segment Gal qui inclut le gène de structure de la galactokinase. Des recombinaisons entre prophage et segment Gal peuvent intervenir qui se manifestent par la production de particules défectives λGal$^+$ ([3]). Nous avons cherché à savoir si la présence du prophage, son développement végétatif ou son association directe avec les déterminants Gal modifient les conditions d'expression de ces déterminants. La cinétique de synthèse de la galactokinase a été étudiée chez des bactéries se développant en milieu synthétique glycériné. Le D-fucose (6-désoxygalactose) 5.10^{-3} M constituait l'inducteur éventuel. Les observations suivantes ont été faites :

1. Des bactéries $Gal^-_{1,2}$ (mutant incapable de synthétiser la galactokinase et la galactose-transférase) ont été lysogénisées par le prophage défectif (λGal$^+$). Les conditions de synthèse inductible de l'enzyme sont les mêmes chez ces bactéries Gal$^-$ (λGal$^+$) que chez la souche normale : la synthèse de galactokinase est soumise à la même régulation que lorsque son déterminant est intégré dans le chromosome bactérien.

2. Les bactéries $Gal^-_{1,2}$ ont été infectées par des particules λGal$^+$ (lysat HFT contenant 50 % de phages λGal$^+$; multiplicité d'infection : 0,1). En présence d'inducteur, comme l'a montré Starlinger ([4]), on observe une synthèse de galactokinase débutant quelques minutes après l'infection et se poursuivant jusqu'à la 60e minute. Les déterminants Gal sont donc capables de s'exprimer rapidement dans la bactérie réceptrice. Cependant nous avons constaté qu'une synthèse équivalente se produit également *en absence de tout inducteur exogène*. Le gène, dans ces conditions, s'exprime donc de façon constitutive. Tout se passe comme s'il était insensible au « répresseur ». On observe le même « effet de dérépression », plus marqué encore, lorsqu'on déclenche un début de développement du prophage (λGal$^+$) en exposant au rayonnement ultraviolet la souche lysogène Gal$^-$ (λGal$^+$). La question se pose de savoir si l'effet de dérépression est effectivement lié au développement du phage.

3. Des bactéries lysogènes $Gal^-_{1,2}$ (λ) ont été infectées par des particules λGal$^+$. Tout développement des particules est donc bloqué chez ces

bactéries immunes. Dans ces conditions, aucune synthèse d'enzyme n'est plus décelable sans inducteur. Le fucose induit une synthèse tardive. Si cependant les bactéries réceptrices sont irradiées par le rayonnement ultraviolet peu après l'infection, on observe, après 50 mn, une synthèse constitutive : l' « effet de dérépression » ne s'observe donc que chez des bactéries qui ne sont pas ou ne sont plus immunes contre λ.

		Cultures non irradiées.			Cultures irradiées		
		Accroissement d'activité (**)			Accroissement d'activité		
Exp. N°	Génotypes (*)	Non induites ΔO	Induites ΔI	$\frac{\Delta I}{\Delta O}$	Non induites ΔOUV	Induites ΔIUV	$\frac{\Delta IUV}{\Delta OUV}$
1...	Gal+	18	128	7,1	—	—	—
1...	Gal++λ	9	54	6,0	8	—	—
2...	Gal++λc	<5	38	>7	—	—	—
3...	Gal++λGal+	32	40	1,2	—	—	—
3...	Gal−(λ)+λGal+	<0,5	10	>20	33	—	—
4...	Gal+	34	273	8,0	9	80	8,8
5...	Gal+(21)	23	295	12,8	9	95	10,5
6...	Gal+(λ)	22	240	11,1	93	139	1,5
7...	Gal−(λGal+)	13	133	10,2	401	415	1,0
8...	Gal−(λ)(λGal+)	10	92	9,2	222	185	0,8
9...	Gal−(λ)/FGal+	22	76(***)	3,5	13	40	3,0
10...	Gal−/FGal+(λ)	26	151	5,7	39	71	1,8

Accroissement d'activité enzymatique entre 0 et 60 mn (lyse des cultures infectées) : exp. 1 à 3.

Accroissement d'activité enzymatique entre 0 et 100 mn (lyse des cultures lysogènes irradiées) : exp. 4 à 10.

(*) La notation ( ) indique que le génome phagique est au stade prophage.
(**) L'unité d'enzyme est la quantité de galactokinase qui phosphoryle 1 mμM de galactose par heure. Les accroissements d'activité sont exprimés pour 1 ml de suspension contenant, au temps 0, de $1,5.10^8$ à $2,5.10^8$ bactéries/ml (activité spécifique comprise entre 10 et 25 unités). Dosage de l'enzyme : suspensions toluénisées incubées 30 à 90 mn à 37°C en présence de galactose ^{14}C 10^{-3} M, 1,6 μc/ml + ATP $1,5.10^{-3}$ M + Cl_2Mg $1,3.10^{-3}$ M + NaF $3,3.10^{-3}$ M + β-mercaptoéthanol 10^{-2} M ; réaction bloquée par addition de 9 vol d'acétate de baryum en solution alcoolique à 90°. Mesure de la radioactivité du précipité contenant le galactose ^{14}C-1-P après filtration sur membrane « millipore ».
(***) L'expression du déterminant Gal porté par F Gal semble réduite en toutes circonstances.

(3)

4. Dans les expériences précédentes, les déterminants Gal⁺ étaient intégrés dans le génome viral. Que se passe-t-il dans le cas du développement d'un phage λ normal dans une bactérie Gal⁺ ? L'infection directe par λ ou par son mutant virulent λc provoque la lyse sans induire aucune synthèse de galactokinase, même si les cellules infectées sont irradiées. Ce résultat exclut la possibilité que l'effet de dérépression soit dû à la libération d'un galactoside inducteur par l'effet de la lysine ou d'autres enzymes phagiques. Cependant, si une souche lysogène Gal⁺(λ) est exposée au rayonnement ultraviolet, la multiplication du phage s'accompagne, 5o mn après l'irradiation, d'une nette synthèse constitutive de galactokinase. Il semble donc que la synthèse constitutive observée dans ces expériences, si elle ne nécessite pas l'intégration du déterminant Gal⁺ dans le génome viral, exige une étroite liaison génétique entre le génome phagique et ce déterminant. Cette conclusion est précisée par le fait que l'irradiation d'une souche lysogène Gal⁺(21) ne donne pas lieu à l'effet de dérépression; or on sait que le prophage (21), proche de (λ) par ses propriétés immunologiques et génétiques, est situé sur le chromosome bactérien à une distance du segment Gal notablement supérieure.

5. On est donc conduit à se demander si l'effet de dérépression se produit lorsque le prophage (λ) et le déterminant Gal⁺ se trouvent en position *trans* dans un diploïde et non plus en position *cis*. L'expérience peut être faite en utilisant des bactéries $Gal^-_{1,2}$ qui portent un fragment chromosomique surnuméraire comprenant le facteur sexuel F, le segment Gal⁺ ainsi qu'éventuellement le prophage (λ) ([5]). Des expériences préliminaires montrent qu'un effet de dérépression s'observe après irradiation d'une souche $Gal^-_{1,2}$/F Gal⁺(λ⁺) (position *cis*). Au contraire, une souche $Gal^-_{1,2}$(λ)/F Gal⁺, dans laquelle (λ) et Gal⁺ sont en position *trans*, ne synthétise de galactokinase qu'en présence d'inducteur, après irradiation.

L'effet de dérépression et les conditions dans lesquelles il se manifeste suggèrent que l'expression d'un gène de structure peut éventuellement échapper au système régulateur auquel elle est normalement soumise lorsque ce gène se trouve, en quelque façon, associé à des déterminants obéissant à un autre système de régulation ([6]).

(*) Séance du 21 mars 1960.
([1]) H. M. KALCKAR, K. KURAHASHI, E. JORDAN, *Proc. Nat. Acad. Sc.* (Washington), 45, 1959, p. 1776.
([2]) A. B. PARDÉE, F. JACOB et J. MONOD, *J. Mol. Biol.*, 1, 1959, p. 165.
([3]) M. L. MORSE, E. M. LEDERBERG et J. LEDERBERG, *Genetics*, 41, 1956, p. 142; W. ARBER, *Archives des Sciences*, 11, 1958, p. 259.
([4]) P. STARLINGER, Communication personnelle.
([5]) F. JACOB et E. A. ADELBERG, *Comptes rendus*, 249, 1959, p. 189.
([6]) Ce travail a bénéficié d'une aide partielle du « Jane Coffin Childs Memorial Fund », de la « National Science Foundation » et du Commissariat à l'Énergie Atomique.

(*Service de Biochimie cellulaire de l'Institut Pasteur.*)

BIOLOGIE CELLULAIRE. — *Effets d'un analogue de l'uracile sur les propriétés d'une protéine enzymatique synthétisée en sa précence.* Note (*) de MM. Alain Bussard, Shiro Naono, François Gros et Jacques Monod, présentée par M. Jacques Tréfouël.

> L'addition d'un analogue de base nucléique de 5-fluoro-uracile à une culture d'*E. coli* productrice d'une enzyme, la β-galactosidase, inhibe la synthèse de cette enzyme mais non la synthèse d'une protéine voisine par ses caractères antigéniques.

Naono et Gros ([1]) ont montré récemment que les protéines formées par *Escherichia coli* en présence d'un analogue stérique de l'uracile, le 5-fluoro-uracile (5-FU), sont modifiées électivement dans leur composition en aminoacides. Ces auteurs ont également constaté que certaines enzymes (phosphatase alcaline, sérine désaminase, glucose-6-phosphate déshydrogénase) continuent d'être synthétisées en présence de l'analogue, tandis que pour d'autres systèmes, l'activité enzymatique cesse de s'accroître presque aussitôt après l'addition. Enfin, la phosphatase alcaline synthétisée en présence de 5-FU présente une susceptibilité thermique notablement supérieure à celle de l'enzyme normale, encore que ces deux protéines possèdent la même activité enzymatique spécifique. Ces résultats suggéraient que, dans le cas de la β-galactosidase, l'analogue pourrait ne pas supprimer complètement la synthèse de la protéine, mais conduire à une altération de structure manifestée par une perte totale ou partielle d'activité. Une telle protéine, encore qu'enzymatiquement inerte, pourrait avoir conservé les caractères antigéniques de la β-galactosidase. Cette hypothèse était rendue vraisemblable par le résultat d'essais préliminaires qui avaient fait apparaître que les principaux antigènes d'*E. coli* réagissant avec divers sérums préparés par injections d'extraits totaux d'*E. coli* continuent d'être synthétisés en présence de 5-FU.

Nous avons donc cherché à déterminer s'il se formait, chez les bactéries traitées, une protéine donnant une réaction croisée spécifique avec la β-galactosidase.

Le sérum utilisé avait été préparé par injection de β-galactosidase purifiée à des lapins. Il avait été épuisé par des extraits d'*E. coli* ne contenant pas de β-galactosidase (bactéries non induites). L'analyse immunochimique a été conduite suivant une technique précédemment décrite ([2]). La souche utilisée (*E. coli* ML 308) était un mutant chez lequel la synthèse de cette enzyme est constitutive. Le graphique de la figure 1 montre l'effet de l'addition de 5-FU sur la synthèse de β-galactosidase « active » par des bactéries en croissance. On voit qu'aussitôt après l'addition d'inducteur, le taux différentiel de synthèse (accroissement d'enzyme/accroissement des protéines totales) est diminué d'environ 80 %.

(2)

Le titrage de l'enzyme par l'immunsérum spécifique (*fig.* 2) montre cependant que les bactéries traitées ont, en présence de 5-FU, synthétisé une quantité d'antigène spécifique très supérieure à la quantité d'enzyme

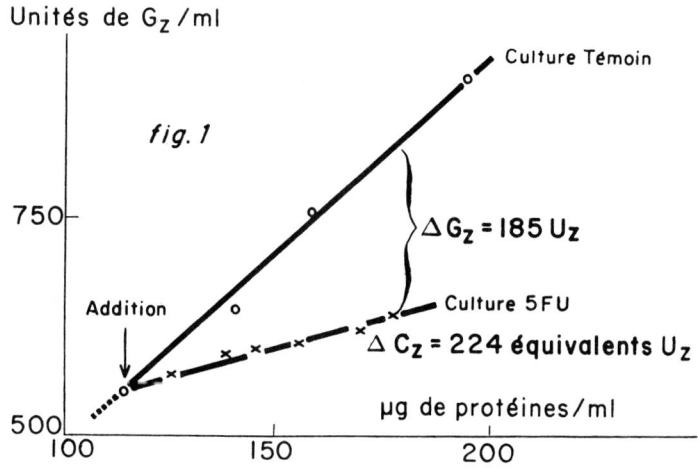

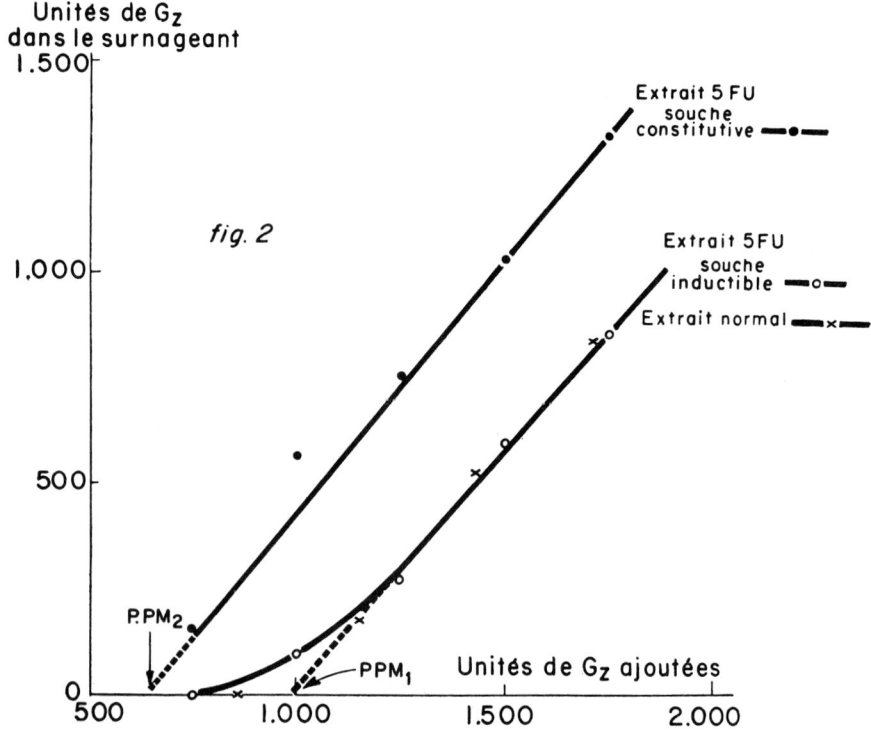

qu'elles continuent de synthétiser pendant le même temps. Ce résultat peut être interprété de deux façons : 1º en présence de 5-FU, il se forme simultanément de l'enzyme normale et de la protéine inactive, mais antigéniquement semblable à l'enzyme; 2º l'enzyme formée en présence de 5-FU conserve ses propriétés antigéniques normales, mais son activité spécifique est réduite de 80 %. L'une et l'autre interprétation impliquent en tous cas que le 5-FU a pour effet de modifier la structure de la majorité sinon de toutes les molécules de β-galactosidase synthétisées en sa présence. Il est important de souligner que, d'après le titrage immunologique, le nombre total d'unités antigéniques synthétisées en présence de 5-FU est sensiblement égal, sinon supérieur, à la quantité d'enzyme synthétisée par la culture témoin. S'il en modifie la structure, le 5-FU n'inhibe donc pas la synthèse de cette protéine par ces bactéries chez lesquelles, rappelons-le, le système est constitutif. Lorsqu'on utilise des bactéries de type sauvage chez lesquelles la synthèse de la galactosidase est inductible, on constate au contraire qu'il ne se synthétise pas de quantités décelables de protéine inactive en présence de 5-FU. On pourrait être tenté d'interpréter cette observation en supposant que le mécanisme de l'induction est lié de quelque manière à l'intégrité des propriétés enzymatiques de la protéine. Cette hypothèse cependant est formellement contredite par d'autres résultats récemment décrits ([2]) montrant que la β-galactosidase génétiquement modifiée et inactive conserve ses propriétés d'inductibilité. Il faut donc supposer que l'effet différentiel du 5-FU dans la souche constitutive et dans la souche inductible tient à une action directe de l'analogue sur le métabolisme de l'induction et non à ses effets sur la structure des protéines.

Quoi qu'il en soit, l'intérêt principal, croyons-nous, des observations que nous venons de résumer est de montrer qu'en présence d'un analogue de base pyrimidique, la synthèse des protéines peut être modifiée de façon localisée et spécifique, conduisant par exemple à la formation de molécules ayant conservé leurs structures antigéniques, mais perdu leurs propriétés enzymatiques. On sait que des effets tout à fait comparables sont obtenus à la suite de la mutation de certains gènes. Le rapprochement de ces observations suggère que l'analogue pourrait exercer son action au niveau des systèmes responsables du transfert d'information structurale entre gène et protéine ([3]).

(*) Séance du 16 mai 1960.
([1]) S. NAONO et F. GROS, *Comptes rendus*, 250, 1960, p. 3889.
([2]) D. PERRIN, A. BUSSARD et J. MONOD, *Comptes rendus*, 249, 1959, p. 778.
([3]) Ce travail a entre autres bénéficié du soutien du « Jane Coffin Childs Memorial Fund » et de la « National Science Foundation » des États-Unis.

(*Service de Biochimie Cellulaire. Institut Pasteur, Paris.*)

GÉNÉTIQUE BIOCHIMIQUE — *Biosynthèse induite d'une protéine génétiquement modifiée, ne présentant pas d'affinité pour l'inducteur.* Note de MM. DAVID PERRIN, FRANÇOIS JACOB et JACQUES MONOD, présentée par M. Jacques Tréfouel.

Différents mécanismes ont été envisagés pour décrire l'action de l'inducteur dans la biosynthèse des enzymes inductibles. La plupart de ces mécanismes impliquent comme hypothèse initiale ou comme conséquence, une corrélation nécessaire entre la structure stérique de l'inducteur et celle du récepteur actif de l'enzyme. Les expériences effectuées pour vérifier ces hypothèses ou choisir entre elles, ont établi que les fonctions de substrat et d'inducteur spécifique d'une même enzyme sont distinctes et que certains corps peuvent présenter l'une de ces propriétés sans posséder l'autre. Cependant, jusqu'à présent, les inducteurs et les substrats d'une même enzyme ont invariablement été trouvés dans une famille de composés possédant en commun certains éléments stériques d'architecture moléculaire. Cette corrélation constamment observée paraissait refléter une propriété inhérente au mécanisme même de l'induction. Nous rapportons ici des observations qui permettent, croyons-nous, d'écarter définitivement cette hypothèse.

On sait que la β-galactosidase (G_z), enzyme qui hydrolyse les β-galactosides, est induite chez *E. coli* par divers galactosides, substrats ou non de l'enzyme. Nous avons décrit récemment des résultats montrant qu'un gène (z) gouverne la structure de cette protéine. Un certain allèle (z_1^-) du gène z produit une protéine (C_{z1}) semblable à la galactosidase par ses propriétés immunologiques, mais totalement dépourvue d'activité enzymatique ([1]). Or, chez les bactéries porteuses de l'allèle z_1^-, la synthèse de la protéine C_z est induite par les mêmes inducteurs que la β-galactosidase chez les bactéries normales. Pour préciser ce résultat, en plaçant les deux systèmes dans des conditions rigoureusement identiques, nous avons suivi la synthèse *simultanée de* G_z et de C_{-1}, chez des bactéries diploïdes de structure z^+/z_1^-. En outre, pour éliminer l'effet de préinduction ([2]) qui, comme on sait, conduit à des populations hétérogènes en ce qui concerne le contenu des cellules en protéines induites, nous avons adjoint à l'inducteur (isopropyl-β-D-thiogalactoside) (IPTG) du (D-galactosido)-β-D-thiogalactoside $5 \cdot 10^{-3}$ M, non inducteur, afin d'inhiber la galactoside-perméase, responsable de ces effets ([3]). Les résultats sont consignés dans le tableau I donnant les quantités de C_{z1} et G_z induites après deux doublements dans trois populations traitées par des concentrations différentes d'inducteur. On sait ([3]) que le taux différentiel de synthèse de G_z varie très rapidement avec la concentration de l'inducteur. Le fait que le rapport C_z/G_z soit le même à la concentration saturante 10^{-3} M qu'aux concentrations non

(2)

saturantes d'IPTG signifie que les systèmes de synthèse des deux protéines sont quantitativement identiques dans leur sensibilité à l'inducteur.

Tableau I.

Concentration d'inducteur IPTG.	5.10^{-5} M.	10^{-4} M.	10^{-3} M.
Induction maximale (%)	21,5	47	100
G_z(*)	1920	5280	11200
C_{z1}(*)	670	1900	3900
C_z/G_z	0,35	0,36	0,35

(*) Quantités exprimées en unités d'enzyme par milligramme de poids sec.
L'excès de G_z est dû au fait que le gène z^+ porté par le facteur F est environ trois fois plus abondant que le gène z_1^- porté par le chromosome ([6]).

Ces résultats illustrent, sous une forme nouvelle, le fait que l'induction n'est pas liée à l'activité du système induit (induction gratuite). Ils ne permettent pas cependant de conclure que la structure spécifique de la protéine induite est sans rapport avec celle de l'inducteur. Le fait que la protéine C_{z1} soit inactive comme enzyme ne signifie pas qu'elle soit dépourvue d'affinité spécifique pour les galactosides. Nous avons donc entrepris de déterminer directement cette affinité, en utilisant la méthode de dialyse à l'équilibre. M. Cohn, par cette méthode, avait déjà déterminé la constante de dissociation du système β-galactosidase-phényléthyl-β-D-thiogalactoside (TPEG) ([4]). Nous avons employé ce même corps, marqué au tritium, et la technique de dialyse de Dubert ([5]). Les résultats consignés dans le tableau II sont donnés sous forme de rapport substrat libre/subs-

Tableau II.
Valeurs de SL/ST après dialyse.

Concentration de TPEG.	G_z				C_{z1} : 1,2.	C_{z4} : 1,1.	PNS : 12 mg.
	1,2.	0,6.	0,3.	0,06.			
10^{-5} M	0,20	0,48	0,65	–	0,94	0,90	0,92
5.10^{-6} M	–	–	0,49	0,78	1,01	0,90	0,99

Quantités de G_z, C_{z1} et C_{z4} en millions d'unités d'enzyme ou d'équivalents antigéniques.
G_z, C_{z1} et C_{z4} sont partiellement purifiés et contiennent respectivement 5, 11 et 21 mg de protéines par million d'unités.

trat total, une fois l'équilibre atteint, à plusieurs concentrations de G_z, de C_z et de TPEG (nous avons éprouvé deux protéines C_z produites par deux allèles différents du gène z). Pour permettre la comparaison, les concentrations sont exprimées en unités de β-galactosidase, calculées pour les protéines C_z d'après les équivalents antigéniques. Les rapports trouvés avec G_z correspondent sensiblement aux rapports calculés en admettant pour la constante de dissociation une valeur de 2.10^{-6} M (égale à la constante K_1 trouvée par la méthode cinétique classique de compétition). Avec un mélange de protéines d'*E. coli* (PNS), ne contenant ni G_z ni C_z (obtenu à partir de bactéries non induites) on observe un léger déplacement que nous qualifierons de non spécifique. Par référence à ce témoin, on n'observe

(3)

avec C_{z1} et C_{z4} aucun déplacement significatif; compte tenu de la sensibilité, nécessairement limitée de la technique, on peut admettre que si C_{z1} et C_{z4} présentent pour le TPEG une affinité résiduelle, celle-ci doit être inférieure à 5 % de l'affinité de la protéine normale. L'activité enzymatique étant d'autre part nulle, il paraît raisonnable de résumer ces observations en disant que les protéines C_{z1} et C_{z4} ne possèdent pas de centre actif ni de récepteur spécifique complémentaire de la structure des galactosides. Il n'existe donc, dans ce cas, aucune corrélation spécifique entre la structure moléculaire de l'inducteur et celle de la protéine induite ([7]).

([*]) Séance du 27 juin 1960.
([1]) D. PERRIN, A. BUSSARD et J. MONOD, *Comptes rendus*, 249, 1959, p. 778.
([2]) A. NOVICK et M. WEINER, *Proc. nat. Acad, Sc.* (*Wash.*), 43, 1957, p. 553.
([3]) L. HERZENBERG, *Biochim. Biophys. Acta*, 31, 1959, p. 525.
([4]) M. COHN, *Bact. Rev*, 21, 1957, p. 140.
([5]) J.-M. DUBERT, *Thèse Doctorat ès sciences*, Paris, 1959.
([6]) F. JACOB, D. PERRIN, C. SANCHEZ et J. MONOD, *Comptes rendus*, 250, 1960, p. 1727.
([7]) Ce travail a, entre autres, bénéficié de l'aide de la « National Science Foundation » et du « Jane Coffin Childs Memorial Fund ».

(Service de Biochimie cellulaire, Institut Pasteur, Paris.)

On the Expression of a Structural Gene †

MONICA RILEY,‡ ARTHUR B. PARDEE,§ FRANÇOIS JACOB, AND JACQUES MONOD

Biochemistry Department and Virus Laboratory, University of California, Berkeley, California, U.S.A.

and

Services de Physiologie Microbienne and Biochimie Cellulaire, Institut Pasteur, Paris, France

(*Received 16 May 1960*)

Experiments were made on the kinetics of β-galactosidase production by zygotes formed upon mating of inducible, lac^+(Hfr z^+i^+), and constitutive, lac^-(F$^-$ z^-i^-), strains of *Escherichia coli* K12. Enzyme formation commenced within two minutes of the time of injection of the z^+ gene. The zygote thereafter produced β-galactosidase at a rate similar to that by an induced bacterium, and no increase in rate of enzyme production per zygote was observed in the first thirty minutes after mating. Therefore, the time required for the injected genetic material to become active in the functional apparatus of the F$^-$ cell, for formation of any possible intermediates between genetic material and enzyme, and for formation of the enzyme itself, are each less than two minutes.

The Hfr strain of *E. coli* was labeled with ^{32}P and was mated with the non-radioactive F$^-$ bacteria. A segment of ^{32}P-labeled genetic material containing the z^+ locus was transferred to the recipient. ^{32}P decay in the newly acquired genetic material was found to decrease the enzyme-forming capacity of zygotes even when it occurred some time after initiation of enzyme synthesis.

These results appear to indicate that integrity of the genetic material is required not only for an initial transfer of genetic information, but actually for enzyme synthesis to continue.

1. Introduction

Very little is known as yet about the mechanism by which structural specificity is transferred from gene to protein. Many variations can be written on such a theme. For our present purposes, we need only consider two elementary models.

(1) *No stable intermediates are formed.* According to this model, the gene acts directly as a template for protein synthesis. For many experimental purposes, the assumption that the gene acts *via* an *unstable* intermediate is equivalent.

(2) *Stable intermediates are formed.* According to this model, the gene forms stable intermediates (for instance RNA particles) which in turn synthesize the enzyme.

In order to distinguish between these two models, the ideal experiment would consist of transferring into a cell, hitherto lacking it, a gene controlling the synthesis of a protein and then removing it. By studying the kinetics of synthesis of the protein by the recipient cell following entry of the gene, one may expect to obtain some insight into the mechanisms which operate in the expression of the gene. Furthermore,

---

† This work was aided by a grant from the Jane Coffin Childs Memorial Fund.
‡ U.S. Public Health Service Predoctoral Fellow.
§ National Science Foundation (U.S.A.) Senior Postdoctoral Fellow.

by removing the gene after allowing a delay for expression, one might hope to detect the presence of stable intermediate catalysts.

For such a study to yield significant results, a certain number of requirements must be met:

(a) It must be established that the gene involved governs the *structure* of the protein. This requirement is essential, since it is now apparent that certain "regulatory" genes affect the synthesis of certain proteins indirectly, by setting up a control mechanism, which does not involve any transfer of structural information to the protein itself, the structure of which is governed by a "structural" gene distinct from the "regulatory" gene. The kinetics of expression of a regulatory gene have been analyzed in a recent paper in this Journal (Pardee, Jacob & Monod, 1959).

(b) The transfer of the gene, from donor to recipient cell, should as much as possible not involve nonchromosomal material.

(c) The time of entry of the gene into the recipient cell must be determined with precision.

The system which we have used appears to meet these requirements. It involves the sexual transfer from donor (Hfr) to receptor (F-) of *E. coli* of a gene (z^+) which governs the synthesis of the enzyme β-galactosidase. That this gene determines the structure of the protein is established by the observation that mutations of this gene result in the formation of an altered protein. Moreover, in stable heterozygote diploids carrying the wild type z^+ and a mutated allele, both normal β-galactosidase and altered β-galactosidase are formed (Perrin, Bussard & Monod, 1959). The expression of the z^+ gene is controlled by another gene (i^+) which governs the synthesis of an intracellular repressor. The inhibitory effect of the repressor must be antagonized by an inducer for β-galactosidase to be formed.

Concordant evidence indicates that sexual transfer of chromosomes in *E. coli* does not involve cytoplasmic constituents. The most significant fact, in this respect, is that neither low molecular-weight metabolites, nor the cytoplasmic repressor are transferred from Hfr to F- during conjugation (Pardee *et al.*, 1959).

The time of entry of the z^+ gene following mating can be determined rather accurately by separation of the mating bacteria at appropriate times and determination of recombinants (Wollman, Jacob & Hayes, 1956).

This system allows one to determine accurately the kinetics of β-galactosidase synthesis in zygotes of *E. coli* which have inherited their cytoplasm from an F- carrying an inactive (z^-) allele of the z gene, and which have received a chromosome segment containing the z^+ allele from the Hfr. This study forms the subject of the first part of this paper. We have also attempted to study the effect of "removing" the z^+ gene. Since it is not possible actually to extract the gene from the cell, we have approached the problem by using the ^{32}P-decay method: the genetic material of the z^+ Hfr is heavily labeled with ^{32}P; after transfer of this material into unlabeled F- z^- bacteria, the zygotes are frozen and kept at low temperature to allow ^{32}P-decay in the transferred genetic material, in the absence of cell metabolism (Fuerst, Jacob & Wollman, 1956); the rate of enzyme synthesis after thawing is then determined (McFall, Pardee & Stent, 1958). This experiment is discussed in the second part of the paper.

2. Materials and Methods

The kinetic experiments were carried out with *E. coli* strain K12 growing exponentially n a glycerol-salts medium. The Hfr strain (4,000) carried the alleles z^+ (β-galactosidase positive), i^+ (inducible for this enzyme), and Sm^s (sensitive to streptomycin). The F⁻ strain carried the z^-, i^- (constitutive for β-galactosidase) and Sm^r alleles. Composition of the medium, conditions of growth, and techniques used for enzyme assay have been described in a previous publication (Pardee et al., 1959).

The experiments involving ^{32}P-decay were performed under slightly different conditions from the above. The Hfr strain used in the kinetic studies was unsuited for the ^{32}P experiments since it is lysogenic for the phage λ, and would be induced by ^{32}P-decay. The $z^+i^+Sm^s$ Hfr strain CS101 (kindly supplied by Dr. J. Tomizawa) was used instead. Injection of the z^+ gene by this strain commences at 10 min under the conditions described below.

Composition of the low phosphate-casein hydrolysate medium "H" and techniques of ^{32}P-labeling and low temperature storage were similar to those described by Stent & Fuerst (1955). The Hfr parent was grown for 2 to 2·5 divisions in a medium containing 4 μg P/ml. at a specific activity of 90 mc/mg P. This culture was centrifuged, resuspended in fresh non-radioactive medium and mixed with a suspension of exponentially growing F⁻ $z^-i^-Sm^r$ bacteria in 0·1 M-phosphate buffer at pH 6·3 and 15 mg/ml. asparagine. After an interval for mating, the Hfr was killed and further mating was prevented by the addition of 130 μg/ml. streptomycin and 10 μg/ml. Duponol C (sodium lauryl sulfate). The zygote suspension was diluted into minimal storage medium (Fuerst & Stent, 1956) further enriched to 10% glycerol and samples were frozen at $-196°$C.

The use of the "H" medium does not qualitatively alter the kinetics observed in the minimal M63 medium, but the events in the zygote following conjugation appear to proceed at a faster rate in the richer medium. Times of formation of repressor and onset of replication do not appear comparable in the two media.

Methods for the determination of enzyme-forming capacity of the zygote suspension were similar to those described previously for unmated bacteria (McFall et al., 1958). Samples of the frozen zygote suspension were thawed from day to day, separated from the high-glycerol storage medium by centrifugation, and resuspended in fresh "H" medium containing streptomycin and Duponol to prevent remating and induction of β-galactosidase in the Hfr. After 5 min preincubation, isopropyl-β-D-thiogalactoside (IPTG) was added to a final concentration of 5×10^{-4} M together with phosphate buffer at pH 7 at a final concentration of 4×10^{-3} M. The rate of induced β-galactosidase synthesis was determined by assay at intervals of the β-galactosidase in portions of induced culture containing about 5×10^4 zygotes.

Recombinant viability was measured on lactose-streptomycin plates and on broth-lactose-tetrazolium plates (Lederberg, 1948).

3. Kinetics of Gene Expression upon Transfer

(a) Preliminary experiments

Since the experiments to be performed concerned the synthesis of enzyme by zygotes or by exconjugant cells, it was necessary to determine the effects of mating upon enzyme-forming mechanisms independently of gene transfer itself. For this purpose, wild type F⁻ cells (z^+) were mixed with an excess of Hfr (z^-) cells, and inducer was added 30 min later. As a control, a portion of the F⁻ (z^+) population was mixed with an excess of F⁻ (z^-) cells (with which they do not mate). Fig. 1 shows that the mated population synthesized the enzyme 30 to 50% slower than the unmated one. The complementary experiment, where Hfr (z^+) were mated to F⁻ (z^-), gave similar results. These results are not surprising, since it is known that zygotes and exconjugant Hfr cells grow more slowly than normal cells. However, the kinetics of galactosidase synthesis are not seriously distorted in the mated as compared with the unmated population. In both cases, the accumulation of enzyme with time appears quasi-linear, at least within the first 60 min from addition of inducer. This apparent linearity, when one would expect an exponential increase, is due to the comparatively slow growth of these cells. Even when unmated their generation time was about 90 min. The exconjugants do not divide for 3 to 4 hr. Most of the z^+ bacteria must have mated since the rate of enzyme synthesis was reduced by one-half to one-third.

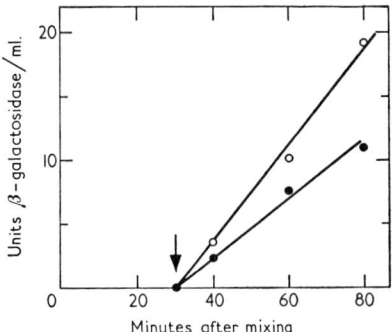

FIG. 1. Inhibition of induced enzyme production in mating bacteria.

F^- z^+ bacteria were mixed with a threefold excess of Hfr z^- bacteria, under the conditions normally used for mating. At 30 min the inducer IPTG was added and β-galactosidase was determined at intervals (●). As a control the F^- z^+ were mixed with an F^- z^- culture under the same conditions (○).

(b) *Kinetics of gene penetration and enzyme synthesis*

In order to study the kinetics of expression of the z^+ gene following its entry into the zygote, the time of entry must be determined as precisely as possible. It is known (Wollman *et al.*, 1956) that chromosome injection commences at random in the mating pairs. At the high bacterial densities used here, collision frequency does not appear to be the limiting factor. Following the commencement of injection, a finite and apparently fairly constant time is required for a given gene to enter into the zygote. The increase in zygotes containing z^+ can be estimated, in a mating of the type:

$$\text{Hfr } z^+ Sm^s \times F^- z^- Sm^r$$

by shaking the culture to break the conjugating pairs at suitable times, and counting the $z^+ Sm^r$ recombinants by plating on lactose-streptomycin medium. (It should be recalled that the Hfr types used in the present experiment inject the z^+ gene some 60 to 70 min earlier than the Sm sensitivity gene.) As it may be seen from Fig. 2, the accumulation of $z^+ Sm^r$ recombinants follows quite accurately a linear course, allowing a fairly precise extrapolation down to the time of appearance of the first z^+ containing zygotes at 18 min. As long as unmated cells remain in large numbers, the increase in zygotes having received a specified gene follows a linear course, reflecting the formation of new mating pairs with time and the delay required for gene penetration.

Let us consider the kinetics of enzyme synthesis by the zygote population (Fig. 3). Enzyme begins to be formed very soon after the time of appearance of the first z^+-containing zygotes, and accumulates thereafter at a rate which increases with time for at least 30 to 50 min. In order to analyze these kinetics more precisely, the accumulation of z^+ zygotes in the population must be taken into account. Accumulation is linear with time, as long as unmated cells remain (Fig. 2). We may therefore write, for the number n of z^+-containing zygotes as a function of time (in this interval)

$$n = \alpha(t - t_0)$$

T

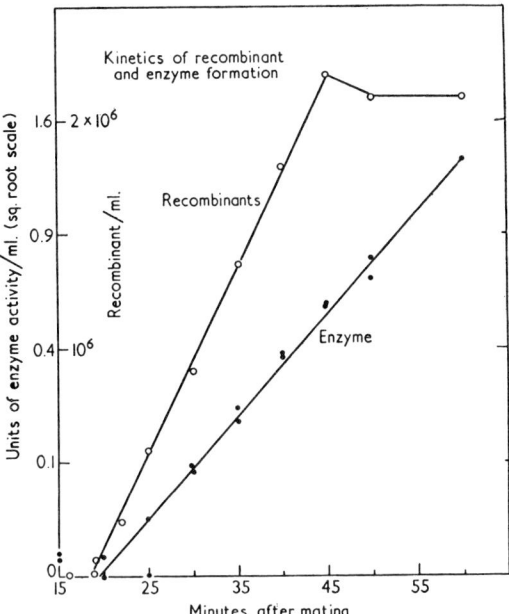

FIG. 2. Recombinant production and enzyme formation by zygotes.

Mating was performed as described under Methods, and samples were taken for blending and plating, and for enzyme estimation, at the times shown. Enzyme/ml. is plotted on a square root scale for reasons stated in the text.

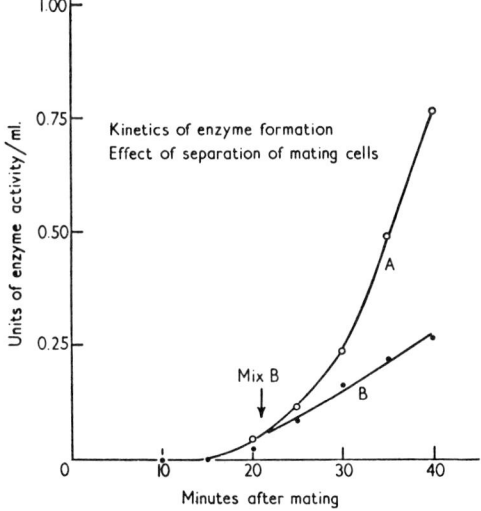

FIG. 3. Kinetics of enzyme production in undisturbed and mixed cultures.

Mating was performed as described under Methods. Sample A was undisturbed during the experiment; sample B was vigorously agitated at 21 min to disrupt the mating couples. Enzyme activity/ml. is shown *vs* time of mating.

where t_0 is the time between conjugation and penetration of the z^+ gene and α is a constant which depends upon the experimental conditions.

The rate of enzyme synthesis in the culture is equal, at any time, to the number of z^+ zygotes, and to the rate r of enzyme synthesis per z^+ zygote. We may write therefore:

$$\frac{dZ}{dt} = r\alpha(t - t_0) \tag{1}$$

where Z is the amount of enzyme in the culture. An assumption concerning the rate of synthesis per zygote must now be made. The simplest assumption is that the rate

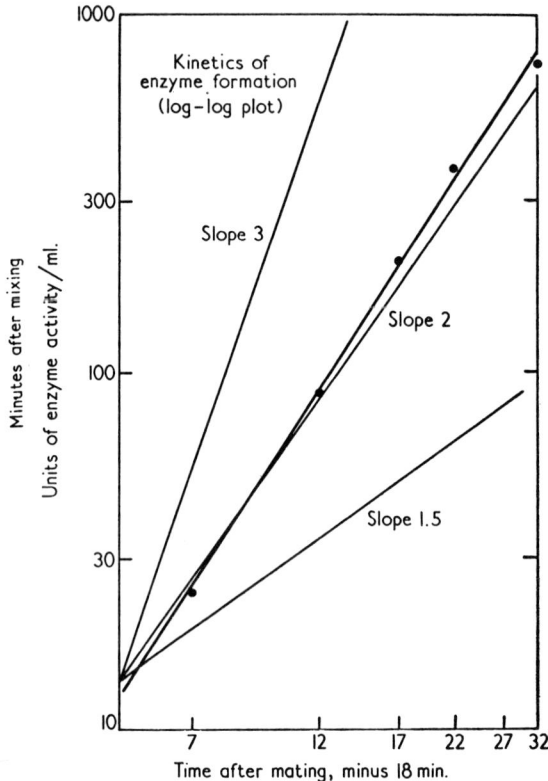

FIG. 4. Log-log plot of enzyme *vs* time.
The data shown in Fig. 2 are plotted on log-log coordinates as amount of enzyme/ml. (in arbitrary units) *vs* time. Slopes of 1·5, 2 and 3 are shown for reference.

is independent of time. The next simplest is that the rate increases linearly with time counted from entry of the z^+ gene, as would be the case if the gene synthesized an intermediate catalyst in a linear fashion.

Integrating equation (1) under the first assumption ($r = $ constant) we obtain:

$$Z = H(t - t_0)^2 \tag{2}$$

where H combines the different constant factors.

Under the second assumption ($r = k(t - t_0)$), one obtains:

$$Z = H'(t - t_0)^3$$

To test whether one or the other assumption agrees with the data, it is convenient to plot log of enzyme *versus* log of time (counted from the time of entry of the first z^+ genes). The slope should be 2 if the relation is quadratic, 3 if it is cubic. Figure 4 shows that slope 3 is quite incompatible with the data, which give a good fit with slope 2. In a number of repetitions of this experiment, the slopes all lay within the range 1·7 to 2·1. As Fig. 2 shows, a plot of square root of enzyme synthesis *versus* time gives an excellent fit, allowing a fairly accurate extrapolation to the origin, which is found to coincide, within experimental error, with the time when the first z^+ zygotes appear.

These results therefore show that the rate of enzyme synthesis by the zygotes is constant from the time of entry of the z^+ gene, up to at least 40 or 50 min later.

The constancy of the rate of enzyme synthesis per zygote can also be demonstrated by interrupting the mating process a few minutes after the appearance of the first z^+ zygotes. As shown in Fig. 3, the rate of enzyme synthesis, after interruption of mating, is constant and equal to the rate achieved at the time of interruption.

The rate of enzyme synthesis by the z^+ zygotes should be compared with the rate obtained with wild type bacteria under similar conditions. The experimental value of the constant in equation (2) corresponds to $1·9 \times 10^{-8}$ units of enzyme synthesized per minute per z^+Sm^r recombinant ultimately found. Since there are probably 4 to 5 times as many z^+ zygotes as z^+Sm^r recombinants (Wollman et al., 1956), the rate per z^+ zygote is about $0·4 \times 10^{-8}$ min^{-1}. Induction of Hfr bacteria in the process of mating (cf. preliminary experiments) give $1·5 \times 10^{-8}$ units min^{-1} per bacterium, or $0·5 \times 10^{-8}$ min^{-1} per nucleus (i.e. per z^+ gene) for trinucleate bacteria. These values are close enough, in view of the assumptions made, to support the conclusion that the z^+ gene functions nearly as effectively in the zygotes as in normal bacteria.

The precise coincidence in time between the appearance of the first z^+Sm^r recombinants and initiation of enzyme synthesis constitutes proof that the effect is not due to the transfer of cytoplasmic constituents from Hfr to F$^-$. As further evidence on this point, it is worth reporting that when certain types of Hfr were used, which inject the z^+ gene at a very late time (and into only a negligible fraction of the zygotes, because most of the conjugant pairs separate before that time), no enzyme formation at all was detected.

4. Effects on Enzyme Synthesis of ^{32}P Disintegration occurring in the Transferred Material

In order to determine whether enzyme synthesis can proceed after gene inactivation, we have used the ^{32}P-decay method. When Hfr bacteria heavily labeled with ^{32}P are mated with nonradioactive F$^-$ bacteria, the production of recombinants remains sensitive for some time to ^{32}P-decay in the zygotes (Fuerst et al., 1956). These experiments show that ^{32}P-decay destroys the capacity for replication of the transferred genetic material. One may similarly determine the effect of ^{32}P-decay on phenotypic expression of the z^+ gene, as measured by its effect on the rate of β-galactosidase synthesis.

For such experiments, zygotes were formed from radioactive Hfr and nonradioactive F$^-$ bacteria, and ^{32}P-decay was allowed to occur as described under Methods. Figure 5 shows the results of an experiment in which mating was arrested 35 min after mixing the parents, and zygotes were allowed to develop until 60 min; i.e. for 50 min after penetration of the first z^+ gene. In the nonradioactive control culture there was no decrease in the rate of enzyme synthesis during the period of storage. But, in contrast, the radioactive zygotes suffered a progressive loss of enzyme-forming capacity which must be attributed to the effects of ^{32}P-decay in the injected genetic material.

The effect of allowing different times of expression for the z^+ gene before decay is shown in Fig. 6. Mating was arrested at 35 min, as above, and the resulting zygotes

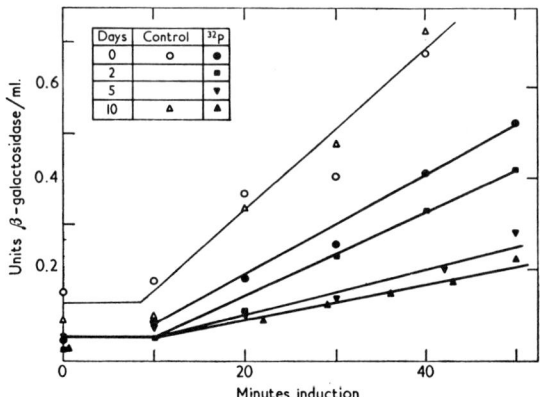

FIG. 5. Kinetics of enzyme formation as influenced by decay of ^{32}P.

E. coli CS101 grown on ^{32}P of specific activity 90 mc/mg P were mixed with nonradioactive F⁻ bacteria. Mating was arrested at 35 min and zygotes were allowed to develop further for 25 min before storage in liquid nitrogen. The procedures are described under Methods.

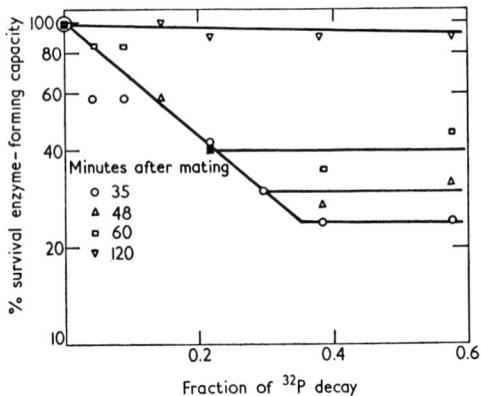

FIG. 6. Inactivation of β-galactosidase formation with progressive ^{32}P decay in zygotes.

Conditions were the same as those described in Fig. 5. After the mating was arrested at 35 min, portions were removed for low temperature storage immediately and at 48, 60 and 120 min after mating commenced. Each Hfr bacterium contained about 2×10^4 ^{32}P atoms in the nucleic acid fraction, or about 5×10^3 ^{32}P atoms in the DNA; therefore, each zygote probably received less than 500 ^{32}P atoms.

were allowed to develop further in the nonradioactive medium before freezing. In the samples taken at 25, 38, and 50 min after injection of the first z gene, the initial rates of decrease in enzyme formation appeared to be roughly similar, but a progressively larger fraction of the enzyme-forming capacity became stable with time. Finally, by

110 min, enzyme formation had become completely refractory to ^{32}P-decay. The stability of this last sample provides an internal control which shows that the ^{32}P disintegrations had no indirect effects on enzyme synthesis.

In any case, the stabilization cannot reflect a process which involves transfer of specificity from the injected piece to a stable catalyst which is necessary for phenotypic expression. The kinetic analysis presented above has shown that the class of zygotes examined 35 min after mating (25 min after injection of the z^+ gene) are virtually all fully functioning to produce β-galactosidase, and yet 75% of these zygotes are sensitive to ^{32}P-decay in the genetic material containing the z^+ gene. Similarly the z^+ genes of the 60 min sample had all achieved full expression for 30 to 50 min before freezing, yet 50% of this population was susceptible to the effects of ^{32}P-decay. Therefore the slow development of resistance, which probably resulted from the onset of replication of the genetic material, does not affect the conclusion that ^{32}P-decay in the genetic material suppresses enzyme synthesis.

Ability of the zygotes to give rise to recombinants was affected similarly to enzyme formation, both when measured on plates having lactose as the only carbon source and on nutrient-tetrazolium plates that allowed growth of F$^-$ as well as recombinant bacteria. The correspondence of loss of ability of the injected material to replicate and to permit enzyme synthesis leaves little doubt that the sensitive material transferred from Hfr to F$^-$ is indeed the genetic material.

The rates of inactivation of viability and enzyme formation of totally labeled, induced, Hfr were about ten times greater than the similar rates for zygotes formed from donors labeled at the same specific activity. It should be recalled at this point that according to McFall et al. (1959) the rate of inactivation of enzyme-forming capacity in totally labeled cells is the same as the rate of inactivation of the capacity to multiply. Moreover, their results indicated that the effective disintegration occurs in the DNA. The tenfold difference which we observe in the rate of inactivation of enzyme-forming capacity between totally labeled cells and zygotes would therefore appear to result from the fact that only a fraction of the labeled genetic material of the donor is introduced into the zygotes. This interpretation implies that ^{32}P-decay occurring in the genetic material *outside* of the z^+ gene itself may prevent enzyme formation.

5. Discussion

The problem we want to consider here is whether the experiments reported above allow a choice between the two extreme models of protein synthesis, involving or not the formation of stable intermediates.

The main conclusion to be drawn from the kinetic study of enzyme synthesis following gene transfer may be stated as follows: the z^+ gene which determines the structure of β-galactosidase in *E. coli* functions without significant delay, at maximal rate, when it is transferred by sexual recombination into the cytoplasm of a cell which possessed only an inactive allele of this gene.

This result evidently agrees with the model involving no stable intermediates, whether the gene itself acts directly as a template or *via* an *unstable* intermediate. The result is not compatible with the model involving the formation of stable intermediate templates, since these templates would accumulate in the cytoplasm and the rate of enzyme synthesis should start at zero and increase gradually.

This last model can be reconciled with the findings, however, by the further assumption that the gene forms very rapidly (in less than two minutes) a limited number of stable intermediate templates, and thereafter stops functioning. Such an assumption may at first sight appear surprising, although perhaps not any more than the alternative one that the gene acts more or less directly in the synthesis of the protein. In any case, the kinetic data cannot tell more and do not discriminate between the two models.

From the ^{32}P-decay experiments one may conclude that under the conditions used, in a cell where the enzyme-forming system is already fully functioning, inactivation of the gene abolishes enzyme synthesis without delay. These findings cannot be explained by the assumption that the transfer of structural specificity from the z gene to the protein involves the formation of a stable intermediate catalyst such as cytoplasmic RNA. This model of gene action is excluded. Two qualifications should be noted. First, the experiment does not exclude the possibility that an information-bearing RNA closely associated with the DNA of the gene is transferred as a part of the genetic unit. Secondly, the interpretation advanced here would not be valid if the experimental conditions introduced an artifact such as the selective destruction of cytoplasmic RNA particles as a result of freezing and thawing. However, this seems unlikely in view of the fact that the procedure involves only a single freezing and thawing in a medium which preserves viability.

The assumption that the z gene acts *directly* as a template in the synthesis of β-galactosidase would of course account perfectly for the observations. This assumption appears unlikely, however, in the face of a growing body of evidence suggesting that the seat of protein synthesis, in many types of cells including bacteria, is not the nucleus, but rather certain cytoplasmic constituents (ribosomes). We are therefore left to consider the only other alternative, namely that the transfer of information involves functionally *unstable* intermediates, and to ask which cell constituents might be likely candidates for such a function. Surprisingly enough, particulate RNA appears as an unlikely candidate, since it has repeatedly been shown to be chemically stable in intact bacterial cells (although there is no evidence regarding its functional stability which cannot be observed by chemical tests). Ribosomes are not present in sufficient numbers in bacteria for a large fraction of their number to be inactive. No data of this kind are available for other RNA fractions, in particular for the "soluble" fraction, where a high rate of renewal might remain undetected by usual procedures, if it did not involve liberation of small nucleotides. The difficulty here is of another kind: the molecular weight of soluble RNA (as prepared by present methods) appears much too small for it to carry all the information concerning a long polypeptide chain, such as that of the monomer of β-galactosidase. These experiments therefore appear to define an interesting dilemma.

REFERENCES

Fuerst, C. R., Jacob, F. & Wollman, E. L. (1956). *C.R. Acad. Sci., Paris*, **243**, 2162.
Fuerst, C. R. & Stent, G. S. (1956). *J. Gen. Physiol.* **40**, 73.
Lederberg, J. (1948). *J. Bact.* **56**, 695.
McFall, E., Pardee, A. B. & Stent, G. S. (1958). *Biochim. biophys. Acta*, **27**, 282.
Pardee, A. B., Jacob, F. & Monod, J. (1959). *J. Mol. Biol.* **1**, 165.
Perrin, D., Bussard, A. & Monod, J. (1959). *C.R. Acad. Sci., Paris*, **249**, 778.
Stent, G. S. & Fuerst, C. R. (1955). *J. Gen. Physiol.* **38**, 441.
Wollman, E. L., Jacob, F. & Hayes, W. (1956). *Cold Spr. Harb. Symp. Quant. Biol.* **21**, 141.

Review Article

Genetic Regulatory Mechanisms in the Synthesis of Proteins†

François Jacob and Jacques Monod

Services de Génétique Microbienne et de Biochimie Cellulaire, Institut Pasteur, Paris

(*Received 28 December 1960*)

The synthesis of enzymes in bacteria follows a double genetic control. The so-called structural genes determine the molecular organization of the proteins. Other, functionally specialized, genetic determinants, called regulator and operator genes, control the rate of protein synthesis through the intermediacy of cytoplasmic components or repressors. The repressors can be either inactivated (induction) or activated (repression) by certain specific metabolites. This system of regulation appears to operate directly at the level of the synthesis by the gene of a short-lived intermediate, or messenger, which becomes associated with the ribosomes where protein synthesis takes place.

1. Introduction

According to its most widely accepted modern connotation, the word "gene" designates a DNA molecule whose specific self-replicating structure can, through mechanisms unknown, become translated into the specific structure of a polypeptide chain.

This concept of the "structural gene" accounts for the multiplicity, specificity and genetic stability of protein structures, and it implies that such structures are not controlled by environmental conditions or agents. It has been known for a long time, however, that the synthesis of individual proteins may be provoked or suppressed within a cell, under the influence of specific external agents, and more generally that the relative rates at which different proteins are synthesized may be profoundly altered, depending on external conditions. Moreover, it is evident from the study of many such effects that their operation is absolutely essential to the survival of the cell.

It has been suggested in the past that these effects might result from, and testify to, complementary contributions of genes on the one hand, and some chemical factors on the other in determining the final structure of proteins. This view, which contradicts at least partially the "structural gene" hypothesis, has found as yet no experimental support, and in the present paper we shall have occasion to consider briefly some of this negative evidence. Taking, at least provisionally, the structural gene hypothesis in its strictest form, let us assume that the DNA message contained within a gene is both necessary and sufficient to define the structure of a protein. The elective effects of agents other than the structural gene itself in promoting or suppressing the synthesis of a protein must then be described as operations which control the rate of transfer of structural information from gene to protein. Since it seems to be established

† This work has been aided by grants from the National Science Foundation, the Jane Coffin Childs Memorial Fund for Medical Research, and the Commissariat à l'Energie Atomique.

that proteins are synthesized in the cytoplasm, rather than directly at the genetic level, this transfer of structural information must involve a chemical intermediate synthesized by the genes. This hypothetical intermediate we shall call the structural messenger. The rate of information transfer, i.e. of protein synthesis, may then depend either upon the activity of the gene in synthesizing the messenger, or upon the activity of the messenger in synthesizing the protein. This simple picture helps to state the two problems with which we shall be concerned in the present paper. If a given agent specifically alters, positively or negatively, the rate of synthesis of a protein, we must ask:

(a) Whether the agent acts at the cytoplasmic level, by controlling the activity of the messenger, or at the genetic level, by controlling the synthesis of the messenger.

(b) Whether the specificity of the effect depends upon some feature of the information transferred from structural gene to protein, or upon some specialized controlling element, not represented in the structure of the protein, gene or messenger.

The first question is easy to state, if difficult to answer. The second may not appear so straightforward. It may be stated in a more general way, by asking whether the genome is composed exclusively of structural genes, or whether it also involves determinants which may control the rates of synthesis of proteins according to a given set of conditions, without determining the structure of any individual protein. Again it may not be evident that these two statements are equivalent. We hope to make their meaning clear and to show that they are indeed equivalent, when we consider experimental examples.

The best defined systems wherein the synthesis of a protein is seen to be controlled by specific agents are examples of enzymatic adaptation, this term being taken here to cover both enzyme induction, i.e. the formation of enzyme electively provoked by a substrate, and enzyme repression, i.e. the specific inhibition of enzyme formation brought about by a metabolite. Only a few inducible and repressible systems have been identified both biochemically and genetically to an extent which allows discussion of the questions in which we are interested here. In attempting to generalize, we will have to extrapolate from these few systems. Such generalization is greatly encouraged, however, by the fact that lysogenic systems, where phage protein synthesis might be presumed to obey entirely different rules, turn out to be analysable in closely similar terms. We shall therefore consider in succession certain inducible and repressible enzyme systems and lysogenic systems.

It might be best to state at the outset some of the main conclusions which we shall arrive at. These are:

(a) That the mechanisms of control in all these systems are negative, in the sense that they operate by inhibition rather than activation of protein synthesis.

(b) That in addition to the classical structural genes, these systems involve two other types of genetic determinants (regulator and operator) fulfilling specific functions in the control mechanisms.

(c) That the control mechanisms operate at the genetic level, i.e. by regulating the activity of structural genes.

2. Inducible and Repressible Enzyme Systems

(a) *The phenomenon of enzyme induction. General remarks*

It has been known for over 60 years (Duclaux, 1899; Dienert, 1900; Went, 1901) that certain enzymes of micro-organisms are formed only in the presence of their specific substrate. This effect, later named "enzymatic adaptation" by Karstrom (1938), has been the subject of a great deal of experimentation and speculation. For a long time, "enzymatic adaptation" was not clearly distinguished from the selection of spontaneous variants in growing populations, or it was suggested that enzymatic adaptation and selection represented *alternative* mechanisms for the acquisition of a "new" enzymatic property. Not until 1946 were adaptive enzyme systems shown to be controlled in bacteria by discrete, specific, stable, i.e. genetic, determinants (Monod & Audureau, 1946). A large number of inducible systems has been discovered and studied in bacteria. In fact, enzymes which attack exogenous substrates are, as a general rule, inducible in these organisms. The phenomenon is far more difficult to study in tissues or cells of higher organisms, but its existence has been established quite clearly in many instances. Very often, if not again as a rule, the presence of a substrate induces the formation not of a single but of several enzymes, sequentially involved in its metabolism (Stanier, 1951).

Most of the fundamental characteristics of the induction effect have been established in the study of the "lactose" system of *Escherichia coli* (Monod & Cohn, 1952; Cohn, 1957; Monod, 1959) and may be summarized in a brief discussion of this system from the biochemical and physiological point of view. We shall return later to the genetic analysis of this system.

(b) *The lactose system of* Escherichia coli

Lactose and other β-galactosides are metabolized in *E. coli* (and certain other enteric bacteria) by the hydrolytic transglucosylase β-galactosidase. This enzyme was isolated from *E. coli* and later crystallized. Its specificity, activation by ions and transglucosylase *vs* hydrolase activity have been studied in great detail (*cf.* Cohn, 1957). We need only mention the properties that are significant for the present discussion. The enzyme is active exclusively on β-galactosides unsubstituted on the galactose ring. Activity and affinity are influenced by the nature of the aglycone moiety both being maximum when this radical is a relatively large, hydrophobic group. Substitution of sulfur for oxygen in the galactosidic linkage of the substrate abolishes hydrolytic activity completely, but the thiogalactosides retain about the same affinity for the enzyme site as the homologous oxygen compounds.

As isolated by present methods, β-galactosidase appears to form various polymers (mostly hexamers) of a fundamental unit with a molecular weight of 135,000. There is one end group (threonine) and also one enzyme site (as determined by equilibrium dialysis against thiogalactosides) per unit. It is uncertain whether the monomer is active as such, or exists *in vivo*. The hexameric molecule has a turnover number of 240,000 mol $\times$ min^{-1} at 28°C, pH 7·0 with *o*-nitrophenyl-β-D-galactoside as substrate and Na$^+$ (0·01 M) as activator.

There seems to exist only a single homogeneous β-galactosidase in *E. coli*, and this organism apparently cannot form any other enzyme capable of metabolizing lactose, as indicated by the fact that mutants that have lost β-galactosidase activity cannot grow on lactose as sole carbon source.

However, the possession of β-galactosidase activity is not sufficient to allow utilization of lactose by *intact E. coli* cells. Another component, distinct from β-galactosidase, is required to allow penetration of the substrate into the cell (Monod, 1956; Rickenberg, Cohen, Buttin & Monod, 1956; Cohen & Monod, 1957; Pardee, 1957; Képès, 1960). The presence and activity of this component is determined by measuring the rate of entry and/or the level of accumulation of radioactive thiogalactosides into intact cells. Analysis of this active permeation process shows that it obeys classical enzyme kinetics allowing determination of K_m and V_{max}. The specificity is high since the system is active only with galactosides (β or α), or thiogalactosides. The spectrum of apparent affinities ($1/K_m$) is very different from that of β-galactosidase. Since the permeation system, like β-galactosidase, is inducible (see below) its formation can be studied *in vivo*, and shown to be invariably associated with protein synthesis. By these criteria, there appears to be little doubt that this specific permeation system involves a specific protein (or proteins), formed upon induction, which has been called galactoside-permease. That this protein is distinct from and independent of β-galactosidase is shown by the fact that mutants that have lost β-galactosidase retain the capacity to concentrate galactosides, while mutants that have lost this capacity retain the power to synthesize galactosidase. The latter mutants (called cryptic) cannot however use lactose, since the intracellular galactosidase is apparently accessible exclusively *via* the specific permeation system.

Until quite recently, it had not proved possible to identify *in vitro* the inducible protein (or proteins) presumably responsible for galactoside-permease activity. During the past year, a protein characterized by the ability to carry out the reaction:

Ac. Coenzyme A + Thiogalactoside → 6-Acetylthiogalactoside + Coenzyme A

has been identified, and extensively purified from extracts of *E. coli* grown in presence of galactosides (Zabin, Képès & Monod, 1959). The function of this enzyme in the system is far from clear, since formation of a free covalent acetyl-compound is almost certainly not involved in the permeation process *in vivo*. On the other hand:

(a) mutants that have lost β-galactosidase and retained galactoside-permease, retain galactoside-acetylase;

(b) most mutants that have lost permease cannot form acetylase;

(c) permeaseless acetylaseless mutants which revert to the permease-positive condition simultaneously regain the ability to form acetylase.

These correlations strongly suggest that galactoside-acetylase is somehow involved in the permeation process, although its function *in vivo* is obscure, and it seems almost certain that other proteins (specific or not for this system) are involved. In any case, we are interested here not in the mechanisms of permeation, but in the control mechanisms which operate with β-galactosidase, galactoside-permease and galactoside-acetylase. The important point therefore is that, as we shall see, galactoside-acetylase invariably obeys the same controls as galactosidase.†

(c) *Enzyme induction and protein synthesis*

Wild type *E. coli* cells grown in the absence of a galactoside contain about 1 to 10 units of galactosidase per mg dry weight, that is, an average of 0·5 to 5 active molecules

† For reasons which will become apparent later it is important to consider whether there is any justification for the assumption that galactosidase and acetylase activities might be associated with the same fundamental protein unit. We should therefore point to the following observation:
  (a) There are mutants which form gacatosidase and no acetylase, and *vice versa*.
  (b) Purified acetylase is devoid of any detectable galactosidase activity.
  (c) The specificity of the two enzymes is very different.
  (d) The two enzymes are easily and completely separated by fractional precipitation.
  (e) Acetylase is highly heat-resistant, under conditions where galactosidase is very labile.
  (f) Anti-galactosidase serum does not precipitate acetylase; nor does anti-acetylase serum precipitate galactosidase.

There is therefore no ground for the contention that galactosidase and acetylase activities are associated with the same protein.

per cell or 0·15 to 1·5 molecules per nucleus. Bacteria grown in the presence of a suitable inducer contain an average of 10,000 units per mg dry weight. This is the induction effect.

A primary problem, to which much experimental work has been devoted, is whether this considerable increase in specific activity corresponds to the synthesis of entirely "new" enzyme molecules, or to the activation or conversion of pre-existing protein precursors. It has been established by a combination of immunological and isotopic methods that the enzyme formed upon induction:

(a) is distinct, as an antigen, from all the proteins present in uninduced cells (Cohn & Torriani, 1952);

(b) does not derive any significant fraction of its sulfur (Monod & Cohn, 1953; Hogness, Cohn & Monod, 1955) or carbon (Rotman & Spiegelman, 1954) from pre-existing proteins.

The inducer, therefore, brings about the complete *de novo* synthesis of enzyme molecules which are new by their specific structure as well as by the origin of their elements. The study of several other induced systems has fully confirmed this conclusion, which may by now be considered as part of the *definition* of the effect. We will use the term "induction" here as meaning "activation by inducer of enzyme-protein synthesis."

(d) *Kinetics of induction*

Accepting (still provisionally) the structural gene hypothesis, we may therefore consider that the inducer somehow accelerates the rate of information transfer from gene to protein. This it could do either by provoking the synthesis of the messenger or by activating the messenger. If the messenger were a *stable* structure, functioning as a catalytic template in protein synthesis, one would expect different kinetics of induction, depending on whether the inducer acted at the genetic or at the cytoplasmic level.

The kinetics of galactosidase induction turn out to be remarkably simple when determined under proper experimental conditions (Monod, Pappenheimer & Cohen-Bazire, 1952; Herzenberg, 1959). Upon addition of a suitable inducer to a growing culture, enzyme activity increases at a rate proportional to the increase in total protein within the culture; i.e. a linear relation is obtained (Fig. 1) when total enzyme activity is plotted against mass of the culture. The slope of this line:

$$P = \frac{\Delta z}{\Delta M}$$

is the "differential rate of synthesis," which is taken by definition as the measure of the effect. Extrapolation to the origin indicates that enzyme formation begins about three minutes (at 37 °C) after addition of inducer (Pardee & Prestidge, 1961). Removal of the inducer (or addition of a specific anti-inducer, see below) results in cessation of enzyme synthesis within the same short time. The differential rate of synthesis varies with the concentration of inducer reaching a different saturation value for different inducers. The inducer therefore acts in a manner which is (kinetically) similar to that of a dissociable activator in an enzyme system: activation and inactivation follow very rapidly upon addition or removal of the activator.

The conclusion which can be drawn from these kinetics is a negative one: the inducer does not appear to activate the synthesis of a stable intermediate able to accumulate in the cell (Monod, 1956).

Similar kinetics of induction have been observed with most or all other systems which have been adequately studied (Halvorson, 1960) with the exception of penicillinase of *Bacillus cereus*. The well-known work of Pollock has shown that the synthesis of this enzyme continues for a long time, at a decreasing rate, after removal of inducer (penicillin) from the medium. This effect is apparently related to the fact that minute amounts of penicillin are retained irreversibly by the cells after transient exposure to the drug (Pollock, 1950). The unique behavior of this system therefore does not contradict the rule that induced synthesis stops when the inducer is removed from the cells. Using this system, Pollock & Perret (1951) were able to show that the inducer acts catalytically, in the sense that a cell may synthesize many more enzyme molecules than it has retained inducer molecules.

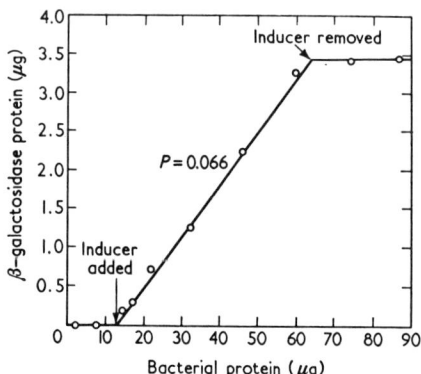

Fig. 1. Kinetics of induced enzyme synthesis. Differential plot expressing accumulation of β-galactosidase as a function of increase of mass of cells in a growing culture of *E. coli*. Since abscissa and ordinates are expressed in the same units (micrograms of protein) the slope of the straight line gives galactosidase as the fraction (P) of total protein synthesized in the presence of inducer. (After Cohn, 1957.)

(e) *Specificity of induction*

One of the most conspicuous features of the induction effect is its extreme specificity. As a general rule, only the substrate of an enzyme, or substances very closely allied to the normal substrate, are endowed with inducer activity towards this enzyme. This evidently suggests that a correlation between the molecular structure of the inducer and the structure of the catalytic center on the enzymes is *inherently* involved in the mechanism of induction. Two main types of hypotheses have been proposed to account for this correlation, and thereby for the mechanism of action of the inducer:

(a) The inducer serves as "partial template" in enzyme synthesis, molding as it were the catalytic center.

(b) The inducer acts by combining specifically with preformed enzyme (or "pre-enzyme"), thereby somehow accelerating the synthesis of further enzyme molecules.

It is not necessary to discuss these "classical" hypotheses in detail, because it seems to be established now that the correlation in question is in fact *not* inherent to the mechanism of induction.

Table 1 lists a number of compounds tested as inducers of galactosidase, and as substrates (or specific inhibitors) of the enzyme. It will be noted that:

(a) no compound that does not possess an intact unsubstituted galactosidic residue induces;

TABLE 1

Induction of galactosidase and galactoside-transacetylase by various galactosides

Compound		Concentrations	β-galactosidase			Galactoside-transacetylase	
			Induction value	V	$1/K_m$	Induction value	V/K_m
β-D-thiogalactosides	(isopropyl)	10^{-4} M	100	0	140	100	80
	(methyl)	10^{-4} M	78	0	7	74	30
		10^{-5} M	7·5	—	—	10	—
	(phenyl)	10^{-3} M	<0·1	0	100	<1	100
	(phenylethyl)	10^{-3} M	5	0	10,000	3	—
β-D-galactosides	(lactose)	10^{-3} M	17	30	14	12	35
	(phenyl)	10^{-3} M	15	100	100	11	—
α-D-galactoside	(melibiose)	10^{-3} M	35	0	<0·1	37	<1
β-D-glucoside	(phenyl)	10^{-3} M	<0·1	0	0	<1	50
	(galactose)	10^{-3} M	<0·1	—	4	<1	<1
Methyl-β-D-thiogalactoside (10^{-4} M) + phenyl-β-D-thiogalactoside (10^{-3} M)			52	—	—	63	—

Columns "induction value" refer to specific activities developed by cultures of wild type *E. coli* K12 grown on glycerol as carbon source with each galactoside added at molar concentration stated. Values are given in percent of values obtained with *iso*propyl-thiogalactoside at 10^{-4} M (for which actual units were about 7,500 units of β-galactosidase and 300 units of galactoside-transacetylase per mg of bacteria). Column V refers to maximal substrate activity of each compound with respect to galactosidase. Values are given in percent of activity obtained with phenyl-galactoside. Column $1/K_m$ expresses affinity of each compound with respect to galactosidase. Values are given in percent of that observed with phenylgalactoside. In case of galactoside-transacetylase, only the relative values V/K_m are given since low affinity of this enzyme prevents independent determination of the constants. (Computed from Monod & Cohn, 1952; Monod *et al.*, 1952; Buttin, 1956; Zabin *et al.*, 1959; Képès *et al.*, unpublished results.)

(b) many compounds which are not substrates (such as the thiogalactosides) are excellent inducers (for instance *iso*propyl thiogalactoside);

(c) there is no correlation between affinity for the enzyme and capacity to induce (*cf.* thiophenylgalactoside and melibiose).

The possibility that the enzyme formed in response to different inducers may have somewhat different specific properties should also be considered, and has been rather thoroughly tested, with entirely negative results (Monod & Cohn, 1952).

There is therefore no quantitative correlation whatever between inducing capacity and the substrate activity or affinity parameters of the various galactosides tested. The fact remains, however, that only galactosides will induce galactosidase, whose binding site is complementary for the galactose ring-structure. The possibility that this correlation is a necessary requisite, or consequence, of the induction mechanism was therefore not completely excluded by the former results.

As we shall see later, certain mutants of the galactosidase structural gene (z) have been found to synthesize, in place of the normal enzyme, a protein which is identical to it by its immunological properties, while being completely devoid of any enzymatic activity. When tested by equilibrium dialysis, this inactive protein proved to have no measurable affinity for galactosides. In other words, it has lost the specific binding site. In diploids carrying both the normal and the mutated gene, both normal galactosidase and the inactive protein are formed, to a quantitatively similar extent, in the presence of different concentrations of inducer (Perrin, Jacob & Monod, 1960).

This finding, added to the sum of the preceding observations, appears to prove beyond reasonable doubt that the mechanism of induction does not imply any inherent correlation between the molecular structure of the inducer and the structure of the binding site of the enzyme.

On the other hand, there is complete correlation in the induction of galactosidase and acetylase. This is illustrated by Table 1 which shows not only that the same compounds are active or inactive as inducers of either enzyme, but that the relative amounts of galactosidase and acetylase synthesized in the presence of different inducers or at different concentrations of the same inducer are constant, even though the absolute amounts vary greatly. The remarkable qualitative and quantitative correlation in the induction of these two widely different enzyme proteins strongly suggests that the synthesis of both is directly governed by a common controlling element with which the inducer interacts. This interaction must, at some point, involve stereospecific binding of the inducer, since induction is sterically specific, and since certain galactosides which are devoid of any inducing activity act as competitive inhibitors of induction in the presence of active inducers (Monod, 1956; Herzenberg, 1959). This suggests that an enzyme, or some other protein, distinct from either galactosidase or acetylase, acts as "receptor" of the inducer. We shall return later to the difficult problem raised by the identification of this "induction receptor."

(f) *Enzyme repression*

While positive enzymatic adaptation, i.e. induction, has been known for over sixty years, negative adaptation, i.e. specific inhibition of enzyme synthesis, was discovered only in 1953, when it was found that the formation of the enzyme tryptophan-synthetase was inhibited selectively by tryptophan and certain tryptophan analogs (Monod & Cohen-Bazire, 1953). Soon afterwards, other examples of this effect were observed (Cohn, Cohen & Monod, 1953; Adelberg & Umbarger, 1953; Wijesundera &

Woods, 1953), and several systems were studied in detail in subsequent years (Gorini & Maas, 1957; Vogel, 1957a,b; Yates & Pardee, 1957; Magasanik, Magasanik & Neidhardt, 1959). These studies have revealed that the "repression" effect, as it was later named by Vogel (1957a,b), is very closely analogous, albeit symmetrically opposed, to the induction effect.

Enzyme repression, like induction, generally involves not a single but a sequence of enzymes active in successive metabolic steps. While inducibility is the rule for catabolic enzyme sequences responsible for the degradation of exogenous substances, repressibility is the rule for anabolic enzymes, involved in the synthesis of essential metabolites such as amino acids or nucleotides.† Repression, like induction, is highly specific, but while inducers generally are substrates (or analogs of substrates) of the sequence, the repressing metabolites generally are the product (or analogs of the product) of the sequence.

That the effect involves inhibition of enzyme *synthesis*, and not inhibition (directly or indirectly) of enzyme *activity* was apparent already in the first example studied (Monod & Cohen-Bazire, 1953), and has been proved conclusively by isotope incorporation experiments (Yates & Pardee, 1957). It is important to emphasize this point, because enzyme repression must not be confused with another effect variously called "feedback inhibition" or "retro-inhibition" which is equally frequent, and may occur in the same systems. This last effect, discovered by Novick & Szilard (in Novick, 1955), involves the inhibition of activity of an early enzyme in an anabolic sequence, by the ultimate product of the sequence (Yates & Pardee, 1956; Umbarger, 1956). We shall use "repression" exclusively to designate specific inhibition of enzyme *synthesis*.‡

(g) *Kinetics and specificity of repression*

The kinetics of enzyme synthesis provoked by "de-repression" are identical to the kinetics of induction (see Fig. 2). When wild type *E. coli* is grown in the presence of arginine, only traces of ornithine-carbamyltransferase are formed. As soon as arginine is removed from the growth medium, the differential rate of enzyme synthesis increases about 1,000 times and remains constant, until arginine is added again, when it immediately falls back to the repressed level. The repressing metabolite here acts (kinetically) as would a dissociable inhibitor in an enzyme system.

The specificity of repression poses some particularly significant problems. As a rule, the repressing metabolite of an anabolic sequence is the ultimate product of this sequence. For instance, L-arginine, to the exclusion of any other amino acid, represses the enzymes of the sequence involved in the biosynthesis of arginine. Arginine shows no specific affinity for the early enzymes in the sequence, such as, in particular, ornithine-carbamyltransferase. In this sense, arginine is a "gratuitous" repressing metabolite for this protein, just as galactosides are "gratuitous inducers" for the mutated (inactive) galactosidase. The possibility must be considered however that arginine may be converted back, through the sequence itself, to an intermediate product

---

† Certain enzymes which attack exogenous substrates are controlled by repression. Alkaline phosphatase (*E. coli*) is not induced by phosphate esters, but it is repressed by orthophosphate. Urease (*Pseudomonas*) is repressed by ammonia.

‡ We should perhaps recall the well-known fact that glucose and other carbohydrates inhibit the synthesis of many *inducible* enzymes, attacking a variety of substrates (Dienert, 1900; Gale, 1943; Monod, 1942; Cohn & Horibata, 1959). It is probable that this non-specific "glucose effect" bears some relation to the repressive effect of specific metabolites, but the relationship is not clear (Neidhardt & Magasanik, 1956a,b). We shall not discuss the glucose effect in this paper.

or substrate of the enzyme. This has been excluded by Gorini & Maas (1957) who showed that, in mutants lacking one of the enzymes involved in later steps of the sequence, ornithine transcarbamylase is repressed by arginine to the same extent as in the wild type. Moreover, neither ornithine nor any other intermediate of the sequence is endowed with repressing activity in mutants which cannot convert the intermediate into arginine. It is quite clear therefore that the specificity of action of the repressing metabolite does not depend upon the specific configuration of the enzyme site.

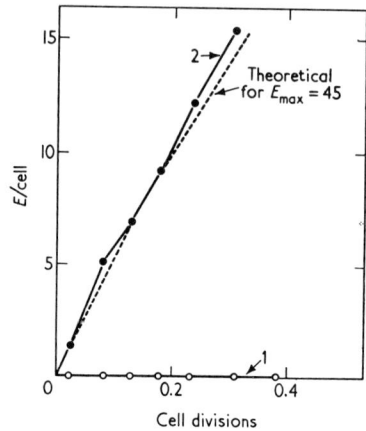

FIG. 2. Repression of ornithine-transcarbamylase by arginine. *E. coli* requiring both histidine and arginine were grown in a chemostat with 1 μg/ml. histidine + 6 μg/ml. arginine (curve 1) or with 10 μg/ml. histidine + 5 μg/ml. arginine (curve 2). Cultures are inoculated with washed cells taken from cultures growing exponentially in excess of arginine. The theoretical curve was calculated from the constant enzyme/cell value reached after 4 cell divisions. (After Gorini & Maas, 1958.)

The same conclusion is applicable to the enzymes of the histidine synthesizing pathway which are repressed in the presence of histidine, both in the wild type and in different mutants lacking one of the enzymes. The work of Ames & Garry (1959) has shown that the rates of synthesis of different enzymes in this sequence vary in *quantitatively* constant ratios under any set of medium conditions, and that the ratios are the same in various mutants lacking one of the enzymes and in the wild type. Here again, as in the case of the lactose system, the synthesis of widely different, albeit functionally related, enzymes appears to be controlled by a single common mechanism, with which the repressing metabolite specifically interacts.

In summary, repression and induction appear as closely similar effects, even if opposed in their results. Both control the rate of synthesis of enzyme proteins. Both are highly specific, but in neither case is the specificity related to the specificity of action (or binding) of the controlled enzyme. The kinetics of induction and repression are the same. Different functionally related enzymes are frequently co-induced or co-repressed, quantitatively to the same extent, by a single substrate or metabolite.

The remarkable similarity of induction and repression suggests that the two effects represent different manifestations of fundamentally similar mechanisms (Cohn & Monod, 1953; Monod, 1955; Vogel, 1957*a*, *b*; Pardee, Jacob & Monod, 1959; Szilard,

1960). This would imply either that in inducible systems the inducer acts as an antagonist of an internal repressor or that in repressible systems the repressing metabolite acts as an antagonist of an internal inducer. This is not an esoteric dilemma since it poses a very pertinent question, namely what would happen in an adaptive system of either type, when *both* the inducer and the repressor were eliminated? This, in fact, is the main question which we shall try to answer in the next section.

3. Regulator Genes

Since the specificity of induction or repression is not related to the structural specificity of the controlled enzymes, and since the rate of synthesis of different enzymes appears to be governed by a common element, this element is presumably not controlled or represented by the structural genes themselves. This inference, as we shall now see, is confirmed by the study of certain mutations which convert inducible or repressible systems into constitutive systems.

(a) *Phenotypes and genotypes in the lactose systems*

If this inference is correct, mutations which affect the controlling system should not behave as alleles of the structural genes. In order to test this prediction, the structural genes themselves must be identified. The most thoroughly investigated case is the lactose system of *E. coli*, to which we shall now return. Six phenotypically different classes of mutants have been observed in this system. For the time being, we shall consider only three of them which will be symbolized and defined as follows:

(1) Galactosidase mutations: $z^+ \rightleftharpoons z^-$ expressed as the loss of the capacity to synthesize active galactosidase (with or without induction).

(2) Permease mutations: $y^+ \rightleftharpoons y^-$ expressed as the loss of the capacity to form galactoside-permease. Most, but not all, mutants of this class simultaneously lose the capacity to synthesize active acetylase. We shall confine our discussion to the acetylaseless subclass.

(3) Constitutive mutations: $i^+ \rightleftharpoons i^-$ expressed as the ability to synthesize large amounts of galactosidase *and* acetylase in the absence of inducer (Monod, 1956; Rickenberg et al., 1956; Pardee et al., 1959).

The first two classes are specific for either galactosidase or acetylase: the galactosidaseless mutants form normal amounts of acetylase; conversely the acetylaseless mutants form normal amounts of galactosidase. In contrast, the constitutive mutations, of which over one hundred recurrences have been observed, invariably affect both the galactosidase and the permease (acetylase).† There are eight possible combinations of these phenotypes, and they have all been observed both in *E. coli* ML and K12.

The loci corresponding to a number of recurrences of each of the three mutant types have been mapped by recombination in *E. coli* K12. The map (Fig. 3) also

---

† The significance of this finding could be questioned since, in order to isolate constitutive mutants, one must of course use selective media, and this procedure might be supposed to favour double mutants, where the constitutivity of galactosidase and permease had arisen independently. It is possible, however, to select for $i^+ \to i^-$ mutants in organisms of type $i^+z^+y^-$, i.e. permeaseless. Fifty such mutants were isolated, giving rise to "constitutive cryptic" types $i^-z^+y^-$ from which, by reversion of y^-, fifty clones of constitutive $i^-z^+y^+$ were obtained. It was verified that in each of these fifty clones the permease was constitutive.

indicates the location of certain other mutations (*o* mutations) which will be discussed later. As may be seen, all these loci are confined to a very small segment of the chromosome, the *Lac* region. The extreme proximity of all these mutations raises the question whether they belong to a single or to several independent functional units. Such functional analysis requires that the biochemical expression of the various genetic structures be studied in heterozygous diploids. Until quite recently, only transient diploids were available in *E. coli*; the recent discovery of a new type of gene transfer in these bacteria (sexduction) has opened the possibility of obtaining stable clones which are diploid (or polyploid) for different small segments of the chromosome.

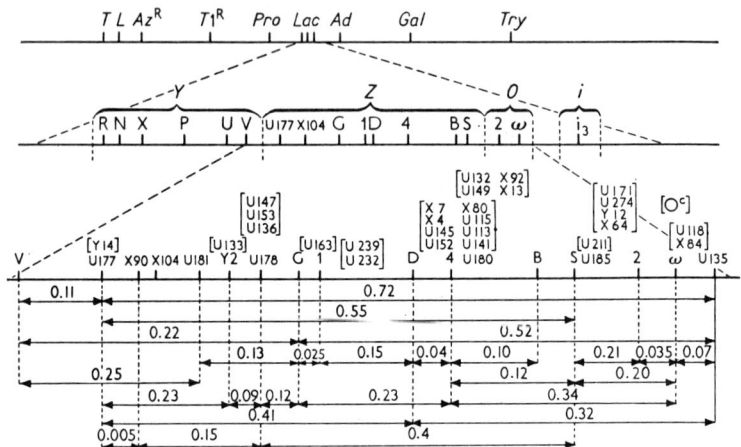

FIG. 3. Diagrammatic map of the lactose region of *E. coli* K12. The upper line represents the position of the *Lac* region with respect to other known markers. The middle line represents an enlargement of the *Lac* region with the four loci *y*, *z*, *o* and *i*. The lower line represents an enlargement of the *z* and *o* loci. Recombination frequencies (given at the bottom) are obtained in two factor crosses of the type $Hfr\ Lac_A^- ad^+ S^s \times F^- Lac_B^- ad^- S^r$, from the ratios "recombinants $Lac^+ ad^+ S^r$/recombinants $ad^+ S^r$." The total length of the *z* gene may be estimated to be 0·7 map units, i.e. about 3,500 nucleotide pairs for about 1,000 amino acids in the monomer of β-galactosidase.

In this process, small fragments of the bacterial chromosome are incorporated into the sex factor, F. This new unit of replication is transmissible by conjugation, and is then added to the normal genome of the recipient bacterium which becomes diploid for the small chromosomal fragment. Among the units thus isolated, one carries the whole *Lac* region (Jacob & Adelberg, 1959; Jacob, Perrin, Sanchez & Monod, 1960). To symbolize the genetic structure of these diploids, the chromosomal alleles are written in the usual manner, while the alleles attached to the sex factor are preceded by the letter F.

Turning our attention to the behaviour of *z* and *y* mutant types, we may first note that diploids of structure $z^+ y^- / F z^- y^+$ or $z^- y^+ / F z^+ y^-$ are wild type, being able to ferment lactose, and forming normal amounts of both galactosidase and acetylase. This complete complementation between z^- and y^- mutants indicates that they belong to independent cistrons. Conversely, no complementation is observed between different y^- mutants, indicating that they all belong to a single cistron. No complementation is observed between most z^- mutants. Certain diploids of structure $z_a^- z_b^+ / F z_a^+ z_b^-$ synthesize galactosidase in reduced amounts, but pairs of mutually non-complementing mutants overlap mutually complementing mutants, suggesting again that a single cistron is involved, as one might expect, since the monomer of galactosidase has a single N-terminal group. It should be recalled that intracistronic partial complementation has been observed in several cases (Giles, 1958), and has (tentatively) been explained as related to a polymeric state of the protein.

Mutations in the z gene affect the structure of galactosidase. This is shown by the fact that most of the z^- mutants synthesize, in place of active enzyme, a protein which is able to displace authentic (wild type) galactosidase from its combination with specific antibody (Perrin, Bussard & Monod, 1959). Among proteins synthesized by different z^- mutants (symbolized Cz_1, Cz_2, etc.) some give complete cross reactions (i.e. precipitate 100% of the specific antigalactosidase antibodies) with the serum used, while others give incomplete reactions. The different Cz proteins differ therefore, not only from wild type galactosidase, but also one from the other. Finally, as we already mentioned, diploids of constitution z^+/z_1^- synthesize wild type galactosidase and the modified protein simultaneously, and at similar rates (Perrin et al., 1960). These observations justify the conclusions that the z region or cistron contains the structural information for β-galactosidase. Proof that mutations in the y region not only suppress but may in some cases modify the structure of acetylase has not been obtained as yet, but the assumption that the y region does represent, in part at least, the structural gene for the acetylase protein appears quite safe in view of the properties of the y mutants.

(b) *The i^+ gene and its cytoplasmic product*

We now turn our attention to the constitutive (i^-) mutations. The most significant feature of these mutations is that they invariably affect simultaneously two different enzyme-proteins, each independently determined, as we have just seen, by different structural genes. In fact, most i^- mutants synthesize more galactosidase and acetylase than induced wild type cells, but it is quite remarkable that the *ratio* of galactosidase to acetylase is the same in the constitutive cells as in the induced wild type, strongly suggesting that the mechanism controlled by the i gene is the same as that with which the inducer interacts.

The study of double heterozygotes of structures: i^+z^-/Fi^-z^+ or i^-y^+/Fi^+y^- shows (Table 2, lines 4 and 5) that the inducible i^+ allele is dominant over the constitutive and that it is active in the *trans* position, with respect to both y^+ and z^+.

Therefore the i mutations belong to an independent cistron, governing the expression of y and z *via* a cytoplasmic component. The dominance of the inducible over the constitutive allele means that the former corresponds to the active form of the i gene. This is confirmed by the fact that strains carrying a *deletion* of the *izy* region behave like i^- in diploids (Table 2, line 7). However, two different interpretations of the function of the i^+ gene must be considered.

(a) The i^+ gene determines the synthesis of a repressor, inactive or absent in the i^- alleles.

(b) The i^+ gene determines the synthesis of an enzyme which destroys an inducer, produced by an independent pathway.

The first interpretation is the most straightforward, and it presents the great interest of implying that the fundamental mechanisms of control may be the same in inducible and repressible systems. Several lines of evidence indicate that it is the correct interpretation.

GENETIC REGULATORY MECHANISMS   331

First, we may mention the fact that constitutive synthesis of β-galactosidase by $i^-z^+y^+$ types is not inhibited by thiophenyl-galactoside which has been shown (Cohn & Monod, 1953) to be a competitive inhibitor of induction by exogenous galactosides (see p. 325).

TABLE 2

Synthesis of galactosidase and galactoside-transacetylase by haploids and heterozygous diploids of regulator mutants

Strain No.	Genotype	Galactosidase		Galactoside-transacetylase	
		Non-induced	Induced	Non-induced	Induced
1	$i^+z^+y^+$	<0·1	100	<1	100
2	$i_6^-z^+y^+$	100	100	90	90
3	$i_3^-z^+y^+$	140	130	130	120
4	$i^+z_1^-y^+/Fi_3^-z^+y^+$	<1	240	1	270
5	$i_3^-z_1^-y^+/Fi^+z^+y\bar{\upsilon}$	<1	280	<1	120
6	$i_3^-z_1^-y^+/Fi^-z^+y^+$	195	190	200	180
7	$\Delta_{izy}/Fi^-z^+y^+$	130	150	150	170
8	$i^sz^+y^+$	<0·1	<1	<1	<1
9	$i^sz^+y^+/Fi^+z^+y^+$	<0·1	2	<1	3

Bacteria are grown in glycerol as carbon source and induced, when stated, by *iso*propyl-thiogalactoside, 10^{-4} M. Values are given as a percentage of those observed with induced wild type (for absolute values, see legend of Table 1). Δ_{izy} refers to a deletion of the whole *Lac* region. It will be noted that organisms carrying the wild allele of one of the structural genes (z or y) on the F factor form more of the corresponding enzyme than the haploid. This is presumably due to the fact that several copies of the F-*Lac* unit are present per chromosome. In i^+/i^- heterozygotes, values observed with uninduced cells are sometimes higher than in the haploid control. This is due to the presence of a significant fraction of i^-/i^- homozygous recombinants in the population.

A direct and specific argument comes from the study of one particular mutant of the lactose system. This mutant (i^s) has lost the capacity to synthesize *both* galactosidase and permease. It is not a deletion because it recombines, giving *Lac*+ types, with all the z^- and y^- mutants. In crosses with z^-i^- organisms the progeny is *exclusively* i^- while in crosses with z^-i^+ it is *exclusively* i^+, indicating exceedingly close linkage of this mutation with the i region. Finally, in diploids of constitution i^s/i^+, i^s turns out to be *dominant*: the diploids cannot synthesize either galactosidase or acetylase (see Table 2, lines 8 and 9).

These unique properties appear exceedingly difficult to account for, except by the admittedly very specific hypothesis that mutant i^s is an allele of i where the *structure* of the repressor is such that it cannot be antagonized by the inducer any more. If this hypothesis is correct, one would expect that the i^s mutant could regain the ability to metabolize lactose, not only by reversion to wild type ($i^s \rightarrow i^+$) but also, and probably more frequently, by inactivation of the i gene, that is to say by achieving the constitutive condition ($i^s \to i^-$). Actually, Lac^+ "revertants" are very frequent in populations of mutant i^s, and 50% of these "revertants" are indeed constitutives of the i^- (recessive) type. (The other revertants are also constitutives, but of the o^c class which we shall mention later.) The properties of this remarkable mutant could evidently not be understood under the assumption that the i gene governs the synthesis of an inducer-destroying enzyme (Willson, Perrin, Jacob & Monod, 1961).

Accepting tentatively the conclusion that the i^+ gene governs the synthesis of an intracellular repressor, we may now consider the question of the presence of this substance in the cytoplasm, and of its chemical nature.

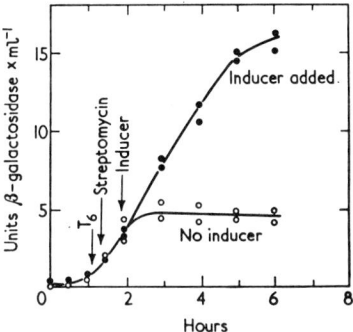

FIG. 4. Synthesis of β-galactosidase by merozygotes formed by conjugation between inducible, galactosidase-positive males and constitutive, galactosidase-negative females. Male ($Hfr\ i^+z^+T6^sS^s$) and female ($F^-\ i^-z^-T6^rS^r$) bacteria grown in a synthetic medium containing glycerol as carbon source are mixed in the same medium (time 0) in the absence of inducer. In such a cross, the first zygotes which receive the Lac region from the males are formed from the 20th min. The rate of enzyme synthesis is determined from enzyme activity measurement on the whole population, to which streptomycin and phage T6 are added at times indicated by arrows to block further formation of recombinants and induction of the male parents. It may be seen that in the absence of inducer enzyme synthesis stops about 60 to 80 min after penetration of the first z^+i^+ segment but is resumed by addition of inducer (From Pardee et al, 1959).

Important indications on this question have been obtained by studying the kinetics and conditions of expression of the i^+ and z^+ genes when they are introduced into the cytoplasm of cells bearing the inactive (z^- and i^-) alleles. The sexual transfer of the Lac segment from male to female cells provides an adequate experimental system for such studies. It should be recalled that conjugation in E. coli involves essentially the transfer of a male chromosome (or chromosome segment) to the female cell. This transfer is oriented, always beginning at one extremity of the chromosome, and it is progressive, each chromosome segment entering into the recipient cell at a fairly precise time following inception of conjugation in a given mating pair (Wollman & Jacob, 1959). The conjugation does not appear to involve any significant cytoplasmic mixing, so that the zygotes inherit virtually all their cytoplasm from the female cell, receiving only a chromosome or chromosome segment from the male. In order to study galactosidase synthesis by the zygotes, conditions must be set up such that the unmated parents cannot form the enzymes. This is the case when mating between inducible galactosidase-positive, streptomycin-sensitive males (♂ $z^+i^+Sm^s$) and constitutive, galactosidase-negative, streptomycin-resistant females (♀$z^-i^-Sm^r$) is performed in presence of streptomycin (Sm), since: (i) the male cells which are sensitive to Sm cannot synthesize enzyme in its presence; (ii) the female cells are genetically incompetent; (iii) the vast majority of the zygotes which receive the z^+ gene, do not become streptomycin sensitive (because the $\tilde{S}m^s$ gene is transferred only to a small proportion of them, and at a very late time). The results of such an experiment, performed in the absence of inducer, are shown in Fig. 4. It is seen that galactosidase synthesis starts almost immediately following actual entry of the z^+ gene. We shall return later to a more precise analysis of the expression of the z^+ gene. The important point to be stressed here is that during this initial period the zygotes behave like *constitutive* cells, synthesizing enzyme in the *absence* of inducer. Approximately sixty minutes later, however, the rate of galactosidase synthesis falls off to zero. If at that time inducer is added, the maximum rate of enzyme synthesis is resumed. We are, in other words, witnessing the conversion of the originally i^- phenotype of the zygote cell, into an i^+ phenotype. And this experiment clearly shows that the "inducible" state is associated with the presence, at a sufficient level, of a *cytoplasmic* substance synthesized under the control of the i^+ gene. (It may be pointed out that the use of a female strain carrying a *deletion* of the *Lac* region instead of the i^-z^- alleles gives the same results (Pardee et al., 1959).)

If now 5-methyltryptophan is added to the mated cells a few minutes before entry of the z^+ gene, no galactosidase is formed because, as is well known, this compound inhibits tryptophan synthesis by retro-inhibition, and therefore blocks protein synthesis. If the repressor is a protein, or if it is formed by a specific enzyme, the synthesis of which is governed by the i^+ gene, its accumulation should also be blocked. If on the other hand the repressor is not a protein, and if its synthesis does not require the preliminary synthesis of a specific enzyme controlled by the i^+ gene, it may accumulate in presence of 5-methyltryptophan which is known (Gros, unpublished results) *not* to inhibit energy transfer or the synthesis of nucleic acids.

The results of Pardee & Prestidge (1959) show that the repressor *does* accumulate under these conditions, since the addition of tryptophan 60 min after 5-methyltryptophan allows immediate and complete resumption of enzyme synthesis, *but only in the presence of inducer*; in other words, the cytoplasm of the zygote cells has been converted from the constitutive to the inducible state during the time that protein synthesis was blocked. This result has also been obtained using chloramphenicol as the agent for blocking protein synthesis, and it has been repeated using another system of gene transfer (Luria et al., unpublished results).

This experiment leads to the conclusion that the repressor is not a protein, and this again excludes the hypothesis that the i^+ gene controls an inducer-destroying enzyme. We should like to stress the point that this conclusion does not imply that no enzyme is involved in the synthesis of the repressor, but that the enzymes which may be involved are *not* controlled by the i^+ gene. The experiments are negative, as far as the chemical nature of the repressor itself is concerned, since they only eliminate protein as a candidate. They do, however, invite the speculation that the repressor may be the primary product of the i^+ gene, and the further speculation that such a primary product may be a polyribonucleotide.

Before concluding this section, it should be pointed out that constitutive mutations have been found in several inducible systems; in fact wherever they have been searched for by adequate selective techniques (amylomaltase of *E. coli* (Cohen-Bazire & Jolit, 1953), penicillinase of *B. cereus* (Kogut, Pollock & Tridgell, 1956), glucuronidase of *E. coli* (F. Stoeber, unpublished results), galactokinase and galactose-transferase (Buttin, unpublished results)). That *any* inducible system should be potentially capable of giving rise to constitutive mutants, strongly indicates that such mutations occur, or at least can always occur, by a loss of function. In the case of the "galactose" system of *E. coli*, it has been found that the constitutive mutation is pleiotropic, affecting a sequence of three different enzymes (galactokinase, galactose-transferase, UDP-galactose epimerase), and occurs at a locus distinct from that of the corresponding structural genes (Buttin, unpublished results).

The main conclusions from the observations reviewed in this section may be summarized as defining a new type of gene, which we shall call a "regulator gene" (Jacob & Monod, 1959). A regulator gene does not contribute structural information to the proteins which it controls. The specific product of a regulator gene is a cytoplasmic substance, which inhibits information transfer from a structural gene (or genes) to protein. In contrast to the classical structural gene, a regulator gene may control the synthesis of several different proteins: the one-gene one-protein rule does not apply to it.

We have already pointed out the profound similarities between induction and repression which suggest that the two effects represent different manifestations of the same fundamental mechanism. If this is true, and if the above conclusions are valid, one expects to find that the genetic control of repressible systems also involves regulator genes.

(c) *Regulator genes in repressible systems*

The identification of constitutive or "de-repressed" mutants of several repressible systems has fulfilled this expectation. For the selection of such mutants, certain analogs of the normal repressing metabolite may be used as specific selective agents, because they cannot substitute for the metabolite, except as repressing metabolites. For instance, 5-methyltryptophan does not substitute for tryptophan in protein synthesis (Munier, unpublished results), but it represses the enzymes of the tryptophan-synthesizing sequence (Monod & Cohen-Bazire, 1953). Normal wild type *E. coli* does not grow in the presence of 5-methyltryptophan. Fully resistant stable mutants arise, however, a large fraction of which turn out to be constitutive for the tryptophan system.† The properties of these organisms indicate that they arise by mutation of a regulator gene R_T (Cohen & Jacob, 1959). In these mutants tryptophan-synthetase as well as at least two of the enzymes involved in previous steps in the sequence are formed at the same rate irrespective of the presence of tryptophan, while in the wild type all these enzymes are strongly repressed. Actually the mutants form more of the enzymes in the presence of tryptophan, than does the wild type in its absence (just as i^-z^+ mutants form more galactosidase in the absence of inducer than the wild type does at saturating concentration of inducer). The capacity of the mutants to concentrate tryptophan from the medium is not impaired, nor is their tryptophanase activity increased. The loss of sensitivity to tryptophan as repressing metabolite cannot therefore be attributed to its destruction by, or exclusion from, the cells, and can only reflect the breakdown of the control system itself. Several recurrences of the R_T mutation have been mapped. They are all located in the same small section of the chromosome, at a large distance from the cluster of genes which was shown by Yanofsky & Lennox (1959) to synthesize the different enzymes of the sequence. One of these genes (comprising two cistrons) has been very clearly identified by the work of Yanofsky (1960) as the structural gene for tryptophan synthetase, and it is a safe assumption that the other genes in this cluster determine the structure of the preceding

† Resistance to 5-methyltryptophan may also arise by other mechanisms in which we are not interested here.

enzymes in the sequence. The R_T gene therefore controls the rate of synthesis of several different proteins without, however, determining their structure. It can only do so *via* a cytoplasmic intermediate, since it is located quite far from the structural genes. To complete its characterization as a regulator gene, it should be verified that the constitutive (R_T^-) allele corresponds to the inactive state of the gene (or gene product), i.e. is recessive. Stable heterozygotes have not been available in this case, but the transient (sexual) heterozygotes of a cross $\male\ R_T^- \times\ \female R_T^+$ are sensitive to 5-methyltryptophan, indicating that the repressible allele is dominant (Cohen & Jacob, 1959).

In the arginine-synthesizing sequence there are some seven enzymes, simultaneously repressible by arginine (Vogel, 1957a,b; Gorini & Maas, 1958). The specific (i.e. probably structural) genes which control these enzymes are dispersed at various loci on the chromosome. Mutants resistant to canavanine have been obtained, in which several (perhaps all) of these enzymes are simultaneously de-repressed. These mutations occur at a locus (near Sm^r) which is widely separated from the loci corresponding (probably) to the structural genes. The dominance relationships have not been analysed (Gorini, unpublished results; Maas, Lavallé, Wiame & Jacob, unpublished results).

The case of alkaline phosphatase is particularly interesting because the structural gene corresponding to this protein is well identified by the demonstration that various mutations at this locus result in the synthesis of altered phosphatase (Levinthal, 1959). The synthesis of this enzyme is repressed by orthophosphate (Torriani, 1960). Constitutive mutants which synthesize large amounts of enzyme in the presence of orthophosphate have been isolated. They occur at two loci, neither of which is allelic to the structural gene, and the constitutive enzyme is identical, by all tests, to the wild type (repressible) enzyme. The constitutive alleles for both of the two loci have been shown to be recessive with respect to wild type. Conversely, mutations in the structural (P) gene do not affect the regulatory mechanism, since the altered (inactive) enzyme formed by mutants of the P gene is repressed in the presence of orthophosphate to the same extent as the wild type enzyme (Echols, Garen, Garen & Torriani, 1961).

(d) *The interaction of repressors, inducers and co-repressors*

The sum of these observations leaves little doubt that repression, like induction, is controlled by specialized regulator genes, which operate by a basically similar mechanism in both types of systems, namely by governing the synthesis of an intracellular substance which inhibits information transfer from structural genes to protein.

It is evident therefore that the metabolites (such as tryptophan, arginine, orthophosphate) which inhibit enzyme synthesis in repressible systems are not active by themselves, but only by virtue of an interaction with a repressor synthesized under the control of a regulator gene. Their action is best described as an activation of the genetically controlled repression system. In order to avoid confusion of words, we shall speak of repressing metabolites as "co-repressors" reserving the name "repressors" (or apo-repressors) for the cytoplasmic products of the regulator genes.

The nature of the interaction between repressor and co-repressor (in repressible systems) or inducer (in inducible systems) poses a particularly difficult problem. As a purely formal description, one may think of inducers as antagonists, and of co-repressors as activators, of the repressor. A variety of chemical models can be imagined to account for such antagonistic or activating interactions. We shall not go into these speculations since there is at present no evidence to support or eliminate any particular model. But it must be pointed out that, in any model, the structural specificity of inducers or co-repressors must be accounted for, and can be accounted for, only by the assumption that a stereospecific receptor is involved in the interaction. The fact that the repressor is apparently not a protein then raises a serious difficulty since the capacity to form stereospecific complexes with small molecules appears to be a privilege of proteins. If a protein, perhaps an enzyme, is responsible for the specificity, the structure of this protein is presumably determined by a structual gene and mutation in this gene would result in loss of the capacity to be induced (or repressed). Such mutants, which would have precisely predictable properties (they would be pleiotropic, recessive, and they would be complemented by mutants of the other structural genes) have not been encountered in the lactose system, while the possibility that the controlled enzymes themselves (galactosidase or acetylase) play the role of "induction enzyme" is excluded.

It is conceivable that, in the repressible systems which synthesize amino acids, this role is played by enzymes simultaneously responsible for essential functions (e.g. the activating enzymes) whose loss would be lethal, but this seems hardly conceivable in the case of most inducible systems. One possibility which is not excluded by these observations is that the repressor itself synthesizes the "induction protein" and remains thereafter associated with it. Genetic inactivation of the induction enzyme would then be associated with structural alterations of the repressor itself and would generally be expressed as constitutive mutations of the regulator gene.†
This possibility is mentioned here only as an illustration of the dilemma which we have briefly analysed, and whose solution will depend upon the chemical identification of the repressor.

(e) *Regulator genes and immunity in temperate phage systems*

One of the most conspicuous examples of the fact that certain genes may be either allowed to express their potentialities, or specifically prohibited from doing so, is the phenomenon of immunity in temperate phage systems (*cf.* Lwoff, 1953; Jacob, 1954; Jacob & Wollman, 1957; Bertani, 1958; Jacob, 1960).

The genetic material of the so-called temperate phages can exist in one of two states within the host cell:

(1) In the *vegetative state*, the phage genome multiplies autonomously. This process, during which all the phage components are synthesized, culminates in the production of infectious phage particles which are released by lysis of the host cell.

(2) In the *prophage state*, the genetic material of the phage is attached to a specific site of the bacterial chromosome in such a way that both genetic elements replicate as a single unit. The host cell is said to be "lysogenic." As long as the phage genome remains in the prophage state, phage particles are not produced. For lysogenic bacteria to produce phage, the genetic material of the phage must undergo a transition from the prophage to the vegetative state. During normal growth of lysogenic bacteria, this event is exceedingly rare. With certain types of prophages, however, the transition can be induced in the whole population by exposure of the culture to u.v. light,

† Such a model could account for the properties of the i^s (dominant) mutant of the regulator gene in the lactose system, by the assumption that in this mutant the repressor remains active, while having lost the capacity to form its associated induction protein.

X-rays or various compounds known to alter DNA metabolism (Lwoff, Siminovitch & Kjeldgaard, 1950; Lwoff, 1953; Jacob, 1954).

The study of "defective" phage genomes, in which a mutation has altered one of the steps required for the production of phage particles, indicates the existence of at least two distinct groups of viral functions, both of which are related to the capacity of synthesizing specific proteins (Jacob, Fuerst & Wollman, 1957). Some "early" functions appear as a pre-requisite for the vegetative multiplication of the phage genome and, at least in virulent phages of the T-even series, it is now known that they correspond to the synthesis of a series of new enzymes (Flaks & Cohen, 1959; Kornberg, Zimmerman, Kornberg & Josse, 1959). A group of "late" functions correspond to the synthesis of the structural proteins which constitute the phage coat. The expression of these different viral functions appears to be in some way co-ordinated by a sequential process, since defective mutations affecting some of the early functions may also result in the loss of the capacity to perform several later steps of phage multiplication (Jacob et al., 1957).

In contrast, the viral functions are not expressed in the prophage state and the protein constituents of the phage coat cannot be detected within lysogenic bacteria. In addition, lysogenic bacteria exhibit the remarkable property of being specifically *immune* to the very type of phage particles whose genome is already present in the cell as prophage. When lysogenic cells are infected with homologous phage particles, these particles absorb onto the cells and inject their genetic material, but the cell survives. The injected genetic material does not express its viral functions: it is unable to initiate the synthesis of the protein components of the coat and to multiply vegetatively. It remains inert and is diluted out in the course of bacterial multiplication (Bertani, 1953; Jacob, 1954).

The inhibition of phage-gene functions in lysogenic bacteria therefore applies not only to the prophage, but also to additional homologous phage genomes. It depends only upon the presence of the prophage (and not upon a permanent alteration, provoked by the prophage, of bacterial genes) since loss of the prophage is both necessary and sufficient to make the bacteria sensitive again.

Two kinds of interpretation may be considered to account for these "immunity" relationships:

(a) The prophage occupies and blocks a *chromosomal* site of the host, specifically required in some way for the vegetative multiplication of the homologous phage.

(b) The prophage produces a *cytoplasmic* inhibitor preventing the completion of some reactions (presumably the synthesis of a particular protein) necessary for the initiation of vegetative multiplication.

A decision between these alternative hypotheses may be reached through the study of persistent diploids, heterozygous for the character lysogeny. A sex factor has been isolated which has incorporated a segment of the bacterial chromosome carrying the genes which control galactose fermentation, Gal, and the site of attachment of prophage, λ. Diploid heterozygotes with the structure $Gal^-\ \lambda^-/F\ Gal^+\ \lambda^+$ or $Gal^-\ \lambda^+/F\ Gal^+\ \lambda^-$ are immune against superinfection with phage λ, a result which shows that "immunity" is dominant over "non-immunity" and has a cytoplasmic expression (Jacob, Schaeffer & Wollman, 1960).

The study of transient zygotes formed during conjugation between lysogenic (λ^+) and non-lysogenic (λ^-) cells leads to the same conclusion. In crosses $\male \lambda^+ \times \female \lambda^-$, the transfer of the prophage carried by the male chromosome into the non-immune recipient results in transition to the vegetative state: multiplication of the phage occurs in the zygotes, which are lysed and release phage particles. This phenomenon is known as "zygotic induction" (Jacob & Wollman, 1956). In the *reverse* cross ♂λ^- × ♀λ^+, however, *no zygotic induction occurs*. The transfer of the "non-lysogenic" character carried by the male chromosome into the immune recipient does not bring about the development of the prophage and the zygotes are immune against superinfection with phage λ.

The opposite results obtained in reciprocal crosses of lysogenic by non-lysogenic male and female cells are entirely analogous to the observations made with the lactose system in reciprocal crosses of inducible by non-inducible cells. In both cases, it is evident that the decisive factor is the origin of the *cytoplasm* of the zygote, and the conclusion is inescapable, that the immunity of lysogenic bacteria is due to a cytoplasmic constituent, in the presence of which the viral genes cannot become expressed (Jacob, 1960).

The same two hypotheses which we have already considered for the interpretation of the product of the regulator gene in the lactose system, apply to the cytoplasmic inhibitor insuring immunity in lysogenic bacteria.

(a) The inhibitor is a specific repressor which prevents the synthesis of some early protein(s) required for the initiation of vegetative multiplication.

(b) The inhibitor is an enzyme which destroys a metabolite, normally synthesized by the non-lysogenic cell and specifically required for the vegetative multiplication of the phage.

Several lines of evidence argue against the second hypothesis (Jacob & Campbell, 1959; Jacob, 1960). First, for a given strain of bacteria, many temperate phages are known, each of which exhibits a different immunity pattern. According to the second hypothesis, each of these phages would specifically require for vegetative multiplication a different metabolite normally produced by the non-lysogenic cells, an assumption which appears extremely unlikely. The second argument stems from the fact that, like the repressor of the lactose system, the inhibitor responsible for immunity is synthesized in the presence of chloramphenicol, i.e. in the absence of protein synthesis: when crosses ♂λ^+ × ♀λ^- are performed in the presence of chloramphenicol, no zygotic induction occurs and the prophage is found to segregate normally among recombinants.

In order to explain immunity in lysogenic bacteria, we are led therefore to the same type of interpretation as in the case of adaptive enzyme systems. According to this interpretation, the prophage controls a cytoplasmic repressor, which inhibits specifically the synthesis of one (or several) protein(s) necessary for the initiation of vegetative multiplication. In this model, the introduction of the genetic material of the phage into a non-lysogenic cell, whether by infection or by conjugation, results in a "race" between the synthesis of the specific repressor and that of the early proteins required for vegetative multiplication. The fate of the host-cell, survival with lysogenization or lysis as a result of phage multiplication, depends upon whether the synthesis of the repressor or that of the protein is favoured. Changes in the cultural conditions favoring the synthesis of the repressor such as infection at low temperature, or in the presence of chloramphenicol, would favor lysogenization and *vice versa*. The phenomenon of induction by u.v. light could then be understood, for instance, in the following way: exposure of inducible lysogenic bacteria to u.v. light or X-rays would transiently disturb the regulation system, for example by preventing further synthesis of the repressor. If the repressor is unstable, its concentration inside the cell would decrease and reach a level low enough to allow the synthesis of the early proteins. Thus the vegetative multiplication would be irreversibly initiated.

The similarity between lysogenic systems and adaptive systems is further strengthened by the genetic analysis of immunity. Schematically, the genome of phage λ appears to involve two parts (see Fig. 5): a small central segment, the C region, contains a few determinants which control various functions involved in lysogenization (Kaiser, 1957); the rest of the linkage group contains determinants which govern the "viral functions," i.e. presumably the structural genes corresponding to the different phage proteins. Certain strains of temperate phages which exhibit different immunity patterns are able nevertheless to undergo genetic recombination. The specific immunity pattern segregates in such crosses, proving to be controlled by a small segment "im" of the C region (Kaiser & Jacob, 1957). In other words, a prophage contains in its C region a small segment "im" which controls the synthesis of a specific repressor, active on the phage genome carrying a homologous "im" segment.

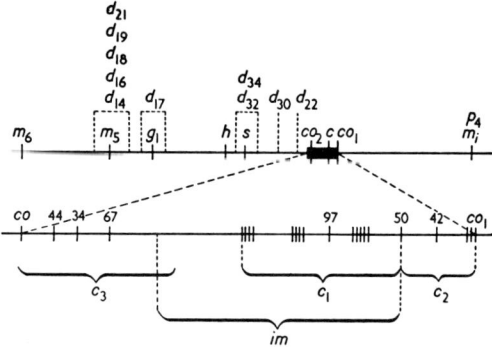

FIG. 5. Diagrammatic representation of the linkage group of the temperate bacteriophage λ. The upper diagram represents the linear arrangement of markers. Symbols refer to various plaque size, plaque type and host-range markers. Symbols d refer to various defective mutations. The C region represented by a thicker line is enlarged in the lower diagram. The figures correspond to various C mutations. The C region can be subdivided into three functional units, C_1, C_2 and C_3; the segment controlling immunity is designated im.

In the "im" region, two types of mutations arise, whose properties are extremely similar to those of the different mutations affecting the regulator genes of adaptive enzyme systems.

(1) Some mutations ($C_I^+ \to C_I$) result in the complete loss of the capacity for lysogenization in single infection. All the C_I mutations are located in a cluster, in a small part of the "im" segment, and they behave as belonging to a single cistron in complementation tests.

In mixed infections with both C_I and C_I^+ phages, double lysogenic clones carrying both C_I and C_I^+ prophages can be recovered. In such clones, single lysogenic cells segregate, which carry the C^+ type alone but never the C_I type alone. These findings indicate that the wild allele is dominant over the mutant C_I alleles and is cytoplasmically expressed, repressing the mutant genome into the prophage state. The properties of the C_I mutations are therefore similar to those of the recessive constitutive mutations of adaptive systems. The evidence suggests that the C_I locus controls the synthesis of the repressor responsible for immunity, and that the C_I mutations correspond to inactivation of this locus, or of its product.

(2) A mutation ($ind^+ \rightarrow ind^-$) has been found which results in the loss of the inducible property of the prophage, i.e. of its capacity to multiply vegetatively upon exposure of lysogenic bacteria to u.v. light, X-rays or chemical inducers. This mutation is located in the C_I segment. The mutant allele ind^- is dominant over the wild allele ind^+ since double lysogenic $\lambda ind^+/\lambda ind^-$ or diploid heterozygotes of structure $Gal^-\lambda ind^+/F\ Gal^+\lambda ind^-$ or $Gal^-\lambda ind^-/F\ Gal^+\lambda ind^+$ are all non-inducible. In addition, the mutant λind^- exhibits a unique property. If lysogenic bacteria K12 (λ^+) carrying a wild type prophage are exposed to u.v. light, the whole population lyses and releases phage. Infection of such cells with λind^- mutants, either before or immediately after irradiation, completely inhibits phage production and lysis.

The properties of the ind^- mutant appear in every respect similar to those of the previously described mutant i^s of the lactose system. The unique properties of the ind^- mutants can be explained only by the same type of hypothesis, namely that the mutation ind^- affects, quantitatively or qualitatively, the synthesis of the repressor in such a way that more repressor or a more efficient repressor is produced. If this assumption as well as the hypothesis that the C_I mutation results in the loss of the capacity to produce an active repressor, are correct, the double mutants $C_I ind^-$ should have lost the capacity of inhibiting phage multiplication upon infection of wild type lysogenic cells. This is actually what is observed. It is evident that the properties of the ind^- mutant cannot be accounted for by the assumption that the C_I locus controls the synthesis of a metabolite-destroying enzyme (Jacob & Campbell, 1959).

In summary, the analysis of lysogenic systems reveals that the expression of the viral genes in these systems is controlled by a cytoplasmic repressor substance, whose synthesis is governed by one particular "regulator" gene, belonging to the viral genome. The identity of the proteins whose synthesis is thus repressed is not established, but it seems highly probable that they are "early" enzymes which initiate the whole process of vegetative multiplication. With the (important) limitation that they are sensitive to entirely different types of inducing conditions, the phage repression systems appear entirely comparable to the systems involved in enzymatic adaptation.

4. The Operator and the Operon

(a) *The operator as site of action of the repressor*

In the preceding section we have discussed the evidence which shows that the transfer of information from structural genes to protein is controlled by specific repressors synthesized by specialized regulator genes. We must now consider the next problem, which is the site and mode of action of the repressor.

In regard to this problem, the most important property of the repressor is its characteristic pleiotropic specificity of action. In the lactose system of *E. coli*, the repressor is both *highly specific* since mutations of the i gene do not affect any other system, and *pleiotropic* since both galactosidase and acetylase are affected simultaneously and quantitatively to the same extent, by such mutations.

The specificity of operation of the repressor implies that it acts by forming a stereospecific combination with a constituent of the system possessing the proper (complementary) molecular configuration. Furthermore, it must be assumed that the flow of information from gene to protein is interrupted when this element is combined with the repressor. This controlling element we shall call the *"operator"* (Jacob & Monod, 1959). We should perhaps call attention to the fact that, once the existence of a specific repressor is considered as established, the existence of an operator element defined as above follows necessarily. Our problem, therefore, is not whether an operator exists, but where (and how) it intervenes in the system of information transfer.

An important prediction follows immediately from the preceding considerations. Under any hypothesis concerning the nature of the operator, its specific complementary configuration must be genetically determined; therefore it could be affected by mutations which would alter or abolish its specific affinity for the repressor, without necessarily impairing its activity as initiator of information-transfer. Such mutations would result in *constitutive* synthesis of the protein or proteins. These mutations would define an "operator locus" which should be genetically distinct from the regulator gene (i.e. its mutations should not behave as alleles of the regulator); the most distinctive predictable property of such mutants would be that the constitutive allele should be *dominant* over the wild type since, again under virtually any hypothesis, the presence in a diploid cell of repressor-sensitive operators would not prevent the operation of repressor-insensitive operators.

(b) *Constitutive operator mutations*

Constitutive mutants possessing the properties predicted above have so far been found in two repressor-controlled systems, namely the phage λ and *Lac* system of *E. coli*.

In the case of phage λ, these mutants are characterized, and can be easily selected, by the fact that they develop vegetatively in immune bacteria, lysogenic for the wild type. This characteristic property means that these mutants (v) are *insensitive* to the repressor present in lysogenic cells. When, in fact, lysogenic cells are infected with these mutant particles, the development of the wild type prophage is induced, and the resulting phage population is a mixture of v and v^+ particles. This is expected, since presumably the initiation of prophage development depends only on the formation of one or a few "early" enzyme-proteins, which are supplied by the virulent particle (Jacob & Wollman, 1953).

In the *Lac* system, dominant constitutive (o^c) mutants have been isolated by selecting for constitutivity in cells diploid for the *Lac* region, thus virtually eliminating the recessive (i^-) constitutive mutants (Jacob *et al.*, 1960a). By recombination, the o^c mutations can be mapped in the *Lac* region, between the i and the z loci, the order being (*Pro*) *yzoi* (*Ad*) (see Fig. 3). Some of the properties of these mutants are summarized in Table 3. To begin with, let us consider only the effects of this mutation on galactosidase synthesis. It will be noted that in the absence of inducer, these organisms synthesize 10 to 20% of the amount of galactosidase synthesized by i^- mutants, i.e. about 100 to 200 times more than uninduced wild type cells (Table 3, lines 3 and 7). In the presence of inducer, they synthesize maximal amounts of enzyme. They are therefore only partially constitutive (except however under conditions of starvation, when they form maximum amounts of galactosidase in the absence of inducer (Brown, unpublished results)). The essential point however is that the enzyme is synthesized constitutively by diploid cells of constitution o^c/o^+ (see Table 3). The o^c allele therefore is "dominant."

If the constitutivity of the o^c mutant results from a loss of sensitivity of the operator to the repressor, the o^c organisms should also be insensitive to the presence of the altered repressor synthesized by the i^s (dominant) allele of the i^+ gene (see page 331). That this is indeed the case, as shown by the constitutive behavior of diploids with the constitution $i^s o^+/Fi^+ o^c$ (see Table 3, line 12), is a very strong confirmation of the interpretation of the effects of *both* mutations (i^s and o^c). In addition, and as one would expect according to this interpretation, o^c mutants frequently arise as lactose positive "revertants" in populations of i^s cells (see p. 332).

TABLE 3

Synthesis of galactosidase, cross-reacting material (CRM), and galactoside-transacetylase by haploid and heterozygous diploid operator mutants

Strain No.	Genotype	Galactosidase		Cross-reacting material	
		Non-induced	Induced	Non-induced	Induced
1	o^+z^+	<0·1	100	—	—
2	$o^+z^+/Fo^+z_1^-$	<0·1	105	<1	310
3	$o^c z^+$	15	90	—	—
4	$o^+z^+/Fo^c z_1$	<0·1	90	30	180
5	$o^+z_1^-/Fo^c z^+$	90	250	<1	85

Strain No.	Genotype	Galactosidase		Galactoside-transacetylase	
		Non-Induced	Induced	Non-induced	Induced
6	$o^+z^+y^+$	<0·1	100	<1	100
7	$o^c z^+y^+$	25	95	15	110
8	$o^+z^+y_U^-/Fo^c z^+y^+$	70	220	50	160
9	$o^+z_1^- y^+/Fo^c z^+y_U^-$	180	440	<1	220
10	$i^+ o_{84}^\circ z^+y^+$	<0·1	<0·1	<1	<1
11	$i^+ o_{84}^\circ z^+y^+/Fi^- o^+z^+y^+$	1	260	2	240
12	$i^s o^+z^+y^+/Fi^+ o^c z^+y^+$	190	210	150	200

Bacteria are grown in glycerol as carbon source and induced when stated, with *iso*propyl-thiogalactoside, 10^{-4} M. Values of galactosidase and acetylase are given as a percentage of those observed with induced wild type. Values of CRM are expressed as antigenic equivalents of galactosidase. Note that the proteins corresponding to the alleles carried by the sex factor are often produced in greater amount than that observed with induced haploid wild type. This is presumably due to the existence of several copies of the *F-Lac* factor per chromosome. In o^c mutants, haploid or diploid, the absolute values of enzymes produced, especially in the non-induced cultures varies greatly from day to day depending on the conditions of the cultures.

We therefore conclude that the $o^+ \to o^c$ mutations correspond to a modification of the specific, repressor-accepting, structure of the operator. This identifies the operator locus, i.e. the genetic segment responsible for the structure of the operator, but not the operator itself.

(c) *The operon*

Turning now to this problem, we note that the o^c mutation (like the i^- mutation) is pleiotropic: it affects simultaneously and quantitatively to the same extent, the synthesis of galactosidase and acetylase (see Table 3, lines 7 and 8). The structure of the operator, or operators, which controls the synthesis of the two proteins, therefore, is controlled by a single determinant.†

Two alternative interpretations of this situation must be considered:

(a) A single operator controls an *integral* property of the z-y genetic segment, or of its cytoplasmic product.

(b) The specific product of the operator locus is able to associate in the cytoplasm, with the products of the z and y cistrons, and thereby governs the expression of both structural genes.

The second interpretation implies that mutations of the operator locus should behave as belonging to a cistron *independent* of both the z and y cistrons. The first interpretation requires, on the contrary, that these mutations behave functionally as if they *belonged to both cistrons simultaneously*. These alternative interpretations can therefore be distinguished without reference to any particular physical model of operator action by testing for the *trans* effect of o alleles, that is to say for the constitutive vs inducible expression of the two structural genes in o^+/o^c diploids, heterozygous for one or both of these structural genes.

The results obtained with diploids of various structures are shown in Table 3. We may first note that in diploids of constitution $o^+z^+/Fo^cz_1^-$ or $o^+z_1^-/Fo^cz^+$ (lines 4 and 5), both the normal galactosidase produced by the z^+ allele and the altered protein (CRM) produced by the z_1^- allele are formed in the presence of inducer, while in the *absence* of inducer, *only the protein corresponding to the z allele in position cis to the o^c is produced*. The o^c therefore has no effect on the z allele in position *trans*. Or putting it otherwise: the expression of the z allele attached to an o^+ remains fully repressor-sensitive even in the presence of an o^c in position *trans*. The o locus might be said to behave as belonging to the same cistron as the z markers. But as we know already, the o^c mutation is equally effective towards the acetylase which belongs to a cistron independent of z, and not adjacent to the operator locus. The results shown in Table 3, lines 8 and 9, confirm that the $o \rightarrow y$ relationship is the same as the $o \rightarrow z$ relationship, that is, the effect of the o^c allele extends *exclusively* to the y allele in the *cis* position. For instance, in the diploid $o^+z^-y^+/Fo^cz^+y_U^-$ the galactosidase is constitutive and the acetylase is inducible, while in the diploid $o^+z^+y_U^-/Fo^cz^+y^+$ both enzymes are constitutive.

These observations, predicted by the first interpretation, are incompatible with the second and lead to the conclusion that the operator governs an integral property of the genetic segment ozy, or of its cytoplasmic product (Jacob *et al.*, 1960a; Képès, Monod & Jacob, 1961).

This leads to another prediction. Certain mutations of the o segment could modify the operator in such a way as to inactivate the whole ozy segment resulting in the loss of the capacity to synthesize *both* galactosidase and permease.

These "o^o" mutants would be *recessive* to o^+ or o^c, and they would *not* be complemented either by $o^+z^+y^-$ or by $o^+z^-y^+$ mutants. Several point-mutants, possessing

---

† Let us recall again that no *non-pleiotropic* constitutive mutants of any type have been isolated in this system, in spite of systematic screening for such mutants.

precisely these properties, have been isolated (Jacob et al., 1960a). They all map very closely to o^c, as expected (see Fig. 3). It is interesting to note that in these mutants the i^+ gene is functional (Table 3, line 11), which shows clearly, not only that the i and o mutants are not alleles, but that the o segment, while governing the expression of the z and y genes, does not affect the expression of the regulator gene.

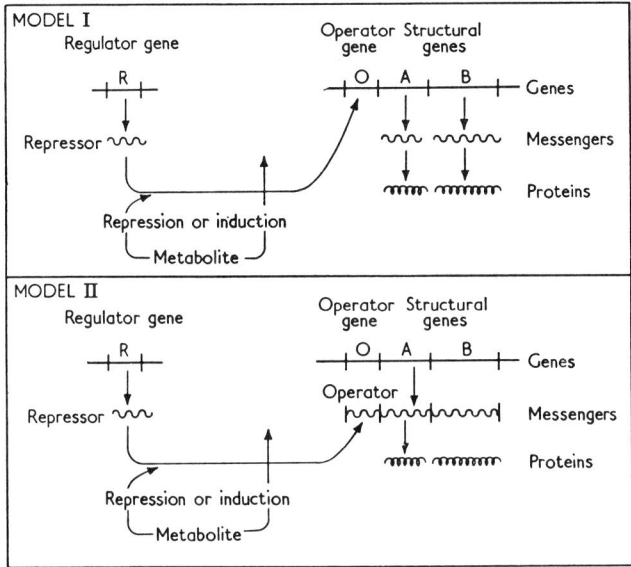

FIG. 6. Models of the regulation of protein synthesis.

In conclusion, the integral or *co-ordinate* expression of the *ozy* genetic segment signifies that the operator, which controls this expression, is and remains attached (see Fig. 6):

(a) either to the genes themselves (Fig. 6, I),

(b) or to the cytoplasmic messenger of the linked z and y genes which must then be assumed to form a single, integral, particle corresponding to the structure of the whole *ozy* segment, and functioning as a whole (Fig. 6, II).

In the former case, *the operator would in fact be identical with the o locus* and it would govern directly the activity of the genes, i.e. the synthesis of the structural messengers.

Both of these models are compatible with the observations which we have discussed so far. We shall return in the next section to the question whether the operator, i.e. the site of specific interaction with the repressor, is genetic or cytoplasmic. In either case, the *ozy* segment, although containing at least two independent structural genes, governing two independent proteins, behaves as a *unit* in the transfer of information. This *genetic unit of co-ordinate expression* we shall call the *"operon"* (Jacob et al., 1960a).

The existence of such a unit of genetic expression is proved so far only in the case of the *Lac* segment. As we have already seen, the v mutants of phage λ, while illustrating the existence of an operator in this system, do not define an operon (because the number and the functions of the structural genes controlled by this operator are unknown). However, many observations hitherto unexplained by or even conflicting with classical genetic theory, are immediately accounted for by the operon theory. It is well known that, in bacteria, the genes governing the synthesis of different enzymes sequentially involved in a metabolic pathway are often found to be extremely closely linked, forming a cluster (Demerec, 1956). Various not very convincing speculations have been advanced to account for this obvious correlation of genetic structure and biochemical function (see Pontecorvo, 1958). Since it is now established that simultaneous induction or repression also generally prevails in such metabolic sequences, it seems very likely that the gene clusters represent units of co-ordinate expression, i.e. operons.

We have already mentioned the fact that two inducible enzymes sequentially involved in the metabolism of galactose by *E. coli*, galactokinase and UDP-galactose-transferase, are simultaneously induced by galactose, or by the gratuitous inducer D-fucose (Buttin, 1961). The genes which control specifically the synthesis of these enzymes, i.e. presumably the structural genes, are closely linked, forming a cluster on the *E. coli* chromosome. (Kalckar, Kurahashi & Jordan, 1959; Lederberg, 1960; Yarmolinsky & Wiesmeyer, 1960; Adler, unpublished results.) Certain point-mutations which occur in this chromosome segment abolish the capacity to synthesize both enzymes. These pleiotropic loss mutations are not complemented by any one of the specific (structural) loss mutations, an observation which is in apparent direct conflict with the one-gene one-enzyme hypothesis. These relationships are explained and the conflict is resolved if it is assumed that the linked structural genes constitute an operon controlled by a single operator and that the pleiotropic mutations are mutations of the operator locus.

We have also already discussed the system of simultaneous repression which controls the synthesis of the enzymes involved in histidine synthesis in *Salmonella*. This system involves eight or nine reaction steps. The enzymes which catalyse five of these reactions have been identified. The genes which individually determine these enzymes form a closely linked cluster on the *Salmonella* chromosome. Mutations in each of these genes result in a loss of capacity to synthesize a single enzyme; however, certain mutations at one end of the cluster abolish the capacity to synthesize all the enzymes simultaneously, and these mutations are not complemented by any one of the specific mutations (Ames, Garry & Herzenberg, 1960; Hartman, Loper & Serman, 1960). It will be recalled that the relative rates of synthesis of different enzymes in this sequence are constant under any set of conditions (see p. 327). All these remarkable findings are explained if it is assumed that this cluster of genes constitutes an operon, controlled by an operator associated with the *g* cistron.

The rule that genes controlling metabolically sequential enzymes constitute genetic clusters does not apply, in general, to organisms other than bacteria (Pontecorvo, 1958). Nor does it apply to all bacterial systems, even where simultaneous repression is known to occur and to be controlled by a single regulator gene, as is apparently the case for the enzymes of arginine biosynthesis. In such cases, it must be supposed that several identical or similar operator loci are responsible for sensitivity to repressor of each of the independent information-transfer systems.

It is clear that when an operator controls the expression of only a single structural cistron, the concept of the operon does not apply, and in fact there are no conceivable genetic-biochemical tests which could identify the operator-controlling genetic segment as distinct from the structural cistron itself.† One may therefore wonder whether it will be possible experimentally to extend this concept to dispersed (as opposed to clustered) genetic systems. It should be remarked at this point that many enzyme proteins are apparently made up of two (or more) different polypeptide chains. It is tempting to predict that such proteins will often be found to be controlled by two (or more) adjacent and co-ordinated structural cistrons, forming an operon.

5. The Kinetics of Expression of Structural Genes, and the Nature of the Structural Message

The problem we want to discuss in this section is whether the repressor-operator system functions at the genetic level by governing the *synthesis* of the structural message or at the cytoplasmic level, by controlling the protein-synthesizing *activity* of the messenger (see Fig. 6). These two conceivable models we shall designate respectively as the "genetic operator model" and the "cytoplasmic operator model."

The existence of units of co-ordinate expression involving several structural genes appears in fact difficult to reconcile with the cytoplasmic operator model, if only because of the size that the cytoplasmic unit would have to attain. If we assume that the message is a polyribonucleotide and take a coding ratio of 3, the "unit message" corresponding to an operon governing the synthesis of three proteins of average (monomeric) molecular weight 60,000 would have a molecular weight about 1.8×10^6; we have seen that operons including up to 8 structural cistrons may in fact exist. On the other hand, RNA fractions of *E. coli* and other cells do not appear to include polyribonucleotide molecules of molecular weight exceeding 10^6.

This difficulty is probably not insuperable; and this type of argument, given the present state of our knowledge, cannot be considered to eliminate the cytoplasmic operator model, even less to establish the validity of the genetic model. However, it seems more profitable tentatively to adopt the genetic model and to see whether some of the more specific predictions which it implies are experimentally verified.

The most immediate and also perhaps the most striking of these implications is that the structural message must be carried by a very short-lived intermediate both rapidly formed and rapidly destroyed during the process of information transfer. This is required by the kinetics of induction. As we have seen, the addition of inducer, or the removal of co-repressor, provokes the synthesis of enzyme at maximum rate within a matter of a few minutes, while the removal of inducer, or the addition of co-repressor interrupts the synthesis within an equally short time. Such kinetics are incompatible with the assumption that the repressor-operator interaction controls the rate of synthesis of *stable* enzyme-forming templates (Monod, 1956, 1958). Therefore, if the genetic operator model is valid, one should expect the kinetics of structural gene expression to be *essentially the same* as the kinetics of induction: injection of a "new" gene into an otherwise competent cell should result in virtually immediate synthesis of the corresponding protein at maximum rate; while removal of the gene should be attended by concomitant cessation of synthesis.

† It should be pointed out that the operational distinction between the operator locus and the structural cistron to which it is directly adjacent rests exclusively on the fact that the operator mutations affect the synthesis of several proteins governed by linked cistrons. This does not exclude the possibility that the operator locus is actually *part* of the structural cistron to which it is "adjacent." If it were so, one might expect certain constitutive operator mutations to involve an alteration of the structure of the protein governed by the "adjacent" cistron. The evidence available at present is insufficient to confirm or eliminate this assumption.

GENETIC REGULATORY MECHANISMS

(a) *Kinetics of expression of the galactosidase structural gene*

Additions and removals of genes to and from cells are somewhat more difficult to perform than additions or removals of inducer. However, it can be done. Gene injection without cytoplasmic mixing occurs in the conjugation of *Hfr* male and F^- female *E. coli*. In a mixed male and female population the individual pairs do not all mate at the same time, but the distribution of times of injection of a *given* gene can be rather accurately determined by proper genetic methods. The injection of the z^+ (galactosidase) gene from male cells into galactosidase-negative (z^-) female cells is rapidly followed by enzyme synthesis within zygotes (cf. p. 332). When the rate of enzyme synthesis in the population is expressed as a function of time, taking into

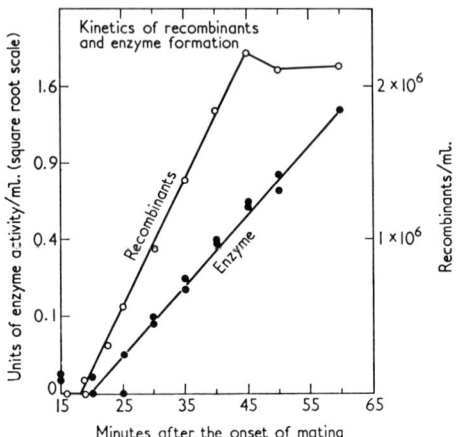

FIG. 7. Kinetics of enzyme production by merozygotes formed by conjugation between inducible galactosidase-positive males and constitutive galactosidase-negative females. Conditions are such that only the zygotes can form enzyme. Increase in the number of z^+ containing zygotes is determined by counting recombinants on adequate selective medium. Formation of enzyme is followed by enzyme activity measurements on the total population. It is seen that the enzyme increases linearly with the square of time. Since the zygote population increases linearly with time, it is apparent that the rate of enzyme synthesis per zygote is constant from the time of penetration of the z^+ gene. (From Riley *et al.*, 1960.)

account the increase with time of the number of z^+ containing zygotes, it is found (see Fig. 7):

(1) that enzyme synthesis begins within two minutes of the penetration of the z^+ gene;

(2) that the rate per zygote is constant and maximum over at least the first 40 min following penetration (Riley, Pardee, Jacob & Monod, 1960).

These observations indicate that the structural messenger is very rapidly formed by the z^+ gene, and does not accumulate. This could be interpretated in one of two ways:

(a) the structural messenger is a short-lived intermediate;

(b) the structural messenger is stable, but the gene rapidly forms a limited number of messenger molecules, and thereafter stops functioning.

If the second assumption is correct, removal of the gene after the inception of enzyme synthesis should not prevent the synthesis from continuing. This possibility is tested by the "removal" experiment, which is performed by loading the male chromosome with ^{32}P before injection. Following injection (into unlabelled female cells), ample time (25 min) is allowed for expression of the z^+ gene, before the zygotes are frozen to allow ^{32}P decay for various lengths of time. The rate of galactosidase synthesis by the population is determined immediately after thawing. It is found to decrease sharply as a function of the fraction of ^{32}P atoms decayed. If a longer period of time (110 min) is allowed for expression before freezing, no decrease in either enzyme-forming capacity or in viability of the z^+ marker are observed. This is to be expected, since by that time most of the z^+ genes would have replicated, and this observation provides an internal control showing that no indirect effects of ^{32}P disintegrations are involved.

This experiment therefore indicates that even after the z^+ gene has become expressed its integrity is required for enzyme synthesis to continue, as expected if the messenger molecule is a short-lived intermediate (Riley et al., 1960).

The interpretation of both the injection and the removal experiment rests on the assumption that the observed effects are not due to (stable) cytoplasmic messenger molecules introduced with the genetic material, during conjugation. As we have already noted, there is strong evidence that no cytoplasmic transfer, even of small molecules, occurs during conjugation. Furthermore, if the assumption were made that enzyme synthesis in the zygotes is due to pre-formed messenger molecules rather than to the activity of the gene, it would be exceedingly difficult to account for both (a) the very precise coincidence in time between inception of enzyme synthesis and entry of the gene (in the injection experiment) and (b) the parallel behaviour of enzyme-forming capacity and genetic viability of the z^+ gene (in the removal experiment).

These experiments therefore appear to show that the kinetics of expression of a structural gene are entirely similar to the kinetics of induction-repression, as expected if the operator controls the activity of the gene in the synthesis of a short-lived messenger, rather than the activity of a ready-made (stable) messenger molecule in synthesizing protein.

It is interesting at this point to recall the fact that infection of *E. coli* with virulent (ϕII, T2, T4) phage is attended within 2 to 4 minutes by inhibition of *bacterial* protein synthesis, including in particular β-galactosidase (Cohen, 1949; Monod & Wollman, 1947; Benzer, 1953). It is known on the other hand that phage-infection results in rapid visible lysis of bacterial nuclei, while no major destruction of pre-formed bacterial RNA appears to occur (Luria & Human, 1950). It seems very probable that the inhibition of specific bacterial protein synthesis by virulent phage is due essentially to the depolymerization of bacterial DNA, and this conclusion also implies that the integrity of bacterial genes is required for continued synthesis of bacterial protein. In confirmation of this interpretation, it may be noted that infection of *E. coli* by phage λ, which does not result in destruction of bacterial nuclei, allows β-galactosidase synthesis to continue almost to the time of lysis (Siminovitch & Jacob, 1952).

(b) *Structural effects of base analogs*

An entirely different type of experiment also leads to the conclusion that the structural messenger is a short-lived intermediate and suggests, furthermore, that this intermediate is a ribonucleotide. It is known that certain purine and pyrimidine analogs are incorporated by bacterial cells into ribo- and deoxyribonucleotides, and it has been found that the synthesis of protein, or of some proteins, may be inhibited in the presence of certain of these analogs. One of the mechanisms by which these effects could be explained may be that certain analogs are incorporated into the structural messenger. If so, one might hope to observe that the molecular structure of specific proteins formed in the presence of an analog is modified. It has in fact been found that the molecular properties of β-galactosidase and of alkaline phosphatase synthesized by *E. coli* in the presence of 5-fluorouracil (5FU) are strikingly altered. In the case of β-galactosidase, the ratio of enzyme activity to antigenic valency is decreased by 80%. In the case of alkaline phosphatase, the rate of thermal inactivation (of this normally highly heat-resistant protein) is greatly increased (Naono & Gros, 1960a,b; Bussard, Naono, Gros & Monod, 1960).

It can safely be assumed that such an effect cannot result from the mere presence of 5FU in the cells, and must reflect incorporation of the analog into a constituent involved in some way in the information transfer system. Whatever the identity of this constituent may be, the kinetics of the effect must in turn reflect the kinetics of 5FU incorporation into this constituent. The most remarkable feature of the 5FU effect is that it is almost immediate, in the sense that abnormal enzyme is synthesized almost from the time of addition of the analog, and that the degree of abnormality of the molecular population thereafter synthesized does not increase with time. For instance, in the case of galactosidase abnormal enzyme is synthesized within 5 min of addition of the analog, and the ratio of enzyme activity to antigenic valency remains constant thereafter. In the case of alkaline phosphatase, the thermal inactivation curve of the abnormal protein synthesized in the presence of 5FU is monomolecular, showing the molecular population to be *homogeneously* abnormal rather than made up of a mixture of normal and abnormal molecules. It is clear that if the constituent responsible for this effect were stable, one would expect the population of molecules made in the presence of 5FU to be heterogeneous, and the fraction of abnormal molecules to increase progressively. It follows that the responsible constituent must be formed, and also must decay, very rapidly.

Now it should be noted that, besides the structural gene-synthesized messenger, the information transfer system probably involves other constituents responsible for the correct translation of the message, such as for instance the RNA fractions involved in amino acid transfer. The 5FU effect could be due to incorporation into one of these fractions rather than to incorporation into the messenger itself. However, the convergence of the results of the different experiments discussed above strongly suggests that the 5FU effect does reflect a high rate of turnover of the messenger itself.

(c) *Messenger RNA*

Accepting tentatively these conclusions, let us then consider what properties would be required of a cellular constituent, to allow its identification with the structural messenger. These qualifications based on general assumptions, and on the results discussed above, would be as follows:

(1) The "candidate" should be a polynucleotide.

(2) The fraction would presumably be very heterogeneous with respect to molecular weight. However, assuming a coding ratio of 3, the average molecular weight would not be lower than 5×10^5.

(3) It should have a base composition reflecting the base composition of DNA.

(4) It should, at least temporarily or under certain conditions, be found associated with ribosomes, since there are good reasons to believe that ribosomes are the seat of protein synthesis.

(5) It should have a very high rate of turnover and in particular it should saturate with 5FU within less than about 3 min.

It is immediately evident that none of the more classically recognized cellular RNA fractions meets these very restrictive qualifications. Ribosomal RNA, frequently assumed to represent the "template" in protein synthesis, is remarkably homogeneous in molecular weight. Its base composition is similar in different species, and does not reflect the variations in base ratios found in DNA. Moreover it appears to be entirely stable in growing cells (Davern & Meselson, 1960). It incorporates 5FU only in proportion to net increase.

Transfer RNA, or (sRNA) does not reflect DNA in base composition. Its average molecular weight is much lower than the 5×10^5 required for the messenger. Except perhaps for the terminal adenine and cytidine, its rate of incorporation of bases, including in particular 5FU, is not higher than that of ribosomal RNA.

However, a small fraction of RNA, first observed by Volkin & Astrachan (1957) in phage infected *E. coli*, and recently found to exist also in normal yeasts (Yčas & Vincent, 1960) and coli (Gros, *et al.*, 1961), does seem to meet all the qualifications listed above.

This fraction (which we shall designate "messenger RNA" or M-RNA) amounts to only about 3% of the total RNA; it can be separated from other RNA fractions by column fractionation or sedimentation (Fig. 8). Its average sedimentation velocity coefficient is 13, corresponding to a minimum molecular weight of 3×10^5, but since the molecules are presumably far from spherical, the molecular weight is probably much higher. The rate of incorporation of ^{32}P, uracil or 5FU into this fraction is extremely rapid: half saturation is observed in less than 30 sec, indicating a rate of synthesis several hundred times faster than any other RNA fraction. Its half life is also very short, as shown by the disappearance of radioactivity from this fraction in pre-labelled cells. At high concentrations of Mg^{2+} (0·005 M) the fraction tends to associate with the 70s ribosomal particles, while at lower Mg^{2+} concentrations it sediments independently of the ribosomal particles (Gros *et al.*, 1961).

The striking fact, discovered by Volkin & Astrachan, that the base-composition of this fraction in T2-infected cells reflects the base composition of *phage* (rather than bacterial) DNA, had led to the suggestion that it served as a precursor of phage DNA The agreement between the properties of this fraction and the properties of a short-lived structural messenger suggests that, in phage infected cells as well as in normal cells, this fraction served in fact in the transfer of genetic information from phage DNA to the protein synthesizing centers. This assumption implies that the same protein-forming centers which, in uninfected cells, synthesize bacterial protein, also serve in infected cells to synthesize phage protein according to the new structural information provided by phage DNA, *via* M-RNA. This interpretation is strongly supported by recent observations made with T4 infected *E. coli*. (Brenner, Jacob & Meselson, 1961).

Uninfected cells of *E. coli* were grown in the presence of ^{15}N. They were then infected and resuspended in ^{14}N medium. Following infection, they were exposed to short pulses of ^{32}P or ^{35}S, and the ribosomes were analysed in density gradients. It was found:

(1) that no detectable amounts of ribosomal RNA were synthesized after infection;

(2) labelled M-RNA formed *after* infection became associated with unlabelled ribosomal particles formed *before* infection;

(3) newly formed (i.e. phage-determined) protein, identified by its ^{35}S content, was found associated with the 70s particles before it appeared in the soluble protein fraction.

JACQUES MONOD

These observations strongly suggest that phage protein is synthesized by *bacterial* ribosomes formed before infection and associated with *phage-determined* M-RNA. Since the structural information for phage protein could not reside in the bacterial ribosomes, it must be provided by the M-RNA fraction.

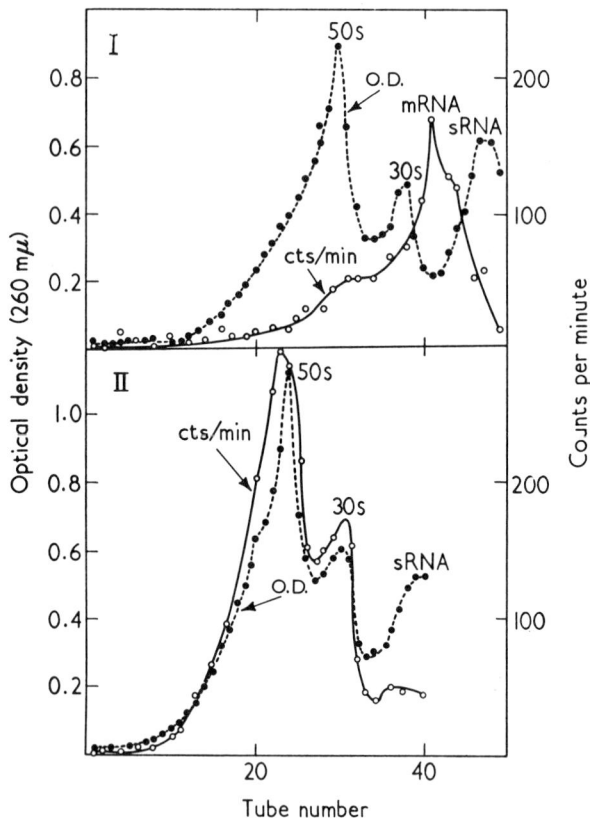

Fig. 8. Incorporation and turnover of uracil in messenger RNA. *E. coli* growing exponentially in broth were incubated for 5 sec with [^{14}C]-uracil. The bacteria were centrifuged, washed and resuspended in the original volume of the same medium containing 100-fold excess of [^{12}C]-uracil. Half the bacteria were then harvested and frozen (I) and the remainder were incubated for 15 min at 37°C (II) prior to harvesting and freezing. The frozen samples were ground with alumina and extracted with tris buffer (2-amino-2 hydroxymethylpropane-1:3-diol) containing 10^{-4}M-Mg, treated with DNase and applied to a sucrose gradient. After 3 hr, sequential samples were taken for determination of radioactivity and absorption at 260 mμ. It may be seen (part I) that after 5 sec, M-RNA is the only labelled fraction, and that subsequently (part II) uracil incorporated into M-RNA is entirely renewed. (From Gros *et al.*, 1961.)

Finally, the recent experiments of Lamfrom (1961) independently repeated by Kruh, Rosa, Dreyfus & Schapira (1961) have shown directly that species specificity in the synthesis of haemoglobin is determined by a "soluble" RNA-containing fraction rather than by the ribosomal fraction. Lamfrom used reconstructed systems, containing ribosomes from one species (rabbit) and soluble fractions from another (sheep) and found that the haemoglobin formed *in vitro* by these systems belonged in part to the type characteristic of the species used to prepare the *soluble* fraction. It is not, of course, positively proved that *inter-specific* differences in haemoglobin structure are gene-determined rather than cytoplasmic, but the assumption seems safe enough. In any case, Lamfrom's experiment proves beyond doubt that the ribosomes cannot be considered to determine entirely (if at all) the specific structure of proteins.

We had stated the problem to be discussed in this section as the choice between the genetic operator model and the cytoplasmic operator model. The adoption of the genetic operator model implies, as we have seen, some very distinctive and specific predictions concerning the behaviour of the intermediate responsible for the transfer of information from gene to protein. These predictions appear to be borne out by a considerable body of evidence which leads actually to a tentative identification of the intermediate in question with one particular RNA fraction. Even if this identification is confirmed by direct experiments, it will remain to be proved, also by direct experiments, that the synthesis of this "M-RNA" fraction is controlled at the genetic level by the repressor-operator interaction.

6. Conclusion

A convenient method of summarizing the conclusions derived in the preceding sections of this paper will be to organize them into a model designed to embody the main elements which we were led to recognize as playing a specific role in the control of protein synthesis; namely, the structural, regulator and operator genes, the operon, and the cytoplasmic repressor. Such a model could be as follows:

The molecular structure of proteins is determined by specific elements, the *structural genes*. These act by forming a cytoplasmic "transcript" of themselves, the structural messenger, which in turn synthesizes the protein. The synthesis of the messenger by the structural gene is a sequential replicative process, which can be initiated only at certain points on the DNA strand, and the cytoplasmic transcription of several, linked, structural genes may depend upon a single initiating point or *operator*. The genes whose activity is thus co-ordinated form an *operon*.

The operator tends to combine (by virtue of possessing a particular base sequence) specifically and reversibly with a certain (RNA) fraction possessing the proper (complementary) sequence. This combination blocks the initiation of cytoplasmic transcription and therefore the formation of the messenger by the structural genes in the whole operon. The specific "repressor" (RNA?), acting with a given operator, is synthesized by a *regulator gene*.

The repressor in certain systems (inducible enzyme systems) tends to combine specifically with certain specific small molecules. The combined repressor has no affinity for the operator, and the combination therefore results in *activation of the operon*.

In other systems (repressible enzyme systems) the repressor by itself is inactive (i.e. it has no affinity for the operator) and is activated only by combining with certain specific small molecules. The combination therefore leads to *inhibition of the operon*.

The structural messenger is an unstable molecule, which is destroyed in the process of information transfer. The rate of messenger synthesis, therefore, in turn controls the rate of protein synthesis.

This model was meant to summarize and express conveniently the properties of the different factors which play a specific role in the control of protein synthesis. In order concretely to represent the functions of these different factors, we have had to introduce some purely speculative assumptions. Let us clearly discriminate the experimentally established conclusions from the speculations:

(1) The most firmly grounded of these conclusions is the existence of *regulator* genes, which control the rate of information-transfer from *structural* genes to proteins, without contributing any information to the proteins themselves. Let us briefly recall the evidence on this point: mutations in the structural gene, which are reflected as alterations of the protein, do not alter the regulatory mechanism. Mutations that alter the regulatory mechanism do not alter the protein and do not map in the structural genes. Structural genes obey the one-gene one-protein principle, while regulator genes may affect the synthesis of several different proteins.

(2) That the regulator gene acts *via* a specific cytoplasmic substance whose effect is to *inhibit* the expression of the structural genes, is equally clearly established by the *trans* effect of the gene, by the different properties exhibited by genetically identical zygotes depending upon the origin of their cytoplasm, and by the fact that absence of the regulator gene, or of its product, results in uncontrolled synthesis of the protein at maximum rates.

(3) That the product of the regulator gene acts directly as a *repressor* (rather than indirectly, as antagonist of an endogenous inducer or other activator) is proved in the case of the *Lac* system (and of the λ lysogenic systems) by the properties of the dominant mutants of the regulator.

(4) The chemical identification of the repressor as an RNA fraction is a logical assumption based only on the *negative* evidence which indicates that it is not a protein.

(5) The existence of an operator, defined as the site of action of the repressor, is deduced from the existence and specificity of action of the repressor. The identification of the operator with the genetic segment which controls sensitivity to the repressor, is strongly suggested by the observation that a *single* operator gene may control the expression of *several adjacent structural genes*, that is to say, by the demonstration of the *operon* as a co-ordinated unit of genetic expression.

The assumption that the operator represents an initiating point for the cytoplasmic transcription of several structural genes is a pure speculation, meant only as an illustration of the fact that the operator controls an integral property of the group of linked genes which form an operon. There is at present no evidence on which to base any assumption on the molecular mechanisms of the operator.

(6) The assumptions made regarding the interaction of the repressor with inducers or co-repressors are among the weakest and vaguest in the model. The idea that specific coupling of inducers to the repressor could result in inactivation of the repressor appears reasonable enough, but it raises a difficulty which we have already pointed out. Since this reaction between repressor and inducer must be stereospecific (for both) it should presumably require a specific enzyme; yet no evidence, genetic or biochemical, has been found for such an enzyme.

(7) The property attributed to the structural messenger of being an unstable intermediate is one of the most specific and novel implications of this scheme; it is required, let us recall, by the kinetics of induction, once the assumption is made that the control systems operate at the genetic level. This leads to a new concept of the mechanism of information transfer, where the protein synthesizing centers (ribosomes) play the role of non-specific constituents which can synthesize different proteins, according to specific instructions which they receive from the genes through M-RNA. The already fairly impressive body of evidence, kinetic and analytical, which supports

this new interpretation of information transfer, is of great interest in itself, even if some of the other assumptions included in the scheme turn out to be incorrect.

These conclusions apply strictly to the bacterial systems from which they were derived; but the fact that adaptive enzyme systems of both types (inducible and repressible) and phage systems appear to obey the same fundamental mechanisms of control, involving the same essential elements, argues strongly for the generality of what may be called "repressive genetic regulation" of protein synthesis.

One is led to wonder whether all or most structural genes (i.e. the synthesis of most proteins) are submitted to repressive regulation. In bacteria, virtually all the enzyme systems which have been adequately studied have proved sensitive to inductive or repressive effects. The old idea that such effects are characteristic only of "non-essential" enzymes is certainly incorrect (although, of course, these effects can be detected only under conditions, natural or artificial, such that the system under study is at least partially non-essential (gratuitous). The results of mutations which abolish the control (such as constitutive mutations) illustrate its physiological importance. Constitutive mutants of the lactose system synthesize 6 to 7% of all their proteins as β-galactosidase. In constitutive mutants of the phosphatase system, 5 to 6% of the total protein is phosphatase. Similar figures have been obtained with other constitutive mutants. It is clear that the cells could not survive the breakdown of more than two or three of the control systems which keep in pace the synthesis of enzyme proteins.

The occurrence of inductive and repressive effects in tissues of higher organisms has been observed in many instances, although it has not proved possible so far to analyse any of these systems in detail (the main difficulty being the creation of controlled conditions of gratuity). It has repeatedly been pointed out that enzymatic adaptation, as studied in micro-organisms, offers a valuable model for the interpretation of biochemical co-ordination within tissues and between organs in higher organisms. The demonstration that adaptive effects in micro-organisms are primarily negative (repressive), that they are controlled by functionally specialized genes and operate at the genetic level, would seem greatly to widen the possibilities of interpretation. The fundamental problem of chemical physiology and of embryology is to understand why tissue cells do not all express, all the time, all the potentialities inherent in their genome. The survival of the organism requires that many, and, in some tissues most, of these potentialities be unexpressed, that is to say *repressed*. Malignancy is adequately described as a breakdown of one or several growth controlling systems, and the genetic origin of this breakdown can hardly be doubted.

According to the strictly structural concept, the genome is considered as a mosaic of independent molecular blue-prints for the building of individual cellular constituents. In the execution of these plans, however, co-ordination is evidently of absolute survival value. The discovery of regulator and operator genes, and of repressive regulation of the activity of structural genes, reveals that the genome contains not only a series of blue-prints, but a co-ordinated program of protein synthesis and the means of controlling its execution.

REFERENCES

Adelberg, E. A. & Umbarger, H. E. (1953). *J. Biol. Chem.* **205**, 475.
Ames, B. N. & Garry, B. (1959). *Proc. Nat. Acad. Sci., Wash.* **45**, 1453.
Ames, B. N., Garry, B. & Herzenberg, L. A. (1960). *J. Gen. Microbiol.* **22**, 369.
Benzer, S. (1953). *Biochim. biophys. Acta*, **11**, 383.
Bertani, G. (1953). *Cold. Spr. Harb. Symp. Quant. Biol.* **18**, 65.

Bertani, G. (1958). *Advanc. Virus Res.* **5**, 151.
Brenner, S., Jacob, F. & Meselson, M. (1961). *Nature,* **190,** 576.
Bussard, A., Naono, S., Gros, F. & Monod, J. (1960). *C. R. Acad. Sci., Paris,* **250,** 4049.
Buttin, G. (1956). Diplôme Et. Sup., Paris.
Buttin, G. (1961). *C. R. Acad. Sci., Paris,* in the press.
Cohen, G. N. & Jacob, F. (1959). *C. R. Acad. Sci., Paris,* **248,** 3490.
Cohen, G. N. & Monod, J. (1957). *Bact. Rev.* **21,** 169.
Cohen, S. S. (1949). *Bact. Rev.* **13,** 1.
Cohen-Bazire, G. & Jolit, M. (1953). *Ann. Inst. Pasteur,* **84,** 1.
Cohn, M. (1957). *Bact. Rev.* **21,** 140.
Cohn, M., Cohen, G. N. & Monod, J. (1953). *C. R. Acad. Sci., Paris,* **236,** 746.
Cohn, M. & Horibata, K. (1959). *J. Bact.* **78,** 624.
Cohn, M. & Monod, J. (1953). In *Adaptation in Micro-organisms,* p. 132. Cambridge University Press.
Cohn, M. & Torriani, A. M. (1952). *J. Immunol.* **69,** 471.
Davern, C. I. & Meselson, M. (1960). *J. Mol. Biol.* **2,** 153.
Demerec, M. (1956). *Cold Spr. Harb. Symp. Quant. Biol.* **21,** 113.
Dienert, F. (1900). *Ann. Inst. Pasteur,* **14,** 139.
Duclaux, E. (1899). *Traité de Microbiologie.* Paris: Masson et Cie.
Echols, H., Garen, A., Garen, S. & Torriani, A. M. (1961). *J. Mol. Biol.,* in the press.
Flaks, J. G. & Cohen, S. S. (1959). *J. Biol. Chem.* **234,** 1501.
Gale, E. F. (1943). *Bact. Rev.* **7,** 139.
Giles, N. H. (1958). *Proc. Xth Intern. Cong. Genetics,* Montreal, **1,** 261.
Gorini, L. & Maas, W. K. (1957). *Biochim. biophys. Acta,* **25,** 208.
Gorini, L. & Maas, W. K. (1958). In *The Chemical Basis of Development,* p. 469. Baltimore. Johns Hopkins Press.
Gros, F., Hiatt, H., Gilbert, W., Kurland, C. G., Risebrough, R. W. & Watson, J. D. (1961). *Nature,* **190,** 581.
Halvorson, H. O. (1960). *Advanc. Enzymol.* in the press.
Hartman, P. E., Loper, J. C. & Serman, D. (1960). *J. Gen. Microbiol.* **22,** 323.
Herzenberg, L. (1959). *Biochim. biophys. Acta,* **31,** 525.
Hogness, D. S., Cohn, M. & Monod, J. (1955). *Biochim. biophys. Acta,* **16,** 99.
Jacob, F. (1954). *Les Bactéries Lysogènes et la Notion de Provirus.* Paris: Masson et Cie.
Jacob, F. (1960). *Harvey Lectures,* 1958–1959, series **54,** 1.
Jacob, F. & Adelberg, E. A. (1959). *C.R. Acad. Sci., Paris,* **249,** 189.
Jacob, F. & Campbell, A. (1959). *C.R. Acad. Sci., Paris,* **248,** 3219.
Jacob, F., Fuerst, C. R. & Wollman, E. L. (1957). *Ann. Inst. Pasteur,* **93,** 724.
Jacob, F. & Monod, J. (1959). *C.R. Acad. Sci., Paris,* **249,** 1282.
Jacob, F., Perrin, D., Sanchez, C. & Monod, J. (1960a). *C.R. Acad. Sci., Paris,* **250,** 1727.
Jacob, F., Schaeffer, P. & Wollman, E. L. (1960b). In *Microbial Genetics,* Xth Symposium of the Society for General Microbiology, p. 67.
Jacob, F. & Wollman, E. L. (1953). *Cold Spr. Harb. Symp. Quant. Biol.* **18,** 101.
Jacob, F. & Wollman, E. L. (1956). *Ann. Inst. Pasteur,* **91,** 486.
Jacob, F. & Wollman, E. L. (1957). In *The Chemical Basis of Heredity,* p. 468. Baltimore: Johns Hopkins Press.
Kaiser, A. D. (1957). *Virology,* **3,** 42.
Kaiser, A. D. & Jacob, F. (1957). *Virology,* **4,** 509.
Kalckar, H. M., Kurahashi, K. & Jordan, E. (1959). *Proc. Nat. Acad. Sci., Wash.* **45,** 1776.
Karstrom, H. (1938). *Ergebn. Enzymforsch.* **7,** 350.
Képès, A. (1960). *Biochim. biophys. Acta,* **40,** 70.
Képès, A., Monod, J. & Jacob, F. (1961). In preparation.
Kogut, M., Pollock, M. & Tridgell, E. J. (1956). *Biochem. J.* **62,** 391.
Kornberg, A., Zimmerman, S. B., Kornberg, S. R. & Josse, J. (1959). *Proc. Nat. Acad. Sci., Wash.* **45,** 772.
Kruh, J., Rosa, J., Dreyfus, J.-C. & Schapira, G. (1961). *Biochim. biophys. Acta,* in the press.
Lamfrom, H. (1961). *J. Mol. Biol.* **3,** 241.
Lederberg, E. (1960). In *Microbial Genetics,* The Xth Symposium of the Society of General Microbiology, p. 115.

Levinthal, C. (1959). In *Structure and Function of Genetic Elements*, Brookhaven Symposia in Biology, p. 76.
Luria, S. E. & Human, M. L. (1950). *J. Bact.* **59**, 551.
Lwoff, A. (1953). *Bact. Rev.* **17**, 269.
Lwoff, A., Siminovitch, L. & Kjeldgaard, N. (1950). *Ann. Inst. Pasteur,* **79**, 815.
Magasanik, B., Magasanik, A. K. & Neidhardt, F. C. (1959). In *A Ciba Symposium on the Regulation of Cell Metabolism,* p. 334. London: Churchill.
Monod, J. (1942). *Recherches sur la Croissance des Cultures Bactériennes.* Paris: Hermann.
Monod, J. (1955). *Exp. Ann. Biochim. Méd.* série XVII, p. 195. Paris: Masson et Cie.
Monod, J. (1956). In *Units of Biological Structure and Function,* p. 7. New York: Academic Press.
Monod, J. (1958). *Rec. Trav. Chim. des Pays-Bas,* **77**, 569.
Monod, J. (1959). *Angew. Chem.* **71**, 685.
Monod, J. & Audureau, A. (1946). *Ann. Inst. Pasteur,* **72**, 868.
Monod, J. & Cohen-Bazire, G. (1953). *C.R. Acad. Sci., Paris,* **236**, 530.
Monod, J. & Cohn, M. (1952). *Advanc. Enzymol.* **13**, 67.
Monod, J. & Cohn, M. (1953). In *Symposium on Microbial Metabolism.* VIth Intern. Cong. of Microbiol., Rome, p. 42.
Monod, J., Pappenheimer, A. M. & Cohen-Bazire, G. (1952), *Biochim. biophys. Acta,* **9**, 648.
Monod, J. & Wollman, E. L. (1947). *Ann. Inst. Pasteur,* **73**, 937.
Naono, S. & Gros, F. (1960a). *C.R. Acad. Sci., Paris,* **250**, 3527.
Naono, S. & Gros, F. (1960b). *C.R. Acad. Sci., Paris,* **250**, 3889.
Neidhardt, F. C. & Magasanik, B. (1956a). *Nature,* **178**, 801.
Neidhardt, F. C. & Magasanik, B. (1956b). *Biochim. biophys. Acta,* **21**, 324.
Novick, A. & Szilard, L., in Novick, A. (1955). *Ann. Rev. Microbiol.* **9**, 97.
Pardee, A. B. (1957). *J. Bact.* **73**, 376.
Pardee, A. B., Jacob, F. & Monod, J. (1959). *J. Mol. Biol.* **1**, 165.
Pardee, A. B. & Prestidge, L. S. (1959). *Biochim. biophys. Acta,* **36**, 545.
Pardee, A. B. & Prestidge, L. S. (1961). In preparation.
Perrin, D., Bussard, A. & Monod, J. (1959). *C.R. Acad. Sci., Paris,* **249**, 778.
Perrin, D., Jacob, F. & Monod, J. (1960). *C.R. Acad. Sci., Paris,* **250**, 155.
Pollock, M. (1950). *Brit. J. Exp. Pathol.* **4**, 739.
Pollock, M. & Perret, J. C. (1951). *Brit. J. Exp. Pathol.* **5**, 387.
Pontecorvo, G. (1958). *Trends in Genetic Analysis.* New York: Columbia University Press.
Rickenberg, H. V., Cohen, G. N., Buttin, G. & Monod, J. (1956). *Ann. Inst. Pasteur,* **91**, 829.
Riley, M., Pardee, A. B., Jacob, F. & Monod, J. (1960). *J. Mol. Biol.* **2**, 216.
Rotman, B. & Spiegelman, S. (1954). *J. Bact.* **68**, 419.
Siminovitch, L. & Jacob, F. (1952). *Ann. Inst. Pasteur,* **83**, 745.
Stanier, R. Y. (1951). *Ann. Rev. Microbiol.* **5**, 35.
Szilard, L. (1960). *Proc. Nat. Acad. Sci., Wash.* **46**, 277.
Torriani, A. M. (1960). *Biochim. biophys. Acta,* **38**, 460.
Umbarger, H. E. (1956). *Science,* **123**, 848.
Vogel, H. J. (1957a). *Proc. Nat. Acad. Sci., Wash.* **43**, 491.
Vogel, H. J. (1957b). In *The Chemical Basis of Heredity,* p. 276. Baltimore: Johns Hopkins Press.
Volkin, E. & Astrachan, L. (1957). In *The Chemical Basis of Heredity,* p. 686. Baltimore: Johns Hopkins Press.
Went, F. C. (1901). *J. Wiss. Bot.* **36**, 611.
Wijesundera, S. & Woods, D. D. (1953). *Biochem. J.* **55**, viii.
Willson, C., Perrin, D., Jacob, F. & Monod, J. (1961). In preparation.
Wollman, E. L. & Jacob, F. (1959). *La Sexualité des Bactéries.* Paris: Masson et Cie.
Yanofsky, C. (1960). *Bact. Rev.* **24**, 221.
Yanofsky, C. & Lennox, E. S. (1959). *Virology,* **8**, 425.
Yarmolinsky, M. B. & Wiesmeyer, H. (1960). *Proc. Nat. Acad. Sci., Wash.* in the press.
Yates, R. A. & Pardee, A. B. (1956). *J. Biol. Chem.* **221**, 757.
Yates, R. A. & Pardee, A. B. (1957). *J. Biol. Chem.* **227**, 677.
Yčas, M. & Vincent, W. S. (1960). *Proc. Nat. Acad. Sci., Wash.* **46**, 804.
Zabin, I., Képès, A. & Monod, J. (1959). *Biochem. Biophys. Res. Comm.* **1**, 289.

On the Regulation of Gene Activity

FRANÇOIS JACOB AND JACQUES MONOD

Services de Génétique Microbienne et de Biochimie Cellulaire, Institut Pasteur, Paris, France

INTRODUCTION

According to modern concepts, the deoxynucleotide sequence which constitutes a gene participates in two distinct chemical processes. In the first, for which the term *replication* should be reserved, free deoxyribonucleotides are linearly assembled by specific base-pairings, forming an identical sequence or replica of the original sequence; the second process, which we shall call *transcription*, allows the gene to perform its physiological function, i.e., to specify the molecular structure of a certain protein or polypeptide chain. Transcription does not appear to be a direct process, since it most probably involves the formation of an intermediate as carrier of the genetic information. Two stages may then be distinguished in transcription, the first of which is presumably closely similar to replication, involving, however, ribonucleotides instead of deoxynucleotides, and resulting in an RNA "transcript" of the original DNA sequence. In the second transcription stage, the RNA transcript in turn directs the assembly of amino acids into the polypeptide (Fig. 1).

Although, as assumed in this description, a single gene may be both necessary and sufficient to specify the structure of a protein, it is well known that the synthesis of many, if not most or all, proteins, that is to say the expression of most if not all genes, is controlled by other specific agents.

In *E. coli* the formation of the enzyme tryptophan-synthetase is under the control of a structural gene, clearly identified and located on the chromosomal map (Yanofsky and Crawford, 1959). When bacteria are grown in the absence of tryptophan, the enzyme is actively synthesized. As soon as tryptophan is added to the medium, the enzyme ceases to be synthesized (Monod and Cohen-Bazire, 1953). This effect of tryptophan, which has been called *repression* of enzyme synthesis (Vogel, 1957), is extremely specific: tryptophan inhibits the synthesis of the series of enzymes involved in tryptophan synthesis (Cohen and Jacob, 1959), but not of other pathways; no other compound (except analogs of tryptophan) exerts this effect.

In *E. coli* the formation of the enzyme β-galactosidase is under the control of a structural gene, also identified and mapped on the bacterial chromosome. When bacteria are grown in the absence of a galacto-

side, only traces of β-galactosidase are formed by the cells. As soon as a galactoside is added, the rate of synthesis of this enzyme increases by about 10,000-fold. This effect, called *induction*, is also very specific. Galactosides increase the rate of synthesis of β-galactosidase and of certain other enzymatic components involved in lactose utilization, without affecting other systems; no compounds other than galactosides exert an inducing effect on β-galactosidase synthesis (see Monod and Cohn, 1952; Cohen and Monod, 1957; Jacob and Monod, 1961).

When *E. coli* is infected by a temperate phage, phage DNA replicates rapidly, and viral proteins are formed by the cells which eventually lyse and release viral particles. If, however, the genetic material of the phage is carried in the prophage state by the lysogenic cells, the viral DNA replicates at the pace of the bacterial chromosome and viral proteins are not formed. Furthermore, if such lysogenic cells are infected with phage particles of the same strain as the prophage, the genetic material of the virus is injected into the cell; but no viral DNA or proteins are formed after infection. This phenomenon is called *immunity*. In lysogenic cells, therefore, the viral genes of the prophage or of superinfecting particles are not expressed. Only as a result of a change in cellular conditions, either spontaneous or induced by various agents such as UV light, X rays, or various chemicals, do the viral genes express their potentialities (i.e., their capacity to specify viral proteins) and the bacteria produce phage particles (see Lwoff, 1953; Jacob, 1954, 1960).

The three systems which we have used as examples appear to be widely different physiologically. Yet, the results of genetic analysis and biochemical characterization of mutations affecting these systems are so closely similar that they point to a common basic mechanism operating in the three systems. The main conclusions drawn from this study have led to a general picture of the activity of structural genes and of the genetic control of protein synthesis in bacteria (Jacob and Monod, 1961). In the present paper we wish to discuss this general model and the main experimental findings which support it. For the sake of clarity and brevity, it will be convenient to describe the model briefly before reviewing the evidence which has led to its formulation.

193

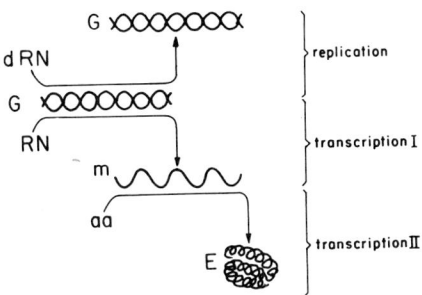

FIGURE 1. *Replication and transcription of DNA.* G: gene; dRN: deoxyribonucleotides; RN: ribonucleotides; m: messenger; aa: amino acids; E: enzyme.

structural genes. Such a group of genes, whose transcriptive activity is thus coordinated by a single operator, constitutes an *operon*. The operon may therefore be defined as the unit of primary transcription.

3. The genetic material contains determinants functionally distinct from structural genes (and operators), called regulator genes. A regulator gene produces a cytoplasmic *repressor* which may be visualized as an RNA transcript of the regulator gene. The repressor formed by a given regulator gene has an affinity toward, and tends to associate reversibly with, a specific operator (probably by homology of their base sequences). This combination blocks the initiation of transcription of the whole operon controlled by the operator and therefore prevents the synthesis of the proteins governed by the structural genes belonging to the operon.

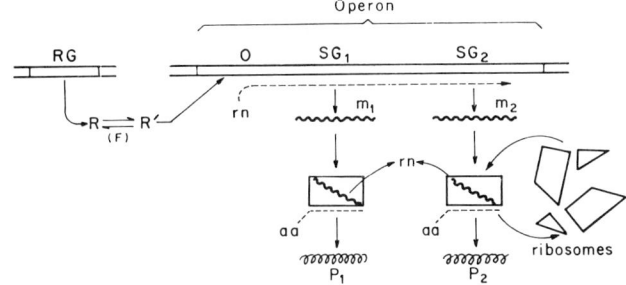

FIGURE 2. *General model of the regulation of enzyme synthesis.* RG: regulator gene; R: repressor converted to R' in presence of effector F (inducing or repressing metabolite); O: operator; SG_1, SG_2: structural genes; rn: ribonucleotides; m_1, m_2: messengers made by SG_1 and SG_2; aa: amino acids; P_1, P_2: proteins made by ribosomes associated with m_1 and m_2.

GENERAL MODEL

The model diagrammatically represented in Fig. 2 involves the following assumptions.

1. The primary product of structural genes, or *"messenger RNA,"* which brings structural information from genes to cytoplasmic protein-forming centers, is a short-lived intermediate. Once completed, it is detached from the DNA and associates in the cytoplasm with pre-existing, non-specialized ribosomal particles. The second transcription takes place on ribosomes, and the messenger is destroyed in the process. Once completed, the polypeptide folds and is detached from the ribosomal particle, which is set free for a new transcription cycle involving the same or any other specific messenger.

2. The synthesis of messenger RNA is supposed to be a sequential and oriented process which can be initiated only at certain regions, or *operators*, on the DNA strands. In many instances, a single operator may control the first transcription of several adjacent

4. The repressors have the property of reacting with certain small molecules (which we shall call effectors). The reactions are specific with respect to both the repressors (R) and the effectors (F) and may be expressed as

$$R + F \rightleftharpoons R' + F'.$$

In certain systems, called *inducible*, only the R form of the repressor can associate with the operator and block the transcription of the operon. The presence of the effector (called inducer) inactivates the repressor and therefore allows transcription to take place. In other systems (called *repressible*) only the modified repressor (R') is active. The transcription of the operon, allowed in the absence of the effector, is therefore prevented in its presence.

This model may appear rather complex and abstract. It is, however, precise enough to imply very distinctive predictions by which its validity can be tested. In the course of the discussion that follows we hope to show that, although some details of the mechanisms are speculative, the main outlines of this scheme are not pure assumptions and that, in its major features, it is firmly grounded on experimental evidence. Before discussing the evidence, it may be useful to state clearly these "major features."

a. The first postulate is the distinction between two classes of genes, structural and regulator, which fulfill different functions in the genetic control of protein synthesis.

b. The second is the postulate that the regulatory mechanisms, in inducible and repressible systems as well as in lysogenic systems, are primarily *negative*, i.e., operate by inhibiting, rather than provoking, specific protein synthesis.

c. The third is the postulate that *several* linked structural genes may constitute a coordinated unit of transcriptive activity.

d. The fourth is the postulate that the regulatory mechanisms operate at the genetic level, by controlling the rate of synthesis of the messenger.

e. The fifth is the postulate that the primary gene product (messenger) is a short-lived intermediate.

The experimental material which is to be discussed has already been described and analyzed in detail in other publications (Jacob and Monod, 1961; Monod, Jacob, and Gros, 1961). In the present paper, we will summarize briefly the evidence concerning points a, b, and e and discuss more extensively points c and d, i.e., the problem of the operon as the unit of genetic activity and regulation.

MESSENGER RNA AS THE PRIMARY GENE PRODUCT

It has long been believed that structural information was transferred from the genes to stable templates, such as ribosomal RNA, copied along the genes and maintaining in the cytoplasm the information necessary for protein synthesis. Every gene was supposed to determine the production of a particular type of ribosomal particles which in turn ensured the synthesis of a particular protein (see Crick, 1958). In recent years, however, this hypothesis has encountered several difficulties.

1. The diversity of base composition found in the DNA of different bacterial species is not reflected in the base composition of ribosomal RNA (Belozersky and Spirin, 1960), as would be expected if ribosomal RNA were transcript of DNA.

2. The introduction, by conjugation, of the structural gene which determines the structure of β-galactosidase in *E. coli*, into a cell hitherto lacking it, results in almost immediate synthesis of the enzyme at maximal rate. Furthermore if, after the beginning of enzyme synthesis, the gene is inactivated by ^{32}P decay, it is observed that the capacity for enzyme production does not survive beyond the integrity of the gene. (The "after effects" of ^{32}P disintegration within a cell may be quite complex as shown by the recent work of McFall [1961]. In the experiment referred to above it seems likely, however, that the effect is due to damage in the injected genetic material itself.) Such results are hardly compatible with the hypothesis of stable intermediates carrying in the cytoplasm all the information for protein synthesis (Riley, Pardee, Jacob, and Monod, 1961).

3. Finally, as will be discussed in a later section of this paper, regulation of protein synthesis appears to operate directly at the level of the genetic material. Since both the initiation and cessation of synthesis of an adaptive enzyme follows almost immediately upon addition or removal of the specific effector, it appears that the information-carrying intermediate of protein synthesis must be both rapidly formed and rapidly destroyed.

These difficulties, however, can be overcome by the single assumption that the transfer of structural information from genes to cytoplasm does not involve stable structure persisting in the cytoplasm, but rather metabolically unstable and rapidly renewed messenger molecules (Jacob and Monod, 1961). This assumption also accounts for other observations. It is known, for instance, that infection with virulent phages such as T2 or ϕII, which results in rapid, visible lysis of bacterial DNA, is attended by almost immediate inhibition of bacterial protein synthesis (Cohen, 1949; Monod and Wollman, 1947; Benzer, 1953), whereas infection with a temperate phage such as λ, which does not bring about the destruction of host nuclei, does not prevent bacterial proteins from being formed during the latent period (Jacob, 1951; Siminovitch and Jacob, 1952). The difference in effects between virulent and temperate phages is readily understood if the integrity of bacterial genes is required for continued synthesis of bacterial messengers necessary for continued synthesis of bacterial proteins.

The assumption that the transfer of genetic information from genes to protein-forming centers involves a short-lived messenger implies two predictions. The first is the existence of a molecular species, probably a polyribonucleotide, exhibiting the characteristic features of turnover, size, capacity to attach to ribosomal particles, and base composition, expected of the messenger. The second is that the same ribosomal particle (or population of particles) should prove to synthesize different protein species, depending on which instructions it receives *via* messenger.

The first of these expectations appears to be fulfilled by the discovery that the rapidly renewed RNA fraction first observed in phage infected cells (Volkin and Astrachan, 1957) also exists in growing yeasts (Yčas and Vincent, 1960) or *E. coli* (Gros et al., 1961). The various properties of this RNA fraction (m-RNA) seem to satisfy the requirements for its identification as messenger. The second expectation has been verified by the demonstration that the same population of ribosomal particles which produces bacterial proteins, when associated with bacterial m-RNA in normal cells, shall produce phage proteins once associated with viral m-RNA in phage infected cells (Brenner, Jacob, and Meselson, 1961). Since other papers in this Symposium deal with messenger RNA and ribosomal particles, we shall not discuss further the reasons for identifying m-RNA as carrier of genetic information shall be obtained only when the synthesis of a specific protein controlled by an identified structural gene will be shown to be synthesized by a reconstructed system in which all the fractions, except messenger RNA, came from cells known to lack this gene.

STRUCTURAL AND REGULATOR GENES

The recognition and identification of "regulator genes" genetically and functionally distinct from "structural genes" is based on the genetic analysis of mutations which affect adaptive enzyme systems (both inducible and repressible) and temperate phage systems, and on detailed studies of the biochemical phenotypes of these mutants (in both the haploid and the heterozygous diploid conditions), including in particular their response to the specific agents known to provoke or inhibit expression of the wild-type properties. Since this evidence has been extensively discussed in recent papers, the following is a brief and deliberately generalized summary of the experimental observations.

A. Structural Genes

The identification of a gene as a determinant of structure rests upon the demonstration that mutations of this gene lead to alterations of the structure of protein. This type of mutation has been recognized in several adaptive enzyme systems, and has been found, as a general rule, to affect exclusively a single protein (or peptide chain). Conversely, all the mutations which affect the molecular properties of an "adaptive" protein (or peptide chain) are found to be clustered in a very small segment of the genetic map and to belong to a single cistron (see Yanofsky, this Symposium). Adaptive systems therefore obey, in this respect, the one gene-one enzyme postulate. In the lysogenic systems similar mutations have been found, but their identification as structural mutations results from indirect, if very likely, inferences from their physiological manifestations rather than on a direct study of the proteins concerned.

An important negative property of the structural mutations is that *they do not affect the regulatory system*, which continues to respond, qualitatively and quantitatively, to the same specific stimuli as in the wild type. (This negative rule suffers one exception, as we shall see in the next section.) For instance, in heterogenotes z^-_{CRM}/Fz^+, carrying both the wild allele of the structural gene for β-galactosidase (z) and a mutant allele which results in the synthesis of a protein antigenically similar to β-galactosidase but devoid of any detectable affinity for galactosides (CRM), both the enzyme and the CRM are induced to the same extent under various cultural conditions (see Table 1). In other words, a genetically altered inducible or repressible protein remains inducible or repressible to the same extent, and by the same agents, as the wild-type protein (Perrin, Jacob, and Monod, 1960).

We may already note at this point that structural genes controlling metabolically sequential enzymes tend to form clusters in bacteria (Demerec and Hartman, 1959). The significance of this remarkable correlation of genetic structure and biochemical function will be discussed later.

B. Regulator Genes

Regulator genes are identified by two types of mutations which occur in adaptive and in lysogenic systems.

1. *Constitutive-Regulator Mutations*

Mutations which result in uncontrolled synthesis of the proteins (often at a very high rate never attained by the wild type), irrespective of the presence or absence of the agent to which the wild type is sensitive, have been found in all three types of systems. Very often these mutations simultaneously affect, to the same extent, the synthesis of *several* proteins; they are invariably found to map in a gene distinct from the structural genes identified as governing the structure of these proteins, and they do not appear to modify in any way the molecular properties of the proteins.

Table 1. Induced Production of β-Galactosidase and CRM by Heterogenotes z^-_{CRM}/Fz^+

(*) Expressed as units of enzyme (or equivalent units for cross reacting material CRM) per mg of dry weight.

Bacteria $i^+z^-_{CRM}/Fi^+z^+$ were grown in minimal medium with glycerol as carbon source and induced with different concentrations of isopropyl-β-D-thiogalactoside (IPTG). Note that heterogenotes produce more enzyme than CRM. Since reverse heterozygotes $i^+z^+/Fi^+z^-_{CRM}$ produce more CRM than enzyme, this is presumably due to the presence of several F factors per chromosome (From Perrin, Jacob, and Monod, 1960.)

	per cent of maximum induction	β-galactosidase*	CRM	CRM/ galactosidase
IPTG 5.10^{-5} M	21.5	1,920	670	0.35
" 10^{-4} M	47	5,280	1,900	0.36
" 10^{-3} M	100	11,200	3,900	0.35

REGULATION OF GENE ACTIVITY

TABLE 2. PRODUCTION OF β-GALACTOSIDASE, GALACTOSIDE-TRANSACETYLASE AND GALACTOSIDE-PERMEASE BY HAPLOID AND HETEROGENOTE, REGULATOR-CONSTITUTIVE MUTANTS

(*) The high levels observed in non-induced cultures of i^+/i^- heterogenotes are due to the presence of a small fraction of homozygous i^-/i^- constitutive recombinants.

This table summarizes the results of many experiments. The three activities are given in per cent of those obtained with fully induced haploid, wild type. Note that the activities found in heterogenotes are two to three times greater than those found in haploids. This is probably due to the presence of several F factors per chromosome. i: regulator gene (i^+: inducible; i^-: constitutive). z and y: structural genes for β-galactosidase and galactoside permease respectively. F: sex factor of $E.$ $coli$ K12. Δ_{izy}: deletion of the Lac region.

Genotypes	Non-induced			Induced		
	β-galactosidase	galactoside-permease	galactoside-transacetylase	β-galactosidase	galactoside-permease	galactoside-transacetylase
1. $i^+z^+y^+$	<0.1	<1	<1	100	100	100
2. $i^-z^+y^+$	120	120	120	120	120	120
3. $i^+z^-y^+/Fi^-z^+y^+$ (*)	2	2	2	200	250	250
4. $i^-z^-y^+/Fi^+z^+y^+$ (*)	2	2	2	250	120	120
5. $i^-z^-y^+/Fi^-z^+y^+$	250	250	250	200	250	250
6. $\Delta_{izy}/Fi^-z^+y^+$	200	200	200	200	200	200

As an example, the effects of constitutive regulator mutations which alter the inducible system of lactose utilization in $E.$ $coli$ are given in Table 2 for haploid and heterogenote bacteria. These mutations map in a regulator gene (i) distinct from the structural genes (z and y) of the system (see Fig. 3). They affect to the same extent the synthesis of all the known components of the system (Pardee, Jacob, and Monod, 1959). Similar mutants have been found for a series of inducible systems, such as penicillinase of $B.$ $cereus$ (Kogut, Pollock, and Tridgell, 1956); amylomaltase (Cohen-Bazire and Jolit, 1953); glycuronidase (Stoeber, 1961); and the enzymes of galactose utilization in $E.$ $coli$ (see Buttin, this Symposium; Kalckar, this Symposium).

Among repressible systems, mutations affecting a regulator gene, located far from the cluster of structural genes of the tryptophan pathway, result in constitutive (derepressed) synthesis of all the enzymes of the pathway in $E.$ $coli$ (Cohen and Jacob, 1959). Similar situations have been observed in the arginine pathway (see Gorini, this Symposium; Maas, this Symposium). In the case of alkaline phosphatase, two distinct regulator genes appear to govern its repression by orthophosphate (Echols, Garen, Garen, and Torriani.)

Finally, in phage the ability of a temperate phage to become a prophage, i.e., to become integrated with the chromosome of the lysogenic host, depends upon inhibition of expression of the phage structural genes. Muta-

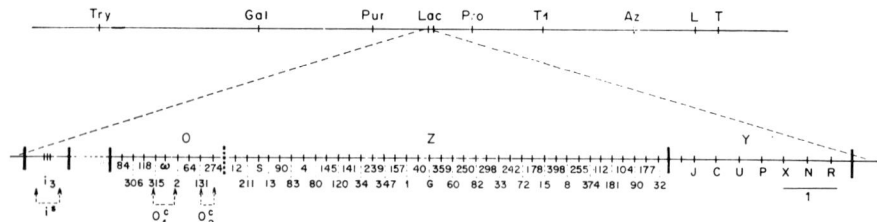

FIGURE 3. *Genetic map of the Lac region of E. coli.* The upper line represents the position of the Lac region among linked characters in the bacterial chromosome. The lower line represents an enlargement of the Lac region, with the two structural genes z and y and the regulator gene i. The operator o appears to correspond to the extremity of the z gene.

The behavior of these "regulator-constitutive" mutations in the diploid condition is of particular significance. Although their effect may be described as a positive one and to imply the acquisition of a new potentiality since they allow the mutant cells to synthesize a given protein(s) under conditions where the wild type cannot do so, the "constitutive" allele is invariably *recessive* to wild type; moreover, deletion of the gene also results in a constitutive phenotype, proving the latter to correspond to an inactive state of the gene, or gene product.

tions have been found which impair the capacity of the phage to lysogenize. These mutations are recessive to wild type and affect a regulator gene (C_1) (see Fig. 4) whose cytoplasmic product prevents transcription of the structural genes required for initiating the vegetative multiplication of the phage (Jacob, 1960; Jacob and Campbell, 1959).

These observations identify a "regulator gene" as a determinant which, in the active state, controls negatively the transcription of certain specific structural genes without itself contributing any structural infor-

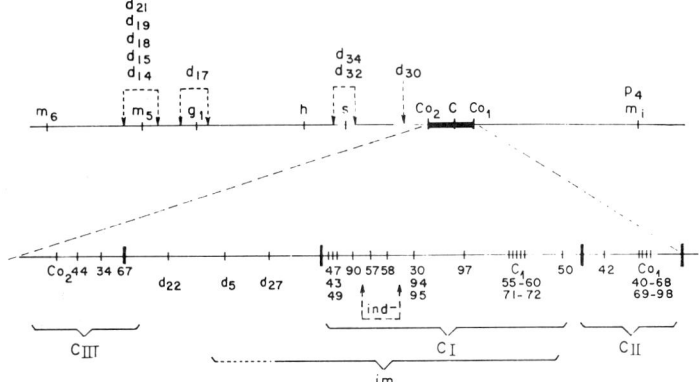

FIGURE 4. *Genetic map of the C region of the temperate bacteriophage* λ. The upper line represents the linkage-group of λ. Symbols refer to various plaque size, plaque type, and host range markers. Symbols d refer to various defective mutations. The C region represented by a thicker line is enlarged in the lower diagram. Figures correspond to various C mutations. C_1 corresponds to the regulator gene; ind⁻ corresponds to the "non-inducible" mutation. The segment controlling immunity is designed *im*.

TABLE 3. PRODUCTION OF β-GALACTOSIDASE, GALACTO-
SIDE-TRANSACETYLASE AND GALACTOSIDE-PERMEASE
BY HAPLOID AND HETEROGENOTE, "SUPER-
REPRESSED" REGULATOR MUTANTS

(*) The levels observed in i^s mutants are always higher than in the wild type. This is due to the presence of a significant fraction of constitutive (i^- or o^c mutants) present in the cultures.

This table summarizes the results of several experiments. The three activities are given in per cent of those obtained with fully induced, haploid wild type. i: regulator gene (i^+: inducible; i^-: constitutive; i^s: superrepressed). z and y: structural genes for β-galactosidase and galactoside-permease respectively. F: sex factor of *E. coli* K12.

Genotypes	Non-induced			Induced		
	β-galactosidase	galactoside-permease	galactoside-transacetylase	β-galactosidase	galactoside-permease	galactoside-transacetylase
1. $i^+z^+y^+$	<0.1	<1	<1	100	100	100
2. $i^sz^+y^{+(*)}$	2	2	2	2	2	2
3. $i^sz^+y^+/Fi^+z^+y^{+(*)}$	2	2	2	2	2	2
4. $i^sz^+y^+/Fi^-z^+y^{+(*)}$	2	2	2	2	2	2

mation to the proteins. Since the active (wild-type) allele is equally effective toward the expression of structural genes placed in *cis* or in *trans* position, it is clear that the regulator gene exerts this negative control via a specific cytoplasmic product.

2. *Superrepressed Regulator Mutations*

All the available evidence suggests that the cytoplasmic product of the regulator gene acts directly as a *repressor* of structural gene expression rather than indirectly as an antagonist of yet another cytoplasmic agent required to activate the synthesis of the protein, such as, for instance, an endogenous inducer. If the latter were the case, one would expect mutations of the gene which controls the synthesis of the positive agent (the internal inducer) to occur. These mutations would be expressed as a loss of the capacity to synthesize the proteins. They would be recessive to wild type, and mutations of the regulator gene to the constitutive state would not restore the capacity to synthesize the enzymes. Mutations characterized by these properties have not been found in any system.

In contrast, both in an inducible enzyme system and in a lysogenic system, certain mutations within the regulator gene have been observed to result in a loss of the capacity to synthesize the proteins controlled by the regulator.

The properties of (haploid and heterogenote) bacteria carrying such a "superrepressed regulator" mutation affecting the system of lactose utilization in *E. coli* are reported in Table 3. Such mutations (i^s), which map in the regulator gene i (see Fig. 3), result in a loss of the ability to produce all the known components of the system. As shown by the behavior of the heterogenote (i^+/i^s), the mutant allele is dominant over the wild type (Jacob and Monod, 1961; Willson, Perrin, Jacob, and Monod, 1961). In the temperate phage λ a similar mutation of the regulator gene (C_1) has been isolated. The vegetative reproduction of such a mutant prophage can no longer be induced by inducing agents such as UV light. Furthermore, when it superinfects *induced* lysogenic cells carrying a wildtype prophage, this mutant has the unique property of inhibiting phage multiplication. The study of heterogenotes, or of doubly lysogenic cells, shows that this mutation is dominant over the wild type (Jacob and Campbell, 1959).

Thus, while the constitutive regulator mutation appears as a *recessive* "gain of function," the uninducible mutation results in a *dominant* "loss of function." These relationships are immediately accounted for by the assumption that the wild type regulator gene controls the synthesis and structure of a cytoplasmic *repressor* able to inhibit the transcription of one or several structural genes, and to interact with a specific inducer, the interaction resulting in inactivation of the repressor. The constitutive mutation then corresponds to a genetic inactivation of the repressor, while the "uninducible" mutation represents loss of the capacity to react with the inducing agent (see Fig. 5).

If these assumptions are correct, one expects that the ability to synthesize the proteins would be restored to an "uninducible" mutant by a further mutation to an inactive (i.e., constitutive) state of the gene. This, in fact, is found to be the case.

It is obvious that, if the product of the regulator gene were assumed to act indirectly as an antagonist of an endogenous "activating" agent, none of these findings would be accounted for. It is also easy to see that, while the "uninducible" phenotype may occur in an inducible system and is distinct from the "constitutive" phenoytpe, the corresponding "non-repressible" phenotype of a repressible system could not operationally be distinguished from the "constitutive" phenotype.

Thus, the study of biochemical phenotypes in the haploid and the diploid conditions reveals, besides "classical" structural genes, the existence of functionally specialized determinants which appear to be concerned exclusively with the formation of specific cytoplasmic repressors.

More direct evidence of the existence of *repressors* as cytoplasmic components has been obtained in certain systems (see Pardee et al., 1959; Jacob, 1960), and it has been shown that the synthesis of these agents occurred under conditions where the synthesis of proteins is blocked by inhibitors, such as chloramphenicol or 5-methyl-tryptophan (Pardee and Prestidge, 1959; Jacob and Campbell, 1959). No positive evidence has been obtained as yet concerning the chemical identity

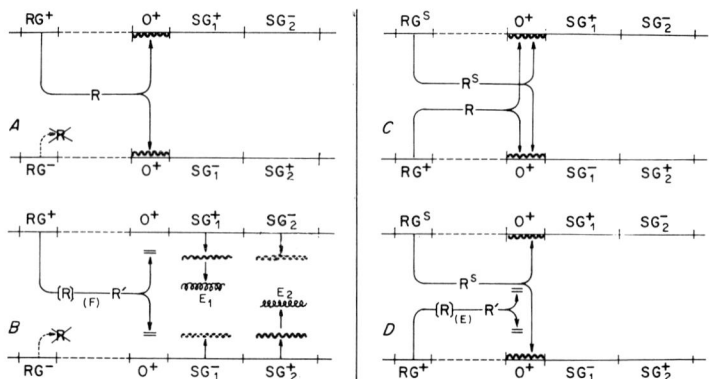

FIGURE 5. *Schematized behavior of two diploids heterozygous for the regulator and for both structural genes.*

Left. Heterozygote for a constitutive-regulator mutation (RG^-)/wild type (RG^+). A. *Non-induced.* The mutated regulator gene (RG^-) produces an inactive repressor while the normal regulator gene (RG^+) produces the repressor R which blocks both operators (o). No messenger and therefore no enzyme is made. B. *Induced.* In presence of inducer (F), the repressor (R) is converted to the inactive form (R'). Gene activity is allowed. SG_1^+ on one chromosome produces E_1, and SG_2^+ on the other chromosome produces E_2. The diploid, therefore, behaves in every respect like a haploid cell.

Right. Heterozygote for a "superrepressed" mutation of the regulator gene (RG^s)/wild type (RG^+). C. *Non-induced.* Both types of repressor (R: normal; R^s: altered) are simultaneously produced. They block the operators. No enzymes are made. D. *Induced.* Only the normal repressor reacts with the inducer while the altered (R^s) repressor does not and still blocks transcription in both chromosomes. No enzyme is made.

of repressors, but since they are presumably primary products of the regulators, the assumption that they are polyribonucleotides appears as the most reasonable guess. The nature of the interaction between repressor and effector (inducer or repressing metabolite) is unknown. The symmetrical reaction between the repressor R and the effector F:

$$R + F \rightleftharpoons R' + F',$$

which we assumed, is to be taken only as a convenient manner of expressing the fact that inducible and repressible systems are similar in every respect, suggesting that the primary interaction of the effector is most probably the same in both types of systems.

An important line of argument, which we will not develop here, is the following: since the regulator gene does not control the structure of the protein, and since the effectors appear to react with the product of the regulator, rather than with products of the structural gene, there need exist no steric relationships between the protein itself and the effector. Rather detailed and elaborate proof of this negative statement has been obtained (see Monod, 1956, 1959; Cohn, 1957; Yates and Pardee, 1957; Gorini and Maas, 1958; Jacob and Monod, 1961). Conversely, since the regulator is frequently, if not as a rule, pleiotropic in its action, simultaneously controlling the synthesis of several proteins, one expects the effector to show the *same* pleiotropy, i.e., to provoke or inhibit simultaneously the synthesis of precisely the *same* group of enzymes that are affected by mutations of the regulator. This has invariably proved to be the case, confirming the conclusion that the effector reacts with the product of the regulator, but not directly with a product of the structural genes.

OPERATORS

The property of a particular repressor to inhibit specifically the synthesis of one (or several) protein(s) implies that, at some stage of the transcription process from gene to protein, it can form a steric combination with some element of the system. Once this element is combined with the repressor, the transcription is blocked. This element which can switch on and off the transcription of the system is called *operator* (Jacob and Monod, 1959, 1961).

In order to discuss in some detail the properties of the operator which control the system of lactose utilization in *E. coli*, we shall first summarize the main biochemical and genetic characteristics of this system. It involves three known components whose rate of synthesis is determined by a single regulator gene (i) and induced by β-galactosides: the two enzymes, β-galactosidase and galactoside-transacetylase (which have both been isolated in vitro in a high state of purity and by all criteria correspond to two different proteins), and the galactoside-permease identified only by in vivo tests (see Cohen and Monod, 1957; Zabin, Képès and Monod, 1959; Képès, 1960).

The structural gene (z) specifying β-galactosidase has been unambiguously identified by the study of a variety of mutations which result in alterations of the molecular properties of the enzyme. About ¼ or ⅓ of the studied mutants produce, instead of the enzyme, an enzymatically inactive, antigenically cross-reacting protein (CRM).

The structural gene (y) for galactoside-permease has been identified as adjacent to the z gene (see Fig. 3). All y^- mutants have lost the capacity to produce β-galactoside-permease. Many of them have also lost the capacity to produce β-galactoside-transacetylase. Revertants to Lac^+ recover both properties. This correlation seemed strongly to suggest the identity of permease and transacetylase. However, biochemical studies of the transacetylase have revealed that this enzyme does not exhibit the properties expected of the permease protein. Furthermore, the properties found in several mutants of the z gene (which will be described in the next section) have cast some doubt on the significance of the fact that both forward and backward mutations of the y gene simultaneously affect permease and transacetylase. The question is still open as to whether the acetylase is actually the (or a part of) permease and is controlled by the y gene or is controlled by another gene close, or adjacent, to y. This question is not essential for the following argument, which applies to both cases. The essential point is that the three known elements, β-galactosidase, transacetylase, and permease, are submitted to the same control mechanism governed by a single regulator gene, i.

The functional analysis of z^- and y^- mutants has been undertaken by means of heterogenotes obtained by sexduction (see Jacob and Wollman, 1961). As a rule, z^- mutants are complemented by y^- mutants, with a few exceptions to which we shall return in a further section. Most z^- mutants are not complemented by other z^- mutations, with the exception of certain pairs which produce partial complementation. Mixtures of extracts of such pairs also result in slightly increased enzymatic activity in vitro (Willson, unpublished results). No complementation has been observed as yet between any tested pair of y^- mutants. It therefore appears that the z mutants belong to a single functional unit (cistron) and the y mutants to another functional unit.

We may now return to the problem of the operator. Whatever the nature of the operator and the level at which it intervenes in the transcription process, its specific configuration required by the specific action of the repressor must be genetically determined. It should therefore be altered by mutations. Actually, two distinct types of mutations affecting the operator may be expected: operator-constitutive mutations, resulting from a loss of affinity of the operator toward the repressor; and operator-negative mutations resulting in a permanent block of the transcription process.

The two types of mutants have been isolated in the Lac system of *E. coli*. The study of their properties shows that *a single operator controls the expression of the two adjacent structural genes* (z and y) *located on the same chromosome* (Jacob, Perrin, Sanchez, and Monod, 1960; Jacob and Monod, 1961).

A. Constitutive-Operator Mutations

By contrast to constitutive-regulator mutations, which are recessive, the constitutive operator mutants (o^c) are expected to be dominant, since under any hypothesis, the presence, in a diploid cell, of a repressor-sensitive operator would not affect the activity of a repressor-insensitive operator.

In the lactose system of *E. coli* such constitutive mutants have been isolated in heterogenotes carrying an F-Lac factor, homozygous i^+/i^+ in order to avoid selecting recessive i^- constitutive regulator mutants. The properties of such o^c constitutive-operator mutants can be summarized as follows (see Table 4).

1) The o^c mutants isolated so far are partially constitutive. Depending on the cultural conditions, they produce in the absence of inducer about 10 to 50 per cent of the galactosidase which they synthesize when grown in the presence of inducer, i.e., 100 to 500 times more than the uninduced wild type.

2) The o^c allele is dominant over the wild allele o^+, since heterogenotes o^+/o^c are constitutive.

3) The o^c mutations are pleiotropic, and affect to the same extent the synthesis of β-galactosidase, galactoside-transacetylase, and permease.

4) The o^c mutations result in a constitutive expression only of those structural genes which are located in position cis, i.e., on the same chromosome. This is shown by the behavior of cells carrying an F-Lac factor and heterozygous for o as well as for one of the structural genes. For instance, of the two heterogenotes o^+z^-/Fo^cz^+ and o^+z^+/Fo^cz^- which carry an active z^+ gene and a mutant allele, only the former synthesizes the enzyme constitutively. In the same way, of the two heterogenotes o^+y^+/Fo^cy^- and o^+y^-/Fo^cy^+ carrying an inactive y^- allele unable to form galactoside-transacetylase and permease, only the latter produces these two factors constitutively. The operator therefore has no *independent* cytoplasmic expression. It controls the activity of the chromosomal zy segment as an integrate unit.

5) We have seen previously that some mutations (i^s) of the regulator i gene result in the production of a "superrepressor" which can no longer be antagonized by the external inducer (see Table 3). Such mutations result in dominant loss of the capacity to produce the enzymes. If the o^c mutation does indeed correspond to

TABLE 4. PRODUCTION OF β-GALACTOSIDASE, GALACTOSIDE-TRANSACETYLASE AND GALACTOSIDE-PERMEASE BY HAPLOID AND HETEROGENOTE, CONSTITUTIVE-OPERATOR MUTANTS

(*) The y^- mutant used in these experiments does not produce galactoside-transacetylase.

This table summarizes the results of several experiments. Activities are expressed in per cent of those observed with fully induced haploid wild type. The levels obtained with heterogenotes are always higher than those observed with haploid bacteria. This is presumably due to the presence of several F factors per chromosome. The high basal level observed in strains carrying an i^s mutation is due to the presence of constitutive (i^- or o^c) mutants in the cultures. i: regulator gene (i^+: inducible; i^s: superrepressed). z and y: structural genes for β-galactosidase and galactoside permease respectively. o: operator (o^+: wild type; o^c: constitutive). F: sex factor of *E. coli* K12.

Genotypes	Non-induced			Induced		
	β-galactosidase	galactoside permease	galactoside transacetylase	β-galactosidase	galactoside permease	galactoside transacetylase
1. $o^+z^+y^+$	<0.1	<1	<1	100	100	100
2. $o^cz^+y^+$	25	25	25	100	100	110
3. $o^+z^-y^+/Fo^cz^+y^+$	75	75	75	250	300	300
4. $o^+z^-y^+/Fo^cz^+y^-$(*)	75	1	1	250	120	120
5. $o^+z^+y^-/Fo^cz^-y^+$	1	75	75	100	250	250
6. $i^so^+z^+y^+$	2	2	2	2	2	2
7. $i^so^+z^+y^+/Fi^+o^+z^+y^+$	2	2	2	2	2	2
8. $i^so^+z^+y^+/Fi^+o^cz^+y^+$	150	150	150	150	150	150

a decreased sensitivity of the operator to the repressor, it is a definite prediction that the o^c mutant should also be insensitive to the presence of the altered repressor synthesized by the i^s allele. That this is indeed the case, as shown by the constitutive behavior of heterogenotes i^so^+/Fi^+o^c, is a very strong confirmation of the interpretation of both the i^s and o^c mutation (see Table 4).

6) The o^c mutations map at one extremity of the group of structural genes z and y, between the z and the i mutations (see Fig. 3).

B. Operator-Negative Mutations

Among the mutants selected for their Lac⁻ phenotype, a series of mutants (o^o) turned out to exhibit the properties expected of operator-negative mutants (see Table 5).

1) The o^o mutations are pleiotropic: o^o mutants are unable to synthesize both proteins, galactosidase and transacetylase, as well as permease.

2) The o^o allele is recessive as shown by the study of o^+/o^o heterogenotes which behave like the wild type.

TABLE 5. Production of β-Galactosidase, Galactoside-Transacetylase and Galactoside-Permease by Haploid and Heterogenote, Operator-Negative Mutants

This table summarizes the results of several experiments. Activities are expressed as per cent of the fully induced, haploid wild type. The levels obtained with heterogenotes are higher than those observed in haploid bacteria. This is presumably due to the presence of several F factors per chromosome. Levels observed in non-induced cultures of i^+/i^- heterogenotes are due to the presence of a small fraction of homozygous i^-/i^- constitutive recombinants in the cultures. i: regulator gene (i^+: inducible; i^-: constitutive) z and y: structural genes for β-galactosidase and galactoside permease respectively. o: operator (o^+: wild type; o^o: operator-negative). F: sex factor of *E. coli* K12.

Genotypes	Non-induced			Induced		
	β-galactosidase	galactoside-transacetylase	galactoside-permease	β-galactosidase	galactoside-transacetylase	galactoside-permease
1. $i^+o^+z^+y^+$	<0.1	<1	<1	100	100	100
2. $i^+o^oz^+y^+$	<0.1	<1	<1	<0.1	<1	<1
3. $i^+o^oz^+y^+ / Fi^+o^+z^+y^+$	<0.1	<1	<1	250	250	250
4. $i^+o^oz^+y^+ / Fi^+o^+z^-y^+$	<0.1	<1	<1	<0.1	250	250
5. $i^+o^oz^+y^+ / Fi^+o^cz^+y^+$	75	75	75	250	250	250
6. $i^+o^oz^+y^+ / Fi^-o^+z^+y^+$	1	1	1	250	250	250

3) The o^o mutants are not complemented by any z or y mutants of the structural genes.

4) The o^o mutations are clustered at the extremity of the chromosomal segment bearing the two structural genes z and y, between z and i at the same place as the o^c mutants (see Fig. 3).

The properties and mapping of the o^c and o^o mutations allow the recognition of an "operator locus" which in some way can switch on and off the expression of the adjacent structural genes z and y located on the same chromosome and which controls the sensitivity of the system to the action of the repressor synthesized by the regulator gene i (see Fig. 6).

The "operator locus" thus defined by the o mutation is contiguous to the z structural gene. The important question arises, therefore, whether the "o locus," thus defined, is distinct from, as opposed to part of, the z gene. This amounts to asking whether or not the nucleotide sequence constituting the o segment determines part of the molecular structure of β-galactosidase. This question may be approached by studying the molecular properties of the enzymes formed by operator-constitutive mutants or by revertants of operator-negative mutants. The β-galactosidase formed by the o^c mutants so far studied appears not detectably different, in any of its tested properties, from the wild-type enzyme. Several Lac⁺ revertants of o^o mutants, however, produce altered β-galactosidase (see Fig. 7) while synthesizing apparently normal permease and acetylase. By all the available criteria, the reversion appears to affect the very site, or a closely linked site, of the original o^o mutation. These results suggest that the operator of the *Lac* system actually corresponds to the extremity of the structural gene which specifies the configuration of β-galactosidase.

Few systems have been investigated so far as to the possible existence of operator mutants. In phage, however, mutants similar to the o^c type have been isolated. These mutants (v) are characterized, and can easily be selected, by their ability to multiply vegetatively in immune cells, lysogenic for the wild type: they behave, therefore, as having lost sensitivity to the repressor present in such cells. The difficulties of biochemical investigations of these systems has not yet permitted an analysis of the role of the operator and of its relation with structural genes to be carried out. Mutants in every respect similar to the o^c-mutants of the *Lac* system have recently been isolated in the "galactose" system of *E. coli*, in which the synthesis of three enzymes, determined by three closely linked structural genes, are induced by galactose or analogs of galactose. These mutations are pleiotropic, dominant, and affect exclusively the expression of structural genes located in position *cis* with respect to the mutated operator (see Buttin, this Symposium).

Mutations similar to the o^o mutations of the *Lac* system also occur in the galactose segment *E. coli* (E. Lederberg, 1960; Kalckar, Kurahashi, and Jordan, 1959), and a mutation of the same type affects the sequence of enzymes involved in histidine biosynthesis by *S. typhimurium* (Ames, Garry, and Herzenberg, 1960). The latter system includes 8 or 9 clustered structural genes which presumably specify the individual structures of the enzymes of the pathway, the synthesis of the whole series of enzymes being repressed by histidine. A mutant has been isolated which results in the pleiotropic loss of the capacity to synthesize all the enzymes of the pathway. This mutant exhibits the properties expected of an "operator-negative" allele. It maps as adjacent to, if not part of, a structural gene at one *extremity* of the cluster, and is not complemented by any of the structural gene mutants.

THE OPERON AS THE POLARIZED UNIT OF TRANSCRIPTION

Besides identifying the genetic segment responsible for the structure of the operator, the properties of the o mutations—most specifically the absence of any *trans* effect of the o alleles—define a new genetic unit which has been called the *operon* (Jacob et al., 1960; Jacob and Monod, 1961). This polycistronic unit involves the

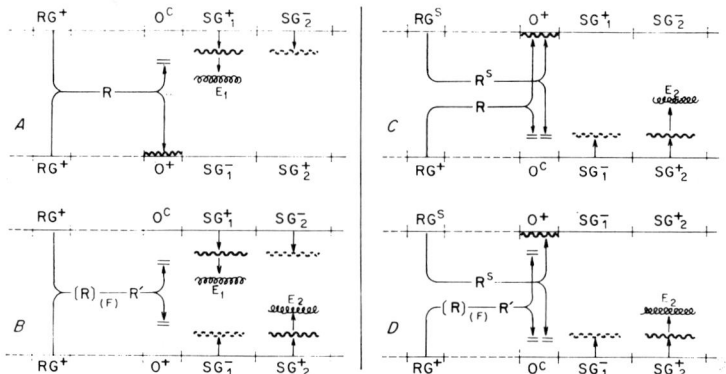

FIGURE 6. *Schematized behavior of two diploids heterozygous for the operator and for the structural genes.*

Left. Heterozygote for a constitutive operator (o^c) mutation/wild type (O^+). A. *Non-induced.* The repressor made by the regulator genes (RG) blocks gene expression in the lower chromosome which carries a normal operator (o^+). It does not act on the upper chromosome which carries a mutated operator (o^c), with a low affinity for the repressor. Only enzyme E_1 is produced constitutively since the upper chromosome carries a mutation in SG_2 (SG_2^-). B. *Induced.* In presence of inducer (F) the repressor (R) is converted to the inactive form (R'). Gene activity is allowed in both chromosomes. Both enzymes E_1 and E_2 are made.

Right. Heterozygote for a constitutive operator (o^c) mutation/wild type and for a "superrepressed" mutation (RG^s) of the regulator gene/wild type. C. *Non-induced.* Both types of repressor (R: normal, and R^S: altered) are simultaneously produced. They block gene transcription in the normal operator (o^+) of the upper chromosome, but not in the mutated operator (o^c) of the lower chromosome. Only enzyme E_2 is produced since the lower chromosome carries a mutated structural gene SG_1^-. D. *Induced.* Only the normal repressor (R) reacts with the inducer while the altered (R^S) repressor does not. It still blocks transcription in the normal operator (o^+) of the upper chromosome but not in the mutated (o^c) operator of the lower chromosome. Only enzyme E_2 is made.

cluster of linked structural cistrons whose expression is controlled by the operator. The absence of any *trans* effect shows that the primary product, if any, of the operator segment cannot recombine, in the cytoplasm, with the products of structural genes. The operon is thereby defined as a genetic unit of transcription. Whether or not the primary products of an operon constitute an integral unit or particle in the cytoplasm, and whether the repressor acts directly at the genetic level, by combining with the operator segment, or at the cytoplasmic level, by combining with the *product* of this segment, is another problem which will be considered later. In the present section we wish to discuss some observations which further identify the operon as a *polarized* unit of *coordinated* transcription.

A. QUANTITATIVE COÖRDINATION WITHIN THE OPERON

The pleiotropic effect of operator mutations proves that the expression of the different genes included in an operon simultaneously behave as repressible, or inducible, or altogether suppressed, depending on the allelic state of the operator segment. Since the operator is the receiver of the controlling signals (i.e., the receptor of the repressor), we may expect the effects of inducing or repressing conditions to be *quantitatively*

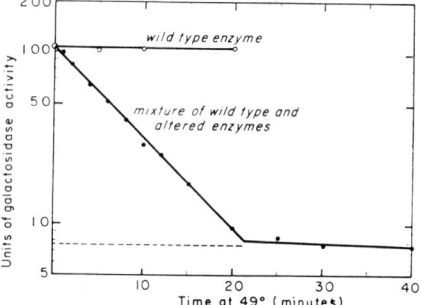

FIGURE 7. Altered β-galactosidase produced by a Lac⁺ revertant of an operator-negative (0°) mutant. The revertant was obtained by plating a culture of mutant O_{34}^o on EMB agar. An extract from an induced culture of this revertant was mixed with an extract of the induced wild type (92.5% enzyme activity from the revertant, with 7.5% enzyme activity from the wild type). The mixture was incubated at 49°, and enzyme activity was assayed after various time intervals. Control extract from the induced wild type was treated in the same way. Units of β-galactosidase activity are plotted (on a log scale) versus the time of incubation at 49°. The dotted line corresponds to the expected activity of the wild-type fraction present in the mixture.

expression of those structural genes which are *linked* and belong to the *same operon*. In the case of arginine, in contrast, the seven structural genes determining the synthesis of the seven known enzymes of the pathway are distributed among five distinct regions of the bacterial chromosome. Although the available data suggest that a single regulator gene controls the repressibility of these seven enzymes, the repressor must be expected to act on a series of distinct operators; and the regulatory effect, while qualitatively similar, need not be quantitatively the same.

B. Polarity of the Operon

A priori the role of the operator can be most easily understood at the molecular level if the transcription of the whole operon is a polarized process, the operator being the initiating point. Some experimental evidence suggests that the operon is actually a polarized unit.

In a previous section we have briefly discussed the properties of the z^- mutations, which affect β-galactosidase, and of the y^- mutations, which affect galactoside-permease. We have seen that most of the z^- mutants are complemented by all the y^- mutants, a result which indicates the existence of two independent functional units. A few z^- mutants, however, exhibit no, or only partial, complementation with any of the y^- mutants. When tested for enzymatic activities, the z^- mutants are found to vary greatly in their properties. Most of them produce no β-galactosidase activity but a normal amount of transacetylase and permease. A few of the z^- mutants, however, which appear to be randomly distributed along the z gene, not only produce no β-galactosidase activity, but also produce acetylase and permease in reduced amounts. The properties of several z^- mutants are reported in Table 6. It is clear from these results that z mutations may eventually alter to various degrees (from 5 to 50 per cent of the wild type) the capacity to produce both these factors. When the productions of acetylase and of permease are impaired, however, it is always *to the same extent*. Furthermore, among the Lac^+ revertants of such z^- mutants, it is always found that the reversion restores not only the production of β-galactosidase but also those of acetylase and permease, and that the restoration affects these two factors *to the same extent*.

In contrast, among the y^- mutants, which are unable to produce the permease, none has been found in which the capacity to produce β-galactosidase was impaired. It is clear, therefore, that some polarity exists in the $o \to z \to y$ operon in such a way that some rare blocks in the z region decrease the rate of transcription in the distal part of the operon, whereas further blocks in the y region cannot alter the rate of the initial transcription in the z region.

Such findings have cast some doubt about the previously assumed identity of the protein of the galactoside-permease with the galactoside transacetylase. This

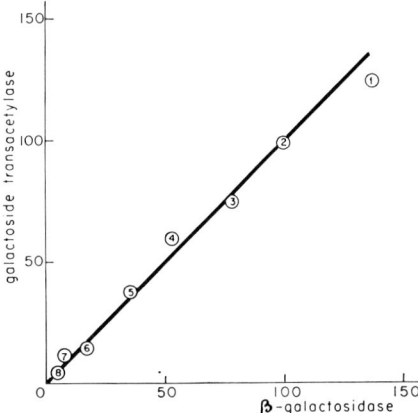

Figure 8. *Coinduction of β-galactosidase and galactoside-transacetylase.* The rates of synthesis of β-galactosidase and galactoside-transacetylase are expressed in arbitrary units, the rates achieved by fully induced wild-type organisms being taken as 100.
 1. Uninduced constitutive mutant of the regulator (i^-).
 2. Wild type induced by isopropyl-β-D-thiogalactoside 10^{-4}M.
 3. Wild type induced by methyl-β-D-thiogalactoside 10^{-4}M.
 4. Wild type induced by methyl-β-D-thiogalactoside 10^{-4}M + phenyl-β-D-thiogalactoside 10^{-3}M.
 5. Wild type induced by melibiose 10^{-3}M.
 6. Wild type induced by lactose 10^{-3}M.
 7. Wild type induced by methyl-β-D-thiogalactoside 10^{-5}M.
 8. Wild type induced by phenyl-ethyl-β-D-thiogalactoside 10^{-3}M.

the same for different proteins controlled by different genes belonging to the same operon.

The lactose system of *E. coli* offers an excellent test of this prediction, since many different inducers are available whose inducing activity covers a very wide range (see Monod, Cohen-Bazire and Cohn, 1951). As shown in Fig. 8, while the *absolute* rates of synthesis of β-galactosidase and galactoside-transacetylase vary greatly, depending on the nature and concentration of the inducer used, the *ratio* of the two rates is invariant. Nor is this ratio altered in different types of constitutive organisms.

In the repressible "histidine" system of *S. typhimurium*, the same situation is observed (Ames and Garry, 1959). We shall summarize it by formulating the rule that the expression of structural genes belonging to a single operon is *quantitatively coinduced* or *corepressed*.

It must be pointed out that a coordinated effect of induction or repression must be expected only for the

identification had been based on the finding that several y^- mutants, isolated as permeaseless, were also unable to synthesize the transacetylase, whereas reverse mutants were found to have recovered both activities. However, investigation of a greater number of y^- permeaseless mutants has shown that only in a fraction of these mutants the ability to synthesize the transacetylase is impaired, these mutants being randomly distributed along the y gene among other y^- mutants still able to manufacture the transacetylase in a normal amount. If the transcription of the operon is polarized, these findings could be equally explained by the hypothesis that the transacetylase is controlled by another, unknown structural gene (x) of the Lac operon,
the order being $o \to z \to y \to x$, so that some mutations in z might block, or decrease, the rate of further transcription in y and x, while some mutations in y might block further transcription in x, but not in z.

Several hypotheses might account for the decrease in the rate of transcription observed in the distal part of the operon as a result of mutations in the z gene. Since they have not yet received any experimental support, they need not be discussed here.

The concept of operon, as the unit of primary transcription which may contain more than one gene, provides an interpretation for the observed fact that, at least in bacteria, genes controlling the successive steps of a single biochemical pathway remain linked (see Demerec and Hartman, 1959). It is clear indeed that, if as a result of chromosomal rearrangement, some of the genes of an operon would be removed from the control of the original operator, displaced and submitted to the control of another operator, such a rearrangement would result in a much less specific and therefore less efficient control. Wild-type bacteria would therefore exhibit a selective advantage over such chromosomal mutants. Hence a tendency for the genes of an operon to remain linked.

The case of those structural genes which although unlinked are under the control of a single system of regulation, such as the genes of the arginine pathway, has also some interesting implications. Since a single repressor appears to be active on the whole system, each group of genes must be controlled by a separate operator; and all these operators must possess a common structure. If, as in the lactose system, each operator corresponds to the extremity of a structural gene, one may expect the different enzymes of the pathway to possess, despite their difference in activity, a common primary structure, perhaps in one extremity of their peptide chains. This prediction should become subject to experimental test soon. It has some evolutionary implications which will be discussed in another paper of this Symposium (see Monod and Jacob, this Symposium).

REGULATION AT THE GENETIC LEVEL

The question we wish to discuss now is: at which level does the repressor act in the transcription process? It may either block the synthesis of the primary gene product, messenger RNA, or the synthesis of the protein itself. The results of genetic analysis do not, by themselves, allow a direct distinction between the two alternatives. They only show that regulation operates at a level where the information derived from several adjacent structural genes is still contained in a single, continuous, functionally integrated structure. The assumption that this structure is the operon itself is indeed a very tempting one. Taking into account the kinetics of induction and repression (cf. Monod, 1956; Cohn, 1957), it necessarily implies, however, that the

TABLE 6. POLARIZED EFFECTS OF MUTATIONS AT DIFFERENT LOCI ON THE LACTOSE OPERON OF *Escherichia coli*

(1) The figures refer to specific activity of β-galactosidase, permease, and galactoside-transacetylase induced in bacteria under standard conditions. The activities are expressed in per cent of that found in wild type.

(2) Lac^+ revertants of mutant z_8 ; revertant 3 produces apparently normal galactosidase; revertant 8 produces altered enzyme showing increased heat sensitivity and lower specific activity. When tested immunologically, revertant 8 produces close to 100 per cent of galactosidase antigen.

	β-galactosidase (1)	galactoside-permease (1)	galactoside-transacetylase (1)
Wild type	100	100	100
Operator mutants:			
o_2	<0.1	<1	<1
o_w	<0.1	<1	<1
o_{84}	<0.1	<1	<1
o_{118}	<0.1	<1	<1
z mutants:			
z_{40}	<0.1	100	100
z_1	<0.1	100	100
z_{250}	<0.1	50	46
z_{73}	<0.1	19	14
z_{211}	<0.1	18	11
z_8	<0.1	5	5
z_8 Rev 3 (2)	50	50	50
z_8 Rev 8 (2)	50	100	100
y mutants:			
y_J	100	<1	100
y_X	100	<1	100
y_V	100	<1	60
y_R	100	<1	47
y_U	100	<1	5
y_1	100	<1	<1
y_{65}	100	<1	<1

structural intermediate is a very unstable molecule. This, in fact, was one of the main arguments which led to postulating the existence of unstable messengers as information carriers from gene to protein-forming centers. Although the discovery of an RNA fraction which appears to qualify nicely as an unstable messenger certainly brings strong support to the hypothesis that regulation operates at the genetic level, by switching on and off the synthesis of messenger RNA, it does not constitute direct proof of the validity of this hypothesis. The alternative hypothesis, namely that the repressor acts at the cytoplasmic level, i.e., controls the activity of already made messengers, would imply the existence of messenger molecules able to specify the structure of all the proteins belonging to a single operon (up to 8 or 9 enzymes in the case of histidine biosynthesis). Assuming a coding ratio of 3, and an average (monomeric) molecular weight of 60,000 for the proteins, such a messenger RNA should have a minimum molecular weight of 5×10^6, which would correspond to molecules much larger than appear to be present in any of the RNA fractions so far analyzed. Given the present state of our knowledge concerning the molecular weight and heterogeneity of messenger RNA, however, this type of argument cannot eliminate the hypothesis that the repressor acts at the level of protein synthesis.

Direct evidence in support of the assumption that regulation operates at the level of m-RNA synthesis may be obtained experimentally. In a culture exponentially growing at 37°, the incorporation of radioactive bases, both in messenger and ribosomal RNA, is too fast to allow a distinction between the two fractions by kinetic measurements of incorporation. At 19°, instead, the kinetics of incorporation of adenine or uracil clearly exhibits two distinct phases (Fig. 9). During the first 80 to 90 seconds the radioactivity incorporated increases almost linearly. After the 90th to 100th second incorporation proceeds at a much faster rate. Examination of the labeled extracts in sucrose gradients indicates that during the first 80–90 seconds only the messenger RNA is labeled, while after the 100th second the RNA of 30S ribosomes also begins to be labeled. The determination of incorporation during the first phase provides, therefore, an estimate of the rate of messenger RNA synthesis. By changing the specific cultural conditions in such a way as to induce or repress a significant protein fraction, one may hope to provoke a detectable change in the synthesis of the messenger RNA.

A strain carrying an F-Lac factor was used for these experiments because, when induced with a galactoside, cultures of such a strain produce up to 20 per cent of the total proteins as β-galactosidase and an additional (unknown) amount of protein as transacetylase (and permease). Bacteria were grown at 19° in minimal medium containing glycerol as carbon source. In order to repress the synthesis of many enzymatic systems, a mixture of amino acids was dumped into the culture. This addition was found to result within a minute in a decrease of about 30 to 40 per cent in the rate of messenger RNA, as compared with a control culture (Fig. 9). In order to induce the enzymes of the lactose system, a gratuitous, non-metabolized β-thiogalactoside was added to another sample of the cultures. Under these conditions the formation of β-galactosidase starts only after an induction lag of about 10 minutes. During this lag no change in the synthesis of messenger RNA can be detected, but after the tenth minute an increase of about 20 per cent is observed (Fig. 9). This increase is not a consequence of an increase in *total* protein synthesis, which is found to proceed at constant rate during the same period of time. A homozygous strain, carrying an operator-negative (o°) mutation in the chromosome and in the F-Lac factor, was used as a control. Under the same conditions, the rate of incorporation of radioactive adenine is depressed by amino acids but is not stimulated by a galactoside inducer (Hiatt, Gros, and Jacob, unpublished experiments).

It therefore appears that changes in cultural condi-

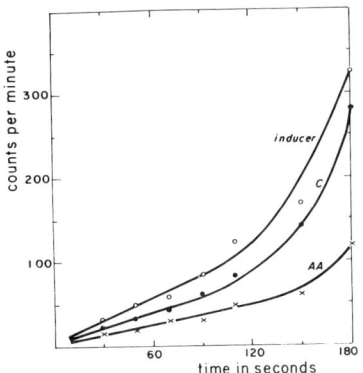

FIGURE 9. *Rates of incorporation of radioactive adenine into nucleic acids under various conditions.* Bacteria carrying an F-Lac$^+$ factor were grown in minimal medium at 19°, and the exponentially growing culture was divided into three samples. One sample used as control received only C_{14}-adenine (curve C); another sample received casamino acids (casein hydrolysate, final concentration 1.25%) one minute before the addition of adenine (curve AA). The third fraction received a β-galactoside (isopropyl-β-D-thiogalactoside, 10^{-3}M final) as inducer ten minutes before the addition of adenine (curve: inducer). In every sample, aliquots were taken at various time intervals after addition of C_{14}-adenine, and the radioactivity incorporated in the TCA-insoluble fraction was determined. The TCA-insoluble radioactivity is plotted as a function of the time after addition of radioactive adenine. Centrifugation in a sucrose gradient indicates that, under these conditions, only the messenger-RNA is labeled during the first 80–90 seconds.

tions which are known either to repress, or to induce, the synthesis of an important fraction of the total proteins, results in detectable decrease, or increase, respectively, in the rate of synthesis of messenger RNA. Inasmuch as m-RNA itself is a primary gene product (a more than likely assumption), this experiment strongly suggests that the regulation operates directly at the genetic level and controls the rate of synthesis of this gene product. The specificity of the additional messenger, however, remains to be demonstrated.

CONCLUSIONS

During the past few years, the one gene-one enzyme hypothesis has been greatly strengthened, and made more precise. A large part of the hereditary message contained in the genetic material appears to specify the molecular structure of individual proteins. Genetic analysis of the regulation systems in bacteria, however, shows that another part of the hereditary message has the task, not of specifying protein configuration, but of determining the rate of transcription of structural genes. The functioning of these regulatory systems, which insure coordinated growth, is of absolute survival value for the bacterial cell. According to the results obtained in the study of bacterial conjugation, the bacterial chromosome contains about 2,000 recombination units (see Jacob and Wollman, 1961). Individual structural genes have been estimated of the order of 0.25 and 0.75 recombination unit in the cases of alkaline phosphatase (Levinthal, 1959) and β-galactosidase (Jacob and Monod, 1961), respectively. Although there is not yet any way of determining the magnitude of the structural fraction of genetic information in bacteria, it appears a rather safe estimate to assume that a bacterial cell is able to manufacture at least 1,000 or 2,000 different protein species. Since a "constitutive regulator" mutation such as those which affect lactose utilization in E. coli results in a production of β-galactosidase which amounts to 5 or 7 per cent of the total protein synthesis, it is clear that a bacterium could not survive the breakdown of several systems of regulation.

In the bacterial cell the hereditary message is written in a single, linear structure, the bacterial chromosome, which determines the macromolecular pattern of the bacterium. The transcription of the structural message appears to involve a continuous flow of information from the bacterial chromosome to the cytoplasm, via metabolically unstable messenger RNA molecules which bring to the protein-forming centers the instructions for determining specific protein configurations. The fact that the primary gene products, messenger RNA, do not apparently accumulate in the cytoplasm has the important consequence that the only errors of copy which have a persistent effect are those which occur in the replication process and affect the production of the genetic material itself. Those errors which occur during the transcription process and affect messenger RNA only result in the production of one (or a few) bad samples of a given gene product.

The role of the regulatory part of the genetic message appears to be to select those of the structural potentialities which are transcribed and expressed. In the various systems studied so far a like basic mechanism appears to operate. It involves a system of transmitters (regulator genes) and receivers (operators) of specific cytoplasmic signals in the form of repressor molecules, which have the double property of recognizing a particular metabolite and a particular operator. Depending on the system, and through a mechanism still unknown, the metabolite can either activate or inactivate the repressor. The active repressor tends to combine, probably by virtue of possessing a particular base sequence, specifically and reversibly with a particular operator. This combination blocks the initiation of cytoplasmic transcription and, therefore, the formation of the messenger by the structural genes of the whole operon. The inactivation of the repressor allows the transcription of the whole operon and, therefore, the production of the group of coordinated proteins. At any moment, and depending upon intracellular and environmental conditions, the bacterial cell is able to recognize which part of the structural information needs to be expressed; and consequently it is able to produce the proper messengers which bring the necessary instruction to protein-forming centers. It is an important prediction of the operon model that certain chromosomal rearrangements might result in a structural gene being removed from its normal control system and becoming submitted to another, non-physiological one, an effect which would alter the specific conditions of activity of this gene (position effect).

Evidence for the existence of genetic systems of control has already been reported in maize (see McClintock, 1956; Brink, 1960). These systems appear to be composed, basically, of two elements. One is closely associated with the structural gene and controls its activity. The other element may be located near the first, or it may be independently located in another part of the chromosomal set. It determines the conditions to which the gene-associated element specifically responds, and therefore the change in the activity of the gene. These systems are quite specific, each gene-associated element responding only to a particular second element. As pointed out by McClintock (1961), such dual systems of control in maize may, in some respect, be compared with the regulator gene-operator system of bacteria: it is conceivable that the maize system also operates through the intermediacy of specific, cytoplasmic molecules acting as signals like bacterial repressors.

An important difference between the two systems is that, whereas in bacteria both regulators and operators appear as permanent, non-dispensable constituents of the genome, located at precise, constant loci of the genetic map (the operator corresponding even to a part of a structural gene), the controlling elements of maize, at least some of them, seem to be dispensable and able to move from one chromosomal location to another. In this respect, the maize controlling elements behave like certain particular types of genetic elements in bacteria, called *episomes* (see Jacob and Wollman, 1961). That such episomic elements may interfere with some regulation system of the bacterial cell is clear in the case of prophage in lysogenic bacteria. The presence of the prophage in the lysogenic cell superimposes an additional system of regulation, the immunity system, which prevents the phage structural genes from being transcribed. When bacterial genes are incorporated in a phage genetic material, as happens with the galactose genes in transducing phage λ, they may, under certain conditions, become submitted to the phage system of control. Furthermore, in lysogenic bacteria carrying a prophage λ, induction of phage multiplication by UV light or chemical treatment releases repression of gene activity, not only in the prophage structural genes which are concerned with vegetative reproduction of phage, but also in those structural genes of the bacterial chromosome which control the production of the enzymes of the galactose system and which are known to be located close to the site of prophage attachment in the bacterial chromosome (see Buttin, this Symposium).

It is evident that physiological coordination of chemical activity, i.e., of synthesis and activity of macromolecules, is a fundamental requirement for the existence and survival of the cell as well as of complex multicellular organisms. The "structural" concept of gene action accounts for the multiplicity and for the phylogenetic stability of macromolecular structure. It does not account for biochemical coordination and ignores the problem of the emergence and functioning of differentiated cellular populations. The discovery of units of coordinated genetic activity and of regulator genes which control the activity of structural genes, *via* cytoplasmic repressors, able in turn to interact electively with exogenous or endogenous chemical agents, appears to offer precisely the type of elements needed to build the complex and precise chemical networks of information transfer upon which the development and physiological functioning of organisms must rest.

ACKNOWLEDGMENTS

This work has been supported by grants of the National Science Foundation, of the Jane Coffin Childs Memorial Fund, and by the Commissariat à l'Energie Atomique.

REFERENCES

AMES, B. N., and B. GARRY. 1959. Coordinate repression of the synthesis of four histidine biosynthetic enzymes by histidine. Proc. Nat. Acad. Sci., *45*: 1453–1461.

AMES, B. N., B. GARRY, and L. A. HERZENBERG. 1960. The genetic control of the enzymes of histidine biosynthesis in *Salmonella typhimurium*. J. Gen. Microbiol., *22*: 369–378.

BELOZERSKY, A. N., and A. S. SPIRIN. 1960. *The Nucleic Acids*, ed. E. Chargaff and J. N. Davidson. Vol. III, p. 147. New York: Academic Press.

BENZER, S. 1953. Induced synthesis of enzymes in bacteria analyzed at the cellular level. Biochim. Biophys. Acta, *11*: 383–395.

BRENNER, S., F. JACOB, and M. MESELSON. 1961. An unstable intermediate carrying information from genes to ribosomes for protein synthesis. Nature, *190*: 576–581.

BRINK, R. A. 1960. Paramutation and chromosome organization. Quart. Rev. Biol., *35*: 120–137.

COHEN, G. N., and F. JACOB. 1959. Sur la répression de la synthèse des enzymes intervenant dans la formation du tryptophane chez *E. coli*. C. R. Acad. Sci., *248*: 3490–3492.

COHEN, G. N., and J. MONOD. 1957. Bacterial permease. Bact. Rev., *21*: 169–194.

COHEN, S. S. 1949. Growth requirements of bacterial viruses. Bact. Rev., *13*: 1–24.

COHEN-BAZIRE, G., and M. JOLIT. 1953. Isolement par sélection de mutants d'*E. coli* synthétisant spontanément l'amylomaltase et la β-galactosidase. Ann. Inst. Pasteur, *84*: 1–9.

COHN, M. 1957. Contributions of studies on the β-galactosidase of *E. coli* to our understanding of enzyme synthesis. Bact. Rev., *21*: 140–168.

CRICK, F. H. C. 1958. On protein synthesis. Symp. Soc. Exp. Biol., *12*: 138–163.

DEMEREC, M., and P. E. HARTMAN. 1959. Complex loci in micro-organisms. Ann. Rev. Microbiol., *13*: 377–406.

ECHOLS, H., A. GAREN, S. GAREN, and A. TORRIANI. 1961. Genetic control of repression of alkaline phosphatase in *E. coli*. J. Mol. Biol., *3*: 425–438.

GORINI, L., and W. MAAS. 1958. Feed-back control of the formation of biosynthetic enzymes. pp. 469–478. *The Chemical Basis of Development*, ed. W. D. McElroy and B. Glass. Baltimore: Johns Hopkins Press.

GROS, F., W. GILBERT, H. HIATT, C. G. KURLAND, R. W. RISEBROUGH, and J. D. WATSON. 1961. Unstable ribonucleic acid revealed by pulse labelling of *Escherichia coli*. Nature, *190*: 581–585.

JACOB, F. 1951. Adaptation enzymatique pendant le développement du bactériophage du *Pseudomonas pyocyanea*. C. R. Acad. Sci., *232*: 1780–1782.

———. 1954. *Les Bactéries Lysogènes et la Notion de Provirus*. Monographies de l'Institut Pasteur. Paris: Masson ed.

———. 1960. Genetic control of viral functions. The Harvey Lectures, series *54* (1958–1959): 1–39.

JACOB, F., and A. CAMPBELL. 1959. Sur le système de répression assurant l'immunité chez les bactéries lysogènes. C. R. Acad. Sci., *248*: 3219–3221.

JACOB, F., and J. MONOD. 1959. Gènes de structure et gènes de régulation dans la biosynthèse des protéines. C. R. Acad. Sci., *249*: 1282–1284.

———, ———. 1961. Genetic regulatory mechanisms in the synthesis of proteins. J. Mol. Biol., *3*: 318–356.

JACOB, F., D. PERRIN, C. SANCHEZ, and J. MONOD. 1960. L'opéron: groupe de gènes à expression coordonnée par un opérateur. C. R. Acad. Sci., *250*: 1727–1729.

JACOB, F., and E. L. WOLLMAN. 1961. *Sexuality and the Genetic of Bacteria*. New York: Academic Press.

KALCKAR, H. M., K. KURAHASHI, and E. JORDAN. 1959. Hereditary defects in galactose metabolism in *Escherichia coli* mutants. I. Determination of enzyme activities. Proc. Nat. Acad. Sci., *45*: 1776–1786.

Képès, A. 1960. Etudes cinétiques sur la galactoside-perméase d'*Escherichia coli*. Biochim. Biophys. Acta, *40:* 70–84.

Kogut, M., M. Pollock, and E. J. Tridgell. 1956. Purification of penicillin-induced penicillinase of *Bacillus cereus* NRRL 569. A comparison of its properties with those of a similarly purified penicillinase produced spontaneously by a constitutive mutant strain. Biochem. J., *62:* 391–401.

Lederberg, E. M. 1960. Genetic and functional aspects of galactose metabolism in *Escherichia coli* K12. pp. 115–131. *Microbial Genetics*. Xth Symp. Soc. Gen. Microb., London. Cambridge Univ. Press.

Levinthal, C. 1959. Genetic and chemical studies with alkaline phosphatase of *E. coli*. pp. 76–85. *Structure and Function of Genetic Elements*. Brookhaven Symp. in Biol.

Lwoff, A. 1953. Lysogeny. Bact. Rev., *17:* 269–337.

McClintock, B. 1956. Controlling elements and the gene. pp. 197–216. Cold Spring Harb. Symp. on Quant. Biol., Vol. 21.

———. 1961. Some parallels between gene control systems in maize and in bacteria. In press.

McFall, E. 1961. Effects of ^{32}P decay on enzyme synthesis. J. Mol. Biol., *3:* 219–224.

Monod, J. 1956. Remarks on the mechanism of enzyme induction. pp. 7–28. *Units of Biological Structure and Function*. New York: Academic Press.

———. 1959. Biosynthese eines enzyms. Angew. Chem., *71:* 685–691.

Monod, J., and G. Cohen-Bazire. 1953. L'effet d'inhibition spécifique dans la biosynthèse de la tryptophane-desmase chez *Aerobacter aerogenes*. C. R. Acad. Sci., *236:* 530–532.

Monod, J., G. Cohen-Bazire, and M. Cohn. 1951. Sur la biosynthèse de la β-galactosidase (lactase) chez *E. coli*. La spécificité de l'induction. Biochim. Biophys. Acta, *7:* 585–599.

Monod, J., and M. Cohn. 1952. La biosynthèse induite des enzymes (adaptation enzymatique). Adv. Enzymol., *13:* 67–119.

Monod, J., F. Jacob, and F. Gros. 1961. Structural and rate determining factors in the biosynthesis of adaptive enzymes. Lth Anniversary of the Biochem. Soc., London, in press.

Monod, J., and E. L. Wollman. 1947. L'inhibition de la croissance et de l'adaptation enzymatique chez les bactéries infectées par le bactériophage. Ann. Inst. Pasteur, *73:* 937–957.

Pardee, A. B., F. Jacob, and J. Monod. 1959. The genetic control and cytoplasmic expression of "inducibility" in the synthesis of β-galactosidase by *E. coli*. J. Mol. Biol., *1:* 165–178.

Pardee, A. B., and L. S. Prestidge. 1959. On the nature of the repressor of β-galactosidase synthesis in *E. coli*. Biochim. Biophys. Acta, *36:* 545–547.

Perrin, D., F. Jacob, and J. Monod. 1960. Biosynthèse induite d'une protéine génétiquement modifiée, ne présentant pas d'affinité pour l'inducteur. C. R. Acad. Sci., *251:* 155–157.

Riley, M., A. B. Pardee, F. Jacob, and J. Monod. 1960. On the expression of a structural gene. J. Mol. Biol., *2:* 216–225.

Siminovitch, L., and F. Jacob. 1952. Biosynthèse induite d'un enzyme pendant le développement des bactériophages chez *E. coli* K12. Ann. Inst. Pasteur, *83:* 745–754.

Stoeber, F. 1961. Etudes des propriétés et de la biosynthèse de la glucuronidase et de la glucuronide-perméase chez *E. coli*. Thèse de doctorat ès-Sciences naturelles, Paris.

Vogel, H. J. 1957. Repression and induction as control mechanisms of enzyme biogenesis: the "adaptive" formation of acetylornithinase. pp. 276–289. *The Chemical Basis of Heredity*, ed. W. D. McElroy and B. Glass. Baltimore: Johns Hopkins Press.

Volkin, E., and L. Astrachan. 1957. RNA metabolism in T2-infected *Escherichia coli*. pp. 686–694. *The Chemical Basis of Heredity*, ed. W. D. McElroy and B. Glass. Baltimore: Johns Hopkins Press.

Willson, C., D. Perrin, F. Jacob, and J. Monod. 1961. In preparation.

Yanofsky, C., and I. P. Crawford. 1959. The effects of deletions, point mutations, reversions and suppressor mutations on the two components of the tryptophan synthetase of *E. coli*. Proc. Nat. Acad. Sci., *45:* 1016–1026.

Yates, R. A., and A. B. Pardee. 1957. Control by uracil of formation of enzymes required for orotate synthesis. J. Biol. Chem., *227:* 677–692.

Yčas, M., and W. S. Vincent. 1960. A ribonucleic acid fraction from yeast related in composition of desoxyribonucleic acid. Proc. Nat. Acad. Sci., *46:* 804–810.

Zabin, I., A. Képès, and J. Monod. 1959. On the enzyme acetylation of isopropyl β-D-thiogalactoside and its association with galactoside permease. Biochem. Biophys. Res. Comm., *1:* 289–292.

DISCUSSION

Englesberg: It has been observed that mutation in the structural gene for β-galactosidase, besides causing a deficiency in this enzyme, has a secondary effect leading to a decrease in β-galactoside permease activity, while mutation in the structural gene for the permease has no effect on β-galactosidase activity. Dr. Jacob has postulated that these observed effects are due to the proximity of the operator to the β-galactosidase gene and this causes the observed polarity of "dual" effects. I would like to describe some results in our laboratory with L-arabinose negative mutants of *E. coli* B/r which appear contrary to these observations. L-arabinose negative mutant sites of *E. coli* B/r have been ordered by three factor crosses between the markers thr and leu. (u) By enzymatic analysis (in the case of the D locus by accumulation studies only) it has been shown that these mutants fall into four functional groups as indicated in the diagram which follows on Pg. 210. (Gross and Englesberg, 1959 Virology, *9:* 314–331; Englesberg, 1961, J. Bacteriol., *81:* 996–1006). The C gene probably corresponds to the operator gene described by Jacob, and the entire four genes may correspond to an operon. Analysis of the L-arabinose isomerase activity and L-ribulokinase activity of mutants in the A and B locus (shown recently by antigenic analysis by Mrs. N. Lee to be the structural genes for L-arabinose isomerase and L-ribulokinase activity, respectively) revealed a striking "dual" function. Mutants in the B locus are all deficient in kinase activity but have different inducible levels of L-arabinose isomerase. For example, ara-23, ara-14, ara-15, ara-1, have 4.1, 0.17, 3.8, 0.54 times the isomerase activity

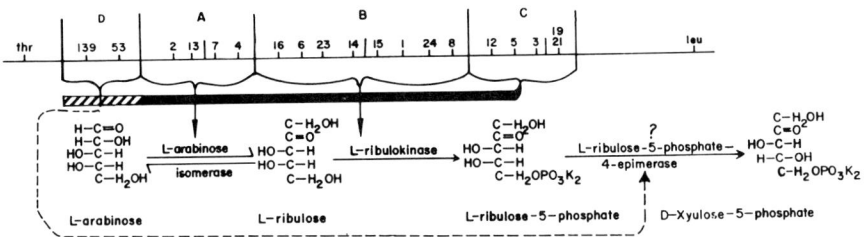

of the wild type, respectively. Mutants in the A gene are all deficient in L-arabinose isomerase activity, but each has a distinctive increase in L-ribulokinase activity, ranging from 4.7 to 2.1 times the activity of the wild type. There is no change in the basal uninduced level of either enzyme. Antigen analysis and enzyme studies by Mrs. N. Lee have shown that these changes in activity are not due to the production of modified enzymes but represent increases in amount of enzyme. Analysis of mutants in the D gene should enable us to determine just how extensive is this sort of interaction.

LURIA: I wish to report some results obtained by Dr. Helen R. Revel and myself as part of a study that was initiated some time ago with Drs. Monod and Jacob. The defective transducing phage P1 dl, a derivative of phage P1 that carries the lac^+ region of $E.\ coli$ (Luria et al., 1960, Virology, 12: 348), is used to infect lac^- bacteria; and the production of β-galactosidase is measured. Following a brief initial phase of accelerated enzyme synthesis, there is a phase of linear synthesis lasting several hours. In this period there is no integration of the lac genes in most of the infected bacteria (Revel and Luria, 1961, Federation Proc., 20: 256).

The relevant experiments include infection of bacteria i^+z^- or i^-z^- with phage carrying i^+z^+ or i^-z^+. In the presence of inducer (5×10^{-4} M TMG) enzyme synthesis occurs at comparable rates in all cases. The results of infection in the absence of inducer are shown in Fig. 1. Cases 1 and 2 give the expected results. The situation in case 2 is similar to that described by Pardee et al. (1959, J. Mol. Biol., 1: 165) for an analogous cross. In cases 3 and 4, however, although the recipient cells are i^+ and presumably contain repressor, there is a constitutive production of enzyme in amounts about one-fourth those found with constitutive recipients. This partial escape of the z^+ gene entering as part of a phage from the repression by a chromosomal i^+ gene might be attributed: a) to an altered sensitivity of phage-carried lac genes to the specific repressor of the lac operon; b) to an early production of several copies of the lac genes by replication of the phage P1 dl; c) to the topographic location of the lac^+ genes in non-replicating phage elements reducing their accessibility to the lac repressor.

Against hypothesis (a) we note, in cases 2 and 4, that the z^+ gene is sensitive to repression by the i^+ gene when both are in the phage. Against hypothesis (b) we note that in case 3 the enzyme production lasts for several hours, during which time the number of z^+ copies per cell ought to be reduced by dilution, thus restoring repression.

In favor of hypothesis (c) are the following observations:

In lysogenic heterogenotes i^+z^- (P1 dl i^-z^+), the z^+ gene is variously repressed. Most strains produce very little enzyme constitutively, but some i^+z^- strains carrying P1 dl i^-z^+ produce as much as 2–3% as much enzyme constitutively as when fully induced.

In addition, when inducible heterogenotes, either carrying P1 dl i^-z^+ in an i^+z^- host or carrying P1 dl i^+z^+, are exposed to small doses of UV light, there occurs after 90–120 minutes a constitutive synthesis of β-galactosidase (experiments by H. R. Revel and N. Young), analogous to the synthesis of galactokinase and transferase in irradiated bacteria carrying λ dg

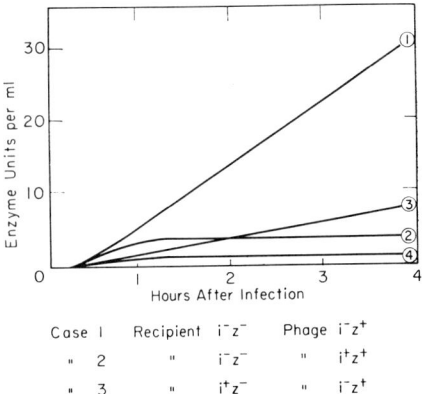

FIGURE 1

(Buttin et al., 1960, C. R. Acad. Sci., *250:* 2471; Yarmolinsky and Wiesmeyer, 1960, Proc. Nat. Acad. Sci., *46:* 626). The constitutive synthesis is high when the phage carries i^-z^+, much lower when it carries i^+z^+. Thus, the z^- gene in the phage can escape repression by the chromosomal i^+ gene more readily than when the i^+ gene is in the phage itself.

It should be mentioned that in i^+z^- bacteria lysogenic for phage P1, whose chromosomal location is probably not near the *lac* region, there is no derepression of the chromosomal z^+ gene following UV irradiation. This is at variance with the finding with gal^+ bacteria carrying λ, which upon UV irradiation produce galactose-utilizing enzymes constitutively.

General Conclusions: Teleonomic Mechanisms in Cellular Metabolism, Growth, and Differentiation

by JACQUES MONOD AND FRANÇOIS JACOB

Services de Biochimie Cellulaire et de Génétique Microbienne, Institut Pasteur, Paris

I. INTRODUCTION

Before attempting to draw the conclusions, or some of the conclusions, which emerge from the discussions of the past eight days, we would like to express the unanimous feeling of the participants that the choice of the subject and the timing of this conference were excellent, as shown by the exceptional and sustained interest of the sessions. For this we are deeply indebted to our host Dr. Chovnick, Director of the Long Island Biological Laboratory, and to Dr. Umbarger who had a major share in the planning of the conference.

We shall not attempt here to summarize the proceedings of a meeting where such an abundance of observations, pertaining to a wide variety of systems, were presented. We would rather try to reconsider the problem of cellular regulation as a whole, in perspective so to say, as it appears to us as a result of this confrontation.

One conclusion which was repeatedly emphasized is the wide-spread occurrence and the extreme importance of regulatory mechanisms in cellular physiology. Since this aspect has been treated with characteristic elegance and insight by Dr. B. Davis, in his introductory paper, we shall not dwell on it here. Let us however recall, for instance, the systems described by Dr. Kornberg (see this Symposium, page 257) which illustrate the fact that essential enzymes of intermediary metabolism, such as the condensing enzyme (a typical "amphibolic" enzyme according to the useful terminology proposed by Davis), are submitted to wide regulatory variations, depending on the substrates present in the medium. The idea, often expressed in the past, that adaptive effects are limited to "unessential" enzymes is thus evidently incorrect. Let us also recall that the genetic breakdown of a regulatory mechanism has repeatedly been found (cf. the cases of β-galactosidase, alkaline phosphatase, aspartate and ornithine transcarbamylase) to lead to enormous overproduction of the enzyme concerned; it is evident that no cell could survive the breakdown of more than two or three, at most, such systems. Finally, let us also point to the wide variations observed, in relation to different diets, in the level of liver enzymes, and to the significant observation that, in certain hepatic tumors, the same enzymes appear to obey altogether different rules of conduct (see Van Potter, this Symposium, page 355).

In the present discussion, we wish to center attention on the mechanisms, rather than on the physiological significance, of the different regulatory effects. It is clear that great progress has been accomplished in this respect, allowing us now clearly to distinguish between different types of mechanisms, and also to recognize that certain systems which appeared entirely different from one another a few years ago, are in fact submitted to similar, if not identical, controls. This is particularly striking in the case of inducible and repressible enzyme systems and of lysogenic systems, all three of which would seem to obey fundamentally similar controlling elements, merely organized into different circuits.

The major part of this paper will then be devoted to the discussion of mechanisms. However, the analysis of these mechanisms has been, so far, largely restricted to microbiological objects. A constantly recurring question is: to what extent are the mechanisms found to operate in bacteria also present in tissues of higher organisms; what functions may such mechanisms perform in this different context; and may the new concepts and experimental approaches derived from the study of microorganisms be transferred to the analysis and interpretation of the far more complex controls involved in the functioning and differentiation of tissue cells? We shall consider this question in the last section of this paper.

II. REGULATORY MECHANISMS

A. POSSIBLE, PLAUSIBLE, AND ACTUAL CELLULAR CONTROL MECHANISMS

To begin with, we might try to classify and define *a priori* the main types of cellular regulatory mechanisms, including any likely or plausible mechanism which may or may not have been actually observed, or discussed during the present conference.

1. *Mass action*

Since many, if not most, metabolic reactions are largely reversible, mass action might have a significant share in regulation. However most pathways involve one or several irreversible steps which could not be controlled by mass action. Moreover, it is a general observation that the intracellular concentration of most intermediary metabolites in the cell is vanishingly small, indicating that mass action only plays a limited role, and also suggesting that other mechanisms must intervene in metabolic regulation. Mass action effects were, in fact, not discussed during this conference.

2. *Enzyme activity*

By virtue of the buffering effect implied by Henri-Michaelis kinetics, an enzyme constitutes, by itself, a controlling element. The rate of the reaction which it catalyzes depends upon its characteristic kinetic constants, in particular on its relative affinity for substrate and product. It is worth noting that these constants are related to the equilibrium constant, i.e., to the free energy change of the reaction itself, by the Haldane equation, thus reintroducing mass action as one of the controlling factors in any enzyme-catalyzed reaction. The relative values of the forward and backward reaction constants in the Haldane equation may be supposed to present, in some systems at least, a physiological, controlling significance. For instance, the fact that alkaline phosphatase, which catalyzes a virtually irreversible reaction, has a very high affinity for orthophosphate may result in control of this reaction by the product, in spite of irreversibility. The "teleonomic" significance of this correlation, where it obtains, is emphasized by the fact that in other irreversible systems, the enzyme shows very low affinity for the products. This is the case, for instance, for the β-galactosidase reaction. Thus, intracellular phosphate esters may be protected by intracellular orthophosphate, while galactosides would not be so protected by galactose. The products of an enzyme necessarily are *analogues* of the substrate, and competitive inhibition is expected in any case: whether it is physiologically significant or not depends upon the specific construction of the enzyme site.

Competitive inhibition of enzymes by organic substances other than steric analogues of the substrate (including product) is not observed, in general. But the specific construction of enzyme sites offers yet other regulatory possibilities, as revealed by the discovery of the "feedback" or "endproduct" inhibition effect. As we have seen, this type of effect actually turns out to be extremely wide-spread and physiologically highly significant. We shall discuss it at some length.

3. *Enzyme activation and "molecular conversion"*

The well known conversion of zymogens into active proteases evidently plays an important regulatory and protective role. On this basis, one might expect various types of alteration of molecular structure ("molecular conversion")to occur in the regulation of activity of intracellular enzymes. Actually, relatively few observations of such effects have been reported. However, the mechanisms described by Tompkins and by Rall and Sutherland may be considered as "molecular conversions" and this may also be true of the effects reported by Hagerman. We shall discuss the possible implications of these mechanisms in a later section.

4. *Specific control of enzyme synthesis*

Since it is well known that cells of different tissues within the same organism do not exhibit the same enzyme (or protein) patterns, while all these cells presumably contain the same genome; and since the same may be said of bacteria from a single clone grown in different media, it is evident that specific mechanisms exist, which control the expression of genetic potentialities with respect to specific protein synthesis. In bacteria, adaptive enzyme systems have been the subject of much work, and we shall discuss these systems at some length. The occurrence of similar mechanisms in differentiated organisms is highly probable, although, as the discussions here have shown, not conclusively demonstrated in any single case. It would appear that some of the "adaptive" effects observed in tissue cells are due to enzyme stabilization rather than to control of enzyme synthesis. This will be discussed in the last section of this paper.

From this brief review and classification of the main plausible and/or actually observed mechanisms of cellular control, it is apparent that *all* these mechanisms—except mass action—are directly related to the specific molecular structure of the enzymes, or other proteins, concerned. The fundamental problem of specific determinism in protein synthesis is, therefore, coextensive to our field of investigation. This would be the justification, if any were needed, for the fact that a major part of this conference was devoted to this problem. We shall discuss it in connection with enzymatic adaptation since, as we have seen, induction and repression are directly related to the mechanisms of information transfer from genes to proteins.

B. The Novick-Szilard-Umbarger Effect: *Endproduct or "Allosteric" Inhibition*

In 1954, Novick and Szilard discovered that the synthesis of a tryptophan precursor (later identified as indol-3-glycerol-phosphate) in *E. coli* was inhibited by tryptophan. They formulated the hypothesis that tryptophan specifically inhibited the activity of an *early* enzyme in tryptophan biosynthesis and that this effect had regulatory significance. Observations of the Carnegie group on isotopic competition (Roberts *et al.*, 1955) between endogeneous and exogeneous metabolites suggested the occurrence of similar effects in the synthesis of several amino acids. The work of Umbarger (see this Symposium, page 301), directly at the enzyme level, indeed demonstrated that, in many pathways, an early enzyme is so constructed as

GENERAL CONCLUSIONS

to be strongly and specifically inhibited by the metabolic endproduct of the pathway.

As the reports here have shown, endproduct inhibition is extremely widespread in bacteria, insuring immediate and sensitive control of the rate of metabolite biosynthesis in most, if not all, pathways. From the point of view of mechanisms, the most remarkable feature of the Novick-Szilard-Umbarger effect is that the inhibitor *is not a steric analogue of the substrate*. We propose therefore to designate this mechanism as "allosteric inhibition." Since it is well known that competitive behavior toward an enzyme is, as a rule, restricted to steric analogues, it might be argued that an enzyme's concept of steric analogy need not be the same as ours, and that proteins may see analogies where we cannot discern any. That this interpretation is inadequate is proved by many observations which were reported here. Umbarger and others have shown that in general, only *one* enzyme, the first one in the specific pathway concerned, is highly sensitive to inhibition by the endproduct. If steric analogy were involved, the different enzymes of the pathway would then be considered to hold private and dissenting opinions about stereochemistry. And the same would have to be said of two different enzymes catalyzing an *identical* reaction in the *same* organism, as in the remarkable case of β-aspartokinase, reported by Cohen and Stadtman (see this Symposium, page 319).

Such observations leave no doubt that the construction of the binding site of enzymes subject to allosteric inhibition is exceptional and highly specialized. The findings of Changeux (see this Symposium, page 313) actually show that the groups involved in the binding of inhibitor, in the case of threonine-deaminase, may be inactivated without parallel inactivation of the enzyme. They show, moreover, that the abnormal reaction kinetics of this enzyme (already noted by Umbarger) are directly related to its competence as a regulatory enzyme, and may be experimentally normalized by inactivation of the inhibitor binding groups. This leads to the conclusion that two distinct, albeit interacting, binding sites exist on native threonine deaminase. Competitive inhibition in this system, therefore, is not due to *mutually exclusive* binding of inhibitor and substrate, as in the classical case of steric analogues.

Closely similar observations have been made independently and simultaneously by Pardee (private communication) on another enzyme sensitive to endproduct (aspartate-carbamyl-transferase). This situation may therefore be a general one for enzymes subject to allosteric inhibition and these findings raise several interesting new problems of enzyme chemistry. Studies of the structure of the two sites and of their interaction, using analogues of the substrate and inhibitor, might conceivably lead to interpretations in terms of the "induced-fit" theory of Koshland (1959).

In any case, one may predict that "allosteric enzymes" will become a favorite object of research, in the hands of students of the mechanisms of enzyme action.

Since the allosteric effect is not *inherently* related to any particular structural feature common to substrate and inhibitor, the enzymes subject to this effect must be considered as pure products of selection for efficient regulatory devices. This raises a question concerning the genetic determinism of allosteric enzymes. If indeed these enzymes generally possess two different binding groups, they might be supposed to represent the association, favored by selection, of two originally independent enzyme-proteins. If such were the case, one might expect the structural gene corresponding to such an enzyme to be, as a rule, composed of two cistrons, governing respectively the structure of each of the two components of the molecule. In vitro dissociation and reassociation of the two components might also be observed, and would help greatly in the analysis of the effect itself.

A particularly interesting possibility is suggested by this discussion. Namely that, since again there is no obligatory correlation between specific substrates and inhibitors of allosteric enzymes, the effect *need not be restricted to "endproduct" inhibition*. (This in fact is the main reason for avoiding the term "endproduct inhibition" in a general discussion of this mechanism. We feel that endproduct inhibition may turn out to constitute only *one class* of allosteric effects.) It is conceivable that in some situations a cell might find a regulatory advantage in being able to control the rate of reaction along a given pathway through the level of a metabolite synthesized in another pathway. Wherever favorable, such "cross inhibition" might have become established through selection. In other words, *any* physiologically useful regulatory connection, between any two or more pathways, might become established by adequate selective construction of the interacting sites on an allosteric enzyme. This, we feel, may be a very important point, to which we shall return later.

Another aspect should be mentioned. As is well known, the principle of steric analogy has been widely used in attempts to rationalize the design of synthetic drugs, particularly in the case of antibacterial and antitumoral agents. The results have been rewarding, although not as much, perhaps, as one might have anticipated. Yet the principle is evidently valid. But it may prove even more rewarding to look for analogues of the natural controlling agent, rather than for analogues of the substrate of the reaction which one proposes to hit. An example of such an analogue is furnished by 5-methyl-tryptophan, which does not compete with tryptophan for incorporation into protein, while it does efficiently block tryptophan synthesis by allosteric inhibition (and also by repression) (Trudinger and Cohen, 1956).

Similar considerations evidently apply to the analysis of the mode of action of drugs and antibiotics.

C. Molecular Conversion

As we already noted, the well-known example of the zymogens seemed to suggest that alterations, reversible or not, of the molecular structure of certain enzymes might represent an important type of regulatory mechanism. Surprisingly enough, very few examples of such mechanisms have been discovered. It would be unwise to conclude that "molecular conversions" are not a significant type of mechanisms, especially in view of some of the observations reported here. Tomkin's work on the glutamic-alanine dehydrogenase conversion (see this Symposium, page 331) does more than reveal a possible mechanism of steroid hormone action. His observations show that the same protein may acquire different specific activities, depending upon a reversible alteration of molecular structure. This discovery would seem for the first time to justify the idea, often expressed in the past, that an enzyme might possess, in vivo, several different activities (alternative or not) which might be difficult to recognize in vitro. In Tomkin's case, the conversion involves interaction of the protein with itself. In other cases, it might conceivably depend upon interaction of two different proteins, and might remain undetected for this reason. Such possibilities are also suggested by the work of Yanofsky on the two components of tryptophan synthetase. Whether or not the glutamic-alanine dehydrogenase conversion affords a physiologically valid interpretation of steroid action, it does propose a model of a possibly important type of regulatory mechanism.

To a certain extent, the phosphorylase "conversion" discussed here by Rall and Sutherland (see this Symposium, page 347) pertains to the same general type of mechanism, since the activity of phosphorylase eventually depends upon its interaction with two other specific proteins, which phosphorylate and dephosphorylate respectively the metabolic enzyme. (In passing, it may be of interest to note that certain types of suppressor mutations could be due to interactions of this type.) It will be interesting to see whether the transhydrogenase activation, described by Hagerman, also belongs to the class of molecular conversions. In microorganisms, the formation (induced by aerobic conditions) of L-lactic from D-lactic dehydrogenase has been reported by Labeyrie, Slonimsky and Naslin (1959). Whether or not this is pure molecular conversion, or involves de novo synthesis of part of the enzyme molecule is not established as yet.

We would venture to predict that in the next few years several new examples of molecular conversions will be discovered.

Little has been said during this conference of the mechanisms which control cell division. It should be noted that these mechanisms presumably involve, or govern, certain types of "molecular conversions." This is most clearly indicated by the work of Mazia (1959) following the pioneer investigations of Rapkine (1931). Lwoff and Lwoff (1961) have stressed the fact that in the cycle of the polio virus, cyclic dissociation and association of the coat protein occurs, and they have suggested that similar events, affecting certain proteins, may play an important role in cell division. Systematic inquiries based upon this suggestion would certainly be justified.

D. Specific Control of Protein Synthesis

1. *The determinism of protein structure*

The discussions at this conference have shown, once more, that the one gene-one enzyme hypothesis is now considered as established beyond reasonable doubt. The early difficulties of the theory were evidently due to insufficient biochemical analysis of the apparent exceptions. In the case of several enzyme-proteins, known to be made up of two or more polypeptide chains, it is now apparent that the structure of each polypeptide chain is governed by an independent gene or cistron. This constitutes a remarkable confirmation of the theory and an important step forward in understanding the mechanisms which govern protein structure. The work of Yanofsky (see this Symposium, page 11) on tryptophan-synthetase has been particularly illuminating in this respect.

Even when the one gene-one enzyme theory is redefined and qualified as the one cistron-one polypeptide chain theory, some complications remain, the interpretations of which are still not elucidated. We refer to intracistronic complementation and to the occurrence of suppressor mutations.

Although the first problem, intracistronic complementation, was not discussed during this conference, it should be briefly mentioned here. It is now generally believed to be often associated with a polymeric state of the normal enzyme protein. Observations made with a number of complementary mutants of glutamic dehydrogenase (Fincham, 1959) and β-galactosidase (Pasteur group) are in keeping with this assumption. The active enzyme, in both cases, is known to be a polymer, while certain mutations, in the case of β-galactosidase, result in the formation of an inactive monomer (Perrin, 1961). Studies of in vitro complementation may be expected to throw much light on the building of tertiary and quaternary structures of proteins. In any case, intracistronic complementation does not seem to offer a serious challenge to the concept that the gene or cistron acts as a *unit* in determining polypeptide structure.

The difficulty of interpreting suppressor mutations appears to be much greater. It has generally been assumed that suppressor mutations acted in some way at the tertiary level of protein synthesis, in contrast to true structural mutations assumed to operate at the primary level. The observations reported by Yanofsky indicate that certain suppressor mutations may actually restore the wild-type peptide structure in a *fraction* of the molecules. The working hypothesis proposed by Yanofsky following earlier suggestions of Benzer (namely that these suppressor mutations modify the specificity of an amino acid-activating-enzyme in such a way that compensatory errors would occur with a certain frequency in the choice of the corresponding amino acid) appears particularly interesting since it involves precise predictions. One of these predictions of course is that in such mutants the properties of one of the 20-odd amino acid activating enzymes should be detectably modified. If so, proof would be virtually obtained that the corresponding sRNA fraction does play the role of an adaptor as assumed by Crick (1958) and others, and a new method of determining amino acid substitutions resulting from structural mutations might become available. Another prediction is that the same suppressor mutation might be found to correct in part the effects of two primary mutations affecting two different enzymes. And lastly one would not expect such suppressor mutations to occur at more than about 20 loci. Thus, confirmation of Yanofsky's hypothesis will be awaited with particular interest.

The two fundamental problems with which we are now faced are the nature of the code and the mechanisms of information transfer from DNA to enzyme-synthesizing centers.

A few years ago, following the beautiful work of Benzer (1957) which demonstrated the linear structure of the genetic material at the ultrafine level and the work of Ingram (1957) on sickle-cell hemoglobin, it seemed that the basic assumption of all coding hypotheses, namely collinearity, would soon be proved. The only proof that has been obtained so far is that optimism is essential to the development of Science; collinearity still remains to be formally demonstrated. However, the reports of Yanofsky, of Streisinger and of Rothman at the conference, and what is known of the work of other laboratories, notably Brenner's, again encourage optimism: one feels confident that the final demonstration will soon be at hand.

The nature of the code itself is another matter. But the new experimental approaches, notably the study of chemical mutagens, are developing so rapidly (cf. Benzer and Freese, 1958; Freese, 1959) that cautious and patient optimism is justified. The study of the effects of reverse mutations occuring at the same site as the primary alteration, may also permit the elimination of certain types of codes. Finally a direct, chemical attack, involving the determination of partial (terminal) sequences in both a protein and the corresponding messenger RNA, may become possible, assuming the mRNA theory to be correct, if and when methods of isolating a specific message will be available.

A new experimental approach to the problem of the universality, or otherwise, of the code has been opened up by the observation of Falkow et al. (1961) of genetic transfer between *E. coli* and *Serratia*. Preliminary observations by the Pasteur Institute and M.I.T. groups on β-galactosidase and alkaline phosphatase suggest that the *E. coli* genes are transcribed correctly in *Serratia*. This would seem to indicate that the 20% difference in the G + C/A + T ratio between the two genera is not due to the use of different codes, and would agree with Sueoka's universalist conclusions. Further and more detailed studies of proteins synthesized by such "displaced" genes are evidently required. If the codes in *Serratia* and *Escherichia* and perhaps a few other bacterial genera turn out to be the same, the microbial-chemical-geneticists will be satisfied that it is indeed universal, by virtue of the well-known axiom that anything found to be true of *E. coli* must also be true of Elephants.

However, the remarks of Benzer, and also Yanofsky's interpretation of his suppressor mutations suggest that discrete differences of coding, concerning only one or a few amino acids, might exist between different groups, due to differences in specificity of the activating enzymes. The possibility that the code is universal for certain amino acids, and non-universal for others, seems interesting from an evolutionary point of view.

Assuming the problem of the code to be advancing, albeit slowly, the problem of how the tertiary structures are determined remains very open. But while this question was posed only in general terms until recently, it is now very precisely defined by the beautiful studies of the Cavendish group on the structures of myoglobin and of the α and β chains of hemoglobin. These studies have revealed that the tertiary structure of all three polypeptide chains are closely similar, while the primary structure of myoglobin differs widely from that of both hemoglobin chains, except however for about twelve residues which appear to occupy identical strategic positions in the three proteins (Perutz, 1961). This is a remarkable confirmation of the idea (Crick, 1958) that the tertiary folding is governed by a certain number of key residues, while being largely independent of the nature of residues in other positions. It remains to be seen whether it will ever be possible to formulate any general "folding rules" which would allow one approximately to deduce the tertiary configuration of a protein from knowledge of its primary structure. Yet, this is the goal that one would wish to reach, since this deduction, which we cannot begin to make, seems to be made unfailingly by the protein-synthesizing machinery in the cell.

This brings up another issue which must be mentioned at this point, although it was not discussed during the conference, evidently because it is implicitly considered as settled. A few years ago, the question was often debated whether any further (non-genetic) *structural* information needed to be furnished, or might conceivably be used in some cases, at the stage of tertiary folding in protein synthesis. Such a "finishing touch" has been considered as one of the possible mechanisms which might account for the effect of antigen in antibody synthesis (Pauling, 1940) and of inducer in enzymatic adaptation (Monod and Cohn, 1952). In the latter case, no evidence for, and a great deal of evidence against this possibility has accumulated (cf. Monod, 1956, Jacob and Monod, 1961) and proof has been obtained that inducer action is completely unrelated to the structure of the binding site of the induced enzyme (Perrin *et al.*, 1960). In the meantime, speculations on the origin of antibodies reverted from "instructive" to purely "selective" theories (Burnet, 1959; Lederberg, 1959). While this evolution is justified, in the case of antibodies, by general considerations, direct experimental evidence is yet to be found that would allow "selection" of the correct theory.

2. *The control of gene expression*

As we already pointed out, the purely structural (one gene-one enzyme) theory does not consider the problem of gene expression. The discovery of a new class of genetic elements, the regulator genes, which control the *rate* of synthesis of proteins, the *structure* of which is governed by *other* genes, does not contradict the classical concept, but it does greatly widen the scope and interpretative value of genetic theory. In all the adequately studied cases, it is established that the regulator genes act negatively (i.e. by blocking rather than provoking the synthesis of the proteins which they control) through the intermediacy of a cytoplasmic "aporepressor". Although the chemical nature of the aporepressor is still unknown, we feel that the term "regulator gene", as operationally defined, for instance, in the case of the lactose system of *E. coli*, should not be applied indiscriminately to any gene found to influence, in an unknown way, the formation of an enzyme: it is clear that a *structural* gene might exert such an effect by, e.g. controlling an enzyme which synthesizes an inducer of another system (cf. the observations of Horowitz in this Symposium, page 233).

To avoid confusion, the term "regulator" should be applied only to genes identified by *recessive constitutive mutations* affecting a protein structurally controlled by *another gene*.

In any case, the most urgent problem with respect to regulator genes is to identify their active product. Although it is almost certain that this product cannot be a small molecule, and while it seems likely that it is not a protein, there is no positive evidence to identify it as a nucleic acid. Only when this question is solved shall it be possible to study directly the interaction of inducer or repressor with aporepressor, and to account for the specificity of this interaction.

Concerning this last point, the only statement that can be made at present is a strictly negative one: namely that the specificity of induction or repression is completely independent of the specificity of action of the enzymes involved. Although inducers are in general substrates, or analogues of the substrate, and repressors are products (often distant) of the controlled enzyme, the mechanism of the effect itself imposes no restriction upon the "choice" of the active agent. The specificity therefore must be considered purely as a result of selection, as in the case of allosteric inhibition. This selective freedom may have some important theoretical implications which will be discussed later.

As we have seen (Jacob and Monod, this Symposium, page 193) there are very strong reasons to believe that the site of action of the repressor is genetic; that in fact it is identical with the "operator" locus itself. Besides the arguments derived from the kinetics of enzyme synthesis, to which we shall return, the main reason is the existence, in certain systems, of genetic units of coordinate expression, *i.e.* of "operons" including several structural genes, controlled by a single operator. So far, operons have been recognized only in bacteria, where genes controlling sequential enzymes are frequently, if not generally, tightly clustered (Demerec and Hartmann, 1959). One may wonder whether the concept of operon also applies to organisms where genetic clustering is not usually observed. The fact that pseudoalleles have been discovered in *Drosophila* and maize, wherever genetic methods attained sufficient resolution, suggests that the clustering of cistrons involved in controlling the same biochemical step may in fact be very widespread. It is tempting to speculate that the loci where pseudoallelism is observed control the synthesis of proteins containing two or more different polypeptide chains and that they involve two or more linked cistrons. Thus the operon, in higher organisms, might often correspond to the "gene" as defined by the one gene-one enzyme concept. Moreover, as we have seen, the results obtained with bacteria also permit one to define the operon in a somewhat different manner, namely as the *unit of transcription*. This definition remains valid and useful independently of the number of cistrons covered by a given operon.

Long before regulator genes and operator were recognized in bacteria, the extensive and penetrating work of McClintock (1956) had revealed the existence, in maize, of two classes of genetic "controlling elements" whose specific mutual relationships are closely comparable with those of the regulator and operator: the

"Activator" of McClintock appears to work as a *transmitter* of signals, presumably cytoplasmic since they act both in cis and in trans. By contrast the specific *receiver* of these signals only acts in cis upon genes directly linked to it. Although, because of the absence of enzymological data in the maize systems, the comparison cannot be brought down to the biochemical level, the parallel is so striking that it may justify the conclusion that the rate of structural gene expression is controlled, in higher organisms as well as in bacteria and bacterial viruses, by closely similar mechanisms, involving regulator genes, aporepressors, operators and operons.

A last point concerning the operator should be made. As we have seen, the operator locus of the Lac operon in *E. coli*, appears to be part of one extremity of the structural gene controlling galactosidase. In the arginine system (see Vogel; Maas; and Gorini; this Symposium) a single regulator appears to control the expression of several unlinked genes (or clusters) governing the different enzymes of the sequence. The operator segment for each of these genes or clusters presumably has the same structure, and if so one would expect the different enzymes of the system to contain the same sequence in one of their terminal peptides. Apart from the interest of providing a possible test for the preceding assumptions, the evolutionary implications of such a situation are evident.

3. *Messenger RNA*

The assumption that regulation, in inducible and repressible systems, operates at the genetic level by blocking or releasing the synthesis of the primary genetic product is intimately related to the problem of "messenger-RNA". On the basis of the kinetics of induction and repression, this assumption necessarily implied that the primary product in question is a short-lived intermediate (Jacob and Monod, 1961) and it led to a systematic search for an intermediate endowed with the proper kinetic properties. As we have seen, this search has been remarkably successful.

All or most of the evidence available at present on the so-called "messenger-RNA" fraction has been discussed in detail during the conference and we need not consider it at any length here. It might be useful however to summarize the main conclusions as follows:

a. A RNA fraction endowed with an exceptionally high rate of turnover exists not only in phage-infected cells (Volkin and Astrachan, 1957) but also in normal cells (Gros et al., see this Symposium, page 111).

b. The base ratios in this fraction, in contrast to all other RNA fractions approximate the characteristic (group specific) base ratios of DNA (Volkin and Astrachan, 1957; Yčas and Vincent, 1960; Hayes, Hayes and Gros, 1961).

c. "mRNA" appears to form hybrids with homologous but not with heterologous DNA, indicating that the sequences in "mRNA" complement the sequences in DNA (Spiegelman, see this Symposium, page 75).

d. An enzyme system able to synthesize RNA polynucleotides using DNA as primer and reproducing the DNA base ratios in its product exists in *E. coli* from which it has been isolated and purified (Hurwitz et al., see this Symposium, page 91).

e. *Escherichia coli* ribosomes appear to be able to synthesize either bacterial protein or viral protein depending on whether the "mRNA" with which they are associated is viral or bacterial; in other words, ribosomes appear to be non-specific with respect to the type of protein which they synthesize. (Brenner et al., see this Symposium, page 101).

f. In reconstructed subcellular systems, the presence of DNA appears essential both for the incorporation of amino acid into protein, and for the synthesis of RNA, presumably mRNA, as shown in particular by Tissières' recent results; in the absence of DNA, partially isolated mRNA stimulates incorporation.

The very significant recent findings of Wood, Chamberlain and Berg (1961, in preparation) should be recalled here although they were not discussed at the conference. Using reconstructed systems containing washed ribosomes, they found that amino acid incorporation into protein was almost completely dependent upon the addition of purified polymerase, DNA, and triphosphonucleotides, the absence of any one of these additions resulting in 90 to 95% inhibition of incorporation.

The sum of these observations is impressive and seems to justify the optimistic feeling shared by most of us that the primary product of the genes, the intermediate responsible for the transfer of structural information to protein-forming centers, has been identified, as well as the enzyme system which synthesizes this product by transcribing DNA into RNA. However it must be pointed out that formal proof of the structure-determining function of "mRNA" will be obtained only when the synthesis of a specific protein, known to be controlled by an identified structural gene, is shown to take place in a reconstructed system containing messenger-RNA from genetically competent cells, while all other fractions were prepared from cells known to lack this particular structural gene.

It should also be emphasized that, while the existence of a fraction possessing the properties of "mRNA" was predicted largely on the basis of the assumption that repressive regulation operates at the genetic level, it remains to be proved, also by direct experiments, that inducers and repressors do control the synthesis of the specific messengers corresponding to the proteins which they are known to induce or repress in vivo.

Many other problems are raised by the recent findings on messenger-RNA. One of them is the stoichiometry of the intermediate. The possibility that the stoichiometry is one to one (that is to say that one molecule of messenger is destroyed for each molecule of protein synthesized) is interesting, but it seems to meet with serious difficulties. The possibility that the messenger may be endowed with different stability in different species or groups is at least equally likely, and it may eventually be found to account for the conflicting reports in the literature concerning the effects of enucleation on protein synthesis.

A question which was in the minds of many participants of the meeting was what the role of ribosomes and ribosomal RNA in protein synthesis might be, if indeed all of the specific structural information is provided by mRNA. Among various speculations, for which there is at present no basis and little immediate hope of devising experimental tests, one may mention the possibility that ribosomal RNA can form base pairing bonds with mRNA and thereby stretch it into the correct position for protein synthesis. In addition, the configuration in space of the ribosome-mRNA complex might restrict the freedom of folding of the polypeptide chain and thereby provide certain folding rules.

E. The Glucose Effect

One of the oldest known regulatory effects in enzyme synthesis is generally known today as the "glucose effect" although it is recognized that almost any carbon source may inhibit the synthesis of a wide variety of enzymes, the magnitude of the inhibition depending mostly on the rate of metabolism of the compound. The widespread occurrence and the physiological importance of this effect were illustrated in particular by Magasanik's report (see this Symposium, page 249). Concerning mechanisms however, few conclusions can be drawn at present. The most urgent question in this respect is whether the inhibition by glucose, or other carbon sources, of synthesis of an inducible enzyme is related or not to the mechanism of induction itself. The data summarized by Brown would seem to indicate that, in contrast with previous views, the glucose effect is largely independent of the specific aporepressor-inducer interaction. Brown's findings (Brown and Monod, 1961) would be consistent with a model involving the synthesis, in the presence of glucose, of a more or less non-specific inhibitory compound, indifferent to the presence or absence of the specific aporepressor as well as of the inducer.

The findings of Magasanik and of Neidhardt (see this Symposium, page 249 and 63) on the other hand indicate that the inhibitory agent ultimately responsible for the glucose effect must have some degree of specificity. On the basis of the knowledge acquired concerning the mechanism of specific induction and repression, it would seem that the following questions, concerning the nature of the glucose effect, should be asked and could receive an experimental answer:

a. Is the inhibitory agent specific for certain groups of enzymes? If it is, one would expect to find mutants which have lost the capacity to synthesize this compound and therefore would have lost the glucose effect for certain types of enzymes while retaining it for others.

b. Does the inhibitory agent act at the same level as the specific aporepressor? If so, certain mutations in the operator region might modify quantitatively the glucose effect towards enzymes belonging to the corresponding operon.

c. If the glucose effect does *not* work at the operator level, but rather at the cytoplasmic level (as suggested by some findings of Halvorson (discussion at this Symposium, see page 231), the quantitative regulatory coordination within an operon, characteristic of specific induction and repression, would not be observed with respect to inhibition by glucose.

III. REGULATION AND DIFFERENTIATION IN HIGHER ORGANISMS

1. General Remarks

The regulatory problems posed by (or to) differentiated organisms are not only of an order of a complexity immeasurably greater than in microorganisms, they are of a different nature. Higher organisms may therefore be expected to possess certain types of cellular regulatory mechanisms which are not found in microorganisms. On the other hand, it seems very unlikely that the main mechanisms recognized in lower forms: allosteric inhibition, induction and repression, should not be used also in differentiated organisms. But it is clear that these mechanisms, by their very nature, can be adapted to widely different situations, and would serve entirely different purposes in *E. coli* and Man, respectively. As we have already pointed out, the specificity of allosteric inhibition, as well as the specificity of induction and repression is inherently "free", in the sense that it results exclusively from the teleonomic construction of the regulatory system. As it turns out, allosteric inhibitors, inducers, and repressors of bacterial systems are, in general, directly related to, or identical with, metabolites of the pathway which they control. This should be considered to reflect the relatively unsophisticated regulatory requirements of free-living unicellular organisms, whose only problems are to preserve their intracellular homeostatic state while adapting rapidly to the chemical challenge of changing environments, and whose success in selection depends on a *single* parameter: the rate of multiplication. Tissue cells of higher organisms are faced with entirely different problems. Intercellular (and not only intracellular) coordination within tissues or between different organs, to insure survival and reproduction of the organism, becomes a major factor in selection, while the environment of individual cells is largely stabilized, eliminating to a large degree the requirements for rapid and extensive adaptability.

2. *Nutritional adaptation*

These rather obvious *a priori* considerations may perhaps account in part for the somewhat discouraging results which seem to have been obtained so far in attempts to demonstrate induction by substrate or repression by metabolites of enzyme systems in various tissues. Several reports at the conférence did illustrate the fact that the level of liver enzymes may vary greatly, depending on the type of diet to which the animals are submitted. But these reports have also illustrated the difficulties of analyzing the mechanisms involved. As Hiatt (see this Symposium, page 367) and also Feigelson, (unpublished) have pointed out, it may be that some of these effects are due to simple stabilization of the enzyme by substrate, rather than to control of their rate of synthesis. Simple stabilization, admittedly, is not a very exciting mechanism. It may well be a physiologically significant one, especially in the liver. The microorganisms have a simple way of getting rid of an enzyme-protein for which there is no more inducer-substrate; they only need to outgrow the protein which has ceased to be synthesized. This simple device is not available to liver cells, and this may justify the selection of the apparently wasteful method of synthesizing enzymes which are stable only in presence of their substrate. It should be added however that many of the systems described here would be difficult to interpret on this basis alone; and one feels confident, in spite of the lack of formal proof, that true induction and/or repression plays an important role in nutritional adaptation of higher organisms.

In any case, it seems clear that nutritional adaptation is not the most important, nor perhaps the most fruitful, field for the investigation of regulatory effects in higher organisms. The development and functioning of these differentiated cellular popula. ions poses three major problems which have hardly begun to be solved at the biochemical and genetic level, namely, differentiation itself, the control of cellular multiplication, and the mechanism of hormone action. Although these three problems are intimately related, we will discuss them separately.

3. Possible Mechanisms of Hormone Action

As we have already seen, there are now several recognized cases of "molecular conversion" where a natural hormone appears to be involved, directly or indirectly. Although it is not clear to what extent these particular effects may account for the physiological action of the hormones in question, the suggestion is that many hormones may act primarily by similar mechanisms. The fact that such mechanisms have not been observed, so far, in bacteria may possibly be significant. It may be recalled that the bacteria, alone among all other forms of life, do not synthesize any steroid. It may also be remarked that an unknown, probably very large, number of microbiologists have at one time or another hopefully added steroids (or adrenalin or insulin) to their bacterial cultures, without ever observing any effect (except catabolic reactions). One is led to wonder whether not only the compounds themselves, but also the type of regulatory mechanism which they control may not be a privilege of differentiated organisms. It would be very unwise however to base such a conclusion on such scanty evidence. And it is to be hoped that, in future years, systematic attempts will be made to verify whether or not certain hormones may not actually act as allosteric inhibitors, inducers, or repressors of certain enzyme systems. The main difficulty of this research will be that no guiding *chemical* principle (based on steric analogy, reactivity, etc.) will help the investigator in the selection of which enzyme systems to test, since again the specificity of induction-repression and of allosteric inhibition is apparently completely independent of the structure and specificity of the controlled enzyme itself. Also, and for the same reasons, it is quite possible that the same hormone may prove to act on different systems, if not by different mechanisms, in different tissues.

4. Differentiation

It may be in the interpretation and analysis of differentiation that the new concepts derived from the study of microorganisms will prove to be of the greatest value. One point at least already seems to be quite clear: namely that biochemical differentiation (reversible or not) of cells carrying an identical genome, does not constitute a "paradox", as it appeared to do for many years, to both embryologists and geneticists.

This point may require some elaboration. The control mechanisms discovered in microorganisms govern the *expression* of genetic potentialities. Most of the actual systems however are entirely reversible, in the sense that the effects of inhibitors, inducers, or repressors do not survive for any length of time after elimination of the active agent, and the cells soon return to their initial state.

Differentiation, on the other hand, is stable, and persists once it has been induced. Whether differentiation is ever *completely* irreversible (except in non-growing cells), is an exceedingly difficult question, because the experimental operations which might decide this issue generally cannot be performed. In any case, we need not go into this discussion; let us consider that differentiation may be more or less stable, even attaining irreversibility in some cases. It might then be argued

JACQUES MONOD

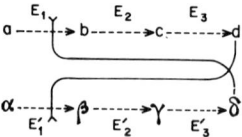

FIGURE 1. Model I. The reactions along the two pathways $a \rightarrow b \rightarrow c \rightarrow d$, and $\alpha \rightarrow \beta \rightarrow \gamma \rightarrow \delta$, are catalyzed by enzymes E_1, E_2, E_3 and E_1', E_2', E_3'. Enzyme E_1 is inhibited by δ, the product of the other pathway. Conversely, enzyme E_1' is inhibited by metabolite d, produced by the first pathway.

that since the microbial systems are completely reversible, similar mechanisms could not account for stable differentiation. But it should be clear that the microbial systems must have been geared precisely for reversibility, since selection, in microorganisms, will necessarily favor the most rapid response to any change of environment. Moreover, it is obvious from the analysis of these mechanisms that their known elements could be connected into a wide variety of "circuits", endowed with any desired degree of stability. In order to illustrate some of these possibilities, let us study a certain number of theoretical model systems in which we shall use only the controlling elements known to exist in bacteria, interconnected however in an arbitrary manner.

Consider for instance the following model, which uses the properties of the allosteric inhibition effect, assuming two independent metabolic pathways, giving rise to metabolites a, b, c, d, and α, β, γ, δ (Fig. 1). Assume that the enzymes catalyzing the first reaction in each pathway are inhibited by the final product of the *other* pathway. By such "crossfeedback" a system of alternative stable states is created where one of the two pathways, provided it once had a head-start or a temporary metabolic advantage, will permanently inhibit the other. Switching of one pathway to the other could be accomplished by a variety of methods, for instance by inhibiting temporarily any one of the enzymes of the active pathway. It should be noted that a model formally identical with this one was proposed by Delbrück (1949) (long before feedback inhibition was discovered) to account for certain alternative steady-states found in ciliates.

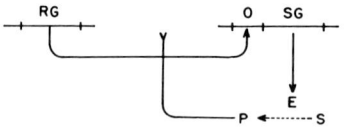

FIGURE 2. Model II. Synthesis of enzyme E, genetically determined by the structural gene SG is blocked by the repressor synthesized by the regulator gene RG. The product P of the reaction catalyzed by enzyme E acts as an inducer of the system by inactivating the repressor.

The following model corresponds to a classical induction system, with the only specific assumption that the active inducer is not the substrate, but the *product* of the controlled enzyme. (Fig. 2). Such a system is autocatalytic and self-sustaining. Although it is not self-reproducing in the genetic sense, it should mimic certain properties of genetic elements. In the absence of any exogenous inducing agent, the enzyme will not be synthesized unless already present, when it will maintain itself indefinitely. When the system is locked, temporary contact with an inducer will unlock it permanently. Actually, certain inducible permease systems in *E. coli* may be described in this way, and behave accordingly, as shown by Novick and Weiner (1959), and by Cohn and Horibata (1959). A similar mechanism appears to account for the so-called "slow adaptation" of yeast to galactose, without having recourse to some kind of "plasmagene" as previously believed by Spiegelman (1951).

Two different inducible or repressible systems may be interconnected by assuming that each one produces the metabolic repressor or the inducer of the other. In the first case, as illustrated below (Fig. 3) the enzymes would be mutually exclusive. The presence of one would permanently block the synthesis of the other. Switching from one state to the other could be accomplished by eliminating temporarily the substrate of the live system. In the second case, which may be represented as shown in Fig. 4, the two enzymes would be mutually dependent; one could not be synthesized in the absence of the other, although of course they might function in apparently unrelated pathways. Temporary inhibition of one of the enzymes, or elimination of its substrate, would eventually result in the permanent suppression of both.

In the preceding models, the systems were interconnected by assuming that the metabolic product of one is an inducer or a repressor of the other. Another type of interconnection, independent of metabolic activity,

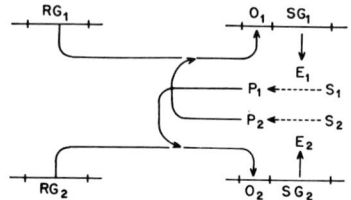

FIGURE 3. Model III. Synthesis of enzyme E_1, genetically determined by the structural gene SG_1, is regulated by the regulator gene RG_1. Synthesis of enzyme E_2, genetically determined by the structural gene SG_2 is regulated by the regulator gene RG_2. The product P_1 of the reaction catalyzed by enzyme E_1 acts as corepressor in the regulation system of enzyme E_2. The product P_2 of the reaction catalyzed by enzyme E_2 acts as corepressor in the regulation system of enzyme E_1.

would be obtained by assuming a regulator gene controlled by an operator, sensitive to another regulator. For instance, in the system shown below (Fig. 5) a regulator gene controls the synthesis of enzymes within an operon which includes another regulator gene acting upon the operator to which the first one is attached. Such a system would be completely independent of the actual metabolic activity of the enzymes, and could be switched from the inactive to the active state by transient contact with a specific inducer, produced for instance only by another tissue. Once activated, the system could not be switched back except by addition of the aporepressor made by the first regulator gene. The change of state would therefore be virtually irreversible. It is easy to see that, conversely, starting from the active state, transient contact with an inducer acting on the product of RG_2 would switch the system, permanently, to the inactive state.

Finally the following type of circuit might be interesting to consider in relation to cyclic phenomena. In this circuit, the product of one enzyme is an inducer of the other system while the product of the second enzyme is a corepressor (Fig. 6). A study of the properties of this circuit will show that, provided adequate time constants are chosen for the decay of each enzyme and of its product, the system will oscillate from one state to the other.

These examples should suffice to show that, by the use of the principles which they illustrate, any number of systems may be interconnected into regulatory circuits endowed with virtually any desired property. The essential point about the imaginary circuits which we examined, is that their elements are not imaginary. The particular properties of each circuit are obtained only by assuming the proper type of specific interconnection. Such assumptions are freely permitted since, as we have already seen, the specificity of induction-repression and of allosteric inhibition is not re-

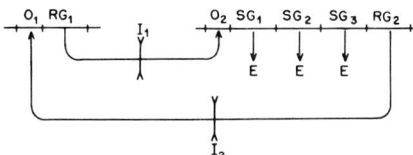

FIGURE 5. Model V. The regulator gene RG_1 controls the activity of an operon containing three structural genes (SG_1, SG_2, SG_3) and another regulator gene RG_2. The regulator gene RG_1 itself belongs to another operon sensitive to the repressor synthesized by RG_2. The action of RG_1 can be antagonized by an inducer I_1, which activates SG_1, SG_2, SG_3 and RG_2 (and therefore inactivates RG_1). The action of RG_2 can be antagonized by an inducer I_2 which activates RG_1 (and therefore inactivates the systems SG_1, SG_2, SG_3 and RG_2).

stricted by any chemical principle of analogy, and apparently is *exclusively* the result of selection for the most efficient regulation.

The models involving only metabolic steady-states maintained by allosteric effects are insufficient to account for differentiation, which must involve directed alterations in the capacity of individual cells to *synthesize* specific proteins. Such models would seem to be most adequate to account for the almost instantaneous, and thereafter more or less permanent, "memorization" by cells of a chemical event. The problem of memory itself might usefully be considered from this point of view.

It has long been recognized, by embryologists and biochemists alike, that "enzymatic adaptation" might offer an experimental approach toward the interpretation of differentiation. The realization that induction and repression are governed by specialized regulatory genes, that both eventually operate by controlling negatively the activity of structural genes, and that the specificity of inducers or repressors is entirely

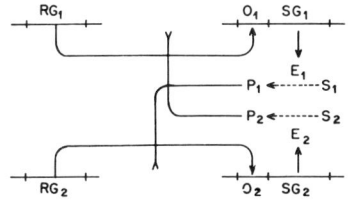

FIGURE 4. Model IV. Synthesis of enzyme E_1, genetically determined by the structural gene SG_1 is blocked by the repressor synthesized by the regulator gene RG_1. Synthesis of another enzyme E_2, controlled by structural gene SG_2 is blocked by another repressor synthesized by regulator gene RG_2. The product P_1 of the reaction catalyzed by enzyme E_1 acts as an inducer for the synthesis of enzyme E_2 and the product P_2 of the reactions catalyzed by enzyme E_2 acts as an inducer for the synthesis of enzyme E_1.

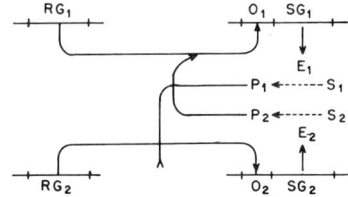

FIGURE 6. Model VI. Synthesis of enzyme E_1, genetically determined by the structural gene SG_1, is blocked by the repressor synthesized by the regulator gene RG_1. Synthesis of another enzyme E_2, controlled by structural gene SG_2, is blocked by another repressor synthesized by another regulator gene RG_2. The product P_1 of the reaction catalyzed by enzyme E_1 acts as an inducer for the synthesis of enzyme E_2 while the product P_2 of the reaction catalyzed by enzyme E_2 acts as a corepressor for the synthesis of enzyme E_1.

suigeneris, allows, as we have just seen, the construction of models capable, in principle, of accounting for virtually any type of differentiation. The fact that these mechanisms are not only genetically controlled, but operate directly at the genetic level, and may be in some cases quite independent of any metabolic event in the cell itself, is evidently of special value, since the transitions of state in such systems should very closely mimic true transmissible alterations of the genetic material itself. That differentiation involves induced, specific, and permanent alterations of the genetic information of somatic cells has often been proposed as the only possible interpretation of the "paradox". It should be clear that this type of hypothesis, which meets with almost insuperable difficulties, is in fact completely unnecessary (except perhaps in certain exceptional cases, such as that of the reticulocytes and red cells), since as we have seen the transcription of a gene, not only in a cell, but in a whole cell lineage, may be permanently repressed, or derepressed, depending on an initial, transient event, which would not involve any alteration of the information carried by the gene. And it might be noted that this type of interpretation would not, in any way, be incompatible with the beautiful experiments of Briggs and King (1955) which showed that the nuclei of certain embryonic tissues, in the frog, had lost certain potentialities of expression possessed by the original nucleus of the egg.

The microbial systems actually offer some examples of irreversible effects resulting from repression or derepression. For instance, both lysogenization by an infecting temperate phage, and induction of a lysogenic bacterium, are irreversible consequences of transient conditions favoring, in the first instance, the establishment of a permanent state of self-repression, and in the second a release of the repressed condition. In the repressed (prophage) state which is maintained indefinitely in the absence of inducing agents, the viral genes are inactive in transcription; they are fully active in the vegetative state. Yet the transition from one to the other does not involve any alteration of the information contained in the genetic material of the phage.

The lysogenic systems may also be of some use in thinking about the problem of the control of cellular multiplication. In the prophage (i.e., repressed) state, the phage DNA replicates synchronously with the host cell DNA. In the derepressed state, it replicates about 20 times as fast. The presence of the repressor cannot, by itself, account for this difference. But it is a fact that the decision between synchronous or "wild" replication depends initially upon the regulator-operator interaction. It is most probable that in tissue cells the regulation of multiplication is very complex, since it must simultaneously control several systems which have to be kept in pace. And it may be of some interest to note that even relatively simple regulatory systems may go astray in several different ways. We know for instance that the constitutive state may be obtained by mutation of either the regulator or the operator. In a system such as the one shown in Fig. 6, mutations of either one of the two operators, or of one of the regulator genes, would abolish the repressive control, resulting either in a constitutive or in a "super-repressed" phenotype. In addition even *temporary* inactivation of one of the loci (for instance by reversible lesions such as are known to be produced by UV light) or temporary blocking of one of the repressors by a complexing agent, would lead precisely to the same permanent phenotypes, which might or might not be reversible by an inducer, depending upon the specific properties of the system. Only by a very thorough genetic and biochemical analysis of such a system could one decide whether the transition was brought about by true mutation, or by temporary inactivation.

These observations may have some bearings on the problem of the initial event leading to malignancy. Malignant cells have lost sensitivity to the conditions which control multiplication in normal tissues. That the disorder is genetic cannot be doubted. That, following an initial event, mutations within the cellular population are progressively selected, leading towards greater independence, i.e., heightened malignancy, is now quite clear, due in particular to the work of Klein and Klein (1958). But while the initial event, responsible for setting up the new selective relationships, may of course be a genetic mutation, it might also be brought by the transient action of an agent capable of complexing or inactivating *temporarily* a genetic locus, or a repressor, involved in the control of multiplication. It is clear that a wide variety of agents, from viruses to carcinogenes, might be responsible for such an initial event.

As a conclusion to this discussion of theoretical models, one would like to turn to experimental examples, and see whether they might, or might not, fit with the interpretations. Unfortunately, in the face of formidable technical difficulties, the study of differentiation either from the genetic or from the biochemical point of view has not attained a state which would allow any detailed comparison of theory with experiment. This is our excuse for using microbial systems as models for the interpretation of differentiation. Eventually, however, differentiation will have to be studied in differentiated cells. The remarkable advances achieved in the methodology of cell cultures encourage optimism. The greatest obstacle is the impossibility of performing genetic analysis, without which there is no hope of ever dissecting out the mechanisms of differentiation. But it should be noted that actual genetic mapping may not necessarily be required. Adequate techniques of nuclear transfer, combined with systematic studies of possible inducing or repressing agents, and with the isolation of regulatory mutants, may conceivably open the way to the experimental analysis of differentiation at the genetic-biochemical level.

REFERENCES

BENZER, S. 1957. The elementary units of heredity. pp. 70–93. *"The Chemical Basis of Heredity"*. ed. W. D. McElroy and B. Glass, Baltimore: Johns Hopkins Press.

BENZER, S., and E. FREESE. 1958. Induction of specific mutations with 5-bromouracil. Proc. Nat. Acad. Sci., *44:* 112–119.

BRIGGS, R. W., and T. J. KING. 1955. Specificity of nuclear functions in embryonic development. pp. 207–228. *Biological Specificity and Growth*, ed. E. G. Butler. Princeton: Princeton University Press.

BROWN, D. D., and J. MONOD. 1961. Carbon source repression of β-galactosidase in *E. coli*. Federation Proc., *20:* 222.

BURNET, F. M. 1959. The clonal selection theory of acquired immunity. Cambridge: Cambridge University Press.

COHN, M., and K. HORIBATA. 1959. Analysis of the differentiation and of the heterogeneity within a population of *Escherichia coli* undergoing induced β-galactosidase synthesis. J. Bact., *78:* 613–623.

CRICK, F. H. C. 1958. On protein synthesis. "Biological Replication of Macromolecules". 12th Symp. Soc. Exp. Biol., *34:* 138–163.

DELBRÜCK, M. 1949. In "Unités biologiques douées de continuité génétique", Edit. du CNRS, Paris, 33–34.

DEMEREC, M., and P. E. HARTMAN. 1959. Complex loci in microorganisms. Ann. Rev. Microb., *13:* 377–406.

FALKOW, S., and L. BARON. 1961. An episomic element in a strain of *Salmonella typhosa*. Bact. Proc. (G 98), 96.

FINCHAM, J. R. S. 1959. The role of chromosomal loci in enzyme formation. Proc. Xth Int. Cong. Genetics, *1:* 355–363.

FREESE, E. 1959. On the molecular explanation of spontaneous and induced mutation. *Structure and Function of genetic elements*, Brookhaven Symposia, *12:* 63–75.

HAYES, D., F. HAYES, and F. GROS. 1961. In preparation.

INGRAM, V. M. 1957. Gene mutation in human haemoglobin: the chemical difference between normal and sickle-cell haemoglobin. Nature, *180:* 326–328.

JACOB, F., and J. MONOD. 1961. Genetic regulatory mechanisms in the synthesis of proteins. J. Mol. Biol., *3:* 318–356.

KLEIN, G., and E. KLEIN. 1958. Histocompatibility changes in tumors. J. Cell. Comp. Physiol., *52:* 125–168.

KOSHLAND, D. E., JR. 1959. Enzyme flexibility and enzyme action. J. Cell. Comp. Physiol., *54:* 245–258.

LABEYRIE, F., P. P. SLONIMSKY, and N. NASLIN. 1959. Sur la différence de stéréospécificité entre la déshydrogénase lactique extraite de la levure anaérobie et celle extraite de la levure aérobie. Biochim. Biophys. Acta, *34:* 262–265.

LEDERBERG, J. 1959. Antibody formation by single cells. Science, *130:* 1427.

LWOFF, A., and M. LWOFF. 1961. In preparation.

MAZIA, D. 1959. Cell Division. Harvey Lectures, 1957–1958, *53:* 130–170.

MC CLINTOCK, B. 1956. Controlling elements and the gene. Cold Spring Harbor Symp. on Quant. Biol., *21:* 197–216.

MONOD, J. 1956. Remarks on the mechanism of enzyme induction. *"Enzymes: Units of biological Structure and Function"*, Henry Ford Hospital. Intern. Symp. pp. 7–28. New York: Academic Press.

MONOD, J., and M. COHN. 1952. La biosynthèse induite des enzymes (adaptation enzymatique) Adv. Enzymol., *13:* 67–119.

NOVICK, A., and L. SZILARD. 1954. Experiments with the chemostat on the rates of amino acid synthesis in bacteria. p. 21. *"Dynamics of Growth Processes"*. Princeton University Press.

NOVICK, A., and M. WEINER. 1959. The kinetics of β-galactosidase induction. Symp. on Molecular Biology. ed. R. E. Zirkle, University of Chicago Press, 78–90.

PARDEE, A. B. Personal communication.

PAULING, L. 1940. A theory of the structure and process of formation of antibodies. J. Am. Chem. Soc., *62:* 2643–2657.

PERRIN, D. 1961. In preparation.

PERRIN, D., F. JACOB, and J. MONOD. 1960. Biosynthèse induite d'une protéine génétiquement modifiée, ne présentant pas d'affinité pour l'inducteur. C. R. Acad. Sci., *251:* 155–157.

PERUTZ, M. 1961. 50th Anniversary Symposium of the Biochemical Society, London. In press.

RAPKINE, L. 1931. Sur les processus chimiques au cours de la division cellulaire. Ann. Physiol. Physicochim. Biol., *7:* 382–418.

ROBERTS, R. B., P. H. ABELSON, D. B. COWIE, E. T. BOLTON and R. J. BRITTEN. 1955. Studies of biosynthesis in *Escherichia coli*. Carnegie Institution of Washington Publ., 607.

SPIEGELMAN, S. 1951. The particulate transmission of enzyme-forming capacity in yeast. Cold Spring Harbor Symp. on Quant. Biol., *16:* 87–98.

TRUDINGER, P. A., and G. N. COHEN. 1956. The effect of 4-methyltryptophan on growth and enzyme system of *Escherichia coli*. Biochem. J., *62:* 488–491.

VOLKIN, E., and L. ASTRACHAN. 1957. RNA metabolism in T2-infected *Escherichia coli*. pp. 686–694. *"The Chemical Basis of Heredity"*, ed. W. D. McElroy and B. Glass, Baltimore: Johns Hopkins Press.

WOOD, W. B., M. CHAMBERLAIN, and P. BERG. In Preparation.

YČAS, M., and W. S. VINCENT. 1960. A ribonucleic acid fraction from yeast related in composition of desoxyribonucleic acid. Proc. Nat. Acad. Sci., *46:* 804–810.

DISCUSSION

UMBARGER: Although I have a right to object to only one-third of the term, "NSU," I should like to offer one more plug for my suggestion that the word "end-product inhibition" be employed as an operational term for examples of the endproduct of a biosynthetic inhibiting an early step in its own biosynthetic pathway. Like "repression," the term can be used to describe an empirical observation and should subsequent study so indicate, it can be further described as a feedback mechanism. Should the inhibitory interaction have no such physiological consequence, the operational term is still appropriate.

Thiogalactoside Transacetylase*

IRVING ZABIN,† ADAM KEPES, AND JACQUES MONOD

From the Service de Biochimie Cellulaire, Institut Pasteur, Paris, France

(Received for publication, May 5, 1961)

Growth of certain strains of *Escherichia coli* in the presence of a galactoside leads not only to the formation of the inducible enzyme, β-galactosidase, but to the formation of a separate but functionally related system responsible for the accumulation of galactosides within the bacterial cell (1). Results of studies of the specificity, kinetics (2), energy requirements (3), and genetic control of the accumulation system have led to the conclusion that the transport process is catalyzed by a specific inducible protein (or proteins) which has been called galactoside-permease (4). Definite identification of this protein and an analysis of its mode of action awaits its isolation and study *in vitro*.

The accumulation process has been studied most effectively with the use of thiogalactosides as substrates, allowing observations to be made in the absence of variables introduced by metabolic reactions. Under certain conditions, however, a derivative of the substrate has been detected in very low quantities. This derivative, identified as a 6-O-acetyl thiogalactoside (5), cannot be an intermediate in the accumulation process because: (*a*) its rate of formation is much slower than the accumulation reaction; (*b*) it is biologically inactive either as an inducer or as a substrate for permease; and (*c*) it is not deacetylated in the presence of whole cells or extracts. The formation of acetyl thiogalactoside, therefore, has been considered to be in the nature of a "side" reaction.

We have recently shown that acetyl isopropyl β-D-thiogalactoside is formed when isopropyl β-D-thiogalactoside is incubated with acetyl coenzyme A and a sonic extract obtained from *E. coli* strain ML 308 (6). With this test, it was possible to assay for the presence or absence of the acetyl-forming activity in extracts of several mutants known to be specific for galactoside-permease, and thus to correlate the two activities. The observed correlations gave strong evidence that the acetylation reaction is carried out by a system closely connected with, or part of, the permease system (6). The purification, identification, and study of the acetylase system might therefore be expected to shed some light on the mechanism of the permeability process. This study is reported here. The study of correlations between galactoside-permease (as determined *in vivo*) and galactoside-acetylase in different mutant strains and under various conditions of induction, will be reported in a separate paper.[1]

* This work has been aided by grants from the National Science Foundation, the Jane Coffin Childs Memorial Fund, the "Commissariat a l'Energie Atomique," and the "Centre National de la Recherche Scientifique."

† Scholar of the National Multiple Sclerosis Society, 1959–1960, while on leave from the Department of Physiological Chemistry, School of Medicine, University of California, Los Angeles, California.

[1] A. Kepes, J. Monod, and F. Jacob, submitted for publication.

EXPERIMENTAL PROCEDURE

Materials—Adenosine triphosphate and coenzyme A were purchased from Pabst Laboratories. Galactosides and other sugar derivatives were prepared in this laboratory by Dr. Dietmar Turk. Acetyl, butyryl, and succinyl coenzyme A were prepared according to Simon and Shemin (7), and palmityl coenzyme A by the method of Vignais and Zabin (8). Acetyl phosphate was made as described by Avison (9). Dried *Clostridium kluyverii* cells, obtained from Sigma Chemical Company, were treated as described by Stadtman (10) through the ethanol fractionation step for the purification of phosphotransacetylase.

Methods—Protein concentration was measured by the biuret method (11).

Estimation of Thiogalactoside Transacetylase Activity

Hydroxamate Assay—Since the product of the enzymic reaction is an ester, determinations of activity could be most conveniently carried out with alkaline hydroxylamine. Acetyl phosphate, phosphotransacetylase, and catalytic amounts of coenzyme A served as the source of acetyl coenzyme A. The reaction was stopped with arsenate to decompose acetyl phosphate and acetyl coenzyme A, and acetyl-IPTG[2] was estimated essentially as described by Hestrin (12). Routinely, a mixture in a final volume of 1 ml was prepared containing 0.05 M potassium phosphate buffer, pH 7.2, 0.01 M acetyl phosphate, 0.05 M IPTG, 0.00025 M coenzyme A, 0.01 M cysteine, 10 to 15 units of phosphotransacetylase as defined by Stadtman (10), and extract containing thiogalactoside transacetylase. Phosphotransacetylase was not rate-limiting in these experiments. After incubation at 35°, 0.1 ml of 0.5 M potassium arsenate, pH 8.0, was added and incubation was continued for 15 minutes at 35°. One milliliter of a freshly prepared mixture of equal volumes of 2 M hydroxylamine hydrochloride and 3.5 M sodium hydroxide was then added. One minute or more after mixing, 1.0 ml of a solution consisting of equal volumes of 7.5% ferric chloride, 50% trichloroacetic acid, and 4.5 M hydrochloric acid was added. The mixture was centrifuged, and readings of the supernatant solution were taken at 520 mμ with a Jean-Constant colorimeter. Blank values were obtained in the same way but without IPTG. Succinic hydroxamate was used as a standard. Results are expressed in units of activity for which one unit is defined as 1 μmole of acetyl-IPTG produced in 30 minutes when measured as stated above.

Sulfhydryl Assay—For certain of the experiments listed below, activity was determined by assaying for free sulfhydryl groups liberated when acetyl coenzyme A or other coenzyme A com-

[2] The abbreviation used is: IPTG, isopropyl β-D-thiogalactoside.

TABLE I

Purification of thiogalactoside transacetylase

Enzyme fractions were incubated for 30 minutes and assayed with hydroxylamine as described in the text.

Fraction	Total units	Protein	Specific activity	Yield
		mg/ml	units/mg	
Supernatant solution, at 30,000 × g	156,000	26.1	4	100
Supernatant solution after heat treatment	127,000	4.3	21	82
Ammonium sulfate precipitate	50,000	12.2	28	32
DEAE-cellulose eluate	22,000	10.2	100	14

TABLE II

Requirements for acetylation of IPTG

The assay was carried out as described in the text. The missing component was added at the end of 30 minutes of incubation immediately after addition of arsenate. In the first series, 21 μg of enzyme were used, and 15 μg were used in the second experiment.

System	Acetyl-IPTG
	μmoles/30 min
Complete	2.1
Arsenate at time 0	0.1
No acetyl phosphate	0.1
No phosphotransacetylase	0.2
No thiogalactoside transacetylase	0.0
Heated thiogalactoside transacetylase (5 minutes at 100°)	0.1
Complete	1.2
No CoA	0.2

pounds were used as donors of the acyl group. After incubation of the mixture (final volume, 0.4 ml) in stoppered test tubes under nitrogen at 35° for 10 minutes, an aliquot of 0.2 ml was added to a cuvette containing 0.6 ml of 8 M potassium acetate, 0.1 ml of 2% sodium nitroprusside, and 0.1 ml of 1.5 M sodium carbonate-0.067 M sodium cyanide solution (13). The contents of the cuvette were mixed immediately and readings at 540 mμ were taken with a Jean-Constant colorimeter 30 seconds after mixing. Blank values, without acceptor, were subtracted. Glutathione was used as a standard.

Purification of Thiogalactoside Transacetylase

Growth of Bacteria—E. coli strain ML 308 was grown in a bactogen in culture medium 63 containing 1% succinate. Bacteria in the exponential phase were harvested with a Sharples centrifuge. From 45 liters of culture medium, approximately 100 to 120 g dry weight were obtained.

Extraction—The bacteria were suspended by brief treatment in a Waring Blendor after addition of 1 liter of ice-cold 0.05 M potassium phosphate buffer, pH 7.2. Aliquots of 60 ml were treated for 5 minutes in a Raytheon 10 kc sonic oscillator, and the combined broken cell suspension was centrifuged at 30,000 × g for 20 minutes in the cold. The residue was resuspended in about 200 ml of fresh phosphate buffer and centrifuged again. The combined supernatant solutions had a volume of 1,420 ml.

Heat Treatment—Aliquots of 500 ml of extract were heated over a Bunsen flame with vigorous swirling of the solution during a 5-minute period until the temperature reached 70°. The flask was placed in a water bath at 80° and held there for 5 additional minutes with agitation. At the end of this second 5-minute period, the temperature had reached 75°. The solution was cooled rapidly in an ice bath and centrifuged at 23,500 × g for 30 minutes. The residue was washed with 200 ml of 0.05 M phosphate buffer, pH 7.2, and centrifuged again, and the supernatant solutions were combined, yielding 1,390 ml.

Ammonium Sulfate Fractionation—To 1,390 ml of extract at 0°, 457.3 g of solid ammonium sulfate were slowly added during stirring. The pH was maintained at 7.2 by the dropwise addition of 6 N KOH. The suspension was stirred for 1 hour and centrifuged at 23,500 × g for 30 minutes. To the supernatant solution, 223.8 g of solid ammonium sulfate were added as above. After centrifugation, the residue was taken up in 100 ml of 0.001 M phosphate buffer, pH 7.2, and dialyzed overnight against several changes of the same buffer.

Column Purification—To a 2- × 20-cm column of diethylaminoethyl cellulose prepared as described by Peterson and Sober (14) and previously washed with 3 liters of 0.001 M potassium phosphate, pH 7.2, 60 ml of the dialyzed enzyme solution containing 1 g of protein were added. Proteins were eluted with a linear gradient at 4° with 250 ml of the same buffer in the mixing vessel and 250 ml of 0.3 M potassium phosphate, pH 7.2, in the outer vessel. Fractions of 10 ml were collected at a flow rate of about 50 ml per hour. The bulk of the activity was found to be in Fractions 24 to 33. These were combined, solid ammonium sulfate to 90% saturation was added, and the residue obtained by centrifugation was taken up in a small volume of 0.01 M Tris buffer, pH 7.2. After thorough dialysis against the same buffer overnight, the solution was centrifuged, and the precipitate was discarded.

The results of this purification procedure, shown in Table I, indicate that a 25-fold enrichment of activity has been achieved. The enzyme is stable for months when kept frozen, and has been frozen and thawed repeatedly without significant loss of activity.

The purified enzyme contained no ATPase, phosphotransacetylase, β-galactosidase, acetyl phosphatase, or acetyl coenzyme A deacylase. Inorganic pyrophosphatase and traces of myokinase were present.

Properties of Thiogalactoside Transacetylase

Requirements—The effect of omission of various components of the system is shown in Table II.

Effect of Enzyme Concentration and Time Course of Reaction—Variation of the rate of formation of acetyl-IPTG as a function of enzyme concentration is shown in Fig. 1. The reaction is linear up to a formation of more than 6 μmoles and is linear for more than 1 hour.

Effect of pH—In phosphate buffer, the optimal pH for the reaction is about 7.0 (Fig. 2), whereas in Tris buffer, the optimal pH is about 8.2. At pH 7.4, the reaction proceeds at a rate 40% greater in phosphate as compared to Tris buffer. This is not an effect of potassium ions, since addition of these to Tris in other experiments did not stimulate the reaction. In all cases, small amounts of K+ were added to ensure activity of phosphotransacetylase.

Effect of Coenzyme A Concentration—A plot of acetyl-IPTG formation as a function of acetyl-CoA concentration is shown in

Fig. 3. It can be estimated that the K_m for acetyl-CoA is less than 4×10^{-5} moles per liter.

Effect of IPTG Concentration—The effect of IPTG concentration on the rate of reaction is shown in Fig. 4. Under the conditions used, the enzyme cannot be saturated by the acceptor substrate. A Lineweaver-Burk plot of these data gives a K_m value of 0.36 mole per liter.

Specificity of Donors—Acetyl-CoA and, in addition, butyryl-CoA, succinyl-CoA, and palmityl-CoA were tested for effectiveness as donors of acyl groups to IPTG. The appearance of free sulfhydryl was used as a measure of the reaction. Butyryl-CoA was about 10% as effective as acetyl-CoA, and succinyl-CoA and palmityl-CoA were inactive.

Specificity of Acceptors—The acetylation of a variety of substances as compared to IPTG was tested as shown in Table III. For these experiments, both assay methods were used, because the hydroxamate test could not be performed in the presence of appreciable amounts of reducing sugars. We were also particularly interested in learning whether thiogalactoside transacetylase catalyzed an acceptor-activated hydrolysis of acetyl-CoA. No significant differences between the results of the two systems were observed. It is clear from the data that the enzyme catalyzes the transfer of acetyl from acetyl-CoA to thiogalactosides

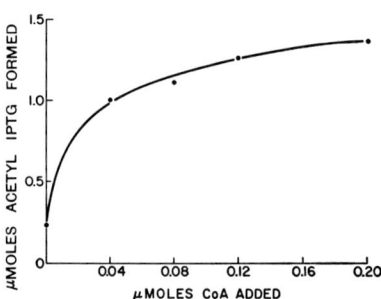

FIG. 3. Effect of CoA concentration. The acetyl-CoA-generating system was used with the indicated amounts of CoA. After 30 minutes of incubation with 15 μg of enzyme, specific activity 100, arsenate was added followed by CoA to a final concentration of 2×10^{-4} M. After further incubation, samples were assayed with hydroxylamine as described in the text.

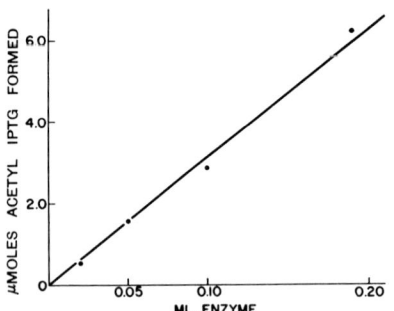

FIG. 1. Effect of enzyme concentration. Incubation for 30 minutes. The enzyme used was a heat-treated fraction. Samples were assayed with hydroxylamine as described in the text.

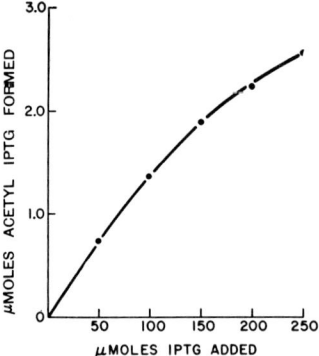

FIG. 4. Effect of IPTG concentration. Incubation was for 30 minutes. The enzyme used was a heat-treated fraction, 35 μg of enzyme, specific activity 21. Samples were assayed with hydroxylamine as described in the text.

but not (or only at a much slower rate) to galactosides except when a phenyl group is attached to the oxygen atom at carbon 1. A phenyl group substitution also allows glucosides to react. It is assumed that only one transacetylase is present in the purified extract.

Effect of Metal Ions—Divalent cations were not required for the formation of acetyl-IPTG. Ethylenediaminetetraacetic acid at a level of 0.005 M added to the acetyl-CoA system had no effect. The following metal ions, at 0.001 M, Mg^{++}, Ca^{++}, Fe^{++}, Co^{++}, Mn^{++}, Zn^{++}, and Cu^{++}, gave activities, respectively, of 98, 97, 96, 77, 76, 73, and 8% of the activity observed in their absence. Sodium phosphate buffer was 65% as effective as potassium phosphate buffer.

Effect of Inhibitors—When arsenate at 0.05 M, arsenite at 0.005 M, and iodoacetate at 0.001 M were preincubated with thio-

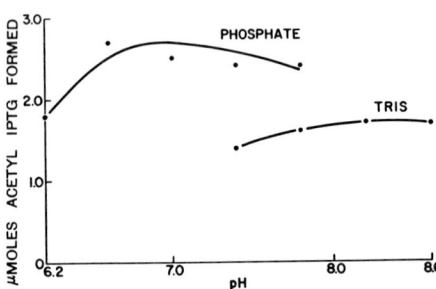

FIG. 2. Effect of pH. Incubation for 30 minutes. The enzyme used was a heat-treated fraction of specific activity 21. Samples were assayed with hydroxylamine as described in the text.

TABLE III
Specificity of acceptors

Results are expressed as the percentage of reaction relative to IPTG. Substrates were added to a final concentration of 0.05 M. Data given in the column headed "Acetyl phosphate" were obtained with an enzyme fraction containing 110 μg of protein with a specific activity of 28. Samples were incubated for 30 minutes and were assayed with hydroxylamine as described in the text. Data given in the column headed "Acetyl-CoA" were obtained with an enzyme fraction containing 12 μg of protein with a specific activity of 100. These samples were incubated for 10 minutes, and the assay was performed by determination of the sulfhydryl released from acetyl-CoA as described in the text.

Substrate	System	
	Acetyl phosphate	Acetyl-CoA
	%	
IPTG	100	100
β-D-Thiomethylgalactoside	28	21
β-D-Thiobutylgalactoside	93	85
β-D-Thiophenylgalactoside	84	97
β-D-Thiophenylglucoside	53	73
β-D-Phenylgalactoside	79	102
β-D-Phenylglucoside	49	57
β-D-Methylgalactoside	9	5
β-D-Thiodigalactoside	44	77
Lactose		2
Maltose		5
Galactose		8
Glucose		0
Mellibiose		0
Cellobiose		0
D-Galactosamine		16
D-Glucosamine		6
Uridine diphosphoglucose		0
Glycerol		0
Ethanol		0

TABLE IV
Distribution of enzyme in fractions obtained from disrupted protoplasts

Preparation and assay as described in text.

Fraction	Acetyl-IPTG
	μmoles
Whole protoplasts	1.5
Supernatant solution	1.3
Residue	0.2

galactoside transacetylase for 10 minutes at 35°, and then tested with the acetyl-CoA system, inhibitions of release of CoA from acetyl-CoA were 4, 8, and 6%, indicating essentially no inhibition. p-Chloromercuribenzoate at 0.001 M under these same conditions inhibited 31%, but this effect was not reversed by reduced glutathione.

Distribution—To determine the position in the cell of thiogalactoside transacetylase, protoplasts of *E. coli* were prepared (15) and were lysed by addition of water. The resulting mixture of cytoplasmic constituents and large fragments was centrifuged for 10 minutes at 30,000 × g. Aliquots of unbroken protoplasts, the supernatant solution, and the residue resuspended in water to the original volume were compared for enzyme activity with the acetyl phosphate system. The results in Table IV show that essentially all the activity was present in the supernatant solution.

DISCUSSION

The enzyme which we have called thiogalactoside transacetylase catalyzes the transfer of the acetyl group from acetyl-CoA to a thiogalactoside. Certain of its properties presented in this paper are of interest, particularly in view of the possible identity of this enzyme with one of the components of the inducible permease system responsible for the accumulation of galactosides in *E. coli*. The specificity of thiogalactoside transacetylase for the sugar derivatives is not identical to the specificity of the permease system for these substances. For example, phenyl glucoside is an excellent substrate for acetylation but is inactive in the accumulation reaction (1). Further, galactosides like lactose and methylgalactoside are not acetylated by the enzyme, although they are accumulated by the cells. Finally, the relative rates of reaction among the different thiogalactosides do not follow the same pattern in the two activities (2).

The apparent Michaelis constant has been measured for several different substrates of the permease reaction and has been found to be of the order of 10^{-4} to 10^{-5} moles per liter (2). On the other hand, the K_m found for IPTG as substrate of the transacetylase was the very different and exceptionally high value of 0.36 mole per liter.

Another difficulty is the distribution of thiogalactoside transacetylase within the cell. The permease system might logically be expected to be associated with the cell membrane. The transacetylase, however, is released into the supernatant solution by treatments which do not disperse other membrane components.

Nevertheless, these properties of the purified enzyme do not rule out an identity or close association with the permease system. Conceivably, a soluble component of the cell might operate in conjunction with other substances at the cellular membrane in the operation of the accumulation reaction. The differences in the specificity and kinetics of the two activities might be a reflection of the fact that in the one case, acetylation, a single reaction is carried out by a protein which takes part in another manner in a second and more complex sequence of reactions resulting in accumulation of galactosides within the cell.

Whether or not thiogalactoside transacetylase is a component of the permease system, the discovery of this enzyme is of unusual interest for other reasons. Genetic information for the formation of this protein is carried in the "lactose" region of the bacterial chromosome, which is also the area responsible for controlling β-galactosidase formation. The available evidence indicates that the rate of synthesis of both proteins is determined by a single, genetically controlled regulatory mechanism (16).

SUMMARY

The partial purification and certain properties of the enzyme, thiogalactoside transacetylase, which catalyzes the transfer of the acetyl group of acetyl coenzyme A to thiogalactosides, are described. Relationships of this enzyme to the galactoside-permease system are discussed.

REFERENCES

1. Rickenberg, H. J., Cohen, G. N., Buttin, G., and Monod, J., *Ann. Inst. Pasteur*, **91**, 829 (1956).
2. Kepes, A., *Biochim. et Biophys. Acta*, **40**, 70 (1960).
3. Kepes, A., *Compt. rend.*, **244**, 1550 (1957).
4. Cohen, G. N., and Monod, J., *Bacteriol. Rev.*, **21**, 169 (1957).
5. Herzenberg, L. A., *Arch. Biochem. Biophys.*, **93**, 314 (1961).
6. Zabin, I., Kepes, A., and Monod, J., *Biochem. and Biophys. Research Communs.*, **1**, 289 (1959).
7. Simon, E. J., and Shemin, D., *J. Am. Chem. Soc.*, **75**, 2520 (1953).
8. Vignais, P. V., and Zabin, I., *Biochim. et Biophys. Acta*, **29**, 263 (1958).
9. Avison, A. W. D., *J. Chem. Soc.*, 732 (1955).
10. Stadtman, E. R., *J. Biol. Chem.*, **196**, 527 (1952).
11. Gornall, A. G., Bardawill, C. S., and David, M. M., *J. Biol. Chem.*, **177**, 751 (1949).
12. Hestrin, S., *J. Biol. Chem.*, **180**, 249 (1949).
13. Grunert, R. R., and Phillips, P. H., *Arch. Biochem.*, **30**, 217 (1951).
14. Peterson, E. A., and Sober, H. A., *J. Am. Chem. Soc.*, **78**, 751 (1956).
15. Sistrom, W. R., *Biochim. et Biophys. Acta*, **29**, 579 (1958).
16. Jacob, F., and Monod, J., *J. Molecular Biol.*, **3**, 318 (1961).

GÉNÉTIQUE PHYSIOLOGIQUE. — *Sur la nature du répresseur assurant l'immunité des bactéries lysogènes* ([1]). Note (*) de M. **François Jacob**, Mme **Raquel Sussman** et M. **Jacques Monod**, présentée par M. Jacques Tréfouël.

> L'activité du répresseur formé par certains allèles du gène régulateur du phage λ peut être restaurée par des suppresseurs bactériens connus pour restaurer l'activité de différentes protéines bactériennes ou phagiques modifiées par mutation. Ce répresseur paraît donc contenir un élément protéique.

Chez les bactéries lysogènes, les fonctions virales du prophage et du matériel génétique de phages homologues surinfectants sont inhibées (immunité) par un système de répression spécifique analogue à celui qui règle le taux de synthèse de nombreuses enzymes. Cette répression serait assurée par le produit cytoplasmique, ou répresseur, d'un gène régulateur du phage ([2]). Dans le cas du bactériophage [([3]), ([4])], comme dans celui de la β-galactosidase ([5]), la répression peut s'établir en présence d'inhibiteurs des synthèses protéiques, tels que le chloramphénicol ou le 5-méthyltryptophane. Ces observations paraissaient suggérer que les répresseurs ne sont pas de nature protéique, mais plutôt polynucléotidique. Cette conclusion se heurte à plusieurs difficultés : 1º elle implique que les produits primaires des gènes régulateurs ne sont pas transcrits en chaînes polypeptidiques et, par conséquent, diffèrent de ceux des gènes de structure; 2º dans le cas des systèmes induits par un métabolite spécifique, l'interaction entre ce métabolite et le polynucléotide répresseur est difficilement concevable sans l'intervention d'une protéine spécifique; 3º il est plus facile de rendre compte des propriétés des différentes mutations connues du gène régulateur si le répresseur possède un constituant protéinique.

L'identification du répresseur ne peut actuellement être envisagée que par voie indirecte. Pour tenter de déceler un constituant protéinique dans le système de répression, nous avons cherché à démontrer que l'expression d'un gène régulateur comporte une transcription en chaîne polypeptidique. Pour cela, nous avons étudié l'effet de certains suppresseurs, connus pour agir au niveau de cette transcription ([6]) sur des mutations du gène régulateur (C_I) du phage λ. Nous avons utilisé des souches d'*Escherichia coli* K 12 contenant des suppresseurs pour des systèmes connus. Certaines mutations affectant les gènes de structure du phage λ empêchent la multiplication de celui-ci chez les bactéries 112 (galactose⁻, cystéine⁻, histidine⁻) ([7]), mais non chez certains mutants de 112 (112-Su) possédant un suppresseur qui restaure simultanément la capacité d'utiliser le galactose et de synthétiser la cystéine ([8]). A partir du phage λ *ind*⁻ ([4]), 300 mutants indépendants du gène régulateur C_I ont été isolés qui forment des plages claires sur les bactéries 112, car ils ne peuvent les lysogéniser faute de former un répresseur actif. Onze de ces mutants forment des plages troubles sur 112-Su qu'ils peuvent lysogéniser. Il est donc clair qu'un certain type de suppresseur bactérien peut restaurer le phénotype C_I^+ de certains allèles C_I (C_{ISu_A}). L'analyse génétique indique que les mutations C_{ISu_A} peuvent affecter plusieurs sites du locus C_I. Toutefois, on observe des récurrences fréquentes, ce qui suggère qu'un petit nombre de sites est sensible à l'action de ce suppresseur. C'est précisément ce qu'on attend si toutes ces mutations indépendantes ont chacune pour effet de substituer à un acide aminé a, un autre b, dans des régions données d'une chaîne peptidique gouvernée par le gène C_I. Le suppresseur bactérien permettrait, avec une certaine probabilité, la substitution inverse lors de la transcription en chaîne peptidique. On peut montrer que c'est bien le système de répression qui est en jeu : en induisant des bactéries 112 (λ^+) ou 112-Su (λ^+) par la lumière ultraviolette, puis en les infectant par des mutants $ind^-\ C_{ISu_A}$ on constate que le développement du prophage par le répresseur $ind^-\ C_{ISu_A}$ n'est inhibé que chez les bactéries 112-Su (λ^+).

L'ensemble de ces résultats semble bien montrer que la répression implique une transcription en polypeptide de l'information génétique contenue dans le gène régulateur C_I. En raison des fonctions que doit assurer le répresseur, il paraît peu vraisemblable que celui-ci soit une substance de faible poids moléculaire. Il semble donc que l'élément peptidique, déterminé par le gène régulateur, ne soit pas une enzyme assurant la synthèse du répresseur, mais plutôt le répresseur lui-même, ou un constituant du répresseur. Cette conclusion ne paraît pas être incompatible avec l'observation que la répression peut s'établir en présence d'inhibiteurs des synthèses protéiques, si un très petit nombre de répresseurs spécifiques suffit à assurer une répression complète du système correspondant. En présence des inhibiteurs, les RNA messagers du gène régulateur pourraient s'accumuler de façon suffisante pour que, une fois l'inhibiteur enlevé, un petit nombre de molécules de répresseurs soit rapidement formé, permettant d'assurer une répression immédiate. Dans le cas du phage P,2 l'immunité des bactéries lysogènes n'est pas un phénomène absolu, mais dépend du nombre de phages surinfectants : si chaque bactérie lysogène est infectée avec un petit nombre de phages homologues, les phages ne se développent pas. Avec une multiplicité d'infection dépassant 20 à 30, on observe une multiplication du phage ([9]). Nous avons observé un phénomène tout à fait similaire dans le cas de bactéries lysogènes λ infectées par des mutants $\lambda\ C_I$. Tout se passe comme si, au-dessus d'une certaine multiplicité d'infection, toutes les molécules de répresseur étaient fixées et que l'excès de particules de phages pouvait alors se multiplier. Cette hypothèse est étayée par le fait que si une multiplicité d'infection de 25 à 30 permet à 50 % de bactéries perpétuant un seul prophage λ de produire du phage, il faut une multiplicité de 60 à 70 pour obtenir le même résultat avec des bactéries perpétuant deux prophages λ. Si ce phénomène correspond bien à une inhibition des molécules du répresseur spécifique, il suggère que celles-ci agissent de façon stœchiométrique et sont, dans une bactérie, présentes en très petit nombre.

En conclusion, le produit du gène régulateur du phage semble être formé en faible quantité, mais l'expression de ce gène comme celle des gènes de structure, paraît comporter une transcription en chaîne peptidique pour la synthèse du répresseur.

(*) Séance du 4 juin 1962.
[1] Ce travail a bénéficié de l'aide de la « National Science Foundation » des États-Unis d'Amérique.
[2] F. Jacob, *The Harvey Lectures*, séries 54, 1958-1959, p. 1-39; F. Jacob et J. Monod, *J. Mol. Biol.*, 3, 1961, p. 318-356.
[3] L. E. Bertani, *Virology*, 13, 1961, p. 378-380.
[4] F. Jacob et A. Campbell, *Comptes rendus*, 248, 1959, p. 3219.
[5] A. B. Pardee et L. S. Prestidge, *Biochim. Biophys. Acta*, 36, 1959, p. 545-547.
[6] S. Benzer et S. P. Champe, *Proc. Nat. Acad. Sc.*, 47, 1961, p. 1025-1038; C. Yanofski, D. R. Helinski et B. M. Maling, *Cold Spring Harb. Symp. Quant. Biol.*, 26, 1961, p. 11-24.
[ ] E. L. Wollman, *Ann. Inst. Pasteur*, 84, 1953, p. 281-293.
[ ] A. Campbell, *Virology*, 14, 1961, p. 22-32.
[ ] L. E. Bertani, *Virology*, 13, 1961, p. 378-380.

(*Service de Génétique microbienne de l'Institut Pasteur, Paris.*)

Genetic Repression, Allosteric Inhibition, and Cellular Differentiation

FRANÇOIS JACOB AND JACQUES MONOD

Services de Génétique microbienne et de Biochimie cellulaire, Institut Pasteur, Paris

Introduction

It is generally recognized today that the characteristics of an individual, its development and functioning, are written in a codescript along its chromosomes. Recent work in biochemistry and in genetics indicates that, in every cell, a given nucleotide sequence determines, via a corresponding amino acid sequence, a particular function different from those determined by other nucleotide sequences, and this is so for thousands of different functions.

This structural concept of gene action accounts for the multiplicity and for the phylogenetic stability of macromolecular structures. It does not account for the physiological coordination of chemical activity, i.e., of synthesis and activity of macromolecules, which is a fundamental requirement for the existence and survival of the cell as well as of the multicellular organism. The complex and precise chemical network of information transfer upon which the development and physiological functioning of organisms must rest, implies the existence of precise regulatory systems at the level of both the organism and the cell.

For obvious technical reasons, the analysis of intracellular mechanisms of regulation have, so far, largely been restricted to microorganisms, where two basic devices have now been recognized. One regulates the *activity* of certain enzymes, and thereby insures a rapid and sensitive control of metabolic pathways, by the process usually called *feedback inhibition*. The other regulates the biosynthesis of enzymes by the process of *genetic repression*. The question which we wish to consider is: to what extent do the basic mechanisms found to operate in bacteria also apply to cells of higher organisms, whose functions are performed under very different and far more complex conditions? More particularly, may the concepts derived from the study of regulation in bacteria be of some value in the interpretation and analysis of cellular differentiation?

Cellular differentiation controls the time of emergence, the shape, the number, and the functions of cells, their organization into tissues and specialized organs. As a result of its complexity, differentiation has been defined in a variety of ways. In this discussion, we shall deliberately oversimplify the problem and restrict our argument to one aspect of this problem. We shall consider that two cells are differentiated with respect to each other if, while they harbor the same genome, the pattern of proteins which they synthesize is different. This definition emphasizes one of the main difficulties in the interpretation of cellular differentiation. The cells of an organism have evolved from a common cell. In all likelihood, they possess identical chromosomal sets and, on the basis of the structural gene theory, they would be expected to synthesize the same proteins and, therefore, to perform identical functions. Yet in the course of development, different types of cells which perform different functions progressively emerge and this diversity is clonally transmitted in a stable way. Whether or not differentiation is irreversible has long been debated. The answer, however, still remains ambiguous: while reversibility may directly be demonstrated in some instances, absolute irreversibility is hardly a meaningful concept, since it evades any strict operational definition and experimental test. In fact, although genetic analysis of tissue cells remains to be done, most of the known facts support the view that the genetic potentialities of differentiated cells have not been fundamentally altered, lost, or distributed. One of the strongest arguments comes from the study of plants, where undoubtedly cells are morphologically, physiologically, and biochemically differentiated although any single cell; even if differentiated, is still capable of giving rise to a complete organism (see Braun, 1961). Differentiation is probably not irreversible, but is certainly stable. What must be explained are the systems preventing any cell from expressing all its genetic potentialities and the stable transmission of the signals involved in the sorting out of different functions.

In this paper, we wish to describe the basic systems of regulation observed in bacteria and to discuss their use as models for interpreting the emergence and maintenance of differentiated cellular lineages within a genetically homogeneous population.

Regulation of Enzymatic Activity: Allosteric Effects

In many enzyme systems, enzymatic *activity* is regulated by metabolites unrelated, structurally, to the substrates of the regulated enzyme. By the definitions which we adopted above, such effects do not involve any differentiation, since they do not alter the pattern of protein synthesis. These phenomena, however, do belong in this discussion not only because of their physiological importance, but also as models of a general class of interactions, designated as "*allosteric* effects" (Monod and Jacob, 1961), which, we believe, may be of fundamental importance for the interpretation of biological regulation in general, including differentiation.

The study of these effects, in bacteria, stems from the discovery by Novick and Szilard (1954) that the addition of tryptophan to the growth medium of *Escherichia coli* results in immediate cessation of tryptophan synthesis by the cells. Their work led Novick and Szilard to the conclusion that tryptophan acted as an inhibitor of an *early* enzyme of the tryptophan-synthesizing-pathway. The pioneer work of Umbarger (1956, 1961) confirmed and extended by several others (see references in Frisch, 1961) showed that similar "feedback inhibition" of an enzyme by a distant product of its activity occurs not only in the tryptophan system, but actually in most if not all pathways leading to the synthesis of essential metabolites. Besides their obvious physiological significance, these effects propose some very interesting problems in enzymology. In most of the cases which have been studied so far, the inhibition is "competitive" in the sense that it depends upon the *relative* concentration of inhibitor and substrate. Now, as is well known, competitive inhibitors of enzymes are in general structurally related to the substrate: they are isosteric (or partially isosteric) *analogs* of the substrate. The regulatory enzymes (i.e., those responsible for the Novick-Szilard effect) appear to violate this rule, since they are inhibited by substances which are sterically unrelated to their substrate (allosteric). Many types of more or less nonspecific inhibition of enzymes are known, of course, and allosteric inhibition of regulatory enzymes would not be so remarkable, if it were not for the extreme specificity of the effect. Threonine deaminase, for instance, is inhibited powerfully and competitively by isoleucine (a distant product of threonine deamination), but not by any other naturally occurring amino acid (Umbarger, 1956). The inhibition therefore cannot be due to the structural features common to isoleucine and threonine, since these are shared by many other amino acids. Similarly, aspartic transcarbamylase (ATCase) (Yàtes and Pardee, 1956) is inhibited by cytidine triphosphate (CTP), which is hardly an analog of aspartic acid, although part of the pyrimidine ring does derive (through many enzymatic steps) from the substrate of ATCase.

Another, highly significant criterion of the specificity of these effects is to be seen in the fact that in all of the regulated pathways studied so far, only one enzyme, as a rule the first one in the pathway concerned (Stadtman *et al.*, 1961), is sensitive to allosteric inhibition. Conversely, none of the intermediates formed in the pathway are active as inhibitors, this function being, in all cases, fulfilled by the final product. These observations alone would suffice to indicate that sensitivity to allosteric inhibitors results from a highly specialized and exceptional "construction" of the enzyme protein molecule itself.

Studies of the kinetics of the reactions catalyzed by allosteric enzymes have brought direct evidence on this point. In most of the cases which have been studied so far, the kinetics of action of substrate or inhibitor, or both, turn out to be quite different from the classical Henri-Michaelis kinetics usually observed in the case of classical enzymes. Since we could not in the present paper go into a description and analysis of these observations, we may perhaps summarize them by indicating that the reaction catalyzed by allosteric enzymes very often, if not as a rule, obeys multimolecular rather than monomolecular relations with respect to both substrate and inhibitor. As shown by the work of Changeux (1961) and also apparent from the results of Gerhart and Pardee (1962), these kinetics cannot be accounted for by the assumption, adequate in the case of normal enzymes, that the binding of substrate and inhibitor occurs at the same site of the enzyme surface and are mutually exclusive. As pointed out by Changeux, in particular, one is led to the conclusion that substrate and inhibitor actually bind at two (or at least two) different sites, and may actually be simultaneously bound by the enzyme. This conclusion is supported by the remarkable observation (Changeux, 1961; Gerhart and Pardee, 1962; Martin, 1962) that various treatments known to be capable of partially inactivating or denaturating enzymes in general, may result, in the case of allosteric enzymes, in desensitization (loss of sensitivity to inhibitor) without loss of activity toward substrate. Moreover, desensitization of the enzyme is attended by "normalization" of its kinetics with respect to substrate. Finally, in at least two instances, it has been definitely shown that such desensitization also results in alterations of the sedimentation velocity of the proteins (Gerhart and Pardee, 1962; Martin, 1962). The sum of these observations very strongly suggests that the action of allosteric inhibitors is not due to a *direct* interference, by steric hindrance, with the binding of substrate, but rather to an induced alteration of the shape or structure of the enzyme protein, resulting in misfit or reduced fit of the substrate at the active site.

If this is indeed true, one might also expect that allosteric effects might also operate positively, i.e., by increasing the fit of the substrate at the active site. Indeed Changeux (1962) has found that while isoleucine is an inhibitor, valine is an activator of threonine deaminase and Gerhart and Pardee (1962) have observed that while ATCase is inhibited by CTP, adenosine triphosphate (ATP) is a potent activator of the reaction.

In the discussion so far we have mostly considered observations made with bacterial enzymes, where the physiological, actually the nutritional, significance of the regulation is obvious. There are now many reports in the literature indicating that similar mechanisms operate with certain enzymes extracted from tissues of higher organisms. One of the best studied and most striking cases is glycogen synthetase discovered by Leloir and Cardini (1957) and studied by Algranati and Cabib (1962) and Traut (1962). This enzyme which synthesizes glycogen from uridine diphosphoglucose (UDPG) is strongly activated by glucose-1-phosphate and also inhibited by ATP. While glucose-1-phosphate is of course sterically identical with the glucose moiety of UDPG, it is obvious that its activity is not due to binding at the active site of the enzyme and the careful study of Traut indicates that its effect and also the effect of ATP are due to an induced alteration of the structure of the enzyme protein itself.

Of particular interest to the present subject are those cases where the allosteric agent is a hormone. The best known example is found in the beautiful work of Tomkins and Yielding (1961) on glutamic dehydrogenase. As is well known, Tomkins discovered that, in presence of certain steroids, this protein largely loses its activity toward glutamic acid while acquiring activity toward alanine. Furthermore, the transition is accompanied by depolymerization of the enzyme and these effects are antagonized or reverted by adenosine diphosphate (ADP), as well as by certain amino acids. Several other cases involving alterations of enzyme activity by steroids have been reported, and the multiple effects of cyclic adenosine monophosphate (AMP) may also be recalled here (Rall and Sutherland, 1961), although the mechanism of these effects has not yet been clarified.

One might ask, at this point, whether allosteric agents are clearly distinct from coenzymes. The brief summary given above suffices to indicate that coenzyme action could hardly be described in similar terms; not only because, in contrast to allosteric agents, coenzymes are active with many different enzymes catalyzing similar reactions, but also and mainly because the true coenzymes are known to participate directly in the enzyme reaction by forming an intermediate covalent compound with the substrate or part of the substrate molecule: coenzymes actually behave as second substrates. Although the study of allosteric effects is quite recent, it already seems clear that typical allosteric effectors do not participate in the reaction itself and there is no indication, in the best studied instances, that they undergo any covalent reaction (Traut, 1962).

This being said, it should be recalled here that, according to Koshland (1959), enzyme-substrate interaction, in general, may involve "induced fit", i.e., mutual effects of substrate and enzyme on the molecular configuration of each. If Koshland's theory is correct, allosteric effects might be considered as an extension and specialization of a basic mechanism common to most or all biologically active proteins.

While the physiological interpretation of most allosteric effects observed with enzymes of higher organisms is not simple and immediate, as with bacterial systems, it can hardly be doubted that these mechanisms do have a regulatory function. And although the observations which we have briefly summarized above concern very different systems operating in widely different organisms, they all would seem to show, rather strikingly, some common features which define them as belonging to the same general class: namely, enzyme proteins whose specific activity or affinity toward their substrate is selectively increased or decreased by agents which do not act by virtue of either being analogs of the substrate or actual intermediary participants in the reaction, but by binding with the enzyme protein at a site distinct from the active site, such binding resulting in alterations of the molecular structure of the protein.

In any case, and whatever their precise mechanism may be, the most important point about allosteric effects, from a biological point of view, is the absence of any direct chemical relationship between substrate and allosteric inhibitor or activator: all the evidence points to the conclusion that the particular, specific effect of a given allosteric agent is due exclusively to a highly specialized construction of the competent protein itself. This means that proteins subject to allosteric effects are to be considered as pure products of selection for adequate regulatory interactions.

The interpretative power of this concept is evidently very great. Indeed it is so great that it should be used with some caution. There is at present no direct proof that allosteric effects are at the basis of phenomena of differentiation as defined in the introduction. We shall return to this problem after having discussed genetic control of protein synthesis and genetic regulation.

Regulation of Protein Synthesis in Bacteria

Bacteria of identical genotype grown in different media do not exhibit the same enzyme patterns (see references in Frisch, 1961). For instance, when *Escherichia coli* is grown in the absence of tryptophan, the enzymes of the pathway involved in tryptophan production are actively synthesized. As soon as tryptophan is added to the medium, the enzymes cease to be synthesized. This effect of tryptophan, which is called *repression* of enzyme synthesis is extremely specific. In the same way, when *E. coli* is grown in the absence of a galactoside, only traces of the enzyme β-galactosidase are formed by the cell. As soon as a galactoside is added, the rate of synthesis of this enzyme increases by about 10,000-fold. Removal of the inducer results in an almost instantaneous arrest of enzyme synthesis. This effect, called *induction*, is also very specific. Finally, the production of phage by lysogenic bacteria provides another example of change in the expression of genetic potentialities. In lysogenic bacteria, the genetic material of the phage is carried in the prophage state, the viral deoxyribonucleic acid (DNA) replicates at the pace of the bacterial chromosome, and viral proteins are not formed. Only as a result of a change in cellular conditions, either spontaneously or induced by various agents, such as ultraviolet light, X-rays, or various chemicals, do the viral genes express their potentialities and the bacteria produce viral particles.

The three systems used as examples are at first sight widely different. Yet the results of genetic analysis and biochemical characterization of mutations affecting regulation in these three systems are so closely similar that they point to a common basic mechanism operating in all three systems.

We shall now describe the general model for the control of protein synthesis in bacteria which can be constructed on the basis of this analysis. This model, diagrammatically represented in Fig. 1, involves the following points:

1. The structure of a protein (or polypeptide chain) is determined by a particular deoxynucleotide segment, or *structural gene*. The primary product of the structural gene is a short-lived ribonucleic acid (RNA) copy of the gene, or *messenger RNA*, which brings structural information to cytoplasmic protein-forming centers. Once completed, messenger RNA is detached from DNA and associates in the cytoplasm with pre-existing, nonspecialized

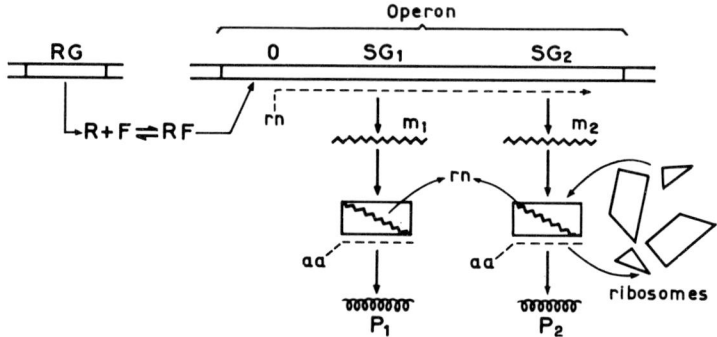

Fig. 1. General model for the regulation of enzyme synthesis in bacteria. RG: regulator gene; R: repressor which associates with effector F (inducing or repressing metabolite); O: operator; SG_1, SG_2: structural genes; rn: ribonucleotides; m_1, m_2: messengers made by SG_1 and SG_2; aa: amino acids; P_1, P_2: proteins made by ribosomes associated with m_1 and m_2.

ribosomal particles. The transcription of the genetic information from nucleotide sequence into amino acid sequence takes place on the ribosome and the messenger is rapidly destroyed in the process, after few copies of the polypeptide chains have been produced. Once completed, the polypeptide folds and is detached from the ribosomal particle which is set free for a new transcription cycle involving the same, or any other specific, messenger.

2. The synthesis of messenger RNA is assumed to be a sequential and oriented process which can be initiated only at certain regions, or *operators*, of the DNA strands. In some instances, a single operator may control the transcription of several adjacent structural genes into messenger RNA. The unit of primary transcription thus coordinated by a single operator constitutes an operon. An operon may contain one or several adjacent structural genes, depending on the system.

3. The rate of transcription of structural genes is negatively controlled by other, functionally distinct, determinants called *regulator genes*. A regulator gene forms a cytoplasmic product or *repressor*. The repressor formed by a given regulator gene has affinity for, and tends to associate reversibly with, a specific operator. This combination blocks the production of messenger RNA by the whole operon controlled by the operator and therefore prevents the synthesis of the protein governed by the structural genes of the operon.

4. A repressor has the property of reacting with certain small molecules, which we shall call effectors. The reactions are specific with respect to both the repressor (R) and the effector (F) and may be expressed as

$$R + F \rightleftharpoons RF$$

In certain systems, called inducible, only the R form of the repressor is active and blocks the transcription of the operon. The presence of the effector (called inducer) inactivates the repressor and therefore allows messenger synthesis to take place. In other systems (called repressible), only the combined RF form of the repressor is active. Synthesis of messenger RNA by the operon, allowed in the absence of the effector (or repressing metabolite), is therefore prevented in its presence.

The experimental arguments leading to the formulation of this model have been described in detail in several papers (Jacob and Monod, 1961a, b; Monod et al., 1961). We shall restrict our discussion to the major features of this model (Fig. 1).

Negative Regulation Controlled by Specific Genetic Determinants

The first major feature of the model is that the synthesis of proteins in bacteria is controlled by two kinds of genes: those which determine the specific structure of the proteins and those which regulate (negatively) the rate of information transfer from structural genes to proteins. The existence of this double genetic determinism is proved by the study of mutations affecting protein synthesis. Some mutations result in an alteration of the structure of a protein without disturbing the rate of its synthesis; these mutations define the structural gene controlling this protein. Other mutations, located in another small region of the bacterial chromosome, affect the rate of synthesis of the protein, or the response to specific compounds, without altering the structure of the protein; these latter mutations define the regulator gene.

In the different systems studied, a variety of alleles for the regulator genes has been found. From their properties, summarized in Table I, the mode of action of regulator genes can be analyzed. Constitutive (or non-repressible) R^- mutations result in a loss of the regulating device: the corresponding enzyme is synthesized at maximal rate, irrespective of the presence of specific inducing (or repressing) metabolite. Diploid heterozygotes R^+/R^-, however, are normally inducible (or repressible), a result which characterizes the main properties of the system. The fact that a single regulator gene controls the expression of both chromosomes demonstrates the existence of a *cytoplasmic product of the regulator gene (the repressor)*. Furthermore, the *repressor operates negatively*, i.e., inhibits protein synthesis, since the active system (R^+) prevents protein synthesis while the inactive system (R^-) allows protein synthesis at maximal rate. This conclusion is also supported by the properties of the R^t alleles, found both in the inducible system of β-galactosidase (Horiuchi et al., 1961) and in phage (Sussman and Jacob, 1962): at low temperature, the repression is active and the systems operate under the same conditions as in the wild type (R^+). At high temperature, the repression systems are inactivated, an effect which results in a constitutive synthesis of β-galactosidase or in the production of phage. This type of mutation has rather dramatic consequences in phage. Lysogenic bacteria carrying such a mutant R^t prophage can easily grow at low temperature. When shifted to high temperature, however, all the bacteria lyse and release phage. The mutant prophage behaves as a thermosensitive lethal factor for the host.

These repression systems are able to react with specific metabolites present inside the cell or introduced from outside. That the metabolite reacts with the repressor is supported by the properties of R^s alleles. In the case of β-galactosidase, for instance, the repressor synthesized by the R^s allele cannot be antagonized by inducers at normal concentrations. They produce small amounts of enzyme only when the concentration of inducer is 100 to 1000 times greater than that required for maximal enzyme synthesis by the

TABLE I
ALLELES OF REGULATOR GENES FOR DIFFERENT SYSTEMS OF *Escherichia coli*

Allele	Product	Properties in the system of		
		Enzymes for lactose utilization	Enzymes of biosynthetic pathways	Temperate phage λ
R^+	Wild type repressor	Inducible by specific inducers (β-galactosides).	Repressible by the terminal product of the pathway.	Able to lysogenize. Lysogenic system induced to phage production by exposure to ultraviolet light and various chemicals, or thymine starvation.
R^-	Inactive repressor	Constitutive. R^+/R^- heterozygotes are inducible.	Non-repressible. R^+/R^- heterozygotes are repressible.	Unable to lysogenize alone. In mixed infection with R^+ produce R^+/R^- double lysogenics.
R^s	Super-repressed. Repressor non-antagonizable by inducer.	Unable to produce enzymes even in presence of inducer. R^s/R^+ or R^s/R^- heterozygotes do not produce enzymes.[a]		Able to lysogenize. Non-inducible by exposure to ultraviolet or thymine starvation. R^s/R^+ or R^s/R^- double lysogenics are non-inducible.
R^t	Repression system susceptible to temperature.	Inducible at low temperature. Constitutive at high temperature.		Able to lysogenize at low, but not at high, temperature. Lysogenics grown at low temperature produce phage when shifted to high temperature.
R^r	Reverted system	Partially constitutive. Repressed by β-galactosides.		

[a] Some R^s mutants for lactose utilization produce small amounts of enzymes in the presence of concentration of inducer 100 to 1000 times greater than that required for maximal production by the wild type.

wild type. The R^s mutation results in a decrease of affinity of the repressor for the inducers (Willson et al., 1963). R^s mutants are therefore unable to synthesize β-galactosidase under physiological conditions. Diploid heterozygous R^s/R^+ are also unable to synthesize the enzyme, a striking result from the genetic point of view since an R^s mutation corresponds to a dominant loss of function. The interaction between the repressor (R) and the specific metabolite or effector (F) may be represented as a reversible association into a complex RF:

$$R + F \rightleftharpoons RF$$

In an inducible system, the repressor R, product of the regulator gene, is active and prevents enzyme synthesis. The complex RF is inactive and the enzyme is synthesized. In repressible systems, R is inactive and in the absence of the metabolite, the enzyme is produced. The complex RF is active and prevents enzyme synthesis.

This mechanism, assumed at first to account by a single type of interaction for both inducible and repressible systems, is now supported by the properties of another allele (R^r) obtained in β-galactosidase (Willson et al., 1963). The R^r mutant is partially constitutive, but the addition of galactosides which are inducers in the wild type results in a decrease of enzyme production, i.e., in a repressing effect. A mutation in a regulator gene may, therefore, convert an inducible system into a repressible one, showing that similar elements and interaction operate in both types of system. The existence of such mutational changes has obvious implications for the evolution of regulatory systems.

Regulator genes may be visualized as transmitters of cytoplasmic chemical signals, the repressors, which act negatively on the transcription of structural genes into proteins and can be either inactivated (induction) or activated (repression) by specific metabolites. The repressor is clearly defined as the product of a regulator gene, which can exhibit different properties depending on the regulator allele. We shall return later to the problem of the nature of the repressor and of its interaction with small molecules.

Operators and Polygenic Operons

The second important feature of the model is that the bacterial chromosome contains units of transcriptive activity, or operons, coordinated by a genetic element or operator. The existence of operons and operators is evidenced by the properties of mutations which alter the rate of transcription of several adjacent structural genes located on the same chromosome. For instance, in the system for lactose utilization in E. coli, where two adjacent structural genes determine two distinct proteins, the operator is defined by the characters of a series of mutations clustered at one extremity of the operon, in the terminal part of the structural gene controlling β-galactosidase synthesis (see Fig. 2). One type of mutation, called operator-negative (O^0), results in a complete block of the transcription process along the two structural genes, and therefore in a loss of the ability to synthesize both enzymes. The other type, or operator-constitutive (O^c), results in a constitutive synthesis of both proteins; diploid heterozygotes O^+/O^c synthesize constitutively the two proteins determined by the structural genes located in position *cis* with respect to the O^c allele, i.e., in the same chromosome. These properties indicate that the operator does not act via a cytoplasmic product, but controls directly the transcription of the adjacent chromosomal segment, containing the two structural genes, as a single unit. The properties of the O^c allele indicate that the operator is the receiver of the controlling signals, i.e., the receptor of the repressor, and in all likelihood, the initiating point for the transcription of the whole operon. One must therefore expect the effects of inducing, or repressing, conditions to be quantitatively the same for different proteins controlled by different genes belonging to the same operon. This coordinated synthesis has been verified for the two proteins of the lactose system under a variety of conditions.

Similar observations have been made in various bacterial systems, where the genes controlling the different steps of a given biochemical pathway are known to be frequently clustered (Demerec and Hartman, 1959). The system for galactose utilization of *E. coli*, for instance, involves three enzymes, controlled by three adjacent genes and induced by galactose. Their grouping into a single operon is shown by the properties of an operator constitutive (O^c) mutation which maps at the extremity of the segment, on the galactoses epimerase side (Buttin, 1962) (see Fig. 2). It is worth noticing that in the two systems analyzed in *E. coli*, the operator lies on the same side of the operon with respect to the bacterial chromosome (see Fig. 2). If supported by further cases, this relationship would suggest a polarity of transcription alone the whole bacterial chromosome. In the system for arabinose utilization in *E. coli*, mutations of the O^0 type suggest that the three clustered structural genes determining the three enzymes of the system which are inducible by arabinose, are coordinated by a single operator (Lee and Englesberg, 1962).

In *Salmonella*, the genes controlling eight enzymes involved in the biosynthesis of histidine are clustered in a small segment of the bacterial chromosome, and the synthesis of all these enzymes has been shown to be quantitatively repressed by the terminal product of the pathway, histidine. Small

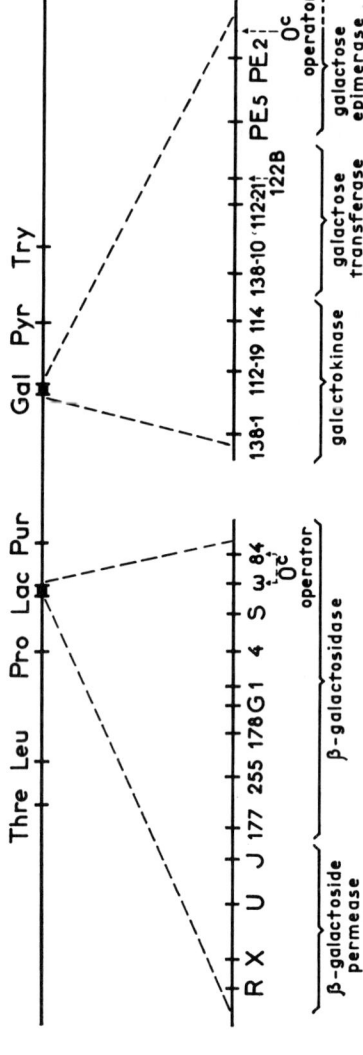

Fig. 2. Operons for the utilization of lactose and galactose in *Escherichia coli*.

deletions affecting a gene located at one extremity of the cluster (gene G, see Fig. 3), not only result in the incapacity to perform the first reaction of the pathway (controlled by the partially deleted gene G), but in a loss of the capacity to produce all the series of enzymes determined by intact genes (Ames and Garry, 1959; Ames et al., 1960; Hartman et al., 1960). The whole series of genes appear therefore to constitute an operon controlled by a single operator located at the extremity of the operon, on the side of gene G.

With this system, it has recently been possible to confirm a very distinctive prediction of the operon model. According to this model, the operator is the only receiver of controlling signals for the whole operon. Therefore, if a structural gene of the operon were physically disconnected from the operator, removed, and by some chromosomal rearrangement located somewhere else, the displaced structural gene would escape the control of its original operator and become insensitive to its normal system of regulation. From the strain, in which a partial deletion of gene G results in an inactivation of the whole series of genes, rare mutants have been isolated in which the series of intact genes have become again functional. Genetic analysis indicates that these mutants contain a double set of histidine genes: in addition to the normal set containing the original deletion and located in the normal region of the bacterial chromosome, they possess a duplicate set of the whole series of intact genes, which is not located in the usual histidine region of the chromosome, but in an unknown part of the cell genome (see Fig. 3). The two important points concerning these mutants are: (1) that the synthesis of the group of enzymes by the duplicated segment is not sensitive any more to repression by histidine, and (2) that the duplicated segment does not contain any detectable fragment of gene G (see Fig. 3) (Ames et al., 1963). It is clear, therefore, that, while a deletion of the operator region results in a nonfunctioning of the whole operon, the activity of the intact genes may be restored by a physical disconnection from this operator. The fact that the transcription of the intact genes, thus detached, is not controlled any more by histidine demonstrates than the operator is indeed the only receiver of the specific regulating signals.

An operon considered as a unit of transcription may contain one or several structural genes, depending on the system. One repressor may act on a single operator or on several, the latter case being exemplified by the pathway of arginine biosynthesis of *E. coli*. In this system, the seven structural genes determining the synthesis of the seven known enzymes are distributed among five distinct regions of the bacterial chromosome. The synthesis of all enzymes is repressed by arginine and the available evidence suggests that a single

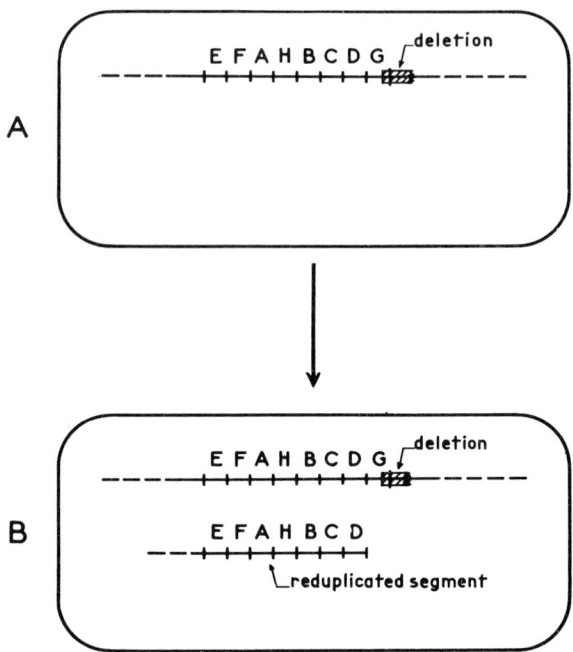

FIG. 3. The histidine operon in *Salmonella*. The eight structural genes controlling the enzymes of the pathway are clustered in a small segment of the bacterial chromosome. Deletions involving the extremity of the terminal gene G (which controls the first enzyme of the pathway, phosphoribosyl-ATP-pyrophosphorylase) result in the nonfunctioning of the seven other structural genes. From this strain (A), mutants (B) can be recovered (by the ability to grow on histidinol) in which the seven structural genes from E to D are functional. Cultures of these mutants segregate the original deletion (A) type. They carry a duplicate set of the seven genes, from E to D, which is not attached to the original histidine region. They do not possess any detectable part of the originally nondeleted portion of gene G. The synthesis of enzymes by the duplicated set of the seven genes is no longer sensitive to the repressing action of histidine. (From Ames et al., 1963).

regulator gene, and therefore a single repressor, acts on the series of operators (Maas, 1961; Gorini et al., 1961).

A similar situation is also found with the pyrimidine pathway in *E. coli*. The synthesis of the last four enzymes of the pathway is coordinately repressed by uracil, and the genes determining these enzymes are clustered in a small chromosomal segment, probably constituting an operon. The gene controlling the first enzyme is unlinked to the others, and the synthesis of this enzyme, while also repressible by uracil, is not quantitatively coordinated with that of the other enzymes. The whole system appears to be regulated by a single repressor acting on two operons, one constituted by four genes, and the other by one (Beckwith et al., 1962).

Operons constitute the units of primary transcription, containing one or several genes. The operator may be visualized as the initiating point of the transcription process and the receiver of the controlling signals.

Messenger RNA and Regulation at the Genetic Level

The third, and most important, feature of the model is that regulation of protein synthesis operates at the genetic level, i.e., determines the rate of production of the primary gene product. This question is closely related to the problem of messenger RNA. The possible grouping of several structural genes into a single unit of activity indicates that regulation operates at a level where the structural information for several proteins is still associated in a single structure, which is probably the genetic material itself. This finding, together with the results of kinetic studies of the expression of a structural gene (Riley et al., 1960), suggested that the transfer of structural information from genes to cytoplasmic protein-forming centers did not involve stable structures persisting in the cytoplasm, but rather metabolically unstable and rapidly renewed *messengers*. This conclusion resulted in a systematic search for an intermediate endowed with the proper characteristics, and several lines of evidence suggest that the so-called messenger RNA fulfills the prerequisites.

1. An RNA fraction with an exceptionally high rate of turnover exists, not only in phage-infected bacteria (Volkin and Astrachan, 1957), but also in normal bacteria (Gros et al., 1961a) and in yeast (Yčas and Vincent, 1960). This fraction can reversibly adsorb to ribosomes. In contrast to other RNA fractions, its base composition approximates that of DNA (Gros et al., 1961b) and it forms hybrids with homologous, but not with heterologous, DNA (Hall and Spiegelman, 1961), suggesting a direct relationship between the base sequence in DNA and in messenger RNA.

2. An enzymatic system able to synthesize RNA polynucleotides, using DNA as a primer and reproducing the DNA base ratio in its product, exists in bacteria (Weiss and Nakamoto, 1961; Stevens, 1960; Hurwitz et al., 1961; Chamberlin and Berg, 1962). This product has the same characteristics as the "messenger RNA" fraction.

3. Ribosomes are not specific with respect to the proteins they synthesize. The same ribosomes are able to synthesize either bacterial or viral proteins, depending on whether the messenger RNA with which they are associated is bacterial or viral (Brenner et al., 1961).

4. In reconstructed subcellular fractions, the presence of DNA appears

essential both for the synthesis of RNA, presumably messenger RNA, and for the incorporation of amino acids into peptide chains (Tissières et al., 1960). Moreover, RNA polymerase has been shown to be an essential component in such systems (Wood and Berg, 1962). In the absence of DNA, incorporation of amino acids into peptide chains is stimulated by the messenger RNA fraction (Tissières and Hopkins, 1961).

The sum of these observations encourages the idea that it is indeed the primary gene product which has been identified as messenger RNA. The definite proof that messenger RNA does carry structural information to protein-forming centers is still lacking. However, the work with synthetic RNA polymers has clearly shown that ribosomes from various sources can be programmed by synthetic polymers (Nirenberg and Matthaei, 1961) and that different polymers lead to the formation of different products, a finding which constitutes a major step toward the solution of the coding problem (Lengyel et al., 1961; Matthaei et al., 1962).

As previously discussed, it is the result of genetic analysis and of studies of the kinetics of enzyme synthesis (following induction and/or gene transfer), suggesting that regulation of protein synthesis in bacteria occurred at the genetic level, which led to the hypothesis of an unstable messenger RNA as the carrier of genetic information from genes to protein-forming centers. Although the discovery of an RNA fraction which qualifies nicely as an unstable messenger certainly brings strong support to the hypothesis that regulation operates by switching on and off the synthesis of messenger RNA, it does not by itself constitute a direct proof of the validity of this hypothesis. More direct evidence has, however, been obtained.

First, changes in cultural conditions, which are known either to repress or to induce the synthesis of an important fraction of the total proteins, have been found to result in a detectable decrease, or increase, in the rate of synthesis of messenger RNA (Hiatt et al., 1963). This observation suggests that regulation controls the rate of synthesis of messenger RNA, but it gives no indication as to the specificity of the induced, or repressed, messengers.

For the present time, the only criterion allowing the detection of a specific messenger is the ability of this messenger to form specific hybrids with homologous DNA. In an inducible system, if induction does indeed result in the production of the specific messenger, such a messenger will be found in induced, but not in non-induced bacteria. In other words, formation of hybrid molecules with the corresponding DNA will be observed with messenger from induced, but not from non-induced, bacteria. This type of experiment has been performed with two inducible systems of *E. coli* which are involved in the utilization of lactose and galactose, respectively. In both systems, it is possible to isolate the specific DNA in a reasonably purified form. The results of an experiment involving the system for galactose utilization are reported in Fig. 4. They show unambiguously that the messenger RNA of this system is present only in induced bacteria (Attardi et al., 1962).

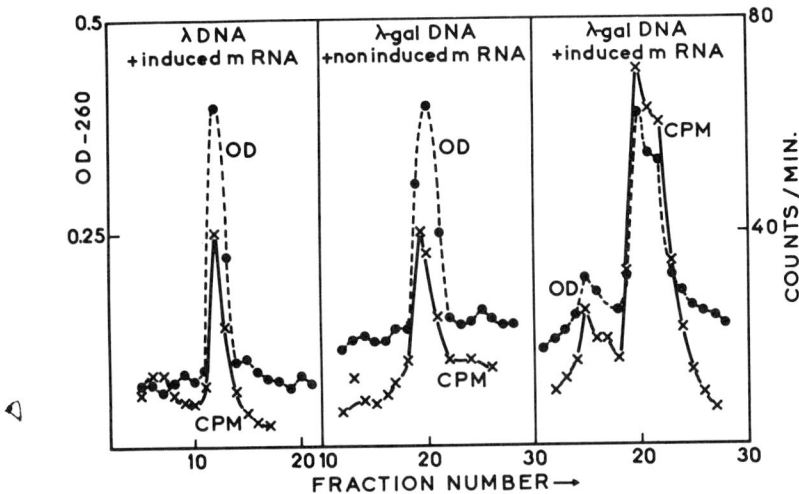

Fig. 4. Induction of specific messenger RNA involved in the production of the enzyme of galactose utilization in *Escherichia coli*. A culture of galactose-positive bacteria (*E. coli* K12, Hfr H) in glycerol minimal medium is divided in two parts: one is grown in the presence of 10^{-3} M fucose (an analog of galactose) which induces the synthesis of the three enzymes of galactose utilization, and the other in the absence of fucose. A pulse of 90 seconds of radiophosphorus is given to the two cultures. Bacteria are harvested in buffer containing 10^{-2} M $MgSO_4$ and ground with alumina. Ribosomes with which messenger RNA is associated are obtained by centrifugation. Total RNA is extracted from ribosomes by phenol extraction and fractionated in sucrose gradient. Suspensions of phages λ and λ-gal (which carries the three bacterial galactose genes) are purified in density gradients of CsCl. DNA from these two phage preparations is extracted by phenol and then denaturated by heating followed by fast cooling. Fractions enriched in messenger RNA (from induced or non-induced cells) are heated at 40° C for 4 hours with denaturated DNA (from λ or λ-gal), then slowly cooled to 18° C in order to form DNA-RNA hybrids. After light treatment with RNase (which destroys nonspecific aggregates, but not specific hybrids), the DNA and the hybrids are fractionated in density gradients of CsCl. The ordinates indicate the OD-260 and the counts/min (cpm). The abscissa indicates the fractions of the gradient collected from highest to lowest densities. Messengers from induced cells form a small amount of hybrids with DNA of wild type λ: 53 counts/min/unit OD (*left*). Messengers from noninduced cells form the same amount of hybrids with λ-gal DNA: 51 counts/min/unit OD (*center*). Messengers from induced cells form 3 times more hybrids with λ-gal: 151 counts/min/unit OD (*right*). It is concluded that the specific messengers for the galactose system are produced in detectable amount only when bacteria are grown in the presence of inducer. (From Attardi et al., 1962).

It is therefore concluded that regulation of protein synthesis operates at the level of the genetic material, by switching on or off the production of the primary gene product, messenger RNA.

The Repressor

The last aspect of the model we shall discuss here is concerned with the nature of the repressor and its interaction with specific metabolites. From the previously reported observations, it has been concluded that the repressor—which is defined as the product of the regulator gene, able to exhibit different properties as a result of mutations affecting the regulator gene—acts on the corresponding operator to prevent synthesis of the messengers by the whole operon. In addition, the repressor is able to interact with specific metabolites which can either activate it (repression) or inactivate it (induction). A repressor must therefore be able to recognize a given operator and a given metabolite.

In the case of β-galactosidase (Pardee and Prestidge, 1959) and of phage (Jacob and Campbell, 1959), it has been shown that repression can be established in the presence of inhibitors of protein synthesis, an observation which had suggested that the repressor might not be a protein, but rather a polyribonucleotide. This conclusion, however, if it may explain satisfactorily the specificity of interaction between the repressor and the operator, meets with serious difficulties. (1) The polyribonucleotides, primary products of regulator genes, not being transcribed into protein, would have to be of a different nature from the polyribonucleotides formed by structural genes, i.e., messenger RNA. (2) The recognition of a metabolite by a polynucleotide seems difficult to visualize without the mediation of a protein, which would have to be controlled by the regulator gene. (3) The properties of the different alleles of the regulator genes—and more particularly of the R^s allele which results in a decrease of the affinity of the repressor for the inducer—are difficult to account for if the product of these genes is not a protein.

For the present time, direct identification of the repressor remains a difficult problem. It is possible to demonstrate indirectly that the product of the regulator genes is transcribed into proteins by studying the effects, on regulator mutations, of suppressors known to act at the level of the transcription process from polynucleotidic templates into peptide chains (Yanofsky et al., 1961; Benzer and Champe, 1961). It is clear that if some regulator alleles are found to be susceptible to the action of such supressors, it has to be concluded that the synthesis of the repressor involves a transcription into a peptide chain. This turns out to be the case for the phage repressor. Among 300

R^- mutations of the regulator gene of phage λ, 11 are suppressible by a particular bacterial suppressor, known to restore enzymatic activity of several proteins altered by mutation. Because of its properties of specific steric recognition, the repressor can hardly be a small molecule. It seems, therefore, unlikely that the protein revealed by the effect of the suppressors on the active product of regulator genes is an enzyme controlling the synthesis of the repressor. Most probably, the repressor itself is, partially or in totality, a protein (Jacob et al., 1962).

This conclusion may be reconciled with the fact that repression can be established in the presence of inhibitors of protein synthesis if the number of molecules of a specific repressor per cell is very small. The accumulation of a few regulator messengers in the presence of the inhibitor would, upon removal of the inhibitor, result in an almost immediate synthesis of enough repressor molecules to insure complete repression. In fact, the available evidence, both from kinetic study of induction of β-galactosidase in haploid and diploid bacteria heterozygous for the regulator gene (Ullman et al., 1963) and from the study of immunity in phage (Bertani, 1961; Jacob et al., 1962), suggests that the repressor acts stoichiometrically and points to a very small number of repressor molecules, perhaps not higher than 10 or 15 per chromosome in each case. On the basis of the present knowledge, it appears that the expression of a regulator gene, like that of a structural gene, involves a transcription into protein, the product of a regulator gene being formed in very small amounts.

Furthermore, kinetics of enzyme induction are difficult to reconcile with the hypothesis that the interaction between the repressor and the inducing or repressing, metabolite involves a covalent reaction. The extremely short and constant lag of induction, observed for a wide range of inducer concentration, the almost instantaneous arrest of protein synthesis upon removal of the inducer, as well as the steady rate of enzyme synthesis obtained at a given inducer concentration, whether the previous concentration was higher or lower, all these facts seem to be more compatible with the alternative hypothesis that the *repressor involves an allosteric protein* in the sense previously described. The repressor would possess two distinct sites, one for the operator and one for the specific metabolite. The combination with the metabolite would modify the affinity of the repressor for the operator, either increasing it in the case of enzyme repression, or decreasing it in the case of enzyme induction. Instantaneous switches, on or off, of messenger production would thus result from allosteric transitions of the repressor protein. According to this hypothesis, the whole cellular regulation would ultimately rely on allosterically induced fits or misfits of a few protein species (Ullman et al., 1963).

Genetic Regulation and Differentiation

The study of protein synthesis in bacteria has revealed a system of genetically controlled cytoplasmic signals regulating gene activity. In the bacterial cell, the hereditary message is written in a single linear structure, the bacterial chromosome, which determines the macromolecular pattern of the cell. The transcription of the structural message, written along the chromosome, involves a continuous flow of information from the genetic material to the cytoplasm via metabolically unstable messenger-RNA molecules which bring to the protein-forming centers instructions for building specific protein configurations. There exist, in the chromosome, specialized determinants whose function is to establish specific circuits which, according to the requirements and environmental conditions, allow the selection of the genetic potentialities to be expressed, and therefore of the types of structural messengers produced. At the protein level, other types of circuits interconnecting metabolic pathways regulate enzyme activity by allosteric changes in the configuration of certain key proteins. The different constituents of the bacterial system are thus able to control and inform each other.

It is important to recall, at this point, that the specificity of induction (or repression) as well as of allosteric inhibition in bacterial systems is independent of the specificity of action of the enzymes involved. In the lactose system of *E. coli*, for instance, the synthesis of mutant proteins, which do not exhibit any detectable affinity for β-galactosides, is still normally and specifically induced by these compounds (Perrin *et al.*, 1960). In the same way, we have seen that mutants for the histidine pathway of *Salmonella*, in which the structural genes have been detached from the operator, produce a series of normal enzymes but their synthesis is no longer influenced by histidine. Although inducers are in general substrates, or analogs of the substrate, and repressing metabolites are products (sometimes far removed) of the controlled enzyme, the mechanism of the effect itself imposes no restriction upon the choice of the active agents. The regulation systems may be visualized as "circuits" whose specificity must be considered purely as a result of selection. An allosteric enzyme, or a repressor, is merely a transducer of chemical signals through which interactions occur between reactions which, by virtue of the chemical structure of the reactants, would otherwise proceed independently. Living organisms could not possibly survive, and even less multiply, if it were not for the operation of an exceedingly complex network of regulatory and signaling circuits. The establishment of any sort of complex circuitry, chemical or electric, involves primarily the possibility of interconnecting different parts of the system so that they control and inform each other to the benefit of an adequate final output. Allosteric effects and more specifically allosteric proteins offer precisely the type of "universal" interconnecting element required for the construction of physiological circuits.

According to our previous definition of differentiation, a bacterial population growing, for instance, in the presence of a specific inducer, and thereby producing some specific protein(s), is to be considered as differentiated with respect to a genetically identical population growing in the absence of inducer. An essential characteristic of regulation of protein synthesis in bacteria, however, is the almost instantaneous response to regulating stimuli and the complete and instantaneous reversibility observed when the stimuli disappear, as illustrated in Fig. 5. Such a complete reversibility is expected in unicellular organisms where selection will necessarily favor the most rapid response to any change of environment. As already pointed out, the specificity of induction or repression of enzyme synthesis in bacteria is not inherently related to the specificity of the controlled enzyme(s), but merely results from selection of the most efficient regulatory circuits. If inducing or repressing metabolites in bacteria turns out to be, in general, directly related to, or identical with, metabolites of the pathway which they control, this reflects the requirements of free-living unicellular organisms. The problems

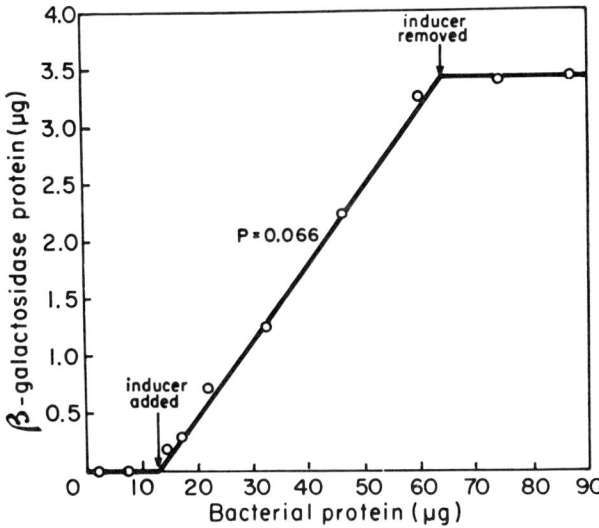

FIG. 5. Kinetics of induced enzyme synthesis. Differential plot expressing accumulation of β-galactosidase as a function of increase of mass of cells in a growing culture of *E. coli*. Since abscissa and ordinate are expressed in the same units (micrograms of protein) the slope of the straight line gives galactosidase as the fraction (P) of total protein synthesized in the presence of inducer. (After Cohn, 1957.)

of such organisms are only to preserve their homeostatic state while adapting rapidly to the chemical challenge of changing environments, and the efficiency of selection depends essentially on a single parameter: the relative rate of multiplication.

The cells of differentiated organisms are faced with entirely different problems. On the one hand, certain groups of functions are permanently delegated to certain groups of cells. On the other hand, intercellular (and not only intracellular) coordination becomes a major factor in selection, while the environment of individual cells is largely stabilized, thus eliminating to a large degree the requirements for rapid and extensive nutritional adaptation.

It is clear, therefore, that differentiated organisms may be expected to possess certain types of regulatory mechanisms which are not found in unicellular organisms. The question, however, is whether cellular regulation and differentiation in higher organisms use the same basic mechanisms as bacterial systems, employing similar circuit elements geared in a different way to meet the requirements of higher organisms. Since bacteria provide us with a model of reversible differentiation operating at the genetic level through circuits of (probably allosteric) signals, we may subdivide the question and ask: (1) Does differentiation operate at the genetic level by turning on or off gene activity, thereby selecting the genetic potentialities to be expressed? (2) In the affirmative, can the basic elements of regulatory circuits found in bacteria, i.e., regulator genes, repressors, operators, be organized into other types of circuits, whose properties could account for the main features of differentiation in higher organisms?

The experimental arguments concerning the first question come from cytogenetical studies of polytenic chromosomes of Diptera. In this material, independent chromosomal units have been shown to exhibit a differential and reversible activation, involving the production of a rapidly renewed RNA, correlated in some instances with specific functions. This aspect of chromosomal activity is discussed at length in other papers in this symposium. The relationship of this phenomenon to differentiation has recently been supported by a study of the metamorphosis of Diptera induced by injection of the prothoracic gland hormone, ecdyson. A few minutes after injection, a specific puff appears, the stability of which depends on the amount of hormone injected. If this amount is great enough, a second puff appears a few minutes later in another chromosomal region, followed by a specific pattern of appearance and disappearance of various puffs in different regions. It is as though the hormone were inducing the formation of a first specific puff which would in turn initiate an orderly series of specific chromosomal events occurring at definite times of metamorphosis (Clever, 1961). All the observations with salivary gland chromosomes strongly suggest that specific modifications of the structure and activity in localized chromosomal regions occur in different tissues of an organism, at different times of the life history of the individual, and that these modifications are reversible and related to the functional activity of the cell.

The second question deals with the mechanisms which may account for the orderly emergence of differentiated functions. The stability and the clonal character of differentiation point to "hereditary" phenomena, but the main problem, which has raised many difficulties of terminology, is concerned with the nature of these phenomena (Nanney, 1958; Ephrussi, 1958; Sonneborn, 1960). As clearly pointed out by Lederberg (1958), this problem must be defined in chemical terms, namely, whether differentiation involves conservation of, or specific changes in, the information coded in the base sequence of polynucleotides. Changes imply any mutational alteration in the sequences, or any distribution of sequences contained in chromosomes or in extranuclear elements. Conservation implies differential functional activity of nucleotide sequences, resulting, for instance, from the establishment of steady state systems capable of clonal perpetuation, as pointed out by Delbrück (1949).

The hypothesis of systematic modifications of the information contained in the genetic material has progressively declined in popularity as knowledge of its structure and functioning increased. Mechanisms involving orderly specific alterations of nucleotide sequences, i.e., mutations, are hardly conceivable at the present time. Although somatic cells have not yet been submitted to genetic analysis, the unequal distribution of chromosomal nucleic information in the course of development appears rather unlikely, except in some rare cases as observed in *Ascaris* or Diptera. The difficulties thus encountered have left hypothetical plasmagenes as the only candidates to account for eventual changes in the content of genetic information during development. Although frequently favored in past years, this hypothesis still lacks the support of experimental evidence as well as of a plausible mechanism to account for an orderly distribution of cytoplasmic particles.

Opposition to the alternative models, i.e., stable activation or inactivation of chromosomal segments, has come mostly from the difficulty of visualizing a suitable mechanism able to alter the function of genes without altering their informational content. The study of genetic regulation in bacteria provides just such a system, or at least the elements of such a system. Like elements of electronic systems, these elements can be organized into a variety of circuits fulfilling a variety of purposes.

Model Circuits

Genetic regulatory circuits, as they occur in bacteria, allow the bacterium to select which of its genetic potentialities have to be expressed according to environmental and cytoplasmic conditions. The bacterial regulatory systems are essentially genetic and negative, i.e., when they are active they prevent the expression of genetic potentialities. Although bacterial circuits are entirely reversible, it is possible to produce other circuits endowed with different degrees of stability, just by connecting the same regulatory elements into other types of circuits (Monod and Jacob, 1961). Such model circuits are, of course, entirely imaginary, but the actual elements of these circuits, namely, regulator genes, repressors, operators, are not imaginary; they are the elements which operate in bacteria.

The system represented in Fig. 6 represents a classical induction system with the peculiarity that the inducer is not the substrate but the product of the controlled enzyme. Such a system, which is known to occur in bacteria, mimics certain properties of genetic elements. In the absence of an exogenous inducer, the enzyme will not be produced, unless already present. When the system is locked, temporary contact with an inducer will unlock it ndefinitely, at least as long as either substrate or product is present.

More complicated circuits can be obtained by interconnecting two inducible, or repressible, systems. In the case represented in Fig. 7, the product of each system acts as a repressing substance for the other. This results in mutually exclusive steady states, the presence of one enzyme blocking permanently the synthesis of the other. A switch from one system to the other is accomplished by temporary elimination of the substrate of the live system. On the contrary, if, as represented in Fig. 8, the product of one enzyme acts as an inducer for the other, the two enzymes are mutually dependent. One could not be synthesized in the absence of the other although they might function in apparently unrelated pathways. Inhibition of one enzyme, or

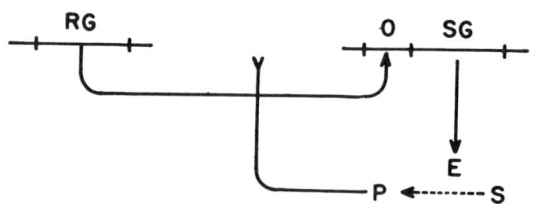

Fig. 6. Model I. Synthesis of enzyme E, genetically determined by the structural gene SG, is blocked by the repressor synthesized by the regulator gene RG. The product P of the reaction catalyzed by enzyme E acts as an inducer of the system by inactivating the repressor. O: operator; S: substrate.

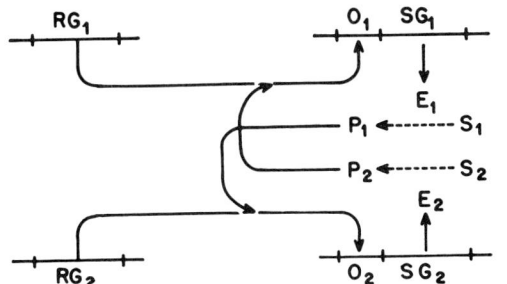

FIG. 7. Model II. Synthesis of enzyme E_1, genetically determined by the structural gene SG_1, is regulated by the regulator gene RG_1. Synthesis of enzyme E_2, genetically determined by the structural gene SG_2, is regulated by the regulator gene RG_2. The product P_1 of the reaction catalyzed by enzyme E_1 acts as corepressor in the regulation system of enzyme E_2. The product P_2 of the reaction catalyzed by enzyme E_2 acts as corepressor in the regulation system of enzyme E_1. O: operator; S: substrate.

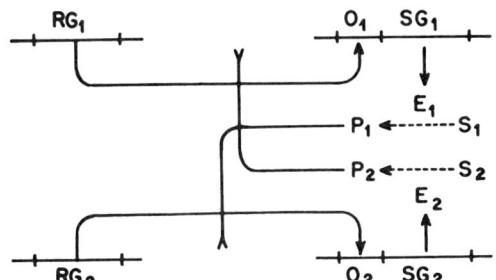

FIG. 8. Model III. Synthesis of enzyme E_1, genetically determined by the structural gene SG_1, is blocked by the repressor synthesized by the regulator gene RG_1. Synthesis of another enzyme E_2, controlled by structural gene SG_2, is blocked by another repressor synthesized by regulator gene RG_2. The product P_1 of the reaction catalyzed by enzyme E_1 acts as an inducer for the synthesis of enzyme E_2, and the product P_2 of the reaction catalyzed by enzyme E_2 acts as an inducer for the synthesis of enzyme E_1. O: operator; S: substrate.

elimination of its substrate, even temporarily, would eventually result in the permanent suppression of both. Finally, the two models can be combined as represented in Fig. 9. Here the product of one enzyme acts as inducer for the second, while the product of the second enzyme exhibits repressing properties for the first enzyme. This is an interesting system because, provided adequate constants are chosen for the decay of the enzymes and their products, the system will oscillate from one state to the other and provide some kind of a biological clock.

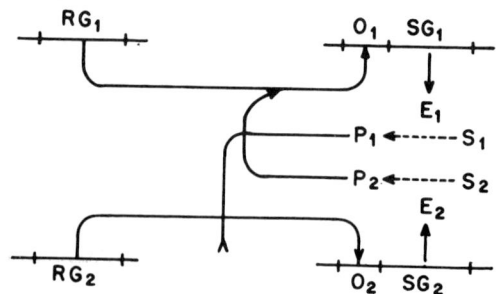

Fig. 9. Model IV. Synthesis of enzyme E_1, genetically determined by the structural gene SG_1, is blocked by the repressor synthesized by the regulator gene RG_1. Synthesis of another enzyme E_2, controlled by structural gene SG_2, is blocked by another repressor synthesized by regulator gene RG_2. The product P_1 of the reaction catalyzed by enzyme E_1 acts as an inducer for the synthesis of enzyme E_2, while the product P_2 of the reaction catalyzed by enzyme E_2 acts as a corepressor for the synthesis of enzyme E_1. O: operator; S: substrate.

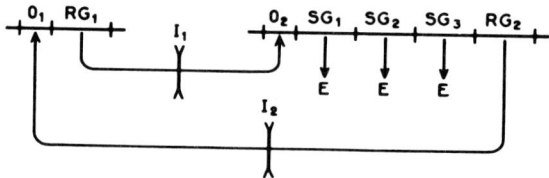

Fig. 10. Model V. The regulator gene RG_1 controls the activity of an operon containing three structural genes (SG_1, SG_2, SG_3) and another regulator gene RG_2. The regulator gene RG_1 itself belongs to another operon sensitive to the repressor synthesized by RG_2. The action of RG_1 can be antagonized by an inducer I_1, which activates SG_1, SG_2, SG_3 and RG_2 (and therefore inactivates RG_1). The action of RG_2 can be antagonized by an inducer I_2 which activates RG_1 (and therefore inactivates the systems SG_1, SG_2, SG_3 and RG_2). O: operator.

As a last example, we can go one step further and assume that two regulator genes can interact with each other. In the scheme represented in Fig. 10, the regulator gene RG_1 controls the activity of an operon including a second regulator gene RG_2, which in turn can control RG_1. Such a system would be completely independent of the actual metabolic activities of the enzymes. It could be switched from the inactive to the active state by transient contact with a proper inducer, produced, for instance, by another tissue. Once activated, the system could not be switched back except by addition of the repressor produced by the first regulator gene. The change of state would therefore be irreversible. Conversely, starting from the active state, transient contact with an inducer acting on the product of the second regulator gene would switch the system permanently to the inactive state.

These models are not proposed to explain differentiation, but to show how rather simple circuits of negative genetic regulation may mimic very closely changes occurring in the genetic material itself. The transcription of a gene, not only in a cell but in a whole cell lineage, may be permanently repressed—or derepressed—depending on an initial, transient event, which would not depend on a specific alteration of the information carried in the gene.

Other variations of the bacterial model may also result in a greater stability of the circuits. For instance, in bacteria, all the evidence points to a great instability of messenger RNA. In higher organisms, in contrast, some cases are known for which more stable messengers have to be postulated. A rapidly labeled messenger-like RNA has been found in HeLa cells grown in tissue cultures (Scherrer and Darnell, 1962), in the nuclear RNA of thymus cells (Sibatani *et al.*, 1962) and of rat liver cells (Hiatt, 1962), but not in the cytoplasm of liver cells (Hiatt, 1962) or in reticulocytes (Marks *et al.* 1962). Clearly a differential stability of messengers would provide a means for a differential stability of gene expression. Actively growing, nondifferentiated cells might have unstable messengers and constantly reprogrammed ribosomes, while nongrowing, highly differentiated cells might have more stable messengers for the few very particular proteins they make. The messenger-ribosome complex might remain stable so that the ribosomes could not be reprogrammed by other messengers, a system which would lock differentiation in such cells.

Conclusion

In concluding these remarks concerning the possibility of using elements of bacterial circuitry to devise other circuits accounting for the requirements of cellular differentiation, we may turn to the already known example relevant to this discussion.

The existence of regulatory circuits in cells of differentiated organisms is already known. In maize, the work of McClintock (1956) and of Brink (1960) has revealed systems which control gene activity and are essentially composed of two elements. One is closely associated with the structural gene and governs its activity. The other may be located in another region of the chromosomal set. The latter element determines the conditions to which the gene-associated element specifically responds, and therefore the change in the activity of the structural gene. These systems are quite specific: each gene-associated element responds only to a particular second element and it affects only the activity of the gene located in the same chromosome (*cis*). As pointed out by McClintock (1961), such a dual system of control in maize may, in many respects, be compared with the regulator gene-operator system of bacteria. It seems likely that the maize elements also operate by way of specific molecules acting as chemical signals like bacterial repressors.

The generalized hypothesis of genetic regulatory circuits leads to a definite prediction: the possibility of obtaining, in higher organisms, mutants in which the rate of synthesis, but not the structure, of a given protein would be altered. In the synthesis of human hemoglobin, an operator-element has recently been postulated to account for thalassemia and high fetal hemoglobin trait (Neel, 1961; Motulsky, 1962). At birth of a normal child, the production of γ chains, present in fetal hemoglobin, is switched off, whereas production of β and δ chains, present in adult hemoglobin, is switched on. The high fetal hemoglobin trait involves a mutation, extremely closely linked to the structural genes for β and δ chains, which results in the persistence of fetal hemoglobin in otherwise normal adults, heterozygous for this trait. The study of hemoglobin produced by double heterozygotes for this trait and for the structural gene controlling β-chain synthesis shows that the mutation prevents expression of only the immediately adjacent linked β and δ loci of the same (*cis*) chromosome. In the study of haptoglobins, mutations have been found which can hardly be explained by changes in structural genes, but strongly suggest the existence of regulator and operator-like elements controlling the expression of structural genes (Parker and Bearn, 1963). Finally, another example reminiscent of a negative-operator type of mutation is also provided in the cytogenetic studies in salivary glands of *Chironomus*. A specific puff, correlated with the production of certain secretion granules, is observed in one species but not in another, although no difference in the bands of this chromosomal region can be detected. In hybrids between the two species, only that chromosome issued from the puffing parent is found to puff (Beerman, 1961).

All these facts encourage the hypothesis that differentiation operates at the genetic level, using elements basically similar to those found in bacteria, an interpretation which would not be in any way incompatible with the experiments of Briggs and King (1955). As a result of complex interconnections of circuits, successive and orderly switches of elements of the cellular genome, on or off, might provide a precise time clock necessary to control the emergence of functionally differentiated cells within a genetically homogeneous population. In the model of negative genetic regulation, one of the main difficulties which may be expected in a systematic attempt to identify inducers, is that there is no guiding *chemical* principle (based, for instance, on steric analogy). As already discussed for bacterial regulation, the mechanism of the effects imposes no restriction upon the inducing (or repressing) agent interacting with a repression circuit or with an allosteric inhibition. Since the interaction is not limited by, nor dependent upon, any obligatory chemical relationship between substrate and effector, it is clear that virtually *any* physiologically or embryologically useful interconnection between any two or more metabolic pathways, as well as between any two or more tissues or organs, may and indeed should become established by selection of the proper "construction" in the competent system. The freedom of selection prevents us from deducing on a purely chemical basis which type of compound may favor the production of a given enzyme system in the course of development. Hormones appear as obvious candidates for some systems, and several cases are already known of molecular conversions in which a hormone appears to be involved. The case of *Chironomus*, in which ecdyson induces the rapid production of a specific puff, suggests that hormones might also interact with regulatory genetic circuits, although it remains to determine whether the formation of the puff is indeed a primary reaction. In fact, the mode of action of a given chemical substance, such as a hormone, might eventually be multivalent, activating the production of one enzyme system in a certain type of cell, inactivating that of another enzyme system in another type of cell, and acting on the functioning of other enzymes, by allosteric action, in a third type of cell.

The remarkable advances in the methodology of cell cultures are likely to open a new way toward experimental analysis of differentiation. To the present day, the main obstacle has been the impossibility of deciding whether differentiated cells of an organism possess the same structural information coded in their nucleotide sequence. This uncertainty has resulted mainly from the lack of suitable genetic systems allowing genetic analysis of somatic cells. It is not impossible that progress in biochemistry will allow one to bypass in some way genetic analysis by conventional methods. It will probably soon become possible to investigate the specific messengers produced by differentiated cells performing very specialized functions. Whether or not such specialized messengers will recognize the presence of their genes in other cells, by forming hybrid molecules with the DNA of these cells, might perhaps provide a way of analyzing the genetic content of somatic cells. If this content is the same, and if differentiation is based on genetically controlled circuits, then genetic analysis of somatic cells may well turn out to be essentially an analysis of gene expression, as controlled by gene interaction. The main genetic tools would then be provided by the isolation of regulatory mutants, in which specific circuits would be altered, allowing, for instance, the mutant cell to produce molecular species that it does not produce normally. In the analysis of gene interaction, biochemical study may again become a major factor since it now seems reasonable to expect in the near future the production of proteins in subcellular fractions. Reconstructed systems, where DNA or nuclei of certain differentiated cells would be exposed to extracts of other cells, should then provide an assay for the effect of the products of regulatory genes on the expression of structural genes, as well as for a systematic search of inducer substances.

Acknowledgments

The work done in the authors' laboratory has been supported by grants from the National Science Foundation, The Jane Coffin Memorial Fund, and the Commissariat à l'Energie Atomique.

References

Algranati, I. D., and Cabib, E. (1962). Uridine diphosphate D-glucose-glycogen glucosyltransferase from yeast. *J. Biol. Chem.* **237**, 1007–1013.

Ames, B. N., and Garry, B. (1959). Coordinate repression of the synthesis of four histidine biosynthetic enzymes by histidine. *Proc. Natl. Acad. Sci. U.S.* **45**, 1453–1461.

Ames, B. N., Garry, B. and Herzenberg, L. A. (1960). The general control of enzymes of histidine biosynthesis in *Salmonella typhimurium*. *J. Gen. Microbiol.* **22**, 369–378.

Ames, B. N., Hartman, P. E., and Jacob, F. (1963). Chromosomal alterations affecting the regulation of histidine biosynthetic enzymes in *Salmonella*. *J. Mol. Biol.* in press.

Attardi, G., Naono, S., Gros, F., Brenner, S., and Jacob, F. (1962). Effet de l'induction enzymatique sur le taux de synthèse d'un ARN messager spécifique chez *E. coli*. *Compt. rend. acad. sci.* **255**, 2303–2305.

Beckwith, J. R., Pardee, A. B., Austrian, R., and Jacob, F. (1962). Coordination of the synthesis of the enzymes in the pyrimidine pathway of *E. coli*. *J. Mol. Biol.* **5**, 618–634.

Beerman, W. (1961). Ein Balbiani-Ring als Locus einer Speicheldrüsenmutation. *Chromosoma* **12**, 1–25.

Benzer, S., and Champe, S. P. (1961). Ambivalent *rII* mutants of phage T_4. *Proc. Natl. Acad. Sci. U.S.* **47**, 1025–1038.

Bertani, L. E. (1961). Levels of immunity to superinfection in lysogenic bacteria as affected by prophage genotype. *Virology* **13**, 378–380.

Braun, A. C. (1961). Plant tumors as an experimental model. *Harvey Lectures* **56**, 191–210.

Brenner, S., Jacob, F., and Meselson, M. (1961). An unstable intermediate carrying information from genes to ribosomes for protein synthesis. *Nature* **190**, 576–581.

Briggs, R. W., and King, T. J. (1955). *In* "Biological Specificity and Growth," Growth Symposium No. 12 (E. G. Butler ed.), pp. 207–228. Princeton Univ. Press, Princeton, New Jersey.

BRINK, R. A. (1960). Paramutation and chromosome organization. *Quart. Rev. Biol.* **35**, 120–137.
BUTTIN, G. (1962). Sur la structure de l'opéron galactose chez *E. coli. Compt. rend. acad. sci.* **255**, 1233–1235.
CHAMBERLIN, M., AND BERG, P. (1962). Deoxyribonucleic acid-directed synthesis of ribonucleic acid by an enzyme from *Escherichia coli. Proc. Natl. Acad. Sci. U.S.* **48**, 81–94.
CHANGEUX, J. P. (1961). The feedback control mechanism of biosynthetic L-threonine deaminase by L-isoleucine. *Cold Spring Harbor Symposia Quant. Biol.* **26**, 313–318.
CHANGEUX, J. P. (1962). Effet des analogues de la L-thréonine et de la L-isoleucine sur la L-thréonine désaminase. *J. Mol. Biol.* **4**, 220–225.
CLEVER, U. (1961). Genaktivitäten in den Riesenchromosomen von Chironomus Tentans und ihre Beziehungen zur Entwicklung. *Chromosoma* **12**, 607–675.
COHN, M. (1957). Contributions of studies on the β-galactosidase of *Escherichia coli* to our understanding of enzyme synthesis. *Bacteriol. Revs.* **21**, 140–168.
DELBRÜCK, M. (1949). *In* "Unités biologiques douées de continuité génétique," pp. 33–34. C.N.R.S., Paris.
DEMEREC, M., AND HARTMAN, P. E. (1959). Complex loci in microorganisms. *Ann. Rev. Microbiol.* **13**, 377–406.
EPHRUSSI. B. (1958). The cytoplasm and somatic cell variation. *J. Cellular Comp. Physiol.* **52**, 35–53.
FRISCH, L., ed. (1961). Cellular regulatory mechanisms. *Cold Spring Harbor Symposia Quant. Biol.* **26**.
GERHART, J. C. AND PARDEE, A. B. (1962). The enzymology of control by feedback inhibition. *J. Biol. Chem.* **237**, 891–896.
GORINI, L., GUNDERSEN, W., AND BURGER, M. (1961). Genetics of regulation of enzyme synthesis in the arginine biosynthetic pathway of *Escherichia coli. Cold Spring Harbor Symposia Quant. Biol.* **26**, 173–182.
GROS, F., GILBERT, W., HIATT, H., KURLAND, C. G., RISEBROUGH, R. W., AND WATSON, J. D. (1961a). Unstable ribonucleic acid revealed by pulse labelling of *Escherichia coli. Nature* **190**, 581–585.
GROS, F., GILBERT, W., HIATT, H., ATTARDI, G., SPAHR, P. F., AND WATSON, J. D. (1961b). Molecular and biological characterization of messenger RNA. *Cold Spring Harbor Symposia Quant. Biol.* **26**, 111–132.
HALL, B. D., AND SPIEGELMAN, S. (1961). Sequence complementarity of T2-DNA and T2-specific RNA. *Proc. Natl. Acad. Sci. U.S.* **47**, 137–146.
HARTMAN, P. E., LOPER, J. C., AND SERMAN, D. (1960). Fine structure mapping by complete transduction between histidine-requiring *Salmonella* mutants. *J. Gen. Microbiol* **22**, 323–353.
HIATT, H. H. (1963). A rapidly labeled RNA in rat liver nuclei. *J. Mol. Biol.* **5**, 217–229.
HIATT, H. H., GROS, F., AND JACOB, F. (1962). The effect of induction and repression on the rate of synthesis of messenger ribonucleic acid. *Biochim. et Biophys. Acta*, in press.
HORIUCHI, T., HORIUCHI, S., AND NOVICK, A. (1961). A temperature-sensitive regulatory system. *J. Mol. Biol.* **3**, 703–704.
HURWITZ, J., FURTH, J. J., ANDERS, M., ORTIZ, P. J., AND AUGUST, J. T. (1961). The enzymatic incorporation of ribonucleotides into RNA and the role of DNA. *Cold Spring Harbor Symposia Quant. Biol.* **26**, 91–100.

JACOB, F., AND CAMPBELL, A. (1959). Sur le système de répression assurant l'immunité chez les bactéries lysogènes. *Compt. rend. acad. sci.* **248**, 3219–3221.

JACOB, F., AND MONOD, J. (1961a). Genetic regulatory mechanisms in the synthesis of proteins. *J. Mol. Biol.* **3**, 318–356.

JACOB, F., AND MONOD, J. (1961b). On the regulation of gene activity. *Cold Spring Harbor Symposia Quant. Biol.* **26**, 193–211.

JACOB, F., SUSSMAN, R., AND MONOD, J. (1962). Sur la nature du répresseur assurant l'immunité des bactéries lysogènes. *Compt. rend. acad. sci.* **254**, 4214–4216.

KOSHLAND, D. E., JR. (1959). Enzyme flexibility and enzyme action. *J. Cellular Comp. Physiol.* **54**, 245–258.

LEDERBERG, J. (1958). Genetic approaches to somatic cell variation: Summary comment. *J. Cellular Comp. Physiol.* **52**, 383–401.

LEE, N., AND ENGLESBERG, E. (1962). Dual effects of structural genes in *Escherichia coli*. *Proc. Natl. Acad. Sci. U.S.* **48**, 335–348.

LELOIR, L. F., AND CARDINI, C. E. (1957). Biosynthesis of glycogen from uridine diphosphate glucose. *J. Am. Chem. Soc.* **79**, 6340–6341.

LENGYEL, P., SPEYER, J. F., AND OCHOA, S. (1961). Synthetic polynucleotides and the amino acid code. *Proc. Natl. Acad. Sci. U.S.* **47**, 1936–1942.

MAAS, W. K. (1961). Studies on repression of arginine biosynthesis in *Escherichia coli*. *Cold Spring Harbor Symposia Quant. Biol.* **26**, 183–191.

McCLINTOCK, B. (1956). Controlling elements and the gene. *Cold Spring Harbor Symposia Quant. Biol.* **21**, 197–216.

McCLINTOCK, B. (1961). Some parallels between control systems in maize and in bacteria. *Am. Naturalist* **95**, 265–277.

MARKS, P. A., WILLSON, C., KRUH, J., AND GROS, F. (1962). Unstable ribonucleic acid in mammalian blood cells. *Biochem. Biophys. Research Communs.* **8**, 9–14.

MARTIN, R. G. (1963). The first enzyme in histidine biosynthesis: The nature of feedback inhibition by histidine. *J. Biol. Chem.* in press.

MATTHAEI, J. F., JONES, O. W., MARTIN, R. G., AND NIRENBERG, M. W. (1962). Characteristics and composition of RNA coding units. *Proc. Natl. Acad. Sci. U.S.* **48**, 666–677.

MONOD, J., AND JACOB, F. (1961). General conclusions: Teleonomic mechanisms in cellular metabolism, growth, and differentiation. *Cold Spring Harbor Symposia Quant. Biol.* **26**, 389–401.

MONOD, J., JACOB, F., AND GROS, F. (1961). Structural and rate-determining factors in the biosynthesis of adaptive enzymes. *Biochem. Soc. Symposia (Cambridge, Engl.).* **21**, 104–132.

MOTULSKY, A. G. (1962). Controller genes in synthesis of human haemoglobin. *Nature* **194**, 607-609.

NANNEY, D. L. (1958). Epigenetic control systems. *Proc. Natl. Acad. Sci. U.S.* **44**, 712–717.

NEEL, J. V. (1961). The hemoglobin genes: A remarkable example of the clustering of related genetic functions on a single mammalian chromosome. *Blood* **18**, 769.

NIRENBERG, M. W., AND MATTHAEI, J. H. (1961). The dependence of cell-free protein synthesis in *E. coli* upon naturally occurring or synthetic polyribonucleotides. *Proc. Natl. Acad. Sci. U.S.* **47**, 1588–1602.

NOVICK, A., AND SZILARD, L. (1954). Experiments with the chemostat on the rates of amino acid synthesis in bacteria. *In* "Dynamics of Growth Processes," Growth Symposium No. 11 (E. J. Boell, ed.), p. 21. Princeton Univ. Press, Princeton, New Jersey.

PARDEE, A. B., AND PRESTIDGE, L. S. (1959). On the nature of the repressor of β-galactosidase synthesis in *Escherichia coli*. *Biochim et Biophys. Acta* **36**, 545–547.
PARKER, W. C., AND BEARN, A. G. (1963). In press.
PERRIN, D., JACOB, F., AND MONOD, J. (1960). Biosynthèse induite d'une protéine génétiquement modifiée ne présentant pas d'affinité pour l'inducteur. *Compt. rend. acad. sci.* **251**, 155–157.
RALL, T. W., AND SUTHERLAND, E. W. (1961). The regulatory role of adenosine-3′,5′-phosphate. *Cold Spring Harbor Symposia Quant. Biol.* **26**, 347–354.
RILEY, M., PARDEE, A. B., JACOB, F., AND MONOD, J. (1960). On the expression of a structural gene. *J. Mol. Biol.* **2**, 216–225.
SCHERRER, K., AND DARNELL, J. E. (1962). Sedimentation characteristics of rapidly labeled RNA from Hela cells. *Biochem. Biophys. Research Communs.* **7**, 486–490.
SIBATANI, A., DE KLOET, S. R., ALLFREY, V. G., AND MIRSKY, A. E. (1962). Isolation of a nuclear RNA fraction resembling DNA in its base composition. *Proc. Natl. Acad. Sci. U.S.* **48**, 471–477.
SONNEBORN, T. M. (1960). The gene and cell differentiation. *Proc. Natl. Acad. Sci. U.S.* **46**, 149–165.
STADTMAN, E. R., COHEN, G. N., LE BRAS, G., AND DE ROBICHON-SZULMAJSTER, H. (1961). Selective feedback inhibition and repression of two aspartokinases in the metabolism of *Escherichia coli*. *Cold Spring Harbor Symposia Quant. Biol.* **26**, 319–321.
STEVENS, A. (1960). Information of the adenine ribonucleotide into RNA by cell fractions from *E. Coli B. Biochem Biophys. Research Communs.* **3**, 92–96.
SUSSMAN, R., AND JACOB, F. (1962). Sur un système de répression thermosensible chez le bactériophage λ d'*Escherichia coli*. *Compt. rend. acad. sci.* **254**, 1517–1519.
TISSIERES, A., AND HOPKINS, J. W. (1961). Factors affecting amino acid incorporation into proteins by *Escherichia coli* ribosomes. *Proc. Natl. Acad. Sci. U.S.* **47**, 2015–2023.
TISSIERES, A., SCHLESSINGER, D., AND GROS, F. (1960). Amino acid incorporation into proteins by *Escherichia coli* ribosomes. *Proc. Natl. Acad. Sci. U.S.* **46**, 1450–1463.
TOMKINS, G. M., AND YIELDING, K. L. (1961). Regulation of the enzymic activity of glutamic dehydrogenase mediated by changes in its structure. *Cold Spring Harbor Symposia Quant. Biol.* **26**, 331–341.
TRAUT, R. R. (1962). Glycogen synthesis from UDPG. Thesis, Rockefeller Institute, New York.
ULLMAN, A., MONOD, J., AND JACOB, F. (1963). In preparation.
UMBARGER, H. E. (1956). Evidence for a negative feedback mechanism in the biosynthesis of isoleucine. *Science* **123**, 848.
UMBARGER, H. E. (1961). Feedback control by endproduct inhibition. *Cold Spring Harbor Symposia Quant. Biol.* **26**, 301–312.
VOLKIN, E., AND ASTRACHAN, L. (1957). *In* "The Chemical Basis of Heredity" (W. D. McElroy and B. Glass, eds.) pp. 686–694. Johns Hopkins Press, Baltimore, Maryland.
WEISS, S. B., AND NAKAMOTO, T. (1961). Net synthesis of ribonucleic acid with a microbial enzyme requiring deoxyribonucleic acid and four ribonucleoside triphosphates. *J. Biol. Chem.* **236**, PC18–20.
WILLSON, C., COHN, M., PERRIN, D., JACOB, F., AND MONOD, J. (1963). in preparation.
WOOD, W. B., AND BERG, P. (1962). The effect of enzymatically synthesized ribonucleic acid on amino acid incorporation by a soluble protein-ribosome system from *Escherichia coli*. *Proc. Natl. Acad. Sci. U.S.* **48**, 94–104.

YANOFSKY, C., HELINSKI, D. R., AND MALING, B. D. (1961). The effects of mutation on the composition and properties of the A protein of *Escherichia coli* tryptophan synthetase. *Cold Spring Harbor Symposia Quant. Biol.* **26**, 11–24.

YATES, R. A., AND PARDEE, A. (1956). Control of pyrimidine biosynthesis in *Escherichia coli* by a feed-back mechanism. *J. Biol. Chem.* **221**, 757–769.

YČAS, M., AND VINCENT, W. S. (1960). A ribonucleic acid fraction from yeast related in composition to deoxyribonucleic acid. *Proc. Natl. Acad. Sci. U.S.* **46**, 804–810.

Allosteric Proteins and Cellular Control Systems

Jacques Monod, Jean-Pierre Changeux and François Jacob

*Services de Biochimie Cellulaire et de Génétique Microbienne,
Institut Pasteur, Paris, France*

(*Received 19 December 1962*)

The biological activity of many proteins is controlled by specific metabolites which do not interact directly with the substrates or products of the reactions. The effect of these regulatory agents appears to result exclusively from a conformational alteration (allosteric transition) induced in the protein when it binds the agent. It is suggested that this mechanism plays an essential role in the regulation of metabolic activity and also possibly in the specific control of protein synthesis.

1. Introduction

Considerable progress has been made during the past few years in the study of regulation and control of cellular metabolism. It is now established that even in the simplest organisms, such as bacteria, complex circuits of regulation play an essential role, governing not only the rate of flow of metabolites through different pathways but also the synthesis of proteins and other macromolecules. Most of these control systems involve a sequence of reactions and interactions and their physiological diversity is extreme. However, in several instances the components of such systems have been resolved, allowing identification and study of the elementary controlling interaction. In virtually all of the systems which have been analysed in sufficient detail, this elementary interaction involves a protein endowed with a specific biological activity and an active agent, generally a low-molecular weight metabolite, in whose presence the specific process governed by this protein is either accelerated or inhibited.

It would appear, in other words, that certain proteins, acting at critical metabolic steps, are electively endowed with specific functions of regulation and coordination; through the agency of these proteins, a given biochemical reaction is eventually controlled by a metabolite acting apparently as a physiological "signal" rather than as a chemically necessary component of the reaction itself (Monod & Jacob, 1961; Jacob & Monod, 1962).

It is hardly necessary to point out the critical role, indeed the physiological necessity, of such metabolic interconnections. In this paper we will not be concerned with the physiological interpretation of individual systems but rather with the mechanism of the controlling interaction. Our aim will be to enquire whether, in spite of the extreme diversity of these systems, it may be possible to formulate certain generalizations concerning the functional structures responsible for the regulatory competence of the controlling proteins, allowing them to act as specific mediators of these essential interactions. At the outset we should like to make it clear that we will not be proposing a new theory, nor any original interpretation of individual facts, but only comparing various examples and attempting to see to what extent and in what way a general description of these systems might be valid and useful.

For the sake of clarifying the discussion and defining the terminology to be used, it is convenient to state *a priori* some of the conclusions at which we shall arrive. This may be done in the form of a general model schematizing the functional structures of controlling proteins. These proteins are assumed to possess two, or at least two, stereospecifically different, non-overlapping receptor sites. One of these, the *active site*, binds the substrate† and is responsible for the biological activity of the protein. The other, or *allosteric site*, is complementary to the structure of another metabolite, the *allosteric effector*, which it binds specifically and reversibly. The formation of the enzyme–allosteric effector complex does not activate a reaction involving the effector itself: it is assumed only to bring about a discrete reversible alteration of the molecular structure of the protein or *allosteric transition*, which modifies the properties of the active site, changing one or several of the kinetic parameters which characterize the biological activity of the protein.

An absolutely essential, albeit negative, assumption implicit in this description is that an allosteric effector, since it binds at a site altogether distinct from the active site and since it does not participate at any stage in the reaction activated by the protein, need not bear any particular chemical or metabolic relation of any sort with the substrate itself. The specificity of any allosteric effect and its actual manifestation is therefore considered to result exclusively from the specific construction of the protein molecule itself, allowing it to undergo a particular, discrete, reversible conformational alteration, triggered by the binding of the allosteric effector. The *absence* of any inherent obligatory chemical analogy or reactivity between substrate and allosteric effector appears to be a fact of extreme biological importance, and in a sense it is the main subject of the present paper. In addition, it is evidently essential to a proper definition of allosteric effects as distinct from the action of coenzymes, secondary substrates or substrate analogues, all of which react with the substrate or substitute for the substrate and therefore must bear some structural relation with or chemical reactivity towards it. This being said, one should certainly not exclude the possibility that the action of certain coenzymes or other enzyme effectors may involve allosteric effects in addition to their classical role as transient reactants or transporters. Nor should one forget the possibility, suggested by Koshland (1958), that the binding of substrate involves an induced alteration of the shape of the enzyme site. These possibilities will be discussed only briefly in this paper which will deal exclusively with typical cases of regulatory allosteric effects, limitatively defined as above.

Since our purpose is to enquire whether any generalizations can be made concerning the functional structures of regulatory proteins, we will have to compare different systems, controlling different reactions and endowed with different physiological functions, in widely different organisms. Unfortunately, the nature of the information concerning different systems is very heterogeneous, rarely allowing detailed parallel comparisons, and the generalized picture will have to be sorted out of this experimental puzzle. We will first discuss the properties of certain bacterial enzymes that act as regulators of biosynthetic pathways. The kinetic properties of some of these systems have been well studied and their regulatory role is perfectly clear, but little is known

---

† In the present context, we shall use the word "substrate" in a somewhat wider sense than is usual, to designate the specific compound upon which a protein exerts its biological activity, whether or not the protein in question is an enzyme *sensu stricto* or not.

about the molecular properties of the proteins. In subsequent sections we will consider certain mammalian enzymes, subject to different regulatory effects, the precise physiological role of which is not always clear but in which conformational alterations have been directly observed. In the last section we shall discuss the validity, qualifications and limitations of the "allosteric" model, and the biological significance of this mechanism.

2. Allosteric Proteins as Metabolic Regulators

(a) *Specificity and kinetics of allosteric effects*

The biosynthetic pathways of bacteria have afforded some of the clearest instances of metabolic regulation. We refer to the so-called "feed-back" or "end-product" inhibition effect discovered by Novick & Szilard (1954), whose early observations on the synthesis of tryptophan, followed by the enzymological work of Umbarger (1956), Yates & Pardee (1956) and others, have now been extended to most, if not all, pathways leading to the synthesis of essential metabolites. Actually it appears to be a rule in bacteria that the terminal metabolite synthesized in any given pathway is a powerful and specific inhibitor of its own synthesis. It is also a rule that only one enzyme (usually the first one in each specialized pathway) is responsible for this effect.

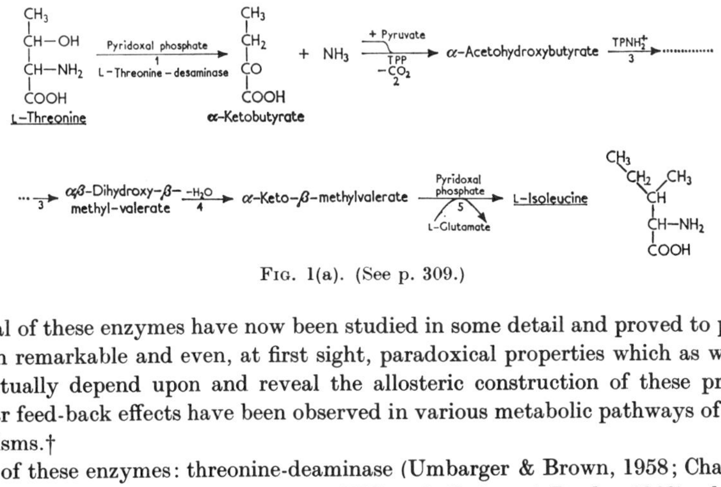

FIG. 1(a). (See p. 309.)

Several of these enzymes have now been studied in some detail and proved to possess certain remarkable and even, at first sight, paradoxical properties which as we shall see actually depend upon and reveal the allosteric construction of these proteins. Similar feed-back effects have been observed in various metabolic pathways of higher organisms.†

Six of these enzymes: threonine-deaminase (Umbarger & Brown, 1958; Changeux, 1961, 1962); aspartic-transcarbamylase (ATCase)‡ (Gerhart & Pardee, 1962); phosphoribosyl-ATP-pyrophosphorylase (PRPP-ATP-PPase) (Martin, 1962); aspartokinases I and II (Stadtman, Cohen, Le Bras & de Robichon-Szulmajster, 1961) and homoserine-dehydrogenase (Patte, Le Bras, Loviny & Cohen, 1962) will especially be mentioned here. The biosynthetic pathways in which they respectively operate are shown in Fig. 1.

† Actually, one of the very first clearly recognized instances of a regulatory feed-back mechanism of this type appears to have been the inhibition of glucose phosphorylation by phosphoglyceric acid in erythrocytes. This was described by Dische over 20 years ago (Dische, 1941) in a paper which came only very recently to our attention.

‡ The following abbreviations are used in this paper: ATCase = aspartic transcarbamylase; PRPP-ATP-PPase = phosphoribosyl-ATP-pyrophosphorylase; GDH = glutamic dehydrogenase; S-RNA = soluble RNA.

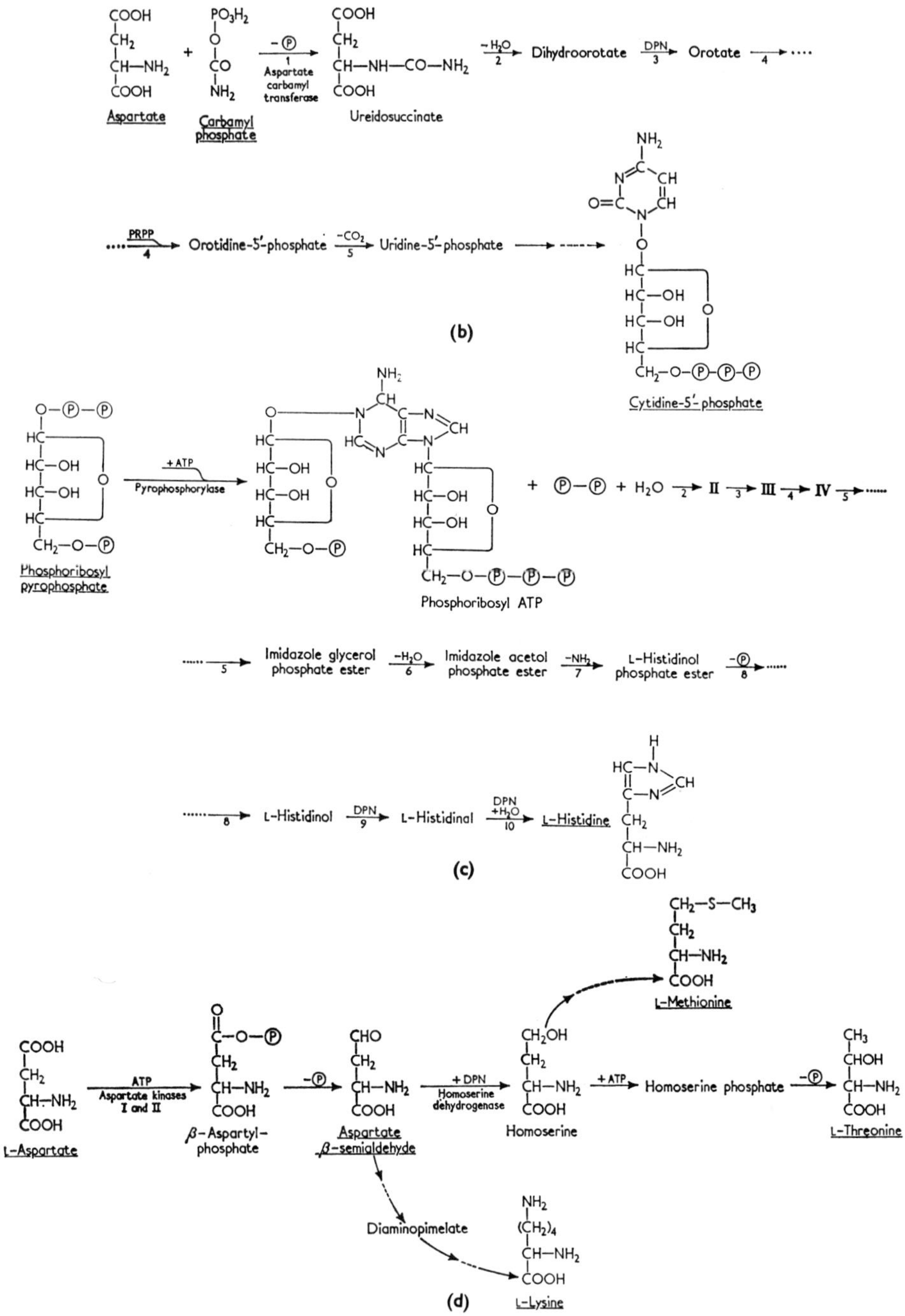

ALLOSTERIC PROTEINS AND CELLULAR CONTROL SYSTEMS   309

(b)

(c)

(d)

Fig. 1. (a), (b), (c), (d). Examples of biosynthetic pathways subject to the "end-product inhibition" effect. The inhibitory metabolites and the substrates of the sensitive enzyme(s) in each pathway are underlined. In the pathway beginning with aspartate, the aspartate-kinase reaction is inhibited by both L-threonine and L-lysine; the homoserine-dehydrogenase reaction is inhibited by L-threonine.

All these systems obey the rules stated above, namely:

(a) the regulatory enzymes (each of them acting immediately *after* a metabolic branching point) are all strongly and specifically inhibited by the terminal metabolite of the pathway in which each of them operates; intermediary metabolites in each pathway do not inhibit the regulatory enzyme;

(b) the enzymes which intervene *after* the regulatory one in each pathway are not significantly sensitive to inhibition by the terminal metabolite.

These facts alone suffice to demonstrate that the inhibitory effects must be due to highly specialized molecular structures present in the sensitive enzymes and cannot be accounted for by considerations of steric analogy between substrate and inhibitor. In the case of threonine-deaminase, for instance, it might be considered that substrate and inhibitor are steric analogues to the extent that both are α-amino acids; but certain α-amino acids are devoid of any inhibitory action, while others are activators, as we shall see later. Moreover, *E. coli* is known to synthesize two different threonine-deaminases, one of which, as shown by Umbarger, is a degradative enzyme and is completely insensitive to inhibition by isoleucine (Umbarger & Brown, 1957). Finally, the coexistence in *E. coli* of two different aspartokinases catalysing identical reactions, respectively inhibited by threonine and by lysine (Stadtman *et al.*, 1961), offers a striking illustration of the fact that the nature and structure of the inhibitor is, in a sense, irrelevant to the interpretation of the effect. Clearly, such an interpretation must be sought exclusively in the functional structure of the regulatory protein itself.

Since the inhibitory metabolites must act by forming a stereospecific complex with the enzyme, the first questions to consider concern the relationship of the inhibitor binding site to the substrate binding site. Clearly, the same system of binding groups† cannot be involved for both, since inhibitor and substrate are not *isosteric*, but rather *allosteric* with respect to each other. This conclusion, based exclusively upon structural considerations, has been directly confirmed by the discovery (Changeux, 1961; Gerhart & Pardee, 1961, 1962) that under certain conditions or after treatment by certain agents, or also by mutation, a regulatory enzyme may lose its sensitivity to the inhibiting metabolite while retaining its activity towards substrate. This observation has now been made with at least five different systems and therefore appears to be of great significance for the interpretation of allosteric interactions. We shall discuss it in more detail later. For the time being we use it only as proof that the binding of substrate and inhibitor do not involve the same groups.

This being established, it will be useful to distinguish *a priori* three possible types of interaction between substrate and inhibitor. These are shown schematically in Fig. 2.

In the first type, the binding sites actually overlap (although the binding *groups* are not the same). The binding of substrate and inhibitor are therefore exclusive of one another, because of *steric hindrance*. In the second type the two sites lie so close to one another that *direct interactions* (either attractive or repulsive) between substrate and inhibitor occur. In the third type no direct interactions are involved, the two sites are completely separate; the effect is therefore mediated entirely by the protein, presumably through a conformational alteration resulting from the binding of the

---

† We define "binding site" as the particular area covered by a substrate or effector on the protein surface; "binding groups" as the atoms or groups of the protein which form actual bonds with the substrate and/or effector.

inhibitor, i.e. through an *allosteric transition*. Let us briefly consider the predictions of each of these models as far as the kinetics of inhibition are concerned.

In the case of model I the interaction can *only* be of the "strict competitive" type; that is:

(a) the presence of inhibitor affects *exclusively* the apparent enzyme–substrate dissociation;

(b) the inhibition curve will be asymptotic to 100% at high inhibitor concentration. Therefore, any other result, such as non-competitive inhibition (apparent dissociation constant unaffected), mixed inhibition (apparent dissociation and maximal activity both altered) or incomplete competitive inhibition (inhibition curve asymptotic to a finite value), would eliminate model I.

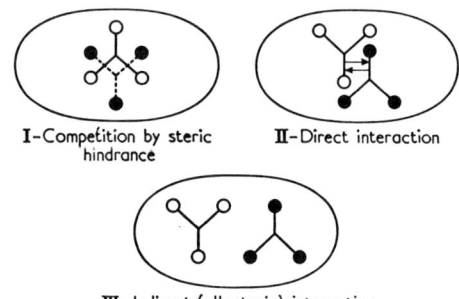

FIG. 2. Three models of interaction between a substrate and an inhibitor binding respectively with different groups on enzyme surface.

Assuming that model I did not apply, one would have to distinguish between models II and III, which is evidently far more difficult, both models being compatible with a variety of kinetics.† However, model II is more restrictive than model III since the former requires that any interaction be *reciprocal* while the latter does not. It follows from this that strictly non-competitive effects are not expected on the basis of model II, which implies that the affinities of the inhibitor for the free enzyme and for the enzyme–substrate complex should be different.

The available data concerning the kinetics of inhibition of bacterial enzymes do not in every case allow application of these criteria. However, as we shall see, these data when taken in conjunction with other lines of evidence appear to be incompatible with model I and difficult to reconcile with model II.

To begin with, we may note that in the cases of PRPP-ATP-PPase, aspartokinase II and homoserine-dehydrogenase inhibition is strictly non-competitive, eliminating model I and also contradicting model II. With aspartic-transcarbamylase and aspartokinase II, the inhibition is competitive (in the sense that only the apparent affinity is affected) but it is incomplete. This may be taken also to eliminate model I (but not model II). This evidence is somewhat questionable, however, because it has repeatedly been observed that even mild treatments (such as are involved in careful purification)

† The fact that an interaction is *kinetically* "strictly competitive" does not constitute proof that the competition is actually for the same site. In any instance where the interacting compounds are structurally unrelated such an interpretation should be considered with suspicion.

may result in partial desensitization of allosteric enzymes. It is therefore conceivable that a small spontaneously desensitized fraction may be responsible for the inhibition being incomplete.

With threonine-deaminase the inhibition is competitive and reaches 100%. None of the models could therefore be eliminated on this basis alone. If, however, on the strength of other evidence, model I proved inadequate also for threonine-deaminase, this enzyme would offer an example of an interesting limit-case, where the interaction, albeit not due to steric hindrance, is of such strength as to make the simultaneous binding of substrate and inhibitor (on the native enzyme) impossible.

We may now turn to another line of evidence. Since two systems of specific groups are involved in the enzyme–substrate and enzyme–(allosteric) effector complexes respectively, one expects to find two series of compounds able to complex with the protein, namely analogues of the substrate and analogues of the effector. The effector analogues, as well as the substrate analogues, should behave as strict competitive inhibitors according to model I. On the basis of models II and III, one may expect different effector analogues to behave in different ways:

(a) some analogues should behave like the natural allosteric inhibitor;

(b) others, able to displace the allosteric effector, while failing to interact with the substrate, should reactivate the inhibited enzyme while exerting no effect in the absence of inhibitor.

Both types of behaviour are observed with different analogues of isoleucine assayed for their effect upon the threonine-deaminase reaction (Changeux, 1962). For instance, norleucine strongly restores the activity when added in the presence of isoleucine. L-Leucine alone inhibits, and cooperates with isoleucine when added in its presence. These results are incompatible with model I, and prove that the inhibitory action of isoleucine on this enzyme, although "strictly competitive", cannot be due to binding at the active site.

The effects of valine are particularly interesting. When assayed alone at low concentrations of substrate, valine actually *activates* the reaction by increasing the affinity of the enzyme for threonine. Since valine is apparently an isoleucine analogue, one might believe that valine binds at the same site as isoleucine. However, when assayed in the presence of different concentrations of isoleucine, valine behaves as "partially competitive" towards the inhibitor, i.e. it reactivates the enzyme only to a finite value, which depends upon the isoleucine concentration (Fig. 3). These observations inevitably force the conclusion that threonine-deaminase bears not two, but at least three different sites; the active site, the isoleucine or "inhibitor" site and a valine or "activator" site. Binding of isoleucine at its site results in virtually abolishing the affinity of threonine for the active site, and the reverse must necessarily be true. Binding of valine at its site increases the affinity of the active site and simultaneously decreases the affinity of the isoleucine site.

Very similar observations have been made by Gerhart & Pardee (1962) with ATCase, where ATP acts both as an activator in its own right and as an antagonist of the inhibitor, GTP.

These complex "ternary" interactions would evidently be extremely difficult to account for by a direct interaction model, and we may conclude from this discussion of the kinetics of inhibition (and activation) of "controlling" enzymes of bacteria that the regulatory metabolites do not, in any case, act by steric hindrance (model I), and probably not by direct interaction (model II) between substrate, inhibitor and/or activator. By elimination of other possible mechanisms, these findings constitute evidence in favour of the conclusion that the regulatory metabolites act indirectly by triggering an allosteric transition of the protein molecule.

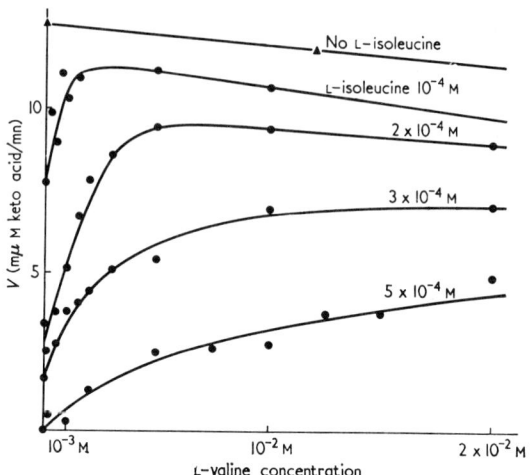

Fig. 3. Antagonistic effects of L-isoleucine and of L-valine on the activity of L-threonine-deaminase, in the presence of a constant concentration of L-threonine (2×10^{-2} M).

(b) *The "desensitization" effect*

We have already noted the fact that the sensitivity of regulatory enzymes to the inhibiting metabolite is, as a rule, an extremely labile property which may be lost as a result of various treatments, with little or no loss of activity. Complete "desensitization" has been obtained with threonine-deaminase (Changeux, 1961), ATCase (Gerhart & Pardee, 1962), homoserine-dehydrogenase (Patte et al., 1962), PRPP-ATP-PPase (Martin, 1962), α-acetolactate synthetase (Martin & Cohen, unpublished results) in particular by treating with mercurials or urea and/or by gentle heating (cf. Fig. 4). Desensitization without loss of activity has also been observed as a result of mutations of the specific gene which controls the structure of threonine-deaminase (Changeux, unpublished results).

At first site, the simplest interpretation might appear to be that the desensitizing agents, or the mutations, destroy the inhibitor binding site itself. This interpretation is not satisfactory, however, because it does not account for the generality of the effect, nor for the exceptional lability of the sensitive state. In view of this, it seems far more likely that the action of the effector depends not only upon the integrity of its binding sites, but upon complete conservation of the native state. If this were the case, a slight disorganization of the protein as a whole (which might be brought about by a variety of attacks at different points on the molecule) would result in desensitization by uncoupling of the interaction without destroying the effector site or the active site. This interpretation has been validated by the important observation of Martin (1962) that desensitized PRPP-ATP-PPase still binds histidine, as tested by equilibrium dialysis. Similar tests have not yet been performed on any of the other systems discussed here, but certain observations of an entirely different kind made with threonine-deaminase and with ATCase lead to similar conclusions.

A remarkable feature common to both of these systems is that, at substrate concentrations below half saturation, the reaction velocity increases faster than the substrate concentration, while at low inhibitor concentrations the rate decreases faster than the inhibitor concentration; this means that the enzyme molecule can bind more than one substrate or one inhibitor molecule at a time and that in the *native* enzyme there is some sort of cooperative interaction between the homologous

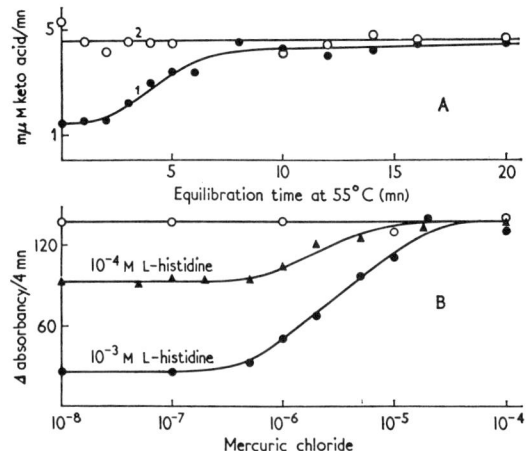

FIG. 4. (a) "Desensitization" of L-threonine-deaminase by heat treatment. *Curve* 1: activity measured with 2×10^{-2} M-L-threonine and 10^{-2} M-L-isoleucine. *Curve* 2: same L-threonine concentration, no L-isoleucine (after Changeux, 1961).
(b) "Desensitization" of PRPP-ATP-PPase by treatment with mercuric chloride (substrate added simultaneously with $HgCl_2$ at concentration indicated). *Upper curve*: enzyme assayed without addition of inhibitor. *Lower curves*: enzyme assayed at the two indicated concentrations of L-histidine (after Martin, 1962).

binding sites. These cooperative effects are closely comparable to the classical haem–haem interaction in haemoglobin to which we shall return later (Figs. 5 and 6). The striking fact which we wish to emphasize here is that the "desensitized" enzyme, in both cases, exhibits no trace of the *substrate cooperative effect*. As may be seen from Fig. 6 the kinetics of the reaction catalysed by desensitized ATCase are "normalized" and obey the Michaelis–Henri relation while, in the presence of native enzyme, the rate–concentration curve is sigmoid. Desensitization and "normalization" also exhibit a parallel dependence upon pH and ionic strength. Both the cooperative effect of substrate and the inhibitory effect of isoleucine on threonine-deaminase are maximal at pH values between 7 and 8, while both are abolished (reversibly) around pH 10. Finally, mutations which desensitize the enzyme also partially abolish or alter the cooperative effect of substrate.

These results show that both the cooperative interaction between substrate binding sites *and* the antagonistic interaction between inhibitor and substrate sites depend largely upon the same features of protein structure and are both similarly related to the integrity of the native state. The presence of several substrate and several inhibitor sites on each molecule of ATCase and threonine-deaminase actually suggests a more specific hypothesis as to which structures present in the native state may be

ALLOSTERIC PROTEINS AND CELLULAR CONTROL SYSTEMS 315

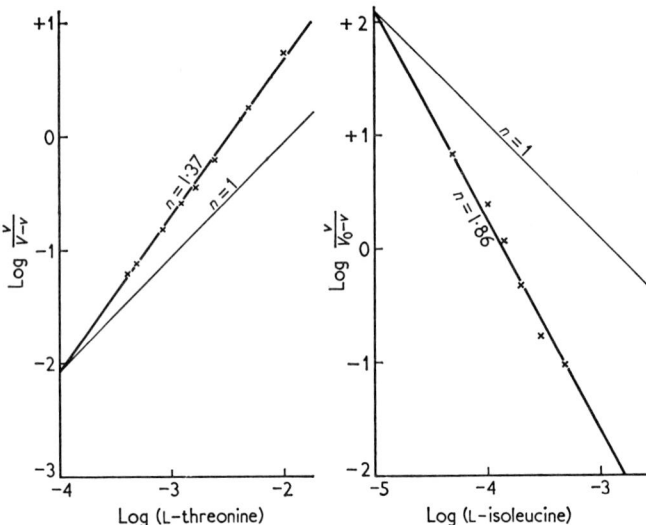

FIG. 5. L-threonine-deaminase activity as a function of (A) substrate and (B) allosteric inhibitor concentration. Both relations are seen to be conveniently represented by expressions of the form:

$$\log \frac{v}{V_{max}-v} = n \log S - \log K \text{ (for substrate)}$$

$$\log \frac{v}{V_0-v} = \log K' - n' \log I \text{ (for inhibitor)}$$

These equations are formally identical with Hill's empirical relation for the binding of oxygen to haemoglobin. It is seen that for both substrate and inhibitor $2 > n > 1$ indicating cooperative interactions between homologous sites and also showing that the reaction is *not* truly bimolecular.

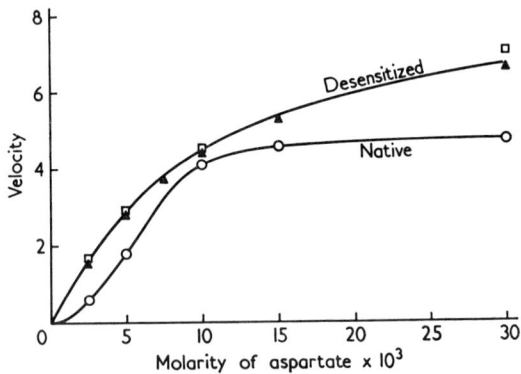

FIG. 6. Effects of desensitization of ATCase upon reaction kinetics. *Lower curve*: native enzyme, assayed in the absence of CTP. *Upper curve*: enzyme desensitized by heat treatment, assayed without inhibitor (squares) and with inhibitor (triangles) (CTP 2×10^{-4} M). (After Gerhart & Pardee, 1962.) Compare with Fig. 9.

21

primarily involved; namely that the native enzyme is made up of subunits and that the antagonistic as well as the cooperative interactions depend upon the relationships between these units. Desensitization might then result from alteration of these relations, i.e. from the rupture of bonds between the subunits; and this might of course apply also to systems which do not exhibit any substrate–substrate cooperation.

There is some fairly good, albeit incomplete, evidence in favour of this interpretation. Gerhart & Pardee (1962) have found that the sedimentation velocity of desensitized ATCase is decreased (from 11·6 to 5·9) by comparison with the native (sensitive) enzyme, and similar observations have been made by Patte et al. (1962) with homoserine-dehydrogenase. No detectable alterations of sedimentation velocity were observed, following desensitization, with PRPP-ATP-PPase nor with threonine-deaminase. The positive evidence of course carries more weight than the negative, especially since an incomplete separation of subunits need not entail a detectable alteration of the sedimentation velocity.

In any case we may conclude that the sum of the observations concerning the desensitization effect would be exceedingly difficult to reconcile with model II (not to mention model I) or more generally with any model which exclusively involves direct substrate–inhibitor interactions. On the other hand, the assumption that the interaction is due to an allosteric transition involving the protein molecule as a whole in its native state accounts very well for the characteristic lability of the sensitive state in these regulatory proteins and for the peculiar alteration of the kinetic parameters which attends desensitization of ATCase and threonine-deaminase.

3. Allosteric Effects as Conformational Alterations

Direct evidence of reversible conformational alterations provoked by the binding of a "regulatory" metabolite has been obtained with several proteins of higher organisms. We will discuss here only the best known and most significant systems, namely, beef liver glutamic-dehydrogenase, acetyl-CoA carboxylase from adipose tissue, muscle phosphorylase *b* and haemoglobin. Given the biochemical and physiological diversity of these systems, we will consider the properties of each of them in turn, reserving any general discussion for the next section.

As isolated in crystalline form from beef liver, the enzyme glutamic-dehydrogenase has a molecular weight of 10^6. The important discovery was made by Frieden (1959) some years ago that NADH provoked dissociation of the protein into subunits of molecular weight 250,000, while ADP antagonized the dissociation. Further work by Frieden (1961, 1962*a,b,c*), Yielding and Tomkins (1960, 1962), Tomkins, Yielding & Curran (1961), Tomkins & Yielding (1961) and Wolff (1962) has shown that this reversible dissociation is favoured or antagonized specifically by a somewhat bewildering variety of metabolites and also by non-specific agents, notably pH. The dissociative agents appear invariably to inhibit glutamic-dehydrogenase activity, while the associative agents exert the opposite effect. The great significance of this system as a model of physiological interactions at the molecular level was indicated in particular by the discovery that estrogens are among the most potent dissociative agents and that inhibition of glutamic-dehydrogenase is attended by concomitant *activation* of alanine-dehydrogenase. Tomkins et al. (1961) and Wolff (1962) later showed that thyroxine also is a potent inhibitor of glutamic-dehydrogenase, as well as a dissociative agent.

The specific inhibitors and the activators of glutamic-dehydrogenase include metabolites which are neither substrates nor coenzymes of GDH (estrogens, thyroxine, ADP, ATP, GDP, etc.) but the list also includes NADH, NAD^+, NADPH and $NADP^+$, which are coenzymes of the system, and the amino acids leucine, isoleucine and methionine, which may be considered as "secondary" substrates of the enzyme. This might seem to exclude the latter compounds from our initial, strictly limitative, definition of allosteric effectors as compounds which *do not* participate in the reaction. The definition, however, does not imply that one and the same compound cannot contribute both as an allosteric effector and as a participant of some kind in a reaction, but it does require that the two contributions should be distinct. The operational validity of this definition is in fact illustrated by the GDH system since, according to

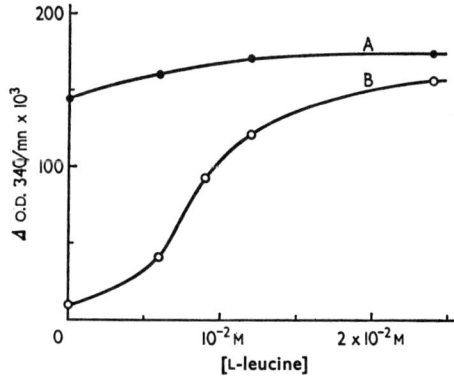

FIG. 7. Reversal by L-leucine of the inhibition of glutamic dehydrogenase by diethylstilbestrol. *Curve* A: no inhibitor. *Curve* B: enzyme assayed with 8.0×10^{-6} M-diethylstilbestrol. (After Tomkins & Yielding, 1961.)

Tomkins & Yielding (1961), the allosteric effect of leucine, for example, is due to binding at a site *other* than the active substrate site; while according to Frieden (1961) the dissociative effects of the reduced pyridine nucleotides are due to binding at sites distinct from the active coenzyme site. Moreover, glutamate itself has no effect on the dissociation. It is interesting to note that both the activation by leucine and the inactivation by diethylstilbestrol show evidence of cooperative (multimolecular) effects (Fig. 7). The similarity with ATCase, threonine-deaminase and other allosteric enzymes of bacteria is obvious. It is further strengthened by the finding that treatment of the enzyme with SH reagents renders it insensitive to diethylstilbestrol, and to ADP as well, without modifying the activity (Tomkins & Yielding, 1961).

By contrast with the bacterial systems, whose functions are simple and obvious, the physiological interpretation of the multiple sensitivities and activities of GDH appears exceedingly difficult. But while one may wonder whether each and all of the metabolites which act upon it *in vitro* have any significant role *in vivo*, it cannot be doubted that the complex allosteric reactivity of GDH does reflect its central, multivalent role in cellular metabolism. In any case the observations of Frieden and of Tomkins and his colleagues leave no doubt that the effectors which activate or inhibit the two potential activities of GDH act primarily by inducing a conformational alteration, eventually expressed as a dissociation of the protein.

Another remarkable example where a typical allosteric effect has been directly demonstrated to involve a conformational alteration has been provided by the recent work of Martin & Vagelos (1962) and Vagelos, Alberts & Martin (1962a,b). The enzyme is acetyl-CoA-carboxylase, which catalyses the two-stage reaction

$$\text{biotin E} + CO_2 + ATP \longrightarrow CO_2\text{-biotin E} + ADP + P$$
$$CO_2\text{-biotin E} + \text{acetyl-CoA} \longrightarrow \text{malonyl-CoA} + \text{biotin E}$$

Sum: $CO_2 + \text{acetyl-CoA} + ATP \longrightarrow \text{malonyl-CoA} + ADP + P$

It had been known for a long time that the biosynthesis of fatty acids is activated by citrate and it was assumed that citrate acted as a metabolic source of NADPH. When it was found that citrate specifically activates the enzyme acetyl-CoA-carboxylase, the metabolite was rather naturally believed to participate at some stage of the reaction itself. The exhaustive experiments of Vagelos et al. (1962a,b) have proved

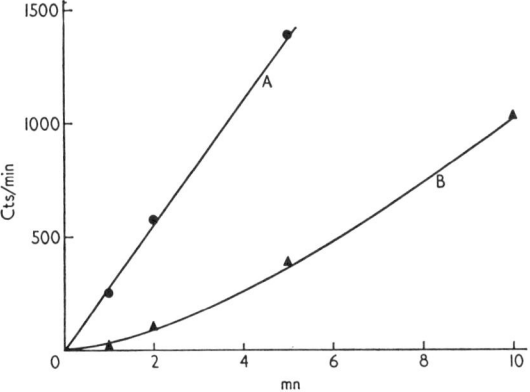

FIG. 8. Activation of acetyl-CoA-carboxylase by citrate. Curve A: citrate (5×10^{-3} M) added 30 min at 30°C before zero time. Curve B: citrate added at zero time (after Vagelos et al., 1962b).

this assumption to be incorrect. No evidence was found that citrate participates in any way in the reaction. Fluorocitrate, as a matter of fact, is just as active as citrate itself, while other Krebs-cycle intermediates, except fumarate, are relatively inactive.† Since citrate modifies only the velocity of the reaction and not the substrate affinities, no direct interaction with substrate is apparently involved. The kinetics of the activation show that it is not immediate. Under the conditions of the experiment illustrated by Fig. 8, full activity is reached only after 30 minutes of incubation with citrate. By contrast, dilution of the activator brings about rapid inactivation of the enzyme. Centrifugation of the enzyme, in sucrose gradients, with and without previous incubation with citrate, revealed that activation is attended by an increase of sedimentation coefficient from 18 s to about 43 s. Although actual molecular weights have not yet been determined, it seems highly probable (in view particularly of the kinetics of activation and deactivation) that this large alteration of sedimentation coefficient is due to the formation of an active polymer (probably a trimer) from inactive monomers rather than to the folding up of the protein from an extended into a more globular form.

† Using a preparation from another source, Waite & Wakil (1962) have also found other Krebs-cycle intermediates to be active.

Probably the first allosteric enzyme mechanism to have been discovered and analysed in detail is the effect of 5'-AMP on muscle phosphorylase b. It was shown by Cori and his school (Cori, Colowick & Cori, 1938; Cori & Green, 1943; further references in Krebs & Fischer, 1962), already many years ago, that this enzyme which is almost inactive in the absence of 5'-AMP is instantaneously and reversibly activated in its presence. ADP, ATP and other nucleotides (except IMP) are inactive. It was naturally supposed at first that 5'-AMP played the role of a coenzyme. But further thorough experiments showed that the nucleotide does not participate in any detectable way in the reaction. Moreover, since the effector does not alter the affinity but only the velocity constant of the reaction, direct interaction with substrate (cf. model II above) appears improbable.

Now, as is well known, phosphorylase b may also be converted to an active state by an entirely different process, also discovered and analysed by the Cori school, namely phosphorylation by ATP (in the presence of a specific kinase) automatically attended by dimerization to phosphorylase a. This mechanism, by contrast with the 5'-AMP effect, is irreversible. Phosphorylase a is stable and reconversion of a to b follows a different course, namely hydrolytic dephosphorylation by a specific phosphatase.

This system therefore provides the proof that a reversible, presumably non-covalent, interaction between an allosteric effector and a protein may mimic, in part at least, the effects of an irreversible stable modification of protein structure involving initially a covalent reaction, followed by a reassociation of subunits. It seems inevitable to conclude that the transition induced by 5'-AMP in phosphorylase b is, in some respects at least, "equivalent" to the phosphorylation reaction. This conclusion is greatly strengthened by the demonstration by Kent, Krebs & Fischer (1958) that phosphorylase b dimerizes in the presence of 5'-AMP and also under suitable conditions crystallizes as such with the nucleotide (Fischer & Krebs, 1958; Kent et al., 1958). It should be added that phosphorylase b is known to be made of two subunits, hence phosphorylase a of four; and it has been found that, by treatment with p-chloromercuribenzene sulfonate, phosphorylases a and b dissociate into inactive subunits (Madsen & Cori, 1956). There is little doubt therefore that the activity of phosphorylase is dependent upon its "quaternary" structure and that certain acid (thiol) groups play a critical role in maintaining this structure. Nor is there any doubt that the activation of phosphorylase b by AMP results from a conformational alteration. However, a very significant question remains to be solved, namely whether this alteration is induced *directly* by the binding of the nucleotide, the dimerization reaction being then a result of this primary effect, or whether the activating alteration results from the dimerization itself.

All the examples which we have considered until now relate to enzymic proteins. Haemoglobin is an example of a non-enzymic protein whose specific regulatory competence has long been recognized. As is well known, the dissociation curve of oxyhaemoglobin as a function of oxygen tension is sigmoid, demonstrating a cooperative effect of the binding sites. By contrast, in the case of myoglobin the dissociation function is a simple adsorption isotherm (i.e. identical to the Michaelis–Henri relation). When the two curves are plotted on the same graph (Fig. 9), the analogy between this situation and that of native (sensitive) and desensitized threonine-deaminase or ATCase is obvious. This functional difference between haemoglobin and myoglobin is of course known to depend upon the tetrameric structure of the former and the monomeric state of the latter.

As is also well known, haemoglobin is subject to another effect endowed with regulatory significance, namely the Bohr effect, which consists of an increase of the oxygen dissociation as the pH is lowered (i.e. *in vivo* as CO_2 tension increases). Wyman (1947) demonstrated several years ago that the Bohr effect is due to a discharge of protons provoked by the binding of oxygen. The recent work of Riggs (1959) seems to identify the acidic groups responsible for the Bohr effect with cysteinyl residues which are apparently also involved in the haem–haem interaction, but it is also possible that the actual "oxygen-linked" acid groups are imidazole residues, presumably closely associated with the thiol groups (Benesch & Benesch, 1961). In any case, the blocking of the latter groups (by mercurials or N-ethyl maleimide) alters both the Bohr effect and the haem–haem interaction, just as similar treatments have been found to abolish allosteric effects in bacterial and other regulatory enzymes.

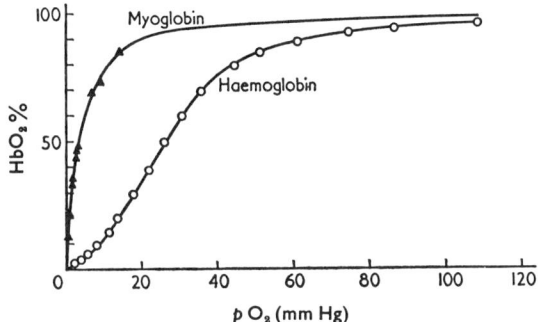

Fig. 9. Oxygen dissociation curves of human haemoglobin (data from Morgan & Chichester, 1935) and of horse heart myoglobin (data from Theorell, 1934). Compare with Fig. 6.

The interactions may also be altered as a result of mutations, as in the case of threonine-deaminase. In haemoglobin H, both the Bohr effect and the haem–haem interactions are abolished. This is particularly interesting, since this haemoglobin contains only β chains: it suggests that α–β chain inter-relations play an important role in both effects (Benesch, Ranney, Benesch & Smith, 1961).

It was believed for a long time that the cooperative binding of oxygen molecules on haemoglobin was due to direct interactions (of the kind shown by model II) between haem groups, presumed to lie very close to one another in the protein. The work of Perutz *et al.* (1960) has demonstrated that the four haem groups actually are wide apart, excluding any possibility of direct interaction and imposing the only alternative interpretation, namely that the interaction is indirect, therefore presumably due to a conformational alteration. As a matter of fact, it had been known for several years that oxyhaemoglobin and reduced haemoglobin occur in different crystal forms (Haurowitz, 1938). The recent crystallographic work of Muirhead & Perutz (personal communication) has indicated that the *distance* between certain SH residues in the molecule may be shifted by about 19% upon oxygenation, providing direct though still tentative evidence of a conformational alteration. Thus, in the case of haemoglobin, there is complete evidence that the regulatory effect, i.e. the cooperative binding of oxygen, is related to a reversible, discrete conformational alteration of the protein, i.e. in our nomenclature, to an allosteric transition. Actually,

ALLOSTERIC PROTEINS AND CELLULAR CONTROL SYSTEMS 321

thanks to the considerable work which has been devoted to it, the haemoglobin system provides the most valuable model from which to start in the further analysis and interpretation of allosteric effects in general.

4. General Discussion and Conclusions

(a) *Validity, qualifications and limitations of the allosteric model*

We may now reconsider the general model proposed in the Introduction for the functional structures of "controlling" proteins. Our aim should be to inquire whether, in the light of the experimental evidence analysed in the preceding sections, the allosteric model appears to be valid and whether it could be further specified and qualified.

In its most general form the allosteric mechanism is defined by two statements, one negative, the other positive.

1. No direct interactions of any kind need occur between the substrate(s) of an allosteric protein and the regulatory metabolite which controls its activity.

2. The effect is *entirely due* to a reversible conformational alteration induced in the protein when it binds the specific effector.

These two statements are not independent. Besides its biological significance (which we shall discuss below), the first of these statements is essential because, if and where it can be proved correct, the second statement must also be correct. Conversely, in those cases where the first statement is inadequate or unproved the second one could hardly ever be proved, even if direct evidence of a conformational alteration were obtained.

As we have seen, direct evidence that the action of a regulatory metabolite involves a conformational alteration of protein structure is available only in four cases (GDH, acetyl-CoA-carboxylase, phosphorylase a and haemoglobin). In one at least of these instances (haemoglobin) "effector" and "substrate" are one and the same molecule. It should perhaps be emphasized again that this does not invalidate the allosteric model, provided the substrate function and the allosteric effector function can be operationally distinguished. This is certainly the case for haemoglobin, and also for the effects of leucine and of NADPH on glutamic-dehydrogenase.

Most of the evidence available at present concerns the structural specificity and the kinetics of action of regulatory metabolites upon certain enzymes. This evidence can be used to test the validity of the first statement, but since this statement is a strictly negative one the evidence also can only be negative. Putting it more precisely: the allosteric model is compatible with virtually any kinetics while models involving direct interactions at the active site are more restrictive. In spite of this logical difficulty, the bulk of the evidence (concerning in particular the bacterial systems) seems to be overwhelmingly in favour of the allosteric model, because neither the chemical properties, nor the structural specificity, nor the kinetics of action of the regulatory metabolites appear compatible with "direct interaction" models.

In addition, the generality of the desensitization effect, which is a positive prediction of the allosteric model, is evidently exceedingly difficult to account for by a direct interaction model. The occurrence of desensitized states of a regulatory enzyme (whether as a result of mutation, or of the action of denaturing agents) therefore constitutes in any given instance one of the most specific tests of the validity of the allosteric model and may be considered to prove it when (as is the case in several systems which we discussed) the other evidence independently points to the same conclusion.

This statement should, however, be qualified by carefully defining the operational meaning of the expression "allosteric transition". Throughout the preceding discussion, we have treated it as equivalent to "specifically inducible conformational alteration of protein structure". However, the only conclusion which can be drawn from kinetic data together with the occurrence of desensitization is that a given effect is indirect, due to the binding of substrate and effector at sites remote from each other and whose interaction must therefore be mediated through the protein. Such mediation would not necessarily involve a conformational alteration *sensu stricto*. It might conceivably be due, for instance, to a redistribution of charge within the molecule without *detectable* alteration of its spatial configuration. In a protein molecule, however, any redistribution of charge might be expected to involve or to facilitate a true conformational alteration. Actually, as we have seen, indirect evidence suggests in many cases and direct observations prove in a few instances that allosteric transitions involve the breaking, or formation, or substitution of bonds between subunits in the protein. Whether this may be considered a general rule is evidently a question of great importance, which might perhaps profitably be stated also in the following way: do allosteric transitions occur in monomeric proteins containing a single polypeptide chain? This problem is related to a more general one, which is the role of quaternary structures in the biological activity of proteins. Following the discovery by Cori of the phosphorylase conversions it has become increasingly evident during the past few years that many proteins, particularly enzymes, are homo- or heteropolymers, and that their activity is dependent upon correct association between their subunits (cf. Lwoff & Lwoff, 1962). In any such protein, disorientation or re-orientation, however slight, of the subunits with respect to each other would entail loss or gain of activity. Given these facts and the evidence which we have discussed here concerning regulatory proteins, one may feel that more complete observations, once available, might justify the conclusion that allosteric transitions frequently involve alterations of quaternary structure.

Even if this assumption were generally valid, the role of the effector itself would remain to be accounted for. In the best studied and also probably the simplest case, haemoglobin, the role of the effector-substrate, oxygen, in inducing the transition is far from being completely understood. It is certain, however, that the binding of oxygen to a haem induces within the molecule a redistribution of charge, expressed as a discharge of protons by an acidic group; hence *motu contrario* the pH effect on oxygen affinity. Similar pH effects have been observed, as we already noted, with several other allosteric systems. In the case of threonine-deaminase both the positive interaction between active sites and the negative interaction between active and allosteric sites are abolished at high pH, suggesting that the allosteric transition ultimately depends upon the ionization of certain critical acid groups (or their conjugate base). In addition, let us recall the fact that in most systems the allosteric effect is blocked by reagents known to attack certain acidic groups (thiol and imidazole), also suggesting that such groups play a critical role in the transition. It should be clear, however, that the effect could not be ascribed solely or primarily to the charge or polarity of the effector itself, but only to the specific type of bonding which it forms with the protein. Again consider the case of threonine-deaminase, where valine increases and isoleucine decreases the affinity of the active site, although both amino acids carry the same charge with the same absence of polarity in their side-chain.

No contradiction need be seen between the extreme specificity of these effects and the fact that similar or identical transitions of structure may *also* result in certain systems from the action of non-specific agents (cf. glutamic-dehydrogenase). It would evidently be very misleading to consider reversible discrete conformational alterations, attended by modifications of biological activity, as a privilege of regulatory proteins. There is of course ample experimental evidence showing that such reversible alterations of structure occur in many proteins under the action of non-specific conditions or chemical agents, including in particular pH, ionic strength, hydrogen-bonding or hydrophobic compounds, and mercurials. The essential properties of typical regulatory proteins (i.e. the capacity to undergo an allosteric transition triggered by the stereospecific binding of a particular metabolite) are to be understood as highly specialized manifestations of general properties, shared by all or most proteins. In other words, an allosteric protein represents the outcome of a process of selective development of a molecular species where the flexibility of protein structure assumes the specific functional role of mediating certain chemical signals.

The "induced-fit" theory of enzyme action, proposed by Koshland (1958, 1960), involved the following postulate:

(a) a precise orientation of catalytic groups is required for enzyme action;

(b) the substrate may cause an appreciable change in the three-dimensional relationship of the amino acids at the active site;

(c) the changes in protein structure caused by a substrate will bring the catalytic groups into proper orientation for reaction, whereas a non substrate will not.

While the purpose of this model is to account for certain anomalous features of enzyme specificity, its central postulate is similar to the basic assumption of the allosteric model, to the extent that it invokes a functional role for the flexibility of protein structure. The evidence concerning allosteric systems shows that the binding of substrate (or coenzyme) does provoke conformational alterations in certain proteins. Such observations must be interpreted with caution, however, since as we have seen in the case of glutamic-dehydrogenase the allosteric sites for leucine and NADPH are distinct from the active sites, and the substrate itself, glutamate, does not affect the dissociation. On the other hand, in the case of ATCase and threonine-deaminase (actually in *any* case where the allosteric effect results in a decrease of substrate affinity) the substrates must be considered to provoke a transition *opposed* to the transition corresponding to the binding of inhibitor. One is tempted to suggest that in those cases where the binding of substrate does provoke a detectable conformational alteration of an enzyme the effect may often turn out to be interpretable in terms of a regulatory allosteric transition. The possibility that the "induced-fit" model might be extended to involve regulatory effects has in fact been mentioned by Koshland himself in a recent theoretical paper (Koshland, 1962).

(b) *The biological significance of allosteric control systems*

Even granting that allosteric mechanisms exist and intervene at many stages of cellular metabolism it might be asked whether one would be justified in considering that this particular class of interactions plays a special, uniquely significant role in the control of living systems.

Other types of mechanisms contribute to cellular regulation. We need only mention mass action; while it inevitably intervenes, a living system is constantly fighting against, rather than relying upon, thermodynamic equilibration. The thermodynamic significance of specific cellular control systems precisely is that they successfully circumvent thermodynamic equilibration (until the organism dies, at least). An illustration of this statement is given by certain metabolic pathways which are both thermodynamically and physiologically reversible, such as the synthesis of glycogen from glucose-1-phosphate. It is now established that the cells do not use the same pathways for synthesis and degradation of glycogen, and that each of these pathways is submitted to different specific controls, involving hormones and other metabolites, none of which participate directly in the reactions themselves (cf. Krebs & Fischer, 1962; Rall & Sutherland, 1961; Leloir, 1961); all this evidently because the physiological requirements could not be satisfied otherwise, certainly not by simply obeying mass action.

Competition between enzymes for common substrates evidently plays a role in the balance of metabolism by distributing certain important metabolites, such as coenzymes, between different pathways. Such mechanisms, however, would by themselves be unable to govern and control, that is to say to *modify*, the distribution of building blocks or chemical potential according to the requirements of remote pathways, or to chemical alterations of the environment, or to the physiological meaning of chemical signals issued by other cells. For the chemical activities of a cell to be precisely adjusted to its own requirements, adapted to the environment and directed towards the performance of a particular function, the specific activity of those proteins which are responsible for critical metabolic steps must be altered electively in response to the presence of certain metabolites playing the role, not of substrates for the reaction in question, but of chemical signals.

The primary reason for considering allosteric proteins as essential and characteristic constituents of biochemical control systems is their capacity to respond immediately and reversibly to specific chemical signals, effectors, *which may be totally unrelated to their own substrates, coenzymes or products*.

We have discussed several examples which illustrated this point (and need not be recalled here), leading us to the paradoxical conclusion that the structure and *sui generis* reactivity of an allosteric effector is "irrelevant" to the interpretation of its effects. There remains no real chemical paradox, once it is recognized that an allosteric effect is indirect, being mediated entirely by the protein and due to a specific transition of its structure. Still, the arbitrariness, chemically speaking, of certain allosteric effects appears almost shocking at first sight, but it is this very arbitrariness which confers upon them a unique physiological significance, and the biological interpretation of the apparent paradox is obvious. The specific structure of any enzyme-protein is of course a pure product of selection, necessarily limited, however, by the structure and chemical properties of the actual reactants. No selective pressure, however strong, could build an enzyme able to activate a chemically impossible reaction. In the construction of an allosteric protein this limitation is abolished, since the effector does not react or interact directly with the substrates or products of the reaction but only with the protein itself. A regulatory allosteric protein therefore is to be considered as a specialized product of selective engineering, allowing an indirect interaction, positive or negative, to take place between metabolites which otherwise would not or even could not interact in any way, thus eventually bringing a particular reaction

ALLOSTERIC PROTEINS AND CELLULAR CONTROL SYSTEMS   325

under the control of a chemically foreign or indifferent compound. In this way it is possible to understand how, by selection of adequate allosteric protein structures, any physiologically useful controlling connection between any pathways in a cell or any tissues in an organism may have become established. It is hardly necessary to point out that the integrated chemical functioning of a cell requires that such controlling systems should exist. The important point for our present discussion is that these circuits of control could not operate, i.e. could not have evolved, if their elementary mechanisms had been restricted to direct chemical interactions (including direct interactions *on* an enzyme site) between different pathways. By using certain proteins not only as catalysts or transporters but as molecular receivers and transducers of chemical signals, freedom is gained from otherwise insuperable chemical constraints, allowing selection to develop and interconnect the immensely complex circuitry of living organisms. It is in this sense that allosteric interactions are to be recognized as the most characteristic and essential components of cellular control systems.

This brings up the problem of hormones as allosteric effectors; we are now referring mostly to hormones of small molecular weight. The specificity of hormones; their capacity of simultaneously activating or inhibiting a variety of metabolic processes and of exerting different effects on different tissues; the surprisingly small number of reactions in which they have been proved to take part as reactants opposed to the large number of enzymes upon which they have been found to act; the lack of chemical reactivity of certain hormones, such as the steroids; all in fact of these physiologically essential and chemically bewildering properties could be accounted for by the assumption that hormones in general (but not necessarily in all of their manifestations) act as allosteric effectors, each of them able specifically to trigger allosteric transitions in a variety of different proteins, mostly enzymes, but possibly also genetic repressors. In fact it seems difficult to imagine any biochemical mechanism other than allosteric which could allow a single chemical signal to be understood and interpreted simultaneously in different ways by entirely different systems; although this appears to be the case for many hormones.

Unfortunately, glutamic-dehydrogenase is one of the very few enzyme systems where hormones (thyroxine and estrogens) have undoubtedly been proved to act as allosteric effectors and we shall resist the temptation to make sweeping generalizations. The most serious objection to the concept of allosteric control is that it *could* be used to "explain away" almost any mysterious physiological mechanism.

While the possession of this universal key raises serious latent dangers for the experimenter, it is of such value to living beings that natural selection must have used it to the limit. Structural mutations occurring in a "classical" (non-regulatory) enzyme may alter one or both of its kinetic constants with respect to its normal substrate. Mutations occurring in an allosteric protein may modify its functional properties in a much larger number of ways. Figure 10 illustrates the properties of a number of mutants of the gene which determines the structure of threonine-deaminase in *E. coli*. As it may be seen, some of the mutant proteins have partially lost their sensitivity to isoleucine, others have increased it; the shape of the inhibition curves are different, indicating that the degree of cooperation between allosteric sites has been altered, as well as their interactions with the active sites. How these exquisite possibilities may be used for adjusting allosteric systems precisely to their functions is illustrated by Fig. 11 taken from a paper by Riggs (1959) which shows that the Bohr effect exhibited by haemoglobins of different mammals is closely correlated to their size.

In the present paper, we have exclusively discussed allosteric systems which control the *activity* of enzymes or other proteins. It is of extreme interest to enquire whether allosteric effects may also be involved in the specific control of protein *synthesis*, i.e. in the mechanisms of "genetic repression".

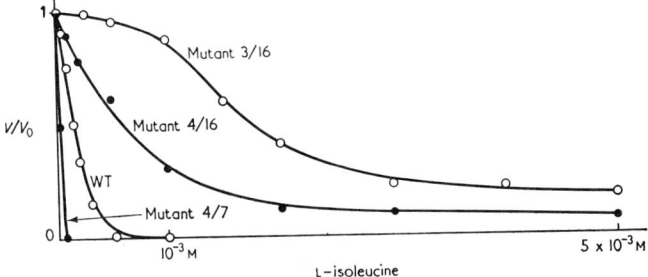

FIG. 10. Inhibition by L-isoleucine of various structural mutants of L-threonine-deaminase.

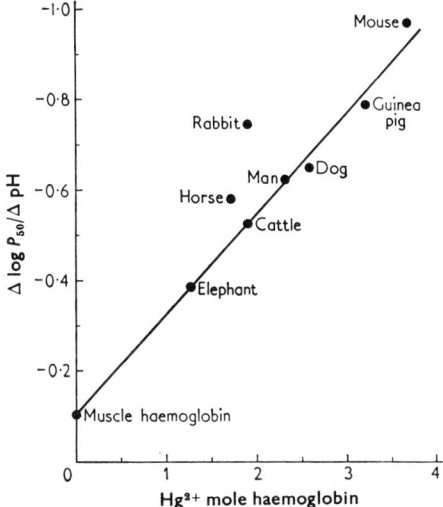

FIG. 11. Magnitude of the Bohr effect with haemoglobin from different mammals correlated with the number of Hg atoms taken up per molecule of protein (after Riggs, 1959).

Let us briefly recall the organization of this control system as it is understood today (see Fig. 12). The structural information written as a sequence of deoxyribonucleotides in a gene is first transcribed into a ribonucleotide sequence, the messenger. The messenger attaches to a ribosome, where the transcription into a polypeptide sequence takes place, the amino acids being transferred over from amino acyl S-RNA and positioned along the sequence by appropriate base-pairing between messenger and S-RNA.

This system is controlled at the level of messenger synthesis by specific agents, the repressors, able to recognize and bind electively certain genetic loci, called operators, which apparently function as exclusive initiation points for the first transcription.

ALLOSTERIC PROTEINS AND CELLULAR CONTROL SYSTEMS

The DNA segment whose transcription is thus "coordinated" by a given operator may involve one or several genes (or cistrons); it constitutes a unit of genetic expression called an operon. The synthesis of the corresponding protein(s) is therefore governed by the homologous repressor which, in turn, is synthesized under the control of a specialized "regulator" gene. In most, if not all cases, the activity of the repressor, i.e. presumably its ability to bind the corresponding operator, is controlled

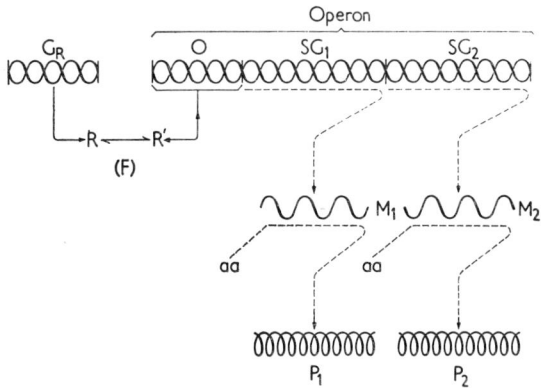

Fig. 12. General model of protein synthesis controlled by genetic repression (Jacob & Monod, 1961).

by specific small molecular compounds acting either as positive effectors (activating the repressor and thereby blocking messenger and protein synthesis) or as negative effectors (inhibiting the repressor and thereby inducing the synthesis of the messenger and of the protein(s)). The positive repression effectors are called "co-repressors". The negative repression effectors are called "inducers" (Jacob & Monod, 1961; Monod, Jacob & Gros, 1961).

We are interested here exclusively in the nature of the inducer–repressor–operator interaction. It was still considered likely not long ago that the repressor might be a polyribonucleotide (Jacob & Monod, 1961). This assumption, which did not by itself account for the repressor–inducer interaction (Jacob, Sussman & Monod, 1962), has met with further serious difficulties, while several lines of indirect experimental evidence suggest that the active product of a regulator gene is a protein, present in exceedingly minute amounts in cells. Since it has not proved possible so far to isolate a repressor and to observe its interactions *in vitro*, what knowledge we have comes from *in vivo* experiments, which can, however, be conducted under rigorous conditions, excluding many complications and ambiguities. On this basis, the following conclusions may be considered established.

1. The stereospecificity of the interaction is extreme (Monod, Cohen-Bazire & Cohn, 1951).

2. The interaction is virtually immediate and reversible, being completed both ways in less than 15 seconds according to the recent elegant work of Képès (1962).

3. The genetic–biochemical evidence shows that a single gene, therefore presumably a single specific macromolecular constituent, the repressor, is responsible for the specificity of the interaction (cf. Jacob & Monod, 1962).

4. Single mutations of this gene abolish the repressor–effector interaction while conserving the repressor–operator affinity (Willson, Perrin, Jacob & Monod, 1963).

It is evident that all these properties are immediately accounted for if the repressor is an allosteric protein possessing two sites, one of which binds the operator, the other the (positive or negative) effector. Almost any other model, by contrast, meets with extreme difficulties which need not be gone into here.

There are therefore strong reasons to assume as a working hypothesis that the specific effects of small molecules in activating or inhibiting, at the genetic level, the synthesis of messenger RNA and protein are mediated by an allosteric transition of the repressor.

For the time being only a few, perhaps a dozen, regulatory proteins have clearly been shown to exert their function by virtue of undergoing an allosteric transition. All of these proteins (except haemoglobin) are metabolic enzymes. One may rather confidently expect the number of metabolic control systems experimentally identified as allosteric mechanisms to increase considerably in the next few years. If, as one may hope, genetic repressors can eventually also be isolated and directly tested as to their indirectly inferred properties, it may be found that the fundamental elements or biological control systems, whether governing the activity or the synthesis of specific macromolecules, are allosteric proteins, those most elaborate products of molecular evolution.

Note added in proof.

With respect to the problem of the correlation between allosteric effects and association–dissociation reactions of proteins, two recent observations should be mentioned:

Frieden (manuscript in preparation) has found that the molecular weight of GDH at high dilutions (such as are used for assay of enzyme activity) is 250,000. Therefore no direct and immediate correlation appears to exist between the state of aggregation of this enzyme and its activity. Similarly, the effect of AMP on the state of aggregation of phosphorylase *b* has been studied at protein concentrations corresponding to those used for enzyme assay. Centrifugation in sucrose gradients showed that the sedimentation velocity was the same both in the presence and in the absence of AMP (Ullmann, Vagelos & Monod, unpublished). It would appear therefore that the activation of phosphorylase *b* by AMP does not directly depend upon dimerization of the protein. Thus while allosteric agents frequently appear to affect the state of aggregation of the sensitive proteins, the activating or inhibitory effects of the same agents do not seem necessarily to depend upon the association–dissociation reaction itself. The nature of the indirect correlation which appears, nevertheless, to exist between the two classes of effects remains to be explored and interpreted.

This work has been aided by grants from the Jane Coffin Childs Memorial Fund for Medical Research, the National Institutes of Health, the National Science Foundation, the "Commissariat à l'Energie Atomique", and the "Délégation Générale à la Recherche Scientifique".

REFERENCES

Benesch, R. & Benesch, R. E. (1961). *J. Biol. Chem.* **236**, 405.
Benesch, R. E., Ranney, H. M., Benesch, R. & Smith, G. M. (1961). *J. Biol. Chem.* **236**, 2926.
Changeux, J. P. (1961). *Cold Spr. Harb. Symp. Quant. Biol.* **26**, 313.
Changeux, J. P. (1962). *J. Mol. Biol.* **4**, 220.
Cori, G. T., Colowick, S. P. & Cori, C. F. (1938). *J. Biol. Chem.* **123**, 381.
Cori, G. T. & Green, A. A. (1943). *J. Biol. Chem.* **151**, 31.
Dische, Z. (1941). *Bull. Soc. Chim. Biol.* **23**, 1140.

Fischer, E. H. & Krebs, E. G. (1958). *J. Biol. Chem.* **231**, 65.
Frieden, C. (1959). *J. Biol. Chem.* **234**, 809.
Frieden, C. (1961). *Biochim. biophys. Acta*, **47**, 428.
Frieden, C. (1962a). *Biochim. biophys. Acta*, **62**, 421.
Frieden, C. (1962b). *Biochim. biophys. Acta*, **59**, 484.
Frieden, C. (1962c). *J. Biol. Chem.* **237**, 2396.
Gerhart, J. C. & Pardee, A. B. (1961). *Fed. Proc.* **20**, 224.
Gerhart, J. C. & Pardee, A. B. (1962). *J. Biol. Chem.* **237**, 891.
Haurowitz, F. (1938). *Z. Physiol. Chem.* **254**, 268.
Jacob, F. & Monod, J. (1961). *J. Mol. Biol.* **3**, 318.
Jacob, F. & Monod, J. (1962). In *Cytodifferentiation and Macromolecular Synthesis*, 21st Growth Symposium. New York: Academic Press Inc., in the press.
Jacob, F., Sussman, R. & Monod, J. (1962). *C.R. Acad. Sci., Paris*, **254**, 214.
Kent, A. B., Krebs, E. G. & Fischer, E. H. (1958). *J. Biol. Chem.* **232**, 549.
Képès, A. (1962). *Biochim. biophys. Acta*, in the press.
Koshland, D. E. (1958). *Proc. Nat. Acad. Sci., Wash.* **44**, 98.
Koshland, D. E. (1960). *Advanc. Enzymol.* **22**, 45.
Koshland, D. E. (1962). In *Horizons in Biochemistry*, p. 265. New York: Academic Press Inc.
Krebs, E. G. & Fischer, E. H. (1962). *Advanc. Enzymol.* **24**, 263.
Leloir, L. F. (1961). *Harvey Lect.* ser. **56**, 23.
Lwoff, A. & Lwoff, M. (1962). *J. Theoret. Biol.* **2**, 48.
Madsen, N. B. & Cori, C. F. (1956). *J. Biol. Chem.* **223**, 1055.
Martin, D. B. & Vagelos, P. R. (1962). *J. Biol. Chem.* **237**, 1787.
Martin, R. G. (1962). *J. Biol. Chem.* **237**, in the press.
Monod, J., Cohen-Bazire, G. & Cohn, M. (1951). *Biochim. biophys. Acta*, **7**, 585.
Monod, J. & Jacob, F. (1961). *Cold Spr. Harb. Symp. Quant. Biol.* **26**, 389.
Monod, J., Jacob, F. & Gros, F. (1961). *Biochem. Soc. Symp.* **21**, 104.
Morgan, V. E. & Chichester, D. F. (1935). *J. Biol. Chem.* **110**, 285.
Novick, A. & Szilard, L. (1954). In *Dynamics of Growth Processes*. Princeton: Univ. Press, 21.
Patte, J. C., Le Bras, G., Loviny, T. & Cohen, G. N. (1962). *Biochim. biophys. Acta*, in the press.
Perutz, M. F., Rossmann, M. G., Cullis, A. F., Muirhead, H., Will, G. & North, A. C. T. (1960). *Nature*, **185**, 416.
Rall, T. W. & Sutherland, E. W. (1961). *Cold Spr. Harb. Symp. Quant. Biol.* **26**, 347.
Riggs, A. (1959). *Nature*, **183**, 1037.
Stadtman, E. R., Cohen, G. N., Le Bras, G. & de Robichon-Szulmajster, H. (1961). *J. Biol. Chem.* **236**, 2033.
Theorell, H. (1934). *Biochem. Z.* **268**, 73.
Tomkins, G. M. & Yielding, K. L. (1961). *Cold Spr. Harb. Symp. Quant. Biol.* **26**, 331.
Tomkins, G. M., Yielding, K. L. & Curran, J. (1961). *Proc. Nat. Acad. Sci., Wash.* **47**, 270.
Umbarger, H. E. (1956). *Science*, **123**, 848.
Umbarger, H. E. & Brown, B. (1957). *J. Bact.* **73**, 105.
Umbarger, H. E. & Brown, B. (1958). *J. Biol. Chem.* **233**, 415.
Vagelos, P. R., Alberts, A. W. & Martin, D. B. (1962a). *Biochem. Biophys. Res. Comm.* **8**, 4.
Vagelos, P. R., Alberts, A. W. & Martin, D. B. (1962b). *J. Biol. Chem.* in the press.
Waite, M. & Wakil, S. J. (1962). *J. Biol. Chem.* **237**, 2750.
Willson, C., Perrin, D., Jacob, F. & Monod, J. (1963). *Biochem. Biophys. Res. Comm.* in the press.
Wolff, J. (1962). *J. Biol. Chem.* **237**, 230.
Wyman, J. (1947). *Advanc. Protein Chem.* **4**, 420.
Yates, R. A. & Pardee, A. B. (1956). *J. Biol. Chem.* **221**, 757.
Yielding, K. L. & Tomkins, G. M. (1960). *Proc. Nat. Acad. Sci., Wash.* **46**, 1483.
Yielding, K. L. & Tomkins, G. M. (1962). *Biochim. biophys. Acta*, **62**, 327.

ON THE REVERSIBILITY BY TREATMENT WITH UREA OF THE THERMAL

INACTIVATION OF E. COLI β-GALACTOSIDASE

David Perrin and Jacques Monod (°)

Institut Pasteur, Paris, France.

Received July 10, 1963

It is known that several enzymes can recover activity after denaturation by treatment with high concentration of urea. This has been demonstrated for a number of enzymes (Anfinsen, 1956) and recently for ribonuclease (White, 1960), α-amylase (Takagi and Isemura, 1962) and β-galactosidase (Zipser, 1963).

The exact nature of the forces involved in the denaturation of proteins by urea is still controversial, but it is known to lead to a considerable disruption of the secondary and tertiary structures and a partial unfolding of the polypeptide chains (Kauzmann, 1959).

It was thought interesting to test whether an enzyme first denatured by another means could, after being streched out by urea denaturation, recover its "natural" or active configuration.

Crystalline β-galactosidase from E. coli K12 3300 was dissolved in Tris-acetate buffer 0.1 M, pH 7.7, with 1% β-mercapto-ethanol (0.14 M), Mg^{++} 0.01 M and Mg^{++} titriplex (Merck) 0.001 M.

It was then put in a boiling water bath for 10 minutes. Denaturation of the protein was indicated by extensive clotting and total loss of enzymatic activity. The protein suspension was then dialyzed against

---

(°) - This work has been aided by grants from the Jane Coffin Childs Memorial Fund for Medical Research, the National Institutes of Health, and the "Délégation Générale à la Recherche Scientifique et Technique".

an 8 molar solution of urea in the same buffer for 12 hours at 4°C, when it dissolved completely. It was then dialyzed again against the initial buffer also at 4°C for 12 hours. The protein remained in solution and 14% of the initial enzymatic activity was recovered. This activity increased to 30% after incubation at 28°C for 12 hours (Table I).

TABLE I

	Activity in enzyme units per ml at time zero	Activity in enzyme/ml after 12 hours at 28°C
Initial enzyme solution	250 000	232 000
Boiled enzyme solution	0.2	
Boiled enzyme dialyzed against urea and then buffer	35 000	75 000

In another experiment, one step dilution of the urea was compared to dialysis. One sample being diluted ten fold in buffer from 8 M to 0.8 M urea and another dialyzed against 0.8 M urea.

At time 0 after dilution, the activity recovered is 0; it increases to about 2% of the initial value (corrected for dilution) at 85 minutes and levels off. The dialyzed sample recovers about 23% of the initial activity.

The effect of denaturation by guanidine was compared to that of urea. The same boiled preparation was dialyzed against a 6 molar solution of guanidine hydrochloride in the same buffer as above, neutralized to pH 7.5 with NaOH. The protein was solubilized completely. One sample was then dialyzed against buffer to remove the guanidine; it reprecipitated and very little activity was recovered. Another sample, after being dialyzed against guanidine like the first, was dialyzed against urea and then buffer, it recovered about 8% of the initial activity (Table II).

TABLE II

	Activity in enzyme units/ml
Initial enzyme solution	1 360 000
Boiled enzyme solution	0.03
Boiled enzyme dialyzed against 8 M urea diluted 10 fold in buffer (Activity x 10)	0 (at t = 0) 20 000 (at t = 85 min.)
Boiled enzyme dialyzed against 8 M urea, then 0.8 M urea	320 000
Boiled enzyme dialyzed against 6 M guanidine, then buffer	5
Boiled enzyme dialyzed against 6 M guanidine, then 8 M urea, then buffer	115 000

These results are in agreement with the postulate that the so-called native configuration of the proteins correspond to a state of maximal stability and may therefore be entirely differentiated by the primary structure as assumed by Crick (1958). The renaturation by urea treatment of heat denatured inactive insoluble enzyme appears to demonstrate the fact that the "irreversibility" of a denatured state may not be due to the lesser thermal stability of the native state, but rather to a "freezing" of the denatured state by E.G. formation of illegitimate intermolecular bounds. According to this interpretation, renaturation of heat denatured enzyme by treatment by urea followed by dialysis would be closely comparable to renaturation of DNA by annealing at intermediate temperatures.

The fast removal of urea by dilution may not allow time for the proper bonds to be formed in the proper order. This is analogous to the non renaturation of DNA after fast cooling. Dialysis out of guanidine which is a highly ionic denaturing agent probably also allows illegitimate bonds to be formed, giving rise to intermolecular links and insoluble agregates.

The relative inefficiency of the renaturation by urea after treatment with guanidine may be due either to the partial rupture of some structure which was maintained during boiling and urea treatment or to the formation of stable bonds which may not be reversible under the conditions employed.

The increase in activity after incubation at 28°C is probably due to the necessity of polymerization of the inactive monomers into active tetramers (Zipser, 1963).

References

Anfinsen, C.B., and Redfield, R.R. (1956). Advances in Protein Chemistry, 11, 2.

Crick, F.H. (1958). In "Biological replication of macromolecules", Symp. Soc. Exptl. Biol., N° 12.

Kauzmann, W. (1959). Advances in Protein Chemistry, 14, 1.

Takagi, T., and Isemura, T. (1962). J. Biochem. (Tokyo), 52, 314.

White, F.H. Jr. (1960). J. Biol. Chem., 235, 383.

Zipser, D. (1963). J. Mol. Biol., in the press.

Non-inducible Mutants of the Regulator Gene in the "Lactose" System of *Escherichia coli*

CLYDE WILLSON,† DAVID PERRIN, MELVIN COHN,‡ FRANÇOIS JACOB
AND JACQUES MONOD

*Services de Biochimie cellulaire et de Génétique microbienne
Institut Pasteur, Paris, France*

(*Received 19 December 1963*)

Two independent mutants of *Escherichia coli* K12 have been isolated which have lost the capacity to be induced by β-galactosides for the production of the proteins governed by the lactose operon in *E. coli*. These mutations are located in the regulator (i) gene of the *Lac* region. In heterogenotes, the mutated i^s allele is dominant over the wild i^+ allele. Lac^+ revertants are obtained as a result of a secondary mutation either in the i gene (i^-) or in the operator (o^c). The i^s mutations appear to result in an alteration of the lactose repressor which becomes unable to respond to β-galactosides.

1. Introduction

It has been established, in a number of inducible as well as repressible and lysogenic systems, that the "constitutive" allele of a regulator gene is recessive to wild type, and also that deletion of such a gene results in a constitutive phenotype. Hence the conclusion that the expression of structural genes is controlled *negatively* by regulator genes, and the name "repressor" applied to the specific active product of these genes (Pardee, Jacob & Monod, 1959; Jacob & Monod, 1961a). In an inducible system, the inducer acts as an antagonist of the repressor. Since induction is highly stereospecific, a recognition site must exist for the inducer. *A priori*, the inducer-recognizing site might be borne either by the repressor itself or by the operator (i.e. by definition, that element of the transcription system which is recognized by the repressor). In either case, it may be expected that certain mutations within the relevant DNA segment (i.e. either the regulator gene or the operator locus) might abolish recognition of the inducer without interfering with the operator–repressor recognition. It will be easily seen that, should such mutants be available for study, the alternative could be resolved since the properties expected of such organisms would be different according to whether they resulted from mutations of the regulator gene or of the operator locus. Both mutant types would be characterized by loss of the capacity to synthesize the protein(s) governed by the corresponding operon. An operator mutation, however, would exert its effect exclusively in the *cis* position; it would therefore be recessive to wild type. A regulator mutation, by contrast, would act both in the *cis* and *trans* positions; it would therefore be dominant to wild type. In other words, it would have the very remarkable property of resulting in a pleiotropic dominant loss of function.

In the present paper, certain mutants of the "lactose" system of *Escherichia coli* are described, whose properties identify them as belonging to the latter type.

† Present address: Department of Biochemistry, University of California, Berkeley, California.
‡ Present address: Salk Institute for Biological Studies, San Diego, California.

2. Materials and Methods

Bacterial strains

Lactose-negative mutants were isolated on EMB†–lactose agar, after ultraviolet or nitrogen mustard treatment of a wild-type Hfr strain (Hayes, 1953) of *E. coli* K12.

Mapping

Crosses between Hfr and F$^-$ strains were performed under standard conditions (Jacob & Wollman, 1961). Lac^- Hfr were crossed with Lac^+ F$^-$ in order to recover homologous Lac^- F$^-$. The mapping of the Lac^- mutants was determined by crosses with known mutants of the structural genes for β-galactosidase (z) or β-galactoside permease (y). In crosses between Hfr $Ad^+ Lac_A^- S^s$ with F$^-$ $Ad^- Lac_B^- S^r$, $Ad^+ S^r$ and $Ad^+ Lac^+ S^r$, recombinants were recovered by plating suitable dilutions of the mating mixture on selective media, and the distance between Lac_A^- and Lac_B^- estimated from the ratio "$Ad^+ Lac^+ S^r / Ad^+ S^r$", which eliminates variations from cross to cross. In crosses between constitutive (either regulator constitutive i^- or operator constitutive o^c) and wild type (i^+ or o^+) the constitutive *versus* inducible character of the recombinants was determined by two successive replications on glucose plates followed by an assay with paper impregnated with ONPG on plates with toluene added. The constitutive clones manifest themselves in a few minutes by a yellow colour (Cohen-Bazire & Jolit, 1953).

Functional analysis

Functional analysis was performed by sexduction (Jacob & Adelberg, 1959; Jacob & Wollman, 1961). Heterogenotes carrying a sex factor which has incorporated the *Lac* region of the wild type (F-Lac^+) were transferred to Lac^- F$^-$ for dominance tests. The heterogenotes thus obtained (of the type Lac_a^-/F-Lac^+) segregate various types and in particular homogenotes of the type Lac_a^-/F-Lac_a^-. These homogenotes are able to transfer the F-Lac_a^- factor to any other Lac_b^- F$^-$, thereby producing heterogenotes of any combination of the type $Lac_a^+ Lac_b^-/F$-$Lac_a^- Lac_b^+$. The *cis–trans* tests of function are performed by determining the phenotype of such heterogenotes.

Assays for β-galactosidase

One drop of toluene was added to 1 ml. of cultures and the tubes were shaken at 37°C. 0·2 ml. of 0·013 M-ONPG in 0·25 M-sodium phosphate (pH 7·0) was added and the tubes incubated at 28°C for a measured time, until the desired intensity of colour had developed. The reaction was stopped by addition of 0·5 ml. of 1 M-Na$_2$CO$_3$ and the optical density measured at 420 mμ in a Beckman spectrophotometer. One unit of enzyme is defined as producing 1 mμmole o-nitrophenol/min at 28°C, pH 7·0 (Monod & Cohn, 1952).

Assay of β-galactosidase permease

0·1 ml. of chloramphenicol (1 mg/ml.) was added to 1·0 ml. samples of exponentially growing cultures and the tubes were shaken 15 min at 37°C, 0·1 ml. of a 10^{-3} M solution of ^{35}S-labelled TDG was added. After 15 min at 37°C, the contents of each tube were diluted in 10 ml. of ice-cold phosphate buffer and immediately filtered on Millipore filters. The Millipore filters were washed twice with 2 ml. of ice-cold buffer, dried and counted directly. The results are expressed as mμmoles of TDG accumulated/mg bacterial dry weight. Controls with a permeaseless mutant allowed a measure of background contamination (Rickenberg, Cohen, Buttin & Monod, 1956; Képès, 1960).

Assay of β-galactoside transacetylase

1·0 ml. samples of bacterial cultures in exponential growth at an appropriate density of 0·4 mg bacterial dry weight/ml. were agitated for 15 to 30 min at 37°C with 2 drops of toluene and 2 drops of an aqueous 1% solution of sodium deoxycholate. The resulting suspensions were heated at 75°C for 10 min to destroy acyl-CoA deacylase. After cooling,

† Abbreviations used: EMB = eosin–methylene blue; ONPG = o-phenyl-β-D-galactoside; TDG = β-D-thiodigalactoside; IPTG = iso-thiophenyl galactoside.

0·1 ml. portions were added to tubes containing 0·1 ml. of "solution M", and the mixtures incubated for 100 min at 30°C. "Solution M" consisted of 2×10^{-5} M-acyl-CoA, labelled with ^{14}C in the acetyl group, and 0·2 M-IPTG in 0·01 M-potassium phosphate buffer at pH 6·5. The ^{14}C-labelled acyl-CoA was synthesized in this laboratory by Dr. Adam Képès, purified by paper chromatography using an ethanol–NH$_4$–acetic acid solvent, and used for the enzyme assay at an activity of approximately 1·5 μc/μmole.

The reaction was stopped by the addition of 0·1 ml. of aqueous 1 M-cupric sulfate, and the resulting mixtures each extracted with 0·7 ml. of iso-amyl alcohol by vigorous agitation for 1 hr at room temperature. The suspensions were then clarified by centrifugation, 0·25 ml. portions of the organic phase of each sample plated in duplicate on metal planchets which were dried at a temperature lower than 40°C, and counted (Burstein, Cohn & Képès, manuscript in preparation).

Each series of acetylase determinations included, as controls, a culture of fully induced wild type and one of an acetylaseless mutant. The latter allows a measure of background contamination. One unit of enzyme is defined as producing 1 mμmole acetyl IPTG in 100 min at 30°C, pH 6·5 in the presence of 0·2 M-IPTG.

3. The System for Lactose Utilization in *E. coli*

The system for lactose utilization in *E. coli* involves three known factors: the enzyme β-galactosidase; a β-galactoside permease which concentrates β-galactosides inside the cell; and the enzyme β-galactoside transacetylase, which by all criteria is distinct from the galactosidase and whose physiological function is still unclear. In wild-type strains these three factors are induced, in a coordinated manner, by β-galactosides (Jacob & Monod, 1961b).

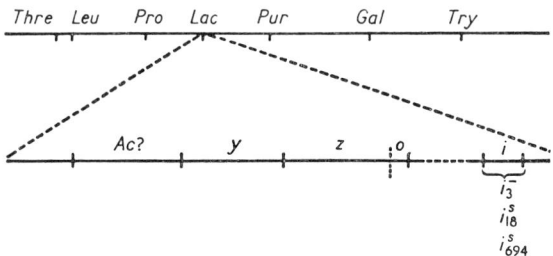

FIG. 1. *Diagrammatic representation of the lactose region of* E. coli *K12. Thre*: threonine; *Leu*: leucine; *Pro*: proline; *Lac*: lactose; *Pur*: purine; *Gal*: galactose; *Try*: tryptophan; *Ac*: β-galactoside-transacetylase. It is not yet known whether this protein is determined by the y (β-galactoside-permease) gene or by another gene located further from the operator on the *Lac* operon.

All the known mutations affecting this system are located in a small region of the *E. coli* K12 chromosome, the *Lac* region (Fig. 1). Different classes of mutants have been observed.

(1) Galactosidase mutation ($z^+ \longrightarrow z^-$) expressed as the loss of the capacity to synthesize active galactosidase. All these mutations are located in a segment (z) of the *Lac* region, which by complementation tests appears to represent a single cistron (Perrin, 1963).

(2) Permease mutation ($y^+ \longrightarrow y^-$) expressed as the loss of the capacity to synthesize active permease. All these mutations are located in a segment (y) of the *Lac* region adjacent to z. By complementation tests, the y segment also appears to correspond to a single cistron.

(3) Regulator-constitutive mutations ($i^+ \longrightarrow i^-$) expressed as the ability to synthesize large amounts of the three factors in the absence of any inducer. The heterogenotes i^-/i^+ are inducible. These mutations are located in a small segment (i) of the Lac region distinct from the structural genes z and y.

(4) Operator-constitutive mutations ($o^+ \longrightarrow o^c$) expressed as the ability to synthesize the three factors in the absence of any inducer. Heterogenotes o^c/o^+ are constitutive.

(5) Operator negative mutations ($o^+ \longrightarrow o^0$) expressed as the loss of the capacity to produce the three factors. The o^c and o^0 mutations are all located in a small segment (o) of the Lac region which appears to be contained in (or to overlap) the extremity of the z structural gene.

4. Properties and Mapping of i^s Mutations

Some 800 Lac negative mutants have been isolated in which the wild alleles appear, by standard complementation test, to be dominant over the mutated alleles. In two cases (i^s_{18} and i^s_{694}), however, the mutated alleles turned out to be dominant over the wild allele. The properties of these two mutants are similar in every respect and only mutant i^s_{18} will be described here in detail.

The production of β-galactosidase, permease and acetylase by cultures of wild type, of an i^-, of an o^c and of i^s_{18} mutant is reported in Table 1. It can be seen

TABLE 1

Production of β-galactosidase, galactoside permease and galactoside transacetylase by the wild type and by strains carrying different alleles of the regulator and operator loci

Genetic structure of strains	Inducer	β-Galactosidase (units†/mg dry weight)	Galactoside permease (μmoles TDG/mg dry weight)	Galactoside transacetylase (units†/mg dry weight)
Wild type $i^+ o^+ z^+ y^+$	None	<5	<1	<1
	IPTG 10^{-4} M	7,000	28	550
	IPTG 10^{-2} M	8,700	30	580
Regulator-constitutive $i^-_3 o^+ z^+ y^+$	None	12,000	30	600
	IPTG 10^{-3} M	12,000	30	600
Operator-constitutive $i^+ o^c_1 z^+ y^+$	None	1,200	5	150
	IPTG 10^{-3} M	8,000	30	620
Regulator non-inducible $i^s_{18} o^+ z^+ y^+$	None	10 to 20	~1	<1
	IPTG 10^{-2} M	10 to 20	~1	<1

† These units are defined in the Materials and Methods section.

that mutant i has lost the ability to produce the three factors of the lactose system, even in the presence of concentrations of IPTG 100 times higher than those required for almost full induction of wild type. It is also seen that, in accord with previously established results (Jacob & Monod, 1961b), the *ratios* of the activities of the three factors are essentially invariant with respect to the presence or absence of inducer, as well as to the effects of mutations of the regulator or operator loci. Since this "coordinate" behaviour has been studied in detail (Burstein, Cohn & Képès, manuscript in preparation) and applies to the "non-inducible" mutant, we will hereafter report its properties only in terms of β-galactosidase activities.

Since i^s_{18} does not grow on minimal medium with lactose as a carbon source, it can be crossed with other Lac^- mutants, selecting for Lac^+ recombinants. Mutant i^s_{18} is thus able to recombine with any z^-, y^- or o^0 mutant. The frequencies of recombination obtained in crosses with known mutants allow the mapping of the i^s_{18} mutation in the i gene (see Table 2 and Fig. 2). In addition, in crosses between i^s_{18} and $z^-i^-_3$ mutants

TABLE 2

Mapping of i^s mutants

		Hfr i^s strains			
		i^s_{18}		i^s_{694}	
		% recombinants	% i^+ among recombinants	% recombinants	% i^+ among recombinants
	o^0_2	0·10	1·5	0·09	1
	z^-_4	0·34	<0·5	0·38	<0·5
$F^- i^-$	z^-_1	0·46	0·5	0·49	<0·5
	z^-_{178}	0·62	<0·5	0·64	0·5
	z^-_{177}	0·73	1	0·72	<0·5
$F^- i$	i^s_{694}	<0·001	—	—	—

Two-factor crosses between Hfr Lac i^s prototroph, Sm^s and F^- Lac i^-z^- (or o^0) Ad^- (or T^-L^-) Sm^r. The results are expressed in the fraction (per cent) of Lac^+ Ad^+ (or T^+L^+) Sm^r recombinants/Ad^+ (or T^+L^+) Sm^r recombinants. In each cross 100 recombinants were picked up and tested for their i^+ versus i^- character.

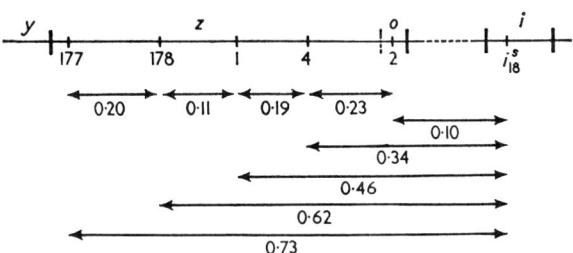

FIG. 2. *Mapping of the i^s_{18} mutation*. The figures (from Table 2) indicate the percentage of recombinants in two-factor crosses.

or $o^0 i^-_3$, 99%, or more, of the Lac^+ recombinants are i^-, a result which indicates an extremely close linkage between i^s_{18} and the regulator constitutive i^-_3 mutation. The other mutant i^s_{694} is extremely closely linked to both i^-_3 and i^s_{18}.

From this analysis, one can therefore conclude that certain rare mutations in, or very near, the regulator gene i result in the loss of the capacity to synthesize the three factors, β-galactosidase, permease and acetylase in response to β-galactoside inducers. However, given the very close linkage between the i gene and the operator locus in this system, it is not possible by mapping alone to exclude the possibility that these mutations belong to the latter locus. That they are indeed mutations of the regulator gene, not of the operator, is confirmed, however, by the observations reported in the next paragraph.

5. Functional Analysis of Mutant i^s_{18}

If the i^s_{18} mutation results in the production of a repressor which is unaffected by the inducer, we expect the mutated allele (i^s) to be dominant over wild type (i^+) and also *a fortiori* over the constitutive (i^-) allele. The results summarized in Table 3 show this prediction to be correct, and therefore eliminate the alternative possibility that the mutation in question affects the operator.

TABLE 3

Biosynthesis of β-galactosidase by various diploids heterozygous for the i^s_{18} allele and/or for operator alleles

Genetic composition of strain tested	Inducer	β-Galactosidase (units†/mg dry weight)
i^s/Fi^+	None	5
	IPTG 10^{-3} M	8
i^s/Fi^-	None	8
	IPTG 10^{-3} M	8
$i^s o^+/Fi^+ o^c$	None	190
	IPTG 10^{-3} M	210

† These units are defined in the Materials and Methods section.

In contrast with regulator constitutive (i^-) mutations, operator constitutive (o^c) mutations affect only the expression of the structural genes (z and y) located on the same chromosome, in position *cis*. The "constitutive" property of o^c mutants is ascribable to a decreased affinity of the altered operator for the repressor. The o^c mutants isolated so far appear to be superinducible, i.e. they produce more enzyme in the presence than in the absence of inducer. The curve of induction as a function of inducer concentration represented in Fig. 3 indicates that: (a) in the absence of inducer, o^c mutants produce about 100 times more β-galactosidase than wild type; (b) lower concentrations of inducer are required to increase enzyme production by the o^c mutant than are required by the wild type. As shown in Fig. 3, the concentration of 10^{-5} M-IPTG, which has no effect on the wild type, already increases the enzyme level in the o^c. This is the result expected if the o^c mutation results in a decreased affinity of the operator towards the repressor.

If the i phenotype does result from the production of an altered repressor, which cannot be antagonized by external inducers while still able to recognize normally the wild-type operator, it is a definite prediction that o^c operators will exhibit a decreased affinity towards i^s repressors as they do towards wild-type repressors. That this is indeed the case is shown by the properties of heterogenotes of the type $i^s_{18} o^+ z^+ y^+/F i^+ o^c z^+ y^+$. It may be seen in Table 3 that such heterogenotes produce β-galactosidase constitutively at a rate similar to, or somewhat higher than, that observed in the o^c haploid mutant. Furthermore, as can be expected from the presence of the i^s allele, the production of galactosidase cannot be increased by external inducers in such heterogenotes whereas it is increased in the same conditions in cultures of haploid i^+o^c mutants (see Tables 1 and 3).

It is worth noting that another hypothesis which might account for the properties of i^s mutants—namely that the i^s mutations result in an increase of the amount of repressor produced—may be eliminated on the basis of the properties of the i^s/o^c heterogenotes. As previously shown, the o^c mutation results in a decreased affinity of the operator for the repressor. If the i^s allele produced an increased amount of a normal repressor, the o^c/i^s heterogenote might be expected to be repressed.

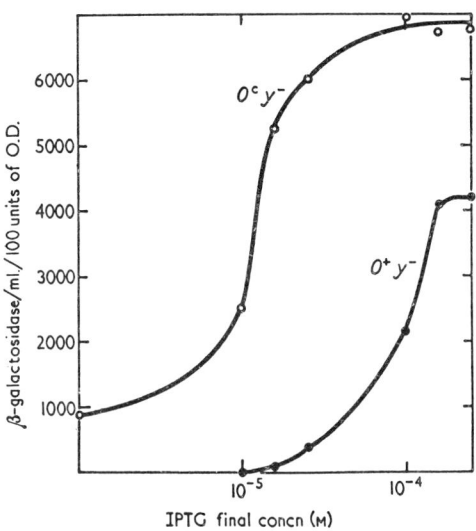

FIG. 3. *Inducibility by IPTG of cryptic strains carrying the o^+ or o^c alleles.* Bacteria were grown for several generations in a glycerol medium containing various concentrations of IPTG. The amount of β-galactosidase formed was then determined. The difference between the maximum levels obtained is similar to that found between a constitutive i^- and an induced i^+ strain. 100 O.D. units = 1 mg dry weight of bacteria.

6. *Lac$^+$* Revertants of i^s Mutants

If the *Lac$^-$* phenotype of i^s mutants results from the formation of an altered repressor which cannot be antagonized by external inducers, three classes of mutations may be expected to restore the "*Lac$^+$*" phenotype.

(a) True reversions ($i^s \longrightarrow i^+$). Such revertants should exhibit a wild (inducible) phenotype.

(b) Constitutive regulator (i^-) mutations. Since the $i^+ \longrightarrow i^-$ mutation results in the production of an inactive repressor, double mutants $i^s i^-$ should also produce an inactive repressor and therefore synthesize the various elements of the *Lac* system. Such revertants would exhibit a constitutive phenotype, constitutivity being recessive to inducibility in heterogenotes $i^s i^-/i^+ i^+$.

(c) Operator constitutive mutations (o^c). Since we have seen that in heterogenotes $i^s o^+/i^+ o^c$, the o^c mutation can manifest itself, it is clear that the double mutant $i^s o^c$ should synthesize the proteins of the *Lac* system. Such revertants would exhibit a constitutive phenotype, constitutivity being dominant to inducibility in heterogenotes $i^s o^c/i^+ o^+$.

In addition, true revertants (type (a)) may be expected to be infrequent, while $i^+ \longrightarrow i^-$ or $o^+ \longrightarrow o^c$ mutations are known to be rather frequent. In fact, both i^s_{18} and i^s_{694} revert to the Lac^+ phenotype at a fairly high rate. After 50 to 60 hours of incubation at 37°C on EMB–lactose agar, all colonies are dotted with many Lac^+ papillæ, in contrast with most other types of Lac^- mutants.

Eighteen independent Lac^+ revertants of i^s_{18} were randomly picked and re-isolated. Their production of β-galactosidase in the presence or absence of external inducers was determined in cultures of haploid clones as well as of heterogenotes carrying either an $Fi^+o^+z^+y^+$ (inducible) or $Fi^-o^+z^+y^+$ (regulator constitutive) episome. The results of this analysis are reported in Table 4.

TABLE 4

Biosynthesis of β-galactosidase by Lac$^+$ *revertants from the* i^s_{18} *mutant*

	Class I revertants		Class II revertant	
	Haploid	Carrying $FLac^+$	Haploid	Carrying $FLac^+$
No inducer	7,000 to 12,000	5 to 10	197	150
IPTG 10^{-3} M	7,000 to 12,000	10,000 to 15,000	183	170

It may be seen in Table 4 that all haploid clones of the revertants studied produce β-galactosidase constitutively. No revertant appears therefore to be a true reversion to inducible wild type (class (a)).

Although all constitutive, the revertants differ in their properties and two classes may be distinguished. Out of the 18, 17 behave just like regulator constitutive mutants (i^-): they produce constitutively a full amount of enzyme; the heterogenotes carrying an Fi^+ factor are inducible. It is clear therefore that these revertants belong to class (b): a second mutation, i^-, has been added to the first one i^s which becomes thus masked, the i^- mutation resulting in the formation of an inactive repressor. From the heterogenotes $i^s i^-/F i^+$, very rare i^s segregants can be obtained, as expected, as a result of recombination within the i gene.

One of the revertants (R_{10}) behaves in a different way. It also produces constitutively both the β-galactosidase and the permease at a rate which is not modified by addition of exogenous inducer nor by the presence of an Fi^+ episome. The additional constitutive mutation is therefore dominant, of the operator constitutive (o^c) type, and it does not mask the initial i^s mutation since neither in the haploid clones nor in the heterogenotes is the level of galactosidase synthesis increased by addition of exogenous inducer. This revertant is of the type $i^s o^c$ and belongs to class (c).

7. Temperature-sensitive Secondary Mutants of the i^s_{18} Allele

A temperature-sensitive mutant of the repressor of the *Lac* operon has been described by Horiuchi & Novick (1961). This mutant is inducible at low temperature and constitutive at high temperature.

Other temperature-sensitive mutants collected by selecting at 42°C for Lac^+ revertants from the i_{18}^s strain have been obtained. Their characteristic properties (as illustrated by one of these strains) are summarized in Table 5. These organisms (i^{st}) retain the i^s phenotype at 30°C, while exhibiting a constitutive phenotype at 42°C. An interesting inversion of dominance depending upon temperature is observed, as expected, in the heterogenotes i^{st}/i^+: the i^{st} allele is dominant (if only partially) at 30°C, while the i^+ allele is dominant at 42°C.

TABLE 5

Synthesis of β-galactosidase by a temperature-sensitive mutant (i_{18}^{st}) obtained as a Lac^+ revertant from i_{18}^s

Strain	Specific activity of β-galactosidase (units†/mg dry weight)			
	30°C		41°C	
	No inducer	IPTG 10^{-3} M	No inducer	IPTG 10^{-3} M
i^{st}_{18}	43	87	10,500	10,400
$i^{st}_{18}/FLac^+$	30	1,300	250	15,000
i^{st}_{18}/Fi^-_3	1,200	1,200	18,000	15,000

† These units are defined in the Materials and Methods section.

Recent kinetic studies (Novick, Lennox & Jacob, 1963) have shown that in such mutants, it is the *synthesis* of the repressor, but not the stability of the preformed repressor, which is altered at high temperature. When cultures of these mutants, grown at 42°C and producing enzyme constitutively, are shifted to 30°C, they become progressively repressed. Kinetic evidence indicates that the period required for the establishment of repression under those conditions is similar to what had previously been found for the establishment of repression by a wild i^+ allele (Pardee et al., 1959). This result indicates that, in all likelihood, the i^s mutation does not increase the amount of repressor produced. These observations further strengthen the interpretation of the i^s phenotype as due to a repressor altered electively in its capacity to be antagonized by the inducer.

8. Conclusions

The properties of the repressor of the lactose system of *E. coli* as inferred from the biochemical phenotypes exhibited by the i^+, i^-, i^s and i^{st} alleles of the regulator gene, in the haploid as well as in various heterozygous conditions, may be conveniently expressed by the following model.

The repressor is a macromolecule possessing two recognition sites, one for the operator, the other for the inducer. Interactions occur between these sites, such that formation of the inducer–repressor complex excludes the repressor–operator combination. Different mutations of the regulator gene may then:

(a) inactivate or delete the gene and prevent the formation of any repressor, resulting in a constitutive recessive phenotype; (b) alter the operator-recognizing site (with or without altering the inducer site); these alleles would also behave as constitutive and recessive; (c) abolish or alter the inducer-recognition site, or (d) abolish interactions between the two sites.

Both of the latter mutant types would exhibit the highly distinctive properties which are actually observed with the i^s mutants.

Let us briefly discuss some of the most significant implications of this model.

The first is that the inducer by itself has no affinity for, and no effect upon, the transcription system, and acts exclusively *via* its interaction with the repressor. The validity of this basic conclusion (Pardee *et al.*, 1959) is confirmed by the behaviour of the i^s mutants.

The second is the assumption that the repressor acts directly at the operator level: i.e. that no further specific element intervenes in the regulation. This is the most straightforward, but not the only, interpretation. One may consider the possibility that the activation of structural gene transcription requires a specific activator, and that the function of the repressor is to inhibit this activator. Both the i^- and the i^s mutant types, with all their properties, could be accounted for on this assumption. However, this model predicts the existence of at least two other mutant types which have never been observed in the present, or any other, system. These are:

(a) mutations which would inactivate the operon while being truly recessive to wild type, i.e. reactivable in *trans* (by contrast with the o^0 mutants, where the operon remains unexpressed in heterozygous diploids), and (b) dominant constitutives, active in *trans* as well as in *cis*.

The fact that selection of constitutives from wild-type diploids has invariably led to constitutive mutants with exclusive *cis* effect, while no constitutives with a *trans* effect have ever been found, appears to make the assumption of a specific activator highly improbable.

Another implication of the preferred model is that one and the same macromolecule, the repressor, is responsible for the recognition of both the inducer and the operator, and mediates their interaction. An alternative model would be, for instance, that the inducer activates a distinct repressor-inactivating element. If this were the case, the i^s mutant type could result from mutations of either the repressor itself, or of the repressor-inactivating constituent. The i^- and i^t mutant types, by contrast, could not result from mutations of the repressor-inactivating constituent. The exceedingly close linkage between all known i^-, i^s and i^t mutants strongly suggests that a single gene, and therefore a single macromolecular constituent, is involved. It remains to be seen, however, whether the i locus involves a single or several cistrons. It will easily be seen that, even if two cistrons were involved, complementation between i^s and i^- alleles could not be scored, since at least 25% of i^s type repressor would still be synthesized by such cells, thus masking any i^+ type repressor that might be formed.

Another point should be made here: in many inducible systems, the true (internal) inducer may be a metabolic product of the exogenous compound. Inactivation by mutation of the enzyme(s) responsible for the conversion would lead to a "non-inducible" phenotype which would, however, be easily distinguished from mutations of the true regulator gene, since (a) the constitutive mutations would occur at another locus, (b) the "non-inducible" mutation would be recessive to wild type. Complementation (rather than dominance) would therefore be expected.†

† Such a situation is in fact observed in the lactose system, when lactose itself is used as external inducer in galactosidase-negative mutants: apparently lactose is inactive as an inducer, and its activity in the wild type (z^+) is due to transgalactosidation to an active product by the action of galactosidase itself (Burstein, Cohn & Monod, manuscript in preparation).

Since there is every reason to believe that the role of the repressor is essentially the same in repressible and inducible systems, it is important to note that mutants of the i^s type are not expected to occur in the former systems. The role of the effector in a repressible system apparently is to activate the repressor. Loss of the capacity to recognize or respond to the effector will therefore lead to recessive constitutive mutations which could not be distinguished from mutations affecting recognition of the operator. Thus while the occurrence at the same locus of both i^s and i^- mutations may be considered to identify unambiguously a regulator gene in an inducible system, the same criteria cannot be applied to repressible systems. Moreover, in the latter type of system, mutations of metabolic enzymes, responsible only for converting an inactive compound into active corepressor, will also lead to a recessive constitutive condition. Hence, identification of the true regulator (i.e. the gene responsible for determining the structure of the repressor) cannot be made unambiguously in these systems. An illustration of these inherent difficulties has been given by the work on alkaline phosphatase in *E. coli*, where it has been found that constitutive mutations may occur at two different loci (Echols, Garen, Garen & Torriani, 1961). While one of these, but probably not both, may correspond to the true regulator, it is quite possible that neither of these loci is responsible for the synthesis of the repressor.

The properties of the repressor, as assumed in our model, namely a macromolecule possessing two *interacting* albeit *distinct* sites, correspond to the definition of an allosteric protein (Monod, Changeux & Jacob, 1963). While there is, at present, no clear evidence that the repressor of the *Lac* system or of any other adaptive enzyme system is a protein, it seems very difficult to account for all the relevant facts concerning the specificity, the kinetics and the genetic control of enzyme induction, under any other assumption.

We would like to thank Mr. Claude Burstein who performed the transacetylase assays. This work has been supported by grants from the National Science Foundation, the National Institutes of Health, the Jane Coffin Childs Memorial Fund, the Délégation Générale à la Recherche Scientifique et Technique and the Commissariat à l'Energie Atomique.

REFERENCES

Cohen-Bazire, G. & Jolit, M. (1953). *Ann. Inst. Pasteur*, **84**, 1.
Echols, H., Garen, A., Garen, S. & Torriani, A. M. (1961). *J. Mol. Biol.* **3**, 425.
Hayes, W. (1953). *Cold Spr. Harb. Symp. Quant. Biol.* **18**, 75.
Horiuchi, T. & Novick, A. (1961). *Cold Spr. Harb. Symp. Quant. Biol.* **26**, 247.
Jacob, F. & Adelberg, E. A. (1959). *C.R. Acad. Sci. Paris*, **249**, 189.
Jacob, F. & Monod, J. (1961a). *J. Mol. Biol.* **3**, 318.
Jacob, F. & Monod, J. (1961b). *Cold Spr. Harb. Symp. Quant. Biol.* **26**, 193.
Jacob, F. & Wollman, E. L. (1961). *Sexuality and the Genetics of Bacteria*. New York: Academic Press.
Képès, A. (1960). *Biochim. biophys. Acta*, **40**, 70.
Monod, J., Changeux, J. P. & Jacob, F. (1963). *J. Mol. Biol.* **6**, 306.
Monod, J. & Cohn, M. (1952). *Advanc. Enzymol.* **13**, 167.
Novick, A., Lennox, E. S. & Jacob, F. (1963). *Cold Spr. Harb. Symp. Quant. Biol.* in the press.
Pardee, A. B., Jacob, F. & Monod, J. (1959). *J. Mol. Biol.* **1**, 165.
Perrin, D. (1963). *Cold Spr. Harb. Symp. Quant. Biol.* in the press.
Rickenberg, H. V., Cohen, G. N., Buttin, G. & Monod, J. (1956). *Ann. Inst. Pasteur*, **91**, 289.

THE EFFECT OF 5'ADENYLIC ACID UPON THE ASSOCIATION BETWEEN BROMTHYMOL BLUE AND MUSCLE PHOSPHORYLASE b

by A. ULLMANN, P.R. VAGELOS,[°] and J. MONOD

Service de Biochimie Cellulaire,
Institut Pasteur, Paris, France.

Received July 6, 1964

The classical studies of Cori and his school, confirmed and extended by the work of Fischer and Krebs have established the following facts concerning muscle phosphorylase b (Ph b) :

a. This enzyme (M.W. 242,000) is a dimer, made up of two, presumably identical, protomers[°°] (M.W. 125,000) (Keller and Cori, 1953; Madsen and Gurd, 1956).

b. Ph b is virtually inactive in the absence of 5'adenylic acid (5'AMP); the nucleotide however does not participate as an intermediate in the reaction (Cori and Green, 1943; Cohn and Cori, 1948).

c. At high protein concentration (above 4 mg/ml) 5'AMP provokes partial association of Ph b into a tetrameric form (Kent, Krebs and Fischer, 1958).

d. In presence of ATP and phosphorylase-kinase, Ph b is phosphorylated to phosphorylase a (Ph a) which is active in the absence of 5'AMP. Ph a, as normally isolated, is a tetramer (M.W. 495,000) (Krebs, Kent and Fischer, 1958).

e. There is one AMP binding site per protomer, both in Ph b and in Ph a. However, the affinity of the binding sites for AMP is

---
[°] - Present address : Section on Enzymes, Laboratory of Cellular Physiology, National Institutes of Health, Bethesda 14, Md.
[°°]- We use the terminology proposed by Changeux, Ullmann and Monod (1963).

much higher in Ph a than in Ph b (Madsen and Cori, 1957).

These observations suggest that the effect of 5'AMP upon Ph b is due to an allosteric (i.e. indirect) interaction between the nucleotide binding sites and the active sites of the protein.

Since it seems reasonable to assume that allosteric interactions in general are mediated by conformational alterations of the protein (Monod et al., 1963), we have attempted to find an experimental test for this assumption in the case of Ph b.

A first possibility was suggested by the observations of Kent, Krebs and Fischer : namely that the activation of Ph b in presence of AMP was directly correlated with the "associative" effect of the nucleotide. In a first series of experiments we therefore tested whether a significant variation of sedimentation velocity occured when 5'AMP was added to relatively low concentrations of Ph b (ca. 0.5 mg/ml). As shown in Fig. 1, no effect of 5'AMP upon the sedimentation

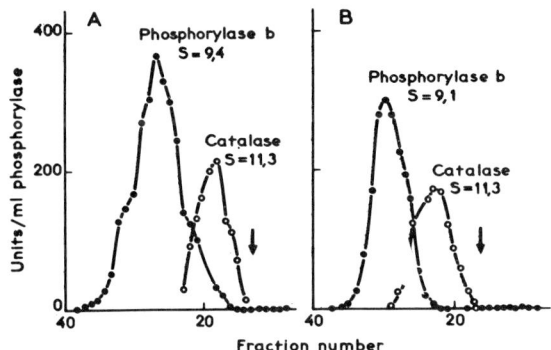

Figure 1. - Sedimentation of phosphorylase b in a sucrose gradient.
0.5 mg of phosphorylase b (free of 5'AMP) is centrifuged in a linear sucrose gradient (5-20 %) 7 h at 39,000 rpm.
A : Centrifugation in the absence of AMP.
B : Centrifugation in the presence of 10^{-3} M 5'AMP. The arrow indicates the theoretical position of the tetramer.

of Ph b is detectable under these conditions, although the allosteric effect (i.e. the activation of Ph b by 5'AMP) is fully demonstrable under the same conditions of protein concentration and temperature. The two sets of observations, concerning respectively the associative and the activating effects of the nucleotide are not entirely comparable, since glycogen and glucose-1-phosphate (G1P) are present in the activity tests while they are absent in the centrifugal runs. However the results suggest rather strongly that the activation of Ph b is not directly correlated with, and dependent upon, its association into a tetrameric form.

Another method of possibly revealing a conformational effect of 5'AMP upon Ph b was suggested to us by the recent very interesting observations of Antonini et al. (1963). These authors have found that the <u>rate</u> of association between the dye bromthymol blue (BTB) and hemoglobin is profoundly affected by O_2 pressure and they have presented convincing evidence that this effect is directly related to the (allosteric) heme-heme interactions in this protein. It therefore seemed of particular interest to test whether another, entirely different, allos`: system would exhibit a similar effect.

As shown in Table I when Ph b (1.0 mg/ml) is dialyzed to equilibrium against BTB (2×10^{-5} M) on a sephadex column, association of the protein with the dye is observed. Moreover the amount of protein-bound BTB is increased about three fold in the presence of 5'AMP at saturating concentration (10^{-3} M). The effect is specific for AMP, since it is not observed with 2'3'AMP which is known to exert no activating effect upon Ph b. Using BTB binding as a test, at various AMP concentrations, the apparent affinity of the nucleotide for Ph b may be roughly determined (Fig. 2). The concentration corresponding to half-saturation is about the same as the apparent K_D of AMP as estimated from enzyme-activity measurements. Ph a also associates with BTB.

88

TABLE I

Association of BTB with phosphorylase

		BTB fixed moles/mole protein(°)
Phosphorylase b	- AMP	1.17
"	+ 5'AMP	3.22
"	+ 2'3'AMP	1.14
Phosphorylase a	- AMP	3.6
"	+ 5'AMP	3.25

(°) - Of 242,000 M.W. unit.

1 mg/ml of protein is dialyzed against BTB 2×10^{-5}M, on a column of sephadex G-25. The protein-bound BTB is measured, after alkalinization, at 620 mµ.

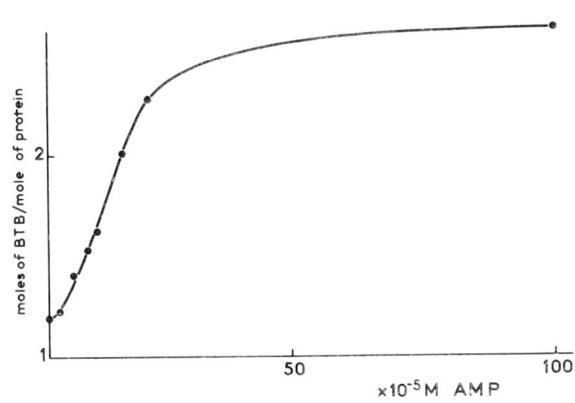

Figure 2. - BTB-binding as a function of 5'AMP concentration.
1 mg/ml protein is dialyzed on a sephadex G-25 column preequilibrated with 2×10^{-5}M BTB, containing 5'AMP at different concentrations.

In fact, as shown also in Table I, it takes up about three times more dye than does Ph b under the same conditions of protein and dye concentration. However, although 5'AMP is known to bind to Ph a even more strongly than Ph b (Madsen and Cori, 1957), it does not modify the affinity of Ph a for the dye.

89

These observations show that the effect of 5'AMP upon the association between Ph b and the dye is directly correlated with its allosteric effect. Further indications as to the nature of the binding between the protein and BTB may be derived from the fact that a pronounced shift in color is observed upon mixing the dye with the protein, in the absence of AMP, and a further shift occurs as soon as AMP is added. The relative amounts of the acid (yellow) and conjugate base (blue) forms of BTB may be calculated from spectrophotometric measurements at two wave-lengths (440 mµ and 620 mµ). Comparisons of such determinations with the results obtained by equilibrium dialysis indicate that, at pH 7.0, over 95 % of the protein-bound dye is in the acid form (assuming, naturally, that the pK of the free dye is unchanged). This means that the BTB-binding "sites" on the protein have a much higher affinity for the acid than for the conjugate base. This is further confirmed by the fact that the amount of protein-bound BTB <u>increases</u> when the pH is lowered, i.e. when the relative concentration of the acid form becomes larger. Now, when a phase separation is performed between amyl alcohol and a buffered solution of BTB, at pH 7.0, almost all the dye goes into the organic phase, and the spectrum of the latter corresponds to that of a water solution of BTB at pH 2. This predictable result (since the acid corresponds to the unionized form of the dye) strongly suggests that BTB associates mainly with apolar, water-repellent, areas or groups in the protein.

It may be concluded that in the presence of its allosteric effector 5'AMP, the enzyme-protein undergoes a reversible alteration which results in increasing its capacity to bind certain lipophilic ligands.

Since the AMP-induced alteration does not occur with Ph a, it cannot be ascribed to a direct interaction between the dye and the bound nucleotide itself; it clearly depends upon a transition of state which is undergone by Ph b, but not by Ph a, in the presence of 5'AMP.

This interpretation is further justified by the fact that, in the absence of AMP, Ph a is more "lipophilic" than Ph b in that it binds more BTB. It may therefore be considered that the "state" which is stabilized by AMP in Ph b already obtains in Ph a.

The significance of these observations is greatly strengthened by the fact that closely similar findings should have been made with an entirely different system (hemoglobin-oxygen) whose only analogy with the present one is that, in both cases, allosteric interactions between distinct specific binding-sites are known (hemoglobin) or presumed (Ph b) to occur. We might mention that we have tested the effect of specific ligands upon the binding of BTB by various enzyme-proteins which show no evidence of allosteric interactions (β-galactosides with β-galactosidase; ATP or glucose with hexokinase). The results were negative, as they were with Ph a. The BTB binding effect may therefore turn out to constitute a fairly widely applicable, as well as very simple, test of the capacity of a specific ligand to induce a transition of state in a protein. Where it occurs it may also be used, as we have seen, as an independent method of studying the binding of an allosteric effector to a protein.

This work has been supported by grants from the Jane Coffin Childs Memorial Fund for Medical Research, the National Institutes of Health, the "Délégation Générale à la Recherche Scientifique et Technique" and the "Commissariat à l'Energie Atomique".

References

Antonini, E, Wyman, J., Moretti, R., and Rossi-Fanelli, A. (1963). Biochim. Biophys. Acta, 71, 124.
Changeux, J.P., Ullmann, A., and Monod, J. (1963). Colloque International C.N.R.S. : "Mécanismes de régulation des activités cellulaires chez les microorganismes", Marseille (in the press).
Cohn, M., and Cori, G.T. (1948). J. Biol. Chem., 175, 89.
Cori, G.T., and Green, A.A. (1943). J. Biol. Chem., 151, 31.
Keller, P.J., and Cori, G.T. (1953). Biochim. Biophys. Acta, 12, 235.
Kent, A.B., Krebs, E.G., and Fischer, E.H. (1958). J. Biol. Chem., 232, 549.

Krebs, E.G., Kent, A.B., and Fischer, E.H. (1958). J. Biol. Chem., 231, 73.
Madsen, N.B., and Cori, C.F. (1957). J. Biol. Chem., 224, 899.
Madsen, N.B., and Gurd, F.R.N. (1956). J. Biol. Chem., 223, 1075.
Monod, J., Changeux, J.P., and Jacob, F. (1963). J. Mol. Biol., 6, 306.

On the Nature of Allosteric Transitions: A Plausible Model

JACQUES MONOD, JEFFRIES WYMAN AND JEAN-PIERRE CHANGEUX

*Service de Biochimie Cellulaire, Institut Pasteur, Paris, France
and Istituto Regina Elena per lo Studio e la Cura dei Tumori, Rome, Italy*

(*Received 30 December 1964*)

"*It is certain that all bodies whatsoever, though they have no sense, yet they have perception; for when one body is applied to another, there is a kind of election to embrace that which is agreeable, and to exclude or expel that which is ingrate; and whether the body be alterant or altered, evermore a perception precedeth operation; for else all bodies would be like one to another.*"

Francis Bacon
(*about 1620*)

1. Introduction

Ever since the haem-haem interactions of haemoglobin were first observed (Bohr, 1903), this remarkable phenomenon has excited much interest, both because of its physiological significance and because of the challenge which its physical interpretation offered (cf. Wyman, 1948,1963). The elucidation of the structure of haemoglobin (Perutz et al., 1960) has, if anything, made this problem more challenging, since it has revealed that the haems lie far apart from one another in the molecule.

Until fairly recently, haemoglobin appeared as an almost unique example of a protein endowed with the property of mediating such indirect interactions between distinct, specific, binding-sites. Following the pioneer work of Cori and his school on muscle phosphorylase (see Helmreich & Cori, 1964), it has become clear, especially during the past few years, that, in bacteria as well as in higher organisms, many enzymes are electively endowed with specific functions of metabolic regulation. A systematic, comparative, analysis of the properties of these proteins has led to the conclusion that in most, if not all, of them, *indirect* interactions between *distinct* specific binding-sites (allosteric effects) are responsible for the performance of their regulatory function (Monod, Changeux & Jacob, 1963).

By their very nature, allosteric effects cannot be interpreted in terms of the classical theories of enzyme action. It must be assumed that these interactions are mediated by some kind of molecular transition (allosteric transition) which is induced or stabilized in the protein when it binds an "allosteric ligand". In the present paper, we wish to submit and discuss a general interpretation of allosteric effects in terms of certain features of protein structure. Such an attempt is justified, we believe, by the fact that, even though they perform widely different functions, the dozen or so allosteric systems which have been studied in some detail do appear to possess in common certain remarkable properties.

Before summarizing these properties, it will be useful to define two classes of allosteric effects (cf. Wyman, 1963):

(a) *"homotropic"* effects, i.e. interactions between *identical* ligands;

(b) *"heterotropic"* effects, i.e. interactions between *different* ligands.

The general properties of allosteric systems may then be stated as follows:

(1) Most allosteric proteins are polymers, or rather oligomers, involving several identical units.

(2) Allosteric interactions frequently appear to be correlated with alterations of the *quaternary* structure of the proteins (i.e. alterations of the bonding between subunits).

(3) While heterotropic effects may be either positive or negative (i.e. co-operative or antagonistic), homotropic effects appear to be always co-operative.

(4) Few, if any, allosteric systems exhibiting *only* heterotropic effects are known. In other words, co-operative homotropic effects are almost invariably observed with at least one of the two (or more) ligands of the system.

(5) Conditions, or treatments, or mutations, which alter the heterotropic interactions also simultaneously alter the homotropic interactions.

By far the most striking and, physically if not physiologically, the most interesting property of allosteric proteins is their capacity to mediate homotropic co-operative interactions between stereospecific ligands. Although there may be some exceptions to this rule, we shall consider that this property characterizes allosteric proteins. Furthermore, given the close correlations between homotropic and heterotropic effects, we shall assume that the same, or closely similar, molecular transitions are involved in both classes of interactions. The model which we will discuss is based upon considerations of molecular symmetry and offers primarily an interpretation of co-operative homotropic effects. To the extent that the assumptions made above are adequate, the model should also account for heterotropic interactions and for the observed correlations between the two classes of effects.

We shall first describe the model and derive its properties, which will then be compared with the properties of real systems. In conclusion, we shall discuss at some length the plausibility and implications of the model with respect to the quaternary structures of proteins.

2. The Model

Before describing the model, since we shall have to discuss the relationships between subunits in polymeric proteins, we first define the terminology to be used as follows:

(a) A polymeric protein containing a *finite*, relatively small, number of *identical* subunits, is said to be an *oligomer*.

(b) The *identical* subunits associated within an oligomeric protein are designated as *protomers*.

(c) The term *monomer* describes the fully dissociated protomer, or of course any protein which is not made up of *identical* subunits.

(d) The term "subunit" is purposely undefined, and may be used to refer to any chemically or physically identifiable sub-molecular entity within a protein, whether identical to, or different from, other components.

Attention must be directed to the fact that these definitions are based exclusively upon considerations of identity of subunits and do not refer to the number of different peptide chains which may be present in the protein. For example, a protein made up of two different peptide chains, each represented only once in the molecule, is a monomer according to the definition. If such a protein were to associate into a molecule which would then contain two chains of each type, the resulting protein would be a dimer (i.e., the lowest class of oligomer) containing two protomers, each protomer in turn being composed of two different peptide chains. Only in the case where an oligomeric protein contains a single type of peptide chain would the definition of a protomer coincide with the chemically definable subunit. An oligomer the protomers of which all occupy exactly equivalent positions in the molecule may be considered as a "closed crystal" involving a fixed number of asymmetric units each containing one protomer.

The model is described by the following statements:

(1) Allosteric proteins are oligomers the protomers of which are associated in such a way that they all occupy equivalent positions. This implies that the molecule possesses at least one axis of symmetry.

(2) To each ligand able to form a *stereospecific* complex with the protein there corresponds one, and only one, site on each protomer. In other words, the symmetry of each set of stereospecific receptors is the same as the symmetry of the molecule.

(3) The conformation of each protomer is constrained by its association with the other protomers.

(4) Two (at least two) states are reversibly accessible to allosteric oligomers. These states differ by the distribution and/or energy of inter-protomer bonds, and therefore also by the conformational constraints imposed upon the protomers.

(5) As a result, the affinity of one (or several) of the stereospecific sites towards the corresponding ligand is altered when a transition occurs from one to the other state.

(6) When the protein goes from one state to another state, its molecular symmetry (including the symmetry of the conformational constraints imposed upon each protomer) is conserved.

Let us first analyse the interactions of such a model protein with a single ligand (F) endowed with differential affinity towards the two accessible states. In the absence of ligand, the two states, symbolized as R_0 and T_0, are assumed to be in equilibrium. Let L be the equilibrium constant for the $R_0 \leftrightarrows T_0$ transition. In order to distinguish this constant from the dissociation constants of the ligand, we shall call it the "allosteric constant". Let K_R and K_T be the microscopic dissociation constants of a ligand F bound to a stereospecific site, in the R and T states, respectively. *Note that by reason of symmetry and because the binding of any one ligand molecule is assumed to be intrinsically independent of the binding of any other, these microscopic dissociation constants are the same for all homologous sites in each of the two states.* Assuming n protomers (and therefore n homologous sites) and using the notation $R_0, R_1, R_2, \ldots R_n$; $T_0, T_1, T_2,$

...T_n, to designate the complexes involving 0, 1, 2,...n molecules of ligand, we may write the successive equilibria as follows:

$$R_0 \longleftrightarrow T_0$$

$$R_0 + F \longleftrightarrow R_1 \qquad T_0 + F \longleftrightarrow T_1$$
$$R_1 + F \longleftrightarrow R_2 \qquad T_1 + F \longleftrightarrow T_2$$
$$\cdots \cdots \cdots \cdots \qquad \cdots \cdots \cdots \cdots$$
$$R_{n-1} + F \longleftrightarrow R_n \qquad T_{n-1} + F \longleftrightarrow T_n$$

Taking into account the probability factors for the dissociations of the $R_1, R_2 \ldots R_n$ and $T_1, T_2 \ldots T_n$ complexes, we may write the following equilibrium equations:

$$T_0 = LR_0$$

$$R_1 = R_0\, n\, \frac{F}{K_R} \qquad T_1 = T_0\, n\, \frac{F}{K_T}$$

$$R_2 = R_1\, \frac{n-1}{2}\, \frac{F}{K_R} \qquad T_2 = T_1\, \frac{n-1}{2}\, \frac{F}{K_T}$$

$$\cdots \cdots \cdots \cdots \qquad \cdots \cdots \cdots \cdots$$

$$R_n = R_{n-1}\, \frac{1}{n}\, \frac{F}{K_R} \qquad T_n = T_{n-1}\, \frac{1}{n}\, \frac{F}{K_T}$$

Let us now define two functions corresponding respectively to:

(a) the fraction of protein in the R state:

$$\bar{R} = \frac{R_0 + R_1 + R_2 + \ldots + R_n}{(R_0 + R_1 + R_2 + \ldots + R_n) + (T_0 + T_1 + T_2 + \ldots + T_n)}.$$

(b) the fraction of sites actually bound by the ligand:

$$\bar{Y}_F = \frac{(R_1 + 2R_2 + \ldots + nR_n) + (T_1 + 2T_2 + \ldots + nT_n)}{n[(R_0 + R_1 + R_2 + \ldots + R_n) + (T_0 + T_1 + T_2 + \ldots + T_n)]}.$$

Using the equilibrium equations, and setting

$$\frac{F}{K_R} = \alpha \quad \text{and} \quad \frac{K_R}{K_T} = c$$

we have, for the "function of state" $\bar{R}$:

$$\bar{R} = \frac{(1+\alpha)^n}{L(1+c\alpha)^n + (1+\alpha)^n} \tag{1}$$

and for the "saturation function" $\bar{Y}_F$:

$$\bar{Y}_F = \frac{Lc\alpha(1+c\alpha)^{n-1} + \alpha(1+\alpha)^{n-1}}{L(1+c\alpha)^n + (1+\alpha)^n}. \tag{2}$$

In Fig. 1(a) and (b), theoretical curves of the Y_F function have been drawn, corresponding to various values of the constants L and c. In such graphs the co-operative homotropic effect of the ligand, predicted by the symmetry properties of the model, is expressed by the curvature of the lower part of the curves. The graphs illustrate the fact that the "co-operativity" of the ligand depends upon the values of L and c. The co-operativity is more marked when the allosteric constant L is large (i.e. when the

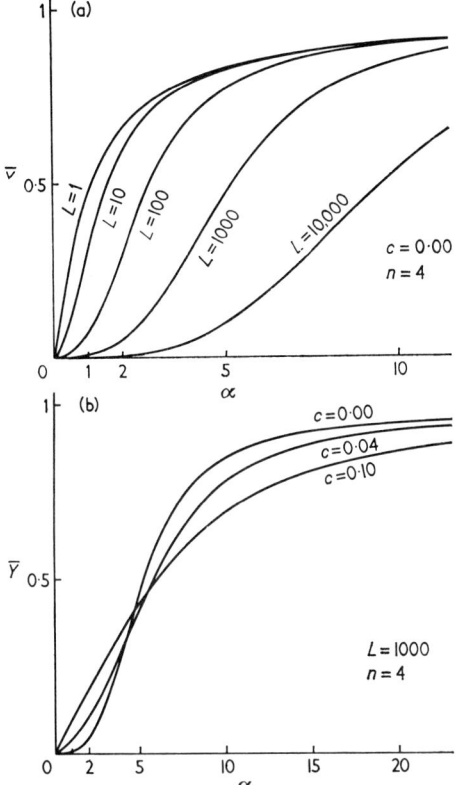

FIG. 1(a) and (b). Theoretical curves of the saturation function $\bar{Y}$ (equation (2)) drawn to various values of the constants L and c, with $n = 4$ (i.e. for a tetramer).

$R_0 \rightleftarrows T_0$ equilibrium is strongly in favour of T_0) and when the ratio of the microscopic dissociation constants ($c = K_R/K_T$) is small.†

It should be noted that for $c = 1$ (i.e. when the affinity of both states towards the ligand is the same) and also when L is negligibly small, the $\bar{Y}_F$ function simplifies to:

$$\bar{Y}_F = \frac{\alpha}{1+\alpha} = \frac{F}{K_R + F}$$

that is, to the Michaelis–Henri equation.

The model therefore accounts for the homotropic co-operative effects which, as we pointed out, are almost invariably found with allosteric proteins. Let us now analyse the properties of the model with respect to heterotropic interactions between different allosteric ligands. For this purpose, consider a system involving three stereospecific ligands, each binding at a different site. Assume that one of these ligands is the substrate (S) and, for simplicity, that it has significant affinity only for the sites in one of the two states (for example R). Assume similarly that, of the two other ligands,

† When c is very small, equation (2) simplifies to:
$$\bar{Y}_F = \frac{\alpha(1+\alpha)^{n-1}}{L+(1+\alpha)^n}.$$

one (the inhibitor I) has affinity exclusively for the T state, and the other (the activator A) for the R state. Let $\bar{Y}_S$ be the fractional saturation of the enzyme with S.

According to the model, heterotropic effects would be due exclusively to displacements of the spontaneous equilibrium between the R and T states of the protein. The saturation function for substrate in the presence of activator and inhibitor may then be written as:

$$\bar{Y}_S = \frac{\alpha(1+\alpha)^{n-1}}{L' + (1+\alpha)^n} \tag{3}$$

where α is defined as above and L' is an "apparent allosteric constant", defined as:

$$L' = \frac{\sum_0^n T_I}{\sum_0^n R_A}$$

where $\sum_0^n T_I$ and $\sum_0^n R_A$ stand respectively for the sum of the different complexes of the T state with I and of the R state with A. Following the same derivation as above, it will be seen that:

$$L' = L \frac{(1+\beta)^n}{(1+\gamma)^n}$$

with $\beta = \frac{I}{K_I}$ and $\gamma = \frac{A}{K_A}$, where K_I and K_A stand for the microscopic dissociation constants of activator and inhibitor with the R and T states respectively. Substituting this value of L' in equation (3) we have:

$$\bar{Y}_S = \frac{\alpha(1+\alpha)^{n-1}}{L\frac{(1+\beta)^n}{(1+\gamma)^n} + (1+\alpha)^n}. \tag{4}$$

This equation† expresses the second fundamental property of the model, namely, that the (heterotropic) effect of an allosteric ligand upon the saturation function for another allosteric ligand should be to modify the homotropic interactions of the latter. When the substrate itself is an allosteric ligand (as assumed in the derivation of equation (4)), the presence of the effectors should therefore result in a change of the *shape* of the substrate saturation curve. As is illustrated in Fig. 2, the inhibitor increases the co-operativity of the substrate saturation curve (and also, of course, displaces the half-saturation point), while the activator tends to abolish the co-operativity of substrate (also displacing the half-saturation point). Both the activator and the inhibitor, as well as the substrate, exhibit co-operative homotropic effects.

The model therefore accounts for both homotropic and heterotropic interactions and for their interdependence. Its main interest is to predict these interactions solely on the basis of symmetry considerations. No particular assumption has been, or need be, made about the structure of the specific sites or about the structure of the protein, except that it is a symmetrically bonded oligomer, the symmetry of which is *conserved* when it undergoes a transition from one to another state. It is therefore a fairly stringent, even if abstract model, since co-operative interactions are not only allowed but even required for any ligand endowed with differential affinity towards the two states of the protein, and heterotropic interactions are predicted to occur between any ligands showing homotropic interactions.

† A much more complicated, albeit more realistic, equation would apply if the ligands were assumed to have significant affinity for *both* of the two states.

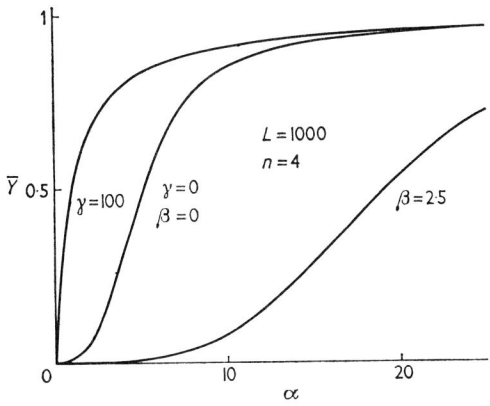

FIG. 2. Theoretical curves showing the heterotropic effects of an allosteric activator (γ) or inhibitor (β) upon the shape of the saturation function for substrate (α) according to equation (3).

3. Application to the Description of Real Systems

(a) *The kinetics of allosteric systems*

In Fig. 3, results for the fractional saturation of haemoglobin by oxygen at different partial pressures (Lyster, unpublished work) have been fitted to equation (2). While the fit is satisfactory, we feel that strict quantitative agreement is neither sufficient

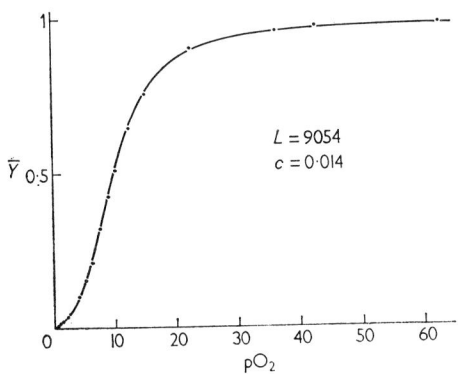

FIG. 3. Saturation of haemoglobin with oxygen. Results (points) obtained by R. W. J. Lyster (unpublished work) with horse haemoglobin (4·6%) in 0·6 M-phosphate buffer (pH 7) at 19°C. Solid line drawn to equation (2) using the values of the constants L and c given on the graph.

nor necessary as a test of the basic assumptions of the model. It must be borne in mind that in almost all enzyme systems, the saturation functions with respect to substrate or effectors cannot be determined directly, and are only inferred from kinetic measurements. (This of course does not apply to the case of haemoglobin just cited.) Very often it is difficult to judge to what extent the inference is correct, and the interpretation of kinetic results in terms of saturation functions sometimes depends upon assumptions about the mechanism of the reaction itself. It is to be expected, then, that most real systems will exhibit appreciable deviations from the theoretical functions, as indeed is very often the case for the much simpler Michaelis–Henri saturation law.

We shall therefore discuss only the most characteristic qualitative predictions of the model in its application to real systems.

In any enzyme system, activating or inhibitory effects are measured in terms of variations of the two classical kinetic constants (K_M and V_M), as a function of the concentrations of substrate (S) and effector(s) (F). Two classes of effects may then be expected in allosteric systems.

(a) "K *systems*." Both F and S have differential affinities towards the T and R states (i.e. both F and S are *allosteric* ligands). Then evidently the presence of F will modify the apparent affinity of the protein for S, and conversely.

(b) "V *systems*." S has the same affinity for the two states. Then there is no effect of F on the binding of S, nor of S on the binding of F. F can exert an effect on the reaction only if the two states of the protein differ in their *catalytic* activity. Depending on whether F has maximum affinity for the active or for the inactive state, it will behave as an activator (positive V system) or as an inhibitor (negative V system).

It should be noted that this classification of allosteric systems is compatible with other mechanisms and does not depend upon the specific properties of the model.

The following predictions, however, are based on the distinctive properties of the model.

(a) In an allosteric enzyme system, an *allosteric* effector (i.e. a specific ligand endowed with different affinities towards the two states) should exhibit co-operative homotropic interactions.

(b) In those systems in which an allosteric effector modifies the apparent affinity of the substrate, the substrate also should exhibit co-operative homotropic interactions.

(c) In those systems in which the effector does not modify the affinity of the substrate, the latter should not exhibit homotropic co-operative interactions.

As may be seen from inspection of Table 1, where the properties of a number of systems have been summarized, all four classes of effects (positive and negative K and V systems) have been found among the dozen or so allosteric enzymes adequately studied. In inspecting Table 1, it should be borne in mind that the published data concerning allosteric enzymes are very heterogeneous and often do not provide the kind of information which we are now seeking. Reasonably adequate kinetic data are available, however, for the systems numbered 1 to 8, 10, 13, 14, 16, 18, 19 and 20. In all but two of these 15 systems, homotropic co-operative interactions of at least one of the ligands have been observed. Three of these systems (18, 19 and 20) show no K effect of the inhibitor and no co-operative interactions of substrate, while the K for systems 2 to 8 and 16 show evidence of homotropic interactions for *both* substrate and effector(s), as predicted by the model.†

It is somewhat difficult to judge whether systems 13 and 14 represent true exceptions or not. One of these (glycogen synthetase, no. 14) is a "positive K system", where the occurrence of homotropic interactions might easily be missed. The other (glutamine—F6P transaminase, no. 13) is a negative K system which has not yet been studied extensively. The possible significance of these exceptions will be considered in the general discussion.

† Attention must be directed to the fact that the homotropic effect of a ligand may not be expressed in the absence of an antagonistic ligand. For example, the co-operative interactions of G–1–P, in the case of phosphorylase *b*, are visible only in the presence of ATP (Madsen, 1964).

TABLE 1

Summary of properties of various allosteric systems†

Enzyme	Substrate	Inhibitor	Activator	V System	K System	Subunits	References
1. Haemoglobin (vertebrates) (invertebrates)	Oxygen +					+	Bohr, 1903; Wyman, 1963; Manwell, 1964
2. Biosynthetic L-threonine deaminase (*E. coli* K12) and (yeast)	L-Threonine +	L-Isoleucine +	L-Valine +		+	(+)	Umbarger & Brown, 1958a; Changeux, 1961, 1962, 1963, 1964a,b; Freundlich & Umbarger, 1963; Cennamo et al., 1964
3. Aspartate transcarbamylase (*E. coli*)	Aspartate + Carbamyl phosphate	CTP +	ATP		+	+	Gerhart & Pardee, 1962, 1963, 1964
4. Deoxycytidylate aminohydrolase (ass spleen)	dCMP +	dTTP +	dCTP +		+		Scarano et al., 1963, 1964; Scarano, 1964; Maley & Maley, 1963, 1964
5. Phosphofructokinase (guinea pig heart)	Fructose-6-phosphate ATP	ATP (+)	3′-5′ AMP		+		Passoneau & Lowry, 1962; Mansour, 1963; Vinuela et al., 1963
6. Deoxythymidine kinase (*E. coli*)	Deoxythymidine ATP + or GTP −	(dTTP)	dCDP	(+)	+		Okazaki & Kornberg, 1964
7. DPN-isocitric dehydrogenase (*N. crassa*)	D-Isocitrate + DPN	(α-Ketoglutarate)	Citrate		+		Sanwal et al., 1963, 1964
8. DPN-isocitric dehydrogenase (yeast)	D-Isocitrate + DPN		5′ AMP		+		Hathaway & Atkinson, 1963

ALLOSTERIC TRANSITIONS

	Enzyme	Substrate	Effector			Reference
9.	Homoserine dehydrogenase (*R. rubrum*)	Homoserine (−) Aspartate semialdehyde TPN-TPNH	L-Isoleucine (+) L-Methionine		+	Sturani et al., 1963; Datta et al., 1964
10.	L-Threonine deaminase (*C. tetanomorphum*)	L-Threonine	ADP +	+	+	Hayaishi et al., 1963
11.	Acetolactate synthetase (*E. coli*)	Pyruvate (−)	L-Valine		+	Umbarger & Brown, 1958b
12.	"Threonine" aspartokinase (*E. coli*)	Aspartate (−)	L-Threonine		+	Stadtman et al., 1961
13.	L-Glutamine-D-fructose-6-P transaminase (rat liver)	L-Glutamine − D-Fructose-6-P	UDP-N acetyl-glucosamine −		+	Kornfeld et al., 1964
14.	Glycogen synthetase (yeast) (lamb muscle)	UDP-glucose −	Glucose-6-P −	+	+	Algranati & Cabib, 1962; Traut & Lipmann, 1963
15.	Glutamate dehydrogenase (beef liver)	Glutamate	ATP GTP DPNH Oestrogens + Thyroxine		(+)	(Ref. in Tomkins et al., 1963)
16.	Phosphorylase *b* (rabbit muscle)	Glucose-1-P + Glycogen P_i (+)	ATP	5' AMP +	+	+	Helmreich & Cori, 1964; Madsen, 1964; Schwartz (personal communication); Ullmann et al., 1964
17.	UDP-N acetyl-glucosamine-2-epimerase (rat liver)	UDP-N acetyl-glucosamine	CMP-N acetyl-neuraminic acid +		+	Kornfeld et al., 1964
18.	Homoserine dehydrogenase (*E. coli*)	Homoserine − Aspartate semialdehyde TPN-TPNH	L-Threonine +		+	Patte et al., 1963; Cohen et al., 1963; Patte & Cohen, 1964

Enzyme	Substrate	Inhibitor	Activator	V System	K System	Subunits	References
19. "Lysine"-aspartokinase (*E. coli*)	Aspartate — ATP	L-Lysine +		+			Stadtman *et al.*, 1961; Patte & Cohen, 1964
20. Fructose-1-6-diphosphatase (frog muscle) (rat liver)	Fructose-1-6-diphosphate (−)	5′ AMP +		+			Krebs, 1964; Salas *et al.*, 1964; Taketa & Pogell, 1965
21. ATP-PRPP-pyrophosphorylase (*S. typhimurium*)	ATP — PRPP	Histidine		+		+	Martin, 1962
22. "Tyrosine" 3-deoxy-D-arabinoheptulosonic-acid-7-phosphate synthetase (*E. coli*)	Phosphoenol-pyruvate — D-Erythrose-4-P —	L-Tyrosine		+			Smith *et al.*, 1962
23. "Phenylalanine" 3-deoxy-D-arabino-heptulosonic-acid-7-phosphate synthetase (*E. coli*)	Phosphoenol-pyruvate — D-Erythrose-4-P —	L-Phenylalanine		+			Smith *et al.*, 1962
24. Acetyl-CoA carboxylase (rat adipose tissue)	Acetyl CoA ATP, CO_2		Citrate +			+	Martin & Vagelos, 1962

† The + and − signs against the name of the substrate(s) and effector(s) of each system indicate whether or not co-operative homotropic effects occur with the corresponding compound. A blank implies no relevant data, while (+) or (−) implies uncertainty. The + signs in the "K" and "V" columns indicate whether K or V effects have been observed. In the "subunit" column we have noted with a + those systems for which some evidence (direct or indirect) of the existence of subunits (not necessarily proved to be identical) has been obtained.

Note that (a) this summary is not claimed to be complete; (b) many of the systems listed have been described only recently and as yet incompletely; (c) the properties assigned to many systems represent our (rather than the original authors') interpretation of the data. We therefore assume responsibility for interpretative mistakes.

Let us now examine some of the more specific predictions of the model. According to the theory developed above, the V systems are described by the "function of state" ($\bar{R}$ or $1-\bar{R}$), assuming that the two states differ in their catalytic activity towards the substrate. We shall mostly discuss the properties of the K systems, of which there are more examples and for which the predictions of the model are particularly interesting and characteristic.

According to the model, the complex kinetics of such systems simply result from displacements of the R ⇌ T equilibrium, and their properties are described by equation (3). We shall examine only a few typical experimental situations and compare them with predictions based on the model.

Consider first a K system involving a substrate and an allosteric inhibitor. Assume that the R state binds the substrate, and the T state binds the inhibitor. We may expect that in any such system, the allosteric constant will be very different from 1. In other words, one of the two states (R or T) will be greatly favoured. Threonine deaminase of *E. coli* is a K system, threonine being the substrate, and isoleucine the inhibitor (Umbarger, 1956). In the presence of inhibitor and substrate, the rate–concentration curve for *both* is S-shaped. In the *absence* of inhibitor, the substrate saturation curve is *still* S-shaped. According to the model, this indicates that the favoured state (in the absence of both ligands) is the one that has minimum affinity for threonine and maximum affinity for isoleucine. It is therefore expected that the saturation curve for inhibitor *in the absence of substrate* should be Michaelian, exhibiting no co-operative effect. This prediction has been verified experimentally (Changeux, 1964a). Moreover, as shown in Fig. 4, the co-operativity of the inhibitor increases with the concentration of substrate.

More generally, in any K system, we expect heterotropic effects to be expressed essentially as alterations of the homotropic "co-operativity" of any one allosteric ligand when in the presence of another. As a measure of homotropic effects, it is convenient to use the Hill approximation:

$$\bar{Y} = \frac{\alpha^n}{Q + \alpha^n}$$

where Q is a constant and n (the Hill coefficient) is *not* the number of interacting sites (which we write n), but an interaction coefficient. It has been shown by one of us (Wyman, 1963) that under certain conditions the Hill coefficient can be interpreted as measuring the free energy of interaction between sites. As it may be seen from Table 2, the Hill coefficients for the substrate of the allosteric system deoxycytidine deaminase are modified, in the expected direction, when the concentration of the other ligands (activator or inhibitor) varies. Another specific prediction of the model has been verified in the case of threonine deaminase, namely, the fact that a *true* competitive inhibitor (allothreonine), i.e. a substrate analogue (able to inhibit the enzyme by binding at the same site as the substrate), should exert the same effect as the substrate itself (L-threonine) as an antagonist of the allosteric inhibitor (isoleucine) (Changeux, 1964a). Another prediction, concerning the effect of analogues, is that at very low concentrations of substrate low concentrations of analogue should activate, rather than inhibit, the enzyme. This is observed with aspartic transcarbamylase (Gerhart & Pardee, 1963) (Fig. 5) and also with threonine deaminase (Changeux, 1964a).

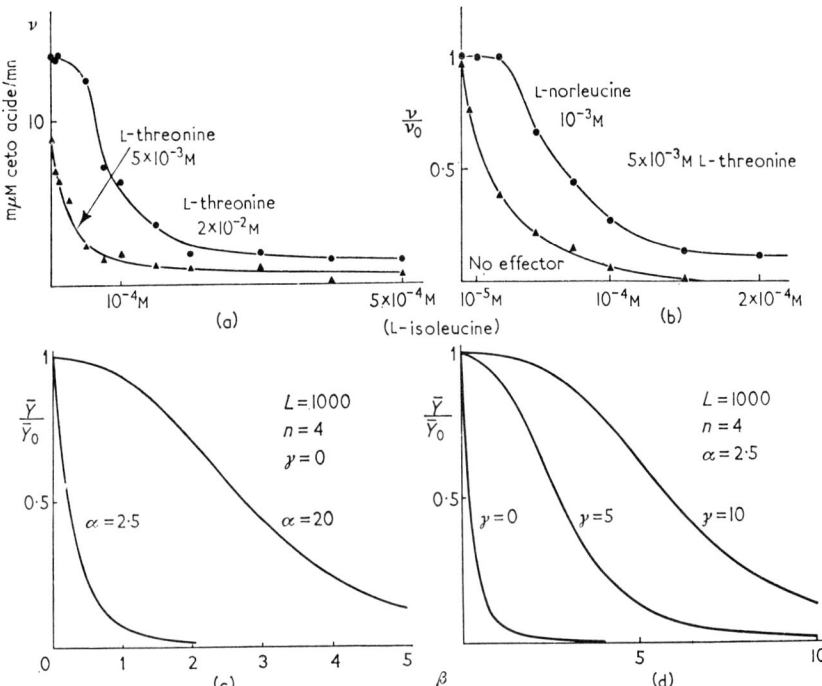

FIG. 4. Effects of the allosteric inhibitor L-isoleucine upon the activity of L-threonine deaminase.
(a) In the presence of two different concentrations of the substrate (L-threonine).
(b) At low concentration of substrate in the presence or absence of the allosteric activator L-norleucine.
Compare with theoretical curves (c and d) describing similar situations according to equation (3). Note that at low concentrations of substrate the co-operative effect of the inhibitor is scarcely detectable either in the theoretical or in the experimental curves. An increase of the concentration of substrate, or the addition of an activator, both reveal the co-operative effects of the inhibitor.

TABLE 2

Hill coefficients of homotropic interactions with respect to substrate (n), inhibitor (n′) and activator (n″) observed with dCMP deaminase

(From Scarano et al., 1963; Scarano, 1964)

		n
Substrate (dCMP)	No effector	2·0
	+ dTTP 1·25 μM	3·0
	,, 2·25 μM	4·1
	,, 10·00 μM	3·9
	+ dCTP 100·00 μM	1·0
		n'
Inhibitor (dTTP)	Substrate concentration 4 mM	3·4
		n''
Activator (dCTP)	Substrate concentration 67 μM	·2·0

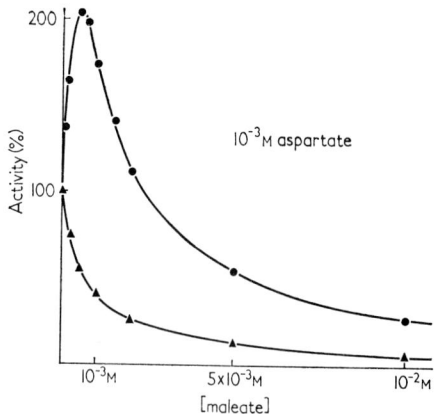

FIG. 5. Effect of a substrate analogue (maleate) upon the activity of aspartic transcarbamylase at relatively low concentration of substrate (aspartate).
Upper curve: native enzyme. Lower curve: desensitized enzyme.
Note the large increase of activity at low maleate concentration which occurs with the native enzyme, but not with the desensitized enzyme (data from Gerhart & Pardee, 1963).

The effect of an allosteric *activator* in a K system should be, according to the model, to decrease or abolish the substrate–substrate interactions. This has been observed in several different systems. As illustrated in Fig. 6, the effect is particularly striking because, as expected, at saturating concentration of activator it results in converting the S-shaped rate–concentration curve for substrate into a Michaelian hyperbola. Moreover, of course, the presence of an activator should increase the co-operativity of an inhibitor, and conversely. Both effects are observed (see Figs 4 and 7).

It is clear from the model and the equations that the homotropic interactions of an allosteric ligand are independent of the absolute values of the microscopic dissociation constants. One may therefore expect that two sterically closely analogous ligands could bind to the same sites with the same interaction coefficient, even though their affinities might be widely different. For example, with haemoglobin, the functionally significant steric features of the prosthetic groups must be virtually the same, whether the haems are bound to oxygen or to carbon monoxide. Therefore, although the affinity of carbon monoxide for the haem is known to be nearly 250 times that of oxygen, we should expect the interaction coefficients to be the same for both, as indeed they are (Wyman, 1948). When, however, the binding of two analogous ligands depends very much on steric factors, it may be expected that the *ratios* of the affinities of each ligand towards the two states of the protein (i.e. the constant c in equation (1)) will be different. If so, the two ligands might bind to the same sites with widely different interaction coefficients. This appears to be the case, according to the observations of Okazaki & Kornberg (1964) for various triphosphonucleosides which act as phosphoryl donors in the deoxythymidine–kinase reaction. With ATP, for example, the rate–concentration curve is strongly co-operative, whereas with dATP the curves exhibit scarcely any evidence of homotropic effects. Furthermore, this enzyme, as shown by the same authors, is allosterically activated by CDP (Fig. 6(c)). It is easily seen that if this effect conforms to the model, activation should be observed only with those substrates that show evidence of homotropic effects (ATP), and not with those that do not (dATP). This, actually, is the observed result.

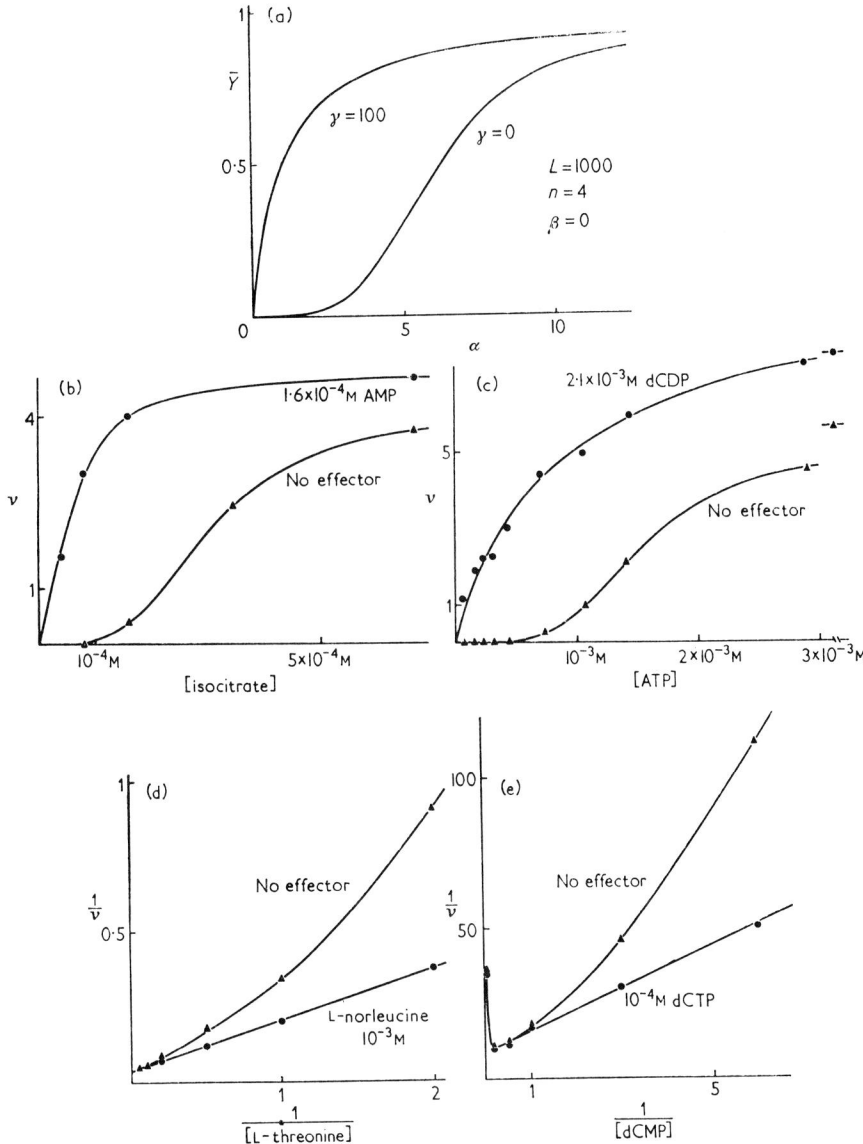

FIG. 6. Activity of various allosteric enzymes as a function of substrate concentration in the presence or absence of their respective activators.

(a) Theoretical curve according to equation (3).
(b) DPN-isocitrate dehydrogenase from *Neurospora crassa* (results from Hataway & Atkinson, 1963).
(c) Deoxythymidine kinase from *Escherichia coli* (results from Okazaki & Kornberg, 1964).
(d) Biosynthetic L-threonine deaminase from *E. coli* (Lineweaver–Burk plot) (results from Changeux, 1962, 1963).
(e) dCMP deaminase from ass spleen (Lineweaver–Burk plot) (results from Scarano et al., 1963).

Note that in all these instances, the presence of the allosteric activator abolishes the co-operative interactions of the substrate.

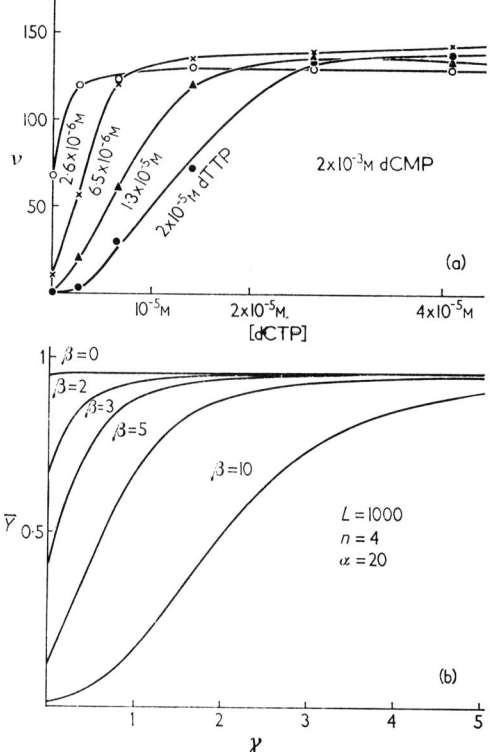

FIG. 7. (a) Activity of dCMP deaminase as a function of the concentration of its allosteric activator dCTP in the presence of substrate (dCMP) at near saturating concentration and at various concentrations of the allosteric inhibitor dTTP (results from Scarano, personal communication).
(b) Theoretical curves of equation (3) corresponding to a similar situation.
Note that the co-operative effects of the activator are revealed only at relatively high concentration of the inhibitor.

Since, again, the homotropic interactions are independent of absolute affinities, certain conditions or agents may modify the affinity of an allosteric ligand without altering its interaction coefficient. This is apparently the case for the Bohr effect shown by haemoglobin: as is well known, the oxygen saturation curves obtained at different values of pH can all be superimposed by a simple, adequately chosen, change of the abscissa scale. In terms of the model, this would mean that the binding of the "Bohr protons" does not alter the equilibrium between the two hypothetical states of the protein. Hence also the Bohr protons themselves would *not* be allosteric ligands, and their own binding is not expected to be co-operative. This, again, appears to be the case, at least for human and horse haemoglobin (Wyman, *loc. cit.*).

In the preceding paragraph, we have discussed only the more straightforward predictions of the model. It should be pointed out that the model could also account for more complicated situations, and for certain effects which were not considered here. For example, it seems possible that, in some instances, the phenomenon of inhibition by excess substrate might be due to an allosteric mechanism (rather than to the classically invoked direct interaction between two substrate molecules at the active site).

This effect could be described on the basis of our model by assuming two states with different affinities for the substrate, the one with higher affinity being catalytically inactive. The equation for such a situation would be of the form:

$$\frac{V}{V_m} = \frac{L\,S/K_a\,(1 + S/K_a)^{n-1}}{L(1 + S/K_a)^n + (1 + S/K_I)^n}$$

with K_I (dissociation constant of S with the inactive state) smaller than K_a (dissociation constant with the active state).

(b) *Desensitization and dissociation*

One of the most striking facts about allosteric enzymes is that their regulatory properties may be lost as a result of various treatments, without loss (indeed often with increase) of activity (Changeux, 1961; Gerhart & Pardee, 1961). That it should be so is understandable on the basis of the model, since conservation of the interactions should depend upon the integrity of the whole native structure, including in particular the inter-protomer binding, whereas conservation of activity should depend only on the integrity of the active site. Also, according to the model, the homotropic and heterotropic interactions should in general be simultaneously affected, if at all, by alterations of protein structure. This was first observed with threonine deaminase (Changeux, 1961) and ATCase (Gerhart & Pardee, 1962), and similar observations have since then been made with several other systems. These observations constituted the main initial basis for the assumption that regulatory interactions in general may be indirect (Changeux, 1961; Monod & Jacob, 1961; Monod *et al.*, 1963).

According to the model, loss of the interactions would follow from any structural alteration that would make one of the two states (R or T) virtually inaccessible. Now, one of the events most likely to result from various treatments of the protein is that quaternary (inter-protomer) bonds may be broken, completely or partially. One may therefore expect that:

(a) Under any condition, or following any alteration, such that the protein is (and remains) dissociated, *both* types of interactions should disappear.

(b) Conversely treatments, or mutations, which abolish the interactions should frequently be found to result in stabilization of a monomeric state.

These expectations are verified by observations made with at least two different systems (Gerhart & Pardee, 1963, 1964; Patte, Le Bras, Loviny & Cohen, 1963; Cohen & Patte, 1963).

Furthermore, since it is assumed from the model that in one of the two alternative states (R) the protomers are less constrained and therefore closer to the conformation of the monomer than in the other state (T), we expect that, under conditions where the protein is monomeric, it may exhibit high affinity for the ligand which stabilizes the R state, and little or no affinity for the ligand which stabilizes the T state. Hence, if the experiment can be performed, one may deduce *which* of the two states (R or T) is stabilized by a given ligand.

If conditions can be set up such that reversible dissociation of the protein actually occurs, one may expect that an allosteric ligand (i.e. any ligand exhibiting homotropic interactions) should now prove to act as a specific associative or dissociative agent. Actually, there is now clear evidence that under conditions where human haemoglobin shows a detectable amount of dissociation (low pH, high ionic strength), dissociation is favoured by oxygenation (Antonini, Wyman, Belleli & Caputo, unpublished experiments, 1961; Benesch, Benesch & Williamson, 1962; Gilbert & Chionione, recent unpublished experiments). Lamprey haemoglobin, in the oxygenated form, exists primarily as a monomer under all conditions, but when deoxygenated shows a strong tendency to polymerize (see Table 3) (Briehl, 1963; Rumen, 1963). Myoglobin, which may be thought of as an isolated (and therefore relaxed) protomer of haemoglobin, has a much higher oxygen affinity, as would be expected on the basis of these two facts regarding human and lamprey haemoglobin.

TABLE 3

Sedimentation coefficients of oxygenated and reduced lamprey haemoglobin (from Briehl, 1963)

$t°$ C	pH	Haemoglobin concentration (E. 275)	Sedimentation coefficient ($S_{20,w}$)	
			Oxygenated	Reduced
5·5	6·8	15·7	2·02	3·68
5·0	7·3	21·0	1·90	2·98

Similarly, Changeux (1963) has found that in the presence of urea (1·5 M) threonine deaminase is reversibly dissociable. As expected, under these conditions, all three types of allosteric ligands active in the system, namely the substrate (threonine or analogue of threonine), the activator (valine) and the inhibitor (isoleucine) powerfully affect the dissociation, the inhibitor favouring the associated state, whereas both the substrate and the activator appear to stabilize the dissociated state. Hence, under normal conditions, the substrate and the activator presumably stabilize an R state, while the inhibitor favours a T state.

The observations of Datta, Gest & Segal (1964) on homoserine dehydrogenase from *Rhodospirillum rubrum* provide a further striking example of the effects of allosteric ligands upon dissociation of the protein. This enzyme is activated by both methionine and isoleucine, and inhibited by threonine. Both activators, as well as the substrate, promote dissociation of the protein, whereas the inhibitor favours an aggregated state.

We may conclude from the preceding discussions that the characteristic, unusual, apparently complex functional properties of allosteric systems can be adequately systematized and predicted on the basis of simple assumptions regarding the molecular symmetry of oligomeric proteins. In the next section, we shall examine the structural implications and the plausibility of these assumptions from a more general point of view.

4. Quaternary Structure and Molecular Symmetry of Oligomeric Proteins

(a) *Geometry of inter-protomer bonding*

The first major assumption of the model is that the association between protomers in an oligomer may be such as to confer an element of symmetry on the molecule. The plausibility of this assumption has already been pointed out by Caspar (1963) and by Crick & Orgel (1964, and unpublished manuscript). We will analyse the implications of this assumption in terms of the possible or probable modes of bonding between protomers. Although next to nothing is known, from direct evidence, regarding this problem, the following statements would seem to be generally valid.

(a) A large number, probably a majority, of enzyme proteins are oligomers involving several *identical* subunits, i.e. protomers (see: Schachman, 1963; Reithel, 1963; Brookhaven Symposium, 1964, *Subunit Structure of Proteins*, no. 17).

(b) In most cases the association between protomers in such proteins does not appear to involve covalent bonds.

(c) Yet most oligomeric proteins are stable as such (i.e. do not dissociate into true monomers, or associate into superaggregates), over a wide range of concentrations and conditions.

(d) The specificity of association is extreme: monomers of a normally oligomeric protein will recognize their identical partners and re-associate, even at high dilution, in the presence of other proteins (e.g. in crude cell extracts).

These properties indicate that within oligomeric proteins the protomers are in general linked by a *multiplicity* of non-covalent bonds, conferring both specificity and stability on the association. Clearly also the steric features of the bonded areas must play a major part.

Let us now distinguish between two *a priori* possible modes of association between two protomers. For this purpose we define as a "binding set" the spatially organized collection of all the groups or residues of *one* protomer which are involved in its binding to *one* other protomer. Considered together, the two linked binding sets through which two protomers are associated will be called the *domain of bonding* of the pair.

The two modes of association which we wish to distinguish may then be defined as follows.

(a) *Heterologous associations:* the domain of bonding is made up of two *different* binding sets.

(b) *Isologous associations:* the domain of bonding involves two *identical* binding sets.

These definitions imply the following consequences.†

(1) In an isologous association (Figs 8 and 9), the domain of bonding has a two-fold axis of rotational symmetry. Along this axis, homologous residues (i.e. identical residues occupying the same position in the primary structure) face each other (and may form unpaired "axial" bonds). Anywhere else, within the domain of bonding, any bonded group-pair is represented *twice*, and the two pairs are symmetrical with respect to each other. Put more generally: in an isologous association, any group which contributes to the binding in one protomer furnishes precisely the same contribution in the other protomer. Isologous associations will therefore tend to give rise to "closed" i.e. *finite* polymers since, for example, an isologous dimer can further polymerize only by using "new" binding sets (i.e. areas and groups not already satisfied in the dimer). Note that this mode of association can give rise only to *even numbered* oligomers.

† The validity of the statements that follow can be visualized and demonstrated best with the use of models. The interested reader may find it helpful to use a set of dice for this purpose.

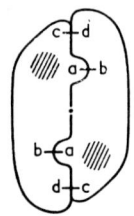
I—Isologous association

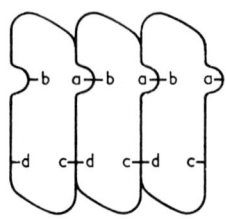
II—Heterologous association

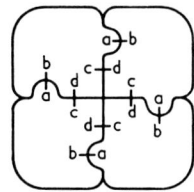
III—Heterologous tetramer

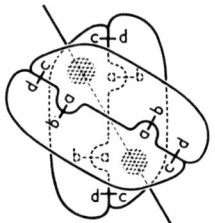
IV—Isologous tetramer (pseudotetrahedral)

FIG. 8. Isologous and heterologous associations between protomers.

Upper left: an isologous dimer. The axis of symmetry is perpendicular to the plane of the Figure.

Upper right: "infinite" heterologous association.

Lower left: "finite" heterologous association, leading to a tetramer with an axis of symmetry perpendicular to the plane of the Figure.

Lower right: a tetramer constructed by using isologous associations only. Note that two different domains of bonding are involved.

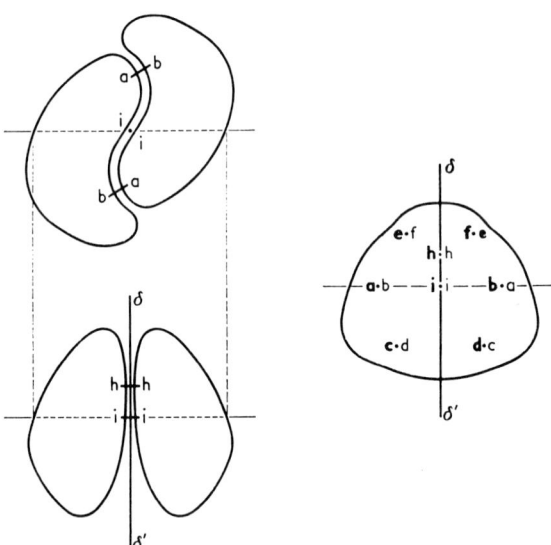

FIG. 9. Topography of the domain of bonding in an isologous association.

Upper left: represented in a plane perpendicular to the axis of symmetry.

Lower left: the same viewed in a plane of the axis of symmetry.

Right: projection of the domain of bonding in a plane of the axis of symmetry.

hh and ii, axial bonds; ab, ba, cd, dc, ef, fe, antiparallel bonds. It should be understood that in this Figure the bonding residues a, b, c, etc. are supposed to project from under and from above the plane of the Figure.

(2) In a heterologous association (Fig. 8), the domain of bonding has no element of symmetry; each bonded group-pair is unique. Heterologous associations would, in general, be expected to give rise to polydisperse, eventually large, helical polymers except, however, in two cases.

- (a) If polymerization is stopped at some point by steric hindrance, giving rise to a "hinged helix". Such aesthetically unpleasant structures should have less stability than "closed" structures.
- (b) If a "closed" structure can be achieved such that any binding set which is used by one protomer is also satisfied in all the others. This is impossible of course in a dimer, but it is possible for trimers, tetramers, pentamers, etc., provided that the angles defined by the domains of bonding are right or nearly so. Such an oligomer would necessarily possess an axis of symmetry.

On the basis of these considerations, it is reasonable to assume that, if an oligomeric protein possesses a wide range of stability, it consists of a closed structure where all the protomers use the same binding sets; which implies, as we have just seen, that the molecule should possess at least one axis of symmetry.

Direct experimental evidence on this important problem is available for haemoglobin. As is well known, although made up of four subunits, haemoglobin is not, strictly speaking, a tetramer, since the α and β chains are not identical. For our present purposes, however, we may consider the four subunits as equivalent protomers. The work of Perutz *et al.* (1960) has shown that these are associated into a pseudotetrahedral structure which possesses a twofold axis of symmetry.

Three further examples of oligomers possessing an element of molecular symmetry have recently been provided. Green & Aschaffenburg (1959) find that β-lactoglobulin (a dimer) has a dyad axis. Lacticodehydrogenase M4 (Pickles, Jeffery & Rossmann, 1964) and glyceraldehyde-phosphate-dehydrogenase (Watson & Banaszak, 1964), both tetrameric, appear to possess one (at least) axis of symmetry.

From the preceding discussion, and on the strength of these examples, it appears that oligomeric proteins are not only capable of assuming molecular symmetry, but also that this may be a fairly general rule.

Assuming this conclusion to be correct, it is of interest to enquire which mode of association (isologous or heterologous) may be most frequently used in Nature. For the reasons pointed out above, stable dimers, of which many examples are known, must represent isologous associations. Moreover, it may be pointed out that a symmetrical (isologous) dimer can further polymerize into a *closed* structure in two ways only.

(a) By again using isologous associations, thereby forming an isologous tetramer. Isologous polymerization, however, must stop at this point, since no further closed structure could be built by polymerization of such a tetramer.

(b) By using heterologous associations when the next closed structure would necessarily consist of three isologous dimers, and hence be an hexamer.

It follows from these remarks that (1) the exclusive use of isologous associations can lead to dimers and tetramers only; (2) the use of *both* isologous and heterologous domains of bonding should lead to even-numbered oligomers containing a *minimum* of six protomers; (3) the exclusive use of heterologous domains of bonding could lead to oligomers containing any number of protomers (except two). On this basis, the apparently rather wide prevalence of dimers and tetramers among oligomeric enzymes suggests rather strongly that the quaternary structures of these proteins are mostly built up by isologous polymerization.

(b) *Protomer conformation: "quaternary constraints"*

The formation of stable, specific associations involving multiple bonds and strict complementarity between protein protomers is likely to imply in most cases a certain amount of re-arrangement of the tertiary structures of the monomers. Certain observations seem to confirm this assumption.

(1) The artificially prepared monomers of enzymes that are normally oligomeric generally exhibit functional alterations, suggesting that the structure of the active site in each protomer depends upon a conformation which exists only in the native oligomeric associated state (see Brookhaven Symposium, 1964, *Subunit Structure of Proteins, 17*).

(2) The rate of reactivation of oligomeric enzymes inactivated by dissociation into monomers is markedly dependent on temperature (alkaline phosphatase, Levinthal, Signer & Fetheroff, 1962; β-galactosidase, Perrin, manuscript in preparation; phosphorylase b, Ullmann, unpublished work). Since the association reaction does not involve the formation of covalent bonds, the temperature dependence of the rate is to be attributed, presumably, to a "conformational" transition state.

(3) The phenomenon of intra-cistronic complementation between different mutants of the same protein appears, as pointed out by Crick & Orgel (1964), to be due to a repair of altered structures which results from association between differently altered monomers of a (normally oligomeric) protein. Note that this interpretation necessarily implies, as pointed out by the authors, that the domain of bonding has an axis of symmetry.

It is reasonable therefore to consider that the conformation of each protomer in an oligomer is somewhat "constrained" by, and dependent upon, its association with other protomers. (An excellent discussion of this concept, as applied to haem proteins, is given by Lumry (1965).) In a symmetrical oligomer, all the protomers are engaged by the same binding sets and submitted to the same "quaternary constraints"; they should therefore adopt the same conformations. By contrast, in any non-symmetrical association, identical monomers would, as protomers, assume somewhat *different* conformations and cease to be truly equivalent. Thus, symmetry of bonding is to be regarded as a condition, as well as a result, of the structural equivalence of subunits in an oligomer.

These remarks justify the assumption that the specific biological properties of an oligomer depend in part upon its quaternary structure, and that the protomers will be functionally as well as structurally equivalent if, and only if, they are symmetrically associated within the molecule.

The last assumption of the model, namely, that in an allosteric transition the symmetry of quaternary bonding, and therefore the equivalence of the protomers, should tend to be conserved, may now be considered. Let us analyse the meaning and evaluate the possible range of validity of this postulate.

Consider a symmetrical oligomer (for simplicity, a dimer) wherein the conformation of each protomer is constrained and stabilized by the quaternary bonds (T). If these constraints were relaxed (i.e. the bonds broken) each protomer would tend towards an alternative conformation (R), involving certain tertiary bonds which were absent in the other configuration. The transition may be written:

$$TT \xrightarrow{\Delta F_1} X \xleftarrow{\Delta F_2} RR$$

where TT and RR stand for two symmetrical configurations and X for one (or several) non-symmetrical intermediate states. To say that symmetry should "tend to be conserved" is to imply that the occurrence of the R ⇌ T transition in one of the protomers should facilitate the occurrence of the same transition in the other. This would be the case of course if the intermediate state(s) X were less stable than either one of the symmetrical states; but it would also be the case, even if the X state were more stable than one of the symmetrical states, provided only that the ΔF of the first transition (from one of the symmetrical states to the intermediate state) were more positive than the second.

It is easy to see that the dissociation of a symmetrical oligomer should in general satisfy this condition. This may conveniently be symbolized as in Fig. 10, where each subunit is represented as an arrow and only a minimum number of bonds is shown—

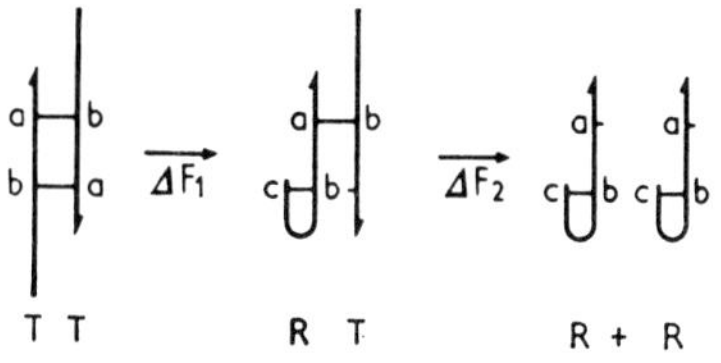

FIG. 10

actually two symmetrical (antiparallel) inter-protomer bonds (ab and ba) and one intra-chain bond (cb) the presence or absence of which is taken to characterize two distinct conformations (R and T) available to each subunit.

Although the symmetry of the protomers would not be conserved after dissociation into monomers, their equivalence would be, and the transition itself is symmetrical since it involves the breaking (or formation) of symmetrical bonds and symmetrical suppression (or creation) of identical quaternary constraints. The free energy of each of the two transitions may then be considered to involve two contributions: one (ΔF_b), assignable to the breaking and formation of individual bonds, the other (ΔF_x) associated with the freedom gained or lost by the protomers in respect to one another. By reason of symmetry, ΔF_b would be the same for both transitions, while ΔF_x would not. Since, in the example chosen, the second transition involves dissociation, the entropy gained in this step would be larger than in the first, and the sum of the two contributions would give $\Delta F_1 > \Delta F_2$, satisfying the condition of co-operativity. A ligand able to stabilize either the R or the T state would in turn exert homotropic co-operative effects upon the equilibrium.

There are examples in the literature of co-operative effects of this kind. The best illustration may be the muscle phosphorylase conversions which involve, as is well known, the formation of a tetrameric molecule (phosphorylase a) from the dimeric phosphorylase b. The conversion occurs when phosphorylase b is phosphorylated (in the presence of ATP and phosphorylase kinase). As expected since it is a tetramer, phosphorylase a contains four phosphoryl groups. Krebs & Fischer (personal communication) have observed that, when the amount of ATP used in the reaction is

ALLOSTERIC TRANSITIONS

sufficient to phosphorylate only a fraction of the (serine) acceptor residues, a *stoicheiometric amount* of fully phosphorylated tetrameric phosphorylase *a* is formed, while the excess protein remains dimeric and unphosphorylated. Another striking illustration of co-operative effects upon dissociation is provided by the work of Madsen & Cori (1956), who observed that phosphorylase *a* would dissociate into monomers in the presence of parachloromercuribenzoate, and showed that when the amounts of mercurial used were insufficient to dissociate all the protein, the remaining non-dissociated fraction did not contain any mercuribenzoate.

Reversible allosteric transitions however do not, in the majority of known cases, involve actual dissociation of the protomers. A transition between two undissociated symmetrical states of an oligomer would, nevertheless, be co-operative if it were adequately symbolizable, for example as in Fig. 11, which expresses the assumption

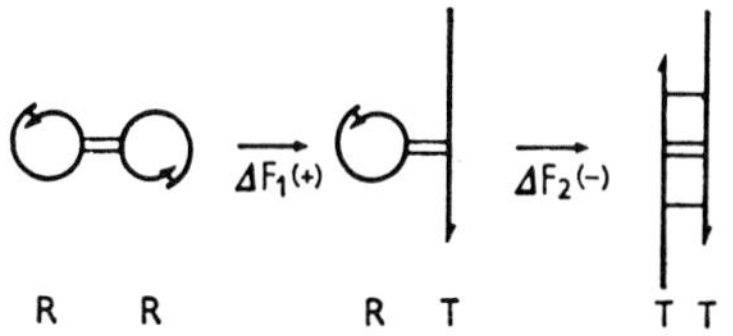

FIG. 11

that one of the alternative conformations (T in this case) is stable only when held by quaternary bonds which could be formed only at the price of breaking *symmetrically* certain tertiary bonds present in the other configuration (R).

In such a system, the ΔF of the first transition would be positive, the second negative, and the intermediate state (RT) therefore less stable than either one of the symmetrical states. Such a system could be very highly co-operative, and the strong homotropic interactions observed with many real systems† suggests that they may conform to such a pattern.

However, Fig. 12 symbolizes a much more general pattern of symmetrical transitions which is interesting to consider.

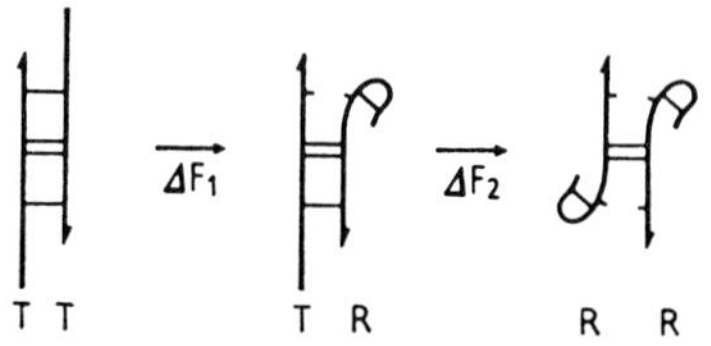

FIG. 12

Here again the free energy assignable to the formation and breaking of individual bonds is the same in both transitions. Whether the RR ⇌ TT transition will be co-operative, non-co-operative, or anti-co-operative, should then depend entirely on the entropy term associated with the degrees of mutual freedom gained or lost by the protomers in each transition. If these entropy terms were equal in absolute value and of the same sign for both transitions (or if they were negligible) the system would be non-co-operative. In general, however, one would expect these two terms to be

† That is, when the Hill coefficient (n) approaches the value corresponding to the actual number of protomers.

unequal and of significant magnitude in at least one of the transitions. The system would then be co-operative whenever the second entropy term was more positive than the first, and anti-co-operative in the reverse case.

The first possibility appears more likely on general grounds, since it seems reasonable to believe that certain degrees of mutual freedom, in a symmetrical dimer, may be held by either one of two (or more) symmetrical quaternary bonds, and liberated only when *both* are broken. Such a system would be closely comparable to a dissociating system, and it is interesting to note in this respect that in certain allosteric systems actual dissociation is observed under certain "extreme" conditions, whereas it is not seen under more normal conditions (see p. 104).

The possibility should also be considered that certain allosteric transitions might not involve a non-symmetrical intermediate. Such transitions would have to involve the initial breaking of axial bonds, eventually perhaps leading to, or allowing, the symmetrical breaking of symmetrical bonds as pictured in Fig. 13. Such a mechanism would necessarily be co-operative.

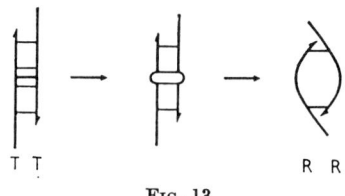

FIG. 13

It is impossible to say, at the present time, whether the co-operative homotropic effects observed with real systems are better described by one or other pattern of symmetrical transitions. One might hope, however, to identify or eliminate some of these mechanisms by adequate thermodynamic and kinetic studies (using fast-mixing techniques) of the transition itself. It is clear in any event that none of these descriptions could apply to a non-symmetrically bonded oligomer, the protomers of which would have to assume different conformations and could not therefore undergo co-operatively the same transitions. On this basis, the fact that allosteric ligands appear invariably to exert co-operative homotropic effects may be taken as experimental evidence that the transitions which they stabilize occur in a symmetrical structure; indeed it was pointed out several years ago by one of us (Allen, Guthe & Wyman, 1950) that the symmetry properties of the oxygen saturation function for haemoglobin appeared to reveal the existence of elements of structural symmetry in the molecule itself. This inference was proved correct when the structure of haemoglobin was elucidated. Moreover, the recent work of Muirhead & Perutz (1963) and Perutz, Bolton, Diamond, Muirhead & Watson (1964) has shown that while the *quaternary* structure of haemoglobin is very significantly different in the oxygenated *versus* the reduced state, the molecular symmetry of the tetramer is conserved in both states. These observations would give a virtually complete illustration of the model if the X-ray pictures also showed some evidence of concomitant alterations of the tertiary structure of the protomers. This has not been observed; but it is reasonable to assume that a functionally significant allosteric transition need not involve more than a very small structural alteration of the protomers. In other words, given the very close and numerous intra-chain interactions, it would not be surprising that the quaternary constraints, even if strong, should not be expressed at the present level of resolution (5·5 Å) of the X-ray pictures. It is also possible that the quaternary constraints might not force any significant *sensu stricto* "conformational" alteration of the protomers, but only, for example, a (symmetrical) redistribution of charge within the molecule. We wish to point out that the assumptions of the model would remain valid also in such a case, and that the adjective "conformational" which we have used extensively (for lack of a better one) to qualify allosteric transitions, should be understood in its widest connotation.

5. General Discussion

In the preceding discussion we have tried to show, first that the functional properties of regulatory enzymes could be accounted for on the assumption that the quaternary structures of oligomeric proteins involve an element of symmetry in many, if not most, proteins made up of identical subunits (that is, presumably, in the majority of enzymes). We may now consider the problem in reverse and ask why molecular evolution should have so frequently favoured the appearance and maintenance of oligomeric globular proteins.

That it should be so must mean that there are functional advantages of some kind, inherent in the oligomeric state, and absent or difficult to achieve in the monomeric state. If most or all oligomeric proteins were endowed with the property of mediating allosteric interactions, especially homotropic interactions, we might believe that we had an answer to the question. Actually most of the enzymes known to be oligomeric are not, or at least are not known to be, allosteric. One should note, however, that the capacity to mediate physiologically significant interactions might be more frequent and widespread among proteins than has been realized so far. As we have seen, these properties are frequently very labile and may easily be lost during extraction and purification of an enzyme. Furthermore, it is conceivable that the effector for certain proteins may be an unknown or simply an improbable metabolite, if not, in some cases, another cellular protein (cf. Lehninger, 1964).

It probably remains true, however, that most oligomeric proteins are not endowed with specific regulatory functions. One must therefore presume that there are some other, more general, advantageous properties associated with the oligomeric state.

This problem may be related to the even more general question: Why should enzymes be so large, as compared with the size of their stereospecific sites? It seems reasonable to believe that two factors in particular contribute to determining a minimum size for enzymes. One is the requirement of fixing a very precise position in space for the several residues which together constitute the stereospecific site. Not only does this involve the necessity of a peptide chain with enough degrees of freedom (i.e. long enough) to allow the precise relative arrangement of these residues, but also the use of a further length of peptide to freeze these degrees of freedom, thereby conferring enough rigidity (i.e. specificity) upon the site. Another factor probably is the requirement that a given protein should *not* tend to associate more or less indiscriminately with other cellular proteins. As Pauling has pointed out, proteins are inherently "sticky", and the structure of enzymes must have been selected against the tendency to form random aggregates. Such a "purpose" may be, in part, fulfilled by decreasing the surface–volume ratio, and also by putting the polar groups on the surface, thereby increasing the solubility.

Now, association between monomers may evidently also contribute both to the fixation of an adequate structure and to a decrease in the surface–volume ratio, as well as to the covering-up of the hydrophobic areas of the monomers. Moreover, it is evidently more economical to achieve such results, whenever possible, by associating monomers rather than by increasing the unit molecular weight (i.e. the molecular weight per active centre).

These selective factors should therefore have favoured in general the appearance of closed (i.e. symmetrical) oligomers, since "open" structures (potentially infinite and polydisperse) would be disadvantageous in the case of most enzymes. Isologous (rather than heterologous) polymerization may have been frequently preferred for the same reasons, since this type of association leads to closed structures exclusively and, in the process of evolution from a monomeric to a polymeric state, it is evidently easier to start at the dimer stage (at which a heterologous association is still necessarily open), rather than right away at a higher stage.

However, the most decisive factor in the emergence and selective maintenance of symmetrical oligomeric proteins may have been the inherent co-operativity of their structure. To illustrate this point, consider schematically the events which may lead to the formation of a primitive dimer from a monomer.

On the surface of a protein monomer, any particular area contains a variety of randomly distributed groups, many of which may possess inherent chemical affinity for another one in the area. Since the *distance* between any two such groups is necessarily the same in two individual monomers, antiparallel association of the two pairs whenever possible would satisfy simultaneously two such valencies, creating a dimer involving two bonds and possessing a dyad axis. Furthermore, since this applies to *any* pair of groups capable of forming a bond, the monomers have a choice of *any one* of the mutually attractive pairs to achieve such a structure. Even so, the primitive dimer may not be formed, or might remain very unstable, because of the presence, within the area of contact of the protomers, of mutually repulsive groups. These pairs of groups would be distributed symmetrically about the dyad axis defined by the first two, mutually attractive, pairs. Therefore any mutation of *one* residue, conferring upon it the capacity to form a bond with its partner, would result in *two* new bonds being achieved in the dimer. Because of the interactions through "quaternary constraints" between the conformation of each protomer and the structure of their common domain of bonding, any such mutational event would affect symmetrically and co-operatively the functional properties of each of the two protomers. It is clear that, because of these reciprocal interactions, the same general reasoning applies to any mutation which might, even very discretely, affect the conformation of the protomers, including in particular the steric features of the domain of bonding which must of course play an important part in the stability of the association. Thus the structural and functional effects of single mutations occurring in a symmetrical oligomer, or allowing its formation, should be greatly amplified as compared with the effects of similar mutations in a monomer or in a non-symmetrical oligomer. In other words, because of the inherent co-operativity of their structure, symmetrical oligomers should constitute particularly sensitive targets for molecular evolution, allowing much stronger selective pressures to operate in the random pursuit of functionally adequate structures.

We feel that these considerations may account, in part at least, for the fact that most enzyme proteins actually are oligomeric; and if this conclusion is correct, the homotropic co-operative effects which seem at first to "characterize" allosteric systems should perhaps be considered only as one particular expression of the advantageous amplifying properties associated with molecular symmetry.

The same general argument may account for the fact that (apart from one or two possible exceptions) allosteric proteins have invariably been found to mediate *both* heterotropic and homotropic interactions, which implies of course that they are oligomeric. It should be clear from the discussion of the model that heterotropic interactions could *a priori* be mediated by a monomeric protein possessing two (necessarily different) binding sites, associated with two different "tautomeric" states of the molecule. If, for example, one of the states were stabilized by the substrate and the other by some other specific ligand, the latter would act as a competitive inhibitor. The saturation function ($\bar{Y}_s$) would then simplify into:

$$\bar{Y}_s = \frac{\alpha}{L(1+\beta)+1+\alpha}$$

which we write only to indicate that, for $n = 1$ (i.e. for a monomer) the model *formally* allows heterotropic effects to occur, but not of course, homotropic effects.

Just as the effect of a single amino-acid substitution will be greater in a symmetrical oligomer than in a monomer, the stabilization by a specific ligand of an alternative conformation, implying a significant increase of potential, may be possible in an oligomer when it would not be, for lack of co-operativity, in a monomeric protein. The fact that *both* heterotropic and homotropic interactions disappear when an allosteric protein is "desensitized" as a result of various treatments may be considered to illustrate this point, and actually constitutes one of the main experimental justifications of the model. It might be said in other words, that the molecular symmetry of allosteric proteins is used to amplify and effectively translate a very low-energy signal.†

In addition, it is clear that the sigmoidal shape of the saturation curve characteristic of homotropic interactions may in itself offer a significant physiological advantage, since it provides the possibility of threshold effects in regulation. This property is of course essential in the case of haemoglobin, and it seems very likely that it has an important role in most, if not all, regulatory enzymes. Selection, in fact, must have operated on these molecules, not only to favour the structures which allow homotropic interactions, but actually to determine very precisely the energy of these interactions according to metabolic requirements.

The selective "choice" of oligomers as mediators of chemical signals therefore seems to be justified (*a posteriori*) by the fact that certain desirable physical and physiological properties are associated with symmetry, and therefore inaccessible to a monomeric protein.

We should perhaps point out here again that in the present discussion, as in the model, we accept the postulate that a monomeric protein or a protomer does not possess more than *one stereospecific site* able to bind a given ligand. That this postulate

† Consider for example an allosteric system with an intrinsic equilibrium constant ($L = T_0/R_0$) of 1000. Assume, that the R state has affinity $1/K_R$ for a ligand F, and set $F/K_R = \alpha$. In the presence of the ligand, the ratio of the two states will be: $\dfrac{\Sigma T}{\Sigma R} = \dfrac{1000}{(1+\alpha)^n}$. Taking $\alpha = 9$, for example, we would have, for a tetramer, $\dfrac{\Sigma T}{\Sigma R} = 0\cdot 1$. In order to reach the same value for the T/R ratio with a monomeric system, the concentration of F would have to be more than one thousand times larger.

does apply to stereospecific sites is amply documented (cf. Schachman, 1963) and need not be discussed at length here. It is obvious of course that, lacking symmetry, a monomer or an individual protomer cannot present two or more *identical* elements of tertiary structure of any kind.

The postulate, however, does not apply to *group-specific*, as opposed to *stereospecific*, ligands. Homotropic interactions of various kinds (not necessarily co-operative) may therefore occur in the binding of group-specific ligands (such as SH reagents, detergents, ions, etc.) whether the protein is monomeric or not. As is well known, the vast literature on the denaturation of proteins is replete with descriptions of multimolecular effects exerted by various group-specific reagents. It may be worth noting in this respect that in the last analysis, the co-operative effects of such reagents are accounted for by the simultaneous attack of numerous bonds occupying functionally similar (although not geometrically symmetrical) positions in the molecule.

The significance of this generalization may be made clear by considering the melting of double-stranded DNA. This is a typically co-operative phenomenon the co-operativity of which is evidently dependent upon and expresses the (helical) symmetry of the "domain of bonding" between the two strands in the Watson–Crick model. In the last analysis therefore, the axial symmetry requirement for homotropic co-operative effects to occur with a globular protein, when *stereospecific* ligands are concerned, reflects essentially the fact that, in general, only one stereospecific site able to bind such a ligand exists on a protein monomer or protomer.

Gerhart (1964) and Schachman (1964) have recently reported the successful separation, from crystalline aspartic transcarbamylase, of two different subunits, one of which bears the specific receptor for aspartate, and the other the receptor for CTP. It is very tempting to speculate on the possibility that this remarkable and so far unique observation may in fact correspond to a general rule, namely, that a protein should contain as many different subunits (peptide chains) as it bears stereospecifically different receptor sites. The emergence and evolution of such structures, by association of primitively distinct entities, would be much easier to understand than the acquisition of a new stereospecific site by an already existing and functional enzyme made up of a single type of subunit.

We have so far not discussed one of the major assumptions of the model, namely, that allosteric effects are due to the displacement of an equilibrium between discrete states assumed to exist, at least potentially, apart from the binding of a ligand. The main value of this treatment is to allow one to define, in terms of the allosteric constant, the contribution of the protein itself to the interaction, as distinct from the dissociation constants of the ligands. This distinction is a useful and meaningful one, as we have seen, and its validity is directly justified by the fact that the affinity of a ligand may vary widely without any alteration of its homotropic interaction coefficient (cf. page 103). But it should be understood that the "state" of the protein may not in fact be exactly the same whether it is actually bound, or unbound, to the ligand which stabilizes it. In this sense particularly, the model offers only an over-simplified first approximation of real systems, and it may prove possible in some cases to introduce corrections and refinements by taking into consideration more than two accessible states.

We feel, however, that the main interest of the model which we have discussed here does not reside so much in the possibility of describing quantitatively and in detail the complex kinetics of allosteric systems. It rests rather on the concept, which we have tried to develop and justify, that a general and initially simple relationship between symmetry and function may explain the emergence, evolution and properties of oligomeric proteins as "molecular amplifiers", of both random structural accidents and of highly specific, organized, metabolic interactions.

This work has benefited greatly from helpful discussions and suggestions made by our friends and colleagues Drs R. Baldwin, S. Brenner, F. H. C. Crick, F. Jacob, M. Kamen, J. C. Kendrew, A. Kepes, L. Orgel, M. F. Perutz, A. Ullmann. We wish to thank Mr F. Bernède for his kindness in performing many calculations with the computer.

The work was supported by grants from the National Institutes of Health, National Science Foundation, Jane Coffin Childs Memorial Fund, Délégation Générale à la Recherche Scientifique et Technique and Commissariat à l'Energie Atomique.

REFERENCES

Allen, D. W., Guthe, K. F. & Wyman, J. (1950). *J. Biol. Chem.* **187**, 393.
Algranati, I. & Cabib, E. (1962). *J. Biol. Chem.* **237**, 1007.
Benesch, R. E., Benesch, R. & Williamson, M. E. (1962). *Proc. Nat. Acad. Sci., Wash.* **48**, 2071.
Bohr, C. (1903). *Zentr. Physiol.* **17**, 682.
Briehl, R. W. (1963). *J. Biol. Chem.* **238**, 2361.
Caspar, D. L. D. (1963). *Advanc. Protein Chem.* **18**, 37.
Cennamo, C., Boll, M. & Holzer, H. (1964). *Biochem. Z.* **340**, 125.
Changeux, J. P. (1961). *Cold Spr. Harb. Symp. Quant. Biol.* **26**, 313.
Changeux, J. P. (1962). *J. Mol. Biol.* **4**, 220.
Changeux, J. P. (1963). *Cold Spr. Harb. Symp. Quant. Biol.* **28**, 497.
Changeux, J. P. (1964a). Thèse Doctorat ès Sciences, Paris. To be published in *Bull. Soc. Chim. Biol.*
Changeux, J. P. (1964b). *Brookhaven Symp. Biol.* **17**, 232.
Cohen, G. N. & Patte, J. C. (1963). *Cold Spr. Harb. Symp. Quant. Biol.* **28**, 513.
Cohen, G. N., Patte, J. C., Truffa-Bachi, P., Sawas, C. & Doudoroff, M. (1963). Colloque International C.N.R.S. *Mécanismes de régulation des activités cellulaires chez les microorganismes.* Marseille: in the press.
Crick, F. & Orgel, L. L. (1964). *J. Mol. Biol.* **8**, 161.
Datta, P., Gest, H. & Segal, H. (1964). *Proc. Nat. Acad. Sci., Wash.* **51**, 125.
Ferry, R. M. & Green, A. A. (1929). *J. Biol. Chem.* **81**, 175.
Freundlich, M. & Umbarger, H. E. (1963). *Cold Spr. Harb. Symp. Quant. Biol.* **28**, 505.
Gerhart, J. C. (1964). *Brookhaven Symp. Biol.* **17**, 232.
Gerhart, J. C. & Pardee, A. B. (1961). *Fed. Proc.* **20**, 224.
Gerhart, J. C. & Pardee, A. B. (1962). *J. Biol. Chem.* **237**, 891.
Gerhart, J. C. & Pardee, A. B. (1963). *Cold Spr. Harb. Symp. Quant. Biol.* **28**, 491.
Gerhart, J. C. & Pardee, A. B. (1964). *Fed. Proc.* **23**, 727.
Green, D. W. & Aschaffenburg, R. (1959). *J. Mol. Biol.* **1**, 54.
Hataway, J. A. & Atkinson, D. E. (1963). *J. Biol. Chem.* **238**, 2875.
Hayaishi, O., Gefter, M. & Weissbach, H. (1963). *J. Biol. Chem.* **236**, 2040.
Helmreich, E. & Cori, C. F. (1964). *Proc. Nat. Acad. Sci., Wash.* **51**, 131.
Kornfeld, S., Kornfeld, R., Neufeld, E. F. & O'Brien, P. J. (1964). *Proc. Nat. Acad. Sci., Wash.* **52**, 371.
Krebs, H. (1964). *Proc. Roy. Soc.* B, **159**, 545.
Lehninger, A. (1964). Centenaire Société de Chimie Biologique, *Bull. Soc. Chim. Biol.*, in the press.
Levinthal, C., Signer, E. R. & Fetherolf, K. (1962). *Proc. Nat. Acad. Sci., Wash.* **48**, 1230.
Lumry, R. (1965). *Nature*, in the press.
Madsen, N. B. (1964). *Biochem. Biophys. Res. Comm.* **15**, 390.
Madsen, N. B. & Cori, C. F. (1956). *J. Biol. Chem.* **223**, 1055.
Maley, F. & Maley, G. F. (1963). *Science*, **141**, 1278.
Maley, G. F. & Maley, F. (1964). *J. Biol. Chem.* **239**, 1168.

Mansour, T. E. (1963). *J. Biol. Chem.* **238**, 2285.
Manwell, C. (1964). *Oxygen in the Animal Organism.* London: Pergamon Press.
Martin, D. B. & Vagelos, P. R. (1962). *J. Biol. Chem.* **237**, 1787.
Martin, R. G. (1962). *J. Biol. Chem.* **237**, 257.
Monod, J., Changeux, J. P. & Jacob, F. (1963). *J. Mol. Biol.* **6**, 306.
Monod, J. & Jacob, F. (1961). *Cold Spr. Harb. Symp. Quant. Biol.* **26**, 389.
Muirhead, H. & Perutz, M. F. (1963). *Nature,* **199**, 633.
Okazaki, R. & Kornberg, A. (1964). *J. Biol. Chem.* **239**, 269.
Passoneau, J. & Lowry, O. (1962). *Biochem. Biophys. Res. Comm.* **7**, 10.
Patte, J. C. & Cohen, G. N. (1964). *C. R. Acad. Sci. Paris,* **259**, 1255.
Patte, J. C., Le Bras, G., Loviny, T. & Cohen, G. N. (1963). *Biochim. biophys. Acta,* **67**, 16.
Perutz, M. F., Bolton, W., Diamond, R., Muirhead, H. & Watson, H. C. (1964). *Nature,* **203**, 687.
Perutz, M. F., Rossmann, M. G., Cullis, A. F., Muirhead, H., Will, G. & North, A. C. T. (1960). *Nature,* **185**, 416.
Pickles, B., Jeffery, B. A. & Rossmann, M. G. (1964). *J. Mol. Biol.* **9**, 598.
Reithel, F. J. (1963). *Advanc. Protein Chem.* **18**, 124.
Rumen, N. M. (1963). *Fed. Proc.* **22**, 681.
Salas, M., Vinuela, E., Salas, J. & Sols, A. (1964). *Biochem. Biophys. Res. Comm.* **17**, 150.
Sanwal, B., Zink, M. & Stachow, C. (1963). *Biochem. Biophys. Res. Comm.* **12**, 510.
Sanwal, B., Zink, M. & Stachow, C. (1964). *J. Biol. Chem.* **239**, 1597.
Scarano, E. (1964). Sixth Intern. Congress Biochem., New York: Pergamon Press, in the press.
Scarano, E., Geraci, G., Polzella, A. & Campanile, E. (1963). *J. Biol. Chem.* **238**, 1556.
Scarano, E., Geraci, G. & Rossi, M. (1964). *Biochem. Biophys. Res. Comm.* **16**, 239.
Schachman, H. (1963). *Cold Spr. Harb. Symp. Quant. Biol.* **28**, 409.
Schachman, H. (1964). Sixth Intern. Congress Biochem., New York: Pergamon Press, in the press.
Smith, L. C., Ravel, J. M., Lax, S. & Shive, W. (1962). *J. Biol. Chem.* **237**, 3566.
Stadtman, E. R., Cohen, G. N., Le Bras, G. & de Robichon-Szulmajster, H. (1961). *J. Biol. Chem.* **236**, 2033.
Sturani, E., Datta, F., Hugues, M. & Gest, H. (1963). *Science,* **141**, 1053.
Taketa, K. & Pogell, B. M. (1965). *J. Biol. Chem.* **240**, 651.
Tomkins, G. M., Yielding, K. L., Talal, N. & Curran, J. F. (1963). *Cold Spr. Harb. Symp. Quant. Biol.* **28**, 461.
Traut, R. & Lipmann, F. (1963). *J. Biol. Chem.* **238**, 1213.
Ullmann, A., Vagelos, P. R. & Monod, J. (1964). *Biochem. Biophys. Res. Comm.* **17**, 86.
Umbarger, H. E. (1956). *Science,* **123**, 848.
Umbarger, H. E. & Brown, B. (1958a). *J. Biol. Chem.* **233**, 415.
Umbarger, H. E. & Brown, B. (1958b). *J. Biol. Chem.* **233**, 1156.
Vinuela, E., Salas, M. L. & Sols, A. (1963). *Biochem. Biophys. Res. Comm.* **12**, 140.
Watson, H. C. & Banaszak, L. J. (1964). *Nature,* **204**, 918.
Wyman, J. (1948). *Advanc. Protein Chem.* **4**, 407.
Wyman, J. (1963). *Cold Spr. Harb. Symp. Quant. Biol.* **28**, 483.

Identification par Complémentation *in vitro* et Purification d'un Segment Peptidique de la β-Galactosidase d'*Escherichia coli*

Plusieurs séries d'observations convergentes indiquent que la β-galactosidase d'*Escherichia coli* est un enzyme oligomérique comprenant quatre sous-unités identiques (protomères) de poids moléculaire environ 130.000 (Cohn, 1957; Perrin, 1963; Zipser, 1963). Reste à savoir si le protomère de poids moléculaire 130.000 environ est lui-même constitué ou non de plusieurs chaînes peptidiques différentes. Que cela puisse être le cas a été suggéré par différentes observations dont aucune cependant n'apparaissait jusqu'à présent entièrement probante (Wallenfels, Sund et Weber, 1963; Zabin, 1963; Weber, Sund et Wallenfels, 1964; Craven, Steers et Anfinsen, 1964).

On peut d'autre part estimer, sur la base des fréquences de recombinaisons intragéniques, que le gène de structure de la β-galactosidase doit comprendre environ 3.500 nucléotides (Jacob et Monod, 1961a). Il serait donc de dimensions compatibles avec le poids moléculaire du protomère. Différents mutants ponctuels de ce gène, lorsqu'ils sont associés en *trans* dans des bactéries hétéromérozygotes diploïdes donnent lieu au phénomène de complémentation. La complémentation a également été observée *in vitro* dans des mélanges d'extraits, purifiés ou non, de ces mutants simples (Jacob et Monod, 1961b). Utilisant ces données, une carte de complémentation avait pu être dressée dont la complexité ne paraissait pas compatible avec l'hypothèse que l'activité observée fut attribuable à la réassociation de peptides différents correspondant chacun à un segment défini du gène z. Il apparaissait, en d'autres termes, que des complémentations entre mutants ponctuels étaient du type intracistronique plutôt que du type intercistronique (Perrin, 1963).

Tout récemment cependant, nous avons pu isoler à partir d'*Escherichia coli* K12 une série de délétions plus ou moins étendues du gène z (Jacob, Ullmann et Monod, 1964). Des essais de complémentation effectués entre ces délétions et divers mutants ponctuels ont montré que toutes les délétions ne s'étendant pas au-delà du marqueur 242 donnaient une complémentation positive avec tous les mutants ponctuels compris entre le marqueur 178 et l'extrémité du gène z (voir Fig. 1 et Tableau 1). Réciproquement, les délétions couvrant le marqueur 178 ne complémentent aucune des mutations distales.

Ces observations suggèrent donc que le gène z comprend effectivement plusieurs (au moins deux) segments distincts déterminant chacun la structure d'un peptide différent, constituant nécessaire du protomère de la β-galactosidase. Pour vérifier cette conclusion, nous avons cherché à réaliser cette complémentation *in vitro* afin de purifier et de caractériser le peptide produit par le segment distal (Ω) du gène z.

Lorsque l'on utilise comme "accepteur" un extrait du mutant ponctuel 908 auquel sont ajoutées des concentrations croissantes d'un extrait de la délétion B9, on observe l'apparition d'activité β-galactosidasique. L'activité maximum, obtenue après environ 60 minutes d'incubation à 28°C en présence d'une quantité fixe d'extrait du

LETTERS TO THE EDITOR

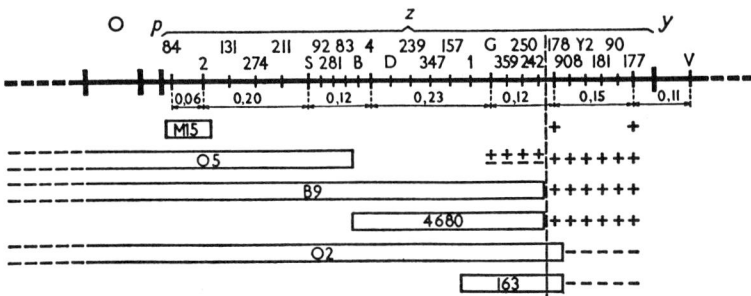

Fig. 1. Représentation schématique du gène de structure de la β-galactosidase d'*E. coli*: carte génétique et complémentation.

Les chiffres et lettres placés au-dessus du trait épais correspondent à des mutations ponctuelles du gène z déterminant la structure de la β-galactosidase. O = opérateur; p = promoteur; y = gène de structure de la β-galactoside-perméase. Les valeurs sous le trait épais correspondent aux fréquences de recombinaisons observées dans les croisements entre deux mutants ponctuels. Les rectangles dans la région inférieure représentent des délétions: M15, isolée par Beckwith (1964); 4680, isolée par Cook et Lederberg (1962); O5, B9 et O2 isolées par Jacob *et al.* (1964). Les signes + et − représentent les résultats de complémentations pour l'activité β-galactosidase faites *in vivo* chez des hétérogénotes obtenus par sexduction et étalés sur gélose EMB-lactose. Chacun de ces signes correspond au résultat trouvé chez des hétérogénotes contenant, d'une part la délétion représentée sur la même horizontale, et d'autre part, la mutation ponctuelle représentée sur la même verticale. +, complémentation efficace; ±, complémentation faible; −, complémentation non décelable.

Tableau 1

Productions de β-galactosidase par des souches hétérozygotes diploïdes pour deux mutations du gène z

Mutations sur le chromosome	Mutations sur l'épisome sexuel				Témoin haploïde
	M15	O5	B9	O2	
z_{359}^-	†	155	< 1	†	< 1
z_{178}^-	2500	871	1500	†	13,5
z_{908}^-	1855	985	920	< 1	< 1
z_{181}^-	†	1276	980	< 1	6
Témoin haploïde	< 1	< 1	< 1	< 1	

† Non mesuré.
Les souches sont cultivées en milieu minimum + glycérol + 10^{-4} M-isopropylthiogalactoside. Les valeurs représentent des unités d'enzymes par mg de bactéries, poids sec. Dans ces conditions une bactérie haploïde Lac⁺ produit environ 8000 unités d'enzyme. L'unité est définie comme la quantité d'enzyme qui dans une solution $2,7 \times 10^{-3}$ M d'orthonitrophényl β-D-galactoside en hydrolyse une mμmole par minute, à 28°C dans un tampon 0,1 M de phosphate de sodium (pH 7,0) contenant 10^{-3} M-Mg²⁺ et 0,1 M de β-mercaptoéthanol.

JACQUES MONOD

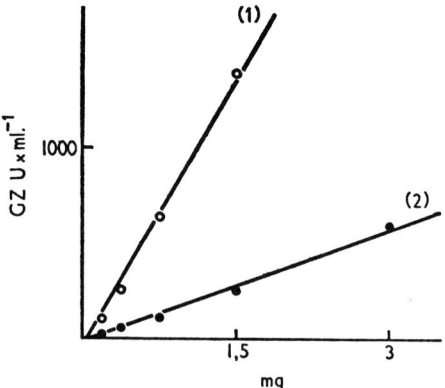

Fig. 2. Dosage de la fraction complémentante de la souche B9.
Des quantités croissantes de la fraction purifiée de "peptide Ω" sont ajoutées à un extrait brut de bactéries S908.
Courbe 1: 6,2 mg de protéines S908. Courbe 2: 3,1 mg de protéines S908. Volume total final: 0,2 ml. Dosage de la β-galactosidase effectué après 60 minutes d'incubation à 28°C dans les conditions décrites pour le Tableau 1.

mutant 908, est stable et proportionnelle à la concentration de l'extrait B9 (Fig. 2). Utilisant ce test, le peptide produit par la souche B9 a été fractionné par la technique suivante.

(1) Désintégration sonique des bactéries (1 g humide pour 1,5 ml.) dans un tampon tris 2×10^{-2} M, $MgSO_4$ 10^{-2} M (pH 7,2).

(2) Addition de spermine 0,2 M (pH 7,4), à raison de 0,1 volume. Elimination du précipité. Surnageant traité par la DNase et la RNase (10 μg/ml.). Dilution en tampon q.s.p. 10 mg protéines par ml. Il se forme un léger précipité qui est éliminé.

(3) Surnageant additionné de $SO_4(NH_4)_2$ (neutralisé), q.s.p. 40% de saturation. Précipité repris dans le tampon suivant: PO_4Na_2H $2,5 \times 10^{-2}$ M, SO_4Mg 10^{-3} M, SO_4Mn 2×10^{-4} M, Mg Titriplex 2×10^{-3} M, β-mercaptoéthanol 10^{-2} M, amené à pH 7,00 par HCl, et dialysé 18 h à 0°C contre ce même tampon.

(4) Passage sur une colonne de Sephadex G100 prééquilibrée avec le même tampon (18°C).

(5) Les fractions contenant le maximum d'activité complémentante sont réunies, reprécipitées par le $SO_4(NH_4)_2$ (55%). Précipité repris dans le tampon et à nouveau dialysé comme ci-dessus. Il se forme, après 18 h environ, un précipité qui est éliminé.

En présence d'un extrait brut de souche 908 contenant 40 mg de protéine, la fraction "Ω" ainsi purifiée permet d'obtenir 3000 unités de GZ par mg de protéine, soit environ 200 fois plus qu'avant fractionnement. Il n'est cependant pas possible de définir une activité spécifique pour cette préparation, car l'activité obtenue demeure fonction (non-linéaire) de la concentration de l'extrait accepteur (908) aussi bien que de celle de la fraction "Ω" (voir Fig. 2). La complémentation parait donc résulter d'une réaction d'équilibre, sinon d'un état stable, et il faut admettre que seule une partie du peptide "Ω" présent dans la préparation participe effectivement à la formation de molécules actives. Cela peut rendre compte, pour une part tout au moins, du fait que l'activité spécifique obtenue par mg de protéines de la fraction Ω purifiée soit de l'ordre de 100 fois inférieure à celle qui serait attendue si la totalité du peptide Ω participait à la formation de molécules d'enzyme d'activité égale à la normale. La

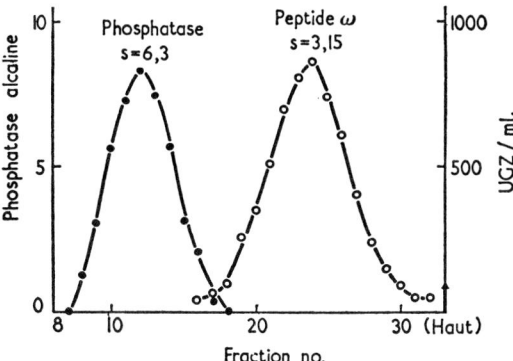

Fig. 3. Sédimentation du peptide Ω en gradient de sucrose.
Une solution contenant 800 µg de fraction Ω purifiée (voir texte) et 10 µg de phosphatase alcaline purifiée est centrifugée dans un gradient linéaire de sucrose (5 ml. d'une solution de 5 à 20% de sucrose dans un rotor SW39 pendant 17 h à 39.000 tours/min). La phosphatase est dosée par l'hydrolyse de p-nitrophényl-phosphate et le peptide Ω par complémentation d'un extrait de bactéries S908, dans les conditions décrites dans la Fig. 2.

fraction complémentaire "Ω" apparait homogène par centrifugation en gradient de sucrose, ce qui permet de déterminer (par comparaison avec des témoins appropriés) une constante de sédimentation de 3,15. Ce coefficient de sédimentation suggère que le PM du peptide "Ω" pourrait être de l'ordre de 30 à 40.000.

Le fait qu'une délétion correspondant aux 2/3 environ du gène z synthétise une protéine dont le poids moléculaire serait de l'ordre du tiers ou du quart de celui du protomère de la β-galactosidase, fraction inactive par elle-même, mais capable de réactiver la protéine produite par différents mutants ponctuels correspondant à la région intacte du gène z dans la délétion, ne prouve pas nécessairement cependant que ce peptide existe dans la protéine du type sauvage. On doit se demander en effet si la production de ce segment peptidique de la β-galactosidase ne serait pas le résultat de la délétion elle-même, et si son activité complémentaire ne pourrait pas s'expliquer par un phénomène de réassociation réparatrice, comparable à ceux qui ont été observés avec certains peptides détachés artificiellement de la ribonucléase.

S'il en était ainsi, on devrait s'attendre que la fraction complémentaire produite par des délétions d'extension beaucoup plus faible B9 présenterait des propriétés (P.M. en particulier) différentes de celles de la fraction "Ω". Nous avons par conséquent répété le même fractionnement à partir de trois souches différentes, l'une étant la délétion B9 déjà mentionnée et les deux autres des délétions d'extension bien moindre (M15 isolée par Beckwith (1964) et O5, cf. Fig. 1) ne couvrant qu'une petite fraction du gène z. La Fig. 5 montre comment se distribue l'activité complémentaire sur colonne de Sephadex G100 pour chacune de ces trois souches différentes. On voit que dans le cas de la grande délétion, presque toute l'activité complémentaire se distribue en un seul pic bien distinct du pic principal de protéines. Dans le cas des délétions de faible extension, au contraire, l'activité complémentaire est répartie en trois pics dont l'un correspond au pic complémentaire extrait de la grande délétion, tandis qu'un autre est associé au pic principal des protéines et qu'un troisième se présente dans une position intermédiaire. Il faut souligner que ces résultats, répétés à plusieurs reprises, se sont montrés parfaitement reproductibles. On peut en conclure, semble-t-il,

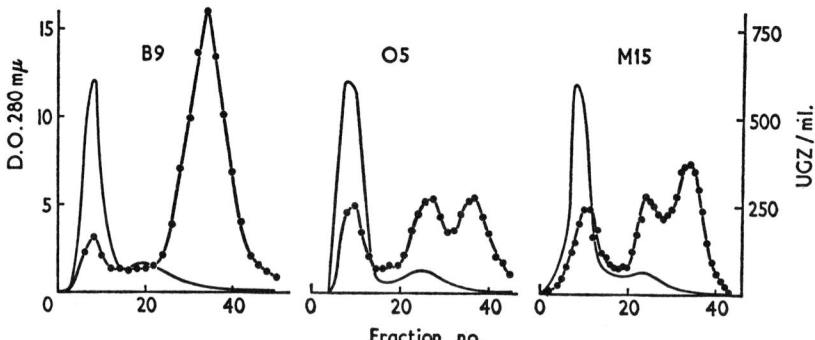

Fig. 4. Distribution, sur une colonne de Sephadex, de l'activité de complémentation trouvée dans les extraits de différentes souches.
Pour chaque extrait, le précipité obtenu à 40% de saturation en $SO_4(NH_4)_2$ est dialysé (voir texte) et passé sur une colonne de Sephadex G100. Sur les fractions obtenues sont mesurées la densité optique à 280 mμ (traits fins) et l'activité de complémentation par mélange avec l'extrait de bactéries S908 (traits gras). Les activités de complémentation sont normalisées par rapport aux activités totales des extraits initiaux, l'extrait de la souche B9 étant pris comme référence.

que le peptide "Ω" est effectivement présent dans les deux petites délétions aussi bien que dans la grande, mais que dans les deux précédentes il se trouve au moins partiellement associé à d'autres constituants, correspondant selon toute vraisemblance aux segments intacts du gène z présents dans ces dernières. Enfin, une fraction présentant les propriétés de complémentation et de sédimentation du peptide "Ω" a pu également être obtenue à partir d'extraits du mutant ponctuel z_1. Il faut souligner que dans les cas étudiés, l'enzyme formé par complémentation diffère de l'enzyme sauvage par sa sensibilité à la température et à l'urée. En revanche, la constante de sédimentation (en gradient de sucrose) de l'enzyme obtenu par complémentation n'est pas significativement différente de celle trouvée pour l'enzyme sauvage (15,5). Ajoutons que la constante de sédimentation de la fraction complémentante contenue dans l'extrait 908 est de 13 environ.

Les observations que nous venons de résumer indiquent que le gène z comporte *au moins deux* segments distincts déterminant la structure de peptides *différents* dont l'association constitue le protomère de la β-galactosidase. L'étude des complémentations *in vivo* montre en outre que les délétions de faible extension (M15 et O5) sont (faiblement) complémentables par des mutants ponctuels compris entre les marqueurs G et 242. Ces observations suggèrent donc que le segment compris entre l'opérateur et le peptide "Ω" pourrait lui-même déterminer la structure d'au moins deux peptides distincts.

Mais il importe de souligner que plusieurs mécanismes différents pourraient rendre compte de la présence de plusieurs peptides distincts dans le protomère de la galactosidase. L'un des mécanismes possibles—et qui n'est pas exclu par les données actuellement disponibles—serait l'intervention d'une cathepsine qui couperait en un certain nombre de points déterminés un "polypeptide précurseur" correspondant à l'ensemble du segment z.

Quoi qu'il en soit, il faut admettre qu'il y a lieu de distinguer dans cette protéine deux niveaux d'architecture quaternaire, le premier correspondant à l'association d'unités *dissemblables* pour former le protomère de poids moléculaire 130.000, le second à l'association de ces protomères entre eux pour former le tétramère de poids moléculaier 520.000, seule forme active de la protéine. La complexité des cartes de complémentation d'une part, et la répartition différente de l'activité complémentante selon qu'on l'extrait d'une petite ou d'une grande délétion, suggèrent en outre que la réalisation de ces deux niveaux de structure quaternaire est normalement séquentielle. La complémentation observée *in vitro* dans un tel système peut donc, selon les cas, correspondre à deux mécanismes différents.

(1) Echange ou substitutions de sous-unités pour reconstituer un protomère de type sauvage, au moins par sa structure primaire.

(2) Réassociation réparatrice entre protomères porteurs de mutations ponctuelles différentes (Brenner, 1959), selon le modèle proposé par Crick et Orgel (1964).

Certains mutants utilisés dans ce travail ont été isolés par M. Malamy, grâce à la mise au point d'une technique nouvelle de sélection.

Ce travail a bénéficié de l'aide de la National Science Foundation, des National Institutes of Health, du Jane Coffin Childs Memorial Fund, du Commissariat à l'Energie Atomique et de la Délégation Générale à la Recherche Scientifique et Technique.

Services de Biochimie Cellulaire
et de Génétique Microbienne
Institut Pasteur
Paris, France

AGNÈS ULLMANN
DAVID PERRIN
FRANÇOIS JACOB
JACQUES MONOD

Received 9 July 1964, and in revised form 20 April 1965

REFERENCES

Beckwith, J. R. (1964). *J. Mol. Biol.* **8**, 427.
Brenner, S. (1959). In *Biochemistry of Human Genetics*. London: Ciba Foundation Symposium.
Cohn, M. (1957). *Bact. Rev.* **2**, 140.
Cook, A. et Lederberg, J. (1962). *Genetics*, **47**, 1335.
Craven, G. R., Steers, E. et Anfinsen, C. B. (1964). *Fed. Proc.* **23**, no. 2, part 1, 263.
Crick, F. H. C. et Orgel, L. E. (1964). *J. Mol. Biol.* **8**, 161.
Jacob, F. et Monod, J. (1961a). *J. Mol. Biol.* **3**, 318.
Jacob, F. et Monod, J. (1961b). *Cold Spr. Harb. Symp. Quant. Biol.* **26**, 193.
Jacob, F., Ullmann, A. et Monod, J. (1964). *C.R. Acad. Sci. Paris*, **258**, 3125.
Perrin, D. (1963). *Cold Spr. Harb. Symp. Quant. Biol.* **28**, 529.
Wallenfels, K., Sund, H. et Weber, K. (1963). *Biochem. Z.* **338**, 714.
Weber, K., Sund, H. et Wallenfels, K. (1964). *Biochem. Z.* **339**, 491.
Zabin, I. (1963). *Cold Spr. Harb. Symp. Quant. Biol.* **28**, 431.
Zipser, D. (1963). *J. Mol. Biol.* **7**, 113.

BBA 95175

RÔLE DU LACTOSE ET DE SES PRODUITS MÉTABOLIQUES DANS L'INDUCTION DE L'OPÉRON LACTOSE CHEZ *ESCHERICHIA COLI*

C. BURSTEIN, M. COHN, A. KEPES ET J. MONOD

Service de Biochimie Cellulaire, Institut Pasteur, Paris (France)

(Reçu le 31 août, 1964)

SUMMARY

Role of lactose and its metabolic products in the induction of the lactose operon in Escherichia coli

It is shown that lactose is not an inducer of the "Lac" operon in *Escherichia coli* K-12. Induction of this operon in the presence of lactose results from transgalactosidation reactions for which β-galactosidase (EC 3.2.1.23) itself is responsible. Several compounds obtained by the action of galactosidase on a mixture of lactose and various alcohols have been isolated and shown to be inducers of the system.

INTRODUCTION

On sait qu'une culture d'*Escherichia coli* (type sauvage) cultivée en l'absence d'un galactoside contient une dizaine d'unités de β-galactosidase (EC 3.2.1.23) (Z) par mg de poids sec. La même souche bactérienne cultivée en présence d'un galactoside ou d'un thio-galactoside peut contenir jusqu'à 10 000 U/mg (réf. 3). Ce phénomène d'induction enzymatique en présence d'un galactoside intéresse également la galactoside-perméase (Y) et la galactoside-transacétylase (A). La synthèse de ces trois enzymes de l'opéron lactose est coordonnée[4,5]. On peut donc représenter le taux d'induction de l'opéron indifféremment par le taux différentiel de synthèse induite de Z, Y ou A. Les galactosides inducteurs sont hydrolysés par la β-galactosidase puis métabolisés. Les alkyl-thio-galactosides au contraire ne sont pas hydrolysés, ce sont des inducteurs gratuits[6]. Toutefois les cinétiques d'induction obtenues avec le lactose ou avec l'isopropyl-β-D-thio-galactopyranoside (IPTG) sont différentes. Avec le lactose on observe un temps de latence d'une dizaine de minutes puis une augmentation graduelle du taux différentiel de synthèse. Avec l'IPTG le temps de latence n'est que de trois minutes (à 37°) après quoi le taux différentiel de synthèse s'établit à une valeur constante. Ces différences suggéraient[2] que le

---

Abréviation: IPTG, isopropyl-β-D-thio-galactopyranoside.

lactose lui-même pouvait être dépourvu d'activité inductrice, l'induction observée en sa présence résultant d'une transformation métabolique. L'hypothèse séduisante selon laquelle la β-galactosidase elle-même serait responsable de cette transformation a été confirmée par l'étude de l'induction de souches β-galactosidase négatives (z⁻); en effet, la galactoside-perméase, dans ces bactéries est induite par l'IPTG mais non par le lactose. La mise au point d'un dosage sensible et précis de la galactoside-transacétylase[1] nous a permis de préciser cette observation préliminaire. Le Tableau I montre que: Le lactose induit la galactoside-transacétylase dans la souche sauvage

TABLEAU I

INDUCTION DE LA TRANSACÉTYLASE DANS UNE SOUCHE (z^+) ET DANS UNE SOUCHE (z^-) DE *Escherichia coli*

Les cultures sont effectuees dans le milieu 63 additionné de glycérol 4 g/l et de thiamine 0.5 mg/l agité à 37° (temps de doublement bactérien 70 min). L'inducteur est ajouté pendant la phase de croissance exponentielle et l'induction est arrêtée par l'addition de chloramphénicol 50 μg/ml. Dosage de transacétylase selon BURSTEIN *et al.*[1].

Inducteur	Transacétylase U/mg	
	Souche $i^+z^+y^+a^+$ (3000)	Souche $i^+z^-y^+a^+$ (3000 U 163)
1)	<0.01	<0.01
2) IPTG $4 \cdot 10^{-4}$ M	5.50	2.50
3) Lactose 10^{-3} M	1.80	<0.01
4) Lactose 10^{-3} M +300 U/ml Z	—	2.40

mais non dans la souche (z⁻) (ligne 3) alors que l'IPTG induit l'une et l'autre souche (ligne 2). Si cependant on ajoute de la β-galactosidase en même temps que le lactose dans une culture de la souche (z⁻) on obtient l'induction de la galactoside-transacétylase (ligne 4). Ce résultat démontre donc directement que l'activité de la β-galactosidase est nécessaire à la conversion du lactose en inducteur efficace. On sait[9] que la β-galactosidase d'*E. coli* peut effectuer des réactions de transgalactosidation donnant divers produits. Nous avons séparé par chromatographie ces produits et identifié parmi eux les inducteurs éventuels. On incube 20 min à 37° du lactose 10^{-1} M avec 300 U/ml de β-galactosidase cristallisée, dans du tampon phosphate de potassium 10^{-1} M à pH 7. On dépose l'équivalent de 100 μg de lactose par tache sur du papier Arches 310 et on chromatographie en phase descendante pendant 48 h avec le mélange solvant butanol–éthanol–eau (4:1.1:1.9, v/v). Les sucres sont révélés par la diphénylamine–aniline[8]. On obtient dans l'ordre décroissant des R_F des taches correspondant à deux hexoses (glucose (1) et galactose (2)) cinq disaccharides (3), (4), (5), (6) et (7), trois trisaccharides (8), (9), et (10) et une tache de tétrasaccharide(s) (11) (Fig. 1).

Parmi ces divers sucres on recherche les sucres inducteurs.

On découpe des bandes chromatographiques de 5 mm que l'on ajoute dans des tubes contenant 2 ml de la souche (z⁺) ou de la souche (z⁻) en croissance. On dose au bout de 120 minutes le niveau respectif de β-galactosidase ou de transacétylase (Fig. 2). Seuls certains sucres correspondant par leur R_F à des disaccharides sont inducteurs de la souche (z⁻) (taches (6) et (7) du chromatogramme). L'identification

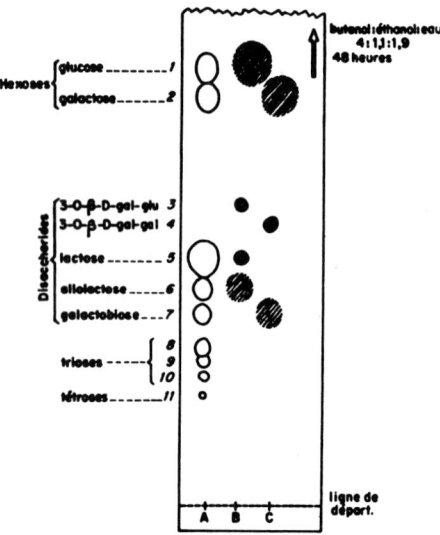

Fig. 1. Chromatogramme des sucres produits par l'action de la β-galactosidase sur le lactose (A). Autoradiochromatogramme des sucres résultant de l'action de la β-galactosidase sur un mélange de lactose et de [^{14}C]glucose (B), sur un mélange de lactose et de [^{14}C]galactose (C).

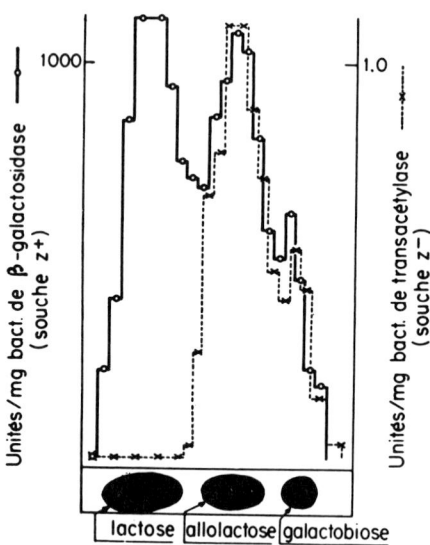

Fig. 2. Induction par les disaccharides formés par l'action de la β-galactosidase sur le lactose. On découpe des bandes chromatographiques de 5 mm que l'on ajoute dans des tubes contenant 2 ml de la souche (z^+) ou de la souche (z^-) en croissance. On dose respectivement au bout de 120 min le niveau de β-galactosidase ou de transacétylase.

de ces sucres repose a) sur la comparaison des R_F avec des témoins connus, b) sur la coloration obtenue avec la diphénylamine-aniline (bleu pour les liaisons 1-4, gris pour les liaisons 1-6), c) sur la chromatographie des produits d'hydrolyse obtenus par action de la β-galactosidase et d) sur les résultats obtenus par l'autoradiochromatogramme d'un mélange ayant contenu du [^{14}C]glucose ou du [^{14}C]galactose comme accepteurs de transgalactosidation. Selon ces critères les sucres inducteurs (6) et (7) sont respectivement l'allolactose (6-O-β-D-galactopyranosyl-D-glucose) et le galactobiose (6-O-β-D-galactopyranosyl-D-galactose). Les disaccharides non inducteurs sont le 3-O-β-D-galactopyranosyl-D-glucose (3), le 3-O-β-D-galactopyranosyl-D-galactose (4) et le lactose (5) (4-O-β-D-galactopyranosyl-D-glucose). On observe que sur ces cinq disaccharides seuls les deux disaccharides possédant une liaison 1-6 sont inducteurs alors que les disaccharides qui possèdent soit une liaison 1-4 soit une liaison 1-3 ne sont pas inducteurs. Cette relation entre le pouvoir inducteur et la structure des disaccharides a pu être confirmée par l'essai d'autres disaccharides connus. Le 6-O-β-D-galactopyranosyl-D-mannose est inducteur, alors que les disaccharides suivants ne le sont pas: 4-O-β-D-galactopyranosyl-D-galactose, 4-O-β-D-galactopyranosyl-D-mannose, 3-O-β-D-galactopyranosyl-D-glucose, 3-O-β-D-galactopyranosyl-D-galactose, 1-S-β-D-galactopyranosyl-D-galactose.

Comme par ailleurs les alkyl-galactosides et les alkyl-thio-galactosides sont également des inducteurs de l'opéron lactose, il est clair que le pouvoir inducteur n'est pas limité à certains disaccharides. On pouvait donc penser que d'autres galactosides inducteurs pourraient se former par transgalactosidation à partir du lactose sur divers corps possédant une fonction alcool.

On fait agir comme précédemment la β-galactosidase sur du lactose 10^{-1} M (donneur du radical galactosyl) additionné de divers alcools $2 \cdot 10^{-1}$ M (accepteurs éventuels du groupement galactosyl). On arrête la réaction par chauffage à 70° pendant 5 min après des temps divers d'incubation. On décèle l'apparition de produits inducteurs éventuellement formés en dosant la galactoside-transacétylase induite en 120 min dans une culture de la souche (z^-) additionnée d'une dilution au 1/1000e de cette solution. On observe généralement (Fig. 3) que le pouvoir inducteur du mélange s'accroît, passe par un maximum puis décroît, en raison sans doute de l'hydrolyse des nouveaux galactosides apparus. Les produits inducteurs formés en présence de glycérol et d'éthylène-glycol sont cependant si actifs que même après 100 min d'action de la β-galactosidase, le pouvoir inducteur de la solution demeure au taux maximum.

Nous avons étudié plus en détail les produits formés en présence de glycérol. La réaction de transgalactosidation est effectuée dans les mêmes conditions que précédemment pendant 10 min, en présence de [^{14}C]glycérol. Les produits obtenus ont été chromatographiés comme ci-dessus puis révélés par autoradiographie (Fig. 4). La tache 1 correspond au glycérol. Tous les autres sucres sont hydrolysables par la β-galactosidase et libèrent du [^{14}C]glycérol. Pour des raisons de migration chromatographique on a vraisemblablement par R_F décroissant les taches correspondant à deux mono-galactopyranosyl-glycérols (2) et (3), deux digalactopyranosyl-glycérols (4) et (5) et un tri-galactopyranosyl-glycérol (6). L'un de ces produits (3) se forme à une concentration de l'ordre de 20 pour 100 du [^{14}C]glycérol introduit, les autres se forment à des concentrations inférieures à 2 pour 100, ce qui peut s'expliquer par la plus grande réactivité des deux fonctions alcool primaire du glycérol. Ce produit

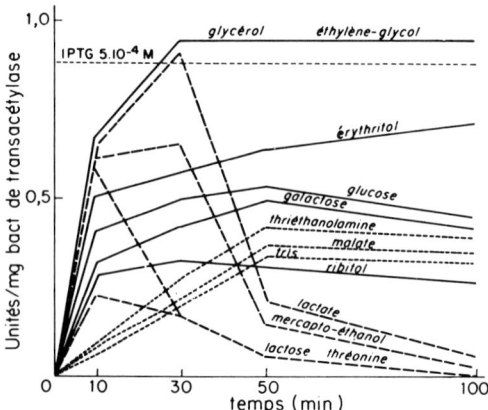

Fig. 3. Pouvoir inducteur en fonction du temps d'un mélange d'incubation contenant 300 U/ml de β-galactosidase, 10^{-1} M de lactose et les divers accepteurs marqués sur la figure. Le mélange est dilué 1000 fois dans le milieu de culture de la souche (z^-). Induction et dosage comme pour le Tableau I.

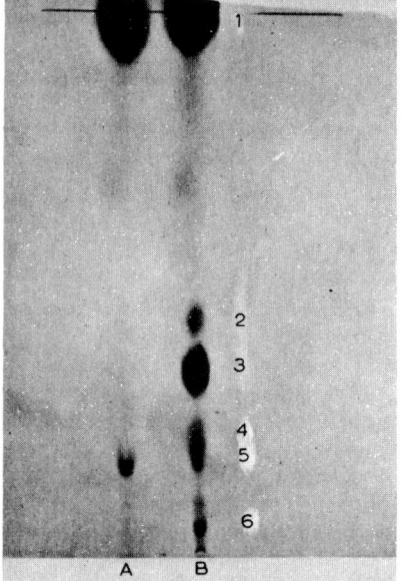

Fig. 4. Autoradiochromatogramme: A, du [^{14}C]glycérol. B, des sucres formés après action pendant 10 min de 300 U/ml de β-galactosidase sur le lactose (10^{-1} M) et le [^{14}C]glycérol ($2 \cdot 10^{-1}$ M). 1 glycérol; 2 et 3 monogalactopyranosyl-glycérol; 4 et 5 digalactopyranosyl-glycérol; 6 tri-galactopyranosyl-glycérol. La tache 3 a été identifiée au 1-O-β-D-galactopyranosyl-glycérol.

(tache 3) a pu être identifié (par comparaison du R_F) au 1-O-β-D-galactosyl-glycérol (don du Dr. Wickberg[10] que nous remercions vivement). Le seul inducteur très efficace est ce dernier sucre. L'induction de la galactoside-transacétylase par diverses concentrations de ce sucre permet de déterminer une induction demi-maximale aux environs de $5 \cdot 10^{-8}$ M. On obtient une même induction avec environ 1000 fois plus d'IPTG, qui était jusqu'ici le meilleur inducteur connu.

L'ensemble de ces résultats démontre que le lactose, considéré comme le substrat "naturel" de la β-galactosidase, n'est pas un inducteur de l'opéron lactose. L'induction d'une souche (z^+) par ce disaccharide résulte de la formation de produits de transgalactosidation dont certains pourraient être les disaccharides mis en évidence ci-dessus, mais il est également possible que certains produits du métabolisme intermédiaire possédant une fonction alcool puissent, *in vivo*, jouer le rôle d'accepteurs de groupement galactosyl et par conséquent donner naissance à des inducteurs.

L'intérêt particulier du système que nous venons de décrire consiste en ce que l'induction (en présence de lactose) est due non pas au substrat mais au produit de l'enzyme induit. Un tel système d'induction est, au sens propre, autocatalytique. Nous avons déjà eu l'occasion d'attirer l'attention sur l'intérêt que pourraient présenter de tels systèmes comme modèles possibles (parmi d'autres) de différenciation biochimique[7].

REMERCIEMENTS

Ce travail a bénéficié de l'aide du Jane Coffin Childs Memorial Fund for Medical Research, du National Institute of Health, de la Délégation Générale à la Recherche Scientifique et Technique et du Commissariat à l'Energie Atomique.

RÉSUMÉ

On a démontré que le lactose n'est pas un inducteur de l'opéron „Lac" chez *Escherichia coli* K-12. L'induction de cet opéron en présence de lactose résulte des réactions de transgalactosidation desquelles la β-galactosidase elle-même est responsable.

Plusieurs produits obtenus par l'action de la galactosidase sur un mélange de lactose et de divers alcools ont été isolés et se sont trouvés être des inducteurs du système.

RÉFÉRENCES

1 C. BURSTEIN, M. COHN, A. KEPES ET J. MONOD, 1964, à paraître.
2 G. BUTTIN, *Diplôme d'Etudes Supérieures, Faculté de Paris*, 1955.
3 L. A. HERZENBERG, *Biochim. Biophys. Acta*, 31 (1959) 525.
4 F. JACOB ET J. MONOD, *J. Mol. Biol.*, 3 (1961) 318.
5 F. JACOB ET J. MONOD, *Cold Spring Harbor Quant. Biol.*, 26 (1961) 193.
6 J. MONOD ET M. COHN, *Advan. Enzymol.*, 13 (1952) 67.
7 J. MONOD ET F. JACOB, *Cold Spring Harbor Symp. Quant. Biol.*, 26 (1961) 389.
8 S. SCHWIMMER ET A. BEVENUE, *Science*, 123 (1956) 543.
9 K. WALLENFELS, E. BERNT ET G. LIMBERG, *Liebigs Ann. Chem.*, 584 (1953) 63.
10 B. WICKBERG, *Acta Chem. Scand.*, 12 (1958) 1183.

GENETIC MAPPING OF THE ELEMENTS OF THE LACTOSE REGION
IN ESCHERICHIA COLI

François JACOB and Jacques MONOD
Services de Génétique microbienne et Biochimie cellulaire,
Institut Pasteur, Paris

Received January 15, 1965

In Escherichia coli, the ability to ferment lactose depends on two structural genes : z, which determines the structure of β-galactosidase and y which determines that of β-galactoside permease. The two genes are adjacent on the bacterial chromosome and belong to a single operon, the operator (o) being located on the distal side of z. This operon also controls the synthesis of β-galactoside-transacetylase, the structural gene of which must be located distal to y with respect to z. The expression of the whole operon is controlled by a regulator gene i, determining the production of a cytoplasmic repressor susceptible to the action of β-galactosides (Fig. 1). The gene i is located outside the operon, but close to z, conjugation experiments between various mutant strains suggesting the order : $i..o\ z\ y$ (Jacob and Monod, 1961 a).

For this order to be determined more accurately, three point test experiments were performed with transduction by phage P1. By using a donor strain which is z^+ and either i^+o^c or i^-o^+ and a recipient which is z^- and either i^-o^+ or i^+o^c, one can select the recombinants which grow on lactose : they have received the z^+ allele from the donor. One then

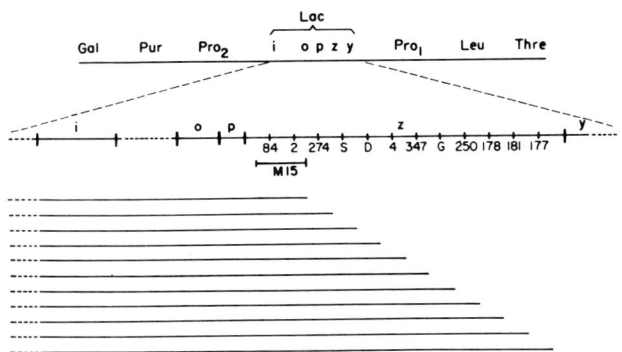

Diagrammatic representation of the Lac segment and of deletions in this region. The upper line represents a segment of the E.coli K12 chromosome around the Lac region. The second line represents an enlargement of the Lac region : i, regulator gene ; o, operator ; p, promotor ; z, structural gene for β-galactosidase ; y, structural gene for permease. The figures correspond to single point mutants. The lines below represent the deleted segments in a variety of mutants. M15 was isolated by Beckwith (1964 b). The others by Jacob et al. (1964).

determines the fraction of these z^+ transductants which are also i^+o^+. It is clear, as represented on the top of Table I, that different results will be expected depending on whether i or o is closer to z. The fraction of o^+i^+ among z^+ transductants should be higher in the experiment where the smallest number of cross-over, two instead of four occurs. Reciprocal transduction should therefore provide an unambiguous test of the actual order of the genes.

Several experiments of this type have been performed with different pairs of i^- and o^c alleles in reciprocal combinations. As shown by the results reported in Table I, the sequence can only be $i..o\ z\ y$.

This order can be checked by the use of another marker, Pro_2, involved in proline biosynthesis, which is known to be on the i side of the Lac operon and can be cotransduced with

694

TABLE I

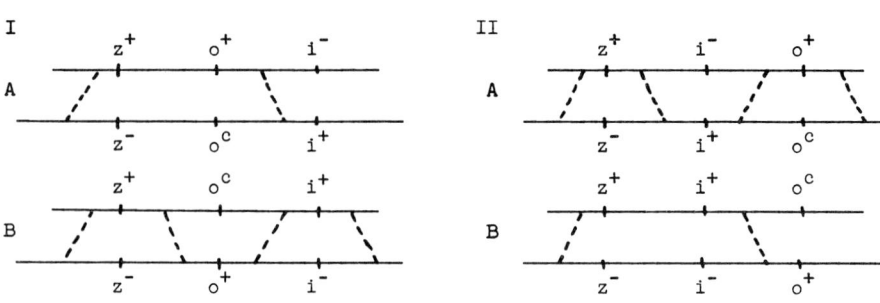

Donor genotype	Recipient genotype	Experiment type	Number of colonies tested	Number of i^+ found	Percent i^+
$z^+o^+i^-_3$	$z^-_1o^+i^-_3$	Control	300	0	<0.3
$z^+o^c_1i^+$	$z^-_1o^+i^-_3$	B	300	0	<0.3
$z^+o^c_{15}i^+$	$z^-_1o^+i^-_3$	B	300	1	0.3
$z^+o^c_{307}i^+$	$z^-_1o^+i^-_3$	B	300	1	0.3
$z^+o^c_1i^+$	$z^-o^c_1i^+$	Control	300	0	<0.3
$z^+o^+i^-_3$	$z^-o^c_1i^+$	A	300	24	8
$z^+o^+i^-_E$	$z^-o^c_1i^+$	A	300	30	10
$z^+o^+i^-_{74}$	$z^-o^c_1i^+$	A	296	34	11.4
$z^+o^+i^-_{313}$	$z^-o^c_1i^+$	A	300	20	6.6

Recipient bacteria were infected with an average multiplicity of about 3 phages grown on donor bacteria. After three successive reisolation on lactose synthetic plates, the recombinants were reisolated twice on glucose synthetic plates. Their inducible vs constitutive character was determined by treatment of the last plate with toluene and ortho-nitro-phenol-galactoside. In these conditions, i^-o^+ or i^+o^c genotypes give a yellow color whereas i^+o^+ do not.

---

z mutants (Schwartz, 1963). Interrupted mating experiments confirmed the order (y) z.....Pro_2.....Pur. The order of the

695

i and o markers could then be deduced from transduction experiments in which the donor is Pro^+z^- and either i^-o^+ or i^+o^c and the recipient Pro_2^- z^+ and either i^+o^c or i^-o^+. One can select the recombinants which grow on lactose without proline. They have received the Pro_2^+ allele from the donor, while retaining the z^+ allele from the recipient. They require therefore an obligatory crossing-over between Pro_2 and z. One then determines the fraction of the Pro^+z^+ transductants which are also i^+o^+. It is clear again that different results should be expected depending on whether the order is z o i Pro_2 or z i o Pro_2, as represented on top of Table II. The fraction of i^+o^+ bacteria should be higher when only two cross-overs and not four are required. The results of a reciprocal transduction involving these four markers are reported in Table II. They confirm the results of the experiments reported in Table I and show that the order of markers is z o..i....Pro_2.

The operator being identified by dominant constitutive o^c mutations active only in position cis is thus defined as controlling the sensitivity to the repressor determined by the i gene. Originally, in the same area as o^c mutations, other mutations ($o°$) were localized, which result in the non-functioning of the whole operon. Since these $o°$ mutations belong to the structural gene z, it was thought that o^c mutations also belonged to z. The close proximity of $o°$ and o^c mutations favored this hypothesis and the terminal part of the z structural gene was thus thought to be endowed with three properties : to control the sensitivity to the repressor (as defined by o^c mutations), to constitute the obligatory segment in which the synthesis of the Lac messenger could be initiated (because of $o°$ mutations) as well as to code for β-galactosidase structure.

696

TABLE II

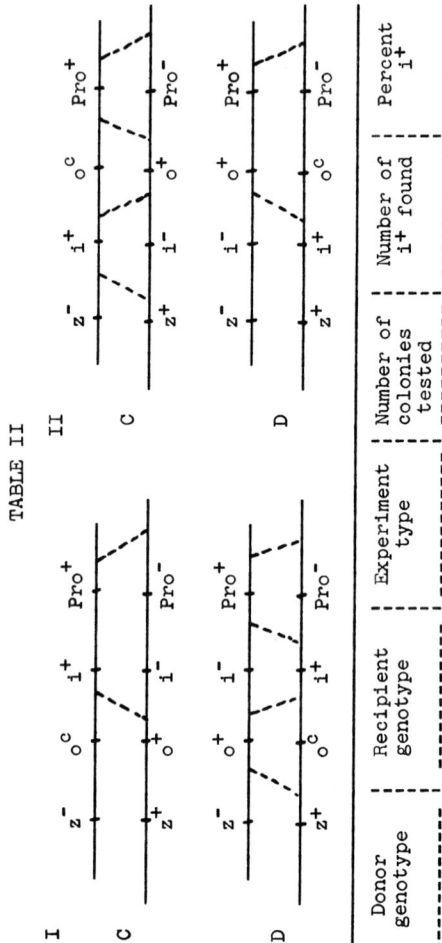

Donor genotype	Recipient genotype	Experiment type	Number of colonies tested	Number of i+ found	Percent i+
$Pro^+z_1^-o^+i_1^-3$	$Pro^-_2z_1^+o^+i_1^-3$	Control	280	0	<0.4
$Pro^+z_1^-o^ci_1^+$	$Pro^-_2z_1^+o^+i_1^-3$	C	526	26	5
$Pro^+z_1^-o^ci_1^+$	$Pro^-_2z^+o^ci_1^+$	Control	300	0	<0.3
$Pro^+z_1^-o^+i_1^-3$	$Pro^-_2z^+o^ci_1^+$	D	417	0	<0.25
$Pro^+z_4^-o^+i_1^-3$	$Pro^-_2z^+o^ci_1^+$	D	386	0	<0.3

Recipient bacteria were infected with an average multiplicity of about 3 phages grown on donor bacteria. Colonies of recombinants were then reisolated and assayed for genotype as in Table I.

Recent results have led to a partial revision of this interpretation. First, other mutations localized all over the z gene have been found to result not only in the inactivation of β-galactosidase but also in a large decrease (50 to 95 per cent) of the other proteins of the operon (Jacob and Monod, 1961 b ; Franklin and Luria, 1961). The properties of these so-called "polar" mutations are therefore similar to those of o° mutations without being located in the initial segment of the z gene. Furthermore, it has been found by Beckwith (1964 a) that many of the o° mutants are susceptible to the action of external suppressors which are considered to act at the level, not of transcription, but of translation.

Further work with deletions has established that the operator, defined as the locus controlling the sensitivity to the i repressor is not located in the z gene. On the one hand deletions within z, including the known loci (o°) in the operator proximal segment, do not alter the regulation of the operon (Beckwith, 1964 b) (see Fig. 1). On the other hand, a large number of $o^c z^+ y^+$ mutants have been isolated all of which appear to result from deletions : such o^c mutations cannot be induced by base analogs ; they are never due to external suppressors ; no $o^c \longrightarrow o^+$ reversion has been detected as yet ; in a certain fraction (10 to 15 per cent), the mutation affects both o and i. Yet in all cases so far studied, the β-galactosidase produced by such o^c mutants seems indistinguishable from that produced by the wild type, as judged by inactivation kinetics at various temperatures and pH, in the presence or absence of Mg^{++} and substrate (Jacob, Ullman and Monod, 1964). One must therefore conclude that o is distinct from z.

It seems now that polycistronic operons, such as the Lac operon are transcribed into a single messenger (Ames and Hartman, 1963 ; Attardi et al., 1963 ; Beckwith, 1964 a ; Guttman and Novick, 1963 ; Martin, 1963 ; Spiegelman and Hayashi, 1963). The properties of polar mutants suggest that the direction of the translation(s) from messenger into peptides is from the operator side. The direction of transcription from DNA into messenger remains however unknown. In any case there must exist on the operator side, a "punctuation" determining the beginning of the structural segment of the Lac operon. Deletions of the operator-proximal segment of z do not alter the promotion of expression, nor the regulation of the operon. Deletions in o decrease or abolish the susceptibility to the repressor but they do not alter the expression of the operon. In both cases, the expression of the intact structural genes is still 100 per cent of that in the wild type.

However, more than 80 deletions have been isolated which cover both o and a part of z. On the z side, these deletions may extend to various sites into z. On the o side, all deletions extend further than i (see Fig. 1). In nine cases, out of ten which have been analyzed, the production of β-galactoside permease and of acetylase was found to be 10 per cent that of the wild type ; in the last case, it was 40 per cent ; but in all cases, this production is the same in the presence or absence of β-galactosides (Jacob, Ullman and Monod, 1964).

It seems then that when a deletion covers both o and the extremity of z, the expression of the operon is possible only if the deletion extends further than i. This situation is somewhat similar to that found for the histidine operon of

699

Salmonella typhimurium (Ames, Hartman and Jacob, 1963). The class of deletions covering o and the extremity of z, but not i, must therefore completely abolish the expression of the operon, except if the deletion extends far enough so that the intact part of the Lac operon is fused with another operon. This involves the existence, in between o and z, of an element necessary for promoting the expression of the operon, or promotor (p), the order of the Lac region being then $Pro_1 \ldots y\ a\ p\ o \ldots i \ldots Pro_2$.

Since o^c mutations are not induced by base analogs, nor by external suppressors, the operator region appears not to be translated into peptide chain, but it cannot be concluded from these results whether it is transcribed or not. If messenger synthesis starts on the o side of the operon, it is likely to start in the promotor which would then correspond to a punctuation for the DNA-RNA polymerase. The operator would then not be transcribed and the repressor would act on DNA to prevent transcription. If messenger synthesis starts on the opposite side of the operon, then the operator might or not be transcribed, and the repressor would act on DNA or on messenger to prevent the release of messenger. The promotor would then constitute a punctuation for ribosomes. The first of these models appears a priori more likely in view of the fact that the expression of the whole operon can be modified by mutational events on the operator side but not on the other. A definite answer will be obtained only when the direction of messenger synthesis will be known.

ACKNOWLEDGEMENTS

The authors want to thank Dr. N.M. Schwartz for a

culture of a Pro_2^- mutant. This work was aided by grants from the National Science Foundation, the National Institute of Health, the Commissariat à l'Energie Atomique and the Délégation Générale à la Recherche Scientifique et Technique.

REFERENCES

Ames, B.N. and Hartman, P. (1963) Cold Spring Harbor Symp. Quant.Biol., 28, 349.
Ames, B.N., Hartman, P.E. and Jacob, F. (1963) J.Mol.Biol., 7, 23.
Attardi, G., Naono, S., Rouviere, J., Jacob, F. and Gros, F. (1963) Cold Spring Harbor Symp.Quant.Biol., 28, 363.
Beckwith, J.R. (1964 a) In "Structure and Function of the genetic Material", Abhandlungen der Deutschen Akademie der Wissenschaften zu Berlin, 4, 119-124.
Beckwith, J.R. (1964 b) J.Mol.Biol., 8, 427.
Franklin, N.C. and Luria, S.E. (1961) Virology, 15, 299.
Guttman, B. and Novick, A. (1963) Cold Spring Harbor Symp. Quant.Biol., 28, 373.
Jacob, F. and Monod, J. (1961 a) J.Mol.Biol., 3, 318.
Jacob, F. and Monod, J. (1961 b) Cold Spring Harbor Symp. Quant.Biol., 26, 193.
Jacob, F., Ullman, A. and Monod, J. (1964) C.R.Acad.Sci., 258, 3125.
Martin, R.G. (1963) Cold Spring Harbor Symp.Quant.Biol., 28, 357.
Schwartz, N.M. (1963) Genetics, 48, 1357.
Spiegelman, S. and Hayashi, M. (1963) Cold Spring Harbor Symp.Quant.Biol., 28, 161.

Délétions fusionnant l'Opéron Lactose et un Opéron Purine chez *Escherichia coli*

F. Jacob, A. Ullmann et J. Monod

Services de Génétique microbienne et de Biochimie cellulaire
Institut Pasteur, Paris, France

(*Received 8 June 1965*)

From a strain of *Escherichia coli* K12, which carries an episome F' and is thereby diploid for the region $Lac\text{-}Pro_2\text{-}Ph\text{-}T6\text{-}Pur$, a series of 68 mutants has been isolated in which a fragment of the material carried by the episome is deleted. On one side, all these deletions extend to various sites of gene z. They all cover o, i, Pro_2 and Ph. On the other side, 2 of them extend to the region between Ph and $T6$, 50 extend to the region between $T6$ and Pur, and 16 extend into one cistron (β), while respecting another cistron (α), of the Pur region. In the 16 deletions which extend into $Pur\,\beta$, the synthesis of the β-galactoside permease and transacetylase is no longer induced by β-galactosides but repressed by addition of purine in the medium. It appears that in these 16 cases, the deletions have joined a part of the *Lac* operon to a part of a *Pur* operon, the new operon which is thus formed being submitted to a repressive regulation by purines.

1. Introduction

Les observations génétiques et biochimiques qui caractérisent un opéron, définissent celui-ci comme une unité d'expression du matériel génétique, unité pouvant comporter plusieurs gènes de structure et dont l'activité est gouvernée par un opérateur (Jacob et Monod, 1961a). Ce dernier, identifié par des mutations du type constitutif dominant (o^c), est localisé à une extrémité de l'opéron, hors des gènes de structure contenus dans l'opéron (Beckwith, 1964a; Jacob, Ullmann et Monod, 1964; Jacob et Monod, 1965). Dans l'opéron, l'opérateur détermine le seul site que reconnaissent les signaux chimiques spécifiques de régulation, c'est-à-dire le répresseur, quel que soit le niveau où agit celui-ci (DNA ou messager). Cette conception de l'opéron implique nécessairement que dans le cas où un remaniement chromosomique disjoindrait des gènes de structure de leur opérateur pour les associer à un autre opéron, gouverné par un autre opérateur, l'activité de ces gènes de structure serait de ce fait soumise à une régulation nouvelle (Jacob et Monod, 1961b).

De tels remaniements chromosomiques ont déjà été observés, qui modifient la régulation de gènes appartenant soit à l'opéron histidine chez *Salmonella* (Ames, Hartman et Jacob, 1963), soit à l'opéron tryptophane (Matsushiro et al., 1962), soit à l'opéron lactose (Jacob et al., 1964) chez *Escherichia coli*. Dans tous ces cas, cependant, les gènes de structure étudiés devenaient attachés à une région non identifiée du chromosome, et soumis à un système de régulation inconnu et non modifiable par les changements de milieu.

Dans ce mémoire, nous décrirons l'isolement et les propriétés de certaines délétions qui fusionnent des gènes de l'opéron lactose d'*E. coli* avec d'autres régions du matériel génétique. Nous décrirons notamment des délétions qui fusionnent certains éléments de l'opéron lactose avec ceux d'un opéron purine et qui, en conséquence, soumettent la synthèse de la β-galactoside perméase et de la transacétylase à la régulation répressive par les purines.

2. Matériel et Techniques

(a) *Souches bactériennes*

Elles seront décrites au cours de ce mémoire.

(b) *Milieux*

(i) *Minimum:* KH_2PO_4, 13,6 g; $MgSO_4,7H_2O$, 0,2 g; $(NH_4)_2SO_4$, 2 g; $FeSO_4,7H_2O$, 0,005 g pour 1000 cc d'eau (pH 7,2). Les sucres et métabolites sont stérilisés séparément et ajoutés avant emploi.

(ii) *Gélose EMB lactose:* protéose-peptone, 10 g; extrait de levure, 1 g; K_2HPO_4, 2 g; Na_2HPO_4, 2 g; NaCl, 5 g; gélose, 20 g; eau, 1000 cc (pH 7,4). Lactose, 10 g; bleu de méthylène, 0,065 g; éosine, 0,4 g. Le sucre et les colorants sont stérilisés à part et ajoutés au moment de couler les boîtes.

(c) *Dosage de la β-galactosidase*

L'enzyme est dosé selon la méthode décrite par Willson, Perrin, Cohn, Jacob et Monod (1964). Une unité représente la quantité d'enzyme produisant 1 mµmole o-nitrophénol/min à 28°C (pH 7,0) en présence de Na^+ (M. 10^{-3}).

(d) *Dosage de la β-galactoside perméase*

A 1 ml. de bactéries en croissance exponentielle, on ajoute 0,1 ml. de chloramphénicol (100 µg/ml. final). Après 15 min, on ajoute 0,05 ml. (M. 10^{-3} final) d'une solution de thiométhylgalactoside dont le méthyl est marqué par du ^{14}C (environ 180.000 cts/min/µmole). La suspension est agitée 15 min à 25°C, puis diluée dans 10 ml. de tampon phosphate glacé et filtrée sur Millipores. Les filtres sont lavés avec du tampon glacé, séchés et comptés. La base est mesurée en chassant le [^{14}C]thiométhylgalactoside avec une solution 10^{-3} M de lactose non radioactif. Les résultats sont exprimés, après déduction de la base, en unités de perméase, une unité correspondant à l'accumulation de 1 mµmole de thiométhylgalactoside par mg de bactéries, poids sec.

(e) *Dosage de la β-galactoside transacétylase*

Ce dosage est effectué selon la méthode décrite par Alpers, Appel et Tomkins (1965) modifiée par M. Cohn (communication personnelle). Les bactéries en croissance exponentielle sont centrifugées et remises en suspension dans un tampon tris 0,05 M (pH 7,8) à raison d'environ 5 mg de bactéries (poids sec)/ml. Les extraits, préparés au Mullard, sont centrifugés 15 min à 20.000 *g*, puis chauffés 10 min à 70°C et traités par la DNase (10 µg/ml.). Des échantillons de ces extraits (5 µl. de différentes dilutions) sont laissés 1 h à 28°C avec 10 µl. du mélange: 0,01 M-EDTA; 0,01 M-acétyl-CoA (Pabst); 1 M-isopropylthiogalactoside dissous dans 0,1 M-K_2HPO_4 (pH 7,0). La réaction est effectuée sous 0,5 ml. de xylène saturé par une solution 0,1 M-K_2HPO_4 (pH 7,0) contenant 40 µg/ml. de Soudan noir B. On arrête la réaction en ajoutant 1 ml. d'une solution d'acide dithio-bis-nitrobenzoïque dans du tris 0,05 M (pH 7,8) (de manière à obtenir une concentration finale 0,0001 M). Les lectures sont effectuées à 412 mµ dans un spectrophotomètre, 10 min après l'arrêt de la réaction. Les résultats sont exprimés en unités de β-galactoside-transacétylase, une unité correspondant à la libération de 1 mµmole d'acide thionitrobenzoïque/min/mg de bactéries (poids sec).

3. Resultats

Dans les trois chapitres de ce mémoire seront décrites successivement: la technique utilisée pour l'isolement des mutants, l'analyse génétique de ces mutants et enfin leur étude physiologique et biochimique.

(a) *Isolement des mutants*

Nous avons cherché à obtenir des délétions qui, en se terminant à chaque extrémité dans un opéron connu, fusionneraient les segments restés intacts de ces deux opérons. Le nombre des opérons connus où l'on peut intervenir et modifier le taux de synthèse des protéines en changeant la composition du milieu est relativement restreint. Dans la région de l'opéron lactose, les gènes identifiés sont disposés dans l'ordre suivant:

$$\underbrace{Lac}_{Ac\ y\ z\ o_\text{L}\ i} \quad Pro_2 \quad Ph \quad T6 \quad \underbrace{Pur}_{\beta\ \alpha} \quad \underbrace{Gal}_{K\ T\ E\ o_\text{G}}$$

où Ac, y et z représentent respectivement les gènes de structure de la β-galactoside transacétylase, de la perméase et de la β-galactosidase; o_L et i l'opérateur et le gène régulateur de l'opéron Lac, Pro_2 un gène déterminant un enzyme de la biosynthèse de la proline; Ph le gène de structure de la phosphatase alcaline; $T6$ la sensibilité au phage T6, $Pur\ \beta$ et α deux cistrons gouvernant la synthèse d'enzymes qui interviennent dans la biosynthèse des purines; $K\ T\ E$ les gènes déterminant respectivement la structure de la galacto-kinase, transférase et épimérase; o_G l'opérateur de l'opéron Gal.

Les délétions précédemment isolées (Jacob *et al.*, 1964) qui, en supprimant o, i et un fragment de z, fusionnaient le reste de l'opéron lactose à une région inconnue, ne s'étendaient pas jusqu'à Pro_2. Chez des bactéries haploïdes, des délétions couvrant toute la région Lac et Pro_2 ont été isolées (Jacob et Wollman, 1961). Elles n'empêchent pas les bactéries de se multiplier à condition que leur soit fournie de la proline. Des délétions plus étendues risquent d'affecter un gène dont la fonction est indispensable à la survie ou à la croissance bactérienne, donc d'être létales. Pour éviter cet obstacle, il est nécessaire d'utiliser une souche diploïde pour la région où l'on recherche une délétion.

Nous avons donc isolé une série d'épisomes F' porteurs de segments chromosomiques d'étendue variable (voir Fig. 1). Il faut noter que plus le segment de chromosome porté par l'épisome est grand, plus l'épisome est instable.

Grâce aux propriétés des mutants i^s (Willson *et al.*, 1964), il est possible d'isoler des délétions qui détruisent le système de régulation i–o, et fusionnent un segment de l'opéron lactose avec un autre opéron (Jacob *et al.*, 1964). En effet, chez les mutants $i^s o^+ z^+ y^+$, le répresseur est modifié de façon telle que les β-galactosides ne sont plus inducteurs. Les bactéries sont donc phénotypiquement Lac^-. Elles réversent vers le phénotype Lac^+, grâce à une mutation supplémentaire i^- ou o^c. Comme l'allèle i^- est récessif par rapport à l'allèle i^s, les diploïdes homozygotes i^s/i^s ne peuvent réverser que grâce à une mutation o^c, mutation qui semble toujours due à une délétion, d'étendue variable. En étalant les bactéries diploïdes i^s/i^s, non pas sur lactose mais sur mélibiose qui à 40°C pénètre dans les bactéries par la même perméase que le lactose, on peut sélectionner des clones chez lesquels l'activité galactoside-perméase est restaurée, ceci indépendamment de la restauration ou non de la β-galactosidase (Beckwith, 1964*a,b*). On peut ainsi obtenir des délétions o^c qui s'étendent plus ou moins loin dans le gène z (Jacob *et al.*, 1964).

FUSION OF TWO OPERONS

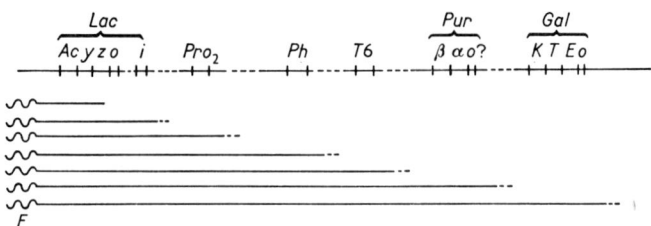

Fig. 1. Série d'épisomes F' isolés.

Ces épisomes F' ont tous été obtenus à partir des mêmes bactéries Hfr P804 qui injectent la séquence:

$$O-Pro_1-Leu-Thr \ldots\ldots\ldots Try-Gal-Pur-T6-Ph-Pro_2-Lac$$

Ces bactéries Hfr sont croisées avec des bactéries F^- appartenant, soit à la souche 200 Pe ($Lac\ y_P$, $Pur_{\overline{\beta}}$, Arg^-, Sm^r), soit à la souche AB 2345 (Leu^-, Try^-, $Lac_{\overline{z}}^-$, $Pur_{\overline{\alpha}}^-$, $Pro_{\overline{2}}^-$, Sm^r), due à l'obligeance du Dr N. M. Schwartz), soit à la souche PA 351 (Thr^-, Leu^-, Arg^-, $Pur_{\overline{\beta}}^-$, B_1^-, $Lac\ y_1^-$, $Gal_{\overline{b}}^-$). Les bactéries sont mélangées à raison de 20 Hfr pour 1 F^- et le mélange de conjugaison agité doucement à 37°C. La conjugaison est interrompue par agitation dans un Vortex Jr à la cinquantième minute, bien avant que n'ait pénétré dans les bactéries F^- la partie terminale du chromosome Hfr contenant les caractères $Gal\ldots Lac$. Des échantillons sont étalés sur une série de milieux sélectifs. Après 2 jours à 37°C, les colonies sont réisolées et éprouvées, par une série de croisements avec diverses bactéries F^-, pour leur capacité à transférer à haute fréquence les caractères compris entre Lac et Gal. La première ligne en haut représente les caractères connus sur le chromosome. Les lignes situées en-dessous représentent chacune un épisome F' isolé.

Nous avons constitué une souche diploïde, homozygote i^s, qui possède sur le chromosome une série de mutations ponctuelles affectant Pro_2, Ph, $T6$ ainsi que le cistron $Pur\ \alpha$, et qui héberge un épisome F' s'étendant de la région Lac à la région Pur. Cette souche présente le génotype suivant:

	Lac				Pur
F	$Ac^+y^+z^+o^+i^s$	Pro_2^+	... Ph^+	... $T6^s$	... $\beta^+\alpha^+$
Chromosome	$Ac^+y^+z^+o^+i^s$	Pro_2^-	... Ph^-	... $T6^r$	... $\beta^+\alpha^-$

Deux types de sélection ont été utilisés. Dans la première, les bactéries (environ 10^{10} par boîte) ont été étalées sur milieu minimum contenant de la proline (50 μg/ml.), peu de phosphate minéral (5.10^{-5} mole/ml.) et du mélibiose (0,8 pour cent) comme seule source de carbone. Cette sélection favorise les bactéries où se trouve restauré le pouvoir de synthétiser la β-galactoside-perméase et conservé l'allèle $Pur\ \alpha^+$. Elle permettrait, en outre, la production de perméase dans le cas où celle-ci deviendrait soumise au système réglant la phosphatase alcaline qui est réprimée par des concentrations de phosphate supérieures à 10^{-4} M (Echols, Garen, Garen et Torriani, 1961).

Dans la seconde sélection, les bactéries ont été étalées sur milieu minimum contenant de la proline, une concentration élevée de phosphate (5.10^{-3} M) et du mélibiose, en présence de 10^9 particules de phage T6. Cette sélection demande que soit restaurée la production de perméase, conservé l'allèle $Pur\ \alpha^+$ et éliminé l'allèle $T6^s$.

Dans ces deux sélections, le nombre des colonies obtenues est respectivement d'environ 15 et 1 pour 10^9 bactéries étalées, mais la fréquence de ces réversions ne peut être déterminée avec exactitude en raison de la croissance résiduelle que permettent les impuretés du milieu. Elle est vraisemblablement au maximum de l'ordre de 10^{-9} et de 10^{-10} respectivement.

Au cours de 14 expériences mettant en oeuvre 37 clones indépendants isolés à partir des bactéries diploïdes initiales, environ 11.000 colonies obtenues dans la première sélection et 3000 dans la seconde ont été réisolées sur ces mêmes milieux (sans phage pour la seconde sélection). Elles ont ensuite été analysées pour leur capacité de se multiplier sans addition de proline (par réplique sur milieu sans proline) et de former la phosphatase alcaline (par réplique sur milieu contenant 5.10^{-5} M de phosphate minéral et application d'un papier filtre imprégné d'un sel sodique de p-nitrophényl phosphate, Sigma 104). Seuls les clones qui, en récupérant le pouvoir de former la β-galactoside perméase avaient *aussi* perdu le pouvoir de synthétiser la proline *et* la phosphatase alcaline furent étudiés plus avant (67 cas dans la première sélection et 18 dans la seconde).

Chacun de ces clones a été croisé avec des bactéries $RV\ Lac_\Delta$ (prototrophes, Sm^s, dont la région lactose est supprimée par délétion), les recombinants étant sélectionnés sur milieu minimum contenant du mélibiose comme seule source de carbone, et 5.10^{-5} M de phosphate lorsque les clones étudiés provenaient de la première sélection. Seuls ont été analysés plus avant les clones (59 et 14 respectivement) chez lesquels la structure permettant l'expression de la perméase était transmissible à haute fréquence, donc localisée sur l'épisome. Ce sont ces souches $RV\ Lac_\Delta/F'$ portant l'un ou l'autre des épisomes modifiés qui ont été utilisées pour la suite de cette étude.

(b) *Analyse génétique des épisomes* F' *modifiés*

(i) *Région* Lac

Tout d'abord ont été recherchés le phénotype (Lac^+ ou Lac^-) des souches $RV\ Lac_\Delta/F'$, la capacité des Lac^- à réverser vers Lac^+, et la présence d'un gène z intact. Pour cela, les diverses souches ont été étalées sur gélose EMB lactose et sur gélose minimum au glycérol contenant 5.10^{-4} M de l'inducteur isopropylthiogalactoside où la β-galactosidase se révèle, après toluénisation des colonies, par le développement d'une couleur jaune au contact d'un papier imprégné d'o-nitrophénol-β-galactoside. Sur les 73 souches étudiées, 4 seulement sont Lac^+ et possèdent le gène z^+ apparemment intact. Les 69 autres sont Lac^- et, sauf une, ne réversent pas vers Lac^+. Seules les 68 souches Lac^- ne réversant pas ont été analysées en détail.

Région y. La série de souches $RV\ Lac_\Delta\ Sm^s/F'$ (Lac^-) a été croisée avec une série de bactéries $F^-\ Sm^r$ possédant une des mutations y^- localisées au long du gène y (20 F' pour 1 F^-) et des échantillons étalés sur milieu minimum contenant du lactose comme source de carbone et de la streptomycine. Toutes les combinaisons des divers épisomes F' avec les diverses mutations y^- produisent des recombinants Lac^+. Les épisomes F' mutants contiennent donc tous un gène y^+ intact.

Région z. La série des souches $RV\ Lac_\Delta\ Sm^s/F'$ a été croisée avec une série de bactéries $F^-\ Sm^r\ z^-$, portant une mutation z^- ponctuelle connue. Les résultats de croisements mettant en jeu quelques-uns des épisomes mutants sont rapportés sur le Tableau 1. Dans tous les cas, on observe que les épisomes mutants ne se recombinent pas avec une série de mutations ponctuelles adjacentes. Comme dans les mutants décrits précédemment (Jacob *et al.*, 1964), il s'agit donc dans tous les cas d'une délétion partielle du gène z, d'étendue variable mais englobant toujours le segment de z *proximal* par rapport à l'opérateur.

Régions o *et* i. Une analyse génétique des régions o et i par recombinaison n'est pas actuellement possible faute de moyens sélectifs suffisants. Cependant, comme nous le

TABLEAU 1

Croisement des épisomes mutés avec une série de mutations ponctuelles du gène z

Épisome no.	Délétion type	← côté y										Mutants z^-												côté o →		
		177	X90	181	Y2	908	178	242	250	359	G	1	157	347	239	D	4	B	X83	281	X92	S	211	274	131	2
b11	B	●	●	●	●	●	●	●	●	●	●	●	●	●	●	●	●	●	●	●	●	●	●	●	●	●
c46	B	○	●	●	●	●	●	●	●	●	●	●	●	●	●	●	●	●	●	●	●	●	●	●	●	●
d22	C			○	●	●	●	●	●	●	●	●	●	●	●	●	●	●	●	●	●	●	●	●	●	●
b4	B				○	○	○	●	●	●	●	●	●	●	●	●	●	●	●	●	●	●	●	●	●	●
d11	C					○	○	○	○	○	●	●	●	●	●	●	●	●	●	●	●	●	●	●	●	●
b19	B						○	○	○	○	●	●	●	●	●	●	●	●	●	●	●	●	●	●	●	●
c47	C							○	○	○	●	●	●	●	●	●	●	●	●	●	●	●	●	●	●	●
d25	C									○	●	●	●	●	●	●	●	●	●	●	●	●	●	●	●	●
c51	C										○	○	○	○	○	○	●	●	●	●	●	●	●	●	●	●
c39	B												○	○	●	●	●	●	●	●	●	●	●	●	●	●
d16	B												○	○	●	●	●	●	●	●	●	●	●	●	●	●
d24	C																	○	○	○	○	○	●	●	●	●
b9	B																		○	●	○	○	●	●	●	●
d6	C																						●	●	●	●
b38	B																						●	●	●	●
d1	B																							●	●	●
b17	B																							●			

Les souches $RV\ Lac_\Delta\ Sm^s/F'$ sont croisées avec une série de souches $F^-\ Sm^r\ z^-$ portant une mutation ponctuelle localisée dans le gène z $(20\ F' \times 1\ F^-)$. Des échantillons sont étalés sur gélose EMB lactose contenant de la streptomycine et placés à 37°C. Les résultats des croisements sont simplement notés d'après la présence de recombinants (nombreuses papilles rouges en 36 h) ou leur absence. (●) Recombinants; (○) pas de recombinants; ( ) croisement non effectué.

Il faut noter que certaines délétions de type B et C semblent finir dans la même région (telle qu'elle est délimitée par deux des mutations z^- utilisées ici). Des répétitions ont été observées, plusieurs délétions indépendantes finissant entre les mêmes marqueurs (par exemple, plusieurs délétions de type C s'arrêtent entre 181 et Y2, plusieurs entre B et X83, plusieurs délétions de type B entre 211 et 274).

verrons plus loin, les délétions étudiées sur les épisomes F' ont éliminé des segments génétiques situés de part et d'autre des régions o et i. On peut en conclure que les régions o et i sont également supprimées par la délétion, ce que confirme l'étude physiologique de ces épisomes (voir chapitre (c)).

(ii) *Région* Pro_2

Par sélection, tous les épisomes isolés sont Pro_2^-. Aucun ne donne de recombinants Pro^+ avec l'unique mutation ponctuelle Pro_2^- utilisée dans ce travail. La délétion de la région Pro_2^- ressort clairement des données génétiques suivantes.

(iii) *Région phosphatase alcaline*

La série de souches $RV\ Lac_A\ Sm^s/F'$ a été croisée avec trois souches $F^-\ Ph^-\ Sm^r$, portant l'une ou l'autre des mutations Ph_3^-, Ph_{18}^- et Ph_{24}^- (dues à l'obligeance du Dr A. Garen). Dans aucun cas n'a été observée la formation de recombinants Ph^+ recherchés selon la technique décrite par Garen (1960). On peut en conclure que dans tous ces épisomes mutants, le gène Ph est détruit par délétion, au moins dans sa plus grande partie.

(iv) *Région* T6

Toutes les souches obtenues par la deuxième sélection sont nécessairement $T6^r$. Parmi celles obtenues dans la première sélection, 2 seulement sont $T6^s$.

(v) *Région adénine*

Nous disposons de 3 mutations indépendantes de la région purine: α_1^-, β_1^- et β_2^- (cette dernière due à l'obligeance du Dr J. Beckwith). La mutation α_1^- complémente les deux autres qui ne se complémentent pas entre elles. Les enzymes déterminés par ces gènes ne sont pas connus avec précision. D'après J. S. Gots (communication personnelle), cette région Pur d'$E.\ coli$ correspond à la région $Pur\ E$ de $Salmonella$. Celle-ci comprend deux groupes de complémentation et gouverne la conversion de l'amino imidazole ribotide en succinyl-aminoimidazole carboxamide ribotide.

La série des souches $RV\ Lac_A Sm^s/F'$ a été croisée avec trois souches Sm^r portant chacune l'une des trois mutations purines (20 Hfr pour 1 F^-). Des échantillons ont été étalés sur milieu minimum sans purine contenant 250 μg de streptomycine/ml. Lorsqu'il y a complémentation, 50% au moins des bactéries F^- mises en jeu forment des colonies régulières en 20 heures. Lorsqu'il y a recombinaison sans complémentation, il apparaît, en 40 heures seulement, 20 à 500 fois moins de colonies de tailles irrégulières, dues à la ségrégation tardive des recombinants par les diploïdes hétérozygotes.

Les 68 souches étudiées peuvent complémenter la mutation $Pur\ \alpha_1^-$, ce qui est logique puisque les deux sélections exigeaient le maintien de la fonction $Pur\ \alpha$.

Sur les 68 souches, 52 seulement complémentent les deux mutations $Pur_1^-\ \beta$ et $Pur\ \beta_2^-$. Il faut en conclure que chez ces mutants, la délétion a respecté la région $Pur\ \beta$. Dans les 16 autres mutants, au contraire, la délétion s'étend dans la région $Pur\ \beta$. Dans tous les cas, on observe des recombinaisons entre les épisomes et les mutations ponctuelles $Pur\ \beta_1^-$ et $Pur\ \beta_2^-$. Cependant, la fréquence des recombinants varie suivant les épisomes et permet d'estimer les distances qui séparent l'extrémité des délétions des mutations ponctuelles (voir Fig. 3).

FUSION OF TWO OPERONS

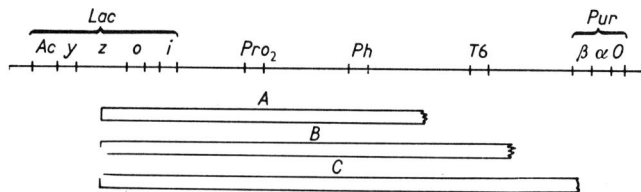

Fig. 2. Schéma montrant les trois types de délétions obtenues dans l'épisome.

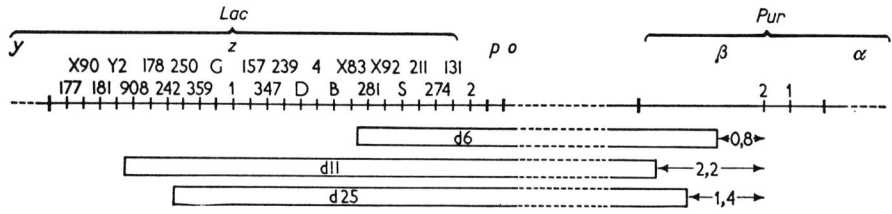

Fig. 3. Schéma montrant les délimitations de délétions type C.

Du côté z, les délétions peuvent être délimitées avec précision par les croisements rapportés sur le Tableau 1. Du côté $Pur\,\beta$, la délimitation est moins précise car on ne dispose que de deux mutations ponctuelles. Aucune des délétions isolées ne couvre l'une ou l'autre de ces mutations. On peut cependant estimer la distance qui sépare de ces mutations l'extrémité des délétions en mesurant la fréquence de recombinaison chez les diploïdes $Pur_{\bar{\beta}}/F'$ porteurs de la délétion considérée. Les valeurs données représentent la fraction (pour 100) des diploïdes donnant une colonie de recombinant ad^+ en 20 h. Ces valeurs sont supérieures à celles d'un croisement Hfr × F⁻, car les occasions de recombinaison y sont beaucoup plus fréquentes.

En résumé, dans les 68 épisomes étudiés où la capacité de produire la β-galactoside perméase a été restaurée, on observe une délétion qui, *dans tous les cas*, s'étend (plus ou moins profondément) dans z, et englobe o, i, Pro_2 en même temps que Ph (voir Fig. 2). Dans 2 cas, la délétion se termine entre Ph et $T6$ (délétion A, Fig. 2); dans 50 cas, elle se termine entre $T6$ et $Pur\,\beta$ (délétion B); dans 16 cas, elle se termine *dans* le cistron $Pur\,\beta$ (délétion C). Dans tous les cas sont respectés le cistron y à une extrémité et le cistron $Pur\,\alpha$ à l'autre comme l'exigeaient les sélections. Dans la Fig. 3 sont délimitées quelques délétions de type C.

(vi) *Mise en évidence de liaisons nouvelles par transduction*

Si des fragments de matériel génétique ont bien été éliminés par délétion sur les épisomes, il se peut que la transduction par le phage P1 révèle l'existence de liaisons nouvelles. On sait qu'avec des phages P1 qui se sont multipliés sur des bactéries haploïdes sauvages, on observe une liaison par cotransduction entre Lac et Pro_2 (Schwartz, 1963), mais non entre Pro_2 et Ph, ni entre Ph et $T6$, ni entre $T6$ et Pur.

Nous avons recherché, dans trois souches, une délétion du type B (d16) et deux délétions du type C (d6 et d25), si y et $Pur\,\alpha$ étaient devenus cotransductibles. Comme témoins ont été utilisés une souche haploïde sauvage et la souche diploïde d'où ont été isolées les délétions.

TABLEAU 2

Transduction des caractères y et Pur par des phages P1 qui se sont multipliés sur des souches hébergeant des épisomes F' modifiés par délétion

Souches donatrices	Sélection							
	Try^+		$Pur^+\alpha_1$		y_R^+		$Pur\,\alpha_1^+$ et y_R^+	
	col/ml.	% de Try	col/ml.	% de Try	col/ml.	% de Try	col/ml.	% de Try
0 (témoin)	2	—	0	—	0	—	0	—
Haploïde sauvage 3000	$5,2 \times 10^4$	100	$4,7 \times 10^4$	90	$5,3 \times 10^4$	102	$< 10^1$	$< 0,02$
Haploïde PA2-X741 ($Pur\,\alpha_1^-\text{-}Lac_\Delta\,_{102y}$)	$7,3 \times 10^4$	100	$< 10^1$	$< 0,01$	$< 10^1$	$< 0,01$	$< 10^1$	$< 0,01$
Diploïde PA2-X741/F-$Lac^+Pro_2^+Ph^+Pur^+$ portant l'épisome sauvage d'où proviennent les délétions	$9,2 \times 10^4$	100	$6,4 \times 10^4$	70	$6,1 \times 10^4$	66	$< 10^1$	$< 0,01$
Diploïde PA2-X741/F d16, délétion type B	$8,8 \times 10^4$	100	$1,3 \times 10^4$	14,5	$6,1 \times 10^2$	0,69	$< 10^1$	$< 0,01$
Diploïde PA2-X741/F d6, délétion type C	$9,7 \times 10^4$	100	$6,2 \times 10^3$	6,3	$1,9 \times 10^3$	1,9	7×10^1	0,07
Diploïde PA2-X741/F d25, délétion type C	$6,3 \times 10^4$	100	$5,2 \times 10^3$	8,2	$5,1 \times 10^2$	0,8	3×10^1	0,05

Les épisomes F' modifiés par délétion ont été transférés par recombinaison sur des bactéries F⁻ $Lac_\Delta\,Pur\,\alpha_1^-$. Sur les souches diploïdes et sur les souches utilisées comme témoin ont été préparés des stocks de phage P1 qui titraient de 5 à 20×10^9 phages/ml. Ces stocks ont servi à infecter des bactéries réceptrices $Try^-\,Pur^{\alpha_1}y_P$ dans les conditions suivantes : 4 ml. de bactéries exponentielles (4×10^8 bact./ml.) en milieu complet + Cl_2Ca (10^{-3} M final) + 2×10^9 phages (total). Le mélange est agité doucement à température ordinaire pendant 1 h, centrifugé et remis en suspension dans 1 cc de milieu minimum. Des échantillons de ces suspensions sont alors étalés sur différents milieux sélectifs, puis placés 2 jours à 37°C.

FUSION OF TWO OPERONS

Tableau 3
Absence du système o–i déterminant l'induction par les β-galactosides chez les épisomes F' modifiés par délétion

Souches	β-Galactosidase		β-Galactoside perméase	
	0	+ IPTG	0	+ IPTG
1 $i^+o^+z^+y^-/F'\,i_3^+o^+z_1^-y^+$	4,9	5.800	2,5	115
2 $i^+o^+z^+y^-/F'$ b19, délétion type B	1,6	6.500	43,5	39
3 $i^+o^+z^+y_p^-/F'$ d6, délétion type C	1,3	5.900	27	25,5
4 $i_3^-o^+z^+y_u^-/F\,i^+o^+z_1^-y^+$	5	6.200	4	122
5 $i_3^-o^+z^+y^-/F'$ b19, délétion type B	7.100	6.800	38	35,5
6 $i_3^-o^+z^+y_u^-/F'$ d6, délétion type C	8.200	7.400	29	24

Mesures effectuées sur des bactéries en voie de croissance exponentielle en milieu minimum contenant du glycérol comme source de carbone et contenant ou non de l'inducteur (2×10^{-4} M-isopropylthiogalactoside). Les résultats sont exprimés en unités de β-galactosidase et de perméase par mg de protéines (selon les définitions données en Matériel et Méthodes). On notera que dans la première série de diploïdes (lignes 2 et 3), la production de perméase par les épisomes F' porteurs de délétions n'est pas sensible à l'action du répresseur produit par le gène i^+ du chromosome. On en conclut à la détérioration de l'opérateur par les délétions. Dans la deuxième série (lignes 5 et 6), la production constitutive de β-galactosidase par le gène z du chromosome n'est pas modifiée par la présence de l'épisome F' portant une délétion. On en conclut à la détérioration de l'allèle i^s dans les délétions.

Les résultats d'une telle expérience sont rapportés sur le Tableau 2. On peut voir que :

(1) Lorsqu'il n'y a pas de délétion (souche haploïde sauvage ou souche diploïde d'où proviennent les mutants), les caractères y et $Pur\,\alpha$ sont transduits avec des fréquences sensiblement égales à celles du marqueur témoin Try, mais ne sont pas cotransductibles.

(2) Lorsque la délétion n'intéresse pas $Pur\,\beta$ et s'arrête entre $T6$ et $Pur\,\beta$ (d16), les caractères y et $Pur\,\alpha$ sont transduits individuellement avec des fréquences notablement plus faibles que le marqueur témoin Try (ce que l'on attend dans le cas d'une délétion), mais ne sont pas cotransductibles.

(3) Lorsque la délétion intéresse $Pur\,\beta$ (d6 et d25), non seulement la fréquence avec laquelle y et $Pur\,\alpha$ sont individuellement transduits est fortement diminuée, mais on observe des cotransductions. Celles-ci sont très rares, comme on peut s'y attendre lors d'une interaction entre deux éléments génétiques aussi dissemblables que le chromosome normal et l'épisome ainsi modifié.

La cotransduction des marqueurs y et $Pur\,\alpha$ démontre que le fragment de matériel génétique qui les sépare dans un chromosome sauvage a bien disparu par délétion (voir Fig. 4). D'après ce que l'on sait de la transduction par le phage P1, il semble que le fragment de matériel génétique incorporé dans un phage transducteur comprenne au moins 15 à 20 gènes. Etant donné que les marqueurs Pro, Ph, $T6$ et Pur ne sont pas cotransductibles deux à deux, on peut estimer que les délétions de type C intéressent au moins une cinquantaine de gènes.

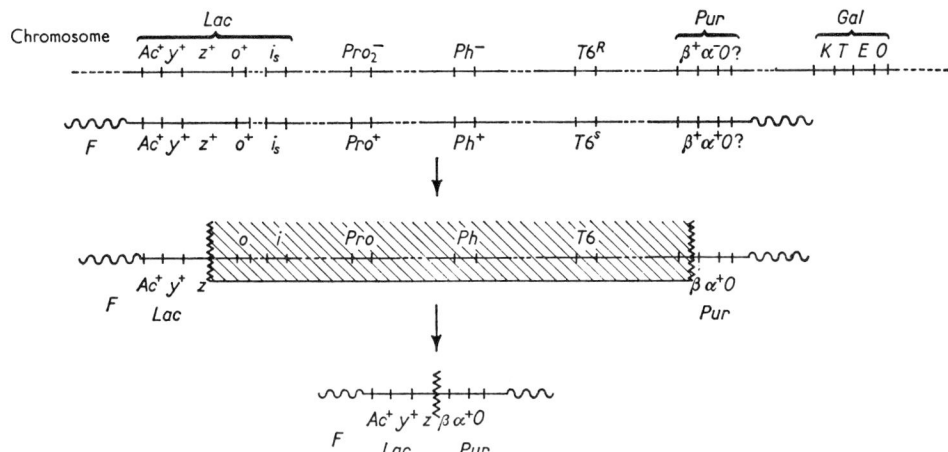

Fig. 4. Schéma représentant une délétion de type C.
La partie supérieure représente la structure diploïde d'origine. Dans le schéma du milieu, la région hachurée représente la zone détruite par délétion sur l'épisome. Le schéma du bas représente la structure postulée dans la délétion. Celle-ci a réuni un fragment terminal de z avec un fragment initial de $Pur\ \beta$. Un nouvel opéron serait ainsi formé, dont l'expression serait gouvernée par un hypothétique opérateur purine, lui-même sensible à un répresseur spécifique activé par les purines. Cette structure devrait former une chaîne peptidique hybride constituée par une séquence $Pur\ \beta$ (N terminal) fusionnée avec une séquence z (C terminal).

(c) *Propriétés physiologiques et biochimiques des mutants*

(i) *Disparition du système d'induction par les β-galactosides*

En milieu minimum, les souches $RV\ Lac_\Delta/F'$ ayant sur l'épisome une délétion de type A, B ou C, synthétisent constitutivement la β-galactoside perméase et la transacétylase. Le taux de synthèse varie, selon les souches, de 5 à 30 pour 100 de celui observé chez les bactéries $RV\ Lac_\Delta/F\text{-}Lac^+$ (région Lac sauvage sur l'épisome) induites (voir Tableaux 3 et 4).

On peut démontrer dans les délétions, la disparition du système de régulation déterminé par les régions o et i. En croisant les souches $RV\ Lac_\Delta\ Sm^s/F'$ avec des bactéries $F^-\ i^+o^+z^+y^-Sm^r$, on peut rechercher dans les diploïdes $i^+o^+z^+y^-/F'$ la présence de l'opérateur sur l'épisome en déterminant si la production de perméase (par le gène y^+ de l'épisome) est ou non sensible au répresseur formé par le gène i^+ du chromosome. Un exemple d'une telle analyse est donné dans le Tableau 3 (lignes 2 et 3). La production de perméase par ces souches est constitutive et indépendante du répresseur puisqu'insensible à l'isopropylthiogalactoside. On peut donc en conclure que dans les épisomes l'expression de y n'est pas soumise à un opérateur o^+.

En croisant les souches $RV\ Lac_\Delta\ Sm^s/F'$ avec des bactéries $F^-\ i^-o^+z^+y^-Sm^r$, on peut rechercher, dans les diploïdes $i^-o^+z^+y^-/F'$, la présence sur l'épisome modifié de l'allèle i^s qui empêcherait la production de β-galactosidase par le gène z^+ du chromosome. Un exemple d'une telle analyse est donné sur le Tableau 3 (lignes 5 et 6), où l'on voit que la production constitutive de β-galactosidase n'est pas inhibée par la présence de l'épisome. On peut en conclure que l'épisome ne produit pas le répresseur que formerait l'allèle i^s s'il était présent.

(ii) *Existence d'un autre système de régulation dans les délétions du type C*

Comme il a été vu précédemment, dans chacun des 68 épisomes étudiés, il existe un gène y^+ intact qui est fonctionnel en milieu minimum. Chez certains épisomes, cependant, le gène y n'est pas exprimé en milieu complet. Ceci apparaît clairement dans les expériences de complémentation *in vivo*.

La série de souches $RV\ Lac_\Delta\ Sm^s/F'$ a été croisée avec des bactéries $F^-\ z^+y_1^-Sm^r$ (20 $F' \times 1\ F^-$) et des échantillons étalés sur gélose EMB lactose contenant de la streptomycine. Dans ces conditions, les diploïdes hétérogénotes $z^+y_1^-/F'$ présentent des propriétés différentes, suivant le type de la délétion affectant l'épisome. Avec les 52 délétions de type A et B, on constate que les diploïdes $z^+y_1^-/F'$ forment des colonies de phénotype Lac^+, c'est-à-dire rouge homogène après 18 heures à 37°C sur gélose EMB lactose. Ce résultat signifie que chez ces épisomes, le gène y^+ est fonctionnel et produit la perméase sur milieu EMB lactose, c'est-à-dire en milieu complet.

Avec les 16 épisomes ayant une délétion de type C, le résultat est fort différent. Le phénotype des diploïdes z^+y^-/F' est Lac^-, c'est-à-dire blanc sur gélose EMB lactose. Après 36 heures seulement apparaissent des papilles rouges de recombinants. Chez ces épisomes, le gène y est donc fonctionnel lorsque les bactéries sont cultivées en milieu minimum, mais non lorsqu'elles sont cultivées en milieu complet. Il semble donc que dans les délétions du type C, la synthèse de la β-galactoside perméase soit réprimée par un métabolite présent dans le milieu complet.

(iii) *Répression par les purines de la synthèse de la β-galactoside perméase et de la transacétylase dans les délétions de type C*

La synthèse de β-galactoside perméase se traduit par la capacité de croître, à 42°C, sur un milieu minimum contenant comme seule source de carbone du mélibiose, qui exige cette perméase pour pénétrer dans les bactéries. Pour préciser la nature du métabolite qui, en milieu complet, semble réprimer la synthèse de la perméase, on a ensemencé les souches $RV\ Lac_\Delta/F'$ sur une série de boîtes gélosées contenant du milieu minimum additionné de mélibiose et de l'un des acides aminés ou des bases puriques ou pyrimidiques. Dans ces conditions, les souches possédant un épisome de type A ou B croissent sur tous les milieux. Les souches possédant un épisome de type C poussent également sur tous les milieux, à l'exception de ceux qui contiennent de l'adénine ou de la guanine. Dans les expériences ultérieures, l'adénine a été employée parce qu'elle est plus soluble et n'altère pas la croissance des bactéries aux concentrations employées (2.10^{-4} M).

Ainsi qu'on peut le voir sur le Tableau 4, l'addition d'adénine au milieu minimum réprime la synthèse de la β-galactoside perméase et de la transacétylase chez les souches hébergeant un épisome du type C, mais non chez celles hébergeant un épisome du type B. Le facteur de répression varie selon les expériences de 5 à 12, probablement en raison des variations qui s'établissent dans la réserve interne des purines au cours de la croissance.

On sait, en effet, que la synthèse des enzymes impliquée dans la biosynthèse des purines est réglée par la réserve interne des purines et sensible à l'addition de guanine ou d'adénine dans le milieu de culture. La synthèse de ces enzymes peut être déréprimée physiologiquement, soit chez des souches exigeantes en purines par carence en purines (Levin et Magasanik, 1961), soit chez des souches sauvages par l'action de l'azasérine, qui est un analogue de la glutamine et inhibe la transamination du

Tableau 4
Répression par l'adénine de la synthèse de β-galactoside-perméase et de transacétylase par les épisomes F' de type C

Souches	Addition	β-Galactoside perméase	β-Galactoside transacétylase
$RV\ Lac_\Delta/F\text{-}Lac^+$ sauvage	0 + IPTG + IPTG } + Ade	1,7 85 95	0,25 98 121
$RV\ Lac_\Delta/F'$ b19 délétion type B	0 + IPTG + Ade	non effectué	7,2 7,9 12,3
$RV\ Lac_\Delta/F'$ d16 délétion type B	0 + IPTG + Ade	non effectué	3,1 2,5 2,6
$RV\ Lac_\Delta/F'$ d6 délétion type C	0 + IPTG + Ade	22,3 15,5 2,3	8,6 9 1,1
$RV\ Lac_\Delta/F'$ d25 délétion type C	0 + IPTG + Ade	25,1 20,7 1,8	7,8 9 1,1

Les bactéries en voie de croissance exponentielle à 37°C, en milieu minimum contenant du glycérol, sont distribuées en plusieurs échantillons. Les différentes additions (isopropylthiogalactoside, 10^{-4} M; adénine, 2×10^{-4} M) sont alors effectuées (temps 0). Les bactéries, agitées à 37°C, croissent pendant environ 4 générations. Les mesures de perméase et acétylase sont alors effectuées. Les résultats sont donnés en unités (définies en Matériel et Méthodes).

formylglycinamide-ribotide et par conséquent la synthèse des purines (cf. Handschumacher et Welch, 1960).

Un épisome portant une délétion de type C a été transféré sur une souche dont la région lactose est entièrement détruite par délétion et qui porte une mutation à un locus *Pur* situé entre les marqueurs histidine et streptomycine, c'est-à-dire non lié à la région *Lac–Gal*. Les effets d'une croissance limitée en purines sur la synthèse de la β-galactoside perméase et de la transacétylase par l'épisome de cette souche sont rapportés sur le Tableau 5. On voit que ces deux synthèses sont très rapidement déréprimées par une carence en purines.

On a également observé les effets de l'azasérine sur une souche $RV\ Lac_\Delta/F'$ délétion C au cours de sa croissance. Les résultats d'une telle expérience sont rapportés sur le Tableau 6. On peut voir qu'à des concentrations très faibles (5.10^{-7} ou 10^{-6} M), l'addition d'azasérine double le taux de synthèse de la transacétylase.

A notre connaissance, il n'existe pas actuellement de souche génétiquement déréprimée pour les purines, c'est-à-dire où une mutation affecte un gène régulateur de la biosynthèse des purines. A partir d'une souche $RV\ Lac_\Delta/F'$, délétion *d6* (type C), nous avons obtenu un mutant qui, en une seule étape, est devenu résistant à la 2-6-diaminopurine *et* produit constitutivement β-galactoside-perméase et transacétylase

FUSION OF TWO OPERONS

TABLEAU 5

Dérépression de la synthèse de transacétylase et de la galactoside-perméase par carence en adénine d'une souche hébergeant un épisome F' de type C

Souches	Dosages de	Prélèvement			
		Croissance exponentielle 100 µg adénine	Croissance exponentielle 10 µg adénine	30 min après arrêt de la croissance	Régime limité sur adénine
$RV\ Lac_\Delta/F\text{-}Lac^+$ non induite	perméase transacétylase	<2 <1	4 <1	2 <1	1 <1
$RV\ Lac_\Delta/F'\ d25$ délétion type C	perméase transacétylase	4 <1	6 5,1	25 45	36 62

Une suspension de bactéries PA 74-30 (Lac_Δ^-, Pur^- à un locus Pur situé entre His et Sm) hébergeant soit un épisome $F\text{-}Lac^+$ sauvage, soit un épisome F' d25 (type C), est cultivée dans un milieu minimum contenant 4 p. 1000 de glycérol et 100 µg d'adénine. Les bactéries sont ensuite centrifugées, lavées et remises en suspension dans le même milieu contenant 10 µg d'adénine par ml. La croissance en est suivie jusqu'à l'arrêt provoqué par l'épuisement de l'adénine (environ deux doublements). A ce moment, les conditions d'un régime stable sont créés: du milieu neuf de même composition est injecté de façon continue dans la culture, tandis qu'une quantité équivalente de culture est soustraite. Le taux de dilution continue est fixé à 0,25, ce qui correspond à un taux de croissance exponentielle de 0,35, inférieur de moitié environ au taux de croissance observé en excès d'adénine (cf. Monod, 1950; Novick et Szilard, 1950). Les prélèvements sont effectués: (1) pendant la croissance exponentielle en présence de 100 µg d'adénine; (2) pendant la croissance exponentielle en présence de 10 µg d'adénine (après un doublement); (3) au moment de l'arrêt de la croissance; (4) 4 h après le début du régime stable. Sur chaque échantillon sont dosées la β-galactoside-perméase et la transacétylase. Dans des conditions analogues, une souche haploïde constitutive ($i^-\ o^+\ z^+\ y^+$) produit 75 unités de perméase et 125 unités de transacétylase.

en présence d'adénine. La quantité des deux enzymes produite par le mutant en présence ou en absence d'adénine est le double de celle produite par la souche $RV\ Lac_\Delta/F'd6$ en l'absence d'adénine. Les enzymes intervenant dans la biosynthèse des purines chez ce mutant n'ont pas encore été dosés.

L'ensemble de ces expériences montre bien que chez les épisomes de type C, la synthèse de la β-galactoside-perméase et celle de la transacétylase sont soumises à la régulation répressive des purines.

4. Conclusions

Les résultats des expériences décrites précédemment peuvent être résumés de la façon suivante.

(1) Chez les bactéries, il est possible d'obtenir des délétions de grande taille, englobant plusieurs dizaines de gènes, dans les régions du matériel génétique qui se trouvent à l'état diploïde.

(2) Les gènes de structure de la β-galactoside-perméase et de l'acétylase, physiquement séparés par délétion de leur opérateur normal, sont fonctionnels s'ils sont fusionnés à un autre opéron. Ils ne sont plus alors soumis à l'induction par les β-galactosides.

F. JACOB, A. ULLMANN AND J. MONOD

TABLEAU 6

Dérépression de la synthèse de β-galactoside-transacétylase par action de l'azasérine sur une souche hébergeant un épisome F' de type C

Souches	Addition	β-Galactoside transacétylase		
		Δac/ml.	Δmg prot/ml.	$\dfrac{\Delta ac}{\Delta prot}$
RV Lac$_\Delta$/F-Lac$^+$ sauvage	0	14,7	6,1	2,4
	IPTG 2.10^{-4} M	1080	5	216
	IPTG 2.10^{-4} M + Azas. 2.10^{-7} M	1250	5,75	217
	IPTG 2.10^{-4} M + Azas. 10^{-6} M	1160	5,8	200
RV Lac$_\Delta$/F' d6 délétion type C	0	47,5	4,67	10,2
	Azas. 2.10^{-7} M	108	5,4	20
	Azas. 10^{-6} M	146	5,17	28,2
	Ade 2.10^{-4} M	13,2	5,25	2,5
	Ade 2.10^{-4} M + Azas. 2.10^{-7} M	14,7	5,25	2,8
	Ade 2.10^{-4} M + Azas. 10^{-6} M	15,2	5,3	2,8

Les bactéries en voie de croissance exponentielle à 37°C, en milieu minimum contenant du glycérol, sont distribuées en plusieurs fioles. Les différentes additions sont alors effectuées (temps 0) et les bactéries, agitées à 37°C, croissent pendant environ 2 générations. On mesure alors l'accroissement de l'acétylase (Δac) et l'accroissement des protéines totales (Δprot) survenus dans chaque échantillon pendant ces 2 générations. Les résultats sont donnés en unités d'acétylase (définis dans Matériel et Méthodes) par mg de protéines. Dans ces expériences, la β-galactoside-perméase n'a pu être mesurée, car il se trouve que l'activité perméasique est totalement inhibée par la présence d'azasérine dans les suspensions utilisées pour le dosage.

(3) Certaines des délétions obtenues s'étendent, d'une part dans le gène z, d'autre part dans le cistron *Pur β* d'un opéron purine. Elles forment ainsi un nouvel opéron, correspondant selon toute vraisemblance à un seul messager contenant les régions *Pur α*, partie de *Pur β*, partie de *z*, et l'ensemble *y* et *Ac* (voir Fig. 4). L'expression de cet opéron est déterminée par un hypothétique opérateur *Pur* resté intact et soumis à un répresseur spécifique de la biosynthèse des purines. La fusion des gènes *Pur β* et *z* implique que soit produite une chaîne peptidique hybride dont un fragment (probablement le N terminal) correspond au début de la séquence peptidique déterminée par le cistron *Pur β*, et l'autre fragment (probablement C terminal) à la fin de la séquence peptidique de la β-galactosidase.

Il faut noter que certaines délétions apparaissent très fréquemment et d'autres non. La première sélection utilisée (mélibiose et faible concentration en phosphate) visait à obtenir des délétions qui, en se terminant dans le gène *Ph*, souderaient un fragment de celui-ci à un fragment du gène *z*, soumettant ainsi la synthèse de la β-galactoside-perméase et de l'acétylase à la répression par le phosphate minéral. De telles délétions n'ont pas été obtenues, mais dans la même sélection, une fraction importante des délétions (11 sur 56) s'étendaient dans le cistron *Pur β*. Deux explications peuvent rendre compte de cette observation. Ou bien les délétions sont formées par appariement entre deux régions partiellement homologues du chromosome, suivi par l'élimination de la boucle ainsi formée entre les deux régions appariées; ceci paraît peu vraisemblable du fait que malgré des répétitions les différentes délétions paraissent s'arrêter en des régions diverses du gène z. Ou bien tous les opérons ne sont pas transcrits en messager dans le même sens, donc sur la même chaîne de DNA. Pour que y et Ac soient fonctionnels, il faudrait alors qu'ils soient fusionnés à un opéron de même sens, et bien entendu fonctionnant à un taux suffisant pour que perméase et acétylase soient produites en quantité assez abondante.

Les faits rapportés dans ce mémoire démontrent que le type de régulation auquel est soumise l'expression de gènes appartenant à un opéron donné dépend exclusivement de l'opérateur, c'est-à-dire de la séquence nucléique située à l'extrémité proximale de l'opéron. Ainsi, non seulement la nature des métabolites dont pourra dépendre la régulation, mais aussi le type même de cette régulation, inductible ou répressible, sont imposés par la position respective des gènes le long du chromosome, et plus particulièrement par leur association avec tel ou tel segment opérateur particulier.

Note ajoutée sur épreuves. Récemment des délétions fusionnant l'opéron lactose et l'opéron tryptophane ont été obtenues par les Drs E. Signer et J. Beckwith. Là aussi la production de β-galactoside perméase semble être soumise à une régulation répressive par le tryptophane.

Nous tenons à remercier le Dr Malamy qui a effectué des dosages de phosphatase alcaline.

Ce travail a bénéficié de l'aide de la National Science Foundation, des National Institutes of Health, du Jane Coffin Childs Memorial Fund, du Commissariat à l'Energie Atomique et de la Délégation Générale à la Recherche Scientifique et Technique.

REFERENCES

Alpers, D. H., Appel, S. N. et Tomkins, G. M. (1965) *J. Biol. Chem.* **240**, 10.
Ames, B. N., Hartman, P. E. et Jacob, F. (1963). *J. Mol. Biol.* **7**, 23.
Beckwith, J. R. (1964a). *J. Mol. Biol.* **8**, 427.
Beckwith, J. R. (1964b). In *Structure and Function of the Genetic Material*, vol. 4, p. 119. Berlin: Deutschen Akademie der Wissenschaften.
Echols, H., Garen, A., Garen, S. et Torriani, A. (1961). *J. Mol. Biol.* **3**, 425.
Garen, A. (1960). In *Microbial Genetics*, p. 239. Cambridge: University Press.
Handschumacher, R. E. et Welch, A. D. (1960). In *The Nucleic Acids*, p. 453, E. Chargaff et J. N. Davidson éd. New York: Academic Press.
Jacob, F. et Monod, J. (1961a). *J. Mol. Biol.* **3**, 318.
Jacob, F. et Monod, J. (1961b). *Cold Spr. Harb. Symp. Quant. Biol.* **26**, 193.
Jacob, F. et Monod, J. (1965). *Biochem. Biophys. Res. Comm.* **18**, 693.
Jacob, F., Ullmann, A. et Monod, J. (1964). *C.R. Acad. Sci. Paris*, **258**, 3125.
Jacob, F. et Wollman, E. L. (1961). *Sexuality and the Genetics of Bacteria*. New York: Academic Press.
Levin, A. P. et Magasanik, B. (1961). *J. Biol. Chem.* **236**, 184.
Matsushiro, A., Kida, S., Ito, J., Sato, K. et Imamoto, F. (1962). *Biochem. Biophys. Res. Comm.* **9**, 204.
Monod, J. (1950). *Ann. Inst. Pasteur*, **79**, 390.
Novick, A. et Szilard, L. (1950). *Science*, **112**, 715.
Schwartz, N. M. (1963). *Genetics*, **48**, 1357.
Willson, C., Perrin, D., Cohn, M., Jacob, F. et Monod, J. (1964). *J. Mol. Biol.* **8**, 582.

From Enzymatic Adaptation to Allosteric Transitions

Jacques Monod

One day, almost exactly 25 years ago—it was at the beginning of the bleak winter of 1940—I entered André Lwoff's office at the Pasteur Institute. I wanted to discuss with him some of the rather surprising observations I had recently made.

I was working then at the old Sorbonne, in an ancient laboratory that opened on a gallery full of stuffed monkeys. Demobilized in August in the Free Zone after the disaster of 1940, I had succeeded in locating my family living in the Northern Zone and had resumed my work with desperate eagerness. I interrupted work from time to time only to help circulate the first clandestine tracts. I wanted to complete as quickly as possible my doctoral dissertation, which, under the strongly biometric influence of Georges Teissier, I had devoted to the study of the kinetics of bacterial growth. Having determined the constants of growth in the presence of different carbohydrates, it occurred to me that it would be interesting to determine the same constants in paired mixtures of carbohydrates. From the first experiment on, I noticed that, whereas the growth was kinetically normal in the presence of certain mixtures (that is, it exhibited a single exponential phase), two complete growth cycles could be observed in other carbohydrate mixtures, these cycles consisting of two exponential phases separated by a complete cessation of growth (Fig. 1).

Lwoff, after considering this strange result for a moment, said to me, "That could have something to do with enzyme adaptation."

"Enzyme adaptation? Never heard of it!" I said.

Lwoff's only reply was to give me a copy of the then recent work of Marjorie Stephenson, in which a chapter summarized with great insight the still few studies concerning this phenomenon, which had been discovered by Duclaux at the end of the last century. Studied by Dienert and by Went as early as 1901 and then by Euler and Josephson, it was more or less rediscovered by Karström, who should be credited with giving it a name and attracting attention to its existence. Marjorie Stephenson and her students Yudkin and Gale had published several papers on this subject before 1940. [See (*1*) for a bibliography of papers published prior to 1940.]

Lwoff's intuition was correct. The phenomenon of "diauxy" that I had discovered was indeed closely related to enzyme adaptation, as my experiments, included in the second part of my doctoral dissertation, soon convinced me. It was actually a case of the "glucose effect" discovered by Dienert as early as 1900, today better known as "catabolic repression" from the studies of Magasanik (*2*).

The die was cast. Since that day in December 1940, all my scientific activity has been devoted to the study of this phenomenon. During the Occupation, working, at times secretly, in Lwoff's laboratory, where I was warmly received, I succeeded in carrying out some experiments that were very significant for me. I proved, for example, that agents that uncouple oxidative phosphorylation, such as 2,4-dinitrophenol, completely inhibit adaptation to lactose or other carbohydrates (*3*). This suggested that "adaptation" implied an expenditure of chemical potential and therefore probably involved the true synthesis of an enzyme. With Alice Andureau, I sought to discover the still quite obscure relations between this phenomenon and the one Massini, Lewis, and others had discovered: the appearance and selection of "spontaneous" mutants (see *1*). Using a strain of *Escherichia coli mutabile* (to which we had given the initials ML because it had been isolated from André Lwoff's intestinal tract), we showed that an apparently spontaneous mutation was allowing these originally "lactose-negative" bacteria to become "lactose-positive". However, we proved that the original strain (Lac^-) and the mutant strain (Lac^+) did not differ from each other by the presence of a specific enzyme system, but rather by the ability to produce this system in the presence of lactose. In other

Copyright © 1966 by the Nobel Foundation.
The author is head of the Department of Biochemistry of the Pasteur Institute, Paris, France. This article is the lecture he delivered in Stockholm, Sweden, 11 December 1965, when he received the Nobel Prize in Physiology or Medicine, which he shared with François Jacob and André Lwoff. It is published here with the permission of the Nobel Foundation and will also be included in the complete volumes of Nobel Lectures in English published by the Elsevier Publishing Company, Amsterdam and New York. It was translated from French by François Kertesz.

(52) Reprinted from *Science*, 154: 475–483, © 1966, by permission of the Nobel Foundation, Stockholm.

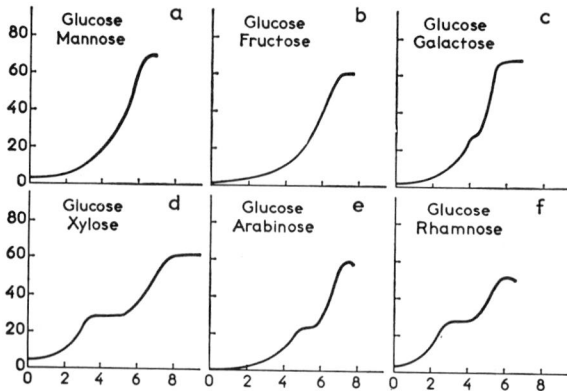

Fig. 1. Growth of *Escherichia coli* in the presence of different carbohydrate pairs serving as the only source of carbon in a synthetic medium (*50*).

words, the mutation affected a truly genetic property that became evident only in the presence of lactose (*4*).

There was nothing new about this; geneticists had known for a long time that certain genotypes are not always expressed. However, this mutation involved the selective control of an enzyme by a gene, and the conditions necessary for its expression seemed directly linked to the chemical activity of the system. This relation fascinated me. Influenced by my friendship with and admiration for Louis Rapkine, whom I visited frequently and at length in his laboratory, I had been tempted, even though I was poorly prepared, to study elementary biochemical mechanisms, that is, enzymology. But under the influence of another friend whom I admired, Boris Ephrussi, I was equally tempted by genetics. Thanks to him and to the Rockefeller Foundation, I had had an opportunity some years previously to visit Morgan's laboratory at the California Institute of Technology. This was a revelation for me—a revelation of genetics, at that time practically unknown in France; a revelation of what a group of scientists could be like when engaged in creative activity and sharing in a constant exchange of ideas, bold speculations, and strong criticisms. It was a revelation of personalities of great stature, such as George Beadle, Sterling Emerson, Bridges, Sturtevant, Jack Schultz, and Ephrussi, all of whom were then working in Morgan's department. Upon my return to France, I had again taken up the study of bacterial growth. But my mind remained full of the concepts of genetics and I was confident of its ability to analyze and convinced that one day these ideas would be applied to bacteria.

"Discovery" of Bacterial Genetics

Toward the end of the war, while still in the army, I discovered in an American army bookmobile several miscellaneous issues of *Genetics*, one containing the beautiful paper in which Luria and Delbrück (*5*) demonstrated for the first time rigorously, the spontaneous nature of certain bacterial mutants. I think I have never read a scientific article with such enthusiasm; for me, bacterial genetics was established. Several months later, I also "discovered" the paper by Avery, MacLeod, and McCarty (*6*)—another fundamental revelation. From then on I read avidly the first publications by the "phage-church," and when I entered Lwoff's department at the Pasteur Institute in 1945, I was tempted to abandon enzyme adaptation in order to join the church myself and work with bacteriophage. In 1946 I attended the memorable symposium at Cold Spring Harbor where Delbrück and Bailey, and Hershey, revealed their discovery of virus recombination at the same time that Lederberg and Tatum announced their discovery of bacterial sexuality (*7*). In 1947 I was invited to the Growth Symposium to present a report (*1*) on enzyme adaptation, which had begun to arouse the interest of embryologists as well as of geneticists. Preparation of this report was to be decisive for me. In reviewing all the literature, including my own, it became clear to me that this remarkable phenomenon was almost entirely shrouded in mystery. On the other hand, by its regularity, its specificity, and by the molecular-level interaction it exhibited between a genetic determinant and a chemical determinant, it seemed of such interest and of a significance so profound that there was no longer any question as to whether I should pursue its study. But I also saw that it would be necessary to make a clean sweep and start all over again from the beginning.

The central problem posed was that of the respective roles of the inducing substrate and of the specific gene (or genes) in the formation and the structure of the enzyme. In order to understand how this problem was considered in 1946, it would be well to remember that at that time the structure of DNA was not known, little was known about the structure of proteins, and nothing was known of their biosynthesis. It was necessary to resolve the following question: Does the inducer effect total synthesis of a new protein molecule from its precursors, or is it rather a matter of the activation, conversion, or "remodeling" of one or more precursors?

This required first of all that the systems to be studied be carefully chosen and defined. With Madeleine Jolit and Anne-Marie Torriani, we isolated β-galactosidase, then the amylomaltase of *Escherichia coli* (*8*). Our work was advanced greatly by the valuable collaboration of Melvin Cohn, an excellent immunologist, who knew better than I the chemistry of proteins. He knew, for example, how to operate that marvelous apparatus that had intimidated me, the "Tiselius" (*9*). With Anne-Marie Torriani, he characterized β-galactosidase as an antigen (*10*). Being familiar with the system, we could now study with precision the kinetics of its formation. A detailed study of the kinetics carried out in collaboration with Alvin Pappenheimer and Germaine Cohen-Bazire (*11*) strongly suggested that the inducing effect of the substrate entailed total biosynthesis of the protein from amino acids (Fig. 2). This inter-

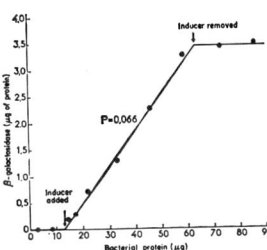

Fig. 2. Induced biosynthesis of β-galactosidase in *Escherichia coli*. The increase in enzyme activity is expressed not as a function of time but as a function of the concomitant growth of bacterial proteins. The slope of the resulting curve (P) indicates the differential rate of synthesis (*11*).

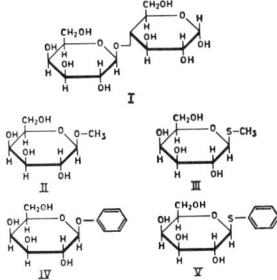

Fig. 3. Comparison of various β-galactosides as substrates and as inducers of β-galactosidase. I, Lactose: substrate of the enzyme, but deprived of inductive activity. II, Methyl-β-D-galactoside: low-affinity substrate effective inducer. III, Methyl-β-D-thiogalactoside: not hydrolyzable by the enzyme, but a powerful inducer. IV, Phenyl-β-D-galactoside: excellent enzyme substrate, high affinity, no inductive ability. V, Phenyl-β-D-thiogalactoside: no activity either as a substrate or as an inducer, but capable of acting as an antagonist of the inducer.

pretation seemed surprising enough at that time, but from the first, I must say, it won my firm belief. There is in science, however, quite a gap between belief and certainty. But would one ever have the patience to wait and to establish the certainty if the inner conviction were not already there?

We were to establish certainty a little later, thanks to some experiments with isotopic tracers done by Hogness, Cohn, and myself (*12*). To tell the truth, the results of these labeling experiments were even more surprising in view of the ideas then current on the biosynthesis of proteins and their state within the cell. The work of Schoenheimer (*13*) had actually persuaded most biochemists that in an organism proteins are inherently in a "dynamic state," each molecule being perpetually destroyed and reconstructed by exchange of amino acid residues. Our experiments, however, showed that β-galactosidase is entirely stable in vivo, as are other bacterial proteins, under conditions of normal growth. They did not, of course, contradict the results of Schoenheimer, but very seriously questioned their interpretation and the dogma of the "dynamic state."

Be that as it may, these conclusions were invaluable to us. We knew, thenceforth, that "enzyme adaptation" actually corresponds to the total biosynthesis of a stable molecule and that, consequently, the increase of enzyme activity in the course of induction is an authentic measure of the synthesis of the specific protein.

These results took on even more significance as our system became more accessible to experiment. With Germaine Cohen-Bazire and Melvin Cohn (*14, 15*), I was able to continue the systematic examination of a question I had repeatedly encountered: the correlations between the specificity of action of an inducible enzyme and the specificity of its induction. Pollock's pertinent observations on the induction of penicillinase by penicillin (*16*) made it necessary to consider this problem in a new way. We conducted a study of a large number of galactosides or their derivatives, comparing their properties as inducers, substrates, or as antagonists of the substrates of the enzyme, once more reaching a quite surprising conclusion, namely, that inductive ability is by no means a prerogative of the substrates of the enzyme, or even of the substances capable of forming the most stable complexes with it. For example, certain thiogalactosides, not hydrolyzed by the enzyme or used metabolically, appeared to be very powerful inducers. Certain substrates, on the other hand, were not inducers. The conclusion became obvious that the inducer did not act (as frequently assumed) either as a substrate or through combination with preformed active enzyme, but rather at the level of another specific cellular constituent that would one day have to be identified (Fig. 3).

Generalized Induction

In the course of this work, we observed a fact that seemed very significant: a certain compound, phenyl-β-D-thiogalactoside, devoid of inductive capacity, proved capable of counteracting the action of an effective inducer, such as methyl-β-D-thiogalactoside. This suggested the possibility of utilizing such "anti-induction" effects to prove a theory that we called, somewhat ambitiously, "generalized induction." From the very beginning of my research, I had been preoccupied with the problem posed by the existence, together with inducible enzymes, of "constitutive" systems; in other words (according to the then current definition), systems synthesized in the absence of any substrate or exogenous inducer, as is the case, of course, with all the enzymes of intermediate and biosynthetic metabolism. It did not seem unreasonable to suppose that the synthesis of these enzymes was controlled by their endogenous substrate, which would imply that the mechanism of induction is in reality universal. We were encouraged in this hypothesis by the work of Roger Stanier on the supposedly sequential induction of systems attacking phenolic compounds in *Pseudomonas*.

I sought, therefore, along with Germaine Cohen-Bazire, to prove that the biosynthesis of a typically "constitutive" enzyme (according to the ideas of the time), tryptophan synthetase, could be inhibited by an analogue of the presumed substrate. The reaction product seemed a good candidate for an analogue of the substrate, and we were soon able to prove that tryptophan and 5-methyltryptophan are powerful inhibitors of the biosynthesis of the enzyme. This was the first known example of a "repressible" system—discovered, it turned out, as proof of a false hypothesis (*17*).

I did not have, I must say, complete confidence in the ambitious theory of "generalized" induction, which soon encountered various difficulties. I was, however, encouraged by an interesting observation made by Vogel and Davis (*18*) concerning another enzyme, acetylornithinase, involved in the formation of arginine. Using a mutant requiring arginine or *N*-acetylornithine, Vogel and Davis found that, when the bacteria are cultivated in the presence of arginine, they do not produce acetylornithinase, whereas when they are cultivated in the presence of N-acetylornithine, acetylornithinase is synthesized. Hence these authors concluded that this enzyme must be induced by its substrate, N-acetylornithine. When Henry Vogel was passing through Paris, I drew his attention to the fact that their very interesting observations could just as well be explained as resulting from an inhibitory effect of arginine as from an inductive effect of acetylornithine. In order to resolve this problem, it was necessary to study the biosynthesis of the enzyme in a mixture of the two metabolites. The experiment proved that it is indeed a question of an inhibiting effect rather than an inductive effect. Vogel, quite rightly, proposed the term "repression" to designate this effect and thus established "repressible" systems alongside of "inducible" systems. Later on, thanks especially to the studies of Maas, Gorini, Pardee, Magasanik, Cohen, Ames, and many others (see *19* for references), the field of repressible systems was considerably extended; it is now generally accepted that practically all bacterial biosynthetic systems are controlled by such mechanisms.

Nevertheless, I remained faithful to the study of the β-galactosidase of *Escherichia coli*, knowing well that we were far from having exhausted the resources of this system. During the years spent in establishing the biochemical nature of the phenomenon, I had been able only partially to approach the question of its genetic control—enough, however, to convince me that it was extremely specific and that it justified the idea that Beadle and Tatum's postulate, "one gene—one enzyme," was applicable to inducible and degradative enzymes as well as to the enzymes of biosynthesis, which the Stanford school had principally studied. These conclusions led me to abandon an idea I had adopted as a working hypothesis—that is, that many different inducible enzymes may result from the "conversion" of a single precursor whose synthesis is controlled by a single gene; this hypothesis was also contradicted by the results of our experiments with tracers.

But genetic analysis once more encountered grave difficulties. First, the low frequency of recombination, in the systems of conjugation known at that time, did not permit fine genetic analysis. Another difficulty holding us back was the existence of some mysterious phenotypes; certain mutants ("cryptic"),

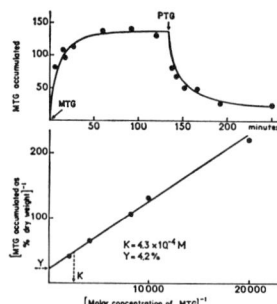

Fig. 4. Evidence for the existence of galactoside permease. (Top) Accumulation of labeled methyl-β-D-thiogalactoside (MTG) by a suspension of previously induced bacteria. Displacement of accumulated galactoside (phenyl-β-D-thiogalactoside, PTG). (Bottom) Accumulation of a galactoside in previously induced bacteria as a function of the concentration of the external galactoside. Inverse coordinates: The constants K and Y define, respectively, the constant of apparent dissociation and the constant of apparent activity of the system of accumulation (*21*).

incapable of metabolizing the galactosides, nevertheless appeared capable of synthesizing β-galactosidase. The solution to this problem came to us by accident while we were looking for something entirely different. In 1954, when the chairmanship of the new Department of Cellular Biochemistry had just been bestowed upon me, Georges Cohen joined us, and I suggested to him, and simultaneously to Howard Rickenberg, to make use of the properties of thiogalactosides as gratuitous inducers in attempting to study their fate in inducible bacteria, employing a thiogalactoside labeled with carbon-14. We noted that the radioactivity associated with the galactoside accumulated rapidly in wild-type induced bacteria, but not in the so-called cryptic mutants. Neither did the radioactivity accumulate in wild-type bacteria not previously induced. The capacity for accumulation depended, therefore, on an inducible factor. Study of the kinetics, of the specificity of action, and of the specificity of induction of this system, as well as the comparison of various mutants, led us to the conclusion that the element responsible for this accumulation could only be a specific protein whose synthesis, governed by a gene (y) distinct from that of galactosidase (z), was induced by the galac-

tosides at the same time as the synthesis of the enzyme. To this protein we gave the name "galactoside permease" (*20, 21*) (Fig. 4).

The very existence of a specific protein responsible for the permeation and accumulation of galactosides was occasionally put in doubt because the evidence for it was based entirely on observations in vivo. Some of the researchers who did not really doubt its existence still reproached me from time to time for giving a name to a protein when it had not been isolated. This attitude reminded me of that of two traditional English gentlemen who, even if they know each other well by name and by reputation, will not speak to each other before having been formally introduced. On my part, I never for a moment doubted the existence of this protein, for our results could be interpreted in no other way. Nevertheless, I was only too happy to learn, recently, that by a recent series of experiments, Kennedy has identified in vitro and isolated the specific inducible protein, galactoside permease (*22*). Kennedy was brilliantly successful where we had failed, for we had repeatedly sought to isolate galactoside permease in vitro. These efforts of ours, however, were not in vain, since they led Irving Zabin, Adam Kepes, and myself to isolate still another protein, galactoside transacetylase (*23*). For several weeks we believed that this enzyme was none other than the permease itself. This was an erroneous assumption, and the physiological function of this protein is still totally unknown. It was a profitable discovery, nevertheless, because the transacetylase, determined by a gene belonging to the lactose operon, has been very useful to experimenters, if not to the bacterium itself.

The study of galactoside permease was to reveal another fact of great significance. Several years earlier, following Lederberg's work, we had isolated some "constitutive" mutants of β-galactosidase, that is, strains in which the enzyme was synthesized in the absence of any galactoside. But we now proved that the constitutive mutation has a pleiotropic effect. In these mutants, galactoside permease as well as galactosidase (and the transacetylase) were indeed simultaneously constitutive, whereas we knew on the other hand that each of the three proteins is controlled by a distinct gene. We then had to admit that a constitutive mutation, although very strongly linked to the loci governing galactosidase, galactoside permease, and transacetylase, had taken place in a gene (i) distinct from the other three (z, y, and Ac), and that the relationship of this gene to the three proteins violated the postulate of Beadle and Tatum.

New Perspectives

These investigations were given new meaning by the perspectives opened to biology around 1955. It was in 1953 that Watson and Crick, on the basis of observations made by Chargaff and Wilkins, proposed their model of the structure of DNA. From the first, in this complementary double sequence, one could see a mechanism for exact replication of the genetic material. Meanwhile, one year earlier, Sanger had described the peptide sequence of insulin, and it was also already known, from the work of Pauling and Itano (24) in particular, that a genetic mutation can cause a limited modification in the structure of a protein. In 1954, Crick and Watson (see 25) and Gamow (26) proposed the genetic code theory: The primary structure of proteins is determined and defined by the linear sequence of the nucleotides in DNA. Thus the profound logical intuition of Watson and Crick had allowed them to discover a structure that immediately explained, at least in principle, the two essential functions long assigned by geneticists to hereditary factors: to control its own synthesis and to control that of the nongenetic constituents. Molecular biology had been born, and I realized that, like Monsieur Jourdain, I had been doing molecular biology for a long time without knowing it.

More than ten years have elapsed since then, and the ideas whose hatching I recall here were then far from finding a uniformly enthusiastic audience. My conviction, however, had been established long before absolute certainty could be acquired. This certainty exists today, thanks to a succession of discoveries, some of them almost unhoped for, that have enriched our discipline since that time.

Once the physiological relations of galactosidase and galactoside permease were understood, and once it was proved that they depend on two distinct genetic elements while remaining subject to the same induction determinism and to the same constitutive mutations, it became imperative to analyze the corresponding genetic structures. In particular, the expression of these genes and the relations of dominance between their alleles had to be studied in detail.

Precisely at this time, the work of Jacob and Wollman (see 27) had clarified the mechanism of bacterial conjugation; we knew that this conjugation consists of the injection, without cytoplasmic fusion, of the chromosome of a male bacterium into a female. It was even possible to follow the kinetics of penetration of a given gene. I decided, along with Arthur Pardee and François Jacob, to use these new experimental tools to follow the "expression" of the z^+ and i^+ genes injected into a female carrying mutant alleles of these genes.

This difficult undertaking, carried out successfully thanks to the experimental talent of Arthur Pardee, brought about two remarkable and at least partially unexpected results. First, the z gene (which we knew to be the determinant of the structure) is expressed (by the synthesis of β-galactosidase) very fast and at maximum rate from the beginning. I will pass over the development and the consequences of this observation, which was one of the sources of the messenger theory. Second, the inducible allele of the i gene is dominant with respect to the constitutive allele, but this dominance is expressed very slowly. Everything seemed to indicate that this gene is responsible for the synthesis of a product that inhibits, or represses, the biosynthesis of the enzyme. This was the reason for designating the product of the gene as a "repressor" and hypothesizing that the inducer acts not by provoking the synthesis of the enzyme but by "inhibiting an inhibitor" of this synthesis (28).

The Theory of Double Bluff

Of course I had learned, like any schoolboy, that two negatives are equivalent to a positive statement, and Melvin Cohn and I, without taking it too seriously, debated this logical possibility that we called the "theory of double bluff," recalling the subtle analysis of poker by Edgar Allan Poe.

I see today, however, more clearly than ever, how blind I was in not taking this hypothesis seriously sooner, since several years earlier we had discovered that tryptophan inhibits the synthesis of tryptophan synthetase; also, the subsequent work of Vogel, Gorini, Maas, and others (cited in 15) showed that repression is not due, as we had thought, to an anti-induction effect. I had always hoped that the regulation of "constitutive" and inducible systems would be explained one day by a similar mechanism. Why not suppose, then, since the existence of repressible systems and their extreme generality were now proven, that induction could be effected by an anti-repressor rather than by repression by an anti-inducer? This is precisely the thesis that Leo Szilard, while passing through Paris, happened to propose to us during a seminar. We had only recently obtained the first results of the injection experiment, and we were still not sure about its interpretation. I saw that our preliminary observations confirmed Szilard's penetrating intuition, and when he had finished his presentation, my doubts about the "theory of double bluff" had been removed and my faith established—once again a long time before I would be able to achieve certainty.

Some of the more important developments of this study, such as the discovery of operator mutants and of the operon, considered as a single coordinated expression of the genetic material, and the bases and demonstration of the messenger theory, have been presented by François Jacob in his lecture (27), and I will not pause over these, in order to return to that constituent whose existence and role had so long escaped me, the repressor. To tell the truth, I find some excuses for myself even now. It was not easy to get away completely from the quite natural idea that a structural relation, inherent in the mechanism of the phenomenon of induction, must exist between the inducer of an enzyme and the enzyme itself. And I must admit that, up until 1957, I tried to "rescue" this hypothesis, even at the price of reducing almost to nothing the "didactic" role (as Lederberg would say) of the inducer.

From now on it was necessary to reject it completely. An experiment carried out in collaboration with David Perrin and François Jacob proved, moreover, that the mechanism of induction functioned perfectly in certain mutants, producing a modified galactosidase totally lacking in affinity for galactosides (29).

What now had to be analyzed and understood were the interactions of the repressor with the inducer on the one hand, with the operator on the other. Otto Warburg said once, about cytochrome oxidase, that this protein—or presumed protein—was as inaccessible

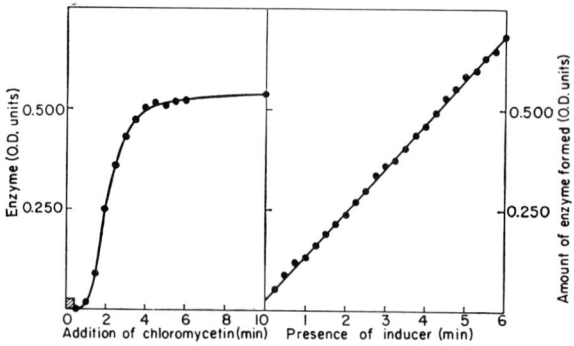

Fig. 5. Kinetics of the synthesis of galactosidase after a short period of induction. Left: Inducer added at time zero. Inducer eliminated after a time corresponding to the width of the cross-hatched rectangle. On the ordinates: accumulation of the enzyme. Right: Total amount of enzyme formed (asymptote of the curve at the left) as a function of the duration of the presence of the inducer. The linear relation obtained indicates that the inductive interaction is practically immediate and reversible (35).

as the matter of the stars. What is to be said, then, of the repressor, which is known only by the results of its interactions? In this respect we are in a position somewhat similar to that of the police inspector who, finding a corpse with a dagger in its back, deduces that somewhere there is an assassin; but as for knowing who the assassin is, what his name is, whether he is tall or short, dark or fair, that is another matter. The police in this case, it seems, sometimes get results by sketching a composite portrait of the culprit from several clues. This is what I am going to try to do now with regard to the repressor.

First, it is necessary to assign to the assassin—I mean the repressor—two properties: the ability to recognize the inducer and the ability to recognize the operator. These recognitions are necessarily steric functions and are thus susceptible to being modified or abolished by mutation. Loss of the ability to recognize the operator would result in total derepression of the system. Every mutation that causes a shift in the structure of the repressor or the abolition of its synthesis must therefore appear "constitutive," and this is without doubt the reason for the relatively high frequency of this type of mutation.

However, if the composite portrait is correct, it can be seen that certain mutations might abolish the repressor's ability to recognize the inducer but leave unaffected its ability to recognize the operator. Such mutations should exhibit a very special phenotype. They would be noninducible (that is, lactose-negative), and in diploids they would be dominant in cis as well as in trans. Clyde Willson, David Perrin, Melvin Cohn, and I (30) were able to isolate two mutants that possessed precisely these properties, and Suzanne Bourgeois (31) has recently isolated a score of others.

In tracing this first sketch of the composite portrait, I implicitly supposed that there was only one assassin; that is, the characteristics of the system were explained by the action of a single molecular species, the repressor, produced from gene i. This hypothesis is not necessary a priori. It could be supposed, for example, that the recognition of the inducer is due to another constituent distinct from that which recognizes the operator. Then we would have to assume that these two constituents could recognize each other. Today this latter hypothesis seems to be practically ruled out by the experiments of Bourgeois, Cohn, and Orgel (31), which show, among other important results, that the mutations of type i^- (unable to recognize the operator) and the mutations of the type i^s (unable to recognize the inducer) occur in the same cistron and, from all appearances, involve the same molecule, a unique product of the regulator gene i.

An essential question is the chemical nature of the repressor. Inasmuch as it seems to act directly at the level of the DNA, it seemed logical to assume that it could be a polyribonucleotide whose association with a DNA sequence

would take place by means of specific pairing. Although such an assumption could explain the recognition of the operator, it could not explain the recognition of the inducer, because probably only proteins are able to form a *stereospecific* complex with a small molecule. This indicates that the repressor, that is, the active product of the gene i, must be a protein. This theory, based until now on purely logical considerations, has just received indirect but decisive confirmation.

It should be remembered that, thanks to the work of Benzer (32), Brenner (33), and Garen (34), a quite remarkable type of mutation has been recognized, called "nonsense" mutation. This mutation, as is well known, interrupts the reading of the messenger in the polypeptide chain. But on the other hand, certain "suppressors," today well identified, are able to restore the reading of the triplets (UAG and UAA) corresponding to the nonsense mutations. The fact that a given mutation may be restored by one of the carefully catalogued suppressors provides proof that the phenotype of the corresponding mutant is due to the interruption of the synthesis of a protein. Using this principle, Bourgeois, Cohn, and Orgel (31) showed that certain constitutive mutants of the gene i are nonsense mutants and that, consequently, the active product of this gene is a protein.

This result, which illustrates the surprising analytical ability of modern biochemical genetics, is of utmost importance. It must be emphasized that, with respect to the suppression of a constitutive mutant (i^-), it shows that the recognition of the operator (as well as recognition of the inducer) is linked to the structure of the protein produced by the gene i.

The problem of the molecular mechanism that permits this protein to play the role of relay between the inducer and the operator still remains. Until now this problem has been inaccessible to direct experimentation, in that the repressor itself remains to be isolated and studied in vitro. However, in conclusion, I would like to explain why and how this inaccessibility was itself the source of new preoccupations that we hope will be fruitful.

First of all, it should be recalled that we had tried repeatedly, even before the existence of the repressor was demonstrated, to learn something of the mode of action of the inducer by following its tracks in vivo with radioactive markers. One after the other,

6

Georges Cohen, François Gros, and Agnes Ullmann engaged in this approach, using different fractionation techniques. Some of these experiments led to some unexpected and important discoveries, such as that of galactoside permease and galactoside transacetylase. But concerning the way in which galactosides act as inducers, the results were completely negative. Nothing whatever indicated that the inductive interaction is accompanied by a chemical change, however transient, or by any kind of covalent reaction in the inducer itself. The kinetics of induction, elaborated on in the elegant work of Kepes (35, 36), also revealed that the inductive interaction is extremely rapid and completely reversible (Fig. 5).

This is quite a remarkable phenomenon, if one thinks of it, since this noncovalent, reversible stereospecific interaction—an interaction that in all probability involves only a few molecules and can involve only a very small amount of energy—triggers the complex transcription mechanism of the operon, the reading of the message, and the synthesis of three proteins, leading to the formation of several thousand peptide links. During this entire process, the inducer acts, it seems, exclusively as a chemical signal, recognized by the repressor, but without directly participating in any of the reactions which it initiates.

One would be inclined to consider such an interpretation of the inductive interaction as highly unlikely if one did not know today of numerous examples in which similar mechanisms participate in the regulation of the activity as well as the synthesis of certain enzymes. It was as a possible model of inductive interactions that Jacob, Changeux, and I first became interested in regulatory enzymes (37). The first example of such an enzyme was undoubtedly phosphorylase *b* from rabbit muscle; as Cori (38) and his group (reference 39) showed, this enzyme is activated specifically by adenosine 5'-phosphate, although the nucleotide does not participate in the reaction in any way. We are indebted to Novick and Szilard (40), to Pardee (41), and to Umbarger (42) for their discovery of feedback inhibition, which regulates the metabolism of biosynthesis—their discovery led to a renewal of studies and demonstrated the extreme importance of these phenomena.

In a review that we devoted to these phenomena (43), a systematic comparison and analysis of the properties of some of the regulatory enzymes led us to conclude that, in most if not all cases, the observed effects were due to *indirect* interactions between distinct stereospecific receptors on the surface of the protein molecule, these interactions being in all likelihood transmitted by means of conformational modifications induced or stabilized at the time of the formation of a complex between the enzyme and the specific agent—hence the name "allosteric effects," by which we proposed to distinguish this particular class of interactions, and the term "allosteric transitions," used to designate the modification undergone by the protein (Fig. 6).

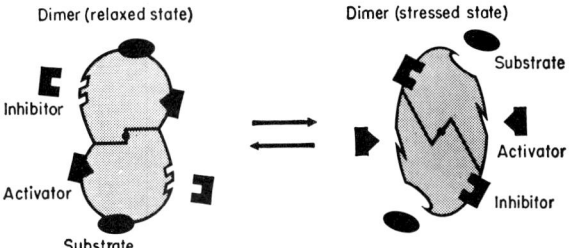

Fig. 6. Model of allosteric transition produced in a symmetrical dimer. In one of the two conformations, the protein can attach itself to the substrate as well as to the activating bond. In the other conformation, it can attach itself to the inhibiting bond.

By virtue of being indirect, the allosteric interactions do not depend on the particular structure or the particular chemical reactivity of the ligands themselves, but entirely on the structure of the protein, which acts as a relay. This is what confers upon these effects their profound significance. The metabolism, growth, and division of a cell require, obviously, not only the operation of the principal metabolic pathways — those through which pass the necessary energy and chemical materials—but also that the activity of the various metabolic pathways be closely and precisely coordinated by a network of appropriate specific interactions. The creation and development of such networks during the course of evolution obviously would have been impossible if only *direct* interactions at the surface of the protein had been used; such interactions would have been severely limited by chemical structure, the reactivity or lack of reactivity of metabolites among which the existence of an interaction could have been physiologically beneficial. The "invention" of indirect allosteric interactions, depending exclusively on the structure of the protein itself, that is on the genetic code, would have freed molecular evolution from this limitation (43).

The disadvantage of this concept is precisely that its ability to explain is so great that it excludes nothing, or nearly nothing; there is no physiological phenomenon so complex and mysterious that it cannot be disposed of, at least on paper, by means of a few allosteric transitions. I was very much in agreement with my friend Boris Magasanik, who remarked to me several years ago that this theory was the most decadent in biology.

It was all the more decadent because there was no a priori reason to suppose that allosteric transitions for different proteins need be of the same nature and obey the same rules. One might think that each allosteric system constituted a specific and unique solution to a given problem of regulation. However, as experimental data accumulated on various allosteric enzymes, surprising analogies were found among systems that had apparently nothing in common. In this respect, the comparison of independent observations by Gerhart and Pardee (44) on aspartate transcarbamylase and by Changeux (45) on threonine deaminase of *Escherichia coli* was especially impressive. By their very complexity, the interactions in these two systems presented unusual kinetic characteristics, almost paradoxical and yet quite analogous. Therefore it could not be doubted that the same basic solution to the problem of allosteric interactions had been found during evolution in both cases; it remained only for the researcher to try to discover it in his turn.

Among the properties common to these two systems, as well as to the great majority of known allosteric enzymes, the most significant seemed to us to be the fact that their saturation

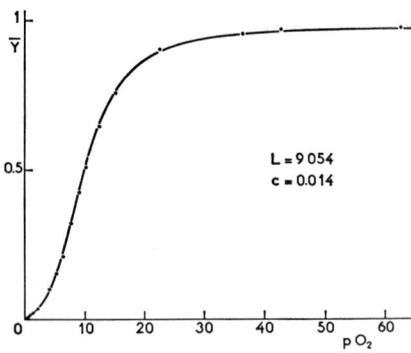
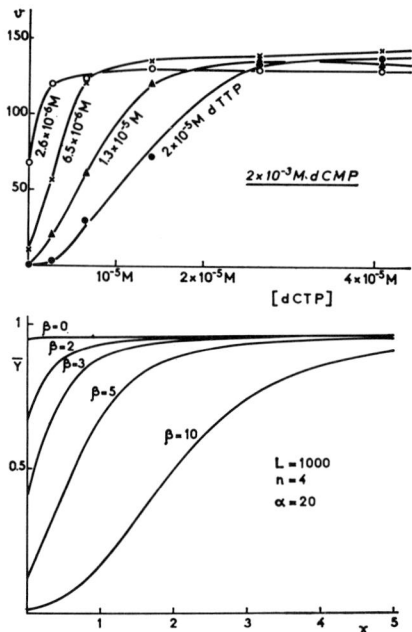

Fig. 7 (top left). Saturation of hemoglobin with oxygen. Abscissa: partial pressure of O_2. Ordinate: saturated fraction. The points correspond to experimental points (51). The interpolation curve was calculated from a theoretical model essentially similar to that of Fig. 6.

Fig. 8 (right). Activity of deoxycytidine deaminase as a function of the concentration of the substrate (dCMP), of the activator (dCTP), and of the inhibitor (dTTP). (Top) Experimental results (from Scarano; see 48). (Bottom) Theoretical curve calculated for a similar case according to the model of Monod, Wyman, and Changeux (48).

functions are not linear (as is the case for "classic" enzymes) but multimolecular. An example of such a pattern of saturation has been known for a long time: it is that of hemoglobin by oxygen (Fig. 7). Jeffries Wyman had noted several years earlier (46) that the symmetry of the saturation curves of hemoglobin by oxygen seemed to suggest the existence of a structural symmetry within the protein molecule itself; this idea was brilliantly confirmed by the work of Perutz (47).

These indications encouraged us—Wyman, Changeux, and myself—to look for a physical interpretation of the allosteric interactions in terms of molecular structure. This exploration led us to study the properties of a model defined in the main by the following postulates:

1) An allosteric protein is made up of several identical subunits (protomers).

2) The protomers are arranged in such a way that none can be distinguished from the others; this implies that there are one or more axes of molecular symmetry.

3) Two (or more) conformational states are accessible to this protein.

4) These conformational transitions tend to preserve the molecular symmetry, or, more generally, the equivalence of the protomers (48).

We were pleasantly surprised to find that this very simple model made it possible to explain, classify, and predict most of the kinetic properties, sometimes very complex in appearance, of many allosteric systems (Figs. 7 and 8). Obviously, this model represents only a first approximation in the description of real systems. It is not likely, moreover, that it represents the only solution to the problem of regulative interactions found during evolution; certain systems seem to function according to quite different principles (see 49), which will also need to be clarified.

However, the ambition of molecular biology is to interpret the essential properties of organisms in terms of molecular structures. This objective has already been achieved for DNA, and it is in sight for RNA, but it still seems very remote for the proteins. The model that we have studied is interesting primarily because it proposes a functional correlation between certain elements of the molecular structure of proteins and certain of their physiologic properties, specifically those that are significant at the level of integration, of dynamic organization, of metabolism. If the proposed correlation is experimentally verified, I would see an additional reason for having confidence in the development of our discipline which, transcending its original domain, the chemistry of heredity, today is oriented toward the analysis of the more complex biological phenomena: the development of higher organisms and the operation of their networks of functional coordinations.

Acknowledgment

The research by my collaborators and myself since 1945 has been carried out entirely at the Pasteur Institute. This work has received decisive assistance from numerous institutions, in particular the Centre National de la Recherche Scientifique, the Rockefeller Foundation of New York, the National Science Foundation and the National Institutes of Health of the United States, the Jane Coffin Childs Memorial Fund, the Commissariat à l'Energie Atomique, and the Délégation Générale à la Recherche Scientifique et Technique. A donation by Mesdames Edouard de Rothschild and Bethsabee de Rothschild permitted, in large part, the establishment in 1954 of the Department of Cellular Biochemistry at the Pasteur Institute

References

1. J. Monod, *Growth* **11**, 223 (1947).
2. B. Magasanik, in *Mécanismes de Régulation des Activités Cellulaires chez les Microorganismes* (Centre National de la Recherche Scientifique, Paris, 1965), p. 179.
3. J. Monod, *Ann. Inst. Pasteur* **70**, 381 (1944).
4. —— and A. Andureau, *Ann. Inst. Pasteur* **72**, 868 (1946).
5. S. E. Luria and M. Delbrück, *Genetics* **28**, 491 (1943).
6. O. T. Avery, C. M. MacLeod, M. McCarty, *J. Exptl. Med.* **79**, 409 (1944).
7. J. Lederberg and E. L. Tatum, *Cold Spring Harbor Symp. Quant. Biol.* **11**, 113 (1946).
8. J. Monod, A. M. Torriani, J. Gribetz, *Compt. Rend.* **227**, 315 (1948); J. Monod, *Intern. Congr. Biochem., 1st, Cambridge, 1949*, Abs. Commun., 303; in *Unités Biologiques douées de Continuité Génétique* (Centre National de la Recherche Scientifique, Paris, 1949), p. 181.
9. J. Monod and M. Cohn, *Biochim. Biophys. Acta* **7**, 153 (1951).
10. M. Cohn and A. M. Torriani, *J. Immunol.* **69**, 471 (1952).
11. J. Monod, A. M. Pappenheimer, G. Cohen-Bazire, *Biochim. Biophys. Acta* **9**, 648 (1952).
12. D. S. Hogness, M. Cohn, J. Monod, *ibid.* **16**, 99 (1955); J. Monod and M. Cohn, *Intern. Cong. Microbiol., 6th, Rome, 1953, Symp. Microbial Metabolism*, p. 42.
13. R. Schoenheimer, *The Dynamic State of Body Constituents* (Harvard Univ. Press, Cambridge, 1942).
14. J. Monod, G. Cohen-Bazire, M. Cohn, *Biochim. Biophys. Acta* **7**, 585 (1951).
15. J. Monod and M. Cohn, *Advan. Enzymol.* **13**, 67 (1952).
16. M. R. Pollock, *Brit. J. Exptl. Pathol.* **31**, 739 (1950).
17. J. Monod and G. Cohen-Bazire, *Compt. Rend.* **236**, 530 (1953); M. Cohn and J. Monod, in *Adaptation in Microorganisms* (Cambridge Univ. Press, Cambridge, 1953), p. 132.
18. H. J. Vogel and B. D. Davis, *Federation Proc.* **11**, 485 (1952).
19. G. N. Cohen, *Ann. Rev. Microbiol.* **19**, 105 (1965).
20. J. Monod, in *Enzymes: Units of Biological Structure and Function* (Academic Press, New York, 1956), p. 7; G. N. Cohen and J. Monod, *Bacteriol. Rev.* **21**, 169 (1957).
21. H. V. Rickenberg, G. N. Cohen, G. Buttin, J. Monod, *Ann. Inst. Pasteur* **91**, 829 (1956).
22. C. F. Fox and E. P. Kennedy, *Proc. Natl. Acad. Sci. U.S.* **54**, 891 (1965).
23. I. Zabin, A. Kepes, J. Monod, *Biochem. Biophys. Res. Commun.* **1**, 289 (1959); *J. Biol. Chem.* **237**, 253 (1962).
24. L. Pauling, H. A. Itano, S. J. Singer, I. C. Wells, *Nature* **166**, 677 (1950).
25. F. H. C. Crick and J. Watson, *Les Prix Nobel en 1962* (Norstedt, Stockholm, 1963).
26. G. Gamow, *Nature* **173**, 318 (1954).
27. F. Jacob and E. Wollman, *Les Prix Nobel en 1965* (Norstedt, Stockholm, 1966); F. Jacob, *Science* **152**, 1470 (1966).
28. A. B. Pardee, F. Jacob, J. Monod, *Compt. Rend.* **246**, 3125 (1958); ——, *J. Mol. Biol.* **1**, 165 (1959); F. Jacob and J. Monod, *Compt. Rend.* **249**, 1282 (1959).
29. D. Perrin, F. Jacob, J. Monod, *Compt. Rend.* **250**, 155 (1960).
30. C. Willson, D. Perrin, M. Cohn, F. Jacob, J. Monod, *J. Mol. Biol.* **8**, 582 (1964).
31. S. Bourgeois, M. Cohn, L. Orgel, in press.
32. S. Benzer and S. P. Charupe, *Proc. Natl. Acad. Sci. U.S.* **48**, 1114 (1962).
33. S. Brenner, A. O. W. Stretton, S. Kaplan, *Nature* **206**, 994 (1965).
34. M. G. Weigert and A. Garen, *ibid.*, p. 992.
35. A. Kepes, *Biochim. Biophys. Acta* **40**, 70 (1960).
36. ——, *ibid.* **76**, 293 (1963); *Cold Spring Harbor Symp. Quant. Biol.* **28**, 325 (1963).
37. J. Monod and F. Jacob, *Cold Spring Harbor Symp. Quant. Biol.* **26**, 389 (1961); J. P. Changeux, *ibid.*, p. 313.
38. C. F. Cori *et al.*, reference in *Les Prix Nobel en 1947* (Norstedt, Stockholm, 1948).
39. E. Helmreich and C. F. Cori, *Proc. Natl. Acad. Sci. U.S.* **51**, 131 (1964).
40. A. Novick and L. Szilard, in *Dynamics of Growth Process* (Princeton Univ. Press, Princeton, N.J., 1954), p. 21.
41. R. A. Yates and A. B. Pardee, *J. Biol. Chem.* **221**, 757 (1956).
42. H. E. Umbarger, *Science* **123**, 848 (1956).
43. J. Monod, J. P. Changeux, F. Jacob, *J. Mol. Biol.* **6**, 306 (1963).
44. J. C. Gerhart and A. B. Pardee, *Federation Proc.* **20**, 224 (1961); *J. Biol. Chem.* **237**, 891 (1962); *Cold Spring Harbor Symp. Quant. Biol.* **28**, 491 (1963)'; *Federation Proc.* **23**, 727 (1964).
45. J. P. Changeux, *Cold Spring Harbor Symp. Quant. Biol.* **26**, 313 (1961); *J. Mol. Biol.* **4**, 220 (1962); *Bull. Soc. Chim. Biol.* **46**, 927, 947, 1151 (1964); *ibid.* **47**, 115, 267, 281 (1965).
46. D. W. Allen, K. F. Guthe, J. Wyman, *J. Biol. Chem.* **187**, 393 (1950).
47. M. F. Perutz, in *Les Prix Nobel en 1962* (Norstedt, Stockholm, 1963).
48. J. Monod, J. Wyman, J. P. Changeux, *J. Mol. Biol.* **12**, 88 (1965).
49. C. A. Woolfolk and E. R. Stadtman, *Biochem. Biophys. Res. Commun.* **17**, 313 (1964).
50. J. Monod, *Recherches sur la Croissance des Cultures Bactériennes* (Hermann, Paris, 1941).
51. Lyster, unpublished results.

Characterization by *in vitro* Complementation of a Peptide corresponding to an Operator-proximal Segment of the β-Galactosidase Structural Gene of *Escherichia coli*

In a recent paper (Ullmann, Perrin, Jacob & Monod, 1965) we reported on the properties of a peptide (ω) present in extracts of various mutants (designated as ω donors) of the (z) gene which determines the structure of β-galactosidase in *Escherichia coli*. This peptide is characterized by its property of complementing (i.e. restoring enzyme activity) when added to extracts of appropriate galactosidase-negative mutants of the z gene (hereafter called ω acceptors). The genetic map positions of ω-donor and ω-acceptor mutants define an operator-distal segment corresponding to about one-quarter to one-third of the whole z gene. In a sucrose density gradient the ω peptide sedimented as an apparently homogeneous peak with an s-value of 3·2, suggesting a molecular weight of about 30 to 40,000, i.e. roughly one-third to one-quarter of the wild type β-galactosidase protomer (135,000).

In the present paper, we report the characterization of another peptide fragment corresponding apparently to the operator-proximal segment of the gene.

Extracts from various galactosidase-negative mutants were screened for their capacity to complement with extracts of different partial deletions of the operator-proximal segment of the gene†. The results (summarized in Table 1) and the corresponding map positions (Fig. 1) define an operator-proximal (α) segment of the gene, extending from the operator to about one-fifth or one-quarter of the genetic length.

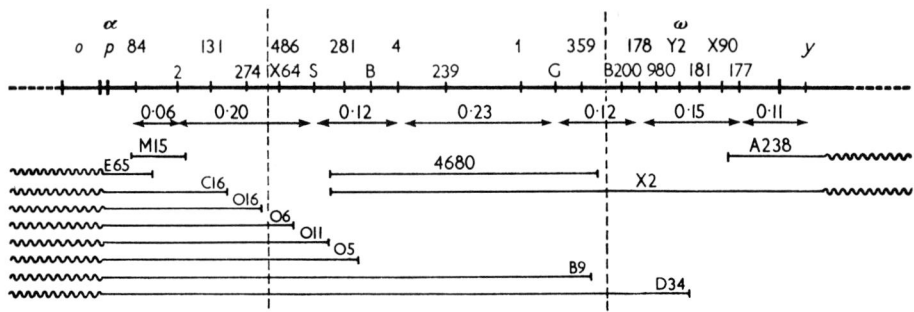

Fig. 1. Diagrammatic representation of the z gene.

The figures and letters above the solid line indicate the position of point mutations in the z gene: o, operator; p, promoter; y, structural gene of β-galactoside permease. The figures below the line represent recombination frequencies, as determined by crosses between two point mutants. The lines below indicate the extension of various deletions (M15, isolated by Beckwith (1964), A238 and 4680 isolated by Cook & Lederberg (1962), all others by Jacob, Ullmann & Monod (1964)).

†Point-mutants in this segment of the gene are all highly polar and therefore cannot be used for complementation tests. The deletions used were non-polar, or only partially.

All point mutants or deletions *outside* of the α segment are seen to complement with deletions which do not extend *beyond* this segment. Table 1 also includes results concerning the ω-accepting and the ω-donating activity of the various mutants; while certain mutants (in the middle section of the gene) produce both α and ω, others (located at either extremity) only produce one of the two activities.

TABLE 1

Mutant	α Donor	α Acceptor	ω Donor	ω Acceptor
W4680	+ (a, b)	− (a)	+ (a, b)	− (a)
X2	+ (a, b)	− (a)	− (a, b)	− (a)
Z⁻1	+ (a, b)	− (a)	+ (a, b)	− (a)
200B	+ (b)	− (a)	− (a)	+ (a)
S908	+ (b)	− (a)	− (a)	+ (a)
X90	+ (b)	− (a)	− (a)	+ (a)
A238	+ (b)	− (a)	− (a)	+ (a)
YA486	+ (a, b)	− (a)	Not tested	
U131	− (a, b)	− (a)	Not tested	
B9	− (a)	− (a)	+ (a, b)	− (a)
O5	− (a)	− (a)	+ (a, b)	− (a)
O6	− (a)	− (a)	+ (a, b)	− (a)
O11	− (a)	− (a)	+ (a)	− (a)
O16	− (a)	+ (a)	+ (a)	− (a)
M15	− (a)	+ (a)	+ (a, b)	− (a)
C16	− (a)	+ (a)	+ (a, b)	− (a)
E65	− (a)	+ (a)	+ (a)	− (a)
D34	− (a)	− (a)	− (a)	− (a)

(a) Untreated.
(b) Guanidine treated.

Extracts of the different mutants listed in the Table were prepared in either of two buffers (1) 2×10^{-2}M-Tris, 10^{-2}M-magnesium-acetate, pH 7, or (2) 2×10^{-2}M-Tris, 10^{-2}M-EDTA, 10^{-2}M·NaCl, 10^{-1}M-β-mercaptoethanol, pH 7·2. The extracts contained generally 35 to 40 mg/ml. of protein. Guanidine treatment was carried out when necessary in buffer (2) at 4 to 6 M final concentration of guanidine. After 3 hr at 20°C the guanidine was eliminated by dialysis against buffer (2). The supernatant solutions were used in the test. The screening tests were performed as follows: α donor activity was measured using untreated M15 extract as acceptor. The donors were either (a) untreated extracts or (b) the supernatant solutions from a guanidine treatment. ω donor activity was screened in the same way as described for the α donor, but untreated S908 extract was used as acceptor. The acceptor activities were measured with untreated crude extracts, using as α or ω donors either untreated 4680 extracts or a guanidine-treated Z⁻1 preparation. The donor and acceptor extracts were incubated at 28°C and β-galactosidase activity was assayed after 1 hr of incubation (for ω complementation) or after 3 hr (for α complementation). One unit of β-galactosidase is defined as the amount of enzyme, which in the presence of $2·7 \times 10^{-3}$M-o-nitrophenyl-β-D-galactoside hydrolyses 1 mμmole of o-nitrophenol/min at 28°C in a sodium phosphate buffer (pH 7·0) containing 10^{-3}Mg²⁺ and 0·1 M-β-mercaptoethanol.

Treatment of the extracts with 6 M-guanidine at 0°C or 20°C, followed by dialysis, first against 8 M-urea, then against buffer, resulted in no significant loss of either α- or ω-donor activities, while completely abolishing acceptor activities, towards both α and ω. When the urea step was omitted, a large protein precipitate was formed, but the supernatant solution still contained a somewhat variable fraction (5 to 15%)

of both the α and ω components. In addition it was found that heating of the extract in 6 M-guanidine at 100°C for three hours resulted in complete loss of ω activity, with no appreciable loss of α activity.

Complementation may also be observed *in vivo*, on appropriate heterozygous strains carrying an F lac episome. However, the α type of complementation is always weaker *in vivo* than the ω type. In some instances where the α complementation is quite significant under the conditions of the *in vitro* test, it is hardly detectable *in vivo*.

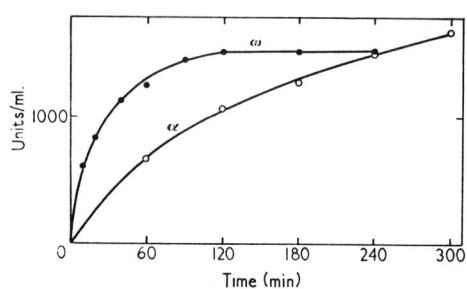

FIG. 2. Time-course of α and ω complementation.

An extract of W4680 was divided in two; equal volumes of acceptor extracts were added to each (S908 in order to test ω complementation and M15 for α complementation). At different times samples were taken and assayed for β-galactosidase activity.

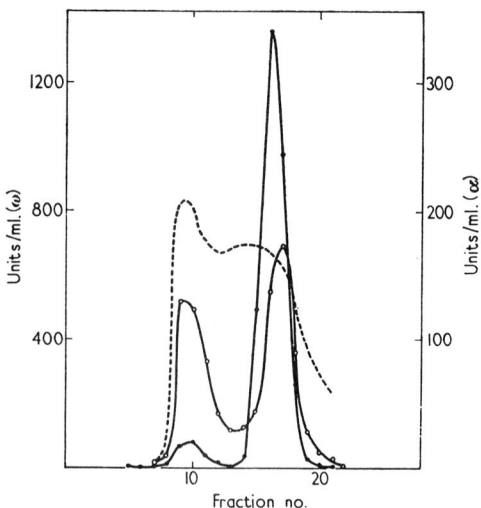

FIG. 3. Distribution of α and ω activities on a Sephadex G100 column.

1 ml. of an extract of deletion W4680 was layered on a Sephadex column (60 cm × 1·5 cm). In each fraction optical density at 280 mµ was measured, as well as ω and α activities using appropriate acceptors.

----, Absorbance at 280 mµ; —●—●—, ω activity; —○—○—, α activity.

23

The α activity can be assayed by adding various amounts of a donor extract to an excess of an appropriate acceptor extract. Figure 2 gives the time-course of complementation, which is distinctly slower than in the case of ω. Under our conditions of assay, a plateau is reached after about five hours, and the corresponding activity is proportional to the amount of α-donating extract added.

In order to obtain an indication of the size of the α component, its distribution on Sephadex columns was studied. Figure 3 shows that both the ω and α components (present in extracts of the partial deletion W4680) are distributed into two peaks on Sephadex G100, one of which is associated with the proteins which are excluded from the gel, while the other is retained. This suggests that the α activity is associated with a component of molecular weight lower than 100,000, which tends however to remain in part rather firmly bound to larger proteins. The sedimentation velocity of α and ω was determined by the sucrose density-gradient method, following a treatment with 6 M-guanidine. As shown in Fig. 4, α sediments with a velocity (2·3) lower than ω (3·2) suggesting a smaller molecular weight for the former, as indeed might be expected from the respective lengths of the corresponding genetic segments.

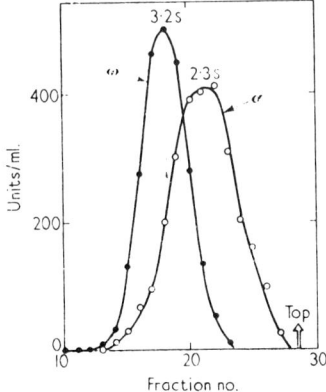

Fig. 4. Sedimentation of α and ω in a sucrose density-gradient.

0·1 ml. of the supernatant from a guanidine treatment at 20°C for 3 hr of purified Z⁻1 cross-reacting material protein was centrifuged in a linear sucrose density-gradient (5 ml. of 5 to 20% sucrose) for 17 hr at 39,000 rev./min in the SW39 rotor. α and ω activities were tested by complementation. The s-values were calculated assuming an s-value of 6·3 for alkaline phosphatase used as marker.

In conclusion, it would appear that the α and ω components found in various mutants of the z gene correspond to different peptides, one of which (α) is coded by an operator-proximal, the other (ω) by an operator-distal segment of the gene. Taken together, α and ω appear to account for approximately one-half of the genetic length of the structural gene, and also for about one-half of the molecular weight of the protomer of native β-galactosidase. The question arises therefore whether these two peptides, and the homologous genetic segments, correspond to different cistrons within the gene. If so, both peptides should be present in the native enzyme, and could presumably be liberated from it by mild treatments. We shall report later on experiments designed to answer these questions.

This work has been supported by grants from the National Science Foundation, the National Institutes of Health, the Délégation Générale à la Recherche Scientifique et Technique, and EURATOM.

Services de Biochimie Cellulaire
et de Génétique Microbienne
Institut Pasteur, Paris, France

AGNES ULLMANN
FRANÇOIS JACOB
JACQUES MONOD

Received 8 November 1966.

REFERENCES

Beckwith, J. R. (1964). *J. Mol. Biol.* **8**, 427.
Cook, A. & Lederberg, J. (1962). *Genetics*, **47**, 1335.
Jacob, F., Ullmann, A. & Monod, J. (1964). *C.R. Acad. Sci. Paris*, **258**, 3125.
Ullmann, A., Perrin, D., Jacob, F. & Monod, J. (1965). *J. Mol. Biol.* **12**, 918.

Kinetics of the Allosteric Interactions of Phosphofructokinase from *Escherichia coli*

D. BLANGY, H. BUC AND J. MONOD

Service de Biochimie Cellulaire, Institut Pasteur, Paris, France

(*Received 19 June 1967*)

Phosphofructokinase has been partially purified from *Escherichia coli*, and its kinetic properties investigated. It shows co-operative interactions with respect to one of its substrates, fructose-6-phosphate, but not towards the second, namely ATP. ADP and other diphosphonucleosides act as activators and phosphoenolpyruvate as an inhibitor. Both effectors decrease the homotropic interactions between fructose-6-phosphate molecules; but, whereas the activators increase the affinity of the enzyme for this substrate, the inhibitor decreases it. These ligands have no effect on the maximum velocity of the reaction, except in the case of ADP which is a competitive inhibitor of ATP.

These homotropic and heterotropic interactions are qualitatively and quantitatively accounted for by the concerted transition theory proposed by Monod, Wyman & Changeux (1965), assuming the enzyme to be in equilibrium between two conformational states which differ in their dissociation constants for fructose-6-phosphate, activators and inhibitor. A convenient method of obtaining these intrinsic dissociation constants has been derived from the equations of the theory. From the kinetic data, it is also possible to obtain the value of the equilibrium constant between the two states, if it is assumed that the enzyme is a tetramer made up of four identical subunits and that the transition is perfectly concerted.

1. Introduction

The complex kinetic properties exhibited by phosphofructokinases from various sources (Lowry & Passonneau, 1964) are generally believed to reflect the role taken by this enzyme in the metabolic control of the Embden–Meyerhof pathway. Mammalian phosphofructokinase is known to be inhibited by high concentrations of one of its substrates, ATP (Lowry & Passonneau, 1964; Mansour, 1963) and by citrate (Passonneau & Lowry, 1963,1964; Ramaiah, Hathaway & Atkinson, 1964). This inhibition can be abolished co-operatively either by the other substrate, fructose-6-phosphate or by 5'AMP, fructose-1-6-diphosphate, inorganic phosphate or ammonium ions.

The kinetic properties of phosphofructokinase from *Escherichia coli* have been studied by Atkinson & Walton (1965). This enzyme exhibits strong co-operative interactions with respect to fructose-6-phosphate and, according to these authors, ATP seems to be involved in a complex pattern of inhibition which can be relieved by magnesium ions, by fructose-6-phosphate or by ADP (Atkinson, 1966).

In the present study, we have attempted to clarify the control properties of a partially purified preparation of phosphofructokinase from *E. coli* and we have compared its kinetic behaviour with that predicted by the "concerted transition theory" proposed by Monod, Wyman & Changeux (1965).

2. Materials and Methods

(a) *Methods*

Kinetic experiments were performed by measuring the amount of fructose-1,6-diphosphate formed in a coupled assay with aldolase, triosephosphate isomerase and α-glycerophosphate dehydrogenase. In this system, the oxidation of $NADH_2$ was followed at 340 mµ, in a Zeiss PMQ_2 spectrophotometer at 28°C. Cuvettes of 1-cm light-path were used.

The reaction mixture contained 0·7 ml. of $NADH_2$ (3×10^{-4} M dissolved in Tris buffer, 0·05 M, pH 8·5), 0·1 ml. of ATP at the required concentration, 0·1 ml. of magnesium chloride (10 times more concentrated than the ATP solution), 0·1 ml. of fructose-6-phosphate at the required concentration, 120 µg of aldolase, 30 µg of triose-phosphate isomerase and 30 µg of α-glycerophosphate dehydrogenase. The final volume of the reaction was 1 ml. The reaction was started by addition of the enzyme. Measurements were made at a concentration of enzyme such that the initial velocity of the reaction never exceeded 0·080 o.d. units/min.

However, at low fructose-6-phosphate concentration, this method did not give a linear decrease of the optical density at 340 mµ, due to an activating effect (see later) of the accumulating ADP molecules (Fig. 1). Removal of ADP continuously by the addition of 10 µg of creatine phosphate–ATP transphosphorylase and 1 m-mole of creatine phosphate to the reaction mixture, gave a reaction rate which was linear with time. All the results reported here, except when indicated, were obtained with the use of the ATP generating system in the assay mixture.

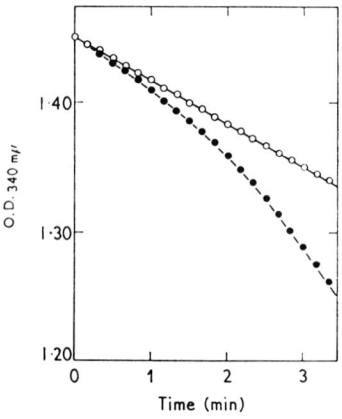

Fig. 1. Formation of fructose-1,6-diphosphate.

●, Velocity of the reaction in the absence of the ATP generating system; ○, velocity of the reaction when the ATP generating system is added. ATP concn, 10^{-4} M; Mg^{2+} concn, 10^{-3} M; fructose-6-phosphate concn, 4×10^{-4} M.

In order to study the effect of fructose-1,6-diphosphate on the kinetics of the reaction, a two-step method was used. After a given time, the enzyme reaction was terminated by heat treatment and the ADP formed was assayed enzymically by using a system containing 10^{-3} M-phosphoenolpyruvate, 10^{-4} M-$NADH_2$, 10 µg pyruvate kinase, 10 µg lactic dehydrogenase, 10^{-2} M-Mg^{2+} and 10^{-3} M-K^+. We compared the results given by the two methods at different fructose-6-phosphate concentrations; it was found that the rate of formation of fructose-6-phosphate is equal to the rate of disappearance of $NADH_2$.

(b) *Enzymes and chemicals*

Enzyme preparations used in the auxiliary system were purchased from Boëhringer. Creatine phosphate, phosphoenolpyruvate, $NADH_2$ (sodium salt) were products of

Calbiochem. Nucleotides were obtained from Pabst Laboratory. Fructose-6-phosphate and fructose-1,6-diphosphate were Sigma compounds.

The purity of the nucleotides and of the hexose-phosphate compounds was checked before use by paper chromatography or electrophoresis.

(c) *Enzyme purification*

E. coli Hfr 3000 is grown under aerobic conditions at 37°C in a glucose, vitamin B_1, salts medium (medium 63). At the end of the exponential growth period, bacteria are harvested, resuspended in 0·02 M-phosphate buffer (pH 7·4) and sonicated in a 10 kc/sec sonic oscillator (Raytheon). The sonicate is spun down by centrifugation at 13,000 rev./min in a Sorval centrifuge for 90 min. After this step, all the operations are carried out at 4°C. The supernatant solution is brought to pH 7 by adding dilute NaOH and 430 g of solid ammonium sulphate are slowly added with constant agitation to 1 litre of the solution. After centrifugation, the precipitate is resuspended in 0·1 M-phosphate buffer (pH 7·6), and the protein concentration is adjusted to 20 mg/ml. While this solution is being stirred gently, 1·2 vol. of a solution containing 0·5% of protamine sulphate is added slowly. After 30 min, the precipitate formed is removed by centrifugation and the supernatant solution is fractionated by ammonium sulphate precipitation. The fraction which precipitates between 197 and 277 g/l. is resuspended in 0·01 M-phosphate buffer (pH 8), containing 10^{-4} M-ATP, 10^{-3} M-Mg^{2+} and 10^{-4} M-EDTA and is dialysed overnight against several changes of the same buffer. The sample is adsorbed on a DEAE-Sephadex A50 column, equilibrated with the same buffer and a hyperbolic gradient of NaCl, the concentration of which increases from 0·01 to 0·40 M, is applied. The enzymic activity is eluted usually in a single peak at a molarity of 0·3 M-NaCl. (Occasionally, a small peak of enzymic activity is eluted earlier; this fraction does not have exactly the same kinetic properties as the bulk of the enzyme preparation.) At this stage, the yield is of the order of 50% and the specific activity of the fraction is equal to 30 to 50 times its original value. This preparation does not contain any detectable amounts of myokinase, fructose-1,6-diphosphatase or $NADH_2$ oxidase. The enzymic activity does not drop appreciably within 2 months if the enzyme is kept in its eluting solvent at 4°C, and quantitative kinetic assays can be performed at this stage.

Further purification is achieved by dialysis against 0·1 M-Tris buffer (pH 8·5), containing 10^{-4} M-ATP, 10^{-3} M-Mg^{2+} and 10^{-4} M-EDTA and elution from a TEAE-cellulose column which has been equilibrated with the same buffer. The enzymic activity is eluted as a single peak by a linear gradient of NaCl at a molarity of 0·18 M. The enzyme is precipitated by ammonium sulphate fractionation between 41 and 45% of saturation. This fraction is able to catalyse the liberation of $2·8 \times 10^{-4}$ mole of fructose-1,6-diphosphate/min/mg of protein, which is about twice the final specific activity reported for the rabbit skeletal muscle enzyme (Table 1).

TABLE 1

Purification of phosphofructokinase from E. coli

Step	Protein weight (mg)	Total activity	Specific activity	Yield (%)
Crude extract	2800	1200	0·42	100
$(NH_4)_2SO_4$ precipitation 33 to 45%	540	1050	1·94	87
DEAE-Sephadex eluate	60	850	14·1	70
TEAE cellulose eluate	15	750	50	62
$(NH_4)_2SO_4$ fractionation	9	560	62	46

(d) *Some physico-chemical properties of the enzyme*

Only preliminary studies have been made on the most purified enzymic fraction.

In a sucrose density-gradient buffered with 0·01 M-sodium phosphate (pH 7·8), the enzymic activity migrates as a single peak. The value of the sedimentation coefficient, measured according to Martin & Ames (1961), is equal to 7·55, using catalase as an internal standard (Fig. 2). This value does not change in the presence of 10^{-4} M-ADP or 10^{-3} M-fructose-6-phosphate.

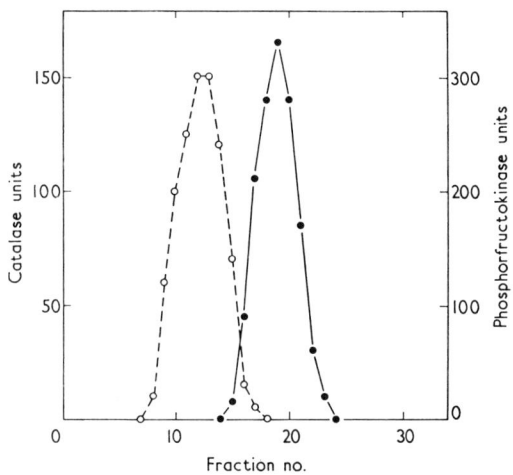

Fig. 2. Determination of the sedimentation coefficient of phosphofructokinase from *E. coli*.

On the top of a 5-ml. sucrose gradient, buffered with 0·01 M-phosphate (pH 7·8) and containing 10^{-3} M-Mg^{2+}, 10^{-4} M-EDTA and 10^{-3} M-fructose-6-phosphate, 0·2 mg of protein and 10 μg of catalase were layered. Protein had been previously dialysed against the same solvent.

After 15 hr at 28,000 rev./min, the tubes were punctured and 4 drops per tube were collected. Enzymic activities were measured on each fraction. --○----○--. Catalase; —●—●—, phosphofructokinase.

3. Experimental Results

In this section, we describe the kinetic behaviour of the enzyme with respect to its substrates (ATP and fructose-6-phosphate) and various compounds tested as activators or inhibitors.

(a) *Kinetics with respect to fructose-6-phosphate*

In the presence of 10^{-4} M-ATP and 10^{-3} M-magnesium chloride, kinetics with respect to fructose-6-phosphate are highly co-operative (Fig. 5). This effect, however may be partially masked if ADP is allowed to accumulate and it is necessary to prevent this accumulation, using the ATP generating system described earlier. Under these conditions, the slope of log $(v/V_{max} - v)$ plotted as a function of the logarithm of the fructose-6-phosphate concentration is equal to 3·8 (Fig. 6).

(b) *Kinetics with respect to ATP*

If the ratio magnesium: ATP is kept constant (10 : 1), the rate–concentration curves with respect to ATP are hyperbolic and do not exhibit the complex inhibition pattern described by Atkinson & Walton (1965). Under our experimental conditions, it is therefore possible to determine the Michaelis constant for ATP; this is independent of the fructose-6-phosphate concentration and is equal to 6×10^{-5} M (Fig. 3).

In contrast to the behaviour of phosphofructokinase extracted from mammalian sources, triphosphonucleosides other than ATP are only very poor phosphoryl donors in the reaction catalysed by the enzyme from *E. coli*. GTP has a Michaelis constant of the order of $1 \cdot 2 \times 10^{-3}$ M. All the other triphosphonucleosides have higher K_m values (Table 2).

In view of the fact that the value of K_m for ATP was independent of fructose-6-phosphate concentration (Fig. 3), it was of interest to test the effect of ATP on the co-operativity of fructose-6-phosphate. Provided that the magnesium concentration in the assay mixtures is kept equal to ten times the ATP concentration, the Hill coefficient and the concentration of fructose-6-phosphate required to reach the half-

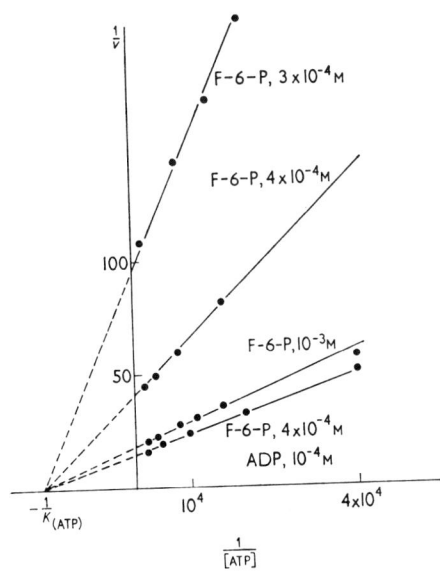

FIG. 3. Lineweaver-Burk representation of the kinetic behaviour of the enzyme with respect to ATP at different fructose-6-phosphate concentrations.

TABLE 2

K_m *values of triphosphonucleosides for phosphofructokinase from* E. coli

Ligand	K_m (M)
ATP	6×10^{-5}
dATP	8×10^{-5}
GTP	$1 \cdot 2 \times 10^{-3}$
UTP	2×10^{-3}
CTP	2×10^{-3}
TTP	$3 \cdot 5 \times 10^{-3}$

Standard assay conditions $[Mg^{2+}] = 10$ [XTP] [fructose-6-phosphate] $= 2 \times 10^{-3}$ M.

maximum velocity were not affected when ATP concentration was varied from 0·66 K_m to 16 K_m.

(c) *Effect of magnesium on the initial velocity*

It can be seen from Fig. 4 that the dependence of the initial velocity on magnesium concentration shows no co-operative effect. The influence of magnesium ions on kinetics has not been studied in detail, but from the data presented in Fig. 4 it is likely that magnesium participates in the formation of an ATP–magnesium complex which is the true substrate of the enzymic reaction.

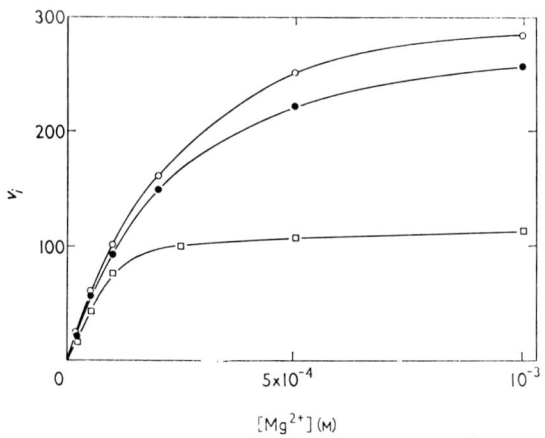

FIG. 4. Effect of magnesium concentration on the initial velocity at different ATP concentrations. Fructose-6-phosphate concentration, $3 \cdot 2 \times 10^{-3}$ M. —○—○—, 10^{-3} M-ATP; —●—●—, 5×10^{-4} M-ATP; —□—□—, 5×10^{-5} M-ATP.

(d) *Activation by diphosphonucleosides*

In contrast to ATP, some diphosphonucleosides such as ADP not only activate the enzyme but also influence the co-operativity of the response of the enzyme with respect to fructose-6-phosphate. From Fig. 5 it can be seen that, with increasing ADP concentrations, the rate–concentration curves for fructose-6-phosphate become less and less sigmoidal and the concentration of fructose-6-phosphate required to reach half-maximum velocity decreases. The Hill interaction coefficient drops from 3·8 to 1·1 as the ADP concentration is increased from 0 to 2×10^{-3} M (Fig. 6). This effect again does not depend on ATP concentration, and the initial velocity of the reaction measured in the presence of ADP is still a hyperbolic function of ATP concentration (Fig. 3).

Figure 5 also indicates that, at the concentration of ATP used (10^{-4} M or 1·5 K_m), the maximum velocity of the reaction decreases as the ADP concentration is increased. In order to find out whether these two concentration-dependent effects caused by ADP (activation and inhibition) were connected or not, two experimental approaches were used. First, we looked for various possible activating compounds which would not affect the maximum velocity and found that, in particular, GDP presents the same activating properties as ADP but does not inhibit the enzyme at all. Other

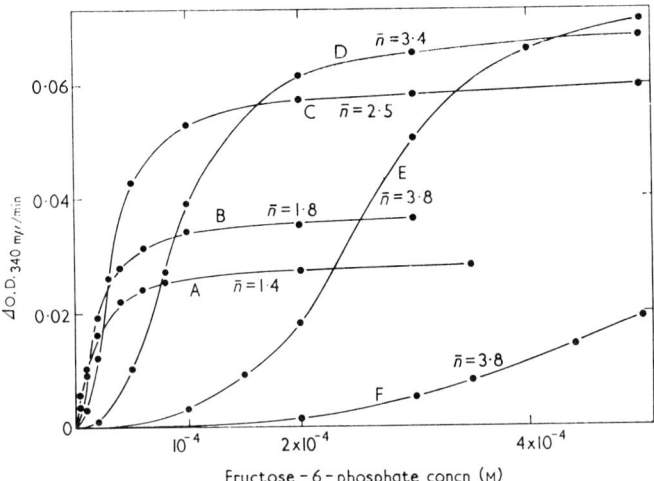

FIG. 5. Initial velocities as a function of fructose-6-phosphate concentration in presence or in absence of ADP.
The following concentrations of ADP were used:

A, 8.2×10^{-4} M
B, 5.2×10^{-4} M
C, 2.2×10^{-4} M
D, 7.0×10^{-5} M
E, 2.0×10^{-5} M
F, no ADP (ATP generating system added)

[ATP]10^{-4} M   [Mg^{2+}]10^{-3} M

(See also Figs 6 and 14).

compounds were tested as activators, and it can be seen from Table 3 that monophosphonucleosides, as well as fructose-1,6-diphosphate, have no effect on the rate of the reaction. All the diphosphonucleosides tested activated the enzyme to various extents but, among them, the purine compounds were the most efficient. Second, inhibition by ADP was studied at high fructose-6-phosphate concentration where the activating effect of ADP is almost negligible. Under such conditions, it was found (Figs 7 and 8) that ADP acted as a non-competitive inhibitor with respect to fructose-6-phosphate and as a competitive one with respect to ATP ($K_{i(ADP)} = 2 \times 10^{-4}$ M).

It can be deduced from the experiments described above that the binding site for ATP must have a sub-site specific for the adenine moiety where ADP can bind and, therefore, act as a competitive inhibitor. By contrast, the diphosphonucleoside binding site is probably fairly specific for the diphosphonucleosides.

One may conclude that the binding of fructose-6-phosphate at its substrate site or of diphosphonucleosides at another stereospecific site promotes allosteric interactions, whereas the substrate site for ATP is apparently not involved in such interactions.

From Fig. 9 it can be seen that the lower the concentration of fructose-6-phosphate, the more co-operative is the effect of GDP. Were these data plotted as a function of fructose-6-phosphate concentration, they would display the same features exhibited by Fig. 5, i.e. the co-operativity of fructose-6-phosphate binding and the apparent K_m for this ligand are decreased as the activator concentration is increased.

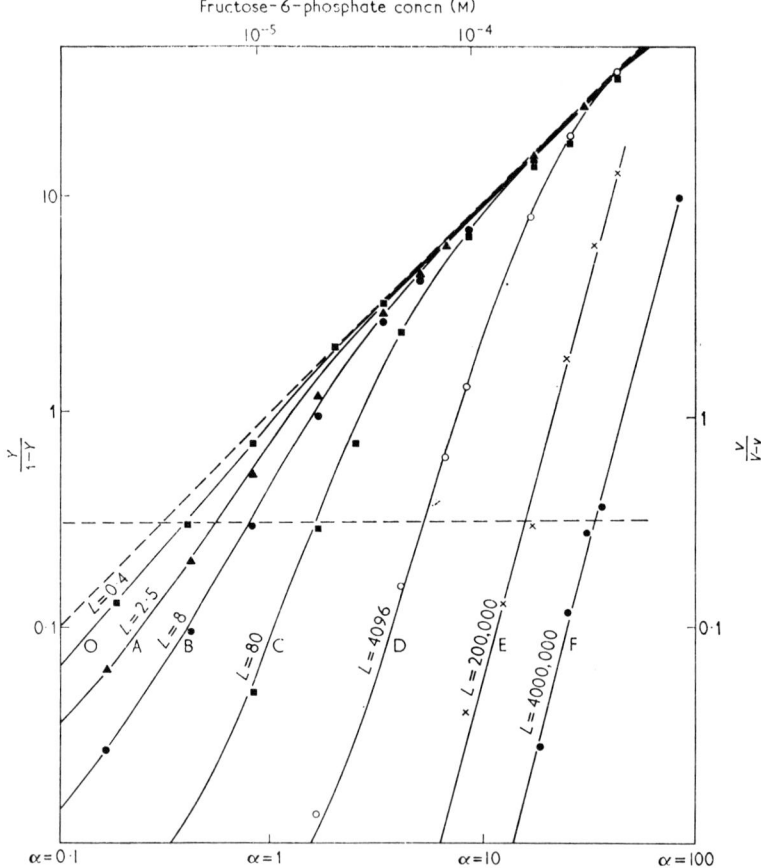

Fig. 6. Hill representation of the data in Fig. 5.

The maximum velocity of the reaction has been calculated for each curve by plotting the data according to Lineweaver–Burk and extrapolating to infinite substrate concentration, using only the points corresponding to high substrate concentrations.

Curve O was obtained with $2 \cdot 0 \times 10^{-3}$ M-ADP.

(e) *Inhibition by phosphoenolpyruvate*

In view of the fact that citrate inhibits mammalian phosphofructokinase, we looked for metabolites which could act as feed-back inhibitors of the enzyme from *E. coli*, and found that citrate, pyruvate, phosphogluconic acid and ribulose-5-phosphate have no effect up to a concentration of 10^{-2} M (provided that the concentration of magnesium is kept high), whereas phosphoenolpyruvate acts as a potent inhibitor. Magnesium ions are unable to relieve the inhibition; therefore, it is clear that this ligand does not act merely by complexing an essential cofactor. One may compare at different constant fructose-6-phosphate concentrations the co-operative effects due either to the activator GDP or to the inhibitor PEP. Both

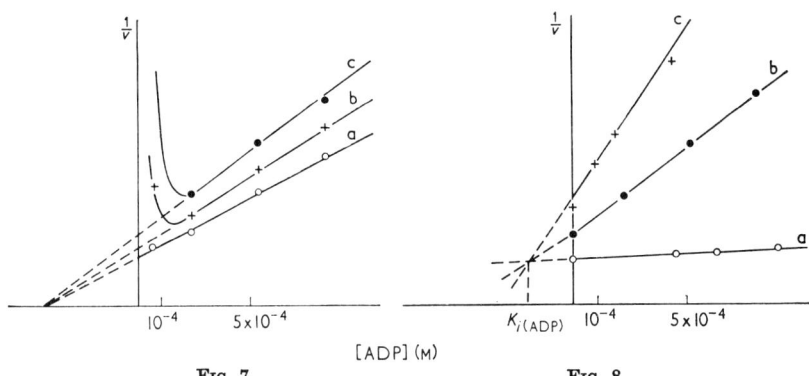

FIG. 7. Effect of ADP concentration on the initial velocity at different fructose-6-phosphate concentrations.
ATP concn, 10^{-4} M; Mg^{2+} concn 10^{-3} M; fructose-6-phosphate concn, (a) 4×10^{-5} M; (b) 10^{-4} M; (c) 4×10^{-4} M.

FIG. 8. Effect of ADP concentration on the initial velocity at different ATP concentrations.
Fructose-6-phosphate concn, 2×10^{-3} M; Mg^{2+} concn, $10 \times$ ATP concn. ATP concn (a) 16·6 K_m ATP, (b) 1·66 K_m ATP, (c) 2/3 K_m ATP.

TABLE 3

Activators of phosphofructokinase from E. coli

Activators	Concentration (M)	V_a†	V_a/V_0
3'AMP	10^{-3}	18	1
5'AMP	10^{-3}	18	1
3'5'AMP	10^{-3}	18	1
UDP	10^{-4}	33	1·83
CDP	10^{-4}	37	2·05
GDP	10^{-4}	64	3·55
dADP	10^{-5}	42	2·33
ADP	3×10^{-5}	62	3·44
Fructose-1,6-diphosphate	10^{-3}	18	1

Conditions of assay: fructose-6-phosphate concn $4 \cdot 4 \times 10^{-4}$ M; ATP concn 10^{-4} M; Mg^{2+} concn 10^{-3} M.

† V_0 = initial velocity in absence of the effector; V_a = initial velocity in presence of the effector; both expressed by the decay of optical density at 340 mμ/min.

are affected by fructose-6-phosphate concentration but in opposite ways, since the co-operativity of inhibition is enhanced when the substrate concentration is increased (Fig. 10).

With regard to the effect of phosphoenolpyruvate on the initial velocity of the reaction with fructose-6-phosphate as the variable substrate, the following features have been noticed (Fig. 11). The maximum velocity does not seem to be affected; the co-operativity of the curves *decreases*, whereas the substrate concentration

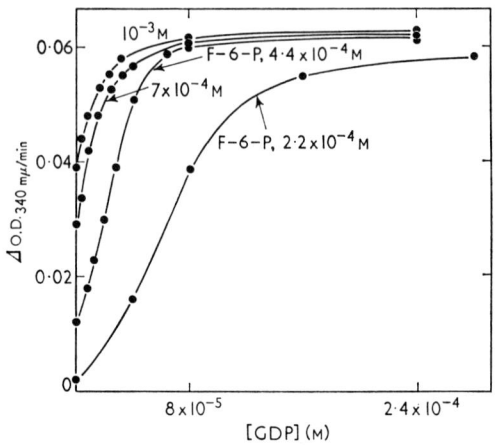

Fig. 9. Influence of GDP concentration on the initial velocity at different fructose-6-phosphate concentrations.
ATP concn, 10^{-4} M; Mg^{2+} concn 10^{-3} M. Fructose-6-phosphate concn as indicated on curves.

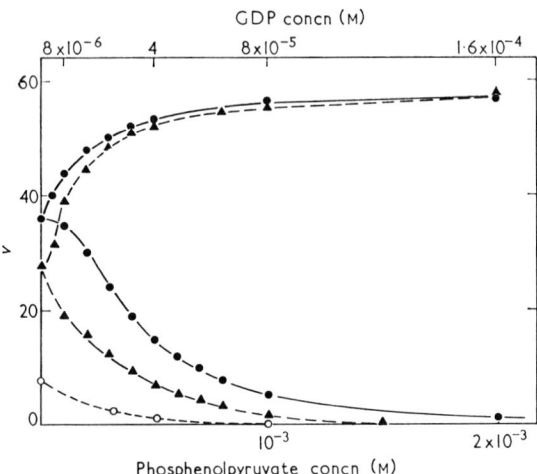

Fig. 10. Comparison between the effect of GDP and phosphoenolpyruvate concentration on the initial velocity at different fructose-6-phosphate concentrations.
ATP concn, 10^{-4} M; Mg^{2+} concn, 10^{-3} M. Fructose-6-phosphate concn: —●—●—, 10^{-3} M; --▲----▲--, 7×10^{-4} M; --○----○--, 2.5×10^{-4} M.

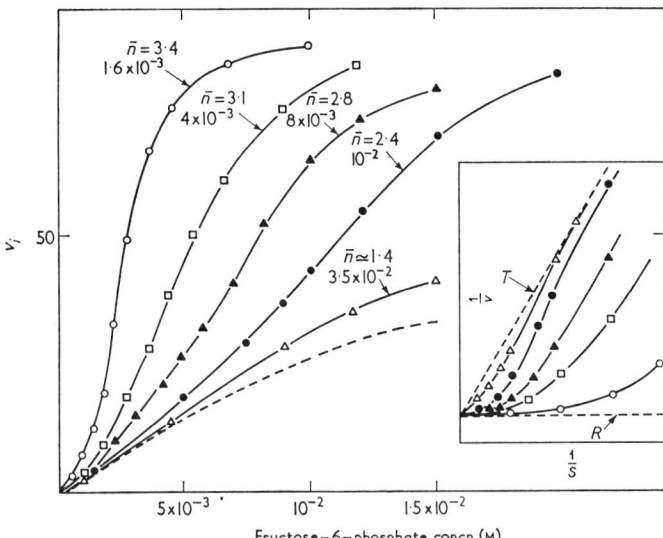

FIG. 11. Initial velocities as a function of fructose-6-phosphate concentration in the presence of various concentrations of phosphoenolpyruvate.
Phosphoenolpyruvate concentrations (M) are indicated along the curves.

required to reach the half-maximum velocity *increases*. At very high phosphoenolpyruvate concentration, the curve is no longer co-operative; the apparent Michaelis constant obtained under these conditions is of the order of $2·5 \times 10^{-2}$ M.

One may conclude this section by saying that the co-operative process which takes place in the presence of fructose-6-phosphate is strongly affected by two classes of effectors. Both lower the Hill coefficient from a value of 3·8 to a value close to 1; but whereas the diphosphonucleosides increase the affinity of the enzyme for fructose-6-phosphate, phosphoenolpyruvate decreases it. Most of these ligands do not affect the maximum velocity; an exception is ADP, and this only when the experimental conditions are such that competitive inhibition may occur between this ligand and ATP at the substrate site.

4. Analysis and Interpretation of the Kinetic Results

We now proceed to examine to what extent the data presented above may be interpreted quantitatively in terms of the concerted transitions theory of Monod *et al.* (1965).

Let us first recall the physical assumptions which form the basis of this theory. These may be stated as follows.

(a) An allosteric protein which shows *homotropic co-operative effects* is assumed to be an *oligomer*, made up of several equivalent subunits or *protomers*, each of which bears a single site for each of the stereospecific ligands.

(b) The promoter may exist in (at least) two different conformational states, R and T, considered to be in equilibrium.

(c) Transitions from one state to the other, within each oligomeric molecule, tend to be *concerted*; in other words, *equivalence* of the protomers is conserved through the transition.

(d) The different conformational states of the protein differ in respect to their affinity for specific ligands.

(e) It follows that the presence of a given ligand will displace the equilibrium between the different conformational states. *Both homotropic and heterotropic interactions are mediated through alterations of this equilibrium.*

Within the framework of this theory, a fairly wide variety of models of interaction systems may be constructed, some of them quite complicated, and therefore difficult to test. For the purpose of this discussion, we shall use a model embodying the following simplifying assumptions:

(i) We assume that phosphofructokinase from *E. coli* is a perfect K system, i.e. one where the kinetic parameter V_{max} is invariant.

(ii) We assume that only two conformational states, R and T, need be considered.

(iii) The transitions are supposed to be *fully concerted*; in other words, *hybrid states* (i.e. states in which i protomers in the R conformation would be associated with $n-i$ protomers in the T conformation) are assumed to be non-existent or negligible in amount.

As we shall see, analysis of the results clearly justifies the first two assumptions. To what extent the third may be justified will be the subject of a more thorough discussion later.

From these assumptions, the following equations can be written down, if we set:

n = number of protomers;

$\alpha = \dfrac{(F)}{K_{R(F)}}$, *normalized concentration* on the ligand F;

$K_{R(F)}$, dissociation constant of ligand F in the R conformation;

$K_{T(F)}$, dissociation constant of ligand F in the T conformation;

$c = \dfrac{K_{R(F)}}{K_{T(F)}}$, *non-exclusive binding* coefficient;

$\bar{R}$, the fraction of the protein in the R conformation or *state function*:

$$\bar{R} = \frac{\Sigma R}{\Sigma R + \Sigma T} = \frac{(1+\alpha)^n}{L'(1+c\alpha)^n + (1+\alpha)^n} \qquad (1)$$

$\bar{Q}$, the ratio of the R state to the T state, or *quotient function*:

$$\bar{Q} = \bar{R}/T = \bar{R}/(1-\bar{R}) = \frac{(1+\alpha)^n}{L'(1+c\alpha)^n} \qquad (2)$$

$\bar{Y}$, the fraction of sites of the protein occupied by the ligand F or *saturation function*:

$$\bar{Y}_{(F)} = \frac{\alpha}{1+\alpha}\bar{R} + \frac{c\alpha}{1+c\alpha}(1-\bar{R}) \qquad (3)$$

L' is the equilibrium constant between the R and T states and is a function of the concentration of all the allosteric effectors, except the ligand F:

$$\frac{1}{L'} = \frac{1}{L_0}\left[\frac{(1+d\beta)(1+\gamma)}{(1+\beta)(1+e\gamma)}\right]^n \quad (4)$$

L_0 is the *allosteric constant*, that is, the ratio R/T in absence of any allosteric effector, while β and γ are the normalized concentrations of inhibitor and activator, so that:

$$\beta = \frac{(I)}{K_{T(I)}} \qquad d\beta = \frac{(I)}{K_{R(I)}}$$

$$\gamma = \frac{(A)}{K_{R(A)}} \qquad e\gamma = \frac{(A)}{K_{T(A)}}.$$

In a perfect K system, initial velocity measurements may be considered to reflect the saturation function of the substrate molecules to the enzyme. Moreover, since ATP is not an allosteric ligand, all the results we present here at constant ATP concentration are considered to be measurements of the binding function $\bar{Y}$ of fructose-6-phosphate to the enzyme. However, for the interpretation of the data, we shall, as often as possible, refer to these results in terms of $\bar{R}$, or better, of $\bar{Q}$ functions, which are more simply related to the parameter L' which characterizes the allosteric transition (equation (4)).

We shall now try to ascertain the value of the different parameters which are involved in the equations: n, number of sites for each ligand (and we expect this number to be the same for all of them), c, *non-exclusive binding coefficient* for fructose-6-phosphate, L_0, equilibrium constant of the two states in the absence of effectors, and the dissociation constants of fructose-6-phosphate, activator and inhibitor.

For convenience, we designate as R the conformation having a high affinity for fructose-6-phosphate, and T as the conformation of low affinity.

(a) *Dissociation constants of fructose-6-phosphate*

If the plot of the fructose-6-phosphate binding function is examined (Fig. 14), it will be noted that all the curves of this plot are enclosed between two limiting curves which characterize two extreme kinetic behaviours; according to the theory, they correspond to the binding functions of fructose-6-phosphate when the equilibrium is completely displaced in favour of one of the two states R or T. It is therefore possible from these two limiting curves to determine the dissociation constants of the two states for fructose-6-phosphate:

$$K_{(R)} = (1 \cdot 25 \pm 0 \cdot 05)10^{-5} \text{ M}$$
$$K_{(T)} = (2 \cdot 5 \pm 0 \cdot 5)10^{-2} \text{ M}$$

so that c, the non-exclusive binding coefficient, is taken to be equal to 5×10^{-4}.

If the different substrate sites on the T or the R states were non-equivalent, the Hill coefficient of the curves drawn at different concentrations of ADP and phosphoenolpyruvate would be smaller than 1, at least for some values of the $\bar{Y}$ function. This behaviour does not appear on the two extreme curves of the set (Fig. 14) and this fact suggests that non-equivalence does not occur or is negligible

(b) *Determination of the number of fructose-6-phosphate sites*

Initial velocities of the reaction have been measured with respect to fructose-6-phosphate in the presence of given amounts of effectors, ADP or phosphoenolpyruvate. According to the theory, this means that $\bar{Y}$ is known as a function of

$$\alpha = \frac{\text{(fructose-6-phosphate)}}{1 \cdot 25 \times 10^{-5}},$$

for different values of L' which varies with respect to the effector concentration according to equation (4). $\bar{Y}$ is therefore a function of L', n and c according to equation (3). We know the value of c and we now wish to determine n.

For each experimental curve, we can determine the maximum Hill coefficient n and the normalized fructose-6-phosphate concentration $\alpha_{\frac{1}{2}}$ for which $v = V_{\max}/2$ (Figs 5 and 11). These experimental data are plotted with respect to each other on Fig. 12.

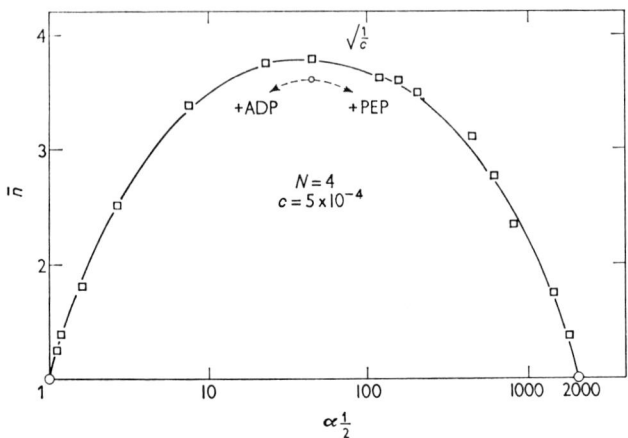

FIG. 12. Variation of the Hill coefficient $\bar{n}$ as a function of the concentration of fructose-6-phosphate corresponding to half-maximum velocity. This concentration is expressed by the normalized concentration:
$$\alpha_{1/2} = \frac{\text{(fructose-6-phosphate)}}{1 \cdot 25 \times 10^{-5}}$$
□, Experimental results. Each experimental point corresponds to one curve of Fig. 14.
The maximum value of $\bar{n}(\bar{n}_{\max})$ is obtained in the absence of ADP and PEP and corresponds to:
$$L' = \alpha_{1/2}^4 \text{ and } c\alpha_{1/2}^2 = 1.$$
Theoretical curve computed on the basis of the equations:
$$\frac{\bar{Y}}{1-\bar{Y}} = \frac{\alpha(1+\alpha)^3 + L'c\alpha(1+c\alpha)^3}{(1+\alpha)^3 + L'(1+c\alpha)^3}$$
$$\alpha = \alpha_{1/2} \text{ if } \bar{Y}/(1-\bar{Y}) = 1$$
$$\bar{n} = \frac{d \ln (\bar{Y}/(1-\bar{Y}))}{d \ln \alpha} \quad \bar{n} = \bar{n} \text{ if } \frac{dn}{d\alpha} = 0$$
where n is the Hill coefficient (i.e. the first derivative) at any point of a given curve, and $\bar{n}$ the maximum value of $\bar{n}$ attained on a given curve.

It appears that the Hill coefficient is equal to 1 when the protein is completely converted into the R or the T state by ADP or phosphoenolpyruvate, respectively.

Between these two limiting cases, the value of $\bar{n}$ is found to pass through a maximum. It will be seen from Fig. 12 that the more co-operative process takes place in the absence of both allosteric effectors, and in this case $\bar{n} = \bar{n}_{\max} = 3\cdot 8$ and $\alpha_{\frac{1}{2}} \simeq 40$. It must be noted that such behaviour is predicted by the theoretical model: when the protein is "frozen" in either the R or the T conformation by an allosteric effector, no co-operativity should be observed, whereas between these two situations the allosteric transition takes place. As shown by Wyman (personal communication) and by Rubin & Changeux (1966), if the transition is perfectly concerted, the maximum value of the Hill coefficient is obtained for the so-called symmetrical case which is defined by the relation $L'c^2 = 1$.

Therefore, this maximum value of $\bar{n}$ is only a function of n and c. The corresponding equation has been derived by Wyman (1966):

$$\bar{n}_{max} - 1 = (n-1) \left[\frac{1 - \sqrt{c}}{1 + \sqrt{c}} \right]^2.$$

This relation has been plotted in Fig. 13 for $n = 3$, 4 or 5. As can be seen from this graph, the only value of n which is compatible with the experimental values of $\bar{n}_{max}$ (3·8) and c (5×10^{-4}) is 4. This computation expresses simply the fact that, if c is very small, the Hill coefficient may approach very closely the number of sites, provided that the equilibrium is strongly shifted towards the T state in the absence of substrate. In our case, $\bar{n}_{max} = 3·8$; therefore $n = 4$.

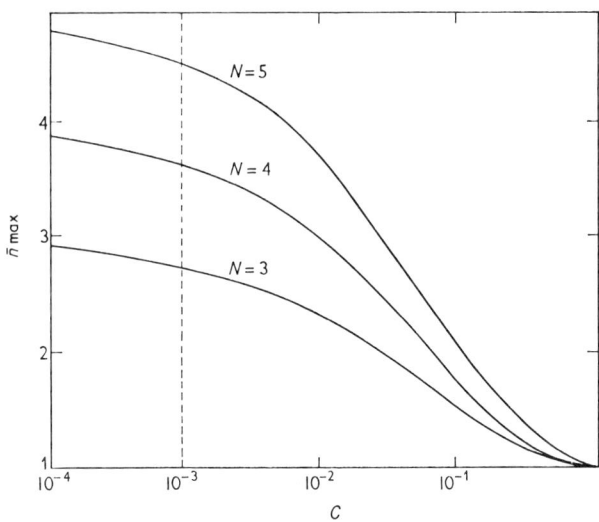

FIG. 13. Theoretical variation of the maximum value of the Hill coefficient ($\bar{n}_{max}$) (plateau value of Fig. 12) with respect to c for a trimer, a tetramer and a pentamer.

It can be verified now, taking $n = 4$ and $c = 5 \times 10^{-4}$, that the theoretical relation between $\bar{n}$ and $\alpha_{\frac{1}{2}}$ corresponds very closely to the experimental determinations for the whole range of L' values. This is shown on Fig. 12. Any other value of n or c would have given a poor fit.

(c) *Determination of the values of* L'.
Comparison with the experimental data

Once n and c are known, L' is the only parameter which is unknown and which varies from one curve to the next. Now, L' may be considered as a function of $\alpha_{\frac{1}{2}}$ because, if $\bar{Y} = \frac{1}{2}$, then from equation (3):

$$L' = \frac{(\alpha_{\frac{1}{2}} - 1)(\alpha_{\frac{1}{2}} + 1)^{n-1}}{(1 - c\alpha_{\frac{1}{2}})(1 + c\alpha_{\frac{1}{2}})^{n-1}}. \tag{5}$$

Therefore, we can estimate L' by making use of a single intrapolated point per curve, namely the fructose-6-phosphate concentration $\alpha_{\frac{1}{2}}$ which corresponds to $\bar{Y} = \frac{1}{2}$, and of the value 5×10^{-4} of the parameter c determined from the two extreme curves of the set in Fig. 14. We are now able to compute the theoretical curves $\log(\bar{Y}/1 - \bar{Y}) = f(\log \alpha)$ for each of these L' values and compare them with the experimental points $\log(v/V_{\max} - v) = f(\log|\text{fructose-6-phosphate}|)$. In Fig. 6 it can be seen that the agreement is good and the more stringent test between theory and experiment given in Fig. 14 ($\bar{Y} = f(\log \alpha)$ compared with $v = f(\log|\text{fructose-6-phosphate}|)$) is also satisfactory.

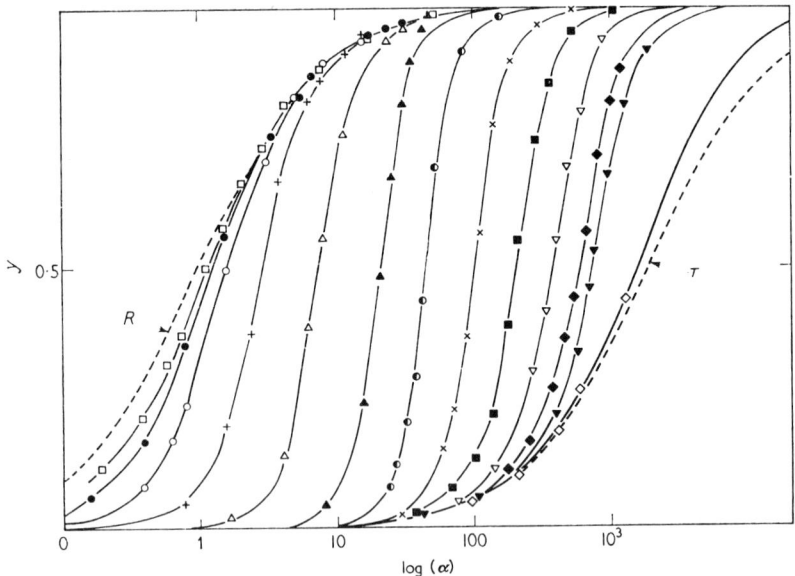

FIG. 14. Change of $v/V_{\max}$ with respect to fructose-6-phosphate concentration. Theoretical curves $\bar{Y} = f(\ln \alpha)$ are computed taking $n = 4$ and $c = 5 \times 10^{-4}$. The set of curves is symmetrical with respect to $\alpha = 1/\sqrt{c}$ and $\bar{Y} = \frac{1}{2}$.

Experimental points obtained from Figs 5 and 11 are plotted on the same diagram, taking:

$$\alpha = \frac{(\text{fructose-6-phosphate})}{1 \cdot 25 \times 10^{-5}} \quad \text{and} \quad \bar{Y} = v/V_{\max}.$$

Each curve is obtained in presence of a given amount of effector, either ADP or phosphoenolpyruvate.

L_0, the equilibrium constant between the R state and the T state in the absence of allosteric effectors can therefore be calculated from the curve F of Fig. 5 and is found equal to 4×10^6. Hence, the energy expended per mole of enzyme to allow the transition between the T_0 and the R_0 states is given by:

$$\Delta G = RT \ln L_0 = 9 \cdot 2 \text{ kcal./mole of enzyme.}$$

(d) *Influence of ADP on the allosteric transition*

It has been shown in the last section that phosphofructokinase from *E. coli* behaves with respect to one of its substrates, fructose-6-phosphate, as a tetrameric enzyme able to assume two conformations, R and T, the ratio R/T being very small in the absence of fructose-6-phosphate (L_0 large). It remains to be seen if the action of effectors can be quantitatively accounted for by the equations if it is assumed that there are four sites for each of these ligands. The effect of ADP can be studied directly from the variation of L'.

According to equation (4), one would expect that L' would vary with respect to the reduced concentration of ADP, $\gamma = \dfrac{(\text{ADP})}{K_{R(\text{ADP})}}$ as:

$$\frac{1}{L'} = \frac{1}{L_0} \cdot \frac{(1+\gamma)^4}{(1+e\gamma)^4} \tag{6}$$

and this relation may be used in the form:

$$\sqrt[4]{\frac{1}{L'}} = \sqrt[4]{\frac{1}{L_0}} \cdot \frac{(\text{ADP}) + K_{R(\text{ADP})}}{e(\text{ADP}) + K_{R(\text{ADP})}}.$$

At low ADP concentrations, if e is small enough, $\sqrt[4]{1/L'}$ should be a linear function of ADP, extrapolating back to $-K_{R(\text{ADP})}$ on the abscissa. Figure 15(a) and (b) illustrates this. From Fig. 15(b) we see that the results are accounted for on the assumption that the interaction involves four sites with a K_R for ADP of $2 \cdot 5 \times 10^{-5}$ M. The deviation from linearity in Fig. 15(b) can be accounted for by a non-exclusive binding coefficient for ADP, e, of the order of 0·02 ($K_{T(\text{ADP})} = 1 \cdot 3 \times 10^{-3}$ M); ADP is therefore a very efficient allosteric effector. However, as can be seen, its affinity for

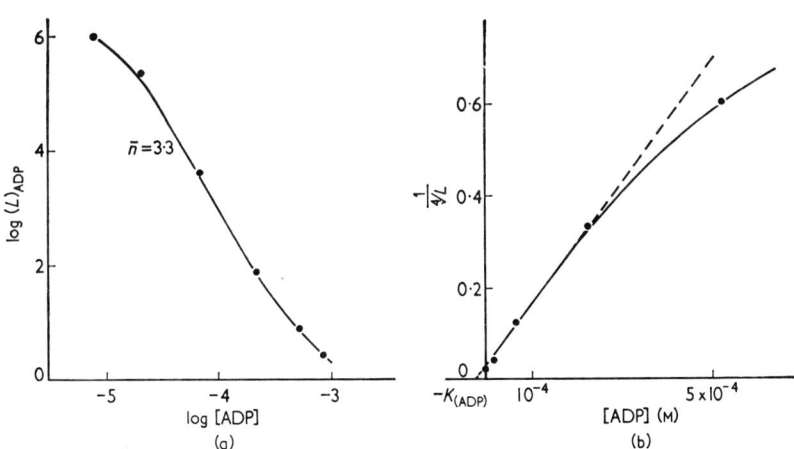

FIG. 15. (a) and (b) Variation of the equilibrium constant L' with respect to ADP concentration.
(a) Double logarithmic plot: $\log L' = f (\log [\text{ADP}])$
Note that the curve is not a straight line, as predicted on the basis of the equation:

$$\ln L' = -4 \ln (\text{ADP} + K_{\text{ADP}}) + 4 \ln (\text{ADP} + eK_{\text{ADP}}).$$

(b) Same data plotted as $1/\sqrt[4]{L'} = f ([\text{ADP}])$.

the T state is not negligible; this explains the fact that the limiting value of L' (Fig. 6) is finite and therefore that $\bar{n}$ (for fructose-6-phosphate) is not equal to 1 even at saturation of activator.

(e) *Dissociation constants for GDP and phosphoenolpyruvate*

As c, the non-exclusive binding coefficient of fructose-6-phosphate is very small, one may neglect it in studying the influence of the effectors at constant substrate concentrations (Figs 9 and 10). Equation (3) reduces them to:

$$\frac{v}{V_{max}} = \bar{Y} = \frac{\alpha}{1+\alpha} \bar{R}. \tag{7}$$

This equation expresses the fact that, in a perfect K system, if the non-exclusive binding of the substrate is very small, the variation of the initial velocity as a function of the concentration of the effector, at constant substrate concentration, is a measure of the fraction $\bar{R}$ of the protein which is in the conformation showing affinity for the substrate. Therefore:

$$\bar{R} = \frac{v}{V_{max}} \cdot \frac{1+\alpha}{\alpha} = \frac{v}{V'_{max}}$$

V'_{max} being the maximum velocity which can be reached in the presence of a given concentration of fructose-6-phosphate, if the protein is entirely in the R conformation. It has already been shown that large concentrations of activator convert almost all the protein in the R conformation. Therefore, we can take for V'_{max} the maximum velocity reached in the presence of a given concentration of fructose-6-phosphate at saturating concentration of GDP.

According to equations (1) and (2), the ratio between the R and T conformations can be written as:

$$\bar{Q} = \frac{\bar{R}}{1-\bar{R}} = \frac{v}{V'_{max}-v} = \frac{(1+\alpha)^n (1+\gamma)^n}{L_0(1+e\gamma)^n}.$$

α is constant, therefore:

$$\bar{Q} = \frac{1}{L_{(\alpha)}} \cdot \frac{(1+\gamma)^n}{(1+e\gamma)^n} \tag{8}$$

where

$$L_{(\alpha)} = \frac{L_0}{(1+\alpha)^n}.$$

Equation (8) can be linearized by plotting the nth root of $\bar{Q}$ against the normalized concentration (γ) of activator. It is, therefore convenient to plot $\sqrt[4]{(v/V'_{max}-v)}$ against GDP concentration, assuming that there are four independent sites for GDP per molecule in the R conformation. If this is indeed so, all the curves given in Fig. 9 are expected to be converted by equation (8) into straight lines converging on the abscissa at the same point, $-K_{R(GDP)}$. This seems to be the case, as shown by Fig. 16(a). One obtains, by extrapolation:

$$K_{R(GDP)} = (4 \cdot 0 \pm 0 \cdot 5)10^{-5} \text{ M}.$$

Again, the non-exclusive binding for the activator is very small, since no departure from linearity could be observed at high GDP concentration.

Equation (8) assumes too that the number of sites for GDP is equal to the number of sites for fructose-6-phosphate, namely four. Figure 16(b) shows that, if five sites were assumed for GDP on the molecule (i.e. if one takes the fifth root of $v/V'_{max} - v$

instead of the fourth), the functions start to deviate from straight lines and do not cut the abscissa at the same point. Deviation from normality is also observed assuming $n = 3$. The most probable number of sites for ADP and for GDP therefore is 4.

One can use the same method to study phosphoenolpyruvate inhibition. Figure 17 shows that $V'_{max} - v/v$ is again a fourth power function of $(1 + \beta)$, β being equal to the ratio of the phosphoenolpyruvate concentration to its dissociation constant for the T state. From Fig. 17, $K_{T(PEP)}$ is found to be equal to $(7\cdot 5 \pm 0\cdot 5)10^{-4}$ M, this value again being independent of the fructose-6-phosphate concentration.

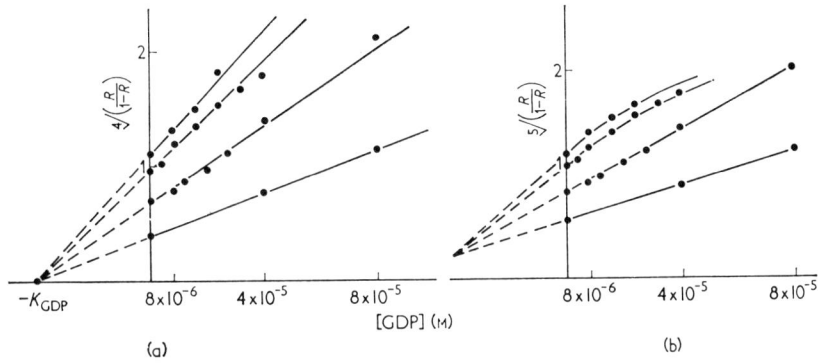

FIG. 16. (a) and (b) Variation of the Quotient function $\bar{Q}$ with respect to GDP concentration at different fructose-6-phosphate concentrations (see explanations in the text, p. 30).
(a) The number of binding sites is assumed to be equal to four.
(b) The number of binding sites is assumed to be equal to five.

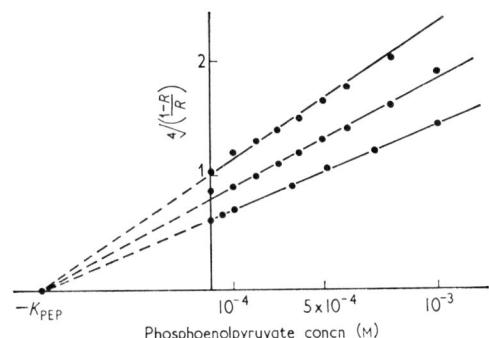

FIG. 17. Variation of the quotient function $\bar{Q}$ with respect to phosphoenolpyruvate concentration at different fructose-6-phosphate concentrations assuming four binding sites for the former.

(f) *Balance between different effectors*

Since the ratio of the two assumed conformations is given by:

$$\bar{Q} = \frac{\bar{R}}{1 - \bar{R}} = \frac{(1 + \alpha)^4}{L_0} \cdot \frac{(1 + \gamma)^4}{(1 + \beta)^4}$$

we see that, provided the *normalized* concentrations of activator and inhibitor are maintained equal, i.e. provided that

$$\frac{(GDP)}{K_{R(GDP)}} = \frac{(PEP)}{K_{T(PEP)}},$$

and provided also that the number of interacting sites is the same for both ligands, then no effect should be observed at any concentration of the effectors and the initial velocity is expected to be unchanged. The results of such an experiment are given on Fig. 18. It is seen that the initial velocity does not change, whatever the fructose-6-phosphate concentration, if $\beta = \gamma$ but varies significantly if this balance is not maintained ($\beta = 3\gamma$ or $\gamma = 3\beta$). This result implies that the number of GDP sites is equal to the number of phosphoenolpyruvate sites, and that their dissociation constants are not very different from the value determined earlier.

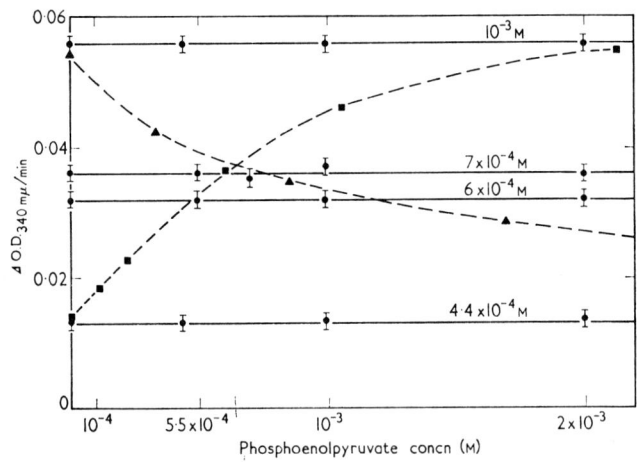

FIG. 18. Conjugate effects of phosphoenolpyruvate and GDP on the initial velocity at different fructose-6-phosphate concentrations.

●, The ratio between PEP and GDP is maintained constant and equal to:

$$P = \frac{7 \times 10^{-4}}{4 \times 10^{-5}} = \frac{K_{T\,(PEP)}}{K_{R\,(GDP)}}.$$

Fructose-6-phosphate concentrations as indicated.
▲, The ratio between phosphoenolpyruvate and GDP is equal to 3P.
■, The ratio between phosphoenolpyruvate and GDP is equal to P/3.
ATP concn, 10^{-4} M; Mg^{2+} concn, 10^{-3} M.

(g) *Co-activation*

It is interesting to note that the same kind of reasoning can be applied to a mixture of two activators; if they compete for the same site, they are expected to shift the balance between R and T according to:

$$\bar{Q} = \frac{\bar{R}}{1-\bar{R}} = C(1 + \gamma + \gamma')^4 \text{ with } \gamma = \frac{(A)}{K_{R(A)}} \quad \gamma' = \frac{(A')}{K_{R(A')}}.$$

If they have two distinct sites, one expects that the same ratio will vary as:

$$\bar{Q} = \frac{\bar{R}}{1-\bar{R}} = C(1+\gamma)^4(1+\gamma')^4.$$

Competition experiments between ADP and GDP have shown that these two ligands compete for the same site on the R conformation of the enzyme.

TABLE 4

Kinetic parameters of phosphofructokinase from E. coli

Ligand	K_R (M)	K_T (M)
ATP	6×10^{-5}	6×10^{-5}
Fructose-6-phosphate	$1 \cdot 25 \times 10^{-5}$	$2 \cdot 5 \times 10^{-2}$
ADP	$2 \cdot 5 \times 10^{-5}$	$1 \cdot 3 \times 10^{-3}$
GDP	4×10^{-5}	$>4 \times 10^{-2}$
PEP	$>7 \cdot 5 \times 10^{-1}$	$7 \cdot 5 \times 10^{-4}$

$N = 4 \qquad L_0 = 4 \times 10^6 \qquad c = 5 \times 10^{-4}$

5. General Discussion and Conclusions

The results reported in the present paper and their analysis may be summarized by saying that the kinetic behaviour of phosphofructokinase with respect to its substrate, activators and inhibitors, is quantitatively accounted for by a model based on the concerted transition theory (Table 4) and involving the following specific assumptions:

(1) The enzyme is made up of equivalent protomers, each bearing a single site for each ligand.

(2) Two significantly distinct conformational states in equilibrium are accessible to the protomers.

(3) The transitions, in each molecule, are fully concerted.

(4) The two states have the same affinity for ATP but differ with respect to their affinity for fructose-6-phosphate, XDP and phosphoenolpyruvate. These ligands bind independently on the two conformational states.

(5) The enzyme is a tetramer.

While, using these assumptions, the agreement between theory and experiment is found to be quite good, we must enquire whether any, and which, alternative assumptions might predict the results at least as well. We set aside assumption (4) which, as we have seen, may be taken as a statement of experimental fact.

In order to discuss assumption (2), we need to formulate a truly alternative one. This would be that each different ligand promotes or induces a *significantly* different state of the protein. The results are clearly not in accord with such an assumption, as shown by the fact that the dissociation constants for substrate are found to be the same whether in the absence or presence of activator or inhibitor, and similarly the dissociation constants for GDP and phosphoenolpyruvate are apparently the same in presence of different concentrations of any effector. We conclude that, in the case of phosphofructokinase, only two significantly different states of the protein need be considered.

The alternative to assumption (1) would be that: (a) the number of sites per molecule for each ligand might not be the same; (b) heterogeneity of the sites, for a given ligand, would be observed.

As we have seen, however, the number of interacting sites appears to be the same for substrate, activator and/or inhibitor, and, when the enzyme is frozen in one of the two states, no evidence of heterogeneity is found.

Turning to statement (3), we now wish to point out that it is not independent of (5), namely, from the assumption that the number of interacting protomers is four. This stems from the fact that our determination of the value of n *depends* upon the assumption that hybrid states are negligible. It is possible to show that, if four protomers are interacting, the contribution of hybrid states must be negligible. However, binding functions, very close to those which are obtained for a tetramer, could be obtained assuming more than four protomers, interacting in such a way that the amount of hybrid states would not be negligible. For example, almost all the results could be fitted assuming a hexameric molecule, able to exist not only in the two symmetrical states R_6 and T_6, but also, to some extent in a hybrid state such as R_3T_3. The best fit under these conditions is obtained if, in the absence of allosteric ligands, we have the following ratios:

$$(R_6)/(T_6) = \frac{1}{L_0'} \qquad (R_3T_3)/(R_6) = 2H$$

$$\text{with } 4H^2 = L_0' \quad \text{or } 2H = \sqrt{L_0'}$$

$$\text{and } L_0' = 4 \times 10^9 \quad \text{so that } H = 3\cdot2 \times 10^4.$$

Under these conditions, it is seen that the amount of hybrid state would still be negligible with respect to T_6 but not with respect to R_6. Even in this case, the values of all the dissociation constants for the two conformations R and T would be the same as in the case of the concerted transition occurring in a tetrameric molecule (Table 4). Therefore, the interpretation of the most striking features which have been described here, namely, the existence of an equilibrium between the states and the characteristic variation of $\bar{n}$ as a function of α_i would not have to be modified. Similarly, the assumption that two states of the protomer and only two are required to explain the effect of all the allosteric ligands, would still hold.

In any event, direct determination of n should allow us to decide whether hybrid states may or may not be neglected in this particular system. This ambiguity does not affect, however, what we believe to be the most significant conclusion of the present study, namely, that the correlations between homotropic and heterotropic effects, predicted by the concerted transition theory, are quantitatively verified in the case of phosphofructokinase from $E.$ $coli$. The existence of these correlations is undoubtedly one of the most striking features of most regulatory enzyme systems. So far as we know, no alternative theory capable of accounting for these correlations (except, in individual instances, by a strictly *ad hoc* formalism), has been proposed as yet.

This work has been aided by grants from the U.S. National Institutes of Health, the Délégation Générale à la Recherche Scientifique et Technique, the Centre National de la Recherche Scientifique and EURATOM.

REFERENCES

Atkinson, D. E. (1966). *Ann. Rev. Biochem.* **35**, 111.
Atkinson, D. E. & Walton, G. M. (1965). *J. Biol. Chem.* **240**, 757.
Lowry, O. H. & Passonneau, J. V. (1964). *Arch. Exptl. Pathol. Pharmakol.* **248**, 185.
Mansour, T. E. (1963). *J. Biol. Chem.* **238**, 2285.
Martin, R. G. & Ames, B. N. (1961). *J. Biol. Chem.* **236**, 1372.
Monod, J., Wyman, J. & Changeux, J. P. (1965). *J. Mol. Biol.* **12**, 88.
Passonneau, J. V. & Lowry, O. H. (1963). *Biochem. Biophys. Res. Comm.* **13**, 372.
Passonneau, J. V. & Lowry, O. H. (1964). *Advances in Enzyme Regulation*, p. 265. New York: Macmillan.
Ramaiah, A., Hathaway, J. A. & Atkinson, D. E. (1964). *J. Biol. Chem.* **239**, 3619.
Rubin, M. M. & Changeux, J. P. (1966). *J. Mol. Biol.* **21**, 265.

BIOLOGIE PHYSICO-CHIMIQUE. — *Sur certaines implications de l'hypothèse d'une équivalence stricte entre les protomères des protéines oligomériques* ([1]). Note (*) de MM. **Pierre Claverie, Maurice Hofnung** et **Jacques Monod**, présentée par M. Etienne Wolff.

L'hypothèse d'une équivalence géométrique stricte entre les n-protomères d'une protéine oligomérique dont la structure appartient à un groupe de symétrie d'ordre g entraîne $n = g$. Moyennant certaines restrictions d'ordre stérique et thermodynamique on est alors conduit à prévoir une prédominance des structures dimériques et tétramériques dans la nature.

On sait aujourd'hui que la majorité des protéines globulaires (y compris en particulier la plupart des enzymes du métabolisme intermédiaire) sont des « oligomères » constitués par l'association non covalente d'un petit nombre de sousunités (protomères) chimiquement identiques.

Comme Caspar ([2]) l'avait initialement suggéré et comme Monod, Wyman et Changeux ([3]) y ont insisté, il est probable que les structures quaternaires des protéines oligomériques sont en général telles que les protomères constituants soient équivalents entre eux géométriquement aussi bien que chimiquement.

Dans la présente Note, nous cherchons à dégager certaines règles simples et générales qui soient applicables à la géométrie des structures quaternaires des protéines oligomériques formées de sous-unités équivalentes.

Nous appelons « aire de liaison », l'ensemble des groupes ou résidus d'un protomère qui participent à son association avec un autre protomère. Considérées ensemble, les deux aires de liaison qui associent deux protomères sont appelées « domaine d'association ». Nous admettons qu'un domaine d'association détermine de façon univoque les positions relatives des deux protomères qui y contribuent.

Nous dirons alors que tous les protomères d'un oligomère sont équivalents si, et seulement si, les deux conditions suivantes sont satisfaites.

1. Toute aire de liaison utilisée par un protomère est saturée dans tous les protomères de l'oligomère.

2. A chaque aire de liaison engagée par un protomère correspond un seul domaine d'association possible. C'est-à-dire qu'à chaque aire de liaison d'un protomère est associée une opération géométrique caractéristique de cette aire. Cette opération transforme ce protomère en celui qui lui est lié par le domaine d'association correspondant.

Ces deux conditions constituent une définition « locale » de l'équivalence. Elles impliquent cependant nécessairement que la propriété « globale » suivante soit satisfaite :

La structure de l'oligomère appartient à un groupe de symétrie dont l'ordre g est égal au nombre n de protomères.

La démonstration de cette propriété peut être résumée comme suit :

(2)

Soit P_n^g un oligomère constitué de n protomères identiques $(a_1, a_2, ..., a_i, ..., a_n)$ et appartenant à un groupe de symétrie d'ordre g. Soit R_{ji} le déplacement qui fait passer de a_i à a_j.

On a alors les deux lemmes :

Lemme 1 : si $n = g$, les n protomères sont équivalents.

Lemme 2 : si les n protomères sont équivalents, R_{ji} est un élément du groupe de symétrie de P_n^g et $n = g$.

Partons d'un protomère quelconque de P_n^g et appliquons lui les g opérations distinctes du groupe ; nous obtenons g protomères appartenant à P_n^g. Ceci implique que dans tous les cas $n \geqslant g$.

Démonstration du lemme 1. — Si $n = g$, les g protomères obtenus, *sont* les g protomères de P_n^g. L'ensemble des opérations géométriques qui transforment un protomère en les $(g - 1)$ autres, et en particulier en ceux qui lui sont liés, est le même quel que soit le protomère de départ. Ceci entraîne que les protomères sont équivalents au sens de la définition locale.

Démonstration du lemme 2. — Elle peut être faite en passant par les quatre étapes suivantes :

1. R_{ji} transforme tout protomère lié à a_i en un protomère de P_n^g lié à a_j (équivalence des protomères).

2. R_{ji} transforme tout protomère de P_n^g en un autre protomère de P_n^g (connexité de P_n^g).

3. L'application de R_{ji} à P_n^g ne change pas la valeur de n. Il en résulte que R_{ji} transforme P_n^g en lui-même.

4. Les R_{ji} ($j = 1, 2, ..., n$) sont n déplacements distincts appartenant au groupe de symétrie de P_n^g ; ceci implique $g \geqslant n$; comme nous savons déjà que $n \geqslant g$, nous concluons $n = g$.

L'égalité $n = g$ est donc une condition nécessaire et suffisante d'équivalence entre les n protomères d'un oligomère dont la structure appartient à un groupe de symétrie d'ordre g. Un tel oligomère, sera dit d'ordre g.

L'égalité $n = g$ peut être prise comme définition d'une classe de « cristaux » particulière que nous pouvons appeler « cristaux fermés » par opposition aux cristaux usuels ou « cristaux ouverts ». Dans le cas de ces derniers, g est infini, et par conséquent n est *potentiellement* infini, mais pour tout cristal ouvert réel, nécessairement fini, on ne peut avoir équivalence stricte entre tous les protomères.

Le groupe de symétrie d'un cristal fermé ne peut donc contenir de translation puisque cette opération n'appartient qu'à des groupes d'ordre infini. En outre, dans le cas d'un cristal de protéines, il faut évidemment exclure aussi les symétries par rapport à un plan (qui convertiraient les acides aminés de la série L en acides aminés de la série D). Il en résulte que les structures cristallines fermées accessibles

(3)

à un oligomère d'ordre donné doivent appartenir à un groupe ponctuel du même ordre, ne contenant que des rotations ([4]).

Il est souvent intéressant de considérer un oligomère d'ordre donné comme constitué par l'assemblage d'oligomères d'ordre inférieur qui pourraient en avoir été les « précurseurs ».

Or, comme on l'a vu (lemme 2) pour un oligomère constitué de protomères équivalents, tout axe de rotation local faisant correspondre deux ou plusieurs protomères est aussi un axe de rotation qui conserve globalement l'oligomère. Par conséquent lorsque, de la polymérisation d'un oligomère fermé avec lui-même, résulte un nouvel oligomère fermé, les axes de rotation des « précurseurs » doivent être conservés comme axes de rotation du « produit » de la réaction d'association. En particulier les points invariants du groupe ponctuel du produit doivent être invariants également pour le groupe ponctuel des précurseurs. Or, on sait que les axes de rotation de tout groupe ponctuel qui en comporte plus d'un seul, concourent tous en un même point, seul invariant du groupe et centre de gravité de tout oligomère (dit « centré ») satisfaisant à la symétrie de ce groupe. Il en résulte que la polymérisation d'oligomères centrés en oligomère fermé d'ordre supérieur n'est possible que si tous les centres coïncident avec le centre du produit.

Si nous admettons que, pour des raisons stériques, cela est en général impossible, nous pouvons conclure qu'un oligomère fermé d'ordre n ne peut résulter de l'association d'oligomères *centrés* d'ordre inférieur. En d'autres termes, *seuls les oligomères cycliques peuvent servir de précurseurs pour des oligomères d'ordre supérieur*.

En outre, la polymérisation d'oligomères cycliques en oligomères cycliques d'ordre supérieur exige que d'une part les axes de symétrie, et d'autre part, les centres de gravité des précurseurs soient mis en coïncidence. Si nous éliminons aussi cette possibilité pour des raisons stériques, il en résulte que *la polymérisation d'oligomères cycliques en un cristal fermé ne peut conduire qu'à des oligomères centrés*.

Si de plus, on admet l'hypothèse que les étapes de polymérisation les plus probables sont les plus simples, c'est-à-dire des dimérisations, on est conduit à prévoir sur la base de ce qui précède, que les dimères et les tétramères devraient être les structures les plus fréquentes parmi les protéines globulaires ([5]).

Un examen de la littérature suggère que c'est effectivement le cas.

[*] Séance du 1er avril 1968.
[1] Ce travail a bénéficié de l'aide de la Délégation Générale à la Recherche Scientifique et Technique, du Centre National de la Recherche Scientifique et des « National Institutes of Health » des Etats-Unis.
[2] D. L. D. Caspar, *Advances in protein chemistry*, 18, 1963, p. 88.
[3] J. Monod, J. Wyman et J. P. Changeux, *J. Mol. Biol.*, 12, 1965, p. 88.
[4] G. Y. Lyubarski, « *The application of group theory in physics* », Pergamon Press, 1960.
[5] La dimérisation d'un monomère donne un dimère isologue (symétrie C_2) qui peut à son tour se dimériser en un tétramère isologue (symétrie D_2 ; C_4 étant exclu pour des raisons stériques). Cet oligomère centré ne peut plus se polymériser en une structure fermée d'ordre plus élevé.

(*Chaire de Biologie Moléculaire, Collège de France*;
Institut de Biologie Physico-Chimique et *Institut Pasteur*,
25, *rue du Docteur-Roux, Paris*, 15e.)

On symmetry and function in biological systems

By J. Monod

Collège de France and Institut Pasteur, Paris, France

Two main currents of thought have flown through and dominated western philosophy ever since its birth, in the Ionian islands, almost 3000 years ago. Starting from, or leading to, an idealized image of the universe, including man and human societies, both of these philosophies are in fact based on ethical and political concepts. One of them considers rest, fixity, immutability, both as the ideal "state" of the world, and as the only authentic, ultimate reality. The other, in contrast, denies the possibility of any rest and fixity, and believes the universe to be interpretable exclusively in terms of change, of evolution taken as the one and only, again the ultimate, reality.

Even though the philosophy of evolution has dominated western thought since the beginning of the nineteenth century, the metaphysical dispute between neo-Platonists and Hegelians (including their "materialist" offspring) still goes on within philosophic circles, apparently unaware of the fact that such problems and concepts are entirely foreign to modern natural philosophy.

Modern science of course recognizes and studies evolution, whether that of the universe, or of systems within it, such as the biosphere including man. We are all aware of the fact that any phenomenon, any event, or for that matter, any "knowledge", any transfer of information implies an interaction, and that no interaction may take place without an alteration, an evolution of the interacting system.

This attitude, however, does not imply any rejection of the existence of fixed, immutable entities within the structure of the universe. Nor do we see any contradiction in the fact that a system will evolve, and yet remain the same in certain respects. Indeed, quite the reverse, and emphatically so: the basic method, and the ultimate goal of science in the description of a changing world is the definition and discovery of *invariants*. Need one point out that any physical law amounts to a statement of invariance, and that the most fundamental statements in Physics consist of a set of "conservation principles", i.e. in the definition of a certain number of universal invariants? Actually, it is easy to see that the scientific interpretation of any phenomenon, of the evolution of any system, can and must be given exclusively in terms of its invariant elements. A classical example is the formulation of differential equations, that is, of a method of defining change in terms of what remains unchanged. Moreover, as pointed out by Weisskopf (this volume) the most extreme form of the idea of invariance, namely the concept of *absolute* identity, which was absent from classical physics, plays a fundamental role in quantum mechanics.

Invariance is intimately related to the concept of symmetry. The word symmetry, here, must not be understood in its purely geometrical connotation, but in the much wider sense which it has assumed in modern physics and mathematics. In this sense, the concept of symmetry becomes almost identical with that of order within a structure, whether in space or time, or purely *in abstracto*.

As such the concept has assumed a fundamental, pervasive and ever present importance in the physical sciences. So much so that a physical scientist, like some of the distinguished participants of this symposium, may have been somewhat surprised at its title. How could such a wide concept as symmetry define the presumably specialized subject-matter of this symposium? A physical scientist may not realize that, in spite of its innumerable applications in physics and chemistry, the concept of symmetry has not so far been used very widely and systematically in biology. Indeed the idea of trying to relate symmetry and function is a relatively new one in biology, in spite of the early profound insights of Pasteur.

Should we feel that this situation simply results from the fact that physicists, on the whole, are a great deal brighter than biologists? While I may be quite ready to concede this last point, I would not agree that it is the whole story. Nor of course could one consider that there is more symmetry, in the sense of more structural order, in physical than in biological objects. The reverse obviously is the case. The difficulties stem precisely from the extreme complexity of biological order, even though it often does express itself, partially, in some very simple and very obvious symmetry elements.

Figs. 1, 2, and 3 illustrate this point.

As we see, it is in some of the lower forms of life, such as microscopic algae, radiolaria, coelenterates that symmetries of relatively high order are found. The "higher" forms, including man, must be content with the simple, low-order, bilateral symmetry. This would be a sobering thought, if we were to equate superiority with order, and order, in turn, with simple geometric symmetry. In this last respect, radiolaria are far superior to us, and a crystal of sodium chloride beats both.

The truth of course is that these morphological, macroscopic, symmetries are superficial, and do not reflect the fundamental order *within* living beings. I am not even referring now to the fact that we possess only one heart, on one side, and a single liver, on the other, although this is enough to show that our outwardly "bilateral" appearance is something of a fake. I am referring to the

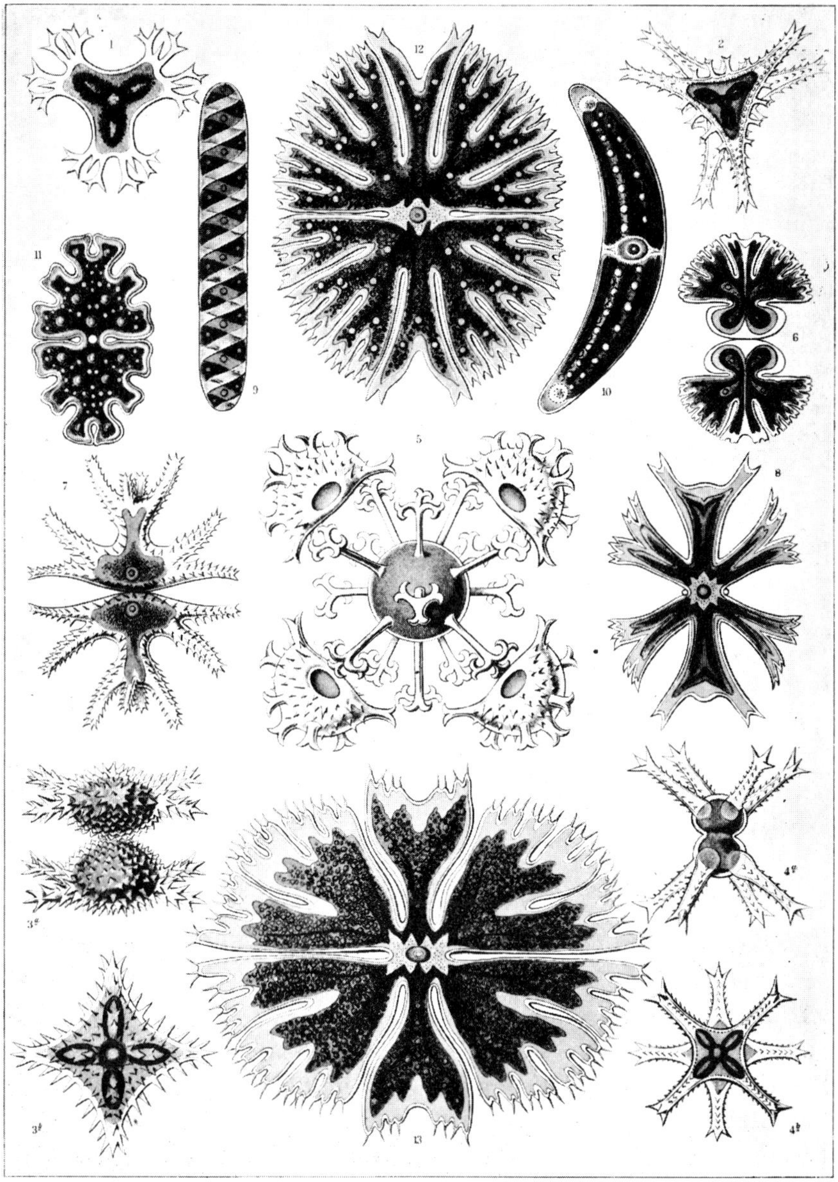

Fig. 1. Dismidiea—Desmids

microscopic structures which are responsible, in the last analysis, for all the properties of all living beings, namely proteins and nucleic acids. As we know both classes of molecules are made up of long sequences of a few different types of chemical residues: twenty different aminoacids in proteins; four different nucleotides in the nucleic acids.

Now, the one and only rule universally applicable to the description of these sequences is that:

(*a*) The *order* of residues within each sequence is perfectly defined.

(*b*) This perfect order obeys no rules; it is in each case unique, and abides by no law except its own.

It follows that no simple, or even complex rule of geometric (translational) symmetry applies to these sequences. And since, moreover, the chemical residues of which they are made up, themselves are asymmetric, it follows further that any simple (monomeric) protein, or any segment of DNA, is in fact devoid of *any* element of geometric symmetry.

In a sense the structure of these molecules is comparable to that of the natural numbers. As is well known, the sequence of digits in a natural number, such as Π or e, is *both* strictly determined *and* random (by direct analysis of the sequence).

Natural numbers are uniquely defined each by a function. Similarly, biological macromolecules have been designed, through molecular evolution, for the performance of highly specific, unique functions. The apparent randomness of these highly ordered sequential structures illustrates and measures the wealth of information i.e. the precision, with which these various specific functions have had to be defined for optimal performance.

This, I believe, is the first and most fundamental aspect of the relationship between symmetry and function in biological macromolecules: to the unique, specific, highly precise functions performed by these macromolecules, corresponds a unique, precise, structural order of their own.

However, while each molecular species of protein, hence the corresponding sequence in DNA, is destined to perform unique specific functions, yet the performance of these functions involves chemical machineries and interactions which are *not* unique to each sequence, but common to several, or many, or all. One may then expect certain regularities, repetitions (i.e. symmetries in the strict sense) to reflect those properties which are common to, shared by, a population of otherwise unique molecular species. And since the sequences themselves are unique and asymmetric, it is only in their overall packing and shape that we may find such regularities.

For instance, the various unique functions of DNA are all performed through the two basic mechanisms of transcription and replication.

Both mechanisms operate sequentially, in space and time. The helical structure of DNA may be considered to fit this function, in that it is the closest natural approach to a strictly linear sequence of symbols on a tape.

On symmetry and function in biological systems

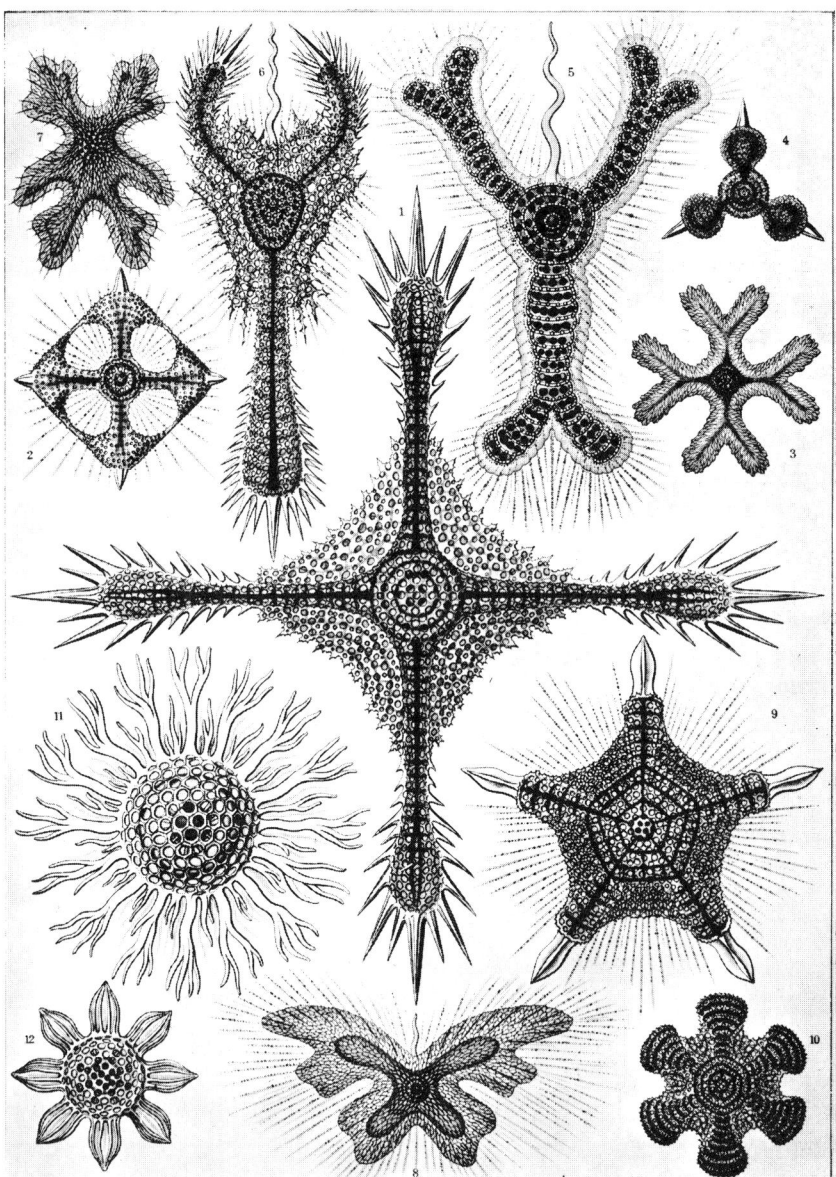

Fig. 2. Discoidea—Radiolarians

This structure, by virtue of its symmetry, poses however a number of problems which I will only recall in passing.

The first is the, now classical, problem of the uncoiling of DNA, which must in some way occur, to allow replication. A number of ingenious guesses have been proposed as solutions to this riddle. Nature's solution, as it is now gradually being disclosed, appears a great deal less sophisticated than any of these models, albeit probably much more efficient in its simplemindedness.

It should however be noted at this point that many DNAs from procaryotes and viruses appear to assume, at least during certain stages of the replication process, a circular structure implying a further element of symmetry, the word here being used in a topological sense, since evidently a ring of DNA does not geometrically assume a cyclic structure.

There is little doubt that this structure is, in some essential way, related to the replication process, as is shown primarily be the remarkable fact, discovered by Jacob & Wollman (1961) that the genetic maps of bacteria and viruses involve circular permutations, and must therefore be drawn on a circle. For the time being, however, a precise and generalizable functional interpretation of this structure is not available, and it is not clear whether or not ring structures also obtain at some stages of the replication cycle of DNA within chromosomes of eucaryotic organisms.

Another, so far completely unsolved question is the mechanism of strand selection and choice of starting points during transcription. Since the two strands of DNA are related by local twofold axes of symmetry, they are not distinguishable, and strand selection therefore appears necessarily to imply either:

(*a*) Recognition of certain *sequences* of bases, or

(*b*) the presence of local "tertiary loops" at certain points along the Watson–Crick helix (1956).

Similar considerations apply to the recognition, by specific repressors, of the operator segments of DNA, which control the transcription of operons.

Such considerations lead one to speculate as to whether the proteins which "recognize" specific segments in DNA should be believed themselves to possess elements of symmetry identical or compatible with those present in the segment with which they associate. The elegant work of Bernardi et al. has provided at least one example where a positive answer can be given to this question.

Let me recall that these studies concern the enzyme endonuclease II from spleen. Bernardi et al. (1968) showed that this enzyme makes both single-strand and double-strand cuts in DNA, the latter however with a frequency far in excess of expectations based on the assumption of a single hit mechanism. It was concluded accordingly that a *single enzyme molecule* could cut both strands simultaneously, and it was further assumed, and later verified, that the molecule was a dimer, made up of two identical protomers, each bearing an active site.

Moreover, since the two strands of DNA are antiparallel and related to one-another by local two-fold axes, it was thought that the enzyme molecule should

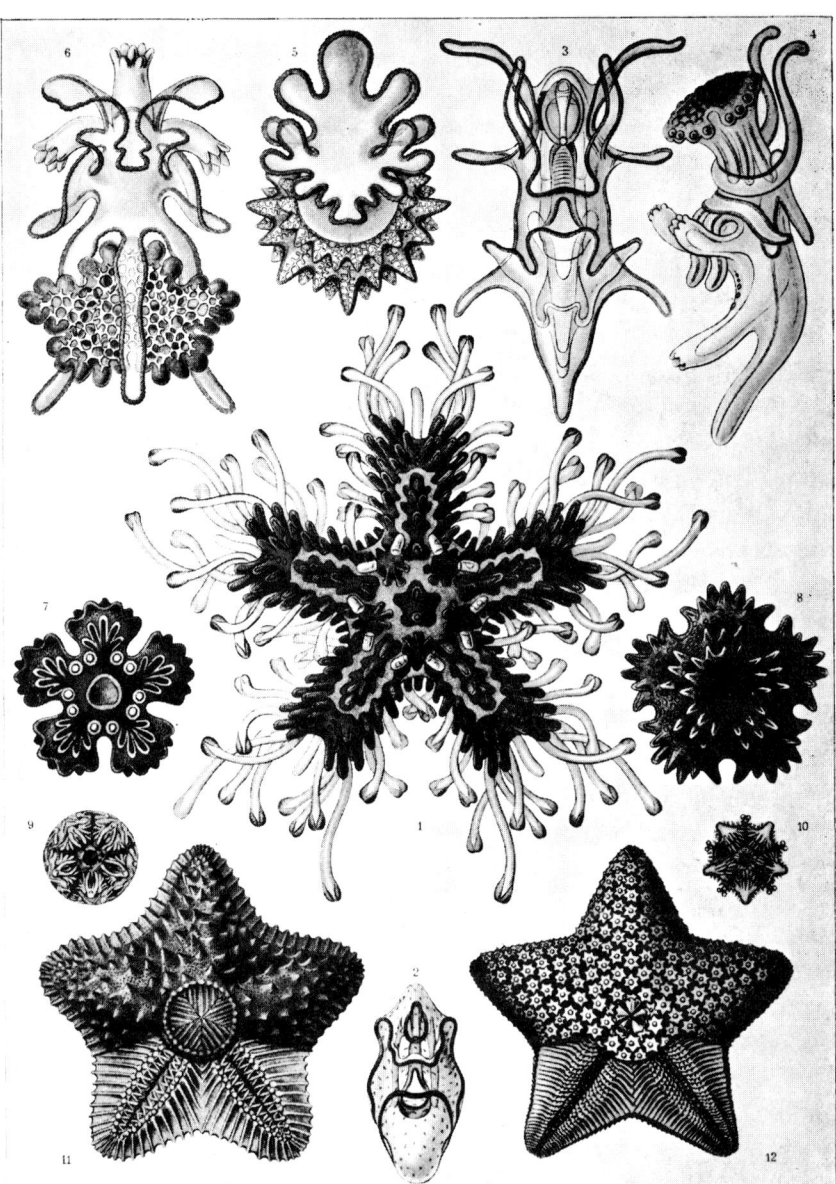

Fig. 3. Asteridea—Starfishes

have the same symmetry. This guess was proved right in an ingenious way, using the fact that the enzyme is inhibited by *certain types* of RNA. Actually it was shown that the enzyme binds to, and is strongly inhibited by, double-stranded *antiparallel* RNA while it is hardly inhibited at all, and therefore does not bind to, double-stranded *parallel* RNA.

As we noted, the one universal function of DNA is to lend itself to sequential replication and transcription; hence its simple structure. Proteins, by contrast, are faced with a formidable array of different tasks, hence the extreme variety and complexity of their structures. How far can we go, at present, in rationalizing and classifying such structures?

One may set aside the simple problem of the fibrous proteins. Being used as scaffolding, shrouds or halyards, they fulfill these requirements by adopting relatively simple types of translational symmetries.

All the more fundamental and specific functions are performed by globular proteins. We know that the functional activity of these molecules is directly related to their tertiary structures and that these structures in turn are defined by the primary sequence, according, evidently to a precise set of complex "rules of folding". The problem of discovering and formulating these rules, of proving their validity by predicting tertiary structures from primary sequences, throws down a formidable challenge, which is being met, head-on, by some of the most talented physical chemists of this generation (most of whom are present right here). We shall soon know far their heroic efforts have brought them as of to-day.

If however, and when these efforts succeed, the problem of formulating some laws relating *functions*, to overall tertiary structure may not be solved, even though, thanks to the work of the crystallographers, following the pioneers Kendrew & Perutz, a great deal of light is beginning to shine on the structure of active sites of a number of enzymes, allowing reliable descriptions of specific catalytic mechanisms. But then, what we want to understand are the functional relationships between these local, specialized, structures and the *rest* of the molecule. I fear that this essential problem may turn out to be the most difficult of all, because of our very limited knowledge of the various requirements (such as making the "right" interactions with other cellular constituents) that a cellular enzyme-protein must fulfill, *in addition* to performing its specific catalytic function.

Leaving, as it now stands, the still frightful problems of the tertiary structures, let us go up to the next level, namely the quaternary structures.

As we now know, the majority of globular protein molecules are oligomeric, i.e. made up of a finite, relatively small, number of identical (or closely similar) "protomers". Except in a very few instances these aggregates are maintained exclusively by non-convalent interactions.

Whenever a structure is built up from identical (or closely similar) building blocks, we may except their assembly to follow some rule, which should generate certain elements of symmetry in the aggregate. This very general expectation can, in some cases, lead to precise predictions if some further conditions or constraints may be assumed concerning the overall structure of the aggregate. A brilliant example illustrating the power of this method was given in 1956 by Crick & Watson when they predicted that the protein coat (capsid) of spherical viruses should be made up of a relatively large number of identical protein subunits, assembled into a structure which should have the symmetry of one of the higher-order Platonic solids.

As is well known, these predictions were soon confirmed and most ingeniously refined by Klug, Caspar and others. As we shall see in their pictures, simple, elegant, well knit logic, must lead to esthetically pleasing results. The discovery of the dodecahedron and isocahedron (apparently made around 600 B.C., in one of the Greek colonies of southern Italy) is considered by Herman Weyl as one of the greatest and most beautiful in the whole history of mathematics. The viruses apparently made this discovery much earlier. If we were to follow Plato, we would consider such perfect figures as endowed with more significance and "reality" than any actual object. Very often indeed, a scientist cannot help feeling a much closer affinity to Plato, the radical idealist, than to some of the supposedly "realist" or "materialist" thinkers. A beautiful model or theory may not be right; but an ugly one must be wrong.

The function of quaternary structures, and of the symmetries which they generate, thus are perfectly clear in the case of viral coat-proteins. Globular oligomeric proteins pose quite a different problem. Many enzymes are monomeric and active as such. Yet, by far the largest number of endocellular metabolic enzymes are oligomers, made up of a small number (2 to 12) of chemically identical (or closely similar) protomers. Since the specific function of an enzyme is apparently performed by, or at, a local configuration, the active site; moreover, the instructions for building this structure must be entirely contained in the primary sequence corresponding to each subunit, any monomer must have one (and only one) such site, and no information is gained by associating identical monomers.

What advantage, what functions, could we then assign to the quaternary structures of these oligomeric molecules? Before turning to this point, let us briefly consider two other related questions:

1. Are there reasons to believe that these small aggregates are constructed according to some symmetry rule?

2. If so, can one make any prediction as to which type of symmetry is most likely to obtain?

A fairly strong general argument (based on considerations of finiteness, stability and self-assembly) can be made in favor of a positive answer to the first question. In addition EM and crystallographic studies have provided evidence of the existence of elements of symmetry in various oligomeric molecules.

To the second question, a tentative answer may be given, based on the following considerations:

(a) Translational elements of symmetry are unlikely to exist in oligomeric globular proteins because they would in general allow the formation of potentially infinite helices.

(b) Equivalent packing of all and each of the protomers can obtain only if the symmetry is that of one of the rotational point groups whose order (g) is equal to the number (n) of protomers per molecule.

(c) Among the available point groups, only those of the cyclic series (c) would allow *both* odd and even numbered oligomers.

Now since stable odd-numbered oligomers, if they exist at all, appear to be exceedingly rare, it would follow that cyclic symmetries (with the exception of C_2 dimers) have been strongly disfavored by selection. Why this should be so can also be, tentatively, accounted for, but we need not go into this argument.

This still does not tell us why oligomeric proteins exist at all. Why indeed did selection favor these redundant molecules? A first answer may be found by considering a more general question, namely "Why should enzymes be so big, in general, as compared with their substrate?"

The ratio of the molecular weight of an "average" enzyme to that of an "average" substrate is of the order of 2.10^2. It may however go up to 10^3. Moreover, it is a rule to which we know no exception, that monomeric enzymes possess a single active site per molecule, while oligomeric enzymes present a single site per protomer.

Thus only a very small fraction of the total weight or volume of an enzyme molecule is devoted to its functional part, the stereospecific catalytic site. Putting it otherwise: of the 100 to 1000 amino acid residues making up the peptide chain of an enzyme (or protomer) only three to perhaps five or six are destined to make contact with the substrate in the ES complex.

This disproportion has often appeared as something of a puzzle to enzymologists, and at times, rather odd suggestions have been made to account for it. For instance it was proposed (quite a few years ago) that perhaps a very big molecule could collect kinetic energy from collisions all around its surface, and somehow concentrate it at the active site, thus in effect raising locally the temperature and helping the complex through the potential barrier.

This speculation has not survived, and today there seems to remain no serious reason to believe that any part of an enzyme molecule, other than the amino acid residues at the active site, is *directly* involved in the catalytic mechanism.

Moreover, our present understanding of the structure of globular proteins allows us to see quite clearly why the specific functions of an enzyme could hardly be performed by much smaller polypeptides. The reasons may be briefly listed as follows:

(*a*) A *stereospecific* site, directly made up of perhaps 3 to 5 amino acid residues, precisely positioned and oriented in space, must be built. Obviously, this could not be constructed using a polypeptide involving just these or only a few other amino acid residues. Only a chain involving a much larger number of residues will have enough degrees of freedom to allow correct mutual positioning of the residues making up the site.

(*b*) This structure must now be stabilized and made rigid enough to insure strict specificity. A further length of peptide must be used and correctly folded for this purpose.

(*c*) Moreover the *sterically* correct folding must occur spontaneously, and therefore correspond to the thermodynamically most stable state of the polypeptide. Since the solvent is water and stabilizing energy derives mostly from hydrophobic interactions, the apolar groups will have to be inside, and almost all the polar groups outside, to insure solubility of (and repulsion between) the molecules.

To the extent that the high degree of order in the tertiary structure of globular proteins depends exclusively on weak non-covalent interactions, these molecules are comparable to crystals of organic substances, wherein the thermodynamic source of order is essentially the same. In this sense, a globular protein may usefully be considered as an aperiodic molecular crystal, as has been pointed out by Liquori.

Now it is of course well understood that wherever order depends on very weak interactions (be it in a molecular crystal, or in a helical macromolecule) it must be bought at the price of increasing the *number* of these interactions. Putting it otherwise: since more order means lowering the entropy, the entropy of a polypeptide chain in water solution (normalized for instance per amino acid residues) will be some function of its mass, $S = f(M)$ such that the entropy decreases down to a limit as the length of the chain increases. This positive correlation between negentropy and mass is in fact the most general and inclusive reason why globular enzyme-proteins cannot be small, as they undoubtedly would be, had Mother Nature not tied her hands by her own laws.

The requirement of increasing the molecular weight to acquire enough negentropy is costly in terms of genetic information, when it is met by increasing the length of peptide used up to build and stabilize a *single* active site. In many instances it apparently can, and has been, met by using another device. Namely associating several identical polypeptide chains together in an oligomeric molecule bearing as many sites as it has identical subunits. Thus the wide prevalence of oligomeric molecules among enzyme proteins may stem from the same basic requirement of lowering the entropy, which accounts for the large size of these molecules.

Several lines of evidence appear to justify this view:

(a) Most secretory enzymes are monomeric, and they contain SS bonds, while most endo-cellular enzymes are oligomeric and they generally contain no disulfide bonds, suggesting that, depending on other requirements, one *or* the other device represents further stabilization of tertiary structures which by themselves were somewhat below a critical stability requirement.

(b) There are many examples showing that oligomeric enzymes, once dissociated, are much less stable to denaturing conditions than the native molecule.

If indeed the function of quaternary structures, in oligomeric proteins, is essentially contributing to the stability of the molecule in its active state, then it may be considered that tertiary and quaternary structures, on the whole, perform similar functions.

In many proteins however the oligomeric structure plays a further, much more specific role, namely allowing interactions to occur between sites borne by different protomers within the molecule. The number of enzymes where such "allosteric" interactions have been observed has been increasing steadily, if not alarmingly, over the past few years, and there is no doubt as to their extreme physiological importance in regulating cellular metabolism.

A theory which we (Monod et al., 1963, 1965) put forward some years ago, seeks to account for these effects on the basis of two essential assumptions:

(a) Allosteric interactions are mediated exclusively through conformational transitions of the molecule.

(b) The different conformational states are in equilibrium and transitions from one to another tend to preserve the structural and functional equivalence between protomers, i.e. the symmetry of the molecule.

This theory has been shown to account qualitatively for the characteristic, at first sight apparently paradoxical, properties exhibited by many allosteric systems. Given certain simplifying assumptions (such as considering only two major states) it lends itself to a fairly simple analytic treatment, which has been found to describe rather accurately the complex kinetic and equilibrium properties of several typical allosteric systems (Blangy et al., 1968; Buc, 1967; Buc & Buc, 1967).

Thus this theory which in its simplest form could be expected only to give a first approximation, has been, so far, rather surprisingly successful.

It also has been criticized, of course, but not so much on experimental as on *a priori* grounds: curiously enough because of its (supposedly arbitrary) appeal to symmetry principles. Precisely for the same reason, I personally still hope and trust that it is correct. For without invariants, without order, without symmetry, science would not only be dull: it would be impossible.

All the figures of the paper were taken from Haeckel, *Kunstformen der Natur. Kleine Ausgabe* (1914).

Research in the Department of Cellular Biochemistry, at the Pasteur Institute, has been aided by grants from the U.S. National Institutes of Health, the Délégation à la Recherche Scientifique et Technique, the Centre National de la Recherche Scientifique and the Commissariat à l'Energie Atomique.

References

Bernardi, G., *Adv. in Enzymol.*, **31**, 1 (1968).
Blangy, D., Buc, H. & Monod, J., *J. Mol. Biol.*, **31**, 13 (1968).
Buc, H., *Biochem. Biophys. Res. Comm.*, **28**, 59 (1967).
Buc, M. H. & Buc, H., *4th F.E.B.S, Meeting. Symposium on Regulation* 109 (1967).
Crick, F. H. C. & Watson, J. D., *Nature*, **177**, 473 (1956).
Jacob, F. & Wollman, E. L., *Sexuality and the genetics of bacteria*, 374 pp. Acad. Press Inc., New York (1961).
Monod, J., Changeux, J. P. & Jacob, F., *J. Mol. Biol.*, **6**, 306 (1963).
Monod, J., Wyman, J. & Changeux, J. P., *J. Mol. Biol.*, **12**, 88 (1965).

CYCLIC AMP AS AN ANTAGONIST OF CATABOLITE REPRESSION IN *ESCHERICHIA COLI*

Agnès ULLMANN and Jacques MONOD
Collège de France, Institut Pasteur, Paris, France

Received 25 October 1968

1. Introduction

Cyclic 3'5' AMP (CyAMP) * is known to be a mediator in a variety of hormonal systems [1]. The observation of Makman and Sutherland [2] that glucose-starved *Escherichia coli* cells accumulate large amounts of CyAMP, focussed our attention on a possible role of this nucleotide as a mediator of the so-called glucose effect (catabolite repression [3]) in bacteria.

In the present paper we wish to report some experiments which show that CyAMP does, under proper conditions, antagonize the repression of enzyme synthesis by glucose.

2. Materials and methods

CyAMP was purchased from Calbiochem and Sigma Chemical Companies.

The bacterial strains were grown at 37°C in minimal salt medium, supplemented with vitamin B_1. If not otherwise stated glucose was used as carbon source.

β-galactosidase was assayed as described elsewhere [4]; bacterial dry weight was calculated from optical density measurements at 600 mμ.

3. Results

As is well known [3,5] the severity of the catabolic repression effect depends in particular upon the relative availability of the carbon and nitrogen sources in the medium. If CyAMP antagonizes catabolic repression more or less specifically, one would expect a marked effect of the nucleotide under conditions of seve e repression, and little or no effect under condition where it is minimized. These expectations are fulfilled, as may be seen from table 1. For instance, in the presence of succinate as carbon source and NH_4^+ as nitrogen source, the differential rate of β-galactosidase synthesis is maximal and is not increased by addition of CyAMP. With NH_4^+ and glucose, the rate drops to 33% of that on succinate, and it is more than doubled in the presence of CyAMP. With a dipeptide as nitrogen source and glucose as carbon source, repression is extremely severe: the rate amounts to less than 1% of maximal, and it is increased some fifty-fold in the presence of CyAMP.

It is seen also from table 1 that marked effects are observed only in the presence of fairly high concentration of CyAMP. This may reflect poor permeability of the cells towards the nucleotide, or also the fact, reported by Makman and Sutherland [2] that CyAMP appears to be actively excreted from the cells upon addition of glucose to the medium.

Since the wild type strain used in the experiments reported above is inducible with respect to β-galactosidase, the possibility should be considered that CyAMP may act by favoring the permeation and accumulation of the inducer. Several constitutive strains, grown in the absence of inducer were therefore tested, in comparison with inducible strains. It will be seen (table 2) that:

a) The effect of CyAMP is present in all strains and appears to be greater in those strains where the differential rate of β-galactosidase synthesis is lowest in the absence of the nucleotide.

b) Its effect in a cryptic strain is about the same as in the wild type.

---

* Abbreviations used: 3'5' cyclic AMP = CyAMP; isopropyl-β-D-thiogalactoside = IPTG.

North-Holland Publishing Company – Amsterdam

57

(57) Reprinted from *Federation of European Biochemical Societies Letters*, 2: 57-60, © 1968, by permission of Federation of European Biochemical Societies, Amsterdam.

Table 1

Strain 3000 (Hfr $i^+z^+y^+$) was induced with IPTG 5×10^{-4} M and the differential rate of β-galactosidase synthesis was followed for a period of one to two generation times. The CyAMP (at concentrations mentioned in the table) was added to the cultures 5 minutes prior to the induction. The results are expressed in units of β-galactosidase/mg dry weight bacteria. (Abbreviations: Gly-glu = glycyl-glutamate; His-glu = histidyl-glutamate).

Carbon source	Nitrogen source	Addition of 3'5' cyclic AMP	Concentration (M)	U/mg β-galactosidase
Glucose	$(NH_4)_2SO_4$	−	−	4,400
Glucose	$(NH_4)_2SO_4$	+	2×10^{-4}	4,400
Glucose	$(NH_4)_2SO_4$	+	10^{-3}	7,000
Glucose	$(NH_4)_2SO_4$	+	5×10^{-3}	10,500
Glucose	His-glu	−	−	60
Glucose	His-glu	+	5×10^{-3}	2,340
Glucose	Gly-glu	−	−	52
Glucose	Gly-glu	+	5×10^{-3}	2,700
Glycerol	$(NH_4)_2SO_4$	−	−	7,600
Glycerol	$(NH_4)_2SO_4$	+	5×10^{-3}	9,500
Succinate	$(NH_4)_2SO_4$	−	−	13,500
Succinate	$(NH_4)_2SO_4$	+	5×10^{-3}	13,400

Table 2

The cultures were grown in minimal medium in the presence of glucose. The i^+ strains were induced with IPTG (5×10^{-4} M), the i^- strains were assayed without induction. The cultures were grown for two generations in the absence or presence of CyAMP (5×10^{-3} M). The results are expressed in differential rate of enzyme synthesis.

Strain	Characteristics	Addition of 3'5' cyclic AMP	U/mg β-galactosidase
3000	Hfr $i^+z^+y^+$	−	7,200
		+	15,500
300P	Hfr $i^+z^+y^-$	−	5,700
		+	15,300
3300	Hfr $i^-z^+y^+$	−	1,900
		+	14,600
2E01	F^- $i^-z^+y^-$	−	4,600
		+	19,000

c) The effect of CyAMP is, if anything, more marked in the two constitutive than in the wild-type strains and therefore is independent from inducer permeation or, from induc er-repressor interaction.

Other e .yme systems sensitive to catabolite repression are also sensitive to the antagonistic effect of CyAMP. This could be shown, qualitatively, in a simple and striking way. As one of us found many years ago, the growth of bacteria in certain mixtures of two carbohydrates is "diauxic", i.e. exhibits two complete cycles, separated by a more or less prolonged lag [8]. This is known to be due to the repressive effect of one of the carbohydrates (generally glucose) upon the synthesis of the enzyme system required for the metabolism of the other. We therefore tested the effect of CyAMP upon growth in mixtures of glucose + maltose, glucose + xylose, and glucose + lactose. In all cases, the characteristic stationary phase separating the two growth cycles observed in the control, was virtually suppressed in the presence of CyAMP. An example is shown in fig. 1.

Other adenine nucleotides (see table 3) were also tested under these various conditions, and found to be completely inactive.

In connection with these observations, we wish to report briefly on the properties of an interesting mutant strain which appears to be affected in some mechanism related to the glucose effect. This strain (3 ARY), derived (apparently in one step) from Hfr 3000, is unable to grow, or only exceedingly slowly, on any carbohydrate except glucose. Since the carbohydrates in question include disaccharides such as maltose and lactose, whose metabolism involves the liberation of glucose, the lesion, in this strain, must be attributed to one of the earliest steps in the mechanism of carbohydrate dissimilation, namely either to a pleiotropic defect in permeation, or in the

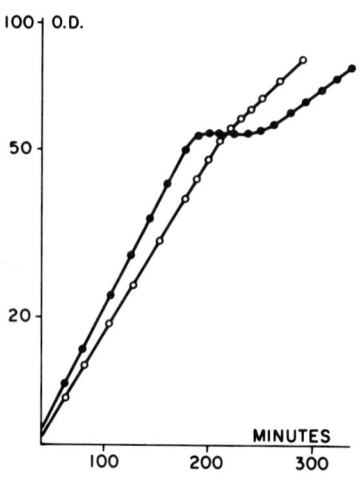

Fig. 1. An overnight culture of strain 3000 was diluted in 63 minimal medium supplemented with vitamin B_1 and a mixture of glucose (0.02%) and maltose (0.1%). Optical density at 600 mμ was measured:

•——• Control
o——o 8×10^{-3} M CyAMP added at $T = 0$.

Table 3
Strain 3000 was induced with 5×10^{-4} M IPTG in 63 minimal medium in the presence of glucose as carbon source. The nucleotides were added 5 minutes prior to induction at a final concentration of 8×10^{-3} M (the final concentration of adenine was 2×10^{-3} M). The numbers represent differential rate of β-galactosidase synthesis.

Addition	U/mg β-galactosidase
–	6,600
3'5' cyclic AMP	12,600
Adenine	6,800
5' AMP	6,700
3' AMP	5,700
2'3' AMP	5,900
ATP	5,200

capacity to derepress the synthesis of a whole series of inducible (glucose sensitive) enzyme systems.

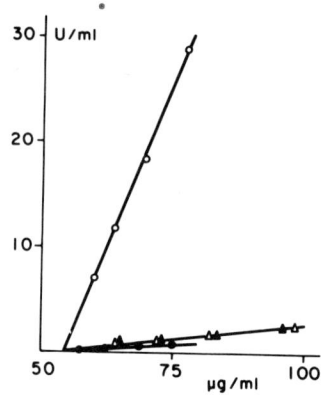

Fig. 2. Exponentially growing cultures were centrifuged, washed and resuspended in minimal medium containing glycyl-glutamate as the only nitrogen source, in the presence of glucose as carbon source. The cultures were induced with 10^{-3} M IPTG at 55 μg/ml dry weight. CyAMP (8×10^{-3} M) was added 5 minutes prior to induction to the cultures labelled o——o and △——△

•——• Strain 3000 (control)
o——o Strain 3000 + CyAMP
▲——▲ Strain ARY (control)
△——△ Strain ARY + CyAMP

Actually the synthesis of β-galactosidase is induced only to very low levels (5% of maximum) in this strain, even in the presence of concentrations of IPTG known to fully induce permeaseless mutants. Moreover, as shown in fig. 2, the differential rate of β-galactosidase synthesis is, in this strain, completely insensitive to CyAMP under conditions where its effect is maximized with wild type strain. This mutant, in other words, might be described as having lost the capacity to respond to "derepressors" of the glucose effect. As is well known, certain mutants (i^s) of the "Lac" regulator gene (i) have lost the capacity to bind galactosides, and are therefore non-inducible [6]. The properties of strain 3 ARY might tentatively and strictly as a working hypothesis be interpreted in a similar way.

In conclusion, the observations reported above suggest that CyAMP may act as a specific mediator, actually a "derepressor" of the glucose effect. The evidence however, as it now stands, does not exclude a more trivial interpretation: namely that CyAMP might act indirectly as an inhibitor of an enzyme system responsible for the synthesis of certain "catabolic metabolites" which would be more directly involved in the effect.

As our work was in progress, the paper by Perlman and Pastan [7] came to our attention. While the experimental conditions used by these authors were quite different from ours, their observations are, in part, similar to ours, as are their conclusions.

Acknowledgements

Research in the Department of Cellular Biochemistry, at the Pasteur Institute, has been aided by grants from the U.S. National Institutes of Health, the "Délégation Générale à la Recherche Scientifique et Technique", the "Centre National de la Recherche Scientifique" and the "Commissariat à l'Energie Atomique"

References

[1] G.A.Robison, R.W.Butcher and E.W.Sutherland, Ann. Rev. Biochem. 37 (1968) 149.
[2] R.S.Makman and E.W.Sutherland, J. Biol. Chem. 240 (1965) 1309.
[3] B.Magasanik, Cold Spring Harb. Symp. Quant. Biol. 26 (1961) 193.
[4] A.Ullmann, D.Perrin, F.Jacob and J.Monod, J. Mol. Biol. 12 (1965) 918.
[5] J.Mandelstam, Biochem. J. 79 (1961) 489.
[6] G.Willson, D.Perrin, M.Cohn, F.Jacob and J.Monod, J. Mol. Biol. 8 (1964) 582.
[7] R.Perlman and I.Pastan, Biochem. Biophys. Res. Commun. 30 (1968) 656.
[8] J.Monod, Recherches sur la croissance des cultures bactériennes (Hermann Edit., Paris, 1941).

Agnes Ullmann, Gérard Contesse, Michel Crepin, François Gros, and Jacques Monod

CYCLIC AMP AND CATABOLITE REPRESSION IN *ESCHERICHIA COLI*

One of the less understood control systems present in bacteria is the so-called catabolite repression. This is a recent name given to a phenomenon discovered more than sixty years ago and known as the glucose effect. It is based on the observation that glucose inhibits the formation of many enzymes involved in the degradation of exogenous carbohydrates.

At present we know that a great number of inducible systems responsible for an early step in the metabolism of carbohydrates, alcohols and amino acids are subjected to this repression. In contrast, all the known repressible systems are indifferent to the glucose effect.

The glucose effect can be observed under two different aspects. If bacteria are grown on a carbon source which is slowly metabolized, as glycerol for instance, and to this culture glucose is added, a dramatic repression of glucose sensitive enzymes (e.g., β-galactosidase) is observed. This phenomenon can be brought about not only by glucose but by some non-metabolizable glucose analogs, such as 2-deoxyglucose, and is called transient repression. Transient, because it persists only for a half or one generation (1).

If bacteria are grown for many generations on glucose, a permanent repression becomes established, that is to say, the glucose-sensitive enzyme levels are much lower than in cultures grown on glycerol or succinate as carbon source. Different enzyme systems have different sensitivities toward this permanent repression: the rate of β-galactosidase synthesis is decreased by a factor of 2, while the rate of tryptophanase drops to 2 percent. This permanent glucose effect was called by Magasanik, in 1961, catabolite repression (2), because it is not restricted to glucose and may be exerted by a variety of carbohydrates and glucose metabolites. It has to be pointed out that non-metabolizable glucose analogs do not establish permanent repression.

It has been discovered independently by Perlman and Pastan (3) and by ourselves (4) that cyclic AMP is an antagonist of the glucose effect. But while the National Institutes of Health group studied mostly transient repression, our work was concentrated on the study of permanent repression. A very striking way of exhibiting the antagonism of cyclic AMP toward glucose effects is to show its role in suppressing the diauxie. This phenomenon was discovered in 1939 by Monod (5)

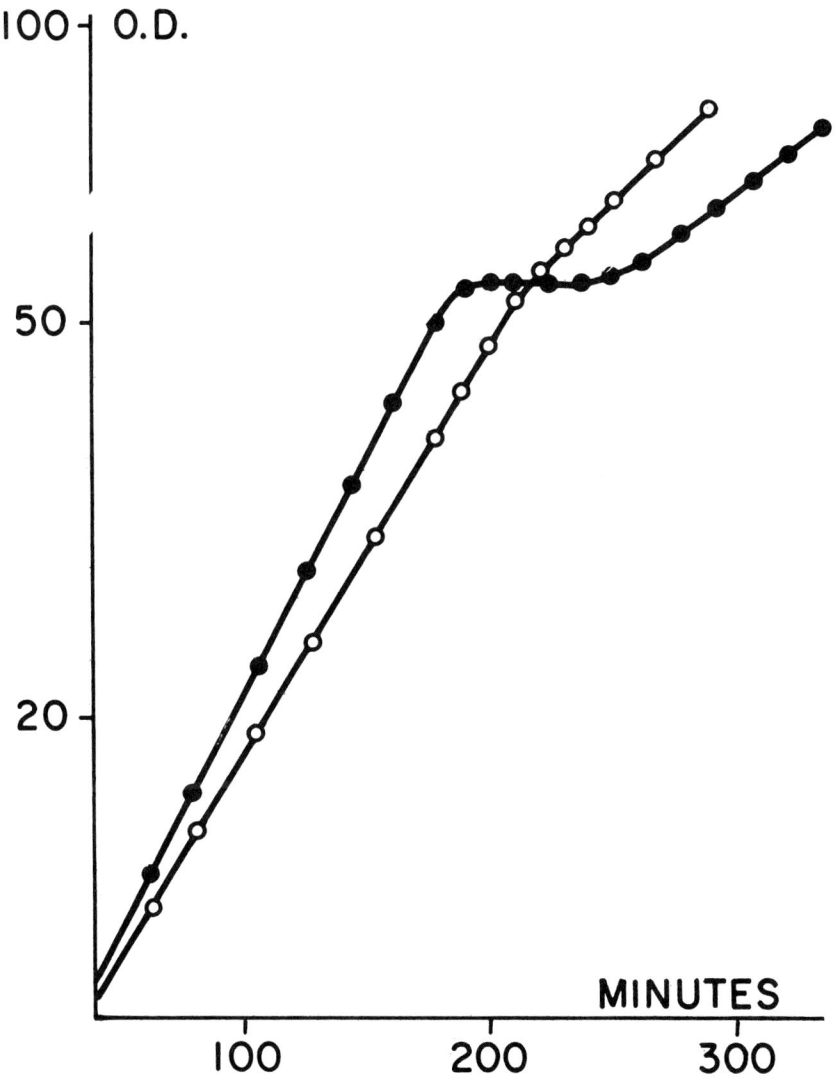

(Courtesy of FEBS Letters, Vol. 2, No. 1, 1698)

FIGURE 1.—*Suppression of diauxie by cyclic AMP.* An overnight culture of wild type strain 3000 was diluted in minimal medium supplemented with vitamin B_1 and a mixture of glucose (0.2 percent) and maltose (0.1 percent). Optical density at 600 mμ was measured:

        o-----o Control
        o-----o 5×10^{-3} cyclic AMP added at time $= 0$

who showed than when bacteria are grown in a mixture of two carbohydrates—one of them being glucose—they exhibit two complete growth cycles, separated by a more or less prolonged lag. We therefore tested the effect of cyclic AMP upon growth in mixtures of glucose + maltose, glucose + xylose, and glucose + lactose. In all cases the characteristic stationary phase, separating the two growth cycles observed in the control, was virtually suppressed in the presence of cyclic AMP. A typical experiment is shown in figure 1, where bacteria are grown in a mixture of glucose + maltose. As we shall see later, it is very likely that two distinct glucose effects are involved in the diauxie phenomenon. Both of them are antagonized by cyclic AMP.

On the basis of such experiments, we concluded that cyclic AMP acts as an antagonist of glucose effects, irrespective of the nature of the enzyme system, provided only that it is susceptible to this effect.

It is known that the magnitude of catabolite repression depends not only on the nature of the carbohydrate itself, but also on the availability of a source of nitrogen. Thus, an important requirement for the study of catabolite repression is to set up standardized conditions under which the effect is either maximized or minimized.

The conditions of maximal derepression can be achieved using a slowly metabolized carbon source and a rapidly assimilated nitrogen source. Conversely, maximal repression can be obtained in the presence of a rapidly metabolizable source of carbon and a slowly utilizable source of nitrogen.

Having set up the experimental conditions, we have chosen as a model system the catabolite regulation of the lactose operon of *Escherichia coli*. It is known that the lactose operon involves a control system including a regulatory gene, whose product the repressor protein attaches to the operator gene, thus preventing the expression of the whole operon. In the presence of an inducer, the repressor is detached from the operator, and transcription can be initiated. This occurs at the level of another control element—the promoter, which maps between the regulator (i) and operator genes. This is schematically shown in figure 2 which shows, besides the control elements, the three structural genes belonging to the lactose operon, namely Z, Y, and A, controlling

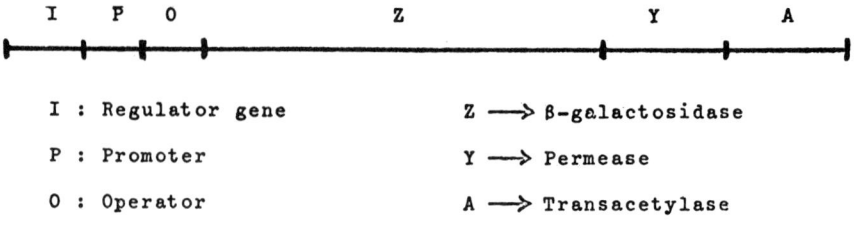

FIGURE 2.—*Schematic representation of the lactose operon.*

respectively the synthesis of three proteins: β-galactosidase, permease, and transacetylase.

The lactose operon is sensitive to catabolite repression and, depending upon experimental conditions, one can achieve a spectrum of repression and derepression, varying by a factor of 1,000.

Table I summarizes observations on the differential rate of β-galactosidase synthesis as observed under constant conditions of induction and in the presence of different carbon and nitrogen sources.

Table I

E. coli strain 3000 (wild type) was induced with IPTG 5×10^{-4}M and the differential rate of β-galactosidase synthesis was followed for a period of two generation times. Cyclic AMP at 5×10^{-3}M was added to the cultures 5 minutes prior to the induction. The results are expressed in units of β-galactosidase/mg dry weight bacteria. (Abbreviations: IPTG = isopropyl-β-D-thiogalactoside; Gly-glu = glycyl-glutamate; His-glu = histidyl-glutamate).

Carbon source	Nitrogen source	Cyclic AMP	$U_?$/mg β-galactosidase
Succinate	$(NH_4)_2SO_4$	−	13,500
		+	13,400
Glycerol	$(NH_4)_2SO_4$	−	7,600
		+	9,500
Glucose	$(NH_4)_2SO_4$	−	4,400
		+	10,800
Glucose + fructose + ribose	$(NH_4)_2SO_4$	−	2,900
		+	10,600
Glucose	His-glu	−	60
		+	2,340
Glucose	Gly-glu	−	140
		+	4,500
Glucose	Glutamate	−	100
		+	4,300

As it may be seen, in the presence of succinate as carbon and ammonium sulfate as nitrogen sources, the differential rate is maximum and is virtually the same in the presence or absence of cyclic AMP. In the presence of glucose and ammonium sulfate, the rate is about one-third that observed on succinate, and is increased by addition of cyclic AMP (5×10^{-3}M final concentration) nearly to the rate observed in the presence of succinate. When glucose is used in the presence of a poor nitrogen source, the rate falls to less than 1 percent of maximum and is increased some 50-fold in the presence of cyclic AMP. From these experiments, therefore, it appears that cyclic AMP exerts an effect exclusively and specifically as an antagonist of catabolite repression. In the absence of the latter effect, cyclic AMP does not appreciably alter the differential rate of enzyme synthesis.

Various mutant types have been isolated in our laboratory which show altered patterns of catabolite repression and/or sensitivity to cyclic AMP. In one of these mutants, the catabolite repression of β-galactosidase synthesis is much stronger than in the wild type. The repression, however, is relieved in the presence of cyclic AMP (Table II). Another class of mutants shows normal sensitivity to catabolite repression but hardly responds to addition of cyclic AMP. It will be noted that in both of these mutant types, the response of another catabolite sensitive system, namely, tryptophanase, is altered in parallel with that of β-galactosidase. The third class of mutants appears particularly interesting in that it shows very low levels of β-galactosidase as well as total lack of sensitivity to cyclic AMP. This last mutant strain, therefore, shows that certain mutations may simultaneously alter the catabolite effect and the antagonistic effect of cyclic AMP.

Table II.

Production of β-galactosidase and tryptophanase by the wild type strain (3000) and different mutants. Bacteria were grown on minimal medium in the presence of $(NH_4)_2SO_4$ as nitrogen source and glucose as carbon source. Cyclic AMP at $5 \times 10^{-3}M$ was added to the cultures at the same time as the inducer. The rate of β-galactosidase and tryptophanase synthesis was followed for a period of three generation times. The results are expressed as units of enzyme/mg dry weight bacteria.

Strain	GZ U/mg		Trp-ase U/mg	
	Glucose	Glucose + Cyclic AMP	Glucose	Glucose + Cyclic AMP
3000	5,000	10,000	0.08	0.5
2AY 36	100	10,000	<0.01	2.5
CyR 7/2	1,200	1,400	0.05	0.06
3ARYp	500	500	Not tested	Not tested

So far no genetic studies have been carried out on these mutants. It may be stated, however, that none of these mutations appears to affect specifically the response of the lactose system. One of these strains (2AY) was subsequently used in many experiments because of its convenience in responding strongly both to repressing and derepressing conditons.

In order to understand how cyclic AMP antagonizes catabolite repression, we have to learn more about this repression itself.

Two specific questions have to be asked concerning this phenomenon:
What is the target of the catabolic effect?
What is the molecular mechanism of the repression?

The first question is whether the catabolic effect exerts itself at the transcriptional or at the translational level. Since it may now be considered as fully established that the regulation of transcription operates by altering the rate of initiation of messenger and since three identified genetic elements are involved in controlling messenger initiation, one or several of these elements might also be involved in catabolite repression. Magasanik has shown that mutations of the operator or regulator genes do not modify sensitivity to catabolite repression. We have extensively reinvestigated and confirmed these findings, using conditions of extreme repression. Recently Beckwith and Magasanik have brought strong evidence that the promoter (now considered to be the site of initiation itself) may also be the element sensitive to, or let us say, the ultimate target of catabolite repression (6). These findings are in accord with results of Jacquet and Kepes (7).

In what follows, we wish to present some results which confirm the conclusion that catabolite repression operates at the level of initiation, while also showing that some of its effects may become manifest only after transcription has actually been initiated.

A first series of observations concern the so-called coordination of the lactose operon under conditions of catabolite repression.

The operon was defined by Jacob and Monod in 1961 as a unit of genetic regulation and expression (8). A remarkable coordination has indeed been found in the expression of different operons. For the lactose system for instance, the effects of different inducing conditions are quantitatively the same for the three enzymes: β-galactosidase, permease, and transacetylase. While the absolute rates may vary greatly, their ratio remains invariant. If catabolite repression acts only at the level of the initiation complex, the degree of coordination of the enzymes should not be changed: only the rate of their synthesis should be decreased, as a consequence of a less frequent initiation, that is to say, a lower rate of messenger synthesis.

Studying the rate of synthesis of β-galactosidase and transacetylase under various conditions of catabolite repression, we obtained the following results (Table III); as long as repression remains relatively mild, the ratio of β-galactosidase to transacetylase synthesis is remarkably constant. When, however, the repression is of the order of 95 percent or more, the ratio of β-galactosidase to transacetylase increases over 10-fold. In other words, the repression appears to be much stronger in respect to transacetylase (the last enzyme of the operon) than to β-galactosidase, which is the first protein to be translated. It can be also seen from Table III that cyclic AMP restores completely the modified ratio.

These experiments suggest that either the transcription of the polycistronic messenger, or the translation of the protein has been interrupted, and consequently the last enzyme of the operon is formed at a much lower rate.

In order to obtain more information about the mechanism of the

Table III.

Wild type strain was induced with IPTG in the absence (—) or presence (+) of Cyclic AMP 5×10^{-3}M. After a period of three generation times the differential rate of β-galactosidase (GZ) and thiogalactoside transacetylase (AC) were measured, and the ratio between the two are shown in the last column.

Carbon source	Nitrogen source	Cyclic AMP	U/mg β-galactosidase	U/mg Transacetylase	Ratio GZ/AC
Succinate	$(NH_4)_2SO_4$	—	20,400	71	290
Glycerol	$(NH_4)_2SO_4$	—	10,000	33	300
Glucose	$(NH_4)_2SO_4$	—	5,000	17	290
Glucose	$(NH_4)_2SO_4$	+	12,000	38.5	310
Glucose	Glutamate	—	100	0.025	4,000
Glucose	Glutamate	+	4,300	13.8	310
Glucose	Gly-Glu	—	182	0.024	7,600
Glucose	Gly-Glu	+	2,800	6.4	440

decoordination phenomenon, it seemed necessary to study the general features of the lac specific messenger RNA synthesis. This was performed by using direct annealing techniques. The synthesis of mRNA complementary to the lac region has been followed by hybridizing pulse labeled RNA from induced cells with the alkali denatured DNA prepared from a transducing phage carrying the lac region from *E. coli* (φ 80 dlac).

It has been shown by Contesse and Gros (9) that the transcriptional expression of the lac system appears to be a periodical event, the initiation of which occurs in a well synchronized fashion. As it is shown in figure 3, the maximal rate of lac mRNA synthesis is reached in three successive steps, each being of approximately equal height, and the increase in rate occurs at regularly spaced intervals, namely every 50–60 seconds. This rhythmic pattern may be interpreted in the same way as Baker and Yanofsky (10) proposed for the same phenomenon occurring in the Trp operon, namely:

a. Only a limited number of polymerase molecules may operate simultaneously in transcribing the operon.

b. The first molecule (s) which initiates transcription must have traveled a certain minimal distance along the operon (corresponding to approximately one minute) before a second one may enter.

c. The steady state expression of the lac operon would be compatible with three equally spaced molecules (or groups of molecules) of RNA polymerase, moving along the length of the operon at the same rate.

This is schematically show in figure 4.

When a culture is induced under conditions of catabolite repression and derepression, and the rate of lac mRNA synthesis is estimated, the following pattern can be observed (Fig. 5).

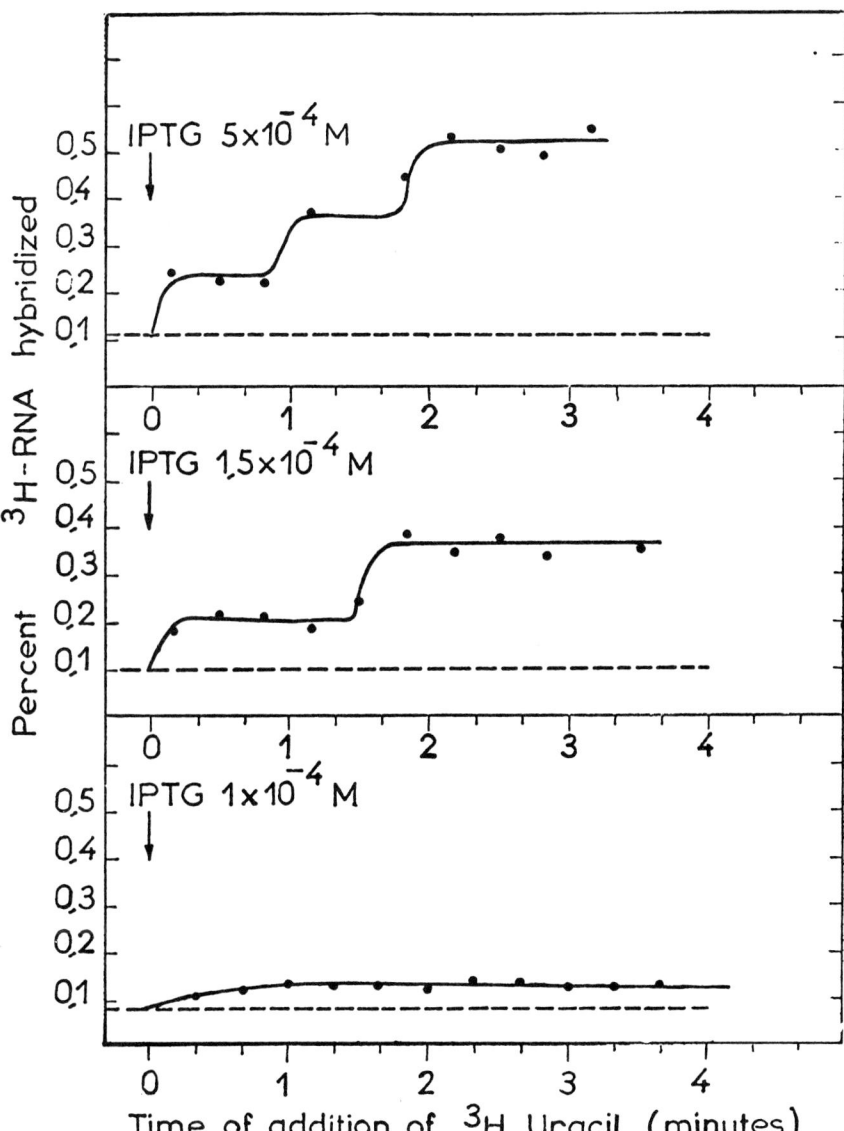

FIGURE 3.—*Kinetics of lac mRNA synthesis (initial rates) during the early induction period.* Wild type strain was grown at 32°C on minimal medium supplemented with vitamin B_1, casaminoacids and glycerol. At an optical density corresponding to 5×10^8 cells/ml, 5×10^{-4}M IPTG was added and every 10 seconds, 5 ml samples were withdrawn, pulse-labeled for 20 seconds with 20 μCi/ml ^{3}H uracil (20 Ci/mM). Labeling was stopped by pouring on 5 ml frozen medium containing 20 percent sucrose and 0.02 M sodium azide. RNA was then extracted by the conventional lysozyme–SDS technique after repeated freezing and thawing cycles, using cold phenol as deproteinizing agent. The hybridization percentage of each RNA preparation was determined with 1 μg ϕ 80 dLac DNA. (Continued on p. 223)

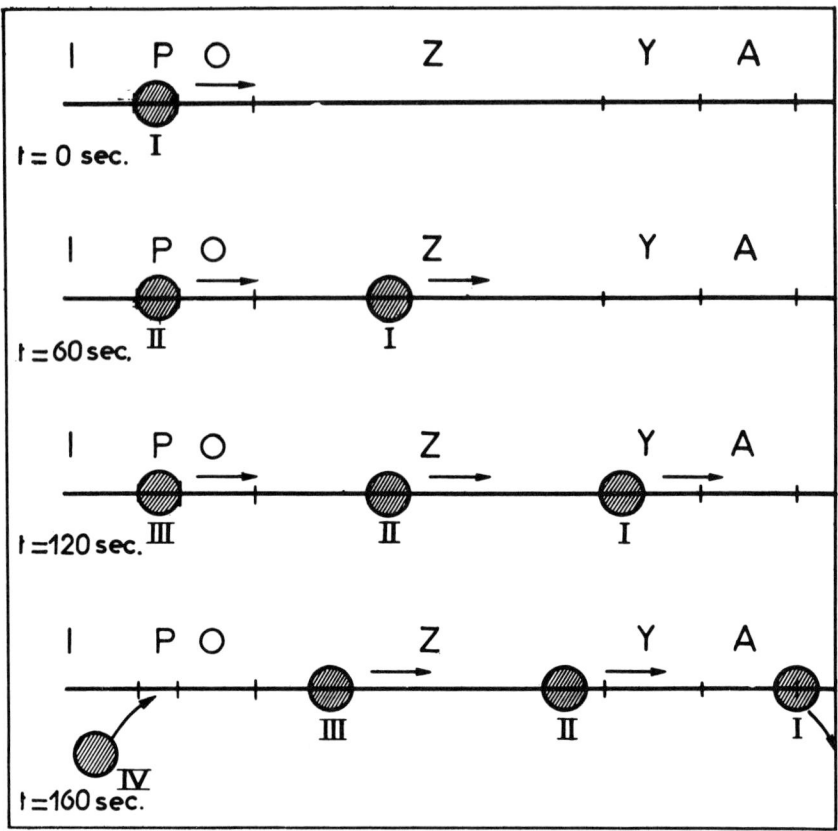

FIGURE 4.—*Schematic representation of the transcription of the lac operon by RNA polymerase*. The letters represent the controlling elements and the structural genes belonging to the lactose operon, as shown in Figure 2. The polymerase molecules are represented by hatched circles.

Fig. 3 (*Cont'd*)
The horizontal dotted line materializes the background (noninduced) level. It was determined by averaging the percent hybridization values calculated from two independent samples pulse—labeled 20 seconds in the absence of IPTG. Results are expressed in percent hybridization versus the time at which labeling was initiated in the relevant sample. (Abbreviation: IPTG = isopropyl-β-D-thiogalactoside).

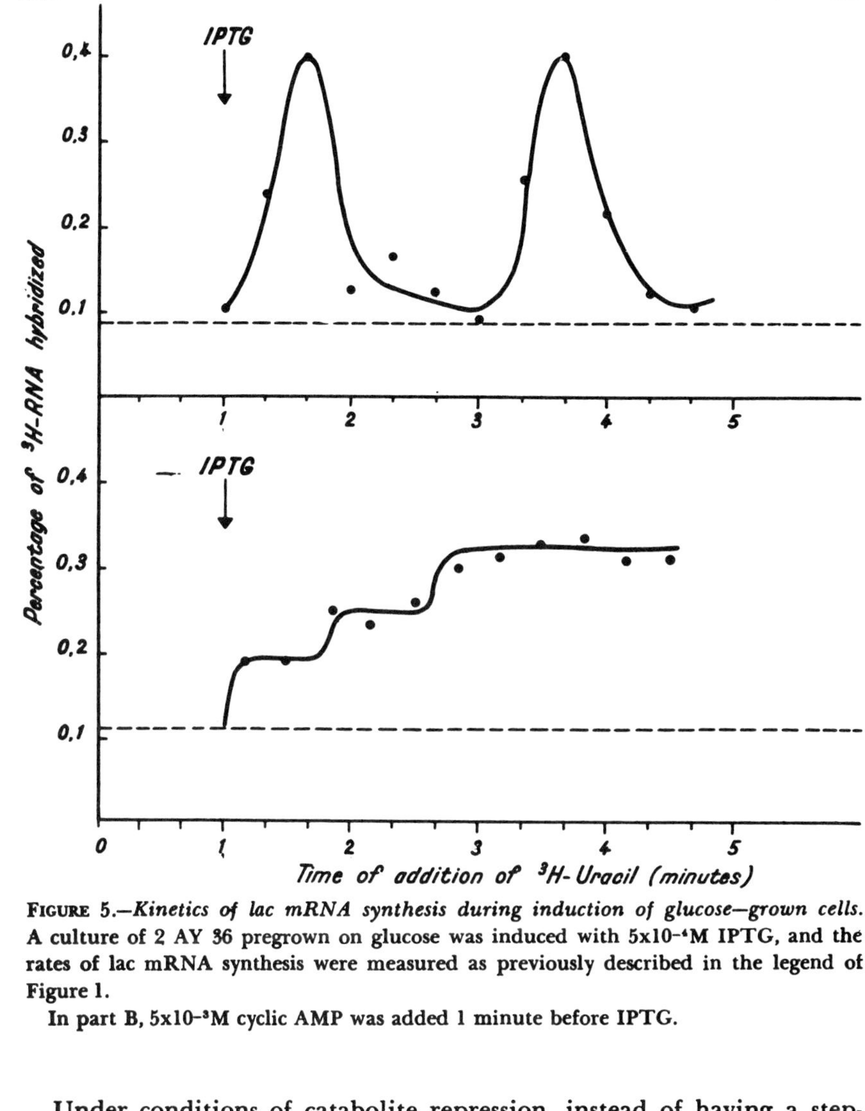

FIGURE 5.—*Kinetics of lac mRNA synthesis during induction of glucose—grown cells.* A culture of 2 AY 36 pregrown on glucose was induced with 5×10^{-4}M IPTG, and the rates of lac mRNA synthesis were measured as previously described in the legend of Figure 1.

In part B, 5×10^{-3}M cyclic AMP was added 1 minute before IPTG.

Under conditions of catabolite repression, instead of having a step-wise increase in transcription rates, as it has been shown in the preceding figure, the curve has a sinusoidal appearance and shows marked bursts of synthesis, spaced with a two-minute periodicity. If cyclic AMP is added one minute before the inducer, a "three step" pattern of RNA synthesis is again observed. Cyclic AMP can also suppress the glucose effect on lactose operon transcription when it is added after the inducer.

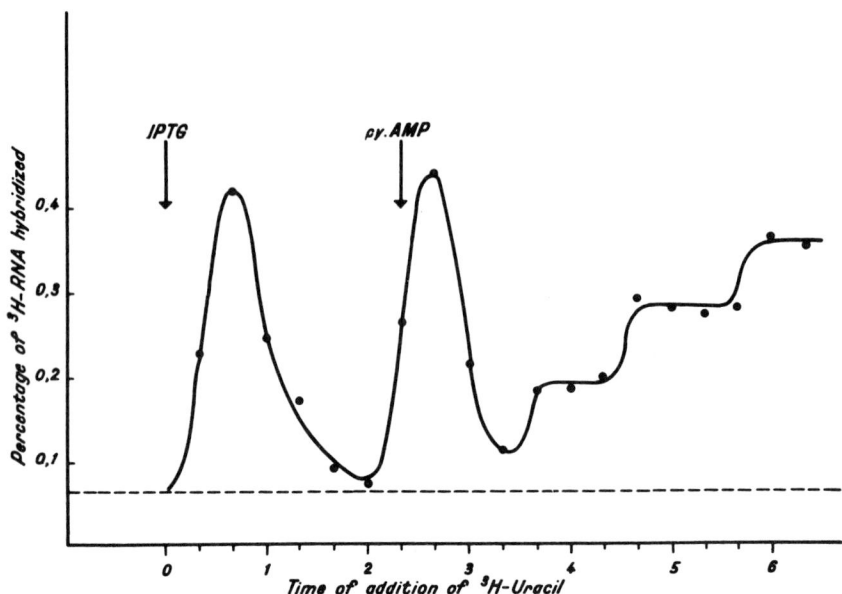

FIGURE 6.—*Pattern of lac mRNA synthesis after suppression of catabolite repression by cyclic AMP.* A culture of 2 AY 36 grown on glucose is induced by IPTG and 130 seconds later 5×10^{-3}M cyclic AMP is added. The rates of lac mRNA synthesis were measured as described in Figure 1.

The effect of transient glucose repression on the lac mRNA forming capacity can be demonstrated in a similiar way. Figure 7 shows an experiment where glucose was added when the second round of lac mRNA transcription consecutive to induction had been achieved. In less than thirty seconds, the rate of lac specific RNA synthesis declines to practically background level and subsequent changes in RNA forming capacities again follow a sinusoidal-like pattern.

These experiments, therefore, may be considered to confirm the interpretation of the catabolite effect as resulting from a decreased rate of messenger synthesis, actually a decreased *frequency* of initiation, demonstrated by the two-minute spacing of the waves of transcription observed under conditions of repression as compared with the spacing of fifty seconds between steps, which obtains under conditions of derepression. However, the results further show that, *in addition* to decreasing the frequency, catabolite repression also results in abortive transcriptions, that is to say, the lac operon transcription is interrupted long before the polymerase reaches the end of the acetylase gene.

This hypothesis is supported by a more direct measurement, making use of rifampicin, a drug known to inhibit initiation of RNA transcription but not chain completion.

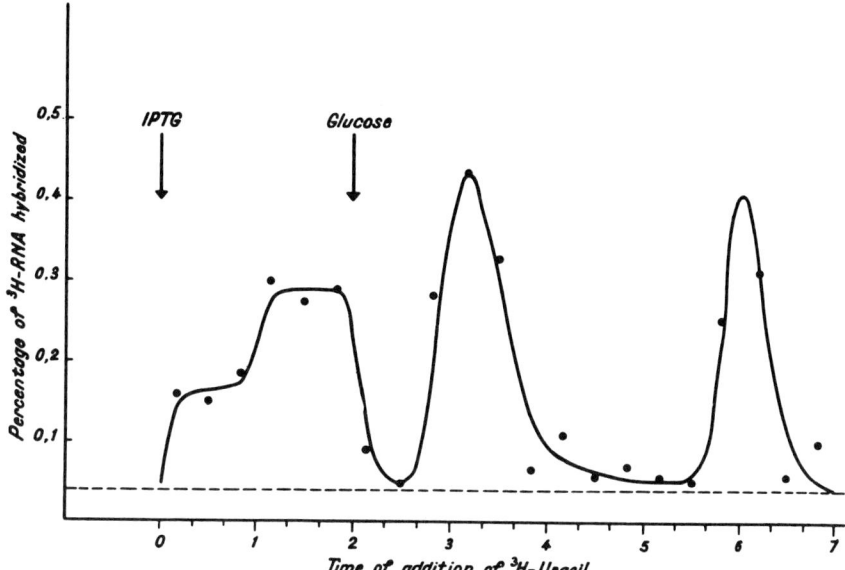

FIGURE 7.—*Effect of glucose addition (transient repression) on lac mRNA synthesis.* 1 percent glucose was added to a 2 min. IPTG induced culture of 2 AY 36 pregrown on glycerol and casaminoacids. Rates of lac mRNA synthesis were determined as described in Figure 1, before and after glucose addition.

synthesis. As it can be seen in Figure 8, the labeling rate of lac specific RNA remained constant until roughly 2.5 minutes (this being the time necessary to transcribe the whole lac operon), after which it quickly became negligible. If glucose is added shortly after rifampicin, the rate of labeling of lac specific RNA drops to background level, long before the distal end of the operon has been reached.

The cessation of RNA polymerase progression, as the enzyme moves away from the initiation point, accounts well for the above described decoordination phenomenon. If a portion of polymerase molecules cannot reach the acetylase gene, it is clear that the ratio of acetylase/ β-galactosidase will decrease. But if the interruption occurs before the distal end of the Z gene, the abortive message thus formed will not be revealed as β-galactosidase. We are in a position to measure by *in vitro* complementation tests the N-terminal fragment of β-galactosidase, representing about one-fifth of the total molecule and corresponding to the operator proximal segment of the Z gene. In a few preliminary experiments, we measured the ratio of the N-terminal fragment of β-galactosidase, *versus* the total enzyme, synthesized by a strain grown in the absence and presence of cyclic AMP. If in the presence of cyclic AMP this ratio equals 1, in its absence it is increased by a factor of 4–5. This

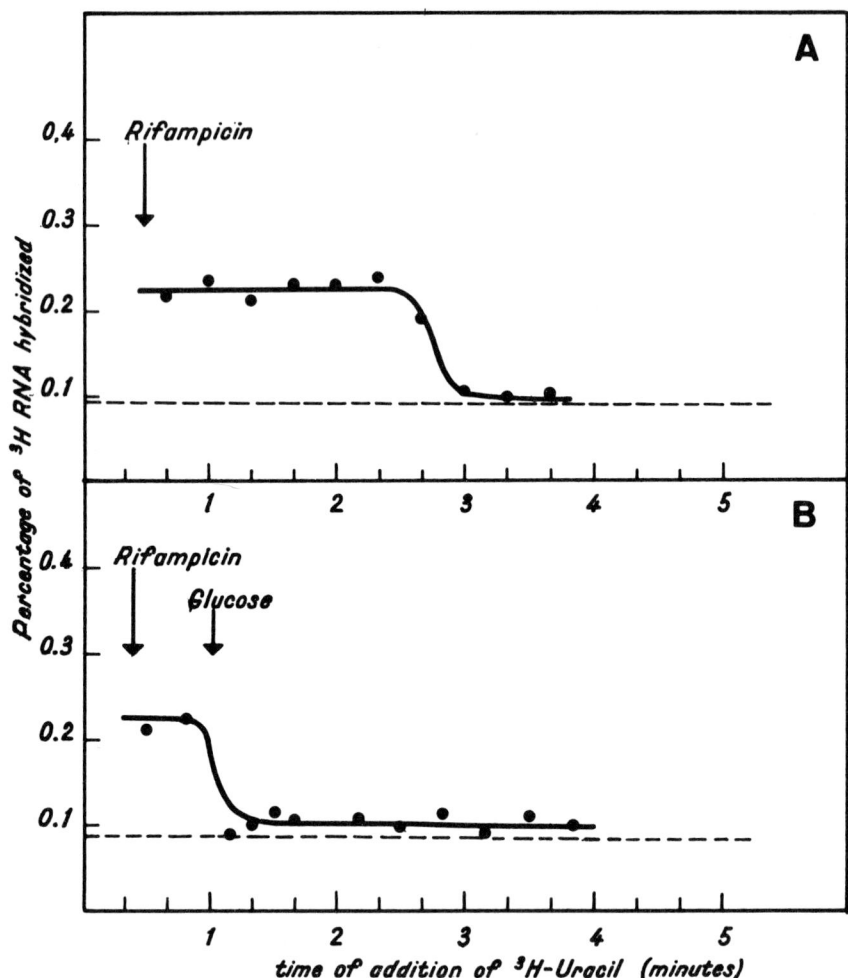

FIGURE 8.—*Effect of glucose on a single lac mRNA transcription round.* As A culture of 2 AY 36 grown on glycerol and casaminoacids was induced with IPTG. Rifampicin (50 μg/ml) was added 30 seconds after the induction onset, and rates of lac mRNA synthesis were determined as described in Figure 1. B: Same experimental conditions as in Part A, but glucose at 0.4 percent final concentration was added 1 minute after the beginning of the induction.

means that under conditions of catabolite repression only 20 percent of the initiated polypeptide chains can go to completion.

The above presented data show that cyclic AMP can restore the transcriptional effects due to catabolite repression. Initiation of transcription may be considered to involve primarily the formation of a "competent" complex between DNA (specifically promoter DNA) and RNA polymerase. The data presented here, together with the results of

Beckwith and Magasanik, suggest that it is the formation of such a complex which is rendered less frequent or less efficient under conditions of catabolite repression. Abortive transcription might then be considered to result from the formation of defective initiation complexes. This interpretation does not necessarily imply that cyclic AMP plays a direct role in promoting the formation of the complex. The results recently obtained by Zubay (11) using an *in vitro* system appear to suggest, however, that the effect might be a direct one.

It might be of interest to describe another type of experiment where the role of cyclic AMP as an antagonist of glucose effects can be shown in a totally different way—the lac permease.

It has been shown by Kepes and by Koch (12) that a thiogalactoside accumulated by the lac permease can be chased by glucose (if the cells are grown on glucose as carbon source). If cells are grown on cyclic AMP for one to two generations, two facts are revealed, as is shown in figure 9:

1. The permease level is higher, due to the anticatabolic effect of cyclic AMP.

2. The glucose chase is less effective, that is to say, while in the culture grown in the absence of cyclic AMP, glucose displaces completely the accumulated substrate; in the culture grown in the presence of cyclic AMP, the displacement remains incomplete: glucose does not chase more than 50 percent of the accumulated substrate. The same lack of total displacement of the substrate by glucose can be obtained with cells grown on glycerol. This shows once again that a very specific effect presumably related to catabolite repression is mediated by cyclic AMP.

An important remark has to be made; cyclic AMP has no effect on the activity of the permease itself. Cells have to be pregrown on cyclic AMP in order to obtain the incomplete displacement phenomenon. Moreover, the magnitude of the displacement depends on the number of generations the cells have grown in the presence of cyclic AMP. For instance, if cyclic AMP is present for one generation, glucose chases 80 percent of the accumulated substrate, but if cells are grown for two generations in the presence of the nucleotide, the chase does not amount to more than 50 percent of the accumulated substrate.

Two interpretations have been considered in order to account for the anti-displacement effect mediated by cyclic AMP:

1. Cyclic AMP may prevent the synthesis of a protein involved in the acceleration of the exit of galactoside in the presence of glucose.

2. In the presence of cyclic AMP the derepression of a specific protein occurs, which would eventually interfere with the exclusion of the inducer.

The fact that glucose excludes the inducer of another carbohydrate metabolizable system (this again occurring only with cells grown on glucose, that is to say, under conditions of catabolite repression) seems to indicate that this is a special case of a glucose effect. And as all other effects mentioned previously, it is antagonized by growth in the presence of cyclic AMP. This specific effect may account partially for the diauxic lag and its suppression by cyclic AMP. In fact, the diauxie may be due in part to the exclusion by glucose of the second carbohydrate, whose availability as inducer is decreased and, consequently, cannot be utilized as soon as glucose has been exhausted.

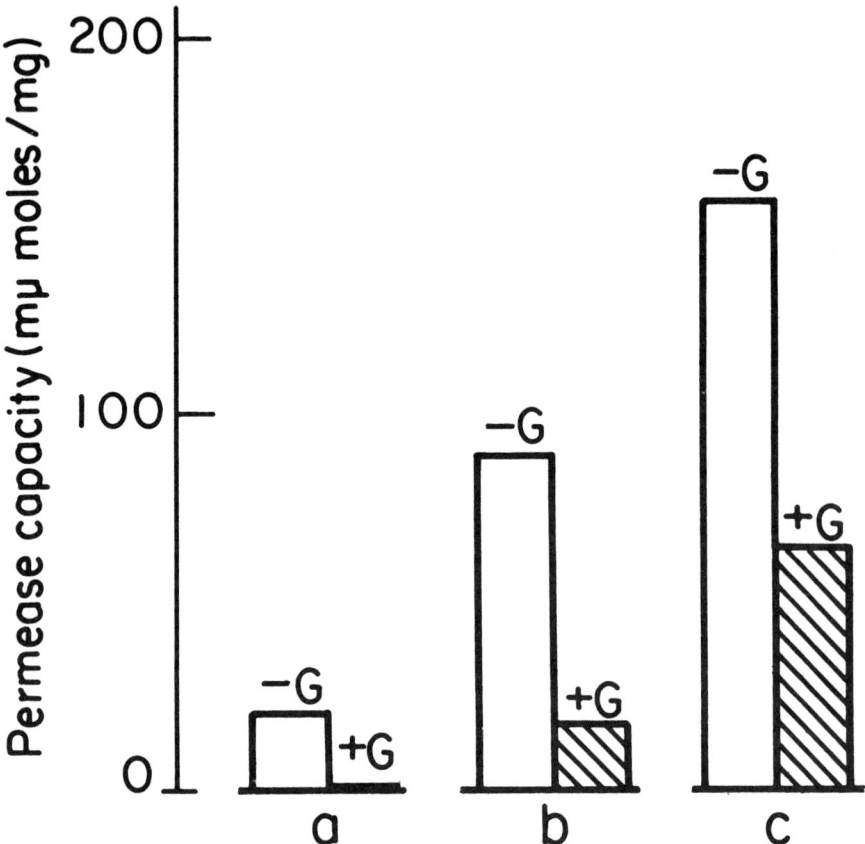

FIGURE 9.—*Permease levels before and after glucose chase.* Glucose grown cells were centrifuged and washed with minimal medium. They were then resuspended in minimal medium containing 50 μg/ml chloramphenicol. At time = 0, a permease substrate, C^{14} methyl-β-D-thiogalactoside was added. After the plateau level of accumulation has been reached, the cultures were divided in two: glucose at 1 percent final concentration was added to one part, and 10 minutes later the bacteria were filtered, washed, and the accumulated radioactive substrate was measured.

—G: Permease assay in the absence of glucose; +G: Permease assay in the presence of glucose

a: Cells grown in the absence of cyclic AMP
b: Cells grown for one generation time in the presence of 5×10^{-3}M cyclic AMP
c: Cells grown for two generations in the presence of 5×10^{-3}M cyclic AMP.

CONCLUSIONS

The observations which we have summarized above leave no doubt that cyclic AMP is able specifically and electively to antagonize the various manifestations which may be subsumed under the name glucose effects, namely: (1) catabolite repression, (2) transient repression, (3) displacement.

Since the mechanisms of these different effects are not understood, it is, of course, impossible at present to offer an interpretation of the antagonistic action of cyclic AMP.

On the other hand, the fact that all three of these effects are antagonized to similar degree, and specifically by cyclic AMP, suggests that these phenomena are intimately related; that, in fact, they may have to be considered as different expressions of a single mechanism of control.

The most tempting speculation is to assume that cyclic AMP exerts directly a positive control over the initiation of transcription at the level of the promoter of glucose sensitive operons. The recent findings of the Harvard and MIT groups (13, 14) concerning factor (σ) which specifies, and thereby controls, the initiation of transcription by RNA polymerase, make such a speculation at least permissible.

This assumption however does not, by itself, give an interpretation of the *antagonism* between glucose (or other carbohydrates) and cyclic AMP. Two possibilities may be considered:

1. Glucose itself, or some of its metabolites, might also act directly at the level of the initiation complex, exerting a negative effect.

2. Glucose, or other carbohydrates, interfere at some point with the synthesis or retention of cyclic AMP by the cells.

This last assumption, suggested both to Perlman and Pastan and to us by the work of Sutherland (15), has not as yet found clear support from determinations of cyclic AMP levels in cells incubated with or without glucose.

A third possibility is not as yet excluded: namely, that cyclic AMP interferes at some point in the metabolism of carbohydrates, reducing a pool of "co-repressors" which would in turn act as inhibitors in the formation of the initiation complex of sensitive operons.

ACKNOWLEDGEMENT

We wish to acknowledge the able participation of Mrs. Jacqueline London in some of the experimental work.

This work has been aided by grants from the "Centre National de la Recherche Scientifique," the "Commissariat à l'Energie Atomique," the "Délégation Générale à la Recherche Scientifique et Technique," the

"National Institutes of Health" (Bethesda, Md., U.S.A.), the "Fondation pour la Recherche Médicale Française" and the "Ligue Française contre le Cancer."

REFERENCES

1. Paigen, K., *J. Bact., 91,* 1201 (1966). Tyler, B., and Magasanik, B., *J. Bact., 97,* 550 (1969).
2. Magasanik, B., Cold Spring Harb. Symp. Quant. Biol., *26,* 193 (1961).
3. Perlman, R., and Pastan, I., *Biochem. Biophys. Res. Comm., 30,* 656 (1968).
4. Ullmann, A., and Monod, J., *F.E.B.S. Letters, 2,* 57 (1968).
5. Monod, J., D. Sc. Thesis, Paris, 1940.
6. Silverstone, A. E., Magasanik, B., Reznikoff, W. S., Miller, J. H., and Beckwith, J. R., *Nature, 221,* 1012 (1969).
7. Jacquet, M., and Kepes, A., *Biochem. Biophys. Res. Comm., 36,* 84 (1969).
8. Jacob, F., and Monod, J., Cold Spring Harb. Symp. Quant. Biol., *26,* 193 (1961).
9. Contesse, G., and Gros, F., in preparation.
10. Baker, R., and Yanofsky, C., *Proc. Natl. Acad. Sci., 60,* 313 (1968).
11. Chambers, D. A., and Zubay, G., *Proc. Natl. Acad. Sci., 63,* 118 (1969).
12. Kepes, A., Colloquium der Gesellschaft für physiol. Chemie Morbach, Springer Verlag, 100 (1961).
13. Travers, A. A., and Burgess, R. R., *Nature, 222,* 537 (1969).
14. Losick, R., and Sonenshein, A. C., *Nature, 224,* 35 (1969).
15. Makman, R. S., and Sutherland, E. W., *J.Biol. Chem., 240,* 1309 (1965).

An Immunological Study of Complementary Fragments of β-Galactosidase[†]

Franco Celada,[‡] Agnes Ullmann,* and Jacques Monod

ABSTRACT: Antibodies directed against complementary peptide fragments of *Escherichia coli* β-galactosidase react strongly with the wild type enzyme, indicating great similarity between tertiary structure of the fragments and of the enzyme. The yield of *in vitro* complementation can be significantly increased by specific anti-β-galactosidase antibodies.

The enzyme β-galactosidase from *Escherichia coli* is a tetrameric molecule, made up of four identical polypeptide chains, each with a molecular weight of 135,000. Complementation between both point mutants and deletion mutants affecting different segments of the polypeptide is observed *in vivo* and has been studied rather extensively *in vitro* (Ullmann *et al.*, 1968; Ullmann and Monod, 1970). Of particular interest are the complementation effects obtained when extracts are mixed of two types of mutants, one of which cuts out the N-terminal section of the polypeptide, while the other contains either a point-mutant, or a frameshift, or a deletion within the C-terminal section. The molecular weight of the C-terminal polypeptide involved in such complementations has been estimated as being about 40,000, *i.e.*, less than one-third of the total length of the wild type. Complementation, as measured by reappearance of activity, has been proved in such cases to involve the reassociation, into a tetrameric structure, of four "acceptor" polypeptides with four "ω" polypeptides (Goldberg, 1970).

The remarkably high efficiency of this phenomenon and the stability of the "pseudo-wild-type" structure thus reconstructed *in vitro*, must be taken to reflect the fact that the two partners (ω and acceptor) present very high and highly specific affinity with respect to one another. This in turn suggests that the ω peptide may be able spontaneously and by itself, to fold-up into a tertiary globular structure closely approximating that of the corresponding segment of the complete polypeptide within the native enzyme. If this interpretation is correct, it would involve the conclusion that the tertiary structure of a long polypeptide such as that of β-galactosidase, may be built up not necessarily *in toto*, but rather through the simultaneous (or stepwise) coiling up of different segments of the chain, each corresponding to a virtually independent center of nucleation.

It had not been established, however, so far, that the ω peptide by itself (in the absence of acceptor) does indeed assume a tertiary structure closely approximating that of the corresponding segment in the wild type molecule. In order further to investigate this point, we have felt that the application of immunological techniques might provide the most sensitive method of approach. Such an approach appeared justified by the well-established fact that the antigenic (and immunogenic) properties of proteins are closely related to and dependent upon the three-dimensional structure (Benjanini *et al.*, 1972). A most elegant and precise illustration of this has been provided by the work of Sela *et al.* (Arnon and Sela, 1969; Arnon *et al.*, 1971; Maron *et al.*, 1971) on the immunology of lysozyme. These authors have shown that a small peptide fragment ("loop peptide", MW 2700) obtained either by proteolytic cleavage of the molecule, or synthetically, would elicit antibodies able to react electively with the homologous portion of the native molecule. Conversely, a specific fraction of antibodies directed against the native molecule was shown to react strongly with the peptide, provided, however, that the "native" conformation had been restored through reformation of the correct disulfide bridge.

In the present paper we report the results of a systematic comparison of the antigenic and immunogenic properties of ω and acceptor, respectively, with those of wild type molecule. In addition we describe some observations concerning the effects of antigalactosidase antibodies upon the efficiency of the complementation reaction itself.

Materials and Methods

Bacterial Strains. All strains used in this work were already described (Ullmann *et al.*, 1968). Wild type β-galactosidase was obtained from strain 2E01c, *in vivo* ω-complemented β-galactosidase from strain U366/FB9; ω peptide from strains B 9, M 15, and W 4680 and acceptor from strains S9080 and A238. For certain experiments *Lac* deletion strain 3000X74 was used.

Preparation of Extracts and Purification Procedures. Crude extracts were prepared in either PM_2[1] buffer (Na_2HPO_4–NaH_2PO_4, 10^{-1} M, $MgSO_4$, 10^{-3} M, $MnSO_4$, 2×10^{-4} M, Mg-titriplex, 2×10^{-3} M, β-mercaptoethanol, 10^{-1} M (pH 7.0)) or Tris buffer (Tris 2×10^{-2} M, $MgSO_4$ 10^{-2} M, pH 7) by sonic disintegration of the bacteria. Generally 1 g wet weight bacteria suspended in 1.5 ml of buffer

---

[†] From the Service de Biochimie Cellulaire, Institut Pasteur, 75015 Paris, France. *Received May 20, 1974.* This work was supported by grants from the Centre National de la Recherche Scientifique, the Délégation Générale à la Recherche Scientifique et Technique, the Institut National pour la Recherche Médicale, the European Molecular Biology Organization, and the National Institutes of Health.

[‡] Present address: Laboratorio di Biologia Cellulare C.N.R., Via Romagnosi 18, Roma, Italy.

[1] Abbreviations used are: TVNS buffer, 2×10^{-2} M Tris, 10^{-2} M EDTA, 10^{-2} M NaCl, and 10^{-1} M β-mercaptoethanol (pH 7.2); PM_2 buffer, 10^{-1} M Na_2HPO_4–NaH_2PO_4, 10^{-3} M $MgSO_4$, 2×10^{-4} M $MnSO_4$, 2×10^{-3} M magnesium titriplex, and 10^{-1} M β-mercaptoethanol (pH 7).

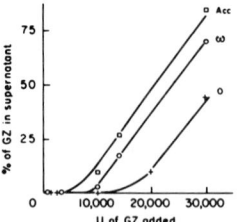

FIGURE 1: Effect of ω and acceptor on the saturation of anti-β-galactosidase antibody by β-galactosidase. To three series of tubes each containing 0.2 g of Sepharose-linked anti-β-galactosidase 0.2 ml of different extracts containing ~40 mg/ml of protein were added. After 2 hr of incubation at room temperature, the tubes were centrifuged and the supernatants discarded. Increasing amounts of pure β-galactosidase were added to each series of tubes which were further incubated for 18 hr (slow rotation in an inclined position). β-Galactosidase activity was assayed in the supernatants. The curves correspond to three types of extracts added to the Sepharose-linked antibodies: (+) Lac deletion (o); (O) ω; (□) acceptor (Acc); (GZ) β-galactosidase.

TABLE I: Effect of ω and Acceptor on the Binding of Anti-β-galactosidase Fab to β-Galactosidase.

Expt. No.	Total Anti-β-galactosidase Fab (cpm)	Addition	Cpm Eluted	Competition (%)
1	4246	None	0	0
2	3380	None	0	0
1	4246	ω	1680	39
2	3380	ω	1280	38
1	4246	Acceptor	3261	77
2	3380	Acceptor	2249	67

^{a} To 0.1 ml of Sepharose-linked β-galactosidase packed in microcolumns, ^{125}I-labeled, purified (see Materials and Methods Section) Fab was added, in the absence or presence of extracts containing either ω or acceptor in saturating amounts. The columns were washed and the radioactivity was determined in the effluent. (The Fab preparation used in experiment 1 contained 6078 cpm. It was determined (data not shown) that 1838 cpm were unrelated to specific antibody. The data represent corrected values.)

yields a crude extract containing approximately 40 mg/ml of protein.

Wild type β-galactosidase was purified to homogeneity according to known procedures. Its specific activity was 800,000 U/mg.

In vitro complemented enzyme was purified by the same techniques as the wild type one, with an additional step consisting of a sucrose gradient centrifugation. The specific activity of the purified complemented enzyme was 400,000 U/mg.

The final centrifugation step separated the complemented β-galactosidase (16 S) from the major contaminating material (6 S). The latter has been identified as free acceptor by the criteria of complementing activity and binding to anti-β-galactosidase antiserum.

Pure ω was obtained from *in vivo* complemented β-galactosidase. The purified enzyme dissolved in TVNS^1 buffer (Tris 2 × 10^{-2} M, EDTA 10^{-2} M, NaCl 10^{-2} M, β-mercaptoethanol 10^{-1} M (pH 7.2)) was dialyzed against 8 M urea dissolved in the same buffer. The dissociated enzyme was chromatographed on a Sephadex G-100 column equilibrated with TVNS buffer. Pure ω was eluted as a unique peak. Its specific activity, determined by complementation, was of 1.4 × 10^6 U/mg of protein. Taking into account the specific activity of the complemented enzyme, the expected specific activity of ω would be 1.6 × 10^6 assuming 100% recovery of ω activity.

In vitro Complementation. If not otherwise specified, the complementation reaction was performed by mixing equal volumes of crude extracts of W4680 (ω donor) and S9080 (acceptor). After 90 min of incubation, the mixture was diluted 10–20 times and β-galactosidase activity measured.

Immunization Procedures. Rabbits (2–4) for each antigen were immunized with the following proteins: pure wild type β-galactosidase, purified acceptor, and ω obtained by the procedure described above. As a rule, two injections of 3 mg of antigen in Freund's adjuvant were given in the footpad at 1-month interval. For immunization with ω, the dose was reduced to 0.75 mg for each injection.

Preparation and Purification of Fab Fragments. Monovalent antibody fragments were produced by papain cleavage of immunoglobulins isolated from anti-β-galactosidase antiserum. The procedure is derived from Porter (1959)

and has been described elsewhere (Celada *et al.*, 1970). The binding activity of Fab was determined by inhibition of β-galactosidase precipitation by antiserum.

Immunological purification of anti-β-galactosidase Fab was achieved by the following steps: (a) 10 mg of Fab protein was passed twice on a column packed with 4 g of Sepharose-linked β-galactosidase (the final effluent had only traces of Fab activity); (b) after extensive washing of the column with low ionic strength (10^{-3} M) phosphate buffer at pH 7, the pH was lowered to 2.5 by addition of HCl, and 6 ml of effluent was collected and immediately neutralized with 2 ml of 10^{-1} M phosphate buffer (pH 7.0).

After concentration the protein was labeled with ^{125}I by the standard chloramine T method and dialyzed. The final product had a specific activity of ~40,000 cpm/mg of protein. More than 70% of the label was associated with specifically binding Fab.

Covalent binding of antibodies and enzyme on Sephadex was performed using the method of Givol *et al.* (1970). The attachment of β-galactosidase, ω, and acceptor to the activated Sepharose was performed in PM$_2$ buffer instead of using NaHCO$_3$.

Results

A. *Immunological Activity of ω and Acceptor Fragments.* The antigenicity of ω and acceptor fragments (*i.e.*, their capacity to react with anti-β-galactosidase antibodies) was tested by measuring their capacity to compete with β-galactosidase in the binding of anti-β-galactosidase antibodies. Figure 1 shows the saturation profile of Sepharose-linked antibodies and the displacement of the saturation point by either of the two fragments. It can be seen that both ω and acceptor reduce considerably the saturation point, showing that antibody directed against wild type enzyme can bind each of the two peptide fragments (ω and acceptor).

This result has been confirmed using purified antigalactosidase monovalent Fab labeled with ^{125}I and measuring its binding to either acceptor or ω (Table I). The maximal

IMMUNOLOGY OF β-GALACTOSIDASE COMPLEMENTATION

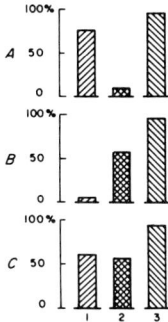

FIGURE 2: Specificity of anti-ω and antiacceptor antibodies. To 0.2 g (wet weight) of different Sepharose-linked antibodies, 0.4 ml of crude extracts containing ω, acceptor, or β-galactosidase in PM₂ buffer (~900 U/ml) was added. The mixtures were gently rotated in tubes at room temperature for 2 hr, then centrifuged. The complementing activities of ω and acceptor as well as the enzymatic activity of β-galactosidase were determined in the supernatants. The figure represents the retained fractions expressed as percentage of the total initial activity. (A) anti-ω Sepharose; (B) antiacceptor Sepharose; (C) anti-β-galactosidase Sepharose; (1) ω added; (2) acceptor added; (3) β-galactosidase added.

capacity of the column was determined. If now a barely saturating amount of Fab is passed through such a column, all the label is retained. If this assay is repeated in the presence of increasing amounts of ω or acceptor, only part of the label is retained.

One could hardly fail to notice the fact that the percentage of competition observed with each of the two peptides corresponds roughly to their respective molecular weights. This may be taken to indicate that the large molecule of β-galactosidase presents a multiplicity of (different) antigenic determinants randomly distributed over its surface.

The immunogenicity of the ω and acceptor fragments was investigated. Antibodies directed against either one of the two fragments (purified by the procedure described in Materials and Methods) were obtained and their specificity was studied by comparing their relative capacity to bind wild type enzyme, ω, or acceptor. The experiments were performed using immobilized antisera. The concentrations of β-galactosidase, ω, and acceptor were chosen so as to have approximately the same amount of enzyme units (measured directly for β-galactosidase and under optimal complementation conditions for the two peptides). Assuming that the efficiency of complementation is the same for ω and acceptor, the binding of each protein to the different antisera can be roughly compared. The results are presented in Figure 2 and the following conclusions can be drawn: (1) antigalactosidase binds to about the same extent ω and acceptor; (2) anti-ω and antiacceptor bind almost exclusively to the homologous antigen; (3) both sera bind the wild type enzyme.

The slight heterologous binding can be accounted for by the overlap of the N-terminal sequence of ω with the C-terminal of the acceptor.

It may at first sight appear surprising that anti-ω should apparently bind more β-galactosidase than ω itself, the homologous antigen. Taking into account that the specific activity of the complemented enzyme is half that of the wild type one such a result should in fact be expected if the

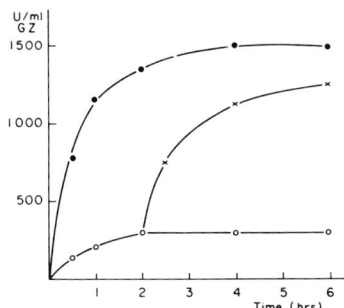

FIGURE 3: Effect of anti-β-galactosidase antibodies on complementation. Equal volumes of extracts containing acceptor (5 mg of protein/ml) and ω (30 mg of protein/ml) prepared in PM₂ buffer were mixed at time = 0. (O) no addition; (●) addition of anti-β-galactosidase antibody at t = 0. (x) addition of anti-β-galactosidase antibody at t = 2 hr; GZ, β-galactosidase.

cross-reaction between β-galactosidase and ω is close to 100% in respect to antigenic determinants present on the ω fragment.

B. Effect of Antisera on ω Complementation. It appeared of interest to study possible effects of the different antisera upon the complementation reaction.

Figure 3 shows the effect of anti-β-galactosidase antiserum on complementation. It can be seen that antibody increases the yield of complementation without significantly altering the rate constant of the reaction which, under these conditions, appears to be roughly first order. Moreover the plateau values are similar whether the antibody is added at the time of mixing the extracts or after "completion" of the reaction in its absence.

The magnitude of the antibody effect is quite variable and depends on the relative concentrations of ω and acceptor. The maximal effect can be observed at low acceptor and high ω concentrations.

Figure 4 shows the plateau levels obtained in the absence or presence of antibody at different acceptor concentra-

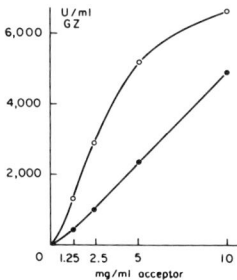

FIGURE 4: Effect of antibody on complementation mixtures containing increasing concentrations of acceptor. To 0.1 ml of an extract containing ω (40 mg of protein/ml) 0.1 ml of an extract containing acceptor at various protein concentrations (see values on the abscissa) was added. After 90 min of complementation, β-galactosidase activity was measured. (●) no addition; (O) addition at time = 0 of anti-β-galactosidase Fab at final protein concentration of 0.3 mg/ml. GZ, β-galactosidase.

TABLE II: Effect of Various Sera on ω Complementation.

Addition	β-Galactosidase (U/ml)
None	1,940
Anti-β-galactosidase	10,120
Fab anti-β-galactosidase	11,000
Antiacceptor	1,440
Anti-ω	2,080
Anti-ω + antiacceptor	1,900
Normal rabbit serum	1,520

[a] Complementation was performed as described in the Materials and Methods section.

tions. At saturating acceptor concentrations the effect of the antibody becomes negligible.

Table II shows the effect of different antisera on complementation. As it can be seen the yield of complementation is strongly increased in the presence of anti-β-galactosidase but anti-ω or antiacceptor antisera show no significant effect, whether they are added separately or mixed together. This means that anti-β-galactosidase serum contains antibodies which do not exist either in anti-ω or antiacceptor sera. It can also be seen in the table that enhancement of complementation does not require the action of bivalent antibodies since Fab fragments produced by papain digestion of anti-β-galactosidase antibodies acted in a way similar to intact antiserum.

Discussion

The essential point of the experiments presented in this paper was to test the assumption that the C-terminal peptide fragment (ω) of the β-galactosidase polypeptide is able *by itself* (that is, in the absence of specific stabilizing interactions) to fold into a configuration closely approximating that of the corresponding segment in the wild type enzyme.

It may be worth pointing out first (for those readers who may have skipped through the Materials and Methods section), that the ω preparation used in immunization experiments was purified from *in vivo* complemented enzyme by a procedure involving complete denaturation of the protein in 8 M urea, followed by gel filtration in presence of buffer, during which the complementing activity of ω is restored with an efficiency close to 100%. This means that the ω fragment is able, not only *in vivo* but *in vitro* as well to fold independently into a configuration which cannot be very far (structurally and energetically) from that of the corresponding segment in the active wild type enzyme.

This is confirmed by the fact that antibodies prepared against the wild type enzyme bind efficiently both ω and the complementary ("acceptor") fragment. However, both in the complementation and in the antibody binding test, a specific stabilizing interaction is evidently involved, and it is therefore not excluded that *in the absence* of such interactions the wild type conformation does not actually obtain in the ω fraction.

By far the most significant finding therefore certainly is that both ω and acceptor, when used as *immunogens*, elicit the formation of antibody which binds avidly the wild type enzyme. This we believe may be taken as straightforward evidence that, in the absence of specific stabilizing interactions, the configurations which obtain in both the acceptor and ω fragments approximate closely the wild type folded structure. This is particularly significant in the case of ω, since as we pointed out above, this fraction had been denatured and renatured *in vitro* before being used as immunogen.

The effects of different antisera on the efficiency of complementation can be considered to further strengthen this conclusion. The fact that antigalactosidase (wild type) serum exerts a powerful enhancing effect is interpretable in terms of the presence within such sera, of antibody directed against antigenic determinants whose area overlap regions of contact between the complementary fractions. Another interpretation could be offered, however, namely that antibody directed against the wild type structure may be stabilizing a competent wild type configuration in either or both fragments. This interpretation would involve the assumption that the free fragments do not actually, or only partially assume the "competent" configuration. If, however, this were the case we would expect anti-ω and/or antiacceptor sera to favor the free, noncompetent or less competent structure in these fractions and therefore to *inhibit* complementation. Actually, no such effect is observed which can be taken to further confirm the conclusion that: (a) no stabilization of the wild type configuration in the complementary fractions is required to allow or enhance complementation; (b) the enhancing effect observed with anti wild type serum is indeed due mainly, if not exclusively, to "overlapping" antigenic determinants.

In summary, on the basis of these findings, we are led to conclude that the ω polypeptide, even though it corresponds to only 30% of the complete wild type polypeptide, is able *by itself* (*i.e.*, in the absence of any interactions with other segments or parts of the wild type molecule) to fold into the correct wild type structure, or one very close to it. It seems reasonable, on this basis, to assume that the normal *in vivo* mechanism of folding of the wild type protein involves the stepwise activation of several virtually independent centers of nucleation.

That such a mechanism may intervene in the folding of the peptide backbone of many if not most proteins is indeed strongly suggested by simple inspection of a number of three-dimensional structures established on the basis of X-ray crystallography (Philips, 1967, Wetlaufer, 1973).

Acknowledgments

We are very grateful to Dr. M. E. Goldberg for many helpful discussions and to Anna Högberg, Françoise Tillier, and Jasna Radojkowich for the expert technical assistance.

References

Arnon, R., Maron, E., Sela, M., and Anfinsen, C. B. (1971), *Proc. Nat. Acad. Sci. U. S. 68*, 1450.
Arnon, R., and Sela M. (1969), *Proc. Nat. Acad. Sci. U. S. 62*, 163.
Benjanini, E., Scibienski, R. J., and Thompson, K. (1972), *in* Contemporary Topics in Immunochemistry, Vol. 1, Inman, F. P., Ed., New York, N. Y., Plenum Press, p 1.
Celada, F., Strom, R., and Bodlund, K. (1970), *in* The Lactose Operon, Beckwith, J. R., and Zipser, D., Ed., Cold Spring Harbor, N. Y., Cold Spring Harbor Laboratory, p 291.
Givol, D., Weinstein, Y., Gorecki, M., and Wilchek, M. (1970), *Biochem. Biophys. Res. Commun. 38*, 825.
Goldberg, M. E. (1970), *in* The Lactose Operon, Beckwith, J. R., and Zipser, D., Ed., Cold Spring Harbor, N. Y.,

Cold Spring Harbor Laboratory, p 273.
Maron, E., Shizawa, C., Arnon, R., and Sela, M. (1971), *Biochemistry 10,* 763.
Philips, D. C. (1967), *Proc. Nat. Acad. Sci. U. S. 57,* 484.
Porter, R. R. (1959), *Biochem. J. 73,* 119.
Ullmann, A., Jacob, F., and Monod, J. (1968), *J. Mol. Biol. 32,* 1.
Ullmann, A., and Monod, J. (1970), *in* The Lactose Operon, Beckwith, J. R., and Zipser, D., Ed., Cold Spring Harbor, N. Y., Cold Spring Harbor Laboratory, p 265.
Wetlaufer, D. B. (1973), *Proc. Nat. Acad. Sci. U. S. 70,* 697.

Catabolite modulator factor: A possible mediator of catabolite repression in bacteria

(physiological repression and derepression/β-galactosidase/adenosine 3′:5′-cyclic monophosphate)

AGNES ULLMANN, FRANCOISE TILLIER, AND JACQUES MONOD*

Service de Biochimie Cellulaire, Institut Pasteur, 75015 Paris, France

Contributed by Jacques Monod, July 21, 1976

ABSTRACT   Water soluble extracts of *Escherichia coli* cells have been found to exert an extremely strong repressive effect upon the expression of catabolite sensitive operons. The compound responsible for this activity has been partially purified and proves to be of low molecular weight and heat stable. The effect of this compound, hereafter designated as catabolite modulator factor, is only partially antagonized by adenosine 3′:5′-cyclic monophosphate. The possible role of catabolite modulator factor in the physiological regulation of catabolite repression is discussed.

The inhibitory effect of glucose or other carbohydrates on the expression of certain operons is a well known phenomenon called catabolite repression (1). It is currently believed today that adenosine 3′:5′-cyclic monophosphate (cAMP) and its receptor protein are the sole physiological mediators of this effect. During the last few years different lines of evidence suggested that cAMP might not be the unique regulator of catabolite repression (2). In our search for mediators, other than cAMP, we found that water soluble extracts of *Escherichia coli* cells exerted strong repression upon catabolite sensitive operons. In the present paper, we describe some of the physiological properties of the so far only partially purified compound which appears to be responsible for this effect, and discuss its possible role in the regulation of catabolite repression.

MATERIALS AND METHODS

Strains and Media. *E. coli* K-12 wild-type strain 3000 was currently used in these studies. Strain CA8224.1 (L8UV5, lac promoter mutant) and *cya* mutant 283 were generously given to us by Jon Beckwith. Strain L8UV5 *cya* was constructed by transducing strain *cya* 283 to *lac*⁺ with P₁-phage lysate grown on L8UV5. Minimal media 63 (KH₂PO₄ 0.1 M, NH₄Cl 20 mM, MgSO₄ 1 mM, FeCl₃ 1 µM, pH 7) and 68 (Tris·HCl 0.1 M, KH₂PO₄ 1 mM, NH₄Cl 20 mM, MgSO₄ 1 mM, FeCl₃ 1 µM, pH 7.5) supplemented with vitamin B₁ and different carbon sources have been used throughout this study.

Extraction and Partial Purification of Catabolite Modulator Factor. A culture of strain 3000 grown overnight in medium 68 with glucose (0.4%) as a carbon source, was centrifuged at low speed. The bacterial pellet was resuspended in distilled water previously adjusted to pH 8 (25 mg of dry weight bacteria per ml of H₂O). The suspension was kept in a boiling-water bath for 12 min. After cooling, the suspension was immediately centrifuged at 20,000 × *g* for 10 min. The supernatant represents crude catabolite modulator factor (CMF). A purification of about 10–50 times (based on the loss of UV absorbing material) has been achieved through the following steps: (*i*) passage

on a Dowex AG 1×8 (Bio-Rad) column. Crude CMF (100 ml) is diluted with two volumes of water and deposited on a Dowex column which is in the acetate form (100 ml of resin). The active material is not retained on the column and is washed off by H₂O until disappearance of UV absorbing material in the eluant is noted.

(*ii*) The eluted material is concentrated almost to dryness under vacuum. To the residue (about 10 ml) 200 ml of ethanol are added and the mixture is kept overnight at 0°. The precipitate which is formed is eliminated by centrifugation; the supernatant is evaporated under vacuum and the residue redissolved in water (Dowex-ethanol fraction). Ten microliters of the Dowex-ethanol fraction corresponds to the amount of CMF obtained from approximately 1 mg (dry weight) of bacteria.

Physiological Catabolite Repression and Derepression. Experiments meant to test effectors of catabolite repression are usually conducted by comparing results observed during growth in the presence of carbohydrates differing in their repression effects such as glucose (which gives fairly strong repression) and glycerol (which exhibits only weak repression). For our purposes, we needed to explore the full range of the catabolite repression effect. Now it has been repeatedly observed (cf. ref. 1) that in absence of added specific effectors the level of catabolite repression is entirely modulated by the relative availability of a carbon source versus a source of nitrogen. By severely limiting the nitrogen source while the carbon source is in excess, extreme repression (95% or more) is observed as compared with the reverse condition where the availability of the carbon source is limited and the nitrogen source is in excess. Under the latter condition, the differential rates of enzyme synthesis observed are significantly higher than is ever observed in the presence of cAMP; therefore we will call it "full physiological derepression."

Conditions of Extreme Physiological Repression and Derepression. *E. coli* K-12 cannot use urea as nitrogen source nor sucrose as carbon source. If urease is added concomitantly with urea, NH₃ will be liberated, thus allowing bacterial growth. To obtain growth in the presence of sucrose (as sole carbon source), we have to add invertase to obtain glucose liberation.

To obtain maximal repression, we add a rapidly metabolized carbon source (glucose) at saturating concentrations and urea as the sole nitrogen source. In the presence of sufficiently low concentrations of urease, the growth of bacteria will be limited by the availability of the liberated NH₃.

For maximal derepression, (NH₄)₂SO₄ is used as nitrogen source and suorose as the carbon source. By carefully adjusting the invertase concentrations produces a severe growth limitation.

Under both conditions, for obvious reasons, growth is linear

Abbreviations: cAMP, adenosine 3′:5′-cyclic monophosphate; CMF, catabolite modulator factor; IPTG, isopropyl-β-D-thiogalactoside.
* Deceased.

3476

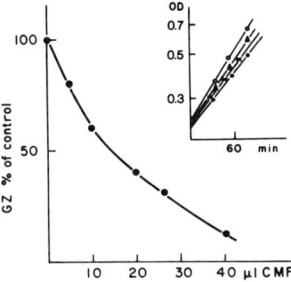

FIG. 1. Effect of CMF on β-galactosidase synthesis. To exponentially growing cultures of strain 3000 in medium 68-B$_1$ with glucose (0.4%) as carbon source, we added different amounts of CMF (Dowex ethanol fraction) simultaneously with 1 mM IPTG. After two generations, growth was stopped, and the amount of β-galactosidase determined in toluenized suspensions. The insert of the figure shows growth curves in the absence (×—×) and in the presence of 10 (●—●), 20 (△—△), and 40 (○—○) μl/ml of CMF. GZ refers to β-galactosidase.

and the linear slope is proportional to the concentration of enzyme added.

It will be immediately seen that under such conditions the growth-rate, as usually defined (i.e., under conditions of exponential growth) decreases constantly as the bacterial mass increases. For purposes of comparison between different experimental conditions, therefore, it is essential that the initial bacterial densities as well as mass increases should be identical.

The experiments were actually carried out as follows: overnight cultures grown in 63 medium supplemented with vitamin B$_1$ and 0.4% glucose were centrifuged, washed, and resuspended either in (NH$_4$)$_2$SO$_4$-free 63-B$_1$-glucose medium (for repression studies) or in glucose-free 63-B$_1$ medium (for studying derepression). After complete exhaustion of the residual (NH$_4$)$_2$SO$_4$ or glucose the cultures were diluted in order to obtain 10^8 bacteria per ml. For nitrogen-limitation experiments, 0.1% urea and different concentrations of urease are added; carbon-source limitation is carried out in the presence of 0.4% sucrose + invertase. As soon as linear growth obtained the cultures were induced with 1 mM isopropyl-β-D-thiogalactoside (IPTG).

Enzymatic Assays. -β-Galactosidase (β-D-galactoside galactohydrolase, EC 3.2.1.23) was assayed according to Pardee, Jacob, and Monod (3) and tryptophanase [L-tryptophan indole-lyase, (deaminating), EC 4.1.99.1] was measured as described by Newton et al. (4).

Reagents and Enzymes. IPTG, cAMP, urease, and invertase were purchased from Sigma Chemical Co., L-tryptophan from Calbiochem, and all other chemicals from Merck.

RESULTS

General properties of catabolite modulator factor (CMF)

When partially purified extract, containing CMF, is added to an exponentially growing culture of wild-type strain 3000 the synthesis of β-galactosidase is strongly affected. As it can be seen in Fig. 1, the effect depends on the amount of CMF added. At the higher concentrations of CMF, extreme repression is observed (amounting to 99% of the levels attained by a culture

Table 1. Effect of CMF on the differential rate of β-galactosidase and tryptophanase synthesis

CMF (μl/ml)	β-Galactosidase		Tryptophanase	
	(units/mg)	(%)	(units/mg)	(%)
—	3900	100	250	100
50	1060	27	113	45
100	540	14	22	9
200	155	4	8.1	3

To exponentially growing cultures of strain 3000 in medium 68-B$_1$ with glycerol (0.4%) as the carbon source, we added different amounts of crude CMF as well as IPTG (mM) and tryptophan (2 mg/ml). After two generations, growth was stopped and the amount of enzymes were determined in toluenized suspensions. The results are expressed as units of enzyme per mg of bacteria dry weight.

under conditions of full physiological derepression). Thus, the range of repression which can be obtained by addition of CMF appears to be as wide as can be observed also under our so-called conditions of extreme "physiological repression."

CMF has little effect on bacterial growth (see insert of Fig. 1). This is in itself an indication that CMF does not significantly affect the expression of any of the operons involved in the synthesis of biosynthetic enzymes.

Table 1 shows the comparative effect of CMF on the synthesis of β-galactosidase and tryptophanase. It can be seen that the synthesis of both enzymes is strongly inhibited. Further studies on several other systems known to be catabolite independent (A. Dessein, Thesis; A. Dessein, F. Tillier, and A. Ullmann, manuscript in preparation) have shown that the synthesis of glucose-6-phosphate dehydrogenase and phosphoglucomutase are strictly not affected by the CMF, while the rate of synthesis of amylomaltase and galactokinase (known to be catabolite sensitive) are strongly repressed. Therefore it appears that the CMF acts specifically on the expression of catabolite-sensitive operons.

When the action of CMF is studied over a longer period of time, the repression effect is seen to disappear and the initial differential rate of enzyme synthesis is restored (Fig. 2). At this time, CMF cannot be detected anymore in bacterial supernatants (data not shown) suggesting that it has been metabolized.

We have no indications as to the chemical nature of CMF; however, the following points concerning its general properties may be recorded: (i) it is a small molecular weight product (molecular weight less than 1000) since it is retained on a Sephadex G-10 column. (ii) It has no apparent charge (it is not retained on any anionic or cationic exchange columns) at various pHs and ionic strengths. (iii) It is heat, alkali, and acid stable (it is stable at 100° in the presence of 1 M HCl or 1 M NaOH).

Catabolite modulator factor and cAMP

While the antagonistic effect of cAMP towards catabolite repression is well established, a disturbing feature of this phenomenon is that, under conditions of extreme repression (nitrogen source limitation for instance), cAMP only partially reverts catabolite repression (5). Because in the presence of CMF, catabolite sensitive enzymes can be repressed as severely as under conditions of nitrogen source limitation, it was of interest to determine to what extent cAMP can overcome such effects. Table 2 shows an experiment where the level of catabolite repression was modulated either by "physiological repression" or by addition of CMF. At high levels of repression whether obtained under physiological repression or by addition

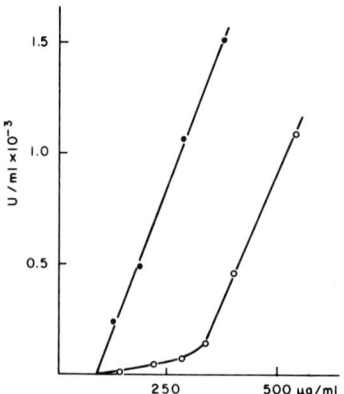

FIG. 2. Kinetics of CMF inhibition of β-galactosidase synthesis. An exponentially growing culture of strain 3000 in medium 68-B₁ with glucose (0.4%) as the carbon source was divided; one part received IPTG (1 mM) (●—●); the other, IPTG + CMF (O—O). At different time intervals thereafter, the amount of β-galactosidase was determined. β-Galactosidase activity (U) is represented as a function of bacterial cell mass.

of CMF the rates of enzyme synthesis observed in the presence of cAMP are 70–90% lower than the rates which obtain under conditions of full physiological derepression. The fact that cAMP behaves in the same way under both conditions strongly suggests that repression obtained by CMF is similar to "physiological repression."

Catabolite modulator factor and lactose promoter mutant

Strain L₈UV₅ is a lactose promoter mutant (6) which, under the conditions used to test it, was found insensitive to catabolite repression and to the effect of cAMP (7). It was therefore of particular interest to test whether this mutant would respond at all to extreme conditions of physiological repression or de-

Table 2. Effect of cAMP on "physiological repression" and on repression exerted by CMF

Urease (μg/ml)	Rate of bacterial mass increase (μg/hr)	cAMP added	GZ (units/mg)	CMF (μl/ml)	cAMP added	GZ (units/mg)
—	—*	—	2650	—	+	2400
—	—*	+	9000	—	−	6300
0.4	43	−	1430	50	+	1190
0.4	39	+	7800	50	−	4500
0.26	30	−	590	100	+	510
0.26	26	+	6000	100	−	3200
0.13	19	−	265	200	+	138
0.13	19	+	3200	200	−	1600

Experimental conditions for "physiological repression" are described in *Materials and Methods*. Conditions for repression obtained by CMF are as described for Table 1. Final concentration of cAMP was 5 mM. GZ refers to β-galactosidase. Full physiological derepression was 16,000 units of GZ per mg of bacteria.
* Exponential growth.

Table 3. Effect of cAMP and "physiological derepression" on strains 3000 and L₈UV₅

Strain	Addition	Units/mg of GZ
3000	Glucose	4,600
	Glucose + cAMP	9,000
	Sucrose + invertase	15,800
L₈UV₅	Glucose	4,670
	Glucose + cAMP	5,300
	Sucrose + invertase	11,400

Experimental conditions for "physiological derepression" are described in *Materials and Methods*. The concentration of invertase was 0.1 μg/ml and the rate of mass increase for both strains was 10 μg/hr. cAMP (5 mM) was added to exponentially growing cultures in medium 63-B₁. IPTG was used at a final concentration of 1 mM. GZ refers to β-galactosidase.

repression, and show sensitivity to CMF. Table 3 shows that mutant L₈UV₅, while responding only slightly to cAMP, can be further largely derepressed under our physiological conditions. Fig. 3 shows that L₈UV₅ mutant can be strongly repressed by addition of CMF, which shows, however, much less sensitivity than the wild-type organism. Moreover, at high concentrations of CMF, it appears to be completely insensitive to the antagonistic effect of cAMP. Furthermore, we have tested the properties of this mutant when the lactose promoter gene was transduced into an adenylcyclase negative (*cya*) strain, where it shows the same sensitivity to CMF. These results would appear strongly to suggest that cAMP could hardly be a unique modulator of catabolite repression *in vivo*.

DISCUSSION

Since the discovery that cAMP is an antagonist of permanent (8) and transient (9) catabolite repression, extensive studies carried out on *in vitro* systems (10–13) resulted in a coherent model of positive regulation exerted by cAMP and its receptor protein.

On this basis, it has generally been concluded that modulations in the intracellular concentration of cAMP could entirely account for catabolite repression effects as observed under

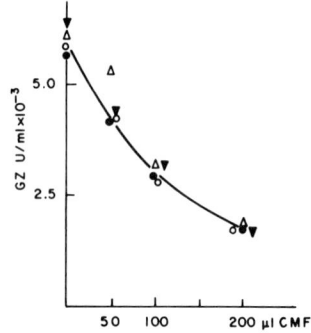

FIG. 3. Effect of CMF on the differential rate of β-galactosidase synthesis in strain L₈UV₅. Experimental conditions were the same as described in the legend of Fig. 1. L₈UV₅ *cya*⁺ (O—O) in the absence and (△—△) in the presence of cyclic AMP; L₈UV₅ *cya*⁻ (●—●) in the absence and (▼—▼) in the presence of cAMP. cAMP concentration was 5 mM.

various conditions *in vivo*. Some conflicting observations prompted us to search for other or further types of mediators or modulators of these effects. The physiological (*in vivo*) properties of CMF as described in the present paper, would seem to indicate it as a good candidate for such a mediator.

As we have seen, partially purified extracts of CMF: (*i*) specifically repress the expression of catabolite sensitive operons without showing any effects on catabolite insensitive systems; (*ii*) show effects similar in range to those that obtain under extreme conditions of physiological repression; (*iii*) have an apparent metabolism of CMF by the cells, which would allow rapid modulations of its intracellular concentration. Furthermore, (*iv*) a promoter mutant, largely insensitive to cAMP, proves to be sensitive both to physiological derepression and to the repressive effect of CMF.

At this point, our data do not allow proposing an actual model for the mechanism of action of CMF. We should perhaps point out the fact that our results do not identify the active compound present in water soluble extract as being *directly* responsible for the effects observed. These effects might be due to another compound or compounds derived from CMF through its metabolism *in vivo*. While preliminary, the experimental evidence does very strongly suggest that besides the cyclic AMP-cAMP receptor protein-promoter interaction, another mechanism does operate in the cell to control the activity of catabolite sensitive systems.

We wish to thank Dr. Maxime Schwartz for many helpful discussions and Dr. Jon Beckwith for the generous gift of strains. This research was supported by grants from the Délégation Générale à la Recherche Scientifique et Technique, the Centre National de la Recherche Scientifique, and the National Institutes of Health.

1. Magasanik, B. (1961) *cold Spring Harbor Symp. Quant. Biol.* **26**, 249–256.
2. Ullmann, A. (1974) *Biochem. Biophys. Res. Commun.* **57**, 348–352.
3. Pardee, A. B., Jacob, F. & Monod, J. (1959) *J. Mol. Biol.* **1**, 165–178.
4. Newton, W. A., Morino, Y. & Snell, E. E. (1965) *J. Biol. Chem.* **240**, 1211–1218.
5. Ullmann, A., Contesse, G., Crepin, M., Gros, F. & Monod, J. (1969) in *Fogarty International Center Proceedings*, eds. Kall, T. W., Rotbell, M. & Condliffe, P. (National Institutes of Health, Bethesda, Md.), Vol. 4, pp. 215–246.
6. Silverstone, A. E., Arditti, R. & Magasanik, B. (1970) *Proc. Natl. Acad. Sci. USA* **66**, 773–779.
7. Beckwith, J., Grodzicker, T. & Arditti, R. (1972) *J. Mol. Biol.* **69**, 155–160.
8. Ullmann, A. & Monod, J. (1968) *FEBS Lett.* **2**, 57–60.
9. Perlman, R. & Pastan, I. (1968) *Biochem. Biophys. Res. Commun.* **30**, 656–664.
10. Emmer, M., De Crombrugghe, B., Pastan, I. & Perlman, R. (1970) *Proc. Natl. Acad. Sci. USA* **66**, 480–487.
11. Zubay, G., Schwartz, D. & Beckwith, J. (1970) *Proc. Natl. Acad. Sci. USA* **66**, 104–110.
12. Wu, F. Y.-H., Nath, K. & Wu, C. W. (1974) *Biochemistry* **12**, 2567–2572.
13. Wu, C. W. & Wu, F. Y.-H. (1974) *Biochemistry* **12**, 2573–2578.

Complete Bibliography of Scientific Papers

This bibliography is extracted from André Lwoff's biography of Jacques Monod in the Biographical Memoirs of Fellows of the Royal Society, Volume 23. It is reprinted with the kind permission of the Royal Society.

BIBLIOGRAPHY

Scientific Publications

(1) 1931 (With E. CHATTON, A. LWOFF & M. LWOFF) La formation de l'ébauche buccale postérieure chez les Ciliés en division et ses relations de continuité topographique et génétique avec la bouche antérieure. *C. r. Séanc. Soc. Biol.* **107**, 540–544.

(2) (With E. CHATTON, A. LWOFF & M. LWOFF) Sur la topographie, la structure et la continuité génétique des stries ciliaires chez l'Infusoire Chilodon uncinatus. *Bull. Soc. zool. Fr.* **66**, 367–374.

(3) 1933 Mise en évidence du gradient axial chez les Infusoires ciliés par photolyse à l'aide des rayons ultraviolets. *C. r. hebd. Séanc. Acad. Sci., Paris* **196**, 212–214.

(4) Données quantitatives sur le galvanotropisme des Infusoires ciliés. *Bull. biol. Fr. Belg.* **67**, 474–479.

(5) 1934 Indépendance du galvanotropisme et de la densité du courant chez les Infusoires ciliés. *C. r. hebd. Séanc. Acad. Sci., Paris* **198**, 122–124.

(6) (With I. GOLDBERG) Sur le rôle des chlorelles symbiotiques dans la nutrition de *Paramecium bursaria*. *C. r. hebd. Séanc. Acad. Sci., Paris* **198**, 1183–1185.

(7) Galvanotropisme et âge physiologique. *C. r. hebd. Séanc. Acad. Sci., Paris* **198**, 1882–1883.

(8) 1935 (With P. DRACH) Rapport préliminaire sur les observations d'histoire naturelle faites pendant la campagne du 'Pourquoi pas ?' au Groenland. *Annls hydrogr.* **2**

(9) Le taux de croissance en fonction de la concentration de l'aliment dans une population de *Glaucoma piriformis* en culture pure. *C. r. hebd. Séanc. Acad. Sci., Paris* **201**, 1513–1515.

(10) 1936 (With G. TEISSIER) La concentration de l'aliment, facteur quantitatif de l'accroissement des populations d'Infusoires. *C. r. hebd. Séanc. Acad. Sci., Paris* **202**, 162–164.

(11) 1937 (With D. F. POULSON) Specific reactions of the ovary to interspecific transplantation among members of the melanogaster group of *Drosophila*. *Genetics*, **22** 257–263.

(12) Ration d'entretien et ration de croissance dans les populations bactériennes. *C. r. hebd. Séanc. Acad. Sci., Paris* **205**, 1456–1457.

(13) 1938 (With Y. NEEFS) Extraction et dosage du pigment de l'œil de la Drosophile. *C. r. hebd. Séanc. Acad. Sci., Paris* **206**, 1677–1679.

(14) 1941 Croissance des populations bactériennes en fonction de la concentration de l'aliment hydrocarboné. *C. r. hebd. Séanc. Acad. Sci., Paris* **212**, 771–773.

(15) Sur un phénomène nouveau de croissance complexe dans les cultures bactériennes. *C. r. hebd. Séanc. Acad. Sci., Paris* **212**, 934–936.

(16) Recherches sur la croissance des cultures bactériennes. (Thèse Doctorat ès Sciences, Paris, 1941.) Paris: Hermann Edit.

(17) 1942 Influence de l'amide de l'acide nicotinique, de l'aneurine et de l'acide ascorbique sur la croissance des cultures de *Bacillus coli*. *Annls Inst. Pasteur, Paris* **68**, 435–438.

(18) Sur un phénomène de lyse lié à l'inanition carbonée. *Annls Inst. Pasteur, Paris* **68**, 444–451.

(19) Diauxie et respiration au cours de la croissance des cultures de *Bacillus coli*. *Annls Inst. Pasteur, Paris* **68**, 548–550.

(20) (With F. MORIN) Sur l'expression analytique de la croissance des populations bactériennes. *Revue scient., Paris* **5**, 227–229.

(21)	1943	Influence de la concentration des substrats sur la rapidité d'adaptation chez le *Bacillus coli. Annls Inst. Pasteur, Paris* **69**, 179–181.
(22)	1944	Sur la non-additivité d'action de certains enzymes bactériens. *Annls Inst. Pasteur, Paris* **70**, 57–59.
(23)		Remarque sur le problème de la spécificité des enzymes bactériens. *Annls Inst. Pasteur, Paris* **70**, 60–61.
(24)		Inhibition de l'adaptation enzymatique chez *Bacillus coli* en présence de 2,4-dinitrophénol. *Annls Inst. Pasteur, Paris* **70**, 381–384.
(25)	1945	Sur la nature du phénomène de diauxie. *Annls Inst. Pasteur, Paris* **71**, 37–40.
(26)	1946	(With M. MOREL) Sur l'utilisation du saccharose par *Proteus vulgaris. Annls Inst. Pasteur, Paris* **72**, 647–651.
(27)		(With A. LWOFF) L'anhydride carbonique considéré comme substance indispensable aux microorganismes. La biosynthèse des acides dicarboxyliques. *C. r. hebd. Séanc. Acad. Sci., Paris* **222**, 696–697.
(28)		(With A. AUDUREAU) Mutation et adaptation enzymatique chez *Escherichia coli-mutabile. Annls. Inst. Pasteur, Paris* **72**, 868–878.
(29)		Sur une mutation spontanée affectant le pouvoir de synthèse de la méthionine chez une bactérie coliforme. *Annls Inst. Pasteur, Paris* **72**, 879–890.
(30)		Remarques à propos du rapport présenté par S. SPIEGELMANN. *Cold Spring Harb. Symp. quant. Biol.* **XII**, 274–275.
(31)	1947	(With A. LWOFF) Essai d'analyse du rôle de l'anhydride carbonique dans la croissance microbienne. *Annls Inst. Pasteur, Paris* **73**, 323–347.
(32)		(With E. WOLLMAN) Inhibition de l'adaptation enzymatique chez une bactérie (*Escherichia coli*) infectée par un bactériophage. *C. r. hebd. Séanc. Acad. Sci., Paris* **224**, 417–419.
(33)		(With D. BOVET & A. LWOFF) Excitation par l'acide succinique du centre respiratoire du Chien en apnée d'hyperventilation. *C. r. hebd. Séanc. Acad. Sci., Paris* **224**, 1844–1846.
(34)		(With E. WOLLMAN) L'inhibition de la croissance et de l'adaptation enzymatique chez les bactéries infectées par le bactériophage. *Annls Inst. Pasteur, Paris* **73**, 937–956.
(35)		Amino-acids in the physiology of bacteriophage. *J. gen. Microbiol.* **2**, vii.
(36)		The phenomenon of enzymatic adaptation and its bearing on problems of genetics and cellular differentiation. *Rev. Growth Symposium* **11**, 223–289.
(37)		(With A. LWOFF) Le rôle de l'anhydride carbonique dans le métabolisme bactérien. *Proc. IVth Int. Congr. Microbiol., Copenhagen*, pp. 150–151.
(38)	1948	(With A. N. TORRIANI & the collaboration of M. VUILLET) Synthèse d'un polysaccharide du type amidon aux dépens du maltose, en présence d'un extrait enzymatique d'origine bactérienne. *C. r. hebd. Séanc. Acad. Sci., Paris* **227**, 240–242.
(39)		(With A. M. TORRIANI & J. GRIBETZ) Sur une lactase extraite d'une souche d'*Escherichia coli mutabile*. *C. r. hebd. Séanc. Acad. Sci., Paris* **227**, 315–316.
(40)	1949	The properties of amylomaltase. *1st Intern. Congr. Biochem., Cambridge, England, Abst. of Comm.*, pp. 303–304.
(41)		(With A. M. TORRIANI) Sur la réversibilité de la réaction catalysée par l'amylomaltase. *C. r. hebd. Séanc. Acad. Sci., Paris* **228**, 718–720.
(42)		Facteurs génétiques et facteurs chimiques spécifiques dans la synthèse des enzymes bactériens. In: 'Unités biologiques douées de continuité génétique', *C.N.R.S., Paris* 181–199.
(43)		(With A. LWOFF) The problem of heterocarboxylic metabolites. *Archs Biochem. Biophys.* **22**, 482–483.

(44) (With A. M. TORRIANI & M. JOLIT) Sur la réactivation de bactéries sterilisées par le rayonnement ultraviolet. *C. r. hebd. Séanc. Acad. Sci.*, Paris **229**, 557–559.
(45) The growth of bacterial cultures. *A. Rev. Microbiol.* **3**, 371–394.
(46) 1950 (With A. M. TORRIANI) De l'amylomaltase d'*Escherichia coli*. *Annls Inst. Pasteur*, Paris **78**, 65–77.
(47) Adaptation, mutation and segregation in the formation of bacterial enzymes. *Biochem. Soc. Symp.* **4**, 51–58.
(48) La technique de culture continue. Théorie et applications. *Annls Inst. Pasteur*, Paris **79**, 390–410.
(49) 1951 (With G. COHEN-BAZIRE) La compétition entre les ions hydrogène et sodium dans l'activation de la β-D-galactosidase d'*Escherichia coli* et la notion d'antagonisme ionique. *C. r. hebd. Séanc. Acad. Sci.*, Paris **232**, 1515–1517.
(50) (With M. COHN) Purification et propriétés de la β-galactosidase (lactase) d'*Escherichia coli*. *Biochim. biophys. Acta* **7**, 153–174.
(51) (With G. COHEN-BAZIRE & M. COHN) Sur la biosynthèse de la β-galactosidase (lactase) chez *Escherichia coli*. La spécificité de l'induction. *Biochim. biophys. Acta* **7**, 585–599.
(52) (With F. JACOB & A. M. TORRIANI) L'effet du rayonnement ultraviolet sur la biosynthèse de la β-galactosidase et sur la multiplication du bactériophage T2 chez *Escherichia coli*. *C. r. hebd. Séanc. Acad. Sci.*, Paris **233**, 1230–1232.
(53) 1952 La synthèse de la β-galactosidase chez les Entérobactériacées. Facteurs génétiques et facteurs chimiques. *Schweiz. Z. allg. Path. Bakt.* **15**, 407–417.
(54) Inducteurs et inhibiteurs spécifiques dans la biosynthèse d'un enzyme. La β-galactosidase d'*Escherichia coli*. *Bull. Wld Hlth Org.* **6**, 59–64.
(55) (With M. COHN) La biosynthèse induite des enzymes (adaptation enzymatique). *Adv. Enzymol.* **13**, 67–119.
(56) Le rôle des inducteurs spécifiques dans la biosynthèse des enzymes. *Symposium sur la biogénèse des protéines*, Ième Congrès International de Biochimie, Paris, pp. 75–84.
(57) (With A. M. PAPPENHEIMER & G. COHEN-BAZIRE) La cinétique de la biosynthèse de la β-galactosidase chez *Escherichia coli* considérée comme fonction de la croissance. *Biochim. Biophys. Acta* **9**, 648–660.
(58) 1953 (With G. COHEN-BAZIRE) L'effet inhibiteur spécifique des β-galactosides dans la biosynthèse 'constitutive' de la β-galactosidase chez *Escherichia coli*. *C. r. hebd. Séanc. Acad. Sci.*, Paris **236**, 417–419.
(59) (With G. COHEN-BAZIRE) L'effet d'inhibition spécifique dans la biosynthèse de la tryptophanedesmase chez *Aerobacter aerogenes*. *C. r. hebd. Séanc. Acad. Sci.*, Paris **236**, 530–532.
(60) (With M. COHN) Specific inhibition and induction of enzyme biosynthesis. London Symposium, 1953, in *Adaptation in microorganisms*, pp. 132–149. Cambridge University Press.
(61) (With M. COHN & G. N. COHEN) L'effet inhibiteur spécifique de la méthionine dans la formation de la méthionine-synthase chez *Escherichia coli*. *C. r. Hebd. Séanc. Acad. Sci.*, Paris **236**, 746–748.
(62) (With M. COHN) Sur le mécanisme de la synthèse d'une protéine bactérienne: la β-galactosidase d'*Escherichia coli*. *VIth Int. Congr. Microbiol.*, *Symposium on microbial metabolism*, Rome, pp. 42–62.
(63) (With M. COHN, M. R. POLLOCK, S. SPIEGELMAN & R. Y. STANIER) Terminology of enzyme formation. *Nature, Lond.* **172**, 1953, 1096.
(64) 1954 Les facteurs de la biosynthèse des enzymes. *Cah. Phys.* **47**, 70–84.

(65) 1955 (With D. S. HOGNESS & M. COHN) Studies on the induced synthesis of β-galactosidase in *Escherichia coli*: the kinetics and mechanism of sulfur incorporation. *Biochim. Biophys. Acta* **16**, 99–116.

(66) Données nouvelles sur la biosynthèse des enzymes. Adaptation enzymatique. *Exposés de Biochim. méd.* **17**, 195–211.

(67) 1956 Remarks on the mechanism of enzyme induction. Henry Ford Hosp. Intern. Symposium, in *Enzymes: units of biological structure and function*. New York: Academic Press.

(68) (With H. V. RICKENBERG, G. N. COHEN & G. BUTTIN) La galactoside-perméase chez *Escherichia coli*. *Annls Inst. Pasteur, Paris*, **91**, 829–857.

(69) 1957 (With A. KEPES) Etude du fonctionnement de la galactoside-perméase d'*Escherichia coli*. *C. r. hebd. Séanc. Acad. Sci., Paris* **244**, 1091–1094.

(70) (With G. N. COHEN) Bacterial permeases. *Bact. Rev.* **21**, 169–194.

(71) 1958 An outline of enzyme induction. *Recl Trav. chim. Pays-Bas Belg.* **77**, 569–585.

(72) (With A. B. PARDEE & F. JACOB) Sur l'expression et le rôle des allèles 'inductible' et 'constitutif' dans la synthèse de la β-galactosidase chez des zygotes d'*Escherichia coli*. *C. r. hebd. Séanc. Acad. Sci., Paris* **246**, 3125–3128.

(73) 1959 Antibodies and induced enzymes. In: *Cellular and humoral aspects of hypersensitive states* (ed. H. Sherwood Lawrence), Symposium of the Section of Microbiology, New York Academy of Medicine, pp. 628–650. New York.

(74) (With A. B. PARDEE & F. JACOB) The genetic control and cytoplasmic expression of 'inducibility' in the synthesis of β-galactosidase by *Escherichia coli*. *J. Mol. Biol.* **1**, 165–176.

(75) Information, induction, répression dans la biosynthèse d'un enzyme. *Colloquium der Gesellschaft für physiologische Chemie, Mosbach*, pp. 120–145.

(76) Biosynthese eines Enzyms. Information, Induktion, Repression. *Angew. Chem.* **71**, 685–691.

(77) (With D. PERRIN & A. BUSSARD) Sur la présence de protéines apparentées à la β-galactosidase chez certains mutants d'*Escherichia coli*. *C. r. hebd. Séanc. Acad. Sci., Paris* **249**, 778–780.

(78) (With F. JACOB) Gènes de structure et gènes de régulation dans la biosynthèse des protéines. *C. r. hebd. Séanc. Acad. Sci., Paris* **249**, 1282–1284.

(79) (With I. ZABIN & A. KEPES) On the enzymic acetylation of isopropyl-β-D-thiogalactoside and its association with galactoside-permease. *Biochem. biophys. Res. Commun.* **1**, 289–292.

(80) 1960 (With F. JACOB, D. PERRIN & C. SANCHEZ) L'opéron: groupe de gènes à expression coordonnée par un opérateur. *C. r. hebd. Séanc. Acad. Sci., Paris* **250**, 1727–1729.

(81) (With G. BUTTIN & F. JACOB) Synthèse constitutive de galactokinase consécutive au développement des bactériophages λ, chez *Escherichia coli* K 12. *C. r. hebd. Séanc. Acad. Sci., Paris* **250**, 2471–2473.

(82) (With A. BUSSARD, S. NAONO & F. GROS) Effets d'un analogue de l'uracile sur les propriétés d'une protéine enzymatique synthétisée en sa présence. *C. r. hebd. Séanc. Acad. Sci., Paris* **250**, 4049–4051.

(83) (With D. PERRIN & F. JACOB) Biosynthèse induite d'une protéine génétiquement modifiée, ne présentant pas d'affinité pour l'inducteur. *C. r. hebd. Séanc. Acad. Sci., Paris* **250**, 155–157.

(84) (With B. L. HORECKER, J. THOMAS) Galactose transport in *Escherichia coli*: I—General properties as studied in a galactokinaseless mutant. *J. Biol. Chem.* **235**, 1580–1585.

(85) (With B. L. HORECKER & J. THOMAS) Galactose transport in *Escherichia coli*: II—Characteristics of the exit process. *J. Biol. Chem.* **235**, 1586–1590.

(86) (With M. RILEY, A. B. PARDEE & F. JACOB) On the expression of a structural gene. *J. molec. Biol.* **2**, 216–225.

(87) 1961 (With F. JACOB) Genetic regulatory mechanisms in the synthesis of proteins. *J. molec. Biol.* **3**, 318–356.

(88) (With F. JACOB & F. GROS) Structural and rate determining factors in the biosynthesis of adaptative enzymes. *Biochem. Soc. Symp.* **21**, 104–132.

(89) (With D. BROWN) Carbon source repression of β-galactosidase in *Escherichia coli*. *Fedn Proc. Fedn Am. Soc. exp. Biol.* **20**, 222f.

(90) (With F. JACOB) On the regulation of gene activity. *Cold Spring Harb. Symp. quant. Biol.* **26**, 193–211.

(91) (With F. JACOB) Teleonomic mechanisms in cellular metabolism, growth and differentiation. *Cold Spring Harb. Symp. quant. Biol.* **26**, General Conclusions, pp. 389–401.

(92) (With F. JACOB & F. GROS) Sur la régulation et sur le mode d'action des gènes. *J. Chim. Phys.* **58**, 1100–1102.

(93) 1962 (With F. JACOB) Sur le mode d'action des gènes et la régulation cellulaire. In: *Semaine d'étude sur le problème des Macromolécules*, pp. 85–95. Acad. Pontificale des Sciences.

(94) (With I. ZABIN & A. KEPES) Thiogalactoside transacétylase. *J. Biol. Chem.* **237**, 253–257.

(95) Summary of the Columbia Symposium. Columbia Symposium, 1962. In: *Basic problems in neoplastic diseases*, pp. 218–237. Columbia University Press.

(96) (With F. JACOB & R. SUSSMAN) Sur la nature du répresseur assurant l'immunité des bactéries lysogènes. *C. r. hebd. Séanc. Acad. Sci., Paris* **254**, 4214–4216.

(97) (With F. JACOB) Déterminisme et régulation spécifique de la synthèse des protéines. *Proc. Vth Intern. Cong. Biochem.* vol. I, pp. 132–154.

(98) (With F. JACOB) Genetic repression, allosteric inhibition and cellular differentiation. In: *Cytodifferentiation and macromolecular synthesis*, pp. 30–64. New York: Academic Press.

(99) (With F. JACOB) Elements of regulatory circuits in bacteria. In: *Biological regulation at the cellular and supercellular level*, pp. 1–24. New York: Academic Press.

(100) (With F. JACOB & J. P. CHANGEUX) Allosteric proteins and cellular control systems. *J. molec. Biol.* **6**, 306–329.

(101) (With D. PERRIN) On the reversibility by treatment with urea of the thermal inactivation of *Escherichia coli* β-galactosidase. *Biochem. biophys. Res. Commn.* **12**, 425–428.

(102) 1964 (With F. JACOB & A. ULLMANN) Le promoteur, élément génétique nécessaire à l'expression d'un opéron. *C. r. hebd. Séanc. Acad. Sci., Paris* **258**, 3125–3128.

(103) (With F. JACOB) Mécanismes biochimiques et génétiques de la régulation dans la cellule bactérienne *Bull Soc. Chim. Biol.* **46**, 1499–1532.

(104) (With C. WILLSON, D. PERRIN, M. COHN & F. JACOB) Non-inducible mutants of the regulator gene in the 'lactose' system of *Escherichia coli*. *J. molec. Biol.* **8**, 582–592.

(105) (With A. ULLMANN & P. R. VAGELOS) The effect of 5'AMP upon the association between BTB and muscle phosphorylase b. *Biochem. biophys. Res. Commun.* **17**, 86–91.

(106) 1965 (With J. WYMAN & J. P. CHANGEUX) On the nature of allosteric transitions: a plausible model. *J. molec. Biol.* **12**, 88–118.
(107) (With A. ULLMANN, D. PERRIN & F. JACOB) Identification par complémentation *in vitro* et purification d'une sous-unité de la β-galactosidase d'*Escherichia coli*. *J. molec. Biol.* **12**, 918–923.
(108) (With J. P. CHANGEUX & A. ULLMANN) Un modèle plausible de la transition allostérique. *Colloque International du C.N.R.S., Marseille, 1963* (ed., C.N.R.S.), pp. 285–295.
(109) (With C. BURSTEIN, M. COHN & A. KEPES) Rôle du lactose et de ses produits métaboliques dans l'induction de l'opéron lactose chez *Escherichia coli*. *Biochim. Biophys. Acta* **95**, 634–639.
(110) (With F. JACOB) Genetic mapping on the elements of the lactose region in *Escherichia coli*. *Biochem. Biophys. Res. Commun.* **18**, 693–701.
(111) Quelques réflexions sur les relations entre structures et fonctions dans les protéines globulaires. *Ann. Biol.* **4** (Fasc. 3–4), 231–240.
(112) (With F. JACOB & A. ULLMANN) Délétions fusionnant l'opéron lactose et un opéron purine chez *Escherichia coli*. *J. molec. Biol.* **13**, 704–719.
(113) 1966 On the mechanism of molecular interactions in the control of cellular metabolism (Upjohn Lecture, 1965). *Endocrinology* **78**, 412–425.
(114) De l'adaptation enzymatique aux transitions allostériques. *Les Prix Nobel en 1965*. Stockholm: Imprimerie Royale P. A. Norstedt & Söner.
(114a) From enzymatic adaptation to allosteric transitions. *Science* **154**, 475–483.
(114b) Von der enzymatischen Adaptation zur allosterischen Umlagerung. *Angew. Chem.* **14**, 694–703.
(114c) Conférences Nobel 1965. In: 'L'ordre biologique', *Sciences*, no. 43–44, pp. 35–71.
(115) 1967 (With G. BUTTIN & P. JACOB) The operon: a unit of coordinated gene action. In: 'Heritage from Mendel' (ed. R. A. Brink), pp. 155–177. University of Wisconsin Press.
(116) (With A. ULLMANN & F. JACOB) Characterization by *in vitro* complementation of a peptide corresponding to an operator-proximal segment of the β-galactosidase gene of *Escherichia coli*. *J. molec. Biol.* **24**, 339–343.
(117) Leçon inaugurale (Chaire de Biologie Moléculaire), Collège de France. 3 Novembre 1967. No. 47, 31 pages.
(118) 1968 (With D. BLANGY & H. BUC) Kinetics of the allosteric interactions of phosphofructokinase from *Escherichia coli*. *J. molec. Biol.* **31**, 13–35.
(119) (With A. ULLMANN, M. E. GOLDBERG & D. PERRIN) On the molecular weight determination of proteins and protein subunit in 6 M guanidine. *Biochemistry* **7**, 261–265.
(120) (With P. CLAVERIE & M. HOFNUNG) Sur certaines implications de l'hypothèse d'une équivalence stricte entre les protomères des protéines oligomériques. *C. r. hebd. Séanc. Acad. Sci., Paris* **266**, 1616–1618.
(121) (With A. ULLMANN & F. JACOB) On the subunit structure of wild-type versus complemented β-galactosidase of *Escherichia coli*. *J. molec. Biol.* **32**, 1–13.
(122) On symmetry and functions in biological systems. Nobel Symposium No. 11. In: *Symmetry and function of biological systems at the macromolecular level* (ed. Arne Engström & Bror Strandberg), pp. 15–27. Stockholm: Almqvist & Wiksell; Wiley Interscience Division.
(123) (With A. ULLMANN) Cyclic AMP as an antagonist of catabolic repression in *Escherichia coli*. *F.E.B.S. Lett.* **2**, 57–60.
(124) 1969 (With A. ULLMANN) On the effect of divalent cations and protein concentration upon renaturation. *Biochem. biophys. Res. Commun.* **35**, 35–42.

Jacques Lucien Monod

(125) 1970 (With F. JACOB) Introduction. In: *The lactose operon* (ed. J. R. Beckwith & D. Zipser), pp. 1–14. Cold Spring Harbor Lab.
(126) (With A. ULLMANN) On the stoichiometry and kinetics of ω-complementation of *Escherichia coli* β-galactosidase. In: *The lactose operon* (ed. J. R. Beckwith & D. Zipser), pp. 265–272. Cold Spring Harbor Lab.
(127) (With G. CONTESSE, M. CREPIN, F. GROS & A. ULLMANN) On the mechanism of catabolite repression. In: *The lactose operon* (ed. J. R. Beckwith & D. Zipser). Cold Spring Harbor Lab.
(128) (With S. BOURGEOIS) *In vitro* studies of the Lac operon regulatory system. In: *Ciba Fdn Symp. on Control Processes in Multicellular Organisms* (ed. C. E. W. Wolstenholm & J. Knight), pp. 3–21. London: J. and A. Churchill Ltd.
(129) (With A. ULLMANN, G. CONTESSE, M. CREPIN & F. GROS) Cyclic AMP and catabolite repression in *Escherichia coli*. Reprinted from *Fogarty International Center Proc.*, no. 4, pp. 215–231. U.S. Department of Health, Education and Welfare, N.I.H.
(130) 1974 (With F. CELADA & A. ULLMANN) An immunological study of complementary fragments of β-galactosidase. *Biochemistry* **13**, 5543–5547.
(131) 1976 (With A. ULLMANN & F. TILLIER) Catabolite modulator factor: A possible mediator of catabolite repression in bacteria. *Proc. natn Acad. Sci. U.S.A.* **73**, 3476–3479.

Other publications

Translations
1939 *Science et musique* by Sir James Jeans. Translated from the English by Jacques Monod and François Morin. Paris: Hermann & Cie.

Books
1970 *Le hasard et la nécessité*. Paris: Editions du Seuil.

Forewords to
1969 *Les portes de la vie* (a book devoted to education in France). Romorantin: Martinsart.
1971 *La grandeur et la chute de Lyssenko*, by Jàures Medvedev. Paris: Gallimard.
1972 *The collected works of Leo Szilard—scientific papers* (ed. Bernard T. Feld & Gertrud Weiss Szilard). U.S.A.
1973 *Logique de la découverte scientifique*, by Karl R. Popper. Paris: Payot.
1974 *Populations, espèces et évolution* by Ernst Mayr. Paris: Hermann.
1975 *La vie expérience inachevée* by Salvador Luria. Paris: A. Colin.
Quand l'entreprise s'éville à la conscience sociale by F. Dalle and J. Bounine. Paris: R. Laffont.

Miscellaneous
1968 De la biologie moléculaire à l'éthique de la connaissance. *Age de la Science*, Dunod **1**, 18 pp.
1969 On values in the age of science. Nobel Symposium No. 14. In: *The place of value in a world of facts* (ed. Arne Tisellus & Sam Nilsson), pp. 19–27. Stockholm: Almqvist and Wiksell; Wiley Interscience Division.
1975 On the molecular theory of evolution. Herbert Spencer Lecture, 2nd November, 1973, Oxford. In: *Problems of scientific revolution*. Oxford: Clarendon Press.
L'évolution microscopique. Fourth Hartman Müller Conference, 14th February 1975, Zurich. *Neue Züricher Zeitung*, 19th February 1975, **41**, 65.

Interviews and articles published in periodicals:
1965 Un entretien avec Jacques Monod, prix Nobel. *Bulletin du Syndicat National de l'Enseignement Supérieur* **111**, 1–8.
1966 On scientific methods and research, an interview. *Atome* **228**, 3–5.
1967 On the 'Colloque de Caen', an interview by Hervé Fischer. *Université Moderne* **5**, 3–4.
1968 La science valeur suprême de l'homme. *Raison présente, éditions rationalistes, Paris* **5**, 11–19.
1972 Changer l'université. *L'Education, Paris* **155**, 25–28.
Le socialisme sera scientifique ou ne sera pas. *Tribune de Genève*, 21st November 1972.
1975 Jacques Monod aime lire. *Lire, Paris* **2**, 234–243.
Discussion in the fog at London Airport with Jacques Monod, an interview by Mark Fitzgeorge-Parker and Anthony Appiah. *Theoria to theory* **9**, 77–90.

Radio and television interviews:
1. Broadcast by the BBC and published in *The Listener*, BBC Publications, London:
1967 Research is research is research. An interview by Gerald Leach. *The Listener*, 2nd March.
1970 An improbable birth. In: Radio 3 series 'Primitive Earth'. *The Listener*, 21st May.
1972 The ethic of knowledge. A conversation between Sir Peter Medawar and J. Monod. *The Listener*, 3rd August.
2. *Broadcast by the ORTF:*
1973 An interview by Jacques Chancel. In: *Radioscopie*, vol. II, pp. 185–205. Paris: R. Laffont.
1974 Médecine et biologie en 1973. A conversation between Jacques Monod and Jean Hamburger in the France Culture series 'Dialogues'. In: *Dialogues avec la médecine*. Presses universitaires de Grenoble.

(N.B. The above list is far from being exhaustive. It is just given as an indication of the wide span of Jacques Monod's diversified interests.)

Obituaries

1976 Francis Crick.
Nature, Lond. **262**, 429–430.
André Lwoff.
La Nouvelle Presse Médicale 2002–2004.
Martin Pollock.
Trends in Biochemical Science, September.
Roger Stanier.
Jacques Monod. *Jl Gen. Microbiol.* **101**, 1–12.

This book is due on the last date stamped below. Fines will be charged on all overdue books.